訊號與系統－第二版

Signals and Systems (Second Edition)

Simon Haykin, Barry Van Veen 原著

洪惟堯・陳培文・張郁斌・楊名全　編譯

WILEY

全華圖書股份有限公司

Simon Haykin, *McMaster University*

Barry Van Veen, *University of Wisconsin*

Signals and Systems

Second Edition

JOHN WILEY & SONS, INC.

序 言

在電機工程大學部中的「訊號與系統」課程

「訊號與系統」課程是許多領域的研習基礎，而這些領域構成電機工程這門不斷擴充的學科。對於通訊、訊號處理與控制這些進階領域而言，訊號與系統便是學習的先修課程。在這門課程中所學到有關於計算方面的普遍性質，例如取樣的概念，幾乎在每個電機工程的領域裡都是一個重要的部分。雖然說訊號與系統所跨越的這些領域在實際以及應用上，有其本質的不同，但是訊號與系統的原則和工具仍然可以應用在這些領域。「訊號與系統」的入門課程通常是依照下列二種形式安排：

▶ 如果排的是一個學期的課程，則課程可以集中在分析可定訊號 (deterministic signal)，以及系統的一個重要類型：線性非時變 (LTI) 系統，其中包括從通訊和控制系統所取得的實際範例。

▶ 如果是兩個學期的課程，則可將一個學期的課程加以擴充，把訊號處理、通信和控制系統更詳細的內容都包含進來。

這門課程通常提供給二年級 (或一年級) 學生修讀，並且預設學生已經學過微積分以及普通物理學。

本書如何滿足這門課程的基本需求

因為本書提供訊號與系統的介紹性課程，針對主題有多樣化的應用，這本教科書應該要易於閱讀、內容正確，而且包含豐富的深入討論範例、習題與電腦實驗，以有效的方式促進學習訊號與系統的基本知識。這些目標在我們寫作時都謹記於心中。

本書的第一版對於連續時間和離散時間形式的訊號與系統，成功地提供了平衡而且整合的處理方式，而第二版也以此為基礎。這樣的方式有教學上的好處，幫助學生瞭解連續時間與離散時間表示法之間的基本類似之處與差異點，並且反映出現代工程實務中，連續時間與離散時間觀念的整合性質。第一版的使用者與第二版的審稿人員有個一致的意見，就是我們的編輯方式在第四章中，可以非常明顯地看出它令人信服之處，這一章涵蓋了如何對連續時間訊號取樣，再從樣本重建連續時間訊號，以及其他有關混合不同訊號類型的應用。若想涵蓋訊號與系統中大部分的主題，這種整合的方式也是非常有效率的。舉例來說，在第三章裡我們同時提到所有四種傅立葉表示法的特性。我們已經將這些表示法細心地以整合方式加以呈現，以提高讀者了解的程度並避免混淆。例如，四種傅立葉表示法在第三章中，以相似的方式提出討論，然而不同的表示法只適用於不同的訊號類別。只有在學生已經對它們個別都很熟悉之後，才有可能跨越訊號類型之間的分界，使用第四章所介紹的傅立葉表示法。

在已經學過訊號表示法和系統分析的數學性質後，對於讀者而言，反而相當容易疏忽掉對於它們實際應用的瞭解。因此，為了提供動機給讀者，我們在第五、第八和第九章裡討論有關通訊系統、濾波器設計和控制系統等領域的應用。除此之外，藉著大量的以應用方面為主的範例，我們在第二版中花費相當的心力，主要是希望在以討論工具為主的章節中，提供以應用主導的編輯方式。利用第一章和其餘的各章節都會討論到的六個主題範例，用以說明不同的訊號表示法和系統分析工具，如何針對相同的基本問題提供不同的理解方式。我們選取這些主題範例，是針對訊號與系統的觀念，示範說明其廣泛的應用。

在我們希望能夠真正地整合連續時間與離散時間概念的原則下，本書寫作的目標是希望能夠為教學內容和授課順序，提供最大的教學彈性。當我們按照順序介紹連續時間與離散時間的觀念時，例如第二章的摺積 (Convolution)，第三章的傅立葉表示法，同時也都編排了對應的章節，以便教師可以在連續時間與離散時間觀點之間，擇一優先講解。同樣地，第六和第七章的順序可以顛倒過來。兩個學期的課程安排如果沒有涵蓋本書的全部內容，也涵蓋了大部分的主題。至於一個學期的課程則可按照老師的喜好，選擇不同的主題，以各種教學方式進行。

促進與強化學習的教學架構

第二版包含了許多特色，以便促進與強化學習的過程。我們致力於以清晰、易懂但不失精確的方式撰寫。為了強調重要的觀念，我們選擇了適合的版面和格式加以編輯。舉例來說，重要的方程式和程序都以框線框起來，而每個例子也都附上標題。圖片的選擇和規劃也都經過設計，藉著圖解方式呈現訊號與系統中的主要觀念，強化內文裡的文字和方程式之間的關係。

每一章都包含很多的例子，以便說明相關理論的應用。內文中的每個觀念都以範例說明，這些範例強調正確應用理論所需要的一些數學步驟，或者是說明在實際問題上，如何應用這些觀念。

如果想要熟悉訊號和系統的工具，充份的練習是必要的。為了達到這個目的，在重要的觀念之後，我們提供了許多附有解答的習題，以及在每個章節結束之處，也有大量未附解答的習題。在各章之中，也提供學生習題，以便能夠立即的練習，而且讓他們自行確認是否熟悉了這些觀念。各章結束時的習題則提供額外的練習，包括了廣大範圍的難題和觀念的性質，從鑽研基本觀念，再把內文中的理論延伸到使用教材內容的新應用上。各章也包含一個小節，用來說明如何使用 MATLAB，這是 MATrix LABoratory 和 The MathWorks 公司的產品，可以在「軟體實驗室」的背景裡，探索觀念以及測試系統的設計。我們在各章結束的習題之後，也提供了補充的以電腦導向的習題。

▌本書第二版的新增內容

大致上來說，本書的新版本仿效第一版本的結構與編輯原則。然而，在結構與編輯原則之外，新的範例和附加的習題已經帶給本書一些重要的改變。除了前面已經提及在版面和格式上的改進，第一版裡較長的章節也分成內容較少的單元。每一章的重要改變總結如下：

▶ 第一章：新增加了兩節，一個是關於專題的範例，另一個則是電氣雜訊。關於專題的範例，總共有六個，說明應用訊號與系統所產生的廣泛問題，並透過對同一個問題的不同認識，在本書的後續章節能夠維持觀念上的連續。還有兩個新增加的小節是關於微機電系統 (MEMS)，以及推導出單位脈衝函數 (unit-impulse function)。

▶ 第二章：我們已經將離散時間與連續時間摺積的說明，重新編寫為兩個分開但是平行的章節。將介紹 LTI 系統的頻率響應合併到第三章。並且擴充有關微分和差分方程式的內容，以便澄清一些難懂的議題。

▶ 第三章：透過新範例的說明，將原本在第一版第四章所提到有關過濾器的概念提前，本章更強調對訊號的傳立葉表示法的應用，並且重新安排教材內容的順序。舉例來說，由於摺積在實用上的重要性，在第二版我們提早說明其性質。離散時間傅立葉級數、傅立葉級數和離散時間傅立葉轉換的推導已經移開，但是合併到進階習題內。

▶ 第四章：如新標題所顯示的，我們所注重的範圍已經縮小。關於 LTI 系統頻率響應的內容，已經移到第三章；至於有關內插法，十分法取樣 (decimation)，以及快速摺積的進階內容已經改爲進階問題。

▶ 第五章：增加了一個新章節，用來說明柯斯塔接收器如何對雙旁波帶抑止載波的已調變訊號，進行解調變的工作。

▶ 第六章：單邊拉普拉斯轉換的定義已經修正，加入關於脈衝和位於 $t = 0$ 的不連續點的討論。而原本在第一版第九章的波德圖 (Bode diagram)，現在已經併入頻率響應的圖解討論之中。

▶ 第九章：我們加入了一個新的章節，是關於回饋的基本概念，以及「爲什麼回饋」。此外，並將回饋控制系統的處理改得比較精簡些，轉而集中在有關穩定性的基本議題，與它的各種不同層次的認識。

▶ 第十章：結論已經完全重寫。特別地，有更多關於小波 (wavelets) 和非線性回授系統穩定性的詳細說明。

▶ 附錄 F：這個新的附錄對於 MATLAB 有全盤的介紹。

補充資料

下列的補充資料可以從發佈網站取得：

www.wiley.com/college/haykin

PowerPoint 投影片：有關課本內容的說明，可以 PowerPoint 投影片的格式提供，讓教師能夠容易地準備課程計劃。

解答手冊：解答手冊的電子檔案可以從網站下載。如果需要印刷版本，可以連絡您當地的 Wiley 公司代表。可以在 Wiley 公司的「CONTACT ／ Find a Rep」網頁上，找出負責您的學校的 Wiley 代表。

MATLAB 資源：可取得使用電腦計算的範例和實驗，所需要的 M 檔案。

關於本書的封面

本書的封面是美國加州莎斯塔山 (Mount Shasta) 的實際照片。選擇這一張照片當作封面，是爲了要在讀者的心中銘刻上面對挑戰的感覺，例如到達山頂所需要的努力，和一種由於攀登到峰頂獲得新視野的感覺。我們讓讀者在研習的過程中，能夠熟練書中所討論的訊號與系統基本觀念，並獲得許多關於電機工程方面無與倫比的觀點。

　　在第一章中也放置了一張莎斯塔山的圖片，是使用合成孔徑雷達 (SAR) 系統所拍得的照片。SAR 影像使用了許多訊號和系統的觀念所產生。雖然這個 SAR 影像顯示的是莎斯塔山的另一個不同的景觀，但它將訊號與系統觀念的力量加以具體化，使我們對於相同的問題有了不同的看法。我們相信對於研習訊號與系統的動機，就是從封面開始的。

Simon Haykin

Barry Van Veen

編輯部序

「系統編輯」是我們的編輯方針,我們所提供給您的,絕不只是一本書,而是關於這門學問的所有知識,它們由淺入深,循序漸進。

本書譯自 Simon Haykin 和 Barry Van Veen 原著『Signals and Systems』,在這門課程中所學到有關計算方面的普遍性質,例如取樣概念,幾乎在每個電機工程的領域裡都是重要的一部分。雖說訊號與系統 所跨越的這些領域在實際以及應用上,有其本質的不同,但訊號與系統的原則和工具仍然可以應用在這些領域。本書適用於私立大學、科技大學技術學院,電子、電機、資工系之「訊號與系統」相關課程使用。

同時,為了使您能有系統且循序漸進研習相關方面的叢書,我們以流程圖方式,列出各有關圖書的閱讀順序,以減少您研習此門學問的摸索時間,並能對這門學問有完整的知識。若您在這方面有任何問題,歡迎來函連繫,我們將竭誠為您服務。

相關叢書介紹

書號：06088027
書名：訊號與系統(第三版)
　　　(附部分內容光碟)
編著：王小川
16K/560 頁/590 元

書號：0597801
書名：無線通訊射頻晶片模組設計－
　　　射頻系統篇(修訂版)
編著：張盛富.張嘉展
20K/304 頁/410 元

書號：0333403
書名：通訊原理(第四版)
編著：藍國桐.姚瑞祺
16K/288 頁/340 元

書號：0610004
書名：數位通訊系統演進之理論與應
　　　用－ 4G/5G/GPS/IoT 物聯網
　　　(第五版)
編著：程懷遠.程子陽
20K/352 頁/430 元

書號：06138
書名：通訊系統(第五版)(國際版)
編譯：翁萬德.江松茶.翁健二
16K/504 頁/680 元

書號：06312007
書名：衛星通訊(附部分內容光碟)
編著：董光天
16K/184 頁/320 元

◎上列書價若有變動，請以
　最新定價為準。

流程圖

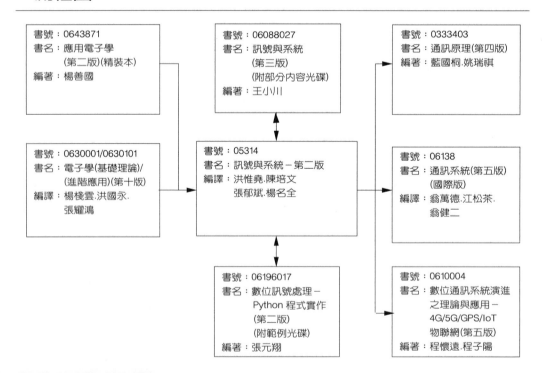

3 訊號的傳立葉轉換與線性非時變系統   227

4 傅立葉表示法對混合訊號類型的應用 389

5　在通訊系統上的應用　485

6　利用連續時間複數指數表示訊號：拉普拉斯轉換　551

9　線性回饋系統的應用　759

10 結 論 843

附錄 A 精選數學恆等式 871

附錄 B 部分分式展開 877

附錄 C 傅立葉表示法與其性質 883

記號

$[\cdot]$	表示離散值的自變數，例如 $x[n]$
$(\cdot)$	示連續值的自變數，例如 $x(t)$

▶ 複數

$\|c\|$	複數 c 的大小 (量值)
$\arg\{c\}$	複數 c 的相位角
$\mathrm{Re}\{c\}$	複數 c 的實部
$\mathrm{Im}\{c\}$	複數 c 的虛部
c^*	複數 c 的共軛複數

▶ 小寫的函數表示時域的量，例如 $x(t)$ 與 $w[n]$

▶ 大寫的函數表示頻域或轉換域的量

$X[k]$	$x[n]$ 的離散時間傅立葉級數的係數
$X[k]$	$x(t)$ 的傅立葉級數的係數
$X(e^{j\Omega})$	$x[n]$ 的離散時間傅立葉轉換
$X(j\omega)$	$x(t)$ 的傅立葉轉換
$X(s)$	$x(t)$ 的拉普拉斯轉換
$X(z)$	$x[n]$ 的 z 轉換

▶ 粗體小寫符號表示向量，例如 $\mathbf{q}$

▶ 粗體大寫符號表示矩陣，例如 $\mathbf{A}$

▶ 下標 δ 表示離散時間訊號的連續時間表示法

$x_\delta(t)$	$x[n]$的連續時間表示法
$X_\delta(j\omega)$	$x_\delta(t)$的傅立葉轉換

▶ 無襯線字型 (Sans serif type) 表示 MATLAB 的變數或指令，例如 X = fft(x,n)

▶ 為了方便，將0^0定義為 1

▶ 表示四象限的反正切函數，其值位於 $-\pi$ 弳度與 π 弳度之間

主要符號

j	表示 -1 的平方根
i	MATLAB 所用 -1 的平方根
T_s	以秒為單位的取樣間隔
T	連續時間訊號的基本週期，以秒為單位

N	離散時間訊號的基本週期，以樣本個數爲單位
ω	連續時間訊號的 (角) 頻率，以強度/秒爲單位
Ω	離散時間訊號的 (角) 頻率，以強度爲單位
ω_0	連續時間週期訊號的基本 (角) 頻率，以強度/秒爲單位
Ω_o	離散時間週期訊號的基本 (角) 頻率，以強度爲單位
$u(t), u[n]$	單位脈衝的步階函數
$\delta[n], \delta(t)$	單位脈衝
$H\{\cdot\}$	將系統表示爲運算子 H
$S^\tau\{\cdot\}$	τ 個單位的時移
$H^{\text{inv}}, h^{\text{inv}}$	上標 inv 表示逆系統
$*$	表示摺積運算
$\circledast$	兩個週期訊號的週期性摺積
$H(e^{j\Omega})$	離散時間頻率響應
$H(j\omega)$	連續時間頻率響應
$h[n]$	離散時間系統脈衝響應
$h(t)$	連續時間系統脈衝響應
$y^{(h)}$	上標 (h) 表示齊次解
$y^{(n)}$	上標 (n) 表示自然響應
$y^{(f)}$	上標 (f) 表示強迫響應
$y^{(p)}$	上標 (p) 表示特殊解
$\xleftrightarrow{DTFS; \Omega_o}$	含有基本頻率 Ω_o 的離散時間傅立葉級數對
$\xleftrightarrow{FS; \omega_o}$	含有基本頻率 ω_0 的傅立葉級數對
$\xleftrightarrow{DTFT}$	離散時間傅立葉轉換對
$\xleftrightarrow{FT}$	傅立葉轉換對
$\xleftrightarrow{\mathcal{L}}$	拉普拉斯轉換對
$\xleftrightarrow{\mathcal{L}_u}$	單邊拉普拉斯轉換對
$\xleftrightarrow{z}$	z 轉換對
$\xleftrightarrow{z_u}$	單邊 z 轉換對
$\text{sinc}(u)$	$\dfrac{\sin(\pi u)}{\pi u}$
$\cap$	交集
$T(s)$	閉迴路轉移函數

$F(s)$	回傳差值
$L(s)$	迴路轉移函數

縮寫

A	安培 (電流的單位)
A/D	類比至數位 (轉換器)
AM	調幅
BIBO	有界輸入有界輸出
BPSK	二元相移鍵控
CD	光碟
CW	連續波
D/A	數位至類比 (轉換器)
dB	分貝
DSB-SC	雙旁波帶抑制載波
DTFS	離散時間傅立葉級數
DTFT	離散時間傅立葉轉換
ECG	心電圖
F	法拉第 (電容的單位)
FDM	分頻多工處理
FFT	快速傅立葉轉換
FIR	有限持續時間的脈衝響應
FM	調頻
FS	傅立葉級數
FT	傅立葉轉換
H	亨利 (電感的單位)
Hz	赫茲
IIR	無限持續時間的脈衝響應
LTI	線性非時變 (系統)
MEMS	微機電系統
MSE	均值平方誤差
PAM	脈波振幅調變
PCM	脈波編碼調變

PM	相位調變
QAM	正交振幅調變
RF	射頻
ROC	收斂範圍
rad	弳
s	秒
SSB	單旁頻帶調變
STFT	短時間傅立葉轉換
TDM	分時多工處理
V	伏特 (電位差的單位)
VLSI	超大規模積體電路
VSB	殘旁波帶調變
WT	小波轉換

基本介紹

1.1　何謂「訊號」？ (What Is a Signal?)

訊號以各種形式出現在我們的日常生活中，已經成為不可或缺的要素之一。舉例來說，人們溝通所使用的語言，可以是一種面對面或是透過電話的交談。很自然地，另外一種常用的溝通方式則是視覺，將我們周圍的人、物以影像方式傳遞給對方。

還有一種人們常用的溝通方式就是透過*網際網路 (Internet)* 傳送電子郵件。除了提供郵件服務外，網際網路也是一種強而有力的媒體，可供大眾搜尋想要的資料、廣告、遠距、教育與玩網路遊戲。所有這些透過網際網路的溝通方式，均涉及使用載有資訊 (information-bearing) 的各類訊號。接下來其他有一些實際生活中有關訊號的例子，接著我們將詳述其中令人感興趣之處。

藉著聽診病人的心跳、量測血壓與溫度，醫生可以診斷病人是否罹患疾病。病人的心跳與血壓將病人的健康狀態，以訊號表示傳達給醫生。

在收聽氣象預報廣播時，我們得知每天氣候的變化，包括溫度、濕度的變化以及風向與風速等等。這些量值所代表的訊號可幫助我們下決定，例如該待在戶內或去戶外走走。

每天在國際金融市場上，上市上櫃公司的股價行情資訊和波動各自以不同的訊號方式表示出來。根據這些資訊，可判斷是否去勇於作新的投資或售出所持有的股票或期貨。

在遠方行星所進行的太空探測，會將許多珍貴的探測資訊傳回到地球上的觀測站。這些資訊有許多不同的形式，例如利用雷達影像偵測行星表面的輪廓，而紅外線影像可讓我們知道該行星的冷熱資訊，光學影像揭露出行星周圍有雲層的存在。藉著研究以上的影像，我們可大幅增加對這些尚在研究中的行星獨特性質有所了解。的確，列出組成訊號的成分，幾乎是永無止盡的工作。

訊號可正式地定義為單一變數或多重變數之函數，可將物理現象的本質轉換成用來傳遞的資訊。 當此函數只與單一變數有關，該訊號稱為一維訊號(*one-dimensional signal*)。語音訊號是一維訊號的一個例子，它的振幅隨時間變化，取決於所說的用詞和說話者的語氣。當函數具有兩個以上的變數，此訊號則稱多維訊號 (*multidimensional signal*)，影像就是二維訊號 (two-dimensional signal) 的一個例子，其具有水平與垂直的座標軸代表二個維度。

1.2　何謂「系統」？ (What Is a System?)

在前一節所提及的訊號例子中，都包含產生訊號的系統以及從訊號擷取出資訊的另一個系統。舉例來說，在語音通訊中，由語音或訊號來觸發聲音的處理，這就代表一個系統。語音訊號處理需要用耳朵與腦中的聽覺通道接收解讀。在這個情況下，負責產生及接收訊號的系統，本質上是生物機制。這類系統可用電子系統加以仿真或模擬。例如，語音訊號處理可由自動語音辨識系統(automatic speech recognition system) 執行，這種辨識系統是以可辨識單字或片語的電腦程式來呈現。

系統不是只有單一功能。更確切地說，系統的功能取決於我們要如何去應用。在發話者自動辨識系統 (automatic speaker recognition system) 中，系統的功能是解讀輸入的語音訊號，以*辨識或確認發話者的身份*。在通訊系統中，系統的功能是透過通訊通道來傳輸訊息內的資料，並將這些資料以可靠的方式傳送到目的地。在*飛機降落系統*中，則需要保持飛機對準跑道的中線。

我們正式把系統定義成處理一個或多個訊號的實體，用以實現某種功能並產生新的訊號。 圖 1.1 繪出系統與相關訊號之間的關係。很自然地，輸入與輸出訊號的性質取決於系統所應用的範圍。

- ▶ 在發話者自動辨識系統中，輸入訊號是語音 (聲音) 訊號，系統是電腦，而輸出訊號是發話者的辨識資料。
- ▶ 在通訊系統中，輸入訊號可能是語音訊號或電腦數據，系統本身是由傳送器、通道、接收器所組成，而輸出訊號是對包含於原始訊息內資訊的估測。
- ▶ 在飛機降落系統中，輸入的訊號是飛機相對於跑道的位置，系統是飛機，而輸出訊號是飛機橫向位置的修正值。

1.3　特定系統的概觀 (Overview of Specific Systems)

在前面兩節中爲了描述訊號與系統的意義，我們曾列舉了幾種應用實例。在本節中，我們將詳述六種應用，包括通訊系統、控制系統、微機電系統、遙測、生物醫學訊號處理，以及聽覺系統。

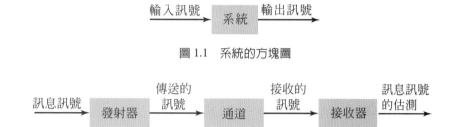

圖 1.1　系統的方塊圖

圖 1.2　通訊系統的構成元素。傳送器將訊息訊號轉換成可以透過通道傳輸的訊號形式。而接收器處理由通道所輸入的訊號 (亦即，接收訊號)，以便對訊息訊號進行估測。

■ 1.3.1　通訊系統 (COMMUNICATION SYSTEMS)

如圖 1.2，每個通訊系統都具有三個基本的裝置：*發射器 (transmitter)*、*通道(channel)* 與*接收器(receiver)*。發射器位於空間中的某個地方，接收器位於遠離發射器的另一處，而通道就是連接這兩者的物質媒介。這三個裝置的每一個均可視爲一個系統，各自有各自的訊號。發射器的用途是將訊息訊號轉換成適合透過通道傳輸的形式，而此訊息訊號是由某個資訊源所產生。訊息訊號可以是語音訊號，電視 (影像) 訊號，或電腦數據。通道則可能是光纖，同軸電纜，衛星通道，或者是行動無線電通道；這每一種通道都有特定的應用領域。

當傳送的訊號透過通道傳播時，訊號會因通道的物理特性而失眞。而且，雜訊與干擾訊號 (由其他訊號源所產生) 也會降低通道輸出 (channel output) 的品質，因此，我們接收到的訊號其實是已經加入雜訊的傳送訊號。接收器的功能是處理接收訊號，將接收訊號再重建成可辨識爲原始訊息訊號的形式 (就是產生訊號的估測)，再將之傳送到目的地，因此在訊號處理中，接收機所扮演的角色與發射器相反，也就是說，接收器反轉了通道的效應。

發射器與接收器的操作細節會依不同形式的通訊系統而有所差別。通訊系統的類型可爲類比式或數位式。從訊號處理的觀點來看，類比通訊系統的設計比較簡單。具體地說，發射器是由*調變器 (modulator)* 所組成，而接收器是由*解調器 (demodulator)* 所組成。*調變 (modulation)* 是將訊息訊號轉換成適合通道傳送特性的形式。一般而言，傳送訊號常表示成具有適合振幅、相位或頻率變化參數的弦波載波(sinusoidal carrier wave)。因此分別稱為振幅調變 (調幅)、相位調變 (調相) 或頻率調變 (調頻)。相對應地,經過振幅解調、相位解調或頻率解調之後,針對原始訊息訊號,接收器輸出其重建近似的估測訊號。每一種類比調變解調技術 (analog modulation-demodulation techniques) 都有其優缺點。

對照之下,下列所述的*數位通訊系統*則顯得相當複雜。如果訊息訊號是類比的形式,如語音和影像訊號,發射器會進行下列的運作,將類比形式轉成數位形式。

▶ *取樣 (Sampling)*,將訊息訊號轉成數列,數列中的每個數字代表著訊息訊號在特定瞬間的振幅。

▶ *量化 (Quantization)*,將取樣產生的每個數字,在有限數目的離散振幅準位 (discrete amplitude levels) 中,選取最接近的準位,來表示原本的取樣數字。例如,我們可將每一取樣表示成 16 位元的數字,在這種情況下振幅標示值共有 216 個位準數。經過取樣及量化後,我們已經將訊息訊號以離散時間與離散振幅加以表示。

▶ *編碼 (Coding)*,編碼的目的是將量化後的取樣以編碼字 (code word) 表示,編碼字是以有限數目的符號所組成。例如,在二進碼 (binary code)中,所用的符號可能是 1 或 0。

不同於取樣及編碼,量化這項操作是無法還原的,也就是說,實行量化以後,資料必然會有所損失。然而,若我們使用足夠多數目的離散振幅位準量化器 (quantizer),可讓資料的損失減輕到非常小,而不影響其實際用途。當位準的數目越多時,編碼長度必須隨著變長。

以數位電腦為例,如果資訊源一開始就是離散的,則前述的工作是不需要的。

發射器可能還會有數據壓縮與通道編碼等額外的工作。數據壓縮是為了從訊息中移除多餘的資訊,透過減少每一取樣的位元數以增進通道的使用效率。另一方面,通道編碼卻是將編碼字以一定的程序加入多餘的元素(例如外加的符號),如此一來,當訊號透過通道傳送時可免受雜訊與干擾訊號的影響。最後,為了能透過通道傳送,我們將已編碼的訊號調變成載波 (通常是弦波)。

在接收器端,編碼及取樣的程序是反向的,也就是說,它們個別的輸入與輸出訊號的角色是互換的,因此,接收器所產生的是對於原始訊息訊號的估測訊號,並將它送至預定的目的地。由於量化程序是不可逆的,因此在接收器中沒有相對應的工作。

很明顯的,從上述討論我們可以知道數位通訊需要大量的電子電路。這並不是難以解決的問題,由於超大型積體電路 (very large scale integrated,簡稱 VLSI) 的矽晶片持續發展,所以電子相關零組件變得相當便宜。的確,隨著半導體工業的持續進步,數位通訊通常比類比通訊顯得更有成本效益。

我們列出兩種基本的通訊方式：

1. *廣播 (Broadcasting)*：其中需要使用強力訊號發射器以及許多的接收器，而建立這些接收器的成本相對比較低廉。在這種方式裡，載有資訊的訊號只能以單方向傳送。

2. *點對點通訊 (Point-to-point communication)*：通訊過程透過訊號發射器與單一接收器之間的連結 (link) 進行。在這種情況下，連結的兩端各有一發射器與一接收器中存在載有資訊之雙向訊號流。

　　廣播通訊的例子是無線電廣播與電視，它們已經成為日常生活中不可或缺的一部分了。相較之下，電話是點對點通訊常見的一種方法。然而請注意，為了滿足大量使用者的需求，設計電話網路的連線是相當複雜的部份。

　　另一個點對點通訊的例子是*深太空通訊 (deep-space communication)*，將地球上的觀測站，與在遙遠星球表面進行探測的機器人加以連結。在這個例子裡，訊息訊號的構成方式取決於通訊過程的方向，與電話通訊不同。訊息訊號可能是電腦產生的指令，由地面觀測站傳送至機器人，命令機器人執行特定的工作；或者是行星上泥土化學成份的許多珍貴資訊，將其送回地球再加以分析。為了讓訊息可靠地傳送這麼遠的距離，我們需要使用數位通訊。圖 1.3(a)是名為探路者 (Pathfinder) 機器人的照片，它在 1997 年 7 月 4 號登陸火星，這一天對美國國家航空暨太空總署 (National Aeronautics and Space Administration，簡稱 NASA)在太陽系的科學研究來說，是個歷史性的日子。圖 1.3(b)顯示的是位於澳洲坎培拉的高精密 70 公尺天線。這座天線是 NASA 在全世界的深太空網路 (Deep Space Network，簡稱 DSN) 中的一部分，可進行必要的雙向通訊連結，一方面引導並控制機器人進行行星探測；另一方面傳回由機器人蒐集的影像和新的科學資訊。能夠成功地利用 DSN 進行行星探測，代表了通訊理論及技術上的大勝利，因為我們克服了無法避免的雜訊所帶來的挑戰。

　　不幸的是，每種通訊系統的接收訊號都會有*通道雜訊 (channel noise)* 的問題。雜訊嚴重的限制了接收訊號的品質。例如，由於地球和火星之間的遙遠距離，在這兩端的接收訊號中，載有資訊部分的平均功率會比雜訊部分的平均功率還要小。可靠的連線操作方式需透過(1) *大型天線 (large antennas)*：DSN 的一部分，以及(2) *誤差控制 (error control)* 的使用才能完成。對於拋物面反射式天線 (parabolic-reflector antenna，天線的一種類型，即圖 1.3(b))而言，天線的*有效面積(effective area)* 一般約在 50%至 65%的實際面積之間。在天線終端，*接收功率 (received power)* 等於有效面積乘以每單位面積的入射電磁波功率。明顯地，越大型的天線，接收訊號的功率也越大，因此 DSN 使用大型天線。

(a)

(b)

圖 1.3　(a)「Pathfinder」火星探測車在火星表面拍攝的照片。(b)位於澳洲坎培拉，直徑為 70 公尺 (230 英呎) 的天線。這個 70 公尺反射器的表面必須維持相當的精確度，即精確度要在極窄 的訊號波長內。(感謝 Jet Propulsion Laboratory 提供資料)

　　誤差控制則是指發射器中使用*通道編碼器 (channel encoder)*，以及接收器中*通道 解碼器 (channel decoder)*的運用。通道編碼器收到訊息位元後，根據指定的規則加入 冗餘訊息 (redundancy)，因此以較高的位元率 (bit rate) 產生編碼資料。加入冗餘位元 *(redundant bit)* 是為了抵抗通道雜訊的干擾。而通道解碼器的功能是刪除冗餘訊息， 以判定哪些訊息位元才是實際上要傳送的。結合使用通道編碼器以及通道解碼器的目的是為了使通道雜訊的影響減到最少；換句話說，平均而言，要使得(由資料源傳來的) 通道編碼器輸入 (channel encoder input)，與 (傳到接收器的) 編碼器輸出 (encoder output) 的錯誤數目降至最小。

■ 1.3.2 控制系統 (Control System)

實際系統 (physical system) 的控制廣泛地應用在這個工業社會中，例如飛機自動駕駛儀、大眾交通運輸工具、汽車引擎、工具機、煉油廠、造紙廠、核反應爐、發電廠、機械人等等。被控制的物體通常稱為*設備 (plant)*，上述的飛機就是一個設備。

使用控制系統有許多原因，從工程的觀點來看，最重要的兩個理由是為了獲得滿意的響應與強健性能：

1. *響應 (Response)*：如果一個設備的輸出是根據特定的參考輸入 (reference input)，則說這個設備可產生符合要求的響應(satisfactory response)。維持系統輸出合於參考輸入的這個程序稱為*調整 (regulation)*。

2. *強健性 (Robustness)*：如果有外在的干擾(例如飛機飛行時遭遇亂流)，以及在面臨系統參數的變化下 (由於環境條件的改變)，控制系統仍然可以將它的控制對象調整得很好，則稱這個系統是強健的 (robust)。

要使系統具有上述的性質，通常需要使用*回饋 (feedback)* 裝置，如圖 1.4 所示。圖中的系統稱為閉迴路控制系統 (closed-loop control system) 或稱為*回饋控制系統 (feedback control system)*。例如，在飛機降落系統中，設備是飛機本身與制動器，而機師利用感測器來判定飛機的橫向位置，且控制器是數位電腦。

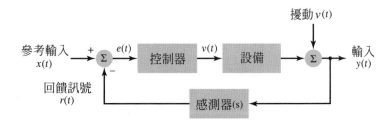

圖 1.4 回饋控制系統的方塊圖。控制器驅動其中的設備，設備受擾動後的輸出會驅動感測器，產生回饋訊號。然後將參考輸入減去回饋訊號，得到一個誤差訊號 $e(t)$，然後再驅動控制器。因此這個回饋迴路是封閉的。

無論任何事件，設備的運作均可用一連串的數學運算來描述，此數學運算因應設備的輸入 $v(t)$，與外在擾動 $v(t)$ 產生輸出 $y(t)$。在回饋迴路裡的感測器是用來測量設備輸出，並將它轉換成別種形式，通常是電子訊號。感測器輸出 $r(t)$ 是回饋訊號，將它與參考輸入訊號 $x(t)$ 比較後可得一個差值或誤差訊號 $e(t)$。此誤差訊號傳入控制器後會輸出制動訊號 (actuating signal) $v(t)$ 以控制設備的運行。具有單一輸入和單一輸出的控制系統稱爲*單一輸入/單一輸出系統* (*single-input, single-output system*，簡稱 SISO 系統)。當設備的輸入或輸出數目多於一個時，此系統稱爲*多重輸入/多重輸出系統* (*multiple-input, multiple-output system*，簡稱 MIMO 系統)。

這兩種系統中，若控制器是數位電腦或微處理器 (microprocessor)，則稱此系統爲*數位控制系統* (*digital control system*)。數位控制系統的使用變得越來越普及，因爲以數位電腦作爲控制器，具有使用上的彈性和控制上的高精確度。正因爲這些特性，數位控制系統會與前述的取樣、量化及編碼工作有關。

圖 1.5 是 NASA 太空梭發射時的照片，這艘太空梭用數位電腦作爲控制器。

圖 1.5　NASA 太空梭發射一景。(感謝 NASA 提供照片)

■ 1.3.3　微機電系統 (MICROELECTROMECHANICAL SYSTEMS)

微機電的快速發展，從商機來看，讓百萬個電晶體裝在單一矽晶片變得可能。由於矽晶片的發明，現今的電腦無論在價格上、尺寸上、功能上都比 1960 年代好得多了。以矽晶片爲基礎所建構的數位訊號處理器是數位無線通訊系統、數位相機等應用中不可或缺的部分。微細加工技術(Microfabrication technique) 導致微型矽感測器的發明，例如光偵測陣列(optical detector array) 帶來攝影技術的革命性創新。

除了純電子電路外，現在也可建構*微機電系統*(*microelectromechanical system*，簡稱MEMS)，合併了機械系統以及矽晶片的微電子控制電路。利用微機電系統，可製造更小型、功能更強大而且更少雜訊的「智慧型」感測器 ("smart" sensor) 與制動器，這些產品都有很廣泛的應用，例如保健用途、生物技術、汽車以及導航系統。微機電系統的製程是利用表面微機械製造技術，這項技術類似應用在電子矽晶片的技術。從製程上來看，造成 MEMS 迅速發展主要有兩項原因：

▶ 因為我們對薄膜的機械特性有更深的瞭解，尤其是對多晶矽 (polysilicon)，這是建構可移動元件的基礎。

▶ 發展與利用反應式離子蝕刻技術，可準確定出粒子沉積在薄膜上的位置與相關特性。

圖 1.6(a)顯示側向電容式加速規的結構圖。這個儀器中的標準質量 (proof mass) 上附有許多移動式感測樑 (moving sense finger)，而標準質量以某種方法懸浮著，因此可與基板有相對移動。移動式感測樑插入附著於支撐結構上的固定式片板之間。這些片板的間隔形成了*感測電容器* (*sense capacitance*)，而感測電容器的值取決於標準質量的位置。當加速度使標準質量的位置移動時，這個裝置的電容大小會跟著改變。這個改變量可利用微電子控制電路系統檢測出來，所以可接著算出加速度值。感測方向是在標準質量的平面，因此命名為「橫向」。

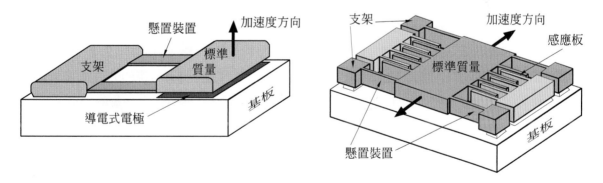

圖 1.6　(a)橫向電容式加速規。圖(b)部分繪於下頁。(感謝 Navid Yazdi、Farroh Ayazi、以及 Khalil Najaf，提供在 *Micromachined Inertial Sensors* 論文中的圖片，Proc. IEEE，vol. 86，No. 8，August 1998. c1998 IEEE 期刊)

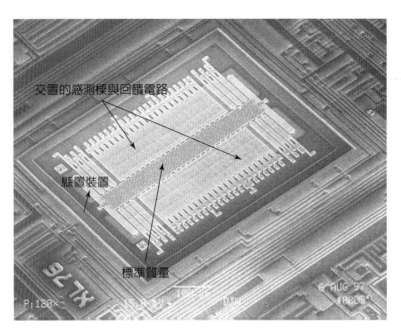

交置的感測樑與回饋電路

縣置裝置

標準質量

圖 1.6 (接續上頁) (b) 在 SEM 下，Analog Devices 公司出產的 ADXLO5 (以表面微機械技術製造的多晶矽加速規) 的圖片。(感謝 IEEE 與 Analog Devices 提供照片)

　　圖 1.6(a)中的加速規是以*微機械技術 (micromachining)* 製造的，因爲感測器與電子控制電路組合在一個單晶片上。圖 1.6(b)呈現的是在掃瞄式電子顯微鏡 (scanning electron microscope，簡稱 SEM) 下，由 Analog Devices 有限股份公司研發出產的 AD-XLO5 (多晶矽加速規) 的圖。

　　用來建構加速規的基礎微機械結構技術也可用來建造*陀螺儀 (gyroscope)*，陀螺儀是用來量測系統的角運動。因此陀螺儀很適合應用於自動飛行控制系統。陀螺儀的操作原理是根據*角動量守恆定律 (the law of conservation of angular momentum)*而來，角動量守恆定律是說，若外界對由不同物件 (或粒子) 構成的系統並未產生轉矩 (external torque) ，則此系統的角動量維持不變。一個驗證陀螺儀效應的方法如下，坐在轉椅上並且用雙手托住以水平方向爲軸旋轉中的輪子。現在，若將旋轉中輪子的軸轉爲垂直方向，整個系統爲了保持平衡，依據角動量守恆定律，會發生一件令引人注目的事：坐在轉椅上的人和椅子都會以跟輪子旋轉方向相反的方向旋轉。

　　以 MEMS 的觀點來解說，陀螺儀使用了兩個相鄰的標準質量。在交叉放置的感測樑上施以電壓，引起標準質量以反相 (antiphase) 振動，而頻率爲這個結構的共振頻率 1 kHz 到 700 kHz。由運動造成*科氏力(Coriolis force)* 產生一個轉矩，因此標準質量會垂直移動。這個位移隨後被位於標準質量下方的電容式感測器量測，因此可判定該標準質量的運動方式。

■ 1.3.4 遙測 (REMOTE SENSING)

遙測 (Remote sensing) 是指,與待測的物體並沒有直接接觸而獲取資訊的過程。基本上,資訊的獲取是透過*偵測與測量目標物施於該物周圍區域力場的變化*,所謂場可以是電磁場、聲場、磁場或重力場等等,取決於所作用的方式。獲取資訊的方式有兩種:一種是*被動的方式 (passive manner)*,藉著接收並處理由物體自然發射的場(訊號);另一種採*主動的方式 (active manner)*,對物體發射特定的場(訊號),並處理所得到的回波 (echo,即是傳回的訊號) 來獲取資訊。

這是相當廣義的"遙測"定義,因為其中可使用任何可能的場。然而實際上,"遙測"一詞通常是稱呼電磁場的探測,利用技術取得涵蓋整個電磁頻譜的資訊。這就是我們此處想探討的狹義形式的遙測。

自從 1960 年代起,遙測的範圍已經大幅提升,這歸功於下列兩項技術的研發:衛星與行星探測器,可做為太空平台,以及,數位訊號處理技術,可從感測器所產生的數據擷取資訊。尤其是在地球軌道衛星上的感測器提供極具價值的資訊,例如全球天氣圖、雲的動態、地球表面植被隨四季的變遷、海洋表面溫度等等。最重要的是這些探測以可靠的方式進行,並以連續觀測為基礎。在行星研究中,太空感測器已經提供給我們各種行星表面的高解析影像,這些影像揭露了新的物理現象,其中有些與我們在地球上所熟悉的相似,而有些是完全不一樣的。

電磁頻譜的範圍從低頻率的無線電波開始,再來依序是微波、次毫米波、紅外線、可見光、紫外線、X-射線,到 γ-射線。很不幸地,訊號感測器本身只能偵測一小部分的電磁頻譜,因為感測機制是利用電磁波與物質的交互作用,而此交互作用會受到觀測物的部分物理性質所影響。因此,假如我們試圖詳細研究某個行星表面或大氣層,則必須同時使用涵蓋較大範圍電磁頻譜的多重感測器 (multiple sensor)。舉例來說,為了研究某個行星的表面,我們也許需要一組能偵測下列所選擇波段的感測器:

▶ *雷達感測器 (Radar sensor)*,可蒐集行星表面的物理性質資訊 (例如行星表面的地形、粗糙度、濕度與介電常數)。

▶ *紅外線感測器 (Infrared sensor)*,用來量測行星近地表的熱力性質。

▶ *可見光與近紅外線感測器 (Visible and near-infrared sensor)*,可提供關於行星表面化學成份的資訊。

▶ X-射線感測器,可提供行星上放射性物質的資訊。

我們用電腦處理這些由高度多樣化的感測器所產生的數據,並將其轉換成一組影像,藉著整合這些影像,能增廣我們對行星表面科學知識的瞭解。

在眾多電磁感測器中,有一種特殊型式的雷達,叫做 "*合成孔徑雷達(synthetic-aperture radar*,SAR)",以其獨特的影像系統而在遙測領域中特別引人注目。合成孔徑雷達具有下列吸引人的特質:

▶ 在任何氣候下,無論白天或黑夜都可運作。

▶ 無論感測器的高度或波長為何,都具有高解析度的影像。

圖 1.7　透過位於軌道上的太空梭影像雷達 (Shuttle Imaging Radar,簡稱 SIR-B) 拍攝成對的立體雷達影像,所合成的莎斯塔山 (位於美國加州) 一景。(感謝噴射推進實驗室,Jet Propulsion Laboratory,提供資料)

想要從接收雷達獲得高解析度的影像需配合使用大型孔徑的天線。然而,從實際的觀點來看,搭在飛機平台或太空載具平台上的天線尺寸有其實際限制。在 SAR 系統中,一個大型的孔徑是利用訊號處理方式來合成,因此稱作 "合成孔徑雷達"。合成孔徑雷達背後的關鍵概念是,沿著直線以等距放置的一組陣列天線,其作用等效於沿此直線以等速移動的單一天線。但上述觀念需滿足下列條件才能成立:在陣列線上各個等距天線所接收的訊號是*同調記錄的(coherently recorded)*,也就是說,讓各接收訊號中,振幅與頻率之間的關係維持一定。同調紀錄可確保由單一天線所接收的訊號,能對應於等效陣列天線的個別元件所接收的訊號。為了由此單一天線訊號中獲得高解析度的影像,我們需要極複雜的訊號處理程序。訊號處理中一項很重要的運算就是*傅立葉轉換 (Fourier transform)*,數位電腦利用傅立葉轉換建立一套很有用的演算法，稱為*快速傅立葉轉換*(*fast Fourier transform*，簡稱 FFT)。訊號的傅立葉分析是本書的重點之一。

圖 1.7 是莎斯塔山 (位於美國加州) 的照片，這是利用地球軌道上，太空梭影像雷達(Shuttle Imaging Radar，簡稱 SIR-B) 所拍攝的一對立體雷達影像所合成的。這本書的封面是同一座山的照片，但是它是在電磁波的可見光區段拍攝而得。

1.3.5　生物醫學訊號處理 (BIOMEDICAL SIGNAL PROCESSING)

生物醫學訊號處理的目標是從生物訊號中取出所需資訊。透過這些資訊，我們能更加瞭解生物機能的基本機制，並且可以幫助醫生作診斷或治療某些疾病。人體有許多種*生物訊號* (*biological signal*)，追蹤神經細胞群或肌肉細胞群的電位活動可以發現這些訊號。在腦中的神經細胞通常稱為*神經元* (*neuron*)。圖 1.8 顯示了在猴子的大腦皮質中可辨認的各類神經細胞 (神經元)，這是根據主要體覺皮質區與運動皮質區的研究所得到的。此圖也說明了神經元有不同的形狀與大小。

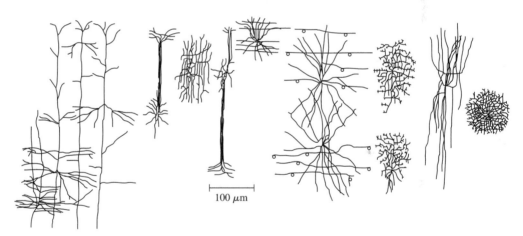

$100 \ \mu m$

圖 1.8　根據對主要體覺皮質區與運動皮質區的研究結果，我們在猴子的大腦皮質中可辨認出的各類神經細胞 (神經元)。(E. R. Kandel、J. H. Schwartz 與 T. M. Jessel 聯合發表於《Principles of Neural Science》，第三版，1991；感謝 Appleton 與 Lange 提供資料。)

無論訊號的來源為何，我們在處理生物醫學訊號時，都是先從生物狀況的時間記錄開始。舉例來說，心臟的電位活動是以*心電圖*(*electrocardiogram*，ECG) 作為記錄。ECG 顯示由電化學過程所造成的電位 (電壓) 的改變，而電化學過程則與心臟細胞內電激發的產生，以及電激發在空間中的傳遞有關。因此，我們可由 ECG 獲得心臟的運作細節。

生物訊號的另一個重要例子是*腦波圖*(*electroencephalogram*，EEG)。EEG 記錄腦中一群神經元電位活動的波動。具體而言，EEG 測量的是當電流流經一群神經元時，電場如何變化。要記錄 EEG (或 ECG，依需要而定)，至少需要兩根電極。一個電極放置在待測神經細胞之處，另一個參考電極放置在遠離待測部位之處；腦電圖量測電極與參考電極之間的電壓或電位差。圖 1.9 顯示 EEG 的三個例子，記錄了老鼠的海馬體腦波訊號。

在生物醫學訊號處理中，例如 ECG、EEG，或其他生醫訊號，有一個重要的議題是人工雜訊的檢測與抑制。人工雜訊 (artifact) 指的是待測生物事件以外，其他事件所產生的訊號。在生物訊號處理的不同階段中，會產生許多相異的人工訊號。我們將各類人工訊號整理如下：

▶ *儀器雜訊* (Instrumental artifacts)，使用儀器所造成的雜訊。例如，記錄器會把來自於主電源供應器的 60Hz 干擾訊號記錄起來。

▶ *生物雜訊* (Biological artifacts)，一種生物訊號會受另一種生物訊號的雜訊影響或干擾。例如，我們可由 EEG 觀察到因心跳造成的電位偏移。

▶ *分析雜訊* (Analysis artifacts)，在處理生物訊號的過程中，對待測情況的重製而衍生的雜訊。

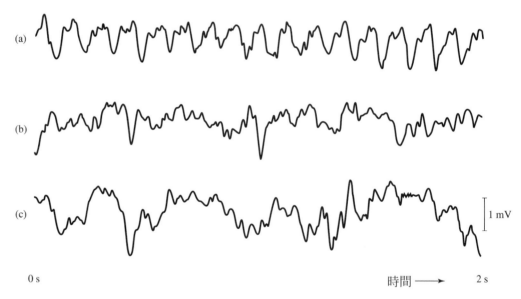

圖 1.9　圖(a)、(b)、(c)記錄了老鼠海馬體的 EEG。在神經生物學研究裡，科學家認為海馬體在學習與記憶方面，可能扮演很重要的角色。

在某種程度上，分析雜訊是可控制的。舉例來說，在處理數位訊號時，只要將量化器中離散振幅位準增加到足夠大的數目，便能夠在所有實際的應用上，將量化訊號樣本所導致的捨入誤差減少到可忽略的程度。

然而又要如何控制儀器雜訊與生物雜訊呢？通常我們利用濾波 (filtering) 來降低

這些雜訊帶來的效應。*濾波器 (filter)*是一種系統，它讓某段頻率範圍內的訊號通過，這段頻率稱為濾波器通帶 (filter passband)，並且移除其他頻率的訊號。假設我們對目標訊號有一些瞭解，則可先估測目標訊號中重要部分的頻率範圍在哪。然後再設計一個濾波器，它的通帶符合目標訊號頻率的範圍，而在此頻率通帶外的雜訊會被這個濾波器移除。

基本上，我們假設目標訊號與雜訊的頻帶並沒有重疊。然而，如果這兩個頻帶彼此重疊，則濾波問題變得較棘手，解答的方法超出本書的範圍。

■ 1.3.6　聽覺系統 (AUDITORY SYSTEM)

我們再來要討論的是系統的最後一個例子，關於哺乳類的聽覺系統，聽覺系統的功能在於從各自的聽覺頻率範圍內，區別與辨認複雜的聲音。

聲音是物體振動所產生的，例如聲帶的振動和琴弦的撥動。這些振動會壓縮與膨脹周遭的空氣 (也就是增加或降低空氣的壓力)。此擾動因而由聲源向外傳播，產生疏密交替的*聲波 (acoustical wave)*。耳朵，也就是聽覺器官，則對進入的聲波有所反應。耳朵分成三個主要的部分，每一部分都有獨特的功能：

▶ *外耳 (outer ear)* 幫助收集聲音。

▶ *中耳 (middle ear)* 提供音抗 (acoustic impedance)，讓空氣與耳蝸內的液體產生共振，並將進入的聲音轉換成鼓膜 (tympanic membrane，也稱為耳鼓，eardrum) 的振動，使聲音能以有效率的方式傳入內耳。

▶ *內耳 (inner ear)* 將從中耳傳入的力學振動，轉換成"電化學"訊號或"神經"訊號，並將訊號傳回大腦。

內耳由*耳蝸 (cochlea)* 構成，是螺旋構造、充滿液體的骨質管。因聲音引起的鼓膜振動會由鏈結的聽小骨 (ossicle) 送至耳蝸的*卵圓窗(oval window)*。聽小骨的槓桿運動放大了鼓膜的力學振動。耳蝸的形狀越向內繞越小，就像圓錐一樣，因此耳蝸的*基部(base)* 是卵圓窗，而*頂部(apex)* 就是耳蝸的尖端。在耳蝸橫切面中間，被耳蝸撐開的中線即是基底膜 (basilar membrane)，當耳蝸越來越窄時，基底膜的厚度越來越寬。

鼓膜的振動透過*行進波(traveling wave)* 沿著基底膜前進，從卵圓窗開始向耳蝸內的遠端傳遞。行進波沿著基底膜傳播時，就像拉動一端固定住的繩索，會形成從拉動端向固定端傳播的波。如圖 1.10 所示，波在特定的位置振幅會達到波峰，這位置取決於傳入聲音的頻率高低。因此，雖然波本身沿著基底膜行進，但波封 (envelope of the wave) 對一個已定頻率而言卻是 "平穩的"。頻率越高，波峰越靠近基部 (此處基底膜厚度最窄而且被拉得最緊)。而頻率越低，波峰越靠近頂部 (此處基底膜的厚度最寬且最有彈性)。這就是說，當波沿著基底膜傳播時會有*共振(resonance)* 現象的發生，位於耳蝸的底部，波與基底膜的一端以 20,000Hz 的頻率共振，而位於耳蝸的頂部，波與基底膜的另一端以 20Hz 的頻率共振；基底膜的共振頻率從耳蝸的底部朝頂部逐漸減低。因此，空間上耳蝸的軸可說是具有音調區域性的次序，因爲在其上每個位置都與特定共振頻率或特定音調有關。

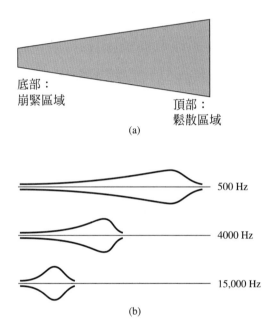

圖 1.10　(a)在此圖中，我們將耳蝸拉平後描繪基底膜，"底部" 與 "頂部" 指的是耳蝸，但 "繃緊區域" 與 "鬆散區域" 指的是基底膜。這張圖顯示了行進波沿著基底膜傳播時所產生的波封，聽到的聲音會產生三種不同頻率的波封。

底膜是一種*散佈介質(dispersive medium)*，在其中高頻的傳播速度慢於低頻。在一個散佈介質中，我們能區分兩種速度：相速 (phase velocity) 和群速 (group velocity)。相速指的是波峰或波谷沿著基底膜傳遞的速度，而群速是指波封與其能量的傳遞速度。

基底膜上按次序排列的毛細胞 (hair cell) 將基底膜的力學振動轉化成電化學訊號。毛細胞分成兩種：內毛細胞 (inner hair cell) 與外毛細胞 (outer hair cell)，後者的數目比前者多得多。外毛細胞是可動 (motile) 細胞，也就是說，它們能改變自己的長度或者其他力學特徵，科學家相信這種性質是負責回應基底膜的振動所造成壓縮的*非線性效應 (compressive nonlinear effective)*。有證據顯示外毛細胞能使從基底膜傳入腦部的音調曲線變得更分明。然而，內毛細胞是負責*聽覺轉導 (auditory transduction)* 的主要部位。利用內毛細胞的末端，神經元傳送關於自身活化作用的資訊，將其送到其他位於大腦的神經元或神經細胞的感受表面；這個接觸位置稱為*突觸* (synapse)。因此，在基底膜上，每一聽覺神經元都對特定的位置的內毛細胞「形成突觸」 (synapse) (也就是，建立聯繫)。突觸與內毛細胞接觸的神經元很靠近基底膜的底部，它們是神經束的末稍，並且它們會規則地靠向觸碰基底膜的頂部，而基底膜也會朝向神經束的中心運動。在解剖學上，基底膜的聽覺組織因而被歸類成聽覺神經之一。內毛細胞也具有*整流* (rectification) 與*壓縮* (compression) 的機制。所產生的力學訊號可近似成經半波整流 (half-wave rectified) 的訊號，因而力學訊號只反應基底膜的單向運動。再者，此力學訊號是非線性壓縮的，因此大範圍傳入聲音的強度被化簡成可操控的電化學位能的變動。如此產生的電化學訊號再被傳至腦中，這些訊號再經過處理成聽覺的感受。

總而言之，耳蝸中處理聲音的過程是生物系統中的絕佳範例，它如同*濾波器組* (bank of filters) 般地運作，可調選各種不同的頻率，並且運用非線性處理來減少聽到聲音的動態範圍。即使在生活中有數以萬計不同強度的聲音，我們仍然可以利用耳蝸來區分與辨別複雜的聲音。

■ 1.3.7 類比與數位訊號處理 (ANALOG VERSUS DIGITAL SIGNAL PROCESSING)

關於用來建造通訊系統的訊號處理運算，例如控制系統、訊號處理、微機電系統、遙測裝置和處理生物訊號的儀器等等，在前面所列舉的各類訊號處理應用中，有兩種本質上不同的訊號處理方式：(1)類比式或連續時間式，與(2)數位式或離散時間式。類比式主導了訊號處理多年，而且對許多應用而言，至今仍是可行的方法。誠如其名，*類比訊號處理* (analog signal processing) 需使用類比電路元件，例如電阻、電容、電感、電晶體放大器、二極體…等等。對照之下，*數位訊號處理* (digital signal processing) 需要三種數位電腦元件：加法器與乘法器(用以演算操作)和記憶體(用以儲存)。

類比方法的主要特性是，它可以精確地解出描述物理系統的微分方程式，不必訴諸於近似解。此外，類比答案是即時 (real time) 表示的，不論輸入訊號的頻率範圍，因為類比方式的運算所蘊含的機制，本質上是符合自然法則的。相反地，數位方法在運算時需要用到數值計算。執行這些運算所需的時間，決定了此數位處理方法是否能即時操作 (亦即，是否能跟上輸入訊號的改變)。換句話說，類比方法一定具有即時處理能力，而數位方法就不盡然如此。

然而，數位訊號處理具有以下幾個類比訊號處理所不及的優點：

▶ *富有彈性 (flexibility)*，相同的數位式機器 (硬體) 可執行不同用途的訊號處理運算 (例如，濾波)，只要改變讀入此機器的軟體 (程式) 即可辦到。如果是類比式機器，每次當訊號處理的規格改變時，系統就必需重新設計。

▶ *重複性 (Repeatability)*，這是指已定義的訊號處理運算 (例如，控制機器人)，只要是以數位方式執行，就可準確地不斷重複執行。與數位訊號處理相比，類比系統會遭遇參數變動的問題，電源供應器的電壓或是溫度的改變都是造成參數變動的因素。

然而，對一個已知的訊號處理運算，我們常發現使用數位方式比使用類比方式需要更複雜的電路。這是多年來的重大議題，但是如今已解決了。前面曾提及，矽晶式 VLSI 電路的持續發展使數位電子器材變得相當便宜。因此，我們有能力建造價格與類比系統相當的數位訊號處理系統，而且涵蓋廣大的頻率範圍，包含語音和影像訊號。最後我們要考慮的是，如何決定要用數位或類比方式來解決訊號處理問題呢？這僅僅取決於應用的目的、可獲得的資源以及建構系統所需的費用。值得注意的是，大部分的系統在實際製造時很自然地混合了類比與數位方式，因而結合了這兩者在處理訊號上的優點。

1.4 訊號的分類 (Classification of Signals)

本書中，我們只討論一維的訊號，並將它們定義為時間的單值函數。"單值" 指的是對於每個瞬時時間，此函數存在唯一的對應值。該函數值可以是實數，這個情況下我們稱它為*實數值訊號 (real-valued signal)*，或者，函數值也可以是複數，此時我們稱它是*複數值訊號 (complex valued signal)*。不過，在這兩個情況裡，自變數 (或稱做獨立變量，這裡是指時間) 都是實數。

對已知的狀況，最有用的訊號表示方式端賴於該訊號的特有形式。通常，基於不同特徵，我們對訊號的分類方式有五種：

1. *連續時間訊號 (continuous-time signal) 與離散時間訊號 (discrete-time signal)*

區分訊號的一種方法是以如何將它們定義為時間的函數來著手。在本書中，如果訊號 $x(t)$ 可定義為所有時間 t 的函數，則此訊號稱為連續時間訊號。圖 1.11 是連續時間訊號的例子，訊號的值或振幅會隨時間改變。當物理波形的訊號 (例如聲波或光波) 轉換成電子訊號時，自然產生的是連續時間訊號。這類訊號的轉換是由*轉換器 (transducer)* 所負責，舉例來說，麥克風將聲音壓力的變化轉換成相對應的電壓或電流變化；光電池 (photocell) 對光強度的變化也是進行一樣的轉換。

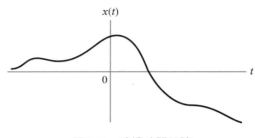

圖 1.11　連續時間訊號

　　與連續時間訊號相比，*離散時間訊號*卻僅以不連續的瞬時時間所定義。因此，訊號的自變數只有離散的值，通常是等距的分散。離散時間訊號通常是將連續時間訊號依照均勻速率加以*取樣 (sampling)* 後的結果。令 T_s 為取樣的週期，n 是正、負均可的整數。當時間 $t = nT_s$ 時，對連續時間訊號 $x(t)$ 取樣，可得到函數值為 $x(nT_s)$ 的樣本。為了便於表示，我們寫成

$$x[n] = x(nT_s), \qquad n = 0, \pm 1, \pm 2, \ldots. \tag{1.1}$$

因而，離散時間訊號可表示為數列 $\ldots, x[-2], x[-1], x[0], x[1], x[2], \ldots$，而且數列的值可取為接續的值。這類的數列被稱為*時間序列 (time series)*，記成 $\{x[n], n = 0, \pm 1, \pm 2, \cdots \}$，或者簡寫為 $x[n]$。本書採用後者的表示法。圖 1.12 顯示了連續時間訊號 $x(t)$ 與離散時間訊號 $x[t]$ 之間的關係，可從 (1.1) 式導出。

　　在全本書中，我們以符號 t 代表連續時間訊號的時間，以符號 n 代表離散時間訊號的時間。此外，圓括號 $(\cdot)$ 表示的是連續的量值，而方括號 $[\cdot]$ 表示的是離散的量值。

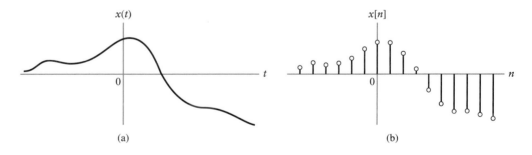

(a)　　　　　　　　　　　　　　　(b)

圖 1.12　(a) 連續時間訊號 $x(t)$。(b) 將 $x(t)$ 表示成離散時間訊號 $x[n]$。

2. *偶訊號 (even signal)* 與奇訊號 (odd signal)

若連續時間訊號滿足下列式子則稱為*偶訊號*：

$$x(-t) = x(t) \qquad \text{對所有的} t \text{而言均成立} \tag{1.2}$$

若訊號 $x(t)$ 滿足下列條件則稱為*奇訊號*：

$$x(-t) = -x(t) \qquad 對所有的 t 而言均成立 \tag{1.3}$$

換句話說，偶訊號*對稱* (symmetric) 於垂直軸或時間原點，而奇訊號對於時間原點是*反對稱* (antisymmetric) 的。類似的定義方法也適用於離散時間訊號。

範例 1.1

偶訊號與奇訊號　考慮下列訊號

$$x(t) = \begin{cases} \sin\left(\dfrac{\pi t}{T}\right), & -T \leq t \leq T \\ 0, & 其他條件 \end{cases}$$

請問訊號 $x(t)$ 是時間 t 的偶函數還是奇函數？

解答　以 $-t$ 取代 t，代入可得

$$x(-t) = \begin{cases} \sin\left(-\dfrac{\pi t}{T}\right), & -T \leq t \leq T \\ 0, & 其他條件 \end{cases}$$

$$= \begin{cases} -\sin\left(\dfrac{\pi t}{T}\right), & -T \leq t \leq T \\ 0, & 其他條件 \end{cases}$$

$$= -x(t) \qquad 對於所有的 t 值$$

滿足(1.3)式，因此，$x(t)$ 是奇訊號。

假設我們有一組任意的訊號，我們可運用奇偶函數的定義對它作奇偶分解 (even-odd decomposition)。因此，將訊號分解成下列兩個分量：

$$x(t) = x_e(t) + x_o(t)$$

其中 $x_e(t)$ 代表偶訊號，$x_o(t)$ 代表奇訊號；也就是說

$$x_e(-t) = x_e(t)$$

以及

$$x_o(-t) = -x_o(t)$$

將 $t = -t$ 代入 $x(t)$ 的表示式可得

$$x(-t) = x_e(-t) + x_o(-t)$$
$$= x_e(t) - x_o(t)$$

解出 $x_e(t)$ 以及 $x_o(t)$，得到

$$x_e(t) = \frac{1}{2}[x(t) + x(-t)]$$ (1.4)

以及

$$x_o(t) = \frac{1}{2}[x(t) - x(-t)]$$ (1.5)

範例 1.2

另一個偶訊號與奇訊號的例子　試求下列訊號的偶分量與奇分量

$$x(t) = e^{-2t} \cos t$$

解答　以 $-t$ 取代訊號 $x(t)$ 表示式中的 t，可得

$$x(-t) = e^{2t} \cos(-t)$$
$$= e^{2t} \cos t$$

因此，運用(1.4)式與(1.5)式解題，我們得到

$$x_e(t) = \frac{1}{2}(e^{-2t} \cos t + e^{2t} \cos t)$$
$$= \cosh(2t) \cos t$$

以及

$$x_o(t) = \frac{1}{2}(e^{-2t} \cos t - e^{2t} \cos t)$$
$$= -\sinh(2t) \cos t$$

其中 $\cosh(2t)$ 與 $\sinh(2t)$ 分別是時間 t 的雙曲正弦函數與雙曲餘弦函數。

▶ **習題 1.1**　試求下列訊號的偶分量與奇分量：

(a) $x(t) = \cos(t) + \sin(t) + \sin(t)\cos(t)$

(b) $x(t) = 1 + t + 3t^2 + 5t^3 + 9t^4$

(c) $x(t) = 1 + t\cos(t) + t^2\sin(t) + t^3\sin(t)\cos(t)$

(d) $x(t) = (1 + t^3)\cos^3(10t)$

答案：(a)

偶：　$\cos(t)$

奇：　$\sin(t)(1 + \cos(t))$

(b) 偶：　$1 + 3t^2 + 9t^4$

奇：　$t + 5t^3$

(c) 偶：　$1 + t^3\sin(t)\cos(t)$

奇：　$t\cos(t) + t^2\sin(t)$

(d) 偶：　$\cos^3(10t)$

奇：　$t^3\cos^3(10t)$　◀

　　對於複數值訊號而言，我們可能要先知道何謂*共軛對稱* (*conjugate symmetry*)。一個複數值訊號 $x(t)$ 被稱為共軛對稱它需符合以下條件

$$x(-t) = x^*(t) \tag{1.6}$$

其中星號代表共軛複數。令

$$x(t) = a(t) + jb(t) \text{，}$$

其中 $a(t)$ 是 $x(t)$ 的實部，$b(t)$ 是虛部，且 $j = \sqrt{-1}$ 。則 $x(t)$ 的共軛複數是

$$x^*(t) = a(t) - jb(t)$$

將 $x(t)$ 以及 $x^*(t)$ 代入(1.6)式得

$$a(-t) + jb(-t) = a(t) - jb(t)$$

使等號左右兩邊的實部與虛部分別相等，因此可得 $a(-t) = a(t)$ 與 $b(-t) = -b(t)$。由此可以得知，若複數值訊號 $x(t)$ 的實部是偶函數，而且虛部是奇函數，則此訊號就是共軛對稱。(類似的結論可推廣至離散時間訊號。)

▶ **習題 1.2**　圖 1.13(a) 與 (b) 中所示的訊號 $x_1(t)$ 與 $x_2(t)$ 分別是複數值訊號 $x(t)$ 的實部與虛部。請問 $x(t)$ 具有任何對稱性嗎？

答案：訊號 $x(t)$ 為共軛對稱。　◀

3.　*週期訊號* (*periodic signals*) 與*非週期訊號* (*nonperiodic signals*)

週期訊號是滿足下列條件的時間函數：

$$x(t) = x(t + T) \qquad \text{對所有的 } t \text{ 而言均成立} \tag{1.7}$$

其中 T 是大於零的常數。很明顯的，若 $T = T_0$ 時上述條件成立，則對於 $T = 2T_0$、$3T_0$、$4T_0$、⋯也都會成立。在所有滿足(1.7)式的 T 裡面，其中的最小值就稱為 $x(t)$ 的*基本*

週期 (fundamental period)。因而,基本週期 T 就是 $x(t)$ 經歷一個完整循環所需的時間。基本週期的倒數是週期訊號的*基本頻率* (fundamental frequency),它告訴我們訊號重複的頻繁程度,可寫成下列公式

$$f = \frac{1}{T} \tag{1.8}$$

頻率的單位是赫茲 (Hz) 或每秒循環幾次。而*角頻率* (angular frequency) 的單位是每秒幾個強度,公式如下

$$\omega = 2\pi f = \frac{2\pi}{T} \tag{1.9}$$

因為每個完整的週期含有 2π 強度。為了簡化起見,通常僅以 ω 表示頻率。

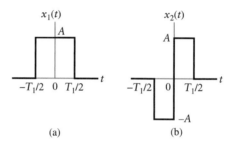

圖 1.13　(a) 連續時間訊號的例子。(b) 另一個連續時間訊號的例子。

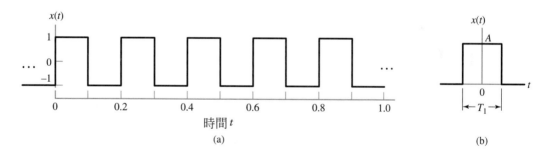

圖 1.14　(a)振幅為 $A=1$,週期為 $T=0.2$ 秒的方波。(b)振幅為 A,持續期間為 T_1 的矩形脈波。

若一個訊號 $x(t)$ 沒有任何滿足條件(1.7)式的 T 值,則稱為*非週期訊號* (aperiodic signal 或 nonperiodic signal)

圖 1.14(a)與(b)分別是週期訊號與非週期訊號的例子。這個週期訊號是振幅為 $A=1$,週期為 $T=0.2$ 秒的方波;而非週期訊號是振幅為 A,持續期間為 T_1 的矩形脈波。

➤ 習題 1.3　圖 1.15 中的是三角波。試求這個波的基本頻率，請分別以單位 Hz 與 rad/s 表示。

答案：5 Hz，或 10π rad/s。　　　　　　　　　　　　　　　　　　◀

前述的週期訊號與非週期訊號的分類方式只適用於連續時間訊號。接下來我們要討論離散時間的情況。若離散時間訊號 $x[n]$ 是週期訊號，則需滿足以下條件

$$x[n] = x[n + N] \qquad n\text{為整數} \tag{1.10}$$

其中 N 是正整數。滿足(1.10)式的最小整數 N 稱為離散時間訊號 $x[n]$ 的基本週期。而 $x[n]$ 的基本角頻率，或簡單地說，基本頻率，定義如下

$$\Omega = \frac{2\pi}{N} \tag{1.11}$$

在這個定義中所使用的單位是弧度。

我們必須注意(1.7)式與(1.10)式之間的差異。(1.7)式適用於週期性連續時間訊號，而且其基本週期 T 可以是任意正數。(1.10)式適用於週期性離散時間訊號，而其基本週期 N 的值只能是正整數。

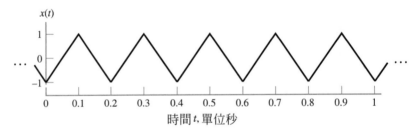

圖 1.15　習題 1.3 中的三角波，振幅介於 −1 與 +1 之間。

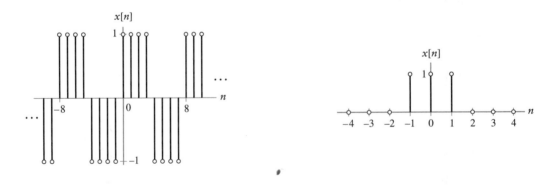

圖 1.16　振幅介於 +1 與 −1 之間的離散時間方波。　圖 1.17　由三個非零取樣組成的非週期性離散時間訊號。

在圖 1.16 與 1.17 中顯示了兩個離散時間訊號的例子；圖 1.16 中的訊號具週期性，而圖 1.17 中的訊號不具週期性。

➤ **習題 1.4** 試求在圖 1.16 中，離散時間方波的基本頻率。

答案： $\pi/4$ 弳度 ◀

➤ **習題 1.5** 判斷下列每個訊號是否為週期訊號，如果是，試求它的基本週期：

(a) $x(t) = \cos^2(2\pi t)$

(b) $x(t) = \sin^3(2t)$

(c) $x(t) = e^{-2t}\cos(2\pi t)$

(d) $x[n] = (-1)^n$

(e) $x[n] = (-1)^{n^2}$

(f) $x[n] = \cos(2n)$

(g) $x[n] = \cos(2\pi n)$

答案：(a) 週期訊號，基本週期是 0.5 秒

(b) 週期訊號，基本週期是(π)秒。

(c) 非週期訊號。

(d) 週期訊號，基本週期包含了 2 個取樣。

(e) 週期訊號，基本週期包含了 2 個取樣。

(f) 非週期訊號。

(g) 週期訊號，基本週期包含了 1 個取樣。 ◀

4. *定性訊號* (deterministic signal) 與*隨機訊號* (random signal)

所謂的*定性訊號*是指訊號在任何時間點都不會有不確定的值。因此，定性訊號能夠以完全明確的時間函數作為模型。圖 1.13 中的方波以及圖 1.14 中的矩形脈波，還有圖 1.16 與 1.17 中的訊號都屬於定性訊號的例子。

相反的，*隨機訊號*指的是訊號在未發生之前，會有不確定的值。這類的訊號可視為訊號的整體(ensemble)或訊號群的一部分，整體中的每個訊號都有不同的波形。而且，系集中的每個訊號都有一定的發生機率。訊號的整體可視為一個*隨機過程* (random process)。在收音機放大器，或在電視接收器中所產生的電氣*雜訊*就是一種隨機訊號。雜訊的振幅以完全隨機的方式在正值與負值之間變動。(在第 1.9 節中將會介紹一個典型的電氣雜訊波形。)隨機訊號的另一個例子是無線電通訊系統所接收的訊

號。這種訊號的組成包含了載有資訊的部份、干擾的成份，以及產生在無線電接收器前端，無法避免的電子雜訊。例如，載有資訊的成份也許是語音訊號，而該語音訊號通常是由持續時間不定，而且間隔距離不定的叢發 (burst) 所組成。干擾成分也許是其他在無線電接收器附近的通訊系統所滋生的電磁訊號。這三種訊號的總和就是無線電接收器收到的訊號，其本質上是完全隨機的。還有另一種隨機訊號，就是 EEG 訊號，以圖 1.9 的波形舉例說明之。

5. *能量訊號 (energy signal) 與功率訊號 (power signal)*

在電氣系統中，訊號可代表電壓或電流。考慮在電阻 R 兩端的電壓 $v(t)$，產生的電流為 $i(t)$，則電阻所消耗的*瞬時功率 (instantaneous power)* 定義如下

$$p(t) = \frac{v^2(t)}{R} \tag{1.12}$$

也可寫成

$$p(t) = Ri^2(t) \tag{1.13}$$

在這兩個公式中，瞬時功率 $p(t)$ 都正比於訊號振幅的平方。此外，當電阻的值取為 1 歐姆時，(1.12)式與(1.13)式具有相同的數學形式。因此，在訊號分析中，習慣上以 1 歐姆的電阻來定義功率，所以無論訊號 $x(t)$ 指的是電壓或電流，我們都能將訊號的瞬時功率表示為

$$p(t) = x^2(t) \tag{1.14}$$

根據這個慣例，我們將連續時間訊號的*總能量 (total energy)* 定義為

$$\begin{aligned} E &= \lim_{T \to \infty} \int_{-T/2}^{T/2} x^2(t)\, dt \\ &= \int_{-\infty}^{\infty} x^2(t)\, dt \end{aligned} \tag{1.15}$$

而且將訊號在時間上的平均功率 (time-averaged power 或 average power) 定義成

$$P = \lim_{T \to \infty} \frac{1}{T} \int_{-T/2}^{T/2} x^2(t)\, dt \tag{1.16}$$

由(1.16)式，很容易得知，當基本週期為 T 時，週期訊號 $x(t)$ 的平均功率是

$$P = \frac{1}{T} \int_{-T/2}^{T/2} x^2(t)\, dt \tag{1.17}$$

平均功率 P 的平方根稱為週期訊號 $x(t)$ 的*均方根 (root mean-square，*簡寫成 rms)值。

對於離散時間訊號 $x[n]$ 而言，(1.15)式與(1.16)式中的積分要改成相對應的加總。

因而，$x[n]$ 的總能量定義爲

$$E = \sum_{n=-\infty}^{\infty} x^2[n] \qquad (1.18)$$

而且它的平均功率定義爲

$$P = \lim_{N \to \infty} \frac{1}{2N} \sum_{n=-N}^{N} x^2[n] \qquad (1.19)$$

其次，由(1.19)式可得，基本週期爲 n 的週期訊號 $x[n]$ 的平均功率是

$$P = \frac{1}{N} \sum_{n=0}^{N-1} x^2[n] \qquad (1.20)$$

當訊號的總能量滿足下列條件時，我們稱它爲*能量訊號 (energy signal)*；反之亦然

$$0 < E < \infty$$

而當訊號的平均功率滿足下列條件時，稱爲*功率訊號 (power signal)*；反之亦然

$$0 < P < \infty$$

能量類型的訊號與功率類型的訊號是彼此不同類型的訊號。具體而言，能量訊號的平均功率一定是零，而功率訊號的能量則是無限大。並請注意到，週期訊號和隨機訊號通常是屬於功率訊號，而可決定訊號和非週期訊號通常視爲能量訊號。

➤ **習題 1.6**　(a) 請問圖 1.14(b)中矩形脈波的總能量爲何？

　　　　　　(b) 請問圖 1.14(a)中方波的平均功率爲何？

答案：(a) $A^2 T_1$　(b) 1　　　　　　　　　　　　　　　　◄

➤ **習題 1.7**　試決定圖 1.15 中三角波的平均功率。

答案：1/3　　　　　　　　　　　　　　　　　　　　　　◄

➤ **習題 1.8**　試決定圖 1.17 中離散時間訊號的總能量。

答案：3　　　　　　　　　　　　　　　　　　　　　　　◄

➤ **習題 1.9**　請將以下的訊號分類成能量訊號或功率訊號，並求出訊號的能量或平均功率。

(a)
$$x(t) = \begin{cases} t, & 0 \le t \le 1 \\ 2 - t, & 1 \le t \le 2 \\ 0, & \text{其他條件} \end{cases}$$

(b) $x[n] = \begin{cases} n, & 0 \le n < 5 \\ 10 - n, & 5 \le n \le 10 \\ 0, & \text{其他情況} \end{cases}$

(c) $x(t) = 5\cos(\pi t) + \sin(5\pi t), -\infty < t < \infty$

(d) $x(t) = \begin{cases} 5\cos(\pi t), & -1 \le t \le 1 \\ 0, & \text{其他情況} \end{cases}$

(e) $x(t) = \begin{cases} 5\cos(\pi t), & -0.5 \le t \le 0.5 \\ 0, & \text{其他情況} \end{cases}$

(f) $x[n] = \begin{cases} \sin(\pi n), & -4 \le n \le 4 \\ 0, & \text{其他情況} \end{cases}$

(g) $x[n] = \begin{cases} \cos(\pi n), & -4 \le n \le 4 \\ 0, & \text{其他情況} \end{cases}$

(h) $x[n] = \begin{cases} \cos(\pi n), & n \ge 0 \\ 0, & \text{其他情況} \end{cases}$

答案：

(a) 能量訊號，能量 $= \dfrac{2}{3}$

(b) 能量訊號，能量 $= 85$

(c) 功率訊號，功率 $= 13$

(d) 能量訊號，能量 $= 25$

(e) 能量訊號，能量 $= 12.5$

(f) 零訊號

(g) 能量訊號，能量 $= 9$

(h) 功率訊號，功率 $= \dfrac{1}{2}$

▌1.5　訊號的基本運算 (Basic Operations on Signals)

在訊號與系統研究裡有一項重要議題，就是如何使用系統來處理訊號或操控訊號。這個議題通常與某些基本運算的結合有關。特別地，我們可將訊號的運算分成兩類。

■ 1.5.1　應變數的運算 (OPERATIONS PERFORMED ON DEPENDENT VARIABLES)

調整振幅比例 (*Amplitude scaling*)。令 $x(t)$ 為一個連續時間訊號。若訊號 $y(t)$ 是 $x(t)$ 調整振幅比例後的結果，則

$$y(t) = cx(t) \tag{1.21}$$

其中 c 是比例因子 (scaling factor)。根據(1.21)式，$y(t)$ 的值是在每個瞬時時間 t，將時間 t 所對應的 $x(t)$ 值乘以純量 c。電子式放大器 (electronic *amplifer*) 就是能執行這種運算的裝置實例。電阻器也是一個可以調整振幅比例的例子，當 $x(t)$ 是電流，而 c 是電阻器的電阻值，那麼 $y(t)$ 就是輸出電壓。

對於離散時間訊號而言，調整振幅大小的方式類似於(1.21)式，我們可以寫出

$$y[n] = cx[n]$$

加法 (*Addition*)。令 $x_1(t)$ 與 $x_2(t)$ 為一組連續時間訊號。將訊號 $x_1(t)$ 與 $x_2(t)$ 相加而獲得的訊號 $y(t)$ 定義為

$$y(t) = x_1(t) + x_2(t) \tag{1.22}$$

常見的實例是音響的*混音器* (*mixer*)，可將音樂訊號與語音訊號結合在一起。

對於離散時間訊號而言，訊號加法的公式類似於(1.22)式，我們可寫出

$$y[n] = x_1[n] + x_2[n]$$

乘法 (*Multiplication*)。令 $x_1(t)$ 與 $x_2(t)$ 為一組連續時間訊號。則將 $x_1(t)$ 乘以 $x_2(t)$ 而得到的訊號 $y(t)$ 定義為

$$y(t) = x_1(t)x_2(t) \tag{1.23}$$

換句話說，對每個指定的時間 t 而言，$y(t)$ 的值是 t 所對應的 $x_1(t)$ 與 $x_2(t)$ 的乘積。常見的實例是*調幅無線電訊號* (*AM radio signal*)，其中 $x_1(t)$ 是由音頻訊號加上直流訊號所構成，而我們稱為載波的 $x_2(t)$ 則是由弦波所構成。

類似於(1.23)式，對於離散時間訊號而言，我們可寫出

$$y[n] = x_1[n]x_2[n]$$

微分 (*Differentiation*)。令 $x(t)$ 為一個連續時間訊號，則 $x(t)$ 對時間的微分定義為

$$y(t) = \frac{d}{dt}x(t) \tag{1.24}$$

電感器 (*inductor*) 是可執行微分運算的實例之一。令 $i(t)$ 為電流，流過電感為 L 的電感器，如圖 1.18 所示。則電感器兩端的電壓 $v(t)$ 定義為

$$v(t) = L\frac{d}{dt}i(t) \tag{1.25}$$

圖 1.18　流過電感器的電流為 $i(t)$，兩端的感應電壓為 $v(t)$。

圖 1.19　電流為 $i(t)$，電壓為 $v(t)$ 的電容器。

積分 (Integration)。令 $x(t)$ 為一個連續時間訊號，則 $x(t)$ 對時間 t 的積分定義為

$$y(t) = \int_{-\infty}^{t} x(\tau)\, d\tau \tag{1.26}$$

其中 τ 是積分變數。電容器就是常見的實例。令 $i(t)$ 表示 τ，流經電容為 C 的電容器之電流，如圖 1.19 所示。則電容器兩端的電壓 $v(t)$ 定義為

$$v(t) = \frac{1}{C} \int_{-\infty}^{t} i(\tau)\, d\tau \tag{1.27}$$

■ 1.5.2　自變數的運算 (OPERATIONS PERFORMED ON THE INDEPENDENT VARIABLE)

調整時間比例 (Time scaling)。令 $x(t)$ 為一個連續時間訊號，則以因子 a 調整自變數 (也就是時間 t) 的比例，而獲得的訊號 $y(t)$ 定義如下：

$$y(t) = x(at)$$

若 a > 1，則訊號 $y(t)$ 為訊號 $x(t)$ 經過*壓縮* (compressed) 的結果。若 $0 < a < 1$，則訊號 $y(t)$ 為訊號 $x(t)$ 經過*擴張* (expanded) 或 "拉長" (stretched) 的結果。圖 1.20 展示了這兩種運算。

對離散時間訊號的情況，可將公式寫成

$$y[n] = x[kn], \qquad k > 0$$

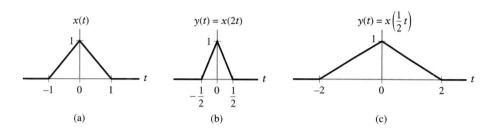

圖 1.20　時間比例調整運算：(a)連續時間訊號 $x(t)$，(b) $x(t)$ 以 2 倍壓縮的結果，(c)以 2 倍擴張 $x(t)$ 的結果。

其中 k 值需為整數才有意義。若 $k > 1$，則離散時間訊號 $y[n]$ 中會漏失一部分 $x[n]$ 的值，如圖 1.21 所示，其中 $k=2$。漏失的部分是 $n=\pm1$、±3、$\cdots$等等的取樣值 $x[n]$，因為取 $k=2$ 時，在 $x[kn]$ 中會跳過這些取樣。

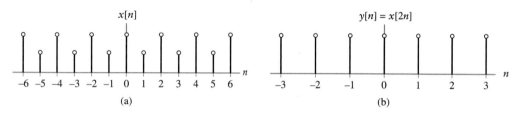

圖 1.21　對離散時間訊號調整取樣時間比例所產生的效果：(a)離散時間訊號 $x[n]$，(b)以 2 倍壓縮的訊號，遺失原來訊號 $x[n]$ 中的某些值，這是壓縮產生的結果。

➤ 習題 1.10　令

$$x[n] = \begin{cases} n & n\,為奇數 \\ 0 & 其他條件 \end{cases}$$

試求 $y[n] = x[2n]$。

答案：對所有的 n 而言，$y[n]=0$。　　　　　　　　　　　　　　　◀

　　反射 (Reflection)。令 $x(t)$ 為一個連續時間訊號，且令 $y(t)$ 是以 $-t$ 取代 t 所得的訊號，也就是

$$y(t) = x(-t)$$

訊號 $y(t)$ 是代表 $x(t)$ 對時間點 $t=0$ 反射的結果。

　　以下為兩個特別值得注意的情況：

　▶ 當 $x(t)$ 為偶訊號時，對於所有的 t 而言 $x(-t)=x(t)$；因此，偶訊號的反射就是它本身。

▶ 當 $x(t)$ 為奇訊號時，對於所有的 t 而言，$x(-t) = -x(t)$；因此，奇訊號的反射就是本身加負號。

離散時間訊號亦有相似的性質。

範例 1.3

反射　考慮圖 1.22(a)中的三角脈波，試求 $x(t)$ 對振幅軸 (就是原點) 的反射。

解答　如圖所示，以 $-t$ 取代訊號 $x(t)$ 的自變數 t，即可得它的反射 $y(t) = x(-t)$。

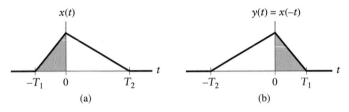

圖 1.22 反射的運算：(a)連續時間訊號 $x(t)$，(b) $x(t)$ 對原點的反射波形。

請注意這個範例，我們觀察得

$$x(t) = 0 \quad 當 t < -T_1 \text{ 而且 } t > T_2 \text{ 時成立}$$

相對地，我們發現

$$y(t) = 0 \quad 當 t > T_1 \text{ 而且 } t < -T_2 \text{ 時成立}$$

➤ **習題 1.11**　若離散時間訊號定義為

$$x[n] = \begin{cases} 1, & n = 1 \\ -1, & n = -1 \\ 0, & n = 0 \text{ 以及 } |n| > 1 \end{cases}$$

試求下列的合成訊號：

$$y[n] = x[n] + x[-n]$$

答案：對所有的整數 n 而言，$y[n] = 0$ 均成立。　　◀

➤ **習題 1.12**　若訊號定義如下，試重作習題 1.11 的合成訊號

$$x[n] = \begin{cases} 1, & n = -1 \text{ 和 } n = 1 \\ 0, & n = 0 \text{ 和 } |n| > 1 \end{cases}$$

答案：$y[n] = \begin{cases} 2, & n = -1 \text{ 和 } n = 1 \\ 0, & n = 0 \text{ 和 } |n| > 1 \end{cases}$ ◀

時間平移 (Time shifting)。令 $x(t)$ 為一個連續時間訊號，則訊號 $x(t)$ 的時間平移定義為

$$y(t) = x(t - t_0)$$

其中 t_0 是時間平移量。若 $t_0 > 0$，則 $y(t)$ 的波形為 $x(t)$ 沿時間軸向右平移所得的波形。若 $t_0 < 0$，則 $x(t)$ 向左平移。

範例 1.4

時間平移 圖 1.23(a)所示的是一個單位振幅與單位持續期間的矩形脈波。試求 $y(t) = x(t-2)$。

解答 本例中，時間平移量 t_0 是時間單位的兩倍。因此，將 $x(t)$ 向右平移兩個時間單位即可得矩形脈波 $y(t)$，請參考圖 1.23。脈波 $y(t)$ 的波形與原本的脈波 $x(t)$ 完全一樣，只不過沿時間軸平移了而已。

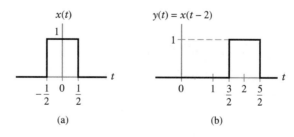

(a)　　　　(b)

圖 1.23　時間平移運算：(a)連續時間訊號波形是振幅為 1，持續期間為 1 的矩形脈波，且對稱於原點。(b) 將訊號 $x(t)$ 平移兩個時間單位所得的結果。

對於離散時間訊號而言，我們將時間平移定義成

$$y[n] = x[n - m]$$

其中平移量 m 必須為正整數或負整數。

➤ **習題 1.13** 若離散時間訊號定義爲

$$x[n] = \begin{cases} 1, & n = 1, 2 \\ -1, & n = -1, -2 \\ 0, & n = 0 \text{以及} |n| > 2 \end{cases}$$

試求經時間平移後的訊號 $y[n] = x[n+3]$

答案：$y[n] = \begin{cases} 1, & n = -1, -2 \\ -1, & n = -4, -5 \\ 0, & n = -3, n < -5 \text{ 以及 } n > -1 \end{cases}$ ◄

■ 1.5.3 時間平移與時間比例調整的順序規則 (PRECEDENCE RULE FOR TIME SHIFTING AND TIME SCALING)

令 $y(t)$ 是將另一個連續時間訊號 $x(t)$ 經過時間平移，以及時間比例調整之後所得的訊號，可寫成

$$y(t) = x(at - b) \tag{1.28}$$

上述 $y(t)$ 與 $x(t)$ 之間的關係式能滿足以下條件

$$y(0) = x(-b) \tag{1.29}$$

以及

$$y\left(\frac{b}{a}\right) = x(0) \tag{1.30}$$

這提供了利用相對應的 $x(t)$ 值來檢查 $y(t)$ 的好方法。

要對 $x(t)$ 進行時間平移與時間比例調整的運算來得到 $y(t)$，我們必須依照正確的運算順序。適當的順序是基於下列事實：時間比例運算是以 at 取代 t，而時間平移運算是以 $t-b$ 取代 t。因而，需先對 $x(t)$ 執行時間平移運算，得到中繼訊號

$$v(t) = x(t - b)$$

時間平移運算將 $x(t)$ 中的 t 代換成 $t-b$。接著，進行時間比例調整的運算，將 $v(t)$ 中的 t 代換成 at，就能得到我們想要求出的訊號

$$y(t) = v(at)$$
$$= x(at - b)$$

　　為了說明(1.28)式中所描述的運算在實際生活中的情況，我們舉錄音帶上的語音訊號為例子。如果用比原來錄音更快的速度播放，則得到語音訊號的壓縮版本(也就是，$a > 1$)。然而，如果用比原本錄音速度慢的速度播放，則得到語音訊號的擴張版本(也就是，$a < 1$)。假設b是大於零的常數，則代表播放錄音帶所延遲的時間。

範例 1.5

連續時間訊號的運算順序規則　圖 1.24(a)中，考慮的矩形脈波$x(t)$，具有單位振幅，且持續期間為兩個時間單位。試求 $y(t) = x(2t + 3)$

解答　本例中，我們得知$a = 2$以及$b = -3$。首先將脈波$x(t)$朝振幅軸的左邊移動三個時間單位，得到中繼訊號 $v(t)$，如圖 1.24(b)所示。再以$a = 2$的比例調整$v(t)$中的自變數t，得到圖 1.24(c)所示的訊號$y(t)$，這就是我們要的答案。

　　請注意，圖 1.24(c)所示的訊號$y(t)$同時滿足(1.29)式與(1.30)式中的條件。

　　假設我們故意不依照運算順序規則，也就是，先調整時間比例，再作時間平移。對圖 1.25(a)中的訊號進行倍數為 2 的時間比例運算，從而產生如圖 1.25(b)所示的中繼訊號 $v(t) = x(2t)$。再將 $v(t)$ 向左平移三個時間單位，得到圖 1.25(c)所示的訊號，此訊號定義如下

$$y(t) = v(t + 3) = x(2(t + 3)) \neq x(2t + 3)$$

因此，訊號 $y(t)$ 不能滿足(1.30)式。

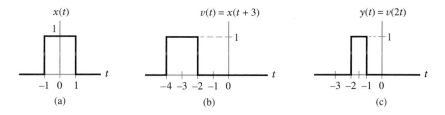

圖 1.24　在範例 1.5 中，對連續時間訊號執行時間比例運算與時間平移運算的正確順序。(a)具有單位振幅的矩形脈波$x(t)$，持續期間為 2.0，並且對稱於原點。(b)訊號$x(t)$經時間平移後的中繼訊號為 $v(t)$。(c)以 2 倍壓縮 $v(t)$ 所得到的訊號$y(t)$。

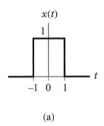

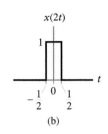

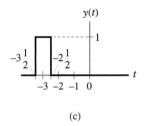

| (a) | (b) | (c) |

圖 1.25　錯誤的運算順序。(a)訊號 $x(t)$；(b)調整時間比例後的訊號 $v(t) = x(2t)$；(c)將 $v(t) = x(2t)$ 向左平移三個時間單位所得的訊號 $y(t) = x(2(t + 3))$。

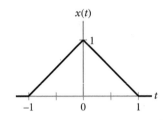

圖 1.26　習題 1.14 中的三角脈波。

▶▶ **習題 1.14**　考慮一個如圖 1.26 所描述的三角脈波 $x(t)$，請畫出 $x(t)$ 經下列各運算後所得的訊號。

(a) $x(3t)$　　　　　　　　　(d) $x(2(t + 2))$

(b) $x(3t + 2)$　　　　　　　(e) $x(2(t - 2))$

(c) $x(-2t - 1)$　　　　　　 (f) $x(3t) + x(3t + 2)$

答案：

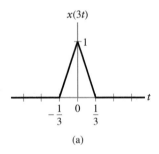

(a)

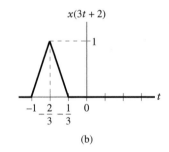

(b)

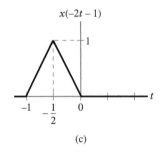

(c)

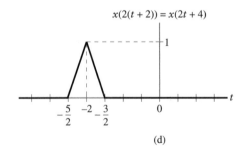

(d)

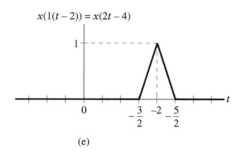

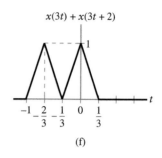

$x(1(t-2)) = x(2t-4)$

(e)

$x(3t) + x(3t+2)$

(f)

範例 1.5 清楚地說明了，當 $y(t)$ 是依據(1.28)式裡的定義並以 $x(t)$ 來表示時，則只要依照時間平移與時間比例調整的順序規則，我們就能得到正確的 $y(t)$。接下來，我們將會說明相同的規則也適用於離散時間訊號。

範例 1.6

離散時間訊號的運算順序規則 一離散時間訊號 $x[n]$ 定義如下：

$$x[n] = \begin{cases} 1, & n = 1, 2 \\ -1, & n = -1, -2 \\ 0, & n = 0 \text{ 以及 } |n| > 2 \end{cases}$$

試求 $y[n] = x[2n+3]$

解答 訊號 $x[n]$ 如圖 1.27(a)所示。將 $x[n]$ 向左平移三個時間單位後得到中繼訊號 $v[n]$，如圖 1.27(b)所示。最後，將 $v[n]$ 中的 n 作比例調整為 2n，即可得到如圖 1.27(c)所示的結果。

請注意，當我們把 $v[n]$ 壓縮成 $y[n] = v[2n]$ 時，$v[n]$ 將會遺失在 $n = -5$ 與 $n = -1$ 的非零取樣 (就是相對於原始訊號 $x[n]$ 在 $n = -2$ 與 $n = 2$ 的值)。

▶ **習題 1.15** 考慮下列的離散時間訊號

$$x[n] = \begin{cases} 1, & -2 \leq n \leq 2 \\ 0, & |n| > 2 \end{cases}$$

試求 $y[n] = x[3n-2]$

答案： $y[n] = \begin{cases} 1, & n = 0, 1 \\ 0, & \text{其他條件} \end{cases}$ ◀

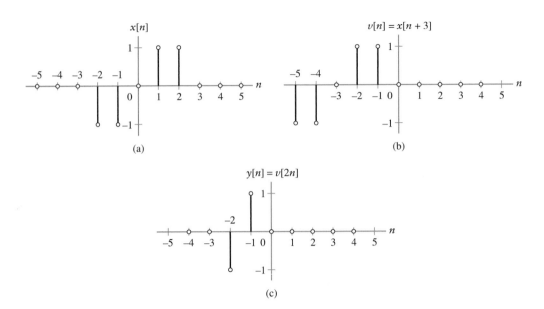

圖 1.27 對離散時間訊號執行時間比例調整運算以及時間平移運算的正確順序。(a)反對稱於原點的離散時間訊號 $x[n]$。(b)將 $x[n]$ 向左平移三個取樣時間後,所得的中繼訊號 $v[n]$。(c)將 $v[n]$ 以 2 倍壓縮所得的離散時間訊號 $y[n]$,結果因而遺失了兩個取樣:原始訊號 $x[n]$ 在 $n=-2$、$+2$的值。

1.6 基本訊號 (Elementary Signals)

在訊號與系統的研究裡,有幾種很重要的基本訊號。這些基本訊號是指數與正弦訊號、步階函數、脈衝函數,以及斜坡函數 (ramp function);這些訊號是架構更複雜訊號的基礎。這些函數本身也具有很重要的地位,因為它們可以用來模擬許多自然界發生的實際訊號。接下來,我們將逐一討論這些基本訊號。

■ 1.6.1 指數訊號 (EXPONENTIAL SIGNALS)

一般而言,實數指數訊號的形式可寫成

$$x(t) = Be^{at} \tag{1.31}$$

其中 B 與 a 都是實數參數。當時間 $t=0$,參數 B 就是指數訊號的振幅。依據 a 的正負值,我們可確認指數訊號的兩種特殊情況:

▶ *指數衰減訊號 (decaying exponential signal)*,當 a < 0。

▶ *指數成長訊號 (growing exponential signal)*,當 a > 0。

這兩種指數訊號的形式如圖 1.28 所示。圖(a)中的參數是 $a=-6$ 以及 $B=5$。圖(b)中的參數是 $a=5$ 以及 $B=1$。若 $a=0$,訊號會化簡成振幅為常數 B 的直流訊號。

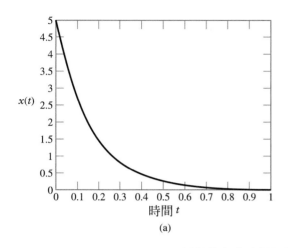

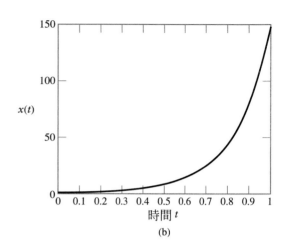

圖 1.28　(a)以指數衰減形式的連續時間訊號。(b)以指數成長形式的連續時間訊號。

考慮指數訊號的實例，即所謂的衰減電容 (lossy capacitor) 電路，請參考圖 1.29。電容器的電容是 C，損耗電壓的並聯電阻大小是 R。電容器兩端接上電池充電，當 $t=0$ 時移除電池。令 V_0 為電容器開始放電的初始電壓。由圖可知，當 $t \geq 0$ 時，電容的電壓會滿足下列的方程式：

$$RC\frac{d}{dt}v(t) + v(t) = 0 \tag{1.32}$$

其中 $v(t)$ 是在時間 t 時，電容兩端的電壓。(1.32)式是一*階微分方程式* (*differential equation of order one*)，而且其解為

$$v(t) = V_0 e^{-t/(RC)} \tag{1.33}$$

其中乘積項 RC 是所謂的*時間常數* (*time constant*)。(1.33)式說明了電容器兩端電壓隨時間呈現指數衰減，衰減的速率依時間常數 RC 而定。電阻器的 R 值愈大 (就是電容器的儲電會消耗得較少)，則 $v(t)$ 隨著時間衰減的速率會愈慢。

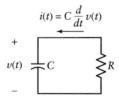

圖 1.29　損耗電容器，並聯電阻大小為 R。

上述的說明僅適用於連續時間訊號。對於離散時間，我們通常將實數指數訊號寫成

$$x[n] = Br^n \tag{1.34}$$

以下的定義確保了上式中訊號的指數性質

$$r = e^{\alpha}$$

其中 α 是某一個定值。圖 1.30 顯示了衰減形式與成長形式的指數離散時間訊號，分別對應於 $0 < r < 1$ 以及 $r > 1$。請注意，當 $r < 0$ 時，離散時間指數訊號 $x[n]$ 會隨 n 值交替出現正負值，因為當 n 為偶數時，r^n 大於零；而當 n 為奇數時，r^n 小於零。【譯者註：請讀者注意，這裡所提到 $r < 0$ 的情況必須要 α 為複數值才有可能發生；如果 α 是實數值，將使得 r 恆大於 0。更精確地說，α 的虛部必須是 $(2k+1)\pi$，而 k 是整數的形式時，使得 $exp(\alpha) = exp(Re\{\alpha\} + j(2k+1)\pi) = exp(Re\{\alpha\}) \cdot exp(j(2k+1)\pi) = (-1) \cdot exp(Re\{\alpha\})$ 成為一個負實數，其中 $Re\{\alpha\}$ 表示 α 的實部。以下本書將繼續討論複數值的情況。】

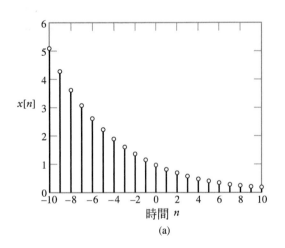
(a)

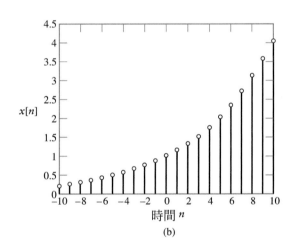
(b)

圖 1.30　(a)以指數形式衰減的離散時間訊號。(b)以指數形式成長的離散時間訊號。

在圖 1.28 與 1.30 中，指數訊號的值皆為實數。事實上，指數訊號也可以是複數值。複數指數訊號的數學式跟(1.31)式與(1.34)式都很類似，只有下列不同之處：對於連續時間的情況，(1.31)式中的參數 B、參數 a 皆可設為複數。同理，對於離散時間的情況，(1.34)式中的參數 B、參數 r 皆可假設為複數。常見的兩個複數指數訊號例子是 $e^{j\omega t}$ 與 $e^{j\Omega n}$。

■ 1.6.2 弦波訊號 (SINUSOIDAL SIGNALS)

通常我們將連續時間弦波訊號寫成

$$x(t) = A\cos(\omega t + \phi) \tag{1.35}$$

其中是 A 振幅，ω 是頻率 (單位為弳度/秒)，ϕ 是相位角 (單位是弳度)。圖 1.31(a)所示為弦波訊號的波形圖，其中 $A = 4$ 且 $\phi = +\pi/6$。弦波訊號是一種週期訊號，它的週期為

$$T = \frac{2\pi}{\omega}$$

我們能夠輕易地證明(1.35)式中弦波訊號的週期為 T 由

$$\begin{aligned}
x(t + T) &= A\cos(\omega(t + T) + \phi) \\
&= A\cos(\omega t + \omega T + \phi) \\
&= A\cos(\omega t + 2\pi + \phi) \\
&= A\cos(\omega t + \phi) \\
&= x(t)
\end{aligned}$$

這滿足了週期訊號的條件(1.7)式。

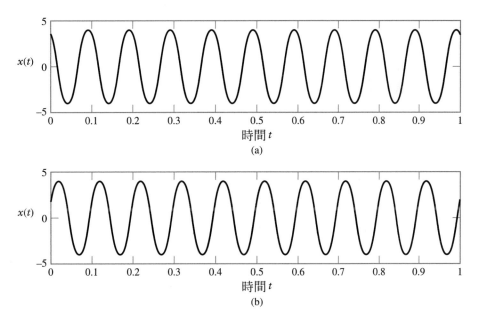

圖 1.31　(a)弦波訊號 $A\cos(\omega t + \phi)$，其中相位角 $\phi = +\pi/6$ 弳度。(b)弦波訊號 $A\sin(\omega t + \phi)$，
其中相位角 $\phi = +\pi/6$ 弳度。

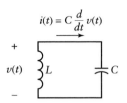

圖 1.32　LC 並聯電路，假設電感器 L 與電容器 C 均是理想元件。

　　為了解說如何產生弦波訊號，讓我們考慮圖 1.32 中的電路，其中的電感器與電容器是並聯的。假設在電路中這兩種元件皆是在"理想"狀態，也就是說，電壓因它們而造成的耗損非常微小，以致於可以忽略不計。令電容器兩端的電壓在 $t=0$ 時等於 V_0。當 $t \geq 0$ 時，電容兩端的電壓可以下列公式來描述

$$LC\frac{d^2}{dt^2}v(t) + v(t) = 0 \tag{1.36}$$

其中 $v(t)$ 是時間為 t 時，電容器兩端的電壓，C 是電容器的電容值，L 是電感器的電感值。(1.36)式是一個二階微分方程式 (differential equation of order two)，而且其解為

$$v(t) = V_0 \cos(\omega_0 t), \qquad t \geq 0 \tag{1.37}$$

其中

$$\omega_0 = \frac{1}{\sqrt{LC}} \tag{1.38}$$

是電路中振盪的自然角頻率 (natural angular frequency of oscillation of the circuit)。(1.37)式所描述的是一個弦波訊號，其振幅 $A=V_0$，頻率 $\omega=\omega_0$，而且相位角為零。

接著考慮離散時間弦波訊號，如下

$$x[n] = A\cos(\Omega n + \phi) \tag{1.39}$$

這個離散時間訊號不一定具週期性。若此離散時間訊號具有週期性，例如說，每 N 個取樣就是一個週期，則對所有的整數 n 與某一個整數 N 而言，必須滿足(1.10)式。以 $n+N$ 取代(1.39)式中的 n，可得

$$x[n + N] = A\cos(\Omega n + \Omega N + \phi)$$

為了滿足(1.10)式，我們通常需要下列條件

$$\Omega N = 2\pi m \qquad \text{弳度}$$

或者

$$\Omega = \frac{2\pi m}{N} \text{ 弳度/樣本 } , \quad m 和 N 為整數 \tag{1.40}$$

在這裡要注意的重點是,不同於連續時間訊號,並非任意的 Ω 值代入離散時間弦波系統都會得到週期性。具體地說,若(1.39)式中的離散時間弦波訊號是週期訊號,則角頻率 Ω 必須是 2π 的有理數倍,如(1.40)式所示。圖 1.33 中的例子是由(1.39)式所定義的離散時間弦波訊號,其中 $A = 1$,$\phi = 0$,$N = 12$。

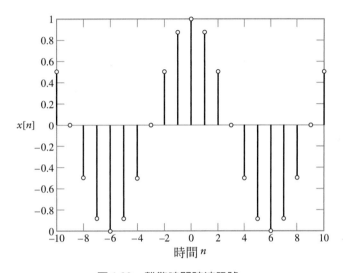

圖 1.33 離散時間弦波訊號。

也請注意,因為 ΩN 代表角度,它的單位是弳度。此外,由於 N 是訊號 $x[n]$ 中一個週期內所含的取樣數目,因此,Ω 的單位是弳度/樣本,如(1.40)式所示。

範例 1.7

離散時間弦波訊號　考慮一對具有相同角頻率的弦波訊號,如下所示:

$$x_1[n] = \sin[5\pi n]$$

以及

$$x_2[n] = \sqrt{3}\cos[5\pi n]$$

(a) 若兩者都具週期性,試求它們的共同基本週期。

(b) 將下列的合成弦波訊號

$$y[n] = x_1[n] + x_2[n]$$

表示爲 $y[n] = A\cos(\Omega n + \phi)$ 的形式，並且求出振幅 A 與相位 ϕ。

解答 (a) 訊號 $x_1[n]$ 以及 $x_2[n]$ 的角頻率均爲

$$\Omega = 5\pi \text{ 弳度/樣本}$$

由(1.40)式解得週期 N 爲

$$N = \frac{2\pi m}{\Omega}$$
$$= \frac{2\pi m}{5\pi}$$
$$= \frac{2m}{5}$$

要讓 $x_1[n]$ 與 $x_2[n]$ 都具有週期性，N 必須爲整數。因此，只有在 $m = 5$、10、15、…時，即 $N = 2$、4、6、…才可以滿足。

(b) 請回想三角恆等式

$$A \cos(\Omega n + \phi) = A \cos(\Omega n) \cos(\phi) - A \sin(\Omega n) \sin(\phi)$$

令 $\Omega = 5\pi$，則公式中等號的右邊與 $x_1[n] + x_2[n]$ 的形式一樣。所以我們可以得到

$$A \sin(\phi) = -1 \quad \text{和} \quad A \cos(\phi) = \sqrt{3}$$

因此

$$\tan(\phi) = \frac{\sin(\phi)}{\cos(\phi)} = \frac{x_1[n] \text{ 的振幅}}{x_2[n] \text{ 的振幅}}$$
$$= \frac{-1}{\sqrt{3}}$$

由此可知，$\phi = -\pi/3$ 弳度。將這個值代入以下公式

$$A \sin(\phi) = -1$$

解得振幅 A 爲

$$A = -1/\sin\left(-\frac{\pi}{3}\right)$$
$$= 2$$

因此，我們可將 $y[n]$ 表爲

$$y[n] = 2 \cos\left(5\pi n - \frac{\pi}{3}\right)$$

➤ **習題 1.16** 試求下列弦波訊號的基本週期

$$x[n] = 10\cos\left(\frac{4\pi}{31}n + \frac{\pi}{5}\right)$$

答案： $N = 31$ 個樣本。◄

➤ **習題 1.17** 考慮以下的弦波訊號：

(a) $x[n] = 5\sin[2n]$

(b) $x[n] = 5\cos[0.2\pi n]$

(c) $x[n] = 5\cos[6\pi n]$

(d) $x[n] = 5\sin[6\pi n/35]$

試決定每個 $x(n)$ 是否為週期訊號，如果是的話，請求出它的基本週期。

答案：(a) 非週期訊號。(b)週期訊號，基本週期 = 10。(c)週期訊號，基本週期 = 1。

(d) 週期訊號，基本週期 = 35。◄

➤ **習題 1.18** 試求使離散時間弦波訊號具週期性的最小角頻率，若基本週期分別如下(a) $N = 8$，(b) $N = 32$，(c) $N = 64$，以及(d) $N = 128$。

答案： (a) $\Omega = \pi/4$　(b) $\Omega = \pi/16$　(c) $\Omega = \pi/32$　(d) $\Omega = \pi/64$

■ 1.6.3　弦波訊號與複數指數訊號之間的關係 (RELATION BETWEEN SINUSOIDAL AND COMPLEX EXPONENTIAL SIGNALS)

考慮複數指數 $e^{j\theta}$，利用尤拉恆等式 (Euler's identity)，可以將它展開成

$$e^{j\theta} = \cos\theta + j\sin\theta \tag{1.41}$$

這表示我們可將(1.35)式的連續時間弦波訊號視為複數指數訊號 $Be^{j\omega t}$ 的實部，其中

$$B = Ae^{j\phi} \tag{1.42}$$

B 本身是複數。因此得到

$$A\cos(\omega t + \phi) = \text{Re}\{Be^{j\omega t}\} \tag{1.43}$$

其中 Re{ }表示的是括號內複數的實部。可以很容易證明(1.43)式：

$$Be^{j\omega t} = Ae^{j\phi}e^{j\omega t}$$
$$= Ae^{j(\omega t + \phi)}$$
$$= A\cos(\omega t + \phi) + jA\sin(\omega t + \phi)$$

即證明了(1.43)式。(1.35)式的弦波訊號是以餘弦函數定義的。當然，我們也能用正弦函數來定義連續時間弦波訊號，例如

$$x(t) = A\sin(\omega t + \phi) \tag{1.44}$$

這可以表示成複數指數訊號 $Be^{j\omega t}$ 的虛部。因此，我們可得到

$$A\sin(\omega t + \phi) = \text{Im}\{Be^{j\omega t}\} \tag{1.45}$$

其中 B 的定義如(1.42)式，且 Im{ }表示的是括號內複數的虛部。(1.44)式所定義的弦波訊號與(1.35)式的訊號不同之處在於兩者相差了 90°的相位角。也就是說，弦波訊號 $A\cos(\omega t + \phi)$ 落後弦波訊號 $A\sin(\omega t + \phi)$，如圖 1.31 所示，其中 $\phi = \pi/6$。

　　同理，在離散時間的情況下，我們可寫出

$$A\cos(\Omega n + \phi) = \text{Re}\{Be^{j\Omega n}\} \tag{1.46}$$

以及

$$A\sin(\Omega n + \phi) = \text{Im}\{Be^{j\Omega n}\} \tag{1.47}$$

其中 B 由 A 與 ϕ 來定義，如(1.42)式。圖 1.34 呈現了複數指數 $e^{j\Omega n}$ 的二維表示方式(也就是複數平面)，其中 $\Omega = \pi/4$ 且 $n = 0$、1、$\cdots$、7。每個值在實軸上的投影量為 $\cos(\Omega n)$，而在虛軸上的投影量為 $\sin(\Omega n)$。

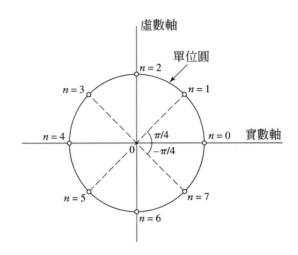

圖 1.34 複數平面中，單位圓上均勻分佈的八個點。每一點在實數軸上的投影為 $\cos(\pi/4n)$，而在虛數軸上的投影為 $\sin(\pi/4n)$，其中 $n = 0$，1，$\cdots 7$。

■ 1.6.4 指數衰減的弦波訊號
(EXPONENTIALLY DAMPED SINUSOIDAL SIGNALS)

將弦波訊號乘以實數值指數衰減訊號會產生新的訊號，稱爲*指數阻尼減幅的弦波訊號 (exponentially damped sinusoidal signal)*。更具體地說，將連續時間訊號 $A\sin(\omega t + \phi)$ 乘以指數訊號 $e^{-\alpha t}$ 可產生一個指數阻尼減幅的弦波訊號

$$x(t) = Ae^{-\alpha t}\sin(\omega t + \phi), \qquad \alpha > 0 \tag{1.48}$$

圖 1.35 所示爲 $A = 60$，$\alpha = 6$，$\phi = 0$ 的訊號波形。當時間 t 增加時，弦波振盪的振幅會呈指數型遞減，當時間趨近無限大時，振幅趨近於零。

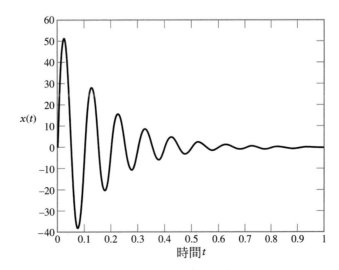

圖 1.35 指數阻尼減幅的弦波訊號 $Ae^{-\alpha t}\sin(\omega t)$，其中 $A = 60$ 而且 $\alpha = 6$。

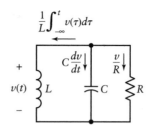

圖 1.36   *LRC* 並聯電路，假設其中的電感器 *L*、電容器 *C*、電阻器 *R* 都是理想元件。

為了說明如何產生指數阻尼減幅弦波訊號，考慮如圖 1.36 所示的並聯電路，此電路是由電容值為 *C* 的電容器，電感值為 *L* 的電感器，以及電阻值為 *R* 的電阻器所構成。令 V_0 為時間 $t=0$ 時電容器兩端的初始電壓，則此電路中電壓的方程式為

$$C\frac{d}{dt}v(t) + \frac{1}{R}v(t) + \frac{1}{L}\int_{-\infty}^{t} v(\tau)\, d\tau = 0 \tag{1.49}$$

其中 $v(t)$ 是 $t \geq 0$ 時電容器兩端的電壓。(1.49)式是*積分－微分方程 (integro-differential equation)*，而且它的解為

$$v(t) = V_0 e^{-t/(2CR)} \cos(\omega_0 t) \qquad t \geq 0 \tag{1.50}$$

其中

$$\omega_0 = \sqrt{\frac{1}{LC} - \frac{1}{4C^2R^2}} \tag{1.51}$$

在(1.51)式中，我們假設 $R > \sqrt{L/(4C)}$。比較(1.50)式與(1.48)式，可得 $A = V_0$，$\alpha = 1/(2CR)$，$\omega = \omega_0$，且 $\phi = \pi/2$。

在圖 1.29、1.32，以及 1.36 中的電路分別是指數訊號、弦波訊號，以及指數阻尼減幅弦波訊號的例子，它們很自然地可用來解決一些實際的問題。描述這些電路的式子分別為微分方程式(1.32)、(1.36)與(1.49)，我們之前已經說明過它們的解。至於解微分方程的方法，將在接下來的幾個章節介紹。

回到剛剛的問題，我們將(1.48)式的指數阻尼減幅弦波訊號，表示為離散時間的形式

$$x[n] = Br^n \sin[\Omega n + \phi] \tag{1.52}$$

要使得(1.52)式中的訊號隨時間呈指數阻尼減幅的話，參數 *r* 必須在 $0 < |r| < 1$ 的範圍之內。

▶ **習題 1.19**   在(1.51)式裡我們假設電阻 $R > \sqrt{L/(4C)}$，若這個條件對於(1.50)式中的波形 $v(t)$ 而言並不成立，也就是 $R < \sqrt{L/(4C)}$，會產生什麼樣的結果？

答案：若 $R < \sqrt{L/(4C)}$，則訊號 $v(t)$ 是由兩個阻尼減幅指數的和所構成，兩者的時間常數不同，其中一個為 $2CR/(1 + \sqrt{1 - 4R^2 C/L})$，另一個為 $2CR/(1 - \sqrt{1 - 4R^2 C/L})$ 。 ◀

➤ **習題 1.20**　考慮下列的複數值指數訊號

$$x(t) = Ae^{\alpha t + j\omega t} \qquad a > 0$$

對於以下各種情況，分別求出訊號的實部與虛部：

(a) α 為實數，且 $\alpha = \alpha_1$

(b) α 為虛數，且 $\alpha = j\omega_1$

(c) α 為複數，且 $\alpha = \alpha_1 + j\omega_1$

答案：(a) $\mathrm{Re}\{x(t)\} = Ae^{\alpha_1 t}\cos(\omega t)$; $\mathrm{Im}\{x(t)\} = Ae^{\alpha_1 t}\sin(\omega t)$

(b) $\mathrm{Re}\{x(t)\} = A\cos(\omega_1 t + \omega t)$; $\mathrm{Im}\{x(t)\} = A\sin(\omega_1 t + \omega t)$

(c) $\mathrm{Re}\{x(t)\} = Ae^{\alpha_1 t}\cos(\omega_1 t + \omega t)$; $\mathrm{Im}\{x(t)\} = Ae^{\alpha_1 t}\sin(\omega_1 t + \omega t)$ ◀

➤ **習題 1.21**　考慮以下的一對指數阻尼減幅弦波訊號

$$x_1(t) = Ae^{\alpha t}\cos(\omega t) \qquad t \geq 0$$

以及

$$x_2(t) = Ae^{\alpha t}\sin(\omega t) \qquad t \geq 0$$

假設 A、α、ω 都是實數，指數阻尼減幅因子 (exponential damping factor) α 是負值，而振盪頻率 ω 是正的，但振幅 A 可正可負。

(a) 試求一個複數值訊號 $x(t)$，其實部為 $x_1(t)$ 且虛部為 $x_2(t)$

(b) 下列式

$$a(t) = \sqrt{x_1^2(t) + x_2^2(t)}$$

定義了複數訊號 $x(t)$ 的波封 (envelope)。試求(a)小題中 $x(t)$ 的波封 $a(t)$。

(c) 請問波封 $a(t)$ 是如何隨時間變化？

答案：(a) $x(t) = Ae^{st}$, $\quad t \geq 0$, 其中 $s = \alpha + j\omega$

(b) $a(t) = |A|e^{\alpha t}$, $\quad t \geq 0$

(c) 在 $t = 0$ 之處，$a(0) = |A|$，而且 $a(t)$ 隨著時間 t 增加而呈指數遞減，當時間趨近無限大時，$a(t)$ 趨近於零。 ◀

■ 1.6.5 步階函數 (STEP FUNCTION)

離散時間的單位步階函數 (unit-step function) 定義如下

$$u[n] = \begin{cases} 1, & n \geq 0 \\ 0, & n < 0 \end{cases} \tag{1.53}$$

這個函數的圖形顯示於圖 1.37。

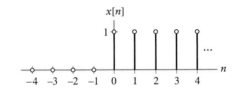

圖 1.37 具有單位振幅的離散時間步階函數。

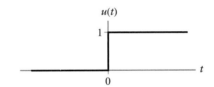

圖 1.38 具有單位振幅的連續時間步階函數。

而連續時間的單位步階函數定義為

$$u(t) = \begin{cases} 1, & t > 0 \\ 0, & t < 0 \end{cases} \tag{1.54}$$

圖 1.38 描繪了這個單位步階函數。值得注意的是，當 $t=0$ 時，$u(t)$ 的值在一瞬間從 0 變為 1，因此 $t=0$ 點上不具連續性。這就是我們不保留(1.54)式中等號的原因，也就是說，$u(0)$ 是無法定義的。

　　單位步階函數 $u(t)$ 是個相當容易拿來運用的訊號。以電學方面來說，例如在 $t=0$ 的瞬間，接上電池或開啟直流電源。而且單位步階函數是很有用的測試訊號，因為由系統輸入步階訊號後的輸出，即可得知此系統對於輸入訊號的突然改變，需要多少反應時間。類似的論述也適用於離散時間系統的訊號 $u[n]$。

　　下面這個範例中，將說明單位步階函數 $u(t)$ 也可用來建構其它的不連續波形。

範例 1.8

矩形脈波 考慮圖 1.39(a)中的矩形脈波，此脈波的振幅為 A，持續期間為 1 秒。試將 $x(t)$ 表成兩個步階函數的加權相加。

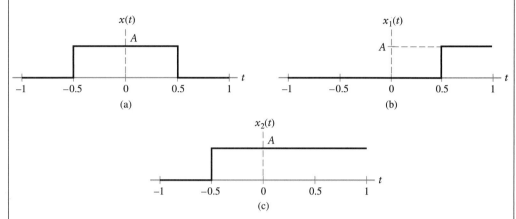

(a)

(b)

(c)

圖 1.39 　(a)對稱於原點，振幅為 A，持續期間為 1 秒的矩形脈波 $x(t)$。(b)振幅為 A，且向右平移 0.5 秒的步階函數。(c)振幅為 A，且向左平移 0.5 秒的步階函數。請注意，$x(t)=x_2(t)-x_1(t)$。

解答 將矩形脈波 $x(t)$ 寫成數學式

$$x(t) = \begin{cases} A, & 0 \le |t| < 0.5 \\ 0, & |t| > 0.5 \end{cases} \tag{1.55}$$

其中 $|t|$ 代表時間的絕對值。這個矩形脈波可用兩個時間位移步階函數相減來表示，這兩個步階函數 $x_1(t)$ 與 $x_2(t)$ 分別定義於圖 1.39(b)與 1.39(c)。根據該圖，我們可將 $x(t)$ 表示為

$$x(t) = Au\left(t + \frac{1}{2}\right) - Au\left(t - \frac{1}{2}\right) \tag{1.56}$$

其中 $u(t)$ 是單位步階函數。

範例 1.9

RC 電路 考慮如圖 1.40(a)中所示的簡單 RC 電路。假設起初，電容器 C 並無任何電荷。在 $t=0$ 時，將連接 RC 電路與直流電壓源 V_0 之間的開關閉合。試求 $t \ge 0$ 時，電容器兩端的電壓 $v(t)$。

解答 開關的動作可步階函數 $V_0u(t)$，請參考圖 1.40(b)中的等效電路。由於電容器

無法瞬間充電，而且開始時電容器是沒有電荷的，因此

$$v(0) = 0$$

當 $t = \infty$ 時，電容器已經充滿了電，因此

$$v(\infty) = V_0$$

由於電容器兩端的電壓會隨時間以時間常數 RC 呈指數增加，因此可將 $v(t)$ 表成

$$v(t) = V_0(1 - e^{-t/(RC)})u(t) \tag{1.57}$$

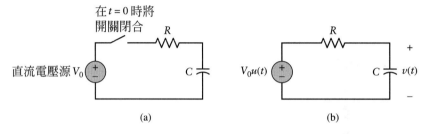

圖 1.40 (a)具有一個開關的 RC 串聯電路，當時間 $t = 0$ 時，開關閉合，電壓源開始供電
(b)等效的電路，以一個步階函數取代開關的動作。

➤ **習題 1.22** 考慮以下的離散時間訊號

$$x[n] = \begin{cases} 1, & 0 \le n \le 9 \\ 0, & \text{其他條件} \end{cases}$$

試利用 $u[n]$，將 $x[n]$ 表示成兩個步階函數的疊加。

答案：$x[n] = u[n] - u[n-10]$ ◀

■ 1.6.6 脈衝函數 (IMPULSE FUNCTION)

對於離散時間而言，*單位脈衝 (unit impulse)* 的定義為

$$\delta[n] = \begin{cases} 1, & n = 0 \\ 0, & n \ne 0 \end{cases} \tag{1.58}$$

(1.58)式如圖 1.41 所示。

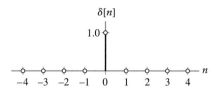

圖 1.41　離散時間的單位脈衝。

對於連續時間來說，單位脈衝是由下列這一對關係定義的：

$$\delta(t) = 0 \quad \text{for} \quad t \neq 0 \tag{1.59}$$

以及

$$\int_{-\infty}^{\infty} \delta(t)\, dt = 1 \tag{1.60}$$

(1.59)式表示除了原點以外，脈衝 $\delta(t)$ 都等於零。而(1.60)式表示在此單位脈衝下的總面積為一個單位面積。其實脈衝 $\delta(t)$ 就是所謂的*狄拉克 delta 函數* (*Dirac delta function*)。

離散時間單位脈衝的圖示是很直覺的，如圖 1.41 所示。相較之下，要想像出連續時間單位脈衝的圖形表示就需要花費比較多的心思。一種方法是將 $\delta(t)$ 視為單位面積矩形脈波的極限狀況，如圖 1.42(a)所示。具體來說，為了維持脈波圖形下的面積為一個單位，若脈波的持續期間減少了，就必須增加脈波的振幅。隨著脈波持續期間的減少，矩形脈波就會更近似脈衝。我們可確切地將結論歸納表示成數學式：

$$\delta(t) = \lim_{\Delta \to 0} x_\Delta(t) \tag{1.61}$$

其中 $x_\Delta(t)$ 可為任意的偶函數脈波，其持續期間為Δ，而面積為一個單位。脈波下的面積定義了脈衝的*強度* (*strength*)。因此，當我們提及脈衝函數時，事實上，是在說它的強度是一個單位。單位脈衝的圖示呈現在圖 1.42(b)。強度為 a 的脈衝可寫成 $a\delta(t)$，這脈衝是面積固定為 a，將持續期間由Δ趨近到零的矩形脈衝所得到的結果，如圖 1.42(c)所示。

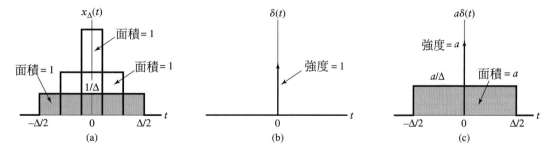

圖 1.42　(a)由單位面積矩形脈波到單位強度脈衝的發展過程。(b)單位脈衝的圖形符號。(c)強度為 a 的脈衝是將面積為 a 的矩形脈衝，將其持續期間由Δ趨近到零的結果。

脈衝 $\delta(t)$ 與單位步階函數 $u(t)$ 彼此之間是相關的，因為只要已知兩者之一，就可

唯一決定出另外一個。更具體地說，$\delta(t)$ 是 $u(t)$ 對時間 t 的微分

$$\delta(t) = \frac{d}{dt}u(t) \tag{1.62}$$

相反地，步階函數 $u(t)$ 是脈衝 $\delta(t)$ 對時間 t 的積分

$$u(t) = \int_{-\infty}^{t} \delta(\tau)\, d\tau \tag{1.63}$$

範例 1.10

RC 電路（續）　考慮圖 1.43 中的簡單電路，電容器原本無任何電荷，而且在 $t=0$ 時，瞬間將連接電容器與直流電壓源 V_0 的開關閉合起來。(這個電路與圖 1.40 中的電路一樣，只是現在這個電路的電阻為零。) 當 $t \geq 0$ 時，試求流過電容器的電流 $i(t)$。

解答　電源開關的動作等效於將電容器的兩端接上電壓源 $V_0 u(t)$，請參考圖 1.43(b) 中的電路。我們可將電容器兩端的電壓表示成

$$v(t) = V_0 u(t)$$

根據定義，流過電容器的電流為

$$i(t) = C\frac{dv(t)}{dt}$$

因此，對於本題，我們得到

$$i(t) = CV_0 \frac{du(t)}{dt}$$
$$= CV_0 \delta(t)$$

上面式子中的第二行，我們利用了(1.62) 式的結果。因此，流經圖 1.43(b)中電容器 C 的電流是強度為 CV_0 的脈衝電流。

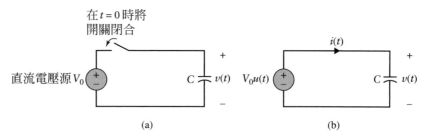

圖 1.43 (a)由電容器、直流電壓源以及開關所組成的串聯電路,當 $t=0$ 時,開關閉合。(b)等效電路,以步階函數 $u(t)$ 取代開關的動作。

根據,(1.61)式的定義,即可得知單位脈衝 $\delta(t)$ 是時間 t 的偶函數,亦即

$$\delta(-t) = \delta(t) \tag{1.64}$$

然而,為了讓 $\delta(t)$ 具有數學上的意義,$\delta(t)$ 必須是對時間積分的式子中,被積分函數的一個因式,而且嚴格來說,只有當被積分函數的其他因式在脈衝發生的時間點上是連續函數時才有意義。令 $x(t)$ 是滿足上述條件的這類函數,現在考慮 $x(t)$ 與時間平移 delta 函數 $\delta(t-t_0)$ 的乘積。依照(1.59)與(1.60)式,可將此乘積表示成

$$\boxed{\int_{-\infty}^{\infty} x(t)\delta(t - t_0)\, dt = x(t_0)} \tag{1.65}$$

我們假設在 $t=t_0$ 時 $x(t)$ 是連續的,此時正是單位脈衝發生的時間。

透過(1.65)式等號左邊的運算,得到了將 $x(t)$ 平移至時間 $t=t_0$ 的值 $x(t_0)$。因此,(1.65)式代表單位脈衝的*平移特性 (sifting property)*。有時我們會用這種性質來定義單位脈衝,實際上,(1.65)式合併了(1.59)與(1.60)式。

單位脈衝 $\delta(t)$ 的另一個特性是*時間比例調整特性 (time-scaling property)*:

$$\boxed{\delta(at) = \frac{1}{a}\delta(t), \quad a > 0} \tag{1.66}$$

為了證明(1.66)式,以 at 取代(1.61)式中的 t,可得

$$\delta(at) = \lim_{\Delta \to 0} x_\Delta(at) \tag{1.67}$$

為了表示函數 $x_\Delta(t)$,我們利用如圖 1.44(a)所示的矩形脈波,它的持續期間是 Δ,振幅是 $1/\Delta$,因此具單位面積。而時間比例調整函數 $x_\Delta(at)$ 的圖形表示於圖 1.44(b),其中 $a > 1$。時間比例調整運算並不會改變 $x_\Delta(at)$ 的振幅。因此,為了保持此脈波下方的面積為單位面積,$x_\Delta(at)$ 的振幅需乘上同樣的比例因子 a,如圖 1.44 (c)所示,圖中的時間函數即為 $ax_\Delta(at)$。將這個新函數 $ax_\Delta(at)$ 代入 (1.67) 式可得

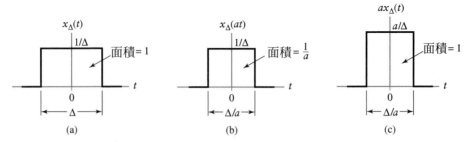

圖 1.44　證明單位脈衝的時間比例調整性質的幾個步驟。(a)對稱於原點，振幅為 $1/\Delta$，持續期間為 Δ 的矩形脈波。(b)以 a 倍壓縮的脈波 $x_\Delta(t)$。(c)將壓縮後脈波的振幅作比例調整，使其回復成單位面積。

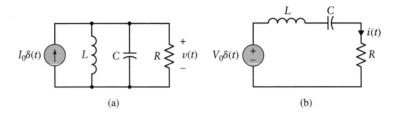

圖 1.45　(a)由脈衝電流訊號驅動的 LRC 並聯電路。(b)由脈衝電壓訊號驅動的 LRC 串聯電路。

$$\lim_{\Delta \to 0} x_\Delta(at) = \frac{1}{a}\delta(t) \tag{1.68}$$

由此可得 (1.66) 式。

在定義了單位脈衝以及描述單位脈衝所具備的性質之後，還有一個問題需要考慮，即單位脈衝的實際應用爲何？我們無法產生實際的脈衝函數，因爲它在 $t=0$ 時是振幅爲無限大的訊號，但在其他時間裡，振幅卻又爲零。然而，脈衝函數具有數學用途，因爲它可作爲持續期間極短、振幅極高的實際訊號的近似。系統對這類輸入訊號的響應可揭露許多系統的特性。舉例來說，考慮圖 1.36 中的 LRC 並聯電路，並假設此電路一開始並沒有電流流動。假定在 $t=0$ 時，近似於脈衝函數的電流訊號流入這個電路。令 $I_0\delta(t)$ 爲此脈衝電流訊號的加權表示，如圖 1.45(a)所示。當 $t=0$ 時，電感器呈現斷路 (或稱爲開路)，而電容器呈現短路。因此，全部的脈衝電流訊號 $I_0\delta(t)$ 均流入了電容器，造成在 $t=0^+$ 時，電容器兩端的電位突然增加到新的電壓值

$$\begin{aligned} V_0 &= \frac{1}{C}\int_{0^-}^{0^+} I_0\delta(t)d(t) \\ &= \frac{I_0}{C} \end{aligned} \tag{1.69}$$

在此，$t=0^+$ 與 $t=0^-$ 分別代表從正、負時間軸兩端趨近時間零的極限值。之後，這個電路無需額外的輸入即可動作。電容器兩端所導致的電壓值定義如(1.50)式。響應

$v(t)$ 稱為電路的*暫態響應* (*transient response*)，是將脈衝函數當作測試訊號輸入所得的結果。

▶ 習題 1.23 圖 1.45(a)中的 *LRC* 並聯電路與圖 1.45(b)中的 *LRC* 串聯電路組成了一對*偶極電路* (*dual* circuits)，因為用電壓 $v(t)$ 來描述圖 1.45(a)中電路，與用電流 $i(t)$ 來描述圖 1.45(b)中的電路，兩者的表示式在數學上是等義的。以之前探討並聯電路所得結果為已知，試針對圖 1.45(b)中的 *LRC* 串聯電路，回答下列問題；並假設它一開始也是沒有電流流動。

(a) 試求 $t=0^+$ 時，電流 $i(t)$ 的值。

(b) 對於 $t\geq0^+$，請用積分－微分方程式寫出電流隨時間的變化。

答案：(a) $I_0 = V_0/L$

(b) $L\dfrac{d}{dt}i(t) + Ri(t) + \dfrac{1}{C}\displaystyle\int_{0^+}^{t} i(\tau)\,d\tau = 0$

■ 1.6.7 脈衝函數的導數 (DERIVATIVES OF THE IMPULSE)

在做系統分析時，有時會遇到必須決定脈衝 $\delta(t)$ 的一階導數，或更高階導數的問題，我們必須小心注意這類議題。

從圖 1.42(a)，請回想脈衝 $\delta(t)$ 是持續期間為Δ，振幅為 1/Δ 的矩形脈波的極限形式。根據這個觀念，我們可將 $\delta(t)$ 的一階導數視為前述矩形脈波一階導數的極限值。

接著，依據範例 1.8，我們得知此矩形脈波等於步階函數 $(1/\Delta)u(t + \Delta/2)$ 減去步階函數 $(1/\Delta)u(t - \Delta/2)$。而由(1.62)式可知，單位步階函數的導數就是單位脈衝，因此對此矩形脈波的時間微分可得一對脈衝：

▶ 第一個脈衝的強度為 1/Δ，位於 $t = -\Delta/2$

▶ 第二個脈衝的強度為 −1/Δ，位於 $t = \Delta/2$

當持續時間Δ趨近於零時，會有兩件事發生。第一，是這兩個從微分而得的脈衝會彼此靠近；取極限後，它們在原點合而為一。第二，是這兩個脈衝的強度會分別趨近極限值＋∞與−∞。因此我們推論脈衝 $\delta(t)$ 的一階導數是由一對脈衝所組成，其中一個是位於時間點 $t=0^-$，而強度為正無限大的脈衝，而另一個是位於時間點 $t=0^+$，強度為負無限大的脈衝，如同前面所提，0^- 與 0^+ 分別代表從負時間軸與正時間軸逼近的時間零點。單位脈衝的一階導數稱為*偶極* (*doublet*)，記作 $\delta^{(1)}(t)$。我們可將對偶解釋成進行微分運算的系統所得的輸出，如(1.25)式中的電感器對單位脈衝輸入的響應。

　　如同單位脈衝一樣，偶極只有在時間的積分式裡，做為被積分函數的一個因式才有數學意義，而且嚴格來說，只有當被積分函數的其他因式在偶極產生的時間點上具有連續導數時才有意義。偶極的性質是根據它是兩個脈衝的極限形式與脈衝的性質而來。舉例來說，將偶極表成

$$\delta^{(1)}(t) = \lim_{\Delta \to 0} \frac{1}{\Delta}\left(\delta(t + \Delta/2) - \delta(t - \Delta/2)\right) \tag{1.70}$$

我們可指出偶極具有下列的基本性質：

$$\int_{-\infty}^{\infty} \delta^{(1)}(t)\, dt = 0 \tag{1.71}$$

$$\int_{-\infty}^{\infty} f(t)\delta^{(1)}(t - t_0)\, dt = \frac{d}{dt}f(t)\Big|_{t=t_0} \tag{1.72}$$

於(1.72)式中，$f(t)$ 是一個連續時間函數，且在 $t = t_0$ 時具連續的導數。而(1.72)式所表示的性質類比於脈衝的時間平移性質。

　　我們也可利用(1.70)式來求出單位脈衝的更高階導數。具體地說，單位脈衝的二階導數是偶極的一階導數。也就是

$$\begin{aligned}
\frac{d^2}{dt^2}\delta(t) &= \frac{d}{dt}\delta^{(1)}(t) \\
&= \lim_{\Delta \to 0} \frac{\delta^{(1)}(t + \Delta/2) - \delta^{(1)}(t - \Delta/2)}{\Delta}
\end{aligned} \tag{1.73}$$

由(1.73)式可推廣到定義單位脈衝的第 n 階導數，表示為 $\delta^{(n)}(t)$。

▶ **習題 1.24**　(a) 試求 $\delta^{(2)}(t)$ 的時間平移特性。

　　　　　　　(b) 將您的結果推廣到描述單位脈衝第 n 階導數的平移特性。

答案：(a) $\displaystyle\int_{-\infty}^{\infty} f(t)\delta^{(2)}(t - t_0)\, dt = \frac{d^2}{dt^2}f(t)\Big|_{t=t_0}$

　　(b) $\displaystyle\int_{-\infty}^{\infty} f(t)\delta^{(n)}(t - t_0)\, dt = \frac{d^n}{dt^n}f(t)\Big|_{t=t_0}$ ◀

■ 1.6.8　斜坡函數 (RAMP FUNCTION)

脈衝函數 $\delta(t)$ 是步階函數 $u(t)$ 對時間的導數。從相同的角度來看，斜率為 1 的斜坡函數是步階函數 $u(t)$ 的積分。這個斜坡函數測試訊號可以正式地定義為

$$r(t) = \begin{cases} t, & t \geq 0 \\ 0, & t < 0 \end{cases} \tag{1.74}$$

或可寫成

$$r(t) = tu(t) \tag{1.75}$$

其圖形如圖 1.46 所示。

　　從機械的觀點，我們可這樣想像斜坡函數，若 $f(t)$ 表示一支轉軸的角位移，則轉軸的等速率旋轉就是斜坡函數的表述。以斜坡函數作為測試訊號，可讓我們評估當輸入訊號隨時間呈線性增強時，連續時間系統的響應為何。

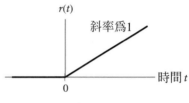

圖 1.46　斜率為 1 的斜坡函數。

離散時間的斜坡函數定義如下

$$r[n] = \begin{cases} n, & n \geq 0 \\ 0, & n < 0 \end{cases} \tag{1.76}$$

也可寫成

$$r[n] = nu[n] \tag{1.77}$$

圖 1.47 描繪出離散時間斜坡函數的圖形。

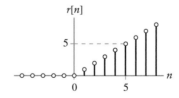

圖 1.47　離散時間的斜坡函數。

範例 1.11

並聯電路 考慮圖 1.48(a)中的並聯電路,其中包含了一個直流電流源,而且電容器 C 的初始狀態是未充電的。橫跨電容器兩端的開關在 $t=0$ 時瞬間開啓。當 $t \geq 0$ 時,試求流經電容器的電流 $i(t)$,以及電容器的端電壓 $v(t)$。

解答 一旦開關開啓,也就是在 $t=0$ 時,電流 $i(t)$ 會從零瞬間變成 I_0,我們可以用下列的單位步階函數描述這個行為

$$i(t) = I_0 u(t)$$

因此,可以圖 1.48(b)中的等效電路取代圖 1.48(a)中的電路。根據定義,電容器的電壓與電流之間的關係符合下列式

$$v(t) = \frac{1}{C} \int_{-\infty}^{t} i(\tau) \, d\tau$$

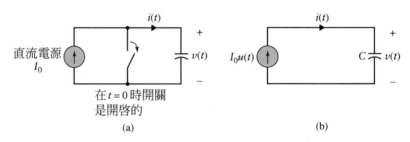

圖 1.48　(a)由電流源器、開關以及電容器組成的並聯電路;假設電容器的初始狀態是未充電的,並且在 $t=0$ 時,開關開啓。(b)等效電路,以步階函數 $u(t)$ 取代開啓開關的動作。

因此,將 $i(t) = I_0 u(t)$ 代入積分式,可得

$$v(t) = \frac{1}{C} \int_{-\infty}^{t} I_0 u(\tau) \, d\tau$$

$$= \begin{cases} 0 & \text{for } t < 0 \\ \dfrac{I_0}{C} t & \text{for } t \geq 0 \end{cases}$$

$$= \frac{I_0}{C} t u(t)$$

$$= \frac{I_0}{C} r(t)$$

也就是所以電容器兩端的電壓是個斜坡函數,而且斜率為 I_0/C。

1.7 視為運算互連的系統
(Systems Viewed as Interconnections of Operations)

以數學的觀點，系統可視為一種*運算的互連* (interconnection of operation)，將輸入訊號轉換成另一個不同性質的輸出訊號。訊號可以是連續時間訊號、離散時間訊號，或是這兩者的混合訊號。令整體*運算子* (operator) H 代表系統的動作，那麼將連續時間訊號輸入系統後會得到輸出訊號：

$$y(t) = H\{x(t)\} \tag{1.78}$$

圖 1.49(a)是(1.78)式的示意方塊圖。至於相對應的離散時間訊號，我們可將(1.78)式改寫成

$$y[n] = H\{x[n]\} \tag{1.79}$$

其中離散訊號 $x[n]$ 與 $y[n]$ 分別代表輸入與輸出訊號，如圖 1.49(b)所示。

圖 1.49　運算子 H 分別於：(a)連續時間 (b)離散時間的示意方塊圖。

範例 1.12

移動平均系統　假設離散時間訊號 $y[n]$ 是最近三個輸入訊號值 $x[n]$ 的平均，亦即

$$y[n] = \frac{1}{3}(x[n] + x[n-1] + x[n-2])$$

我們將這類系統稱為*移動平均系統* (moving-average system)，它的命名有兩個原因。首先，$y[n]$ 是 $x[n]$、$x[n-1]$、$x[n-2]$ 這三個取樣值的平均。其次，當 n 沿著離散時間軸移動時，$y[n]$ 的值也會跟著改變。試求出運算子 H 的式，並繪出 H 的方塊示意圖。

解答　令運算子 S^k 表示將輸入訊號 $x[n]$ 平移 k 個時間單位的系統，產生系統的輸出為 $x[n-k]$，如圖 1.50 所示。所以，此移動平均系統的整體運算子可定義為

$$H = \frac{1}{3}(1 + S + S^2)$$

實現 H (即移動平均系統) 有兩種不同的方法，均示於圖 1.51。圖(a)中的實

現方式使用*串接(cascade)*結構，連結了兩個相同的單位時間平移器，即$S^1 = S$。相較於圖(a)，圖(b)所示之實現方式則使用了兩個不同的時間平移器S與S^2，且彼此間是*並接的(parallel)*。這兩種結構中，移動平均系統都是由三個功能方塊的互連所構成，分別是一個加法器與兩個時間平移器，透過純量乘法運算而連結。

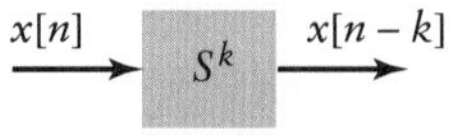

$$x[n] \longrightarrow \boxed{S^k} \longrightarrow x[n-k]$$

圖 1.50　離散時間的時間平移運算子S^k，將離散時間的輸入訊號$x[n]$處理後，產生輸出訊號$x[n-k]$。

▶ **習題 1.25**　以時間平移運算子S來表示描述下列輸入輸出關係的運算子

$$y[n] = \frac{1}{3}(x[n+1] + x[n] + x[n-1])$$

答案：$H = \frac{1}{3}(S^{-1} + 1 + S^1)$　　　　◀

在圖 1.51(a)與(b)中所示的互連系統中，經過每個子系統的訊號流只有順向。另外有一種組合系統的方式，是透過*回授連結 (feedback connection)* 的方式。圖 1.4 是*回授系統 (feedback system)* 的一個例子，其特徵是具有兩種路徑。順向路徑中控制器的串接。回授路徑可能是由一個感測器所構成，這個感測器連接系統的輸出端與輸入端。使用回授結構有許多的好處，但也會引起一些須特別小心處理問題，這個回授的主題留待第九章再討論。

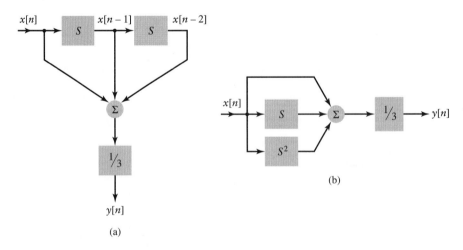

圖 1.51　移動平均系統兩種不同的 (但等效的)實現形式：(a)串聯式結構，與(b)並聯式結構。

1.8 系統的特性 (Properties of Systems)

系統的特性主要是指代表系統的運算子 H 的特徵。接下來,我們將討論一些系統最基本的特性。

1.8.1 穩定性 (STABILITY)

我們稱一個系統是*有界輸入有界輸出穩定* (*bounded-input, bounded-output stable*,簡稱 BIBO stable),若且唯若每一個有界輸入均產生一個有界輸出。若這類系統的輸入不會發散,則輸出也不會發散。

為了得到 BIBO 穩定性的式化條件,考慮輸出輸入關係如(1.78)式的連續訊號系統。若運算子 H 具有 BIBO 穩定性,則輸出訊號滿足以下條件

$$|y(t)| \leq M_y < \infty \quad \text{對所有的 } t \text{ 均成立} \tag{1.80}$$

而且輸入訊號必須滿足以下條件

$$|x(t)| \leq M_x < \infty \quad \text{對所有的 } t \text{ 均成立} \tag{1.81}$$

其中 M_x 與 M_y 都是有限的正數。我們也可用類似的方式來描述離散時間系統的 BIBO 穩定性。

從工程的觀點而言,在各種可能的運作條件下,系統仍能維持穩定是很重要的。唯有如此這類系統才能保證,對一個有界的輸入產生一個有界的輸出。我們通常會避免不穩定的系統,除非能有某些機制可將系統修正成穩定系統。

一個著名的不穩定系統最初的為塔科瑪奈洛斯吊橋 (Tacoma Narrows suspension bridge),它坍塌於 1940 年 11 月 7 日上午 11:40 左右,肇因於風所引起的振動。塔科瑪奈洛斯吊橋位於美國華盛頓州,塔科瑪市附近的普吉灣,它在落成通車後的數個月就坍塌了。(請參考圖 1.52,吊橋坍塌前、後的照片。)

範例 1.13

移動平均系統 (續) 試證範例 1.12 中所描述的移動平均系統是 BIBO 穩定。

解答 假設

$$|x[n]| < M_x < \infty \quad \text{對所有的 } n \text{ 均成立}$$

(a)

(b)

圖 1.52　塔科瑪奈洛斯吊橋於 1940 年 11 月 7 日坍塌的情形。(a)照片顯示坍塌前橋面扭曲的情形。(b)這是第一片水泥橋面斷落數分鐘後所拍的照片，這個六百呎的斷面翻落入華盛頓州的普吉灣裡。請注意，在照片的右手邊，此時橋面上仍有車子在通行。(感謝史密森尼博物院 (Smithsonian Institution) 提供照片)

利用已知輸入輸出的關係

$$y[n] = \frac{1}{3}(x[n] + x[n-1] + x[n-2])$$

我們可寫出

$$
\begin{aligned}
|y[n]| &= \frac{1}{3}|x[n] + x[n-1] + x[n-2]| \\
&\leq \frac{1}{3}(|x[n]| + |x[n-1]| + |x[n-2]|) \\
&\leq \frac{1}{3}(M_x + M_x + M_x) \\
&= M_x
\end{aligned}
$$

因此，對所有的 n 而言，輸出訊號 $y[n]$ 的絕對值恆小於輸入訊號 $x[n]$ 的最大絕對值，所以，此移動平均系統是穩定的。

範例 1.14

不穩定系統 考慮一個離散時間系統，且系統的輸入輸出關係定義如下

$$y[n] = r^n x[n]$$

其中 $r > 1$。試證這個系統為不穩定系統。

解答 假設輸入訊號滿足以下條件

$$|x[n]| \leq M_x < \infty \quad \text{對所有的 } n \text{ 均成立}$$

我們可得

$$
\begin{aligned}
|y[n]| &= |r^n x[n]| \\
&= |r^n| \cdot |x[n]|
\end{aligned}
$$

當 $r > 1$ 時，乘數因子 r^n 會隨著 n 增加而發散。因而，在輸入訊號為有界的條件下，並不保證產生的輸出訊號亦為有界，故這個系統是不穩定的系統。為了證明穩定性，我們必須證明所有有界的輸入都產生有界的輸出。

▶ **習題 1.26** 離散時間系統的輸入輸出關係定義如下

$$y[n] = \sum_{k=0}^{\infty} \rho^k x[n-k]$$

試證若 $|\rho| \geq 1$，這系統不是 BIBO 穩定。 ◀

■ 1.8.2　記憶性 (MEMORY)

若系統的輸出訊號取決於過去或未來的輸入訊號值，則我們稱此系統具有*記憶性* (*memory*)。至於系統的記憶可以對於過去或未來擴展到多遠的程度，則取決於輸出訊號對過去或未來輸訊號的依賴程度。相反的，若系統的輸出訊號只取決於目前輸入訊號的值，則我們稱此系統*無記憶性* (*memoryless*)。

舉例而言，電阻器是無記憶性的，因為在電壓$v(t)$下，流經電阻器的電流$i(t)$定義為

$$i(t) = \frac{1}{R}v(t)$$

其中 R 就是電阻器的電阻值。另一方面，電感器則是具記憶性的，因為在電壓$v(t)$下流經電感器的電流$i(t)$定義為

$$i(t) = \frac{1}{L}\int_{-\infty}^{t} v(\tau)\,d\tau$$

其中L是電感器的電感值。這就是說，不同於流過電阻器的電流，在時間t時，流經電感器的電流大小取決於電壓$v(t)$所有的過去值，且時間追溯至無限遠的過去。

範例 1.12 曾提過輸入輸出關係定義如下的移動平均系統

$$y[n] = \frac{1}{3}(x[n] + x[n-1] + x[n-2])$$

這個系統是具有記憶性的，因為在時間n時，輸出訊號$y[n]$的值取決於輸入訊號$x[n]$目前的值以及兩個過去時間的值。不過，若系統的輸入輸出關係為$y[n]=x^2[n]$，則系統無記憶性，因為輸出訊號$y[n]$的值只取決於輸入訊號$x[n]$於目前時間n之輸入值。

➤ **習題** 1.27　移動平均系統的輸入輸出關係定義為

$$y[n] = \frac{1}{3}(x[n] + x[n-2] + x[n-4])$$

試求這個系統對過去的記憶持續多久。

答案：四個時間單位。　　◄

➤ **習題** 1.28　半導體二極體的輸入輸出關係表示如下

$$i(t) = a_0 + a_1v(t) + a_2v^2(t) + a_3v^3(t) + \cdots$$

其中$v(t)$為施加的電壓，$i(t)$為流經二極體的電流，且a_0，a_1，a_2，$\cdots$均為常數。請問這個二極體具有記憶性嗎？

答案：無記憶性。　　◄

➤ **習題 1.29** 電容器的輸入輸出關係描述如下

$$v(t) = \frac{1}{C} \int_{-\infty}^{t} i(\tau)\, d\tau$$

試求電容器的記憶持續多久。

答案： 電容器的記憶時間範圍是：從時間 t 回溯至無限久遠的過去。 ◀

■ 1.8.3 因果性 (CAUSALITY)

若系統當下的輸出值只取決目前或過去的輸入訊號值，則我們稱此系統為具有*因果性的系統* (causal system)。相反地，若系統的輸出取決於一個或一個以上的未來輸入訊號，則此系統是*非因果性系統* (noncausal system)。

舉例來說，輸入輸出關係描述如下

$$y[n] = \frac{1}{3}(x[n] + x[n-1] + x[n-2])$$

的移動平移系統是因果性系統。而輸入輸出關係描述如下

$$y[n] = \frac{1}{3}(x[n+1] + x[n] + x[n-1])$$

的移動平移系統是非因果性系統，因為輸出訊號 $y[n]$ 取決於一個未來的輸入訊號 $x[n+1]$。

這裡的重點在於，因果性代表了系統可即時 (real time) 運作的性質。因此，在剛剛描述的第一個移動平均系統中，只要接收到當下的樣本 $x[n]$，隨即可確定其輸出訊號，故對所有的 n 而言，此系統均可即時運作。相較之下，第二個移動平均系統必須等到接收到未來的樣本 $x[n+1]$ 時，才能夠產生輸出訊號 $y[n]$；因此，第二個系統只能以非即時的方式運作。

➤ **習題 1.30** 考慮輸入電壓為 $v_1(t)$，輸出電壓為 $v_2(t)$ 的 RC 電路，如圖 1.53 所示。試判斷此系統是否具因果性。

答案： 此系統具因果性。 ◀

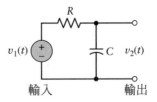

圖 1.53　以理想電壓源 $v_1(t)$ 驅動的 RC 串聯電路，其輸出電壓為 $v_2(t)$。

➤ **習題 1.31**　以 $-k$ 取代圖 1.50 中運算子裡的 k，若 k 爲正值，請問系統會變成因果性系統或非因果性系統？

答案：非因果性系統　◄

■ 1.8.4　可逆性 (INVERTIBILITY)

若系統的輸出訊號可還原成輸入訊號，則系統稱爲*可逆系統* (invertible system)。我們可將還原輸入訊號所需的所有運算視爲第二個系統，與原始系統串接在一起，其輸出訊號就是原始系統的輸入訊號。爲了將上述說明以計算式表達，令 H 爲連續時間系統，其輸入訊號爲 $x(t)$，輸出訊號爲 $y(t)$。再將 $y(t)$ 輸入由圖 1.54 中運算子 H^{inv} 所代表的第二個連續時間系統，則第二個系統的輸出訊號定義爲

$$H^{inv}\{y(t)\} = H^{inv}\{H\{x(t)\}\}$$
$$= H^{inv}H\{x(t)\}$$

其中我們運用了將運算子 H 與 H^{inv} 串接，就等於單一運算子 $H^{inv}H$ 的事實。爲了讓所得的輸出等於原始輸入訊號，則 H 與 H^{inv} 必須滿足以下條件

$$H^{inv}H = I \tag{1.82}$$

其中 I 代表的是*恆等運算子* (identity operator)。恆等運算子所代表的系統，其輸出訊號恆等於輸入訊號。(1.82) 式指出，新運算子 H^{inv} 必須滿足和已知運算子 H 的相關條件，如此一來，原始輸入訊號 $x(t)$ 才可以透過 $y(t)$ 來還原。運算子 H^{inv} 稱爲*逆運算子* (inverse operator)，而其對應的系統稱爲*逆系統* (inverse system)。通常來說，求得一個已知系統的逆系統是很困難的問題。無論如何，除非是相異的輸入施於系統時，會得到相異的輸出，否則系統都是不可逆的。也就是說，對於可逆系統而言，其輸入訊號與輸出訊號之間必須存在一對一映射。在離散時間系統的情況，系統若要爲不可逆，也必須滿足前述恆等條件。

　　可逆性在通訊系統設計的領域裡具有特別重要的地位。如同在第 1.3.1 節所說的，當傳送訊號傳播經過通訊通道時，訊號會因通道的某些物理特性而失眞。一般彌補訊號失眞的方法是，在接端加入*等化器* (equalizer)，並將它以類似於圖 1.54 的方式與通道串聯。在理想情況下 (沒有雜訊)，設計等化器爲通道的逆系統，將通道所造成的失眞傳送訊號，還原成原始的傳送訊號。

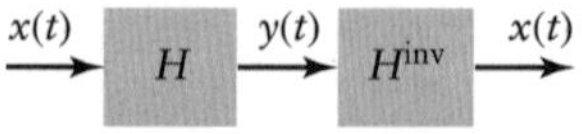

$$x(t) \longrightarrow \boxed{H} \xrightarrow{\ y(t)\ } \boxed{H^{inv}} \xrightarrow{\ x(t)\ }$$

圖 1.54　系統可逆性的示意圖。第二個運算子 H^{inv} 是第一個運算子 H 的逆運算。因此，通過 H 與 H^{inv} 後的輸入訊號 $x(t)$ 完全沒有改變。

範例 1.15

系統的逆系統　考慮輸入輸出關係描述如下的時間平移系統

$$y(t) = x(t - t_0) = S^{t_0}\{x(t)\}$$

其中 S^{t_0} 代表的是時間平移為 t_0 秒的運算子，試求系統的逆系統。

解答　對本例而言，時間平移 t_0 的逆時間平移為 $-t_0$ 的時間平移。我們可用運算子 S^{-t_0} 表示 $-t_0$ 的時間平移，也就是 S^{t_0} 的逆運算子。因此，將 S^{-t_0} 作用於原本時間平移系統的輸出，可得

$$S^{-t_0}\{y(t)\} = S^{-t_0}\{S^{t_0}\{x(t)\}\}$$
$$= S^{-t_0}S^{t_0}\{x(t)\}$$

要讓此逆運算輸出訊號等於原始輸入訊號 $x(t)$，需有

$$S^{-t_0}S^{t_0} = I$$

也就是 S^{t_0} 與 S^{-t_0} 必須符合 (1.82) 式的可逆性條件。

▶ **習題 1.32**　某個電感器的輸出輸入關係為

$$y(t) = \frac{1}{L}\int_{-\infty}^{t} x(\tau)\, d\tau$$

試求代表其逆系統的運算子。

答案：$x(t) = L\dfrac{d}{dt}y(t)$　◀

範例 1.16

不可逆系統　試證輸出輸入關係如下的平方律系統 (square-law system) 是不可逆的。

$$y(t) = x^2(t)$$

解答　請注意，此平方律系統違反了可逆性的必要條件：相異的輸入必須產生相異的輸出。具體地說，在該系統中，相異的輸入 $x(t)$ 與 $-x(t)$ 卻產生相同的輸出 $y(t)$。因此，此平方律系統是不可逆的。

■ 1.8.5　非時變性 (TIME INVARIANCE)

非時變 (*time invariant*) 系統是指，輸入訊號的時間延遲或時間領先，都會導致在輸出訊號中有相同的時間平移。這暗示了，無論輸入訊號是何時輸入到系統，非時變系統的輸出都是相同的。以另一種方式說明，非時變系統的特性不會隨著時間改變，否則系統就是*時變* (*time variant*) 系統。

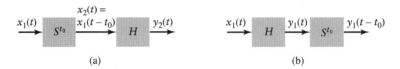

圖 1.55　非時變系統的示意圖。(a)時間平移運算子 S^{t_0} 置於運算子 H 之前。(b)時間平移運算子 S^{t_0} 置於運算子 H 之後。若這兩種情形有相同的結果，則 H 為非時變的。

考慮輸入輸出關係為(1.78)式的連續時間系統，此處我們將它簡化成下列形式

$$y_1(t) = H\{x_1(t)\}$$

假設輸入訊號 $x_1(t)$ 平移了 t_0 秒的時間，因而產生新的輸入訊號 $x_1(t-t_0)$。使用與圖 1.50 中相同的標記符號，這項運算可表示成

$$x_2(t) = x_1(t - t_0) = S^{t_0}\{x_1(t)\}$$

其中運算子 S^{t_0} 表示了 t_0 秒的時間平移。令 $y_2(t)$ 是相對於時間平移輸入訊號 $x_1(t-t_0)$ 的輸出訊號，則

$$\begin{aligned}
y_2(t) &= H\{x_1(t - t_0)\} \\
&= H\{S^{t_0}\{x_1(t)\}\} \\
&= HS^{t_0}\{x_1(t)\}
\end{aligned} \tag{1.83}$$

圖 1.55(a)為其方塊示意圖。現在假設 $y_1(t-t_0)$ 為系統 H 經過平移 t_0 秒時間的輸出，則

$$\begin{aligned}
y_1(t - t_0) &= S^{t_0}\{y_1(t)\} \\
&= S^{t_0}\{H\{x_1(t)\}\} \\
&= S^{t_0}H\{x_1(t)\}
\end{aligned} \tag{1.84}$$

圖 1.55(b)為其方塊示意圖。對於任何相同的輸入訊號 $x_1(t)$，若(1.83)式與(1.84)式分別所定義的輸出 $y_2(t)$ 與 $y_1(t-t_0)$ 是相同的，則此系統就是非時變的。因此，需滿足

$$\boxed{HS^{t_0} = S^{t_0}H} \tag{1.85}$$

換句話說，若任何由運算子 H 所描述的系統具非時變性，則對所有的時間 t_0，系統

運算子 H 與時間平移運算子 S^{t_0} 必須符合交換律。對於一個離散時間非時變系統而言，也要滿足類似的關係。

範例 1.17

電感器　　以電感器的端電壓 $\nu(t)$ 作爲輸入訊號 $x_1(t)$，而以流經電感器的電流 $i(t)$ 作爲輸出訊號 $y_1(t)$。因此，電感器的輸入輸出關係爲

$$y_1(t) = \frac{1}{L} \int_{-\infty}^{t} x_1(\tau)\, d\tau$$

其中 L 是電感值。試證如上所述的電感器爲非時變的。

解答　　令 $x_1(t-t_0)$ 爲輸入訊號 $x_1(t)$ 平移 t_0 秒後的結果。對於輸入訊號 $x_1(t-t_0)$ 而言，電感器的輸出 $y_2(t)$ 爲

$$y_2(t) = \frac{1}{L} \int_{-\infty}^{t} x_1(\tau - t_0)\, d\tau$$

其次，令 $y_1(t-t_0)$ 爲將電感器的原始輸出平移 t_0 秒的結果，亦即

$$y_1(t - t_0) = \frac{1}{L} \int_{-\infty}^{t-t_0} x_1(\tau)\, d\tau$$

雖然 $y_2(t)$ 與 $y_1(t-t_0)$ 乍看不同，但其實是相等的，只要改寫積分中的變數即可看出。令

$$\tau' = \tau - t_0$$

對於常數 t_0 而言，$d\tau' = d\tau$。改寫積分中的上下限後，$y_2(t)$ 可表爲

$$y_2(t) = \frac{1}{L} \int_{-\infty}^{t-t_0} x_1(\tau')\, d\tau'$$

如此一來，$y_2(t)$ 的數學形式就與 $y_1(t-t_0)$ 相同了。所以，此電感器具非時變性。

範例 1.18

熱敏電阻器　　熱敏電阻器的電阻會因溫度改變而變化，因此電阻亦隨著時間改變。令 $R(t)$ 爲熱敏電阻器的電阻值，是時間的函數。令輸入訊號 $x_1(t)$ 爲熱敏電阻器的端電壓，而輸出訊號 $y_1(t)$ 爲流經熱敏電阻器的電流，因此熱敏電阻器的輸入輸出關係可表示爲

$$y_1(t) = \frac{x_1(t)}{R(t)}$$

試證這個熱敏電阻器具時變性。

解答 令 $y_2(t)$ 是 $x_1(t-t_0)$ 所對應的輸出，其中 $x_1(t-t_0)$ 是原輸入訊號 $x_1(t)$ 經時間平移後的結果。我們可寫出

$$y_2(t) = \frac{x_1(t-t_0)}{R(t)}$$

其次，令 $y_1(t-t_0)$ 為將熱敏電阻器的原始輸出平移 t_0 秒的結果，則

$$y_1(t-t_0) = \frac{x_1(t-t_0)}{R(t-t_0)}$$

一般而言，若 $t_0 \neq 0$，則 $R(t) \neq R(t-t_0)$，因此我們可得

$$y_1(t-t_0) \neq y_2(t) \quad 對於 t_0 \neq 0$$

所以，熱敏電阻器具時變性，這與我們的直覺是一致的。

➤ **習題 1.33** 某個離散時間系統的輸入輸出關係描述如下

$$y(n) = r^n x(n)$$

請問它具有非時變性嗎？

答案：不具有非時變性。　　　　　　　　　　　　　　　　　◀

■ 1.8.6 線性 (LINEARITY)

若系統是*線性 (linear)* 的，則其系統輸入 (激發) $x(t)$ 與系統輸出 (響應) $y(t)$ 必須具有下列所述的疊加 (superposition) 與同質 (homogeneity) 兩種性質。

1. *疊加性*。考慮一個最初處於靜止狀態的系統。令系統接收到輸入 $x(t) = x_1(t)$，並產生輸出 $y(t) = y_1(t)$。接著，系統又接收到另一個不同的輸入 $x(t) = x_2(t)$，產生的輸出為 $y(t) = y_2(t)$。則線性系統必須滿足，合成的輸入 $x(t) = x_1(t) + x_2(t)$ 所對應的輸出為 $y(t) = y_1(t) + y_2(t)$。這裡敘述的是形式最簡單的*疊加原理 (principle of superposition)*。

2. *同質性*。再次考慮一個最初處於靜止狀態的系統，並假設輸入 $x(t)$ 所導致的輸出為 $y(t)$。如果，每當輸入 $x(t)$ 以常數因子 a 調整比例時，輸出 $y(t)$ 也會跟著照相同的常數因子 a 調整，則此系統展現了所謂的同質性。

當一個系統違反疊加原理或者同質性兩者之一，此系統就稱為*非線性 (nonlinear)* 系統。

令運算子 H 代表某個連續時間系統。且將輸入訊號以加權總和的形式定義：

$$x(t) = \sum_{i=1}^{N} a_i x_i(t) \tag{1.86}$$

其中 $x_1(t)$、$x_2(t)$、$\cdots$、$x_N(t)$ 是一組輸入訊號，而 a_1、a_2、$\cdots$、a_N 是相對應的權重。因此所產生的輸出為

$$\begin{aligned} y(t) &= H\{x(t)\} \\ &= H\left\{ \sum_{i=1}^{N} a_i x_i(t) \right\} \end{aligned} \tag{1.87}$$

若系統為線性，依據疊加原理與同質性，則我們可將系統的輸出表成

$$y(t) = \sum_{i=1}^{N} a_i y_i(t) \tag{1.88}$$

其中 $y_i(t)$ 是相對應於輸入 $x_i(t)$ 單獨作用所產生的輸出，也就是說

$$y_i(t) = H\{x_i(t)\}, \quad i = 1, 2, \ldots, N \tag{1.89}$$

(1.88)式中輸出訊號 $y(t)$ 的加權總和，與(1.86)式中輸入訊號 $x(t)$ 的加權總和具相同的數學形式。為了讓(1.87)式與(1.88)式產生相同的輸出訊號，則必須滿足

$$\begin{aligned} y(t) &= H\left\{ \sum_{i=1}^{N} a_i x_i(t) \right\} \\ &= \sum_{i=1}^{N} a_i H\{x_i(t)\} \\ &= \sum_{i=1}^{N} a_i y_i(t) \end{aligned} \tag{1.90}$$

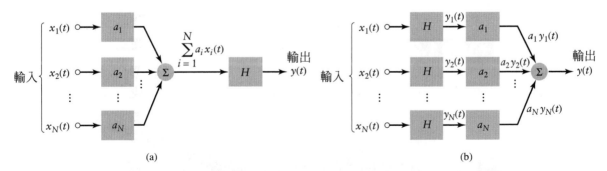

圖 1.56　系統的線性特性。(a)對於多重輸入分別作振幅比例調整，然後將它們加總，這個結合運算先於運算子 H 的處理。(b)對每個輸入先經由運算子 H 處理，再作振幅比例調整，然後再將所有個別的輸出加總　，就可得到整體的輸出 $y(t)$。若(a)與(b)產生相同的結果 $y(t)$，則運算子 H 是線性的。

換句話說，代表系統的運算子 H 必須能跟加總運算與振幅比例調整運算互換運算順序，如圖 1.56 所示。以上互換運算順序過程僅當 H 為線性運算子時才成立。

對於線性離散時間系統，也需符合類似於(1.90)式的條件，如範例 1.19 說明。

範例 1.19

線性離散時間系統　　一個離散時間系統的輸入輸出關係描述如下

$$y[n] = nx[n]$$

試證這個系統為線性系統。

解答　　令輸入訊號 $x[n]$ 可表示為以下的加權總和

$$x[n] = \sum_{i=1}^{N} a_i x_i[n]$$

則可將系統的輸出訊號表示成

$$y[n] = n \sum_{i=1}^{N} a_i x_i[n]$$
$$= \sum_{i=1}^{N} a_i n x_i[n]$$
$$= \sum_{i=1}^{N} a_i y_i[n]$$

其中

$$y_i[n] = nx_i[n]$$

是對於每一個輸入單獨作用後的輸出。因此這個系統符合疊加原理且具同質性，故為線性系統。

範例 1.20

非線性連續時間系統　　考慮輸入輸出關係描述如下的連續時間系統

$$y(t) = x(t)x(t - 1)$$

試證這個系統為非線性系統。

解答　　令輸入訊號 $x(t)$ 表示為以下的加權總和

$$x(t) = \sum_{i=1}^{N} a_i x_i(t)$$

因此系統的輸出是雙重總和

$$y(t) = \sum_{i=1}^{N} a_i x_i(t) \sum_{j=1}^{N} a_j x_j(t-1)$$

$$= \sum_{i=1}^{N} \sum_{j=1}^{N} a_i a_j x_i(t) x_j(t-1)$$

此輸出等式的形式與描述輸入訊號的等式完全不同。也就是說,在這題中無法寫出 $y(t) = \sum_{i=1}^{N} a_i y_i(t)$。所以,這個系統違反疊加原理,其不為線性系統。

➤ **習題 1.34** 試證描述如下的移動平均系統是線性系統。

$$y[n] = \frac{1}{3}(x[n] + x[n-1] + x[n-2])$$ ◀

➤ **習題 1.35** 一個線性系統是否可能為非因果性的?

答案:是。 ◀

➤ **習題 1.36** 硬限制器 (hard limiter) 一個無記憶性的裝置,它的輸入 x 與輸出 y 之間具有下列關係

$$y = \begin{cases} 1, & x \geq 0 \\ 0, & x < 0 \end{cases}$$

請問這個硬限制器是否為線性?

答案:否。 ◀

範例 1.21

RC 電路的脈衝響應　　在這個範例中,我們使用線性、非時變性的概念,以及將脈衝表示為脈波的限制形式,由此獲得圖 1.57 中串聯電路的脈衝響應 (impulse response)。在範例 1.9 曾經討論過這個電路,根據該範例,電路的步階響應 (亦即電容器的端電壓 $y(t)$) 為

$$y(t) = (1 - e^{-(t/RC)})u(t), \qquad x(t) = u(t) \tag{1.91}$$

(1.91)式是將 $V_0 = 1$ 代入(1.57)式並以 $y(t)$ 取代 $v(t)$ 的結果。已知電路的步階響應,本題的目標是求出電路的脈衝響應,該響應係由建立新的輸入 $x(t) = \delta(t)$ 而得到相對應之電容器端電壓 $y(t)$。

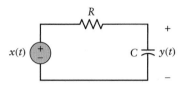

圖 1.57　範例 1.20 的 RC 電路，我們已知電容器對步階輸入 $x(t) = u(t)$ 的響應電壓 $y(t)$，而欲求 $y(t)$ 對單位脈衝輸入 $x(t) = \delta(t)$ 的響應。

解答　為了求得 對輸入 $x(t) = \delta(t)$ 所產生的響應 $y(t)$，我們需要利用四個觀念：在第 1.8 節中所討論線性與非時變性的特性，以及圖 1.42 中以圖形定義所描述的脈衝概念，還有對連續時間函數的微分定義。

依據第 1.6.6 節討論過的方法，將圖 1.58 中所示的矩形脈波輸入，也就 $x(t) = x_\Delta(t)$ 表示成下列兩個經過加權且經過時間平移的步階函數的差：

$$x_1(t) = \frac{1}{\Delta} u\left(t + \frac{\Delta}{2} \right)$$

以及

$$x_2(t) = \frac{1}{\Delta} u\left(t - \frac{\Delta}{2} \right)$$

令 $y_1(t)$ 與 $y_2(t)$ 分別是 RC 電路對步階函數 $x_1(t)$ 與 $x_2(t)$ 的響應。然後，根據非時變的性質，改寫(1.91)式得到

$$y_1(t) = \frac{1}{\Delta} \left(1 - e^{-(t+\Delta/2)/(RC)} \right) u\left(t + \frac{\Delta}{2} \right), \qquad x(t) = x_1(t)$$

以及

$$y_2(t) = \frac{1}{\Delta} \left(1 - e^{-(t-\Delta/2)/(RC)} \right) u\left(t - \frac{\Delta}{2} \right), \qquad x(t) = x_2(t)$$

接下來，由於

$$x_\Delta(t) = x_1(t) - x_2(t)$$

利用線性特性，將 RC 電路對 $x_\Delta(t)$ 的響應表成

$$
\begin{aligned}
y_\Delta(t) ={}& \frac{1}{\Delta} \left(1 - e^{-(t+\Delta/2)/(RC)} \right) u\left(t + \frac{\Delta}{2} \right) - \frac{1}{\Delta} \left(1 - e^{-(t-\Delta/2)/(RC)} \right) u\left(t - \frac{\Delta}{2} \right) \\
={}& \frac{1}{\Delta} \left(u\left(t + \frac{\Delta}{2} \right) - u\left(t - \frac{\Delta}{2} \right) \right) \\
& - \frac{1}{\Delta} \left(e^{-(t+\Delta/2)/(RC)} u\left(t + \frac{\Delta}{2} \right) - e^{-(t-\Delta/2)/(RC)} u\left(t - \frac{\Delta}{2} \right) \right)
\end{aligned}
\tag{1.92}
$$

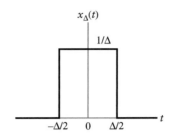

圖 1.58　當Δ→0 時，單位面積的矩形脈波趨近於單位脈衝。

剩下的工作就是求出當脈波的持續期間Δ趨近於零時，(1.92)式的極限形式。在此過程中，需要用到下列兩個定義：

1.　將一個脈衝表示為脈波 $x_\Delta(t)$ 的極限形式：

$$\delta(t) = \lim_{\Delta \to 0} x_\Delta(t)$$

2.　連續時間函數 $z(t)$ 的導數定義為

$$\frac{d}{dt}z(t) = \lim_{\Delta \to 0}\left\{\frac{1}{\Delta}\left(z\left(t + \frac{\Delta}{2}\right) - z\left(t - \frac{\Delta}{2}\right)\right)\right\}$$

令(1.92)式中脈波的持續期間Δ趨近於零，且將以上這兩個定義運用在它的最後一行，我們得到所要的脈衝響應：

$$\begin{aligned}
y(t) &= \lim_{\Delta \to 0} y_\Delta(t) \\
&= \delta(t) - \frac{d}{dt}(e^{-t/(RC)}u(t)) \\
&= \delta(t) - e^{-t/(RC)}\frac{d}{dt}u(t) - u(t)\frac{d}{dt}(e^{-t/(RC)}) \\
&= \delta(t) - e^{-t/(RC)}\delta(t) + \frac{1}{RC}e^{-t/(RC)}u(t), \quad x(t) = \delta(t)
\end{aligned}$$

請注意，在第二行中，我們對兩個時間函數 $u(t)$ 與 $e^{-t(RC)}$ 的乘積應用了微分規則。最後，由於 $\delta(t)$ 位於原點，且 $t=0$ 時，$e^{-t/(RC)}=1$，因此，$\delta(t)$ 與 $e^{-t/(RC)}\delta(t)$ 這兩項彼此相消，故 RC 電路對脈衝的響應可簡化成

$$\boxed{y(t) = \frac{1}{RC}e^{-t/(RC)}u(t), \quad x(t) = \delta(t)} \tag{1.93}$$

這就是我們所要求的答案。

習題 1.37 電路

圖 1.59 中爲一電感電阻(LR)串聯電路。已知電路的步階響應爲

$$y(t) = (1 - e^{-Rt/L})u(t), \qquad x(t) = u(t)$$

試求此電路的脈衝響應，也就是說，求電阻的端電壓 $y(t)$ 對於單位脈衝輸入電壓 $x(t) = \delta(t)$ 的響應。

答案：$\dfrac{R}{L}e^{-Rt/L}u(t)$ ◀

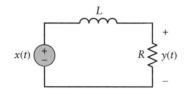

圖 1.59　習題 1.37 中的 LR 電路。

1.9　雜訊 (Noise)

雜訊習慣上是指我們不要的訊號，其可能會干擾系統的運作，而且不在我們的控制範圍內。雜訊的來源取決於系統的種類。舉例來說，在通訊系統中，存在許多潛在的雜訊來源，這些雜訊都會影響系統的運作。我們特別將雜訊大致分成下列兩類

▶ *外部雜訊源 (External sources of noise)*，例如大氣雜訊、星系雜訊、人爲雜訊。其中人爲雜訊就可能是通訊系統接收機收到的干擾訊號，乃由於其在系統設計的操作頻率範圍內，存有產生干擾的頻譜特性。

▶ *內部雜訊源 (Internal sources of noise)*，其中比較重要類型是在電路中，電流訊號或電壓訊號的*自發擾動 (spontaneous fluctuations)*。因此，內部雜訊常用來指*電子雜訊 (electrical noise)*。各類電子系統中，無所不在而且不可避免的雜訊成爲訊號傳送或訊號偵測的基本限制。圖 1.60 顯示了由熱離子二極體雜訊產生器所製造電子雜訊波形的一段樣本結果，離子二極體雜訊產生器是由眞空二極管的熱陰極加上屏極（陽極）組成，此屏極可收集由陰極發射出來的電子。

雜訊相關的現象，無論它們的來源爲何，都具有共同的性質：典型地，我們無法以精確的時間函數來明白指出雜訊的大小。無法完整描述雜訊相關現象的原因可歸於下列幾個理由：

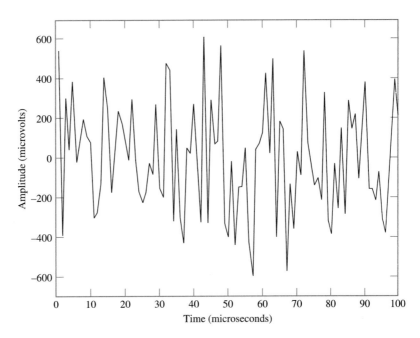

圖 1.60 電子雜訊的樣本波形，其係由熱陰極的熱離子二極體所產生的。請注意，雜訊電壓的時間平均值大約等於零。

1. 對於產生雜訊的物理規律並沒有足夠的瞭解。

2. 產生雜訊的機制太過於複雜，以致於要完整的描述雜訊成為不切實際的事。

3. 從系統分析的範圍來考量，雜訊現象的平均特徵已足夠解決手邊的問題。

■ 1.9.1 熱雜訊 (THERMAL NOISE)

一種普遍存在的電子雜訊形式就是熱雜訊 (thermal noise)，這是導體中的電子隨機運動所導致的。令 $v(t)$ 為電阻器兩端的熱雜訊電壓，如此產生的熱雜訊會具有下列兩種特質：

▶ *時間平均值 (time-averaged value)*，定義為

$$\bar{v} = \lim_{T \to \infty} \frac{1}{2T} \int_{-T}^{T} v(t)\, dt \tag{1.94}$$

其中 $2T$ 是觀察到雜訊的總時間。在這個極限式裡，當 T 趨近於無限大時，時間平均值 $\bar{v}$ 會趨近於零。上述論點的證明是基於電阻器中的電子數目非常多，且在電阻器中，電子隨機運動所產生的雜訊電壓 $v(t)$ 有正有負，因此對時間取平均時就趨近於零。(請參考圖 1.60)

▶ *時間均方值 (time-average-squared value)*，定義為

$$\overline{v^2} = \lim_{T \to \infty} \frac{1}{2T} \int_{-T}^{T} v^2(t)\, dt \tag{1.95}$$

在這個極限式裡面，當 T 趨近於無限大時，可得

$$\overline{v^2} = 4kT_{\text{abs}}R\Delta f \qquad 伏特^2 \tag{1.96}$$

其中 k 是*波茲曼常數 (Boltzmann's constant)*，大約等於 1.38×10^{-23} J/K，而 T_{abs} 是以°K (凱氏溫標) 為單位的*絕對溫度 (absolute temperature)*，R 是電阻 (單位為歐姆)，Δf 是所測量到雜訊電壓的頻帶寬度 (單位為赫茲)。我們可以用*戴維寧等效電路 (Thévenin equivalent circuit)* 模擬產生雜訊的電阻，這個電路包含了一個時間均方值 $\overline{v^2}$ 的雜訊電壓產生器，和串連無雜訊的電阻，如圖 1.61(a)。另一種方法，我們也可用*諾頓等效電路 (Norton equivalent circuit)*，由雜訊電流產生器和無雜訊電導器並聯而成，如圖 1.61 (b)所示。雜訊電流產生器的時間均方值為

$$\overline{i^2} = \lim_{T \to \infty} \frac{1}{2T} \int_{-T}^{T} \left(\frac{v(t)}{R} \right)^2 dt$$
$$= 4kT_{\text{abs}}G\Delta f \quad 安培^2 \tag{1.97}$$

其中 $G = 1/R$ 是電導，單位為西門子 (siemens)。

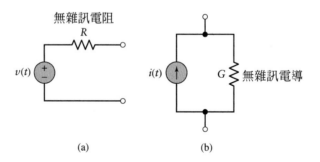

圖 1.61   (a)模擬會產生雜訊電阻器的戴維寧等效電路。(b)諾頓等效電路 (模擬同一個電阻器)。

雜訊的計算與功率的傳遞有關，因此我們需要應用*最大功率傳輸原理 (maximum-power transfer theorem)* 來作這類計算。這個理論是說，當內部電阻 R 等於負載電阻 R_1 時，由 R 傳遞至 R_1 的功率就是最大可能功率。在這個*匹配*條件下，由電源產生的功率被均分給電源內部的電阻和外部負載電阻，而分到負載電阻的功率則稱為*可用功率 (available power)*。將最大功率傳輸理論應用到圖 1.61(a)中的戴維寧等效電路，或者圖 1.61(b)中的諾頓等效電路上，可求得雜訊電阻器產生的*可用雜訊功率 (available noise power)* 為 $KT_{\text{abs}}\Delta f$ 瓦特。因此有兩種因素會影響可用雜訊功率的大小：

1. 電阻器的溫度。

2. 電阻器兩端所測出雜訊電壓的頻帶寬度。

顯而易見的，可用雜訊功率隨著上述兩項參數增加而增大。

從這上面的討論可知，在電子雜訊特性中，時間平均功率顯得格外重要，因此它有很廣泛的實際應用。

■ 1.9.2 電子雜訊的其他來源 (OTHER SOURCES OF ELECTRICAL NOISE)

另外一個常見的電子雜訊來源是*散粒雜訊 (shot noise)*，常發生於二極體與電晶體這類的電子元件，這是由於這些元件中電流的離散本質。舉例來說，在光檢波器的電路中，每當等強度的光源照射到陰極而使陰極發射一個電子時，就會產生一個電流的脈波。很自然地，電子發射的時間是隨機的，以 τ_k 表示，其中 $-\infty < k < \infty$。此處，我們假設電子的隨機發射已經持續一段很長的時間，也就是說，裝置處於穩定狀態。因此，對於流經光檢波器的總電流，可以用無限個電流脈波的總和來作為它的模型：

$$x(t) = \sum_{k=-\infty}^{\infty} h(t - \tau_k) \tag{1.98}$$

其中 $h(t - \tau_k)$ 是在時間 τ_k 時所產生的電流脈波。這些脈波以隨機的方式產生，導致總電流隨著時間隨機地波動。

最後，還有一種稱為 *1/f 雜訊 (1/f noise)* 的電子雜訊，每當電流流動時，總有這種雜訊的出現。這種雜訊的命名起因於在固定頻率下，它的時間平均功率與頻率成反比；所有用來放大或偵測低頻訊號的半導體元件中，都存在這類雜訊。

▌1.10 專題範例 (Theme Examples)

在這一節中，我們將介紹六種專題範例，如同序論的說明，這些範例含括了本書幾個章節。介紹這些主題範例的目的有兩種層面：

▶ 為了介紹訊號處理運作或系統在實際應用層面的重要性，並探究其是如何實現的。

▶ 為了對於所探究系統之運作或應用能有不同的觀點，其端賴利用各種工具來進行分析。

■ 1.10.1　微分與積分：*RC* 電路 (DIFFERENTIATION AND INTEGRATION: *RC* CIRCUITS)

微分與積分的運算是研究線性非時變系統的基礎。如果要讓脈波的波形變化更敏銳，就需要用到微分。令 $x(t)$ 與 $y(t)$ 分別為微分器的輸入與輸出訊號。在理論上，*微分器* (*differentiator*) 的定義如下

$$y(t) = \frac{d}{dt}x(t) \tag{1.99}$$

圖 1.62 中的簡單 *RC* 電路可以*近似* (*approximating*) 上述理想運算。電路的輸入輸出關係為

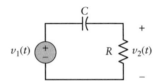

圖 1.62　用來模擬近似微分器的簡單 *RC* 電路，此電路具有很小的時間常數。

$$v_2(t) + \frac{1}{RC}\int_{-\infty}^{t} v_2(\tau)\,d\tau = v_1(t)$$

或者，也可寫成

$$\frac{d}{dt}v_2(t) + \frac{1}{RC}v_2(t) = \frac{d}{dt}v_1(t) \tag{1.100}$$

在某段時間裡，假設時間常數 *RC* 夠小，使得(1.100)式左手邊第二項$(1/(RC))v_2(t)$的影響遠大於第一項[也就是，相對於輸入訊號$v_1(t)$的變化率，*RC* 的值非常小，則可將(1.100)式近似成

$$\frac{1}{RC}v_2(t) \approx \frac{d}{dt}v_1(t)$$

或者

$$v_2(t) \approx RC\frac{d}{dt}v_1(t) \quad 當RC很小時成立 \tag{1.101}$$

比較(1.99)與(1.101)式可知，電路的輸入為 $x(t) = RCv_1(t)$，輸出為 $y(t) = v_2(t)$。

　　接著考慮積分運算，它的功用是使輸入的訊號變得更*平滑* (*smoothing*)。令 $x(t)$ 代表輸入，$y(t)$ 代表輸出，則理想的*積分器* (*integrator*) 定義為

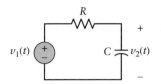

圖 1.63　用來模擬近似積分器的簡單 RC 電路，此電路具有很大的時間常數。

$$y(t) = \int_{-\infty}^{t} x(\tau)\, d\tau \qquad (1.102)$$

我們可用一個簡單的 RC 電路來近似實作上述的積分器，此電路的安排如圖 1.63。這個 RC 電路的輸入輸出關係為

$$RC\frac{d}{dt}v_2(t) + v_2(t) = v_1(t)$$

或者，也可寫成

$$RCv_2(t) + \int_{-\infty}^{t} v_2(\tau)\, d\tau = \int_{-\infty}^{t} v_1(\tau)\, d\tau \qquad (1.103)$$

這次，假設時間常數 RC 很大，使得積分式左手邊第一項 $RCv_2(t)$ 的影響遠大於第二項 [也就是說，若 RC 與輸出訊號 $v_2(t)$ 的平均值相較之下大得多]，則可將(1.103)式近似成

$$RCv_2(t) \approx \int_{-\infty}^{t} v_1(\tau)\, d\tau$$

或者

$$v_2(t) \approx \frac{1}{RC} \int_{-\infty}^{t} v_1(\tau)\, d\tau \quad 當RC很大時成立 \qquad (1.104)$$

比較(1.102)與(1.104)式可知，電路的輸入為 $x(t) = [1/(RC)v_1(t)]$，輸出為 $y(t) = v_2(t)$。

由(1.101)與(1.104)式也可知道，當圖 1.62 與 1.63 中的 RC 電路越分別接近理想微分器與理想積分器時，它們的輸出將會變得越小。在第二章至第四章中，我們將探討這些近似微分器與積分器的 RC 電路。而本書的後幾章中，我們將研究建構微分器與積分器的進階方法。

■ 1.10.2　微機電加速規 (MEMS ACCELEROMETER)

在第 1.3.3 節中，我們曾介紹過加速規，請參考圖 1.6。如圖 1.64 所示的*二階質量阻尼彈簧系統* (*second-order mass-damper-spring system*) 可以模擬微加速規。由於外部加速度，使得支架相對於標準質量 (proof mass) 產生位移。這個位移導致懸掛彈簧的內部應力產生對應的改變。

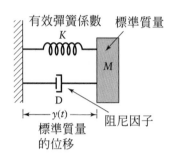

有效彈簧係數　標準質量

K

M

D

$y(t)$

標準質量的位移

阻尼因子

圖 1.64　加速規的力學整合模型 (mechanical lumped model)。

令 M 為標準質量，K 為有效彈簧係數，D 為影響標準質量移動的阻尼因子。令 $x(t)$ 為因運動產生的外部加速度，$y(t)$ 為標準質量的位移。施加於標準質量上的淨力和必定為零。標準質量上的慣性力為 $M d^2 y(t)/dt^2$，阻尼為 $D dy(t)/dt$，彈力為 $Ky(t)$。上述三力的和會等於造成外部加速度的力 $Mx(t)$，因此得到

$$Mx(t) = M\frac{d^2y(t)}{dt^2} + D\frac{dy(t)}{dt} + Ky(t)$$

或者，也可寫成

$$\frac{d^2y(t)}{dt^2} + \frac{D}{M}\frac{dy(t)}{dt} + \frac{K}{M}y(t) = x(t) \tag{1.105}$$

我們發現定義下列兩個新的量來重寫這個二階微分方程式是很有意義的：

1.　加速規的*自然頻率* (*natural frequency*)：

$$\omega_n = \sqrt{\frac{K}{M}} \tag{1.106}$$

質量的單位是克，彈簧係數的單位是 g/s^2。因此，自然頻率的單位是 rad/s (弳度/每秒)。

2.　加速規的*品質因數* (*quality factor*)：

$$Q = \frac{\sqrt{KM}}{D} \tag{1.107}$$

因為質量 M 的單位是克，彈簧係數的單位是 g/s^2，阻尼因子的單位是 g/s，所以品質因數是沒有單位的。

利用(1.106)與(1.107)式中的定義，我們可用這兩個參數將二階微分方程式 (1.105)式改寫成

$$\frac{d^2 y(t)}{dt^2} + \frac{\omega_n}{Q} \frac{dy(t)}{dt} + \omega_n^2 y(t) = x(t) \tag{1.108}$$

由(1.106)式可知，自然頻率 ω_n 隨著彈力係數 K 增加而增加，但隨標準質量 M 增加而減少。而(1.107)式則說明，品質因數 Q 隨著彈力常數 K 與標準質量 M 增加而增加，但隨阻尼因子 D 增加而減少。尤其當 Q 值很低時 (1 或更小)，加速規能對更大輸入訊號範圍產生響應。

　　微機電加速規是可由二階微分方程式描述的系統之一。其實，具有兩個儲能元件 (電容器或電感器) 的電路，以及其它的力學彈簧質量阻尼器系統都可用二階微分方程來描述，且其方程式的形式亦如同(1.108)式。習題 1.79 所討論的 LRC 串連電路也可視為類似於微機電加速規的電子系統。

■ 1.10.3　雷達距離量測 (RADAR RANGE MEASUREMENT)

在第 1.34 節中，我們討論過雷達應在遙測用影像系統的例子。在第三個專題範例中，我們將討論雷達的其他重要用途：量測目標物 (例如飛機) 距離雷達基地有多遠？

圖 1.65 顯示的是常用來量測目標物距離的雷達訊號。這個訊號是由週期性的*射頻脈波 (radio frequency pulses，簡寫為 RF 脈波)* 序列所組成。每個脈波的持續期間為 T_0，數量級屬於微秒的層次，且以每秒 $1/T$ 個脈波的頻率規律地重複。更精確地說，RF 脈波是由頻率為 f_c 的弦波訊號所組成，f_c 的數量級為兆赫或十億赫，其值取決於用途。在效果上來說，弦波訊號是載波，用來增進雷達訊號的傳送，以及增進從雷達目標所傳回訊號的接收。

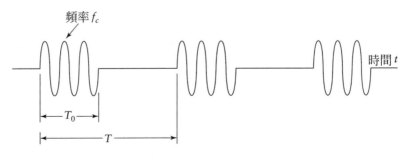

圖 1.65　用來測量目標距離的矩形 *RF* 脈波週期序列。

假設雷達目標與雷達的距離為 d，單位為公尺。*往返時間* (*roundtrip time*) 等於雷達脈波傳至目標的時間加上回波由目標傳回雷達的時間。令 τ 為往返時間，因此我們可寫出

$$\tau = \frac{2d}{c} \tag{1.109}$$

其中 c 是光速，單位為 m/s。就量測距離而論，我們需考慮下面兩種議題：

▶ *距離解析度* (*Range resolution*)。脈波的持續期間 T_0 限制了雷達能夠測量的最短往返時間。因此雷達能可靠測量的最短目標距離為 $d_{\min} = cT_0/2$ 公尺。(請注意，此處忽略在雷達接收器前端所產生的電子雜訊。)

▶ *距離模糊度* (*Range ambiguity*)。脈波間的週期 T 限制了雷達能測量的最長目標距離，因為一個脈波返回雷達的時間，必須比下一個脈波送出的時間還要早，否則估測距離時就產生了不確定性。因此雷達能可靠測量的最長目標距離為 $d_{\max} = cT/2$ 公尺。

圖 1.65 中的雷達訊號提供我們對頻譜分析更深入的概念，以及頻譜分析的不同認知，這些都會在後續的章節中詳加討論。

除了雷達之外，音波 (聲納)、超音波 (生物醫學遙測)、紅外線 (自動聚焦相機)、甚至在光學頻域內 (例如雷射距離探測器) 等，都是用類似的方法測量距離。且上述的每一種儀器，都是利用脈波的往返時間，與脈波的傳播速度來決定目標物的距離。

■ 1.10.4　移動平均系統 (MOVIN-GAVERAGE SYSTEMS)

離散時間系統的一項重要應用是強化一組數據中的某個特性，例如辨識出在數據中隱含*趨勢*的變化。這就是在範例 1.12 中所介紹的移動平均系統的常見用途。將數據 $x[n]$ 作為輸入訊號，我們可將這個 N 點位移平均系統的輸出表示成

$$y[n] = \frac{1}{N}\sum_{k=0}^{N-1} x[n-k] \tag{1.110}$$

N 的值決定了系統輸入數據平滑的程度。舉例來說，考慮在某三年間，英特爾 (Intel) 公司的每週收盤股價，如 1.66(a) 所示。這些數據的波動顯示了英特爾股票的變動本質，這也是一般股市的特性。圖 1.66(b) 與 (c) 所示為這些數據分別經 $N=4$ 與 $N=8$ 的移動平均系統處理後的效果。請注意，移動平均系統減緩了數據的短期波動，若 N 值取越大，系統會產生更平滑的輸出。移動平均系統在減緩波動上的應用所面臨的挑戰是要如何決定視窗長度 N，好辨識出輸入資料中所隱含的最具資訊價值的趨勢。

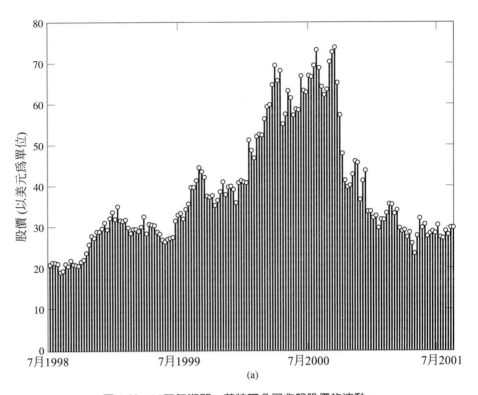

圖 1.66　(a)三年期間，英特爾公司收盤股價的波動。

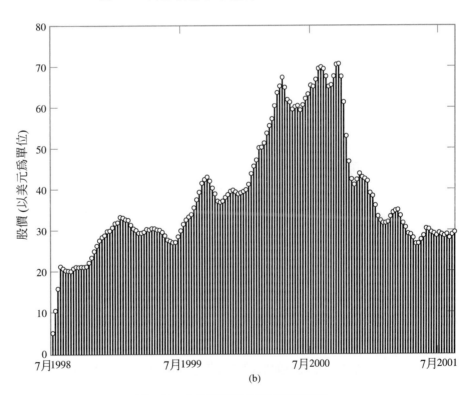

圖 1.66　(b)四點移動平均系統的輸出。

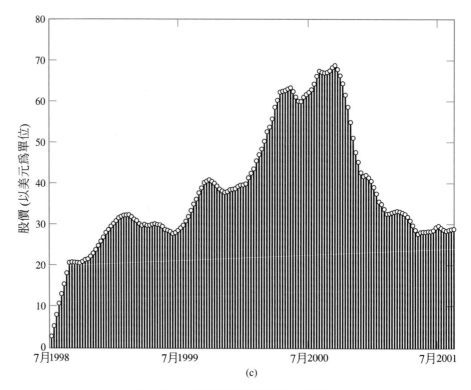

圖 1.66　(c)八點移動平均系統的輸出。

在移動平均系統中，最普遍的應用形式是對輸入的過去值使用不均等加權 (unequal weighting)。

$$y[n] = \sum_{k=0}^{N-1} a_k x[n-k] \tag{1.111}$$

在這類系統中，權重(符號)的選取是爲了淬取出特定方面的資料，如某個特定頻率的擾動，同時消除其他方面的資料，如時間平均值。第九章將討論選取加權數來達成這類效果的特定方法，然而，後續的章節中，也會提及移動平均系統在其他方面的表現。

■ 1.10.5　多重路徑通訊通道 (MULTIPATH COMMUNICATION CHANNELS)

在第 1.3.1 節與 1.9 節中，我們曾提及通道雜訊是降低通訊系統性能的原因之一。另一個降低性能的主要原因是通訊通道本身的散布性質 (dispersive nature)，也就是說，通道其實具有記憶性。在無線通訊系統中，散布特性起因於多重路徑傳播，所謂的多重路徑指的是在發射器與接收器之間，存在一條以上的傳播路徑，如圖 1.67 所示。而多重路徑傳播起因於多個物體散射了傳送訊號。在數位通訊系統中，多重路徑傳播以*符號間干擾* (*intersymbol interference*，簡寫成 ISI) 的形式呈現，符號間干擾一詞指的是在傳送訊號符號前後，所傳送其他符號在接收器中造成的殘留效應。而*符號* (*symbol*) 指的是代表一組已知位元的波形，這組位元是訊息訊號的二元表示。為了減輕符號間干擾問題，接收器需外接一個等化器，其功能為彌補通道中的散怖。

為了瞭解且彌補散怖效應，我們需要建立一套多重路徑傳播的模型。傳送訊號一般都會涉及某些形式的調變，其主要的目的是將訊號頻帶移至可透過通道傳送的頻帶範圍。為了達到當初建立模型的目的，我們使用*基頻模型* (*baseband model*) 來描述通道對於原始訊號的作用，而不是描述通道對調變後訊號的作用。至於基頻模型為實數值或複數值，取決於所使用的調變形式。

一種常用的基頻模型是圖 1.68 中的分接式延遲線 (tapped-delay line) 模型。此模型的輸出可用輸入表示成下列式：

$$y(t) = \sum_{i=0}^{P} w_i x(t - iT_{\text{diff}}) \qquad (1.112)$$

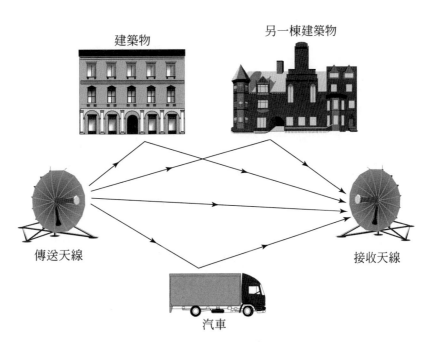

建築物　　　　　　　　　另一棟建築物

傳送天線　　　　　　　　　　　　　接收天線

汽車

圖 1.67　無線通訊中多重傳播路徑的例子。

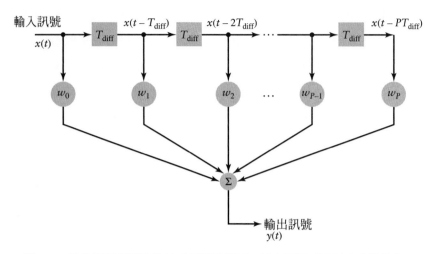

圖 1.68 線性通訊通道的分接式延遲線模型，其中假設系統是非時變性的。

其中 T_{diff} 代表的是不同路徑間可量測的最小時間差。T_{diff} 的值取決於傳送訊號的特性。[(1.112) 式中忽略了通道輸出端的雜訊效應。] PT_{diff} 代表在任何重要路徑訊號到達時間相對於第一個到達接收器的訊號最長時間延遲。模型係數 w_i 是用來估測每個路徑的增益。例如，若 $P = 1$，則

$$y(t) = w_0 x(t) + w_1 x(t - T_{\text{diff}})$$

上式可描述由一個直接路徑 $w_0 x(t)$ 以及經過一次反射路徑 $w_1 x(t - T_{\text{diff}})$ 所組成的傳播通道。

在數位通訊接收器中的訊號處理通常是使用離散時間系統。我們也可利用在時間區間 T_{diff}，對(1.112)式中基帶模型取樣來獲得多重路徑通訊通道的離散時間模型

$$y[n] = \sum_{k=0}^{P} w_k x[n - k] \tag{1.113}$$

請注意，上述模型是線性加權移動平均系統的一個例子。我們將在後續的章節中，研究一個特殊的正規化 (normalized) 離散時間多路徑通道模型，其中 $P = 1$，且可表成

$$y[n] = x[n] + ax[n - 1] \tag{1.114}$$

■ 1.10.6 遞迴式離散時間計算 (RECURSIVE DISCRETE-TIME COMPUTATION)

遞迴式離散時間計算 (recursive discrete-time computation) 因實用性而廣受親睞。以最普遍的方式來說，在這種形式的計算中，輸出訊號的現在值是取決於兩組數量的計

算結果，這兩組數量分別為：(1)輸入訊號的現在值與過去值，還有(2)輸出訊號本身的過去值。遞迴 (recursive) 這個詞彙凸顯了輸出訊號對本身過去值的依賴。

我們介紹一種簡單且深具意義的一階遞迴式離散時間濾波器 (first-order recursive discrete-time filter) 作為例子，藉此解說遞迴式離散時間計算。令 $x[n]$ 為濾波器的輸入訊號，$y[n]$ 為輸出訊號，都是在時間 n 時量測的。我們可用一階線性常數係數微分方程式寫出 $y[n]$ 與 $x[n]$ 之間的關係，如下

$$y[n] = x[n] + \rho y[n-1] \tag{1.115}$$

其中 ρ 是常數。遞迴(1.115)式是線性微分方程式的特例，因為線性微分方程式通常不包含輸入訊號的過去值。圖 1.69 是濾波器的方塊示意圖，其中標上 S 的方塊代表的是離散時間平移運算子。而圖中描述的結構是*線性離散時間回授系統*(*linear discretetime feedback system*) 的一個例子，其中的係數 ρ 是代表系統中的回授。換句話說，在離散時間系統中，回授的使用與遞迴式計算有關。

(1.115)式的解為

$$y[n] = \sum_{k=0}^{\infty} \rho^k x[n-k] \tag{1.116}$$

在第二章與第七章中，我們將介紹解此方程式的系統化過程。但是此處我們可以證明(1.116)式確實是解，驗證的程序如下：提出對應於 $k = 0$ 的項，可得

$$y[n] = x[n] + \sum_{k=1}^{\infty} \rho^k x[n-k] \tag{1.117}$$

接下來，在(1.117)式中，設 $k - 1 = l$，也就是 $k = l + 1$，則(1.117)式變成

$$\begin{aligned}
y[n] &= x[n] + \sum_{l=0}^{\infty} \rho^{l+1}[n-1-l] \\
&= x[n] + \rho \sum_{l=0}^{\infty} \rho^l[n-1-l]
\end{aligned} \tag{1.118}$$

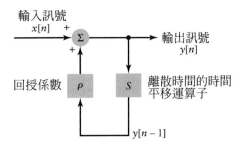

圖 1.69　一階遞迴式離散時間濾波器的方塊圖。運算子 S 將輸出訊號 $y[n]$ 平移一個取樣時間間隔，產生新的輸出 $y[n-1]$。而回授係數 ρ 決定了濾波器的穩定性。

由(1.116)式，很容易得知(1.118)式等號右邊的加總項等於 $y[n-1]$。因此，我們可將 (1.118)式改寫成下列的簡化形式

$$y[n] = x[n] + \rho y[n - 1]$$

我們立即地認出這就是原始的一階遞迴式 (1.115)式，因此 (1.116) 式是它的解。

根據解 (式 1.116) 中常數 ρ 所取的值，我們可將 ρ 分成三類：

1.　$\rho = 1$，則(1.116)式可簡化成

$$y[n] = \sum_{k=0}^{\infty} x[n - k] \tag{1.119}$$

(1.119)式可作為累加器 (accumulator) 的定義，而累加器對離散系統而言，就是一個理想的積分器。

2.　$|\rho| < 1$，這代表對於輸出訊號 $y[n]$ 而言，輸入訊號 $x[n]$ 過去值所持續造成的影響，會逐步減少。因此，我們可將圖 1.68 中的一階遞迴式濾波器視為漏溢式累加器 (leaky accumulator)，當 ρ 的大小越接近 1 時，漏溢的情形會越小。

3.　$|\rho| > 1$，這代表對於輸出訊號 $y[n]$ 而言，輸入訊號 $x[n]$ 的過去值的後續影響程度隨時間擴大。

從上述的討論可知，在第二個情況中，圖 1.69 的一階遞迴式濾波器具備 BIBO 穩定的性質，而在第一個與第三個情況中，濾波器並非 BIBO 穩定，可參考習題 1.26。

在接下來的幾章，我們會在各類範圍中，譬如數位訊號處理，財金計算，以及數位控制系統，討論圖 1.69 的一階遞迴式濾波器。

1.11　利用 MATLAB 探索觀念 (Exploring Concepts with MATLAB)

MATLAB 中使用的基本物件 (object) 為矩形數值矩陣，而且矩陣中的元素可以是複數。在訊號與系統的研究裡，各種的資料物件都非常適合以矩陣表示。本節將利用 MATLAB 探討如何產生前幾節所討論過的基本訊號。而至於較複雜的訊號，或者針對系統的探索，則留待後續的章節再處理。

MATLAB 訊號處理工具箱擁有許多種產生訊號的功能，但大多數的功能需要先將時間 t 或 n 表示為向量。舉例來說，要在 0 至 1 秒鐘內按照 1ms 的取樣間隔 (sampling interval) T_S，產生時間向量 t，可使用以下指令

```
t = 0:.001:1;
```

這個時間向量每秒包含了 1000 個取樣，換句話說，*取樣率(sampling rate)* 為 1000 Hz。對於離散時間訊號，要從 n = 0 到 n = 1000 中產生時間向量 n ，則可使用以下指令

```
n = 0:1000;
```

有了 t 或 n，我們就可以產生想要的訊號。

在 MATLAB 中，可詳盡地顯示出離散時間訊號，因為訊號的值即是以向量的元素表示。相反的，MATLAB 對於連續時間訊號則只能提供一個*近似 (approximation)* 描述。此近似是也是由向量所組成，而且部分為連續時間訊號的取樣。當我們使用這種近似方法時，必須注意所使用的取樣間隔是否足夠小，才能保證保留了訊號的所有細節。

在本節中，我們將討論產生各種連續時間訊號與離散時間訊號的方法。

■ 1.11.1　週期訊號 (PERIODIC SIGNALS)

利用 MATLAB 產生如方波或三角波之類的訊號是很容易的。若方波的振幅為 A，基本頻率為 w0 (單位是 rad/s)，且*工作週期 (duty cycle)* 為 rho。工作週期 rho 指的是每個週期中，訊號為正值的比例。要產生這類訊號，我們使用以下基本指令

```
A*square(w0*t , rho);
```

圖 1.14(a) 所示的方波是利用以下的指令產生

```
>> A = 1;
>> w0 = 10*pi;
>> rho = 0.5;
>> t = 0:.001:1;
>> sq = A*square(w0*t , rho);
>> plot(t, sq)
>> axis([0 1 -1.1 1.1])
```

在第二道指令中，pi 為 MATLAB 內建函數，會傳回近似於圓周率 π 的浮點小數值。而繪圖可繪出這個方波的圖形。指令 plot 繪出連接相繼訊號值的直線，因此所產生的圖形外觀上是連續時間訊號。

若要產生振幅為 A，基本頻率為 w0 (單位是 rad/s)，且寬度為 W 的三角波，令三角波的週期為 T，且第一個最大值發生在 t = WT 的時候。因此產生此週期訊號的指令為

```
A*sawtooth(w0*t , W);
```

要產生圖 1.15 中對稱三角波的完整指令為

```
>> A = 1;
>> w0 = 10*pi;
>> W = 0.5;
>> t = 0:0.001:1;
>> tri = A*sawtooth(w0*t , W);
>> plot(t, tri)
```

　　如先前所述，利用 MATLAB 產生的訊號本身具有離散時間的性質。我們可用 stem 這個指令使離散時間訊號顯現出來。精確地說，stem(n, x) 將向量 x 中的資料描繪成時間 n 的離散訊號。當然，向量 n 與 x 必須具有相容的維數。

　　舉例而言，考慮圖 1.16 中的離散時間方波。此方波是由以下指令產生：

```
>> A = 1;
>> omega = pi/4;
>> n = -10:10;
>> x = A*square(omega*n);
>> stem(n, x)
```

▶ **習題 1.38**　使用本頁的 MATLAB 程式碼產生如圖 1.15 所示的三角波。　◀

■ 1.11.2　指數訊號 (EXPONENTIAL SIGNALS)

接著考慮指數訊號，我們有兩種指數訊號：阻尼減幅指數訊號以及成長指數訊號。MATLAB 中產生阻尼減幅指數的指令為

```
B*exp(-a*t);
```

而產生成長指數的指令為

```
B*exp(a*t);
```

　　在這兩種情形中，指數參數 a 都是正值。產生圖 1.28(a) 中阻尼減幅指數訊號的指令如下

```
>> B = 5;
>> a = 6;
>> t = 0:.001:1;
>> x = B*exp(-a*t);  % decaying exponential
>> plot(t, x)
```

而產生圖 1.28(b) 中成長指數訊號的指令為

```
>> B = 1;
>> a = 5;
>> t = 0:0.001:1;
>> x = B*exp(a*t);  % growing exponential
>> plot(t, x)
```

再來考慮(1.34)式所定義的指數序列。此指數序列的阻尼減幅形式如圖 1.30(a)，是利用下述指令產生：

```
>> B = 1;
>> r = 0.85
>> n = -10:10;
>> x = B*r.^n;  % decaying exponential
>> stem(n, x)
```

請注意，在此範例的指令中，底數 r 為純量，但指數為向量，因而使用符號 .^ 來代表*逐個元素的次方 (element-by-element powers)*。

➤ **習題 1.39**　使用 MATLAB 產生圖 1.30(b)中的指數成長序列。　　　　　◀

■ 1.11.3　弦波訊號 (SINUSOIDAL SIGNALS)

MATLAB 也內建了可產生弦波訊號的三角函數。振幅為 A，頻率為 w0 (單位是 rad/s)，且相位角為 phi (單位是弧度) 的餘弦函數可從以下指令獲得

```
A*cos(w0*t + phi);
```

另一方面，我們也可以用正弦函數的指令來產生弦波訊號 A*sin(w0*t + phi);
這兩個指令是產生圖 1.29 弦波訊號的基本指令。舉例來說，要產生圖 1.31(a)中的餘弦訊號，我們使用下述指令：

```
>> A = 4;
>> w0 = 20*pi;
>> phi = pi/6;
>> t = 0:.001:1;
>> cosine = A*cos(w0*t + phi);
>> plot(t, cosine)
```

➤ **習題 1.40**　使用 MATLAB 產生圖 1.31(b)中的弦波訊號。　　　　　◀

接著考慮由(1.39)式定義的離散時間弦波訊號。這個週期訊號的波形如圖 1.33，由下列的指令產生

```
>> A = 1;
>> omega = 2*pi/12;  % angular frequency
>> n = -10:10;
>> y = A*cos(omega*n);
>> stem(n, y)
```

■ 1.11.4　指數阻尼減幅弦波訊號 (EXPONENTIALLY DAMPED SINUSOI-DAL SIGNALS)

在先前所提的 MATLAB 訊號產生指令中，我們將表示單位振幅訊號 (例如，sin(w0*t + phi)) 的向量乘以純量　，以獲得欲求的振幅，並以星號代表乘法運算。接下來要討論如何在兩個向量之間進行*逐個元素乘法* (element-by-element multi-plication) 以便產生訊號。

　　假設我們將弦波訊號乘以指數訊號，產生一個指數阻尼減幅弦波訊號。因為每一個訊號的成份都用一個向量代表，要產生這種將某個向量乘以另一個向量的乘積，便需要以逐個元素的乘法方式為基準。MATLAB中，在點的後面加上星號以表示逐個元素乘法。因此，要產生以下的指數阻尼減幅弦波訊號

$$x(t) = A \sin(\omega_0 t + \phi)\, e^{-at}$$

的指令為

```
A*sin(w0*t + phi).*exp(-a*t);
```

對於阻尼減幅指數而言，a 是正值。上述指令是產生圖 1.35 中波形的基礎，而完整的指令為

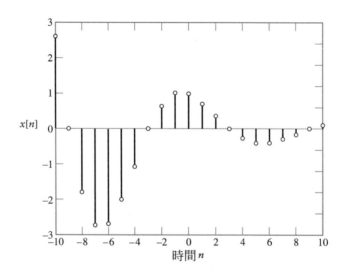

圖 1.70　指數阻尼減幅弦波序列。

```
>> A = 60;
>> w0 = 20*pi;
>> phi = 0;
>> a = 6;
>> t = 0:.001:1;
>> expsin = A*sin(w0*t + phi).*exp(-a*t);
>> plot(t, expsin)
```

接著考慮圖 1.70 所示的指數阻尼減幅弦波序列。此序列爲圖 1.33 的弦波序列 $x[n]$ 乘上圖 1.30(a)的阻尼減幅指數序列 $y[n]$ 所得的結果。這兩個訊號定義在都是 n = -10:10。因此,令 $z[n]$ 爲此乘積序列,我們可用以下指令產生此結果:

```
>> z = x.*y;  % elementwise multiplication
>> stem(n, z)
```

請注意,產生 z 的指令中不需對 n 作定義,因爲它早就包含於定義在前兩頁的 x 與 y 之內了。

▶ **習題 1.41** 使用 MATLAB 產生由圖 1.30(b) 的成長指數與圖 1.33 的弦波訊號的乘積所定義的訊號。 ◀

■ 1.11.5 步階、脈衝以及斜坡函數 (STEP, IMPULSE, AND RAMP FUNCTIONS)

在 MATLAB 中,ones (M, N)表示一個 M 乘 N 的矩陣,且其中每一項都是 1;而 zeros (M, N)表示一個 M 乘 N 的零矩陣。利用這兩種矩陣可產生兩個常用的訊號:

▶ *步階訊號*。單位振幅步階函數可由以下指令產生

```
u = [zeros(1, 50), ones(1, 50)];
```

▶ *離散時間脈衝*。單位振幅離散時間脈衝可由以下指令產生

```
delta = [zeros(1, 49), 1, zeros(1, 49)];
```

要產生斜坡序列,我們只要用

```
ramp = 0:.1:10
```

圖 1.39 顯示了如何利用兩個步階訊號來產生矩形脈波,其中這兩個步階訊號彼此具有時間平移的關係。依據圖中的步驟,我們可寫出以下指令組,來產生中心位於原點的矩形脈波

```
>> t = -1:1/500:1;
>> u1 = [zeros(1, 250), ones(1, 751)];
>> u2 = [zeros(1, 751), ones(1, 250)];
>> u = u1 - u2;
```

第一道指令將時間 -1 秒到時間 1 秒之間均分為 2 毫秒的間距。由第二道指令可產生時間位於 $t=-0.5$ 秒的步階函數 u1。由第三道指令可產生時間位於 $t=0.5$ 秒的步階函數 u2。第四道指令是將 u1 減去 u2，用以產生單位振幅、持續期間是一個時間單位，且中心位於原點的矩形脈波。

■ 1.11.6 使用者定義函數 (USER-DEFINED FUNCTION)

MATLAB 環境的一項重要特徵是允許使用者自訂 *M 檔* (*M-files*) 或子常式 (*Subroutines*)。*M* 檔有兩種：腳本 (script) 與函式 (function)。*腳本檔* (*script files*) 自動執行一長串的指令；*函式* (或稱*函式檔 function file*) 提供使用者自行在 MATLAB 中加入新的函式。任何在函式中使用的變數不會保留在記憶體中，因此，使用者必須明確地宣告輸入變數與輸出變數。

因此，我們可以說函式 *M* 檔需具有以下的特質：

1.　函式 *M* 檔以敘述式開始，其中定義了函式的名稱、輸入引數 (argument)，與輸出引數。

2.　函式 *M* 檔中包含了額外的敘述式，用來計算並傳回結果。

3.　輸入可為純量、向量或矩陣。

舉例來說，若要產生圖 1.39(a)中的矩形脈波，並假設我們希望使用 *M* 檔來完成此目標。其中脈波必需擁有單位振幅和單位持續時間，則我們要寫一個名稱 rect.m，而且包含了以下敘述的檔案：

```
>> function g = rect(x)
>> g = zeros(size(x));
>> set1 = find(abs(x)<= 0.5);
>> g(set1) = ones(size(set1));
```

這個 *M* 檔的最後三個指令包含了兩個重要的函式：

1.　函式 size 會傳回一個具有兩個元素的向量，表示矩陣的行數與列數。

2.　函式 find 用來傳回滿足規定關係的向量或函式的指標 (index)。例如，find(abs(x)<= T) 會傳回絕對值小於或等於 T 的向量 x 的指標。

新函式 rect.m 的使用如同其他的 MATLAB 函式。我們甚至可以用函式 find(abs(x)<= T)產生矩形脈波：

```
>> t = -1:1/500:1;
>> plot(t, rect(t));
```

1.12 總結 (Summary)

本章介紹訊號與系統的概觀,並確定後續章節的內容範圍。有一個貫穿目前討論內容的主題就是,訊號可能是多樣化的連續時間訊號或離散時間訊號,系統也是如此:

▶ 對於所有的時間,均可定義連續時間訊號的值。相反的,離散時間訊號僅能由離散的瞬時時間所定義的。

▶ 連續時間系統是藉著將連續時間輸入訊號,轉換成連續時間輸出訊號的運算子來描述。相反的,離散時間系統則是藉著將離散時間輸入訊號,轉換成離散時間輸出訊號的運算子來描述。

實際上,許多系統混合使用連續時間訊號與離散時間訊號。分析*混合系統 (mixed systems)* 是本書第四、五、八及九章中的重點部分。

在討論訊號與系統中的各種性質時,我們特地同時將連續時間與離散時間這兩類型訊號與系統對應比較。如此一來,可獲得兩者之間的異同。後續幾章裡,在合適的狀況下,也會保留這個作法。

另外值得注意的一點,是在研究系統時,我們特別著重對*線性非時變系統*的分析。一個線性系統需符合疊加原理且具同質性。而非時變系統的特徵是系統的輸出不隨時間改變。若一個系統具有上述兩個性質,在數學上分析該系統就容易多了。事實上,近年來已發展了許多分析線性非時變系統的工具,因此本書包含了很多這類的系統分析題材。

我們在本章也探討了 MATLAB 的使用方法,利用 MATLAB 可產生各種基本的連續時間訊號以及離時間訊號。MATLAB 提供了功能強大的環境讓我們探索觀念與測試系統的設計,這些議題將於後續幾章中呈現。

🔊 *進階資料*

1. 關於訊號、訊號表示法以及訊號在通訊系統的應用,請參閱

   ▶ Pierce, J. R.與 A. M. Noll 合著,《Signals: The Science of Telecommunications》,由 Scientific American Library 於 1990 年出版。

2. 關於控制系統的例子,請參閱以下書籍的第一章

   ▶ Kuo, B. C.著,《Automatic Control Systems》,第七版,由 Prentice Hall 公司於 1995 年出版。

   以及以下書籍的第一章與第二章

▶ Phillips, C. L.與 R. D. Harbor，《Feedback Control Systems》，第三版，由 Prentice Hall 公司於 1996 年出版。

3. 關於遙測的一般討論，請參閱

▶ Hord, R. M.著，《Remote Sensing: Methods and Applications》，由 Wiley 公司於 1986 年出版。

關於應用在遙測的太空載具雷達，這方面的題材請參閱

▶ Elachi, C.著，《Introduction to the Physics and Techniques of Remote Sensing》，由 Wiley 公司於 1987 年出版。

關於合成孔徑雷達，以及訊號處理在這種雷達實作的角色，請參閱

▶ Curlander, J. C.與 R. N. McDonough 合著，《Synthetic Aperture Radar: Systems and Signal Processing》，由 Wiley 公司於 1991 年出版。

關於雷達原理的簡介，請參閱

▶ Skolnik, M. I.，《Introduction to Radar Systems》，第三版，由 McGraw-Hill 公司於 2001 年出版。

4. 圖 1.6 擷取自以下的書籍

▶ Yazdi, D., F. Ayazi 與 K. Najafi 合著的 "Micromachined Inertial Sensors"，在期刊《Proceedings of the Institute of Electrical and Electronics Engineers》，第 86 卷，第 1640 — 1659 頁，1998 年八月。

這篇論文提出關於矽微加工 (silicon micromachined) 加速規與陀螺儀的簡介。這是積體化感測器 (integrated sensor)，微制動器 (microactuator)，以及微機電系統中的一項特殊議題。關於 MEMS 與其應用的進階論文報告，請參閱

▶ Wise, K. D.與 K. Najafi 合著，"Microfabrication Techniques for Integrated Sensors and Microsystems"，在期刊《Science》的第 254 卷，pp.1335-1342，1991 年十一月。

▶ S. Cass 著，"MEMS in space" 在《IEEE Spectrum》，pp. 56-61，2001 年七月

5. 關於生物訊號處理的文章，請參閱

▶ Weitkunat, R., ed.,《Digital Biosignal Processing》(Elsevier, 1991)

6. 關於聽覺系統的詳盡討論，請參閱

▶ Dallos, P., A. N. Popper 及 R. R. Fay 編著，《The Cochlea》，由 SpringerVerlag 於 1996 年出版。

▶ Hawkins, H. L.及 T. McMullen 編著，《Auditory Computation》，由 Springer-Verlag 於 1996 年出版。

▶ Kelly, J. P.著，"Hearing" In E. R. Kandel, J. H. Schwartz, 以及 T. M. Jessell，《*Principles of Neural Science*》，第三版由 Elsevier 於 1991 年出版。

科學家參考耳蝸的構造而發明了人工耳蝸，人工耳蝸是使用矽積體電路建造的電子式耳蝸。這種人工耳蝸有時也稱為*矽耳蝸 (silicon cochlea)*。關於矽耳蝸的討論，請參閱

▶ Lyon, R. F.及 C. Mead, "Electronic Cochlea." In C. Mead,《Analog VLSI and Neural Systems》，由 AddisonWesley 公司於 1989 年出版。

7. 關於塔科瑪奈洛斯吊橋坍塌事件的探討，請參閱下列的專案研究報告：

▶ Smith, D.著，"A Case Study and Analysis of the Tacoma Narrows Bridge Failure"，專案編號 99.497 Engineering Project，屬於卡爾頓大學機械工程系所 (Department of Mechanical Engineering，Carleton University，位於加拿大渥太華)，三月二十九日，1974 年。(該計畫由 G. Kardos 教授指導。)

8. 關於降低電子雜訊的討論，請參閱

▶ Bennet, W. R.著，《*Electrical Noise*》，由 McGrawHill 公司於 1960 年出版。

▶ Van der Ziel, A.,《*Noise: Sources, Characterization,Measurement*》，由 Prentice-Hall 公司於 1970 年出版。

▶ Gupta, M. S.等多人合著，《*Electrical Noise: Fundamentals and Sources*》，由 IEEE Press 於 1977 年出版。

這本由 Gupta 所編的書內容包含了(1)電子雜訊的歷史，(2)物理機制、數學方法以及應用的簡介，(3)雜訊產生過程的原理，(4)已經過研究的各類具有雜訊現象的電子元件，(5)雜訊產生器。

9. 關於 MATLAB 的簡介，請參閱附錄 F。

補充習題 (ADDITIONAL PROBLEMS)

1.42 請決定下列訊號是否為週期訊號。若它們具有週期性，試求其基本週期。

(a) $x(t) = (\cos(2\pi t))^2$

(b) $x(t) = \sum_{k=-5}^{5} w(t - 2k)$ 其中 $w(t)$ 參考如圖 P1.42b 所示。

(c) $x(t) = \sum_{k=-\infty}^{\infty} w(t - 3k)$ 其中 $w(t)$ 參考如圖 p1-42b 所示。

(d) $x[n] = (-1)^n$

(e) $x[n] = (-1)^{n^2}$

(f) $x[n]$ 參考如圖 P1.42 f 所示

(g) $x(t)$ 參考如圖 P1.42 g 所示

(h) $x[n] = \cos(2n)$

(i) $x[n] = \cos(2\pi n)$

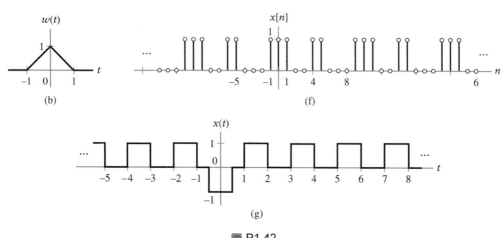

圖 P1.42

1.43 弦波訊號

$$x(t) = 3 \cos(200t + \pi/6)$$

正通過一個輸入輸出關係定義如下的平方律裝置

$$y(t) = x^2(t)$$

請利用三角恆等式

$$\cos^2 \theta = \tfrac{1}{2}(\cos 2\theta + 1)$$

證明輸出 $y(t)$ 是由直流訊號部分和弦波訊號部分所組成。

(a) 試詳細說明直流訊號的部分。

(b) 試詳細說明輸出 $y(t)$ 中弦波部分的振幅大小與基本頻率。

1.44 考慮以下的弦波訊號

$$x(t) = A \cos(\omega t + \phi)$$

試決定 $x(t)$ 的平均功率。

1.45 弦波訊號

$$x[n] = A \cos(\Omega n + \phi)$$

的角頻率 Ω 滿足使 $x[n]$ 為週期性的條件。試求 $x[n]$ 的平均功率。

1.46 圖 P1.46 中所示升餘弦脈波定義如下

$$x(t) = \begin{cases} \tfrac{1}{2}[\cos(\omega t) + 1], & -\pi/\omega \le t \le \pi/\omega \\ 0, & \text{其他情況} \end{cases}$$

試求 $x(t)$ 的能量總和。

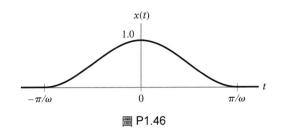

圖 P1.46

1.47 圖 P1.47 中所示的梯形脈波定義如下

$$x(t) = \begin{cases} 5 - t, & 4 \le t \le 5 \\ 1, & -4 \le t \le 4 \\ t + 5 & -5 \le t \le -4 \\ 0, & 其他條件 \end{cases}$$

試求 $x(t)$ 的能量總和。

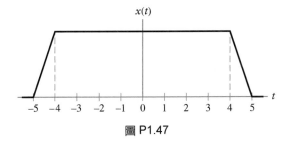

圖 P1.47

1.48 圖 P1.47 的梯形脈波 $x(t)$ 被輸入到一個如下定義的微分器，

$$y(t) = \frac{d}{dt} x(t)$$

(a) 試求該微分器的輸出結果 $y(t)$。

(b) 試求 $y(t)$ 的能量總和。

1.49 某個矩形脈波定義如下

$$x(t) = \begin{cases} A, & 0 \le t \le T \\ 0, & 其他條件 \end{cases}$$

脈波 $x(t)$ 輸入到如下定義的積分器

$$y(t) = \int_{0^-}^{t} x(\tau)\, d\tau$$

試求輸出 $y(t)$ 的能量總和。

1.50 將圖 P1.47 的梯形脈波 $x(t)$ 依照下列方程式時間調整比例：

$$y(t) = x(at)$$

試簡繪當(a) $a = 5$ 與(b) $a = 0.2$ 時的 $y(t)$。

1.51 試簡繪圖 P1.47 梯形脈波依下列方程式轉換所得的 $y(t)$：

$$y(t) = x(10t - 5)$$

1.52 令 $x(t)$ 與 $y(t)$ 分別如圖 P1.52(a)與(b)中所定義的，請仔細繪出下列的訊號：

(a) $x(t)y(t - 1)$
(b) $x(t - 1)y(-t)$
(c) $x(t + 1)y(t - 2)$
(d) $x(t)y(-1 - t)$
(e) $x(t)y(2 - t)$
(f) $x(2t)y(\frac{1}{2}t + 1)$
(g) $x(4 - t)y(t)$

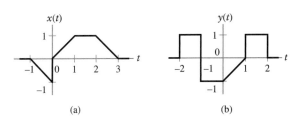

(a)   (b)

圖 P1.52

1.53 圖 P1.53(a)顯示了狀似樓梯的訊號 $x(t)$ 可被視為四個矩形脈波的疊加。從壓縮矩形脈波 $g(t)$ 開始，$g(t)$ 如圖 P1.53(b)中所示，試建構圖 P1.53(a)的波形，並且以 $g(t)$ 表示 $x(t)$。

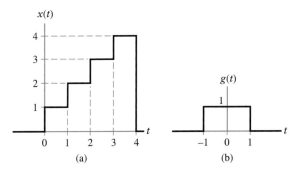

(a)   (b)

圖 P1.53

1.54 試繪出下列訊號的波形：

(a) $x(t) = u(t) - u(t - 2)$

(b) $x(t) = u(t + 1) - 2u(t) + u(t - 1)$

(c) $x(t) = -u(t + 3) + 2u(t + 1)$
$\qquad\qquad - 2u(t-1) + u(t-3)$

(d) $y(t) = r(t + 1) - r(t) + r(t - 2)$

(e) $y(t) = r(t + 2) - r(t + 1)$
$\qquad\qquad - r(t - 1) + r(t - 2)$

1.55 圖 P1.55(a) 顯示了脈波 $x(t)$ 可以被視爲三個矩形脈波的疊加。從圖 P1.55(b) 的矩形脈波 $g(t)$ 開始，試建構圖 P1.55 的波形，並且用 $g(t)$ 來表示 $x(t)$。

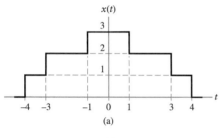

(a)

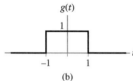

(b)

圖 P1.55

1.56 令 $x[n]$ 與 $y[n]$ 分別如圖 P1.56(a) 與 (b) 中所定義的訊號，請仔細繪出下列的訊號：

(a) $x[2n]$

(b) $x[3n - 1]$

(c) $y[1 - n]$

(d) $y[2 - 2n]$

(e) $x[n - 2] + y[n + 2]$

(f) $x[2n] + y[n - 4]$

(g) $x[n + 2]y[n - 2]$

(h) $x[3 - n]y[n]$

(i) $x[-n]y[-n]$

(j) $x[n]y[-2 - n]$

(k) $x[n + 2]y[6 - n]$

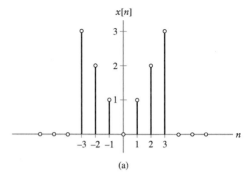

(a)

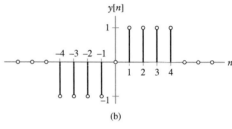

(b)

圖 P1.56

1.57 試決定下列訊號是否爲週期訊號。若它們具有週期性，試求其基本週期。

(a) $x[n] = \cos\left(\frac{8}{15}\pi n\right)$

(b) $x[n] = \cos\left(\frac{7}{15}\pi n\right)$

(c) $x(t) = \cos(2t) + \sin(3t)$

(d) $x(t) = \sum_{k=-\infty}^{\infty} (-1)^k \delta(t - 2k)$

(e) $x[n] = \sum_{k=-\infty}^{\infty} \{\delta[n - 3k] + \delta[n - k^2]\}$

(f) $x(t) = \cos(t)u(t)$

(g) $x(t) = v(t) + v(-t)$，其中 $v(t) = \cos(t)u(t)$

(h) $x(t) = v(t) + v(-t)$，其中 $v(t) = \sin(t)u(t)$

(i) $x[n] = \cos\left(\frac{1}{5}\pi n\right)\sin\left(\frac{1}{3}\pi n\right)$

1.58 弦波訊號 $x[n]$ 的基本週期有 $N = 10$ 個取樣。試求使 $x[n]$ 爲週期訊號的最小角頻率 Ω。

1.59 複數弦波訊號 $x(t)$ 具備下列兩個部分：

$$\text{Re}\{x(t)\} = x_R(t) = A\cos(\omega t + \phi)$$
$$\text{Im}\{x(t)\} = x_I(t) = A\sin(\omega t + \phi)$$

$x(t)$ 的振幅定義爲 $x_R^2(t) + x_I^2(t)$ 的平方根。試證此振幅等於 A，並因此與相位角 ϕ 無關。

1.60 考慮下列複數值指數訊號

$$x(t) = Ae^{\alpha t + j\omega t}, \qquad \alpha > 0$$

試求 $x(t)$ 的實部和虛部。

1.61 考慮下列連續時間訊號

$$x(t) = \begin{cases} t/\Delta + 0.5, & -\Delta/2 \le t \le \Delta/2 \\ 1, & t > \Delta/2 \\ 0, & t < -\Delta/2 \end{cases}$$

該訊號將輸入一個微分器。試證當 Δ 趨近於零時，微分器的輸出趨近於單位脈衝 $\delta(t)$。

1.62 在此題中，我們將研究當一個單位脈衝輸入微分器會發生什麼樣的狀況。考慮脈波期為 Δ，振幅為 2/Δ 的三角脈波 $x(t)$，如圖 P1.62 所示。在該脈波下的面積為 1。因此，當 Δ 趨近於零時，三角脈波趨近於單位脈衝。

(a) 將三角脈波 $x(t)$ 輸入到微分器，試求該微分器的輸出值 $y(t)$。

(b) 當 Δ 趨近於零時，微分器的輸出值 $y(t)$ 會如何變化？試利用單位脈衝 $\delta(t)$ 的定義來表示你的答案。

(c) 對於所有的 Δ，在微分器輸出 $y(t)$ 下的總面積為何？請驗證你的答案。

基於你在(a)部分到(c)部分中的所得結果，試簡單地描述微分一個單位脈衝的結果。

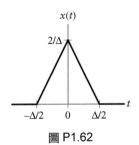

圖 P1.62

1.63 某個系統包含了數個如圖 P1.63 中所示相互連結的次系統。若次系統的運算子如下所示，試求 $x(t)$ 與 $y(t)$ 之間的運算子 H：

$$H_1: y_1(t) = x_1(t)x_1(t-1);$$
$$H_2: y_2(t) = |x_2(t)|;$$
$$H_3: y_3(t) = 1 + 2x_3(t);$$
$$H_4: y_4(t) = \cos(x_4(t)).$$

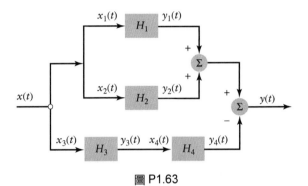

圖 P1.63

1.64 下列的系統的輸入為 $x(t)$ 或 $x[n]$，輸出為 $y(t)$ 或 $y[n]$。對於每個系統，試決定其是否為(i) 無記憶性的，(ii) 穩定的，(iii) 因果性的，(iv) 線性的，以及(v) 非時變的。

(a) $y(t) = \cos(x(t))$

(b) $y[n] = 2x[n]u[n]$

(c) $y[n] = \log_{10}(|x[n]|)$

(d) $y(t) = \int_{-\infty}^{t/2} x(\tau)\, d\tau$

(e) $y[n] = \sum_{k=-\infty}^{n} x[k+2]$

(f) $y(t) = \dfrac{d}{dt} x(t)$

(g) $y[n] = \cos(2\pi x[n+1]) + x[n]$

(h) $y(t) = \dfrac{d}{dt}\{e^{-t}x(t)\}$

(i) $y(t) = x(2-t)$

(j) $y[n] = x[n]\sum_{k=-\infty}^{\infty} \delta[n-2k]$

(k) $y(t) = x(t/2)$

(l) $y[n] = 2x[2^n]$

1.65 離散時間系統對應於輸入 $x[n]$ 的輸出為下：

$$y[n] = a_0 x[n] + a_1 x[n-1] + a_2 x[n-2] + a_3 x[n-3]$$

令運算子 S^k 表示將輸入 $x[n]$ 平移 k 個時間單位而得到 $x[n-k]$ 的系統。

試用式表示連結 $y[n]$ 和 $x[n]$ 系統的運算子 H。接著利用(a)串接的方式與(b)並接的方式,繪出代表 H 的方塊圖。

1.66 試證習題 1.65 中描述的系統對於所有 a_0、a_1、a_2,與 a_3 都是 BIBO 穩定的。

1.67 習題 1.65 中描述的離散時間系統,其記憶性可以延伸到以往多久的時間?

1.68 不具因果性的系統是否可能擁有記憶的能力?請證明你的答案。

1.69 離散時間系統對應於輸入 $x[n]$ 的輸出訊號 $y[n]$ 如下所示:

$$y[n] = x[n] + x[n-1] + x[n-2]$$

令運算子 S 表示將其輸入平移一個時間單位的系統。

(a) 試用式說明連結 $y[n]$ 和 $x[n]$ 系統的運算子 H。

(b) 運算子 H^{inv} 表示所定系統的逆向離散時間系統。請問要如何定義 H^{inv}?

1.70 試證習題 1.65 中的離散時間系統為非時變的,與係數 a_0、a_1、a_2,與 a_3 都無關。

1.71 **(a)** 時變系統是否可能為線性?請證明你的答案。

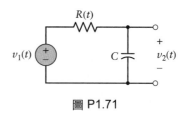

圖 P1.71

(b) 考慮圖 P1.71 的 RC 電路,其中的電阻元件 $R(t)$ 為時變的。對於所有時間 t,此電路的時間常數大到足以將此電路近似成積分器。試證此電路確實是線性的。

1.72 試證輸入輸出關係式定義如下的 p 次方律的裝置

$$y(t) = x^p(t), \quad p\text{ 是不等於0或1的整數,}$$

為非線性的。

1.73 線性非時變系統可以是因果性或非因果性的,試針對這些可能性舉出不同的範例。

1.74 圖 1.56 顯示兩個等效的系統組態,且系統運算子 H 為線性的。請問這兩個組態哪一個比較容易完成?請驗證你的答案。

1.75 系統 H 具有已知輸入輸出對。請分別對下列兩種情況:(a)圖 P1.75(a)中所示的訊號,以及(b)圖 P1.75(b)中所示的訊號,判定系統是否可為無記憶性的、因果性的、線性的,以及非時變的。對於所有的情況,證明你的答案。

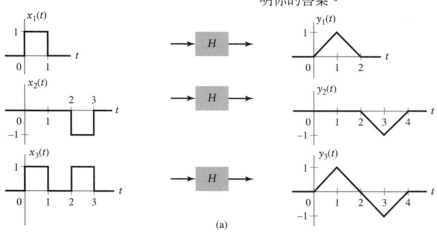

(a)

圖 P1.75

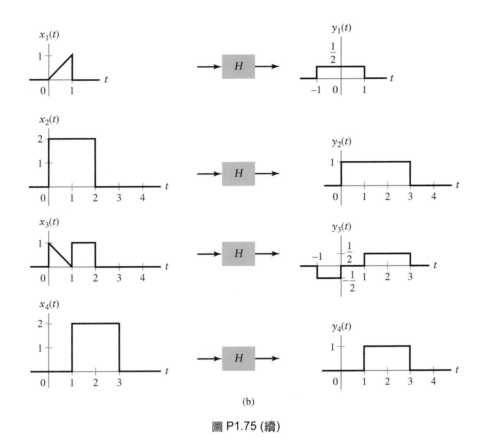

(b)

圖 P1.75 (續)

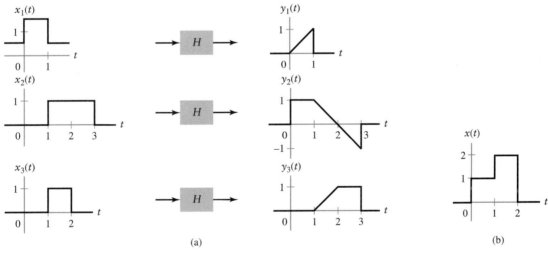

(a)   (b)

圖 P1.76

1.76 線性系統 H 有如圖 P1.76(a)中所描述的輸入
－輸出對。請回答下列的問題，並解釋你
的答案。

(a) 此系統是否為因果性的？

(b) 此系統是否為非時變的？

(c) 此系統是否為無記憶性的？

(d) 對於圖 P1.76(b)中所描述的輸入，系統
的輸出為何？

1.77 某個離散時間系統爲線性且非時變的。假定系統輸出是由圖 P1.77(a)中所定的輸入 $x[n] = \delta[n]$ 造成的。

(a) 試求由輸入 $x[n] = \delta[n-1]$ 造成的輸出。

(b) 試求由輸入 $x[n] = 2\delta[n] - \delta[n-2]$ 造成的輸出。

(c) 試求由圖 P1.77(b)中所描述的輸入造成的輸出。

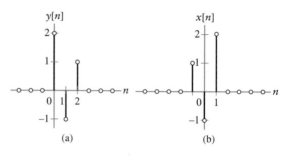

圖 P1.77

進階習題

1.78 (a) 任意實數值的連續時間訊號可以表示成

$$x(t) = x_e(t) + x_o(t)$$

其中 $x_e(t)$ 與 $x_0(t)$ 分別爲 $x(t)$ 的偶分量與奇分量。訊號 $x(t)$ 定義在整個 $-\infty < t < \infty$ 的區間上。試證訊號的能量 $x(t)$ 等於偶分量 $x_e(t)$ 的能量加上奇分量 $x_0(t)$ 的能量。亦即，試證

$$\int_{-\infty}^{\infty} x^2(t)\, dt = \int_{-\infty}^{\infty} x_e^2(t)\, dt + \int_{-\infty}^{\infty} x_o^2(t)\, dt$$

(b) 試證任意實數值的離散時間訊號 $x[n]$ 滿足類似於(a)部分中連續訊號所滿足的關係。換句話說，試證

$$\sum_{n=-\infty}^{\infty} x^2[n] = \sum_{n=-\infty}^{\infty} x_e^2[n] + \sum_{n=-\infty}^{\infty} x_o^2[n]$$

其中 $x_e[n]$ 與 $x_0[n]$ 分別爲 $x[n]$ 的偶分量與奇分量。

1.79 圖 P1.79 的 *LRC* 電路可視爲由圖 1.64 中集總電路模型 (lumped-circuit model) 所表示的 MEMS 加速規的*類似*。

(a) 試寫出一個二階微分方程式以定義此電路的時域行爲。

(b) 比較(a)部分的方程式與(1.108)式，並製作一個表格來描述圖P1.79 的 *LRC* 電路與 MEMS 加速規之間的類似性。

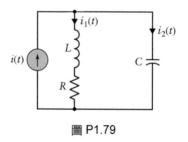

圖 P1.79

1.80 下列敘述也許具有爭議性：對於用以趨近單位脈衝的脈波極限型式而言，此脈波不一定要是時間的偶函式。所有該脈波必須要滿足的條件只是單位面積這項要求。爲了探究這件事，考慮一個如圖 P1.80 中所示的非對稱三角脈波。則

(a) 試說明，當區間 Δ 趨近於零時，這個脈波會發生什麼事情。

(b) 試判定該脈波的極限型式是否滿足如 1.6.6 節中所討論單位脈衝的所有性質。

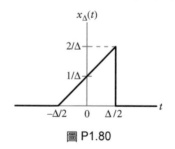

圖 P1.80

1.81 考慮某個運算子 H 表示的線性非時變系統，如圖 P1.81 中所描述的。輸入系統的訊號 $x(t)$ 是週期為 T 的週期訊號。試證對應的系統響應，$y(t)$，也是含有週期為 T 的週期訊號。

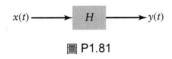

圖 P1.81

1.82 有人提議單位脈衝 $\delta(t)$ 可藉著如圖 P1.82 中所示的對稱雙指數脈波近似表示，此雙指數脈波的定義如下

$$x_\Delta(t) = \frac{1}{\Delta}\left(e^{+t/\tau}u(-t) + e^{-t/\tau}u(t)\right)$$

(a) 利用 $x_\Delta(t)$ 在 $t = -\Delta/2$ 時的值，求出振幅 A。

(b) 試求時間常數 τ 必須滿足什麼必要條件 (necessary condition)，會使得當參數 Δ 趨近於零時，$x_\Delta(t)$ 會因此趨近於 $\delta(t)$，亦即：

$$\delta(t) = \lim_{\Delta \to 0} x_\Delta(t)$$

(c) 試作圖說明當 $\Delta = 1$，0.5，0.25，和 0.125 時，該近似波形的性質。

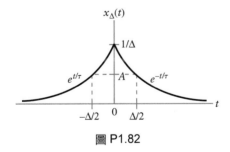

圖 P1.82

1.83 積分運算與微分運算緊密相關。根據這種密切的關係，使我們想嘗試去確定它們是否互為對方的反運算。

(a) 試解釋為何這個想法可能是錯的，請詳加敘述原因。

(b) 圖 P1.83(a) 與 P1.83(b) 的簡單 *LR* 電路可以用來近似微分與積分電路。為了完成它們的近似功能，試推導出這兩個電路元件必須滿足的條件。

(c) 利用圖 P1.83(a) 與 P1.83(b) 的範例來支持本題(a)部分中的解釋說明。

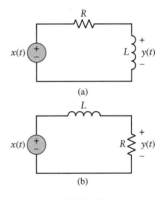

圖 P1.83

1.84 圖 P1.84 顯示某個線性時變系統的方塊圖，其中僅包括了一個乘法器，該乘法器將輸入訊號 $x(t)$ 與振盪器的輸出 $A_0 \cos(\omega_0 t + \phi)$ 相乘，由此產生系統的輸出為

$$y(t) = A_0 \cos(\omega_0 t + \phi)x(t)$$

試證明下列的敘述：

(a) 此系統為線性的；也就是說，系統同時滿足疊加原理與同質性。

(b) 此系統為時變的；也就是說，系統違反時間平移性質。為了證明所述，你可以利用脈衝輸入 $x(t) = \delta(t)$。

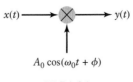

圖 P1.84

1.85 在習題 1.84 中，我們考慮線性時變系統的例子。在此題中，我們考慮一個更加複雜的非線性時變系統。對應於輸入 $x(t)$ 的系統輸出 $y(t)$ 如下：

$$y(t) = \cos\left(2\pi f_c t + k \int_{-\infty}^{t} x(\tau)\, d\tau\right)$$

其中 k 為一個常數參數。

(a) 試證此系統為非線性的。

(b) 試分別求 $x(t) = \delta(t)$ 以及經時間平移後 $x(t) = \delta(t-t_0)$ 所對應的 $y(t)$ 值，其中 $t_0 > 0$。由此，驗證此系統為時變的。

1.86 在此題中，我們討論一項非線性的有用應用：*非線性裝置提供一種將兩個弦波訊號混合的方法*。考慮一個平方律裝置：

$$y(t) = x^2(t)$$

令輸入為

$$x(t) = A_1 \cos(\omega_1 t + \phi_1) + A_2 \cos(\omega_2 t + \phi_2)$$

試求所對應的輸出 $y(t)$。試證 $y(t)$ 包含具有下列頻率的新分量：$0, 2\omega_1, 2\omega_2, \omega_1 - \omega_2$。請問它們個別的振幅與相位平移為何？

1.87 在此題中，我們討論非線性的另一項應用：*非線性裝置可產生諧波*。

考慮一個立方律裝置：

$$y(t) = x^3(t)$$

令輸入為

$$x(t) = A \cos(\omega t + \phi)$$

試求所對應的輸出 $y(t)$。試證 $y(t)$ 包含頻率為 ω 與 3ω 的部分。請問它們個別的振幅與相位平移為何？

你會利用何種非線性型式來產生所含頻率為 ω 弦波波分量的 p 階諧波？請證明你的答案。

1.88 **(a)** 某個二階系統因輸入 $x(t)$ 所產生的步階響應為

$$y(t) = [1 - e^{-\alpha t} \cos(\omega_n t)]u(t), \qquad x(t) = u(t)$$

其中，指數參數 α 與頻率參數 ω_n 兩者皆為實數。試證此系統的脈衝響應為

$$y(t) = [\alpha e^{-\alpha t} \cos(\omega_n t) + \omega_n e^{-\alpha t} \sin(\omega_n t)]u(t)$$

其中 $x(t) = \delta(t)$

(b) 接下來假設參數 ω_n 為虛數，亦即，$\omega_n = j\alpha_n$，其中 $\alpha_n < \alpha$。試證其所對應二階系統的脈衝響應是由兩個阻尼減幅指數波形的加權和所組成，

$$y(t) = \left[\frac{\alpha_2}{2} e^{-\alpha_1 t} + \frac{\alpha_1}{2} e^{-\alpha_2 t}\right] u(t), \qquad x(t) = \delta(t),$$

其中 $\alpha_1 = \alpha - \alpha_n$ 而 $\alpha_2 = \alpha + \alpha_n$。

1.89 圖 P1.89 顯示了一階遞迴式離散濾波器的方塊圖。此濾波器有別於圖 1.69 的濾波器，在於它對輸出 $y[n]$ 的計算也需要知道前一次的輸入值 $x[n-1]$。以式(1.116)中的解答為基礎，試用輸入 $x[n]$ 來推導輸出 $y[n]$ 的表示式。

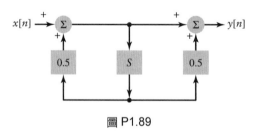

圖 P1.89

1.90 某人建議將圖 1.64 中方塊圖所描述的 MEMS 加速規用一個二階離散時間系統來加以模擬，因此該系統適合於數位電腦上

使用。試推導可定義此模擬器輸入－輸出行為的差分方程式。提示：利用下列的導數近似法

$$\frac{d}{dt}z(t) \approx \frac{1}{T_s}\left[z\left(t + \frac{T_s}{2}\right) - z\left(t - \frac{T_s}{2}\right)\right]$$

其中 T_s 記作取樣間隔。至於二次導數 d^2z/dt^2，則應用前述近似式兩次。

1.91 習慣上，雷達或通訊接收器的接收訊號會被外加的雜訊所干擾而走樣。為了對抗雜訊所造成通訊品質下降的影響，我們在接收器的前端執行訊號處理運算，通常這些運算包含某些積分的型式。試解釋，為何在這樣一個應用中，積分比微分更為適當。

1.92 考慮如圖 P1.92 中所示的並聯 RC 電路。電流源記為 $i(t)$，而經過電容 C 與電阻 R 的電流分別記作 $i_1(t)$ 與 $i_2(t)$。藉著 $i(t)$ 與電阻的端電壓 $v(t)$ 來重新表示 $i_1(t)$，此電路可以視作一個回授系統。試繪製此特殊表示方法的方塊圖。

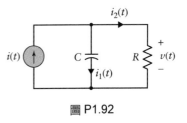

圖 P1.92

電腦實驗

1.93 **(a)** 某個線性微分方程式的解為

$$x(t) = 10e^{-t} - 5e^{-0.5t}$$

利用 MATLAB，對 t 時間繪圖，其中

$$t = 0:0.01:5$$

(b) 對於下面的解重複(a)部分的工作

$$x(t) = 10e^{-t} + 5e^{-0.5t}$$

1.94 指數阻尼減幅弦波訊號定義如下

$$x(t) = 20\sin(2\pi \times 1000t - \pi/3)\,e^{-at}$$

其中指數參數 a 為可變的，其值可為 500、750、1000。利用 MATLAB，探究於時間區間 $-2 \le t \le 2$ 毫秒(ms)之間，a 改變時所造成的影響。

1.95 試撰寫一組 MATLAB 指令用以模擬近似下列連續時間週期性波形：

(a) 振幅 5 伏特，基本頻率 20 Hz，且工作週期(duty cycle)為 0.6 的方波。

(b) 振幅 5 伏特，基本頻率 20 Hz 的鋸齒波。

試繪製這兩個波形，每個波形各含 5 個週期。

1.96 升餘弦數列 (raised cosine sequence) 的定義為

$$w[n] = \begin{cases} \cos(2\pi Fn), & -(1/2F) \le n \le (1/2F) \\ 0, & \text{其他情況} \end{cases}$$

利用 MATLAB 對 n 作 $w[n]$ 的圖，其中 $F = 0.1$。

1.97 某個矩形脈波的定義為

$$x(t) = \begin{cases} 10, & 0 \le t \le 5 \\ 0, & \text{其他條件} \end{cases}$$

試以下列方法產生 $x(t)$：

(a) 一對時間平移的步階函數。

(b) 寫一個 M 檔。

2 線性非時變系統的時域表示法

2.1 簡介 (Introduction)

在這一章裡，我們要檢視幾種方法，這些方法是用來描述線性非時變系統 (LTI) 輸入與輸出訊號之間的關係。因為重點是對與輸出與輸入訊號相關的系統描述，並且是當輸出與輸入訊號都以時間的函數來表示時，所以本章標題使用了 時域 (time domain) 這個名詞。至於除了時間函數之外，其他將系統輸出與輸入關聯起來的方法，我們會在稍後的章節中加以闡述。在此所發展的描述法將有助於分析與預測 LTI 系統的行為，以及在電腦上執行離散時間系統。

我們先用 LTI 系統的 *脈衝響應 (impulse response)* 來描繪其特性，在這裡，脈衝響應的定義是當時間 $t=0$ 或 $n=0$ 時，單位脈衝訊號輸入到LTI系統後所得到的輸出。脈衝響應可以完整地指出任何 LTI 系統的行為。這點似乎令人感到驚訝，但它的確是所有 LTI 系統的基本特性。脈衝響應通常可以從我們對於系統結構與動態的了解來決定；如果是在未知的系統中，藉著輸入一個近似脈衝就可以測得脈衝響應。以離散時間系統而言，將輸入設定為脈衝訊號 $\delta[n]$，所得即是脈衝響應。但在連續時間的情形，由於實際上無法產生持續時間為零而且振幅為無窮大的真實脈衝訊號，所以通常以一個大振幅且短時間的脈衝來近似模擬。也就是說脈衝響應可以解釋成，系統對於一個持續時間非常短的高能量輸入所做出的反應。藉著脈衝響應，只要將輸入表示成時間平移脈衝的加權疊加，我們就可以決定任何輸入訊號的輸出。因為線性與非時變性的關係，輸出訊號必爲時間平移脈衝響應的加權疊加。離散時間系統的加權疊加是以 *摺積和 (convolution sum)* 來表示，而連續時間系統的加權疊加是以 *摺積積分 (convolution integral)* 來表示。

　　第二個用來描繪 LTI 系統的輸入輸出行爲的方法是，*線性常數係數微分方程式或差分方程式*。微分方程式用來表示連續時間系統，而差分方程式用來表示離散時間系統。我們將重點放在描繪微分與差分方程式解的特性，目的在於能透視系統的行爲。

　　接下來要討論的是第三種系統表示法，*方塊圖 (block diagram)*，用下列三種基本運算的互連來表示系統：純量的乘法、加法以及離散時間系統的時間平移或連續時間系統的積分。

　　在本章的最後要討論的時域系統表示法是 *狀態變數描述法 (state-variable description)*，是一系列互相耦合的 (coupled) 一階微分或差分方程式，用來表示系統"狀態"的行爲，以及表示狀態與系統輸出之間關係的方程式。所謂的狀態就是一組與系統能量儲存或記憶元件相關的變數。

　　這四種時域系統表示法在意義上都相等，對於同一個輸入都會得到相同的輸出結果。然而，每種表示法都用不同的方法將輸入與輸出關連起來。不同的表示法提供不同的系統觀點，也就對於系統行爲有不同的解釋。在分析與執行系統時，每一種表示法都有其優點與缺點。能了解不同表示法之間的關係，並能在特定的問題中，判斷哪一種表示法可以提供最深入的了解與最直接的解決方式，這種能力是非常重要的。

2.2　摺積和 (The Convolution Sum)

我們先從考慮離散時間的例子開始。首先，將一個任意的訊號表示成平移脈衝的加權疊加。接下來，將這個訊號送到LTI系統裡，就可以得到摺積和。在 2.4 節中，我們也用類似的方法來得到連續時間系統的摺積積分。

　　將一個訊號 $x[n]$ 乘以一個脈衝序列 $\delta[n]$；也就是

$$x[n]\delta[n] = x[0]\delta[n]$$

將上述關係推廣爲 $x[n]$ 和時間平移脈衝的乘積，如下

$$x[n]\delta[n-k] = x[k]\delta[n-k]$$

其中，n 表示時間索引值；因此，$x[n]$ 表示整個訊號，而 $x[k]$ 表示訊號 $x[n]$ 在時間 k

的特定值。我們知道將訊號乘以時間平移脈衝，就可以得到時間平移脈衝，而且它的振幅大小是訊號在脈衝出現時的數值。這個特性可以讓我們將 $x[n]$ 表示成許多時間平移脈衝的加權總和，如下所示：

$$x[n] = \cdots + x[-2]\delta[n+2] + x[-1]\delta[n+1] + x[0]\delta[n] \\ + x[1]\delta[n-1] + x[2]\delta[n-2] + \cdots$$

$x[n]$ 的表示法還可以改寫成簡潔的形式

$$x[n] = \sum_{k=-\infty}^{\infty} x[k]\delta[n-k] \tag{2.1}$$

(2.1)式的圖解如圖 2.1。(2.1)式將訊號表示成基底函數 (basis function) 的加權總和，其中的基底函數是單位脈衝訊號的時間平移形式，而權重則是訊號在相對應平移時間的數值大小。

我們以運算子 H 來標示一個輸入為 $x[n]$ 的系統。利用(2.1)式來表示輸入到系統的 $x[n]$，則可以得到輸出為

$$y[n] = H\{x[n]\} \\ = H\left\{ \sum_{k=-\infty}^{\infty} x[k]\delta[n-k] \right\}$$

現在，我們利用線性的特性，將系統運算子 H 與加總符號互換，可得到

$$y[n] = \sum_{k=-\infty}^{\infty} H\{x[k]\delta[n-k]\}$$

因為 n 是時間索引值，所以相對於系統運算子 H 而言，$x[k]$ 的量值是一個常數。再次利用線性特性，我們將 H 和 $x[k]$ 互換，可得到

$$y[n] = \sum_{k=-\infty}^{\infty} x[k]H\{\delta[n-k]\} \tag{2.2}$$

(2.2)式指出系統的輸出是系統對於時間平移脈衝所得響應的加權總和。這個響應可以完整描繪出系統輸入—輸出行為的特性，這也是線性系統的基本特性。

如果我們進一步假設系統是非時變性的，則輸入的時間平移會導致輸出的時間平移。這樣的關係暗示著，因為時間平移脈衝所產生的輸出相當於將脈衝的輸出加以時間平移，也就是說，

$$H\{\delta[n-k]\} = h[n-k] \tag{2.3}$$

其中 $h[n] = H\{\delta[n]\}$ 是 LTI 系統 H 的脈衝響應。系統對於(2.1)式中每個基底函數的響應，是由系統的脈衝響應來決定。將(2.3)式代入(2.2)式，我們可以將輸出改寫成

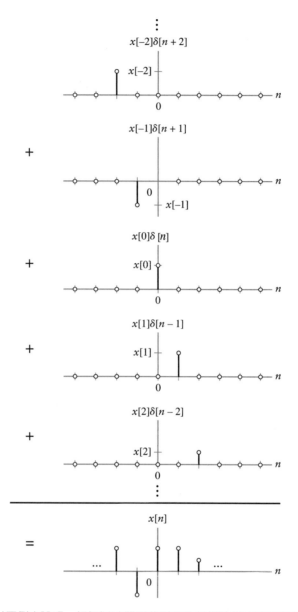

圖 2.1 以圖例來說明，如何以時間平移脈衝的加權總和來表示訊號 $x[n]$。

$$y[n] = \sum_{k=-\infty}^{\infty} x[k]h[n-k] \tag{2.4}$$

因此，LTI 系統的輸出是時間平移脈衝響應的加權總和。這是將輸入表示成時間平移脈衝基底函數的加權總和的直接結果。在(2.4)式中的加總視為*摺積和*，並以符號 * 來表示；也就是說，

$$x[n] * h[n] = \sum_{k=-\infty}^{\infty} x[k]h[n-k]$$

摺積的過程如圖 2.2 所示。圖 2.2(a)是含有脈衝響應 $h[n]$ 和輸入 $x[n]$ 的 LTI 系統；在圖 2.2(b)中，則是將輸入分解成經過加權與時間平移的所有單位脈衝的總和，其中第 k 個輸入分量可由 $x[k]\delta[n-k]$ 得到。與第 k 個脈衝輸入分量有關的系統輸出，表示在圖形的右半部，

$$H\{x[k]\delta[n-k]\} = x[k]h[n-k]$$

在時間軸上，將脈衝響應平移 k 個單位，然後再乘上 $x[k]$ 就可以得到輸出項。將所有的個別輸出加總起來，就可以得到對應於輸入 $x[n]$ 的全部輸出 $y[n]$：

$$y[n] = \sum_{k=-\infty}^{\infty} x[k]h[n-k]$$

也就是說，對每一個 n 值而言，從 $k=-\infty$ 到 $k=\infty$，我們將每個經過加權總與時間平移脈衝輸入的個別輸出加總起來。用以下的例子來說明這個過程。

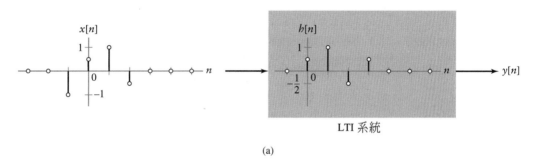

(a)

圖 2.2　摺積和的圖解。(a) 含有脈衝響應 $h[n]$ 與輸入 $x[n]$ 的 LTI 系統，可決定其所產生的輸出 $y[n]$。

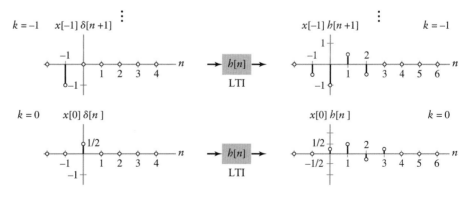

圖 2.2　(b)將輸入 $x[n]$ 分解成時間平移脈衝的加權總和，可得到一個輸出 $y[n]$；此輸出是由時間平移脈衝的響應加權總和所組成。

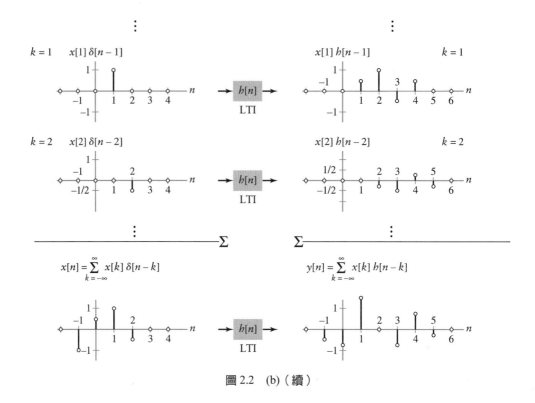

圖 2.2　(b)（續）

範例 2.1

多重路徑的通訊通道：摺積和的直接計算　考慮一個離散時間LTI系統模型，這個模型用來表示雙路徑延遲通道，如 1.10 節所述。如果間接路徑的強度是 $a = 1/2$，則

$$y[n] = x[n] + \frac{1}{2}x[n-1]$$

令 $x[n] = \delta[n]$，我們發現脈衝響應如下

$$h[n] = \begin{cases} 1, & n = 0 \\ \frac{1}{2}, & n = 1 \\ 0, & \text{其他條件} \end{cases}$$

找出對應於下述輸入的系統輸出

$$x[n] = \begin{cases} 2, & n = 0 \\ 4, & n = 1 \\ -2, & n = 2 \\ 0, & \text{其他條件} \end{cases}$$

解答 首先,將 $x[n]$ 寫成時間平移脈衝的加權總和:

$$x[n] = 2\delta[n] + 4\delta[n-1] - 2\delta[n-2]$$

由於當 $n < 0$ 和 $n > 2$ 時的輸入為零,所以可將輸入分解成三個時間平移脈衝的加權總和。既然一個經過加權總和時間平移的脈衝輸入 $\gamma\delta[n-k]$,可以產生一個經過加權總和時間平移的脈衝響應輸出 $\gamma h[n-k]$,因此,(2.4)式指出系統的輸出可以寫成

$$y[n] = 2h[n] + 4h[n-1] - 2h[n-2]$$

將相對於每個 k 值的每個經過加權總和平移的脈衝響應加總起來,可得

$$y[n] = \begin{cases} 0, & n < 0 \\ 2, & n = 0 \\ 5, & n = 1 \\ 0, & n = 2 \\ -1, & n = 3 \\ 0, & n \geq 4 \end{cases}$$

2.3 摺積和的計算程序 (Convolution Sum Evaluation Procedure)

在範例 2.1 中,我們發現輸出是相對於每個時間平移的脈衝,而且把每個經過加權與時間平移的脈衝響應加總起來,可以決定出 $y[n]$。這個方法說明了摺積的原理,而且當輸入只有持續一小段時間,我們只需要將少量的時間平移脈衝響應相加,所以這個方法是有效率的。當輸入持續一段長時間,這個程序就變的繁雜,所以需要做一些改變,以便得到另一種計算(2.4)式摺積和的方法。

我們之前將摺積和表示成

$$y[n] = \sum_{k=-\infty}^{\infty} x[k]h[n-k]$$

現在定義一個中繼訊號

$$w_n[k] = x[k]h[n-k] \tag{2.5}$$

也就是 $x[k]$ 和 $h[n-k]$ 的乘積。在這個定義中,k 是自變數,並且將 n 寫成 w 的下標以明確表示 n 是一個常數。現在,$h[n-k] = h[-(k-n)]$ 可以看做是 $h[k]$ 經過反射(因為 $-k$),以及經過時間平移 (因為 $-n$)的結果。因此,如果 n 是負數,則將

$b[-k]$ 往左邊做時間平移就可以得到 $h[n-k]$；如果 n 是正數，我們將 $h[-k]$ 往右邊做時間平移。時間平移 n 決定我們要在什麼時間來計算系統的輸出，這是因為

$$y[n] = \sum_{k=-\infty}^{\infty} w_n[k] \tag{2.6}$$

注意，對於每一個時間 n，如果我們想求得輸出的值，只需要決定一個訊號：$w_n[k]$。

範例 2.2

利用中繼訊號計算摺積和　考慮一個系統其脈衝響應如下：

$$h[n] = \left(\frac{3}{4}\right)^n u[n]$$

當輸入為 $x[n]=u[n]$，請利用(2.6)式求出在時間 $n=-5$，$n=5$，和 $n=10$ 時的系統輸出。

解答　在此，脈衝響應和輸入都是無限長的持續時間，如果用範例 2.1 的步驟來做，必須將大量的時間平移脈衝響應加總起來，才能決定出每一個 n 的 $y[n]$。但若利用(2.6)式，對於每個我們所關注 n，卻只產生一個訊號，$w_n[k]$。圖 2.3(a)描繪出 $x[k]$ 疊加在經過反射與時間平移的脈衝響應 $h[n-k]$ 上的情形。我們看到

$$h[n-k] = \begin{cases} \left(\frac{3}{4}\right)^{n-k}, & k \leq n \\ 0, & \text{其他條件} \end{cases}$$

利用(2.5)式的方法很容易得到中繼訊號 $w_n[k]$。圖 2.3(b)，(c)，以及(d)分別描繪出當 $n=-5$，$n=5$，和 $n=10$ 時，$w_n[k]$ 的圖形。已知

$$w_{-5}[k] = 0$$

因此由(2.6)式可得到 $y[-5]=0$。當 $n=5$，可得

$$w_5[k] = \begin{cases} \left(\frac{3}{4}\right)^{5-k}, & 0 \leq k \leq 5 \\ 0, & \text{其他條件} \end{cases}$$

所以由(2.6)式可得

$$y[5] = \sum_{k=0}^{5} \left(\frac{3}{4}\right)^{5-k}$$

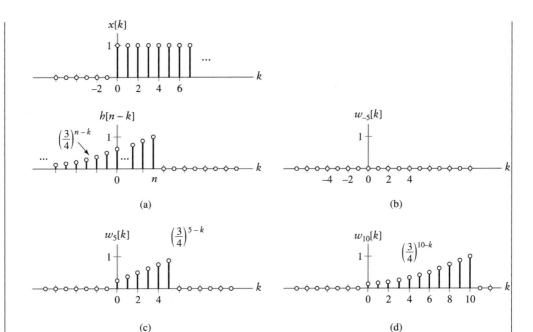

圖 2.3　在範例 2.2 中，計算(2.6)式的情形。(a)疊加在經過反射與時間平移的脈衝響應 $h[n-k]$ 之上的輸入訊號 $x[k]$，以 k 的函數來描繪。(b)相乘訊號 $w_{-5}[k]$，可用來計算 $y[-5]$。(c)相乘訊號 $w_5[k]$，可用來計算 $y[5]$。(d)相乘訊號 $w_{10}[k]$，可用來計算 $y[10]$。

這是圖 2.3(c)中，非零值中繼訊號 $w_5[k]$ 的總和。將因數 $\left(\frac{3}{4}\right)^5$ 提出來，並且利用有限幾何級數的求和公式 (請參考附錄 A.3)，可以得到

$$y[5] = \left(\frac{3}{4}\right)^5 \sum_{k=0}^{5}\left(\frac{4}{3}\right)^k$$
$$= \left(\frac{3}{4}\right)^5 \frac{1-\left(\frac{4}{3}\right)^6}{1-\left(\frac{4}{3}\right)} = 3.288$$

最後，當 $n=10$，我們看到

$$w_{10}[k] = \begin{cases} \left(\frac{3}{4}\right)^{10-k}, & 0 \le k \le 10 \\ 0, & \text{其他條件} \end{cases}$$

而且由(2.6)式可得

$$y[10] = \sum_{k=0}^{10}\left(\frac{3}{4}\right)^{10-k}$$
$$= \left(\frac{3}{4}\right)^{10} \sum_{k=0}^{10}\left(\frac{4}{3}\right)^k$$
$$= \left(\frac{3}{4}\right)^{10} \frac{1-\left(\frac{4}{3}\right)^{11}}{1-\left(\frac{4}{3}\right)} = 3.831$$

注意，在這個例子中，$w_n[k]$ 只有兩種不同的數學表示式。當 $n < 0$，可得 $w_n[k] = 0$，這是因為 $x[k]$ 和 $b[n-k]$ 的非零值部分沒有相互重疊。當 $n \geq 0$，$x[k]$ 和 $b[n-k]$ 非零值的部分在區間 $0 \leq k \leq n$ 重疊，我們可以寫成

$$w_n[k] = \begin{cases} \left(\frac{3}{4}\right)^{n-k}, & 0 \leq k \leq n \\ 0, & \text{其他條件} \end{cases}$$

因此，對於任意的 n，可以在(2.6)式中使用 $w_n[k]$ 的適當數學表示式以求得輸出。

前一個例子提示我們，一般來說，不必針對無限多個不同的平移 n 來計算(2.6)式，就可以求出所有 n 值的 $y[n]$。這只需確認出使得 $w_n[k]$ 有相同的數學式表示的 n 的區間就可以完成。然後，只要利用每個區間對應的 $w_n[k]$ 來計算(2.6)式。通常，同時畫出 $x[k]$ 和 $b[n-k]$ 有助於求出 $w_n[k]$ 的表示式，以及確認適當的平移區間。現在，我們將程序作一個總結：

程序 2.1：反射以及平移摺積和的計算

1. 同時畫出 $x[k]$ 和 $b[n-k]$，它們是自變數 k 的函數。為了要求得 $b[n-k]$，我們首先對 $k=0$ 作 $b[k]$ 的反射而得到 $b[-k]$，然後再平移 $-n$。

2. 從絕對值較大而且為負數的平移量 n 開始。也就是說，把 $b[-k]$ 移動到時間軸的最左邊。

3. 寫出中繼訊號 $w_n[k]$ 的數學表示式。

4. 增加平移的 n 值 (換句話說，將 $b[n-k]$ 往右移動) 直到 $w_n[k]$ 數學表示式改變。將變化發生時的 n 值定義成現行區間的終點，同時也是一個新區間的起點。

5. 令 n 在此新的區間。重複第三步驟和第四步驟，直到平移完所有的區間，而且確認出對應的 $w_n[k]$ 數學表示式。這通常意味著把 n 增加到非常大的正數。

6. 對於每一個時間平移的區間，加總其所對應的所有 $w_n[k]$ 的值，以便於得到區間中的 $y[n]$。

將 n 從 $-\infty$ 到 ∞ 變化的作用是，先將經過反射的脈衝響應 $b[-k]$ 平移到時間軸的最左邊，然後向右平移，經過 $x[k]$。當 $b[-k]$ 表示式的暫態滑過 $x[k]$ 表示式的暫態，就會產生如第四步驟中所確認的區間變動情形。在 $b[n-k]$ 的圖形之下擺一張 $x[k]$ 的圖形，較容易確認出這些區間。需要注意的是，當每確認一個時間平移的區間以後 (亦即，在第四步驟之後)，我們就可以將 $w_n[k]$ 所有的值加總起來，而不需要等到所有的區間都確認出來。

在剛剛描述的程序中，可以把系統與輸入訊號之間的交互作用看成一條作用於靜態訊號的移動組合線。組合線的運算可透過脈衝響應的值表示，而這些運算的順序可以依每個值的時間索引值執行。輸入訊號的值從左邊 (較小的時間索引值) 排到右邊 (較大的時間索引值)，所以組合線必須沿著訊號從左邊移動到右邊，依照正確的順序來處理輸入值。訊號在組合線上的位置是以 n 表示。因為組合線是從左移到右，運算的順序必須從右邊到左邊，如此一來，才會依正確的順序使用由脈衝響應所表示的運算。這說明了為什麼脈衝響應會依照先反射後平移 (reflect-and-shift) 的摺積和計算程序產生。在每個位置 n 的組合線輸出，是將脈衝響應的值與相對應的輸入訊號值相乘，再將乘積加總起來而得。

範例 2.3

移動平均系統：先反射後平移摺積和的計算　在 1.10 節中所介紹之四點移動平均系統的輸出 $y[n]$ 與其輸入 $x[n]$ 的關係如下公式所示，

$$y[n] = \frac{1}{4} \sum_{k=0}^{3} x[n-k]$$

令 $x[n] = \delta[n]$，可得系統的脈衝響應 $h[n]$ 為

$$h[n] = \frac{1}{4}(u[n] - u[n-4])$$

如圖 2.4(a)所示。當輸入是如下定義的矩形脈衝時，試決定其系統的輸出。

$$x[n] = u[n] - u[n-10]$$

輸入如圖 2.4(b)所示。

解答　首先，我們畫出 $x[k]$ 與 $h[n-k]$，將 n 視為常數，k 視為自變數，如圖 2.4(c)所示。接下來確認時間平移的區間，在每個區間裡的中繼訊號 $w_n[k] = x[k]h[n-k]$ 不會改變其數學表示式。先從絕對值較大且為負數的 n 開始，此時 $w_n[k] = 0$，這是因為 $x[k]$ 與 $h[n-k]$ 的非零部分沒有互相重疊。增加 n 值，只要 $n < 0$，我們發現仍然 $w_n[k] = 0$。因此，第一個平移區間是 $n < 0$。

當 $n = 0$，$h[n-k]$ 的右邊界會滑過 $x[k]$ 的左邊界，產生 $w_n[k]$ 數學表示式的變動。當 $n = 0$，

$$w_0[k] = \begin{cases} 1/4, & k = 0 \\ 0, & \text{其他條件} \end{cases}$$

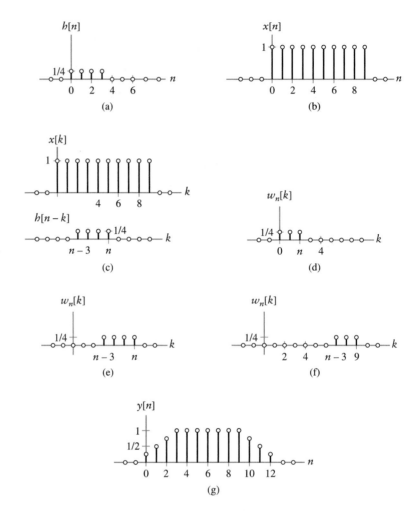

圖 2.4　計算範例 2.3 的摺積和。(a)系統的脈衝響應 h[n]。(b)輸入訊號 x[n]。(c)將輸入
　　　　訊號圖放在經過反射及時間平移脈衝響應 h[n−k] 圖之上，描述成 k 的函數。
　　　　(d)在平移區間 $0 \le n \le 3$ 的相乘訊號 $w_n[k]$。(e)在平移區間 $3 < n \le 9$ 的相乘訊
　　　　號 $w_n[k]$。(f)在平移區間 $9 < n \le 12$ 的相乘訊號 $w_n[k]$。(g)輸出 y[n]。

當 $n = 1$，

$$w_1[k] = \begin{cases} 1/4, & k = 0, 1 \\ 0, & \text{其他條件} \end{cases}$$

當 $n \ge 0$，一般來說，我們可以把 $w_n[k]$ 的數學表示式寫成

$$w_n[k] = \begin{cases} 1/4, & 0 \le k \le n \\ 0, & \text{其他條件} \end{cases}$$

這個數學表示式如圖 2.4(d)所描繪，在 $n > 3$ 之前這個表示法都適用。當 $n > 3$，$h[n-k]$ 的左邊界滑過 $x[k]$ 的左邊界，所以 $w_n[k]$ 的表示式隨之改變。因此，平移的第二個區間是 $0 \le n \le 3$。

當 $n > 3$，可得 $w_n[k]$ 的數學表示式為

$$w_n[k] = \begin{cases} 1/4, & n - 3 \le k \le n \\ 0, & \text{其他條件} \end{cases}$$

如圖 2.4(e)所描繪。這個表示式會一直持續到 $n=9$。在這個 n 值，$h[n-k]$ 的右邊界會滑過 $x[k]$ 的右邊界。因此平移的第三個區間是 $3 < n \le 9$。

接下來，當 $n > 9$，可以得到 $w_n[k]$ 的數學表示式為

$$w_n[k] = \begin{cases} 1/4, & n - 3 \le k \le 9 \\ 0, & \text{其他條件} \end{cases}$$

如圖 2.4(f)所描繪。這個表示法會一直持續到 $n-3=9$ 或 $n=12$ 都成立。因為在 $n > 12$，$h[n-k]$ 的左邊界位於 $x[k]$ 的右邊界，$w_n[k]$ 的數學表示式會再次改變。因此平移的第四個區間是 $9 < n \le 12$。

對所有的 $n > 12$，我們看到 $w_n[k] = 0$。因此，這個問題中的最後一個時間平移區間為 $n > 12$。根據(2.6)式，將所有對應 $w_n[k]$ 的值相加，可以得到每一個區間 n 的系統輸出。注意下式可簡化求和的計算過程。

$$\sum_{k=M}^{N} c = c(N - M + 1)$$

從 $n < 0$ 開始，我們得到 $y[n]=0$。接著，當 $0 \le n \le 3$，

$$y[n] = \sum_{k=0}^{n} 1/4$$

$$= \frac{n + 1}{4}$$

在第三個區間 $3 < n \le 9$，由(2.6)式可得

$$y[n] = \sum_{k=n-3}^{n} 1/4$$

$$= \frac{1}{4}(n - (n - 3) + 1)$$

$$= 1$$

在 $9 < n \le 12$，從(2.6)式可得

$$y[n] = \sum_{k=n-3}^{9} 1/4$$
$$= \frac{1}{4}(9 - (n - 3) + 1)$$
$$= \frac{13 - n}{4}$$

最後，在 $n > 12$，我們可看到 $y[n] = 0$。組合每個區間的結果就可以得到輸出 $y[n]$，如圖 2.4(g)。

範例 2.4

一階遞迴系統：先反射後平移摺積和的計算。　在 1.10 節中曾介紹過一階遞迴系統，其輸入輸出關係為

$$y[n] - \rho y[n - 1] = x[n]$$

令輸入為

$$x[n] = b^n u[n + 4]$$

假設 $b \neq \rho$ 而且系統具有因果性，請利用摺積求出系統的輸出。

解答　藉著設定 $x[n] = \delta[n]$，我們先找出系統的脈衝響應，所以 $y[n]$ 可對應脈衝響應 $h[n]$。因此，可以寫成

$$h[n] = \rho h[n - 1] + \delta[n] \qquad (2.7)$$

因為系統是因果的，所以在脈衝輸入前不會有脈衝響應，而且在 $n < 0$ 時 $h[n] = 0$。在 $n = 0，1，2，\cdots$ 時，計算(2.7)式，可得 $h[0] = 1$，$h[1] = \rho$，$h[2] = \rho^2$，$\cdots$，或者

$$h[n] = \rho^n u[n] \qquad (2.8)$$

接著，把時間 n 視為常數，k 視為自變數，畫出 $x[k]$ 和 $h[n - k]$，如圖 2.5 (a)。我們看到

$$x[k] = \begin{cases} b^k, & -4 \leq k \\ 0, & \text{其他條件} \end{cases}$$

以及

$$h[n - k] = \begin{cases} \rho^{n-k}, & k \leq n \\ 0, & \text{其他條件} \end{cases}$$

現在，我們先來確認在那些時間平移的區間，$w_n[k]$ 的數學表示式都相同。先從絕對值較大且爲負數的 n 開始考慮。當 $n < -4$ 時，因爲沒有任何 k 使得 $x[k]$ 和 $h[n-k]$ 同時不爲零，所以 $w_n[k] = 0$。因此，第一個區間爲 $n < -4$。

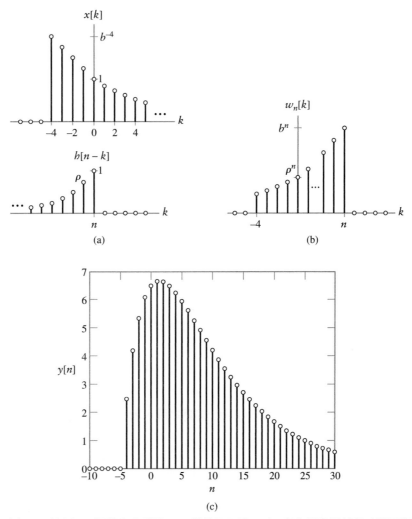

圖 2.5　範例 2.4 摺積和的計算。(a)將輸入訊號 x [k] 畫在經過反射與時間平移脈衝響應 h[n − k] 的上方。(b)當 −4≤n 時的相乘訊號 w_n[k]。 (c)輸出 y [n]，假設 ρ = 0.9 以及 b = 0.8。

當 $n = -4$，$h[n-k]$ 的右邊界滑過 $x[k]$ 的左邊界，使得 $w_n[k]$ 的數學式產生轉變。當 $n \geq -4$，

$$w_n[k] = \begin{cases} b^k \rho^{n-k}, & -4 \leq k \leq n \\ 0, & 其他條件 \end{cases}$$

在 $-4 \leq n$ 時，這種表示法是正確的，如圖 2.5(b)。

　　接下來，對於所有的 k 加總其 $w_n[k]$，就可以求出每一組時間平移的輸出 $y[n]$。從第一個區間 $n < -4$ 開始，$w_n[k] = 0$，因此 $y[n] = 0$。在第二個區間 $-4 \leq n$，我們得到

$$y[n] = \sum_{k=-4}^{n} b^k \rho^{n-k}$$

在這裡，加總的索引值受限於 $k = -4$ 到 n 之間，因為只有在這幾個時間 k，$w_n[k]$ 才不等於零。合併總和表示式中的 k 次方項，得到

$$y[n] = \rho^n \sum_{k=-4}^{n} \left(\frac{b}{\rho}\right)^k$$

我們可以藉著變換總和的變數，將其寫成標準形式。令 $m = k + 4$，則

$$y[n] = \rho^n \sum_{m=0}^{n+4} \left(\frac{b}{\rho}\right)^{m-4}$$
$$= \rho^n \left(\frac{\rho}{b}\right)^4 \sum_{m=0}^{n+4} \left(\frac{b}{\rho}\right)^m$$

接著，我們應用 $n+5$ 項幾何級數的總和公式，得到

$$y[n] = \rho^n \left(\frac{\rho}{b}\right)^4 \frac{1 - \left(\frac{b}{\rho}\right)^{n+5}}{1 - \frac{b}{\rho}}$$
$$= b^{-4} \left(\frac{\rho^{n+5} - b^{n+5}}{\rho - b}\right)$$

合併每一個時間平移區間的解，就可得到系統的輸出：

$$y[n] = \begin{cases} 0, & n < -4, \\ b^{-4} \left(\dfrac{\rho^{n+5} - b^{n+5}}{\rho - b}\right), & -4 \leq n \end{cases}$$

設 $\rho = 0.9$ 以及 $b = 0.8$ 時，圖 2.5(c)描繪其輸出 $y[n]$。

範例 2.5

投資計算　　如果我們設定 $\rho = 1 + \frac{r}{100}$，則範例 2.4 中的一階遞迴系統可以用來描述一個賺取複利的投資盈餘，其中每期的固定利率為 r。在週期 n 的起始處，令 $y[n]$ 為投資的金額。如果期間沒有存入也沒有中途提領，則在時

間 n 的餘額可以用前一段時間的餘額加以表示爲 $y[n] = \rho y[n-1]$。在週期 n 一開始的時候，假設 $x[n]$ 是原先有的存款 ($x[n] > 0$) 或者透支的款項 ($x[n] < 0$)。在這種情形下，帳戶裡的餘額可以用一階遞迴方程式來表示。

$$y[n] = \rho y[n-1] + x[n]$$

如果在前十年裡每年年初存入 \$1000，然後在接下來的七年每年年初提領 \$1500，並假設年利率是 8%，請利用摺積解出這個投資的餘額是多少？

解答 因爲有存款與累加利息，我們預計在前十年裡，帳戶結餘是增加的。帳戶中的餘額可能會在接下來的 7 年中因爲提領而減少，然而，因爲利息的累積，之後的數值還是會持續增加。我們可以量化這些預測，利用先反射後平移的摺積和的計算程序來算出 $y[n] = x[n] * h[n]$，其中 $x[n]$ 如圖 2.6 所繪；而 $h[n] = \rho^n u[n]$ 如範例 2.4 中所表示，其中 $\rho = 1.08$。

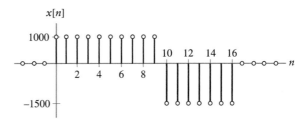

圖 2.6　現金流入投資。在前 10 年裡，每年的年初存入 \$1000；而在接下來的 7 年裡，於每年年初提領 \$1500。

　　首先，我們將 $x[k]$ 畫在 $h[n-k]$ 的上面，如圖 2.7(a)。從絕對值較大且爲負數的 n 開始，當 $n < 0$ 時，$w_n[k] = 0$。當 $n = 0$，$h[n-k]$ 的右邊界滑過 $x[k]$ 的左邊界，因此 $w_n[k]$ 的數學表示式產生改變。

　　當 $n \geq 0$，可以將 $w_n[k]$ 的數學表示式寫成

$$w_n[k] = \begin{cases} 1000(1.08)^{n-k}, & 0 \leq k \leq n \\ 0, & \text{其他條件} \end{cases}$$

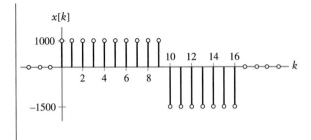

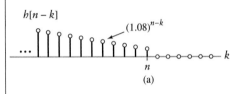

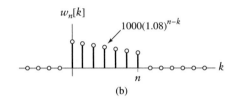

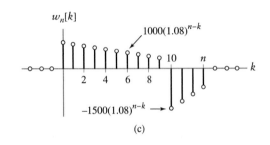

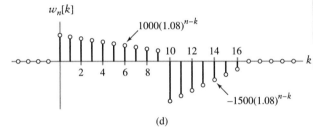

圖 2.7　範例 2.5 中摺積和的計算過程。(a)輸入訊號 x[k] 畫在經過反射及時間平移的脈衝響應 h[n−k] 之上。(b)當 $0 \leq n \leq 9$，相乘訊號 $w_n[k]$。(c)當 $10 \leq n \leq 16$，相乘訊號 $w_n[k]$。(d)當 $17 \leq n$，相乘訊號 $w_n[k]$。

上面的數學表示式已描繪於圖 2.7(b)，而且在 n ＞ 9 以前都是適用的。這個值正是 $h[n-k]$ 的右邊界開始要通過從存款年數到提領年數的過渡區，所以 $w_n[k]$ 的表示法會改變。亦即，平移的第二個區間是 $0 \leq n \leq 9$。在這個範圍裡，可得

$$y[n] = \sum_{k=0}^{n} 1000(1.08)^{n-k}$$

$$= 1000(1.08)^n \sum_{k=0}^{n} \left(\frac{1}{1.08}\right)^k$$

運用幾何級數的總和公式寫出

$$y[n] = 1000(1.08)^n \frac{1 - \left(\frac{1}{1.08}\right)^{n+1}}{1 - \frac{1}{1.08}}$$

$$= 12{,}500((1.08)^{n+1} - 1), \qquad 0 \leq n \leq 9$$

當 $n \geq 9$，可寫成

$$w_n[k] = \begin{cases} 1000(1.08)^{n-k}, & 0 \le k \le 9 \\ -1500(1.08)^{n-k}, & 10 \le k \le n \\ 0, & \text{其他條件} \end{cases}$$

如圖 2.7(c)所示。這個數學表示式，在 n > 16 以前都是適用的。因此，平移的第三個區間為 $10 \le n \le 16$。在這個範圍裡，可得

$$y[n] = \sum_{k=0}^{9} 1000(1.08)^{n-k} - \sum_{k=10}^{n} 1500(1.08)^{n-k}$$

$$= 1000(1.08)^n \sum_{k=0}^{9} \left(\frac{1}{1.08}\right)^k - 1500(1.08)^{n-10} \sum_{m=0}^{n-10} \left(\frac{1}{1.08}\right)^m$$

注意，為了將總和寫成標準形式，在第二項加法中我們將加法的索引值改成 $m = k - 10$。現在，利用幾何級數的總和公式計算兩個總和的式子，並寫成

$$y[n] = 1000(1.08)^n \left(\frac{1 - \left(\frac{1}{1.08}\right)^{10}}{1 - \frac{1}{1.08}}\right) - 1500(1.08)^{n-10} \left(\frac{1 - \left(\frac{1}{1.08}\right)^{n-9}}{1 - \frac{1}{1.08}}\right)$$

$$= 7246.89(1.08)^n - 18{,}750((1.08)^{n-9} - 1), \qquad 10 \le n \le 16$$

最後一個平移的區間為 $17 \le n$。在這個區間可以寫出

$$w_n[k] = \begin{cases} 1000(1.08)^{n-k}, & 0 \le k \le 9 \\ -1500(1.08)^{n-k}, & 10 \le k \le 16 \\ 0, & \text{其他條件} \end{cases}$$

如圖 2.7(d)所示。因此我們得到

$$y[n] = \sum_{k=0}^{9} 1000(1.08)^{n-k} - \sum_{k=10}^{16} 1500(1.08)^{n-k}$$

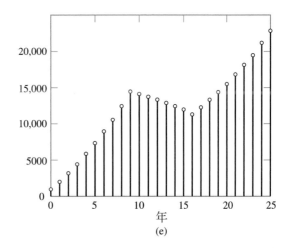

圖 2.7 (e)輸出 $y[n]$ 表示在第 n 年年初存入或領出款項後，投資的餘額為多少，以美元為單位。

利用與前面相同的方法計算總和的式子，可得

$$y[n] = 1000(1.08)^{n-9}\frac{(1.08)^{10} - 1}{1.08 - 1} - 1500(1.08)^{n-16}\frac{(1.08)^7 - 1}{1.08 - 1}$$

$$= 3{,}340.17(1.08)^n, \qquad 17 \le n$$

合併四個區間的每項結果即為 $y[n]$，也就是在每個期間一開始的投資數量，如圖 2.7(e)。

▶ **習題 2.1**　利用摺積和的計算程序，重複範例 2.1 的摺積運算。

答案：　請看範例 2.1。　　　　　　　　　　　　　　　　　　◀

▶ **習題 2.2**　計算下列的離散時間摺積和：

(a) $y[n] = u[n] * u[n - 3]$

(b) $y[n] = (1/2)^n u[n - 2] * u[n]$

(c) $y[n] = \alpha^n \{u[n - 2] - u[n - 13]\} * 2\{u[n + 2] - u[n - 12]\}$

(d) $y[n] = (-u[n] + 2u[n - 3] - u[n - 6]) * (u[n + 1] - u[n - 10])$

(e) $y[n] = u[n - 2] * h[n]$，其中

$$h[n] = \begin{cases} \gamma^n, & n < 0, |\gamma| > 1 \\ \eta^n, & n \ge 0, |\eta| < 1 \end{cases}$$

(f) $y[n] = x[n] * h[n]$，其中 $x[n]$ 和 $h[n]$ 如圖 2.8 所示。

答案：(a)
$$y[n] = \begin{cases} 0, & n < 3 \\ n - 2, & n \ge 3 \end{cases}$$

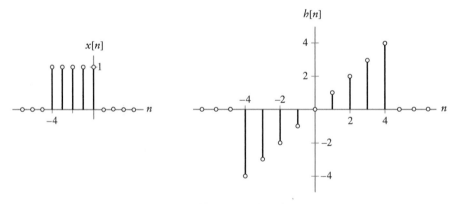

圖 2.8　習題 2.2(f)的訊號。

(b)
$$y[n] = \begin{cases} 0, & n < 2 \\ 1/2 - (1/2)^n, & n \geq 2 \end{cases}$$

(c)
$$y[n] = \begin{cases} 0, & n < 0 \\ 2\alpha^{n+2}\dfrac{1 - (\alpha)^{-1-n}}{1 - \alpha^{-1}}, & 0 \leq n \leq 10 \\ 2\alpha^{12}\dfrac{1 - (\alpha)^{-11}}{1 - \alpha^{-1}}, & 11 \leq n \leq 13 \\ 2\alpha^{12}\dfrac{1 - (\alpha)^{n-24}}{1 - \alpha^{-1}}, & 14 \leq n \leq 23 \\ 0, & n \leq 24 \end{cases}$$

(d)
$$y[n] = \begin{cases} 0, & n < -1 \\ -(n + 2), & -1 \leq n \leq 1 \\ n - 4, & 2 \leq n \leq 4 \\ 0, & 5 \leq n \leq 9 \\ n - 9, & 10 \leq n \leq 11 \\ 15 - n, & 12 \leq n \leq 14 \\ 0, & n > 14 \end{cases}$$

(e)
$$y[n] = \begin{cases} \dfrac{\gamma^{n-1}}{\gamma - 1}, & n < 2 \\ \dfrac{1}{\gamma - 1} + \dfrac{1 - \eta^{n-1}}{1 - \eta}, & n \geq 2 \end{cases}$$

(f)
$$y[n] = \begin{cases} 0, & n < -8, n > 4 \\ -10 + (n + 5)(n + 4)/2, & -8 \leq n \leq -5 \\ 5(n + 2), & -4 \leq n \leq 0 \\ 10 - n(n - 1)/2, & 1 \leq n \leq 4 \end{cases}$$

◀

2.4 摺積積分 (The Convolution Integral)

連續時間 LTI 系統的輸出也可以單獨利用輸入訊號和系統的脈衝響應決定。方法和結果類似於離散時間的情形。我們首先將連續時間訊號表示為時間平移脈衝的加權疊加。

$$x(t) = \int_{-\infty}^{\infty} x(\tau)\delta(t - \tau)\, d\tau \tag{2.9}$$

此處，疊加是一個積分而不是和，而且時間平移是由連續變數 τ 表示。在脈衝產生的時間 τ，權重 $x(\tau)\, d\tau$ 可以從訊號 $x(t)$ 的值推導出來。回想之前的(2.9)式就是脈衝平移特性的描述式。[請參考(1.65)式]。

令運算子 H 代表系統，其輸入為 $x(t)$。對於一般具有加權疊加形式的輸入，如 (2.9)式，我們考慮其系統輸出如下式：

$$y(t) = H\{x(t)\}$$
$$= H\left\{ \int_{-\infty}^{\infty} x(\tau)\delta(t - \tau)\, d\tau \right\}$$

利用系統的線性特性，將運算子 H 和積分的順序互換，得到

$$y(t) = \int_{-\infty}^{\infty} x(\tau)H\{\delta(t - \tau)\}\, d\tau \tag{2.10}$$

與離散時間的情形一樣，連續時間線性系統對於時間平移脈衝的響應可以完整地描述系統的輸入輸出特性。

接下來，將脈衝響應 $h(t) = H\{\delta(t)\}$ 定義為系統對單一脈衝輸入的輸出。如果系統也是非時變性的，則

$$H\{\delta(t - \tau)\} = h(t - \tau) \tag{2.11}$$

也就是說，非時變意謂著一個時間平移輸入會產生一個時間平移的脈衝響應輸出，如圖 2.9 所示。因此，將這項結果代入(2.10)式中，我們發現當輸入形式如(2.9)式時，LIT 系統的輸出可以表示成

$$\boxed{y(t) = \int_{-\infty}^{\infty} x(\tau)h(t - \tau)\, d\tau} \tag{2.12}$$

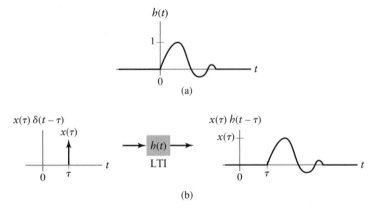

圖 2.9 (a)LTI 系統 H 的脈衝響應。(b)輸入一個經過時間平移和振幅比例調整的脈衝到 LTI 系統中，其輸出也是經過時間平移和振幅比例調整的脈衝響應。

輸出 $y(t)$ 是脈衝響應經過時間平移 τ 之後的加權疊加。(2.12)式稱爲摺積積分，並以 $*$ 來表示，也就是，

$$x(t) * h(t) = \int_{-\infty}^{\infty} x(\tau)h(t - \tau)\, d\tau$$

2.5　摺積積分的計算程序 (Convolution Integral Evalution Procedure)

如同摺積和一樣，計算摺積積分的程序是先定義出一個中繼訊號，以便簡化積分的運算。(2.12)式的摺積積分可以表示成

$$y(t) = \int_{-\infty}^{\infty} x(\tau)h(t - \tau)\, d\tau \tag{2.13}$$

我們將被積分函數重新定義爲如下式的中繼訊號

$$w_t(\tau) = x(\tau)h(t - \tau)$$

在這個定義中，τ 是自變數而且將時間 t 視爲常數。藉著將 t 寫成下標，以及將 τ 寫在 $w_t(\tau)$ 的括弧裡，明確指出前述的含意。因此，$h(t - \tau) = h(-(\tau - t))$ 是 $h(\tau)$ 經過先反射後平移 (由於 $-t$) 所得的結果。如果 $t < 0$，則 $h(-\tau)$ 是往左做時間平移；而當 $t > 0$，則 $h(-\tau)$ 往右做時間平移。時間平移決定我們計算系統輸出的時間點，因此，(2.13)式變成

$$y(t) = \int_{-\infty}^{\infty} w_t(\tau)\, d\tau \tag{2.14}$$

如此一來，在任何時間 t 的系統輸出就是位於訊號 $w_t(\tau)$ 曲線之下的區域面積。

　　一般來說，$w_t(\tau)$ 的數學表示式依 t 的數值而定。就像在離散時間的情況下，先確認出 t 的區間，使得在每個區間中 $w_t(\tau)$ 不改變其數學表示式，如此可避免在無限多個 t 值下計算(2.14)式。然後，我們只需利用每個區間的 $w_t(\tau)$ 來計算(2.14)式。通常，同時畫出 $x(\tau)$ 和 $h(t - \tau)$ 有助於決定 $w_t(\tau)$ 和確認出適當的平移區間。現在將程序總結如下；

程序 2.2：先反射後平移摺積積分的計算

1. 畫出 $x(\tau)$ 和 $h(t - \tau)$ 的圖形，它們是自變數 τ 的函數。爲了得到 $h(t - \tau)$，對 $\tau = 0$ 作 $h(\tau)$ 的反射，可得 $h(-\tau)$，然後將 $h(-\tau)$ 平移 $-t$ 個單位。

2. 從絕對值較大且爲負數的平移 t 開始，也就是說，先將 $h(-\tau)$ 平移到時間軸的最左邊。

3. 寫出 $w_t(\tau)$ 的數學表示式。

4. 將 $h(t-\tau)$ 往右移動，增加平移量 t，直到 $w_t(\tau)$ 的數學表示式發生改變。開始發生改變時，此時的 t 值定義為此平移區間的終點，也是下一個新區段的起點。

5. 令 t 位於新的區間中。重複第三和第四步驟，直到平移 t 的所有區間和相對應的 $w_t(\tau)$ 表示法都確認出來。這通常意指 t 會增加成一個很大的正數。

6. 對於平移 t 的每一個區間，從 $\tau=-\infty$ 到 $\tau=\infty$ 對 $w_t(\tau)$ 積分以便得到 $y(t)$。

將 t 從絕對值較大的負數增加到大的正數，其作用在於使 $h(-\tau)$ 從左到右移動以通過 $x(\tau)$。當 $h(-\tau)$ 區段的暫態滑過 $x(\tau)$ 的暫態時，會產生 t 區間的暫態，在每個區間中內含相同形式的 $w_t(\tau)$。在 $x(\tau)$ 之下畫出 $h(-\tau)$ 可簡化這些區間的確認過程。請注意，當平移的每個區段都確認出來以後 (換句話說，在第四步驟之後)，我們就可以將 $w_t(\tau)$ 積分，而不須等到所有的區段都確認完成。對 $w_t(\tau)$ 積分就是找出 $w_t(\tau)$ 曲線下所標示區域面積。以下三個範例說明計算摺積積分的程序。

範例 2.6

先反射後平移摺積的計算　當系統具有輸入 $x(t)$ 與脈衝響應 $h(t)$，分別如下所示，請計算其摺積積分。

$$x(t) = u(t-1) - u(t-3)$$

以及

$$h(t) = u(t) - u(t-2)$$

如圖 2.10 所示。

解答　要計算摺積積分，首先我們在 $x(\tau)$ 的圖形下畫出 $h(t-\tau)$，如圖 2.11(a)。接下來，從絕對值較大且為負數的 t 開始，確認時間平移的區間，在每一個區間中 $w_t(\tau)$ 的數學表示式不會改變。當 $t=1$ 時，$w_t(\tau)=0$，因為沒有任一個 τ 值可以使得 $x(\tau)$ 和 $h(t-\tau)$ 同時不等於零。因此，時間平移的第一個區間為 $t<1$。

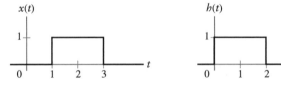

圖 2.10　範例 2.6 的輸入訊號與 LTI 系統的脈衝響應。

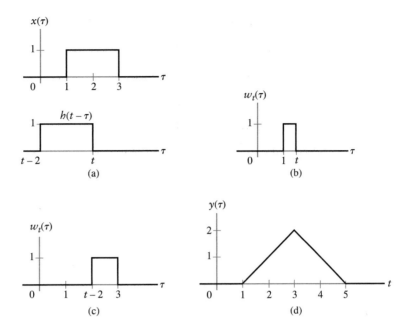

圖 2.11　範例 2.6 的摺積積分計算。(a)將輸入 $x(\tau)$ 表示成 τ 的函數，畫在經過反射與平移的脈衝響應 $h(t-\tau)$ 之上。(b)當 $1 \le t \le 3$ 時，$x(\tau)$ 與 $h(t-\tau)$ 相乘後的訊號 $w_t(\tau)$。(c)當 $3 \le t < 5$ 時，$x(\tau)$ 與 $h(t-\tau)$ 相乘後的訊號 $w_t(\tau)$。(d)系統的輸出 $y(t)$。

注意，在 $t=1$ 時，$h(t-\tau)$ 的右邊界與 $x(\tau)$ 左邊界重疊。因此，當我們在大於 1 的地方增加時間平移 t 時，可得到

$$w_t(\tau) = \begin{cases} 1, & 1 < \tau < t \\ 0, & \text{其他條件} \end{cases}$$

$w_t(\tau)$ 的表示法如圖 2.11(b)所示。這個表示法在 $t > 3$ 之前都不改變，這個點就是 $h(t-\tau)$ 的兩個邊界都通過 $x(\tau)$ 兩個邊界的時間點。因此，時間平移 t 的第二個區間是 $1 \le t < 3$。

當 t 大於 3 之後，我們繼續增加時間平移的量，可得

$$w_t(\tau) = \begin{cases} 1, & t - 2 < \tau < 3 \\ 0, & \text{其他條件} \end{cases}$$

如圖 2.11(c)所示。在 $t=5$ 之前，$w_t(\tau)$ 的數學表示式都不會改變。因此，時間平移 t 的第三個區間為 $3 \le t < 5$。

在 $t=5$ 時，$h(t-\tau)$ 的左邊界通過 $x(\tau)$ 的右邊界，且 $w_t(\tau)$ 變成零。在大於 5 之後，若我們繼續增加 t，$w_t(\tau)$ 仍然為零，這是因為沒有任何一個 τ 值可以使得 $x(\tau)$ 和 $h(t-\tau)$ 均不為零。因此，時間平移的最後一個區間為 $t \ge 5$。

現在，對 τ 做 $w_t(\tau)$ 的積分 (亦即找出 $w_t(\tau)$ 曲線下方的面積)，我們就可解出這四個時間平移區間的輸出 $y(t)$。

▶ 當 $t < 1$ 且 $t > 5$，因爲 $w_t(\tau)$ 等於零，可得 $y(t) = 0$。

▶ 在第二個區間中，也就是 $1 \leq t \leq 3$，在 $w_t(\tau)$ 之下的面積爲 $y(t) = t-1$，如圖 2.11(b)所示。

▶ 當 $3 \leq t < 5$ 時，在 $w_t(\tau)$ 之下的面積爲 $y(t) = 3-(t-2)$，如圖 2.11(c)所示。

合併每一段時間平移區間的解，可得輸出爲

$$
y(t) = \begin{cases} 0, & t < 1 \\ t-1, & 1 \leq t < 3 \\ 5-t, & 3 \leq t < 5 \\ 0, & t \geq 5 \end{cases}
$$

如圖 2.11(d)所示。

範例 2.7

RC 電路輸出　考慮如圖 2.12 中的 RC 電路，並假設此電路的時間常數 RC 爲 1 秒。範例 1.21 曾提過此電路的脈衝響應爲

$$
h(t) = e^{-t}u(t)
$$

當輸入電壓爲 $x(t) = u(t) - u(t-2)$，請利用摺積求出電容器兩端的電壓 $y(t)$。

解答　這個電路是線性和非時變性的，所以輸出是輸入與脈衝響應的摺積。亦即，$y(t) = x(t) * h(t)$。從我們對於電路分析的直覺可知，從時間 $t=0$ 開始，電容器會以指數的形式充電至供應電壓；在時間 $t=2$ 電壓源關閉時，電容器會以指數的形式放電。

要利用摺積積分來驗證這個直覺，首先將 $x(\tau)$ 和 $h(t-\tau)$ 畫成自變數 τ 的函數。從圖 2.13(a)可得到

$$
x(\tau) = \begin{cases} 1, & 0 < \tau < 2 \\ 0, & \text{其他條件} \end{cases}
$$

以及

$$
h(t-\tau) = e^{-(t-\tau)}u(t-\tau) = \begin{cases} e^{-(t-\tau)}, & \tau < t \\ 0, & \text{其他條件} \end{cases}
$$

現在我們開始確認時間平移 t 的區間,使得在各個區間中 $w_t(\tau)$ 的數學表示式不會改變。先從絕對值較大且為負值的 t 開始。在 $t < 0$ 時,$w_t(\tau) = 0$,因為沒有任一個 τ 值可使得 $x(\tau)$ 和 $h(t - \tau)$ 均不為零。因此,時間平移的第一個區間為 $t < 0$。

注意,在 $t = 0$ 時,$h(t - \tau)$ 的右邊界與 $x(\tau)$ 的左邊界重疊。當 $t > 0$,

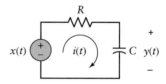

$$w_t(\tau) = \begin{cases} e^{-(t-\tau)}, & 0 < \tau < t \\ 0, & \text{其他條件} \end{cases}$$

$w_t(\tau)$ 的表示法如圖 2.13(b) 所示。這個數學表示式在 $t > 2$ 之前都不改變,此點為 $h(t - \tau)$ 右邊界通過 $x(\tau)$ 右邊界的時間點。所以,平移 t 的第二個區間為 $0 \leq t < 2$。

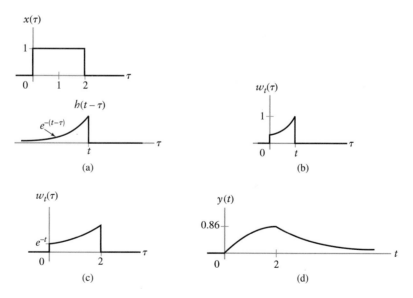

圖 2.12 RC 電路系統,其輸入為電壓源 $x(t)$,而輸出為電容器兩端所測得的電壓 $y(t)$。

圖 2.13 範例 2.7 摺積積分的計算(a)將輸入 $x(\tau)$ 畫成 τ 的函數,並且放置在經過反射與時間平移脈衝響應 $h(t - \tau)$ 的圖形之上。(b)當 $0 \leq t < 2$ 時,$x(\tau)$ 和 $h(t - \tau)$ 相乘後的訊號 $w_t(\tau)$。(c)當 $t \geq 2$ 時,$x(\tau)$ 和 $h(t - \tau)$ 相乘後的訊號 $w_t(\tau)$。(d) 系統的輸出 $y(t)$。

當 $t \geq 2$，我們對 $w_t(\tau)$ 有第三種表示法，可寫成

$$w_t(\tau) = \begin{cases} e^{-(t-\tau)}, & 0 < \tau < 2 \\ 0, & \text{其他條件} \end{cases}$$

圖 2.13(c)畫出在時間平移的第三個區間，$w_t(\tau)$ 的圖形 $t \geq 2$。

　　將 $w_t(\tau)$ 從 $\tau = -\infty$ 積分到 $\tau = \infty$，可以解出這三個時間平移區間各自的輸出 $y(t)$。從第一個區間開始，$t < 0$，可得到 $w_t(\tau) = 0$，所以 $y(t) = 0$。在第二個區間，$0 \leq t < 2$，

$$\begin{aligned} y(t) &= \int_0^t e^{-(t-\tau)} d\tau \\ &= e^{-t}(e^{\tau}|_0^t) \\ &= 1 - e^{-t} \end{aligned}$$

在第三個區間，$t \geq 2$，可得到

$$\begin{aligned} y(t) &= \int_0^2 e^{-(t-\tau)} d\tau \\ &= e^{-t}(e^{\tau}|_0^2) \\ &= (e^2 - 1)e^{-t} \end{aligned}$$

合併時間平移的三個區間的解，可以得到

$$y(t) = \begin{cases} 0, & t < 0 \\ 1 - e^{-t}, & 0 \leq t < 2 \\ (e^2 - 1)e^{-t}, & t \geq 2 \end{cases}$$

如圖 2.13(d)所示。這個結果和我們對於電路分析的直覺相符。

範例 2.8

另一個先反射後平移的摺積計算　　假設 LTI 系統的輸入 $x(t)$ 和脈衝響應 $h(t)$ 分別表示如下，

$$x(t) = (t - 1)[u(t - 1) - u(t - 3)]$$

以及

$$h(t) = u(t + 1) - 2u(t - 2)$$

試求系統的輸出。

解答 如圖 2.14(a)所示，畫出 $x(\tau)$ 和 $h(t-\tau)$。從這些圖形表示法中，我們可以決定時間平移 t 的區間，使每一個區間中 $w_t(\tau)$ 的數學表示式不會改變。先從絕對值較大且為負數的 t 開始。當 $t+1 < 1$ 或 $t < 0$，$h(t-\tau)$ 的右邊界在 $x(\tau)$ 非零區的左邊，因此，$w_t(\tau) = 0$。

在 $t > 0$ 時，$h(t-\tau)$ 的右邊界和 $x(\tau)$ 的非零區相互重疊，得到

$$w_t(\tau) = \begin{cases} \tau - 1, & 1 < \tau < t+1 \\ 0, & \text{其他條件} \end{cases}$$

當 $t+1 < 3$ 或 $t < 2$，這個 $w_t(\tau)$ 的表示法一直持續不變，如圖 2.14(b)所示。

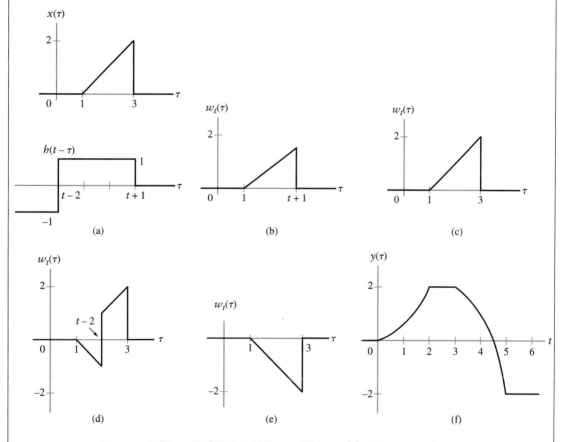

圖 2.14　範例 2.8 摺積積分的計算。(a)將輸入 $x(\tau)$ 畫成 τ 的函數，並且放置在反射與時間平移脈衝響應 $h(t-\tau)$ 的圖形之上。(b)當 $0 \le t < 2$ 時，將 $x(\tau)$ 和 $h(t-\tau)$ 相乘後的訊號 $w_t(\tau)$。(c)當 $2 \le t < 3$ 時，將 $x(\tau)$ 和 $h(t-\tau)$ 相乘後的訊號 $w_t(\tau)$。(d)當 $3 \le t < 5$ 時，將 $x(\tau)$ 和 $h(t-\tau)$ 相乘後的訊號 $w_t(\tau)$。(e)當 $t \ge 5$ 時，將 $x(\tau)$ 和 $h(t-\tau)$ 相乘後的訊號 $w_t(\tau)$。(f)系統的輸出 $y(t)$。

當 $t > 2$，$h(t - \tau)$ 的右邊界在 $x(\tau)$ 的非零區的右邊。在這個情形下，得到：

$$w_t(\tau) = \begin{cases} \tau - 1, & 1 < \tau < 3 \\ 0, & \text{其他條件} \end{cases}$$

當 $t-2 < 1$ 或 $t < 3$，這個 $w_t(\tau)$ 的表示法一直保持不變，如圖 2.14(c)所示。當 $t \geq 3$，在 $\tau = t-2$ 時，$h(t - \tau)$ 的邊界在 $x(\tau)$ 非零區裡面，可得

$$w_t(\tau) = \begin{cases} -(\tau - 1), & 1 < \tau < t - 2 \\ \tau - 1, & t - 2 < \tau < 3 \\ 0, & \text{其他條件} \end{cases}$$

在 $t-2 < 3$ 或 $t < 5$ 時，這個 $w_t(\tau)$ 的表示法一直保持不變，如圖 2.14(d)所示。當 $t \geq 5$ 時，我們得到

$$w_t(\tau) = \begin{cases} -(\tau - 1), & 1 < \tau < 3 \\ 0, & \text{其他條件} \end{cases}$$

如圖 2.14(e)所示。

在每一個剛才所確認的時間平移區間裡，把 $w_t(\tau)$ 從 $\tau = -\infty$ 積分到 $\tau = \infty$，可以得到系統的輸出 $y(t)$。從 $t < 0$ 開始，因為 $w_t(\tau) = 0$，得到 $y(t) = 0$。當 $0 \leq t < 2$，

$$\begin{aligned} y(t) &= \int_1^{t+1} (\tau - 1)\, d\tau \\ &= \left(\frac{\tau^2}{2} - \tau \bigg|_1^{t+1} \right) \\ &= \frac{t^2}{2} \end{aligned}$$

當 $2 \leq t < 3$，在 $w_t(\tau)$ 曲線下的面積是 $y(t) = 2$。下一個區間 $3 \leq t < 5$ 裡，可得

$$\begin{aligned} y(t) &= -\int_1^{t-2} (\tau - 1)\, d\tau + \int_{t-2}^3 (\tau - 1)\, d\tau \\ &= -t^2 + 6t - 7 \end{aligned}$$

最後，當 $t \geq 5$，$w_t(\tau)$ 之下的面積為 $y(t) = -2$。將時間平移各個區間的輸出合併起來，可以得到下面的結果：

$$y(t) = \begin{cases} 0, & t < 0 \\ \dfrac{t^2}{2}, & 0 \le t < 2 \\ 2, & 2 \le t < 3 \\ -t^2 + 6t - 7, & 3 \le t < 5 \\ -2, & t \ge 5 \end{cases}$$

如圖 2.14(f)所示。

➤ **習題 2.3**　令LTI系統的脈衝響應為$h(t) = e^{-t}u(t)$。如果輸入為$x(t) = u(t)$，試求相對應的輸出$y(t)$。

答案：

$$y(t) = (1 - e^{-t})u(t)$$　◄

➤ **習題 2.4**　令 LTI 系統的脈衝響應為$h(t) = e^{-2(t+1)}u(t + 1)$。如果其輸入為$x(t) = e^{-|t|}$，試找出其輸出$y(t)$。

答案：當$t < -1$，

$$w_t(\tau) = \begin{cases} e^{-2(t+1)}e^{3\tau}, & -\infty < \tau < t + 1 \\ 0, & \text{其他條件} \end{cases}$$

所以

$$y(t) = \frac{1}{3}e^{t+1}$$

當$t > -1$，

$$w_t(\tau) = \begin{cases} e^{-2(t+1)}e^{3\tau}, & -\infty < \tau < 0 \\ e^{-2(t+1)}e^{\tau}, & 0 < \tau < t + 1 \\ 0, & \text{其他條件} \end{cases}$$

以及

$$y(t) = e^{-(t+1)} - \frac{2}{3}e^{-2(t+1)}$$　◄

➤ **習題 2.5**　一個脈衝響應為$h(t)$的LTI系統，其輸入$x(t)$如圖 2.15 所示。試求其輸出$y(t)$。

答案：

$$y(t) = \begin{cases} 0, & t < -4, t > 2 \\ (1/2)t^2 + 4t + 8, & -4 \leq t < -3 \\ t + 7/2, & -3 \leq t < -2 \\ (-1/2)t^2 - t + 3/2, & -2 \leq t < -1 \\ (-1/2)t^2 - t + 3/2, & -1 \leq t < 0 \\ 3/2 - t, & 0 \leq t < 1 \\ (1/2)t^2 - 2t + 2, & 1 \leq t < 2 \end{cases}$$

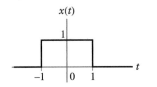
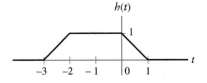

圖 2.15　習題 2.5 的訊號。

習題 2.6　令 LTI 系統的脈衝響應為 $h(t) = u(t-1) - u(t-4)$。試求對應於輸入 $x(t) = u(t) + u(t-1) - 2u(t-2)$ 的系統輸出。

答案：

$$y(t) = \begin{cases} 0, & t < 1 \\ t - 1, & 1 \leq t < 2 \\ 2t - 3, & 2 \leq t < 3 \\ 3, & 3 \leq t < 4 \\ 7 - t, & 4 \leq t < 5 \\ 12 - 2t, & 5 \leq t < 6 \\ 0, & t \geq 6 \end{cases}$$

　　摺積積分描述了連續時間系統的行為。系統的脈衝響應讓我們能深入瞭解系統的操作。在接下來的章節中，我們將會繼續深入的瞭解。為了替後續的發展鋪路，先考慮以下的例子。

範例 2.9

雷達距離量測：傳播模型　在 1.10 節中，我們介紹過如何測量雷達到物體之間距離的問題。藉著發射一個射頻 (radio frequence，簡寫為 RF) 脈波，並找出反射脈波回到雷達所需的往返路徑時間延遲，即可測得距離。在這個例子中，我們要定義一個用來描述脈波如何傳播的 LTI 系統。令傳送出去的射頻脈波為

$$x(t) = \begin{cases} \sin(\omega_c t), & 0 \leq t \leq T_o \\ 0, & \text{其他條件} \end{cases}$$

如圖 2.16(a)所示。

假設從雷達傳送一個脈衝到目標物，以決定往返路徑傳播的脈衝響應。脈衝的時間會延遲，振幅會衰減，得到一個脈衝響應 $h(t) = a\delta(t - \beta)$，其中 a 代表衰減因子而 β 表示往返路徑的時間延遲。請利用 $x(t)$ 和 $h(t)$ 的摺積來證明這個結果。

解答　先求出 $h(t - \tau)$。在 $\tau = 0$ 的地方反射 $h(\tau) = a\delta(\tau - \beta)$ 可得 $h(-\tau) = a\delta(\tau + \beta)$，這是由於脈衝是偶對稱函數。接著，將自變數 τ 平移 $-t$ 以得到 $h(t - \tau) = a\delta(\tau - (t - \beta))$。將 $h(t - \tau)$ 的表示式代入(2.12)式中的摺積積分，並使用脈衝的平移特性，可得到接收的訊號為

$$r(t) = \int_{-\infty}^{\infty} x(\tau)a\delta(\tau - (t - \beta))\,d\tau$$

$$= ax(t - \beta)$$

因此，接收訊號就是經過衰減與延遲後的傳送訊號，如圖 2.16(b)所示。

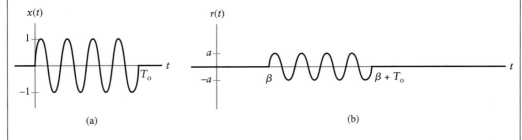

圖 2.16　雷達距離量測。(a)傳送出的 RF 脈波。(b)接收到的回音是經過衰減與和延遲後的傳送脈波。

前面這個範例針對脈衝的摺積建立了一個有用的結果。對於任何含有時間平移脈衝的訊號而言，只要將其輸入訊號作相同時間平移，即可得到該訊號的摺積。離散時間脈衝的摺積也有類似的結果。

➤ **習題 2.7**　試求出 $y(t) = e^{-t}u(t) * \{\delta(t + 1) - \delta(t) + 2\delta(t - 2)\}$。

答案：　$y(t) = e^{-(t+1)}u(t + 1) - e^{-t}u(t) + 2e^{-(t-2)}u(t - 2)$　◀

範例 2.10

雷達距離量測（續）：匹配濾波器　　在上一個例子裡，估算接收訊號 $r(t)$ 的時間延遲 β 即可算出目標物的距離。原則上，測量接收脈波的開始時間便能夠計算出來。然而，事實上接收訊號混合了雜訊（例如：熱雜訊，如 1.9 節所討論），而且強度會變弱。因為這些理由，使接收訊號通過一個 LTI 系統便能知道時間延遲的量。這個 LTI 系統一般稱為*匹配濾波器(matched filter)*。這個系統有一個重要特性是它可以極為有效地從所接收的波形區別出某些雜訊。匹配濾波器的脈衝響應是傳送訊號 $x(t)$ 經過反射或時間翻轉後的形式。也就是，$h_m(t) = x(-t)$，所以

$$h_m(t) = \begin{cases} -\sin(\omega_c t), & -T_o \le t \le 0, \\ 0, & \text{其他條件} \end{cases}$$

如圖 2.17(a)所示。術語"匹配濾波器"意指雷達接收端的脈衝響應可以和傳送的訊號 "匹配"。

為了從匹配濾波器的輸出端來估算時間延遲，我們必須先計算摺積 $y(t) = r(t) * h_m(t)$。

解答　首先，我們先建立 $w_t(\tau) = r(\tau)h_m(t - \tau)$。接收訊號 $r(\tau)$ 和經過反射與時間平移後的脈衝響應 $h_m(t - \tau)$，顯示於圖 2.17(b)。請注意，$h_m(\tau)$ 是 $x(t)$ 經過反射的結果，所以可得 $h_m(t - \tau) = x(\tau - t)$。如果 $t + T_o < \beta$，則 $w_t(\tau) = 0$，因此，在 $t < \beta - T_o$ 時，$y(t) = 0$。當 $\beta - T_o < t < \beta$，

$$w_t(\tau) = \begin{cases} a\sin(\omega_c(\tau - \beta))\sin(\omega_c(\tau - t)), & \beta < \tau < t + T_o \\ 0, & \text{其他條件} \end{cases}$$

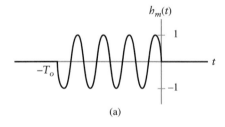

(a)

圖 2.17　(a)匹配濾波器對於所處理接收訊號的脈衝響應。

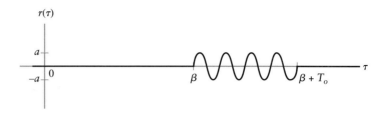

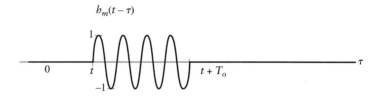

(b)

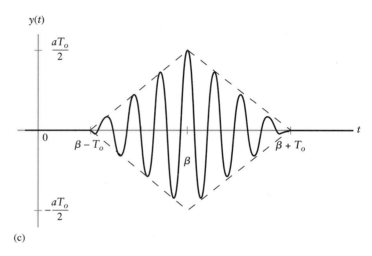

(c)

圖 2.17　(b)將接收訊號 r(τ) 畫成 τ 的函數，疊加在經過反射與時間平移的匹配濾波器脈衝響應 h$_m$($t-\tau$) 之上。(c)匹配濾波器的輸出 $y(t)$。

接下來，運用正弦函數的積化和差重新定義 $w_t(\tau)$，而且當 $\beta - T_o < t \le \beta$，把 $y(t)$ 寫成

$$
\begin{aligned}
y(t) &= \int_\beta^{t+T_o} \left[(a/2)\cos(\omega_c(t-\beta)) + (a/2)\cos(\omega_c(2\tau-\beta-t)) \right] d\tau \\
&= (a/2)\cos(\omega_c(t-\beta))[t+T_o-\beta] + (a/4\omega_c)\sin(\omega_c(2\tau-\beta-t))\big|_\beta^{t+T_o} \\
&= (a/2)\cos(\omega_c(t-\beta))[t-(\beta-T_o)] + (a/4\omega_c)[\sin(\omega_c(t+2T_o-\beta)) \\
&\quad - \sin(\omega_c(\beta-t))].
\end{aligned}
$$

事實上，一般 $\omega_c > 10^6$ rad/s，又因為內含正弦函數的第二項的最大值只有 $a/4\omega_c$，因此它對於輸出的貢獻幾乎可以忽略。同理，當 $\beta < t < \beta + T_o$，可得

$$w_t(\tau) = \begin{cases} a\sin(\omega_c(\tau - \beta))\sin(\omega_c(\tau - t)), & t < \tau < \beta + T_o \\ 0, & \text{其他條件} \end{cases}$$

以及

$$y(t) = \int_t^{\beta+T_o} \left[(a/2)\cos(\omega_c(t - \beta)) + (a/2)\cos(\omega_c(2\tau - \beta - t)) \right] d\tau$$

$$= (a/2)\cos(\omega_c(t - \beta))[\beta + T_o - t] + (a/4\omega_c)\sin(\omega_c(2\tau - \beta - t))\big|_t^{\beta+T_o}$$

$$= (a/2)\cos(\omega_c(t - \beta))[\beta - t + T_o] + (a/4\omega_c)[\sin(\omega_c(\beta + 2T_o - t))$$

$$- \sin(\omega_c(t - \beta))]$$

同上，因為除以 ω_c 會使得內含正弦函數的第二項可以忽略。最後一個區間是 $\beta + T_0 < t$。在這個區間裡 $w_t(\tau) = 0$，所以 $y(t) = 0$。合併這三個區間的解，並捨去可忽略的項，得到匹配濾波器的輸出為：

$$y(t) = \begin{cases} (a/2)[t - (\beta - T_o)]\cos(\omega_c(t - \beta)), & \beta - T_o < t \leq \beta \\ (a/2)[\beta - t + T_o]\cos(\omega_c(t - \beta)), & \beta < t < \beta + T_o \\ 0, & \text{其他條件} \end{cases}$$

匹配濾波器的輸出圖如圖 2.17(b) 所示。$y(t)$ 的波封是三角波形，如虛線所示。波峰值發生在所我們感興趣的往返路徑延遲上，也就是 $t = \beta$ 時。因此，找出匹配濾波器輸出在何時達到波峰值，就可以算出 β。在有雜訊的情形下，從匹配濾波器的輸出波峰計算往返路徑的時間延遲，會比在 $r(t)$ 中利用回音開始的時間找出時間延遲更為精確，因此在實際上，我們常使用匹配濾波器。

2.6 LTI 系統的互連 (Interconnections of LTI Systems)

在本節裡，我們要討論在 LTI 系統互連 (interconnection) 的脈衝響應和各個組成系統的脈衝響應之間的關係。連續時間與離散時間系統的結果可以利用幾乎相同的方法求得，所以我們先導出連續時間的結果，再簡單地描述離散時間的結果。

2.6.1 LTI 系統的並聯(PARALLEL CONNECTION OF LTI SYSTEMS)

考慮分別具有脈衝響應 $h_1(t)$ 與 $h_2(t)$ 的兩個 LTI 系統，將二者並聯如 2.18(a) 所示。這個連結系統的輸出 $y(t)$ 即為兩個系統輸出的和：

$$y(t) = y_1(t) + y_2(t)$$
$$= x(t) * h_1(t) + x(t) * h_2(t)$$

將每一個摺積以積分表示取代：

$$y(t) = \int_{-\infty}^{\infty} x(\tau)h_1(t - \tau)\,d\tau + \int_{-\infty}^{\infty} x(\tau)h_2(t - \tau)\,d\tau$$

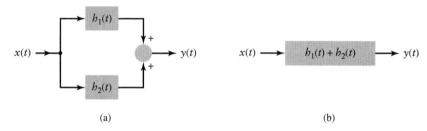

(a)   (b)

圖 2.18　兩個 LTI 系統互連。(a)兩個系統並聯。(b)等效系統。

因為 $x(\tau)$ 是共同輸入，合併這兩個積分得到

$$y(t) = \int_{-\infty}^{\infty} x(\tau)\{h_1(t - \tau) + h_2(t - \tau)\}\,d\tau$$
$$= \int_{-\infty}^{\infty} x(\tau)h(t - \tau)\,d\tau$$
$$= x(t) * h(t)$$

其中 $h(t) = h_1(t) + h_2(t)$。我們可以把 $h(t)$ 視為等效系統的脈衝響應，此等效系統代表兩個系統的並聯。等效系統如 2.18(b)所示。兩個 LTI 系統並聯後所形成的整個系統，其脈衝響應相當於個別脈衝響應的和。

從數學上來看，前面的結果意味著摺積含有*分配性 (distributive property)*：

$$\boxed{x(t) * h_1(t) + x(t) * h_2(t) = x(t) * \{h_1(t) + h_2(t)\}} \tag{2.15}$$

在離散時間的例子裡也有相同的結果。

$$\boxed{x[n] * h_1[n] + x[n] * h_2[n] = x[n] * \{h_1[n] + h_2[n]\}} \tag{2.16}$$

■ 2.6.2　系統的串聯 (CASCADE CONNECTION OF SYSTEMS)

接下來考慮兩個LTI系統的串聯，如 2.19(a)所示。令 $z(t)$ 為第一個系統的輸出，並將它輸入到串聯的第二個系統。利用 $z(t)$ 表示整個輸出，得到

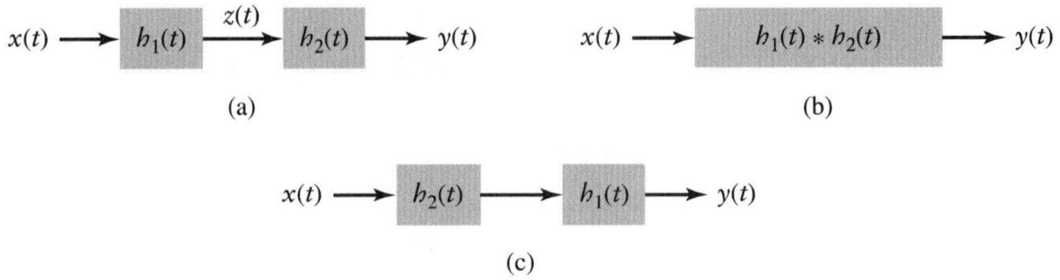

圖 2.19　兩 Z 個 LTI 系統互連。(a)兩個系統的串聯。(b)等效系統。(c)等效系統：互換系統的順序。

$$y(t) = z(t) * h_2(t) \qquad (2.17)$$

或

$$y(t) = \int_{-\infty}^{\infty} z(\tau) h_2(t - \tau)\, d\tau \qquad (2.18)$$

因為 $z(\tau)$ 是第一個系統的輸出，以輸入項 $x(\tau)$ 來表示可得

$$\begin{aligned} z(\tau) &= x(\tau) * h_1(\tau) \\ &= \int_{-\infty}^{\infty} x(\nu) h_1(\tau - \nu)\, d\nu \end{aligned} \qquad (2.19)$$

其中 ν 是摺積積分中的積分變數。把(2.19)式中的 $z(\tau)$ 代入(2.18)式，得到

$$y(t) = \int_{-\infty}^{\infty} \int_{-\infty}^{\infty} x(\nu) h_1(\tau - \nu) h_2(t - \tau)\, d\nu d\tau$$

現在我們以 $\eta = \tau - \nu$ 進行變數變換，並且交換積分的順序，得到

$$y(t) = \int_{-\infty}^{\infty} x(\nu) \left[\int_{-\infty}^{\infty} h_1(\eta) h_2(t - \nu - \eta)\, d\eta \right] d\nu \qquad (2.20)$$

內層的積分其實就是在 $t-\nu$ 時，取 $h_1(t)$ 和 $h_2(t)$ 的摺積值。亦即，如果我們定義 $h(t) = h_1(t) * h_2(t)$，則

$$h(t - \nu) = \int_{-\infty}^{\infty} h_1(\eta) h_2(t - \nu - \eta)\, d\eta$$

把這個式子代入(2.20)式，可得

$$\begin{aligned} y(t) &= \int_{-\infty}^{\infty} x(\nu) h(t - \nu)\, d\nu \\ &= x(t) * h(t) \end{aligned} \qquad (2.21)$$

因此，針對兩個 LTI 系統串聯的等效電路，其脈衝響應等於個別脈衝響應的摺積。串聯方式的輸入-輸出和以脈衝響應 $h(t)$ 表示的單一系統的輸入-輸出相同。如圖 2.19 (b)所示。

把 $z(t) = x(t) * h_1(t)$ 代入(2.17)式中 $y(t)$ 的展開式，並把 $h(t) = h_1(t) * h_2(t)$ 代入(2.21)式中 $y(t)$ 的另一個展開式，可得知摺積具有*結合性(associative property)*。

$$\{x(t) * h_1(t)\} * h_2(t) = x(t) * \{h_1(t) * h_2(t)\} \tag{2.22}$$

LTI 系統串聯的第二個重要特性是有關於系統的排列順序。我們把 $h(t) = h_1(t) * h_2(t)$ 寫成積分形式

$$h(t) = \int_{-\infty}^{\infty} h_1(\tau) h_2(t - \tau) \, d\tau$$

運用變數變換 $\nu = t - \tau$ 得到

$$\begin{aligned} h(t) &= \int_{-\infty}^{\infty} h_1(t - \nu) h_2(\nu) \, d\nu \\ &= h_2(t) * h_1(t) \end{aligned} \tag{2.23}$$

因此，$h_1(t)$ 和 $h_2(t)$ 的摺積可表示成任一種順序。在串聯中，交換 LTI 系統的順序並不會影響其結果，如圖 2.19(c)所示。因為

$$x(t) * \{h_1(t) * h_2(t)\} = x(t) * \{h_2(t) * h_1(t)\}$$

我們可以下一個結論：串聯組合的 LTI 系統，其輸出與系統連接的順序無關。數學上來說，摺積運算具有 *交換性 (commutative property)*，或者說

$$h_1(t) * h_2(t) = h_2(t) * h_1(t) \tag{2.24}$$

交換性經常用來簡化摺積積分的計算與表示。

離散時間的 LTI 系統與摺積擁有和連續時間系統一樣的特性。舉例來說，將個別的脈衝響應做摺積，可以得到LTI系統串聯的脈衝響應。LTI系統串聯的輸出與系統連接的順序無關。而且，離散時間摺積是具有結合性的，所以

$$\{x[n] * h_1[n]\} * h_2[n] = x[n] * \{h_1[n] * h_2[n]\} \tag{2.25}$$

以及具有交換性，即

$$h_1[n] * h_2[n] = h_2[n] * h_1[n] \tag{2.26}$$

下一個例子來說明如何使用摺積的特性來找出單一系統，這個系統的輸入輸出等效於一個互連的系統。

範例 2.11

四個互連系統的等效系統　考慮四個 LTI 系統的互連，如圖 2.20 所繪。
系統的脈衝響應為

$$h_1[n] = u[n]$$
$$h_2[n] = u[n + 2] - u[n]$$
$$h_3[n] = \delta[n - 2]$$

以及

$$h_4[n] = \alpha^n u[n]$$

找出整個系統的脈衝響應 $h[n]$。

解答　我們用每個系統的脈衝響應推導出整個脈衝響應的表示式。先從 $h_1[n]$ 和
$h_2[n]$ 的並聯開始。依分配性可知等效系統之脈衝響應為 $h_{12}[n] = h_1[n] + h_2[n]$
，如圖 2.21(a)。將系統和 $h_3[n]$ 串聯，所以依結合性可知上半部的等效系統
有脈衝響應 $h_{123}[n] = h_{12}[n] * h_3[n]$。把 $h_{12}[n]$ 代入，可得 $h_{123}[n] = (h_1[n] + h_2[n])$
$* h_3[n]$，如圖 2.21(b)。最後，上半分支和下半分支 $h_4[n]$ 並聯，因此，利用分
配性可以得到整個系統的脈衝響應為 $h[n] = h_{123}[n] - h_4[n]$。把 $h_{123}[n]$ 代
入，得到

$$h[n] = (h_1[n] + h_2[n]) * h_3[n] - h_4[n]$$

如圖 2.21(c)所示。

　　將 $h_1[n]$ 和 $h_2[n]$ 的指定形式代入，可得

$$h_{12}[n] = u[n] + u[n + 2] - u[n]$$
$$= u[n + 2]$$

將 $h_{12}[n]$ 與 $h_3[n]$ 做摺積，可得

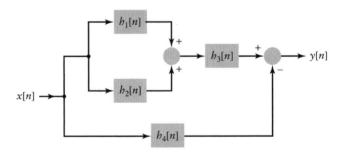

圖 2.20　範例 2.11 的互連系統。

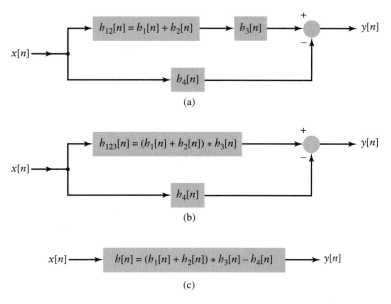

(a)

(b)

(c)

圖 2.21 (a)簡化圖 2.20 上半部的並聯 LTI 系統。(b)簡化圖 2.21(a)上半部的串聯系統。(c)簡化圖 2.21(b)的並聯組合以獲得圖 2.20 的等效系統。

$$h_{123}[n] = u[n + 2] * \delta[n - 2]$$
$$= u[n]$$

最後，我們將$h_{123}[n]$和$-h_4[n]$相加，得到整個脈衝響應爲：

$$h[n] = \{1 - \alpha^n\}u[n]$$

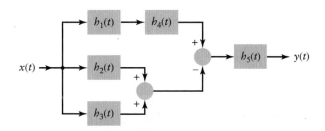

圖 2.22 習題 2.8 的 LTI 互連系統。

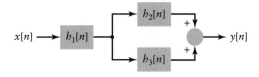

圖 2.23 習題 2.9 的 LTI 互連系統。

➤ **習題 2.8**　針對圖 2.22 的系統，試求和輸入 $x(t)$ 與輸出 $y(t)$ 之間關係相關的脈衝響應，寫下其表示式。

答案：$h(t) = [h_1(t) * h_4(t) - h_2(t) - h_3(t)] * h_5(t)$

➤ **習題 2.9**　LTI 互連的系統如圖 2.23 所示。其脈衝響應為 $h_1[n] = (1/2)^n u[n+2]$，$h_2[n] = \delta[n]$，和 $h_3[n] = u[n-1]$。當系統的輸入為 $x[n]$ 時，其輸出為 $y[n]$，系統整體的脈衝響應為 $h[n]$。

(a) 用 $h_1[n]$，$h_2[n]$ 和 $h_3[n]$ 來表示 $h[n]$。

(b) 利用(a)部分的結果來計算 $h[n]$。

答案：(a) $h[n] = h_1[n] * h_2[n] + h_1[n] * h_3[n]$

(b) $h[n] = (1/2)^n u[n+2] + (8 - (1/2)^{n-1}) u[n+1]$　　◀

　　系統之間的互連會自然產生出分析系統的過程。通常，先將一個複雜的系統分成較小的子系統，分析每個子系統，然後再將子系統連接起來，以研究完整的系統。這樣的方法會比直接分析整個系統還要容易。這是一個利用 "分而治之法" (divide-and-conquer) 解決問題的例子，但必須在線性與非時變性的假設下才可行。

　　表 2.1 總結本節中出現過的互連特性。

表 2.1　LTI 系統互連的特性。

性質	連續時間系統	離散時間系統
分配性	$x(t) * h_1(t) + x(t) * h_2(t) =$ $x(t) * \{h_1(t) + h_2(t)\}$	$x[n] * h_1[n] + x[n] * h_2[n] =$ $x[n] * \{h_1[n] + h_2[n]\}$
結合性	$\{x(t) * h_1(t)\} * h_2(t) = x(t) * \{h_1(t) * h_2(t)\}$	$\{x[n] * h_1[n]\} * h_2[n] = x[n] * \{h_1[n] * h_2[n]\}$
交換性	$h_1(t) * h_2(t) = h_2(t) * h_1(t)$	$h_1[n] * h_2[n] = h_2[n] * h_1[n]$

2.7　LTI 系統特性與脈衝響應之間的關係 (Relations between LTI System Properties and the Impulse Response)

　　脈衝響應可以完整表現出 LTI 系統輸入輸出行為的特性。因此，系統的特性，如記憶性，因果性，和穩定性，都與系統的脈衝響應有關。在本節中，我們要探討這些關係。

■ 2.7.1 LTI 無記憶系統 (Memoryless LTI Systems)

1.8.2 節曾提過，LTI 無記憶系統的輸出只與現在的輸入有關。利用摺積的交換性，我們可以將離散時間 LTI 系統的輸出表示成

$$y[n] = h[n] * x[n]$$
$$= \sum_{k=-\infty}^{\infty} h[k]x[n-k]$$

為了便於瞭解，將每一個和項展開成

$$\begin{aligned} y[n] = \cdots &+ h[-2]x[n+2] + h[-1]x[n+1] + h[0]x[n] \\ &+ h[1]x[n-1] + h[2]x[n-2] + \cdots \end{aligned} \tag{2.27}$$

因為系統是無記憶的，$y[n]$ 一定只根據 $x[n]$，而與 $x[n-k]$ 無關，其中 $k \neq 0$。因此，除了 $h[0]x[n]$ 以外，(2.27)式中的每一項必為零。這個情形意謂著當 $k \neq 0$，$h[k] = 0$。因此，離散時間 LTI 系統是無記憶性的，若且唯若

$$\boxed{h[k] = c\delta[k]}$$

其中，c 為任意常數。

將連續時間系統的輸出寫成

$$y(t) = \int_{-\infty}^{\infty} h(\tau)x(t-\tau)\,d\tau$$

我們看到，類似於離散時間的情況，連續時間 LTI 系統是無記憶性的，若且唯若

$$\boxed{h(\tau) = c\delta(\tau)}$$

c 是任意常數。

無記憶性的條件對於脈衝響應的形式有嚴格的限制：所有的無記憶性系統可以簡單地表示為輸入訊號乘以純量的形式。

■ 2.7.2 LTI 因果系統 (CAUSAL LTI SYSTEMS)

LTI 因果系統的輸出只與過去和現在的輸入值有關。再一次，我們將摺積和寫成

$$\begin{aligned} y[n] = \cdots &+ h[-2]x[n+2] + h[-1]x[n+1] + h[0]x[n] \\ &+ h[1]x[n-1] + h[2]x[n-2] + \cdots \end{aligned}$$

在脈衝響應 $h[-k]$ 中，現在和過去的輸入，$x[n]$，$x[n-1]$，$x[n-2]$，$\cdots$ 與索引值 $k \geq 0$ 有關，而未來的輸入，$x[n+1]$，$x[n+2]$，$\cdots$，都與索引值 $k < 0$ 有關。為了讓

$y[n]$ 只取決於過去和現在的輸入，我們要求當 $k < 0$ 時，$h[k] = 0$。因此，對於一個離散時間 LTI 因果系統而言，

$$h[k] = 0 \quad \text{for} \quad k < 0$$

於是摺積和的新形式如下：

$$y[n] = \sum_{k=0}^{\infty} h[k]x[n-k]$$

如果是下列的摺積積分，連續時間系統的因果性條件也可用類似的方法推導出來：

$$y(t) = \int_{-\infty}^{\infty} h(\tau)x(t-\tau)\,d\tau$$

連續時間 LTI 因果系統的脈衝響應滿足下列條件，

$$h(\tau) = 0 \quad \text{for} \quad \tau < 0$$

連續時間 LTI 因果系統的輸出可以表示成下面的摺積積分：

$$y(t) = \int_{0}^{\infty} h(\tau)x(t-\tau)\,d\tau$$

這個因果性的條件與我們的直觀想法相符合。回憶一下，脈衝響應是在時間 $t=0$ 時，系統對於單位強度脈衝的輸入所得到的輸出。注意，因果性系統不能預先發生，也就是說，在輸入訊號尚未輸入之前不會產生輸出。要求在時間為負值時脈衝響應為零，也就等於是說，系統在脈衝輸入之前不能有輸出。

■ 2.7.3 LTI 穩定系統 (STABLE LTI SYSTEMS)

在 1.8.1 節曾提過，如果對於每個有界的輸入，若保證其輸出也是有界的，則系統是有界輸入有界輸出 (BIBO) 穩定。正式地說，如果送進穩定離散系統的輸入滿足 $|x[n]| \le M_x \le \infty$，則其輸出必定滿足 $|y[n]| \le M_y \le \infty$。我們現在要導出 $h[n]$ 的條件，這個條件可以限制摺積和的界限以保證系統的穩定性。輸出的量值大小為

$$|y[n]| = |h[n] * x[n]|$$
$$= \left| \sum_{k=-\infty}^{\infty} h[k]x[n-k] \right|$$

我們想要求出 $|y[n]|$ 的上界 (upper bound)，這個上界是 $|x[n]|$ 的上界與脈衝響應的函數。由於各項總和的絕對值會小於或等於各項先取絕對值再相加的總和，例如，

$|a + b| \leq |a| + |b|$。因此，可以寫出

$$|y[n]| \leq \sum_{k=-\infty}^{\infty} |h[k]x[n - k]|$$

此外，各項相乘的絕對值等於各項先取絕對值的乘積，例如，$|ab| = |a||b|$。因此，可以寫出

$$|y[n]| \leq \sum_{k=-\infty}^{\infty} |h[k]||x[n - k]|$$

如果我們假設輸入是有界的，或者說$|x[n]| \leq M_x < \infty$，則$|x[n - k]| \leq M_x$，而且可以推得

$$|y[n]| \leq M_x \sum_{k=\infty}^{\infty} |h[k]| \tag{2.28}$$

所以，如果系統的脈衝響應是絕對可加總 (absolutely summable) 的，則對於所有的 n 而言，輸出是有界的，也就是$|y[n]| \leq \infty$。我們可以得出一個結論，穩定離散時間 LTI 系統的脈衝響應滿足以下的有界條件，

$$\boxed{\sum_{k=-\infty}^{\infty} |h[k]| < \infty}$$

到目前為止，我們已經導出脈衝響應的絕對可和是 BIBO 穩定性的充分條件。在習題 2.79 裡，將會要求讀者證明這也是 BIBO 穩定的必要條件。

　　類似的步驟可以證明連續時間 LTI 系統是 BIBO 穩定，若且唯若脈衝響應為絕對可積分的 (absolutely integrable)。

$$\boxed{\int_{-\infty}^{\infty} |h(\tau)| \, d\tau < \infty}$$

範例 2.12

一階遞迴系統的特性　　以下的差分方程式描述 1.10 節中所介紹的一階系統。

$$y[n] = \rho y[n - 1] + x[n]$$

它的脈衝響應為

$$h[n] = \rho^n u[n]$$

請判斷這個系統是否具因果性，無記憶性，以及 BIBO 穩定性？

解答 因為當 $n < 0$ 時，脈衝響應 $h[n]$ 為零，所以系統具因果性。而對於所有的 $n > 0$，因為 $h[n]$ 不等於零，所以系統並不是無記憶性的。要判斷系統的穩定性可以檢查脈衝響應是否為絕對可加總的，或者是否滿足下列的數學表示式：

$$\sum_{k=-\infty}^{\infty} |h[k]| = \sum_{k=0}^{\infty} |\rho^k|$$
$$= \sum_{k=0}^{\infty} |\rho|^k < \infty$$

上式中第二行的無窮幾何級數的和是收斂的，若且唯若 $|\rho| < 1$。因此，若 $|\rho| < 1$，則系統是穩定的。範例 2.5 曾提到一階遞迴方程式可以用來描述投資或借款的數值。其中，設定 $\rho = 1 + \frac{r}{100}$，而 $r > 0$ 用來表示每段時間的利率。因此，我們發現利率計算牽涉到不穩定系統。這和我們的直觀結果一致：當借款未償還時，剩餘的貸款會持續增加。

▶ **習題 2.10** 針對下列的每個脈衝響應，判斷系統是否為(i)無記憶的，(ii)因果的，以及(iii)穩定的。證明你的答案。

(a) $h(t) = u(t + 1) - u(t - 1)$

(b) $h(t) = u(t) - 2u(t - 1)$

(c) $h(t) = e^{-2|t|}$

(d) $h(t) = e^{at}u(t)$

(e) $h[n] = 2^n u[-n]$

(f) $h[n] = e^{2n}u[n - 1]$

(g) $h[n] = (1/2)^n u[n]$

答案：(a) 記憶的，非因果的，穩定的。

(b) 記憶的，因果的，非穩定的。

(c) 記憶的，非因果的，穩定的。

(d) 記憶的，因果的，當 $a < 0$ 時為穩定的。

(e) 記憶的，非因果的，穩定的。

(f) 記憶的，因果的，非穩定的。

(g) 記憶的，因果的，穩定的。　　　　　　　◀

　　我們要強調即使脈衝響應是有限值，系統仍可能是不穩定的。舉例來說，考慮下列由輸入-輸出關係所定義出來的理想積分器：

$$y(t) = \int_{-\infty}^{t} x(\tau)\,d\tau \tag{2.29}$$

(1.63)式曾提到，脈衝的積分是一個步階函數。因此，利用脈衝輸入 $x(\tau) = \delta(\tau)$ 可以證明理想積分器的脈衝響應是 $h(t) = u(t)$。這個脈衝響應永遠不會大於 1，但它不是絕對可積，所以系統爲不穩定。雖然，如(2.29)式所定義的系統輸出，對某些有界的輸入 $x(t)$，其值是有界的；但並不是對每一個有界輸入都會得到有界輸出。尤其是常數的輸入 $x(t) = c$ 明顯會產生無界的輸出。類似的觀察結果可以應用到離散時間理想累加器，如 1.10 節中所介紹。理想累加器的輸入－輸出方程式爲

$$y[n] = \sum_{k=-\infty}^{n} x[k]$$

因此，其脈衝響應爲 $h[n] = u[n]$，並非絕對可加總的，所以理想累加器是不穩定的。注意，常數輸入 $x[n] = c$ 會產生一個無界的輸出。

➤ **習題 2.11** 一個離散時間系統含有脈衝響應 $h[n] = \cos\left(\frac{\pi}{2}n\right)u[n+3]$。這個系統是否爲穩定的，因果的，或無記憶的？證明你的答案。

答案：　這個系統是不穩定的，非因果的，及有記憶的。　　　　　　　◀

■ 2.7.4 可逆系統與解摺積
(INVERTIBLE SYSTEM AND DECONVOLUTION)

如果系統的輸入可以再從輸出得到，而與原輸入之間只差一個常數的比例因子，則此系統稱之爲*可逆 (invertible)*。這項要求指的是，有一個逆系統，將原系統的輸出當成其輸入，而產生一個和原系統輸入一樣的輸出。我們現在只考慮逆系統爲 LTI 的情形。圖 2.24 畫出兩個 LTI 系統的串聯，其中一個系統的脈衝響應爲 $h(t)$，而另一個逆系統的脈衝響應爲 $h^{\text{inv}}(t)$。

　　從 $h(t) * x(t)$ 回復爲 $x(t)$ 的過程稱之爲*反摺積 (deconvolution)*，因爲它相當於反轉或取消摺積運算。逆系統執行反摺積。在許多訊號處理和系統應用中，反摺積問題和逆系統扮演一個重要的角色。一般常見的問題是反轉或"等化"非理想系統所造成的失眞。舉例來說，考慮利用電話線傳輸之高速數據機的使用。電話通道所造成的失眞會嚴格限制訊息傳送的速率。等化器會回復這些失眞，並使其有較高的資料傳送速率。在這個情形下，等化器代表電話通道的逆系統。在實際上，雜訊的存在會使得等化問題較爲複雜。(在第五章和第八章裡，我們將會更詳細的討論等化問題。)

LTI 系統的脈衝響應 $h(t)$，和其對應逆系統的脈衝響應 $h^{\text{inv}}(t)$，兩者之間的關係很容易導出來。圖 2.24 中，串聯的脈衝響應是 $h(t)$ 和 $h^{\text{inv}}(t)$ 的摺積。我們要求串聯的輸出等於其輸入，或者

$$x(t) * (h(t) * h^{\text{inv}}(t)) = x(t)$$

這個要求意指

$$h(t) * h^{\text{inv}}(t) = \delta(t) \tag{2.30}$$

類似地，離散時間 LTI 逆系統的脈衝響應 $h^{\text{inv}}[n]$ 必須滿足

$$h[n] * h^{\text{inv}}[n] = \delta[n] \tag{2.31}$$

在許多等化的應用中，一個精確的逆系統不易找到或實作出來。在這種情況下，通常使用(2.30)式或(2.31)式的近似解就足夠了。下一個例子說明直接解(2.31)式，以得到一個精確的逆系統。

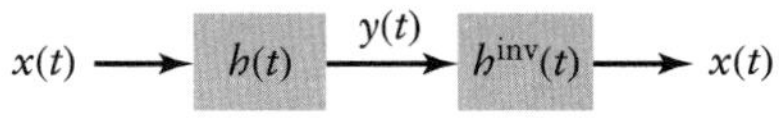

$$x(t) \longrightarrow \boxed{h(t)} \xrightarrow{y(t)} \boxed{h^{\text{inv}}(t)} \longrightarrow x(t)$$

圖 2.24　兩個 LTI 系統的串聯，其中一個系統的脈衝響應為 h (t)，而另一個逆系統的脈衝響應為 h^{inv} (t)。

範例 2.13

多重路徑通訊通道：利用逆系統作補償　考慮設計一個離散時間逆系統，計算在資料傳輸問題中的多重路徑傳播失真。在 1.10 節中曾提過雙路徑通訊通道的離散時間模型，如下

$$y[n] = x[n] + ax[n - 1]$$

找出一個因果逆系統，可從 $y[n]$ 回復成 $x[n]$。檢查此逆系統是否爲穩定。

解答　首先，對於這個關於 $y[n]$ 和 $x[n]$ 的系統，我們先定義其脈衝響應。我們將脈衝 $x[n]=\delta[n]$ 輸入以得到脈衝響應。

$$h[n] = \begin{cases} 1, & n = 0 \\ a, & n = 1 \\ 0, & \text{其他條件} \end{cases}$$

此爲多重路徑通道的脈衝響應。其逆系統 $h^{\text{inv}}[n]$ 必定滿足 $h[n] * h^{\text{inv}}[n] = \delta[n]$。代入 $h[n]$，則 $h^{\text{inv}}[n]$ 必定可以滿足下式

$$h^{\text{inv}}[n] + ah^{\text{inv}}[n-1] = \delta[n] \tag{2.32}$$

讓我們針對幾種不同的 n 值來解這個式子。為了要得到一個因果逆系統,當 $n < 0$,$h^{\text{inv}}[n] = 0$ 必須成立。當 $n = 0$,$\delta[n] = 1$,則(2.32)式變成

$$h^{\text{inv}}[0] + ah^{\text{inv}}[-1] = 1$$

既然因果性意謂著 $h^{\text{inv}}[-1] = 0$,我們得到 $h^{\text{inv}}[0] = 1$。當 $n > 0$,$\delta[n] = 0$,代入(2.32)式就得到

$$h^{\text{inv}}[n] + ah^{\text{inv}}[n-1] = 0$$

上式可重寫成

$$h^{\text{inv}}[n] = -ah^{\text{inv}}[n-1] \tag{2.33}$$

因為 $h^{\text{inv}}[0] = 1$,由(2.33)式可知 $h^{\text{inv}}[1] = -a$, $h^{\text{inv}}[2] = a^2$, $h^{\text{inv}}[3] = -a^3$,等等。因此,逆系統有下列的脈衝響應

$$h^{\text{inv}}[n] = (-a)^n u[n]$$

要檢查穩定性,我們需判斷 $h^{\text{inv}}[n]$ 是否為絕對可加總的,亦即下式是否

$$\sum_{k=-\infty}^{\infty} |h^{\text{inv}}[k]| = \sum_{k=0}^{\infty} |a|^k$$

為有限值。當 $|a| < 1$ 時,幾何級數收斂,因此系統是穩定的。這意謂著,如果多路徑的部分 $ax[n-1]$ 小於第一個分量 $x[n]$,則逆系統是穩定的;反之,系統為不穩定。

　　一般而言,想要直接解出(2.30)式或(2.31)式來得到逆系統是困難的。何況,並非每個LTI系統都有穩定且具因果性的逆系統。在許多問題中,逆系統對於雜訊的影響也是一個重要的考慮因素。接下來章節所發展的方法會使我們更了解逆系統的存在與測定。

　　表 2.2 摘要列出 LTI 系統性質和脈衝響應特徵之間的關係。

表 2.2 LTI 系統脈衝響應表示法的性質。

性質	連續時間系統	離散時間系統
無記憶性	$h(t) = c\delta(t)$	$h[n] = c\delta[n]$
因果性	$h(t) = 0$ for $t < 0$	$h[n] = 0$ for $n < 0$
穩定性	$\int_{-\infty}^{\infty} |h(t)|\, dt < \infty$	$\sum_{n=-\infty}^{\infty} |h[n]| < \infty$
可逆性	$h(t) * h^{\text{inv}}(t) = \delta(t)$	$h[n] * h^{\text{inv}}[n] = \delta[n]$

2.8 步階響應 (Step Response)

對於LTI系統輸入的突然改變，我們常利用步階輸入訊號將其響應的特性表現出來。
步階響應 (step response) 定義為：單位步階輸入訊號的輸出。令 $h[n]$ 是離散時間 LTI
系統的脈衝響應，將 $s[n]$ 表示為步階響應。因此我們可寫出

$$s[n] = h[n] * u[n]$$
$$= \sum_{k=-\infty}^{\infty} h[k]u[n-k]$$

現在，因為當 $k>n$ 時， $u[n-k]=0$ ，而 $k \le n$ 時， $u[n-k]=1$ 。所以得到

$$s[n] = \sum_{k=-\infty}^{n} h[k]$$

也就是說，步階響應為脈衝響應的連續加總。類似地，連續時間系統的步階響應 $s(t)$
可以表示成脈衝響應的連續積分。

$$s(t) = \int_{-\infty}^{t} h(\tau)\, d\tau \tag{2.34}$$

注意，我們可以將這個關係反轉過來，用步階響應來表示脈衝響應，如下所示：

$$h[n] = s[n] - s[n-1]$$

以及

$$h(t) = \frac{d}{dt} s(t)$$

範例 2.14

RC 電路：步階響應　　如例 1.21 所示，圖 2.12 中，*RC* 電路的脈衝響應為

$$h(t) = \frac{1}{RC} e^{-\frac{t}{RC}} u(t)$$

找出這個電路的步階響應。

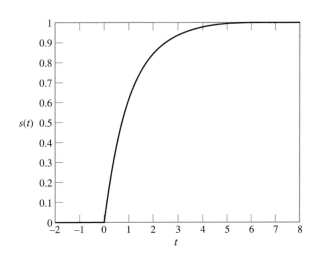

圖 2.25　在 $RC=1$ 秒 時的 RC 電路步階響應。

解答　步階響應代表在時間 $t=0$ 時，開關打開接上一個定電壓源。我們預期電容器
電壓會以指數形式增加到電壓源的值。運用(2.34)式，可得

$$s(t) = \int_{-\infty}^{t} \frac{1}{RC} e^{-\frac{\tau}{RC}} u(\tau) \, d\tau$$

現在，我們簡化積分，以便得到

$$s(t) = \begin{cases} 0, & t < 0 \\ \frac{1}{RC} \int_{0}^{t} e^{-\frac{\tau}{RC}} d\tau, & t \geq 0 \end{cases}$$

$$= \begin{cases} 0, & t < 0 \\ 1 - e^{-\frac{t}{RC}}, & t \geq 0 \end{cases}$$

圖 2.25 畫出當 $RC=1$ 秒時，RC 電路的步階響應。這個結果證明我們在範例
1.21 中用來推導脈衝響應 $h(t)$ 的前提是正確的。

▶ **習題 2.12**　　當一階遞迴系統的脈衝響應如下，試找出其步階響應。

$$h[n] = \rho^n u[n]$$

假設 $|\rho| < 1$。

答案：

$$s[n] = \frac{1 - \rho^{n+1}}{1 - \rho} u[n]$$　　◀

➤ **習題 2.13** LTI 系統的脈衝響應如下所示，計算個別的步階響應：

(a) $h[n] = (1/2)^n u[n]$

(b) $h(t) = e^{-|t|}$

(c) $h(t) = \delta(t) - \delta(t - 1)$

答案：(a) $s[n] = (2 - (1/2)^n)u[n]$

     (b) $s(t) = e^t u(-t) + (2 - e^{-t})u(t)$

     (c) $s(t) = u(t) - u(t - 1)$ ◀

2.9 LTI 系統的微分和差分方程式表示法 (Differential and Difference Equation Representations of LTI Systems)

線性常數係數差分和微分方程式爲 LTI 系統的輸入-輸出特性提供了另一種表示法。差分方程式用來表示離散時間系統，而微分方程式用來表示連續時間系統。線性常數係數微分方程式的一般表示法爲

$$\sum_{k=0}^{N} a_k \frac{d^k}{dt^k} y(t) = \sum_{k=0}^{M} b_k \frac{d^k}{dt^k} x(t) \tag{2.35}$$

其中，a_k 和 b_k 是系統的常數係數；$x(t)$ 是系統的輸入，而 $y(t)$ 是產生的輸出。線性常數係數差分方程式也有類似的形式，將(2.35)式中的微分替換成輸入 $x[n]$ 和輸出 $y[n]$ 的延遲數值，可得：

$$\sum_{k=0}^{N} a_k y[n - k] = \sum_{k=0}^{M} b_k x[n - k] \tag{2.36}$$

微分或差分方程式的*階數 (order)* 是 (N,M)，代表系統中能量儲存元件的個數。通常，$N \geq M$，此時階數只用 N 來描述。

    舉一個例子用微分方程式來描述實體系統的行爲。考慮圖 2.26 所畫之 RLC 電路。假設輸入爲電壓源 $x(t)$ 且輸出爲迴圈裡的電流 $y(t)$。把迴圈中所有的電壓降加起來，得到

$$Ry(t) + L\frac{d}{dt}y(t) + \frac{1}{C}\int_{-\infty}^{t} y(\tau)\, d\tau = x(t)$$

將式子的兩邊分別對 t 微分，結果爲

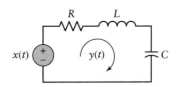

圖 2.26　用微分方程式描述之 *RLC* 電路。

$$\frac{1}{C}y(t) + R\frac{d}{dt}y(t) + L\frac{d^2}{dt^2}y(t) = \frac{d}{dt}x(t)$$

此微分方程式描述了電路中電流 $y(t)$ 和電壓 $x(t)$ 的關係。在這個例子中,階數為 $N=2$,我們注意到電路中含有兩個能量儲存元件:電容和電感。

　　利用牛頓定律,可以用微分方程式來描述力學系統。1.10 節曾提到的 MEMS 加速規模型,其行為可以用微分方程式來表示成

$$\omega_n^2 y(t) + \frac{\omega_n}{Q}\frac{d}{dt}y(t) + \frac{d^2}{dt^2}y(t) = x(t)$$

其中,$y(t)$ 代表標準質量的位置而 $x(t)$ 為外在加速度。系統含有兩個能量儲存裝置—彈簧和物體—所以階數也是 $N=2$。二階差分方程式的例子為

$$y[n] + y[n-1] + \frac{1}{4}y[n-2] = x[n] + 2x[n-1] \tag{2.37}$$

用來表示系統輸入訊號與輸出訊號之間的關係,此系統被用在電腦裡處理資料。因此,階數為 $N=2$,因為此差分方程式與 $y[n-2]$ 有關,意謂著系統輸出的最大記憶為 2。離散時間系統裡的記憶類似於連續時間系統的能量儲存。

　　關於用系統的輸入與過去的輸出來計算現在的輸出,我們可以很容易地將差分方程式重新排列,以便得到遞迴規律。我們重寫(2.36)式,讓 $y[n]$ 單獨在左邊:

$$y[n] = \frac{1}{a_0}\sum_{k=0}^{M} b_k x[n-k] - \frac{1}{a_0}\sum_{k=1}^{N} a_k y[n-k]$$

這個方程式指出如何從現在和過去的輸入值,與過去的輸出值得到 $y[n]$。在電腦上,通常用這一類的式子來實作離散時間系統。在二階差分方程式(2.37)中,當 $n \geq 0$ 時,考慮從 $x[n]$ 來計算 $y[n]$。將式子重寫成

$$y[n] = x[n] + 2x[n-1] - y[n-1] - \frac{1}{4}y[n-2] \tag{2.38}$$

從 $n=0$ 開始,藉著計算一連串的方程式來決定其輸出。

$$y[0] = x[0] + 2x[-1] - y[-1] - \frac{1}{4}y[-2] \qquad (2.39)$$

$$y[1] = x[1] + 2x[0] - y[0] - \frac{1}{4}y[-1] \qquad (2.40)$$

$$y[2] = x[2] + 2x[1] - y[1] - \frac{1}{4}y[0]$$

$$y[3] = x[3] + 2x[2] - y[2] - \frac{1}{4}y[1]$$

$$\vdots$$

在每個方程式中，現在的輸出都是由輸入與過去的輸出值計算而得的。爲了要在時間$n=0$開始這個過程，我們必須要知道最近兩個過去的輸出值，也就是$y[-1]$和$y[-2]$。這些值稱爲*初始條件* (initial conditions)。

這些初始條件概括了系統過去所有的訊息，這些訊息是用來決定將來的輸出。除此之外，就不需要額外的歷史訊息了。要注意的是，一般來說，決定輸出的初始條件數目會等於系統的最大記憶。我們通常會分別選擇$n=0$或$t=0$作爲開始時間，來解差分或微分方程式。在這個例子中，N階差分方程式的初始條件有N個值。

$$y[-N], y[-N + 1], \ldots, y[-1]$$

而且，N階微分方程式的初始條件爲輸出的前N個導數。也就是說，

$$y(t)|_{t=0^-}, \frac{d}{dt}y(t)\bigg|_{t=0^-}, \frac{d^2}{dt^2}y(t)\bigg|_{t=0^-}, \ldots, \frac{d^{N-1}}{dt^{N-1}}y(t)\bigg|_{t=0^-}$$

在 LTI 系統的微分方程式描述中，其初始條件和系統裡能量儲存元件的初始值有直接關係，例如：電容器的初始電壓和電感器的初始電流。在離散時間的例子裡，初始條件概括了所有系統過去的訊息，這些訊息會影響將來的輸出。因此，初始條件也代表連續時間系統的"記憶"。

範例 2.15

差分方程式的遞迴計算　如(2.38)式所描述的系統，假設其輸入爲$x[n] = (1/2)^n u[n]$，而初始條件爲$y[-1] = -1$和$y[-2] = -2$，找出前兩個輸出值 $y[0]$ 和 $y[1]$。

解答　將適當的值代入(2.39)式中，可得

$$y[0] = 1 + 2 \times 0 - 1 - \frac{1}{4} \times (-2) = \frac{1}{2}$$

將 $y[0]$ 代入(2.40)式中，找到

$$y[1] = \frac{1}{2} + 2 \times 1 - \frac{1}{2} - \frac{1}{4} \times (1) = 1\frac{3}{4}$$

範例 2.16

利用電腦來計算差分方程式　一個系統用差分方程式描述如下

$$y[n] - 1.143y[n-1] + 0.4128y[n-2] =$$
$$0.0675x[n] + 0.1349x[n-1] + 0.675x[n-2]$$

寫出一個遞迴規則，可以從過去的輸出和現在的輸入算出目前的輸出值。我們可利用電腦來決定系統的步階響應。另外，當輸入為零且初始條件是 $y[-1] = 1$ 和 $y[-2] = 2$，用電腦算出系統的輸出。再者，假設初始條件為零，而輸入為弦波訊號：$x_1[n] = \cos\left(\frac{\pi}{10}n\right)$，$x_2[n] = \cos\left(\frac{\pi}{5}n\right)$，和 $x_3[n] = \cos\left(\frac{7\pi}{10}n\right)$，計算其相對應的輸出。最後，如果輸入是英特爾股票每週的收盤價，如圖 2.27 所示，而且假設初始條件為零，找出系統的輸出。

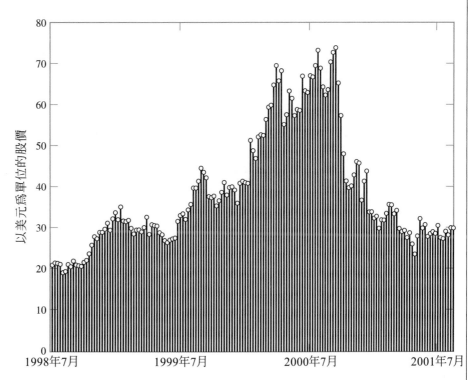

圖 2.27　英特爾股票每週的收盤價。

解答 我們將差分方程式重寫成

$$y[n] = 1.143y[n-1] - 0.4128y[n-2]$$
$$+ 0.0675x[n] + 0.1349x[n-1] + 0.675x[n-2]$$

用遞迴的方法來計算此方程式，可以從系統的輸入與初始條件 $y[-1]$ 和 $y[-2]$，找到系統的輸出。

假設輸入訊號是一個步階函式，亦即 $x[n]=u[n]$，系統剛開始是靜止的，亦即其初始條件為零，則我們可找出系統的步階響應。圖 2.28(a)畫出步階響應的前 50 個值。系統對步階的響應，一開始會上升到比輸入振幅稍高的值，然後會漸漸減少。大約在 $n=13$ 的地方，步階響應的值會等於輸入的值。當 n 夠大時，我們可將此步階視為直流的或固定的輸入。因為輸出振幅等於輸入振幅，所以我們可說系統對固定輸入有單位增益。

當初始條件為 $y[-1]=1$ 和 $y[-2]=2$，且輸入為零時，系統的響應如圖 2.28 (b)所示。依照差分方程式的遞迴本質來看，雖然它提到初始條件會影響未來所有的輸出值，但我們看到明顯受到初始條件影響的輸出只持續到 $n=13$。

弦波輸入 $x_1[n]$，$x_2[n]$，和 x3[n]，其輸出分別畫在圖 2.28(c)、(d)，和(e)。一旦系統的行為遠離初始狀態，系統會進入穩定狀態，我們看到關於高頻率正弦波的陡峭起伏變得平緩了。圖 2.28(f)顯示英特爾股票價格輸入的系統輸出。我們可以發現，一開始，輸出如同步階響應一般漸漸增加。.這是假設在 1998 年 7 月 31 日以前，輸入為零的結果。約六個星期以後，系統對於股票價格有平穩的作用，因為當它通過單位增益的常數項時，使得快速的起伏衰減了。仔細比較圖 2.27 和圖 2.28(f)的波峰，顯示系統也會產生微小的延遲，這是因為系統必須利用過去輸出和現在、過去的輸入來計算現在的輸出。

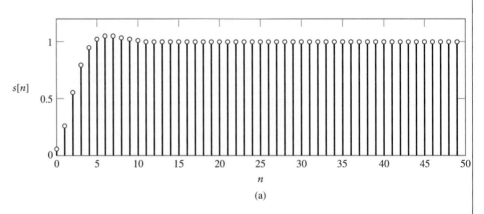

圖 2.28 圖解範例 2.16。(a)系統的步階響應。

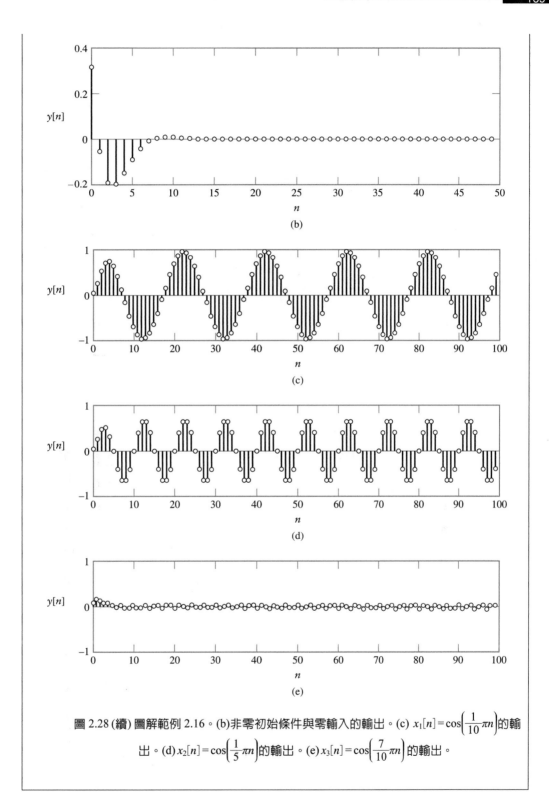

圖 2.28 (續) 圖解範例 2.16。(b)非零初始條件與零輸入的輸出。(c) $x_1[n] = \cos\left(\frac{1}{10}\pi n\right)$ 的輸出。(d) $x_2[n] = \cos\left(\frac{1}{5}\pi n\right)$ 的輸出。(e) $x_3[n] = \cos\left(\frac{7}{10}\pi n\right)$ 的輸出。

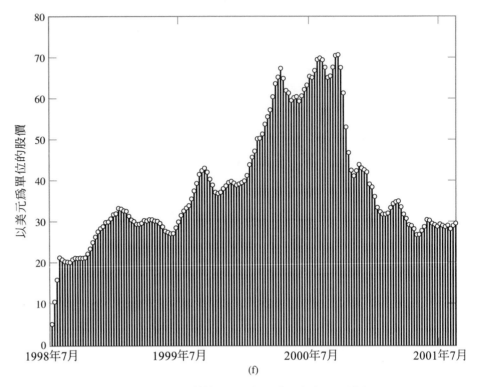

1998年7月   1999年7月   2000年7月   2001年7月

(f)

圖 2.28 (續)　(f)與英特爾股票每週收盤價有關的輸出。

➤ **習題 2.14**　如圖 2.29 所示之電感，用微分方程式描述其輸入電壓 $x(t)$ 和電流 $y(t)$ 之間的關係。

答案：
$$Ry(t) + L\frac{d}{dt}y(t) = x(t)$$
◀

➤ **習題 2.15**　對一階遞迴系統，計算 $y[n]$ ， $n=0,1,2,3$ 。

$$y[n] - (1/2)y[n-1] = x[n]$$

如果輸入爲 $x[n]=u[n]$ 而且初始條件爲 $y[-1]=-2$ 。

答案：
$$y[0] = 0, \quad y[1] = 1, \quad y[2] = 3/2, \quad y[3] = 7/4$$
◀

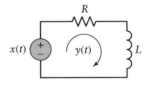

圖 2.29　*RL* 電路。

2.10 解微分及差分方程式
(Solving Differential and Difference Equations)

在本節中,我們要簡短的回顧一下解微分及差分方程式的一個方法。我們的分析可提供方程式解的一般特性,以便深入瞭解 LTI 系統的行為。

以微分或差分方程式來描述的系統輸出,可以表示成兩個成分的和。其一為微分或差分方程式齊次式的解;我們稱之為 *齊次解* (homogeneous solution),標示為 $y^{(h)}$。第二個成分是原始方程式的任何解,稱之為 *特殊解* (particular solution),標示成 $y^{(p)}$。因此,完整解為 $y = y^{(h)} + y^{(p)}$。(注意,我們省略參數 (t) 或 $[n]$,這兩者是連續和離散時間的參數。)

■ 2.10.1 齊次解 (THE HOMOGENEOUS SOLUTION)

將所有的輸入相關項都設定為零,就可以得到微分或差分方程式的齊次形式。因此,在連續時間系統中,$y^{(h)}(t)$ 是下述齊次方程式的解。

$$\sum_{k=0}^{N} a_k \frac{d^k}{dt^k} y^{(h)}(t) = 0$$

連續時間系統的齊次解通常表示成如下的形式,

$$y^{(h)}(t) = \sum_{i=1}^{N} c_i e^{r_i t} \tag{2.41}$$

其中,r_i 是下列系統 *特徵方程式* (characteristic equation) 的 N 個根。

$$\sum_{k=0}^{N} a_k r^k = 0 \tag{2.42}$$

把 (2.41) 式代入齊次方程式中,可得知只要 (2.42) 式成立,對於任何一組常數 c_i,$y^{(h)}(t)$ 都是齊次方程式的解。

在離散時間中,齊次方程式

$$\sum_{k=0}^{N} a_k y^{(h)}[n - k] = 0$$

的解是

$$y^{(h)}[n] = \sum_{i=1}^{N} c_i r_i^n \tag{2.43}$$

其中，r_i是下列離散時間系統特徵方程式的 N 個根。

$$\boxed{\sum_{k=0}^{N} a_k r^{N-k} = 0}$$

(2.44)

接著，把(2.43)式代入齊次方程式，可得知只要(2.44)式成立，對於任何一組常數 c_i，$y^{(h)}[n]$ 都是齊次方程式的解。在這兩個例子中，稍後再決定 c_i，使得完整解可滿足初始條件。注意，連續和離散時間的特徵方程式是不同的。

當(2.42)或(2.44)式之特徵方程式有重根時，齊次解的形式會有稍微的變化。如果根 r_j 重複 p 次，那麼在(2.41)和(2.43)式的解中，就會有 p 個和 r_j 有關的項。這些項分別牽涉到下列這些 p 個函數。

$$e^{r_j t}, te^{r_j t}, \ldots, t^{p-1}e^{r_j t}$$

以及

$$r_j^n, nr_j^n, \ldots, n^{p-1}r_j^n$$

齊次解中每一項的本質依照根的形式來決定，其中，根 r_j 可能是實數、虛數或是複數。實根會產生實數指數，虛根會產生弦波函數，而複數根會產生呈指數阻尼減幅的弦波函數。

範例 2.17

RC 電路：齊次解　用微分方程式來描述圖 2.30 的 RC 電路。

$$y(t) + RC\frac{d}{dt}y(t) = x(t)$$

求出此方程式的齊次解。

解答　齊次方程式為

$$y(t) + RC\frac{d}{dt}y(t) = 0$$

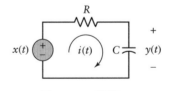

圖 2.30 RC 電路。

利用(2.41)式，令 $N = 1$ 可以得到

$$y^{(b)}(t) = c_1 e^{r_1 t} \, \mathrm{V}$$

其中，r_1 是下列特徵方程式的根：

$$1 + RCr_1 = 0$$

因此，$r_1 = -\frac{1}{RC}$，而且系統的齊次解為

$$y^{(b)}(t) = c_1 e^{-\frac{t}{RC}} \, \mathrm{V}$$

範例 2.18

一階遞迴系統齊次解　一個用差分方程式描述的一階遞迴系統，試找出其齊次解。

$$y[n] - \rho y[n-1] = x[n]$$

解答　齊次方程式為

$$y[n] - \rho y[n-1] = 0$$

當 $N = 1$ 時，由(2.43)式可得其解為：

$$y^{(b)}[n] = c_1 r_1^n$$

參數 r_1 可以從(2.44)式之特徵方程式的根得到，其中 $N = 1$：

$$r_1 - \rho = 0$$

因此，$r_1 = \rho$，而齊次解為

$$y^{(b)}[n] = c_1 \rho^n$$

➤ **習題 2.16**　我們用下列的微分或差分方程式來描述系統，找出它們的齊次解。

(a) $\dfrac{d^2}{dt^2} y(t) + 5\dfrac{d}{dt} y(t) + 6y(t) = 2x(t) + \dfrac{d}{dt} x(t)$

(b) $\dfrac{d^2}{dt^2} y(t) + 3\dfrac{d}{dt} y(t) + 2y(t) = x(t) + \dfrac{d}{dt} x(t)$

(c) $y[n] - (9/16)y[n-2] = x[n-1]$

(d) $y[n] + (1/4)y[n-2] = x[n] + 2x[n-2]$

答案：(a) $y^{(h)}(t) = c_1 e^{-3t} + c_2 e^{-2t}$

(b) $y^{(h)}(t) = c_1 e^{-t} + c_2 e^{-2t}$

(c) $y^{(h)}[n] = c_1(3/4)^n + c_2(-3/4)^n$

(d) $y^{(h)}[n] = c_1(1/2 e^{j\pi/2})^n + c_2(1/2 e^{-j\pi/2})^n$

▶ **習題 2.17** 如圖 2.26 所示之 RLC 電路，找出其齊次解，並以 R、L 和 C 的函數形式表示。指出 R，L，和 C 在什麼情況下，齊次解含有實數指數，複數弦波函數，以及指數阻尼減幅弦波函數。

答案：當 $R^2 \neq \dfrac{4L}{C}$

$$y^{(h)}(t) = c_1 e^{r_1 t} + c_2 e^{r_2 t}$$

其中

$$r_1 = \frac{-R + \sqrt{R^2 - \frac{4L}{C}}}{2L} \quad \text{以及} \quad r_2 = \frac{-R - \sqrt{R^2 - \frac{4L}{C}}}{2L}$$

當 $R^2 = \dfrac{4L}{C}$

$$y^{(n)}(t) = c_1 e^{-\frac{R}{2L}t} + c_2 t e^{-\frac{R}{2L}t}$$

齊次解在 $R^2 \geq \dfrac{4L}{C}$ 時，含有實數指數；在 $R = 0$ 時含有複數弦波函數；在 $R^2 \leq \dfrac{4L}{C}$ 時，含有指數阻尼減幅弦波函數。 ◀

表 2.3　常用的輸入與對應的特殊解形式。

連續時間		離散時間	
輸入	特殊解	輸入	特殊解
1	c	1	c
t	$c_1 t + c_2$	n	$c_1 n + c_2$
e^{-at}	$c e^{-at}$	α^n	$c \alpha^n$
$\cos(\omega t + \phi)$	$c_1 \cos(\omega t) + c_2 \sin(\omega t)$	$\cos(\Omega n + \phi)$	$c_1 \cos(\Omega n) + c_2 \sin(\Omega n)$

■ 2.10.2 特殊解(THE PARTICULAR SOLUTION)

特殊解 $y^{(p)}$ 代表微分或差分方程式對於某個已知輸入的任何一個解。因此，$y^{(p)}$ 不是唯一的。假設輸出的一般化形式和輸入相同，就可以得到特殊解。舉例來說，如果離散時間系統的輸入爲 $x[n] = \alpha^n$，我們假設輸出的形式爲 $y^{(p)}[n] = c\alpha^n$ 並找出常數 c，使得 $y^{(p)}[n]$ 是系統差分方程式的解。如果輸入爲 $x[n] = A\cos(\Omega n + \phi)$，我們假設一般的弦波函數響應形式爲 $y^{(p)}[n] = c_1\cos(\Omega n) + c_2\sin(\Omega n)$，決定其中的 c_1 和 c_2，使得 $y^{(p)}[n]$ 滿足系統的差分方程式。假設輸出和輸入有相同的形式，這和我們期望一樣，我們所期望的是系統的輸出直接和輸入有關。

當輸入的形式和齊次解裡某一項的形式相同，找特殊解的方法就要做修正。在這種情形下，我們必須假設特殊解和齊次解裡的所有項都無關。這個方法類似於：當特徵方程式裡有重根時，產生獨立自然響應成分的過程。特別地是，我們將 t 或 n 的最低次方乘上特殊解形式。這個最低次方會產生一個響應項，不包含在自然響應裡。然後，把假設的特殊解代入微分或差分方程式中，就可以得到係數。

表 2.3 顯示與常用輸入訊號有關的特殊解形式。更多延伸的表格，例如本章最後的進階資料中所列，可以在專門解差分和微分方程式的書中找到。表 2.3 所列之特殊解都是假設在所有的時間裡輸入均存在的情況。如果輸入限定在某個起始時間 $t = 0$ 或 $n = 0$ 之後[例如 $x(t) = e^{-at}u(t)$]，那麼只有在 $t > 0$ 或 $n \geq 0$ 的情形下特定解才是正確的。這種情形常見於：求解含有初始條件的微分或差分方程式。

範例 2.19

一階遞迴系統（續）：特殊解　　一個利用差分方程式描述的一階遞迴系統，試找出其特殊解。

$$y[n] - \rho y[n-1] = x[n]$$

如果輸入爲 $x[n] = (1/2)^n$

解答　假設特定解的形式爲 $y^{(p)}[n] = c_p\left(\dfrac{1}{2}\right)^n$。把 $y^{(p)}[n]$ 和 $x[n]$ 代入題目所給的差分方程式，得到

$$c_p\left(\frac{1}{2}\right)^n - \rho c_p\left(\frac{1}{2}\right)^{n-1} = \left(\frac{1}{2}\right)^n$$

方程式的兩邊同乘以 $(1/2)^{-n}$，得到

$$c_p(1 - 2\rho) = 1 \tag{2.45}$$

解出式子中的 c_p，得到特殊解爲

$$y^{(p)}[n] = \frac{1}{1 - 2\rho}\left(\frac{1}{2}\right)^n$$

如果 $\rho = \left(\frac{1}{2}\right)$，則特殊解的形式和範例 2.18 的齊次解一樣。注意，在這種情形下，沒有一個係數 c_p 可以滿足(2.45)式，所以我們必須假設特定解的形式爲 $y^{(p)}[n] = c_p n(1/2)^n$。把這個特定解代入差分方程式，得到 $c_p n(1-2\rho) + 2\rho c_p = 1$。利用 $\rho = (1/2)$，可找到 $c_p = 1$。

範例 2.20

RC 電路（續）：**特殊解**　考慮範例 2.17 的 *RC* 電路，如圖 2.30 所示。當輸入爲 $x(t) = \cos(\omega_0 t)$，找出系統的特殊解。

解答　從範例 2.17 可知，描述系統的微分方程式爲

$$y(t) + RC\frac{d}{dt}y(t) = x(t)$$

假設特殊解的形式爲 $y^{(p)}(t) = c_1\cos(\omega_0 t) + c_2\sin(\omega_0 t)$。用 $y^{(p)}(t)$ 替換微分方程式中的 $y(t)$，用 $\cos(\omega_0 t)$ 替換 $x(t)$，可以得到

$$c_1\cos(\omega_0 t) + c_2\sin(\omega_0 t) - RC\omega_0 c_1\sin(\omega_0 t) + RC\omega_0 c_2\cos(\omega_0 t) = \cos(\omega_0 t)$$

方程式兩邊 $\cos(\omega_0 t)$ 和 $\sin(\omega_0 t)$ 的係數應該分別相等，可求出係數 c_1 和 c_2。可以得到下列兩個方程式的系統，其中含有兩個未知數。

$$c_1 + RC\omega_0 c_2 = 1$$
$$-RC\omega_0 c_1 + c_2 = 0$$

解出方程式的 c_1 和 c_2，得到

$$c_1 = \frac{1}{1 + (RC\omega_0)^2}$$

以及

$$c_2 = \frac{RC\omega_0}{1 + (RC\omega_0)^2}$$

因此，特殊解爲

$$y^{(p)}(t) = \frac{1}{1 + (RC\omega_0)^2}\cos(\omega_0 t) + \frac{RC\omega_0}{1 + (RC\omega_0)^2}\sin(\omega_0 t)\ \text{V}$$

➤ **習題 2.18** 用下列的微分或差分方程式來描述一個系統,試找出與特定輸入相關之特殊解。

(a) $x(t) = e^{-t}$:

$$\frac{d^2}{dt^2}y(t) + 5\frac{d}{dt}y(t) + 6y(t) = 2x(t) + \frac{d}{dt}x(t)$$

(b) $x(t) = \cos(2t)$:

$$\frac{d^2}{dt^2}y(t) + 3\frac{d}{dt}y(t) + 2y(t) = x(t) + \frac{d}{dt}x(t)$$

(c) $x[n] = 2$:

$$y[n] - (9/16)y[n-2] = x[n-1]$$

(d) $x[n] = (1/2)^n$:

$$y[n] + (1/4)y[n-2] = x[n] + 2x[n-2]$$

答案:(a) $y^{(p)}(t) = (1/2)e^{-t}$

(b) $y^{(p)}(t) = (1/4)\cos(2t) + (1/4)\sin(2t)$

(c) $y^{(p)}[n] = 32/7$

(d) $y^{(p)}[n] = (9/2)(1/2)^n$

■ 2.10.3 完整解 (THE COMPLETE SOLUTION)

把特殊解和齊次解加總起來,並找出齊次解待定的係數,就可以得到微分或差分方程式的完整解。如此一來,完整解可以滿足前面所指定的初始條件。整個程序摘要列出如下:

程序 2.3:解一個微分或差分方程式

1. 從特徵方程式的根找出齊次解的形式 $y^{(h)}$。
2. 找出特殊解 $y^{(p)}$,假設它的形式和輸入一樣,而且和齊次解的所有項不相關。
3. 決定齊次解的係數,使得完整解 $y = y^{(p)} + y^{(h)}$ 可以滿足初始條件。

假設輸入是在時間 $t = 0$ 或 $n = 0$ 時開始,則特殊解只在時間 $t > 0$ 或 $n \geq 0$ 時適用。那麼,完整解也只有在這些時間內才是正確的。因此,在離散時間的例子中,我們必須在第三步驟之前,先把初始條件 $y[-N]$,…,$y[-1]$ 轉換成新的初始條件 $y[0]$,…,$y[N-1]$。我們可以用差分方程式的遞迴形式來轉換初始條件,如範例 2.15 和下個範例所示。

在連續時間的例子裡,我們必須將 $t=0^-$ 的初始條件轉換到 $t=0^+$,以便反映出在 $t=0$ 時輸入一個訊號所造成的影響。在處理與電容和電感有關的問題時,這個步驟通常是簡單易做的;然而在一般的微分方程式裡,轉換初始條件的過程很複雜,我們不再做進一步的討論。更確切地說,我們只解某些微分方程式;這些方程式在 $t=0$ 輸入訊號時,不會造成初始條件的不連續。對一個任意的輸入,若要讓其 $t=0^-$ 的初始條件等於 $t=0^+$ 的初始條件,其充分且必要的條件是在(2.35)式中,也就是微分方程式的右半邊,$\sum_{k=0}^{M} b_k \frac{d^k}{dt^k} x(t)$,不含脈衝或脈衝的導數。舉例來說,若 $M=0$,只要 $x(t)$ 內沒有脈衝,我們就不需要轉換初始條件。但是,若 $M=1$,在 $t=0$ 時任何一個含有步階不連續的輸入都會產生一個脈衝項。這是由微分方程式右邊的 $\frac{d}{dt}x(t)$ 所產生的,使得 $t=0^+$ 的初始狀態就不再等於 $t=0^-$ 的初始狀態。在第六章所介紹的拉普拉斯轉換 (Laplace transform),可以避免這些麻煩產生。

範例 2.21

一階遞迴系統(續):完整解 用下列差分方程式描述一階遞迴系統,找出此系統的解。

$$y[n] - \frac{1}{4}y[n-1] = x[n] \tag{2.46}$$

如果輸入為 $x[n]=(1/2)^n u[n]$ 而且初始條件為 $y[-1]=8$。

解答 在設定 $\rho=1/4$ 之後,把範例 2.18 的齊次解和範例 2.19 的特殊解加總起來,就可以得到此解的形式。

$$y[n] = 2\left(\frac{1}{2}\right)^n + c_1\left(\frac{1}{4}\right)^n, \quad \text{for } n \geq 0 \tag{2.47}$$

從初始條件可以得到係數 c_1。首先,我們把(2.46)式寫成遞迴形式,並把 $n=0$ 代入,就可以把初始條件轉換到時間 $n=0$,得到

$$y[0] = x[0] + (1/4)y[-1]$$

這意謂著 $y[0]=1+(1/4)\times 8=3$。然後我們把 $y[0]=3$ 代入(2.47)式,得到

$$3 = 2\left(\frac{1}{2}\right)^0 + c_1\left(\frac{1}{4}\right)^0$$

從上式可以得到 $c_1=1$。因此,我們可以把完整解寫成

$$y[n] = 2\left(\frac{1}{2}\right)^n + \left(\frac{1}{4}\right)^n, \text{ 對於 } n \geq 0$$

範例 2.22

RC 電路（續）：完整響應 找出圖 2.30 之 RC 電路的完整解，已知輸入為 $x(t) = \cos(t)u(t)\,V$，假設標準值 $R = 1\Omega$ 和 $C = 1F$，且跨在電容器上的初始電壓為 $y(0^-) = 2V$。

解答 從範例 2.17 可以得到齊次解為

$$y^{(b)}(t) = ce^{-\frac{t}{RC}}\,V$$

從範例 2.20 可知對於本題所設的輸入可以得到特殊解為

$$y^{(p)}(t) = \frac{1}{1 + (RC)^2}\cos(t) + \frac{RC}{1 + (RC)^2}\sin(t)\,V$$

其中使用 $\omega_0 = 1$。代入 $R = 1\Omega$ 和 $C = 1F$，可以得到完整解為

$$y(t) = ce^{-t} + \frac{1}{2}\cos t + \frac{1}{2}\sin t\,V \qquad t > 0$$

因為輸入訊號不會在微分方程式的右邊項產生一個脈衝，所以可從初始條件 $y(0^-) = y(0^+) = 2$ 求得係數 c。得到

$$2 = ce^{-0^+} + \frac{1}{2}\cos 0^+ + \frac{1}{2}\sin 0^+$$

$$= c + \frac{1}{2}$$

所以 $c = 3/2$，產生下式：

$$y(t) = \frac{3}{2}e^{-t} + \frac{1}{2}\cos t + \frac{1}{2}\sin t\,V \qquad t > 0$$

範例 2.23

金融計算：貸款償還 範例 2.5 證明 1.10 節所介紹的一階差分方程式和範例 2.18，2.19，和 2.21 的研究結果，可以用來描述固定利率下的投資報酬。如果 $x[n] < 0$ 代表每期期初該付的本利和，相同的式子也可以描述貸款的餘額，$y[n]$ 代表本利償還後的餘額。和前面一樣，如果 $r\%$ 是每期的利率，則 $\rho = 1 + r/100$。

利用一階差分方程式的完整響應來計算如何在 10 期中還清 $20,000 的貸款。假設每期的償還金額一樣，而且利率為 10%。

解答 已知 $\rho = 1.1$ 和 $y[-1] = 20,000$，並假設每期要償還 $x[n] = b$。注意，當 $n = 0$ 時，要付第一次的還款。由於付了 10 次以後，貸款的餘額是零，所以我們要找出每期的償還金額 b，使得 $y[9] = 0$。

這個形式的齊次解為

$$y^{(h)}[n] = c_h(1.1)^n$$

而特殊解為

$$y^{(p)}[n] = c_p$$

因為輸入 (付款金額) 為常數。把 $y^{(p)}[n] = c_p$ 和 $x[n] = b$ 代入差分方程式 $y[n] - 1.1y[n-1] = x[n]$，以解出 c_p，得到

$$c_p = -10b$$

因此，完整解是下列的形式

$$y[n] = c_h(1.1)^n - 10b, \qquad n \geq 0 \tag{2.48}$$

要解出 c_h，我們先把初始條件轉換到下一期，得到

$$\begin{aligned} y[0] &= 1.1y[-1] + x[0] \\ &= 22,000 + b \end{aligned}$$

接著，再把 $y[0]$ 代入(2.48)式，得到有關 c_h 的方程式為：

$$22,000 + b = c_h(1.1)^0 - 10b$$

因此，$c_h = 22,000 + 11b$。這意謂著差分方程式的解為

$$y[n] = (22,000 + 11b)(1.1)^n - 10b$$

令 $y[9] = 0$，解得每期所需的金額 b。也就是說，

$$0 = (22,000 + 11b)(1.1)^9 - 10b$$

推得

$$\begin{aligned} b &= \frac{-22,000(1.1)^9}{11(1.1)^9 - 10} \\ &= -3,254.91 \end{aligned}$$

因此，要分 10 期償還，每期應償還$3,254.91。圖 2.31 畫出貸款餘額 $y[n]$。

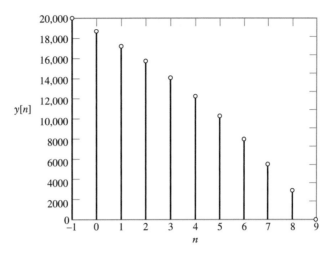

圖 2.31　在範例 2.23 中貸款\$20,000 美金的餘額。假設每期利率為 10%，分成 10 次償還，每次償還的金額為\$3,254.91。

▶ **習題 2.19** 已知下列用微分或差分方程式描述的系統，其個別的輸入和初始條件如下，求相對應的輸出。

(a) $x(t) = e^{-t}u(t), y(0) = -\frac{1}{2}, \frac{d}{dt}y(t)|_{t=0} = \frac{1}{2}$:

$$\frac{d^2}{dt^2}y(t) + 5\frac{d}{dt}y(t) + 6y(t) = x(t)$$

(b) $x(t) = \cos(t)u(t), y(0) = -\frac{4}{5}, \frac{d}{dt}y(t)|_{t=0} = \frac{3}{5}$:

$$\frac{d^2}{dt^2}y(t) + 3\frac{d}{dt}y(t) + 2y(t) = 2x(t)$$

(c) $x[n] = u[n], y[-2] = 8, y[-1] = 0$:

$$y[n] - \frac{1}{4}y[n-2] = 2x[n] + x[n-1]$$

(d) $x[n] = 2^n u[n], y[-2] = 26, y[-1] = -1$:

$$y[n] - \left(\frac{1}{4}\right)y[n-1] - \left(\frac{1}{8}\right)y[n-2] = x[n] + \left(\frac{11}{8}\right)x[n-1]$$

答案：(a) $y(t) = \left(\left(\frac{1}{2}\right)e^{-t} + e^{-3t} - 2e^{-2t}\right)u(t)$

(b) $y(t) = \left(\left(\frac{1}{5}\right)\cos(t) + \left(\frac{3}{5}\right)\sin(t) - 2e^{-t} + e^{-2t}\right)u(t)$

(c) $y[n] = \left(-\left(\frac{1}{2}\right)^n + \left(-\frac{1}{2}\right)^n + 4\right)u[n]$

(d) $y[n] = \left(2(2)^n + \left(-\frac{1}{4}\right)^n + \left(\frac{1}{2}\right)^n\right)u[n]$ ◀

➤ **習題 2.20** 找出圖 2.29 所顯示 *RL* 電路的響應。已知輸入電壓如下，並假設流經電感的初始電流為 $y(0) = -1A$。

(a) $x(t) = u(t)$

(b) $x(t) = tu(t)$

答案：(a) $y(t) = \left(\dfrac{1}{R} - \left(1 + \dfrac{1}{R} \right) e^{-\frac{R}{L}t} \right) A, \quad t \geq 0$

(b) $y(t) = \left[\dfrac{1}{R}t - \dfrac{L}{R^2} + \left(\dfrac{L}{R^2} - 1 \right) e^{-\frac{R}{L}t} \right] A, \quad t \geq 0$ ◄

2.11　以微分或差分方程式描述系統的特性 (Characteristics of Systems Described by Differential and Difference Equations)

對於一個用微分或差分方程式描述的系統，將其輸出表示成兩個成分的和，能提供我們許多資訊。其中一項只跟初始條件有關，另外一項只與輸入訊號有關。我們把與初始條件有關的這項輸出訂為系統的*自然響應* (natural response)，標示成 $y^{(n)}$。只與輸入有關的這項輸出訂為系統的 *強迫響應* (forced response)，標示成 $y^{(f)}$。因此，完整的輸出為 $y = y^{(n)} + y^{(f)}$。

■ 2.11.1　自然響應 (THE NATURAL RESPONSE)

自然響應為零輸入時的系統輸出，描述系統將任何儲存的能量，或者將過去的記憶消耗掉的方法，其中過去的資訊以非零初始條件表示。既然自然響應的假設為零輸入，則適當地選擇(2.41)或(2.43)兩式中齊次解的係數 c_i，使它們滿足初始條件，即可得自然響應。自然響應是假設輸入為零，因此和特殊解無關。因為齊次解對於所有的時間都適用，所以不需要將初始條件按照時間加以轉換，就可以決定出自然響應。

範例 2.24

RC 電路（續）：自然響應　　範例 2.17，2.20，2.22 的系統，用下列微分方程式描述：

$$y(t) + RC\frac{d}{dt}y(t) = x(t)$$

試求系統的自然響應，假設 $y(0) = 2V$，$R = 1\Omega$ 和 $C = 1F$。

解答 從範例 2.17，可知齊次解為

$$y^{(h)}(t) = c_1 e^{-t} \, \text{V}$$

因此，選擇 c_1 的值以滿足初始條件 $y^{(n)}(0) = 2$，我們就可以得到自然響應。由這個初始條件可知 $c_1 = 2$，所以自然響應為

$$y^{(n)}(t) = 2e^{-t} \, \text{V for } t \geq 0$$

範例 2.25

一階遞迴系統（續）：自然響應 範例 2.21 的系統用下列差分方程式來描述：

$$y[n] - \frac{1}{4} y[n-1] = x[n]$$

找出系統的自然響應。

解答 從範例 2.21 可知其齊次解為：

$$y^{(h)}[n] = c_1 \left(\frac{1}{4} \right)^n$$

為了要滿足初始條件 $y[-1] = 8$，所以

$$8 = c_1 \left(\frac{1}{4} \right)^{-1}$$

或 $c_1 = 2$。因此，自然響應為

$$y^{(n)}[n] = 2 \left(\frac{1}{4} \right)^n, \quad n \geq -1$$

➤ **習題 2.21** 已知系統由下列的微分或差分方程式以及特定的初始條件來描述，試求其自然響應：

(a) $y(0) = 3, \frac{d}{dt} y(t)|_{t=0} = -7$:

$$\frac{d^2}{dt^2} y(t) + 5 \frac{d}{dt} y(t) + 6y(t) = 2x(t) + \frac{d}{dt} x(t)$$

(b) $y(0) = 0, \frac{d}{dt} y(t)|_{t=0} = -1$:

$$\frac{d^2}{dt^2} y(t) + 3 \frac{d}{dt} y(t) + 2y(t) = x(t) + \frac{d}{dt} x(t)$$

(c) $y[-1] = -4/3, y[-2] = 16/3$:
$$y[n] - (9/16)y[n-2] = x[n-1]$$

(d) $y[0] = 2, y[1] = 0$:
$$y[n] + (1/4)y[n-2] = x[n] + 2x[n-2]$$

答案：(a) $y^{(n)}(t) = e^{-3t} + 2e^{-2t}$，對於 $t \geq 0$

(b) $y^{(n)}(t) = -e^{-t} + e^{-2t}$，對於 $t \geq 0$

(c) $y^{(n)}[n] = (3/4)^n + 2(-3/4)^n$，對於 $n \geq -2$

(e) $y^{(n)}[n] = (1/2e^{j\pi/2})^n + (1/2e^{-j\pi/2})^n$，對於 $n \geq 0$ ◀

■ 2.11.2　強迫響應 (THE FORCED RESPONSE)

在假設初始條件為零的情況下，由輸入訊號造成的系統輸出稱為強迫響應。因此，強迫響應和微分或差分方程式的完整解有相同的形式。一個零初始條件的系統稱為"靜止"(at rest)。當系統在靜止狀態時，強迫響應描述系統被輸入所"強迫"後的行為。

強迫響應取決於特殊解，只有在時間 $t > 0$ 或 $n \geq 0$ 時，才是正確的。因此，在解未定係數前，比方說求完整解，離散時間系統的靜止條件，$y[-N]=0$，…，$y[-1]=0$，必須向前轉換到時間 $n = 0, 1$，…，$N-1$。和以前一樣，我們應該先針對連續時間系統和輸入來找出強迫響應。已知此輸入不會在微分方程式的右邊產生脈衝項。這可以確定在 $t = 0^+$ 的初始條件會等於在 $t = 0^-$ 的零初始條件。

範例 2.26

一階遞迴系統（續）：強迫響應　在範例 2.21 的系統，用一階差分方程式描述：

$$y[n] - \frac{1}{4}y[n-1] = x[n]$$

如果輸入為 $x[n] = (1/2)^n u[n]$，試求系統的強迫響應。

解答　本範例和範例 2.21 的差別在於初始條件。回想一下，完整解的形式為

$$y[n] = 2\left(\frac{1}{2}\right)^n + c_1\left(\frac{1}{4}\right)^n, \quad n \geq 0$$

要得到 c_1，我們把靜止條件 $y[-1]=0$ 轉換到時間 $n=0$，藉著

$$y[0] = x[0] + \frac{1}{4}y[-1]$$

意謂著 $y[0] = 1 + (1/4) \times 0$。在本式中,使用 $y[0] = 1$ 解出 c_1。

$$1 = 2\left(\frac{1}{2}\right)^0 + c_1\left(\frac{1}{4}\right)^0$$

得到 $c_1 = -1$。因此,系統的強迫響應為

$$y^{(f)}[n] = 2\left(\frac{1}{2}\right)^n - \left(\frac{1}{4}\right)^n, \quad n \geq 0$$

範例 2.27

RC 電路(續):強迫響應　範例 2.17,2.20,和 2.22 的系統,用微分方程式描述為:

$$y(t) + RC\frac{d}{dt}y(t) = x(t)$$

找出系統的強迫響應,假設 $x(t) = \cos(t)u(t)$ V,$R = 1\Omega$ 和 $C = 1$F。

解答　範例 2.22 求出完整響應的形式為

$$y(t) = ce^{-t} + \frac{1}{2}\cos t + \frac{1}{2}\sin t \, \text{V}, \quad t > 0$$

假設系統初始為靜止,也就是假設 $y(0^+) = y(0^-) = 0$,選擇 c,可以得到強迫響應。因此,可得 $c = -1/2$,和強迫響應為

$$y^{(f)}(t) = -\frac{1}{2}e^{-t} + \frac{1}{2}\cos t + \frac{1}{2}\sin t \, \text{V}$$

將範例 2.24 中的強迫響應和自然響應相加,可以等於範例 2.22 所求出的完整系統響應。

▶ **習題 2.22**　試求下述系統的強迫響應,已知系統由下列的微分或差分方程式以及特定輸入描述,

(a) $x(t) = e^{-t}u(t)$

$$\frac{d^2}{dt^2}y(t) + 5\frac{d}{dt}y(t) + 6y(t) = x(t)$$

(b) $x(t) = \sin(2t)u(t)$

$$\frac{d^2}{dt^2}y(t) + 3\frac{d}{dt}y(t) + 2y(t) = x(t) + \frac{d}{dt}x(t)$$

(c) $x[n] = 2u[n]$

$$y[n] - (9/16)y[n-2] = x[n-1]$$

答案：(a) $y^{(f)}(t) = ((1/2)e^{-t} - e^{-2t} + (1/2)e^{-3t})u(t)$

(b) $y^{(f)}(t) = ((-1/4)\cos(2t) + (1/4)\sin(2t) + (1/4)e^{-2t})u(t))$

(c) $y^{(f)}[n] = (32/7 - 4(3/4)^n - (4/7)(-3/4)^n)u[n]$

■ 2.11.3　脈衝響應(THE IMPULSE RESPONSE)

在 2.10 節中所描述用來解微分和差分方程式的方法，不能用來直接找出脈衝響應。然而，由已知的步階響應，我們就可以從兩個響應之間的關係找出脈衝響應。步階響應的定義是假設系統是靜止的，所以它可以表示系統在零初始條件時對於步階輸入的響應。對一個連續時間系統，脈衝響應 $h(t)$ 和步階響應 $s(t)$ 之間的關係由公式 $h(t) = \frac{d}{dt}s(t)$ 可知。對一個離散時間系統，$h[n] = s[n] - s[n-1]$。因此，對步階響應加以微分或差分，就可以得到脈衝響應。

要注意脈衝響應系統描述法和微分或差分方程式系統描述法之間的差異。使用脈衝響應時，不需準備初始條件，但它只適用於系統的初始狀態是靜止的情況，或者已知在所有時間的輸入情況。微分或差分方程式系統描述法在這方面比較有彈性，因為它們可以應用於系統在靜止或非零初始條件的時候。

■ 2.11.4　線性和非時變性(LINEARITY AND TIME INVARIANCE)

用微分或差分方程式描述之 LTI 系統的強迫響應，相對於輸入而言是線性的。也就是說，如果 $y_1^{(f)}$ 是和輸入 x_1 有關的強迫響應，$y_2^{(f)}$ 是和輸入 x_2 有關的強迫響應，則輸入 $\alpha x_1 + \beta x_2$ 會產生強迫響應 $\alpha y_1^{(f)} + \beta y_2^{(f)}$。類似地，自然響應就初始條件而言是線性的：如果 $y_1^{(n)}$ 是和初始條件 I_1 有關的自然響應，而 $y_2^{(n)}$ 是和初始條件 I_2 有關的自然響應，則合成的初始條件 $\alpha I_1 + \beta I_2$ 會產生自然響應 $\alpha y_1^{(n)} + \beta y_2^{(n)}$。強迫響應也是非時變性的：輸入的時間平移會在輸出產生一個時間平移，因為系統一開始是靜止的。相反地，一般說來，由微分或差分方程式所描述的LTI系統，其完整響應並不是非時變性的，因為初始條件會產生一個輸出項，此輸出項不隨著輸入的時間平移而有平移。最後，我們觀察到強迫響應也是因果的：因爲系統一開始是靜止的，輸出開始的時間不會早於輸入作用到系統的時間。

■ 2.11.5 特徵方程式的根
(ROOTS OF THE CHARACTERISTIC EQUATION)

強迫響應是由輸入與特徵方程式的根決定，因爲它同時與微分或差分方程式的齊次解和特殊解有關。自然響應的基本形式完全由特徵方程式的根決定。LTI 系統的脈衝響應也由特徵方程式的根決定，因爲它含有和自然響應一樣的項。因此，特徵方程式的根提供許多有關於 LTI 系統行爲的訊息。

舉例來說，LTI 系統的穩定性特徵與系統特徵方程式的根有直接相關。要理解這個說法，注意：對於任一組初始條件而言，對應於零輸入的穩定系統輸出必須是有界的。這是來自於BIBO穩定性的定義，意指系統的自然響應必須是有界的。因此，自然響應的每一項都必須是有界的。在離散時間的例子中，對所有的 i，$|r_i^n|$ 是有界的，或者 $|r_i| < 1$。當 $|r_i| = 1$，自然響應不會衰減，而且系統被稱爲在不穩定性的邊緣。對於連續時間 LTI 系統來說，我們要求 $|e^{r_i t}|$ 是有界的，意指 $\text{Re}\{r_i\} < 0$。同樣地，當 $\text{Re}\{r_i\} = 0$ 時系統被稱爲在不穩定性的邊緣。這些結果指的是：如果特徵方程式任何一根的大小大於一，則離散時間 LTI 系統是不穩定的；如果特徵方程式任何根的實數部分是正數，則連續時間 LTI 系統是不穩定的。

這個討論引出一個觀念：特徵方程式的根可以指出 LTI 系統在何時不穩定。在稍後的章節中，我們將要證明：若且唯若特徵方程式所有根小於一，則離散時間因果 LTI 系統是穩定的；若且唯若特徵方程式所有根的實數部分爲負數，則連續時間因果LTI 系統是穩定的。這些穩定性的條件意指：當時間趨近無限大時，LTI 系統的自然響應會趨近於零。"衰減到零"符合我們對於LTI 系統零輸入行爲的直覺觀念。如果儲存在系統的所有能量都消散完，則當輸入爲零時，我們預期會得一個零輸出。初始條件代表現存於系統內的能量：在一個零輸入的穩定 LTI 系統中，儲存的能量終究會消散，而且輸出會趨近於零。

LTI系統的響應時間也是決定於特徵方程式的根。一旦自然響應衰減到零，系統的行爲只由特殊解來支配，而特殊解的形式和輸入一樣。因此，自然響應的部分描述系統的暫態行爲；也就是說，它描述系統從初始條件到平衡條件的狀態，而這個平衡條件是由輸入決定的。因此，LTI系統對暫態的響應所需要的時間由其自然響應衰減到零所需的時間來決定。回想一下，對於離散時間 LTI 系統，自然響應包含 r_i^n 形式的項；對於連續時間 LTI 系統，自然響應包含 $e^{r_i t}$。如此一來，離散時間 LTI 系統到暫態的響應時間正比於特徵方程式根的最大值;而連續時間 LTI 系統到暫態的響應時間由具有最大實部的根決定。對一個連續時間 LTI 系統而言,要得最快的響應時間,則特徵方程式的所有根都必須有大的負實數部分。

2.12　方塊圖表示法 (Block Diagram Representations)

在本節中,我們要討論用微分和差分方程式所描述的 LTI 系統之方塊圖表示法。*方塊圖*是作用在輸入訊號上基本運算的互連狀況。和脈衝響應或差分和微分方程式描述法比起來,方塊圖是比較詳細的系統表示法,因為它描述出系統內部的計算或操作如何排列。脈衝響應和差分或微分方程式描述法只表示出系統的輸入—輸出行為。我們將會證明已知輸入—輸出特性的系統,可以用不同的方塊圖來表示。每個方塊圖表示描述各種用來決定系統輸出的內部運算。

方塊圖表示法由三種對訊號的基本運算相互連結而組成。

1. 純量乘法:$y(t)=cx(t)$ 或 $y[n]=cx[n]$,其中 c 為純量。
2. 加法:$y(t)=x(t)+w(t)$ 或 $y[n] = x[n] + w[n]$
3. 連續時間 LTI 系統的積分:$y(t) = \int_{-\infty}^{t} x(\tau)\,d\tau$;和離散時間 LTI 系統的時間平移:$y[n]=x[n-1]$

圖 2.32 顯示出用來表示每個運算的方塊圖符號。為了要用積分項來表示連續時間 LTI 系統,我們將微分方程式轉換成積分方程式。在連續時間 LTI 系統的方塊圖中,通常使用積分運算而不用微分運算,因為積分比微分容易從類比成分中產生出來。此外,積分會使系統中的雜訊較平滑,而微分會使得雜訊更為顯著。

將方塊圖中所代表的運算順序以方程式的形式表示,可以得到對應於系統行為的積分或差分方程式。我們從離散時間的例子開始。圖 2.33 所顯示為離散時間 LTI 系統。我們針對系統在虛線方塊裡的部分寫一個方程式。第一個時間平移的輸出為 $x[n-1]$。第二個時間平移的輸出為 $x[n-2]$。純量乘法和加總意指

$$w[n] = b_0 x[n] + b_1 x[n-1] + b_2 x[n-2] \tag{2.49}$$

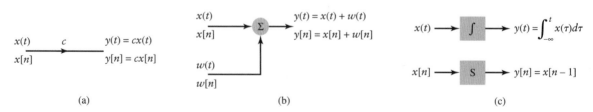

圖 2.32　在系統的方塊圖描述法中基本運算的符號。(a)純量乘法。(b)加法。(c)連續時間 LTI 系統的積分與離散時間 LTI 系統的時間平移。

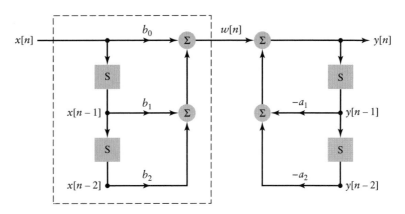

圖 2.33　離散時間 LTI 系統的方塊圖表示法，其中的系統以二階差分方程式描述。

現在我們用 $w[n]$ 項來寫出 $y[n]$ 的表示式。這個方塊圖指出

$$y[n] = w[n] - a_1y[n-1] - a_2y[n-2] \tag{2.50}$$

把(2.49)式的 $w[n]$ 代入(2.50)式，就可以把系統的輸出表示成輸入 $x[n]$ 的函數。得到

$$y[n] = -a_1y[n-1] - a_2y[n-2] + b_0x[n] + b_1x[n-1] + b_2x[n-2]$$

或

$$y[n] + a_1y[n-1] + a_2y[n-2] = b_0x[n] + b_1x[n-1] + b_2x[n-2] \tag{2.51}$$

因此，圖 2.33 的方塊圖描述的系統，它的輸入—輸出特性是用二階差分方程式來表示。

　　注意，方塊圖可以明確地表示從輸入到輸出操作有關的運算，也可以告訴我們如何在電腦上模擬這個系統。純量乘法和加法的運算很容易用電腦計算出來。時間平移運算的輸出對應到電腦的記憶位址。要從現在的輸入算出現在的輸出，我們必須把輸入和輸出的過去值儲存在記憶體中。在特定時間開始電腦模擬，我們必須知道輸入和過去的輸出值。輸出的過去值就是用來解差分方程式的初始條件。

▶ **習題 2.23**　如圖 2.34(a)和(b)所繪之系統的方塊圖描述，決定其對應之差分方程式。

答案：(a) $y[n] + \dfrac{1}{2}y[n-1] - \dfrac{1}{3}y[n-3] = x[n] + 2x[n-2]$

　　　(b) $y[n] + (1/2)y[n-1] + (1/4)y[n-2] = x[n-1]$　　◀

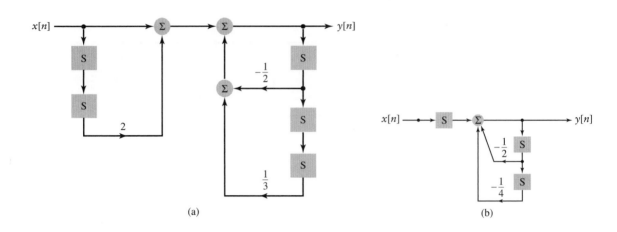

圖 2.34　習題 2.23 的方塊圖表示法。

系統的方塊圖描述法並不是唯一的。我們對於同樣以(2.51)式的二階差分方程式描述的系統，我們要發展第二種方塊圖描述法來証明方塊圖描述法不是唯一的。我們可以把圖 2.33 的系統視爲兩個系統的串聯，分別是：第一個系統含有(2.49)式所描述的輸入 $x[n]$ 和輸出 $w[n]$；第二個系統則含有(2.50)式所描述的輸入 $w[n]$ 和輸出 $y[n]$。因爲這些都是 LTI 系統，我們可以交換其順序而不會改變串聯的輸入—輸出行爲。因此，讓我們交換其順序，並且把新的第一個系統的輸出標示爲 $f[n]$。從(2.50)式和輸入 $x[n]$ 可以得到輸出爲

$$f[n] = -a_1 f[n-1] - a_2 f[n-2] + x[n] \tag{2.52}$$

訊號 $f[n]$ 也是第二個系統的輸入。從(2.49)式可以得到第二個系統的輸出爲

$$y[n] = b_0 f[n] + b_1 f[n-1] + b_2 f[n-2] \tag{2.53}$$

兩個系統都跟 $f[n]$ 的時間平移有關。因此，在系統的第二種方塊圖描述法中，只需要一組時間平移。我們可以用圖 2.35 的方塊圖來表示(2.52)和(2.53)式所描述的系統。

　　系統的輸入—輸出行爲如(2.51)式所描述，圖 2.33 和 2.35 的方塊圖表示出其不同的實作方式。圖 2.33 的操作圖示稱爲「直接形式I」(direct form I)，而圖 2.35 中的操作稱爲「直接形式 II」(direct form II)。直接形式 II 操作法比較能夠有效率地使用記憶體。在這個例子中，它只需要兩個記憶位址，而直接形式 I 操作法需要四個記憶位址。

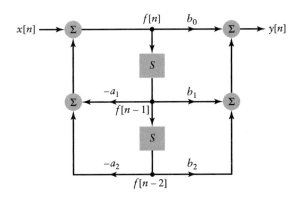

圖 2.35　二階差分方程式所描述之 LTI 系統的直接形式 II 表示法。

➤ **習題 2.24** 系統用下列的差分方程式來描述，畫出其直接形式 I 和直接形式 II 操作法。

$$y[n] + (1/4)y[n-1] + (1/8)y[n-2] = x[n] + x[n-1]$$

答案：請見圖 2.36。

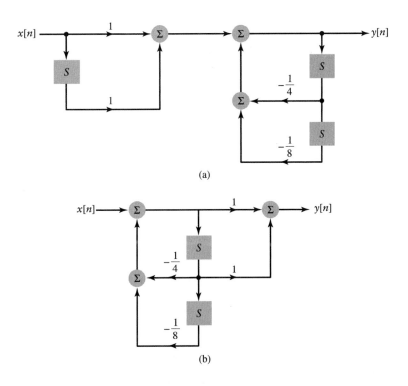

圖 2.36　習題 2.24 的解。(a)直接形式 I。(b)直接形式 II。

　　以差分方程式所描述 LTI 系統的輸入-輸出行為,可以有許多不同的操作方法。所有的方法都必須操作差分方程式或方塊圖表示中的元件。而這些不同的系統在輸入—輸出部分都相等,一般只在其他的條件上有差異,例如對記憶體的需求,每個輸出值所需的運算數目,以及數值的準確度。

　　類似的結果在連續時間 LTI 系統上也成立。我們只要將圖 2.33 和 2.35 的時間平移運算換成微分,就可得到以微分方程式描述之 LTI 系統的方塊圖表示法。然而,為了要用更容易實作的積分運算來表示出連續時間 LTI 系統,我們必須先重寫微分方程式,也就是將這個形式

$$\sum_{k=0}^{N} a_k \frac{d^k}{dt^k} y(t) = \sum_{k=0}^{M} b_k \frac{d^k}{dt^k} x(t) \tag{2.54}$$

改為積分方程式。要如此做,我們依照遞迴方法定義積分運算,以便簡化公式中的符號。令 $v^{(0)}(t) = v(t)$ 是一個任意的訊號,設

$$v^{(n)}(t) = \int_{-\infty}^{t} v^{(n-1)}(\tau)\, d\tau, \quad n = 1, 2, 3, \ldots.$$

因此,$v^{(n)}(t)$ 是 $v(t)$ 對時間的 n 次積分。這個定義對所有過去的時間值積分。我們利用積分上的初始條件,重寫成

$$v^{(n)}(t) = \int_{0}^{t} v^{(n-1)}(\tau)\, d\tau + v^{(n)}(0), \quad n = 1, 2, 3, \ldots.$$

如果我們假設初始條件為零,則積分和微分互為反運算。也就是說,

$$\frac{d}{dt} v^{(n)}(t) = v^{(n-1)}(t), \quad t > 0 \quad \text{以及} \quad n = 1, 2, 3, \ldots.$$

因此,如果 $N \geq M$,而且將(2.54)式積分 N 次,就可以得到系統的積分方程式的描述:

$$\sum_{k=0}^{N} a_k y^{(N-k)}(t) = \sum_{k=0}^{M} b_k x^{(N-k)}(t) \tag{2.55}$$

　　對於 $a_0 = 1$ 的二階系統,(2.55)式可以寫成

$$y(t) = -a_1 y^{(1)}(t) - a_0 y^{(2)}(t) + b_2 x(t) + b_1 x^{(1)}(t) + b_0 x^{(2)}(t) \tag{2.56}$$

系統的直接形式 I 和直接形式 II 操作法分別畫在圖 2.37(a)和(b)。注意,直接形式 II 操作法用到的積分運算比直接形式 I 操作法少。

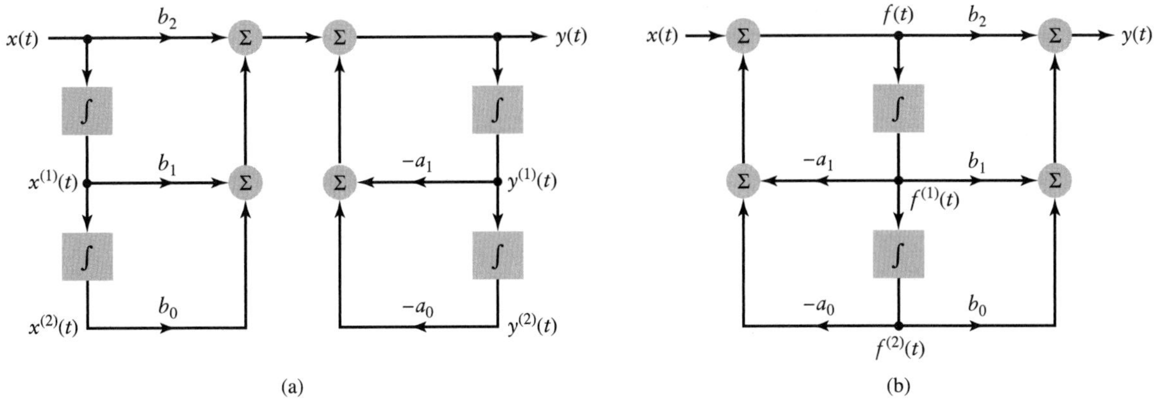

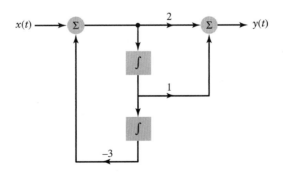

圖 2.37 以二階積分方程式描述之連續時間LTI系統的方塊圖表示法。(a)直接形式 I。(b)直接形式 II。

▶ **習題 2.25** 找出圖 2.38 所示系統的微分方程式的描述。

答案：

$$\frac{d^2}{dt^2}y(t) + 3y(t) = \frac{d}{dt}x(t) + 2\frac{d^2}{dt^2}x(t)$$ ◀

　　連續時間 LTI 系統的方塊圖表示法可以用來說明系統的電腦類比模擬。在這一類的模擬中，以電壓來表示訊號，電阻器用來實作純量乘法，而積分可由電阻器、電容器和運算放大器組成。(在第九章中會討論運算放大器。) 初始條件指的是積分的初始電壓。電腦類比模擬比電腦數位模擬還要繁雜許多，而且會有漂移的問題。在數位電腦上模擬連續時間系統，使用積分或微分方程式的數值近似法，就可以避免這些令人擔心的實際問題。然而，在使用數位電腦模擬時，必須要注意運算複雜度與精確度之間的平衡。

圖 2.38　習題 2.25 的方塊圖表示法。

2.13 LTI 系統的狀態變數描述法
(State-Variable Descriptions of LTI Systems)

LTI 系統的狀態變數描述法是由一系列耦合的一階微分或差分方程式所構成。這些方程式描述系統的狀態如何形成，也描述系統輸出與目前系統狀態和輸入之間的關係。這些方程式是寫成矩陣的形式。既然狀態變數描述法以矩陣的形式表示，這是線性代數裡功能強大的工具，所以可以用來有計畫地研究和設計系統的行為。

系統的*狀態 (state)*定義為最小數量的一組訊號，可表示系統過去的所有記憶。也就是說，已知在時間初始點 n_i(或 t_i) 的狀態值，和時間 $n \geq n_i$(或 $t \geq t_i$) 的輸入，我們就可以決定所有時間 $n \geq n_i$(或 $t \geq t_i$) 的輸出。我們應該瞭解：訊號的選擇暗示著系統的狀態不是唯一的，而且已知輸入－輸出特性的系統，它有許多種可能的對應狀態變數描述法。能夠用不同的狀態變數描述法來表示同一個系統，這在控制系統分析和離散時間系統操作的進階應用上非常有用。

■ 2.13.1 狀態變數描述法 (THE STATE-VARIABLE DESCRIPTION)

如圖 2.39 所示之二階 LTI 系統，我們先從它的直接形式 II 著手，發展一般化的狀態變數描述法。為了要決定系統在 $n \geq n_i$ 時的輸出，我們必須要知道在 $n \geq n_i$ 的輸入，以及在 $n = n_i$ 的時間平移運算輸出，標示成 $q_1[n]$ 和 $q_2[n]$。這提醒我們可以選擇 $q_1[n]$ 和 $q_2[n]$ 作為系統的狀態。注意，因為 $q_1[n]$ 和 $q_2[n]$ 是時間平移運算的輸出，下一個狀態值，$q_1[n+1]$ 和 $q_2[n+1]$，必須等於輸入到時間平移運算的變數。這個方塊圖指出：從現在的狀態和輸入，藉著兩個方程式的計算可以得到下一個狀態值。

$$q_1[n + 1] = -a_1q_1[n] - a_2q_2[n] + x[n] \tag{2.57}$$

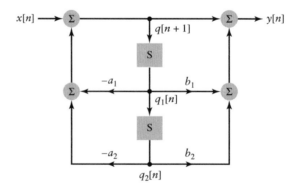

圖 2.39　二階離散時間 LTI 系統的直接形式 II 表示法，描述狀態變數 $q_1[n]$ 和 $q_1[n]$。

以及

$$q_2[n + 1] = q_1[n] \tag{2.58}$$

方塊圖也指出系統的輸出可以用輸入和系統狀態來表示

$$y[n] = x[n] - a_1 q_1[n] - a_2 q_2[n] + b_1 q_1[n] + b_2 q_2[n]$$

或

$$y[n] = (b_1 - a_1)q_1[n] + (b_2 - a_2)q_2[n] + x[n] \tag{2.59}$$

我們把(2.57)和(2.58)式寫成矩陣的形式，如下：

$$\begin{bmatrix} q_1[n + 1] \\ q_2[n + 1] \end{bmatrix} = \begin{bmatrix} -a_1 & -a_2 \\ 1 & 0 \end{bmatrix} \begin{bmatrix} q_1[n] \\ q_2[n] \end{bmatrix} + \begin{bmatrix} 1 \\ 0 \end{bmatrix} x[n] \tag{2.60}$$

而(2.59)式可以表示成

$$y[n] = \begin{bmatrix} b_1 - a_1 & b_2 - a_2 \end{bmatrix} \begin{bmatrix} q_1[n] \\ q_2[n] \end{bmatrix} + [1]x[n] \tag{2.61}$$

如果我們把狀態向量定義成行向量，

$$\mathbf{q}[n] = \begin{bmatrix} q_1[n] \\ q_2[n] \end{bmatrix}$$

則我們可以把(2.60)和(2.61)式重寫成

$$\mathbf{q}[n + 1] = \mathbf{A}\mathbf{q}[n] + \mathbf{b}x[n] \tag{2.62}$$

以及

$$y[n] = \mathbf{c}\mathbf{q}[n] + Dx[n] \tag{2.63}$$

其中，矩陣 $\mathbf{A}$，向量 $\mathbf{b}$ 和 $\mathbf{c}$，和純量 D 如下

$$\mathbf{A} = \begin{bmatrix} -a_1 & -a_2 \\ 1 & 0 \end{bmatrix}, \qquad \mathbf{b} = \begin{bmatrix} 1 \\ 0 \end{bmatrix},$$
$$\mathbf{c} = \begin{bmatrix} b_1 - a_1 & b_2 - a_2 \end{bmatrix} \quad 以及 \quad D = 1$$

方程式(2.62)和(2.63)是離散時間系統狀態變數描述法的一般形式。之前，我們曾研究
過系統的脈衝響應、差分方程式和方塊圖表示法。矩陣 $\mathbf{A}$，向量 $\mathbf{b}$ 和 $\mathbf{c}$，和純量 D 代
表系統的另一種描述方法。可以用不同的 $\mathbf{A}$、$\mathbf{b}$、$\mathbf{c}$、和 D 來表示系統的各種不同的
內部結構。狀態變數描述法是唯一分析型的系統表示法，可明確地指出系統的內部
構造。因此，狀態變數描述法可以用在任何一個必須考慮內部系統構造的問題上。

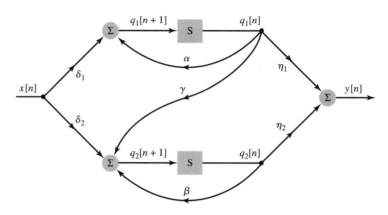

圖 2.40　範例 2.28 之 LTI 系統的方塊圖。

如果用 N 階差分方程式描述系統的輸入—輸出特性，則狀態向量 $\mathbf{q}[n]$ 為 N 乘 1 的矩陣，$\mathbf{A}$ 為 N 乘 N 矩陣，$\mathbf{b}$ 是 N 乘 1 矩陣，而 $\mathbf{c}$ 是 1 乘 N 矩陣。回想一下，要解這個差分方程式需要有 N 個初始條件。這些初始條件以 N 維狀態向量來表示，代表著以前的系統記憶。此外，一個 N 階系統在方塊圖表示法中包含了至少 N 個時間平移運算。如果系統的方塊圖有最少個時間平移，則單位延遲的輸出就是最自然的狀態選擇，這是因為單位延遲包含了系統的記憶。這個選擇會在下一個範例中說明。

範例 2.28

二階系統的狀態變數描述法　如圖 2.40 所示之系統，若選擇狀態變數為單位延遲的輸出，試求其對應的狀態變數描述法。

解答　方塊圖指出狀態可以依據下述方程式加以更新

$$q_1[n + 1] = \alpha q_1[n] + \delta_1 x[n]$$

以及

$$q_2[n + 1] = \gamma q_1[n] + \beta q_2[n] + \delta_2 x[n]$$

而且輸出為

$$y[n] = \eta_1 q_1[n] + \eta_2 q_2[n]$$

這些方程式可以表示成(2.62)和(2.63)式中狀態變數的形式，如果我們定義

$$\mathbf{q}[n] = \begin{bmatrix} q_1[n] \\ q_2[n] \end{bmatrix},$$

$$\mathbf{A} = \begin{bmatrix} \alpha & 0 \\ \gamma & \beta \end{bmatrix}, \qquad \mathbf{b} = \begin{bmatrix} \delta_1 \\ \delta_2 \end{bmatrix},$$

$$\mathbf{c} = \begin{bmatrix} \eta_1 & \eta_2 \end{bmatrix} \quad 以及 \quad D = [0]$$

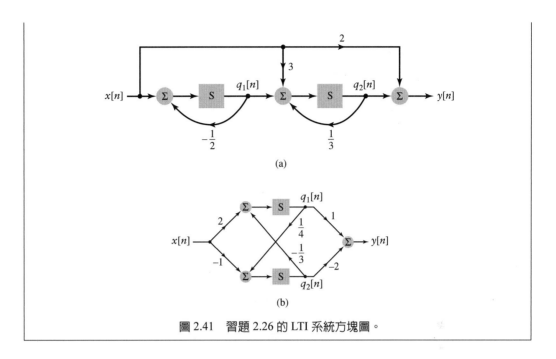

圖 2.41　習題 2.26 的 LTI 系統方塊圖。

▶ **習題 2.26** 找出表示在圖 2.41(a)和(b)中方塊圖的狀態變數的描述。選擇圖中單位延遲輸出$q_1[n]$和$q_2[n]$的狀態變數。

答案：(a) $\mathbf{A} = \begin{bmatrix} -\frac{1}{2} & 0 \\ 1 & \frac{1}{3} \end{bmatrix}; \qquad \mathbf{b} = \begin{bmatrix} 1 \\ 3 \end{bmatrix};$

$\mathbf{c} = \begin{bmatrix} 0 & 1 \end{bmatrix}; \qquad D = \begin{bmatrix} 2 \end{bmatrix}$

(b) $\mathbf{A} = \begin{bmatrix} 0 & -\frac{1}{3} \\ \frac{1}{4} & 0 \end{bmatrix}; \qquad \mathbf{b} = \begin{bmatrix} 2 \\ -1 \end{bmatrix};$ ◀

$\mathbf{c} = \begin{bmatrix} 1 & -2 \end{bmatrix}; \qquad D = \begin{bmatrix} 0 \end{bmatrix}$

　　連續時間系統的狀態變數描述法和離散時間系統類似，只是(2.62)式中的狀態方程式要用導數來表示。因此，我們寫成

$$\frac{d}{dt}\mathbf{q}(t) = \mathbf{A}\mathbf{q}(t) + \mathbf{b}x(t) \tag{2.64}$$

以及

$$y(t) = \mathbf{c}\mathbf{q}(t) + Dx(t) \tag{2.65}$$

再提醒一次，矩陣 **A**、向量 **b** 和 **c**，以及純量 D 描述系統的內部構造。

　　連續時間系統的記憶是包含在系統的能量儲存元件中。因此，通常以這類元件相關的物理量來決定狀態變數。舉例來說，在電子系統中，能量儲存元件為電容器

和電感器。因此，我們可以依照電容器兩端的電壓或流過電感器的電流來決定狀態變數。在力學系統中，能量儲存元件為彈簧和物質。因此，可以選擇彈簧的位移或物質的速度作為狀態變數。(2.64)和(2.65)式所表示的狀態變數方程式可以從能量儲存元件的方程式得到，這個方程式與元件輸入與輸出的行為有關。可用下個範例來說明。

範例 2.29

電子電路的狀態變數描述法 考慮圖 2.42 所示之電子電路。如果輸入是供應電壓 $x(t)$ 而輸出是通過電阻的電流 $y(t)$，試導出系統的狀態變數描述法。

解答 把每個電容兩端的電壓訂為狀態變數。沿著 $x(t)$、R_1 和 C_1 的迴圈將所有的電壓降加總起來，得到

$$x(t) = y(t)R_1 + q_1(t)$$

或

$$y(t) = -\frac{1}{R_1}q_1(t) + \frac{1}{R_1}x(t) \tag{2.66}$$

這個方程式把輸出表示成狀態變數和輸入 $x(t)$ 的函數。令 $i_2(t)$ 為流過 R_2 的電流。沿著 C_1、R_2 和 C_2 的迴圈將所有的電壓降加總起來，得到

$$q_1(t) = R_2 i_2(t) + q_2(t)$$

或

$$i_2(t) = \frac{1}{R_2}q_1(t) - \frac{1}{R_2}q_2(t) \tag{2.67}$$

然而，我們也知道

$$i_2(t) = C_2 \frac{d}{dt}q_2(t)$$

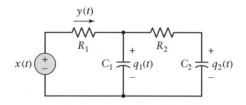

圖 2.42　範例 2.29 的 LTI 系統電路圖。

利用(2.67)式來消除 $i_2(t)$ 並得到

$$\frac{d}{dt}q_2(t) = \frac{1}{C_2 R_2}q_1(t) - \frac{1}{C_2 R_2}q_2(t) \tag{2.68}$$

要總結我們的推導，需要 $q_1(t)$ 的狀態方程式。我們可以在 R_1 和 R_2 之間的節點上，運用克西荷夫電流定律。令 $i_1(t)$ 是流過 C_1 的電流，得到

$$y(t) = i_1(t) + i_2(t)$$

現在使用(2.66)式的 $y(t)$，(2.67)式的 $i_2(t)$，以及關係式

$$i_1(t) = C_1 \frac{d}{dt}q_1(t)$$

並且把每項重排，得到

$$\frac{d}{dt}q_1(t) = -\left(\frac{1}{C_1 R_1} + \frac{1}{C_1 R_2}\right)q_1(t) + \frac{1}{C_1 R_2}q_2(t) + \frac{1}{C_1 R_1}x(t) \tag{2.69}$$

從(2.66)式、(2.68)和(2.69)式，可知狀態變數為

$$\mathbf{A} = \begin{bmatrix} -\left(\dfrac{1}{C_1 R_1} + \dfrac{1}{C_1 R_2}\right) & \dfrac{1}{C_1 R_2} \\ \dfrac{1}{C_2 R_2} & -\dfrac{1}{C_2 R_2} \end{bmatrix}, \quad \mathbf{b} = \begin{bmatrix} \dfrac{1}{C_1 R_1} \\ 0 \end{bmatrix}$$

$$\mathbf{c} = \begin{bmatrix} -\dfrac{1}{R_1} & 0 \end{bmatrix} \quad 以及 \quad D = \frac{1}{R_1}$$

▶ **習題 2.27** 找出圖 2.43 電路的狀態變數描述。分別把狀態變數 $q_1(t)$ 和 $q_2(t)$ 定為電容兩端的電壓和流過電感的電流。

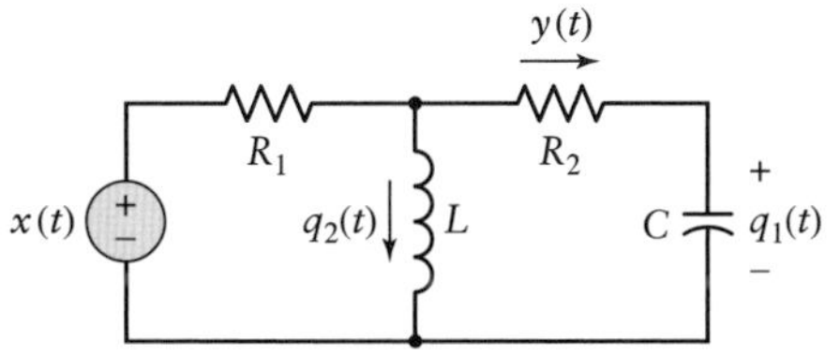

圖 2.43　習題 2.27 的 LTI 系統電路圖。

答案：

$$\mathbf{A} = \begin{bmatrix} \dfrac{-1}{(R_1 + R_2)C} & \dfrac{-R_1}{(R_1 + R_2)C} \\ \dfrac{R_1}{(R_1 + R_2)L} & \dfrac{-R_1 R_2}{(R_1 + R_2)L} \end{bmatrix}, \quad \mathbf{b} = \begin{bmatrix} \dfrac{1}{(R_1 + R_2)C} \\ \dfrac{R_2}{(R_1 + R_2)L} \end{bmatrix},$$

$$\mathbf{c} = \begin{bmatrix} \dfrac{-1}{R_1 + R_2} & \dfrac{-R_1}{R_1 + R_2} \end{bmatrix}, \quad D = \begin{bmatrix} \dfrac{1}{R_1 + R_2} \end{bmatrix}$$

在連續時間系統的方塊圖表示法中，狀態變數相當於積分的輸出。因此，積分的輸入就是對應狀態變數的導數。把方塊圖中的運算寫成方程式的形式，就可以得到對狀態變數的描述法。下一個範例中，我們將說明這個過程。

範例 2.30

從方塊圖得到狀態變數的描述 找出圖 2.44 方塊圖的狀態變數的描述。狀態變數的選擇如圖中所示。

解答 方塊圖指出

$$\frac{d}{dt}q_1(t) = 2q_1(t) - q_2(t) + x(t),$$

$$\frac{d}{dt}q_2(t) = q_1(t)$$

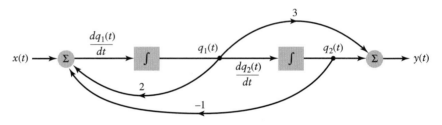

圖 2.44　範例 2.30 的 LTI 系統方塊圖。

以及

$$y(t) = 3q_1(t) + q_2(t)$$

因此，狀態變數的描述為

$$\mathbf{A} = \begin{bmatrix} 2 & -1 \\ 1 & 0 \end{bmatrix}, \qquad \mathbf{b} = \begin{bmatrix} 1 \\ 0 \end{bmatrix},$$

$$\mathbf{c} = \begin{bmatrix} 3 & 1 \end{bmatrix} \quad 以及 \quad D = \begin{bmatrix} 0 \end{bmatrix}$$

■ 2.13.2　狀態的轉換 (TRANSFORMATIONS OF THE STATE)

對於已知輸入—輸出特性的系統，我們已經說過其狀態變數描述法不是唯一的。藉著轉換狀態變數，可以得到不同的狀態變數描述法。轉換的方式是把一組新的狀態變數定義成原變數的加權總和。這會改變 $\mathbf{A}$、$\mathbf{b}$、$\mathbf{c}$ 和 D 的形式，但是不會改變系統的輸入—輸出特性。要說明這個過程，我們再一次地考慮範例 2.30。讓我們定義新

的狀態 $q_2'(t) = q_1(t)$ 和 $q_1'(t) = q_2(t)$。在此，我們只簡單地交換狀態變數：$q_2'(t)$ 是第一個積分的輸出而 $q_1'(t)$ 是第二個積分的輸出。我們不改變方塊圖的結構，所以明顯地，系統的輸入─輸出特性仍然保持一樣。然而，狀態變數描述法已經不一樣了，變成

$$\mathbf{A}' = \begin{bmatrix} 0 & 1 \\ -1 & 2 \end{bmatrix}, \qquad \mathbf{b}' = \begin{bmatrix} 0 \\ 1 \end{bmatrix},$$

$$\mathbf{c}' = \begin{bmatrix} 1 & 3 \end{bmatrix} \quad \text{以及} \quad D' = \begin{bmatrix} 0 \end{bmatrix}$$

上一段的例子使用一個特別簡單的轉換方式來轉換原始狀態。一般來說，我們可以把一個新的狀態向量定義為原始狀態向量的轉換，或者 $\mathbf{q}' = \mathbf{Tq}$。$\mathbf{T}$ 定義為狀態轉換矩陣。注意，我們省略時間索引值 (t) 或 $[n]$，是為了要能同時處理連續和離散時間的例子。為了使新的狀態能表示整個系統的記憶，$\mathbf{q}'$ 和 $\mathbf{q}$ 之間的關係必須是一對一的。這意謂 $\mathbf{T}$ 必須是非奇異矩陣 (nonsingular matrix)，也就是說，逆矩陣 $\mathbf{T}^{-1}$ 存在。因此，$\mathbf{q} = \mathbf{T}^{-1}\mathbf{q}'$。原始狀態變數的描述為

$$\dot{\mathbf{q}} = \mathbf{Aq} + \mathbf{b}x \tag{2.70}$$

以及

$$y = \mathbf{cq} + Dx \tag{2.71}$$

其中，$\mathbf{q}$ 上面的點表示連續時間的微分或離散時間的時間推進($[n+1]$)。要得到 $\mathbf{A}'$、$\mathbf{b}'$、$\mathbf{c}'$ 和 D' 新狀態變數的描述，可以先將(2.70)式的 $\dot{\mathbf{q}}$ 代入關係式 $\dot{\mathbf{q}}' = \mathbf{T}\dot{\mathbf{q}}$。

$$\dot{\mathbf{q}}' = \mathbf{TAq} + \mathbf{Tb}x$$

現在利用 $\mathbf{q} = \mathbf{T}^{-1}\mathbf{q}'$ 寫出

$$\dot{\mathbf{q}}' = \mathbf{TAT}^{-1}\mathbf{q}' + \mathbf{Tb}x$$

接下來，再利用 $\mathbf{q} = \mathbf{T}^{-1}\mathbf{q}'$，這次由(2.71)式中可以得到輸出方程式為

$$y = \mathbf{cT}^{-1}\mathbf{q} + Dx$$

因此，如果設

$$\mathbf{A}' = \mathbf{TAT}^{-1}, \qquad \mathbf{b}' = \mathbf{Tb}, \tag{2.72}$$
$$\mathbf{c}' = \mathbf{cT}^{-1} \quad \text{and} \quad D' = D$$

則

$$\dot{\mathbf{q}}' = \mathbf{A}'\mathbf{q} + \mathbf{b}'x$$

以及

$$y = \mathbf{c}'\mathbf{q} + D'x$$

一起組成新的狀態變數描述法。

範例 2.31

轉換狀態 一個離散時間系統有下列的狀態變數描述法

$$\mathbf{A} = \frac{1}{10}\begin{bmatrix} -1 & 4 \\ 4 & -1 \end{bmatrix}, \qquad \mathbf{b} = \begin{bmatrix} 2 \\ 4 \end{bmatrix},$$

$$\mathbf{c} = \frac{1}{2}[1 \quad 1] \quad \text{以及} \quad D = 2$$

找出狀態變數描述法 $\mathbf{A'}$、$\mathbf{b'}$、$\mathbf{c'}$ 和 D'，以符合新的狀態 $q_1'[n] = -\frac{1}{2}q_1[n] + \frac{1}{2}q_2[n]$ 以及 $q_2'[n] = \frac{1}{2}q_1[n] + \frac{1}{2}q_2[n]$。

解答 我們把新的狀態向量寫成 $\mathbf{q'} = \mathbf{Tq}$，其中

$$\mathbf{T} = \frac{1}{2}\begin{bmatrix} -1 & 1 \\ 1 & 1 \end{bmatrix}$$

此矩陣為非奇異矩陣，而且其逆矩陣為

$$\mathbf{T}^{-1} = \begin{bmatrix} -1 & 1 \\ 1 & 1 \end{bmatrix}$$

因此，在(2.72)式中利用 $\mathbf{T}$ 和 $\mathbf{T}^{-1}$ 的值可得

$$\mathbf{A'} = \begin{bmatrix} -\frac{1}{2} & 0 \\ 0 & \frac{3}{10} \end{bmatrix}, \qquad \mathbf{b'} = \begin{bmatrix} 1 \\ 3 \end{bmatrix},$$

$$\mathbf{c'} = [0 \quad 1] \quad \text{以及} \quad D' = 2$$

注意，這個 $\mathbf{T}$ 的選擇使得 $\mathbf{A'}$ 成為一個對角矩陣，如此可將要更新的狀態分成兩個解耦的(decoupled) 一階差分方程式。

$$q_1[n+1] = -\frac{1}{2}q_1[n] + x[n]$$

以及

$$q_2[n+1] = \frac{3}{10}q_2[n] + 3x[n]$$

因為結構簡單，狀態變數描述法的解耦形式在分析系統時特別有用。

➤ **習題 2.28** 連續時間系統含有狀態變數描述如下，

$$\mathbf{A} = \begin{bmatrix} -2 & 0 \\ 1 & -1 \end{bmatrix}, \qquad \mathbf{b} = \begin{bmatrix} 1 \\ 1 \end{bmatrix},$$

$$\mathbf{c} = [0 \quad 2] \quad \text{以及} \quad D = 1$$

找出狀態變數描述法 **A'**、**b'**、**c'** 和 D'，以符合新的狀態 $q'_1(t) = 2q_1(t) + q_2(t)$ 以及 $q'_2(t) = q_1(t) - q_2(t)$。

答案：

$$\mathbf{A}' = \frac{1}{3}\begin{bmatrix} -4 & -1 \\ -2 & -5 \end{bmatrix}; \qquad \mathbf{b}' = \begin{bmatrix} 3 \\ 0 \end{bmatrix};$$

$$\mathbf{c}' = \frac{1}{3}[2 \quad -4]; \qquad D' = 1 \qquad \blacktriangleleft$$

　　注意，對於一個已知輸入—輸出行為的 LTI 系統，每一種非奇異轉換 **T** 都會產生不同的狀態變數描述法。不同的狀態變數描述法對應於從輸入決定 LTI 輸出的不同方法。方塊圖和狀態變數描述法都可以表示 LTI 系統的內部構造。狀態變數描述法比較有用，因為我們可以利用線性代數功能強大的工具，來有計畫地研究和設計系統的內部構造。這種可以轉換內部構造而不改變系統的輸入—輸出特性的能力，可以用來分析 LTI 系統，並且識別出能將某些不是直接與輸入-輸出行為有關的效能規格加以最佳化的系統，例如以電腦為基礎的系統操作中，將數值捨棄或進位所造成的影響。

2.14　利用 MATLAB 探索觀念 (Exploring Concepts with MATLAB)

　　數位電腦理論上很適合用在執行離散時間系統的時域描述，因為電腦能很自然地儲存以及處理數字的序列。舉例來說，摺積和描述離散時間系統輸入與輸出之間的關係，而這容易以數字乘積之和的形式利用電腦加以計算。相反地，連續時間系統是由連續函數所描述的，就不容易用數位電腦來表示或運算。例如，連續時間系統的輸出是由摺積積分來描述，若用電腦運算摺積積分就必須使用數值積分或者符號運算技術，這兩者都是在本書的範圍之外。因此，我們對 MATLAB 的研究只把焦點放在離散時間系統上。

　　研究訊號和系統的第二個限制是來自於所有數位電腦的有限記憶體或儲存能力，以及其無可避免的非零運算時間。因此，我們只能處理有限持續時間的訊號。舉例來說，如果系統的脈衝響應有無限長的持續時間，而且輸入也是無限長的持續時間，那麼摺積和要加總無限多個乘積。當然，即使我們可以在電腦裡儲存無限長度的訊號，也不能在有限的時間裡計算無限多次的加法。如果不管這個限制，仔細選擇一個有限長度的訊號，觀察系統對此訊號的響應，就可以推論對應於無限長度訊號的系統行為。此外，穩定的 LTI 系統的脈衝響應在無限長時間之處會衰減到零，因此用縮減過的方式求近似的結果即可。

　　MATLAB 訊號處理工具箱和控制系統工具箱，在本節中都會用到。

■ 2.14.1　摺積 (CONVOLUTION)

在 2.2 節中曾提過摺積和可以用系統的輸入和脈衝響應來表示離散時間系統的輸出。MATLAB有一個函數稱爲conv，可用來計算有限持續時間的離散時間訊號的摺積。如果x和h是表示訊號的向量，則 MATLAB 指令y = conv(x,h)會產生一個向量y來表示訊號x和h的摺積。y裡的元素個數等於x和h元素個數的和再減去一。注意，我們必須知道產生x和h訊號的時間點，如此才能決定摺積的時間起點。一般來說，假設x的第一個和最後一個元素所對應的時間分別爲$n = k_x$和$n = l_x$，而h的第一個和最後一個元素所對應的時間爲$n = k_h$和$n = l_h$。則y的第一個和最後一個元素所對應的時間爲$n = k_y = k_x + k_h$　和　$n = l_y = l_x + l_h$。觀察$x[n]$ 和$h[n]$ 的長度爲$L_x = l_x - k_x + 1$　和　$L_h = l_h - k_h + 1$。因此，$y[n]$ 的長度爲　$L_y = l_y - k_y + 1 = L_x + L_h - 1$。

　　讓我們使用 MATLAB 來重做範例 2.1，藉以說明上述內容。脈衝響應和輸入的第一個非零值發生在時間$n = k_h = k_x = 0$。脈衝響應和輸入的最後一個元素發生在時間$n = l_h = 1$和$n = l_x = 2$。因此，摺積y在時間$n = k_y = k_x + k_h = 0$開始，在時間$n = l_y = l_x + l_h = 3$結束，長度爲$L_y = l_y - k_y + 1 = 4$。用MATLAB計算摺積如下：

```
>>h=[-1, 0.5];
>>x=[2, 4, -2];
>>y=conv(x, h)
y =
        2   5   0   -1
```

　　在範例 2.3 中，我們用筆計算方式來決定系統的輸出，已知系統的脈衝響應爲

$$h[n] = (1/4)(u[n] - u[n - 4])$$

而且輸入爲

$$x[n] = u[n] - u[n - 10]$$

我們可以使用MATLAB指令conv來執行摺積，如下：在本範例中，$k_h = 0$、$l_h = 3$、$k_x = 0$而且$l_x = 9$，所以y在時間$n = k_y = 0$開始，在時間$n = l_y = 12$結束，長度爲$L_y = 13$。脈衝響應由四個連續數值 0.25 組成，而輸入由 10 個連續的 1 組成。在MAT-LAB 中，可以用下列的指令來定義這些訊號：

```
>>h=0.25*ones(1, 4);
>>x=ones(1, 10);
```

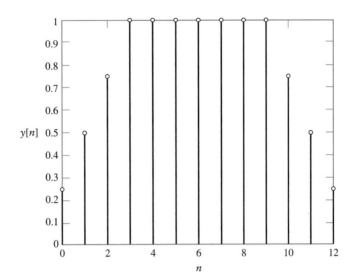

圖 2.45　利用 MATLAB 計算摺積和。

可以得到輸出，並用這些指令繪出圖形：

```
>>n=0:12;
>>y=conv(x, h);
>>stem(n, y); xlabel('n'); ylabel('y[n]')
```

結果如圖 2.45 所示。

➤ **習題 2.29**　利用MATLAB解習題 2.2(c)，其中 $\alpha = 0.9$。也就是說，已知系統的輸入為 $x[n]=2\{u[n+2]-u[n-12]\}$，和脈衝響應為 $h[n]=0.9^n\{u[n-2]-u[n-13]\}$，找出系統的輸出。

答案：　見圖 2.46。　◀

■ 2.14.2　步階響應 (STEP RESPONSE)

一般而言，步階響應是系統對應於步階輸入的響應，而且其持續時間為無限長。然而，如果在時間 $n < k_h$，系統的脈衝響應等於零，我們可以用 conv 函數來計算步階響應的前 p 個值。方法是將 $h[n]$ 的前 p 個值與一個長度為 p 的有限持續時間步階做摺積運算。也就是說，我們從脈衝響應的前 p 個非零值建構一個向量 h，並且定義步階為u=ones(1, p)再計算s=conv(u,h)。s的第一個元素對應於時間 k_h，而 s 的前 p 個值代表步階響應的前 p 個值。s 中其餘的值並非步階響應，只是對有限持續時間訊號作摺積所產生的自然結果。

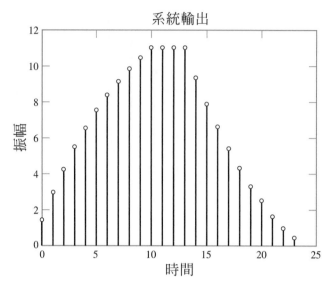

圖 2.46　習題 2.29 的解。

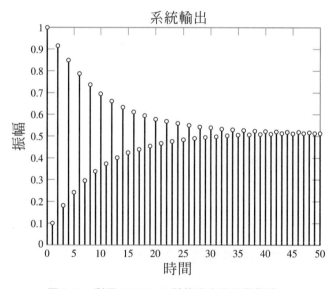

圖 2.47　利用 MATLAB 計算出來的步階響應。

　　舉例來說，我們可以決定系統步階響應的前 50 個值。已知在習題 2.12 中，系統的脈衝響應為

$$h[n] = (\rho)^n u[n]$$

其中 $\rho = -0.9$，使用下列的 MATLAB 指令可求出：

```
>>h=(-0.9).^[0:49];
>>u=ones(1, 50);
>>s=conv(u, h);
```

向量s有99個值,其中的前50值表示步階響應,如圖2.47所示。用MATLAB指令
stem([0:49],s(1:50))可以得到此圖。

■ 2.14.3 模擬差分方程式(SIMULATING DIFFERENCE EQUATIONS)

在2.9節中,我們用遞迴形式來表示系統的差分方程式描述法,可以讓我們從輸入訊號和過去的輸出來計算系統的輸出。filter指令可執行類似的功能。定義向量 $a = [a_0, a_1, \cdots, a_N]$ 和 $b = [b_0, b_1, \cdots, b_M]$ 為(2.36)差分方程式的係數。如果 x 代表輸入訊號的向量,則指令y=filter(b, a, x)可以產生一個向量y代表零初始條件的系統輸出。y輸出值的個數等於x輸入值的個數。使用另一個指令語法y=filter(b, a, x, zi)可包含非零的初始條件,其中,zi代表filter所需的初始條件。filter所使用的初始條件不是輸出的過去值,因為filter利用修飾過的差分方程式來決定其輸出。相反地,這些初始條件是利用指令zi=filtic(b,a,yi)從過去的輸出得知,其中yi是包含初始條件的向量,其順序為 $[y[-1], y[-2], \cdots, y[-N]]$。

我們再一次討論範例2.16,說明filter指令的用法。我們所討論的系統,是用下列差分方程式來描述:

$$y[n] - 1.143y[n-1] + 0.4128y[n-2] =$$
$$0.0675x[n] + 0.1349x[n-1] + 0.675x[n-2] \tag{2.73}$$

在零輸入與初始條件 $y[-1]=1$ 和 $y[-2]=2$ 的情況下,用下列的指令來決定其輸出:

```
>>a=[1, -1.143, 0.4128];   b=[0.0675, 0.1349, 0.675];
>>x=zeros(1, 50);
>>zi=filtic(b, a, [1, 2]);
>>y=filter(b, a, x,zi);
```

結果如圖2.28(b)所示。當輸入是英特爾股票價格資料,我們可用下列指令來決定系統的響應。

```
>>load Intc;
>>filtintc=filter(b, a, Intc);
```

在此,我們假設特爾股票價格資料在Intc.mat檔案。結果如圖2.28(g)所示。

➤ **習題 2.30**　如(2.73)式所描述的系統,用 `filter` 來決定系統步階響應的前 50 個值,以及假設在零初始條件的情形下,找出對輸入 $x[n] = \cos(\frac{\pi}{5}n)$ 響應的前 100 個值。

答案:　請參考圖 2.28(a)和(d)　　　　　　　　　　　　　　　　　◀

指令 `[h, t]=impz(b, a, n)` 計算系統脈衝響應的 `n` 個值,此系統是由差分方程式所描述。如同在 `filter` 一樣,方程式的係數包含在向量 `b` 和 `a` 中。向量 `h` 包含脈衝響應的值,而 `t` 包含對應的時間索引值。

■ 2.14.4　狀態變數描述法(STATE-VARIABLE DESCRIPTIONS)

MATLAB 控制系統工具箱包含了許多可用來操作狀態變數的常式。控制系統工具箱的關鍵特色就是 LTI 物件的使用,LTI 物件是自訂的資料結構,可將 LTI 系統描述的操作視為單一的 MATLAB 變數。如果 `a`,`b`,`c` 和 `d` 是 MATLAB 陣列,分別代表狀態變數描述法中的矩陣 **A**、**b**、**c** 和 D,則指令 `sys=ss(a,b,c,d,-1)` 會產生一個 LTI 物件 `sys`,將離散時間系統表示成狀態變數的形式。注意,省略 `-1`,也就是說利用 `sys=ss(a,b,c,d)`,就可以得到連續時間系統。LTI 物件用於其他的系統表示法,將會在 6.14 和 7.11 節中討論。

在 MATLAB 裡操作系統,藉著在 LTI 物件上的運算即可達成。舉例來說,如果 `sys1` 和 `sys2` 是兩個物件,代表兩個處於狀態變數形式的系統,則 `sys=sys1+sys2` 會產生一個狀態變數描述法,用來描述 `sys1` 和 `sys2` 的並聯相接情形。而 `sys=sys1*sys2` 表示串聯的情形。

函數 `lsim` 模擬 LTI 系統對應於特定輸入的輸出。對一個離散時間系統,指令的形式為 `y=lsim(sys,x)` 其中 `x` 是包含輸入的向量,而 `y` 則表示輸出。指令 `h=impulse(sys,N)` 把脈衝響應的前 `N` 個值放進 `h` 中。只要將指令格式稍做修改,就可以將這兩者應用在連續時間的 LTI 系統。在連續時間的例子中,有許多方法可以用來模擬近似系統的響應。

回想一下,對於已知的 LTI 系統,其狀態變數描述法不是唯一的。對同一個系統,轉換其狀態,即可得到不同的狀態變數描述。在 MATLAB 中,使用常式 `ss2ss` 就可以計算出狀態的轉換。狀態轉換在連續和離散時間系統中都相等,所以在轉換任何一種系統時,用到的指令都一樣。指令的形式為 `sysT=ss2ss(sys, T)`,其中 `sys` 表示原始狀態變數描述,`T` 是狀態轉換矩陣,而 `sysT` 表示轉換後的狀態變數描述。

讓我們使用 ss2ss 來轉換範例 2.31 中的狀態變數描述法，亦即

$$\mathbf{A} = \frac{1}{10}\begin{bmatrix} -1 & 4 \\ 4 & -1 \end{bmatrix}, \qquad \mathbf{b} = \begin{bmatrix} 2 \\ 4 \end{bmatrix},$$

$$\mathbf{c} = \frac{1}{2}\begin{bmatrix} 1 & 1 \end{bmatrix} \quad \text{and} \quad D = 2$$

利用狀態轉換矩陣

$$\mathbf{T} = \frac{1}{2}\begin{bmatrix} -1 & 1 \\ 1 & 1 \end{bmatrix}$$

以下的指令會產生我們所要的結果：

```
>>a=[-0.1, 0.4; 0.4, -0.1];  b=[2; 4];
>>c=[0.5, 0.5];     d=2;
>>sys=ss(a,b,c,d,-1);           % define the state-space
                                  object sys
>>T=0.5*[-1, 1; 1, 1];
>>sysT=ss2ss(sys, T)
a=
                  x1          x2
      x1    -0.50000           0
      x2           0     0.30000

b=
                  u1
      x1     1.00000
      x2     3.00000

c=
                  x1          x2
      y1           0     1.00000

d=
                  u1
      y1     2.00000


Sampling time: unspecified
Discrete-time system.
```

這個結果和範例 2.31 的結果一樣。我們可以證明分別用 sys 和 sysT 所表示的兩個系統含有相同的輸入－輸出特性，藉著下列指令來比較它們的脈衝響應即可得知：

```
>>h=impulse(sys,10);    hT=impulse(sysT,10);
>>subplot(2, 1, 1)
>>stem([0:9], h)
>>title('Original System Impulse Response');
>>xlabel('Time'); ylabel('Amplitude')
```

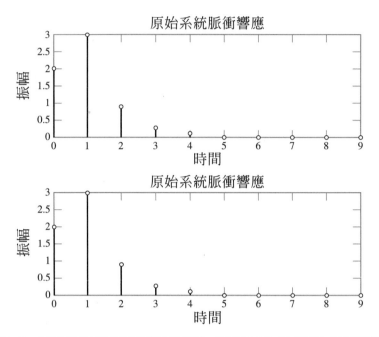

圖 2.48 針對原始和轉換狀態變數的描述，利用 MATLAB 計算的脈衝響應。

```
>>subplot(2, 1, 2)
>>stem([0:9], hT)
>>title('Transformed System Impulse Response');
>>xlabel('Time'); ylabel('Amplitude')
```

針對原始和轉換後的系統，利用上述一連串的指令，可以產生相關的脈衝響應，其中前 10 個值顯示於圖 2-48。藉著計算誤差，`err=h-hT`，我們可以證明原始的系統和轉換後的系統含有(數值上)相同的脈衝響應。

▶ **習題 2.31** 使用 MATLAB 解習題 2.28。 ◀

2.15 總結 (Summary)

有許多不同的方法可以描述 LTI 系統對於輸入訊號的動作。在本章中，我們已經檢視四種不同的 LTI 系統描述法：脈衝響應，差分和微分方程式，方塊圖和狀態變數描述法。這四種描述法在輸入─輸出的意義上都相等，也就是說，對於一個已知的輸入，每一種描述法都能產生相同的輸出。然而，不同的描述法對於系統特性提供不同的理解，並使用不同的技術從輸入得到輸出。因此，每一種描述法有它的優點和缺點，可用來解決特定的系統問題。

當系統的輸入是一個脈衝時,脈衝響應就是系統的輸出。對應於一個任意的輸入,LTI系統的輸出以脈衝響應的摺積運算來表示。系統的特性,例如因果性和穩定性,都與脈衝響應直接相關,而且脈衝響應也提供一個方便的架構來分析系統之間的互相連結。我們必須要知道在所有時間的輸入,才能用脈衝響應和摺積來決定系統的輸出。

　　LTI系統輸入和輸出之間的關係也可以用微分或差分方程式來表示。微分方程式通常直接來自於物理定律,這些定律將連續時間系統組成的行為和交互作用加以定義。微分方程式的階數反映出系統中能量儲存元件的最大個數,而差分方程式的階數則表示對系統過去輸出的最大記憶。和脈衝響應描述法不同的是,要決定一個已知時間點之後的系統輸出,我們只要知道初始條件即可,而不需要知道過去所有的輸入值。初始條件是能量儲存或系統記憶的初始值,它們總結了在所設定的起始時間之前,過去所有輸入的影響。微分或差分方程式的解可以分成自然響應和強迫響應。自然響應描述初始條件所造成的系統行為,強迫響應描述輸入單獨作用時的系統行為。

　　方塊圖把系統表示成訊號基本運算之間的互相連結。這些運算相互連結的方法定義了系統的內部構造。具有相同輸入-輸出特性的系統可以用不同的方塊圖表示。

　　狀態變數描述法是 LTI 系統的另一種描述法,可用來控制這一類的系統,以及為了操作差分方程式而對於構造的深入研究。狀態變數描述法由一組耦合的一階微分或差分方程式所組成,這些方程式是用來表示系統的行為。我們將這個描述法寫成矩陣的形式,並由兩個方程式組成,一個描述系統的狀態如何發展,另一個表示狀態與輸出的關係。狀態表示系統過去整個的記憶。狀態的個數等於能量儲存元件的個數,或者現有系統內過去輸出的最大記憶。狀態的選擇不是唯一的:有相同輸入─輸出特性的 LTI 系統,其狀態變數描述法有無限多種。因此,狀態變數描述法可以用來表示物理系統的內部構造。此外,和脈衝響應或微分(差分)方程式比起來,它能提供較仔細的 LTI 系統特性。

▌進階資料 (FURTHER READING)

1.　關於出現在本章和後面章節中的許多材料,在下列這本書可找到簡潔的摘要,以及許多已解決的問題:

　▶ Hsu, H. P 著,《Signal sand Systems》,屬於 Schaum's Outline Series 叢書,由 McGraw-Hill 公司於 1995 年出版。

2. 解微分方程式的一般處理技巧，在此可找到。

▶ Boyce, W. E. 和 R. C. DiPrima 合著，《Elementary Differential Equations》，第六版，由 Wiley 公司於 1997 年出版。

3. 差分方程式對於訊號處裡問題的應用，以及離散時間系統的方塊圖描述法，在下列的參考書中可以找到：

▶ Proakis, J. G. 和 D. G. Manolakis 合著《Digital Signal Processing：Principles, Algorithms and Applications》，第三版，由 Prentice Hall 公司於 1995 年出版。

▶ Oppenheim, A. V.，R. W. Schafer 和 J. R. Buck 合著，《Discrete Time Signal Processing》，第二版，由 PrenticeHall 公司於 1999 年出版。

前面兩本書都提到關於在數位電腦上執行離散時間 LTI 系統的數值問題，。訊號流程圖表示法通常用來描述連續和離散時間系統的操作。基本上這與方塊圖表示法是相同的，只是在標示上有一點差異。

4. 在本章中，我們藉著操作代表方塊圖的方程式來決定方塊圖的輸入─輸出特性。梅森增益公式 (Mason's gain formula) 提供一個直接的方法來計算 LTI 系統方塊圖表示法的輸入─輸出特性。這個定則在下列兩本參考書中有詳盡的描述：

▶ Dorf, R. C. 和 R. H. Bishop 合著，《Modern Control Systems》，第七版，Addison-Wesley 公司於 1995 出版

▶ Phillips, C. L. 和 R. D. Harbor 著，《Feedback Control Systems》，第三版，由 Prentice Hall 於年 1996 出版。

5. 微分方程式、方塊圖和狀態變數描述法在分析和設計回授控制系統中所扮演的角色，在剛剛提到的 Dorf 和 Bishop 以及 Phillips 和 Harbor 所著的書中都有描述。

6. 以狀態變數描述法為基礎之進階論述，可用來分析和設計控制系統。在以下的書中有討論：

▶ Chen, C. T. 著，《Linear System Theory and Design》，由 Holt、Rinehart 和 Winston 於 1984 年出版。

▶ Friedland, B. 著，《Control System Design：An Introduction to State-Space Methods》由 McGraw-Hill 公司於 1986 年出版。

用來操作離散時間 LTI 系統和分析數值捨棄進位作用的狀態變數描述法，其完整而進階的應用可在下列書中找到：

▶ Roberts, R. A. 和 C. T. Mullis 合著，《Digital Signal Processing》，由 Addison-Wesley 公司於 1987 年出版。

補充習題

2.32 一個離散時間LTI系統含有脈衝響應$h[n]$，如圖P2.32(a)所示。使用線性和非時變性質來決定系統的輸出$y[n]$，如果輸入為

(a) $x[n] = 3\delta[n] - 2\delta[n-1]$

(b) $x[n] = u[n+1] - u[n-3]$

(c) $x[n]$，如圖 P2.32(b)所訂。

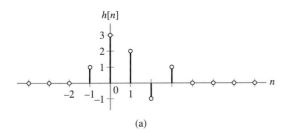

(a)

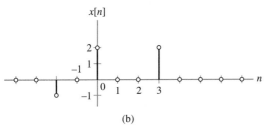

(b)

圖 P2.32

2.33 計算下列離散時間的摺積和：

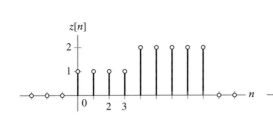

(a) $y[n] = u[n+3] * u[n-3]$

(b) $y[n] = 3^n u[-n+3] * u[n-2]$

(c) $y[n] = \left(\frac{1}{4}\right)^n u[n] * u[n+2]$

(d) $y[n] = \cos\left(\frac{\pi}{2}n\right)u[n] * u[n-1]$

(e) $y[n] = (-1)^n * 2^n u[-n+2]$

(f) $y[n] = \cos\left(\frac{\pi}{2}n\right) * \left(\frac{1}{2}\right)^n u[n-2]$

(g) $y[n] = \beta^n u[n] * u[n-3],\ |\beta| < 1$

(h) $y[n] = \beta^n u[n] * \alpha^n u[n-10],$
$|\beta| < 1,\ |\alpha| < 1$

(i) $y[n] = (u[n+10] - 2u[n]$
$\quad + u[n-4]) * u[n-2]$

(j) $y[n] = (u[n+10] - 2u[n]$
$\quad + u[n-4]) * \beta^n u[n],\ |\beta| < 1$

(k) $y[n] = (u[n+10] - 2u[n+5]$
$\quad + u[n-6]) * \cos\left(\frac{\pi}{2}n\right)$

(l) $y[n] = u[n] * \sum_{p=0}^{\infty}\delta[n-4p]$

(m) $y[n] = \beta^n u[n] * \sum_{p=0}^{\infty}\delta[n-4p],\ |\beta| < 1$

(n) $y[n] = \left(\frac{1}{2}\right)^n u[n+2] * \gamma^{|n|}$

2.34 考慮圖 P2.34 所繪之離散時間訊號。計算下列摺積和：

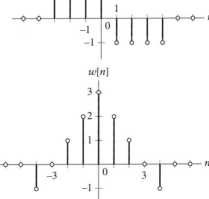

圖 P2.34

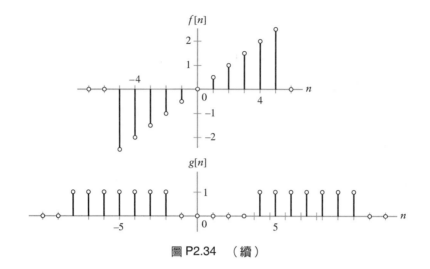

圖 P2.34 　（續）

(a) $m[n] = x[n] * z[n]$

(b) $m[n] = x[n] * y[n]$

(c) $m[n] = x[n] * f[n]$

(d) $m[n] = x[n] * g[n]$

(e) $m[n] = y[n] * z[n]$

(f) $m[n] = y[n] * g[n]$

(g) $m[n] = y[n] * w[n]$

(h) $m[n] = y[n] * f[n]$

(i) $m[n] = z[n] * g[n]$

(j) $m[n] = w[n] * g[n]$

(k) $m[n] = f[n] * g[n]$

2.35 在某一年的年初，存入\$10,000 到銀行帳戶裡，年利率為 5%。並且，在接下來的每年年初都存入\$1000。利用摺積來決定每年年初 (在存款之後) 的餘額。

2.36 一開始的貸款餘額為\$20,000 而且月利率為 1% (每年 12%)。每個月的月初償還\$200。利用摺積來計算每月還款後的貸款餘額。

2.37 摺積和的計算過程事實上等於我們所熟知的多項式相乘的程序。要瞭解這個說法，我們把多項式當成訊號，設定訊號在時間

n 的值等於多項式在 z^n 單項的係數。舉例來說，多項式 $x(z) = 2 + 3z^2 - z^3$ 對應於訊號 $x[n] = 2\delta[n] + 3\delta[n-2] - \delta[n-3]$。多項式相乘的過程牽涉到求出所有會產生第 n 次方單項的多項式係數的乘積，再把它們加總起來，得到第 n 次方單項的係數。這相當於決定 $w_n[k]$ 和對所有的 k 加總，以得到 $y[n]$。

同時使用摺積和的計算程序以及多項式相乘的方法，計算摺積 $y[n] = x[n] * h[n]$。

(a) $x[n] = \delta[n] - 2\delta[n-1] + \delta[n-2]$, $h[n] = u[n] - u[n-3]$

(b) $x[n] = u[n-1] - u[n-5]$, $h[n] = u[n-1] - u[n-5]$

2.38 一個 LTI 系統含有脈衝響應 $h(t)$，如圖 P2.38 所示。利用線性和非時變性來決定系統的輸出 $y(t)$，如果輸入 $x(t)$ 為

(a) $x(t) = 2\delta(t+2) + \delta(t-2)$

(b) $x(t) = \delta(t-1) + \delta(t-2) + \delta(t-3)$

(c) $x(t) = \sum_{p=0}^{\infty} (-1)^p \delta(t-2p)$

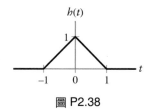

圖 P2.38

2.39 計算下列連續時間摺積積分：

(a) $y(t) = (u(t) - u(t - 2)) * u(t)$

(b) $y(t) = e^{-3t}u(t) * u(t + 3)$

(c) $y(t) = \cos(\pi t)(u(t + 1) - u(t - 1)) * u(t)$

(d) $y(t) = (u(t + 3) - u(t - 1)) * u(-t + 4)$

(e) $y(t) = (tu(t) + (10 - 2t)u(t - 5)$
$- (10 - t)u(t - 10)) * u(t)$

(f) $y(t) = 2t^2(u(t + 1) - u(t - 1)) * 2u(t + 2)$

(g) $y(t) = \cos(\pi t)(u(t + 1)$
$- u(t - 1)) * (u(t + 1) - u(t - 1))$

(h) $y(t) = \cos(2\pi t)(u(t + 1)$
$- u(t - 1)) * e^{-t}u(t)$

(i) $y(t) = (2\delta(t + 1) + \delta(t - 5)) * u(t - 1)$

(j) $y(t) = (\delta(t + 2) + \delta(t - 2)) * (tu(t)$
$+ (10 - 2t)u(t - 5)$
$- (10 - t)u(t - 10))$

(k) $y(t) = e^{-\gamma t}u(t) * (u(t + 2) - u(t))$

(l) $y(t) = e^{-\gamma t}u(t) * \sum_{p=0}^{\infty} \left(\frac{1}{4}\right)^p \delta(t - 2p)$

(m) $y(t) = (2\delta(t)$
$+ \delta(t - 2)) * \sum_{p=0}^{\infty} \left(\frac{1}{2}\right)^p \delta(t - p)$

(n) $y(t) = e^{-\gamma t}u(t) * e^{\beta t}u(-t)$

(o) $y(t) = u(t) * h(t)$, 其中 $h(t) = \begin{cases} e^{2t} & t < 0 \\ e^{-3t} & t \geq 0 \end{cases}$

2.40 考慮圖 P2.40 所示之連續時間訊號。計算下列的摺積積分：

(a) $m(t) = x(t) * y(t)$

(b) $m(t) = x(t) * z(t)$

(c) $m(t) = x(t) * f(t)$

(d) $m(t) = x(t) * a(t)$

(e) $m(t) = y(t) * z(t)$

(f) $m(t) = y(t) * w(t)$

(g) $m(t) = y(t) * g(t)$

(h) $m(t) = y(t) * c(t)$

(i) $m(t) = z(t) * f(t)$

(j) $m(t) = z(t) * g(t)$

(k) $m(t) = z(t) * b(t)$

(l) $m(t) = w(t) * g(t)$

(m) $m(t) = w(t) * a(t)$

(n) $m(t) = f(t) * g(t)$

(o) $m(t) = f(t) * d(t)$

(p) $m(t) = z(t) * d(t)$

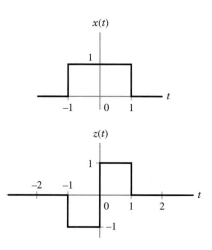

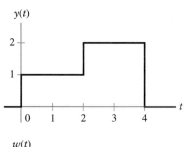

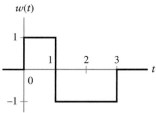

圖 P2.40

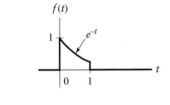
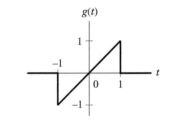

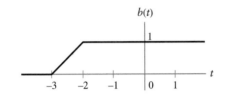
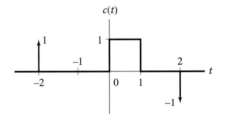

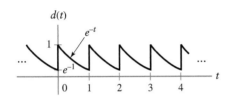
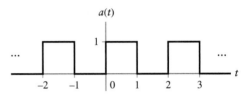

圖 P2.40

2.41 假設我們將通訊通道中瑕疵的影響以 *RC* 電路來模擬，如圖 P2.41(a)所示。輸入 $x(t)$ 為傳送訊號，而輸出 $y(t)$ 為接收訊號。假設訊息是用二進位來表示，也就是說：在適當區間內傳送波形或符號 $p(t)$ 來代表在長度 T 的區間內傳送 "1"，其中 $p(t)$ 如圖 P2.41(b)所示；而在適當區間內傳送 $-p(t)$ 則表示傳送 "0"。圖 P2.41(c)說明傳遞序列 "1101001" 的傳送波形。

(a) 在時間 $t = 0$ 傳送一個訊號 "1"，利用摺積來計算其接收訊號。注意，接收波形在時間 T 之後繼續延伸，一直延伸到分配給下一個位元的區間 $T < t < 2T$。這種混合稱為符際干擾 (intersymbol interference，ISI)，因為接收訊號會被前面的符號干擾。假設 $T = 1/(RC)$。

(b) 當傳送序列為 "1110" 和 "1000"，利用摺積來計算接收訊號。比較接收波形和理想通道 $(b(t) = \delta(t))$ 的輸出，用下列的 *RC* 值計算 ISI 的影響。

(i) $RC = 1/T$

(ii) $RC = 5/T$

(iii) $RC = 1/(5T)$

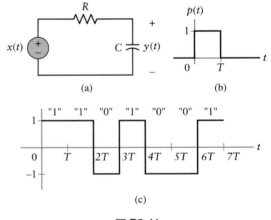

圖 P2.41

2.42 利用摺積和的定義來導出下列特性：

(a) 分配性：$x[n] * (h[n] + g[n]) = x[n] * h[n] + x[n] * g[n]$

(b) 結合性：
$x[n] * (h[n]*g[n]) = (x[n]*h[n]) * g[n]$

(c) 交換性：$x[n] * h[n] = h[n] * x[n]$

2.43 LTI 系統含有脈衝響應，如圖 P2.43 所示。

(a) 將系統的輸出 $y(t)$ 表示成輸入 $x(t)$ 的函數。

(b) 確認當 $\Delta \to 0$ 時，系統在求極限的過程中所進行的數學運算。

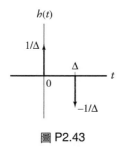

圖 P2.43

(c) 令 $g(t) = \lim_{\Delta \to 0} h(t)$。利用(b)部分的結果，以脈衝響應來表示 LTI 系統的輸出。

$$h^n(t) = \underbrace{g(t) * g(t) * \cdots * g(t)}_{n\text{項}}$$

為輸入 $x(t)$ 的函數。

2.44 一個 LTI 系統含有輸入 $x(t)$ 和脈衝響應 $h(t)$，證明：如果 $y(t) = x(t) * h(t)$ 是此系統的輸出，則

$$\frac{d}{dt}y(t) = x(t) * \left(\frac{d}{dt}h(t)\right)$$

以及

$$\frac{d}{dt}y(t) = \left(\frac{d}{dt}x(t)\right) * h(t)$$

2.45 如果 $h(t) = H\{\delta(t)\}$ 是 LTI 系統的脈衝響應，用 $h(t)$ 來表示 $H\{\delta^{(2)}(t)\}$。

2.46 LTI 系統如下列各圖所示。試求將輸入 $x[n]$ 或 $x(t)$ 與輸出 $y[n]$ 或 $y(t)$ 相關聯的脈衝響應，以每個子系統的脈衝響應來表示。

(a) 圖 P2.46(a)

(b) 圖 P2.46(b)

(c) 圖 P2.46(c)

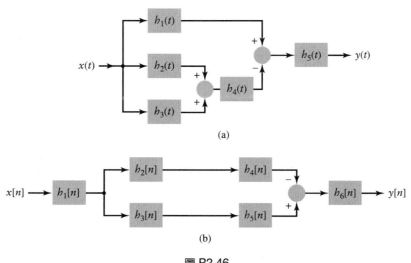

(a)

(b)

圖 P2.46

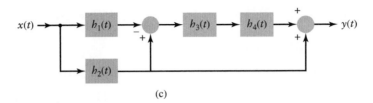

(c)

圖 P2.46

2.47 令$h_1(t)$，$h_2(t)$，$h_3(t)$和$h_4(t)$是 LTI 系統的脈衝響應。利用$h_1(t)$，$h_2(t)$，$h_3(t)$和$h_4(t)$為子系統，建構一個含有脈衝響應$h(t)$的系統。畫出系統之間的相互連結，以便得到下列的脈衝響應：

(a) $h(t) = \{h_1(t) + h_2(t)\} * h_3(t) * h_4(t)$

(b) $h(t) = h_1(t) * h_2(t) + h_3(t) * h_4(t)$

(c) $h(t) = h_1(t) * \{h_2(t) + h_3(t) * h_4(t)\}$

2.48 LTI 系統的連接方式如圖 P2.46(c)所示，脈衝響應為$h_1(t) = \delta(t - 1)$, $h_2(t) = e^{-2t}u(t)$, $h_3(t) = \delta(t - 1)$和 $h_4(t) = e^{-3(t+2)}u(t + 2)$。計算$h(t)$，這是整個系統從$x(t)$到$y(t)$的脈衝響應。

2.49 依據下列的脈衝響應，決定其對應的系統是否為(i)無記憶的，(ii)因果的，和(iii)穩定的。

(a) $h(t) = \cos(\pi t)$

(b) $h(t) = e^{-2t}u(t - 1)$

(c) $h(t) = u(t + 1)$

(d) $h(t) = 3\delta(t)$

(e) $h(t) = \cos(\pi t)u(t)$

(f) $h[n] = (-1)^n u[-n]$

(g) $h[n] = (1/2)^{|n|}$

(h) $h[n] = \cos\left(\frac{\pi}{8}n\right)\{u[n] - u[n - 10]\}$

(i) $h[n] = 2u[n] - 2u[n - 5]$

(j) $h[n] = \sin\left(\frac{\pi}{2}n\right)$

(k) $h[n] = \sum_{p=-1}^{\infty}\delta[n - 2p]$

2.50 已知 LTI 系統用下列的脈衝響應表示，計算其步階響應：

(a) $h[n] = (-1/2)^n u[n]$

(b) $h[n] = \delta[n] - \delta[n - 2]$

(c) $h[n] = (-1)^n\{u[n + 2] - u[n - 3]\}$

(d) $h[n] = nu[n]$

(e) $h(t) = e^{-|t|}$

(f) $h(t) = \delta^{(2)}(t)$

(g) $h(t) = (1/4)(u(t) - u(t - 4))$

(h) $h(t) = u(t)$

2.51 假設我們將多重路徑傳播模型一般化，變成一個直接和非直接路徑之間的k步延遲，如輸入-輸出方程式：

$$y[n] = x[n] + ax[n - k]$$

找出逆系統的脈衝響應。

2.52 寫出下列電路中對於其輸入的相關輸出微分方程式描述。

(a) 圖 P2.52(a)

(b) 圖 P2.52(b)

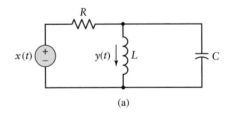

(a)

圖 P2.52 （a）

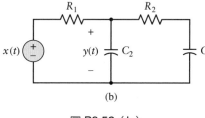

圖 P2.52（b）

2.53 系統用下列的微分方程式描述，找出它們的齊次解。

(a) $5\dfrac{d}{dt}y(t) + 10y(t) = 2x(t)$

(b) $\dfrac{d^2}{dt^2}y(t) + 6\dfrac{d}{dt}y(t) + 8y(t) = \dfrac{d}{dt}x(t)$

(c) $\dfrac{d^2}{dt^2}y(t) + 4y(t) = 3\dfrac{d}{dt}x(t)$

(d) $\dfrac{d^2}{dt^2}y(t) + 2\dfrac{d}{dt}y(t) + 2y(t) = x(t)$

(e) $\dfrac{d^2}{dt^2}y(t) + 2\dfrac{d}{dt}y(t) + y(t) = \dfrac{d}{dt}x(t)$

2.54 系統用下列的差分方程式描述，找出它們的齊次解。

(a) $y[n] - \alpha y[n-1] = 2x[n]$

(b) $y[n] - \frac{1}{4}y[n-1] - \frac{1}{8}y[n-2] = x[n] + x[n-1]$

(c) $y[n] + \frac{9}{16}y[n-2] = x[n-1]$

(d) $y[n] + y[n-1] + \frac{1}{4}y[n-2] = x[n] + 2x[n-1]$

2.55 系統用下列的微分方程式描述，找出它們的一個特殊解，已知輸入如下：

(a) $5\dfrac{d}{dt}y(t) + 10y(t) = 2x(t)$

  (i) $x(t) = 2$

  (ii) $x(t) = e^{-t}$

  (iii) $x(t) = \cos(3t)$

(b) $\dfrac{d^2}{dt^2}y(t) + 4y(t) = 3\dfrac{d}{dt}x(t)$

  (i) $x(t) = t$

  (ii) $x(t) = e^{-t}$

  (iii) $x(t) = (\cos(t) + \sin(t))$

(c) $\dfrac{d^2}{dt^2}y(t) + 2\dfrac{d}{dt}y(t) + y(t) = \dfrac{d}{dt}x(t)$

  (i) $x(t) = e^{-3t}u(t)$

  (ii) $x(t) = 2e^{-t}u(t)$

  (iii) $x(t) = 2\sin(t)$

2.56 系統用下列的差分方程式描述，找出它們的一個特殊解，已知輸入如下：

(a) $y[n] - \frac{2}{5}y[n-1] = 2x[n]$

  (i) $x[n] = 2u[n]$

  (ii) $x[n] = -\left(\frac{1}{2}\right)^n u[n]$

  (iii) $x[n] = \cos\left(\frac{\pi}{5}n\right)$

(b) $y[n] - \frac{1}{4}y[n-1] - \frac{1}{8}y[n-2] = x[n] + x[n-1]$

  (i) $x[n] = nu[n]$

  (ii) $x[n] = \left(\frac{1}{8}\right)^n u[n]$

  (iii) $x[n] = e^{j\frac{\pi}{4}n}u[n]$

  (iv) $x[n] = \left(\frac{1}{2}\right)^n u[n]$

(c) $y[n] + y[n-1] + \frac{1}{2}y[n-2] = x[n] + 2x[n-1]$

  (i) $x[n] = u[n]$

  (ii) $x[n] = \left(\frac{-1}{2}\right)^n u[n]$

2.57 系統用下列的微分方程式描述，找出它們的輸出，已知輸入和初始條件指定如下：

(a) $\dfrac{d}{dt}y(t) + 10y(t) = 2x(t),$
$$y(0^-) = 1, x(t) = u(t)$$

(b) $\dfrac{d^2}{dt^2}y(t) + 5\dfrac{d}{dt}y(t) + 4y(t) = \dfrac{d}{dt}x(t),$
$$y(0^-) = 0, \dfrac{d}{dt}y(t)\big|_{t=0^-} = 1, x(t) = \sin(t)u(t)$$

(c) $\dfrac{d^2}{dt^2}y(t) + 6\dfrac{d}{dt}y(t) + 8y(t) = 2x(t),$
$$y(0^-) = -1, \dfrac{d}{dt}y(t)\big|_{t=0^-} = 1, x(t) = e^{-t}u(t)$$

(d) $\dfrac{d^2}{dt^2}y(t) + y(t) = 3\dfrac{d}{dt}x(t),$
$$y(0^-) = -1, \dfrac{d}{dt}y(t)\big|_{t=0^-} = 1, x(t) = 2te^{-t}u(t)$$

2.58 找出習題 2.57 中系統的自然和強迫響應。

2.59 系統用下列的差分方程式描述，找出它們的輸出，已知輸入和初始條件指定如下：

(a) $y[n] - \frac{1}{2}y[n-1] = 2x[n]$,
$\quad y[-1] = 3, x[n] = \left(\frac{-1}{2}\right)^n u[n]$

(b) $y[n] - \frac{1}{9}y[n-2] = x[n-1]$,
$\quad y[-1] = 1, y[-2] = 0, x[n] = u[n]$

(c) $y[n] + \frac{1}{4}y[n-1] - \frac{1}{8}y[n-2] = x[n] + x[n-1]$,
$\quad y[-1] = 4, y[-2] = -2, x[n] = (-1)^n u[n]$

(d) $y[n] - \frac{3}{4}y[n-1] + \frac{1}{8}y[n-2] = 2x[n]$,
$\quad y[-1] = 1, y[-2] = -1, x[n] = 2u[n]$

2.60 找出習題 2.59 中系統的自然和強迫響應。

2.61 寫出與圖 P2.61 電路輸出 $y(t)$ 相關的微分方程式,並找出輸入為 $x(t)=u(t)$ 的步階響應。然後,利用步階響應來得到脈衝響應。提示:在解完整解中齊次部分的未定係數之前,先用電路分析的定律,把 $t=0^-$ 的初始條件轉換到 $t=0^+$ 時。

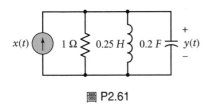

圖 P2.61

2.62 已知貸款為 \$100,000,月利率為 1%,假設每個月償還 \$1200,用一階差分方程式來計算每個月的結存,並確認其自然和強迫響應。在這個例子中,自然響應表示貸款的餘額,並假設在此之前都沒有償還過貸款。試求需要付幾次才能把貸款還清?

2.63 要在 30 年 (分 360 次償還) 和 15 年 (分 180 次償還) 內償還習題 2.62 中的貸款,試求每月應該償還多少金額?

2.64 要計算由利率所衍生的貸款金額部分,可將上次還款後所剩的餘額乘上 $\frac{r}{100}$,其中 r 是每期的利率,以百分比來表示。因此,如果 $y[n]$ 是付完第 n 次後所剩的欠款金額,則第 n 次償還金額中利息的部分為 $y[n-1](r/100)$。因此,在 n_1 到 n_2 期間,所必須償還的累進利息為:

$$I = (r/100) \sum_{n=n_1}^{n_2} y[n-1]$$

習題 2.63 中,貸款期間為 30 年和 15 年,計算在這個期間共要付出多少利息?

2.65 如圖 P2.65 所示的三個系統,找出其差分方程式的描述。

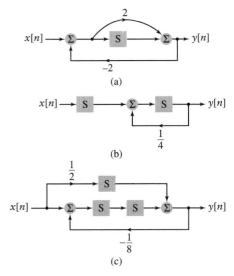

圖 P2.65

2.66 針對下列差分方程式,畫出其直接形式 I 和直接形式 II 操作法。

(a) $y[n] - \frac{1}{4}y[n-1] = 6x[n]$

(b) $y[n] + \frac{1}{2}y[n-1] - \frac{1}{8}y[n-2] = x[n] + 2x[n-1]$

(c) $y[n] - \frac{1}{9}y[n-2] = x[n-1]$

(d) $y[n] + \frac{1}{2}y[n-1] - y[n-3] = 3x[n-1] + 2x[n-2]$

2.67 把下列的微分方程式轉換成積分方程式,並畫出對應系統的直接形式 I 和直接形式 II 的實現。

(a) $\dfrac{d}{dt}y(t) + 10y(t) = 2x(t)$

(b) $\dfrac{d^2}{dt^2}y(t) + 5\dfrac{d}{dt}y(t) + 4y(t) = \dfrac{d}{dt}x(t)$

(c) $\dfrac{d^2}{dt^2}y(t) + y(t) = 3\dfrac{d}{dt}x(t)$

(d) $\dfrac{d^3}{dt^3}y(t) + 2\dfrac{d}{dt}y(t) + 3y(t) = x(t)$
$\qquad\qquad\qquad\qquad + 3\dfrac{d}{dt}x(t)$

2.68 如圖 P2.68 所示的兩個系統，找出其微分方程式描述法。

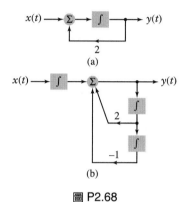

圖 P2.68

2.69 如圖 P2.69 所示的四個離散時間系統，找出其狀態變數的描述。

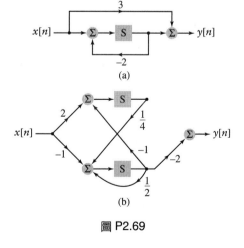

圖 P2.69

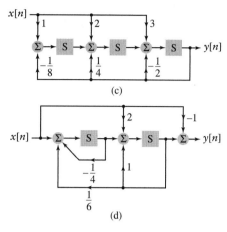

圖 P2.69（續）

2.70 畫出方塊圖表示法，以符合下列 LTI 系統的離散時間狀態變數描述法。

(a) $\mathbf{A} = \begin{bmatrix} 1 & -\frac{1}{2} \\ \frac{1}{3} & 0 \end{bmatrix};\quad \mathbf{b} = \begin{bmatrix} 1 \\ 2 \end{bmatrix};$
$\mathbf{c} = \begin{bmatrix} 1 & 1 \end{bmatrix};\quad D = \begin{bmatrix} 0 \end{bmatrix}$

(b) $\mathbf{A} = \begin{bmatrix} 1 & -\frac{1}{2} \\ \frac{1}{3} & 0 \end{bmatrix};\quad \mathbf{b} = \begin{bmatrix} 1 \\ 2 \end{bmatrix};$
$\mathbf{c} = \begin{bmatrix} 1 & -1 \end{bmatrix};\quad D = \begin{bmatrix} 0 \end{bmatrix}$

(c) $\mathbf{A} = \begin{bmatrix} 0 & -\frac{1}{2} \\ \frac{1}{3} & -1 \end{bmatrix};\quad \mathbf{b} = \begin{bmatrix} 0 \\ 1 \end{bmatrix};$
$\mathbf{c} = \begin{bmatrix} 1 & 0 \end{bmatrix};\quad D = \begin{bmatrix} 1 \end{bmatrix}$

(d) $\mathbf{A} = \begin{bmatrix} 0 & 0 \\ 0 & 1 \end{bmatrix};\quad \mathbf{b} = \begin{bmatrix} 2 \\ 3 \end{bmatrix};$
$\mathbf{c} = \begin{bmatrix} 1 & -1 \end{bmatrix};\quad D = \begin{bmatrix} 0 \end{bmatrix}$

2.71 如圖 P2.71 所示的五個連續時間 LTI 系統，找出其狀態變數描述法。

2.72 畫出方塊圖表示法，以符合下列 LTI 系統的連續時間狀態變數描述法。

(a) $\mathbf{A} = \begin{bmatrix} \frac{1}{3} & 0 \\ 0 & -\frac{1}{2} \end{bmatrix};\quad \mathbf{b} = \begin{bmatrix} -1 \\ 2 \end{bmatrix};$
$\mathbf{c} = \begin{bmatrix} 1 & 1 \end{bmatrix};\quad D = \begin{bmatrix} 0 \end{bmatrix}$

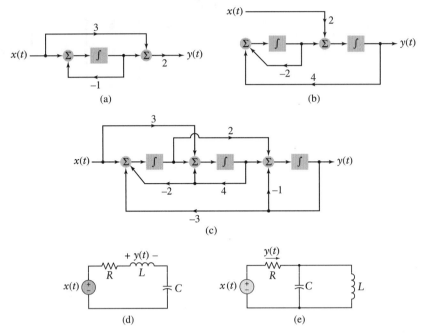

圖 P2.71

(b) $\mathbf{A} = \begin{bmatrix} 1 & 1 \\ 1 & 0 \end{bmatrix}$; $\mathbf{b} = \begin{bmatrix} -1 \\ 2 \end{bmatrix}$;

$\mathbf{c} = \begin{bmatrix} 0 & -1 \end{bmatrix}$; $D = [0]$

(c) $\mathbf{A} = \begin{bmatrix} 1 & -1 \\ 0 & -1 \end{bmatrix}$; $\mathbf{b} = \begin{bmatrix} 0 \\ 5 \end{bmatrix}$;

$\mathbf{c} = \begin{bmatrix} 1 & 0 \end{bmatrix}$; $D = [0]$

(d) $\mathbf{A} = \begin{bmatrix} 1 & -2 \\ 1 & 1 \end{bmatrix}$; $\mathbf{b} = \begin{bmatrix} 2 \\ 3 \end{bmatrix}$;

$\mathbf{c} = \begin{bmatrix} 1 & 1 \end{bmatrix}$; $D = [0]$

2.73 令離散時間系統的狀態變數描述法如下：

$$\mathbf{A} = \begin{bmatrix} 1 & -\frac{1}{2} \\ \frac{1}{3} & 0 \end{bmatrix}; \quad \mathbf{b} = \begin{bmatrix} 1 \\ 2 \end{bmatrix};$$
$$\mathbf{c} = \begin{bmatrix} 1 & -1 \end{bmatrix} \quad \text{以及} \quad D = [0]$$

(a) 定義新的狀態 $q_1'[n] = 2q_1[n]$, $q_2'[n] = 3q_2[n]$。找出新的狀態變數描述法 $\mathbf{A}'$，$\mathbf{b}'$，$\mathbf{c}'$和D'。

(b) 定義新的狀態 $q_1'[n] = 3q_2[n]$, $q_2'[n] = 2q_1[n]$。找出新的狀態變數描述法，

$\mathbf{A}'$，$\mathbf{b}'$，$\mathbf{c}'$和D'。

(c) 定義新的狀態 $q_1'[n] = q_1[n] + q_2[n]$, $q_2'[n] = q_1[n] - q_2[n]$。找出新的狀態變數描述法，$\mathbf{A}'$，$\mathbf{b}'$，$\mathbf{c}'$和$D'$。

2.74 考慮圖 P2.74 所示之連續時間系統。

(a) 假設狀態 $q_1(t)$ 和 $q_2(t)$ 如圖所標示，找出此系統的狀態變數描述法。

(b) 定義新的狀態 $q_1'(t) = q_1(t) - q_2(t)$ 與 $q_2'(t) = 2q_1(t)$。找出新的狀態變數描述法，$\mathbf{A}'$，$\mathbf{b}'$，$\mathbf{c}'$和D'。

(c) 畫出方塊圖以滿足(b)的新狀態變數描述法。

(d) 定義新的狀態 $q_1'(t) = \frac{1}{b_1}q_1(t)$，$q_2'(t) = b_2q_1(t) - b_1q_2(t)$。找出新的狀態變數描述法$\mathbf{A}'$，$\mathbf{b}'$，$\mathbf{c}'$和$D'$。

(e) 針對(d)的新狀態變數描述法，畫出其對應之方塊圖。

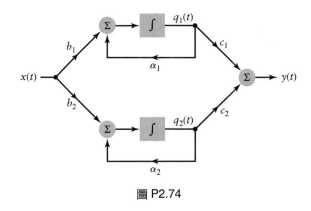

圖 P2.74

進階習題 (ADVANCED PROBLEMS)

2.75 在這個習題中，我們使用線性、非時變性和階梯近似輸入訊號的極限形式來發展摺積積分。接著，我們要定義 $g_\Delta(t)$ 爲單位面積的矩形脈衝，如圖 P2.75(a)所示。

(a) 用階梯近似訊號 $x(t)$ 的概念如圖 P2.75 (b)所示。把 $\tilde{x}(t)$ 表示成平移脈衝 $g_\Delta(t)$ 的加權總和。近似值的相近程度會隨著 Δ 減少而改善嗎？

(b) 令 LTI 系統對於輸入 $g_\Delta(t)$ 的響應爲 $h_\Delta(t)$。如果系統的輸入爲 $\tilde{x}(t)$，找出系統的輸出表示法，用 $h_\Delta(t)$ 來表示。

(c) 當 Δ 趨近於零時，$g_\Delta(t)$ 滿足脈衝的特性，因而我們可以把 $h(t) = \lim_{\Delta \to 0} h_\Delta(t)$ 解釋成系統的脈衝響應。當 Δ 趨近於零時，請證明(b)小題所導出的系統輸出表示法可以簡化成 $x(t) * h(t)$。

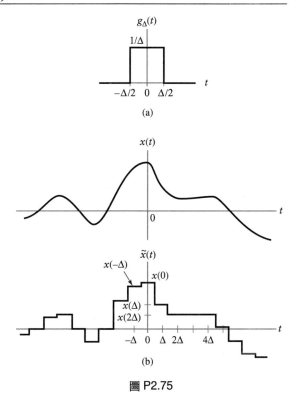

圖 P2.75

2.76 有限持續時間的離散時間訊號的摺積可以用矩陣和向量的乘積來表示。令輸入 $x[n]$ 在 $n = 0, 1, \cdots L-1$ 以外都是零，而脈衝響應 $h[n]$ 在 $n = 0, 1, \cdots M-1$ 以外都是零。則輸出 $y[n]$ 在 $n = 0, 1, \cdots L+M-1$ 以外都是零。定

義 行 向 量 $x = [x[0], x[1], \cdots, x[L-1]]^T$ 和
$y = [y[0]，y[1]，\cdots，y[M-1]]^T$。使用摺積
和的定義找出矩陣 **H**，使得 **y = Hx**。

2.77 假設連續時間系統的脈衝響應在區間
$0 < t < T_o$ 以外都是零。利用黎曼(Rieman)
和近似摺積積分的概念，將摺積積分轉換
成摺積和，其中的摺積和以輸出訊號的均
勻空間取樣和輸入訊號的均勻空間取樣加
以表示。

2.78 兩個眞實訊號 $x(t)$ 和 $y(t)$ 之間的交互相關
(cross-correlation) 定義爲

$$r_{xy}(t) = \int_{-\infty}^{\infty} x(\tau)y(\tau - t)d\tau$$

這個積分就是 $x(t)$ 和 $y(t)$ 平移後乘積之下的
面積。注意，自變數 $\tau - t$ 是摺積定義中對應
部分的負值。訊號 $x(t)$ 的自相關(autocorrela-
tion)，$r_{xy}(t)$ 可以用 $x(t)$ 取代 $y(t)$ 而得到。

(a) 證明 $r_{xy}(t) = x(t) * y(-t)$

(b) 導出計算交叉相關的逐步程序，類似於
2.5 節中計算摺積積分的程序。

(c) 計算下列訊號間的交互相關。

(i) $x(t) = e^{-t}u(t), y(t) = e^{-3t}u(t)$

(ii) $x(t) = \cos(\pi t)[u(t + 2) - u(t - 2)]$,
$y(t) = \cos(2\pi t)[u(t + 2) - u(t - 2)]$

(iii) $x(t) = u(t) - 2u(t - 1) + u(t - 2)$,
$y(t) = u(t + 1) - u(t)$

(iv) $x(t) = u(t - a) - u(t - a - 1)$,
$y(t) = u(t) - u(t - 1)$

(d) 計算下列訊號的自相關：

(i) $x(t) = e^{-t}u(t)$

(ii) $x(t) = \cos(\pi t)[u(t + 2) - u(t - 2)]$

(iii) $x(t) = u(t) - 2u(t - 1) + u(t - 2)$

(iv) $x(t) = u(t - a) - u(t - a - 1)$

(e) 證明 $r_{xy}(t) = r_{yx}(-t)$

(f) 證明 $r_{xx}(t) = r_{xx}(-t)$

2.79 證明脈衝響應的絕對可和性質是離散時間
系統穩定性的必要條件。(提示：找出一個
有界輸入 $x[n]$ 使得輸出在某個時間 n_o 時滿
足 $|y[n_o]| = \sum_{k=-\infty}^{\infty} |b[k]|$)

2.80 在 xy 平面上有複數振幅 $f(x,y)$ 的光線，在自
由空間中沿著 z 軸傳播距離 d，產生一個複
數振幅爲

$$g(x,y) = \int_{-\infty}^{\infty} \int_{-\infty}^{\infty} f(x',y')h(x-x', y-y')\,dx'\,dy'$$

其中

$$h(x, y) = b_0 e^{-jk(x^2+y^2)/2d}$$

這 裡 的 $k = 2\pi/\lambda$ 是 波 數，λ 是 波 長，而
$b_0 = j/(\lambda d)e^{-jkd}$。(我們利用 Fresnel 近似法
來導出 g 的表示法。)

(a) 判斷自由空間傳播是否代表一個線性系
統。

(b) 系統是空間不變性嗎？也就是說，輸入
的空間平移，$f(x-x_0, y-y_0)$，會在輸出
中產生相同的空間平移嗎？

(c) 計算一個位於 (x_1, y_1) 的點光源傳播距離 d
的結果。在本例中，$f(x,y)=\delta(x-x_1, y-y_1)$
，其中 $\delta(x,y)$ 是脈衝的二維形式。找出
此系統對應的二維脈衝響應。

(d) 計算兩個點光源位於 (x_1, y_1) 和 (x_2, y_2)，
而且傳播距離 d 的結果。

2.81 如圖 P2.81 所示，振動中繩索的運動可以用
偏微分方程式來描述。

$$\frac{\partial^2}{\partial l^2}y(l, t) = \frac{1}{c^2}\frac{\partial^2}{\partial t^2}y(l, t)$$

其中 $y(l,t)$ 是位移，以位置 l 和時間 t 的函數
表示，而 c 是一個常數，由繩索的材質特

性決定。初始條件設定如下：

$$y(0,t) = 0, \qquad y(a,t) = 0, \ t > 0;$$
$$y(l,0) = x(l), \ 0 < l < a;$$
$$\frac{\partial}{\partial t} y(l,t)\bigg|_{t=0} = g(l), \ 0 < l < a$$

在此，$x(l)$ 是繩索在 $t=0$ 的位移，而 $g(l)$ 描述在 $t=0$ 的速度。解此方程式的一個方法是變數分離 (separation of varable) —也就是 $y(l,t)=\phi(l)f(t)$，在此例中，偏微分方程式變成

$$f(t)\frac{d^2}{dl^2}\phi(l) = \phi(l)\frac{1}{c^2}\frac{d^2}{dt^2}f(t)$$

意指

$$\frac{\frac{d^2}{dl^2}\phi(l)}{\phi(l)} = \frac{\frac{d^2}{dt^2}f(t)}{c^2 f(t)}, \ 0 < l < a, \ 0 < t$$

為了讓等號成立，方程式的兩邊都必須是常數。令常數為 $-\omega^2$，並且把偏微分方程式分成兩個一般的二階微分方程式，以共同的參數 ω^2 相關連：

$$\frac{d^2}{dt^2}f(t) + \omega^2 c^2 f(t) = 0, \qquad 0 < t;$$
$$\frac{d^2}{dl^2}\phi(l) + \omega^2\phi(l) = 0 \qquad 0 < l < a$$

(a) 找出 $f(t)$ 和 $\phi(l)$ 的解的形式。

(b) 在繩索兩端的邊界條件為

$$\phi(0)f(t) = 0 \quad \text{and} \quad \phi(a)f(t) = 0$$

此外，因為 $f(t)=0$ 給 $y(l,t)$ 一個顯然解 (trivial solution)，我們必須有 $\phi(0)=0$ 和

$\phi(a)=0$。試求這些條件如何限制 ϕ 的允許值，以及 $\phi(l)$ 解的形式。

(c) 應用(b)的邊界條件來證明：可以用來把偏微分方程式分成兩個一般的二階微分方程式的常數 $(-\omega^2)$ 必定是負數。

(d) 假設繩索的初始位置是 $y(l,0)=x(l)=\sin(\pi l/a)$ 而且初始速度為 $g(l)=0$。試求 $y(l,t)$。

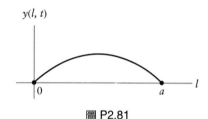

圖 P2.81

2.82 假設在狀態變數描述法中的 N 乘 N 矩陣 $\mathbf{A}$ 有 N 個線性獨立的特徵向量 e_i，$i=1,2,\cdots N$ 和個別對應的特徵值 λ_i。因此，$\mathbf{A}e_i=\lambda_i e_i$，$i=1,2,\cdots N$。

(a) 證明我們可以把 $\mathbf{A}$ 分解成 $\mathbf{A}=E\varLambda E^{-1}$，其中$\varLambda$是含有第 i 個對角元素 λ_i 的對角矩陣。

(b) 找出狀態的轉換，可使得 $\mathbf{A}$ 對角化。

(c) 假設

$$\mathbf{A} = \begin{bmatrix} 0 & -1 \\ 2 & -3 \end{bmatrix}, \ \ \mathbf{b} = \begin{bmatrix} 2 \\ 3 \end{bmatrix},$$
$$\mathbf{c} = \begin{bmatrix} 1 & 0 \end{bmatrix} \quad \text{以及} \quad D = \begin{bmatrix} 0 \end{bmatrix}$$

試求一個可將此系統轉成對角形式的轉換。

(d) 畫出離散時間系統的方塊圖表示法，符合(c)部分的系統。

電腦實驗 (COMPUTER EXPERIMENTS)

2.83 利用MATLAB的 `conv` 指令重做習題2.34。

2.84 使用 MATLAB 重做範例 2.5。

2.85 對於習題 2.50(a)-(d)中的系統，用 MAT-LAB 計算其步階響應的前 20 個值。

2.86 兩個系統含有脈衝響應

$$h_1[n] = \begin{cases} \frac{1}{4}, & 0 \le n \le 3 \\ 0, & \text{其他條件} \end{cases}$$

以及

$$h_2[n] = \begin{cases} \frac{1}{4}, & n = 0, 2 \\ -\frac{1}{4}, & n = 1, 3 \\ 0, & \text{其他條件} \end{cases}$$

使用 MATLAB 指令 `conv` 來畫出步階響應的前 20 個值。

2.87 使用 MATLAB 指令 `filter` 和 `filtic` 來重做範例 2.16。

2.88 使用 MATLAB 指令 `filter` 和 `filtic` 來核對範例 2.23 的貸款餘額。

2.89 使用 MATLAB 指令 `filter` 和 `filtic` 來決定習題 2.59 的前 50 個輸出值。

2.90 使用 MATLAB 指令 `impz` 來決定習題 2.59 所描述之脈衝響應的前 30 個值。

2.91 使用 MATLAB 來解習題 2.62。

2.92 使用 MATLAB 來解習題 2.63。

2.93 使用 MATLAB 指令 `ss2ss` 來解習題 2.73。

2.94 系統的狀態變數描述法爲

$$\mathbf{A} = \begin{bmatrix} \frac{1}{2} & -\frac{1}{2} \\ \frac{1}{3} & 0 \end{bmatrix}, \quad \mathbf{b} = \begin{bmatrix} 1 \\ 2 \end{bmatrix},$$

$$\mathbf{c} = \begin{bmatrix} 1 & -1 \end{bmatrix} \quad \text{以及} \quad D = [0]$$

(a) 使用 MATLAB 指令 `lsim` 和 `impulse` 決定系統步階和脈衝響應的前 30 個值。

(b) 定義新狀態 $q_1[n] = q_1[n] + q_2[n]$ 和 $q_2[n] = 2q_1[n] - q_2[n]$。對於轉換後的系統，再重做本題(a)部分。

3 訊號的傅立葉轉換與線性非時變系統

3.1 簡介 (Introduction)

在這一章我們把訊號表示為一組複數弦波 (complex sinusoids) 的加權疊加。如果將這樣的訊號輸入一個 LTI 系統，系統的輸出會是它對每個複數弦波響應的加權疊加。在上一章我們曾經以類似手法利用線性性質發展出摺積積分與摺積和，當時我們把輸入訊號寫成一組延遲脈衝的加權疊加，然後求得輸出是系統延遲脈衝響應的加權疊加。如果用脈衝來表示訊號，我們得到的輸出被稱為「摺積」。如果改用弦波表示訊號，我們將會得到另一個表示 LTI 系統輸入－輸出行為的公式。

把訊號表示為複數弦波的疊加，除了產生能夠表示系統輸出的有用公式以外，還提供我們對訊號和系統更深入的了解。把複雜的訊號看成頻率的函數的觀念常常在音樂中出現。例如一個管弦樂團的樂譜會包含數種擁有不同頻率範圍的樂器，像低音大提琴產生非常低頻的聲音，但短笛的聲音頻率卻很高。當我們聆聽一個樂團演奏時，聽到的是不同樂器所產生聲音的疊加。同樣地，合唱團的樂譜也包括男低音、男高音、女低音和女高音四部，各自都對整體的聲音提供不同頻率範圍的貢獻。我們可以類似方式看待在這一章發展出來的訊號表示法：某特定頻率的弦波的權重代表該弦波對整體訊號的貢獻。

使用弦波表示法來研究訊號和系統的做法被稱爲 *傅立葉分析* (*Fourier analysis*)，這是爲了紀念發展出這個理論的約瑟・傅立葉 (Joseph Fourier，1768 — 1830)。除了訊號與系統以外，傅立葉分析在工程與科學的每一個分支都有廣泛的應用。

傅立葉表示法共有四種，分別適用於不同類型的訊號，視訊號是離散或連續的和它的週期性而定。這一章的重點是對這四種傅立葉表示法和它們的性質做一個比較性的介紹。至於牽涉到混合不同種類訊號的應用，像從一個連續時間訊號中取樣的情況，我們會留待下一章再討論。

3.2　複數弦波與 LTI 系統的頻率響應
(Complex Sinusoids and Frequency Response of LTI Systems)

從一個 LTI 系統對弦波輸入的響應，我們得到系統行爲的一個特徵，稱爲 *頻率響應* (*frequency response*)。利用摺積和複數弦波輸入訊號，這個特徵可以用系統的脈衝響應表達出來。考慮輸出爲脈衝響應 $h[n]$ 的離散時間 LTI 系統，輸入爲單位振幅的複數弦波 $x[n] = e^{j\Omega n}$。此輸出是

$$y[n] = \sum_{k=-\infty}^{\infty} h[k]x[n-k]$$
$$= \sum_{k=-\infty}^{\infty} h[k]e^{j\Omega(n-k)}$$

從上述總和公式中提出因子 $e^{j\Omega n}$，得到

$$y[n] = e^{j\Omega n} \sum_{k=-\infty}^{\infty} h[k]e^{-j\Omega k}$$
$$= H(e^{j\Omega})e^{j\Omega n}$$

其中我們定義了

$$H(e^{j\Omega}) = \sum_{k=-\infty}^{\infty} h[k]e^{-j\Omega k} \tag{3.1}$$

因此，系統的輸出是一個與輸入頻率相同的複數弦波乘上複數 $H(e^{j\Omega})$。這個關係可見於圖 3.1。複數比例因子 (scaling factor) $H(e^{j\Omega})$ 被稱爲離散時間系統的 *頻率響應*，它只是頻率 Ω 的函數，而並非時間 n 的函數。

對於連續時間的 LTI 系統也可以得到類似的結果。令這類系統的脈衝響應是 $h(t)$，而輸入是 $x(t) = e^{j\omega t}$，則利用摺積積分可求得輸出爲

$$y(t) = \int_{-\infty}^{\infty} h(\tau)e^{j\omega(t-\tau)}\,d\tau$$

$$= e^{j\omega t}\int_{-\infty}^{\infty} h(\tau)e^{-j\omega\tau}\,d\tau \qquad (3.2)$$

$$= H(j\omega)e^{j\omega t}$$

其中，我們定義

$$H(j\omega) = \int_{-\infty}^{\infty} h(\tau)e^{-j\omega\tau}\,d\tau \qquad (3.3)$$

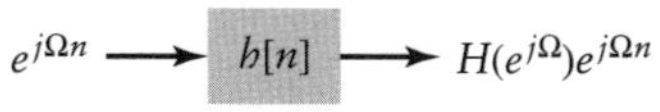

$$e^{j\Omega n} \longrightarrow \boxed{h[n]} \longrightarrow H(e^{j\Omega})e^{j\Omega n}$$

圖 3.1　如果對 LTI 系統輸入複數弦波，輸出是相同頻率的複數弦波，再乘上系統的頻率響應。

因此，系統的輸出是一個與輸入同頻率的複數弦波，再乘上複數 $H(j\omega)$。注意，$H(j\omega)$ 只是頻率 ω 的函數，而並非時間 t 的函數，被稱爲連續時間系統的 *頻率響應*。

透過把複數值的頻率響應 $H(j\omega)$ 寫成極座標型式 (polar form)，我們可以得到弦波穩定狀態響應的一個直觀的詮釋。回想如果 $c = a + jb$ 是複數，我們可以把 c 寫成極座標型式 $c = |c|e^{j\arg\{c\}}$，其中 $|c| = \sqrt{a^2 + b^2}$ 和 $\arg\{c\} = \arctan\left(\dfrac{b}{a}\right)$。因此，我們得到 $H(j\omega) = |H(j\omega)|e^{j\arg\{H(j\omega)\}}$，其中 $|H(j\omega)|$ 在這裡被稱爲系統的 *振幅響應 (magnitude response)*，而 $\arg\{H(j\omega)\}$ 則被稱爲 *相位響應 (phase response)*。將這個極座標型式代入(3.2)式，我們可以將輸出寫成

$$y(t) = |H(j\omega)|e^{j(\omega t + \arg\{H(j\omega)\})}$$

可見系統對輸入的振幅造成的改變爲 $|H(j\omega)|$，對相位造成的改變則爲 $\arg\{H(j\omega)\}$。

範例 3.1

RC 電路：頻率響應　考慮圖 3.2 中輸入電壓與電容兩端之間電壓所組成的系統，我們在範例 1.21 曾經推導出它的脈衝響應爲

$$h(t) = \frac{1}{RC}e^{-\frac{t}{RC}}u(t)$$

試求頻率響應的表示式，並繪出振幅響應與相位響應的圖形。

解答　將 $h(t)$ 代入(3.3)式，得到

$$H(j\omega) = \frac{1}{RC} \int_{-\infty}^{\infty} e^{-\frac{\tau}{RC}} u(\tau) e^{-j\omega\tau}\, d\tau$$

$$= \frac{1}{RC} \int_{0}^{\infty} e^{-\left(j\omega + \frac{1}{RC}\right)\tau}\, d\tau$$

$$= \frac{1}{RC} \frac{-1}{\left(j\omega + \frac{1}{RC}\right)} e^{-\left(j\omega + \frac{1}{RC}\right)\tau} \Bigg|_{0}^{\infty}$$

$$= \frac{1}{RC} \frac{-1}{\left(j\omega + \frac{1}{RC}\right)} (0 - 1)$$

$$= \frac{\frac{1}{RC}}{j\omega + \frac{1}{RC}}$$

振幅響應是

$$|H(j\omega)| = \frac{\frac{1}{RC}}{\sqrt{\omega^2 + \left(\frac{1}{RC}\right)^2}}$$

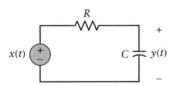

圖 3.2   範例 3.1 中的 RC 電路。

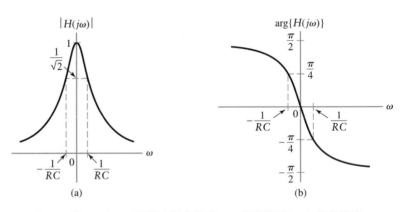

圖 3.3   圖 3.2 中 RC 電路的頻率響應。(a)振幅響應。(b)相位響應。

而相位響應是

$$\arg\{H(j\omega)\} = -\arctan(\omega RC)$$

圖 3.3(a)和(b)分別是振幅響應和相位響應。從振幅響應可見 RC 電路傾向衰減高頻的 $\left(\omega > \frac{1}{RC}\right)$ 弦波。這與我們從電路分析所得到的直覺相符合。電路對輸入電壓的迅速改變無法反應。另外高頻弦波還經過 $-\frac{\pi}{2}$ 弪度的相位移 (phase shift)。低頻 $\left(\omega < \frac{1}{RC}\right)$ 弦波通過電路時的增益高很多,相對的相位移也比較小。

我們稱複數弦波 $\psi = e^{j\omega}$ 為 LTI 系統 ϕ H 對應於*特徵值 (eigenvalue)* $\lambda = H(j\omega)$ 的*特徵函數(eigenfunction)*,因為 ψ 滿足一個以下方程式所描述的特徵值問題:

$$H\{\psi(t)\} = \lambda\psi(t)$$

這個特徵表示法 (eigenrepresentation) 的圖示如圖 3.4。系統對一個特徵函數輸入訊號的作用是純量乘法:輸出是輸入與一個複數的乘積。這個特徵表示法類似我們更熟悉的矩陣特徵問題。如果 e_k 是具有特徵值 λ_k 的矩陣 $\mathbf{A}$ 的特徵向量,則

$$\mathbf{A}e_k = \lambda_k e_k$$

這就是說,把 e_k 左乘 (pre-multiply) 以矩陣 $\mathbf{A}$ 相當於把 e_k 乘以純量 λ_k。

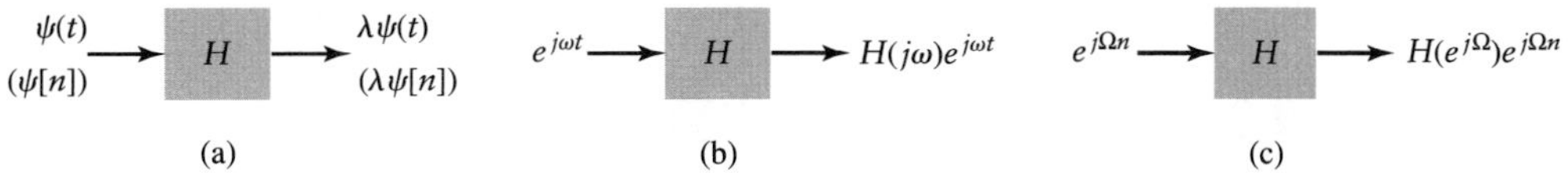

圖 3.4　線性系統特徵函數性質的圖示。系統對於特徵函數輸入的作用就是乘以對應的特徵值。(a) 一般的特徵函數 $\psi(t)$ 或 $\psi[n]$ 與特徵值 λ;(b)複數弦波特徵函數 $e^{j\omega t}$ 與特徵值 $H(j\omega)$;(c)複數弦波特徵函數 $e^{j\Omega n}$ 與特徵值 $H(e^{j\Omega})$。

屬於系統特徵函數的訊號在 LTI 系統的理論中,扮演一個很重要的角色。透過將任意的訊號表示為特徵函數的加權疊加,我們可以把摺積運算轉換為乘法運算。要了解這一點,考慮將一個 LTI 系統的輸入表示為 M 個複數弦波的加權疊加形式

$$x(t) = \sum_{k=1}^{M} a_k e^{j\omega_k t}$$

如果 $e^{j\omega_k t}$ 是系統對應於特徵值 $H(j\omega_k)$ 的特徵函數,則輸入中的每一項 $a_k e^{j\omega_k t}$ 會產生一個輸出項 $a_k H(j\omega_k)e^{j\omega_k t}$。因此我們可以把系統的輸出寫成

$$y(t) = \sum_{k=1}^{M} a_k H(j\omega_k)e^{j\omega_k t}$$

這是 M 個複數弦波的加權總和，其中輸入權重 a_k 經過系統頻率響應 $H(j\omega_k)$ 的修正。摺積運算，$h(t) * x(t)$ 在這裡變為相乘，$a_k H(j\omega_k)$，因為 $x(t)$ 被寫成特徵函數之和的形式。在離散時間的情況也有類似的關係成立。

　　這個性質促使我們把訊號表示為複數弦波的加權總和。而且，這些權重提供了另一種對訊號的不同詮釋方式：與之前我們把訊號的行為看作時間的函數不一樣，這些權重把它描述為頻率的函數。我們馬上會發現，這個不同觀點透露出非常多訊息。

3.3　四種類型訊號的傅立葉表示法
(Fourier Representations for Four Classes of Signals)

　　傅立葉表示法共有四種，它們各自適用於不同類別的訊號。這四個種類是根據訊號是否具有週期性，以及訊號在時間中究竟是連續的或離散的而定。傅立葉級數 (Fourier series，簡稱 FS) 適用於連續時間週期訊號，而離散時間傅立葉級數 (discrete-time Fourier series，簡稱 DTFS) 則適用於離散時間週期訊號。非週期訊號有傅立葉轉換表示法。傅立葉轉換 (Fourier transform，簡稱 FT) 使用於連續時間的非週期訊號。離散時間傅立葉轉換 (discrete-time Fourier transform，簡稱 DTFT) 則使用在離散時間的非週期訊號。表 3.1 列出了訊號的時間性與其適合的傅立葉表示法之間的關係。

■ 3.3.1　週期訊號：傅立葉級數表示法
(PERIODIC SIGNALS：FOURIER SERIES REPRESENTATIONS)

考慮把一個週期訊號表示為複數弦波的加權疊加。既然這個加權疊加一定和訊號本身有相同的週期，因此疊加中的每個弦波也一定要和訊號有同樣的週期。這表示每一個弦波的頻率必須是 訊號基頻 (fundamental frequency) 的整數倍數。

表 3.1　訊號的時間性和適用於它的傅立葉表示法之間的關係。

時間性質	週期	非週期
連續 (t)	傅立葉級數 (FS)	傅立葉轉換 (FT)
離散 $[n]$	離散時間 傅立葉級數 (DTFS)	離散時間 傅立葉轉換 (DTFT)

如果 $x[n]$ 是基本週期 N 的離散時間訊號，則我們把 $x[n]$ 以 DTFS 表示為

$$\hat{x}[n] = \sum_k A[k]e^{jk\Omega_o n} \tag{3.4}$$

其中 $\Omega_o = 2\pi/N$ 是 $x[n]$ 的基頻。疊加中的第 k 個弦波是 $k\Omega_o$。這些弦波中每一個都有共同週期 N。同理，如果 $x(t)$ 是基本週期 T 的連續時間訊號，我們用以下的 FS 來表示 $x(t)$：

$$\hat{x}(t) = \sum_k A[k]e^{jk\omega_o t} \tag{3.5}$$

其中 $\omega_0 = 2\pi/T$ 是 $x(t)$ 的基頻。在這裡，第 k 個弦波的頻率是 $k\omega_o$，而每個弦波有共同的週期 T。一個頻率為基頻的整數倍數的弦波被稱為基頻弦波的 *諧波 (harmonic)*。因此，$e^{jk\omega_o t}$ 是 $e^{j\omega_o t}$ 的第 k 諧波。在(3.4)和(3.5)式當中，$A[k]$ 是施加於第 k 諧波的權重，帽子標記 (^) 代表近似值，因為我們還不能想當然爾地認為 $x[n]$ 或 $x(t)$ 可以精確地藉由上述形式中的級數所代表。變數 k 標示弦波的頻率，所以我們說 $A[k]$ 是頻率的函數。

在這個總當中應該有多少個項以及多少個權重呢？如果我們記得不同頻率的複數弦波不一定是不同的，則藉著觀察(3.4)式所描述的DTFS，這個問題的答案馬上呼之欲出。其中特別是，複數弦波 $e^{jk\Omega_o n}$ 對於頻率指標k而言週期為 N，這從下面的關係可以看出來

$$\begin{aligned} e^{j(N+k)\Omega_o n} &= e^{jN\Omega_o n}e^{jk\Omega_o n} \\ &= e^{j2\pi n}e^{jk\Omega_o n} \\ &= e^{jk\Omega_o n} \end{aligned}$$

因此，其實具有 $e^{jk\Omega_o n}$ 形式的複數弦波只有 N 個。如果取頻率指標k的範圍從 $k = 0$ 到 $k = N - 1$，我們可以得到一個包括 N 個不同複數弦波的唯一集合。因此，我們可以將(3.4)式改寫為

$$\hat{x}[n] = \sum_{k=0}^{N-1} A[k]e^{jk\Omega_o n} \tag{3.6}$$

k 可以取任意 N 個相鄰的值，選擇這些值的時候我們可以利用訊號 $x[n]$ 的對稱性來把問題簡化。例如，如果 $x[n]$ 是一個偶訊號或奇訊號，當 N 是奇數時使用 $k = -(N-1)/2$ 到 $(N+1)/2$ 會比較方便。

與離散時間的情況不同，具有不同頻率 $k\omega_o$ 的連續時間複數弦波 $e^{jk\omega_o t}$ 一定是不同的函數。因此，(3.5)式中的級數可能會有無限多項，於是我們把 $x(t)$ 寫成

$$\hat{x}(t) = \sum_{k=-\infty}^{\infty} A[k]e^{jk\omega_o t} \tag{3.7}$$

我們希望找出權重或係數 $A[k]$ 使得 $\hat{x}[n]$ 和 $\hat{x}(t)$ 分別是 $x[n]$ 和 $x(t)$ 的良好近似。要達到這個目的，我們把訊號與它的級數表示法之間的均方誤差 (mean-square error，簡稱 MSE) 達到最小值。因為級數表示法與訊號本身有相同的週期，MSE 是任何一個週期當中的均方差，也就是誤差中的平均功率。在離散時間的情況，我們有

$$MSE = \frac{1}{N} \sum_{n=0}^{N-1} |x[n] - \hat{x}[n]|^2 \tag{3.8}$$

同理，在連續時間的情形，

$$MSE = \frac{1}{T} \int_0^T |x(t) - \hat{x}(t)|^2 \, dt \tag{3.9}$$

在 3.4 和 3.5 節所給出的 DTFS 和 FS 係數會最 MSE 達到最小值。這些係數的計算可以透過具有諧波相關 (harmonically related) 的複數弦波的性質加以簡化。

■ 3.3.2　非週期訊號：傅立葉轉換表示法 (NONPERIODIC SIGNALS: FOURIER-TRANSFORM REPRESENTATIONS)

與週期訊號的情形相反，用來表示非週期訊號的弦波週期並無任何限制。因此，傅立葉轉換表示法之中，所使用的複數弦波的頻率形成一個連續體 (continuum)。訊號是以複數弦波的加權積分表示，其中的積分變數是弦波的頻率。在 DTFT 中，離散時間弦波被用來表示離散時間訊號，而在 FT 中，連續時間的弦波被用來表示連續時間訊號。不同頻率的連續時間弦波是不同的，因此 FT 牽涉到從 $-\infty$ 到 ∞ 的頻率，如下述方程式

$$\hat{x}(t) = \frac{1}{2\pi} \int_{-\infty}^{\infty} X(j\omega)e^{j\omega t} \, d\omega$$

在這裡，$X(j\omega)/2\pi$ 代表在 FT 表示法中作用在頻率為 ω 弦波的「權重」或係數。

離散時間弦波只在 2π 的頻率區間中的唯一存在的，因為頻率相差 2π 整數倍數的離散時間弦波是完全相同的。因此 DTFT 只牽涉到 2π 頻率區間內的弦波，如下面關係式所示

$$\hat{x}[n] = \frac{1}{2\pi} \int_{-\pi}^{\pi} X(e^{j\Omega})e^{j\Omega n} \, d\Omega$$

因此在 DTFT 表示法之中，作用於弦波 $e^{j\Omega n}$ 的「權重」是 $X(e^{j\Omega})/2\pi$。

這一章的下面四節依次介紹 DTFS、FS、DTFT 和 FT。

▶ **習題 3.1** 對以下的訊號找出適合的傅立葉表示法：

(a) $x[n] = (1/2)^n u[n]$

(b) $x(t) = 1 - \cos(2\pi t) + \sin(3\pi t)$

(c) $x(t) = e^{-t}\cos(2\pi t)u(t)$

(d) $x[n] = \sum_{m=-\infty}^{\infty}\delta[n - 20m] - 2\delta[n - 2 - 20m]$

答案　(a) DTFT

　　　(b) FS

　　　(c) FT

　　　(d) DTFS ◀

3.4　離散時間週期訊號：離散時間傅立葉級數 (Discrete-Time Periodic Signals:The Discrete-Time Fourier Series)

基本週期 N 且基頻為 $\Omega_0 = 2\pi/N$ 的週期訊號 $x[n]$，其 DTFS 表示法可寫為

$$x[n] = \sum_{k=0}^{N-1} X[k]e^{jk\Omega_o n} \tag{3.10}$$

其中

$$X[k] = \frac{1}{N}\sum_{n=0}^{N-1} x[n]e^{-jk\Omega_o n} \tag{3.11}$$

是訊號 $x[n]$ 的 DTFS 係數。$x[n]$ 和 $X[k]$ 稱為一組 DTFS 對 (DTFS pair)，這個關係可以符號表示為

$$x[n] \xleftrightarrow{\quad DTFS;\Omega_o \quad} X[k]$$

我們可以憑 $X[k]$ 的 N 個值，利用(3.10)式求得 $x[n]$，或憑 N 個 $x[n]$ 的值利用(3.11)式去求得 $X[k]$。$X[k]$ 或 $x[n]$ 兩者之一均可對訊號做完整的描述。我們將會看到對某些問題使用時域值 $x[n]$ 比較有利，但對其他問題用 DTFS 係數 $X[k]$ 來描述訊號會較為方便。這些 DTFS 係數 $X[k]$ 被稱為 $x[n]$ 的 *頻域 (frequency domain)* 表示法，因為

每個係數與不同頻率的複數弦波有關。變數 k 決定了與 $X[k]$ 相關弦波的頻率,所以我們說 $X[k]$ 是頻率的函數。DTFS 表示法是很精確的描述法;任意的離散時間週期訊號都可以用(3.10)式來描述。

DTFS 是唯一可以用透過數值計算或電腦操作的傅立葉表示法。這是因為訊號的時域表示法 $x[n]$ 和頻域表示法 $X[k]$ 都可以精確的用一組有限的 N 個數字來表示。DTFS 可以用電腦來處理的這個性質在實際用途上非常重要。這個級數在數值訊號分析與系統的操作有很廣泛的應用,也常常被用來做為其他三種傅立葉表示法的數值近似描述。這些題目會在下一章探討。

在提出幾個範例來說明 DTFS 以前,我們想提醒讀者在(3.10)式和(3.11)式中的上下限不一定要選擇從 0 到 $N-1$,因為 $x[n]$ 對 n 而言週期為 N,而 $X[k]$ 則對 k 而言週期為 N,因此我們可以就個別情形選擇指標的範圍來簡化手邊的問題。

範例 3.2

求出 DTFS 係數 試求圖 3.5 中訊號的頻域表示法。

解答 訊號的週期是 $N = 5$,於是 $\Omega_o = 2\pi/5$。而且,這個訊號有奇對稱性 (odd symmetry),因此我們在(3.11)式中,求從 $n = -2$ 到 $n = 2$ 的總和,得到

$$X[k] = \frac{1}{5}\sum_{n=-2}^{2} x[n]e^{-jk2\pi n/5}$$

$$= \frac{1}{5}\{x[-2]e^{jk4\pi/5} + x[-1]e^{jk2\pi/5} + x[0]e^{j0} + x[1]e^{-jk2\pi/5} + x[2]e^{-jk4\pi/5}\}$$

使用 $x[n]$ 的值我們得到

$$X[k] = \frac{1}{5}\left\{1 + \frac{1}{2}e^{jk2\pi/5} - \frac{1}{2}e^{-jk2\pi/5}\right\}$$

$$= \frac{1}{5}\{1 + j\sin(k2\pi/5)\}$$

(3.12)

從這個方程式,我們可以找出一個週期的 DTFS 係數 $X[k]$,$k = -2$ 至 $k = 2$。它們分別用直角與極座標表示如下

$$X[-2] = \frac{1}{5} - j\frac{\sin(4\pi/5)}{5} = 0.232e^{-j0.531}$$

$$X[-1] = \frac{1}{5} - j\frac{\sin(2\pi/5)}{5} = 0.276e^{-j0.760}$$

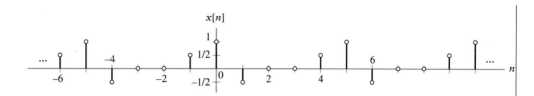

圖 3.5　範例 3.2 中的時域訊號。

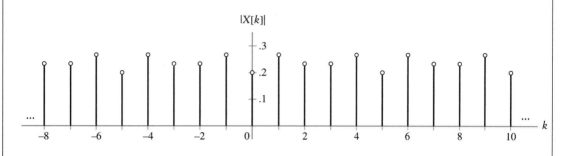

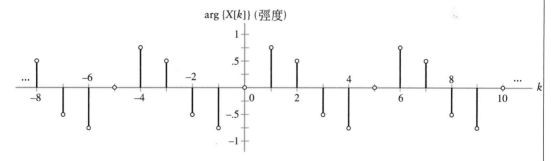

圖 3.6　圖 3.5 中訊號的 DTFS 係數的振幅與相位。

$$X[0] = \frac{1}{5} = 0.2e^{j0}$$

$$X[1] = \frac{1}{5} + j\frac{\sin(2\pi/5)}{5} = 0.276e^{j0.760}$$

$$X[2] = \frac{1}{5} + j\frac{\sin(4\pi/5)}{5} = 0.232e^{j0.531}$$

圖 3.6 對頻率指標 k 描繪出 $X[k]$ 的振幅與相位函數圖。

　　現在假設我們用 $n = 0$ 至 $n = 4$ 作爲(3.11)式中總和的上下限來計算 $X[k]$，我們得到

$$X[k] = \frac{1}{5}\{x[0]e^{j0} + x[1]e^{-j2\pi/5} + x[2]e^{-jk4\pi/5} + x[3]e^{-jk6\pi/5} + x[4]e^{-j8\pi/5}\}$$

$$= \frac{1}{5}\left\{1 - \frac{1}{2}e^{-jk2\pi/5} + \frac{1}{2}e^{-jk8\pi/5}\right\}$$

這個公式看起來與(3.12)式有所不同，因爲(3.12)式是計算從 $n = -2$ 至 $n = 2$ 的總和，但如果注意到

$$e^{-jk8\pi/5} = e^{-jk2\pi}e^{jk2\pi/5}$$
$$= e^{jk2\pi/5}$$

我們發現利用這兩個區間，$n = -2$ 至 $n = 2$ 和 $n = 0$ 至 $n = 4$，分別得到的 DTFS 係數的公式其實是相同的。

$X[k]$ 的振幅量值，用符號 $|X[k]|$ 表示而且對頻率指標畫成圖表，稱爲 $x[n]$ 的 *振幅頻譜* (*magnitude spectrum*)。同理，$X[k]$ 的相位，符號爲 $\arg\{X[k]\}$，是 $x[n]$ 的 *相位頻譜* (*phase spectrum*)。注意範例 3.2 中 $|X[k]|$ 是偶函數，但 $\arg\{X[k]\}$ 是奇函數。

➤ **習題 3.2** 試求圖 3.7(a)和(b)中週期訊號的 DTFS 係數。

答案 圖 3.7(a)：

$$x[n] \xleftrightarrow{\ DTFS;\pi/3\ } X[k] = \frac{1}{6} + \frac{2}{3}\cos(k\pi/3)$$

圖 3.7(b)：

$$x[n] \xleftrightarrow{\ DTFS;2\pi/15\ } X[k] = \frac{-2j}{15}(\sin(k2\pi/15) + 2\sin(k4\pi/15)) \qquad ◄$$

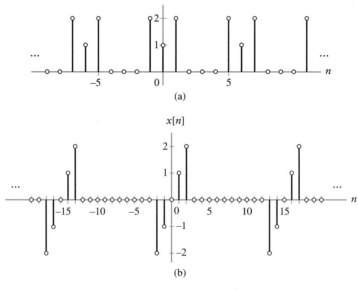

圖 3.7 習題 3.2 的訊號 $x[n]$。

如果 $x[n]$ 是由實數或複數弦波所組成，往往憑觀察直接看出 $X[k]$ 要比計算(3.11) 式容易。這個審視法 (method of inspection) 的根據是把所有實數弦波展開成複數弦波，然後把結果的每一項與方程式(3.10)中的每一項比較。我們用下面的範例來說明。

範例 3.3

用審視法求出 DTFS 係數　試用目視法求出 $x[n] = \cos(\pi n/3 + \phi)$ 的 DTFS 係數。

解答　$x[n]$ 的週期是 $N = 6$。我們利用尤拉公式 (Euler's formula) 將餘弦函數展開，然後將所有相位移置於複數弦波的前面。結果是

$$x[n] = \frac{e^{j\left(\frac{\pi}{3}n+\phi\right)} + e^{-j\left(\frac{\pi}{3}n+\phi\right)}}{2}$$

$$= \frac{1}{2}e^{-j\phi}e^{-j\frac{\pi}{3}n} + \frac{1}{2}e^{j\phi}e^{j\frac{\pi}{3}n} \tag{3.13}$$

現在我們將(3.13)式與(3.10)式的 DTFS 比較，在後者我們取 $\Omega_o = 2\pi/6$ 和從 $k = -2$ 到 $k = 3$ 進行加總：

$$x[n] = \sum_{k=-2}^{3} X[k]e^{jk\pi n/3}$$

$$= X[-2]e^{-j2\pi n/3} + X[-1]e^{-j\pi n/3} + X[0] + X[1]e^{j\pi n/3} + X[2]e^{j2\pi n/3} + X[3]e^{j\pi n} \tag{3.14}$$

將(3.13)式與(3.14)式中相同頻率 $k\pi/3$ 的項相等，得到

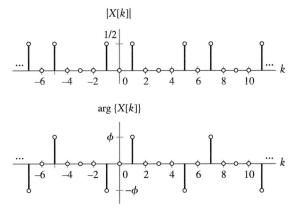

圖 3.8　範例 3.3 中 DTFS 係數的振幅與相位。

$$x[n] \xleftrightarrow{\text{DTFS};\frac{\pi}{3}} X[k] = \begin{cases} e^{-j\phi}/2, & k = -1 \\ e^{j\phi}/2, & k = 1 \\ 0, & \text{其他在區間} -2 \leq k \leq 3 \text{中的值} \end{cases}$$

振幅頻譜 $|X[k]|$ 和相位頻譜 $\arg\{X[k]\}$ 可見於圖 3.8。

➤ **習題 3.3**　試利用審視法求出以下訊號的 DTFS 係數：

(a) $x[n] = 1 + \sin(n\pi/12 + 3\pi/8)$

(b) $x[n] = \cos(n\pi/30) + 2\sin(n\pi/90)$

答案　(a)

$$x[n] \xleftrightarrow{\text{DTFS};2\pi/24} X[k] = \begin{cases} -e^{-j3\pi/8}/(2j), & k = -1 \\ 1, & k = 0 \\ e^{j3\pi/8}/(2j), & k = 1 \\ 0, & \text{其他在區間} -11 \leq k \leq 12 \text{中的值} \end{cases}$$

(b)

$$x[n] \xleftrightarrow{\text{DTFS};2\pi/180} X[k] = \begin{cases} -1/j, & k = -1 \\ 1/j, & k = 1 \\ 1/2, & k = \pm 3 \\ 0, & \text{其他在區間} -89 \leq k \leq 90 \text{中的值} \end{cases}$$

◀

範例 3.4

脈衝串列的 DTFS 表示法 試求圖 3.9 中週期為 N 的脈衝串列 (impulse train)

$$x[n] = \sum_{l=-\infty}^{\infty} \delta[n - lN]$$

的 DTFS 係數。

解答　因為在 $x[n]$ 的每一個週期中只有一個非零的值，利用區間 $n = 0$ 到 $n = N-1$ 來計算(3.11)式會比較方便，得到：

$$X[k] = \frac{1}{N} \sum_{n=0}^{N-1} \delta[n] e^{-jkn2\pi/N}$$

$$= \frac{1}{N}$$

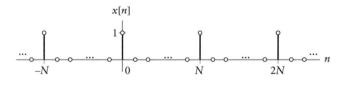

圖 3.9　週期 N 的離散時間脈衝串列。

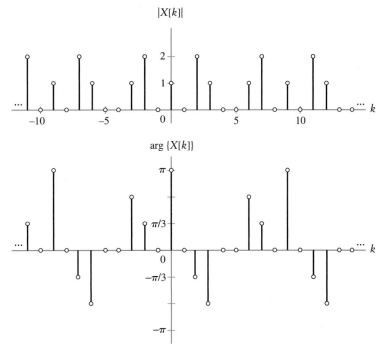

圖 3.10 　範例 3.5 中 DTFS 係數的振幅與相位。

　　雖然我們集中注意力在計算DTFS係數，但(3.11)式與(3.10)式的相似性，顯示同樣的數學方法可以用來算出對應於一組 DTFS 係數的時域訊號。注意像在以上的範例當中，$x[n]$ 的其中一些值會等於零，使得 $X[k]$ 對 k 而言可能會有小於 N 的週期。在這種情況下，我們不可能從 $X[k]$ 決定 N，因此一定要另外知道 N 的值才可以找出正確的時間訊號。

範例 **3.5**

逆 DTFS 試利用(3.10)式從圖 3.10 中的 DTFS 係數求出時域訊號 $x[n]$。

解答 DTFS的週期是 9，因此 $\Omega_0 = 2\pi/9$。要計算(3.10)式，使用從 $k = -4$ 到 $k = 4$ 的區間會比較方便，我們得到

$$
\begin{aligned}
x[n] &= \sum_{k=-4}^{4} X[k]e^{jk2\pi n/9} \\
&= e^{j2\pi/3}e^{-j6\pi n/9} + 2e^{j\pi/3}e^{-j4\pi n/9} - 1 + 2e^{-j\pi/3}e^{j4\pi n/9} + e^{-j2\pi/3}e^{j6\pi n/9} \\
&= 2\cos(6\pi n/9 - 2\pi/3) + 4\cos(4\pi n/9 - \pi/3) - 1
\end{aligned}
$$

➤ **習題 3.4**　某訊號的一個週期的 DTFS 係數是

$$X[k] = (1/2)^k, \text{ 在 } 0 \le k \le 9 \text{ 的區間上}$$

假設 $N = 10$，試求時域訊號 $x[n]$

答案

$$x[n] = \frac{1 - (1/2)^{10}}{1 - (1/2)e^{j(\pi/5)n}}$$

◀

➤ **習題 3.5**　試用審視法求出對應於 DTFS 係數的時域訊號。

$$X[k] = \cos(k4\pi/11) + 2j\sin(k6\pi/11)$$

答案

$$x[n] = \begin{cases} 1/2, & n = \pm 2 \\ 1, & n = 3 \\ -1, & n = -3 \\ 0, & \text{其他在區間} -5 \le n \le 5 \text{ 中的值} \end{cases}$$

◀

範例 3.6

方波的 DTFS 表示法　試求以下週期為 N 之方波的 DTFS 係數

$$x[n] = \begin{cases} 1, & -M \le n \le M \\ 0, & M < n < N - M \end{cases}$$

即像圖 3.11 所示，每週期有連續 $2M + 1$ 個值等於一，而其他 $N - (2M + 1)$ 個值則等於零。注意這個定義要求 $N > 2M + 1$。

解答　週期是 N，因此 $\Omega_0 = 2\pi/N$。在這個情況下，計算方程式 (3.11) 時取指標從 $n = -M$ 到 $n = N-M-1$ 比較方便。於是我們得到

$$X[k] = \frac{1}{N} \sum_{n=-M}^{N-M-1} x[n]e^{-jk\Omega_o n}$$

$$= \frac{1}{N} \sum_{n=-M}^{M} e^{-jk\Omega_o n}$$

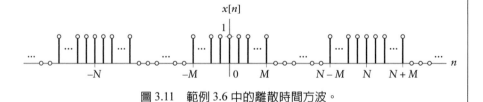

圖 3.11　範例 3.6 中的離散時間方波。

對於總和的指標進行變數轉換，令 $m = n + M$，得到

$$
\begin{aligned}
X[k] &= \frac{1}{N}\sum_{m=0}^{2M} e^{-jk\Omega_o(m-M)} \\
&= \frac{1}{N}e^{jk\Omega_o M}\sum_{m=0}^{2M} e^{-jk\Omega_o m}
\end{aligned}
\tag{3.15}
$$

現在對 $k = 0$，$\pm N$，$\pm 2N$，$\cdots$，我們有 $e^{jk\Omega_o} = e^{-jk\Omega_o} = 1$，方程式(3.15)成為

$$
\begin{aligned}
X[k] &= \frac{1}{N}\sum_{m=0}^{2M} 1 \\
&= \frac{2M+1}{N}, \qquad k = 0, \pm N, \pm 2N, \ldots
\end{aligned}
$$

對 $k \neq 0$，$\pm N$，$\pm 2N$，$\cdots$，我們可以對(3.15)式的幾何級數求和，得到

$$
X[k] = \frac{e^{jk\Omega_o M}}{N}\left(\frac{1 - e^{-jk\Omega_o(2M+1)}}{1 - e^{-jk\Omega_o}}\right), \qquad k \neq 0, \pm N, \pm 2N, \ldots
\tag{3.16}
$$

這個方程式也可以改寫為

$$
\begin{aligned}
X[k] &= \frac{1}{N}\left(\frac{e^{jk\Omega_o(2M+1)/2}}{e^{jk\Omega_o/2}}\right)\left(\frac{1 - e^{-jk\Omega_o(2M+1)}}{1 - e^{-jk\Omega_o}}\right), \\
&= \frac{1}{N}\left(\frac{e^{jk\Omega_o(2M+1)/2} - e^{-jk\Omega_o(2M+1)/2}}{e^{jk\Omega_o/2} - e^{-jk\Omega_o/2}}\right), \qquad k \neq 0, \pm N, \pm 2N, \ldots
\end{aligned}
$$

這時候我們把分子分母同時除以 $2j$，這樣可以將 $X[k]$ 表示為兩個正弦函數之比；

$$
X[k] = \frac{1}{N}\frac{\sin(k\Omega_o(2M+1)/2)}{\sin(k\Omega_o/2)}, \qquad k \neq 0, \pm N, \pm 2N, \ldots
$$

這裡把 $X[k]$ 的有限幾何級數公式寫成兩個正弦函數之比。這個技巧牽涉到將(3.16)式中的分子 $1 - e^{-jk\Omega_o(2M+1)}$ 和分母 $1 - e^{-jk\Omega_o}$ 利用適當的 $e^{jk\Omega_o}$ 的次方使它們對稱化。$X[k]$ 的另一個公式可以透過代入 $\Omega_o = \frac{2\pi}{N}$ 得到，結果是

$$
X[k] = \begin{cases} \dfrac{1}{N}\dfrac{\sin(k\pi(2M+1)/N)}{\sin(k\pi/N)}, & k \neq 0, \pm N, \pm 2N, \ldots \\ (2M+1)/N, & k = 0, \pm N, \pm 2N, \ldots \end{cases}
$$

利用洛必達法則 (L'Hôpital's rule)，將 k 當做實數來處理，不難證明

$$\lim_{k \to 0, \pm N, \pm 2N, \dots} \left(\frac{1}{N} \frac{\sin(k\pi(2M + 1)/N)}{\sin(k\pi/N)} \right) = \frac{2M + 1}{N}$$

因此， $X[k]$ 的公式一般寫成

$$X[k] = \frac{1}{N} \frac{\sin(k\pi(2M + 1)/N)}{\sin(k\pi/N)}$$

使用這個型式時，我們了解對於 $k = 0$， $\pm N$， $\pm 2N$， …的情況， $X[k]$是要透過取 $k \to 0$ 的極限才能得到。在圖 3.12 中我們分別對 $N = 4$ 和 $M = 12$，畫出了 k 函數 $X[k]$ 的兩個週期，當中我們假設 $N = 50$。注意在這個例子當中 $X[k]$ 是實數，因此振幅頻譜就是 $X[k]$ 的絕對值，而相位頻譜當 $X[k]$ 是正的時候等於 0，當 $X[k]$ 是負的時候等於 π。

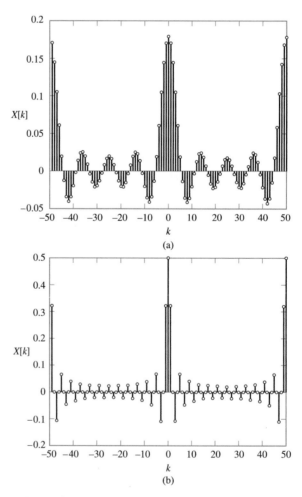

圖 3.12　在圖 3.11 中，方波的 DTFS 係數，假設週期為 $N = 50$，(a) $M = 4$；(b) $M = 12$。

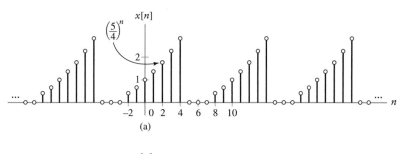

(a)

(b)

圖 3.13　習題 3.6 的訊號 $x[n]$。

▶ **習題 3.6**　試求圖 3.13(a)和(b)中訊號的 DTFS 係數。

答案　(a)　$X[k] = \dfrac{8}{125} e^{jk2\pi/5} \dfrac{1 - \left(\frac{5}{4}e^{-jk\pi/5}\right)^7}{1 - \frac{5}{4}e^{-jk\pi/5}}$

　　　(b)　$X[k] = -\dfrac{j}{5}\sin(k\pi/2)\dfrac{\sin(k2\pi/5)}{\sin(k\pi/10)}$　　　◀

　　一件很有啓發性的事情，是考慮(3.10)式的 DTFS 中每一項對訊號的貢獻。我們可以針對範例 3.6 中方波的級數表示式進行這樣的分析，由於它的 DTFS 係數具有偶對稱 (即 $X[k] = X[-k]$) 的性質，對這個波形來計算每一項的貢獻特別簡單。因此我們可以將(3.10)式的 DTFS 改寫爲一個成諧波相關之餘弦波級數。爲方便起見，假設 N 是偶數，因此 $N/2$ 是整數。令 k 的範圍爲 $-N/2 + 1$ 至 $N/2$，我們得到

$$x[n] = \sum_{k=-N/2+1}^{N/2} X[k] e^{jk\Omega_o n}$$

爲了利用 DTFS 係數的對稱性，我們將 $k = 0$ 和 $k = N/2$ 兩項從這個和中提出來，然後用正的指標 m 來標示剩下的項：

$$x[n] = X[0] + X[N/2]e^{jN\Omega_o n/2} + \sum_{m=1}^{N/2-1} \left(X[m]e^{jm\Omega_o n} + X[-m]e^{-jm\Omega_o n}\right)$$

現在利用 $X[m] = X[-m]$ 以及等式 $N\Omega_0 = 2\pi$ 得出

$$x[n] = X[0] + X[N/2]e^{j\pi n} + \sum_{m=1}^{N/2-1} 2X[m]\left(\frac{e^{jm\Omega_o n} + e^{-jm\Omega_o n}}{2}\right)$$

$$= X[0] + X[N/2]\cos(\pi n) + \sum_{m=1}^{N/2-1} 2X[m]\cos(m\Omega_o n)$$

其中我們也利用了 $e^{j\pi n} = \cos(\pi n)$，因為當 n 是正整數時 $\sin(\pi n) = 0$。

最後，我們定義一組新的係數

$$B[k] = \begin{cases} X[k], & k = 0, N/2 \\ 2X[k], & k = 1, 2, \ldots, N/2 - 1 \end{cases}$$

然後把方波的 DTFS 寫成以下的成諧波相關的餘弦函數的級數

$$x[n] = \sum_{k=0}^{N/2} B[k]\cos(k\Omega_o n) \tag{3.17}$$

對於 N 是奇數的情形也可以得到類似的結果。

範例 3.7

利用 DTFS 係數來建構方波波形　要說明每個項對方波的貢獻，我們可以定義 (3.17) 式中 $x[n]$ 的部分和近似 (partial sum approximation) 如下

$$\hat{x}_J[n] = \sum_{k=0}^{J} B[k]\cos(k\Omega_o n) \tag{3.18}$$

其中 $J \leq N/2$。這個近似包括 (3.10) 式中以 $k = 0$ 為中心的前 $2J + 1$ 項。假設某方波週期 $N = 50$ 而且 $M = 12$，試計算 (3.18) 式中第 J 項的一個週期，以及當 $J = 1$、3、5、23 和 25 時，分別算出 $2J + 1$ 項近似 $\hat{x}_J[n]$。

解答　圖 3.14 畫出上述總和中第 J 項，$B[J]\cos(J\Omega_o n)$，以及對指定的 J 值，$\hat{x}_J[n]$ 的一個週期。我們只考慮 J 是奇數的情形，因為當 $N = 25$ 而且 $M = 12$ 的時候，偶數指標係數 $B[k]$ 皆為零。注意當 J 越大，近似會越準確；尤其在 $J = N/2 = 25$ 時，這個近似事實上就是 $x[n]$ 精確的表示法。一般來說，如果與 k 值接近零，則與 k 相關聯的係數 $B[k]$ 代表訊號的低頻或變化緩慢的特徵；而如果 k 值接近 $\pm\frac{N}{2}$，則與 k 相關聯的係數代表訊號的高頻或快速變化的特徵。

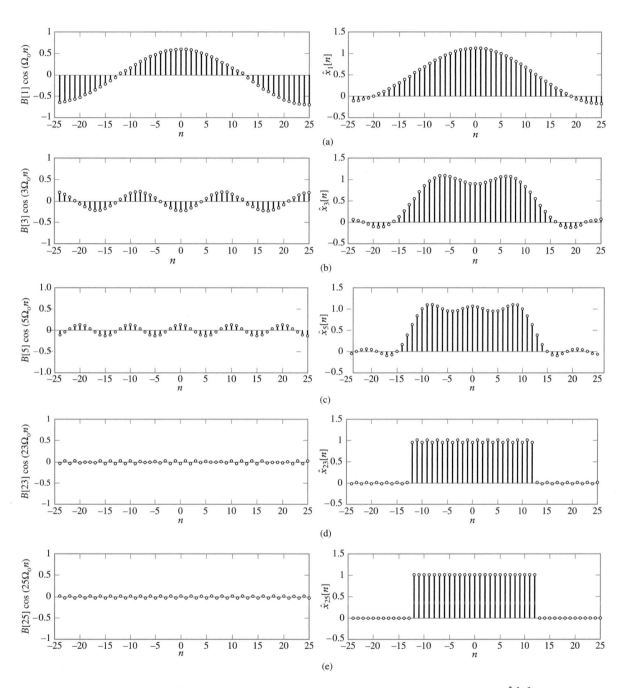

圖 3.14　某方波的 DTFS 展開式的幾個個別項 (左圖)，以及對應的部分和近似 $\hat{x}_J[n]$ (右圖)。$J = 0$ 的項是 $\hat{x}_0[n] = 1/2$，並未顯示在圖中。(a) $J = 1$；(b) $J = 3$；(c) $J = 5$；(d) $J = 23$；(e) $J = 25$。

我們在下一個範例中會示範 DTFS 作為數值訊號的分析工具的情形。

範例 3.8

心電圖的數值分析 試算出圖 3.15(a)和(b)中兩幅心電圖 (ECG) 的 DTFS 表示式。圖 3.15(a)顯示一幅正常的心電圖，圖 3.15(b)則是一幅一個患有心室心搏過速 (ventricular tachycardia) 心臟的心電圖。在圖上我們把離散時間的訊號畫成連續函數，因為每個情況分別有 2000 個值，很難全部畫出來。心室心搏過速是一種嚴重而且可以致命的心律失常 (也就是心律不整，arrhythmia)。它的特徵是快速但穩定的心跳，頻率大概是每分鐘 150 次左右。它的心電圖中的心室複合訊號 (ventricular complexes) 較正常訊號 (短於 110ms) 為寬 (約為時 160 ms)，而且形狀也不正常。兩個訊號看來都差不多是週期的，週期之間只有很少的振幅與長度的差異。兩個心電圖的一個週期的 DTFS 都可以用數值方法算出來。正常心電圖的週期是 $N = 305$，但心室心搏過速的心電圖的週期則為 $N = 421$。我們對兩個情況分別都提供了一個週期的波形。試對每個情況算出 DTFS 係數，並畫出它們的振幅頻譜。

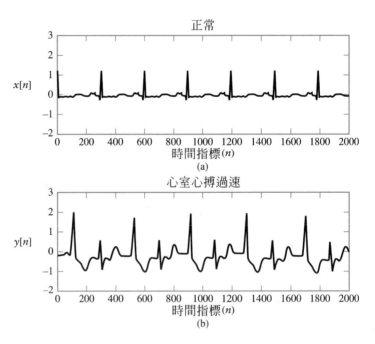

圖 3.15　兩種不同心跳的心電圖和它們的振幅頻譜的前 60 個係數。(a) 正常心跳。(b) 心室心搏過速。(c) 正常心跳的振幅頻譜。(d) 心室心搏過速的振幅頻譜。

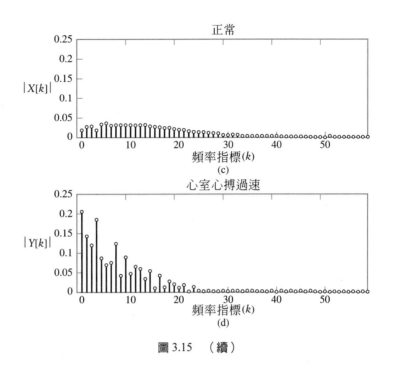

圖 3.15　（續）

解答　前 60 個 DTFS 係數的振幅頻譜可見於圖 3.15(c)和(d)。指標較高的項因為很小，所以並未畫出來。

　　兩種心跳無論時間波形或DTFS 係數都不一樣。正常心電圖的主要特徵是一個尖銳的釘子形或脈衝形狀。回想我們在範例 3.4 曾經證明，一個脈衝序列的 DTFS 係數的量值是個常數。正常心電圖的 DTFS 係數差不多是常數，但當頻率增加時會出現振幅逐漸降低的情形。它們的振幅也相當小，因為脈衝訊號的功率相對的低。與此相反，心室心搏過速的心電圖除了尖刺形以波形外，還有一些較平緩波形的特徵，因此它的DTFS 係數的動態變化範圍比較廣，其中低頻的係數佔有大部分的功率。而且，因為心室心搏過速的心電圖的功率比正常心電圖的要高，它的 DTFS 係數的振幅也比較大。

3.5　連續時間週期訊號：傳立葉級數
(Continuous-Time Periodic Signals:The Fourier Series)

連續時間的週期訊號可以用傳立葉級數 (FS) 來表示。我們可以把一個基本週期 T 而且基頻 $\omega_o = 2\pi/T$ 的訊號 $x(t)$ 的 FS 寫成

$$x(t) = \sum_{k=-\infty}^{\infty} X[k] e^{jk\omega_o t} \qquad (3.19)$$

其中

$$X[k] = \frac{1}{T} \int_0^T x(t) e^{-jk\omega_o t} \, dt \qquad (3.20)$$

是訊號 $x(t)$ 的 FS 係數。$x(t)$ 和 $X[k]$ 被稱為一組 FS 對 (FS pair)，用符號則表示為

$$x(t) \xleftrightarrow{\ FS; \omega_o\ } X[k]$$

我們可以從 FS 係數 $X[k]$ 利用(3.19)式求出 $x(t)$，也可以從 $x(t)$ 利用 (3.20)式得到 $X[k]$。我們稍後將會看到，對某些問題，把訊號表示為時域中的 $x(t)$ 比較有利，但對其他問題，用 FS 係數 $X[k]$ 來描述會更方便。這些 FS 係數被稱為 $x(t)$ 的*頻域表示法* (*frequency-domain representation*)，因為每個 FS 係數都與不同頻率的複數弦波有關聯。與 DTFS 的情形一樣，變數 k 決定了在(3.19)式中與 $X[k]$ 相關的複數弦波的頻率。

   FS 表示法最常在電機工程中用來分析系統對週期訊號的影響。

   方程式 (3.19) 中的無窮級數不保證對所有可能的訊號都收斂。在這方面，如果定義

$$\hat{x}(t) = \sum_{k=-\infty}^{\infty} X[k] e^{jk\omega_o t}$$

而且根據方程式(3.20)選取係數 $X[k]$，那麼在甚麼條件底下 $\hat{x}(t)$ 會眞的收斂到 $x(t)$？這個問題的詳細分析超出本書的範圍，不過我們可以列舉幾個結果。首先，如果 $x(t)$ 是平方可積的—就是說，如果

$$\frac{1}{T} \int_0^T |x(t)|^2 \, dt < \infty$$

則 $x(t)$ 與 $\hat{x}(t)$ 之間的 MSE 是零，或用數學符號來表達，

$$\frac{1}{T} \int_0^T |x(t) - \hat{x}(t)|^2 \, dt = 0$$

這是一個很有用的結果，廣泛地適用於工程實務上訊號的處理。注意這裡跟離散時間的情形不大一樣，MSE 等於零不表示 $x(t)$ 和 $X[k]$ 是每一點都相等，即對所有 t $x(t) = \hat{x}(t)$。MSE 等於零只表示兩者之間的功率差為零。

如果滿足下列的狄瑞屈利條件 (Dirichlet conditions)，那麼對所有不連續點以外的 t，保證 $\hat{x}(t)$ 逐點收斂 (pointwise convergence) 到 $x(t)$：

▶ $x(t)$ 是有界的。

▶ $x(t)$ 在一個週期內，只擁有有限個數的最大值和最小值。

▶ $x(t)$ 在一個週期內只擁有有限的不連續點。

如果訊號 $x(t)$ 滿足狄瑞屈利條件但不連續，則在每個不連續點，$\hat{x}(t)$ 收斂到 $x(t)$ 在該處的左極限與右極限的中點。

下面三個範例說明如何求得 FS 表示法。

範例 3.9

FS 係數的直接計算法 試求圖 3.16 中訊號 $x(t)$ 的 FS 係數。

解答 $x(t)$ 的週期是 $T = 2$，因此 $\omega_o = 2\pi/2 = \pi$。在區間 $0 \leq t \leq 2$，$x(t)$ 的一個週期可表示為 $x(t) = e^{-2t}$，因此從 (3.20) 式可得到

$$X[k] = \frac{1}{2} \int_0^2 e^{-2t} e^{-jk\pi t} \, dt$$

$$= \frac{1}{2} \int_0^2 e^{-(2+jk\pi)t} \, dt$$

我們把這個積分算出來，得到

$$X[k] = \frac{-1}{2(2 + jk\pi)} e^{-(2+jk\pi)t} \bigg|_0^2$$

$$= \frac{1}{4 + jk2\pi} (1 - e^{-4} e^{-jk2\pi})$$

$$= \frac{1 - e^{-4}}{4 + jk2\pi}$$

因為 $e^{-jk2\pi} = 1$。圖 3.17 描繪了振幅頻譜 $|X[k]|$ 與相位頻譜 $\arg\{X[k]\}$。

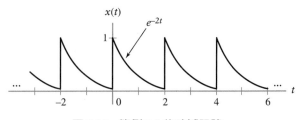

圖 3.16　範例 3.9 的時域訊號。

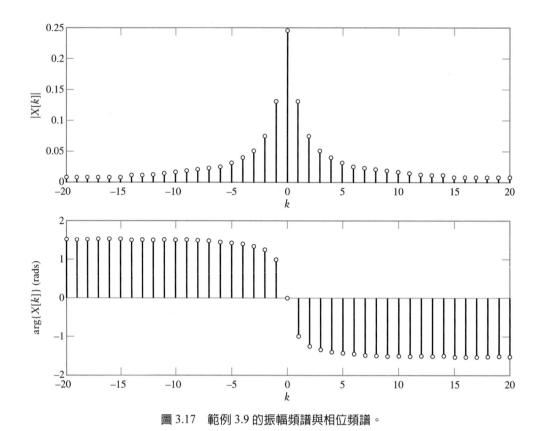

圖 3.17　範例 3.9 的振幅頻譜與相位頻譜。

　　與 DTFS 一樣，$X[k]$ 的振幅被稱爲 $x(t)$ 的*振幅頻譜(maqnitude spectrcem)*，而 $X[k]$
的相位則被稱爲 $x(t)$ 的*相位頻譜(phase spectrum)*。　另一方面，因爲 $x(t)$ 是週期的，
(3.20) 式的積分範圍可以選爲任何長度爲一個週期的區間。不過，我們在下一個範例
可以看到，選擇適當的積分範圍往往可以把問題簡化。

範例 3.10

脈衝串列的 FS 係數　　試求以下訊號的 FS 係數

$$x(t) = \sum_{l=-\infty}^{\infty} \delta(t - 4l)$$

解答　基本週期是 $T = 4$，而在每週期中有一個脈衝。這個訊號 $x(t)$ 是偶對稱的，
所以在計算(3.20)式時，在一個對原點對稱的週期區間上積分比較容易，也
就是在 $-2 \le t \le 2$，這樣可以得到

$$X[k] = \frac{1}{4} \int_{-2}^{2} \delta(t) e^{-jk(\pi/2)t} \, dt$$

$$= \frac{1}{4}$$

在這裡，振幅頻譜是個常數，而相位頻譜是零。注意在這個情況下我們沒有辦法算出(3.19)式的無窮和，而且 $x(t)$ 不滿足狄瑞屈利條件。雖然有這些收斂上的困難，脈衝串列的 FS 展開式還是有它的用處。

與 DTFS 一樣，只要 $x(t)$ 可以用弦波寫出來，目視法是得到 $X[k]$ 最容易的方法。審視法是基於把所有實數弦波展開成複數弦波，然後將結果逐項跟(3.19)式中對應的項加以比較。

範例 3.11

FS 係數的審視計算法　試求以下訊號的 FS 表示法

$$x(t) = 3\cos(\pi t/2 + \pi/4)$$

請使用審視法。

解答　$x(t)$ 的基本週期是 $T = 4$。因此 $\omega_o = 2\pi/4 = \pi/2$ 而(3.19)式可以寫為

$$x(t) = \sum_{k=-\infty}^{\infty} X[k] e^{jk\pi t/2} \tag{3.21}$$

利用尤拉公式展開當中的餘弦函數，可以得到

$$x(t) = 3 \frac{e^{j(\pi t/2 + \pi/4)} + e^{-j(\pi t/2 + \pi/4)}}{2}$$

$$= \frac{3}{2} e^{j\pi/4} e^{j\pi t/2} + \frac{3}{2} e^{-j\pi/4} e^{-j\pi t/2}$$

將這個公式中的每一項跟(3.21)式中的項對等，可以得到以下的 FS 係數：

$$X[k] = \begin{cases} \dfrac{3}{2} e^{-j\pi/4}, & k = -1 \\[2mm] \dfrac{3}{2} e^{j\pi/4}, & k = 1 \\[2mm] 0, & \text{其他條件} \end{cases} \tag{3.22}$$

振幅頻譜與相位頻譜可見於圖 3.18。注意這個訊號的所有功率都集中在兩個頻率：$\omega = \pi/2$ 和 $\omega = -\pi/2$。

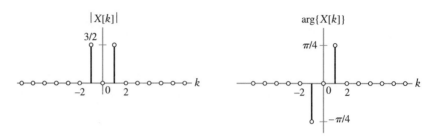

圖 3.18　範例 3.11 的振幅頻譜與相位頻譜。

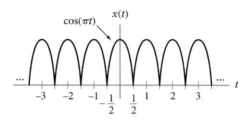

圖 3.19　習題 3.8 的全波整流的餘弦函數。

➤ **習題 3.7**　試求以下訊號的 FS 表示法

$$x(t) = 2\sin(2\pi t - 3) + \sin(6\pi t)$$

答案

$$x(t) \xleftrightarrow{\ FS;\ 2\pi\ } X[k] = \begin{cases} j/2, & k = -3 \\ je^{j3}, & k = -1 \\ -je^{-j3}, & k = 1 \\ -j/2, & k = 3 \\ 0, & \text{其他條件} \end{cases}$$ ◀

➤ **習題 3.8**　試求圖 3.19 中全波整流的餘弦函數 (full-wave rectified cosine) 的 FS 係數。

答案　$$X[k] = \frac{\sin(\pi(1 - 2k)/2)}{\pi(1 - 2k)} + \frac{\sin(\pi(1 + 2k)/2)}{\pi(1 + 2k)}$$ ◀

　　我們在下一個範例可以看到，可以透過計算 (3.19) 式，得到一組 FS 係數所表示的時域訊號。

範例 3.12

逆 FS　試求對應於以下 FS 係數的時域訊號 $x(t)$

$$X[k] = (1/2)^{|k|}e^{jk\pi/20}$$

假設基本週期是 $T = 2$。

解答　將已知 $X[k]$ 的值和 $\omega_o = 2\pi/T = \pi$ 代入式(3.19)，得到

$$x(t) = \sum_{k=0}^{\infty}(1/2)^k e^{jk\pi/20}e^{jk\pi t} + \sum_{k=-1}^{-\infty}(1/2)^{-k}e^{jk\pi/20}e^{jk\pi t}$$

$$= \sum_{k=0}^{\infty}(1/2)^k e^{jk\pi/20}e^{jk\pi t} + \sum_{l=1}^{\infty}(1/2)^l e^{-jl\pi/20}e^{-jl\pi t}$$

要計算第二個幾何級數，我們可以從 $l = 0$ 至 $l = \infty$ 求和，然後減去 $l = 0$ 項。分別對兩個無窮幾何級數求和之後的結果是

$$x(t) = \frac{1}{1 - (1/2)e^{j(\pi t + \pi/20)}} + \frac{1}{1 - (1/2)e^{-j(\pi t + \pi/20)}} - 1$$

通分之後我們得到以下的結果

$$x(t) = \frac{3}{5 - 4\cos(\pi t + \pi/20)}$$

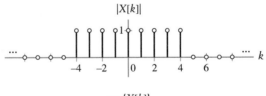

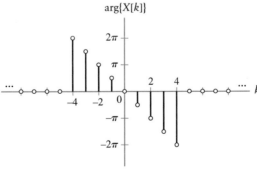

圖 3.20　習題 3.9(b)的 FS 係數。

➤ **習題 3.9**　試求以下 FS 係數所代表的時域訊號：

(a) $X[k] = -j\delta[k-2] + j\delta[k+2] + 2\delta[k-3] + 2\delta[k+3], \quad \omega_o = \pi$

(b) 圖 3.20 中的 $X[k]$，其中 $\omega_o = \pi/2$

答案　(a) $x(t) = 2\sin(2\pi t) + 4\cos(3\pi t)$

　　　(b) $x(t) = \dfrac{\sin(9\pi(t-1)/4)}{\sin(\pi(t-1)/4)}$

範例 3.13

方波的 FS　試求圖 3.21 中方波的 FS 表示法。

解答　週期是 T，所以 $\omega_o = 2\pi/T$。因為訊號 $x(t)$ 具有偶對稱性質，計算 (3.20) 式時，取積分範圍為 $-T/2 \leq t \leq T/2$ 會比較簡單。我們得到

$$
\begin{aligned}
X[k] &= \frac{1}{T}\int_{-T/2}^{T/2} x(t)e^{-jk\omega_o t}\,dt \\
&= \frac{1}{T}\int_{-T_o}^{T_o} e^{-jk\omega_o t}\,dt \\
&= \frac{-1}{Tjk\omega_o}e^{-jk\omega_o t}\Big|_{-T_o}^{T_o}, \quad k \neq 0 \\
&= \frac{2}{Tk\omega_o}\left(\frac{e^{jk\omega_o T_o} - e^{-jk\omega_o T_o}}{2j}\right), \quad k \neq 0 \\
&= \frac{2\sin(k\omega_o T_o)}{Tk\omega_o}, \quad k \neq 0
\end{aligned}
$$

當 $k = 0$ 時，有

$$
X[0] = \frac{1}{T}\int_{-T_o}^{T_o} dt = \frac{2T_o}{T}
$$

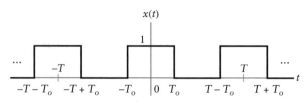

圖 3.21　範例 3.13 的方波。

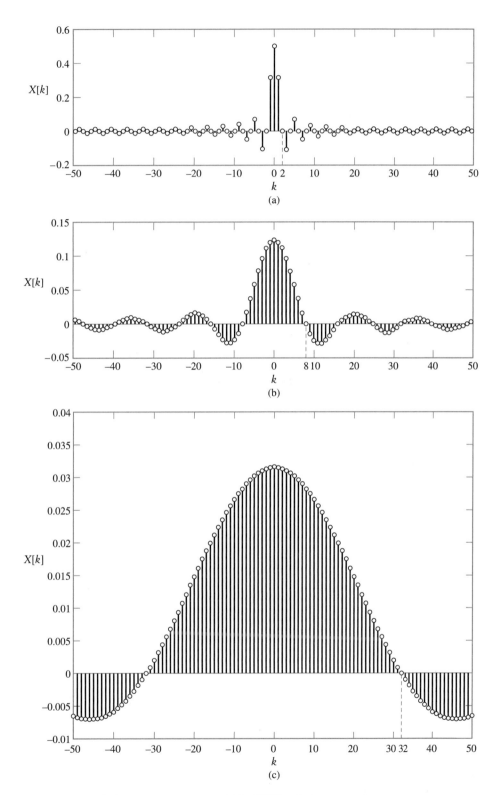

圖 3.22　三個不同方波 (見圖.3.21) 的 FS 係數 $X[k]$，其中 $-50 \leq k \leq 50$。(a) $T_o/T = 1/4$；(b) $T_o/T = 1/16$；(c) $T_o/T = 1/64$。

利用洛必達法則 (L'Hôpital's rule)，很容易可以證明

$$\lim_{k \to 0} \frac{2 \sin(k\omega_o T_o)}{Tk\omega_o} = \frac{2T_o}{T}$$

於是我們可以把結果寫成

$$X[k] = \frac{2 \sin(k\omega_o T_o)}{Tk\omega_o}$$

當中我們了解 $X[0]$ 的值要取極限才能得到。在這個習題中，$X[k]$ 是實數。利用 $\omega_o = 2\pi/T$ 我們可以把 $X[k]$ 寫為比例 T_o/T 的函數。

$$X[k] = \frac{2 \sin(k2\pi T_o/T)}{k2\pi} \tag{3.23}$$

圖 3.22(a)—(c) 在 $-50 \le k \le 50$ 的範圍內分別對 $T_o/T = 1/4$，$T_o/T = 1/16$ 和 $T_o/T = 1/64$ 的情形，畫出了 $X[k]$。注意當 T_o/T 遞減，圖 3.21 中方波訊號每週期的能量會集中在更狹窄的的時間區間裡，但圖 3.22 的 FS 表示法中的能量所分佈的頻率區間則會變寬。例如，$X[k]$ 第一個過零點(zero crossing)，對於 $k = 2$、$k = 8$ 和 $k = 32$ 分別位於 $T_o/T = 1/4$，$T_o/T = 1/16$ 和 $T_o/T = 1/64$ 之處。在以下幾節，我們將會更詳細探討訊號的時域範圍和頻域範圍間的反比關係。

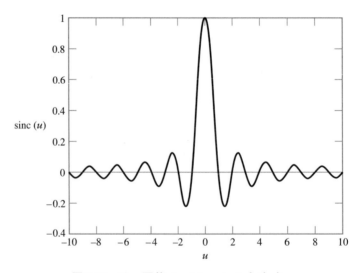

圖 3.23　Sinc 函數 sinc $(u) = \sin(\pi u)/(\pi u)$。

$\sin(\pi u)/(\pi u)$ 形式的函數在傅立葉分析中出現得如此頻繁，因此我們給它一個特別的名稱：

$$\operatorname{sinc}(u) = \frac{\sin(\pi u)}{\pi u} \tag{3.24}$$

我們在圖 3.23 畫出了 sinc (u) 的圖形。這個函數的最大值是 1，出現在 $u = 0$ 的地方。它在 u 是整數的地方則有過零點 (zero crossing)，而它的振幅以 $1/u$ 的速率衰減。這個函數在 $u = \pm 1$ 這兩個過零點之間的部分被稱為 sinc 函數的 *主瓣* (mainlobe)，主瓣以外的較小漣漪被稱為旁瓣 (sidelobes)。採用 sinc 函數的符號(3.23)式中的 FS 係數可以表示為

$$X[k] = \frac{2T_o}{T} \operatorname{sinc}\left(k\frac{2T_o}{T}\right)$$

➤ **習題 3.10** 試求圖 3.24 中 鋸齒波 (sawtooth wave) 的 FS 表示法。(提示：使用分部積分法。)

答案　在(3.20)式中，對 t 從 $-\frac{1}{2}$ 到 1 積分，得到

$$x(t) \xleftrightarrow{FS;\,\frac{4\pi}{3}} X[k] = \begin{cases} \dfrac{1}{4}, & k = 0 \\[2mm] \dfrac{-2}{3jk\omega_o}\left(e^{-jk\omega_o} + \dfrac{1}{2}e^{jk\omega_o/2}\right) + \dfrac{2}{3k^2\omega_o^2}(e^{-jk\omega_o} - e^{jk\omega_o/2}), & \text{其他條件} \end{cases}$$

◀

(3.19)和(3.20)式中所描述的 FS 類型被稱為 *指數 FS* (exponential FS)。對於實數值的訊號，常常使用另一稱為 *三角 FS* (trigonometric FS) 的類型，其形式如下

$$x(t) = B[0] + \sum_{k=1}^{\infty} B[k]\cos(k\omega_o t) + A[k]\sin(k\omega_o t) \tag{3.25}$$

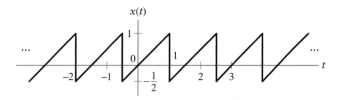

圖 3.24　習題 3.10 的週期訊號。

其中的係數可以用以下公式從 $x(t)$ 得到

$$
\begin{aligned}
B[0] &= \frac{1}{T} \int_0^T x(t)\, dt \\
B[k] &= \frac{2}{T} \int_0^T x(t) \cos(k\omega_o t)\, dt \\
A[k] &= \frac{2}{T} \int_0^T x(t) \sin(k\omega_o t)\, dt
\end{aligned}
\tag{3.26}
$$

和

我們可以看出 $B[0] = X[0]$ 代表訊號的時間平均值。利用尤拉公式來展開(3.26)式中的正弦與餘弦函數,然後把結果與(3.20)式比較,可以證明當 $k \neq 0$ 時,

$$
B[k] = X[k] + X[-k]
$$

以及

$$
\tag{3.27}
$$

$$
A[k] = j(X[k] - X[-k])
$$

我們會在習題 3.86 進一步研究三角、指數和極式 FS 之間的關係。

要得到在範例 3.13 中研究過的方波的三角 FS 係數,可以將(3.23)式代入(3.27)式,得到

$$
\begin{aligned}
B[0] &= 2T_o/T, \\
B[k] &= \frac{2 \sin(k2\pi T_o/T)}{k\pi}, \quad k \neq 0
\end{aligned}
\tag{3.28}
$$

和

$$
A[k] = 0
$$

正弦係數 $A[k]$ 都等於零,因為 $x(t)$ 是偶函數。因此,利用彼此具諧波關係的餘弦函數,方波可以展開為這些餘弦函數的和:

$$
x(t) = \sum_{k=0}^{\infty} B[k] \cos(k\omega_o t)
\tag{3.29}
$$

這個公式讓我們更深入了解,每個 FS 的分量對訊號的表示法的影響,這一點我們會利用下一個範例說明。

範例 3.14

方波的部分和近似 令(3.29)式中 FS 的部分和近似為

$$\hat{x}_J(t) = \sum_{k=0}^{J} B[k] \cos(k\omega_o t)$$

這個近似牽涉到指標在區間 $-J \leq k \leq J$ 的指數形 FS 係數。考慮一個 $T = 1$ 和 $T_o/T = 1/4$ 的方波。對於 $J = 1, 3, 7, 29$ 以及 99，試描述這個和之中第 J 項的一個週期，並求出 $\hat{x}_J(t)$。

解答 在這裡我們有

$$B[k] = \begin{cases} 1/2, & k = 0 \\ (2/(k\pi))(-1)^{(k-1)/2}, & k \text{ 是奇數} \\ 0, & k \text{ 是偶數} \end{cases}$$

於是所有偶數指標的係數皆為零。我們在圖 3.25 畫出了各別的項與部分和近似，請見本章第 37 頁。其中最值得注意的是部分和近似在方波的不連續點 $t = \pm T_o = \pm 1/4$ 附近的行為。我們注意到，依照我們之前討論收斂時所說的，每一個部分和近似都通過不連續點的平均值 (1/2)。在不連續性的兩旁，這些近似出現漣波的情形。當 J 增加，這些漣波的最大高度好像不會改變。事實上可以證明對任何有限的 J，最大的漣波都大約是不連續點的 9%。這些在部分和 FS 近似的不連續點附近的漣波，被稱為*吉布斯現象 (Gibbs phenomenon)*。這是為了紀念數學物理學家約書亞·吉布斯 (Josiah Gibbs)，他在 1899 年首先解釋了這個現象。方波既然滿足狄瑞屈利條件，我們知道對所有 t 的值，除了在不連續點以外，FS 近似最終都會收斂到方波本身。不過，對有限的 J 這些漣波永遠存在。如果 J 增大，部分和近似中的漣波會越來越集中在不連續點的附近。因此，對任何給定的 J，部分和近似在遠離不連續性的時間最準確，而在靠近不連續點時準確性最低。

下一個範例利用線性與方波的 FS 表示法去求出一個 LTI 系統的輸出。

範例 3.15

RC 電路：利用 FS 來計算輸出 當輸入是圖 3.21 中的方波，試求出圖 3.22 中 RC 電路的輸出 $y(t)$ 的 FS 表示法，假設 $T_o/T = 1/4$，$T = 1\,\mathrm{s}$ 和 $RC = 0.1\,\mathrm{s}$。

解答 如果一個 LTI 系統的輸入可以寫成一組弦波的加權總和，那麼輸出也是弦波的加權總和。我們在 3.2 節已經證明，輸出總和中的第 k 個權重，是輸入總和中的第 k 個權重乘以系統在第 k 個弦波頻率的頻率響應。因此，假如

$$x(t) = \sum_{k=-\infty}^{\infty} X[k]e^{jk\omega_o t}$$

則輸出是

$$y(t) = \sum_{k=-\infty}^{\infty} H(jk\omega_o)X[k]e^{jk\omega_o t}$$

其中 $H(j\omega)$ 是系統的頻率響應。因此，

$$y(t) \xleftrightarrow{\;FS;\,\omega_o\;} Y[k] = H(jk\omega_o)X[k]$$

在範例 3.1，我們曾求出 RC 電路的頻率響應是

$$H(j\omega) = \frac{1/RC}{j\omega + 1/RC}$$

方波的 FS 係數如 (3.23) 式。將 $RC = 0.1\,\mathrm{s}$ 和 $\omega_o = 2\pi$ 代入 $H(jk\omega_o)$，同時利用 $T_o/T = 1/4$，我們得到

$$Y[k] = \frac{10}{j2\pi k + 10} \frac{\sin(k\pi/2)}{k\pi}$$

隨著 k 增大，這些 Y[k] 以正比於 $1/k^2$ 的速率趨近零，因此我們不需要在 FS 中保留太多項，就可以得到一個具有合理準確度的 $y(t)$ 的表示法。我們畫出了 $X[k]$ 和 Y[k] 的振幅頻譜與相位頻譜，並用以下的近似來求出 $y(t)$

$$y(t) \approx \sum_{k=-100}^{100} Y[k]e^{jk\omega_o t} \tag{3.30}$$

對應於範圍 $-25 \le k \le 25$ 的振幅頻譜與相位頻譜可分別見於圖 3.26(a) 和 (b)。在這個範圍以外的振幅頻譜很小，所以沒有畫出來。比較 $Y[k]$ 與圖 3.22(a) 中的 $X[k]$，可以看到當 $|k| \ge 1$ 的時候，電路衰減了 $X[k]$ 的振幅。衰減的程度隨著頻率 $k\,\omega_o$ 增加而增加。電路還產生一個與頻率有關的相位移。我們在圖 3.26(c) 畫出了波形 $y(t)$ 的一個週期。這個結果與我們對電路分析中得到的直覺吻合，當輸入訊號 $x(t)$ 從零變到，電容器中的電荷增加，它的電壓 $y(t)$ 會呈指數增長。當輸入由壹變回零，電容器會放電，它的電壓會呈指數衰減。

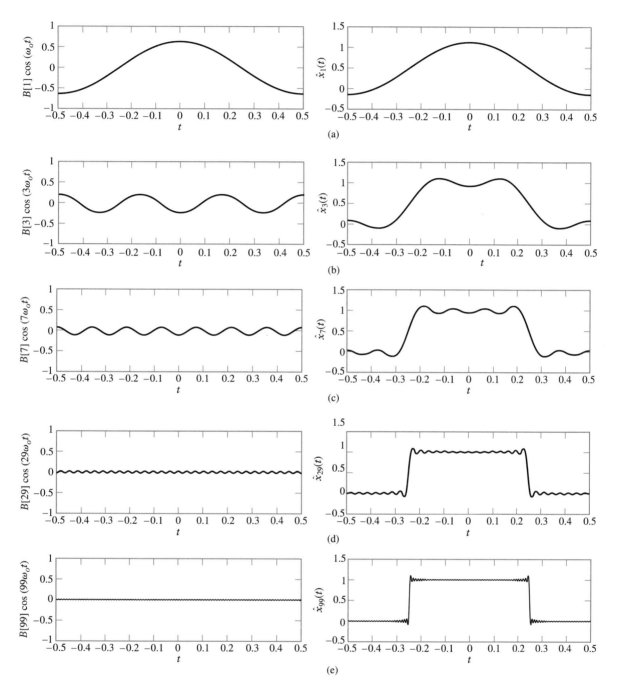

圖 3.25　方波的 FS 展開式中的個別項 (圖左)，以及與其對應的部分和近似 $\hat{x}_J(t)$ (圖右)。方波的週期是 $T = 1$ 而 $T_o/T = 1/4$。$J = 0$ 的項是 $\hat{x}_0(t) = 1/2$，這裡並未畫出。(a) $J = 1$；(b) $J = 3$；(c) $J = 7$；(d) $J = 29$；(e) $J = 99$。

範例 3.16

DC-至-AC 轉換　一個將直流電 (dc) 轉換為交流電 (ac) 的簡單方法是在直流電源加上一個週期的開關，然後把通過開關的電流中的高階諧波濾除掉。圖 3.27 中的開關每 1/120 秒改變位置一次。我們考慮兩種不同情況：(a)開關處於開或關兩種狀態之一，(b)開關的極性可以顛倒。圖 3.28(a)和(b)顯示了這兩種情況的波形。我們將轉換的效率定義為輸出波形中 60Hz 的分量中的功率與直流電源提供的功率之比。試分別就以上兩種情況求出轉換功率。

解答　根據(3.28)式的結果，圖 3.28(a)中的方波 $x(t)$ 的三角函數形式的 FS，假如 $T = 1/60$ 秒，而 $\omega_o = 2\pi/T = 120\pi$ 強度/秒，可以寫成

$$B[0] = \frac{A}{2}$$

和

$$B[k] = \frac{2A \sin(k\pi/2)}{k\pi}, \quad k \neq 0$$
$$A[k] = 0$$

$x(t)$ 的三角函數形式的 FS 表示法中的 60Hz 諧波的振幅是 $B[1]$，它含有的功率是 $B[1]^2/2$。直流輸入的功率是 A^2，因此轉換功率是

$$\begin{aligned} C_{\text{eff}} &= \frac{(B[1])^2/2}{A^2} \\ &= 2/\pi^2 \\ &\approx 0.20 \end{aligned}$$

至於圖 3.28(b)中訊號 $x(t)$ 的 FS 係數，也可以利用(3.28)式的結果求得，計算中我們用到 $x(t)$ 是一個振幅等於 $2A$，但平均值為零的方波。因此，常數項 $B[0]$ 等於零，而三角函數形式的 FS 係數則是

$$\begin{aligned} B[0] &= 0, \\ B[k] &= \frac{4A \sin(k\pi/2)}{k\pi}, \quad k \neq 0 \end{aligned}$$

和

$$A[k] = 0$$

於是反相開關 (inverting switch) 的轉換效率是

$$C_{\text{eff}} = \frac{(B[1])^2/2}{A^2}$$
$$= 8/\pi^2$$
$$\approx 0.81$$

使用反相開關使得功效轉換效率提高到原來的四倍。

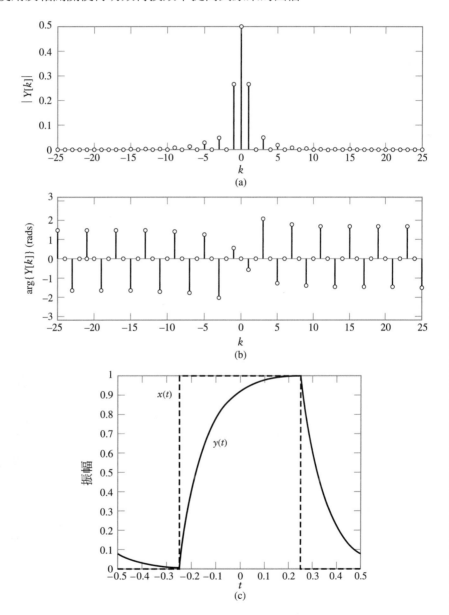

圖 3.26　FS 係數 $Y[k]$，在 $-25 \leq k \leq 25$ 的範圍內，RC 電路在輸入為方波時的輸出響
應。(a) 振幅頻譜。(b) 相位頻譜。(c) 輸入訊號 $x(t)$ (虛線) 和輸出訊號 $y(t)$ (實
線)，各一個週期圖形。輸出訊號 $y(t)$ 是利用(3.30)式的部分和近似計算出來。

圖 3.27　直流到交流轉換的交換式電源供應器。

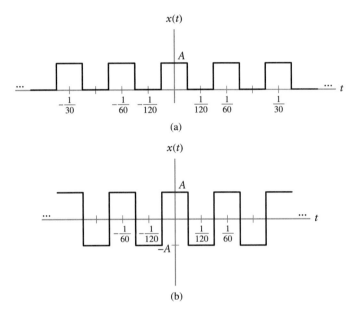

圖 3.28　交換式電源供應器的輸出波形，其基頻 $\omega_o = 2\pi/T = 120\pi$(a)二段式開關 (on-off switch)。(b)反相開關。

3.6　離散時間非週期訊號：離散時間傳立葉轉換 (Discrete-Time Nonperiodic Signals:The Discrete-Time Fourier Transform)

可利用DTFT將離散時間的非週期訊號表示為複數弦波的疊加。在 3.3 節，我們曾經推斷 DTFT 是有關區間 $-\pi < \Omega \le \pi$ 的一個頻率連續分佈，其中 Ω 的單位是強度。因此，時域訊號的 DTFT 表示法牽涉到對頻率的積分，也就是

$$x[n] = \frac{1}{2\pi} \int_{-\pi}^{\pi} X(e^{j\Omega}) e^{j\Omega n} \, d\Omega \tag{3.31}$$

其中

$$X(e^{j\Omega}) = \sum_{n=-\infty}^{\infty} x[n]e^{-j\Omega n} \tag{3.32}$$

是訊號 $x[n]$ 的 DTFT。$X(e^{j\Omega})$ 和 $x[n]$ 被稱為一組 DTFT 對 (*DTFT pair*)，表示為

$$x[n] \xleftrightarrow{\ DTFT\ } X(e^{j\Omega})$$

轉換 $X(e^{j\Omega})$ 將訊號 $x[n]$ 描述為弦波頻率 Ω 的函數，稱為 $x[n]$ 的*頻域表示法*(*frequency-domain representation*)。(3.31)式通常被稱為*逆 DTFT* (*inverse DTFT*)，因為它將頻域表示法映射回到時域。

DTFT 主要用作分析離散時間系統對離散時間訊號的作用。

如果 $x[n]$ 定義在有限的持續時間上，而且它本身的值有限，則(3.32)式中的無窮和收斂。如果 $x[n]$ 持續無限長時間，則這個無窮和只對某些類型的訊號收斂。如果

$$\sum_{n=-\infty}^{\infty} |x[n]| < \infty$$

(即如果 $x[n]$ 是絕對可加總的)，則(3.32)式中的總和均勻收斂 (converge uniformly) 到一個 Ω 的連續函數。如果 $x[n]$ 雖然不是絕對可加總，但滿足

$$\sum_{n=-\infty}^{\infty} |x[n]|^2 < \infty$$

(即 $x[n]$ 的能量有限)，則可以證明(3.32)式中的和在均方誤差的方面收斂，但並不逐點收斂。

很多在工程實務中遇到的實際訊號都滿足以上這些條件。不過，好幾個常用的非週期訊號，像單位步階函數 $u[n]$，卻並不如此。對於部分這種情形，我們可以在轉換中加入一些脈衝，來定義一個類似 DTFT 的轉換對。這可以讓我們在 DTFT 嚴格來說並未收斂的情況下，繼續用它來當解題的工具。在這一節稍後會有這種用法的一個例子，而其他更多的例子會在第四章出現。

我們現在考慮幾個範例來說明如何求出常用訊號的 DTFT。

範例 3.17

指數序列的 DTFT　試求序列 $x[n] = \alpha^n u[n]$ 的 DTFT。

解答　利用(3.32)式，可知

$$X(e^{j\Omega}) = \sum_{n=-\infty}^{\infty} \alpha^n u[n]e^{-j\Omega n}$$

$$= \sum_{n=0}^{\infty} \alpha^n e^{-j\Omega n}$$

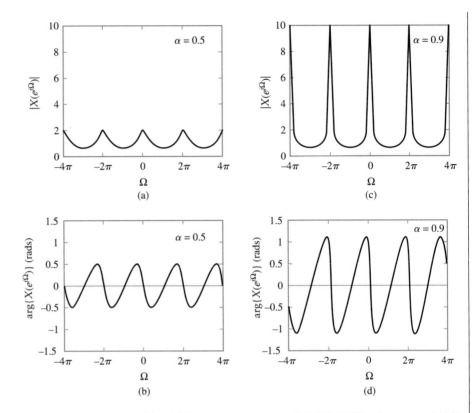

圖 3.29　指數訊號 $x[n] = (\alpha)^n u[n]$ 的 DTFT。(a) $\alpha = 0.5$ 時的振幅頻譜。(b) $\alpha = 0.5$ 時的相位頻譜。(c) $\alpha = 0.9$ 時的振幅頻譜。(d) $\alpha = 0.9$ 時的相位頻譜。

對於 $|\alpha| \geq 1$，這個和會發散。對於 $|\alpha| < 1$，我們得出以下這個收斂的幾何級數

$$
\begin{aligned}
X(e^{j\Omega}) &= \sum_{n=0}^{\infty} (\alpha e^{-j\Omega})^n \\
&= \frac{1}{1 - \alpha e^{-j\Omega}}, \qquad |\alpha| < 1
\end{aligned}
\tag{3.33}
$$

如果 α 是實數，我們可以利用尤拉公式展開(3.33)式子裡的分母，得到

$$
X(e^{j\Omega}) = \frac{1}{1 - \alpha \cos \Omega + j\alpha \sin \Omega}
$$

從這個形式，我們可以看出振幅頻譜與相位頻譜分別是

$$
\begin{aligned}
|X(e^{j\Omega})| &= \frac{1}{((1 - \alpha \cos \Omega)^2 + \alpha^2 \sin^2 \Omega)^{1/2}} \\
&= \frac{1}{(\alpha^2 + 1 - 2\alpha \cos \Omega)^{1/2}}
\end{aligned}
$$

和

$$\arg\{X(e^{j\Omega})\} = -\arctan\left(\frac{\alpha \sin \Omega}{1 - \alpha \cos \Omega}\right)$$

對於 $\alpha = 0.5$ 和 $\alpha = 0.9$，振幅和相位的圖形可見於圖 3.29。在這裡振幅是偶函數，而相位則是奇函數。注意兩者都有週期 2π。

跟其他傅立葉表示法一樣，一個訊號的*振幅頻譜*是以 $X(e^{j\Omega})$ 的振幅作為 Ω 的函數圖形。至於*相位頻譜*則是 $X(e^{j\Omega})$ 的相位作為 Ω 的函數圖形。

▶ **習題 3.11** 試求 $x[n] = 2\,(3)^n u[-n]$ 的 DTFT。

答案　　$X(e^{j\Omega}) = \dfrac{2}{1 - e^{j\Omega}/3}$　　◀

範例 3.18

一個矩形脈波的 DTFT　令

$$x[n] = \begin{cases} 1, & |n| \leq M \\ 0, & |n| > M \end{cases}$$

如圖 3.30(a)所示。試求 $x[n]$ 的 DTFT。

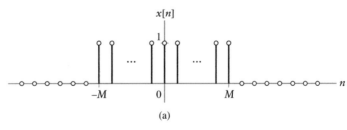

(a)

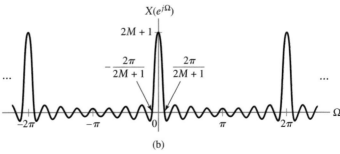

(b)

圖 3.30　範例 3.18。(a) 時域中的矩形脈波。(b) 頻域中的 DTFT。

解答 在(3.32)式中代入 $x[n]$，得到

$$X(e^{j\Omega}) = \sum_{n=-M}^{M} 1e^{-j\Omega n}$$

現在我們進行變數轉換 $m = n + M$，得到

$$X(e^{j\Omega}) = \sum_{m=0}^{2M} e^{-j\Omega(m-M)}$$

$$= e^{j\Omega M} \sum_{m=0}^{2M} e^{-j\Omega m}$$

$$= \begin{cases} e^{j\Omega M} \dfrac{1 - e^{-j\Omega(2M+1)}}{1 - e^{-j\Omega}}, & \Omega \neq 0, \pm 2\pi, \pm 4\pi, \ldots \\ 2M + 1, & \Omega = 0, \pm 2\pi, \pm 4\pi, \ldots \end{cases}$$

如果 $\Omega \neq 0$，$\pm 2\pi$，$\pm 4\pi$，$\cdots$，透過將分子和分母中的指數的次方調整成對稱形式，$X(e^{j\Omega})$ 的公式可以簡化為：

$$X(e^{j\Omega}) = e^{j\Omega M} \frac{e^{-j\Omega(2M+1)/2}(e^{j\Omega(2M+1)/2} - e^{-j\Omega(2M+1)/2})}{e^{-j\Omega/2}(e^{j\Omega/2} - e^{-j\Omega/2})}$$

$$= \frac{e^{j\Omega(2M+1)/2} - e^{-j\Omega(2M+1)/2}}{e^{j\Omega/2} - e^{-j\Omega/2}}$$

將分子分母分別除以 $2j$，現在可以把 $X(e^{j\Omega})$ 寫成兩個正弦函數之比：

$$X(e^{j\Omega}) = \frac{\sin(\Omega(2M+1)/2)}{\sin(\Omega/2)}$$

利用洛必達法則，得到

$$\lim_{\Omega \to 0, \pm 2\pi, \pm 4\pi, \ldots,} \frac{\sin(\Omega(2M+1)/2)}{\sin(\Omega/2)} = 2M + 1$$

因此，我們不需要把 $X(e^{j\Omega})$ 寫成 Ω 的兩個不同的形式，只要寫

$$X(e^{j\Omega}) = \frac{\sin(\Omega(2M+1)/2)}{\sin(\Omega/2)}$$

其中我們瞭解，當 $\Omega = 0$，$\pm 2\pi$，$\pm 4\pi$，$\cdots$時 $X(e^{j\Omega})$ 以極限的方式導出。在這個範例當中，$X(e^{j\Omega})$ 是純粹實數。我們在圖 3.30(b) 描繪出 $X(e^{j\Omega})$ 作為 Ω 的函數圖形。我們可以看到當 M 增加的時候，$x[n]$ 在時間中的寬度會增加，而 $X(e^{j\Omega})$ 中的能量越來越集中在 $\Omega = 0$ 附近。

範例 3.19

矩形頻譜的逆 DTFT　　$X(e^{j\Omega})$ 定義如下，試求其逆 DTFT

$$X(e^{j\Omega}) = \begin{cases} 1, & |\Omega| < W \\ 0, & W < |\Omega| < \pi \end{cases}$$

其圖形可見於圖 3.31(a)。

解答　首先，注意題目只定出 $-\pi < \Omega \le \pi$ 範圍中的 $X(e^{j\Omega})$。不過事實上就樣就足夠了，因為 $X(e^{j\Omega})$ 永遠是週期為 2π 的，而且逆 DTFT 主要和區間 $-\pi < \Omega \le \pi$ 內的值有關。把 $X(e^{j\Omega})$ 代入(3.31)式之中，得到

$$\begin{aligned} x[n] &= \frac{1}{2\pi} \int_{-W}^{W} e^{j\Omega n} \, d\Omega \\ &= \frac{1}{2\pi n j} e^{j\Omega n} \Big|_{-W}^{W}, \quad n \neq 0 \\ &= \frac{1}{\pi n} \sin(Wn), \quad n \neq 0 \end{aligned}$$

當 $n = 0$，積分元函數等於一，因此 $x[0] = W/\pi$。使用洛必達法則，很容易可以證明

$$\lim_{n \to 0} \frac{1}{\pi n} \sin(Wn) = \frac{W}{\pi}$$

因此我們通常把 $X(e^{j\Omega})$ 的逆 DTFT 寫成

$$x[n] = \frac{1}{\pi n} \sin(Wn)$$

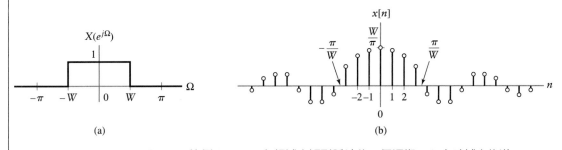

圖 3.31　範例 3.19。(a)在頻域中矩形脈波的一個週期。(b)在時域中的逆 DTFT。

其中必須理解 $n = 0$ 處的值是要取極限才能得到的。這個結果也可以寫成

$$x[n] = \frac{W}{\pi} \text{sinc}(Wn/\pi)$$

這裡用到在(3.24)式中定義的 sinc 函數。我們在圖 3.31(b)顯示出 $x[n]$ 對時間 n 的圖形。

範例 3.20

單位脈衝的 DTFT　試求 $x[n] = \delta[n]$ 的 DTFT。

解答　當 $x[n] = \delta[n]$，我們有

$$X(e^{j\Omega}) = \sum_{n=-\infty}^{\infty} \delta[n]e^{-j\Omega n}$$
$$= 1$$

因此

$$\delta[n] \xleftrightarrow{\ DTFT\ } 1$$

我們在圖 3.32 畫出了這個 DTFT 對。

範例 3.21

單位脈衝頻譜的逆 DTFT　試求 $X(e^{j\Omega}) = \delta(\Omega)$ 的逆 DTFT，其中 $-\pi < \Omega \leq \pi$。

解答　由(3.31)式，根據定義，

$$x[n] = \frac{1}{2\pi} \int_{-\pi}^{\pi} \delta(\Omega)e^{j\Omega n}\, d\Omega$$

利用脈衝函數的篩選特性 (sifting property) 可以得到 $x[n] = 1/(2\pi)$，因此

$$\frac{1}{2\pi} \xleftrightarrow{\ DTFT\ } \delta(\Omega), \quad -\pi < \Omega \leq \pi$$

在這個例子當中，我們也只定義了 $X(e^{j\Omega})$ 的一個週期。根據另一個做法，我們可以對所有 Ω 定義 $X(e^{j\Omega})$，辦法是把它寫成無窮多個 delta 函數的總和，其中每個 delta 函數都平移 2π 的整數倍數，如下：

$$X(e^{j\Omega}) = \sum_{k=-\infty}^{\infty} \delta(\Omega - k2\pi)$$

兩個定義都很常用。我們在圖 3.33 畫出了這個 DTFT 對。

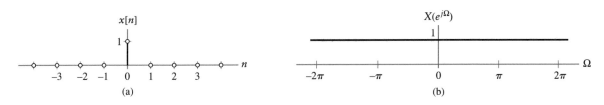

圖 3.32　範例 3.20。(a)在時域中的單位脈衝。(b)在頻域中單位脈衝的 DTFT。

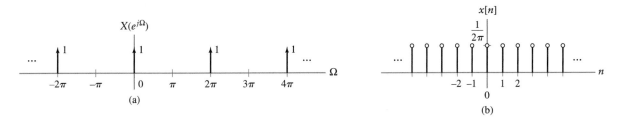

圖 3.33　範例 3.21。(a)頻域中的單位脈衝。(b)時域中的逆 DTFT。

　　上述的範例出現了一個有趣的兩難推論：$x[n] = 1/(2\pi)$ 的 DTFT 並不收斂，因為它不是一個平方可加總訊號，但 $x[n]$ 竟然是一個合理的逆 DTFT！這其實是在 $X(e^{j\Omega})$ 中容許脈衝存在的直接推論。雖然看來令人疑惑，我們還是把 $x[n]$ 和 $X(e^{j\Omega})$ 當做一個 DTFT 對，因為它們確實滿足 DTFT 對的所有性質。事實上，如果在轉換當中容許脈衝存在，我們可將 DTFT 所能表示的訊號種類大為擴展。嚴格來說，這些訊號的 DTFT 不存在，因為(3.32)式中的和並不收斂。不過，像在這個例子的情形，我們可以利用(3.31)式中的逆轉換來找出DTFT 對，然後把這些DTFT 用來當解題的工具。我們在第四章將會介紹更多例子來說明脈衝在 DTFT 中的應用。

➤ **習題 3.12**　　試求以下時域訊號的 DTFT：

(a) $x[n] = \begin{cases} 2^n, & 0 \le n \le 9 \\ 0, & \text{其他情況} \end{cases}$

(b) $x[n] = a^{|n|}, \quad |a| < 1$

(c) $x[n] = \delta[6 - 2n] + \delta[6 + 2n]$

(d) 圖 3.34 中的 $x[n]$。

答案　(a) $X(e^{j\Omega}) = \dfrac{1 - 2^{10}e^{-j10\Omega}}{1 - 2e^{-j\Omega}}$

(b) $X(e^{j\Omega}) = \dfrac{1 - a^2}{1 - 2a\cos\Omega + a^2}$

(c) $X(e^{j\Omega}) = 2\cos(3\Omega)$

(d) $X(e^{j\Omega}) = -2j\sin(7\Omega/2)\dfrac{\sin(4\Omega)}{\sin(\Omega/2)}$

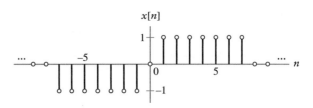

圖 3.34   習題 3.12 的訊號 $x[n]$。

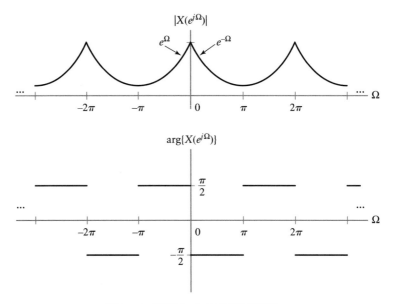

圖 3.35   習題 3.13.(c)的頻域訊號。

➤ **習題 3.13** 試求以下頻域訊號的逆 DTFT：

(a) $X(e^{j\Omega}) = 2\cos(2\Omega)$

(b) $X(e^{j\Omega}) = \begin{cases} e^{-j4\Omega}, & \pi/2 < |\Omega| \le \pi \\ 0, & \text{其他條件} \end{cases}$，在 $-\pi < \Omega \le \pi$ 區間

(c) 圖 3.35 中的 $X(e^{j\Omega})$。

答案   (a) $x[n] = \begin{cases} 1, & n = \pm 2 \\ 0, & \text{其他情況} \end{cases}$

(b) $x[n] = \delta[n-4] - \dfrac{\sin(\pi(n-4)/2)}{\pi(n-4)}$

(c) $x[n] = \dfrac{n(1 - e^{-\pi}(-1)^n)}{2\pi(n^2+1)}$

範例 3.22

移動－平均系統：頻率響應　考慮由以下輸入－輸出方程式描述的兩個不同移動－平均系統。

$$y_1[n] = \frac{1}{2}(x[n] + x[n-1])$$

和

$$y_2[n] = \frac{1}{2}(x[n] - x[n-1])$$

第一個系統把兩個連續的輸入平均起來，而第二個系統產生它們的差。它們的脈衝響應是

$$h_1[n] = \frac{1}{2}\delta[n] + \frac{1}{2}\delta[n-1]$$

和

$$h_2[n] = \frac{1}{2}\delta[n] - \frac{1}{2}\delta[n-1]$$

試分別求這兩個系統的頻率響應並畫出它們的振幅響應的圖形。

解答　頻率響應是脈衝響應的 DTFT，所以我們把 $h_1[n]$ 代入(3.32)式，得到

$$H_1(e^{j\Omega}) = \frac{1}{2} + \frac{1}{2}e^{-j\Omega}$$

這個公式也可以改寫為

$$H_1(e^{j\Omega}) = e^{-j\frac{\Omega}{2}}\frac{e^{j\frac{\Omega}{2}} + e^{-j\frac{\Omega}{2}}}{2}$$

$$= e^{-j\frac{\Omega}{2}}\cos\left(\frac{\Omega}{2}\right)$$

因此，振幅響應可以表示為

$$|H_1(e^{j\Omega})| = \left|\cos\left(\frac{\Omega}{2}\right)\right|$$

另外，相位響應可以寫成

$$\arg\{H_1(e^{j\Omega})\} = -\frac{\Omega}{2}$$

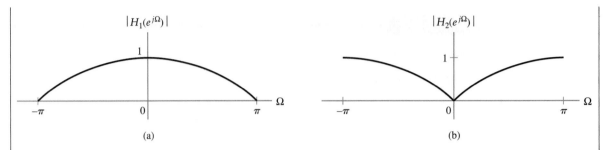

圖 3.36   兩個簡單的離散時間系統的振幅響應。(a)把兩個連續輸入平均起來的系統,傾
          向於將高頻部份加以衰減。(b)產生兩個連續輸入差值的系統,傾向於將低頻部
          份加以衰減。

同理,第二個系統的頻率響應是

$$H_2(e^{j\Omega}) = \frac{1}{2} - \frac{1}{2}e^{-j\Omega}$$
$$= je^{-j\frac{\Omega}{2}}\frac{e^{j\frac{\Omega}{2}} - e^{-j\frac{\Omega}{2}}}{2j}$$
$$= je^{-j\frac{\Omega}{2}}\sin\left(\frac{\Omega}{2}\right)$$

對於這個情形,系統的振幅響應可以表示為

$$\left|H_2(e^{j\Omega})\right| = \left|\sin\left(\frac{\Omega}{2}\right)\right|$$

而相位響應可以表示為

$$\arg\{H_2(e^{j\Omega})\} = \begin{cases} \pi/2 - \dfrac{\Omega}{2}, & \Omega > 0 \\ -\dfrac{\Omega}{2} - \pi/2 & \Omega < 0 \end{cases}$$

圖 3.36(a)和(b)畫出這兩個系統在區間 $-\pi < \Omega \le \pi$ 的振幅響應。因為對
應於 $h_1[n]$ 的系統把兩個連續的輸入平均起來,我們預期它會容許低頻的訊
號通過,但會衰減高頻訊號。這個性質反映在振幅響應身上。與此相反,
$h_2[n]$ 所代表的差值運算的效果是衰減低頻但讓高頻通過,這也可以從振幅
響應中看出來。

範例 3.23

多重路徑通訊通道：頻率響應　在 1.10 節引進了以下的輸入－輸出方程式，用來描述雙路徑傳播通道 (two-path propagation channel) 的離散時間模型：

$$y[n] = x[n] + ax[n-1]$$

在範例 2.12，我們找到這個系統的脈衝響應是 $h[n] = \delta[n] + a\delta[n-1]$，並求出它的逆系統的脈衝響應是 $h^{\text{inv}}[n] = (-a)^n u[n]$。只要 $|a| < 1$，這個逆系統是穩定的。試就 $a = 0.5e^{j\pi/3}$ 和 $a = 0.9e^{j2\pi/3}$ 的情形，比較這兩個系統的振幅響應。

解答　我們記得一個系統的頻率響應就是它的脈衝響應的 DTFT。對於模擬雙路徑傳播的系統，可以從 (3.32) 式得到它的頻率響應是

$$H(e^{j\Omega}) = 1 + ae^{-j\Omega}$$

利 $a = |a|e^{j\arg\{a\}}$，這個頻率響應可以改寫成

$$H(e^{j\Omega}) = 1 + |a|e^{-j(\Omega - \arg\{a\})}$$

現在應用尤拉公式可以得到

$$H(e^{j\Omega}) = 1 + |a|\cos(\Omega - \arg\{a\}) - j|a|\sin(\Omega - \arg\{a\})$$

因此振幅響應是

$$\begin{aligned} |H(e^{j\Omega})| &= ((1 + |a|\cos(\Omega - \arg\{a\}))^2 + |a|^2 \sin^2(\Omega - \arg\{a\}))^{1/2} \\ &= (1 + |a|^2 + 2|a|\cos(\Omega - \arg\{a\}))^{1/2} \end{aligned} \tag{3.34}$$

其中我們使用了恆等式 $\cos^2\theta + \sin^2\theta = 1$。要獲得逆系統的頻率響應，我們可以在 (3.33) 式中將 α 換成 $-a$。結果是

$$H^{\text{inv}}(e^{j\Omega}) = \frac{1}{1 + ae^{-j\Omega}}, \qquad |a| < 1$$

將 a 表示為極座標型式，得到

$$H^{\text{inv}}(e^{j\Omega}) = \frac{1}{1 + |a|e^{-j(\Omega - \arg\{a\})}}$$

$$= \frac{1}{1 + |a|\cos(\Omega - \arg\{a\}) - j|a|\sin(\Omega - \arg\{a\})}$$

注意，逆系統的頻率響應就是原系統頻率響應的倒數。這個結果表示逆系統的振幅響應就是在(3.34)式中原系統振幅響應的倒數。因此有

$$|H^{\text{inv}}(e^{j\Omega})| = \frac{1}{(1 + |a|^2 + 2|a|\cos(\Omega - \arg\{a\}))^{1/2}}$$

圖 3.37 對 $a = 0.5e^{j\pi/3}$ 和 $a = 0.9\,e^{j2\pi/3}$ 兩個情況，都畫出了 $H(e^{j\Omega})$ 在 $-\pi < \Omega \le \pi$ 區間的振幅響應。如果仔細去看(3.34)式，會發現當 $\Omega = \arg\{a\}$ 時，振幅響應有最大值 $1 + |a|$，而當 $\Omega = \arg\{a\} - \pi$ 時達到最小值 $1 - |a|$。這些結論也得到圖 3.37(a)和(b)的証明。因此，當 $|a|$ 趨近 1 的時候，頻率接近 $\arg\{a\} - \pi$ 的複數弦波經過多重路徑傳播後會被嚴重衰減。對應的逆系統的振幅響應可見於圖 3.38。被原來系統顯著衰減的頻率，同樣會被逆系統顯著地放大，因此如果通過兩個系統之後，它的振幅會保持不變。在實際應用上，大幅度的放大是個問題，因為通道或接收器接收的任何雜訊都同樣會被放大。注意如果 $|a| = 1$ 則多路徑模型對任何頻率等於 $\Omega = \arg\{a\} - \pi$ 的複數弦波的增益等於零。一個零振幅的輸入弦波不可能還原，因此當 $|a| = 1$ 的時候，多路徑系統是不可逆的。

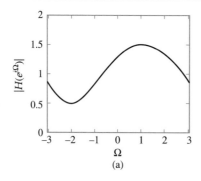
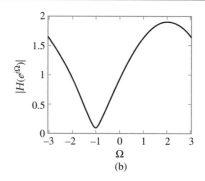

圖 3.37　範例 3.23 中，描述多重路徑傳播的系統的振幅響應。(a)間接路徑係數 $a = 0.5e^{j\pi/3}$。(b)間接路徑係數 $a = 0.9e^{j2\pi/3}$。

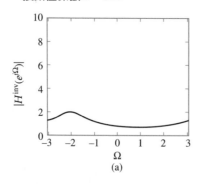
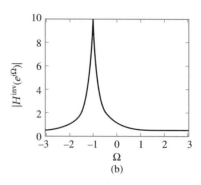

圖 3.38　範例 3.23 多重路徑傳播逆系統的振幅響應。(a)間接路徑係數 $a = 0.5e^{j\pi/3}$。(b)間接路徑係數 $a = 0.9e^{j2\pi/3}$。

3.7 連續時間非週期訊號：傅立葉轉換
(Contiunous-Time Nonperiodic Sgnal:The Fourier Transform)

傅立葉轉換 (FT) 可將連續時間的非週期訊號表示爲複數弦波的疊加。回想我們在 3.3 節曾經討論過，如果一個訊號是連續非週期的，這表示它的傅立葉表示法中所用的複數弦波所包括的頻率，是從 $-\infty$ 到 ∞ 的一個連續分佈。因此，一個連續時間訊號的 FT 表示法牽涉到對整個頻率區間的積分。也就是說，

$$x(t) = \frac{1}{2\pi} \int_{-\infty}^{\infty} X(j\omega)e^{j\omega t}\, d\omega \tag{3.35}$$

其中

$$X(j\omega) = \int_{-\infty}^{\infty} x(t)e^{-j\omega t}\, dt \tag{3.36}$$

是訊號 $x(t)$ 的 FT。注意在(3.35)式中我們把 $x(t)$ 表示成頻率從 $-\infty$ 到 ∞ 的複數弦波的加權疊加。這個疊加其實是個積分，其中每個弦波的權重是 $(1/(2\pi))X(j\omega)$。我們稱 $x(t)$ 與 $X(j\omega)$ 爲一組 FT 對，表示爲

$$x(t) \xleftrightarrow{\ FT\ } X(j\omega)$$

轉換 $X(j\omega)$ 把訊號 $x(t)$ 描述爲頻率 ω 的函數，它被稱爲 $x(t)$ 的頻域表示法。(3.35)式被稱爲逆 FT，因爲它把頻域的表示法 $X(j\omega)$ 映射回時域。

FT 被用來分析連續時間系統的性質，和連續時間訊號與系統之間的交互作用。它也被用來分析離散與連續時間訊號之間，例如取樣過程中出現的交互作用。這些議題會在第四章中詳細討論。

(3.35)和 (3.36)式中的積分不一定對所有函數 $x(t)$ 和 $X(j\omega)$ 都收斂。有關收斂性的分析超出本書的範圍，我們僅指出幾個針對時域訊號 $x(t)$ 的收斂條件。如果定義

$$\hat{x}(t) = \frac{1}{2\pi} \int_{-\infty}^{\infty} X(j\omega)e^{j\omega t}\, d\omega$$

其中 $X(j\omega)$ 可以透過方程式 (3.36)用 $x(t)$ 表示，可以證明以下 $x(t)$ 與 $\hat{x}(t)$ 之間的平方誤差 (即誤差能量)

$$\int_{-\infty}^{\infty} |x(t) - \hat{x}(t)|^2\, dt$$

等於零，假設 $x(t)$ 是平方可積分的，即如果

$$\int_{-\infty}^{\infty} |x(t)|^2 \, dt < \infty$$

平方誤差等於零並不表示函數必定逐點收斂 [即對所有的 t，$x(t) = \hat{x}(t)$]，但在項與項的差之中的能量肯定等於零。

如果 $x(t)$ 滿足以下針對非週期訊號的狄瑞屈利條件，我們能夠保證對所有不連續點以外的 t 逐點收斂：

▶ $x(t)$ 絕對可積分的：

$$\int_{-\infty}^{\infty} |x(t)| \, dt < \infty$$

▶ $x(t)$ 在任何有限區間中，最大值，最小值或不連續點的數目有限。

▶ 每一個不連續點的振幅有限。

幾乎所有在工程實務中遇到的實際訊號都滿足第二和第三個條件，但很多理想化的訊號，包括單位步階訊號，都是既不絕對可積分的，又不是平方可積分的。在某些這種情況當中，我們會利用脈衝來定義滿足 FT 性質的轉換對。這樣，縱使嚴格來說對於這些訊號的 FT 並不收斂，我們還是可以用它來做解題的工具。

我們利用以下五個例子來說明如何求出一些普通訊號的 FT 和逆 FT。

範例 3.24

指數衰減的實數 FT　　試求圖 3.39(a)中，$x(t) = e^{-at}u(t)$ 的 FT。

解答　當 $a \leq 0$，由於 $x(t)$ 不是絕對可積分的，因此 FT 不收斂，即

$$\int_{0}^{\infty} e^{-at} \, dt = \infty, \qquad a \leq 0$$

當 $a > 0$，我們有

$$\begin{aligned}
X(j\omega) &= \int_{-\infty}^{\infty} e^{-at}u(t)e^{-j\omega t} \, dt \\
&= \int_{0}^{\infty} e^{-(a+j\omega)t} \, dt \\
&= -\frac{1}{a + j\omega} e^{-(a+j\omega)t} \Big|_{0}^{\infty} \\
&= \frac{1}{a + j\omega}
\end{aligned}$$

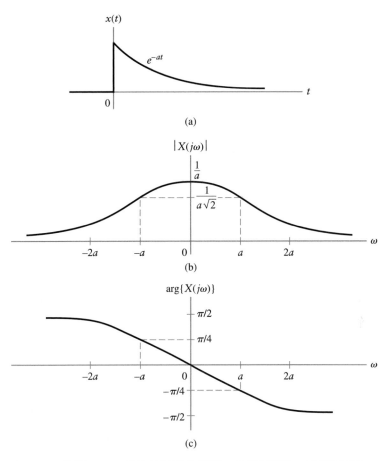

圖 3.39　範例 3.24.(a)實數時域指數訊號。(b)振幅頻譜。(c)相位頻譜。

換轉成極座標型式，我們求得 $X(j\omega)$ 的振幅頻譜與相位頻譜分別是

$$|X(j\omega)| = \frac{1}{(a^2 + \omega^2)^{\frac{1}{2}}}$$

和

$$\arg\{X(j\omega)\} = -\arctan(\omega/a)$$

它們的圖形分別見於圖 3.39(b)與(c)。

　　像從前一樣，$X(j\omega)$ 的振幅相對於ω的圖形被稱爲訊號 $x(t)$ 的*振幅頻譜*，而 $X(j\omega)$ 的相位相對於 ω 的圖形被稱爲 $x(t)$ 的*相位頻譜*。

範例 3.25

矩形脈波的 FT　考慮圖 3.40(a)中定義如下的矩形脈波

$$x(t) = \begin{cases} 1, & -T_o < t < T_o \\ 0, & |t| > T_o \end{cases}$$

試求 $x(t)$ 的 FT。

解答　只要 $T_o < \infty$，矩形脈波 $x(t)$ 是絕對可積分的。因此有

$$\begin{aligned} X(j\omega) &= \int_{-\infty}^{\infty} x(t)e^{-j\omega t}\, dt \\ &= \int_{-T_o}^{T_o} e^{-j\omega t}\, dt \\ &= -\frac{1}{j\omega} e^{-j\omega t} \Big|_{-T_o}^{T_o} \\ &= \frac{2}{\omega} \sin(\omega T_o), \qquad \omega \neq 0 \end{aligned}$$

當 $\omega = 0$，積分簡化為 $2T_o$。利用洛必達法則，很容易可以證明

$$\lim_{\omega \to 0} \frac{2}{\omega} \sin(\omega T_o) = 2T_o$$

因此我們通常把它寫成

$$X(j\omega) = \frac{2}{\omega} \sin(\omega T_o)$$

其中我們了解在 $\omega = 0$ 處的值是要經過取極限才能得到。在這裡，$X(j\omega)$ 是實數。$X(j\omega)$ 的圖形可見於圖 3.40(b)。振幅頻譜是

$$|X(j\omega)| = 2 \left| \frac{\sin(\omega T_o)}{\omega} \right|$$

而相位頻譜是

$$\arg\{X(j\omega)\} = \begin{cases} 0, & \sin(\omega T_o)/\omega > 0 \\ \pi, & \sin(\omega T_o)/\omega < 0 \end{cases}$$

利用 sinc 函數，$X(j\omega)$ 可以寫為

$$X(j\omega) = 2T_o \, \mathrm{sinc}(\omega T_o/\pi)$$

圖 3.40　範例 3.25.(a)時域中的矩形脈波。(b)頻域中的 FT。

　　以上的範例說明了傅立葉轉換的一個很重要的性質。讓我們來考慮改變 T_o 的影響。隨著 T_o 增加，$x(t)$ 在時間中不爲零的範圍會增大，而 $X(j\omega)$ 則會越來越集中在頻率原點的附近。反過來，如果 T_o 減少，$x(t)$ 不爲零的時間範圍縮小，而 $X(j\omega)$ 則變得沒有那麼集中在頻率原點附近。從某種意義來說，$x(t)$ 持續的時間與 $X(j\omega)$ 的寬度或 "頻寬"(bandwidth) 成反比。我們將會看到，一般的原則，訊號如果在一個領域中集中，它就會在其他領域中展延散開。

▶ **習題 3.14**　試求以下訊號的 FT：

(a) $x(t) = e^{2t}u(-t)$

(b) $x(t) = e^{-|t|}$

(c) $x(t) = e^{-2t}u(t - 1)$

(d) 圖 3.41(a)中的 $x(t)$。（提示：使用分部積分的方式。）

(e) 圖 3.41(b)中的 $x(t)$。

答案　(a) $X(j\omega) = -1/(j\omega - 2)$

(b) $X(j\omega) = 2/(1 + \omega^2)$

(c) $e^{-(j\omega+2)}/(j\omega + 2)$

(d) $X(j\omega) = j(2/\omega) \cos \omega - j(2/\omega^2) \sin \omega$

(e) $X(j\omega) = 2j(1 - \cos(2\omega))/\omega$

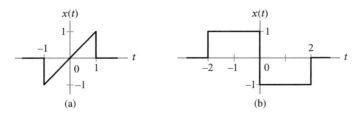

圖 3.41　習題 3.14 的時域訊號。(a)屬於(d)小題的訊號。(b)屬於(e)小題的訊號。

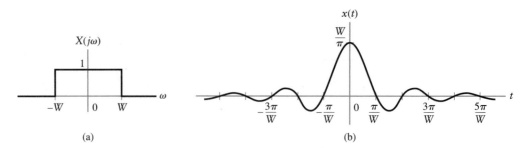

圖 3.42　範例 3.26。(a)頻域中的矩形頻譜。(b)時域中的逆 FT。

範例 3.26

矩形頻譜的逆 FT　試求圖 3.42(a)中的矩形頻譜 (rectangular spectrum) 的逆 FT，矩形頻譜的公式是

$$X(j\omega) = \begin{cases} 1, & -W < \omega < W \\ 0, & |\omega| > W \end{cases}$$

解答　利用(3.35)式的逆 FT，得到

$$\begin{aligned} x(t) &= \frac{1}{2\pi} \int_{-W}^{W} e^{j\omega t}\, d\omega \\ &= \frac{1}{2j\pi t} e^{j\omega t} \bigg|_{-W}^{W} \\ &= \frac{1}{\pi t} \sin(Wt), \quad t \neq 0 \end{aligned}$$

當 $t = 0$，這個積分簡化為 W/π，因為

$$\lim_{t \to 0} \frac{1}{\pi t} \sin(Wt) = W/\pi$$

我們通常把它寫成

$$x(t) = \frac{1}{\pi t} \sin(Wt)$$

或

$$x(t) = \frac{W}{\pi} \text{sinc}\left(\frac{Wt}{\pi}\right)$$

其中我們了解到 $t = 0$ 處的值是要取極限來求得。圖 3.42(b)顯示出 $x(t)$。

　　我們再一次注意到，訊號在時域原點周圍的集中程度與它在頻域中的集中程度成反比關係：隨著 W 增加，頻域表示法變得沒有那麼集中在 $\omega = 0$ 周圍，而時域表示法卻更加集中在 $t = 0$ 附近。我們在以上兩個範例中還可以觀察到另一件有趣的事情。在範例 3.25，時域中的矩形脈衝被轉換成頻率的 sinc 函數。在範例 3.26，一個時間的 sinc 函數被轉換成頻率中的矩形脈波。這個「對偶性」(duality) 是(3.36)式中的正向轉換與 (3.35)式中的逆轉換很相似的必然結果，這一點在 3.18 節還會進一步探討。下面的兩個例子也表現出這個對偶性。

範例 3.27

單位脈衝的 FT　　試求 $x(t) = \delta(t)$ 的 FT。

解答　這個 $x(t)$ 並不滿足狄瑞屈利條件，因爲它在原點的不連續性是無限大的。但是雖然有這個潛在的問題，我們還是照樣進行，利用(3.36)式寫下

$$X(j\omega) = \int_{-\infty}^{\infty} \delta(t)e^{-j\omega t}\, dt$$
$$= 1$$

利用脈衝函數的過濾性質，我們計算出結果爲 1。因此，

$$\delta(t) \xleftrightarrow{\quad FT \quad} 1$$

可見脈衝包括了從 $\omega = -\infty$ 到 $\omega = \infty$ 所有頻率的複數弦波的總和爲 1。

範例 3.28

脈衝頻譜的逆 FT　　試求 $X(j\omega) = 2\pi\delta(\omega)$ 的逆 FT。

解答　在這裡我們又一次預期會有收斂不規則性的問題，因爲 $X(j\omega)$ 在原點有一個無限大的不連續性。但是我們還是可以利用(3.35)式寫下

$$x(t) = \frac{1}{2\pi} \int_{-\infty}^{\infty} 2\pi\delta(\omega)e^{j\omega t}\, d\omega$$
$$= 1$$

因此我們把

$$1 \xleftrightarrow{\quad FT \quad} 2\pi\delta(\omega)$$

看做一個 FT 對。這表示一個直流訊號針對所有頻率的值都完全集中在 $\omega = 0$。這是一個很符合直覺的結果。

　　值得注意的是以上兩個範例與 DTFT 的範例 3.20 和 3.21 類似的地方。無論是離散還是連續時間的情形，一個時域中的脈衝會轉換成一個常數的頻譜，而一個脈衝頻譜的逆轉換是時域中的一個常數。在這些例子當中，雖然不能保證 FT 會收斂，轉換對確實滿足 FT 對所應有的性質，因此在分析問題時很有用處。這些轉換對都是脈衝函數性質的後果。容許使用脈衝，使我們大幅擴展了能用 FT 來表示的訊號範圍，也因此令 FT 成為一個更有力的解題工具。在第四章我們會利用脈衝來求得週期與離散時間訊號的 FT 表示法。

▶ **習題 3.15**　　試求以下頻譜的逆 FT：

(a) $X(j\omega) = \begin{cases} 2\cos\omega, & |\omega| < \pi \\ 0, & |\omega| > \pi \end{cases}$

(b) $X(j\omega) = 3\delta(\omega - 4)$

(c) $X(j\omega) = \pi e^{-|\omega|}$

(d) 圖 3.43(a)中的 $X(j\omega)$。

(e) 圖 3.43(b)中的 $X(j\omega)$。

答案　(a) $x(t) = \dfrac{\sin(\pi(t+1))}{\pi(t+1)} + \dfrac{\sin(\pi(t-1))}{\pi(t-1)}$

(b) $x(t) = (3/2\pi)e^{j4t}$

(c) $x(t) = 1/(1+t^2)$

(d) $x(t) = (1 - \cos(2t))/(\pi t)$

(e) $x(t) = (\sin(2t) - \sin t)/(\pi t)$

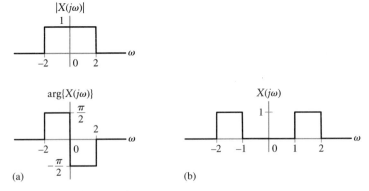

圖 3.43　習題 3.15 的頻域訊號。(a)屬於(d)小題的訊號。(b)屬於(e)小題的訊號。

範例 **3.29**

數位通訊訊號的特質　在一個簡單的數位通訊系統裡，我們傳送一個訊號或「符號」來代表訊息二元表示法中的每一個 "1"，而用另一個訊號或符號來傳送每一個 "0"。一個常用的方式是二元*相移鍵控 (binary phase-shift keying*，簡稱 BPSK)，它假設代表 "0" 的訊號是代表 "1" 的訊號的負數。圖 3.44 畫出了這個方法可能使用的兩個不同訊號：矩形脈波，定義如下

$$x_r(t) = \begin{cases} A_r, & |t| < T_o/2 \\ 0, & |t| > T_o/2 \end{cases}$$

以及升餘弦脈波 (raised-cosine pulse)，定義如下

$$x_c(t) = \begin{cases} (A_c/2)(1 + \cos(2\pi t/T_o)), & |t| < T_o/2 \\ 0, & |t| > T_o/2 \end{cases}$$

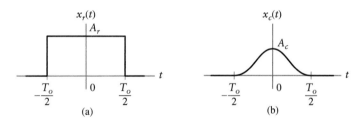

圖 3.44　BPSK 通訊中使用的脈波形狀。(a)矩形脈波。(b)升餘弦脈波。

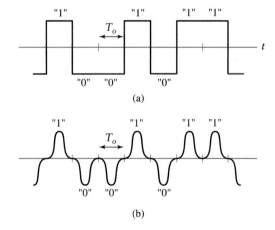

圖 3.45　利用(a)矩形脈波和(b)升餘弦脈波所建構出來的 BPSK 訊號。

在圖 3.45 中，針對兩種不同形狀的脈波，我們畫出了用來傳輸一個位元序列的 BPSK 訊號。注意因為每一個脈波持續的時間是 T_o 秒，這個方式的傳輸速率是每秒 $1/T_o$ 位元。我們將會在第五章介紹，每個使用者的訊號都在一個指定的頻帶中傳輸。為了避免與其他使用者的頻帶互相干擾，政府機關對任何使用者傳輸到隔鄰頻帶的訊號能量有所限制。假如指定給每個使用者的頻帶寬 20 kHz，為了防止相鄰頻道之間的干擾，我們假設傳輸訊號的振幅頻譜，在它指定的 20-kHz 頻帶外的峰值要在頻帶內峰值的 -30 dB 以下。試求出常數 A_r 和 A_c 使得兩個 BPSK 訊號都是一個單位的功率。試利用 FT 分別求出，當採用矩形和升餘弦脈波時，每秒最多可傳送的位元數。

解答 雖然 BPSK 不是週期訊號，但它們振幅的平方有週期 T_o，因此它們個別的功率可以算出來是

$$P_r = \frac{1}{T_o} \int_{-T_o/2}^{T_o/2} A_r^2 \, dt$$
$$= A_r^2$$

和

$$P_c = \frac{1}{T_o} \int_{-T_o/2}^{T_o/2} (A_c^2/4)(1 + \cos(2\pi t/T_o))^2 \, dt$$
$$= \frac{A_c^2}{4T_o} \int_{-T_o/2}^{T_o/2} \left[1 + 2\cos(2\pi t/T_o) + 1/2 + 1/2\cos(4\pi t/T_o)\right] dt$$
$$= \frac{3A_c^2}{8}$$

因此，要使得傳輸功率等於壹，可以選取 $A_r = 1$ 和 $A_c = \sqrt{8/3}$。

利用範例 3.25 的結果，我們發現矩形脈波 $x_r(t)$ 的 FT 是

$$X_r(j\omega) = 2\frac{\sin(\omega T_o/2)}{\omega}$$

在這個例子當中，用赫茲作為頻率的單位比用弧度/秒方便。為了表明採用了新單位，我們代入 $\omega = 2\pi f$ 和將 $X(j\omega)$ 換成 $X_r'(jf)$，得到

$$X_r'(jf) = \frac{\sin(\pi f T_o)}{\pi f}$$

以 dB 表示，這個訊號的正規化 (normalized) 振幅頻譜是 $20\log_{10}\{|X_r'(jf)|/T_o\}$，其圖形見圖 3.46。將此訊號用 T_o 來正規化使得它的振幅與 T_o 無關。我們發現第一個峰值不超過 -30dB 的是第十個旁瓣。

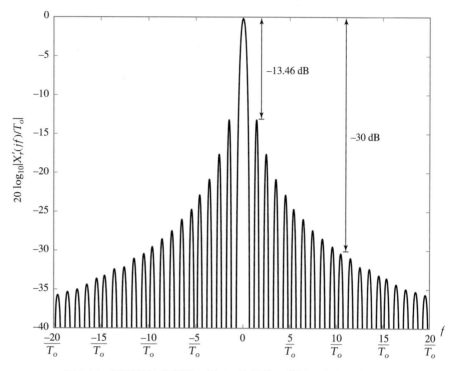

圖 3.46 矩形脈波的頻譜，以 dB 為單位，並以 T_o 加以正規化。

這個結果表示，為了滿足在配給使用者的 20-kHz 頻帶以外，其傳輸訊號振幅頻譜的峰值要低於 − 30 dB 的條件，則我們必須選擇 T_o 使得圖形的第十個過零點是位於 10 kHz。第 k 個過零點發生在 $f = k / T_o$，所以如果使用矩形脈波，為了滿足以上的要求，我們需要 $10{,}000 = 10/T_o$ 或 $T_o = 10^{-3}\,\text{s}$。這表示傳輸速率是每秒 1000 位元。

　　升餘弦脈波 $x_c(t)$ 的 FT 是

$$X_c(j\omega) = \frac{1}{2}\sqrt{\frac{8}{3}} \int_{-T_o/2}^{T_o/2} (1 + \cos(2\pi t/T_o))e^{-j\omega t}\,dt$$

利用尤拉公式把餘弦展開，得到

$$X_c(j\omega) = \sqrt{\frac{2}{3}} \int_{-T_o/2}^{T_o/2} e^{-j\omega t}\,dt + \frac{1}{2}\sqrt{\frac{2}{3}} \int_{-T_o/2}^{T_o/2} e^{-j(\omega - 2\pi/T_o)t}\,dt + \frac{1}{2}\sqrt{\frac{2}{3}} \int_{-T_o/2}^{T_o/2} e^{-j(\omega + 2\pi/T_o)t}\,dt$$

這裡的三個積分都屬於以下的形式

$$\int_{-T_o/2}^{T_o/2} e^{-j\gamma t}\,dt$$

這個積分可以用範例 3.25 中描述過的步驟算出來，結果是

$$2\frac{\sin(\gamma T_o/2)}{\gamma}$$

對每一個積分代入適當的 γ，得到

$$X_c(j\omega) = 2\sqrt{\frac{2}{3}}\frac{\sin(\omega T_o/2)}{\omega} + \sqrt{\frac{2}{3}}\frac{\sin((\omega - 2\pi/T_o)T_o/2)}{\omega - 2\pi/T_o} + \sqrt{\frac{2}{3}}\frac{\sin((\omega + 2\pi/T_o)T_o/2)}{\omega + 2\pi/T_o}$$

將此式中頻率的單位改用赫茲，則可以表示為

$$X_c'(jf) = \sqrt{\frac{2}{3}}\frac{\sin(\pi f T_o)}{\pi f} + 0.5\sqrt{\frac{2}{3}}\frac{\sin(\pi(f - 1/T_o)T_o)}{\pi(f - 1/T_o)} + 0.5\sqrt{\frac{2}{3}}\frac{\sin(\pi(f + 1/T_o)T_o)}{\pi(f + 1/T_o)}$$

展開式中第一項相當於矩形脈波的頻譜形狀。第二和第三項的形狀和第一項完全一樣，但頻率卻平移了 $\pm 1/T_o$。在圖 3.47 同一張圖形中，對於 $T_o = 1$ 的情形分別畫出了這三項。注意第二和第三項的過零點與第一項在同樣的地方，但在第一項的旁瓣地區裡它們與第一項的符號相反。因此，這三項相加起來的旁瓣較矩形脈波的頻譜形狀為低。以 dB 為單位的正規化振幅頻譜 $20\log\{|X_c'(jf)|\}$ 可見於圖 3.48。這裡我們再次將振幅頻譜用 T_o 來正規化使得它與 T_o 無關。這裡第一個旁瓣的峰值就低於 -30 dB，因此要滿足有關相鄰頻道干擾的規格，我們只需要取主瓣的寬度為 20 kHz。這表示 $10{,}000 = 2/T_o$ 或 $T_o = 2\times10^{-4}$ 秒。對應的資料傳輸速率是每秒 5000 位元。根據這個題目，脈波形狀採用升餘弦可以將傳輸資料的速率提高到矩形脈波的五倍。

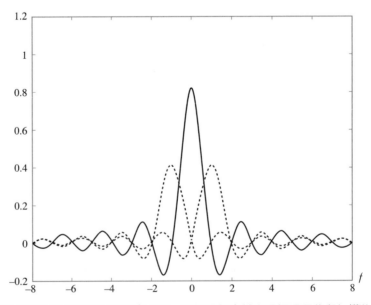

圖 3.47   升餘弦脈波的頻譜是三個頻率之和，這裡的頻率其實是經過平移與加權的 sinc 函數。

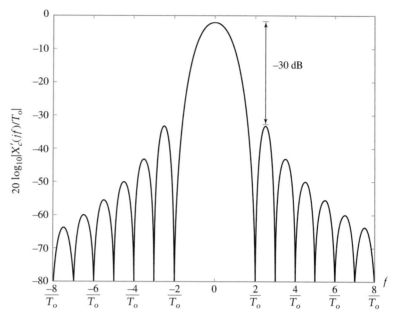

圖 3.48　升餘弦脈波的頻譜，以 dB 為單位，並以 T_o 正規化。

▌3.8　傅立葉表示法的性質 (Properties of Fourier Representation)

　　表 3.2 總結了在這一章討論過的四種傅立葉表示法。它對每種轉換的定義，和每種轉換適用於那種類型的訊號，提供了方便的參考。因為這四種表示法全都是基於複數弦波，它們有一組源自這些弦波性質的共同性質。這一章剩下的部分就是要探討這四種傅立葉表示法的性質。我們推導出某個性質時往往只針對其中一個表示法，對其他表示法就只簡單說明而不再次證明。我們要求讀者在這一章後面的習題證明部分這些性質。此外，在附錄 C 另外有一個所有這些性質的詳盡總表。

　　我們在表 3.2 的四週欄位內總結了這四種表示法的週期性，表的上方和左方顯示了表示法的時域特徵，下方和右方則顯示它的頻域特徵。例如，FS 在時域中是連續和週期的，但對於頻率指標 k 則是離散而且非週期的。

　　連續或離散時間的週期訊號有一個級數表示法，把訊號表示為一組與訊號有相同週期的複數弦波的加權疊加。這個級數率涉到的頻率組成一個離散集合，因此這個頻域表示法牽涉到的權重或係數也組成一個離散集合。反過來，對於非週期訊號，不論是連續或離散時間的傅立葉轉換表示法，都牽涉到複數弦波在一個頻率的連續分佈的加權積分。所以，非週期訊號的頻域表示法是頻率的連續函數。

表 3.2　四種傅立葉表示法

時域	週期性 (t, n)	非週期性 (t, n)	
連續 (t)	傅立葉級數 $$x(t) = \sum_{k=-\infty}^{\infty} X[k]e^{jk\omega_o t}$$ $$X[k] = \frac{1}{T}\int_0^T x(t)e^{-jk\omega_o t}\,dt$$ $x(t)$ 的週期是 T $$\omega_o = \frac{2\pi}{T}$$	傅立葉轉換 $$x(t) = \frac{1}{2\pi}\int_{-\infty}^{\infty} X(j\omega)e^{j\omega t}\,d\omega$$ $$X(j\omega) = \int_{-\infty}^{\infty} x(t)e^{-j\omega t}\,dt$$	非週期性 (k, ω)
離散 (n)	離散時間傅立葉級數 $$x[n] = \sum_{k=0}^{N-1} X[k]e^{jk\Omega_o n}$$ $$X[k] = \frac{1}{N}\sum_{n=0}^{N-1} x[n]e^{-jk\Omega_o n}$$ $x[n]$ 和 $X[k]$ 的週期是 N $$\Omega_o = \frac{2\pi}{N}$$	離散時間傅立葉轉換 $$x[n] = \frac{1}{2\pi}\int_{-\pi}^{\pi} X(e^{j\Omega})e^{j\Omega n}\,d\Omega$$ $$X(e^{j\Omega}) = \sum_{n=-\infty}^{\infty} x[n]e^{-j\Omega n}$$ $X(e^{j\Omega})$ 的週期是 2π	週期性 (k, Ω)
	離散 (k)	連續 (ω, Ω)	頻域

表 3.3　傅立葉表示法的週期性。

時域 性質	頻域 性質
連續	非週期
離散	週期
週期	離散
非週期	連續

在時域中的週期訊號有離散的頻域表示法，而非週期訊號則有連續的頻域表示法。我們在表 3.2 的上方和下方指出了這個對應關係。

　　我們也注意到離散時間訊號的傅立葉表示法，不論是 DTFS 或 DTFT，都是頻率的週期函數。這是因為用來表示離散時間訊號的離散時間複數弦波是頻率的週期函數。換句話說，頻率相差 2π 的整數倍的離散時間弦波都是完全相同的。與此相比，連續時間訊號的傅立葉表示法牽涉到連續時間弦波的疊加。不同頻率的連續時間弦波一定相異，因此連續時間訊號的頻域表示法是非週期性的。綜合以上所說，離散時間訊號有週期的頻域表示法，而連續時間訊號有非週期的頻域表示法。我們在表 3.2 的左右兩側指出了這個對應關係。

　　一般來說，在一個領域中連續的表示法，在另一個領域會是非週期的。反之，在一個領域中離散的表示法，在另一個領域會是週期的。我們在表 3.3 列出了這些關係。

3.9　線性與對稱性質 (Linearity and Symmetry Properties)

我們很容易可以證明所有四種傳立葉表示法牽涉到的都是線性運算。即它們滿足以下的線性性質：

$$
\begin{array}{lcl}
z(t) = ax(t) + by(t) & \xleftrightarrow{\ FT\ } & Z(j\omega) = aX(j\omega) + bY(j\omega) \\
z(t) = ax(t) + by(t) & \xleftrightarrow{\ FS;\,\omega_o\ } & Z[k] = aX[k] + bY[k] \\
z[n] = ax[n] + by[n] & \xleftrightarrow{\ DTFT\ } & Z(e^{j\Omega}) = aX(e^{j\Omega}) + bY(e^{j\Omega}) \\
z[n] = ax[n] + by[n] & \xleftrightarrow{\ DTFS;\,\Omega_o\ } & Z[k] = aX[k] + bY[k]
\end{array}
$$

在這些關係式當中，我們假設大寫的符號表示對應小寫符號的傳立葉表示法。另外，對於 FS 和 DTFS，我們假設相加的訊號有相同的基頻。如果一個訊號是由已知傳立葉表示法的訊號相加而建構出來的，我們就可以利用線性性質求得它的傳立葉表示法，以下的例子就說明了這一點。

範例 3.30

　　FS 的線性　　設 $z(t)$ 是圖 3.49(a) 中的週期訊號。試利用線性性質和範例 3.13 的結果求出 FS 係數 $z[k]$。

解答　　將 $z(t)$ 寫成不同訊號的和，即

$$
z(t) = \frac{3}{2}x(t) + \frac{1}{2}y(t)
$$

其中 $x(t)$ 和 $y(t)$ 分別見於圖 3.49(b) 和 (c)。根據範例 3.13，我們有

$$
x(t) \xleftrightarrow{\ FS;\,2\pi\ } X[k] = (1/(k\pi))\sin(k\pi/4)
$$

$$
y(t) \xleftrightarrow{\ FS;\,2\pi\ } Y[k] = (1/(k\pi))\sin(k\pi/2)
$$

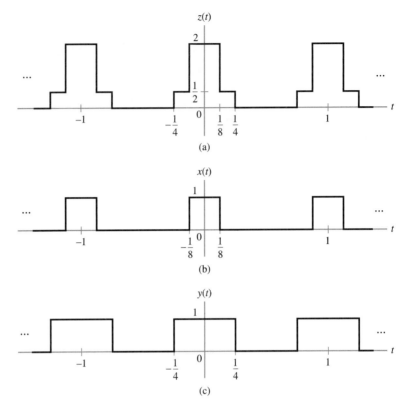

圖 3.49 以週期方波的加權總和來表示週期訊號 $z(t)$：$z(t) = (3/2)x(t) + (1/2)y(t)$。
(a) $z(t)$；(b) $x(t)$；(c) $y(t)$。

利用線性性質可得

$$z(t) \xleftrightarrow{FS;2\pi} Z[k] = \frac{3}{2k\pi}\sin(k\pi/4) + \frac{1}{2k\pi}\sin(k\pi/2)$$

▶ **習題 3.16** 試利用線性性質與附錄 C 的表 C.1-4 求出以下訊號的傅立葉表示法：

(a) $x(t) = 2e^{-t}u(t) - 3e^{-2t}u(t)$

(b) $x[n] = 4(1/2)^n u[n] - \frac{1}{\pi n}\sin(\pi n/4)$

(c) $x(t) = 2\cos(\pi t) + 3\sin(3\pi t)$

答案 (a) $X(j\omega) = 2/(j\omega + 1) - 3/(j\omega + 2)$

(b)
$$X(e^{j\Omega}) = \begin{cases} \dfrac{3 + (1/2)e^{-j\Omega}}{1 - (1/2)e^{-j\Omega}} & |\Omega| \leq \pi/4 \\[2mm] \dfrac{4}{1 - (1/2)e^{-j\Omega}} & \pi/4 < |\Omega| \leq \pi \end{cases}$$

(c) $\omega_o = \pi$, $X[k] = \delta[k-1] + \delta[k+1] + 3/(2j)\delta[k-3] - 3/(2j)\delta[k+3]$

■ 3.9.1 對稱性質：實數與虛數訊號
(SYMMETRY PROPERTIES:REAL AND IMAGINARY SIGNALS)

我們針對FT來討論對稱性質。用類似的方法可以得到其他三種傳立葉轉換的結果，但我們在此僅簡單陳述。首先考慮

$$
\begin{aligned}
X^*(j\omega) &= \left[\int_{-\infty}^{\infty} x(t)e^{-j\omega t}\, dt \right]^* \\
&= \int_{-\infty}^{\infty} x^*(t)e^{j\omega t}\, dt
\end{aligned}
\tag{3.37}
$$

現在假設 $x(t)$ 是實數，則 $x(t) = x^*(t)$。用 $x(t)$ 來代替方程式(3.37)中的 $x^*(t)$，得到

$$
X^*(j\omega) = \int_{-\infty}^{\infty} x(t)e^{-j(-\omega)t}\, dt
$$

這表示

$$
\boxed{X^*(j\omega) = X(-j\omega)}
\tag{3.38}
$$

因此，$X(j\omega)$ 是複數共軛對稱 (complex-conjugate symmetric) 或 $X^*(j\omega) = X(-j\omega)$。分別取這個公式的實數與虛數部分，我們得到 $\text{Re}\{X(j\omega)\} = \text{Re}\{X(-j\omega)\}$ 和 $\text{Im}\{X(j\omega)\} = -\text{Im}\{X(-j\omega)\}$。用文字來解釋，如果 $x(t)$ 是實數，則轉換的實數部分是頻率的偶函數，而虛數部分是頻率的奇函數。這也表示振幅頻譜是偶函數，相位頻譜則是奇函數。我們在表 3.4 中列出了實數值訊號的所有四種傳立葉表示法的對稱條件。在所有情形當中，傳立葉表示法的實數部分是偶對稱，虛數部分則是奇對稱。因此，振幅頻譜是偶對稱，而相位頻譜是奇對稱。注意對於 DTFS 共軛對稱性質也可以寫成 $X^*[k] = X[N-k]$ 因為 DTFS 係數是週期為 N 的，所以 $X[-k] = X[N-k]$。

表 3.4　實數值與虛數值時間訊號的傳立葉表示法的對稱性質。

表示法	實數值 時間訊號	虛數值 時間訊號
FT	$X^*(j\omega) = X(-j\omega)$	$X^*(j\omega) = -X(-j\omega)$
FS	$X^*[k] = X[-k]$	$X^*[k] = -X[-k]$
DTFT	$X^*(e^{j\Omega}) = X(e^{-j\Omega})$	$X^*(e^{j\Omega}) = -X(e^{-j\Omega})$
DTFS	$X^*[k] = X[-k]$	$X^*[k] = -X[-k]$

當輸入是實數值弦波的時候,從FT的複數共軛對稱性,可以得出實數值脈衝響應的 LTI 系統的一個簡單特徵。令輸入訊號為

$$x(t) = A\cos(\omega t - \phi)$$

另把實數值的脈衝響應記為 $h(t)$,則頻率響應 $H(j\omega)$ 是 $h(t)$ 的 FT,也因此是共軛對稱的。利用尤拉公式把 $x(t)$ 展開,得到

$$x(t) = (A/2)e^{j(\omega t - \phi)} + (A/2)e^{-j(\omega t - \phi)}$$

使用(3.2)式和線性性質,我們可以得到

$$y(t) = |H(j\omega)|(A/2)e^{j(\omega t - \phi + \arg\{H(j\omega)\})} + |H(-j\omega)|(A/2)e^{-j(\omega t - \phi - \arg\{H(-j\omega)\})}$$

利用對稱條件 $|H(j\omega)| = H(-j\omega)$ 和 $\arg\{H(j\omega) = -\arg\{H(-j\omega)\}$,經過簡化之後得出

$$\boxed{y(t) = |H(j\omega)|A\cos(\omega t - \phi + \arg\{H(j\omega)\})}$$

因此,系統對輸入弦波的振幅造成的改變是 $|H(j\omega)|$,對相位造成的改變則是 $\arg\{H(j\omega)\}$。這個改變可見於圖 3.50,它表示如果一個系統的頻率響應是實數值的脈衝響應,我們只需要用一個弦波震盪器來產生系統的輸入訊號,然後對不同的震盪器頻率,用一個示波器來測量輸入輸出之間的振幅與相位的變化,就可以很簡單的量出系統的頻率響應。

同理,如果將 $x[n] = A\cos(\Omega n - \phi)$ 輸入 離散時間LTI系統,而其輸出為實數值脈衝響應 $h[n]$,則

$$\boxed{y[n] = |H(e^{j\Omega})|A\cos(\Omega n - \phi + \arg\{H(e^{j\Omega})\})}$$

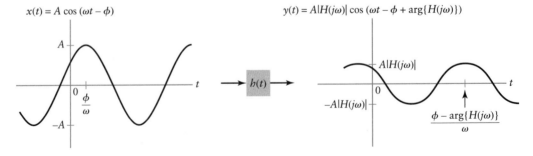

圖 3.50　對 LTI 系統輸入一個弦波,會產生一個相同頻率的弦波輸出,但振幅與相位會受到系統的頻率響應而改變。

是輸出訊號。我們又一次看到，系統對輸入弦波的振幅改變是 $|H(e^{j\Omega})|$，而對相位的改變是 $\arg\{H(e^{j\Omega})\}$。現在假定 $x(t)$ 是純虛數，使得 $x^*(t) = x(-t)$。把 $x^*(t) = x(-t)$ 代入(3.37)式，得出

$$X^*(j\omega) = -\int_{-\infty}^{\infty} x(t)e^{-j(-\omega)t}\, dt$$

換言之，

$$X^*(j\omega) = -X(-j\omega) \tag{3.39}$$

分別考慮這個關係式的實數與虛數部分，可以得到 $\mathrm{Re}\{X(j\omega)\} = -\mathrm{Re}\{X(-j\omega)\}$ 和 $\mathrm{Im}\{X(j\omega)\} = \mathrm{Im}\{X(-j\omega)\}$。就是，如果 $x(t)$ 是純虛數，則 FT 的實數部分是奇對稱，而虛數部分是偶對稱。我們在表 3.4 列出了四種傅立葉表示法的這種對稱性。在各個情形中，實數部分都是奇對稱，而虛數部分都是偶對稱。

■ 3.9.2 對稱性質：偶訊號與奇訊號
(SYMMETRY PROPERTIES:EVEN AND ODD SIGNALS)

假設 $x(t)$ 是實數值而且偶對稱，則 $x^*(t) = x(t)$ 和 $x(-t) = x(t)$，並從這個結果可以推導出 $x^*(t) = x(-t)$。將 $x^*(t) = x(-t)$ 代入(3.37)式，可以得到

$$X^*(j\omega) = \int_{-\infty}^{\infty} x(-t)e^{-j\omega(-t)}\, dt$$

現在進行變數轉換 $\tau = -t$，得到

$$\begin{aligned} X^*(j\omega) &= \int_{-\infty}^{\infty} x(\tau)e^{-j\omega\tau}\, d\tau \\ &= X(j\omega) \end{aligned}$$

條件 $X^*(j\omega) = X(j\omega)$ 成立的唯一可能性是 $X(j\omega)$ 的虛數部分等於零。因此，如果 $x(t)$ 是實數值而且偶對稱，則 $X(j\omega)$ 是實數。類似地，我們可以證明如果 $x(t)$ 是實數值和奇對稱，則 $X^*(j\omega) = -X(j\omega)$，於是 $X(j\omega)$ 是虛數。

完全一樣的對稱關係對於四種傅立葉表示法都成立。如果時間訊號是實數而且偶對稱，則它的頻域表示法也是實數。如果時間訊號是實數而且奇對稱，則它的頻域表示法是虛數。注意因爲在推導這些對稱性質的時候，我們已經假設這些時域訊號是實數值的，我們可以把這一個小節的結果與前一個小節的結果合併起來。也就是說，實數值和偶對稱的時域訊號有實數值和偶訊號的頻域表示法，而實數值和奇對稱的時域訊號有虛數值和奇訊號的頻域表示法。

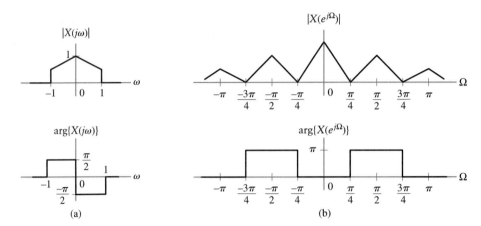

圖 3.51   習題 3.17 中的頻域表示法。

➤ **習題 3.17**   試判定以下頻域表示法所對應的時域訊號是實數或複數以及是偶或奇訊號：

(a) 圖 3.51(a) 中的 $X(j\omega)$。

(b) 圖 3.51(b) 中的 $X(e^{j\Omega})$

(c) FS: $X[k] = (1/2)^k u[k] + j2^k u[-k]$

(d) $X(j\omega) = \omega^{-2} + j\omega^{-3}$

(e) $X(e^{j\Omega}) = j\Omega^2 \cos(2\Omega)$

答案   (a) $x(t)$ 是實數和奇訊號。

   (b) $x[n]$ 是實數和偶訊號。

   (c) $x(t)$ 是複數值。

   (d) $x(t)$ 是實數值。

   (e) $x[n]$ 是純虛數而且是偶訊號。

3.10   摺積性質 (Convolution Property)

傅立葉表示法的最重要的性質也許是它的摺積性質。在這一節我們會證明，訊號在時域中的摺積會轉換成為它們各自在頻域中的傅立葉表示法的乘積。利用摺積性質，我們可以在頻域中透過把轉換相乘來分析線性系統的輸入—輸出行為，而不需要直接去做時間訊號的摺積。這樣做不但可以有效地簡化系統分析，而且提供給我們相當多對於系統行為的瞭解。摺積性質的來源，是基於複數弦波是 LTI 系統的特徵函數。我們首先探討應用於非週期訊號的摺積性質。

■ 3.10.1 非週期訊號的摺積
(CONVOLUTION OF NONPERIODIC SIGNALS)

考慮兩個非週期連續時間訊號 $x(t)$ 和 $h(t)$ 的摺積。定義

$$y(t) = h(t) * x(t)$$
$$= \int_{-\infty}^{\infty} h(\tau) x(t - \tau) \, d\tau$$

我們現在把 $x(t-\tau)$ 用它的 FT 來表示

$$x(t - \tau) = \frac{1}{2\pi} \int_{-\infty}^{\infty} X(j\omega) e^{j\omega(t-\tau)} \, d\omega$$

將這個表示式代入摺積積分，得到

$$y(t) = \int_{-\infty}^{\infty} h(\tau) \left[\frac{1}{2\pi} \int_{-\infty}^{\infty} X(j\omega) e^{j\omega t} e^{-j\omega \tau} \, d\omega \right] d\tau$$
$$= \frac{1}{2\pi} \int_{-\infty}^{\infty} \left[\int_{-\infty}^{\infty} h(\tau) e^{-j\omega \tau} \, d\tau \right] X(j\omega) e^{j\omega t} \, d\omega$$

我們可以辨別出內部積分是 $h(\tau)$ 的 FT，即 $H(j\omega)$。因此，$y(t)$ 可以改寫成

$$y(t) = \frac{1}{2\pi} \int_{-\infty}^{\infty} H(j\omega) X(j\omega) e^{j\omega t} \, d\omega$$

其中我們看出 $H(j\omega) X(j\omega)$ 是 $y(t)$ 的 FT。我們的結論是 $h(t)$ 和 $x(t)$ 在時域中的摺積對應於它們的傳立葉轉換 $H(j\omega)$ 和 $X(j\omega)$ 在頻域中的乘積，即

$$\boxed{y(t) = h(t) * x(t) \overset{FT}{\longleftrightarrow} Y(j\omega) = X(j\omega) H(j\omega)} \tag{3.40}$$

以下兩個例子說明這個重要性質的應用。

範例 **3.31**

在頻域中對一個有關摺積的問題求解　令 $x(t) = (1/(\pi t)) \sin(\pi t)$ 是一個脈衝響應為 $h(t) = (1/(\pi t)) \sin(2\pi t)$ 系統的輸入。試求輸出 $y(t) = x(t) * h(t)$

解答　要在時域中求解這個題目極為困難。但如果利用摺積性質，在頻域中求解倒是相當容易。根據範例 3.26，有

$$x(t) \overset{FT}{\longleftrightarrow} X(j\omega) = \begin{cases} 1, & |\omega| < \pi \\ 0, & |\omega| > \pi \end{cases}$$

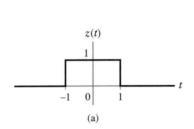

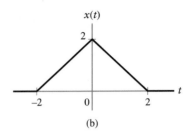

圖 3.52　範例 3.32 中的訊號(a)矩形脈波 $z(t)$。(b) 將 $z(t)$ 和本身做摺積得出 $x(t)$。

和

$$h(t) \xleftrightarrow{\ FT\ } H(j\omega) = \begin{cases} 1, & |\omega| < 2\pi \\ 0, & |\omega| > 2\pi \end{cases}$$

因為 $y(t) = x(t) * h(t) \xleftrightarrow{\ FT\ } Y(j\omega) = X(j\omega)H(j\omega)$，可知

$$Y(j\omega) = \begin{cases} 1, & |\omega| < \pi \\ 0, & |\omega| > \pi \end{cases}$$

因此結論是

$$y(t) = (1/(\pi t)) \sin(\pi t)$$

範例 3.32

透過摺積性質求逆 FT　試利用摺積性質求 $x(t)$，其中

$$x(t) \xleftrightarrow{\ FT\ } X(j\omega) = \frac{4}{\omega^2} \sin^2(\omega)$$

解答　我們可以將 $X(j\omega)$ 寫成乘積 $Z(j\omega)Z(j\omega)$，其中

$$Z(j\omega) = \frac{2}{\omega} \sin(\omega)$$

根據摺積性質，$z(t) * z(t) \xleftrightarrow{\ FT\ } Z(j\omega)Z(j\omega)$ 所以 $x(t) = z(t) * z(t)$。使用範例 3.25 的結果，我們得到

$$z(t) = \begin{cases} 1, & |t| < 1 \\ 0, & |t| > 1 \end{cases} \xleftrightarrow{\ FT\ } Z(j\omega)$$

> 如圖 3.52(a)所示。對 $z(t)$ 和它本身做摺積會得到圖 3.52(b)中的三角波形,這
> 就是 $x(t)$ 的解。

對於離散時間的非週期訊號的摺積也有類似的性質:如果 $x[n] \xleftrightarrow{DTFT} X(e^{j\Omega})$ 和 $h[n] \xleftrightarrow{DTFT} H(e^{j\Omega})$ 則

$$y[n] = x[n] * h[n] \xleftrightarrow{\quad DTFT \quad} Y(e^{j\Omega}) = X(e^{j\Omega})H(e^{j\Omega}) \tag{3.41}$$

這個結果的證明與連續時間的情形非常相似,我們留做讀者作爲練習。

▶ **習題 3.18** 試對以下的輸入和系統的脈衝響應,利用摺積性質求出系統輸出的 FT,即 $Y(j\omega)$ 或 $Y(e^{j\Omega})$:

(a) $x(t) = 3e^{-t}u(t)$ 以及 $h(t) = 2e^{-2t}u(t)$

(b) $x[n] = (1/2)^n u[n]$ 以及 $h[n] = (1/(\pi n)) \sin(\pi n/2)$

答案 (a) $Y(j\omega) = \left(\dfrac{2}{j\omega + 2}\right)\left(\dfrac{3}{j\omega + 1}\right)$

(b) $Y(e^{j\Omega}) = \begin{cases} 1/(1 - (1/2)e^{-j\Omega}), & |\Omega| \le \pi/2 \\ 0, & \pi/2 < |\Omega| \le \pi \end{cases}$ ◀

▶ **習題 3.19** 試利用摺積性質求出與以下頻域表示法對應的時域訊號:

(a) $X(j\omega) = (1/(j\omega + 2))((2/\omega) \sin \omega)$

(b) $X(e^{j\Omega}) = \left(\dfrac{1}{1 - (1/2)e^{-j\Omega}}\right)\left(\dfrac{1}{1 + (1/2)e^{-j\Omega}}\right)$

答案 (a) $x(t) = \begin{cases} 0, & t < -1 \\ (1 - e^{-2(t+1)})/2, & -1 \le t < 1 \\ (e^{-2(t-1)} - e^{-2(t+1)})/2, & 1 \le t \end{cases}$

(b) $x[n] = \begin{cases} 0, & n < 0, n = 1, 3, 5, \ldots \\ (1/2)^n, & n = 0, 2, 4, \ldots \end{cases}$ ◀

▶ **習題 3.20** 試根據給定的脈衝響應和輸入求以下系統的輸出:

(a) $h[n] = (1/(\pi n)) \sin(\pi n/4)$ 以及 $x[n] = (1/(\pi n)) \sin(\pi n/8)$

(b) $h(t) = (1/(\pi t)) \sin(\pi t)$ 以及 $x(t) = (3/(\pi t)) \sin(2\pi t)$

答案 (a) $y[n] = (1/(\pi n)) \sin(\pi n/8)$

(b) $y(t) = (3/(\pi t)) \sin(\pi t)$ ◀

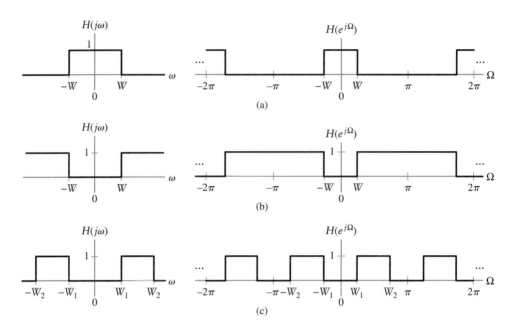

圖 3.53　理想的連續時間 (圖左) 和離散時間 (圖右) 濾波器的頻率響應。(a)低通特質。(b)高通特質。(c)帶通特質。

■ 3.10.2　濾波 (FILTERING)

頻域表示法中出現的乘積產生了 *濾波 (filtering)*的觀念。一個系統對輸入訊號進行濾波，是透過對訊號中不同頻率的分量作出不同的響應。通常"濾波"這個名詞表示系統將輸入之中某些部分頻率的分量消除，而讓其餘的不受影響的通過。我們可以利用系統對輸入訊號的濾波作用來描述此系統。 *低通濾波器 (low-pass filter)*會衰減輸入的高頻分量，而讓低頻的分量通過。反過來， *高通濾波器 (high-pass filter)* 會衰減低頻但讓高頻通過。 *帶通濾波器 (band-pass filter)* 則在某個頻帶中的訊號通過而衰減該頻帶之外的訊號。圖 3.53(a)—(c)對於連續時間與離散時間兩種情形，分別描繪了理想的低通、高通和帶通濾波器。注意離散時間的濾波器的特徵是基於它在頻率範圍 $-\pi < \Omega \leq \pi$ 中的行為，因為它的頻率響應具有 2π 的週期性。因此，一個高通的離散時間濾波器會讓接近 π 的頻率通過，然而衰減零附近的頻率。

　　一個濾波器的 *通帶 (passband)*是指可以通過系統的頻帶，而 *阻帶 (stopband)* 則是指被系統衰減的頻率範圍。實際上不可能建造一個如圖 3.53 那樣的系統，具有理想系統所特有的不連續頻率響應性質。實際的濾波器在通帶與阻帶之間一定有一個逐漸過渡的過程。這個過渡行為所在的頻率範圍稱為 *過渡帶 (transition band)*。而且，實際的濾波器不會在整個阻帶上的增益都等於零，它還是會有增益，只不過與通帶的增益相比小得多。一般來說，比較難造出從通帶很快過渡到阻帶的濾波器。(我們要留待第八章才會詳細討論濾波器這個題目。)濾波器的振幅響應通常用分貝 (decibels 簡寫 dB) 做單位，它的定義是

$$20 \log |H(j\omega)| \quad \text{或者} \quad 20 \log |H(e^{j\Omega})|$$

在阻帶中的振幅響應一般遠小於在通帶中的振幅響應，因此如果用線性的尺度來表示，很難看清楚阻帶中響應的細節。使用分貝做單位，我們其實是把振幅響應用對數尺度來顯示，因此通帶和阻帶的響應都可以看得清楚。注意，增益等於一相當於零分貝。所以，在正常情況下濾波器通帶的振幅響應接近零分貝。平常通帶的邊緣是定義在響應等於 −3 dB 的頻率，相當於振幅響應等於 $(1/\sqrt{2})$。因為濾波器輸出的能譜可寫為

$$|Y(j\omega)|^2 = |H(j\omega)|^2 |X(j\omega)|^2$$

這個 −3 dB 點也相當於濾波器只讓輸入功率的一半通過的頻率。這些 −3 dB 點通常稱為濾波器的 *截止頻率 (cutoff frequencies)*。濾波的大部分應用牽涉到實數值的脈衝響應，這表示振幅響應有偶對稱性。在這種情況下，通帶、阻帶與截止頻率都是用正的頻率來定義，這一點以下的範例會加以說明。

範例 3.33

RC 電路：濾波　圖 3.54 中的 RC 電路可以有兩個不同的輸出：橫跨電阻的電壓 $y_R(t)$，或橫跨電容的電壓 $y_C(t)$。若輸出為 $y_C(t)$ 的情形，脈衝響應是 (參閱範例 1.21)

$$h_C(t) = \frac{1}{RC} e^{-t/(RC)} u(t)$$

因為 $y_R(t) = x(t) - y_C(t)$，當輸出是 $y_R(t)$ 的時候，脈衝響應是

$$h_R(t) = \delta(t) - \frac{1}{RC} e^{-t/(RC)} u(t)$$

試分別用線性尺度和分貝作單位，畫出兩個系統的振幅響應，並描述它們的濾波性質。

解答　對應於 $h_C(t)$ 的頻率響應是

$$H_C(j\omega) = \frac{1}{j\omega RC + 1}$$

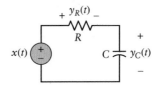

圖 3.54   RC 電路的輸入為 $x(t)$，輸出為 $y_C(t)$ 和 $y_R(t)$。

而對應於 $h_R(t)$ 的則是

$$H_R(j\omega) = \frac{j\omega RC}{j\omega RC + 1}$$

圖 3.55(a)和(b)分別畫出了振幅響應 $|H_C(j\omega)|$ 和 $H_R(j\omega)$。圖 3.55(c)和(d)則將振幅響應用分貝表示。輸出為 $y_C(t)$ 的系統，低頻的增益等於一，而傾向衰減高頻。因此它具有低通過濾的特徵。我們看到截止頻率是 $\omega_c = 1/(RC)$，因為在 ω_c 的振幅響應是 -3 dB。因此通帶是從 0 到 $1/(RC)$。輸出為 $y_R(t)$ 的系統，低頻的增益是零，而高頻的增益是一，因此它有高通過濾的性質。截止頻率是 $\omega_c = 1/(RC)$，因此這個過濾器的通帶是 $|\omega| > \omega_c$。

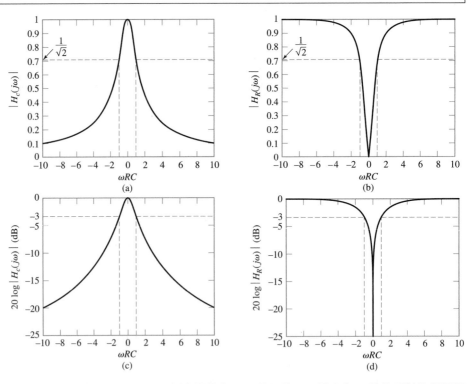

圖 3.55   RC 電路的振幅響應，是經過正規化的頻率 ωRC 的函數。(a)輸出為 $y_C(t)$ 的系統的振幅響應，用線性尺度畫出。(b)輸出為 $y_R(t)$ 的系統的振幅響應，用線性尺度畫出。(c)輸出為 $y_C(t)$ 的系統的振幅響應，以 dB 為尺度。(d)輸出為 $y_R(t)$ 的系統的振幅響應，以 dB 為尺度，顯示的範圍是從 0dB 到 -25 dB。

從摺積性質可知，系統的頻率響應可以表示爲它的輸出的 FT 或 DTFT 與輸入的 FT 或 DTFT 之比。說得更清楚一點，對於連續時間系統，我們有

$$H(j\omega) = \frac{Y(j\omega)}{X(j\omega)} \tag{3.42}$$

而對於離散時間系統，

$$H(e^{j\Omega}) = \frac{Y(e^{j\Omega})}{X(e^{j\Omega})} \tag{3.43}$$

當頻率使得 $X(j\omega)$ 或 $X(e^{j\Omega})$ 等於零時，$H(j\omega)$ 和 $H(e^{j\Omega})$ 都成爲不確定的 $\frac{0}{0}$ 形式。因此，如果輸入的頻譜在所有頻率都不爲零，我們可以從輸入和輸出的頻譜求得系統的頻率響應。

範例 **3.34**

利用已知的輸入和輸出來辨認一個系統　某 LTI 系統對輸入 $x(t) = e^{-2t}u(t)$ 的輸出響應是 $y(t) = e^{-t}u(t)$。試求這個系統的頻率響應及脈衝響應。

解答　對 $x(t)$ 和 $y(t)$ 求 FT，得到

$$X(j\omega) = \frac{1}{j\omega + 2}$$

和

$$Y(j\omega) = \frac{1}{j\omega + 1}$$

現在使用定義

$$H(j\omega) = \frac{Y(j\omega)}{X(j\omega)}$$

得出系統的頻率響應

$$H(j\omega) = \frac{j\omega + 2}{j\omega + 1}$$

這個方程式可以改寫爲

$$H(j\omega) = \left(\frac{j\omega + 1}{j\omega + 1}\right) + \frac{1}{j\omega + 1}$$

$$= 1 + \frac{1}{j\omega + 1}$$

我們對每一項取逆 FT，求出系統的脈衝響應。

$$h(t) = \delta(t) + e^{-t}u(t)$$

注意(3.42)式和(3.43)式也表示我們可以從系統的輸出還原出輸入

$$X(j\omega) = H^{\text{inv}}(j\omega)Y(j\omega)$$

和

$$X(e^{j\Omega}) = H^{\text{inv}}(e^{j\Omega})Y(e^{j\Omega})$$

其中 $H^{inv}(j\omega) = 1/H(j\omega)$ 和 $H^{inv}(e^{j\Omega}) = 1/H(e^{j\Omega})$ 分別是兩個逆系統的頻率響應。逆系統也稱爲 *等化器* (*equalizer*)，而從輸出還原輸入的過程稱爲 *等化* (*equalization*)。實際上，由於因果律的限制，往往很難甚至不可能建立一個精確的逆系統，所以我們只好使用它的近似。舉例來說，一個通訊通道除了讓訊號的振幅和相位失眞以外，也可能造成時間延遲。如果要補償這個時間延遲，一個精確的等化器必須引進一個時間超前 (time advance)，但這會導致等化器違反因果律，因此事實上是不可能實現的。不過，我們可以選擇建立一個近似的等化器，它可以補償所有失眞，除了時間延遲以外。近似的等化器也常常用於在 $Y(j\omega)$ 或 $Y(e^{j\Omega})$ 之中出現噪音的情況，用來防止過度放大噪音。(在第八章有一個等化器設計的介紹。)

範例 3.35

多重路徑通訊通道：等化作用 我們再次考慮曾經在範例 2.13 中提出的問題。在這個問題之中，一個接收到的失眞訊號 $y[n]$ 可以用傳輸的訊號 $x[n]$ 表示爲

$$y[n] = x[n] + ax[n - 1], \qquad |a| < 1$$

試利用摺積性質求出可以從 $y[n]$ 還原 $x[n]$ 的逆系統的脈衝響應。

解答 在範例 2.13，我們曾經將接收到的訊號表示爲輸入訊號與系統脈衝響應的摺積，即 $y[n] = x[n] * h[n]$，其中脈衝響應可寫成

$$h[n] = \begin{cases} 1, & n = 0 \\ a, & n = 1 \\ 0, & \text{其他條件} \end{cases}$$

一個逆系統的脈衝響應 $h^{\text{inv}}[n]$ 必須滿足以下的方程式

$$h^{\text{inv}}[n] * h[n] = \delta[n]$$

對這個方程式的兩邊分別取 DTFT，然後利用摺積性質，可以得到

$$H^{\text{inv}}(e^{j\Omega})H(e^{j\Omega}) = 1$$

這表示逆系統的頻率響應是

$$H^{\text{inv}}(e^{j\Omega}) = \frac{1}{H(e^{j\Omega})}$$

將 $h[n]$ 代入 DTFT 的定義之中得出

$$b[n] \xleftrightarrow{\quad DTFT \quad} H(e^{j\Omega}) = 1 + ae^{-j\Omega}$$

因此，

$$H^{\text{inv}}(e^{j\Omega}) = \frac{1}{1 + ae^{-j\Omega}}$$

取 $H^{inv}(e^{j\Omega})$ 的逆 DTFT，我們得到逆系統的脈衝響應：

$$h^{\text{inv}}[n] = (-a)^n u[n]$$

▶ **習題 3.21** 試利用給定的脈衝響應及系統輸出求以下系統的輸入：

(a) $h(t) = e^{-4t}u(t)$ 以及 $y(t) = e^{-3t}u(t) - e^{-4t}u(t)$

(b) $h[n] = (1/2)^n u[n]$ 以及 $y[n] = 4(1/2)^n u[n] - 2(1/4)^n u[n]$

答案 (a) $x(t) = e^{-3t}u(t)$

(b) $x[n] = 2(1/4)^n u[n]$ ◀

■ 3.10.3 週期訊號的摺積 (CONVOLUTION OF PERIODIC SIGNALS)

這小節處理兩個時間週期函數訊號的摺積。週期訊號的摺積不會自然出現在計算系統輸入—輸出關係的場合，因為任何脈衝響應為週期函數的系統都是不穩定的。不過，週期訊號的摺積卻常常出現在訊號分析與訊號操作的場合。

對於兩個週期都是 T 的連續時間訊號 $x(t)$ 和 $z(t)$，它們的週期摺積 (periodic convolution) 被定義為

$$y(t) = x(t) \circledast z(t)$$
$$= \int_0^T x(\tau)z(t - \tau)\, d\tau$$

其中符號 $\circledast$ 表示積分範圍是相關訊號的一個週期。結果 $y(t)$ 也是週期的，其週期為 T，因此對這三個訊號 $x(t)$、$z(t)$ 和 $y(t)$ 來說，FS 都是適合的表示法。

將 $z(t)$ 的 FS 表示法代入摺積積分之中，可以得到以下的性質

$$\boxed{y(t) = x(t) \circledast z(t) \xleftrightarrow{\ FS;\frac{2\pi}{T}\ } Y[k] = TX[k]Z[k]} \tag{3.44}$$

我們又一次看到時域中的摺積轉換成頻域表示法的乘積。

範例 3.36

兩個週期訊號的摺積　試計算弦波訊號

$$z(t) = 2\cos(2\pi t) + \sin(4\pi t)$$

與圖 3.56 中的週期方波 $x(t)$ 的週期摺積。

解答　$x(t)$ 和 $z(t)$ 都有基本週期 $T = 1$。令 $y(t) = x(t) \circledast z(t)$。按照摺積性質，表示 $y(t) \xleftrightarrow{\ FS;2\pi\ } Y[k] = X[k]Z[k]$。而且 $z(t)$ 的 FS 表示法的係數為

$$Z[k] = \begin{cases} 1, & k = \pm 1 \\ 1/(2j), & k = 2 \\ -1/(2j), & k = -2 \\ 0, & \text{其他條件} \end{cases}$$

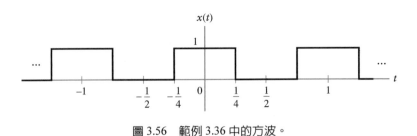

圖 3.56　範例 3.36 中的方波。

$x(t)$ 的 FS 係數可以從範例 3.13 取得，它們是

$$X[k] = \frac{2\sin(k\pi/2)}{k2\pi}$$

因此 $y(t)$ 的 FS 係數是

$$Y[k] = X[k]Z[k] = \begin{cases} 1/\pi, & k = \pm 1 \\ 0, & \text{其他條件} \end{cases}$$

這表示

$$y(t) = (2/\pi)\cos(2\pi t)$$

摺積性質解釋了在範例 3.14 觀察到的吉布斯現象 (Gibbs phenomenon) 的來源。我們可以利用以下的 FS 係數來得到 $x(t)$ FS 表示法的一個部分和近似

$$\hat{X}_J[k] = X[k]W[k]$$

其中

$$W[k] = \begin{cases} 1, & -J \le k \le J \\ 0, & \text{其他條件} \end{cases}$$

和 $T = 1$。在時域之中，$\hat{x}_J(t)$ 是 $x(t)$ 與以下函數的週期摺積：

$$w(t) = \frac{\sin(\pi t(2J+1))}{\sin(\pi t)} \tag{3.45}$$

我們在圖 3.57 畫出了當 $J = 10$ 時訊號 $w(t)$ 的一個週期。$x(t)$ 和 $w(t)$ 的週期摺積，是在範圍 $|t| < \frac{1}{2}$ 內，$w(t)$ 經過時間平移後的曲線圖形下的面積。當我們對 $w(t)$ 做時間平移的時候，它的旁瓣在進出積分區間 $|t| < \frac{1}{2}$，會在部分和近似 $\hat{x}_J(t)$ 中產生漣波的現象。當 J 增大，$w(t)$ 中主瓣與旁瓣的寬度都會變小，但旁瓣的高度不會改變。這就是為什麼在 $\hat{x}_J(t)$ 中的漣波會變成更集中在 $x(t)$ 的不連續點附近，但卻保持同樣的高度。

兩個週期為 N 的序列 $x[n]$ 和 $z[n]$，其離散時間摺積被定義為

$$y[n] = x[n] \circledast z[n]$$
$$= \sum_{k=0}^{N-1} x[k]z[n-k]$$

這就是 $x[n]$ 和 $z[n]$ 的週期摺積。訊號 $y[n]$ 是 N 週期，所以 DTFS 是對這三個訊號 $x[n]$、$z[n]$ 及 $y[n]$ 都合用的表示法。代入 $z[n]$ 的 DTFS 表示法會產生以下的性質

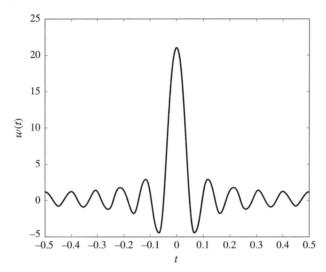

圖 3.57　(3.45)式中定義的 $w(t)$ 當 $J = 10$ 時的圖形。

$$y[n] = x[n] \circledast z[n] \xleftrightarrow{\quad DTFS;\frac{2\pi}{N} \quad} Y[k] = NX[k]Z[k] \tag{3.46}$$

因此，時間訊號的摺積會轉換成 DTFS 係數的乘積。

表 3.5　摺積性質。

$$x(t) * z(t) \xleftrightarrow{\quad FT \quad} X(j\omega)Z(j\omega)$$

$$x(t) \circledast z(t) \xleftrightarrow{\quad FS;\omega_o \quad} TX[k]Z[k]$$

$$x[n] * z[n] \xleftrightarrow{\quad DTFT \quad} X(e^{j\Omega})Z(e^{j\Omega})$$

$$x[n] \circledast z[n] \xleftrightarrow{\quad DTFS;\Omega_o \quad} NX[k]Z[k]$$

我們在表 3.5 摘要列出了所有四種傅立葉表示法的摺積性質。

我們還未考慮當不同類型的訊號混在一起的時候，所衍生出來的幾種重要摺積，例如，當週期訊號被施加於線性系統時出現的週期與非週期訊號的摺積。如果我們採用一個週期訊號的傅立葉轉換表示法，在這裡推導出的性質還是可以應用於這些情形。我們會在第四章介紹這個表示法。

3.11 微分與積分性質 (Differentiation and Integration Properties)

微分與積分運算的對象是連續函數。因此,我們可以考慮對時間的積分和微分運算對一個連續時間訊號的影響,此外,因為 FT 和 DTFT 是頻率的連續函數,我們也可以考慮對頻率的積分和微分運算對這些表示法的影響。我們在這一節將推導出當中幾種情形的微分與積分的性質。

■ 3.11.1 對時間微分 (Differentiation in Time)

考慮微分對一個非週期訊號 $x(t)$ 的作用。首先,我們回想 $x(t)$ 和它的 FT,就是 $X(j\omega)$ 的關係是

$$x(t) = \frac{1}{2\pi} \int_{-\infty}^{\infty} X(j\omega)e^{j\omega t}\, d\omega$$

將方程式的兩邊分別對 t 微分,得到

$$\frac{d}{dt}x(t) = \frac{1}{2\pi} \int_{-\infty}^{\infty} X(j\omega)j\omega e^{j\omega t}\, d\omega$$

從這個方程式可知

$$\boxed{\frac{d}{dt}x(t) \xleftrightarrow{\ FT\ } j\omega X(j\omega)}$$

換言之,在時域中把一個訊號微分,相當於在頻域中把它的 FT 乘以 $j\omega$,所以微分會加強訊號的高頻分量。注意它也會移除 $x(t)$ 中任何直流分量,因此,被微分訊號的 FT 在 $\omega = 0$ 時等於零。

範例 3.37

驗證微分性質 微分性質表示

$$\frac{d}{dt}(e^{-at}u(t)) \xleftrightarrow{\ FT\ } \frac{j\omega}{a + j\omega}$$

試對訊號微分後再取 FT 以驗證上述結果。

解答 利用微分的乘積法則,我們有

$$\frac{d}{dt}(e^{-at}u(t)) = -ae^{-at}u(t) + e^{-at}\delta(t)$$

$$= -ae^{-at}u(t) + \delta(t)$$

對每項取 FT 並利用線性性質，上式可以寫成

$$\frac{d}{dt}(e^{-at}u(t)) \quad \overset{FT}{\longleftrightarrow} \quad \frac{-a}{a+j\omega} + 1$$

$$\overset{FT}{\longleftrightarrow} \quad \frac{j\omega}{a+j\omega}$$

➤ **習題 3.22**　　試利用微分性質求出下列訊號的 FT：

(a) $x(t) = \dfrac{d}{dt}e^{-2|t|}$

(b) $x(t) = \dfrac{d}{dt}(2te^{-2t}u(t))$

答案　(a) $X(j\omega) = (4j\omega)/(4 + \omega^2)$

　　　(b) $X(j\omega) = (2j\omega)/(2 + j\omega)^2$　　◀

➤ **習題 3.23**　　如果

$$X(j\omega) = \begin{cases} j\omega, & |\omega| < 1 \\ 0, & |\omega| > 1 \end{cases},$$

試用微分性質求出 $x(t)$。

答案　　$x(t) = (1/\pi t)\cos t - (1/\pi t^2)\sin t$　　◀

微分性質可以用來求出下列微分方程式所描述的連續時間系統的頻率響應

$$\sum_{k=0}^{N} a_k \frac{d^k}{dt^k}y(t) = \sum_{k=0}^{M} b_k \frac{d^k}{dt^k}x(t)$$

首先，我們對方程式的左右兩邊各取 FT，然後重複使用微分性質以得到

$$\sum_{k=0}^{N} a_k(j\omega)^k Y(j\omega) = \sum_{k=0}^{M} b_k(j\omega)^k X(j\omega)$$

然後我們把方程式重新安排，寫為輸出的 FT 與輸入的 FT 之比：

$$\frac{Y(j\omega)}{X(j\omega)} = \frac{\sum_{k=0}^{M} b_k(j\omega)^k}{\sum_{k=0}^{N} a_k(j\omega)^k}$$

(3.42)式表示系統的頻率響應是

$$H(j\omega) = \frac{\sum_{k=0}^{M} b_k (j\omega)^k}{\sum_{k=0}^{N} a_k (j\omega)^k} \tag{3.47}$$

因此，對於用線性常數係數微分方程所描述的系統，它的頻率響應是兩個 $j\omega$ 的多項式之比。注意只要頻率響應被表示為兩個 $j\omega$ 的多項式之比，我們就可以將這個過程反轉過來，從頻率響應得出描述該系統的微分方程式。

根據定義，頻率響應是系統加諸複數弦波的振幅與相位的改變。我們假設這個弦波永遠存在，無始也無終。這表示頻率響應是系統對弦波的穩定態響應。與用微分與差分方程式來描述系統時不一樣，頻率響應的描述方式不能用來代表初始條件，它只能用來描述在穩定狀態中的系統。

範例 3.38

MEMS 加速規：頻率響應與共振 我們曾經在 1.10 節介紹過的 MEMS 加速規，可以用下述方程式來描述

$$\frac{d^2}{dt^2} y(t) + \frac{\omega_n}{Q} \frac{d}{dt} y(t) + \omega_n^2 y(t) = x(t)$$

試求這個系統的頻率響應，並對(a) $Q = 2/5$，(b) $Q = 1$ 和(c) $Q = 200$ 三種情形分別對系統以 dB 為單位，$\omega_n = 10{,}000$ 強度/秒的振幅響應作圖。

解答 使用(3.47)式，得到

$$H(j\omega) = \frac{1}{(j\omega)^2 + \dfrac{\omega_n}{Q}(j\omega) + \omega_n^2}$$

圖 3.58 對指定的 ω_n 和 Q 畫出以 dB 為單位的振幅響應。對於情況(a)，也就是 $Q = 2/5$ 時，振幅響應隨著 ω 增加而減少。至於情況(b)，$Q = 1$，振幅響應在 $\omega < \omega_n$ 時差不多是常數，然後當 $\omega > \omega_n$ 時會隨著頻率增加而衰減。注意在情況(c)這種 Q 值很大的情形，頻率響應在 $\omega_n = 10{,}000\,\text{rad/s}$ 處有一個峰值，表示這裡有 *共振條件 (resonant condition)*。換言之，系統表現出強烈的傾向，想以頻率 ω_n 振動。對於加速規這個應用，$Q = 1$ 是最有利的情況，因為這時候所有在我們感興趣的頻率範圍 $\omega < \omega_n$ 內的加速度都有一個共同特徵，就是它們的增益差不多相等。如果 $Q < 1$，系統的頻寬會減少，因此對於在 ω_n 附近的輸入分量，加速規的響應會降低。如果 $Q \gg 1$，這個儀器的作用相當於一個頻寬很窄的帶通濾波器，它的響應是由一個頻率為 ω_n 的弦波

所主導。注意雖然使用在加速規的時候，在 $Q \gg 1$ 的情況下出現的共振效應並非所求，但這個基本 MEMS 結構的一些其他用途，例如窄頻濾波，卻利用到大的 Q 值。我們可以在真空中封裝這個基本結構，就可以得到這類很大 Q 值的裝置。

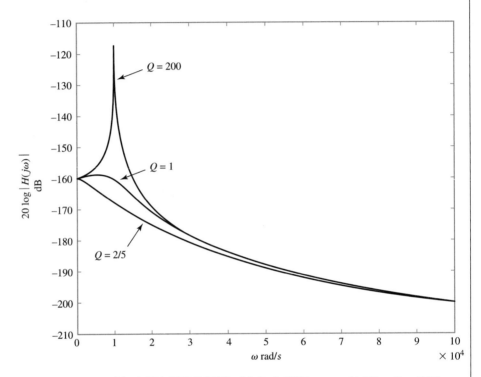

圖 3.58　MEMS 加速規之頻率響應的振幅，以 dB 為單位，$\omega_n = 10{,}000$ rad/s，而且 (a) $Q = 2/5$，(b) $Q = 1$ 和 (c) $Q = 200$。

共振條件出現於代表摩擦力的阻尼因子 D 很小的時候，這是因為根據式 (1.107)，Q 與 D 成反比。這時候主導的力量分別來自質量的慣性與彈簧，兩者都會儲存能量。請注意當質量的位移最大的時候，與彈簧相關的位能最大；當質量通過平衡位置的時候，位能等於零。反過來，動能是在質量通過平衡位置時最大，因為那時速度最高，而在質量的位移最大時動能最小。系統的機械能量是個常數，因此，在共振時，質量以弦波的方式振盪，動能與位能不斷在交換。滿足最大動能等於最大位能的運動頻率，就是系統的共振頻率 ω_n。類似的共振行為出現在串聯的 RLC 電路，這時候電阻代表損耗的機制，因此電阻小的時候才會有共振。電容與電感是儲存能量的裝置，它們兩者之間的能量交換就造成了振盪的電流－電壓行為。

➤ **習題 3.24** 對於圖 3.54 中的 *RC* 電路，請寫出代表其輸入 $x(t)$ 與輸出 $y_C(t)$ 間關係的微分方程式，並找出頻率響應。

答案 請參考範例 3.33 ◀

如果 $x(t)$ 是週期訊號，則我們有下述的 FS 表示法

$$x(t) = \sum_{k=-\infty}^{\infty} X[k]e^{jk\omega_o t}$$

對方程式的兩邊微分，

$$\frac{d}{dt}x(t) = \sum_{k=-\infty}^{\infty} X[k]jk\omega_o e^{jk\omega_o t}$$

我們從而得到結論

$$\boxed{\frac{d}{dt}x(t) \xleftrightarrow{\ FS;\omega_o\ } jk\omega_o X[k]}$$

我們再次看到，微分動作迫使訊號微分後的時間平均值等於零，因此在 $k = 0$ 處的 FS 係數也等於零。

範例 **3.39**

試利用微分性質求出圖 3.59(a)中三角波的 FS 表示法。

解答 定義波形 $z(t) = \frac{d}{dt}y(t)$，$z(t)$ 如圖 3.59(b)所示。我們曾經在範例 3.13 推導出週期方波的 FS 係數。訊號 $z(t)$ 相當於在 $T_o/T = 1/4$ 時，該範例中方波 $x(t)$ 的情形，只要我們首先把 $x(t)$ 的振幅放大到原來的四倍，然後常數項再減去 2。也就是說，$z(t) = 4x(t)-2$。因此，$Z[k] = 4X[k] - 2\delta[k]$，於是我們有下述結果

$$z(t) \xleftrightarrow{\ FS;\omega_o\ } Z[k] = \begin{cases} 0, & k = 0 \\ \dfrac{4\sin\left(\frac{k\pi}{2}\right)}{k\pi}, & k \neq 0 \end{cases}$$

微分性質表示 $Z[k] = jk\omega_o Y[k]$，所以，除了在 $k = 0$ 以外，我們可以從 $Z[k]$ 利用 $Y[k] = \frac{1}{jk\omega_o}Z[k]$ 得到 $Y[k]$。量值 $Y[0]$ 是 $y(t)$ 的平均值，可以用審視法從圖 3.59(a)中看出它是 $T/2$。於是，

$$y(t) \xleftrightarrow{\ FS;\omega_o\ } Y[k] = \begin{cases} T/2, & k = 0 \\ \dfrac{2T\sin\left(\frac{k\pi}{2}\right)}{jk^2\pi^2}, & k \neq 0 \end{cases}$$

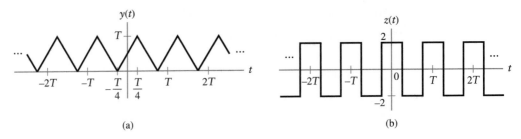

圖 3.59 範例 3.39 中的訊號。(a)三角波 $y(t)$。(b)$y(t)$ 的微分是方波 $z(t)$。

■ 3.11.2 對頻率微分 (DIFFERENTIATION IN FREQUENCY)

我們下一步考慮把訊號的頻域表示法加以微分的影響。從下述的 FT 開始

$$X(j\omega) = \int_{-\infty}^{\infty} x(t)e^{-j\omega t}\,dt$$

我們把方程式的兩邊對 ω 微分，得到

$$\frac{d}{d\omega}X(j\omega) = \int_{-\infty}^{\infty} -jtx(t)e^{-j\omega t}\,dt$$

從上式可得知

$$\boxed{-jtx(t) \overset{FT}{\longleftrightarrow} \frac{d}{d\omega}X(j\omega)}$$

所以，在頻域中將 FT 微分相當於在時域中把訊號乘以 $-jt$。

範例 3.40

高斯脈波的 FT   試利用對時間和對頻率微分的性質來求出 *高斯脈波* (*Gaussian pulse*)的 FT。高斯脈波的定義為 $g(t) = (1/\sqrt{2\pi})e^{-t^2/2}$，圖形則可見於圖 3.60。

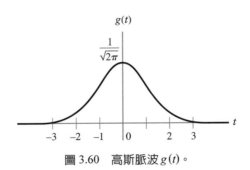

圖 3.60 高斯脈波 $g(t)$。

解答 我們注意到 $g(t)$ 對時間的微分可寫為

$$\frac{d}{dt}g(t) = (-t/\sqrt{2\pi})e^{-t^2/2} \tag{3.48}$$
$$= -tg(t)$$

根據對時間微分的性質

$$\frac{d}{dt}g(t) \xleftrightarrow{\ FT\ } j\omega G(j\omega)$$

因此從(3.48)式可知

$$-tg(t) \xleftrightarrow{\ FT\ } j\omega G(j\omega) \tag{3.49}$$

對頻率微分的性質，即

$$-jtg(t) \xleftrightarrow{\ FT\ } \frac{d}{d\omega}G(j\omega)$$

表示

$$-tg(t) \xleftrightarrow{\ FT\ } \frac{1}{j}\frac{d}{d\omega}G(j\omega) \tag{3.50}$$

因為(3.49)及(3.50)式的左邊相等，它們的右邊也必相等，因此，

$$\frac{d}{d\omega}G(j\omega) = -\omega G(j\omega)$$

這是描述 $G(j\omega)$ 的微分方程式，與(3.48)式中描述 $g(t)$ 的微分方程式有相同的數學形式。因此，$G(j\omega)$ 和 $g(t)$ 有相同的的函數形式，於是我們得到

$$G(j\omega) = ce^{-\omega^2/2}$$

要決定常數 c 的值，我們注意到 (請參考附錄 A-4)

$$G(j0) = \int_{-\infty}^{\infty}(1/\sqrt{2\pi})e^{-t^2/2}\,dt$$
$$= 1$$

因此，$c = 1$，結論是高斯脈波的 FT 也是高斯脈波，所以

$$(1/\sqrt{2\pi})e^{-t^2/2} \xleftrightarrow{\ FT\ } e^{-\omega^2/2}$$

➤ **習題 3.25** 試利用對頻率微分的性質求出下述訊號的 FT。

$$x(t) = te^{-at}u(t)$$

假設已知 $e^{-at}u(t) \xleftrightarrow{\quad FT \quad} 1/(j\omega + a)$。

答案： $X(j\omega) = \dfrac{1}{(a + j\omega)^2}$ ◀

➤ **習題 3.26** 試利用對時間微分以及摺積的性質求出下述訊號的 FT。

$$y(t) = \frac{d}{dt}\{te^{-3t}u(t) * e^{-2t}u(t)\}$$

答案： $Y(j\omega) = \dfrac{j\omega}{(3 + j\omega)^2(j\omega + 2)}$ ◀

微分運算不適用於離散的量值，因此就 FS 或 DTFS 而言，對頻率微分的性質並不存在。不過，對於 DTFT，倒是的確有對頻率微分的性質。根據定義，

$$X(e^{j\Omega}) = \sum_{n=-\infty}^{\infty} x[n]e^{-j\Omega n}$$

把這個方程式的左右兩邊分別對頻率微分，我們得出下述的性質

$$\boxed{-jnx[n] \xleftrightarrow{\quad DTFT \quad} \frac{d}{d\Omega}X(e^{j\Omega})}$$

➤ **習題 3.27** 試利用對頻率微分的性質求出 $x[n] = (n + 1)\alpha^n u[n]$ 的 DTFT。

答案： $X(e^{j\Omega}) = 1/(1 - \alpha e^{-j\Omega})^2$ ◀

➤ **習題 3.28** 試求出 $x[n]$，假設已知它的 DTFT 是

$$X(e^{j\Omega}) = j\frac{d}{d\Omega}\left(\frac{\sin(11\Omega/2)}{\sin(\Omega/2)}\right)$$

答案： $x[n] = \begin{cases} n, & |n| \le 5 \\ 0, & \text{其他條件} \end{cases}$ ◀

■ 3.11.3 積分 (INTEGRATION)

積分運算只適用於連續的應變數。因此,我們可以把 FT 和 FS 對時間積分,或者把 FT 和 DTFT 對頻率積分。現在我們只考慮非週期訊號對時間積分的情形。我們定義

$$y(t) = \int_{-\infty}^{t} x(\tau)\, d\tau$$

換言之,y 在時間 t 的值就是 x 對所有在 t 以前的時間的積分。注意

$$\frac{d}{dt} y(t) = x(t) \tag{3.51}$$

因此微分性質暗示下述結果

$$Y(j\omega) = \frac{1}{j\omega} X(j\omega) \tag{3.52}$$

這個關係式在 $\omega = 0$ 的地方是不定的,因為 (3.51) 式中的微分動作移除了 $y(t)$ 中的任何直流分量,表示 $X(j0)$ 必等於零。因此,(3.52) 式只可以用在時間平均值等於零的訊號,即 $X(j0) = 0$。

一般來說,我們希望積分性質也可以用在時間平均值不等於零的訊號身上。但如果 $x(t)$ 的時間平均值不等於零,那麼 $y(t)$ 就有可能不是平方可積的,因此 $y(t)$ 的 FT 不一定會收斂。要避免這個問題,我們可以在轉換中引進脈衝。我們知道 (3.52) 式對所有 ω 都成立,除了在 $\omega = 0$ 有可能不成立以外。我們的做法是在方程式中增加一項 $c\delta(\omega)$ 來修改在 $\omega = 0$ 的值,其中的常數 c 與 $x(t)$ 的平均值有關。為了得到正確的結果,我們要取 $c = \pi X(j0)$。這樣就會得到下述的積分性質:

$$\boxed{\int_{-\infty}^{t} x(\tau)\, d\tau \xleftrightarrow{\ \ FT\ \ } \frac{1}{j\omega} X(j\omega) + \pi X(j0)\delta(\omega)} \tag{3.53}$$

注意對於方程式右邊的第一項,我們要有它在 $\omega = 0$ 時是等於零的共識。積分可以看成是一個求平均的運算,因此它傾向把時間訊號平滑化,相當於降低訊號中的高頻分量的重要性,這可以從 (3.53) 式看出來。

為了說明這個性質,我們先推導出單位步階的 FT。單位步階可以表示為單位脈衝的積分:

$$u(t) = \int_{-\infty}^{t} \delta(\tau)\, d\tau$$

因為 $\delta(t) \xleftrightarrow{FT} 1$，(3.53)式意謂著

$$u(t) \xleftrightarrow{FT} U(j\omega) = \frac{1}{j\omega} + \pi\delta(\omega)$$

　　為了證實上述的結果，我們可以用一個獨立的方法來推導出 $U(j\omega)$。首先，我們把單位步階寫成兩個函數之和：

$$u(t) = \frac{1}{2} + \frac{1}{2}\text{sgn}(t) \tag{3.54}$$

這裡的 *符號函數 (signum function)* 的定義是

$$\text{sgn}(t) = \begin{cases} -1, & t < 0 \\ 0, & t = 0 \\ 1, & t > 0 \end{cases}$$

這個表示法的圖示可見於圖 3.61。利用範例 3.28 的結果，可知 $\frac{1}{2} \xleftrightarrow{FT} \pi\delta(\omega)$。因為 sgn (t) 的時間平均值等於零，它的轉換可以用微分性質推導出來。令 $\text{sgn}(t) \xleftrightarrow{FT} S(j\omega)$，則

$$\frac{d}{dt}\text{sgn}(t) = 2\delta(t)$$

因此，

$$j\omega S(j\omega) = 2$$

　　我們知道 $S(j0) = 0$，這是因為 sgn(t) 是奇函數，所以它的平均值是零。利用這一點我們可以移除在 $\omega = 0$ 的不確定性，得到結論如下

$$S(j\omega) = \begin{cases} \dfrac{2}{j\omega}, & \omega \neq 0 \\ 0, & \omega = 0 \end{cases}$$

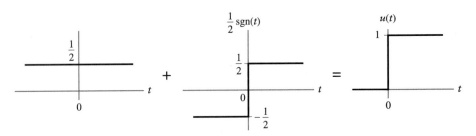

圖 3.61　步階函數表示為符號函數與常數之和。

這個關係式通常寫為 $S(j\omega) = 2/(j\omega)$，當中我們有 $S(j0) = 0$ 的共識。現在我們只要把線性性質用在(3.54)式，就得到 $u(t)$ 的 FT：

$$u(t) \xleftrightarrow{\ FT\ } \frac{1}{j\omega} + \pi\delta(\omega)$$

這完全符合我們之前利用積分性質得到的結果。

➤ **習題 3.29** 試利用積分性質求出下述訊號的逆 FT：

$$X(j\omega) = \frac{1}{j\omega(j\omega + 1)} + \pi\delta(\omega)$$

答案： $\quad x(t) = (1 - e^{-t})u(t)$ ◀

表 3.6 摘要列出了傅立葉表示法的微分與積分性質。

表 3.6　常用的微分與積分性質。

$$\frac{d}{dt}x(t) \xleftrightarrow{\ FT\ } j\omega X(j\omega)$$

$$\frac{d}{dt}x(t) \xleftrightarrow{\ FS;\,\omega_o\ } jk\omega_o X[k]$$

$$-jtx(t) \xleftrightarrow{\ FT\ } \frac{d}{d\omega}X(j\omega)$$

$$-jnx[n] \xleftrightarrow{\ DTFT\ } \frac{d}{d\Omega}X(e^{j\Omega})$$

$$\int_{-\infty}^{t}x(\tau)\,d\tau \xleftrightarrow{\ FT\ } \frac{1}{j\omega}X(j\omega) + \pi X(j0)\delta(\omega)$$

3.12　時間平移與頻率平移性質 (Time- and Frequency-Shift Properties)

在這一節，我們考慮時間平移與頻率平移對傅立葉表示法的影響。像以往一樣，我們先針對FT的情形推導出結果，然後對其餘三種表示法就只列出結果而不再推導。

■ 3.12.1　時間平移性質 (TIME-SHIFT PROPERTY)

令 $z(t) = x(t-t_o)$ 為 $x(t)$ 的時間平移函數。我們的目標是要找出 $z(t)$ 的 FT 和 $x(t)$ 的 FT 之間的關係。我們有

$$Z(j\omega) = \int_{-\infty}^{\infty} z(t)e^{-j\omega t}\,dt$$

$$= \int_{-\infty}^{\infty} x(t - t_o)e^{-j\omega t}\,dt$$

下一步是進行變數轉換 $\tau = t - t_0$，得出

$$Z(j\omega) = \int_{-\infty}^{\infty} x(\tau)e^{-j\omega(\tau+t_o)} d\tau$$

$$= e^{-j\omega t_o} \int_{-\infty}^{\infty} x(\tau)e^{-j\omega\tau} d\tau$$

$$= e^{-j\omega t_o} X(j\omega)$$

可見把訊號 $x(t)$ 時間平移 t_o 的結果是把它的 FT，也就是 $X(j\omega)$ 乘上 $e^{-j\omega t_o}$。注意 $|Z(j\omega)| = |X(j\omega)|$ 和 $\arg\{Z(j\omega)\} = \arg\{X(j\omega)\} - \omega t_o$。因此，時間平移令振幅頻譜保持不變，但會造成一個相位移。這個相位移是頻率的線性函數。它的斜率就等於時間延遲。像表 3.7 所指出的，對於其他三種傅立葉表示法，類似的性質也成立。這些性質直接來自傅立葉表示法中所使用的複數弦波的時間平移性質。把一個複數弦波時間平移，得到的複數弦波頻率和振幅不變，但會有一個等於時間平移乘上弦波頻率的相位移。

表 3.7　傅立葉表示法的時間平移性質。

$$x(t - t_o) \xleftrightarrow{\ \ FT\ \ } e^{-j\omega t_o} X(j\omega)$$

$$x(t - t_o) \xleftrightarrow{\ \ FS; \omega_o\ \ } e^{-jk\omega_o t_o} X[k]$$

$$x[n - n_o] \xleftrightarrow{\ \ DTFT\ \ } e^{-j\Omega n_o} X(e^{j\Omega})$$

$$x[n - n_o] \xleftrightarrow{\ \ DTFS; \Omega_o\ \ } e^{-jk\Omega_o n_o} X[k]$$

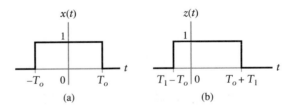

圖 3.62　範例 3.41 中時間平移性質的應用。

範例 3.41

利用時間平移性質求出 FT　試利用圖 3.62(a) 中矩形脈波 $x(t)$ 的 FT 求出圖 3.62(b) 中時間平移後的矩形脈波 $z(t)$ 的 FT。

解答 首先，我們注意到 $z(t) = x(t-T_1)$，因此根據時間平移性質可知 $Z(j\omega) = e^{-j\omega T_1}X(j\omega)$。在範例 3.25 我們曾經得到

$$X(j\omega) = \frac{2}{\omega}\sin(\omega T_o)$$

因此有下述結果

$$Z(j\omega) = e^{-j\omega T_1}\frac{2}{\omega}\sin(\omega T_o)$$

➤ **習題 3.30** 利用圖 3.63(a)中週期方波的 DTFS (曾在範例 3.6 推導出)，試求圖 3.63 (b)中週期方波的 DTFS。

答案： $$Z[k] = e^{-jk6\pi/7}\frac{1}{7}\frac{\sin(k5\pi/7)}{\sin(k\pi/7)}$$ ◀

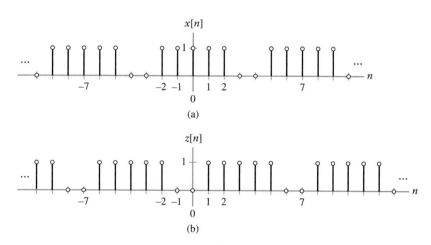

圖 3.63　習題 3.30 的圖示，時間平移前與時間平移後的方波。

➤ **習題 3.31** 試求出下列時域訊號的傅立葉表示法：

(a) $x(t) = e^{-2t}u(t - 3)$

(b) $y[n] = \sin(\pi(n + 2)/3)/(\pi(n + 2))$

答案：(a) $X(j\omega) = e^{-6}e^{-j3\omega}/(j\omega + 2)$

(b) $Y(e^{j\Omega}) = \begin{cases} e^{j2\Omega}, & |\Omega| \le \pi/3 \\ 0, & \pi/3 < |\Omega| \le \pi \end{cases}$ ◀

➤ **習題 3.32** 試求出對應於下列傅立葉表示法的時域訊號；

(a) $X(j\omega) = e^{j4\omega}/(2 + j\omega)^2$

(b) $Y[k] = e^{-jk4\pi/5}/10$, DTFS 的 $\Omega_o = 2\pi/10$

答案：(a) $x(t) = (t + 4)e^{-2(t+4)}u(t + 4)$

　　　(b) $y[n] = \sum_{p=-\infty}^{\infty} \delta[n - 4 - 10p]$ ◀

利用時間平移性質可以求出由差分方程式所描述系統的頻率響應。要明白這一點，考慮差分方程式

$$\sum_{k=0}^{N} a_k y[n - k] = \sum_{k=0}^{M} b_k x[n - k]$$

首先，利用時間平移性質，我們對方程式的兩邊分別取 DTFT：

$$z[n - k] \xleftrightarrow{\quad DTFT \quad} e^{-jk\Omega}Z(e^{j\Omega})$$

得到

$$\sum_{k=0}^{N} a_k(e^{-j\Omega})^k Y(e^{j\Omega}) = \sum_{k=0}^{M} b_k(e^{-j\Omega})^k X(e^{j\Omega})$$

然後我們把方程式改寫為比例的形式

$$\frac{Y(e^{j\Omega})}{X(e^{j\Omega})} = \frac{\sum_{k=0}^{M} b_k(e^{-j\Omega})^k}{\sum_{k=0}^{N} a_k(e^{-j\Omega})^k}$$

我們認出這個比例與方程式(3.43)中出現的相同，因此得到

$$H(e^{j\Omega}) = \frac{\sum_{k=0}^{M} b_k(e^{-j\Omega})^k}{\sum_{k=0}^{N} a_k(e^{-j\Omega})^k} \tag{3.55}$$

離散系統的頻率響應是兩個 $e^{-j\Omega}$ 的多項式之比。假設已知一個形式如(3.55)式的頻率響應，我們可以將推導過程倒轉過來，以求出描述系統的差分方程。

▶ **習題 3.33** 假設某系統有下述頻率響應，試求出該系統的差分方程。

$$H(e^{j\Omega}) = \frac{1 + 2e^{-j2\Omega}}{3 + 2e^{-j\Omega} - 3e^{-j3\Omega}}$$

答案：　$3y[n] + 2y[n - 1] - 3y[n - 3] = x[n] + 2x[n - 2]$ ◀

■ 3.12.2　頻率平移性質 (FREQUENCE-SHIFT PROPERTY)

在上一小節，我們考慮了時間平移對頻域表示法的影響。在這一小節，我們要考慮頻率平移對時域表示法的影響。設 $x(t) \xleftrightarrow{\quad FT \quad} X(j\omega)$。我們的問題是如何用 $x(t)$ 來

表達 $Z(j\omega) = X(j(\omega-\gamma))$ 的逆 FT。令 $z(t) \overset{FT}{\longleftrightarrow} Z(j\omega)$。根據逆 FT 的定義,我們得到

$$z(t) = \frac{1}{2\pi} \int_{-\infty}^{\infty} Z(j\omega)e^{j\omega t}\, d\omega$$

$$= \frac{1}{2\pi} \int_{-\infty}^{\infty} X(j(\omega - \gamma))e^{j\omega t}\, d\omega$$

使用變數轉換 $\eta = \omega - \gamma$,得出

$$z(t) = \frac{1}{2\pi} \int_{-\infty}^{\infty} X(j\eta)e^{j(\eta+\gamma)t}\, d\eta$$

$$= e^{j\gamma t} \frac{1}{2\pi} \int_{-\infty}^{\infty} X(j\eta)e^{j\eta t}\, d\eta$$

$$= e^{j\gamma t}x(t)$$

因此,頻率平移相當於在時域中,把訊號乘上一個頻率與頻率平移量相等的複數弦波。

這個性質是複數弦波的頻率平移性質的後果。一個複數弦波對頻率做平移,相當於把它乘以另一個頻率與頻率平移量相等的另一個複數弦波。所有傅立葉表示法都是基於複數弦波,因而都有這個共同的性質,我們把它摘要列在表 3.8 之中。注意在這個表中,傅立葉級數的情況有兩個,其頻率平移的振幅都必須是整數。這就相當於訊號乘以複數弦波,而複數弦波的頻率等於基頻的整數倍數。另外我們還可以注意到頻率平移性質是時間平移性質的「對偶」。我們可以將這兩個性質摘要成為:在一個領域中作平移,不管是時域或頻域,會導致在另一個領域中將訊號乘以一個複數弦波。

表 3.8　傅立葉表示法的頻率平移性質。

$$e^{j\gamma t}x(t) \overset{FT}{\longleftrightarrow} X(j(\omega - \gamma))$$

$$e^{jk_o\omega_o t}x(t) \overset{FS;\omega_o}{\longleftrightarrow} X[k - k_o]$$

$$e^{j\Gamma n}x[n] \overset{DTFT}{\longleftrightarrow} X(e^{j(\Omega-\Gamma)})$$

$$e^{jk_o\Omega_o n}x[n] \overset{DTFS;\Omega_o}{\longleftrightarrow} X[k - k_o]$$

範例 3.42

利用頻率平移性質求出 FT　試利用頻率平移性質求出下述複數弦波的 FT。

$$z(t) = \begin{cases} e^{j10t}, & |t| < \pi \\ 0, & |t| > \pi \end{cases}$$

解答 我們可以把 $z(t)$ 表示為複數弦波 e^{j10t} 與下述矩形脈波的乘積

$$x(t) = \begin{cases} 1, & |t| < \pi \\ 0, & |t| > \pi \end{cases}$$

利用範例 3.25 的結果，我們可以寫下

$$x(t) \xleftrightarrow{\ FT\ } X(j\omega) = \frac{2}{\omega}\sin(\omega\pi)$$

然後利用頻率平移性質

$$e^{j10t}x(t) \xleftrightarrow{\ FT\ } X(j(\omega - 10))$$

得到

$$z(t) \xleftrightarrow{\ FT\ } \frac{2}{\omega - 10}\sin((\omega - 10)\pi)$$

➤ **習題 3.34** 試用頻率平移性質求出對應於下列傳立葉表示法的時域訊號：

(a) $Z(e^{j\Omega}) = \dfrac{1}{1 - \alpha e^{-j(\Omega + \pi/4)}}$ ， $|\alpha| < 1$

(b) $X(j\omega) = \dfrac{1}{2 + j(\omega - 3)} + \dfrac{1}{2 + j(\omega + 3)}$

答案：(a) $z[n] = e^{-j\pi/4n}\alpha^n u[n]$

(b) $x(t) = 2\cos(3t)e^{-2t}u(t)$

範例 3.43

利用乘法性質求出 FT 試求下述訊號的 FT

$$x(t) = \frac{d}{dt}\{(e^{-3t}u(t)) * (e^{-t}u(t - 2))\}$$

解答 我們首先指出求解這個題目所需要的三個性質：對時間微分、摺積、和時間平移。要得到正確的結果，我們在使用這些性質時必須根據數學上的優先順序的規則進行。令 $w(t) = e^{-3t}u(t)$ 和 $v(t) = e^{-t}u(t-2)$，我們可以把上式寫成

$$x(t) = \frac{d}{dt}\{w(t) * v(t)\}$$

因此，利用表 3.5 和 3.6 中的摺積及微分性質，我們得到

$$X(j\omega) = j\omega\{W(j\omega)V(j\omega)\}$$

轉換對是

$$e^{-at}u(t) \xleftrightarrow{\text{FT}} \frac{1}{a + j\omega}$$

表示

$$W(j\omega) = \frac{1}{3 + j\omega}$$

我們使用同一個轉換對以及時間平移性質來求出 $V(j\omega)$，首先寫下：

$$v(t) = e^{-2}e^{-(t-2)}u(t - 2)$$

因此

$$V(j\omega) = e^{-2}\frac{e^{-j2\omega}}{1 + j\omega}$$

以及

$$X(j\omega) = e^{-2}\frac{j\omega e^{-j2\omega}}{(1 + j\omega)(3 + j\omega)}$$

➤ **習題 3.35** 試求下述時域訊號的傅立葉表示法：

(a) $x[n] = ne^{j\pi/8n}\alpha^{n-3}u[n - 3]$

(b) $x(t) = (t - 2)\dfrac{d}{dt}\left[e^{-j5t}e^{-2|t-3|}\right]$

答案：(a) $X(e^{j\Omega}) = j\dfrac{d}{d\Omega}\left\{\dfrac{e^{-j3(\Omega-\pi/8)}}{1 - \alpha e^{-j(\Omega-\pi/8)}}\right\}$

(b) $X(j\omega) = \dfrac{-8j\omega e^{-j3(\omega+5)}}{4 + (\omega + 5)^2} + j\dfrac{d}{d\omega}\left[\dfrac{4j\omega e^{-j3(\omega+5)}}{4 + (\omega + 5)^2}\right]$ ◀

3.13 利用部分分式展開求逆傅立葉轉換 (Finding Inverse Fourier Transforms by Using Partial-Fraction Expansions)

我們在 3.11 節曾經證明，由線性常數係數微分方程式來描述系統的頻率響應，可以寫成兩個 $j\omega$ 的多項式之比。類似地，我們在 3.12 節也曾經證明，由線性常數係數差分方程式來描述系統的頻率響應，可以寫成兩個 $e^{j\Omega}$ 的多項式之比。因為線性常數係數微分與差分方程的重要性，這種形式的 FT 和 DTFT 經常在分析系統與訊號的相互作用時出現。要求出這種多項式之比的逆轉換，我們採用部分分式展開的方法。

■ 3.13.1　逆傅立葉轉換 (INVERSE FOURIER TRANSFORM)

設 $X(j\omega)$ 可以寫成兩個 $j\omega$ 的多項式之比：

$$X(j\omega) = \frac{b_M(j\omega)^M + \cdots + b_1(j\omega) + b_0}{(j\omega)^N + a_{N-1}(j\omega)^{N-1} + \cdots + a_1(j\omega) + a_0} = \frac{B(j\omega)}{A(j\omega)}$$

我們可以利用部分分式展開來求出這種比率的逆 FT。部分分式展開把 $X(j\omega)$ 表示為含有已知逆 FT 的項之和。因為 FT 是線性的，$X(j\omega)$ 的逆 FT 就是展開式之中每一項的逆轉換之和。

我們假設 $M < N$。如果 $M \geq N$，我們可以用長除法來將 $X(j\omega)$ 表示為下述的形式

$$X(j\omega) = \sum_{k=0}^{M-N} f_k(j\omega)^k + \frac{\widetilde{B}(j\omega)}{A(j\omega)}$$

現在分子多項式的次數 $\widetilde{B}(j\omega)$ 比分母的次數少一，我們可以使用部分分式展開來求出 $\widetilde{B}(j\omega)/A(j\omega)$ 的逆傅立葉轉換。這個總和之中各項的逆傅立葉轉換可以透過轉換對 $\delta(t) \xleftrightarrow{\ FT\ } 1$ 和微分性質得到。

令分母多項式 $A(j\omega)$ 的根為 $d_k, k = 1,2,\cdots,N$。要找出這些根，我們可以把 $j\omega$ 換成通用的變數 v，然後求出下述多項式的根

$$v^N + a_{N-1}v^{N-1} + \cdots + a_1 v + a_0 = 0$$

於是我們可以寫下

$$X(j\omega) = \frac{\sum_{k=0}^{M} b_k(j\omega)^k}{\prod_{k=1}^{N}(j\omega - d_k)}$$

假設所有這些根 $d_k, k = 1,2,\cdots,N$ 都相異，我們有

$$X(j\omega) = \sum_{k=1}^{N} \frac{C_k}{j\omega - d_k}$$

其中係數 $C_k, k = 1,2,\cdots,N$，可以透過解線性方程組，或是用留數法 (method of residues) 計算出來。這些方法，以及在重根的情況下要用到的展開式，我們會在附錄 B 中介紹。在範例 3.24，我們曾經推導出下述 FT 對

$$e^{dt}u(t) \xleftrightarrow{\ FT\ } \frac{1}{j\omega - d} \quad 對於\ d < 0$$

讀者可自行驗證就算 d 是複數，只要 $\text{Re}\{d\} < 0$，上式列出的的還是有效的 FT 對。假設每個 $d_k, k = 1, 2, \cdots, N$ 的實數部分都是負數，我們可以利用線性性質得到

$$x(t) = \sum_{k=1}^{N} C_k e^{d_k t} u(t) \xleftrightarrow{\ FT\ } X(j\omega) = \sum_{k=1}^{N} \frac{C_k}{j\omega - d_k}$$

以下是使用這個技巧的範例。

範例 3.44

MEMS 加速規：脈衝響應　試求在 1.10 節介紹的 MEMS 加速規的脈衝響應，假設 $\omega_n = 10{,}000$，及 (a) $Q = 2/5$，(b) $Q = 1$，和 (c) $Q = 200$。

解答　我們在範例 3.38 曾經從微分方程求得這個系統的頻率響應。對於情形 (a)，代入 $\omega_n = 10{,}000$，及 $Q = 2/5$，我們得出

$$H(j\omega) = \frac{1}{(j\omega)^2 + 25{,}000(j\omega) + (10{,}000)^2}$$

要得到脈衝響應，我們需要求出 $H(j\omega)$ 的逆 FT。為了達到這個目的，可以先找出 $H(j\omega)$ 的部分分式展開。分母多項式的根是 $d_1 = -20{,}000$ 和 $d_2 = -5{,}000$。因此可以把 $H(j\omega)$ 寫成二個分式的和：

$$\frac{1}{(j\omega)^2 + 25{,}000(j\omega) + (10{,}000)^2} = \frac{C_1}{j\omega + 20{,}000} + \frac{C_2}{j\omega + 5{,}000}$$

我們可以利用附錄 B 所描述的留數法來解出 C_1 和 C_2，結果是

$$C_1 = (j\omega + 20{,}000) \frac{1}{(j\omega)^2 + 25{,}000(j\omega) + (10{,}000)^2} \bigg|_{j\omega = -20{,}000}$$

$$= \frac{1}{j\omega + 5{,}000} \bigg|_{j\omega = -20{,}000}$$

$$= -1/15{,}000$$

以及

$$C_2 = (j\omega + 5{,}000) \frac{1}{(j\omega)^2 + 25{,}000(j\omega) + (10{,}000)^2} \bigg|_{j\omega = -5{,}000}$$

$$= \frac{1}{j\omega + 20{,}000} \bigg|_{j\omega = -5{,}000}$$

$$= 1/15{,}000$$

於是 $H(j\omega)$ 的部分分式展開是

$$H(j\omega) = \frac{-1/15,000}{j\omega + 20,000} + \frac{1/15,000}{j\omega + 5,000}$$

對這兩項分別取逆 FT，得出脈衝響應如下：

$$h(t) = (1/15,000)(e^{-5,000t} - e^{-20,000t})u(t)$$

然後，對於情況(b) $Q = 1$，我們得出

$$H(j\omega) = \frac{1}{(j\omega)^2 + 10,000(j\omega) + (10,000)^2}$$

在這個情況下，分母多項式的根是 $d_1 = -5000 + j5000\sqrt{3}$ 和 $d_2 = -5000 - j5000\sqrt{3}$，所以部分分式展開得出

$$H(j\omega) = \frac{-j/(10,000\sqrt{3})}{j\omega + 5000 - j5000\sqrt{3}} + \frac{j/(10,000\sqrt{3})}{j\omega + 5000 + j5000\sqrt{3}}$$

再一次對每項取逆 FT，得出下述的脈衝響應：

$$h(t) = -j/(10,000\sqrt{3})(e^{-5000t}e^{j5000\sqrt{3}t} - e^{-5000t}e^{-j5000\sqrt{3}t})$$
$$= 1/(5000\sqrt{3})e^{-5000t}\sin(5000\sqrt{3}t)u(t)$$

現在對於情況(c) $Q = 200$，我們有

$$H(j\omega) = \frac{1}{(j\omega)^2 + 50(j\omega) + (10,000)^2}$$

在這裡，分母多項式的根是 $d_1 = -25 + j10,000$ 和 $d_2 = -25 - j10,000$。經過部分分式展開、取逆 FT 和簡化這幾個步驟，我們得到下述的脈衝響應：

$$h(t) = 1/(10,000)e^{-25t}\sin(10,000t)u(t)$$

　　圖 3.64(a)-(c)分別顯示了對於 $Q = 2/5$，$Q = 1$ 和 $Q = 200$ 這幾個情形最初 2 毫秒的脈衝響應。拿這些脈衝響應來跟圖 3.58 中的振幅響應比較，我們發現 $Q = 1$ 時頻寬的增加，造成在脈衝響應中的能量更集中在 $t = 0$ 附近。可見得，擴大頻寬對應就是更快速的響應。注意對於 $Q = 2/5$ 以及 $Q = 1$ 這兩種情形，當 $t > 1$ 毫秒的時候脈衝響應近似於零，表示這些加速規的響應時間屬於次微秒的等級。至於 $Q = 200$ 的情形，圖 3.64(c)顯示脈衝響應是頻率 $\omega_n = 10,000$ 弧度/秒的弦波振盪，印證了這個情況共振的本質。正如振幅響應所暗示的一樣，脈衝輸入造成系統在 ω_n 共振。這種共振行為不利於加速規的運作，因為它造成系統無法對所施加的加速度的驟變作出反應。

➤ **習題 3.36** 試用部分分式展開求出對應於下列 FT 的時域訊號：

(a) $X(j\omega) = \dfrac{-j\omega}{(j\omega)^2 + 3j\omega + 2}$

(b) $X(j\omega) = \dfrac{5j\omega + 12}{(j\omega)^2 + 5j\omega + 6}$

(c) $X(j\omega) = \dfrac{2(j\omega)^2 + 5j\omega - 9}{(j\omega + 4)(-\omega^2 + 4j\omega + 3)}$

答案：(a) $x(t) = e^{-t}u(t) - 2e^{-2t}u(t)$

(b) $x(t) = 3e^{-3t}u(t) + 2e^{-2t}u(t)$

(c) $x(t) = e^{-4t}u(t) - 2e^{-t}u(t) + 3e^{-3t}u(t)$

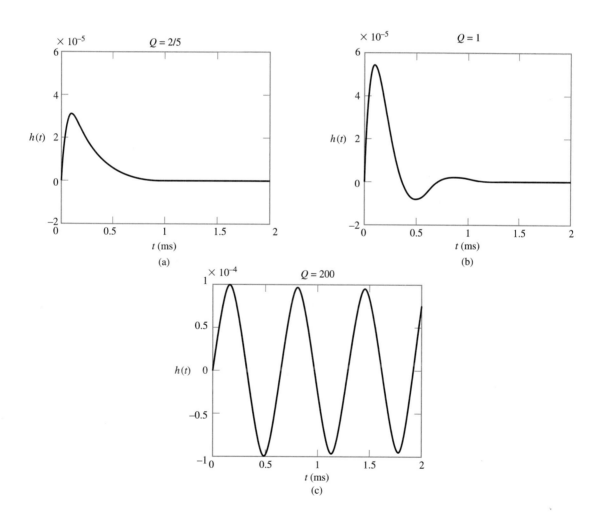

圖 3.64　MEMS 加速規的脈衝響應。(a) $Q = 2/5$。(b) $Q = 1$ (c) $Q = 200$。

➤ **習題 3.37** 試用頻率響應求出圖 3.54 中 RC 電路的輸出 $y_C(t)$，假設 $RC = 1$ 秒及輸入是 $x(t) = 3e^{-2t}u(t)$。

答案： $y(t) = 3e^{-t}u(t) - 3e^{-2t}u(t)$ ◀

■ 3.13.2　離散時間傅立葉轉換的反轉換
(INVERSE DISCRETE-TIME FOURIER TRANSFORM)

假設已知 $X(e^{j\Omega})$ 是 $e^{j\Omega}$ 的多項式之比，即

$$X(e^{j\Omega}) = \frac{\beta_M e^{-j\Omega M} + \cdots + \beta_1 e^{-j\Omega} + \beta_0}{\alpha_N e^{-j\Omega N} + \alpha_{N-1} e^{-j\Omega(N-1)} + \cdots + \alpha_1 e^{-j\Omega} + 1}$$

注意分母多項式中的常數項被正規化為壹。如同在連續時間的情形，利用部分分式展開，我們把 $X(e^{j\Omega})$ 改寫為一些已知逆 DTFT 的項之和。對分母多項式做因式分解，得到

$$\alpha_N e^{-j\Omega N} + \alpha_{N-1} e^{-j\Omega(N-1)} + \cdots + \alpha_1 e^{-j\Omega} + 1 = \prod_{k=1}^{N} (1 - d_k e^{-j\Omega})$$

　　我們在附錄 B 會再介紹使用這種因式分解的部分分式展開。在這個情況下，我們以通用變數 v 替代 e，然後從下述多項式的根求出 d_k

$$v^N + \alpha_1 v^{N-1} + \alpha_2 v^{N-2} + \cdots + \alpha_{N-1} v + \alpha_N = 0$$

假設 $M < N$ 而且所有的 d_k 都相異，我們可以把 $X(e^{j\Omega})$ 寫為

$$X(e^{j\Omega}) = \sum_{k=1}^{N} \frac{C_k}{1 - d_k e^{-j\Omega}}$$

當重根存在時的展開方式會在附錄 B 處理。因為

$$(d_k)^n u[n] \xleftrightarrow{\ DTFT\ } \frac{1}{1 - d_k e^{-j\Omega}}$$

根據線性性質，可以推得

$$x[n] = \sum_{k=1}^{N} C_k (d_k)^n u[n]$$

範例 3.45

利用部分分式展開求逆轉換　試求下述轉換的逆 DTFT

$$X(e^{j\Omega}) = \frac{-\frac{5}{6}e^{-j\Omega} + 5}{1 + \frac{1}{6}e^{-j\Omega} - \frac{1}{6}e^{-j2\Omega}}$$

解答　多項式

$$v^2 + \frac{1}{6}v - \frac{1}{6} = 0$$

的根是 $d_1 = -1/2$ 及 $d_2 = 1/3$。我們希望求出係數 C_1 和 C_2 使得

$$\frac{-\frac{5}{6}e^{-j\Omega} + 5}{1 + \frac{1}{6}e^{-j\Omega} - \frac{1}{6}e^{-j2\Omega}} = \frac{C_1}{1 + \frac{1}{2}e^{-j\Omega}} + \frac{C_2}{1 - \frac{1}{3}e^{-j\Omega}}$$

利用附錄 B 所說的留數法，我們得到

$$C_1 = \left(1 + \frac{1}{2}e^{-j\Omega}\right)\frac{-\frac{5}{6}e^{-j\Omega} + 5}{1 + \frac{1}{6}e^{-j\Omega} - \frac{1}{6}e^{-j2\Omega}}\bigg|_{e^{-j\Omega}=-2}$$

$$= \frac{-\frac{5}{6}e^{-j\Omega} + 5}{1 - \frac{1}{3}e^{-j\Omega}}\bigg|_{e^{-j\Omega}=-2}$$

$$= 4$$

以及

$$C_2 = \left(1 - \frac{1}{3}e^{-j\Omega}\right)\frac{-\frac{5}{6}e^{-j\Omega} + 5}{1 + \frac{1}{6}e^{-j\Omega} - \frac{1}{6}e^{-j2\Omega}}\bigg|_{e^{-j\Omega}=3}$$

$$= \frac{-\frac{5}{6}e^{-j\Omega} + 5}{1 + \frac{1}{2}e^{-j\Omega}}\bigg|_{e^{-j\Omega}=3}$$

$$= 1$$

因此，

$$x[n] = 4(-1/2)^n u[n] + (1/3)^n u[n]$$

▶ **習題 3.38** 若離散時間系統由下列差分方程所描述，試求其頻率響應及脈衝響應：

(a) $y[n-2] + 5y[n-1] + 6y[n] = 8x[n-1] + 18x[n]$

(b) $y[n-2] - 9y[n-1] + 20y[n] = 100x[n] - 23x[n-1]$

答案：(a) $H(e^{j\Omega}) = \frac{8e^{-j\Omega} + 18}{(e^{-j\Omega})^2 + 5e^{-j\Omega} + 6}$

$h[n] = 2(-1/3)^n u[n] + (-1/2)^n u[n]$

(b) $H(e^{j\Omega}) = \dfrac{100 - 23e^{-j\Omega}}{20 - 9e^{-j\Omega} + e^{-j2\Omega}}$ ◀

$h[n] = 2(1/4)^n u[n] + 3(1/5)^n u[n]$

▌3.14　乘法性質 (Multiplication Property)

乘法性質決定了兩個時域訊號乘積的傅立葉表示法。我們首先考慮非週期連續時間訊號的乘積。

如果 $x(t)$ 和 $z(t)$ 是非週期訊號，我們希望把它們的乘積 $y(t) = x(t)z(t)$ 的 FT 透過 $x(t)$ 和 $z(t)$ 的 FT 表示出來。我們先以 $x(t)$ 和 $z(t)$ 各自的 FT，將它們表示如下：

$$x(t) = \frac{1}{2\pi} \int_{-\infty}^{\infty} X(j\nu)e^{j\nu t}\, d\nu$$

以及

$$z(t) = \frac{1}{2\pi} \int_{-\infty}^{\infty} Z(j\eta)e^{j\eta t}\, d\eta$$

乘積項 $y(t)$ 因此可以寫成

$$y(t) = \frac{1}{(2\pi)^2} \int_{-\infty}^{\infty} \int_{-\infty}^{\infty} X(j\nu)Z(j\eta)e^{j(\eta+\nu)t}\, d\eta\, d\nu$$

現在做變數轉換 $\eta = \omega - \nu$，得到

$$y(t) = \frac{1}{2\pi} \int_{-\infty}^{\infty} \left[\frac{1}{2\pi} \int_{-\infty}^{\infty} X(j\nu)Z(j(\omega - \nu))\, d\nu \right] e^{j\omega t}\, d\omega$$

上式中，在內部對 ν 的積分代表 $Z(j\omega)$ 和 $X(j\omega)$ 的摺積，而外部對 ω 的積分是 $y(t)$ 的傅立葉表示法的形式。於是我們認出，只要乘上比例因子 $1/(2\pi)$，這個摺積就是 $Y(j\omega)$；換言之，

$$\boxed{y(t) = x(t)z(t) \xleftarrow{\ \ FT\ \ } Y(j\omega) = \frac{1}{2\pi}X(j\omega) * Z(j\omega)} \tag{3.56}$$

其中

$$X(j\omega) * Z(j\omega) = \int_{-\infty}^{\infty} X(j\nu)Z(j(\omega - \nu))\, d\nu$$

在時域中將兩個訊號相乘，相當於把它們個別的 FT 在頻域中作摺積，並乘上因子 $1/(2\pi)$。

同理，如果 $x[n]$ 和 $z[n]$ 是非週期離散時間訊號，它們的乘積 $y[n] = x[n]z[n]$ 的 DTFT 是它們個別的 DTFT 的摺積再乘上 $1/(2\pi)$，也就是說，

$$y[n] = x[n]z[n] \xleftrightarrow{\quad DTFT \quad} Y(e^{j\Omega}) = \frac{1}{2\pi} X(e^{j\Omega}) \circledast Z(e^{j\Omega}) \qquad (3.57)$$

其中，如同從前，符號 $\circledast$ 代表週期摺積。在這裡，$X(e^{j\Omega})$ 和 $X(j\omega)$ 的週期是 2π，所以我們是在一個 2π 的區間上計算這個摺積：

$$X(e^{j\Omega}) \circledast Z(e^{j\Omega}) = \int_{-\pi}^{\pi} X(e^{j\theta}) Z(e^{j(\Omega-\theta)}) \, d\theta$$

這個乘法性質讓我們可以了解，截斷 (truncate) 一個時域訊號對它的頻域表示法的影響。截斷一個訊號的過程也被稱*視窗法 (windowing)*，因為它相當於透過一個視窗來觀看訊號。訊號中不能透過視窗看到的部分就被截斷，即被假設為零。如果用數學來表示視窗法運算，就是將訊號，比方說是 $x(t)$，乘以一個視窗函數 (window function) $w(t)$，這個函數在我們感興趣的時間範圍以外等於零。把加上視窗後的訊號記為 $y(t)$，我們有 $y(t) = x(t)w(t)$。這個運算的圖示可見於圖 3.65(a)，圖中的視窗函數把 $x(t)$ 在時間區間 $-T_o < t < T_o$ 以外的部分截斷。我們可以透過乘法性質獲得 $y(t)$ 的 FT 與 $x(t)$ 和 $w(t)$ 的 FT 之間的關係：

$$y(t) \xleftrightarrow{\quad FT \quad} Y(j\omega) = \frac{1}{2\pi} X(j\omega) * W(j\omega)$$

如果 $w(t)$ 是圖 3.65(a)中的矩形視窗，則根據範例 3.25，我們有

$$W(j\omega) = \frac{2}{\omega} \sin(\omega T_o)$$

圖 3.65(b)表示矩形時域視窗的視窗法在頻域中的作用。注意這裡的 $X(j\omega)$ 是隨意選定的，它並不是圖 3.65(a)中時域訊號真正的 FT。視窗的一般效果是把 $X(j\omega)$ 中的細節平滑化，而且如圖 3.65(b)所示，在 $X(j\omega)$ 的不連續點附近產生振盪。平滑化是 $W(j\omega)$ 的主瓣的 $2\pi/T_o$ 寬度產生的後果，而不連續點附近的振盪則是來自 $W(j\omega)$ 的旁瓣。下一個範例會說明對於一個理想的離散時間系統而言，將它的脈衝響應加上視窗的效果。

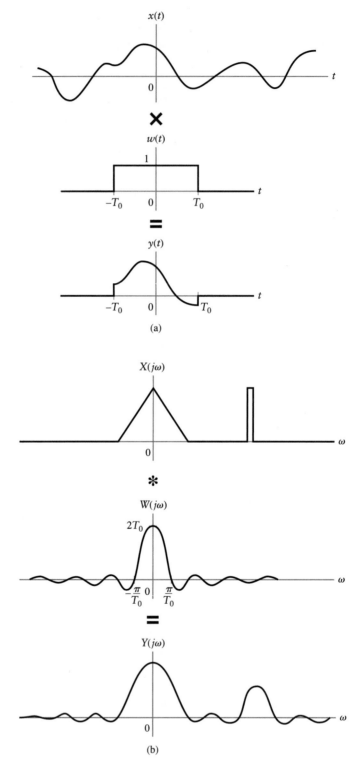

圖 3.65　視窗法的影響。(a)在時域中，使用視窗函數 $w(t)$ 來截斷訊號。(b)將時域中截斷後得到的訊號，與視窗函數的 FT 做摺積運算。

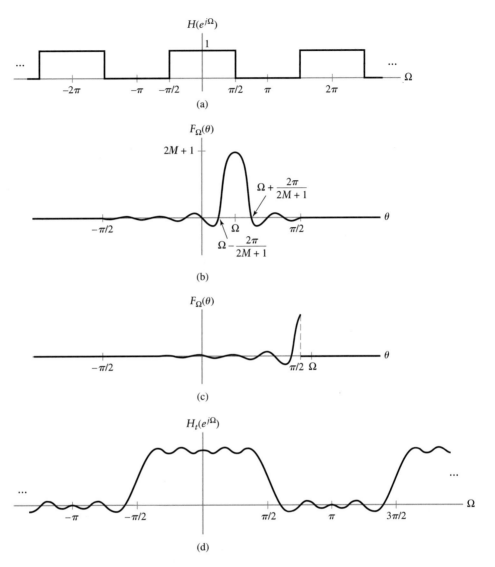

圖 3.66　截斷一個離散時間系統的脈衝響應的影響。(a)理想系統的頻率響應。(b)當Ω接近零時的 $F_\Omega(\theta)$。(c)當Ω稍大於 $\pi/2$ 時的 $F_\Omega(\theta)$。(d)將系統的脈衝響應截斷後的頻率響應。

範例 3.46

截斷脈衝響應　圖 3.66(a)畫出了一個理想的離散系統的頻率響應 $H(e^{j\Omega})$。某個系統的脈衝響應，是將理想系統的脈衝響應在 $-M \le n \le M$ 區間截斷後的結果，試描述它的頻率響應。

解答　理想的脈衝響應是 $H(e^{j\Omega})$ 的逆 DTFT。利用範例 3.19 的結果，我們得出

$$b[n] = \frac{1}{\pi n}\sin\left(\frac{\pi n}{2}\right)$$

這個響應涵蓋無限大的範圍。令 $h_t[n]$ 為截斷的脈衝響應：

$$h_t[n] = \begin{cases} h[n], & |n| \leq M \\ 0, & \text{其他條件} \end{cases}$$

我們可以把 $h_t[n]$ 表示為 $h[n]$ 和視窗函數 $w[n]$ 的乘積，其中

$$w[n] = \begin{cases} 1, & |n| \leq M \\ 0, & \text{其他條件} \end{cases}$$

令 $h_t[n] \xleftrightarrow{\text{DTFT}} H_t(e^{j\Omega})$，並利用(3.57)式的乘法性質，得出

$$H_t(e^{j\Omega}) = \frac{1}{2\pi} \int_{-\pi}^{\pi} H(e^{j\theta}) W(e^{j(\Omega-\theta)}) \, d\theta$$

因為

$$H(e^{j\theta}) = \begin{cases} 1, & |\theta| < \pi/2 \\ 0, & \pi/2 < |\theta| < \pi \end{cases}$$

而且根據範例 3.18 我們得出

$$W(e^{j(\Omega-\theta)}) = \frac{\sin((\Omega-\theta)(2M+1)/2)}{\sin((\Omega-\theta)/2)}$$

結果

$$H_t(e^{j\Omega}) = \frac{1}{2\pi} \int_{-\pi/2}^{\pi/2} F_\Omega(\theta) \, d\theta$$

其中我們定義了

$$F_\Omega(\theta) = H(e^{j\theta}) W(e^{j(\Omega-\theta)}) = \begin{cases} W(e^{j(\Omega-\theta)}), & |\theta| < \pi/2 \\ 0, & |\theta| > \pi/2 \end{cases}$$

圖 3.66(b)畫出了 $F_\Omega(\theta)$。$H_t(e^{j\Omega})$ 是位於 $F_\Omega(\theta)$ 曲線以下，在 $\theta = -\pi/2$ 與 $\theta = \pi/2$ 之間的面積。要想像 $H_t(e^{j\Omega})$ 的行為，可以考慮當Ω從 Ω = 0 開始增加的時候，位於曲線 $F_\Omega(\theta)$ 以下的面積如何變化。當Ω增加，$F_\Omega(\theta)$ 當中的小振盪會通過 $\theta = \pi/2$ 的邊界。當一個正的振盪通過在 $\theta = \pi/2$ 的邊界時，$F_\Omega(\theta)$ 下面的淨面積會減少。當一個負的振盪通過在 $\theta = \pi/2$ 的邊界時，$F_\Omega(\theta)$ 下面的淨面積會增加。在 $\theta = -\pi/2$ 的邊界也會有振盪通過。但因為離開Ω較遠，它們比在右邊的振幅要小，因此產生的影響小很多。這些 $F_\Omega(\theta)$ 中的振盪通過在 $\theta = \pi/2$ 的邊界，造成的影響就是在 $H_t(e^{j\Omega})$ 中也產生振盪。如果Ω增加，這些振盪的振幅也隨著增加。當Ω趨近 $\pi/2$，因為主瓣通過

$\theta = \pi/2$ 的緣故，$F_\Omega(\theta)$ 以下的面積會快速減少。我們在圖 3.66(c)中對於 Ω 稍大於 $\pi/2$ 的情形畫出 $F_\Omega(\theta)$。如果 Ω 繼續增加，主瓣左方的振盪會通過在 $\theta = \pi/2$ 的邊界，造成在 $F_\Omega(\theta)$ 以下的面積更多的振盪。不過，現在的淨面積會以零值為中心振盪，因為 $F_\Omega(\theta)$ 的主瓣已經不再被包括在積分之中。

因此，$H_t(e^{j\Omega})$ 會像圖 3.66(d)中的樣子。可見如果把一個理想的脈衝響應截斷，後果是在頻率響應中產生漣波，並且使得在 $\Omega = \pm\pi/2$ 的過渡範圍變寬。這些效應會隨著 M 增加而減少，因為 M 增加會令 $W(e^{j\Omega})$ 的主瓣變窄，振盪因而衰減得更快。

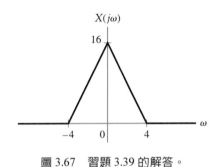

圖 3.67　習題 3.39 的解答。

▶ **習題 3.39**　試用乘法性質求出下述訊號的 FT。

$$x(t) = \frac{4}{\pi^2 t^2} \sin^2(2t)$$

答案：參考圖 3.67　　　　　　　　　　　　　　　　　　　　◀

週期訊號的乘法性質與非週期訊號的類似。因此，週期訊號的相乘相當於它們的傅立葉表示法的摺積。具體而言，在連續時間的情況，我們得出

$$\boxed{y(t) = x(t)z(t) \xleftrightarrow{\;FT;\,2\pi/T\;} Y[k] = X[k] * Z[k]} \tag{3.58}$$

其中

$$X[k] * Z[k] = \sum_{m=-\infty}^{\infty} X[m]Z[k-m]$$

是 FS 係數的非週期摺積。注意只要 $x(t)$ 和 $z(t)$ 有一個共同的週期，這個性質都成立。如果 $x(t)$ 和 $y(t)$ 的基本週期不同，想要求出它們的 FS 係數 $X[k]$ 和 $Y[k]$，我們必須採用這兩個訊號乘積的基本週期，也就是它們個別基本週期的最小公倍數。

範例 3.47

雷達測距：射頻脈波串列的頻譜波形　我們曾經在 1.10 節中介紹用來測量距離的射頻脈波串列，它可以定義為一個方波 $p(t)$ 與一個正弦波 $s(t)$ 的乘積，如圖 3.68 所示。假設 $s(t) = \sin(1000\pi t/T)$，試求 $x(t)$ 的 FS 係數。

解答　因為 $x(t) = p(t)s(t)$，(3.58)式中的乘法性質表示 $X[k] = P[k] * S[k]$。為了可以利用這個結果，$p(t)$ 和 $s(t)$ 的 FS 展開必須採用同一個基頻。$p(t)$ 的基頻是 $\omega_o = 2\pi/T$。因此我們可以寫成 $s(t) = \sin(500\omega_o t)$，也就是說 $s(t)$ 的頻率是 $p(t)$ 的第 500 個諧波的頻率。採用 ω_o 作為 $s(t)$ 的基頻，我們得到下述的 FS 係數

$$S[k] = \begin{cases} 1/(2j), & k = 500 \\ -1/(2j), & k = -500 \\ 0, & \text{其他條件} \end{cases}$$

我們也可以把上述結果寫成 $S[k] = 1/(2j)\delta[k - 500] - 1/(2j)\delta[k + 500]$。$p(t)$ 的 FS 係數可以利用範例 3.13 的結果與時間平移性質取得，結果是

$$P[k] = e^{-jkT_o\omega_o}\frac{\sin(k\omega_o T_o)}{k\pi}$$

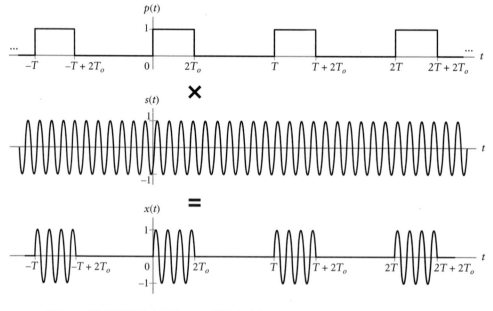

圖 3.68　將射頻脈波表示為一個週期方波與一個正弦波的乘積。

將一個訊號與一個經過平移的脈衝作摺積，結果是把訊號移到脈衝的位置上。我們利用這個結果來計算摺積 $X[k] = P[k] * S[k]$，得到

$$X[k] = \frac{1}{2j}e^{-j(k-500)T_o\omega_o}\frac{\sin((k-500)\omega_o T_o)}{(k-500)\pi} - \frac{1}{2j}e^{-j(k+500)T_o\omega_o}\frac{\sin((k+500)\omega_o T_o)}{(k+500)\pi}$$

圖 3.69 畫出 $0 \le k \le 1000$ 範圍的振幅頻譜。射頻脈波中的功率主要集中在與正弦波 $s(t)$ 相關的諧波上。

離散時間週期訊號的乘法性質是

$$y[n] = x[n]z[n] \xleftrightarrow{DTFS; 2\pi/N} Y[k] = X[k] \circledast Z[k] \tag{3.59}$$

其中

$$X[k] \circledast Z[k] = \sum_{m=0}^{N-1} X[m]Z[k-m]$$

是 DTFS 係數的週期摺積。再者，三個時域訊號都有共同的基本週期 N。

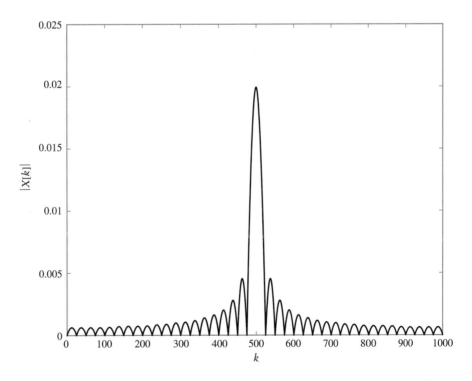

圖 3.69　射頻脈波串列的 FS 振幅頻譜，在 $0 \le k \le 1000$ 的範圍內。由於很難在圖上畫出 1000 個波形，我們將結果畫成連續曲線。

表 3.9　傅立葉表示法的乘法性質

$$x(t)z(t) \xleftrightarrow{\;\;FT\;\;} \frac{1}{2\pi} X(j\omega) * Z(j\omega)$$

$$x(t)z(t) \xleftrightarrow{\;\;FS;\omega_o\;\;} X[k] * Z[k]$$

$$x[n]z[n] \xleftrightarrow{\;\;DTFT\;\;} \frac{1}{2\pi} X(e^{j\Omega}) \circledast Z(e^{j\Omega})$$

$$x[n]z[n] \xleftrightarrow{\;\;DTFS;\Omega_o\;\;} X[k] \circledast Z[k]$$

我們在表 3.9 中摘要列出了全部四種傅立葉表示法的乘法性質。

▶ **習題 3.40**　試求對應於下列傅立葉表示法的時域訊號：

(a)　$X(e^{j\Omega}) = \left(\dfrac{e^{-j3\Omega}}{1 + \frac{1}{2}e^{-j\Omega}} \right) \circledast \left(\dfrac{\sin(21\Omega/2)}{\sin(\Omega/2)} \right)$

(b)　$X(j\omega) = \dfrac{2\sin(\omega - 2)}{\omega - 2} * \dfrac{e^{-j2\omega}\sin(2\omega)}{\omega}$

答案：(a)　$x[n] = 2\pi(-1/2)^{n-3}(u[n-3] - u[n-11])$

(b)　$x(t) = \pi e^{j2t}(u(t) - u(t-1))$　◀

3.15　比例變換性質 (Scaling Properties)

考慮變換時間變數的比例對訊號的頻域表示法的影響。我們從 FT 開始，令 $z(t) = x(at)$，其中 a 是個常數。根據定義，我們得出

$$Z(j\omega) = \int_{-\infty}^{\infty} z(t)e^{-j\omega t}\,dt$$

$$= \int_{-\infty}^{\infty} x(at)e^{-j\omega t}\,dt$$

我們進行變數變換 $\tau = at$，得到

$$Z(j\omega) = \begin{cases} (1/a)\int_{-\infty}^{\infty} x(\tau)e^{-j(\omega/a)\tau}\,d\tau, & a > 0 \\[2mm] (1/a)\int_{\infty}^{-\infty} x(\tau)e^{-j(\omega/a)\tau}\,d\tau, & a < 0 \end{cases}$$

上述兩個積分可以合併成一個積分式

$$Z(j\omega) = (1/|a|)\int_{-\infty}^{\infty} x(\tau)e^{-j(\omega/a)\tau}\,d\tau$$

從而得出下述結論

$$z(t) = x(at) \xleftrightarrow{\ FT\ } (1/|a|)X(j\omega/a) \tag{3.60}$$

因此，時間的比例變換會造成在頻域中的逆比例變換，以及振幅的改變，如圖 3.70 所示。

　　要體會這個效應，我們可以把一段錄音以不同於錄製當時的速度播放。如果用比原來高的速度播放，相當於 $a > 1$ 的情形，也就是將訊號壓縮。頻域中的逆比例變換把傅立葉表示法的頻帶放寬，這就解釋了為什麼聲音的音調聽起來會變高。反過來，用比原來低的速度播放相當於把時間訊號擴張，因為 $a < 1$。頻域中的逆比例變換把傅立葉表示法壓縮，所以聽起來聲音的音調會降低。

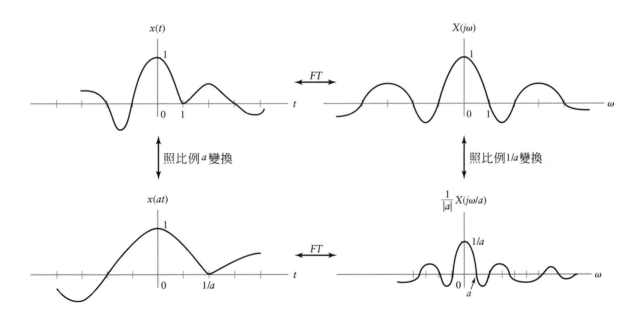

圖 3.70　FT 的比例變換性質。本圖假設 $0 < a < 1$。

範例 3.48

對矩形脈波作比例變換　　令矩形脈波為

$$x(t) = \begin{cases} 1, & |t| < 1 \\ 0, & |t| > 1 \end{cases}$$

試利用 $x(t)$ 的 FT 及比例變換性質，求出下述經過比例變換後的矩形脈波的 FT

$$y(t) = \begin{cases} 1, & |t| < 2 \\ 0, & |t| > 2 \end{cases}$$

解答 將 $T_o = 1$ 代入範例 3.25 的結果，得出

$$X(j\omega) = \frac{2}{\omega}\sin(\omega)$$

注意 $y(t) = x(t/2)$。因此，應用(3.60)式中的比例變換性質，其中取 $a = 1/2$，得到

$$\begin{aligned} Y(j\omega) &= 2X(j2\omega) \\ &= 2\left(\frac{2}{2\omega}\right)\sin(2\omega) \\ &= \frac{2}{\omega}\sin(2\omega) \end{aligned}$$

另外，在範例 3.25 的結果中代入 $T_o = 2$ 也可以獲得同樣的答案。圖 3.71 顯示出這個例子當中時間與頻率之間的比例變換。

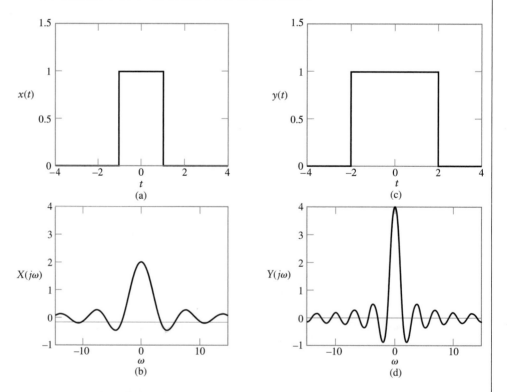

圖 3.71　FT 的比例變換性質在範例 3.48 中的應用。(a)原來的時間訊號。(b)原來的 FT。
(c)比例變換後的時間訊號 $y(t) = x(t/2)$。(d)比例變換後的 FT，$Y(j\omega) = 2X(j2\omega)$。

範例 3.49

利用乘法性質求出逆 FT　　試求 $x(t)$，如果

$$X(j\omega) = j\frac{d}{d\omega}\left\{\frac{e^{j2\omega}}{1 + j(\omega/3)}\right\}$$

解答　我們可以指出三個不同的性質可能會對求出 $x(t)$ 有幫助：對頻率微分、時間平移、和比例變換。利用這些性質時，必須根據它們在 $X(j\omega)$ 中在數學上運算的先後順序才會得到正確答案。利用轉換對

$$s(t) = e^{-t}u(t) \xleftrightarrow{\ \ FT\ \ } S(j\omega) = \frac{1}{1 + j\omega}$$

我們把 $X(j\omega)$ 表示為

$$X(j\omega) = j\frac{d}{d\omega}\{e^{j2\omega}S(j\omega/3)\}$$

按照位於最內部的性質優先的原則，我們先做比例變換、然後時間平移，最後微分。如果定義 $Y(j\omega) = S(j\omega/3)$，則利用(3.60)式中的比例變換性質會獲得

$$\begin{aligned}
y(t) &= 3s(3t)\\
&= 3e^{-3t}u(3t)\\
&= 3e^{-3t}u(t)
\end{aligned}$$

這時候我們定義 $W(j\omega) = e^{j2\omega}Y(j\omega)$，然後使用表 3.7 中的時間平移性質，得出

$$\begin{aligned}
w(t) &= y(t + 2)\\
&= 3e^{-3(t+2)}u(t + 2)
\end{aligned}$$

最後，因為 $X(j\omega) = j\dfrac{d}{d\omega}W(j\omega)$，從表 3.6 中的微分性質可以得到

$$\begin{aligned}
x(t) &= tw(t)\\
&= 3te^{-3(t+2)}u(t + 2)
\end{aligned}$$

如果 $x(t)$ 是週期訊號，則 $z(t) = x(at)$ 也是週期的，於是 FS 是適當的傅立葉表示法。為了方便起見，我們假設 a 是正數。在這種情況下，比例變換會改變訊號的基本週期：如果 $x(t)$ 的基本週期是 T，則 $z(t)$ 的基本週期是 T/a。因此，如果 $x(t)$ 的基頻是 ω_o，則 $z(t)$ 的基頻是 $a\omega_o$。根據(3.20)式，$z(t)$ 的 FS 係數是

$$Z[k] = \frac{a}{T}\int_0^{T/a} z(t)e^{-jka\omega_o t}\,dt$$

用 $x(at)$ 取代 $z(t)$，然後如同在 FT 的情形一樣進行變數轉換，我們得出

$$z(t) = x(at) \xleftrightarrow{\ FS;a\omega_o\ } Z[k] = X[k], \qquad a > 0 \tag{3.61}$$

換言之，$x(t)$ 和 $x(at)$ 的 FS 係數是完全一樣的；比例變換的運算只是把諧波間的頻率間距從 ω_o 改變為 $a\omega_o$。

▶ **習題 3.41** 某訊號的 FT 為 $x(t) \xleftrightarrow{\ FT\ } X(j\omega) = e^{-j\omega}|\omega|e^{-2|\omega|}$。假設不求出 $x(t)$，試利用比例變換性質找出 $y(t) = x(-2t)$ 的 FT 表示法。

答案：$Y(j\omega) = (1/2)e^{j\omega/2}|\omega/2|e^{-|\omega|}$ ◀

▶ **習題 3.42** 某週期訊號的 FS 為 $x(t) \xleftrightarrow{\ FS;\pi\ } X[k] = e^{-jk\pi/2}|k|e^{-2|k|}$。假設不求出 $x(t)$，試利用比例變換性質找出 $y(t) = x(3t)$ 的 FS 表示法。

答案：$\quad y(t) \xleftrightarrow{\ FS;\pi/3\ } Y[k] = e^{-jk\pi/2}|k|e^{-2|k|}$ ◀

比例變換運算在離散時間中的性質和在連續時間中稍為不同。首先，$z[n] = x[pn]$ 只在 p 是整數時才可以定義。第二，如果 $|p| > 1$，比例變換運算會捨棄資訊，因為它只保留每第 p 個的 $x[n]$ 的值。由於資訊的流失，我們無法像從前推導出的連續時間結果時那樣，把 $z[n]$ 的 DTFT 或 DTFS 表達為 $x[n]$ 的 DTFT 或 DTFS。我們在習題 3.80 中會再進一步處理離散時間訊號的比例變換的問題。

3.16 巴賽瓦關係 (Parseval Relationships)

巴賽瓦 (Parseval) 關係指出，訊號的時域表示法所包含的能量或功率，等同於它的頻域表示法所包含的能量或功率。因此，在傅立葉表示法當中能量與功率是守恆的。我們針對 FT 的情形推導出這個結果，但是對於其他三種情形就只列出結果。

一個連續時間非週期訊號的能量是

$$W_x = \int_{-\infty}^{\infty} |x(t)|^2 \, dt$$

一般而言我們假設其中的 $x(t)$ 可以是複數值。注意 $|x(t)|^2 = x(t)x^*(t)$。對方程式(3.35)的兩邊分別取共軛，我們可以把 $x^*(t)$ 以它的 FT，$X(j\omega)$ 表示為

$$x^*(t) = \frac{1}{2\pi} \int_{-\infty}^{\infty} X^*(j\omega) e^{-j\omega t} \, d\omega$$

將這個公式代入 W_x 的表示式之中，我們得到

$$W_x = \int_{-\infty}^{\infty} x(t) \left[\frac{1}{2\pi} \int_{-\infty}^{\infty} X^*(j\omega) e^{-j\omega t} \, d\omega \right] dt$$

然後交換積分的順序：

$$W_x = \frac{1}{2\pi} \int_{-\infty}^{\infty} X^*(j\omega) \left\{ \int_{-\infty}^{\infty} x(t) e^{-j\omega t} \, dt \right\} d\omega$$

留意到大括號中的積分是 $x(t)$ 的 FT，我們得到

$$W_x = \frac{1}{2\pi} \int_{-\infty}^{\infty} X^*(j\omega) X(j\omega) \, d\omega$$

於是得到結論是

$$\int_{-\infty}^{\infty} |x(t)|^2 \, dt = \frac{1}{2\pi} \int_{-\infty}^{\infty} |X(j\omega)|^2 \, d\omega \tag{3.62}$$

可見訊號的時域表示法的能量，等於經過 2π 正規化之後的頻域表示法的能量。量值 $|X(j\omega)|^2$ 對 ω 作圖稱爲訊號的 *能量頻譜* (energy spectrum)。

　　對於其他三種傅立葉表示法也有類似的結果，我們把這些結果摘要列在表 3.10。時域表示法的能量或功率等於頻域表示法的能量或功率。對於非週期時域訊號，我們使用能量的觀念，而功率的觀念則適用於週期時域訊號。我們可以回想一下，功率的定義是振幅的平方在一個週期上的和或積分，然後以週期的長度來正規化。訊號的功譜或能譜被定義爲振幅頻譜的平方。上述這些關係指出訊號的功率或能量是以頻率的函數進行分佈。

表 3.10　四類傅立葉表示法的巴賽瓦關係

表示法	巴賽瓦關係
FT	$\int_{-\infty}^{\infty} |x(t)|^2 \, dt = \frac{1}{2\pi} \int_{-\infty}^{\infty} |X(j\omega)|^2 \, d\omega$
FS	$\frac{1}{T} \int_{0}^{T} |x(t)|^2 \, dt = \sum_{k=-\infty}^{\infty} |X[k]|^2$
DTFT	$\sum_{n=-\infty}^{\infty} |x[n]|^2 = \frac{1}{2\pi} \int_{-\pi}^{\pi} |X(e^{j\Omega})|^2 \, d\Omega$
DTFS	$\frac{1}{N} \sum_{n=0}^{N-1} |x[n]|^2 = \sum_{k=0}^{N-1} |X[k]|^2$

範例 3.50

計算訊號中的能量　令

$$x[n] = \frac{\sin(Wn)}{\pi n}$$

試利用巴賽瓦定理來計算

$$\chi = \sum_{n=-\infty}^{\infty} |x[n]|^2$$
$$= \sum_{n=-\infty}^{\infty} \frac{\sin^2(Wn)}{\pi^2 n^2}$$

解答　利用表 3.10 中的巴賽瓦關係，我們有

$$\chi = \frac{1}{2\pi} \int_{-\pi}^{\pi} |X(e^{j\Omega})|^2 \, d\Omega$$

由於

$$x[n] \xleftrightarrow{\ DTFT\ } X(e^{j\Omega}) = \begin{cases} 1, & |\Omega| \le W \\ 0, & W < |\Omega| \le \pi \end{cases}$$

因此

$$\chi = \frac{1}{2\pi} \int_{-W}^{W} 1 \, d\Omega,$$
$$= W/\pi$$

請注意直接用時域訊號 $x[n]$ 來計算 χ 是非常困難的事情。

➤ **習題 3.43**　試利用巴賽瓦定理來計算下列的量值：

(a) $\chi_1 = \displaystyle\int_{-\infty}^{\infty} \frac{2}{|j\omega + 2|^2} \, d\omega$

(b) $\chi_2 = \displaystyle\sum_{k=0}^{29} \frac{\sin^2(11\pi k/30)}{\sin^2(\pi k/30)}$

答案　(a) $\chi_1 = \pi$

　　　(b) $\chi_2 = 330$　　◀

3.17 時間頻寬乘積 (Time-Bandwidth Product)

稍早的時候，我們曾經注意到訊號的時間範圍和頻率範圍成反比的關係。從範例 3.25，我們還可以記得

$$x(t) = \begin{cases} 1, & |t| \le T_o \\ 0, & |t| > T_o \end{cases} \xleftrightarrow{\ FT\ } X(j\omega) = 2\sin(\omega T_o)/\omega$$

如圖 3.72 所示，訊號 $x(t)$ 定義在寬度為 $2T_o$ 的時間區間上。$x(t)$ 的 FT，也就是 $X(j\omega)$，它的頻率範圍實際上是無限大的，但它大部分的能量集中在與 sinc 函數的主瓣相關連的區間，即 $|\omega| < \pi/T_o$ 之中。當 T_o 變小，訊號的時間範圍變小，但頻率範圍卻增大。事實上，時間範圍 T_o 與主瓣寬度 $2\pi/T_o$ 的乘積是個常數。

從比例變換性質可以看出，時間範圍與頻率範圍的反比關係是一般性質。在時間中把訊號壓縮導致訊號在頻域中擴張，反之亦然。如果要把這個反比關係正式寫下來，我們可以用訊號的時間－頻寬乘積的觀念。

一個訊號的 *頻寬 (bandwidth)* 是它的頻率內容中，含有重要部分的頻率範圍。定義頻寬並不容易，特別是對於頻率範圍無限的訊號，因為"重要的"一詞並沒有精確的數學意義。儘管有這個困難，我們還是有好幾個常用的"頻寬"定義。其中一個定義適合用於某些實數值的訊號，它們的頻域表示法的特徵是：具有一個由零點所界定的主瓣。如果訊號是低通的 (即主瓣的中心位於原點)，則頻寬被定義為對應於第一個零點的頻率，也就是主瓣寬度的一半。根據這個定義，圖 3.72 中訊號的寬度是 π/T_o。如果訊號是帶通的，意指主瓣的中心是在 ω_c，則頻寬等於零點之間的距離，也就是等於主瓣的寬度。另一個常用的頻寬的定義是根據在振幅頻譜中，當振幅大小等於振幅峰值的 $1/\sqrt{2}$ 倍時所對應的頻率。在這個頻率，能譜的值是它的峰值的一半。注意如果要準確地定義訊號的時間範圍或期間 (duration)，其實也會遇到類似的困難。

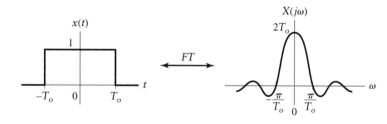

圖 3.72 利用矩形脈波，用來說明訊號的時間範圍與頻率範圍之間的反比關係。

上述的頻寬與期間的定義都不是很適合用來作分析性的計算。為了可以透過分析的方式來描述任意訊號的期間與頻寬的反比關係，我們引進有效期間及頻寬的均方根測度 (root-mean-square measure) 的定義。我們正式地把訊號 $x(t)$ 的有效期間定義如下

$$T_d = \left[\frac{\int_{-\infty}^{\infty} t^2 |x(t)|^2 \, dt}{\int_{-\infty}^{\infty} |x(t)|^2 \, dt} \right]^{1/2} \tag{3.63}$$

而頻寬的定義是

$$B_w = \left[\frac{\int_{-\infty}^{\infty} \omega^2 |X(j\omega)|^2 \, d\omega}{\int_{-\infty}^{\infty} |X(j\omega)|^2 \, d\omega} \right]^{1/2} \tag{3.64}$$

這些定義假設 $x(t)$ 的中心是在原點而且是低通訊號。我們可以把 T_d 理解成可以從 (3.63)式中看出來的一個有效期間。分子的積分是訊號以原點為中心的二次矩 (second moment)。當中的積分元函數是在每一個瞬間，$x(t)$ 值的平方乘上一個權重，這個權重等於從 $t = 0$ 到 $x(t)$ 之距離的平方。因此，如果 t 和 $x(t)$ 的值都大的時候，相較於 t 小但 $x(t)$ 大的時候，前述情況所求得的期間會比較大。我們把這個積分用 $x(t)$ 的總能量來加以正規化。B_w 也可以用類似的方式來理解。注意雖然這些均方根定義使得分析比較可行，要從已知的訊號和振幅頻譜中測量出它們倒不是那麼容易。

可以證明任何訊號的時間－頻寬的乘積都有一個由下述關係式所表示的下限

$$T_d B_w \geq 1/2 \tag{3.65}$$

這個下限表明我們不能把訊號的期間與頻寬同時變小。高斯脈波是唯一使得這個關係式中的等號成立的訊號。由於它在現代物理學中的應用，(3.65)式也被稱為 *測不準原理 (uncertainty principle)*，這是指我們不能同時精確地決定一個電子的位置和動量。這個結果可以被推廣到其他不同的頻寬與期間的定義：頻寬與期間的乘積永遠有一個常數的下限，但這個常數的值與頻寬以及期間的定義有關。

範例 3.51

求矩形脈波頻寬的下限　令

$$x(t) = \begin{cases} 1, & |t| \leq T_o \\ 0, & |t| > T_o \end{cases}$$

試利用測不準原理求出 $x(t)$ 的有效頻寬的下限。

解答 首先用(3.63)式去計算 $x(t)$ 的 T_d：

$$T_d = \left[\frac{\int_{-T_o}^{T_o} t^2 \, dt}{\int_{-T_o}^{T_o} dt} \right]^{1/2}$$

$$= \left[\left(1/(2T_o) \right)(1/3)t^3 \big|_{-T_o}^{T_o} \right]^{1/2}$$

$$= T_o/\sqrt{3}$$

(3.65)式中的測不準原理指出 $B_w \geq 1/(2T_d)$，因此有下述結論

$$B_w \geq \sqrt{3}/(2T_o)$$

對於其他的傅立葉表示法也可以推導出類似(3.65)式的時間─頻寬乘積的下界。

3.18 對偶性 (Duality)

在這一章從頭到尾，我們一直注意到訊號的時域表示法和頻域表示法之間，有一個一貫的對稱性。例如，如圖 3.73 所示，不論是時間或頻率中的矩形脈波，它們在頻率或時間中的對應都是 sinc 函數。時間中的脈衝會轉換成頻率中的常數，而時間中的常數則會轉換成頻率中的脈衝。我們在傅立葉表示法的性質中也觀察到對稱性：在一個領域中的摺積對應於在另一個領域中的調變，在一個領域中的微分對應於另一個領域中乘以自變數，以此類推。這些對稱性都是時域和頻域表示法定義中的對稱性的後果。只要我們小心，我們可以把時間和頻率互換。這個可互換性質被稱為*對偶性 (duality)*。

3.18.1 FT 的對偶性質 (THE DUALITY PROPERTY OF THE FT)

我們從 FT 開始，並請回憶(3.35)以及(3.36)式，分別如下：

$$x(t) = \frac{1}{2\pi} \int_{-\infty}^{\infty} X(j\omega)e^{j\omega t} \, d\omega$$

以及

$$X(j\omega) = \int_{-\infty}^{\infty} x(t)e^{-j\omega t} \, dt$$

$x(t)$ 和 $X(j\omega)$ 的表示式只差因子 2π 和複數弦波中的正負號。兩者都可以用下述的一般方程式來表示

$$y(\nu) = \frac{1}{2\pi} \int_{-\infty}^{\infty} z(\eta)e^{j\nu\eta} \, d\nu \tag{3.66}$$

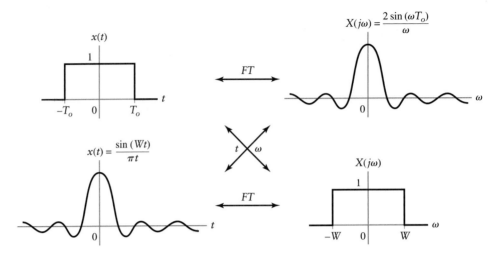

圖 3.73　矩形脈波和 sinc 函數的對偶性。

如果我們取 $v = t$ 及 $\eta = \omega$，則(3.66)式表示

$$y(t) = \frac{1}{2\pi} \int_{-\infty}^{\infty} z(\omega) e^{j\omega t} \, d\omega$$

因此我們有下述結論

$$y(t) \xleftrightarrow{\;FT\;} z(\omega) \tag{3.67}$$

反過來，如果我們設定 $v = -\omega$ 和 $\eta = t$，將時間與頻率的角色互換，則根據(3.66)式

$$y(-\omega) = \frac{1}{2\pi} \int_{-\infty}^{\infty} z(t) e^{-j\omega t} \, dt$$

因此我們有

$$z(t) \xleftrightarrow{\;FT\;} 2\pi y(-\omega) \tag{3.68}$$

　　(3.67)和(3.68)式中的關係式表示時間與頻率的角色之間有某種對稱性。更明確一點，如果已知 FT 對

$$f(t) \xleftrightarrow{\;FT\;} F(j\omega) \tag{3.69}$$

則我們可以把時間與頻率的角色互換來獲得一個新的 FT 對

$$\boxed{F(jt) \xleftrightarrow{\;FT\;} 2\pi f(-\omega)} \tag{3.70}$$

符號 $F(jt)$ 表示在計算(3.69)式中的 $F(j\omega)$ 時我們把頻率 ω 換成時間 t，而 $f(-\omega)$ 表示在計算 $f(t)$ 的時候我們把時間 t 用經過反射的頻率 $-\omega$ 來替代。(3.69)和(3.70)式所描述的對偶性的圖示可見於圖 3.74。

範例 3.52

對偶性的應用　試求下述訊號的 FT

$$x(t) = \frac{1}{1 + jt}$$

解答　首先，我們已知

$$f(t) = e^{-t}u(t) \xleftrightarrow{\ FT\ } F(j\omega) = \frac{1}{1 + j\omega}$$

將 ω 用 t 替代，我們得到

$$F(jt) = \frac{1}{1 + jt}$$

於是我們將 $x(t)$ 表示為 $F(jt)$。(3.69)和(3.70)式顯示的對偶性指出

$$F(jt) \xleftrightarrow{\ FT\ } 2\pi f(-\omega)$$

這表示

$$X(j\omega) = 2\pi f(-\omega)$$
$$= 2\pi e^{\omega}u(-\omega)$$

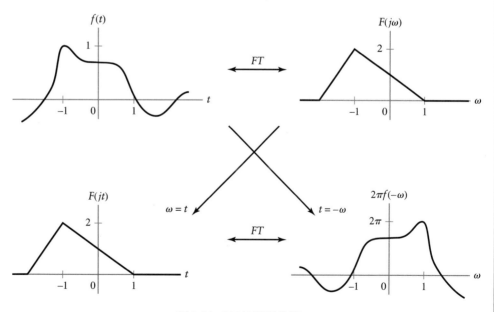

圖 3.74　FT 的對偶性質。

➤ **習題 3.44** 試利用對偶性計算 $X(j\omega) = u(\omega)$ 的逆 FT，其中 $X(j\omega)$ 是頻率的步階函數。

答案： $x(t) = \dfrac{-1}{2\pi jt} + \dfrac{\delta(-t)}{2}$ ◀

➤ **習題 3.45** 試利用對偶性計算下述訊號的 FT

$$x(t) = \frac{1}{1 + t^2}$$

答案： $X(j\omega) = \pi e^{-|\omega|}$ ◀

■ 3.18.2 DTFS 的對偶性質 (THE DUALITY PROPERTY OF THE DTFS)

FT 會將訊號保持在同一個類別之中，它將連續時間非週期函數映射到連續頻率非週期函數。DTFS 同樣也把訊號保持在同一個類別之中，因為離散週期函數會被映射到離散週期函數。DTFS 擁有與 FT 類似的對偶性質。試回想

$$x[n] = \sum_{k=0}^{N-1} X[k]e^{jk\Omega_o n}$$

以及

$$X[k] = \frac{1}{N}\sum_{n=0}^{N-1} x[n]e^{-jk\Omega_o n}$$

在這裡，正向轉換與逆轉換的差別是因子 N 及複數弦波頻率正負號的改變。DTFS 的對偶性質可以表述如下：如果

$$x[n] \xleftrightarrow{\ DTFS; 2\pi/N\ } X[k] \tag{3.71}$$

則

$$X[n] \xleftrightarrow{\ DTFS; 2\pi/N\ } \frac{1}{N}x[-k] \tag{3.72}$$

其中 n 是時間指標而 k 是頻率指標。符號 $X[n]$ 表示對於(3.71)式中的 $X[k]$，我們把它當作時間指標 n 的函數來計算，而符號 $x[-k]$ 表示(3.71)式中的 $x[n]$ 是作為頻率指標 $-k$ 的函數來計算。

■ 3.18.3 DTFT 和 FS 的對偶性質
(THE DUALITY PROPERTY OF THE DTFT AND FS)

DTFT 和 FS 不會把訊號保持在同一個類別之中，我們馬上要證明，在這個情形下它們兩者之間是對偶關係。我們還記得，FS 把連續週期函數映射到離散非週期函數，而 DTFT 則把離散非週期函數映射到連續週期函數。試比較連續週期時間訊號 $z(t)$ 的 FS 展開，如下

$$z(t) = \sum_{k=-\infty}^{\infty} Z[k]e^{jk\omega_o t}$$

下面的公式則是非週期離散時間訊號 $x[n]$ 的 DTFT

$$X(e^{j\Omega}) = \sum_{n=-\infty}^{\infty} x[n]e^{-j\Omega n}$$

為了確認出 $z(t)$ 和 $X(e^{j\Omega})$ 之間的對偶關係，我們要求 $z(t)$ 擁有與 $X(e^{j\Omega})$ 相同的週期，即要求 $T = 2\pi$。因為假設 $\omega_o = 1$，於是我們看到 DTFT 中的 Ω 對應於 FS 中的 t，而 DTFT 中的 n 對應於 FS 中的 $-k$。同理，FS 係數的表示式 $Z[k]$ 也與 $x[n]$ 的 DTFT 表示法雷同，這可見於下述公式

$$Z[k] = \frac{1}{2\pi} \int_{-\pi}^{\pi} z(t)e^{-jkt}\, dt$$

以及

$$x[n] = \frac{1}{2\pi} \int_{-\pi}^{\pi} X(e^{j\Omega})e^{jn\Omega}\, d\Omega$$

在 DTFT 中，Ω 和 n 的角色再次與 FS 中 t 和 $-k$ 的角色相對應。現在我們可以指出 FS 與 DTFT 之間的對偶性質：如果

$$x[n] \xleftrightarrow{\quad DTFT \quad} X(e^{j\Omega}) \tag{3.73}$$

則

$$X(e^{jt}) \xleftrightarrow{\quad FS;\,1 \quad} x[-k] \tag{3.74}$$

符號 $X(e^{jt})$ 表示計算 $X(e^{j\Omega})$ 時，它是作為時間指標 t 的函數來計算，而符號 $x[-k]$ 表示 $x[n]$ 是作為頻率指標 $-k$ 的函數來計算。

我們在表 3.11 摘要列出了各種傅立葉表示法的對偶性質。

表 3.11   各種傅立葉表示法的對偶性質

FT	$f(t) \xleftrightarrow{\text{FT}} F(j\omega)$	$F(jt) \xleftrightarrow{\text{FT}} 2\pi f(-\omega)$
DTFS	$x[n] \xleftrightarrow{\text{DTFS};2\pi/N} X[k]$	$X[n] \xleftrightarrow{\text{DTFS};2\pi/N} (1/N)x[-k]$
FS–DTFT	$x[n] \xleftrightarrow{\text{DTFT}} X(e^{j\Omega})$	$X(e^{jt}) \xleftrightarrow{\text{FS};1} x[-k]$

範例 3.53

FS-DTFT 對偶性   利用對偶性質和範例 3.39 的結果，試求圖 3.75(a)中的三角頻譜波形 $X(e^{j\Omega})$ 的逆 DTFT。

解答   定 義 時 間 的 函 數 $z(t) = X(e^{jt})$。(3.74)式 的 對 偶 性 質 意 味 著 如 果 $z(t) \xleftrightarrow{\text{FS};1} Z[k]$，則 $x[n] = Z[-n]$。所以，我們希望求出與 $z(t)$ 相關的 FS 係數 $Z[k]$。現在 $z(t)$ 是我們在範例 3.39 中考慮過的三角波形 $y(t)$ 經過時間平移的函數，假設 $T = 2\pi$。更明確地說，$z(t) = y(t + \pi/2)$。利用時間平移性質，我們有

$$Z[k] = e^{jk\pi/2}Y[k]$$

$$= \begin{cases} \pi, & k = 0 \\ \dfrac{4j^{k-1}\sin(k\pi/2)}{\pi k^2}, & k \neq 0 \end{cases}$$

因此，利用 $x[n] = Z[-n]$，我們得到

$$x[n] = \begin{cases} \pi, & n = 0 \\ \dfrac{-4(-j)^{n+1}\sin(n\pi/2)}{\pi n^2}, & n \neq 0 \end{cases}$$

圖 3.75(b)畫出了 $x[n]$。

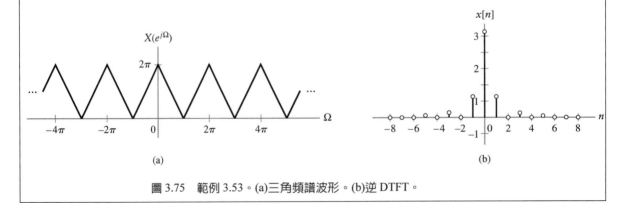

圖 3.75   範例 3.53。(a)三角頻譜波形。(b)逆 DTFT。

3.19 利用 **MATLAB** 探索觀念 (Exploring Concepts with MATLAB)

3.19.1 從 LTI 系統的脈衝響應求出其頻率響應 (FREQUENCY RESPONSE OF LTI SYSTEMS FROM IMPULSE RESPONSE)

一個系統的頻率響應是頻率的連續函數。但在數值處理上，我們只能在離散的頻率上計算出頻率響應。因此，為了能夠掌握系統的頻率響應的細節，我們通常要取很大量的值。請回想連續時間系統的脈衝與頻率響應透過FT相關連，而離散時間系統的脈衝與頻率響應是透過 DTFT 相關連。因此，要直接從已知的脈衝響應去決定頻率響應，我們需要用 DTFS 來求 DTFT 或 FT 的近似。這個議題我們將會在 4.8 和 4.9 節分別討論。

對於離散時間 LTI 系統，我們可以透過測量一個無限期間的複數弦波輸入訊號 $x[n] = e^{j\Omega n}$ 的振幅與相位的改變，來確定它的頻率響應。對於有限期間脈衝響應的離散時間 LTI 系統，我們可以用一個足夠長的有限期間輸入弦波，能將系統驅動到一個穩定狀態，然後藉此決定此系統的頻率響應。為了說明這個想法，假設當 $n < k_h$ 和 $n > l_h$ 時，$h[n] = 0$，而且令系統的輸入是有限期間的弦波 $v[n] = e^{j\Omega n}(u[n] - u[n - l_v])$。於是我們可以把系統的輸出寫為

$$y[n] = h[n] * v[n]$$

$$= \sum_{k=k_h}^{l_h} h[k]e^{j\Omega(n-k)}, \quad l_h \le n < k_h + l_v$$

$$= h[n] * e^{j\Omega n}, \quad l_h \le n < k_h + l_v$$

$$= H(e^{j\Omega})e^{j\Omega n}, \quad l_h \le n < k_h + l_v$$

因此，系統對一個有限期間弦波輸入所產生的輸出，是相當於它對一個無限期間的弦波輸入在區間 $l_h \le n < k_h + l_v$ 的輸出。透過下列公式，系統的振幅響應與相位響應可以從 $y[n]$ 求出，其中 $l_h \le n < k_h + l_v$，

$$y[n] = \left| H(e^{j\Omega}) \right| e^{j(\Omega n + \arg\{H(e^{j\Omega})\})}, \qquad l_h \le n < k_h + l_v$$

我們分別取 $y[n]$ 的振幅與相位，得到

$$\left| y[n] \right| = \left| H(e^{j\Omega}) \right|, \qquad l_h \le n < k_h + l_v$$

以及

$$\arg\{y[n]\} - \Omega n = \arg\{H(e^{j\Omega})\}, \qquad l_h \le n < k_h + l_v$$

我們可以用這個方法去算出範例 3.22 的其中一個系統的頻率響應。考慮具有下述脈衝響應的系統

$$h_2[n] = \frac{1}{2}\delta[n] - \frac{1}{2}\delta[n-1]$$

讓我們求出頻率響應，以及當輸入頻率是 $\Omega = \dfrac{\pi}{4}$ 和 $\dfrac{3\pi}{4}$ 時，系統的穩定態輸出的 50 個值。

在這裡 $k_b = 0$ 和 $l_b = 1$，因此，如果要得到弦波穩定態響應的 50 個值，我們要求 $l_v \geq 51$。輸出訊號可以透過下述的 MATLAB 指令求出：

```
>> Omega1 = pi/4;  Omega2 = 3*pi/4;
>> v1 = exp(j*Omega1*[0:50]);
>> v2 = exp(j*Omega2*[0:50]);
>> h = [0.5, -0.5];
>> y1 = conv(v1, h);   y2 = conv(v2, h);
```

圖 3.76(a)和(b)分別畫出 y1 的實數與虛數部分，它們可以經由下述的指令得到：

```
>> subplot(2, 1, 1)
>> stem([0:51], real(y1))
>> xlabel('Time'); ylabel('Amplitude');
>> title('Real(y1)')
>> subplot(2, 1, 2)
>> stem([0:51], imag(y1))
>> xlabel('Time'); ylabel('Amplitude');
   title('Imag(y1)')
```

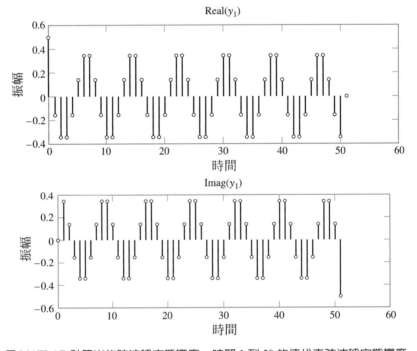

圖 3.76　用 MATLAB 計算出的弦波穩定態響應。時間 1 到 50 的值代表弦波穩定態響應。

代表穩定態輸出的是對應於時間指標 1 到 50 的值。

我們現在可以從向量 y1 和 y2 的任何一個元素 (除了頭尾以外)，得出振幅與相位響應。我們使用第五個元素，以及下述的 MATLAB 指令：

```
>> H1mag = abs(y1(5))
H1mag =
    0.3287
>> H2mag = abs(y2(5))
H2mag =
    0.9239
>> H1phs = angle(y1(5)) - Omega1*5
H1phs =
    -5.8905
>> H2phs = angle(y2(5)) - Omega2*5
H2phs =
    -14.5299
```

相位響應是以弧度為單位。注意 angle 指令傳回的值永遠是在 $-\pi$ 和 π 弧度之間。因此，如果使用不同的 n 值，利用指令 angle(y1(n)) - Omega1*n 測出的相位，可能相差 2π 的整數倍數。

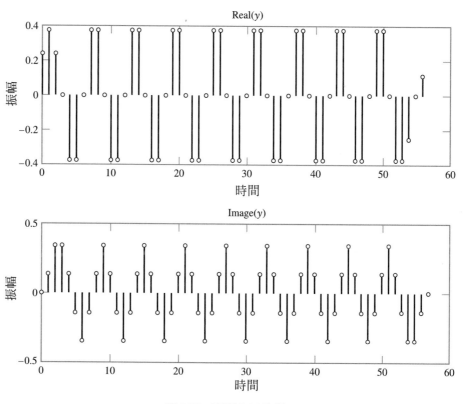

圖 3.77　習題 3.46 的解。

▶ **習題 3.46** 已知某移動平均系統有下述脈衝響應，試求它在頻率 $\Omega = \pi/3$ 的頻率響應，以及對於頻率 $\Omega = \pi/3$ 的複數弦波輸入的穩定態輸出的 50 個值。

$$b[n] = \begin{cases} \dfrac{1}{4} & 0 \leq n \leq 3 \\[2mm] 0 & 其他條件 \end{cases}$$

答案：請參考圖 3.77

■ 3.19.2 DTFS

DTFS 是唯一在時間和頻率中都是離散的傅立葉表示法，因此很適合直接用 MATLAB 來實作。雖然用 M 檔案的形式來執行方程式(3.10)和(3.11)並不困難，但我們也可以利用 MATLAB 的內建指令 fft 和 ifft 來計算 DTFS。假設長度 N 的向量 x，代表週期為 N 的訊號 $x[n]$ 的一個週期，則下述指令

```
>> X = fft(x)/N
```

會產生一個包含 DTFS 係數 $X[k]$ 的長度 N 的向量 X 。MATLAB 假定(3.10)和(3.11)式中的和是從 0 加到 $N-1$，所以 x 和 X 的第一個元素分別對應於 $x[0]$ 和 $X[0]$，而最後一個元素則對應於 $x[N-1]$ 和 $X[N-1]$。注意指令中除以 N 的動作是必須的，因為用指令 fft 計算(3.11)式中的和時並沒有除以 N。同樣地，對於包含已知 DTFS 係數的向量 X ，指令

```
>> x = ifft(X)*N
```

會產生代表一個週期的時域波形的向量 x。注意用 ifft 來計算(3.10)式時必須乘上 N。fft 和 ifft 都是使用*快速傅立葉轉換* (fast Fourier transform) 的方法來計算。它是一個在數值計算上有效率的、快速的演算法。我們會在 4.10 節討論這個演算法是如何發展出來的。

考慮利用 MATLAB 去解出習題 3.3(a)中的 DTFS 係數。訊號是

$$x[n] = 1 + \sin\left(n\pi/12 + \frac{3\pi}{8}\right)$$

訊號的週期是 24，因此我們利用下列指令定義一個週期的值，然後算出 DTFS 係數：

```
>> x = ones(1,24) + sin([0:23]*pi/12 + 3*pi/8);
>> X = fft(x)/24
X =
Columns 1 through 4
1.0000   0.4619 - 0.1913i   0.0000 + 0.0000i
    -0.0000 + 0.0000i
Columns 5 through 8
0.0000 + 0.0000i   -0.0000 - 0.0000i   0.0000 - 0.0000i
    -0.0000 - 0.0000i
Columns 9 through 12
-0.0000 - 0.0000i   -0.0000 - 0.0000i   -0.0000 - 0.0000i
    0.0000 - 0.0000i
Columns 13 through 16
0.0000 + 0.0000i   0.0000 + 0.0000i   -0.0000 + 0.0000i
    0.0000 - 0.0000i
Columns 17 through 20
-0.0000 - 0.0000i   -0.0000 - 0.0000i   0.0000 + 0.0000i
    -0.0000 + 0.0000i
Columns 21 through 24
-0.0000 + 0.0000i   -0.0000 - 0.0000i   0.0000 - 0.0000i
    0.4619 + 0.1913i
```

(注意，MATLAB 是用 **i** 來代表 -1 的平方根。) 我們的結論是

$$X[k] = \begin{cases} 1, & k = 0 \\ 0.4619 - j0.1913, & k = 1 \\ 0.4619 + j0.1913, & k = 23 \\ 0, & \text{其他在區間}\, 0 \le k \le 23 \,\text{中的}\, k\,\text{值} \end{cases}$$

這是相當於把習題 3.3(a)的答案用直角座標來表示。注意因為 $X[k]$ 的週期是 24，如果採用指標 $-11 \le k \le 12$，我們寫下答案時也可以用下述的方式列出一週期的值

$$X[k] = \begin{cases} 1, & k = 0 \\ 0.4619 - j0.1913, & k = 1 \\ 0.4619 + j0.1913, & k = -1 \\ 0, & \text{其他在區間}\,-11 \le k \le 12\,\text{中的}\, k\,\text{值} \end{cases}$$

使用 `ifft`，我們可以利用下述的指令重建時域訊號，和計算重建後訊號的最前面四個值。

```
>> xrecon = ifft(X)*24;
>> xrecon(1:4);

ans =
1.9239 - 0.0000i   1.9914 + 0.0000i   1.9914 + 0.0000i
1.9239 - 0.0000i
```

注意原來的訊號是純實數，但重建的訊號卻有虛數部分 (雖然這部分很小)。這個虛數部分其實是 `fft` 和 `ifft` 在計算過程當中，人為產生的數值捨入誤差，因此可以忽略不算。

▶ **習題 3.47** 試利用 MATLAB 重做習題 3.2。

範例 3.7 中使用的部分和近似可以很容易用 MATLAB 算出來：

```
>> k = 1:24:
>> n = -24:25:
>> B(1) = 25/50;    % coeff for k = 0
>> B(2:25) = 2*sin(k*pi*25/50)./(50*sin(k*pi/50));
>> B(26) = sin(25*pi*25/50)/(50*sin(25*pi/50));
    % coeff for k = N/2
>> xJhat(1,:) = B(1)*cos(n*0*pi/25);
    % term in sum for k = 0
    % accumulate partial sums
>> for k = 2:26
xJhat(k,:) = xJhat(k-1,:) + B(k)*cos(n*(k-1)*pi/25);
end
```

這一組指令產生一個矩陣 `xJhat`，它的第 $(J+1)$ 列相當於 $\hat{x}_J[n]$。   ◀

■ 3.19.3 FS

範例 3.14 中的三角形式 FS 的部分和近似也可以用類似用於 DTFS 的方法來計算，但是另外有一個重要的考慮：訊號 $\hat{x}_J(t)$ 與部分和近似中的餘弦函數是時間的連續函數。既然 MATLAB 使用離散點所組成的向量來表示這些函數，我們採用的樣本間距必須足夠緊密，才可以掌握到 $\hat{x}_J(t)$ 當中的細節。要保證這一點，我們在對函數取樣時的密集度，必須足以使得總和中最高頻率的項，也就是 $\cos(J_{max}\omega_o t)$，可以藉由它的取樣訊號 $\cos(J_{max}\omega_o n T_s)$ 得到良好的近似。利用 MATLAB 的 `plot` 指令，如果每週期能夠有 20 點的取樣，則對於連續餘弦函數而言，取樣的餘弦函數就可以是一個看起來很漂亮的近似。在每一個週期取 20 點的取樣，我們得出 $T_s = T/(20 J_{max})$。注意因此一個週期的總取樣數目是 $20(J_{max})$。假設 $J_{max} = 99$ 以及 $T = 1$，如果已知 $B[k]$，我們可以用下述指令計算出部分和：

```
>> t = [-(10*Jmax-1):10*Jmax]*(1/(20*99));
>> xJhat(1,:) = B(1)*cos(t*0*2*pi/T);
>> for k = 2:100
xJhat(k,:) = xJhat(k-1,:) + B(k)*cos(t*(k-1)*2*pi/T);
end
```

因為 `xJhat` 的各列代表一個連續值函數的不同樣本，我們要顯示這些圖形的時候必須使用 `plot` 而不是用 `stem`。例如，顯示 $J = 5$ 的部分和的指令是 `plot(t,xJhat(6,:))`。

■ 3.19.4　由微分或差分方程式描述的 LTI 系統的頻率響應 (FREQUENCY RESPONSE OF LTI SYSTEMS DESCRIBED BY DIFFERENTIAL OR DIFFERENCE EQUATIONS)

MATLAB 的訊號處理與控制系統工具箱含有指令 `freqs` 和 `freqz`，它們分別用來計算由微分和差分方程式所描述的系統頻率響應。指令 `h = freqs(b,a,w)` 傳回 (3.47)式中所定義連續時間系統在向量 `w` 所指定頻率的頻率響應值。這裡我們假設向量 $b = [b_M, b_{M-1}, \cdots, b_0]$ 和 $a = [a_N, a_{N-1}, \cdots, a_0]$ 代表微分方程的係數。圖 3.58 中的 MEMS 加速規在 $Q = 1$ 情形的頻率響應，可以透過下述指令獲得

```
>> w = 0:100:100000
>> b = 1;
>> a = [1 10000 10000*10000];
>> H = freqs(b,a,w);
>> plot(w,20*log10(abs(H)))
```

`freqz` 與 `freqs` 的語法有一個微妙的差別。指令 `h = freqz(b,a,w)` 計算出由 (3.55)式子所指定離散時間系統在向量 `w` 所指定頻率的頻率響應值。在離散時間的情形，`w` 的元素必須是在 0 與 2π 之間，而向量 $b = [b_0, b_1, \cdots, b_M]$ 和 $a = [a_0, a_1, \cdots, a_N]$ 包含差分方程式的係數，但其排列順序與之前 `freqs` 所要求的順序相反。

■ 3.19.5　時間頻寬乘積 (TIME-BANDWIDTH PRODUCT)

`fft` 指令可以用來計算DTFS，以及探討離散時間週期訊號的時間—頻寬乘積性質。因為 DTFS 適用於在時間和頻率中都是週期性的訊號，我們是根據訊號的一個週期的範圍來定義期間與頻寬。譬如，考慮我們在範例 3.6 研究過的週期為 N 的方波。一個週期的時域訊號定義如下

$$x[n] = \begin{cases} 1, & |n| \le M \\ 0, & M < n < N - M \end{cases}$$

而 DTFS 係數是

$$X[k] = \frac{1}{N} \frac{\sin\left(k\frac{\pi}{N}(2M+1)\right)}{\sin\left(k\frac{\pi}{N}\right)}$$

如果我們把期間 T_d 定義為 $x[n]$ 的一個週期中的非零部分，則 $T_d = 2M + 1$。如果我們進一步定義頻寬 B_w 為 $X[k]$ 的第一個零點所對應的 "頻率"，我們則有 $B_w \approx N/(2M + 1)$，於是我們看到方波的時間—頻寬乘積 $T_d B_w \approx N$，與 M 無關。

下述的這一組 MATLAB 指令可以用來驗證這個結果：

```
>> x = [ones(1,M+1), zeros(1,N-2M-1), ones(1,M)];
>> X = fft(x)/N;
>> k = [0:N-1];   % frequency index
>> stem(k, real(fftshift(X)))
```

在這裡，我們把一個偶函數方波的一個週期定義在區間 $0 \le n \le N-1$ 上，利用 `fft` 指令求出 DTFS 係數，然後用 `stem` 把它們顯示出來。`real` 指令是用來抑制任何因為數值捨入而產生微小的虛數部分。`fftshift` 指令重新排列向量 X 中的元素，目的是產生以 $k = 0$ 為中心的 DTFS 係數。我們然後計算在第一個過零點之前的 DTFS 係數的數目，以決定有效頻寬。本章最後面的其中一個電腦實驗，就是用這種方式來計算時間－頻寬乘積。

在(3.63)和(3.64)式中的有效期間與頻寬的正式定義，可以推廣到離散時間週期訊號，只要我們把當中的積分代換成在一個週期上求和。這樣我們會得到

$$T_d = \left[\frac{\displaystyle\sum_{n=-(N-1)/2}^{(N-1)/2} n^2 |x[n]|^2}{\displaystyle\sum_{n=-(N-1)/2}^{(N-1)/2} |x[n]|^2} \right]^{\frac{1}{2}} \tag{3.75}$$

以及

$$B_w = \left[\frac{\displaystyle\sum_{k=-(N-1)/2}^{(N-1)/2} k^2 |X[k]|^2}{\displaystyle\sum_{k=-(N-1)/2}^{(N-1)/2} |X[k]|^2} \right]^{\frac{1}{2}} \tag{3.76}$$

在這裡我們假設 N 是奇數，而且 $x[n]$ 和 $X[k]$ 一個週期中的能量大部分是集中在原點附近。

下述的 MATLAB 函數根據(3.75)式和(3.76)式計算出乘積 $T_d B_w$：

```
function TBP = TdBw(x)
% Compute the Time-Bandwidth product using the DTFS
% One period must be less than 1025 points
% N=1025;
M = (N - max(size(x)))/2;
xc = [zeros(1,M),x,zeros(1,M)];
    % center pulse within a period
n = [-(N-1)/2:(N-1)/2];
n2 = n.*n;
```

```
Td = sqrt((xc.*xc)*n2'/(xc*xc'));
X = fftshift(fft(xc)/N);    % evaluate DTFS and center
Bw = sqrt(real((X.*conj(X))*n2'/(X*X')));
TBP = Td*Bw;
```

這個函數假設輸入訊號 X 的長度是奇數，並將 X 放在一個 1025 點的週期中央，然後才計算 Td 和 Bw。注意 .* 是用來做逐元素相乘的運算。如果把它放在一個列向量和一個行向量之間，這個運算會計算出向量的內積。上標點 代表複數共軛轉置 (complex-conjuate transpose)。因此，指令 X*X' 所執行運算的是將 X 以及 X 的共軛複數做內積—也就是 X 的每個元素的振幅平方後的總和。

我們可以如下述的使用函數 TdBw 來計算兩個矩形、兩個升餘弦、或兩個高斯脈波串列的時間－頻寬乘積：

```
>> x = ones(1,101);    % 101 point rectangular pulse
>> TdBw(x)
ans =
788.0303
>> x = ones(1,301);    % 301 point rectangular pulse
>> TdBw(x)
ans =
1.3604e+03
>> x = 0.5*ones(1,101) + cos(2*pi*[-50:50]/101);
     % 101 point raised cosine
>> TdBw(x)
ans =
277.7327
>> x = 0.5*ones(1,301) + cos(2*pi*[-150:150]/301);
     % 301 point raised cosine
>> TdBw(x)
ans =
443.0992
>> n = [-500:500];
>> x = exp(-0.001*(n.*n));    % narrow Gaussian pulse
>> TdBw(x)
ans =
81.5669
>> x = exp(-0.0001*(n.*n));    % broad Gaussian pulse
>> TdBw(x)
ans =
81.5669
```

注意，其中時間－頻寬乘積最小的是高斯脈波串列。此外，不管是窄是寬，高斯脈波串列的時間－頻寬乘積都一樣。這些觀察所得提供了證據，支持所有週期性離散時間訊號的時間－頻寬乘積的下限，就是高斯脈波串列的時間－頻寬乘積的說法。有這樣的結果其實並不意外，因為我們早已知道，在連續時間非週期訊號的情形，高斯脈波串列剛好達到時間－頻寬乘積的下限。(我們將會在第四章藉由電腦實驗再次探討這個課題。)

3.20 總結 (Summary)

在這一章，我們發展出把訊號表示為複數弦波加權總和的技巧。其中的權重是複數弦波頻率的函數，並提供了一個在頻域中描述訊號的方法。這些表示法共有四種，分別適用於四類不同的訊號：

▶ DTFS 適用於離散時間週期為 N 的訊號，它把這個訊號表示為 N 個離散時間複數弦波的加權總和，而這些弦波的頻率是訊號基頻的整數倍數。這個頻域表示法是頻率的頻率離散週期為 N 的函數。DTFS 是唯一可以用數值方法算出來的傅立葉表示法。

▶ FS 適用於連續時間週期訊號，它把這個訊號表示成無窮多個連續時間複數弦波的加權總和，而這些弦波的頻率是訊號基頻的整數倍數。在這個情況下，這個頻域表示法是頻率的離散非週期函數。

▶ DTFT 把離散時間非週期訊號表示為離散時間複數弦波的加權積分，這些弦波的頻率在 2π 範圍內連續變化。這個頻域表示法是頻率的連續 2π 週期函數。

▶ FT 把連續時間非週期訊號表示為連續時間複數弦波的加權積分，這些弦波的頻率從 $-\infty$ 到 ∞ 連續變化。這個情況下，這個頻域表示法是頻率的連續非週期函數。

傅立葉表示法的性質是複數弦波性質的直接推論，它們代表在時域中對訊號所做的某種動作與在頻域中的相對應變化之間的關係。所有四種傅立葉表示法都用到複數弦波，因而都有相似的性質。這些性質不但令我們更了解時域和頻域的訊號表示法，還提供給我們在時域和頻域中都可以使用的一系列操縱訊號的利器。很多時候，如果需要求出時域或頻域中的訊號表示法，利用這些性質會比直接使用表示法的定義方程式更容易得到結果。

對於訊號和與它們作用的系統，頻域提供了另一個角度的看法。某些訊號的特徵在頻域中比在時域中更容易看出來，反之亦然。而且，某些系統的問題在頻域比在時域更容易求解，反過來也是如此。例如，時域訊號的摺積對應於各個訊號的頻域表示法的乘積。要看我們面對的是甚麼問題，上述兩個運算之中，其中一個會相對地容易，這樣就決定了我們該用甚麼方法去解這個問題。時域表示法和頻域表示法各有優劣。當其中一個表示法用起來得心應手的時候，另一個卻可能會顯得很笨拙。在解一個問題時，決定在那一個領域中計算比較有利是一個很重要的技巧，這只有靠經驗才能掌握的。我們會在下一章繼續我們的討論，屆時將要研習傅立葉分析應用於當問題涉及到不同類混合訊號的時候。

 *進階資料*

1. 約瑟·傅立葉 (Joseph Fourier) 是在十九世紀初研究熱流的問題。在當時，不管在實務上或是在科學上，了解熱流都是一個重要的問題；處理這個問題時需要求解一道稱爲熱方程式 (heat equation) 的偏微分方程式。傅立葉發展出一個解偏微分方程的技巧，所根據的是假設方程的解是係數待定的一組成諧波關係的弦波加權總和，這就是我們今天的傅立葉級數。傅立葉把他對熱傳導所做的初步工作寫成論文，於 1807 年提交給巴黎科學院，結果經過拉格朗日 (Lagrange)、拉普拉斯 (Laplace) 和勒讓德 (Legendre) 三人的審查後被退回。雖然當時的人批評他的工作不夠嚴謹，但他堅定不移的繼續發展他的想法，最後他在 1822 年把很多工作成果寫成一本書出版。這本《Theorie analytique de la chaleur》今天被視爲數學的經典鉅著之一。

2. DTFS 與其他訊號處理文獻中出現的 DFT 只相差一個因子 N。例如，MATLAB 指令 fft 計算的是 DFT—因此當我們使用 fft 來計算 DTFS 係數時，我們需要把結果除以 N。我們在這本書選用 DTFS，因爲它牽涉到的用語比較能夠說明清楚，也比較不容易與 DTFT 混淆。讀者應該了解到，他或她在其他課本或參考資料看到的會遇到 DFT 的用語。

3. 下列書籍是對傅立葉分析的通論
    ▶ Kammler, D. W. 著，《*A First Course in Fourier Analysis*》，由 Prentice-Hall 於 2000 年出版。
    ▶ Bracewell, R. N. 著，《*The Fourier Transform and Its Applications*》，第二版，由 McGraw-Hill 於 1978 年出版。
    ▶ Papoulis, A. 著，《*The Fourier Integral and Its Applications*》，由 McGraw-Hill 於 1962 年出版。
    Kammler 撰寫的課本提供對 FT、FS、DTFT 和 DTFS 的數學性論述。Bracewell 和 Papoulis 的課本則比較偏向應用，而且集中討論 FT。

4. FS 和 FT 在求解熱方程式、波動方程式、和位能方程式等偏微分方程式中的角色，可見於下述著作
    ▶ Powers, D. L. 著，《*Boundary Value Problems*》，第二版，由 Academic Press 於 1979 年出版。

5. (3.65) 式中的測不準原理的證明可參閱前面提過 Bracewell 的著作。

補充習題 *(ADDITIONAL PROBLEMS)*

3.48 試利用 DTFS 係數的定義方程式求出下列訊號的 DTFS 表示法：

(a) $x[n] = \cos\left(\frac{6\pi}{17}n + \frac{\pi}{3}\right)$

(b) $x[n] = 2\sin\left(\frac{14\pi}{19}n\right) + \cos\left(\frac{10\pi}{19}n\right) + 1$

(c) (c) $x[n] = \sum_{m=-\infty}^{\infty}(-1)^m(\delta[n-2m] + \delta[n+3m])$

(d) $x[n]$，如圖 P3.48(a)所示。

(e) $x[n]$，如圖 P3.48(b)所示。

3.49 試利用DTFS的定義求出由下列DTFS係數所表示的時域訊號：

(a) $X[k] = \cos\left(\frac{8\pi}{21}k\right)$

(b) $X[k] = \cos\left(\frac{10\pi}{19}k\right) + j2\sin\left(\frac{4\pi}{19}k\right)$

(c) (c) $X[k] = \sum_{m=-\infty}^{\infty}(-1)^m(\delta[k-2m] - 2\delta[k+3m])$

(d) 如圖 P3.49(a)所示的 $X[k]$。

(e) 如圖 P3.49(b)所示的 $X[k]$。

(f) 如圖 P3.49(c)所示的 $X[k]$。

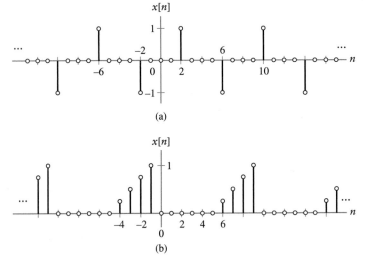

圖 P3.48

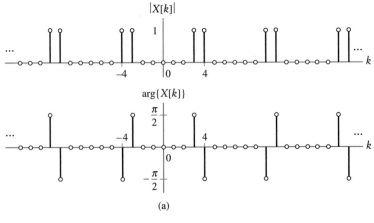

圖 P3.49

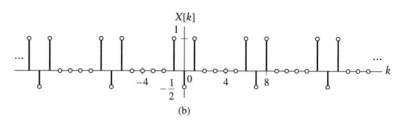

(b)

(c)

圖 P3.49（續）

3.50 試利用FS係數的定義方程式算出下列訊號的 FS 表示法：

(a) $x(t) = \sin(3\pi t) + \cos(4\pi t)$

(b) $x(t) = \sum_{m=-\infty}^{\infty} \delta(t - m/3) + \delta(t - 2m/3)$

(c) $x(t) = \sum_{m=-\infty}^{\infty} e^{j\frac{2\pi}{7}m} \delta(t - 2m)$

(d) 如圖P3.50(a)所示的 $x(t)$

(e) 如圖P3.50(b)所示的 $x(t)$

(f) 如圖P3.50(c)所示的 $x(t)$

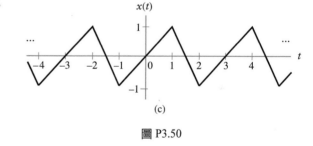

圖 P3.50

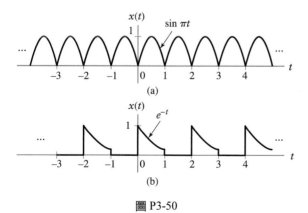

圖 P3-50

3.51 試利用 FS 的定義求出下列 FS 係數所表示的時域訊號：

(a) $X[k] = j\delta[k-1] - j\delta[k + 1] + \delta[k-3] + \delta[k + 3]$, $\omega_o = 2\pi$

(b) $X[k] = j\delta[k-1] - j\delta[k+1] + \delta[k - 3] + \delta[k + 3]$, $\omega_o = 4\pi$

(c) $X[k] = \left(\frac{-1}{3}\right)^{|k|}$, $\omega_o = 1$

(d) 如圖P3.51(a)所示的 $X[k]$，其中 $\omega_o = \pi$

(e) 如圖P3.51(b)所示的 $X[k]$，其中 $\omega_o = 2\pi$

(f) 如圖P3.51(c)所示的 $X[k]$，其中 $\omega_o = \pi$

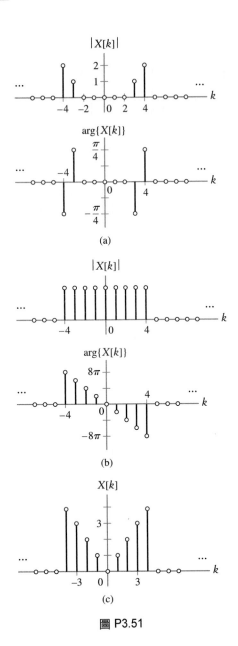

圖 P3.51

3.52 試利用 DTFT 的定義方程式計算下列訊號
之頻域表示法：

(a) $x[n] = \left(\frac{3}{4}\right)^n u[n-4]$

(b) $x[n] = a^{|n|}$ $|a| < 1$

(c) $x[n] = \begin{cases} \frac{1}{2} + \frac{1}{2}\cos\left(\frac{\pi}{N}n\right), & |n| \le N \\ 0, & 其他條件 \end{cases}$

(d) $x[n] = 2\delta[4-2n]$

(e) 如圖P3.52(a)所示的 $x[n]$

(f) 如圖P3.52(b)所示的 $x[n]$

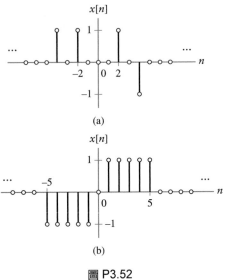

圖 P3.52

3.53 試利用描述 DTFT 表示法的方程式求出對
應於下列 DTFT 之時域訊號：

(a) $X(e^{j\Omega}) = \cos(2\Omega) + j\sin(2\Omega)$

(b) $X(e^{j\Omega}) = \sin(\Omega) + \cos\left(\frac{\Omega}{2}\right)$

(c) $|X(e^{j\Omega})| = \begin{cases} 1, & \pi/4 < |\Omega| < 3\pi/4, \\ 0, & 其他條件 \end{cases}$

$\arg\{X(e^{j\Omega})\} = -4\Omega$

(d) 如圖P3.53(a)所示的 $X(e^{j\Omega})$

(e) 如圖P3.53(b)所示的 $X(e^{j\Omega})$

(f) 如圖P3.53(c)所示的 $X(e^{j\Omega})$

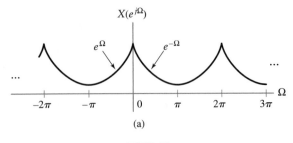

圖 P3.53

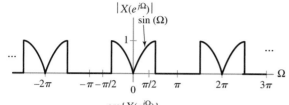

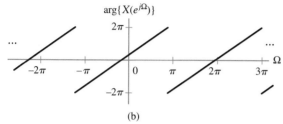

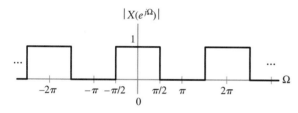

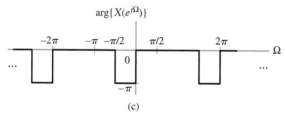

圖 P3.53（續）

3.54 試利用FT的定義方程式計算下列訊號的頻域表示法：

(a) $x(t) = e^{-2t}u(t - 3)$

(b) $x(t) = e^{-4|t|}$

(c) $x(t) = te^{-t}u(t)$

(d) $x(t) = \sum_{m=0}^{\infty} a^m \delta(t - m),\ |a| < 1$

(e) 如圖P3.54(a)所示的 $x(t)$

(f) 如圖P3.54(b)所示的 $x(t)$

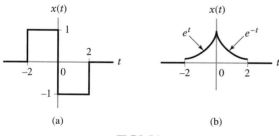

圖 P3.54

3.55 試利用描述FT表示法的方程式求出對應於下列 FT 的時域訊號：

(a) $X(j\omega) = \begin{cases} \cos(2\omega), & |\omega| < \frac{\pi}{4} \\ 0, & \text{其他條件} \end{cases}$

(b) $X(j\omega) = e^{-2\omega}u(\omega)$

(c) $X(j\omega) = e^{-2|\omega|}$

(d) 如圖P3.55(a)所示的 $X(j\omega)$

(e) 如圖P3.55(b)所示的 $X(j\omega)$

(f) 如圖P3.55(c)所示的 $X(j\omega)$

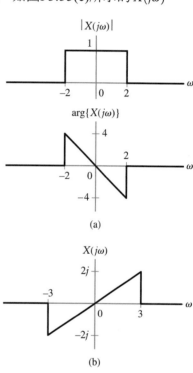

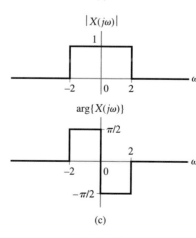

圖 P3.55

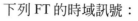

3.56 試利用定義方程式，求出下列時域訊號適當的傅立葉表示法：

(a) $x(t) = e^{-t}\cos(2\pi t)u(t)$

(b) $x[n] = \begin{cases} \cos\left(\frac{\pi}{10}n\right) + j\sin\left(\frac{\pi}{10}n\right), & |n| < 10 \\ 0, & \text{其他條件} \end{cases}$

(c) 如圖P3.56(a)所示的 $x[n]$

(d) $x(t) = e^{1+t}u(-t + 2)$

(e) $x(t) = |\sin(2\pi t)|$

(f) 如圖P3.56(b)所示的 $x[n]$

(g) 如圖P3.56(c)所示的 $x(t)$

3.57 試求出對應於下列每一個頻域表示法的時域訊號：

(a) $X[k] = \begin{cases} e^{-jk\pi/2}, & |k| < 10 \\ 0, & \text{其他條件} \end{cases}$

訊號的基本週期是 $T = 1$

(b) 如圖P3.57(a)所示的 $X[k]$

(c) $X(j\omega) = \begin{cases} \cos\left(\frac{\omega}{4}\right) + j\sin\left(\frac{\omega}{4}\right), & |\omega| < \pi \\ 0, & \text{其他條件} \end{cases}$

(d) 如圖P3.57(b)所示的 $X(j\omega)$

(e) 如圖P3.57(c)所示的 $X(e^{j\Omega})$

(f) 如圖P3.57(d)所示的 $X[k]$

(g) $X(e^{j\Omega}) = |\sin(\Omega)|$

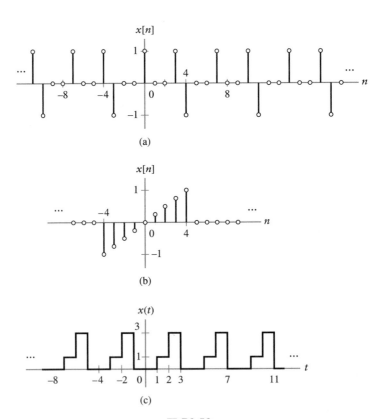

圖 P3.56

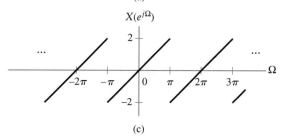

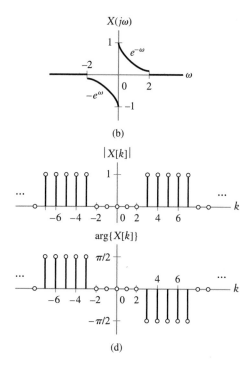

圖 P3.57

3.58 試利用轉換表與轉換性質求出下列訊號的
FT：

(a) $x(t) = \sin(2\pi t)e^{-t}u(t)$

(b) $x(t) = te^{-3|t-1|}$

(c) $x(t) = \left[\dfrac{2\sin(3\pi t)}{\pi t}\right]\left[\dfrac{\sin(2\pi t)}{\pi t}\right]$

(d) $x(t) = \dfrac{d}{dt}(te^{-2t}\sin(t)u(t))$

(e) $x(t) = \displaystyle\int_{-\infty}^{t}\dfrac{\sin(2\pi\tau)}{\pi\tau}d\tau$

(f) $x(t) = e^{-t+2}u(t-2)$

(g) $x(t) = \left(\dfrac{\sin(t)}{\pi t}\right)*\dfrac{d}{dt}\left[\left(\dfrac{\sin(2t)}{\pi t}\right)\right]$

3.59 試利用轉換表與轉換性質求出下列訊號的
逆 FT：

(a) $X(j\omega) = \dfrac{j\omega}{(1+j\omega)^2}$

(b) $X(j\omega) = \dfrac{4\sin(2\omega-4)}{2\omega-4} - \dfrac{4\sin(2\omega+4)}{2\omega+4}$

(c) $X(j\omega) = \dfrac{1}{j\omega(j\omega+2)} - \pi\delta(\omega)$

(d) $X(j\omega) = \dfrac{d}{d\omega}\left[4\sin(4\omega)\dfrac{\sin(2\omega)}{\omega}\right]$

(e) $X(j\omega) = \dfrac{2\sin(\omega)}{\omega(j\omega+2)}$

(f) $X(j\omega) = \dfrac{4\sin^2(\omega)}{\omega^2}$

3.60 試利用轉換表與轉換性質求出下列訊號的
DTFT：

(a) $x[n] = \left(\dfrac{1}{3}\right)^n u[n+2]$

(b) $x[n] = (n-2)(u[n+4]-u[n-5])$

(c) $x[n] = \cos\left(\dfrac{\pi}{4}n\right)\left(\dfrac{1}{2}\right)^n u[n-2]$

(d) $x[n] = \left[\dfrac{\sin\left(\frac{\pi}{4}n\right)}{\pi n}\right]*\left[\dfrac{\sin\left(\frac{\pi}{4}(n-8)\right)}{\pi(n-8)}\right]$

(e) $x[n] = \left[\dfrac{\sin\left(\frac{\pi}{2}n\right)}{\pi n}\right]^2 * \dfrac{\sin\left(\frac{\pi}{2}n\right)}{\pi n}$

3.61 試利用轉換表與轉換性質求出下述訊號的逆 DTFT：

(a) $X(e^{j\Omega}) = j\sin(4\Omega) - 2$

(b) $X(e^{j\Omega}) = \left[e^{-j2\Omega}\dfrac{\sin\left(\frac{15}{2}\Omega\right)}{\sin\left(\frac{\Omega}{2}\right)}\right] \circledast \left[\dfrac{\sin\left(\frac{7}{2}\Omega\right)}{\sin\left(\frac{\Omega}{2}\right)}\right]$

(c) $X(e^{j\Omega}) = \cos(4\Omega)\left[\dfrac{\sin\left(\frac{3}{2}\Omega\right)}{\sin\left(\frac{\Omega}{2}\right)}\right]$

(d) $X(e^{j\Omega}) = \begin{cases} e^{-j4\Omega} & \frac{\pi}{4} < |\Omega| < \frac{3\pi}{4}, \\ 0 & \text{其他條件} \end{cases}$

其中 $|\Omega| < \pi$

(e) $X(e^{j\Omega}) = e^{-j\left(4\Omega+\frac{\pi}{2}\right)}\dfrac{d}{d\Omega}\left[\dfrac{2}{1+\frac{1}{4}e^{-j\left(\Omega-\frac{\pi}{4}\right)}} + \dfrac{2}{1+\frac{1}{4}e^{-j\left(\Omega+\frac{\pi}{4}\right)}}\right]$

3.62 試利用下述 FT 對

$$x(t) = \begin{cases} 1 & |t| < 1 \\ 0 & \text{其他條件} \end{cases} \xrightarrow{FT} X(j\omega) = \dfrac{2\sin(\omega)}{\omega}$$

以及 FT 的性質算出圖 P3.62(a)—(g) 中訊號的頻域表示法。

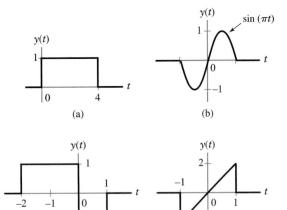

圖 P3.62

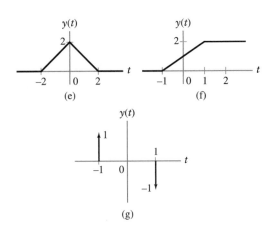

圖 P3.62（續）

3.63 已知 $x[n] = n\left(\frac{3}{4}\right)^{|n|} \xleftrightarrow{DTFT} X(e^{j\Omega})$。假設不去計算 $X(e^{j\Omega})$，試求 $y[n]$，如果

(a) $Y(e^{j\Omega}) = e^{-j4\Omega}X(e^{j\Omega})$

(b) $Y(e^{j\Omega}) = \text{Re}\{X(e^{j\Omega})\}$

(c) $Y(e^{j\Omega}) = \dfrac{d}{d\Omega}X(e^{j\Omega})$

(d) $Y(e^{j\Omega}) = X(e^{j\Omega}) \circledast X(e^{j(\Omega-\pi/2)})$

(e) $Y(e^{j\Omega}) = \dfrac{d}{d\Omega}X(e^{j2\Omega})$

(f) $Y(e^{j\Omega}) = X(e^{j\Omega}) + X(e^{-j\Omega})$

(g) $Y(e^{j\Omega}) = \dfrac{d}{d\Omega}\left\{e^{-j4\Omega}\left[X\left(e^{j\left(\Omega+\frac{\pi}{4}\right)}\right) + X\left(e^{j\left(\Omega-\frac{\pi}{4}\right)}\right)\right]\right\}$

3.64 某週期訊號的 FS 表示法是

$$x(t) \xleftrightarrow{FS;\,\pi} X[k] = -k2^{-|k|}$$。假設不去計算 $x(t)$，試求 FS 表示法（$Y[k]$ 和 ω_o），如果

(a) $y(t) = x(3t)$

(b) $y(t) = \dfrac{d}{dt}x(t)$

(c) $x(t) = x(t-1)$

(d) $y(t) = \text{Re}\{x(t)\}$

(e) $y(t) = \cos(4\pi t)x(t)$

(f) $y(t) = x(t) \circledast x(t-1)$

3.65 已知

$$x[n] = \dfrac{\sin\left(\frac{11\pi}{20}n\right)}{\sin\left(\frac{\pi}{20}n\right)} \xleftrightarrow{DTFS;\,\frac{\pi}{10}} X[k]$$

假設只利用 DTFS 的性質，試計算有下述
DTFS 係數的時間訊號 $y[n]$：

(a) $Y[k] = X[k-5] + X[k+5]$

(b) $Y[k] = \cos\left(k\frac{\pi}{5}\right)X[k]$

(c) $Y[k] = X[k] \circledast X[k]$

(d) $Y[k] = \text{Re}\{X[k]\}$

3.66 試繪出由下述脈衝響應所描述系統的頻率
響應圖：

(a) $h(t) = \delta(t) - 2e^{-2t}u(t)$

(b) $h(t) = 4e^{-2t}\cos(50t)u(t)$

(c) $h[n] = \frac{1}{8}\left(\frac{7}{8}\right)^n u[n]$

(d) $h[n] = \begin{cases} (-1)^n & |n| \leq 10 \\ 0 & \text{其他條件} \end{cases}$

試判斷每個系統為低通、帶通，還是高通
系統。

3.67 某系統對輸入 $x(t)$ 有輸出 $y(t)$，試求系統的
頻率響應及脈衝響應：

(a) $x(t) = e^{-t}u(t)$,
$\qquad y(t) = e^{-2t}u(t) + e^{-3t}u(t)$

(b) $x(t) = e^{-3t}u(t)$,
$\qquad y(t) = e^{-3(t-2)}u(t-2)$

(c) $x(t) = e^{-2t}u(t)$, $y(t) = 2te^{-2t}u(t)$

(d) $x[n] = \left(\frac{1}{2}\right)^n u[n]$,
$\qquad y[n] = \frac{1}{4}\left(\frac{1}{2}\right)^n u[n] + \left(\frac{1}{4}\right)^n u[n]$

(e) $x[n] = \left(\frac{1}{4}\right)^n u[n]$,
$\qquad y[n] = \left(\frac{1}{4}\right)^n u[n] - \left(\frac{1}{4}\right)^{n-1}u[n-1]$

3.68 試求出由下列微分或差分方程式所描述系
統的頻率響應及脈衝響應：

(a) $\frac{d}{dt}y(t) + 3y(t) = x(t)$

(b) $\frac{d^2}{dt^2}y(t) + 5\frac{d}{dt}y(t) + 6y(t) = -\frac{d}{dt}x(t)$

(c) $y[n] - \frac{1}{4}y[n-1] - \frac{1}{8}y[n-2] = $
$\qquad\qquad\qquad 3x[n] - \frac{3}{4}x[n-1]$

(d) $y[n] + \frac{1}{2}y[n-1] = x[n] - 2x[n-1]$

3.69 某系統有下列脈衝響應，試求描述此系統
的微分或差分方程：

(a) $h[t] = \frac{1}{a}e^{-\frac{t}{a}}u(t)$

(b) $h(t) = 2e^{-2t}u(t) - 2te^{-2t}u(t)$

(c) $h[n] = \alpha^n u[n]$, $\quad |\alpha| < 1$

(d) $h[n] = \delta[n] + 2\left(\frac{1}{2}\right)^n u[n] + \left(\frac{-1}{2}\right)^n u[n]$

3.70 某系統有下列頻率響應，試求描述此系統
的微分或差分方程：

(a) $H(j\omega) = \frac{2 + 3j\omega - 3(j\omega)^2}{1 + 2j\omega}$

(b) $H(j\omega) = \frac{1 - j\omega}{-\omega^2 - 4}$

(c) $H(j\omega) = \frac{1 + j\omega}{(j\omega + 2)(j\omega + 1)}$

(d) $H(e^{j\Omega}) = \frac{1 + e^{-j\Omega}}{e^{-j2\Omega} + 3}$

(e) $H(e^{j\Omega}) = 1 + \frac{e^{-j\Omega}}{\left(1 - \frac{1}{2}e^{-j\Omega}\right)\left(1 + \frac{1}{4}e^{-j\Omega}\right)}$

3.71 考慮圖 P3.71 中的 RL 電路。

(a) 令輸出為電感兩端之電位差 $y_L(t)$。試寫
下描述這個系統的微分方程，求出頻率
響應，並指出這系統是那一類型的濾波
器。

(b) 假設輸入是圖 3.21 中的方波，其中
$T = 1$ 和 $T_o = 1/4$，試利用電路分析的技
巧，求出電感兩端之電壓差，並將結果
繪成圖。

(c) 設輸出為電阻兩端之電位差 $y_R(t)$。試
寫下描述這個系統之微分方程，求出頻
率響應，並指出這系統是那一類型的濾
波器。

(d) 假設輸入是圖 3.21 中的方波，其中
$T = 1$ 和 $T_o = 1/4$，試利用電路分析的技
巧，求出電阻兩端之電位差，並將結果
繪成圖。

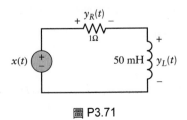

圖 P3.71

3.72 考慮圖 P3.72 中的 RLC 電路，其輸入為 $x(t)$，輸出為 $y(t)$。

(a) 試寫下描述這個系統之微分方程式，求出頻率響應，並指出這系統是那一類型的濾波器。

(b) 假設輸入是圖 3.21 中的方波，其中 其中 $T = 2\pi \times 10^{-3}$ 和 $T_o = (\pi/2) \times 10^{-3}$，並假設 $L = 10\,\text{mH}$。試求出輸出，並將它繪成圖。

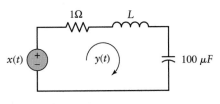

圖 P3.72

3.73 試利用部分分式展開求出下列訊號的逆 FT：

(a) $X(j\omega) = \dfrac{6j\omega + 16}{(j\omega)^2 + 5j\omega + 6}$

(b) $X(j\omega) = \dfrac{j\omega - 2}{-\omega^2 + 5j\omega + 4}$

(c) $X(j\omega) = \dfrac{j\omega}{(j\omega)^2 + 6j\omega + 8}$

(d) $X(j\omega) = \dfrac{-(j\omega)^2 - 4j\omega - 6}{((j\omega)^2 + 3j\omega + 2)(j\omega + 4)}$

(e) $X(j\omega) = \dfrac{2(j\omega)^2 + 12j\omega + 14}{(j\omega)^2 + 6j\omega + 5}$

(f) $X(j\omega) = \dfrac{j\omega + 3}{(j\omega + 1)^2}$

3.74 試利用部分分式展開求出下列訊號的逆 DTFT：

(a) $X(e^{j\Omega}) = \dfrac{2e^{-j\Omega}}{-\frac{1}{4}e^{-j2\Omega} + 1}$

(b) $X(e^{j\Omega}) = \dfrac{2 + \frac{1}{4}e^{-j\Omega}}{-\frac{1}{8}e^{-j2\Omega} + \frac{1}{4}e^{-j\Omega} + 1}$

(c) $X(e^{j\Omega}) = \dfrac{12}{-e^{-j2\Omega} + e^{-j\Omega} + 6}$

(d) $X(e^{j\Omega}) = \dfrac{6 - 2e^{-j\Omega} + \frac{1}{2}e^{-j2\Omega}}{\left(-\frac{1}{4}e^{-j2\Omega} + 1\right)\left(1 - \frac{1}{4}e^{-j\Omega}\right)}$

(e) $X(e^{j\Omega}) = \dfrac{6 - \frac{2}{3}e^{-j\Omega} - \frac{1}{6}e^{-j2\Omega}}{-\frac{1}{6}e^{-j2\Omega} + \frac{1}{6}e^{-j\Omega} + 1}$

3.75 試算出下列量值：

(a) $\displaystyle\int_{-\pi}^{\pi} \frac{4}{\left|1 - \frac{1}{3}e^{-j\Omega}\right|^2}\, d\Omega$

(b) $\displaystyle\sum_{k=-\infty}^{\infty} \frac{\sin^2(k\pi/8)}{k^2}$

(c) $\displaystyle\int_{-\infty}^{\infty} \frac{8}{(\omega^2 + 4)^2}\, d\omega$

(d) $\displaystyle\int_{-\infty}^{\infty} \frac{\sin^2(\pi t)}{\pi t^2}\, dt$

3.76 試利用對偶性算出

(a) $x(t) \overset{FT}{\longleftrightarrow} e^{-2\omega}u(\omega)$

(b) $\dfrac{1}{(2 + jt)^2} \overset{FT}{\longleftrightarrow} X(j\omega)$

(c) $\dfrac{\sin\left(\frac{11\pi}{20}n\right)}{\sin\left(\frac{\pi}{20}n\right)} \overset{DTFS;\,\frac{\pi}{10}}{\longleftrightarrow} X[k]$

3.77 針對圖 P3.77 中的 FT，$X(j\omega)$，試在不直接求出 $x(t)$ 的情況下，算出下列量值：

(a) $\displaystyle\int_{-\infty}^{\infty} x(t)\, dt$

(b) $\displaystyle\int_{-\infty}^{\infty} |x(t)|^2\, dt$

(c) $\displaystyle\int_{-\infty}^{\infty} x(t)e^{j3t}\, dt$

(d) $\arg\{x(t)\}$

(e) $x(0)$

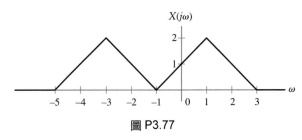

圖 P3.77

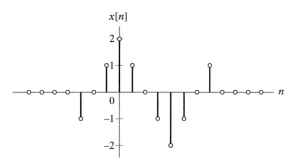

圖 P3.78

3.78 令 $x[n] \xleftrightarrow{\text{DTFT}} X(e^{j\Omega})$，其中 $x[n]$ 可見於
圖 P3.78。試在不直接求出 $X(e^{j\Omega})$ 的情況
下，算出下列量值：

(a) $X(e^{j0})$

(b) $\arg\{X(e^{j\Omega})\}$

(c) $\int_{-\pi}^{\pi} |X(e^{j\Omega})|^2 d\Omega$

(d) $\int_{-\pi}^{\pi} X(e^{j\Omega}) e^{j3\Omega} d\Omega$

(e) $y[n] \xleftrightarrow{\text{DTFT}} \text{Re}\{e^{j2\Omega} X(e^{j\Omega})\}$

3.79 試證明下列性質：

(a) FS 的對稱性質，對於

(i) 實數值時間訊號。

(ii) 實數且為偶函數的時間訊號。

(b) DTFT 的時間平移性質。

(c) DTFS 的頻率平移性質。

(d) FT 的線性。

(e) DTFT 的摺積性質。

(f) DTFT 的調變性質。

(g) DTFS 的摺積性質。

(h) FS 的調變性質。

(i) FS 的巴賽瓦關係式

3.80 定義一個訊號，它只在比例參數 p 的整數
倍數處不為零，其他地方都等於零。即是
說，令

$x_z[n] = 0$, 除非 n/p 是整數。

對於 $p = 3$ 的情形，這個訊號的示意圖可見
於圖 P3.80(a)。

(a) 試證明 $z[n] = x_z[pn]$ 的 DTFT 是 $Z(e^{j\Omega}) = X_z(e^{j\Omega/p})$。

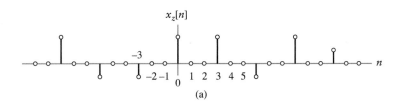

(a)

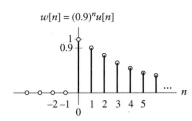

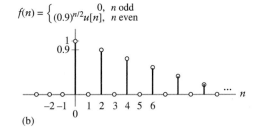

(b)

圖 P3.80

(b) 在圖 P3.80(b)中，試利用訊號 $w[n]$ 的 DTFT 及比例變換性質求出訊號 $f[n]$ 的 DTFT。

(c) 假設訊號 $x_z[n]$ 是週期訊號，其基本週期為 N，因此 $z[n] = x_z[pn]$ 的基本週期是正整數 N/p。試證明 $z[n]$ 的 DTFS，滿足 $Z[k] = pX_z[k]$。

3.81 在這一題我們要證明高斯脈波達到時間－頻寬乘積的下限。(提示：利用附錄 A.4 的定積分)

(a) 令 $x(t) = e^{-(t^2/2)}$。試求出有效期間 T_d 和頻寬 B_w，並算出時間－頻寬乘積。

(b) 令 $x(t) = e^{-t^2/2a^2}$。試求出有效期間 T_d 和頻寬 B_w，並算出時間－頻寬乘積。當 a 增加時，T_d、B_w 和 $T_d B_w$ 會如何改變

3.82 令

$$x(t) = \begin{cases} 1, & |t| < T_o \\ 0, & \text{其他條件} \end{cases}$$

試利用測不準原理求出 $x(t) * x(t)$ 的有效頻寬的下限。

3.83 試利用測不準原理求出 $x(t) = e^{-|t|}$ 的有效頻寬的下限。

3.84 試證明訊號 $x(t)$ 的時間－頻寬乘積 $T_d B_w$ 在比例轉換下不變。換言之，試利用 T_d 和 B_w 的定義證明 $x(t)$ 和 $x(at)$ 有相同的時間－頻寬乘積。

3.85 在 DTFS 和 FS 中使用的複數弦波的關鍵性質之一是正交性 (orthogonality)。根據這個性質，兩個成諧波關係的弦波的內積等於零。內積的定義是一個訊號與另一個訊號的共軛的乘積，在一個基本週期上的和或積分。

(a) 試證明離散時間複數弦波是正交的，即證明

$$\frac{1}{N} \sum_{n=0}^{N-1} e^{jk\frac{2\pi}{N}n} e^{-jl\frac{2\pi}{N}n} = \begin{cases} 1, & k = l \\ 0, & k \neq l \end{cases}$$

其中我們假設 $|k - l| < N$。

(b) 證明成諧波關係的連續時間複數弦波是正交的，即證明

$$\frac{1}{T} \int_0^T e^{jk\frac{2\pi}{T}t} e^{-jl\frac{2\pi}{T}t} dt = \begin{cases} 1, & k = l \\ 0, & k \neq l \end{cases}$$

(c) 證明成諧波關係的正弦及餘弦函數是正交的，即證明

$$\frac{1}{T} \int_0^T \sin\left(k\frac{2\pi}{T}t\right) \sin\left(l\frac{2\pi}{T}t\right) dt = \begin{cases} 1/2, & k = l \\ 0, & k \neq l \end{cases}$$

$$\frac{1}{T} \int_0^T \cos\left(k\frac{2\pi}{T}t\right) \cos\left(l\frac{2\pi}{T}t\right) dt = \begin{cases} 1/2, & k = l \\ 0, & k \neq l \end{cases}$$

以及

$$\frac{1}{T} \int_0^T \cos\left(k\frac{2\pi}{T}t\right) \sin\left(l\frac{2\pi}{T}t\right) dt = 0$$

3.86 我們在這一章介紹的 FS 表示法的形式，即

$$x(t) = \sum_{k=-\infty}^{\infty} X[k] e^{jk\omega_o t}$$

被稱為指數 FS。在這一題我們針對實數值的週期訊號，探討一些替代性的，但是等價的 FS 表示法。

(a) 三角形式。

(i) 試證明實數值訊號 $x(t)$ 的 FS 可以寫成

$$x(t) = B[0] + \sum_{k=1}^{\infty} B[k] \cos(k\omega_o t) + A[k] \sin(k\omega_o t)$$

其中 $B[k]$ 和 $A[k]$ 是實數值係數。

(ii) 試用 $B[k]$ 和 $A[k]$ 來表示 $X[k]$。

(iii) 試利用成諧波關係的正弦和餘弦函數的正交性 (參考習題 3.85)，證明

$$B[0] = \frac{1}{T} \int_0^T x(t)\, dt$$

$$B[k] = \frac{2}{T} \int_0^T x(t) \cos k\omega_o t\, dt$$

以及

$$A[k] = \frac{2}{T} \int_0^T x(t) \sin k\omega_o t\, dt$$

(iv) 試證明若 $x(t)$ 是偶函數，則 $A[k] = 0$，以及若 $x(t)$ 是奇函數，$B[k] = 0$。

(b) 極座標型式。

(i) 試證明實數值訊號 $x(t)$ 的 FS 可以寫成

$$x(t) = C[0] + \sum_{k=1}^{\infty} C[k] \cos(k\omega_o t + \theta[k])$$

其中 $C[k]$ 是 (正的) 振幅，而 $\theta[k]$ 是第 k 個諧波的相位。

(ii) 試把 $C[k]$ 和 $\theta[k]$ 表示為 $X[k]$ 的函數。

(iii) 試把 $C[k]$ 和 $\theta[k]$ 表示為(a)小題中的 $B[k]$ 和 $A[k]$ 的函數。

3.87 在這一題我們會推導出由狀態變數表示法 (state-variable representation) 所代表的連續時間與離散時間 LTI 系統的頻率響應。

(a) 定義 $\mathbf{q}(j\omega)$ 為連續時間 LTI 系統的狀態變數表示法中，狀態向量的每一個元素的 FT，即

$$\mathbf{q}(j\omega) = \begin{bmatrix} Q_1(j\omega) \\ Q_2(j\omega) \\ \vdots \\ Q_N(j\omega) \end{bmatrix}$$

其中 $\mathbf{q}(j\omega)$ 的第 i 個元素是第 i 個狀態變數 $q_i(t) \xleftrightarrow{\ FT\ } Q_i(j\omega)$ 的 FT。試取狀態方程 $\frac{d}{dt}\mathbf{q}(t) = \mathbf{A}\mathbf{q}(t) + \mathbf{b}x(t)$ 的 FT，和利用微分性質來把 $\mathbf{q}(j\omega)$ 表示為 ω、$\mathbf{A}$、$\mathbf{b}$ 和 $X(j\omega)$ 的函數。再取輸出方程式 $y(t) = \mathbf{c}\mathbf{q}(t) + \mathbf{D}x(t)$ 的 FT，然後把上面的結果代入 $\mathbf{q}(j\omega)$ 來證明

$$H(j\omega) = \mathbf{c}(j\omega\mathbf{I} - \mathbf{A})^{-1}\mathbf{b} + \mathbf{D}$$

(b) 試利用時間平移性質，把離散時間 LTI 系統的頻率響應用狀態變數表示法寫成為

$$H(e^{j\Omega}) = \mathbf{c}(e^{j\Omega}\mathbf{I} - \mathbf{A})^{-1}\mathbf{b} + \mathbf{D}$$

3.88 試對下列狀態變數矩陣所表示的連續時間 LTI 系統，利用習題 3.87 的結果求出它們的頻率響應和脈衝響應，以及用來描述它們的微分方程式：

(a) $\mathbf{A} = \begin{bmatrix} -2 & 0 \\ 0 & -1 \end{bmatrix}$, $\quad \mathbf{b} = \begin{bmatrix} 0 \\ 2 \end{bmatrix}$,

$\quad \mathbf{c} = [1 \ \ 1]$, $\quad \mathbf{D} = [0]$

(b) $\mathbf{A} = \begin{bmatrix} 1 & 2 \\ -3 & -4 \end{bmatrix}$, $\quad \mathbf{b} = \begin{bmatrix} 1 \\ 2 \end{bmatrix}$,

$\quad \mathbf{c} = [0 \ \ 1]$, $\quad \mathbf{D} = [0]$

3.89 試對下列狀態變數矩陣所表示的離散時間系統，利用習題 3.87 的結果求出它們的頻率響應和脈衝響應，以及描述它們的微分方程式：

(a) $\mathbf{A} = \begin{bmatrix} -\frac{1}{2} & 1 \\ 0 & \frac{1}{4} \end{bmatrix}$, $\quad \mathbf{b} = \begin{bmatrix} 0 \\ 1 \end{bmatrix}$,

$\quad \mathbf{c} = [1 \ \ 0]$, $\quad \mathbf{D} = [1]$

(b) $\mathbf{A} = \begin{bmatrix} \frac{1}{4} & \frac{3}{4} \\ \frac{1}{4} & -\frac{1}{4} \end{bmatrix}$, $\quad \mathbf{b} = \begin{bmatrix} 1 \\ 1 \end{bmatrix}$,

$\quad \mathbf{c} = [0 \ \ 1]$, $\quad \mathbf{D} = [0]$

3.90 某連續時間系統可以用下述的狀態變數矩陣來表示

$$A = \begin{bmatrix} -1 & 0 \\ 0 & -3 \end{bmatrix}, \quad b = \begin{bmatrix} 0 \\ 2 \end{bmatrix},$$

$$c = [0 \quad 1], \quad \text{and} \quad D = [0].$$

試對與這個系統關連的狀態向量，利用下述矩陣做轉換

$$T = \begin{bmatrix} 1 & -1 \\ 1 & 1 \end{bmatrix}$$

從而得到這個系統的一個新的狀態變數描述方式。試證明轉換前後系統的頻率響應是一樣的。

進階習題 (ADVANCED PROBLEMS)

3.91 如果一個基本週期為 T 的訊號滿足關係式 $x(t) = -x\left(t - \dfrac{T}{2}\right)$，我們說它有半波對稱性 (half-wave symmetry)。換句話說，在訊號的一個週期中，其中一半是另一半的負數。試證明對於具有半波對稱性的訊號，所有與偶諧波 $X[2k]$ 相關聯的 FS 係數都等於零。

3.92 分段常數 (piecewise-constant) 訊號的FS表示法可以憑下述的方法，利用微分與時間平移性質從脈衝串的 FS 獲得：首先把時域訊號微分，得出一組時間平移脈衝串列的和。注意微分的動作會在時域訊號的每個不連續點產生一個脈衝。下一步，我們利用時間平移性質和脈衝串列的 FS 求出微分後訊號的 FS。最後，我們利用微分性質從微分後的訊號取得原來訊號的 FS 係數。

(a) 這方法可否用來求出 $k = 0$ 時的FS係數？有何方法可以求出它？

(b) 試用這個方法求出圖 P3.92 中的分段常數波形的 FS 係數。

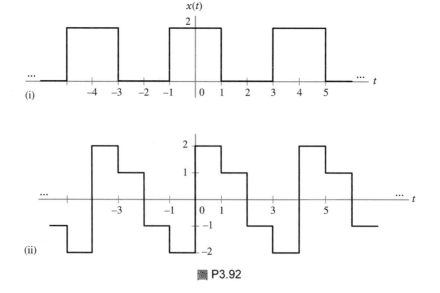

圖 P3.92

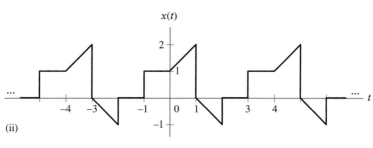

圖 P3.93

3.93 上一題所描述用來求 FS 係數的方法可以推廣到分段線性 (piecewise linear) 的訊號。我們可以把訊號微分兩次，得到一組脈衝串列與對偶串列 (doublet train) 的和。然後利用時間平移性質以及脈衝串列和偶對串列的 FS，求出經過兩次微分後的訊號的 FS，最後利用微分性質從兩次微分後的訊號中找出原來訊號的 FS。

(a) 試求下述對偶串列的 FS 係數。

$$d(t) = \sum_{l=-\infty}^{\infty} \delta^{(1)}(t - lT)$$

其中 $\delta^{(1)}(t)$ 代表對偶。

(b) 試利用這個方法求出圖 P3.93 中的波形的 FS。

3.94 天線本身的電場分佈與在遠處的電磁場成 FT 關係。本題針對一維天線推導出這個結果，並假設天線是具有頻率為 ω_0 的單色激發 (monochromatic excitation，即 single-frequency 單調激發)。令電場在天線孔徑上 z 點處的振幅為 $a(z)$，相位為 $\phi(z)$。

於是，如果將電場寫成 z 和 t 的函數，得到 $x(z,t) = a(z) \cos(\omega_o t + \phi(z))$。定義電場的複數振幅為 $w(z) = a(z)e^{j\psi(z)}$，使得

$$x(z, t) = \text{Re}\{w(z)e^{j\omega_o t}\}$$

根據惠更斯原理 (Huygen's principle)，遠處的電場是在天線孔徑上電場的每一個微分分量 (differential component) 造成效應的疊加。假設我們感興趣的點是在距離 r 的地方，z 與 $z + dz$ 之間的微分分量移動距離 r 所需的時間是 $t_o = r/c$，其中 c 是傳播速度。因此，天線孔徑上電場的微分分量對在 r 處電場的貢獻是

$$\begin{aligned} y(z, t)\, dz &= x(z, t - t_o)\, dz \\ &= \text{Re}\{w(z)e^{-j\omega_o t_o}\, dz\, e^{j\omega_o t}\} \end{aligned}$$

因為波長 $\lambda = 2\pi c/\omega_o$，推得 $\omega_o t_o = 2\pi r/\lambda$。於是與這個微分分量相關的複數振幅是 $w(z)e^{-j2\pi r/\lambda}$。

(a) 考慮點 P，它與 $z = 0$ 距離 R，而且與天線孔徑的法線軸成角度 θ，如圖 P3.94 所示。如果 R 遠大於天線孔徑沿 z 軸的

最大範圍，我們可以把 r 近似爲 $r = R + zs$，其中 $s = \sin\theta$。試利用這個近似求出 z 與 $z + dz$ 之間的微分分量對 P 的貢獻。

(b) 試對天線孔徑上所有電場的微分分量積分，以證明在 P 點的電場是

$$Y(s, R) = \text{Re}\{G(s)e^{-j2\pi R/\lambda}e^{j\omega_o t}\}$$

其中

$$G(s) = \int_{-\infty}^{\infty} w(z)e^{-j2\pi zs/\lambda}\,dz$$

代表電場的複數振幅是 $\sin\theta$ 的函數。將這個結果與(3.36)式作比較。會發現 $G(s)$ 是 $w(z)$ 在 $2\pi s/\lambda$ 處的 FT。

(c) 試利用(b)小題中的 FT 關係式，對於下列的天線孔徑分佈，求出遠場(far-field)的場型(pattern)，$|G(s)|$。

(i) $w(z) = \begin{cases} 1, & |z| < 5 \\ 0, & \text{其他條件} \end{cases}$

(ii) $w(z) = \begin{cases} e^{j\pi z/4}, & |z| < 5 \\ 0, & \text{其他條件} \end{cases}$

(iii)

$w(z) = \begin{cases} 1/2 + (1/2)\cos(\pi z/5), & |z| < 5 \\ 0, & \text{其他條件} \end{cases}$

(iv) $w(z) = e^{-z^2}$

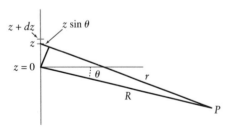

圖 P3.94

以上假設 $\lambda = 1$，另外請畫出 $|G(s)|$ 在 $-\pi/2 < \theta < \pi/2$ 範圍內的圖形。

3.95 圖 P3.95 是一個名爲 波束形成器 (beamformer)系統的圖示。這個波束形成器的輸出是陣列 (array) 中每一個天線訊號的加權總和。我們假設這些天線是以等距 d 排列在一條垂直線上，而它們要測量的是單一頻率 ω_o 傳送平面波的複數振幅。圖中顯示一個平面波 $p(t) = e^{j\omega_o t}$ 從 θ 方向抵達這個陣列。如果最上方的天線量到 $p(t)$，則第二個天線量到的是 $p(t - \tau(\theta))$，其中 $\tau(\theta) = (d\sin\theta)/c$ 是平面波的波前從最上方的天線傳播到第二個天線所需的時間延遲，而 c 是光速。由於天線等距排列，第 k 個天線量到的訊號是 $p(t - k\tau(\theta))$，因此整個波束形成器的輸出是

$$\begin{aligned} y(t) &= \sum_{k=0}^{N-1} w_k p(t - k\tau(\theta)) \\ &= e^{j\omega_o t} \sum_{k=0}^{N-1} w_k e^{-j\omega_o k\tau(\theta)} \\ &= e^{j\omega_o t} \sum_{n=0}^{N-1} w_k e^{-j(\omega_o kd\sin\theta)/c} \end{aligned}$$

這個公式可以解釋爲：從 θ 方向進來的複數弦波輸入，產生相同頻率的複數弦波輸出。波束形成器引進了可以用下述複數表示的振幅和相位的改變

$$b(\theta) = \sum_{k=0}^{N-1} w_k e^{-j(\omega_o kd\sin\theta)/c}$$

波束形成器的增益 $|b(\theta)|$ 被稱爲 波束場型 (beam pattern)。注意這個增益是訊號進來方向的函數，因此波束形成器有分辨不同方向訊號的潛力。爲了方便起見，我們假設我們選取的運作頻率和天線間距滿足

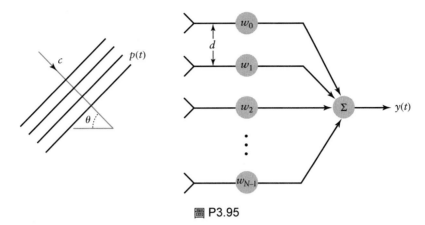

圖 P3.95

$\omega_o d/c = \pi$。我們也假設 θ 是在 $-\pi/2 < \theta < \pi/2$ 範圍以內。

(a) 試把上述波束場型的公式，跟一個只有 N 個非零脈衝響應係數的離散時間系統的頻率響應作比較。也就是說，假設對於 $h[k] = 0$ 和 $k < 0$，$k \geq N$。

(b) 假設 $N = 2$，試分別對 $w_o = w_1 = 0.5$，和 $w_1 = 0.5$，$w_2 = -0.5$ 的情形算出並畫出波束場型。

(c) 試對 $N = 4$ 而且 $w_k = 0.25$，$k = 0,1,2,3$ 的情形算出並畫出波束場型。

(d) 假設 $N = 8$，試比較 $w_k = 1/8$，$k = 0,1$，$\cdots$，7 和 $w_k = 1/8 e^{jk\pi/2}$，$k = 0,1,\cdots$，7 兩種情況的波束場型。

3.96 在習題 2.81，我們曾經求出擺盪繩索的運動方程式是 $y_k(l,t) = \phi_k(l)f_k(t)$，$0 \leq l \leq a$ 的形式，其中

$$f_k(t) = a_k \cos(\omega_k ct) + b_k \sin(\omega_k ct),$$
$$\phi_k(l) = \sin(\omega_k l)$$

以及 $\omega_k = k\pi/a$。因為 $y_k(l,t)$ 對於任意的 a_k 和 b_k 都是其解，這個方程式最一般的解具有下列形式

$$y(l,t) = \sum_{k=1}^{\infty} \sin(\omega_k l)(a_k \cos(\omega_k ct) + b_k \sin(\omega_k ct))$$

我們可以利用初始條件 $y(l,0) = x(\ell)$ 求出 a_k，並用另一初始條件 $\frac{\partial}{\partial t} y(l,t)\big|_{t=0}$ 求出 b_k。

(a) 試用 $x(l)$ 的 FS 係數來表示 a_k 的解。（提示：考慮(3.25)及(3.26)式，把其中的t換成 l。）

(b) 試用 $g(l)$ 的 FS 係數表示 b_k 的解。

(c) 試求 $y(l,t)$，假設 $g(l) = 0$ 而 $x(l)$ 如圖 P3.96 所示。

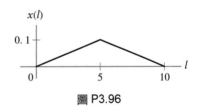

圖 P3.96

3.97 在這一題我們探討 DTFS 的一種矩陣表示法。DTFS 把一個 N 週期訊號 $x[n]$ 的 N 個時域值表示為 N 個頻域值 $X[k]$ 的函數。定義下述向量

$$\mathbf{x} = \begin{bmatrix} x[0] \\ x[1] \\ \vdots \\ x[N-1] \end{bmatrix} \quad \text{和} \quad \mathbf{X} = \begin{bmatrix} X[0] \\ X[1] \\ \vdots \\ X[N-1] \end{bmatrix}$$

(a) 試證明 DTFS 表示法

$$x[n] = \sum_{k=0}^{N-1} X[k]e^{jk\Omega_o n}, \quad n = 0, 1, \ldots, N-1$$

可以用矩陣和向量的方式寫成 $\mathbf{x} = \mathbf{VX}$，其中 $\mathbf{V}$ 是 N 乘 N 矩陣。試求 $\mathbf{V}$ 的元素。

(b) 試證明 DTFS 係數的公式，

$$X[k] = \frac{1}{N}\sum_{n=0}^{N-1} x[n]e^{-jk\Omega_o n}, k = 0, 1, \\ \cdots, N-1$$

可以用矩陣和向量的方式寫為 $\mathbf{x} = \mathbf{Wx}$，其中 $\mathbf{W}$ 是 N 乘 N 矩陣。試求 $\mathbf{W}$ 的元素。

(c) 只要 $\mathbf{V}$ 是非奇異矩陣，表示式 $\mathbf{x} = \mathbf{VX}$ 暗示 $X = \mathbf{V}^{-1}\mathbf{X}$。比較這個方程式與(b)小題的結果，我們得出結論 $\mathbf{W} = \mathbf{V}^{-1}$。試透過證明 $\mathbf{WV} = \mathbf{I}$ 證明這個結論。(提示：利用(a)小題和(b)小題中求出的 $\mathbf{V}$ 和 $\mathbf{W}$ 定義，得出矩陣 $\mathbf{WV}$ 第 l 列第 m 行元素的公式，然後使用習題 3.85 的結果。)

3.98 如果把級數展開式以及基底函數的共軛組成一個內積，我們可以求出 FS 係數。令

$$x(t) = \sum_{k=-\infty}^{\infty} X[k]e^{jk\omega_o t}$$

試利用習題 3.85 的結果，推導出 $X[k]$ 的公式。方法是把方程式的兩邊分別乘上 $e^{-jk\omega_o t}$，然後對一個週期進行積分。

3.99 在這一題，我們把訊號 $x(t)$ 與它的 FS 近似之間的均方根誤差 (MSE) 最小化，以求出 FS 係數 $X[k]$。定義第 J 項 FS 為

$$\hat{x}_J(t) = \sum_{k=-J}^{J} A[k]e^{jk\omega_o t}$$

以及第 J 項 MSE 是在一個週期內的均方差：

$$MSE_J = \frac{1}{T}\int_0^T |x(t) - \hat{x}_J(t)|^2\, dt$$

(a) 試代入 $\hat{x}_J(t)$ 的級數表示法，然後利用恆等式 $|a+b|^2 = (a+b)(a^* + b^*)$ 把振幅的平方展開，得出

$$\begin{aligned} MSE_J = {} & \frac{1}{T}\int_0^T |x(t)|^2\, dt \\ & - \sum_{k=-J}^{J} A^*[k]\left(\frac{1}{T}\int_0^T x(t)e^{-jk\omega_o t}\, dt\right) \\ & - \sum_{k=-J}^{J} A[k]\left(\frac{1}{T}\int_0^T x^*(t)e^{jk\omega_o t}\, dt\right) \\ & + \sum_{m=-J}^{J}\sum_{k=-J}^{J} A^*[k]A[m] \\ & \quad \left(\frac{1}{T}\int_0^T e^{-jk\omega_o t}e^{jm\omega_o t}\, dt\right) \end{aligned}$$

(b) 定義

$$X[k] = \frac{1}{T}\int_0^T x(t)e^{-jk\omega_o t}\, dt$$

以及利用 $e^{jk\omega_o t}$ 和 $e^{jm\omega_o t}$ 的正交性 (參考習題 3.85)，證明

$$\begin{aligned} MSE_J = {} & \frac{1}{T}\int_0^T |x(t)|^2\, dt - \sum_{k=-J}^{J} A^*[k]X[k] \\ & - \sum_{k=-J}^{J} A[k]X^*[k] + \sum_{k=-J}^{J} |A[k]|^2 \end{aligned}$$

(c) 試利用配方法 (completing the square) 的技巧來證明

$$\begin{aligned} MSE_J = {} & \frac{1}{T}\int_0^T |x(t)|^2\, dt \\ & - \sum_{k=-J}^{J} |A[k] - X[k]|^2 - \sum_{k=-J}^{J} |X[k]|^2 \end{aligned}$$

(d) 試求出把 MSE_J 最少化的 $A[k]$ 的值。

(e) 試把 MSE_J 的最小值表示為 $x(t)$ 和 $X[k]$ 的函數。當 J 增加的時候對 MSE_J 會有何影響？

3.100 *廣義傅立葉級數 (Generalized Fourier Series)* 傅立葉級數的觀念可以推廣到複數

弦波以外的其他訊號的和。也就是說,我們可以把一個在區間 $[t_1,t_2]$ 上的訊號 $x(t)$ 表示為 N 個函數 $\varphi_0(t)$,$\varphi_1(t)$,…,$\varphi_{N-1}(t)$ 的加權總和:

$$x(t) \approx \sum_{k=0}^{N-1} c_k \phi_k(t)$$

我們假設這 N 個函數在 $[t_1,t_2]$ 上互相正交,即,

$$\int_{t_1}^{t_2} \phi_k(t)\phi_l^*(t)\, dt = \begin{cases} 0, & k \neq l, \\ f_k, & k = l \end{cases}$$

這個近似的均方誤差是

$$\text{MSE} = \frac{1}{t_2 - t_1} \int_{t_1}^{t_2} \left| x(t) - \sum_{k=1}^{N} c_k \phi_k(t) \right|^2 dt$$

(a) 試證明這個 MSE 是在 $c_k = \frac{1}{f_k} \int_{t_2}^{t_1} x(t)\phi_k^*(t)\, dt$ 時達到最小值。(提示:把習題 3.99 (a)-(d)所勾勒的步驟應用到這一題。)

(b) 試證明如果

$$\int_{t_1}^{t_2} |x(t)|^2\, dt = \sum_{k=0}^{N-1} f_k |c_k|^2$$

則 MSE 等於零。假如這個關係式對某類函數中的所有 $x(t)$ 都成立,則對於這一類函數來說,基底函數 $\varphi_0(t)$,$\varphi_1(t)$,…,$\varphi_{N-1}(t)$ 被稱為 "完全的"(complete) 基底。

(c) 沃爾什函數 (Walsh function) 是一組正交函數,用來表示定義在[0,1]區間上的訊號。假設我們用圖 P3.100 中的前六個沃爾什函數來對下述訊號作近似,試求出 c_k 與 MSE:

(i) $x(t) = \begin{cases} 2, & \frac{1}{2} < t < \frac{3}{4} \\ 0, & 0 < t < \frac{1}{2}, \frac{3}{4} < t < 1 \end{cases}$

(ii) $x(t) = \sin(2\pi t)$

試繪出訊號和它的沃爾什函數近似的略圖。

(d) 勒讓德多項式 (Legendre polynomials) 是在 $[-1,1]$ 區間上的另一組正交函數。我們可以從下述的差分方程

$$\phi_k(t) = \frac{2k-1}{k} t\phi_{k-1}(t) - \frac{k-1}{k} \phi_{k-2}(t)$$

和初始條件 $\varphi_0(t) = 1$ 和 $\varphi_1(t) = t$ 求出這些函數。假設我們用前六個勒讓德多項式來對下列訊號作近似,試求出 c_k 與 MSE:

(i) $x(t) = \begin{cases} 2, & 0 < t < \frac{1}{2} \\ 0, & -1 < t < 0, \frac{1}{2} < t < 1 \end{cases}$

(ii) $x(t) = \sin(\pi t)$

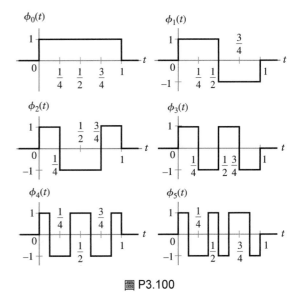

圖 P3.100

3.101 透過把一個非週期訊號描述為一個週期訊號的極限形式,而其週其 T 則趨近無限長,我們可以從 FS 推導出 FT。要採用這個方法,我們需要假設週期 FS 的 FS 存在,當 $|t| > \frac{T}{2}$ 時非週期訊號等於零,而且當 T 趨近無限長時,我們是以對稱的方式

來取極限。定義有限期間的非週期訊號 $x(t)$ 為 T 週期訊號 $\tilde{x}(t)$ 的一個週期，即

$$x(t) = \begin{cases} \tilde{x}(t), & -\frac{T}{2} < t < \frac{T}{2} \\ 0, & |t| > \frac{T}{2} \end{cases}$$

(a) 試繪製一個 $x(t)$ 與 $\tilde{x}(t)$ 的例子來說明，當 T 增加的時候，$x(t)$ 中 $\tilde{x}(t)$ 的週期性複製訊號會越來越遠離原點。最後，當 T 趨近無窮時，這些複製訊號都會被送到無窮遠去。因此，我們可以說

$$x(t) = \lim_{T \to \infty} \tilde{x}(t)$$

(b) 週期性訊號 $\tilde{x}(t)$ 的 FS 表示法是

$$\tilde{x}(t) = \sum_{k=-\infty}^{\infty} X[k] e^{jk\omega_o t}$$

其中

$$X[k] = \frac{1}{T} \int_{-\frac{T}{2}}^{\frac{T}{2}} \tilde{x}(t) e^{-jk\omega_o t}\, dt$$

試證明 $X[k] = \frac{1}{T} X(jk\omega_o)$，其中

$$X(j\omega) = \int_{-\infty}^{\infty} x(t) e^{j\omega t}\, dt$$

(c) 試將上述的 $X[k]$ 定義代入(b)小題中 $\tilde{x}(t)$ 的公式，以證明

$$\tilde{x}(t) = \frac{1}{2\pi} \sum_{k=-\infty}^{\infty} X(jk\omega_o) e^{jk\omega_o t} \omega_o$$

(d) 試利用(a)小題中 $x(t)$ 的極限表示式，並且定義 $\omega \approx k\omega_o$，證明(c)小題中總和的極限形式是下述的積分

$$x(t) = \frac{1}{2\pi} \int_{-\infty}^{\infty} X(j\omega) e^{j\omega t}\, d\omega$$

電腦實驗 (COMPUTER EXPERIMENTS)

3.102 試利用 MATLAB 重做範例 3.7，其中 $N = 50$ 及 (a) $M = 12$，(b) $M = 5$，和(c) $M = 20$。

3.103 試利用 MATLAB 的 fft 指令重做習題 3.48。

3.104 試利用 MATLAB 的 ifft 指令重做習題 3.49。

3.105 試利用 MATLAB 的 fft 指令重做範例 3.8。

3.106 試利用 MATLAB 重做範例 3.14。對 $J = 29$，59 和 99 計算超越 (overshoot) 的峰值。

3.107 令 $x(t)$ 為圖 P3.107 中的三角波。

(a) 試求 FS 係數 $X[k]$。

(b) 試證明 $x(t)$ 的 FS 表示法可以寫成下述形式

$$x(t) = \sum_{k=0}^{\infty} B[k] \cos(k\omega_o t)$$

(c) 定義 $x(t)$ 的 J 項部分和近似為

$$\hat{x}_J(t) = \sum_{k=0}^{J} B[k] \cos(k\omega_o t)$$

對於 $J = 1$，3，7，29 和 99 的情形，試利用 MATLAB 計算並畫出 $\hat{x}_J(t)$ 及和中第 J 項的一個週期。

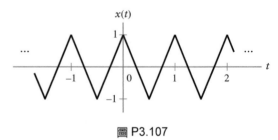

圖 P3.107

3.108 試對下述脈衝串列重做習題 3.107

$$x(t) = \sum_{n=-\infty}^{\infty} \delta(t - n)$$

3.109 試利用 MATLAB，對下列的時間常數重做範例 3.15：

    (a) $RC = 0.01$ 秒

    (b) $RC = 0.1$ 秒

    (c) $RC = 1$ 秒

3.110 這個實驗是從習題 3.71 發展出來的。

    (a) 試繪出圖 P3.71 中電路的振幅響應圖，假設輸出是電感兩端的電位差。畫圖時請用對數排列的頻率 0.1 到 1000。你可以利用 MATLAB 指令 `logspace (d1,d2,N)` 在 10^{d1} 和 10^{d2} 間產生 N 個對數排列的值。

    (b) 如果輸入是圖 3.21 中的方波，其中 $T = 1$ 與 $T_o = 1/4$，試利用最少有 99 個諧波的截斷 FS 展開式，求出並畫出電感兩端的電壓差。

    (c) 試畫出圖 P3.71 中電路的振幅響應，假設輸出是電阻兩端的電位差。畫圖時使用從 0.1 到 1000，對數排列的頻率。

    (d) 如果輸入是圖 3.21 中的方波，並有 $T = 1$ 與 $T_o = 1/4$，試利用最少有 99 個諧波的截斷 FS 展開，求出電阻兩端的電壓差並繪圖

3.111 這個實驗是從習題 3.72 發展出來的。

    (a) 試對圖 P3.72 中的電路之振幅響應繪圖，請使用 501 個從 1 rad/s 到 10rad/s 的對數排列 (logarithmically spaced) 的值。你可以利用 MATLAB 指令 `logspace` 來產生 N 個在 10^{d1} 與 10^{d2} 之間，對數排列的值。

    (i) 假設 $L = 10\,\text{mH}$。

    (ii) 假設 $L = 4\,\text{mH}$。

    (b) 假設輸入是圖 3.21 中的方波，其中 $T = 2\pi \times 10^{-3}$ 與 $T_o = 2\pi \times 10^{-3}$，試利用最少有 99 個諧波的截斷 FS 展開式，求出其輸出，並畫出圖形。

    (i) 假設 $L = 10\,\text{mH}$。

    (ii) 假設 $L = 4\,\text{mH}$。

3.112 試算出範例 3.46 的截斷濾波器的頻率響應。你在 MATLAB 中可以針對大量的 (個數 > 1000) Ω 值寫一個 m 檔以求出

$$H_t(e^{j\Omega}) = \sum_{n=-M}^{M} h[n]e^{-j\Omega n}$$

Ω 屬於區間 $-\pi < \Omega \le \pi$。試就下列的 M 的值，對頻率響應的振幅以 dB 為單位 dB $(20\log_{10}|H_t(e^{j\Omega})|)$ 作圖：

    (a) $M = 4$

    (b) $M = 10$

    (c) $M = 25$

    (d) $M = 50$

討論如果 M 增加，$H_t(e^{j\Omega})$ 對 $H(e^{j\Omega})$ 趨近時的精確度會受到甚麼影響。

3.113 試利用 MATLAB 指令 `freqs` 或 `freqz` 對下列系統的振幅響應作圖：

    (a) $H(j\omega) = \dfrac{8}{(j\omega)^3 + 4(j\omega)^2 + 8j\omega + 8}$

    (b) $H(j\omega) = \dfrac{(j\omega)^3}{(j\omega)^3 + 2(j\omega)^2 + 2j\omega + 1}$

    (c) $H(e^{j\Omega}) = \dfrac{1 + 3e^{-j\Omega} + 3e^{-j2\Omega} + e^{-j3\Omega}}{6 + 2e^{-j2\Omega}}$

    (d) $H(e^{j\Omega}) =$

$$\frac{0.02426(1 - e^{-j\Omega})^4}{(1 + 1.10416e^{-j\Omega} + 0.4019e^{-j2\Omega})(1 + 0.56616e^{-j\Omega} + 0.7657e^{-j2\Omega})}$$

請判定這些系統具有低通、高通、還是帶通特徵。

3.114 假設一個離散時間方波的期間被定義為方波中非零值的個數，而頻寬則是主瓣的寬度。試利用 MATLAB 驗證這個方波的時間－頻寬乘積幾乎與每個週期中非零值的個數無關。我們定義方波的一個週期如下

$$x[n] = \begin{cases} 1, & 0 \leq n < M \\ 0, & M \leq n \leq 999 \end{cases}$$

首先用 fft 和 abs 求出振幅頻譜，然後對 $M = 20，40，50，100$ 和 200 計算在主瓣中 DTFS 係數的數目。

3.115 對於下列各類型的訊號，時間－頻寬乘積是期間的函數，試利用第 3.19 節中介紹的 MATLAB 函數 TdBw 求出這些乘積並繪出其圖形：

(a) *矩形脈波串列*。令在單一週期中的脈波長度為 M，然後把 M 從 51 開始每次增加 50 直到 701 為止。

(b) *升餘弦脈波串列*。令單一週期中的脈波長度為 M，然後把 M 從 51 開始每次增加 50 直到 701 為止。

(c) *高斯脈波串列*。令 $x[n] = e^{-an^2}$，$-500 \leq n \leq 500$ 表示單一週期中的高斯脈波。令 a 等於下列的值以改變脈波的期間：0.00005, 0.0001, 0.0002, 0.0005, 0.001, 0.002 和 0.005。

3.116 試利用 MATLAB 算出並畫出習題 3.96 在區間 $0 \leq l \leq 1$ 上，當 $t = 0.5，0.75，1，1.25，1.5$，以及 1.75 時的解，假設 $c = 1$。在求和的時候最少須使用 99 個諧波。

3.117 用狀態變數來描述的頻率響應 (參考習題 3.87)，不論是對於連續時間或離散時間的系統而言，都可以用 MATLAB 指令 freqresp 來計算。語法是 h=freqresp (sys,w)，其中 sys 是包含狀態變數描述的物件 (參考第 2.14 節)，w 是包含頻率的向量是用來計算頻率響應。注意 freqresp 一般適用於多重輸入和多重輸出，因此它的輸出 h 是多維數的陣列。對於本書考慮的單一輸入、單一輸出類型的系統，以及當 N 有 W 個頻率點的情形，h 的維度是 1 乘 1 乘 N。指令 squeeze(h) 把 h 轉換成一個可以用 plot 指令來顯示的 N 維向量。因此，我們可以用下列這些指令來求出頻率響應：

```
>> h = freqresp(sys,w);
>> hmag = abs(squeeze(h));
>> plot(w,hmag)
>> title('System Magnitude
   Response')
>> xlabel('Frequency
(rads/sec)'); ylabel('Magnitude')
```

對我們之前在習題 3.88 與 3.89 中曾經提出以狀態變數描述的系統，試利用 MATLAB 繪出它們的振幅響應與相位響應圖。

CHAPTER 4

傅立葉表示法對混合訊號類型的應用

4.1 簡介 (Introduction)

在上一章，我們對四種不同的訊號類型，分別推導這四種訊號所對應的傅立葉表示法，分別為(1)用於週期離散時間訊號的離散時間傅立葉級數 (DTFS)、(2)用於週期連續時間訊號的傅立葉級數 (FS)、(3)用於非週期離散時間訊號的離散時間傅立葉轉換 (DTFT)、以及(4)用於非週期連續時間訊號的傅立葉轉換 (FT)。現在，我們討論的重點是當這些種類的訊號混合時，如何應用傅立葉表示法，其中主要考慮下列情況：

▶ 週期與非週期訊號的混合
▶ 連續時間與離散時間訊號的混合

這些混合最常出現的地方，是當我們將傅立葉方法用於：(1)分析訊號與系統間的相互作用，或者，(2)對訊號的性質或系統的行為執行數值計算的時候。舉例來說，當我們將週期訊號輸入到一個穩定的 LTI 系統，系統輸出的摺積表示法當中會有非週期(脈衝響應)與週期(輸入)訊號混合在一起的情形。另一個例子是對連續時間訊號取樣的系統，這類系統同時與連續時間和離散時間訊號有關。

如果要用傅立葉方法來分析這些互動作用，我們必須在不同類型訊號的傅立葉表示法之間建立關聯性。這就是我們在這一章要進行的工作。FT 和 DTFT 最常應用於訊號分析上。因此，我們發展出連續時間週期訊號的FT表示法，以及離散時間週期訊號的 DTFT 表示法。如此一來，當連續時間的應用問題同時與週期和非週期訊號有關時，就可以用FT進行分析，或者在離散時間的情況下，用DTFT來分析週期與非週期訊號的混合。我們也要發展離散時間的FT表示法，以便於分析連續時間和離散時間訊號混合的問題。至於在電腦計算應用方面，DTFS是首選的表示法，因此我們也會研究如何用 DTFS 來表示 FT、FS 和 DTFT。本章的前半部分，也是主要的部分，將分析各種表示法，至於電腦計算方面的應用則會留待本章結束處再簡要討論。

　　我們在本章首先推導週期訊號的 FT 和 DTFT 表示法，然後複習摺積與調變，並考慮週期與非週期訊號互相作用時的應用。緊接著，我們發展出離散時間訊號的 FT 表示法，並分析取樣訊號的過程，以及如何從取出的樣本重建連續時間訊號的過程。這些議題在我們使用電腦來操作連續時間訊號時，都是重要的基礎知識。特別是在討論通訊系統 (第五章)，濾波器 (第八章) 與控制系統 (第九章)。我們的分析顯示出用離散時間的方式來處理連續時間訊號有其侷限，但同時也提供了一個實際可行的系統將這些侷限減到最少。

　　試著回想一下，DTFS 是唯一可以用電腦來算出數值的傅立葉表示法。因此，DTFS 在訊號處理的數值演算法中被廣泛應用。在本章最後，我們將檢視 DTFS 兩個最常見的用途：(1)FT的數值近似，以及(2)如何有效率地實作出離散時間的摺積。關於這兩種應用，若想要正確地理解這些結果，我們都必須完全掌握不同訊號類型之間傅立葉表示法的關係。而關於訊號與系統問題的求解過程中，徹底地瞭解FT、FS、DTFT 和 DTFS 這四種傅立葉表示法之間的關係是一個關鍵的步驟。

4.2　週期訊號的傅立葉轉換表示法
(Fourier Transform Representations of Periodic Signals)

請回想一下，週期訊號的傅立葉表示法就是 FS 和 DTFS。至於 FT 和 DTFT，嚴格來說，它們對週期訊號都不收斂。不過，如果我們適當地在 FT 和 DTFT 中引入脈衝訊號，還是可以發展出這類訊號的 FT 和 DTFT 表示法。這些表示法滿足我們認為 FT 和 DTFT 應該擁有的性質，因此可以利用這些表示法和 FT 與 DTFT 的性質，來分析週期和非週期訊號混合後產生的問題。這個推導確立了傅立葉級數表示法和傅立葉轉換表示法之間的關係。我們先從連續時間的情形開始討論。

■ 4.2.1　建立 FT 與 FS 的關係 (Relating the FT to the FS)

週期訊號 $x(t)$ 的 FS 表示法為

$$x(t) = \sum_{k=-\infty}^{\infty} X[k]e^{jk\omega_o t} \tag{4.1}$$

其中 ω_o 是訊號的基頻。請回想在 3.7 節曾經得到 $1 \xleftrightarrow{\ FT\ } 2\pi\delta(\omega)$。利用這個結果與 3.12 節的頻率平移性質，我們發現經過頻率平移的脈衝 $\delta(\omega - k\omega_o)$，其逆 FT 是頻率為 $k\omega_o$ 的複數正弦波：

$$e^{jk\omega_o t} \xleftrightarrow{\ FT\ } 2\pi\delta(\omega - k\omega_o) \tag{4.2}$$

將(4.2)式中的 FT 對，代入(4.1)式的 FS 表示法裡，然後利用 FT 的線性性質，我們得到

$$\boxed{x(t) = \sum_{k=-\infty}^{\infty} X[k]e^{jk\omega_o t} \xleftrightarrow{\ FT\ } X(j\omega) = 2\pi \sum_{k=-\infty}^{\infty} X[k]\delta(\omega - k\omega_o)} \tag{4.3}$$

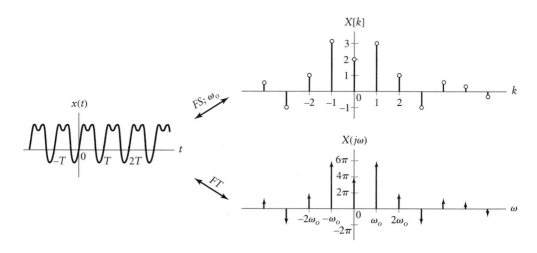

圖 4.1　週期連續時間訊號的 FS 和 FT 表示法。

由此可見，週期訊號的 FT 是一系列脈衝組合成的頻率譜線，而這些脈衝以基頻 ω_o 為頻率間距。第 k 個脈衝的強度是 $2\pi X[k]$，其中 $X[k]$ 是第 k 個 FS 係數。FT 與 FS 的關係圖示見於圖 4.1。請注意 $X(j\omega)$ 的形狀與 $X[k]$ 完全一樣。

　　(4.3)式也指出如何互相轉換週期訊號的 FT 和 FS 表示法。要從 FS 得出 FT，我們在 ω_o 的整數倍數之處放置脈衝，然後將這些脈衝的權重設定為 2π 並乘上對應的 FS 係數。如果已知 FT 是由在 ω 軸上等距分佈的脈衝所組成，我們只要將這些脈衝的強度除以 2π 就可以得到對應的 FS 係數，而 FS 的基頻則對應於這些脈衝的頻率間距。

範例 4.1

餘弦函數的 FT　試求 $x(t) = \cos(\omega_o t)$ 的 FT 表示法。

解答　$x(t)$ 的 FS 表示法是

$$\cos(\omega_o t) \xleftrightarrow{FS;\,\omega_o} X[k] = \begin{cases} \frac{1}{2}, & k = \pm 1 \\ 0, & k \neq \pm 1 \end{cases}$$

將這些係數代入(4.3)式中可得到

$$\cos(\omega_o t) \xleftrightarrow{FT} X(j\omega) = \pi\delta(\omega - \omega_o) + \pi\delta(\omega + \omega_o)$$

這個 FT 對的圖形表示如圖 4.2。

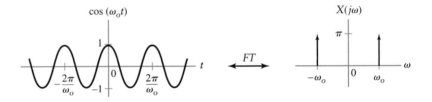

圖 4.2　一個餘弦函數的 FT。

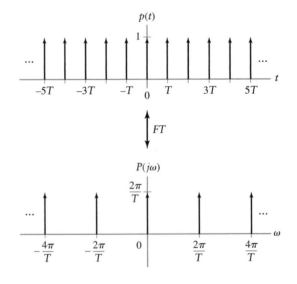

圖 4.3　一個脈衝串列與其 FT。

範例 **4.2**

單位脈衝串列的 FT　試求下述脈衝串列的 FT

$$p(t) = \sum_{n=-\infty}^{\infty} \delta(t - nT)$$

解答　我們注意到 $p(t)$ 是基本週期為 T 的週期函數，所以 $\omega_o = 2\pi/T$，而且 FS 係數如下：

$$P[k] = \frac{1}{T} \int_{-T/2}^{T/2} \delta(t)e^{-jk\omega_o t} \, dt$$
$$= 1/T$$

將這些值代入(4.3)式，我們得到

$$P(j\omega) = \frac{2\pi}{T} \sum_{k=-\infty}^{\infty} \delta(\omega - k\omega_o)$$

可見 $p(t)$ 的 FT 也是脈衝串列，即脈衝串列是它本身的 FT。頻域中的脈衝間距與時域中的脈衝間距成反比，而兩個脈衝的強度則相差一個因子 $2\pi/T$。這個 FT 對可見於圖 4.3。

▶ **習題 4.1**　試求下列週期訊號的 FT 表示法：

(a) $x(t) = \sin(\omega_o t)$

(b) 圖 4.4 中的週期方波

(c) $x(t) = |\sin(\pi t)|$

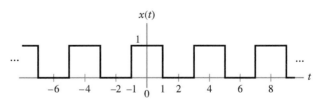

圖 4.4　習題 4.1 的方波。

答案：(a) $X(j\omega) = (\pi/j)\delta(\omega - \omega_o) - (\pi/j)\delta(\omega + \omega_o)$

(b) $X(j\omega) = \sum_{k=-\infty}^{\infty} \frac{2\sin(k\pi/2)}{k}\delta(\omega - k\pi/2)$

(c) $X(j\omega) = \sum_{k=-\infty}^{\infty} 4/(1 - 4k^2)\delta(\omega - k2\pi)$

➤ **習題 4.2**　試求對應於下列 FT 表示法的時域訊號 $x(t)$：

(a) $X(j\omega) = 4\pi\delta(\omega - 3\pi) + 2j\pi\delta(\omega - 5\pi) + 4\pi\delta(\omega + 3\pi) - 2j\pi\delta(\omega + 5\pi)$

(b) $X(j\omega) = \sum_{k=0}^{6} \dfrac{\pi}{1 + |k|}\{\delta(\omega - k\pi/2) + \delta(\omega + k\pi/2)\}$

答案：(a) $x(t) = 4\cos(3\pi t) - 2\sin(5\pi t)$

　　　(b) $x(t) = \sum_{k=0}^{6} \dfrac{1}{1 + |k|}\cos(k\pi t/2)$ ◀

■ 4.2.2　DTFT 與 DTFS 的關係 (Relating the DTFT to the DTFS)

推導離散時間週期訊號的DTFT的方法與上一個小節所敘述的相似。N週期訊號 $x[n]$ 的 DTFS 的公式是

$$x[n] = \sum_{k=0}^{N-1} X[k]e^{jk\Omega_o n} \tag{4.4}$$

如同FS的情形，我們觀察到的主要重點是，在頻率軸上一個經過頻率平移的脈衝，其逆DTFT是一個離散時間的複數弦波訊號。DTFT是頻率的 2π 週期函數，因此我們可以用兩種不同方式來表示經過頻率平移的脈衝：列出一個週期的情形，比如說

$$e^{jk\Omega_o n} \xleftrightarrow{\text{DTFT}} \delta(\Omega - k\Omega_o), \quad -\pi < \Omega \le \pi, \quad -\pi < k\Omega_o \le \pi$$

或者使用一個脈衝的無窮級數，其中的脈衝經過頻率平移，而且間距為 2π，就可得出如下列週期為 2π 的函數：

$$e^{jk\Omega_o n} \xleftrightarrow{\text{DTFT}} \sum_{m=-\infty}^{\infty} \delta(\Omega - k\Omega_o - m2\pi) \tag{4.5}$$

如圖 4.5 所示。(4.5)式的逆 DTFT 可以利用脈衝函數的篩選性質計算出來。我們得出

$$\frac{1}{2\pi}e^{jk\Omega_o n} \xleftrightarrow{\text{DTFT}} \sum_{m=-\infty}^{\infty} \delta(\Omega - k\Omega_o - m2\pi) \tag{4.6}$$

因此，我們可以確認複數弦波與經過頻率平移後的脈衝組成一個 DTFT 對。這是直接來自於脈衝函數性質的一個結果。

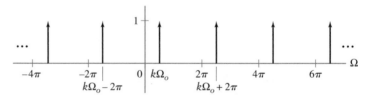

圖 4.5　由經過頻率平移的脈衝所組成的無窮級數，在頻率Ω軸上具 2π 的週期性。

其次，我們利用線性，並將公式(4.6)代入(4.4)式，得出週期訊號 $x[n]$ 的 DTFT：

$$x[n] = \sum_{k=0}^{N-1} X[k]e^{jk\Omega_o n} \xleftrightarrow{\ DTFT\ } X(e^{j\Omega}) = 2\pi \sum_{k=0}^{N-1} X[k] \sum_{m=-\infty}^{\infty} \delta(\Omega - k\Omega_o - m2\pi) \quad (4.7)$$

因為 $X[k]$ 的週期是 N 而且 $N\Omega_o = 2\pi$，我們可以合併公式(4.7)右邊的兩個Σ，然後將 $x[n]$ 的 DTFT 改寫為

$$\boxed{x[n] = \sum_{k=0}^{N-1} X[k]e^{jk\Omega_o n} \xleftrightarrow{\ DTFT\ } X(e^{j\Omega}) = 2\pi \sum_{k=-\infty}^{\infty} X[k]\delta(\Omega - k\Omega_o)} \quad (4.8)$$

由此可見，週期訊號的 DTFT 表示法是由脈衝所組成的級數，而脈衝的間距是基頻 Ω_o。第 k 個脈衝的強度是 $2\pi X[k]$，其中 $X[k]$ 是 $x[n]$ 的第 k 個 DTFS 係數。圖 4.6 同時畫出一個週期離散時間訊號 DTFS 與 DTFT 表示法。我們在這裡又再一次看到 DTFS $X[k]$ 與相對應的 DTFT $X(e^{j\Omega})$ 形狀很相似。

(4.8)式確立了 DTFS 和 DTFT 兩者之間的關係。 如果有已知的 DTFS 係數和基頻 Ω_o，要得到DTFT表示法，我們可以在 Ω_o 的整數倍數的地方放置脈衝，然後將它們的權重設定為 2π 乘以對應的 DTFS 係數。如果要從 DTFT 表示法取得 DTFS 係數，我們可以將這個過程逆轉過來。換言之，如果DTFT由在Ω軸上等距分佈的脈衝所組成，則只要將脈衝的強度除以 π 就可以得到 DTFS 係數，而 $x[n]$ 的基頻就是脈衝的間距。

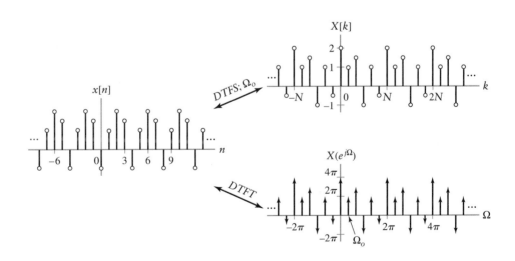

圖 4.6　週期離散時間訊號的 DTFS 和 DTFT 表示法。

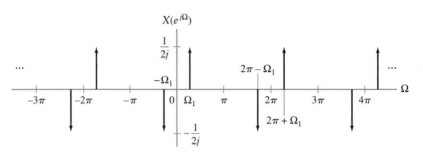

圖 4.7　範例 4.3 裡週期訊號的 DTFT。

範例 4.3

週期訊號的 DTFT　　試求圖 4.7 中頻域表示法的頻率訊號之逆 DTFT，其中 $\Omega_1 = \pi/N$。

解答　我們將 $X(e^{j\Omega})$ 的一個週期表示為

$$X(e^{j\Omega}) = \frac{1}{2j}\delta(\Omega - \Omega_1) - \frac{1}{2j}\delta(\Omega + \Omega_1), \quad -\pi < \Omega \leq \pi$$

由此我們可以推斷

$$X[k] = \begin{cases} 1/(4\pi j), & k = 1 \\ -1/(4\pi j), & k = -1 \\ 0, & \text{其他在區間} -1 \leq k \leq N-2 \text{裡的} k \text{值} \end{cases}$$

然後取逆 DTFT，得到

$$x[n] = \frac{1}{2\pi}\left[\frac{1}{2j}\left(e^{j\Omega_1 n} - e^{-j\Omega_1 n}\right)\right]$$
$$= \frac{1}{2\pi}\sin(\Omega_1 n)$$

➤ **習題 4.3**　試求下列週期訊號的 DTFT 表示法：
(a) $x[n] = \cos(7\pi n/16)$
(b) $x[n] = 2\cos(3\pi n/8 + \pi/3) + 4\sin(\pi n/2)$
(c) $x[n] = \sum_{k=-\infty}^{\infty} \delta[n - 10k]$

解答：在 $\pi < \Omega \leq \pi$ 範圍裡的 DTFT 是

(a) $X(e^{j\Omega}) = \pi\delta(\Omega - 7\pi/16) + \pi\delta(\Omega + 7\pi/16)$

(b) $X(e^{j\Omega}) = -(4\pi/j)\delta(\Omega + \pi/2) + 2\pi e^{-j\pi/3}\delta(\Omega + 3\pi/8) + 2\pi e^{j\pi/3}\delta(\Omega - 3\pi/8)$
$\qquad + (4\pi/j)\delta(\Omega - \pi/2)$

(c) $X(e^{j\Omega}) = \dfrac{2\pi}{10}\sum_{k=-4}^{5}\delta(\Omega - k\pi/5)$

4.3 週期與非週期訊號混合時的摺積與乘積 (Convolution and Multiplication with Mixtures of Periodic and Nonperiodic Signals)

在這一節，我們利用週期訊號的 FT 與 DTFT 表示法，對牽涉到週期與非週期訊號混合的題目加以分析。在摺積或乘積的問題中，出現週期與非週期訊號的混合是很平常的事情。比方說，當一個週期訊號輸入到一個穩定的濾波器，輸出可以表示為週期的輸入訊號與非週期的脈衝響應的摺積。在連續時間的情況，要對牽涉到週期與非週期訊號混合的問題加以分析時，我們運用的工具是 FT，而對於離散時間，當週期與非週期訊號混合，我們則使用 DTFT。這些分析之所以可行，是因為現在無論是週期或非週期訊號我們都有了 FT 和 DTFT 表示法。我們首先檢視週期與非週期訊號的摺積，然後才將重點放在與乘積有關的應用。

■ 4.3.1 週期與非週期訊號的摺積 (CONVOLUTION OF PERIODIC AND NONPERIODIC SIGNALS)

在 3.10 節我們曾經證明，時域中的摺積相當於頻域中的乘積，即

$$y(t) = x(t) * h(t) \xleftrightarrow{\;FT\;} Y(j\omega) = X(j\omega)H(j\omega)$$

如果題目中的一個訊號，例如 $x(t)$ 是週期訊號，則透過該訊號的 FT 表示法，即可將上述性質應用到題目裡。根據公式(4.3)，週期訊號的 $x(t)$ 的 FT 是

$$x(t) \xleftrightarrow{\;FT\;} X(j\omega) = 2\pi \sum_{k=-\infty}^{\infty} X[k]\delta(\omega - k\omega_o)$$

其中 $X[k]$ 是 FS 係數。將這個表示法代入摺積性質當中，我們得到

$$y(t) = x(t) * h(t) \xleftrightarrow{\;FT\;} Y(j\omega) = 2\pi \sum_{k=-\infty}^{\infty} X[k]\delta(\omega - k\omega_o)H(j\omega) \qquad (4.9)$$

現在利用脈衝的篩選性質，上式可以寫成

$$y(t) = x(t) * h(t) \xleftrightarrow{\;FT\;} Y(j\omega) = 2\pi \sum_{k=-\infty}^{\infty} H(jk\omega_o)X[k]\delta(\omega - k\omega_o) \qquad (4.10)$$

圖 4.8 描繪出(4.10)式中 $X(j\omega)$ 與 $H(j\omega)$ 相乘的情形。在 $X(j\omega)$ 中第 k 個脈衝的強度，以它所在頻率的 $X(j\omega)$ 的值，即 $H(jk\omega_o)$ 加以調整，然後在 $\omega = k\omega_o$ 處產生 $Y(j\omega)$ 的一個脈衝。 $Y(j\omega)$ 的形式對應於一個週期訊號。因此，$y(t)$ 是一個與 $x(t)$ 有相同週期的週期訊號。這個性質最常見的應用，是用來求出當輸入是週期訊號 $x(t)$ 時，其脈衝響應是 $h(t)$ 的濾波器輸出。

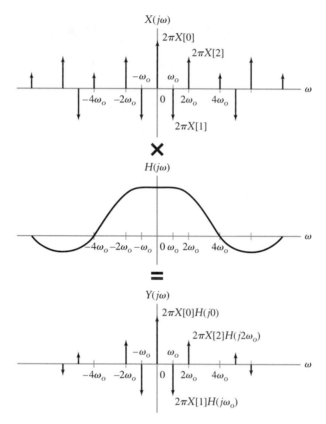

圖 4.8　週期訊號與非週期訊號混合時的摺積性質。

範例 4.4

一個 LTI 系統的週期性輸入訊號　令 LTI 系統的輸入為圖 4.4 中的週期方波，而此系統的脈衝響應為 $h(t) = (1/(\pi t))\sin(\pi t)$。試利用摺積性質求出該系統的輸出。

解答　對這個 LTI 系統的脈衝響應 $h(t)$ 取 FT，就得到它的頻率響應如下

$$h(t) \xleftrightarrow{\quad FT \quad} H(j\omega) = \begin{cases} 1, & |\omega| \leq \pi \\ 0, & |\omega| > \pi \end{cases}$$

利用公式(4.3)，我們可以寫下週期方波的 FT：

$$X(j\omega) = \sum_{k=-\infty}^{\infty} \frac{2\sin(k\pi/2)}{k}\delta\left(\omega - k\frac{\pi}{2}\right)$$

系統輸出的 FT 是 $Y(j\omega) = H(j\omega)X(j\omega)$。這個乘積可見於圖 4.9，其中

$$Y(j\omega) = 2\delta\left(\omega + \frac{\pi}{2}\right) + \pi\delta(\omega) + 2\delta\left(\omega - \frac{\pi}{2}\right)$$

這是由於 $H(j\omega)$ 的低通濾波作用，只讓在 $-\pi/2$，0 與 $\pi/2$ 的諧波通過，而將其他的諧波都抑制下來。我們取 $Y(j\omega)$ 的逆 FT 就得到輸出：

$$y(t) = (1/2) + (2/\pi)\cos(t\pi/2)$$

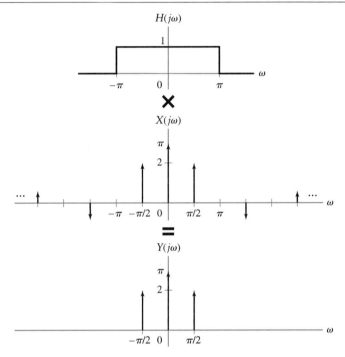

圖 4.9　範例 4.4 中摺積性質的應用。

▶ **習題 4.4**　某 LTI 系統的脈衝響應是 $h(t) = 2\cos(4\pi t)\sin(\pi t)/(\pi t)$，

試利用 FT 來求出輸出，如果輸入是

(a)　$x(t) = 1 + \cos(\pi t) + \sin(4\pi t)$

(b)　$x(t) = \sum_{m=-\infty}^{\infty}\delta(t-m)$

(c)　圖4-10中的 $x(t)$

解答　(a)　$y(t) = \sin(4\pi t)$

(b)　$y(t) = 2\cos(4\pi t)$

(c)　$y(t) = 0$

對於離散時間的情形也有類似的結果，這時候摺積性質是

$$y[n] = x[n] * h[n] \xleftarrow{\quad DTFT \quad} Y(e^{j\Omega}) = X(e^{j\Omega})H(e^{j\Omega})$$

當 $x[n]$ 是基頻為 Ω_0 的週期訊號時，將這個性質中的 $X(e^{j\Omega})$ 換成(4.8)式中週期訊號的 DTFT 表示法，我們可以得到

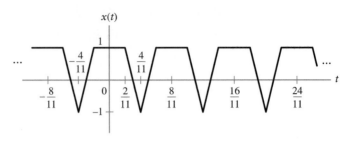

圖 4.10　習題 4.4 的訊號 $x(t)$。

$$y[n] = x[n] * h[n] \xleftrightarrow{\ DTFT\ } Y(e^{j\Omega}) = 2\pi \sum_{k=-\infty}^{\infty} H(e^{jk\Omega_o})X[k]\delta(\Omega - k\Omega_o) \quad (4.11)$$

$Y(e^{j\Omega})$ 的形式表示 $y[n]$ 也是週期訊號，而且週期和 $x[n]$ 一樣。這個性質可以用來計算離散時間 LTI 系統的輸入輸出行為。

▶ **習題 4.5**　令某個離散時間 LTI 系統的輸入為

$$x[n] = 3 + \cos(\pi n + \pi/3)$$

試對下列脈衝響應求出系統的輸出：

(a) $h[n] = \left(\frac{1}{2}\right)^n u[n]$

(b) $h[n] = \sin(\pi n/4)/(\pi n)$

(c) $h[n] = (-1)^n \sin(\pi n/4)/(\pi n)$

解答：　(a) $y[n] = 6 + (2/3)\cos(\pi n + \pi/3)$

　　　　(b) $y[n] = 3$

　　　　(c) $y[n] = \cos(\pi n + \pi/3)$　◀

■ 4.3.2　週期與非週期訊號的乘積 (MULTIPLICATION OF PERIODIC AND NONPERIODIC SIGNALS)

再一次考慮 FT 的乘法性質，表示如下

$$y(t) = g(t)x(t) \xleftrightarrow{\ FT\ } Y(j\omega) = \frac{1}{2\pi}G(j\omega) * X(j\omega)$$

如果 $x(t)$ 是週期訊號，我們可以透過它的 FT 表示法來應用乘法性質。將(4.3)式用於 $X(j\omega)$，我們得到

$$y(t) = g(t)x(t) \xleftrightarrow{\ FT\ } Y(j\omega) = G(j\omega) * \sum_{k=-\infty}^{\infty} X[k]\delta(\omega - k\omega_o)$$

根據脈衝函數的篩選性質,將一個經過位移的脈衝與任何函數進行摺積,其結果是原來函數經過位移後的版本。因此我們有

$$y(t) = g(t)x(t) \xleftrightarrow{\text{FT}} Y(j\omega) = \sum_{k=-\infty}^{\infty} X[k]G(j(\omega - k\omega_o)) \tag{4.12}$$

$g(t)$ 與週期函數 $x(t)$ 相乘後的 FT 可視為 $G(j\omega)$ 經過不同頻率平移之後的加權和。這個結果的圖示可見於圖 4.11。不出所料, $Y(j\omega)$ 的形式屬於一個非週期訊號的 FT,因為週期與非週期訊號的乘積是非週期的。

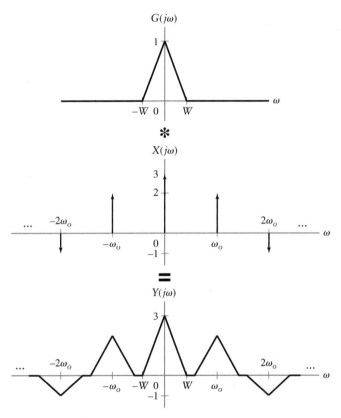

圖 4.11 週期與非週期時域訊號的乘積,相當於它們對應 FT 表示法的摺積。

範例 **4.5**

與方波相乘　考慮輸出為 $y(t) = g(t)x(t)$ 的系統,並令 $x(t)$ 為圖 4.4 中的方波。(a)試求 $Y(j\omega)$,並以 $G(j\omega)$ 表示。(b)如果 $g(t) = \cos(t/2)$,試描繪 $Y(j\omega)$ 的圖形。

解答　這個方波有下述 FS 表示法

$$x(t) \xleftrightarrow{\;FS;\;\pi/2\;} X[k] = \frac{\sin(k\pi/2)}{\pi k}$$

(a) 將這個結果代入(4.12)式，得出

$$Y(j\omega) = \sum_{k=-\infty}^{\infty} \frac{\sin(k\pi/2)}{\pi k} G(j(\omega - k\pi/2))$$

(b) 這裡我們有

$$G(j\omega) = \pi\delta(\omega - 1/2) + \pi\delta(\omega + 1/2)$$

因此 $Y(j\omega)$ 可以表示為

$$Y(j\omega) = \sum_{k=-\infty}^{\infty} \frac{\sin(k\pi/2)}{k} [\delta(\omega - 1/2 - k\pi/2) + \delta(\omega + 1/2 - k\pi/2)]$$

圖 4.12 畫出組成 $Y(j\omega)$ 的級數中，靠近 $k = 0$ 的項。

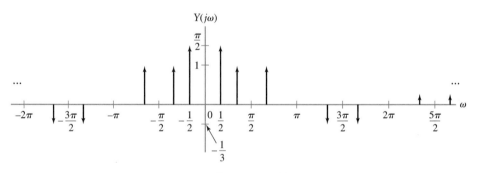

圖 4.12　範例 4.5(b)的解。

範例 4.6

AM 無線電　乘法性質是瞭解某一種調幅 (AM) 無線電原理的基礎。(第五章會對 AM 系統進行更詳細的討論。) 我們在圖 4.13(a)中描繪了一個經過簡化的發射器和接收器。對於這個系統，我們忽略傳播以及通道雜訊的影響：我們假設在接收器天線所得到的訊號 $r(t)$ 等於發射的訊號，而接收器中低通濾波器的通帶相等於訊息的頻寬$-W < \omega < W$。試在頻域中分析這個系統。

解答　假設訊息的頻譜如圖 4.13(b)所示。發射的訊號可表示為

$$r(t) = m(t)\cos(\omega_c t) \xleftrightarrow{\;FT\;} R(j\omega) = (1/2)M(j(\omega - \omega_c)) + (1/2)M(j(\omega + \omega_c))$$

其中我們使用(4.12)式以取得 $R(j\omega)$。圖 4.14(a)畫出了 $R(j\omega)$ 的分布。請注意，訊息 $m(t)$ 乘上餘弦函數會將訊息的頻率內容置中於載波頻率 (carrier frequency) ω_c 之上。

在接收器端，將 $r(t)$ 乘以一個與發射器端完全相同的正弦函數，得到

$$q(t) = r(t)\cos(\omega_c t) \xleftarrow{\ FT\ } Q(j\omega) = (1/2)R(j(\omega - \omega_c)) + (1/2)R(j(\omega + \omega_c))$$

用 $M(j\omega)$ 來表示 $R(j\omega)$，我們有

$$Q(j\omega) = (1/4)M(j(\omega - 2\omega_c)) + (1/2)M(j\omega) + (1/4)M(j(\omega + 2\omega_c))$$

如圖 4.14(b)所示。在接收器端乘以餘弦函數的動作會將訊息的一部分置中於原點，並且將另外一部分置中於兩倍載波頻率的地方。要重建原來的訊息，我們利用低通濾波將置中於兩倍載波頻率的訊息複製版本移除。濾波的結果是原來訊息經過振幅比例變換的結果，如圖 4.14(c)所示。

我們在 1.3.1 節已經解釋過，將訊息的頻帶作頻率平移，使它置中於一個載波之上，其動機包括：(1)可以在互不干擾的情況下同時傳送多個訊息，以及(2)一個天線的實體大小與載波頻率成反比，因此載波頻率愈高，所需要的天線會愈小。

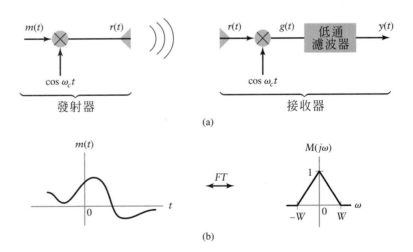

圖 4.13　(a)簡化後的 AM 無線電發射器與接收器。(b)訊息訊號的頻譜，其振幅已經正規化。

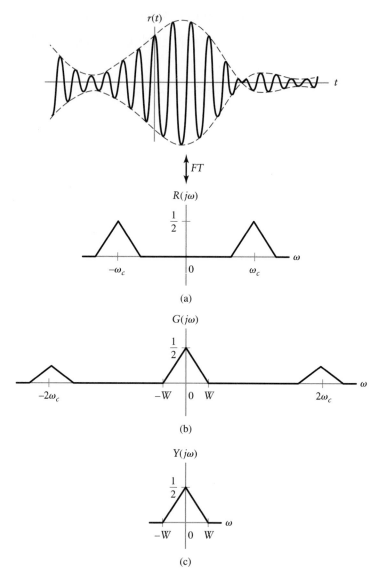

圖 4.14　在 AM 發射器與接收器中的訊號。(a)傳送出來的訊號 $r(t)$ 與其頻譜 $R(j\omega)$ 。(b)接收器中，$g(t)$ 的頻譜。(c)接收器輸出 $y(t)$ 的頻譜。

▶ **習題 4.6**　某系統具有下列的脈衝響應，試用乘法性質求出其頻率響應。

$$h(t) = \frac{\sin(\pi t)}{\pi t}\cos(3\pi t)$$

試將你的答案與利用頻率平移性質所得到的結果進行比較。

答案：

$$H(j\omega) = \begin{cases} 1/2, & 2\pi \le |\omega| \le 4\pi \\ 0, & \text{其他條件} \end{cases}$$

離散時間乘法性質可以重新敘述為

$$y[n] = x[n]z[n] \xleftrightarrow{\ DTFT\ } Y(e^{j\Omega}) = \frac{1}{2\pi}X(e^{j\Omega}) \circledast Z(e^{j\Omega}) \tag{4.13}$$

如果 $x[n]$ 是週期訊號，這性質仍然適用，只要我們使用公式(4.8)中 $x[n]$ 的 DTFT 表示法，也就是

$$X(e^{j\Omega}) = 2\pi \sum_{k=-\infty}^{\infty} X[k]\delta(\Omega - k\Omega_o)$$

其中 $X[k]$ 是 DTFS 係數。我們將 $X(e^{j\Omega})$ 代入週期摺積的定義之中，得到

$$Y(e^{j\Omega}) = \int_{-\pi}^{\pi} \sum_{k=-\infty}^{\infty} X[k]\delta(\theta - k\Omega_o)Z(e^{j(\Omega-\theta)})\,d\theta$$

在任何長度為 2π 的 θ 區間中，都會恰好有 N 個 $\delta(\theta - k\Omega_o)$ 形式的脈衝，這是因為 $\Omega_o = 2\pi/N$ 的緣故。因此，我們可以將無窮和縮減成對任意 N 個連續 k 值求和。交換求和與積分的順序後，我們得到

$$Y(e^{j\Omega}) = \sum_{k=0}^{N-1} X[k] \int_{-\pi}^{\pi} \delta(\theta - k\Omega_o)Z(e^{j(\Omega-\theta)})\,d\theta$$

現在我們利用脈衝函數的篩選性質去計算上述公式中的積分，得到

$$y[n] = x[n]z[n] \xleftrightarrow{\ DTFT\ } Y(e^{j\Omega}) = \sum_{k=0}^{N-1} X[k]Z(e^{j(\Omega-k\Omega_o)}) \tag{4.14}$$

將 $z[n]$ 與週期序列 $x[n]$ 相乘，所得到 DTFT 是一個 $Z(e^{j\Omega})$ 經過頻率平移之後的加權和。注意 $y[n]$ 是非週期的，因為週期訊號與非週期訊號的乘積是非週期的。於是，$Y(e^{j\Omega})$ 的形式對應於一個非週期訊號。

範例 4.7

應用：對資料加窗　在與資料處理有關的應用中，很多時候我們只能存取一份資料紀錄中的某個部分。在這個例子當中，我們利用乘法性質來分析訊號截斷對 DTFT 的影響。考慮下述訊號

$$x[n] = \cos\left(\frac{7\pi}{16}n\right) + \cos\left(\frac{9\pi}{16}n\right)$$

如果只使用 $2M + 1$ 個 $x[n]$ 的值，其中滿足 $|n| \le M$，請問對 DTFT 的計算會有甚麼影響。

解答　$X[n]$ 的 DTFT 可以從 $x[n]$ 的 FS 係數和公式(4.8)得到

$$X(e^{j\Omega}) = \pi\delta\left(\Omega + \frac{9\pi}{16}\right) + \pi\delta\left(\Omega + \frac{7\pi}{16}\right) + \pi\delta\left(\Omega - \frac{7\pi}{16}\right) + \pi\delta\left(\Omega - \frac{9\pi}{16}\right)$$
$$-\pi < \Omega \leq \pi$$

它是由位於 $\pm 7\pi/16$ 和 $\pm 9\pi/16$ 的脈衝所組成。現在我們定義訊號 $y[n] = x[n]w[n]$ 其中

$$w[n] = \begin{cases} 1, & |n| \leq M \\ 0, & |n| > M \end{cases}$$

以 $w[n]$ 乘上 $x[n]$ 的方法稱為*加窗法 (windowing)*，因為它是模擬透過一個視窗來觀看 $x[n]$。視窗 $w[n]$ 挑選出以 $n = 0$ 為中心的 $2M + 1$ 個 $x[n]$ 的值。為了瞭解加窗的作用，我們比較 $y[n] = x[n]w[n]$ 和 $x[n]$ 的 DTFT。公式(4.13)的離散時間乘法性質意謂著

$$Y(e^{j\Omega}) = \frac{1}{2}\{W(e^{j(\Omega+9\pi/16)}) + W(e^{j(\Omega+7\pi/16)}) + W(e^{j(\Omega-7\pi/16)}) + W(e^{j(\Omega-9\pi/16)})\}$$

其中視窗 $w[n]$ 的 DTFT 是

$$W(e^{j\Omega}) = \frac{\sin(\Omega(2M + 1)/2)}{\sin(\Omega/2)}$$

我們可以看到加窗之後，原來在 $X(e^{j\Omega})$ 之中的脈衝，被換成置中於頻率 $7\pi/16$ 與 $9\pi/16$ 的 $W(e^{j\Omega})$ 的複製版本。這情形可以看成是對原來訊號的一種*抹開 (smearing)* 或*加寬 (broadening)*：在 $Y(e^{j\Omega})$ 中的能量現在被抹開到一條置中於餘弦函數的頻率的頻帶上。抹開的範圍視 $W(e^{j\Omega})$ 主瓣的寬度而定，而這個寬度是 $4\pi/(2M + 1)$ (參考圖 3.30。)

　　對於幾個從大至小的 M 值，$Y(e^{j\Omega})$ 的情形如圖 4.15(a)-(c)。如果 M 足夠大，使得 $W(e^{j\Omega})$ 的主瓣的寬度遠小於 $7\pi/16$ 與 $9\pi/16$ 的間距，則 $Y(e^{j\Omega})$ 會是 $X(e^{j\Omega})$ 的一個相當好的近似。這是圖 4.15(a)的情形，其中 $M = 80$。但是如果 M 減少，以致於主瓣的寬度變得與頻率 $7\pi/16$ 與 $9\pi/16$ 的間距差不多，$W(e^{j\Omega})$ 的不同頻率平移版本的尖峰部分會開始重疊，慢慢合併成單一的尖峰。這個合併過程的圖示可見於圖 4.15(b)和(c)，圖中我們分別採用了 $M = 12$ 和 $M = 8$。

　　從資料中辨認出不同頻率的弦波訊號，是一個經常在訊號分析中出現，而且是非常重要的課題。前面的範例說明了我們分辨不同弦波的能力受限於資料紀錄的長度。如果能夠得到的資料點相對於頻率間距來說太少，則 DTFT 將無法分辨出兩個

相異的弦波。實際上，在任何訊號分析的應用中，我們永遠都只能得到有限長度的資料紀錄。因此，我們必須瞭解加窗的影響，並採取適當的因應措施。我們會在第4.9 節更加詳細地討論這些問題。

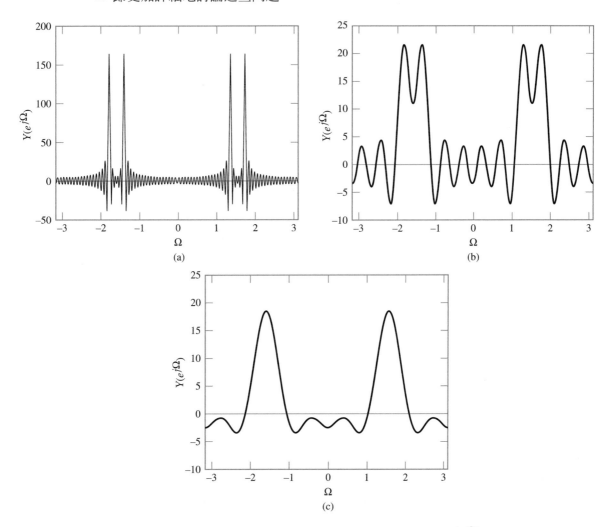

圖 4.15　將一份資料紀錄進行加窗的影響。圖中所繪是不同 M 值的 $Y(e^{j\Omega})$，假設 $\Omega_1 = 7\pi/16$ 和 $\Omega_2 = 9\pi/16$。(a) $M = 80$，(b) $M = 12$，(c) $M = 8$。

▶ **習題 4.7**　考慮圖 4.16 中的 LTI 系統。試求輸出的 DTFT，即 $Y(e^{j\Omega})$ 的公式，並描繪 $Y(e^{j\Omega})$。假設 $X(e^{j\Omega})$ 是如圖 4.16 所示，而且(a) $z[n] = (-1)^n$ (b) $z[n] = 2\cos(\pi n/2)$。

解答：(a) $Y(e^{j\Omega}) = X(e^{j\Omega}) + X(e^{j(\Omega-\pi)})$

(b) $Y(e^{j\Omega}) = X(e^{j\Omega}) + X(e^{j(\Omega-\pi/2)}) + X(e^{j(\Omega+\pi/2)})$

其圖形分別見於圖 4.17(a)和(b)。　　　　　　　　　　　◀

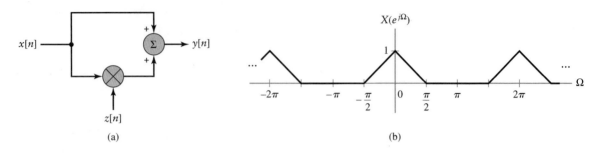

圖 4.16　習題 4.7 的(a)系統示意圖。(b)輸入的頻譜。

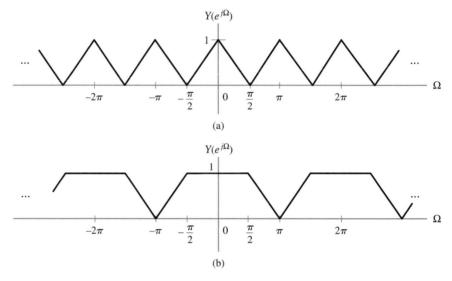

圖 4.17　習題 4.7 的解。

4.4　離散時間訊號的傅立葉轉換表示法
(Fourier Transform Representation of Discrete-Time Signals)

在這一節，我們藉著在描述訊號時適當地加入脈衝，推導出離散時間訊號的FT表示法。這個表示法滿足所有 FT 的性質，因此對於離散時間與連續時間訊號的混合問題，FT 變成了分析的利器。此外，從推導過程當中，我們也會得到 FT 與 DTFT 之間的關係。將這一節的結果加上在 4.2 節中推導出的傅立葉轉換表示法，FT 成為可以用來分析四類訊號中任何一類的工具。

我們從建立連續時間頻率 ω 與離散時間頻率 Ω 之間的一個對應關係開始討論起。讓我們定義複數弦波 $x(t) = e^{j\omega t}$ 和 $g[n] = e^{j\Omega n}$。為了建立這兩個弦波的頻率之間的關係，我們要求 $g[n]$ 對應於 $x(t)$。假設我們強迫 $g[n]$ 要等於 $x(t)$ 在區間 T_s 上取樣的

結果，也就是說， $g[n] = x(nT_s)$。這表示

$$e^{j\Omega n} = e^{j\omega T_s n}$$

從當中我們可以得出 $\Omega = \omega T_s$ 的結論。換成用文字來表達，無因次的離散時間頻率Ω 對應於連續時間頻率 ω，再乘上取樣間距 T_s。

■ 4.4.1 建立 FT 與 DTFT 的關係 (RELATING THE FT TO THE DTFT)

現在考慮任意離散時間訊號 $x[n]$ 的 DTFT。我們有

$$X(e^{j\Omega}) = \sum_{n=-\infty}^{\infty} x[n]e^{-j\Omega n} \tag{4.15}$$

我們要找到一個對應於 DTFT 對 ($x[n] \xrightarrow{\ DTFT\ } X(e^{j\Omega})$) 的 FT 對($x_\delta(t) \xrightarrow{\ FT\ } X_\delta(j\omega)$) 。將 $\Omega = \omega T_s$ 代入(4.15)式，我們得到下述連續時間頻率 ω 的函數：

$$\begin{aligned} X_\delta(j\omega) &= X(e^{j\Omega})|_{\Omega=\omega T_s}, \\ &= \sum_{n=-\infty}^{\infty} x[n]e^{-j\omega T_s n} \end{aligned} \tag{4.16}$$

取 $X_\delta(j\omega)$ 的逆 FT。並利用線性性質以及下述 FT 對

$$\delta(t - nT_s) \xleftrightarrow{\ FT\ } e^{-j\omega T_s n}$$

我們得到以下描述連續時間訊號的公式

$$x_\delta(t) = \sum_{n=-\infty}^{\infty} x[n]\delta(t - nT_s) \tag{4.17}$$

於是，

$$\boxed{x_\delta(t) = \sum_{n=-\infty}^{\infty} x[n]\delta(t - nT_s) \xleftrightarrow{\ FT\ } X_\delta(j\omega) = \sum_{n=-\infty}^{\infty} x[n]e^{-j\omega T_s n}} \tag{4.18}$$

其中 $x_\delta(t)$ 是對應於 $x[n]$ 的連續時間訊號，而傅立葉轉換 $X_\delta(j\omega)$ 對應於離散時間傅立葉轉換 $X(e^{j\Omega})$。我們將(4.17)式稱為 $x[n]$ 的*連續時間表示法 (continuous-time representation)*。這個表示法有一個相關的取樣間距 T_s，它決定了連續與離散時間之間的關係：$\Omega = \omega T_s$。圖 4.18 說明訊號 $x[n]$ 與 $x(t)$ 之間的關係，以及對應的傅立葉表示法 $X(e^{j\Omega})$ 和 $X_\delta(j\omega)$ 的關係。DTFT $X(e^{j\Omega})$ 是 Ω 的 2π 週期函數，而 FT $X_\delta(j\omega)$ 則是 ω 的 $2\pi/T_s$ 週期函數。離散時間訊號的值是 $x[n]$，而對應的連續時間訊號則是由一序列間距為 T_s 的脈衝所組成，其中第 n 個脈衝的強度是 $x[n]$。

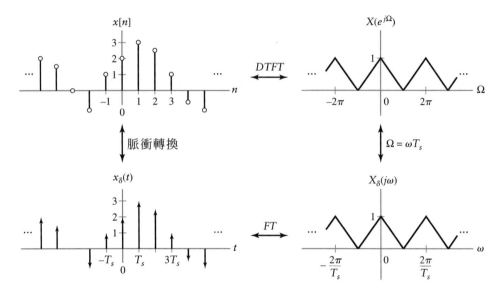

圖 4.18　某離散時間訊號的 FT 與 DTFT 表示法之間的關係。

範例 4.8

從 DTFT 求出 FT　　試求與下列 DTFT 對相關聯的 FT 對

$$x[n] = a^n u[n] \xleftrightarrow{\quad DTFT \quad} X(e^{j\Omega}) = \frac{1}{1 - ae^{-j\Omega}}$$

這個 DTFT 對是在範例 3.17 中推導出來的。為了使 DTFT 收斂，我們假設 $|a| < 1$。

解答　將 $x[n]$ 代入(4.17)式，定義連續時間訊號

$$x_\delta(t) = \sum_{n=0}^{\infty} a^n \delta(t - nT_s)$$

利用 $\Omega = \omega T_s$，得到

$$x_\delta(t) \xleftrightarrow{\quad FT \quad} X_\delta(j\omega) = \frac{1}{1 - ae^{-j\omega T_s}}$$

注意(4.17)式的離散時間訊號的連續時間表示法，與(4.3)式的週期訊號的 FT 表示法有很多類似之處。之前(4.3)式所給出的 FT 表示法可以從 FS 係數得到，我們在基頻 ω_o 的整數倍數之處引入脈衝，而其中第 k 個脈衝的強度取決於第 k 個 FS 係數。FS 表示法 $X[k]$ 取離散的數值，但其對應的 FT 表示法 $X(j\omega)$ 則是頻率的連續函數。在(4.18)式中 $x[n]$ 是離散值，但 $x_\delta(t)$ 卻是連續的。參數 T_s 決定 $x_\delta(t)$ 中脈衝的間距，如同 ω_o 在 $X(j\omega)$ 中所扮演的角色一樣。這些 $x_\delta(t)$ 與 $X(j\omega)$ 之間的相似之處，其實是

我們曾在 3.18 節討論過，FS-DTFT 對偶性的直接推論。根據對偶性，時間與頻率的角色可以互相交換，在這裡，$x_\delta(t)$ 是一個連續時間訊號，而根據(4.18)式，它的 FT 是頻率的$(2\pi/T_s)$ 週期訊號。另一方面，$X(j\omega)$ 是一個連續頻率訊號，而它的逆 FT 是時間的 $(2\pi/\omega_o)$ 週期訊號。

▶ **習題 4.8**　試描繪下述離散時間訊號的 FT 表示法 $X_\delta(j\omega)$。

$$x[n] = \frac{\sin(3\pi n/8)}{\pi n}$$

假設(a) $T_s = 1/2$　(b) $T_s = 2/3$。

答案：請參考圖 4.19　　　　　　　　　　　　　　　　　　　　　◀

■ 4.4.2　建立 FT 與 DTFS 的關係 (RELATING THE FT TO THE DTFS)

我們曾經在 4.2 節推導出週期連續時間訊號的 FT 表示法。在目前這一節，我們也已經介紹了如何用FT來代表一個離散時間非週期訊號。剩下的情形，即離散時間週期訊號的 FT 表示法，可以藉著合併離散時間週期訊號的 DTFT 表示法及上一小節的結果而取得。一旦完成這項工作，我們就可以用 FT 來代表四類訊號中的任何一類。

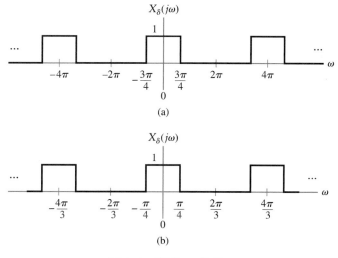

圖 4.19　習題 4.8 的解。

試回想一下，根據(4.8)式，N 週期訊號 $x[n]$ 的 DTFT 表示法是

$$X(e^{j\Omega}) = 2\pi \sum_{k=-\infty}^{\infty} X[k]\delta(\Omega - k\Omega_o)$$

其中 $X[k]$ 是 DTFS 係數。將 $\Omega = \omega T_s$ 代入這個公式，我們得到 FT 表示法

$$X_\delta(j\omega) = X(e^{j\omega T_s})$$

$$= 2\pi \sum_{k=-\infty}^{\infty} X[k]\delta(\omega T_s - k\Omega_o)$$

$$= 2\pi \sum_{k=-\infty}^{\infty} X[k]\delta(T_s(\omega - k\Omega_o/T_s))$$

現在我們利用脈衝的比例變換性質 $\delta(av) = (1/a)\delta(v)$，來將 $X_\delta(j\omega)$ 改寫為

$$X_\delta(j\omega) = \frac{2\pi}{T_s} \sum_{k=-\infty}^{\infty} X[k]\delta(\omega - k\Omega_o/T_s) \tag{4.19}$$

回想一下，$X[k]$ 是 N 週期函數，這意味著 $X_\delta(j\omega)$ 是週期函數，週期為 $N\Omega_o/T_s = 2\pi/T_s$。要得到對應於這個 FT 的訊號 $x_\delta(t)$，最容易的辦法是將週期訊號 $x[n]$ 代入(4.17)式；換言之，

$$x_\delta(t) = \sum_{n=-\infty}^{\infty} x[n]\delta(t - nT_s) \tag{4.20}$$

注意 $x[n]$ 週期為 N 的性質表示 $x_\delta(t)$ 也是週期訊號，基本週期為 NT_s。因此，如圖 4.20 所示，$x_\delta(t)$ 和 $X_\delta(j\omega)$ 都是週期為 N 的脈衝串列。

➤ **習題 4.9**　試求與下述離散時間週期訊號相關聯的 FT 對

$$x[n] = \cos\left(\frac{2\pi}{N}n\right)$$

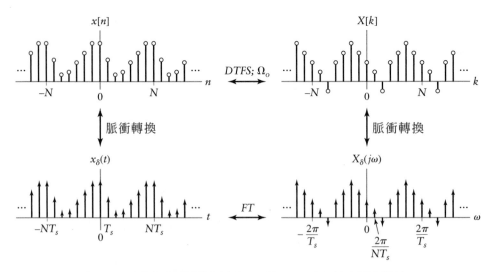

圖 4.20　某離散時間週期訊號的 FT 與 DTFS 表示法之間的關係。

答案：

$$x_\delta(t) = \sum_{n=-\infty}^{\infty} \cos\left(\frac{2\pi}{N}n\right)\delta(t - nT_s) \xleftrightarrow{\quad FT \quad}$$

$$X_\delta(j\omega) = \frac{\pi}{T_s} \sum_{m=-\infty}^{\infty} \delta\left(\omega + \frac{2\pi}{NT_s} - \frac{m2\pi}{T_s}\right) + \delta\left(\omega - \frac{2\pi}{NT_s} - \frac{m2\pi}{T_s}\right)$$

4.5 取樣 (Sampling)

在這一節，我們使用離散時間訊號的 FT 表示法，來分析對一個訊號均勻取樣的效果。這個取樣操作會從連續時間訊號產生一個離散時間訊號。對連續時間訊號取樣，常常是為了方便在電腦或微處理機上操縱這個訊號。這類操縱在通訊、控制以及訊號處理系統都很常見。我們將會說明樣本訊號 (sampled signal) 的 DTFT 與連續時間訊號的 FT 之間有何關係。我們也時常對離散時間訊號進行取樣，目的是要改變資料的有效資料傳輸率。這種操作稱為*次取樣* (subsampling)。在這種情況下，取樣過程會將訊號中某些值丟棄。我們會透過比較樣本訊號的 DTFT 與原來訊號的 DTFT，來檢視次取樣造成的影響。

■ 4.5.1 對連續時間訊號取樣
(SAMPLING CONTINUOUS-TIME SIGNALS)

令 $x(t)$ 為連續時間訊號。我們定義一個離散時間訊號 $x[n]$，它在取樣間距 T_s 的整數倍數之處等於 $x(t)$ 的「樣本」；也就是說，$x[n] = x(nT_s)$。我們要找出 $x[n]$ 的 DTFT 與 $x(t)$ 的 FT 之間的關係，藉此評估取樣造成的影響，而用來探討這個關係的工具就是離散時間訊號的 FT 表示法。

我們首先考慮(4.17)式給出的離散時間訊號 $x[n]$ 的連續時間表示法：

$$x_\delta(t) = \sum_{n=-\infty}^{\infty} x[n]\delta(t - nT_s)$$

現在用 $x(nT_s)$ 來代替 $x[n]$，得出

$$x_\delta(t) = \sum_{n=-\infty}^{\infty} x(nT_s)\delta(t - nT_s)$$

因為 $x(t)\delta(t-nT_s) = x(nT_s)\delta(t-nT_s)$，我們可以將 $x_\delta(t)$ 改寫為時間函數的乘積：

$$x_\delta(t) = x(t)p(t) \tag{4.21}$$

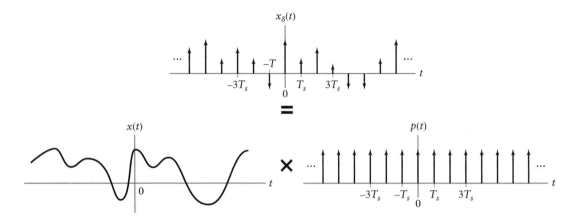

圖 4.21   取樣的數學表示法，是已知時間訊號與一個脈衝串列的乘積。

其中，

$$p(t) = \sum_{n=-\infty}^{\infty} \delta(t - nT_s) \tag{4.22}$$

因此，(4.21)式表示在數學上，我們可以將樣本訊號表示為原來的連續訊號與一個脈衝串列的乘積，如圖 4.21 所示。這個表示法一般稱為*脈衝取樣法 (impulse sampling)*，它是一個只用來分析取樣過程的數學工具。

藉著找出 $x(t)$ 的 FT 與 $x_\delta(t)$ 的 FT 的關係，我們可以了解取樣造成的影響。因為時域中的乘積對應於頻域中的摺積，我們有

$$X_\delta(j\omega) = \frac{1}{2\pi} X(j\omega) * P(j\omega)$$

將在範例 4.2 中求出的 $P(j\omega)$ 的值，代入這個關係式中，我們得到

$$X_\delta(j\omega) = \frac{1}{2\pi} X(j\omega) * \frac{2\pi}{T_s} \sum_{k=-\infty}^{\infty} \delta(\omega - k\omega_s)$$

其中 $\omega_s = 2\pi/T_s$ 是取樣頻率。現在我們將 $X(j\omega)$ 分別與每一個經過頻率平移的脈衝進行摺積，得到

$$\boxed{X_\delta(j\omega) = \frac{1}{T_s} \sum_{k=-\infty}^{\infty} X(j(\omega - k\omega_s))} \tag{4.23}$$

因此，樣本訊號的 FT 是原來訊號的 FT 經過不同頻率平移之後的無窮和。這些頻率平移的版本離開原來位置的距離是 ω_s 的整數倍數。如果與 $X(j\omega)$ 的頻率範圍或頻寬相比，ω_s 並不夠大，則這些 $X(j\omega)$ 的頻率平移版本有可能互相重疊。我們在圖 4.22

中對於幾個不同的 $T_s = 2\pi/\omega_s$ 的值，畫出了(4.23)式的情形來示範這個效應。為了示範的需要，我們假設訊號 $x(t)$ 的頻率內容是在頻帶 $-W < \omega < W$ 的範圍內。在圖 4.22(b)-(d)，我們分別畫出了 $\omega_s = 3W$、$\omega_s = 2W$ 與 $\omega_s = 3W/2$ 的情形，至於與(4.23)式中第 k 項相關的 $X(j\omega)$，也標示了它的頻率平移複製版本。注意當 T_s 增加而 ω_s 減少時，$X(j\omega)$ 的頻率平移複製版本會互相靠近，最終當 $\omega_s < 2W$ 時重疊在一起。

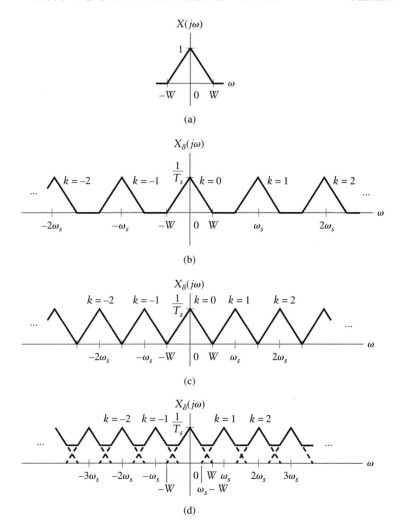

圖 4.22　取樣後的訊號對不同取樣率的 FT。(a)連續時間訊號的頻譜。(b)當 $\omega_s = 3W$ 時，取樣後的訊號的頻譜。(c)當 $\omega_s = 2W$ 時，取樣後的訊號的頻譜。(d)當 $\omega_s = 1.5W$ 時，取樣後的訊號的頻譜。

　　原來頻譜的不同頻率平移複製版本重疊的情形被稱為*頻疊 (aliasing)*，這個名稱是源自一個高頻連續時間分量與一個低頻離散時間分量混雜在一起的現象。頻疊會使取樣後的訊號失真。這個效應的圖示可見於圖 4.22(d)。$X(j\omega)$ 置中於 $\omega = 0$ 的複製版本((4.23)式中的第 $k = 0$ 項)，與置中於 $\omega = \omega_s$ 的複製版本((4.23)式中的第 $k = 1$ 項)，在 $\omega_s - W$ 與 W 之間的頻率上重疊。這些複製版本相加，使得頻譜的基本形狀從三角形的一部分變為常數。這時候樣本訊號跟原來的連續時間訊號不再有一一對應的關係，表示我們再無法利用樣本訊號的頻譜來分析連續時間訊號，而且從樣本重建出來的原始訊號並不具有唯一性。重建的問題我們會在下一節處理。如圖 4.22 所示，要避免頻疊，我們可以選擇取樣間距 T_s 使得 $\omega_s > 2W$，其中 W 是訊號中最高的非零頻率分量。這表示如果想令重建原來訊號可行，取樣間距必須滿足 $T_s < \pi/W$ 的條件。

利用關係式 $\Omega = \omega T_s$ 可以從 $X_\delta(j\omega)$ 得到樣本訊號的 DTFT，也就是

$$x[n] \xleftrightarrow{\ DTFT\ } X(e^{j\Omega}) = X_\delta(j\omega)\big|_{\omega = \frac{\Omega}{T_s}}$$

當中自變數的比例變換表示 $\omega = \omega_s$ 對應於 $\Omega = 2\pi$。圖 4.23(a)-(c)畫出了樣本訊號的 DTFT，而樣本訊號對應於圖 4.22(b)-(d)中的 FT。注意這裡每個圖的形狀都一樣，唯一不同的是頻率軸的比例變換。這些 FT 的週期是 ω_s，而 DTFT 的週期都是 2π。

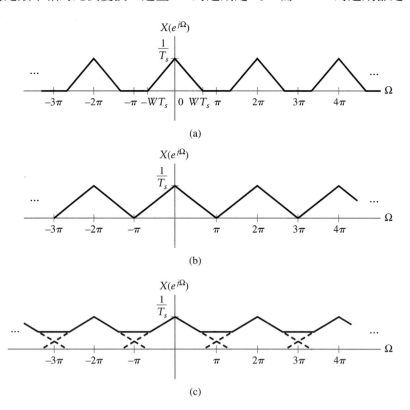

圖 4.23　對應於圖 4.22(b)-(d)這些 FT 的 DTFT。 (a) $\omega_s = 3W$。(b) $\omega_s = 2W$。(c) $\omega_s = 1.5W$。

範例 4.9

對弦波取樣　　在這個範例中，我們要考慮對下列弦波訊號取樣的效果

$$x(t) = \cos(\pi t)$$

針對不同的取樣間距，試求樣本訊號的 FT：(i) $T_s = 1/4$ (ii) $T_s = 1$，以及 (iii) $T_s = 2/3$。

解答　我們對於每個 T_s 的值，分別使用(4.23)式。特別是，注意從範例 4.1 可以得到

$$x(t) \xleftrightarrow{\quad FT \quad} X(j\omega) = \pi\delta(\omega + \pi) + \pi\delta(\omega - \pi)$$

將 $X(j\omega)$ 代入(4.23)式，得到

$$X_\delta(j\omega) = \frac{\pi}{T_s} \sum_{k=-\infty}^{\infty} \delta(\omega + \pi - k\omega_s) + \delta(\omega - \pi - k\omega_s)$$

因此，$X_\delta(j\omega)$ 是由不同脈衝對所組成的，而脈衝對的兩個脈衝之間的距離為 2π，這些脈衝對分別置中於取樣頻率 ω_s 的整數倍數的位置，而這個頻率對於題目中的三種情形都不一樣。利用 $\omega_s = 2\pi / T_s$，我們分別得到 (i) $\omega_s = 8\pi$ (ii) $\omega_s = 2\pi$ 和 (iii) $\omega_s = 4\pi/3$。這些連續時間訊號的脈衝取樣表示法，以及它們的 FT 可見於圖 4.24。

　　在情況(i)，即 $T_s = 1/4$，脈衝很明顯兩兩成對地位於 8π 的整數倍數之處，如圖 4.24(b)所示。當 T_s 增加而 ω_s 減少時，與不同 k 值相關的脈衝對越來越靠近。在第二個情況，即 $T_s = 1$，索引值 k 相關的脈衝對會與相鄰索引值的脈衝對重疊在一起，如圖 4.24(c)所示。這相當於取樣間距等於半個週期的情形，如左邊的圖。這裡有一個模稜兩可的地方，因為我們不管從 $x_\delta(t)$ 或是從 $X_\delta(j\omega)$ 都不能唯一地求出原來的訊號。例如，原來的訊號無論是 $x(t) = \cos(\pi t)$，或者是 $x_1(t) = e^{j\pi t}$，當 $T_s = 1$ 時結果都是同一個序列 $x[n] = (-1)^n$。最後一個情況如圖 4.24(d)，也就是 $T_s = 3/2$，對應於每個索引值 k 的脈衝對互相交錯，於是我們又遇到另一個模稜兩可的地方。在圖左，用實線標示的原始訊號 $x(t) = \cos(\pi t)$，或用虛線表示的訊號 $x_2(t) = \cos(\pi t/3)$，都與樣本訊號 $x_\delta(t)$ 和頻譜 $X_\delta(j\omega)$ 一致。因此，可以說取樣使得原來頻率為 π 的弦波產生頻疊，表現為一個頻率為 $\pi/3$ 的新的弦波。

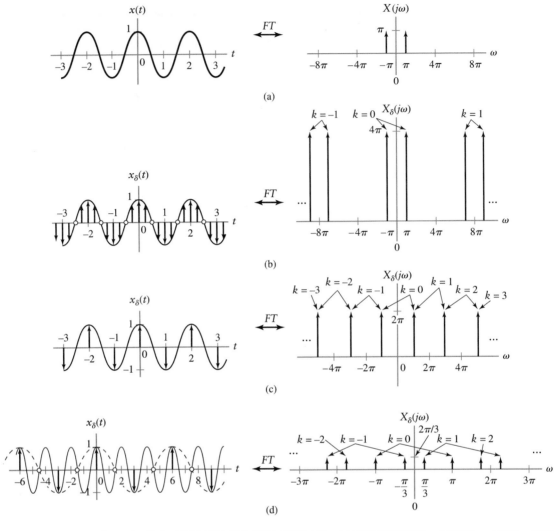

圖 4.24 在不同取樣率下對弦波取樣的影響 (範例 4.9)。(a)原始訊號與FT。(b)當 $T_s = 1/4$ 時,原始訊號,脈衝取樣表示法與 FT。(c)當 $T_s = 1$ 時,原始訊號,脈衝取樣表示法與 FT。(d)當 $T_s = 3/2$ 時,原始訊號,脈衝取樣表示法與FT。而虛線代表的是頻率為 $\pi/3$ 的餘弦函數。

範例 4.10

電影中的頻疊現象　　用膠卷拍攝的電影,是透過將場景以每秒鐘 30 張的速率拍成靜態的畫面所產生。因此,一部電影的映像部分的取樣間距是 $T_s = 1/30$ 秒。考慮圖 4.25(a)中半徑為 $r = 1/4$ 公尺的輪子,將其轉動拍成電影。已知輪子以每秒 ω 弳度的速率逆時針旋轉,因此也同時以每秒 $v = \omega r = \omega/4$ 公尺的直線速度在畫面上從右向左移動。試證明拍攝電影時牽涉到的取樣操作,可以讓輪子看起來像反過來轉或者甚至完全靜止不轉動。

解答 假設輪子的中心對應於複數平面的原點。當輪子在畫面上走過時，這個原點既然是固定在輪子的中心，也會從右往左平移。在某一個指定的時間 t，輪子上的標記與其中一個座標軸形成角度 ωt，因此徑向標記 $x(t)$ 相對於原點的位置可以用一個複數弦波 $x(t) = e^{j\omega t}$ 來表示。至於在電影中，這個標記相對於原點的位置，則是透過這個弦波取樣後的版本 $x[n] = e^{j\omega nT_s}$ 來描述。

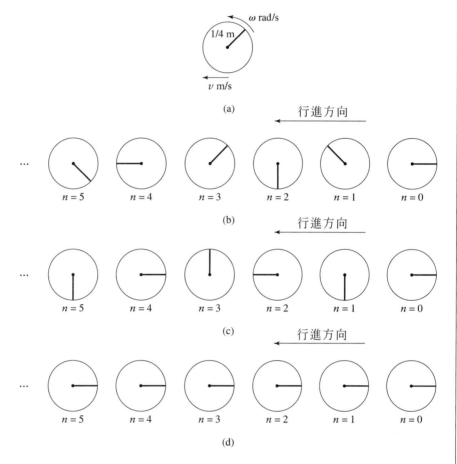

圖 4.25　電影中的頻疊現象。(a)輪子以每秒 ω 弳度的速率轉動，同時以每秒 v 公尺的速度從右往左移動。(b)電影的連環畫面，假設輪子在畫面之間的轉動少於半圈。(c)電影的連環畫面，假設輪子在畫面之間的轉動是四分之三圈。(d)電影的連環畫面，假設輪子在畫面之間剛好轉了一圈。

　　如果輪子在兩個畫面之間轉動的角度小於 π，則輪子表面上的轉動在視覺上與它從右往左的運動一致，如圖 4.25(b)所示。這表示 $\omega T_s < \pi$，或每秒 $\omega < 30\pi$ 弳度，即電影的取樣頻率的一半。如果輪子的轉動速率滿足這個條件，則不會有頻疊出現。如果輪子在兩個畫面之間的轉動角度在 π 和 2π 弳度之間，輪子看起來會以順時針方向轉動，與輪子直線的運動有表面上的

矛盾，如圖 4.25(c)所示。這個現象是在當 $\pi < \omega T_s < 2\pi$ 或 $30\pi < \omega < 60\pi$ 弳度/秒和當直線速度在 $23.56 < v < 47.12$ 公尺/秒的時候出現。如果在兩個畫面之間輪子剛好轉了一週，它看似完全沒轉動，如圖 4.25(d)所示。這情形發生於 $\omega = 60\pi$ 弳度/秒，及 $v = 47.12$ 公尺/秒，即速度約爲每小時 170 公里的時候。

➤ **習題 4.10**　　如果某個原始連續時間訊號的 FT 是如圖 4.26 所示，試分別對(a) $T_s = 1/2$ 和(b) $T_s = 2$，畫出樣本訊號的 FT。

答案：參考圖 4.27(a)及(b)　　　　　　　　　　　　　　　◀

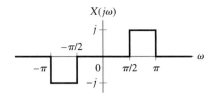

圖 4.26　習題 4.10 中原始訊號的頻譜。

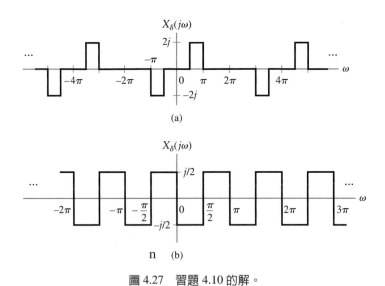

圖 4.27　習題 4.10 的解。

範例 4.11

多路徑通訊通道：離散時間模型　　第 1.10 節中所介紹的雙路徑通訊通道是由下列的公式所描述：

$$y(t) = x(t) + \alpha x(t - T_{\text{diff}}) \tag{4.24}$$

在同一節當中我們也介紹了這種通道的一個離散時間模型。我們在 $t = nT_s$ 的時候，對輸入 $x(t)$ 和輸出 $y(t)$ 取樣，並考慮離散時間多重路徑通道模型。

$$y[n] = x[n] + ax[n-1] \tag{4.25}$$

令輸入訊號 $x(t)$ 的頻寬為 π/T_s，試計算用離散時間模型作近似的誤差。

解答 取(4.24)式兩邊的 FT，得出雙路徑通道的頻率響應為

$$H(j\omega) = 1 + \alpha e^{-j\omega T_{\text{diff}}}$$

同理，取(4.25)式的 DTFT，得出離散時間模型的頻率響應為

$$H(e^{j\Omega}) = 1 + ae^{-j\Omega}$$

現在使用 $\Omega = \omega T_s$ 將離散時間通道模型的 FT 表示為

$$H_\delta(j\omega) = 1 + ae^{-j\omega T_s}$$

比較 $H(j\omega)$ 與 $H_\delta(j\omega)$ 時，我們只考慮在輸入訊號 $x(t)$ 的頻寬，即 $-\pi/T_s \leq \omega \leq \pi/T_s$ 範圍內的頻率，因為這是通道的頻率響應中，唯一會影響到輸入訊號的部分。我們算出在這個頻帶上，$H(j\omega)$ 與 $H_\delta(j\omega)$ 間的均方誤差(mean square error,MSE)：

$$
\begin{aligned}
\text{MSE} &= \frac{T_s}{2\pi} \int_{-\pi/T_s}^{\pi/T_s} |H(j\omega) - H_\delta(j\omega)|^2 \, d\omega \\
&= \frac{T_s}{2\pi} \int_{-\pi/T_s}^{\pi/T_s} |\alpha e^{-j\omega T_{\text{diff}}} - ae^{-j\omega T_s}|^2 \, d\omega \qquad (4.26) \\
&= |\alpha|^2 + |a|^2 - \alpha a^* \gamma - \alpha^* a \gamma^*
\end{aligned}
$$

在這個公式之中，

$$
\begin{aligned}
\gamma &= \frac{T_s}{2\pi} \int_{-\pi/T_s}^{\pi/T_s} e^{-j\omega(T_{\text{diff}} - T_s)} \, d\omega \\
&= \text{sinc}\left(\frac{T_{\text{diff}} - T_s}{T_s}\right)
\end{aligned}
$$

在這裡因子 γ 描述真正的路徑延遲 T_{diff}，與離散時間模型的路徑延遲 T_s 兩者差距的影響。為了方便看出 α 與 a 之間的關係，我們將 MSE 改寫為 a 的完全平方式：

$$\text{MSE} = |a - \alpha\gamma|^2 + |\alpha|^2(1 - |\gamma|^2)$$

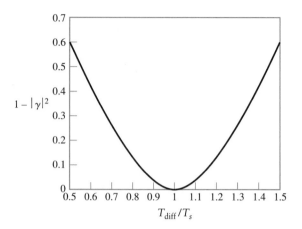

圖 4.28　因子 $1-|\gamma|^2$ 的圖形，它決定了雙路徑通訊通道離散時間模型的均方誤差。

透過將平方展開後將部分項互相抵消，很容易可以證明這公式確實與(4.26)式等價。從這個形式可以看出，當我們選擇離散時間模型的路徑增益為 $a = \alpha\gamma$ 時，方均誤差會有最小值。這時候的最小均方誤差是

$$\mathrm{MSE}_{\min} = |\alpha|^2(1 - |\gamma|^2)$$

由此可見離散時間通道模型的品質只與 T_{diff} 與 T_s 有關，這完全是由數量 $1-|\gamma|^2$ 決定。圖 4.28 畫出 $1-|\gamma|^2$ 的圖形，而是 T_{diff}/T_s 的函數。注意當 $0.83 \leq T_{\mathrm{diff}}/T_s \leq 1.17$ 時，這個 $1-|\gamma|^2$ 因子小於 0.1，表示只要 $T_{\mathrm{diff}} \approx T_s$，離散時間模型具有相當的準確性。

■ 4.5.2 次取樣：對離散時間訊號取樣 (SUBSAMPLING:SAMPLE DISCRETE-TIME SIGNALS)

FT 對於分析離散時間訊號*次取樣* (*subsampling*) 的影響也很有幫助。令 $y[n] = x[qn]$ 為 $x[n]$ 經過次取樣的樣本。為了使得這個操作有意義，我們要求 q 是正整數。我們的目的是找出 $y[n]$ 的 DTFT 與 $x[n]$ 的 DTFT 的關係。要達到這個目標，我們利用 FT 將 $x[n]$ 表示為一個連續時間訊號 $x(t)$ 的樣本。然後我們將 $y[n]$ 也表示為同一個連續時間訊號 $x(t)$ 的樣本，不過這次使用的取樣間距是與 $x[n]$ 相關的間距的 q 倍。經過這樣的計算，結果發現 $y[n]$ 的 DTFT 和 $x[n]$ 的 DTFT 有下述關係

$$Y(e^{j\Omega}) = \frac{1}{q}\sum_{m=0}^{q-1} X(e^{j(\Omega-m2\pi)/q}) \tag{4.27}$$

在習題 4.42 之中，我們會請讀者推導這個結果。

　　(4.27)式表示，要得到 $Y(e^{j\Omega})$，我們可以將平移 2π 的不同整數倍，而且經過比例變換後的 DTFT $X_q(e^{j\Omega}) = X(e^{j\Omega/q})$ 的版本相加起來。這個結果可以明確寫為

$$Y(e^{j\Omega}) = \frac{1}{q}\sum_{m=0}^{q-1} X_q(e^{j(\Omega-m2\pi)})$$

圖 4.29 描繪了(4.27)式之中，$Y(e^{j\Omega})$ 與 $X(e^{j\Omega})$ 的關係。圖 4.29(a)畫出 $X(e^{j\Omega})$。圖 4.29(b)-(d)則顯示(4.27)式的總和中對應於 $m = 0$、$m = 1$ 和 $m = q-1$ 的個別項。在圖 4.29(e)中我們假設 $W < \pi/q$ 畫出 $Y(e^{j\Omega})$ ，而圖 4.29(f)則假設顯示出 $Y(e^{j\Omega})$ 的圖形 $W > \pi/q$。在後者的情形，(4.27)式所牽涉到的 $X(e^{j\Omega})$，經過比例變換與頻率平移的不同樣本之間有重疊的情況，因此出現頻疊的現象。結論是，如果 $X(e^{j\Omega})$ 的最高頻率分量 W 小於 π/q，那我們就可以避免頻疊。

▶ **習題 4.11**　試對 $q = 2$ 與 $q = 5$ 的情形，畫出經過次取樣後的訊號 $y[n] = x[qn]$ ，假設

$$x[n] = 2\cos\left(\frac{\pi}{3}n\right)$$

答案：參考圖 4.30(a)和(b)　　　　　　　　　　　　　　　　　　◀

4.6　從樣本重建連續時間訊號 (Reconstruction of Continuous-Time Signals from Samples)

從樣本重建連續時間訊號的問題，牽涉到連續時間與離散時間的訊號的混合。如圖 4.31 中的方塊圖所示，進行這個操作的裝置的輸入是離散時間訊號，但輸出是連續時間訊號。FT 非常適合用來分析這個問題，因為它同時可以表示連續時間和離散時間訊號。在目前這一節，我們首先會考慮必須要滿足那些條件，才能夠從樣本唯一地重建連續時間訊號。然後，假設滿足這些條件下，我們建立了一個完整重建的方法，但卻可惜沒有任何實際的系統可握以實施。因此，在這一節最後我們會分析實際的重建技巧以及它們的侷限。

■ 4.6.1　取樣定理 (SAMPLING THEOREM)

我們在上一節討論取樣時曾經指出，訊號的樣本不一定能唯一地決定其對應的連續時間訊號。譬如說我們以其週期為間距來取樣，則樣本訊號看起來會是個常數，我們沒有辦法可以確定，原來的訊號到底是常數還是弦波。為了說明這個問題，圖 4.32 畫出兩個本身不相同，但卻擁有同一組樣本的連續時間訊號。我們有

$$x[k] = x_1(nT_s) = x_2(nT_s)$$

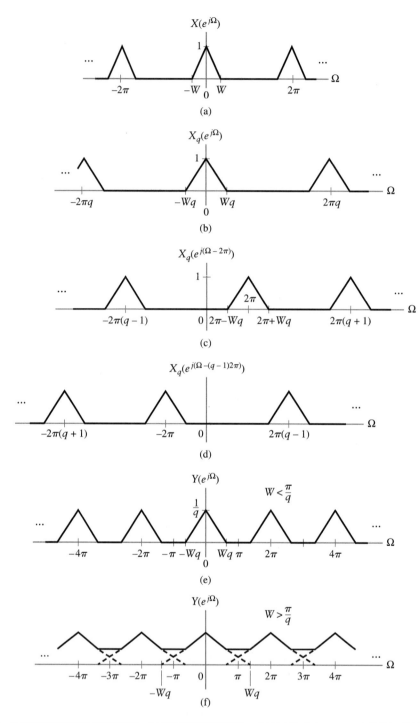

圖 4.29　次取樣對於 DTFT 的影響。(a)原始訊號的頻譜。(b)(4.27)式中，$m = 0$ 的項，即 $X_q(e^{j\Omega})$。
(c)(4.27)式中，$m = 1$ 的項。(d)(4.27)式中，$m = q-1$ 的項。(e) $Y(e^{j\Omega})$，假設 $W < \pi/q$。
(f) $Y(e^{j\Omega})$，假設 $W > \pi/q$。

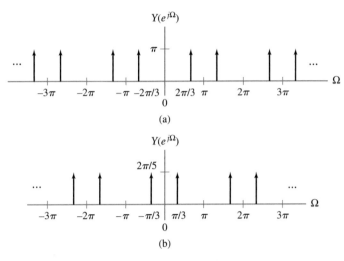

圖 4.30　習題 4.11 的解答。

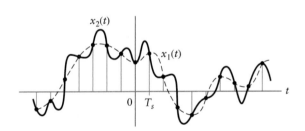

圖 4.31　將離散時間訊號轉換成連續時間訊號的示意方塊圖。

圖 4.32　兩個擁有同一組樣本的連續時間訊號 $x_1(t)$（以虛線繪製）和 $x_2(t)$（以實線繪製）。

請注意，單憑樣本訊號，我們對於訊號在取樣時間之間的行為是一無所知的。為了
求出訊號在這些時間之間的行為，我們必須對連續時間訊號加上額外的限制。其中
一組在實際應用上很有用的限制，必須要求在樣本與樣本之間，訊號要進行平滑的
過渡。這個平滑性，或時域訊號改變的速率，與訊號中最高的頻率直接相關。因此，
在時域中對平滑性加以限制相當於規範訊號的頻寬。

　　因為訊號的時域表示法與頻域表示法是一對一的對應的關係，於是我們可以在
頻域中考慮如何重建連續時間訊號的問題。要從樣本唯一地重建連續時間訊號，先
決條件是連續時間訊號的 FT 與樣本訊號的 FT 必須有唯一的對應，如果取樣的過程

沒有導致頻疊的發生，這些FT就會有唯一的關係。像我們在前一節所發現的，頻疊現象會使原來的訊號失真，並會破壞連續時間訊號之 FT 與樣本訊號之 FT 的一對一關係。這暗示連續時間訊號與它的樣本之間有唯一對應的條件，應該等價於防止頻疊發生的條件，這個條件可以藉著下述的定理正式地陳述：

> **取樣定理 (Sampling Theorem)**　令 $x(t) \xleftrightarrow{\text{FT}} X(j\omega)$ 代表某一個頻寬受限的訊號，使得當 $|\omega| > \omega_m$ 的時候，$X(j\omega) = 0$。如果 $\omega_s > 2\omega_m$，其中 $\omega_s = 2\pi/T_s$ 是取樣頻率，則 $x(t)$ 由它的樣本 $x(nT_s)$，$n = 0$，$\pm 1 \pm 2 \cdots$ 唯一決定。

當中最小的取樣頻率 $2\omega_m$ 稱為奈奎斯特取樣率 (*Nyquist sampling rate*) 或奈奎斯特率 (*Nyquist rate*)。當我們討論連續時間訊號或樣本訊號的 FT 時，我們真正採用的取樣頻率 ω_s 通常稱為奈奎斯特頻率 (*Nyquist frequency*)。我們還發現在很多問題當中，在進行與取樣定理有關的計算時，用赫茲作為頻率的單位比較方便。如果 $f_m = \omega_m/(2\pi)$ 是訊號中最高的頻率，f_s 代表取樣頻率，而兩者都是用赫茲當單位，則取樣定理指出 $f_s > 2f_m$，其中 $f_s = 1/T_s$。換言之，要滿足定理的條件，必須有 $T_s < 1/(2f_m)$。

範例 4.12

選擇取樣的間距　假設 $x(t) = \sin(10\pi t)/(\pi t)$，試求出取樣間距 T_s 應滿足的條件，使得 $x(t)$ 可以透過離散時間序列 $x[n] = x(nT_s)$ 唯一地表示。

解答　為了使用取樣定理，首先必須求出在 $x(t)$ 當中最高的頻率 ω_m。取 FT (參考範例 3.26)，我們有

$$X(j\omega) = \begin{cases} 1, & |\omega| \le 10\pi \\ 0, & |\omega| > 10\pi \end{cases}$$

如圖 4.33 所示。另一方面，$\omega_m = 10\pi$，因此我們要求

$$2\pi/T_s > 20\pi$$

或者

$$T_s < (1/10)$$

▶ **習題 4.12**　試求出取樣間距 T_s 應滿足的條件，使得下列每個 $x(t)$ 可以透過離散時間序列 $x[n] = x(nT_s)$ 唯一地表示。

(a) $x(t) = \cos(\pi t) + 3\sin(2\pi t) + \sin(4\pi t)$

(b) $x(t) = \cos(2\pi t)\dfrac{\sin(\pi t)}{\pi t} + 3\sin(6\pi t)\dfrac{\sin(2\pi t)}{\pi t}$

(c) 訊號 $x(t)$，其 FT 如圖 4.34。

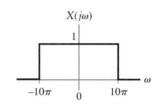

圖 4.33　範例 4.12 裡連續時間訊號的 FT。

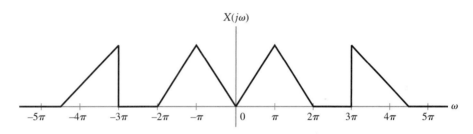

圖 4.34　習題 4.12(c)之中，$x(t)$ 的 FT。

答案：(a) $T_s < 1/4$

　　　(b) $T_s < 1/8$

　　　(c) $T_s < 2/9$ ◀

　　我們往往只對訊號中比較低頻的分量有興趣，因此希望以一個比訊號中真正最高頻率還要低兩倍的頻率 ω_s 來對訊號取樣。如果訊號在進行取樣以前先通過一個連續時間低通濾波器，我們可以使用較低的取樣頻率。在理論上，這個濾波器會讓所有頻率在 $\omega_s/2$ 以下的分量不失真地通過，而將所有在 $\omega_s/2$ 以上的分量抑制下來。這樣的濾波器可以避免頻疊，因此稱為*抗頻疊濾波器 (antialiasing filter)*。但一個實際上的抗頻疊濾波器只能從通帶漸變為拒帶。要補償濾波器的這個過渡帶的影響，選擇通帶時通常會使它包含我們感興趣的頻率中最高頻的地方，而且取樣頻率 ω_s 的選擇使得 $\omega_s/2$ 是在抗頻疊濾波器的拒帶之中。（我們會在 4.7 節進一步討論這個問題。）就算我們只對低於 $\omega_s/2$ 的頻率感興趣，在正常狀態下我們還是會使用抗頻疊濾波器，以避免測量或電子雜訊所造成的頻疊。

■ 4.6.2 理想的訊號重建 (Ideal Reconstruction)

取樣定理指出我們必須以多快的速率取樣，才可以使樣本唯一地代表連續時間訊號。現在我們考慮如何從樣本重建連續時間訊號的問題。在頻域中，最容易解決這個問題的方法就是使用FT。是否記得，如果 $x(t) \xleftrightarrow{FT} X(j\omega)$，則根據公式(4.23)，樣本訊號的 FT 表示法是

$$X_\delta(j\omega) = \frac{1}{T_s} \sum_{k=-\infty}^{\infty} X(j\omega - jk\omega_s)$$

圖 4.35(a)和(b)分別畫出了 $X(j\omega)$ 和 $X_\delta(j\omega)$，其中並假設我們已經滿足了取樣定理的條件。

重建的目標是對 $X_\delta(j\omega)$ 施加某種運算，將它轉換回到 $X(j\omega)$。任何這樣的運算都必須刪除置中於 $k\omega_s$ 的 $X(j\omega)$ 的複製版本或*影像 (image)*。要完成這一點，我們將 $X_\delta(j\omega)$ 乘以

$$H_r(j\omega) = \begin{cases} T_s, & |\omega| \le \omega_s/2 \\ 0, & |\omega| > \omega_s/2 \end{cases} \tag{4.28}$$

如圖 4.35(c)所示。於是我們有

$$X(j\omega) = X_\delta(j\omega)H_r(j\omega) \tag{4.29}$$

注意，如果沒有滿足取樣定理的條件，因而出現了頻疊，則乘以 $H_r(j\omega)$ 的動作是不能從 $X_\delta(j\omega)$ 回復為 $X(j\omega)$ 的。

頻域中的相乘轉換成時域中的摺積，因此(4.29)式意謂著

$$x(t) = x_\delta(t) * h_r(t)$$

其中，$h_r(t) \xleftrightarrow{FT} H_r(j\omega)$。以(4.17)式替代這個關係式中的 $x_\delta(t)$，得出

$$x(t) = h_r(t) * \sum_{n=-\infty}^{\infty} x[n]\delta(t - nT_s)$$

$$= \sum_{n=-\infty}^{\infty} x[n]h_r(t - nT_s)$$

現在，利用

$$h_r(t) = \frac{T_s \sin\left(\dfrac{\omega_s}{2}t\right)}{\pi t}$$

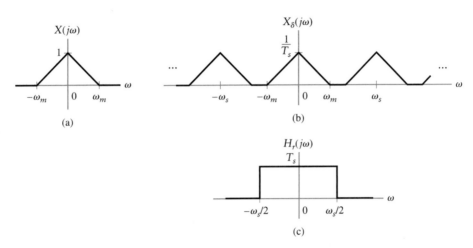

圖4.35　理想的重建。(a)原始訊號的頻譜。(b)取樣後訊號的頻譜。(c)重建所使用濾波器的頻率響應。

我們根據範例 3.26 的結果得出

$$x(t) = \sum_{n=-\infty}^{\infty} x[n] \operatorname{sinc}(\omega_s(t - nT_s)/(2\pi)) \tag{4.30}$$

在時域裡，我們將 $x(t)$ 重建為一組 sinc 函數的加權和，而且這些 sinc 函數是經過平移的，平移量恰是取樣間距。而當中的權重則對應於離散時間序列的值。這個重建操作的圖示可見於圖 4.36。$x(t)$ 在 $t = nT_s$ 的值是 $x[n]$，因為所有經過時間平移的 sinc 函數在 nT_s 都等於 0，除了第 n 個的值等於 1 以外。至於 $x(t)$ 在 T_s 的整數倍數之間的值，則是由序列 $x[n]$ 的所有值決定。

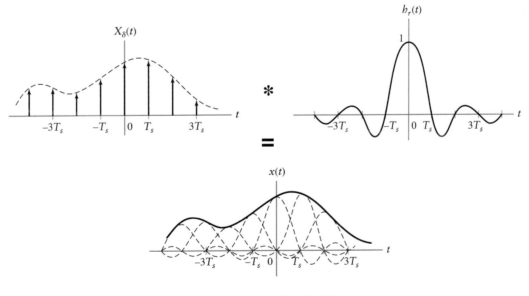

圖 4.36　時域中的理想重建。

(4.30)式所描述的運算通常稱為*理想的有限頻寬內插法 (ideal band-limited interpolation)*，因為它指出如何在一個有限頻寬訊號的樣本之間執行內插。事實上，我們根本不能執行(4.30)式，這是由於下列兩個原因：第一，它代表一個非因果系統，因為其輸出 $x(t)$ 與輸入 $x[n]$ 的過去值和未來值都有關；第二，因為 $h_r(t)$ 持續無窮的時間，每個樣本都影響到無限長的時間。

■ 4.6.3　一個可行的重建：零階保持器
(A PRACTICAL RECONSTRUCTION: THE ZERO-ORDER HOLD)

實際上，連續時間訊號常常是透過一個稱為零階保持器 (zero-order hold) 的裝置來進行重建。這個裝置的功用只是將數值 $x[n]$ 維持或保留 T_s 秒的時間，如圖 4.37 所示。這樣會造成 $x_o(t)$ 在 T_s 的整數倍數時急遽轉變，產生對連續訊號的一個階梯式近似 (stair-step approximation)。這裡 FT 再度成為分析這個近似的品質的工具。

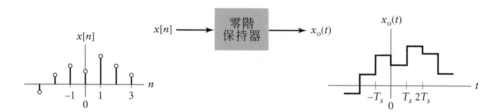

圖 4.37　透過零階保持器來進行重建。

圖 4.38　用來分析零階保持器重建運作的矩形脈波。

在數學上，零階保持器可以表示為一組矩形脈波的加權和，這些矩形脈波是經過平移的，其平移的量是取樣間距的整數倍數。令

$$h_o(t) = \begin{cases} 1, & 0 < t < T_s \\ 0, & t < 0, t > T_s \end{cases}$$

如圖 4.38 所示。如果用 $h_o(t)$ 來表示，零階保持器的輸出是

$$x_o(t) = \sum_{n=-\infty}^{\infty} x[n]h_o(t - nT_s) \tag{4.31}$$

我們可以認出(4.31)式是脈衝取樣訊號 $x_\delta(t)$ 與 $h_o(t)$ 的摺積：

$$x_o(t) = h_o(t) * \sum_{n=-\infty}^{\infty} x[n]\delta(t - nT_s)$$
$$= h_o(t) * x_\delta(t)$$

現在利用 FT 的摺積－乘積性質，對 $x_o(t)$ 取 FT 得到

$$X_o(j\omega) = H_o(j\omega)X_\delta(j\omega)$$

從這個公式，根據範例 3.25 的結果以及 FT 的時間平移性質，我們得到

$$h_o(t) \xleftrightarrow{\quad FT \quad} H_o(j\omega) = 2e^{-j\omega T_s/2}\frac{\sin(\omega T_s/2)}{\omega}$$

圖 4.39 畫出在頻域中零階保持器的作用，假設 T_s 的選擇滿足取樣定理。比較 $X_o(j\omega)$ 和 $X(j\omega)$，我們發現零階保持器引入了三種形式的修改：

1. 線性相位位移，相當於 $T_s/2$ 秒的時間延遲。

2. 在 $-\omega_m$ 與 ω_m 之間，一段 $X_\delta(j\omega)$ 的失真。[這些失真是由 $H_o(j\omega)$ 的主瓣的曲率所造成的。]

3. $X(j\omega)$ 置中於 ω_s 的非零倍數處，經過失真及衰減的版本。

透過將每個 $x[n]$ 值保持 T_s 秒，我們在 $x_o(t)$ 之中引入 T_s 秒的時間平移，這就是以上第一種修改形式的來源。第二和第三種修改形式則是與階梯式近似有關。注意 $x_o(t)$ 中的急遽轉變暗示了高頻分量的存在，這是與第三種修改一致。另外，增加 ω_s，或等效地減少 T_s，可以減輕第一和第二種修改形式。

　　對於某些應用來說，與零階保持器相關的修改是可以接受的，但對於其他應用，我們會希望進一步處理 $x_o(t)$，將與第二和第三種修改相關的失真降低。在大多數的情況，$T_s/2$ 秒的時間延遲不會有甚麼實際影響。要消除第二和第三種修改，我們可以將 $x_o(t)$ 通過一個有下述頻率響應的連續時間補償濾波器 (compensation filter)。

$$H_c(j\omega) = \begin{cases} \dfrac{\omega T_s}{2\sin(\omega T_s/2)}, & |\omega| < \omega_m \\ 0, & |\omega| > \omega_s - \omega_m \end{cases}$$

這個頻率響應的振幅可見於圖 4.40。對於 $|\omega| < \omega_m$，補償濾波器將 $H_o(j\omega)$ 主瓣之曲率所造成的失真逆轉。當 $|\omega| > \omega_s - \omega_m$ 時，$H_c(j\omega)$ 將 $X_o(j\omega)$ 置中於 ω_s 的非零倍數之處的能量移除了。$H_c(j\omega)$ 在頻帶 $|\omega| > \omega_s - \omega_m$ 上的值無關緊要，因為 $X_o(j\omega)$ 在這裡等於零。$H_c(j\omega)$ 通常稱為抗映像濾波器 (anti-imaging filter)，因為它消除 $X(j\omega)$ 在 ω_s 的非零倍數處失真的映像。我們將這個經過補償的零階保持的重建過程表示為方塊圖，詳見圖 4.41。圖中可以看到抗映像濾波器將呈現階梯狀不連續性的 $x_o(t)$ 經平滑化後的結果。

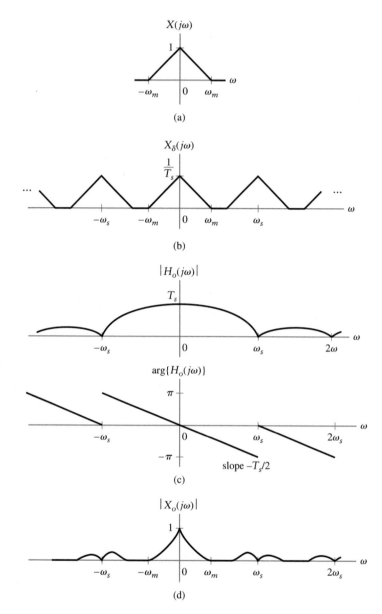

圖 4.39 零階保持器在頻域中的影響。(a)原始連續時間訊號的頻譜。(b)取樣後訊號的 FT。(c) $H_o(j\omega)$ 的振幅與相位。(d)利用零階保持器重建的訊號的振幅頻譜。

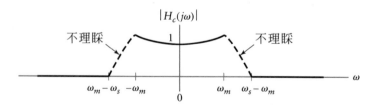

圖 4.40 補償濾波器的頻率響應,該濾波器用以消除零階保持器所造成的部分失真。

在設計和建造抗映像濾波器時我們會遇到一些實際問題。我們不可能獲得一個零相位的因果抗映像濾波器，因此一個實際的濾波器一定會引進一些相位失真。很多時候，我們可以接受在通帶 $|\omega| < \omega_m$ 中的一個線性相位，因為線性相位失真代表的是額外的時間延遲。對 $|H_c(j\omega)|$ 作近似值的困難，取決於 ω_m 與 $\omega_s - \omega_m$ 之間的距離。首先，如果這個距離 $\omega_s - 2\omega_m$ 很大，$H_o(j\omega)$ 的主瓣的曲率會很小，我們只要設定 $|H_c(j\omega)| = 1$ 就可以得到一個很好的近似。第二，區域 $\omega_m < \omega < \omega_s - \omega_m$ 是作為通帶與拒帶之間的過渡之用。如果 $\omega_s - 2\omega_m$ 很大，濾波器的這個過渡帶會很寬，過渡帶寬的濾波器，比過渡帶窄的濾波器容易設計和建造。因此，如果我們所選擇的 T_s 夠小而使得 $\omega_s \gg 2\omega_m$，則對於抗映像濾波器的要求可以大幅降低。(第八章會更詳細的討論濾波器的設計。)在實際的重建方案之中，往往會在通過零階保持器之前，增加離散時間訊號的有效取樣比率。這個稱為*超取樣 (oversampling)* 的技巧目的是為了放寬對抗映像濾波器的要求，如同在下一個範例中所要說明的。雖然這樣進行會使得離散時間硬體變得更複雜，但對於一個既定的重建品質來說，它通常會降低系統整體的成本。

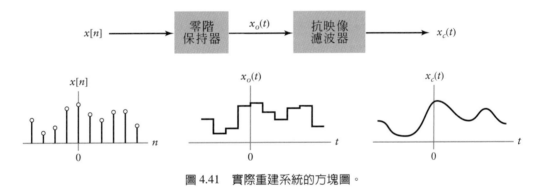

圖 4.41　實際重建系統的方塊圖。

範例 4.13

CD 播放機中的超取樣　在這個例子中，我們探討在 CD 播放機中重建連續時間音訊時，使用超取樣的好處。假設訊號最高的頻率是 $f_m = 20kHz$。考慮兩種情形：(a)重建時使用標準的數位音訊速率 $1/T_{s1} = 44.1\,kHz$，以及(b)重建時使用八倍的超取樣，相當於有效取樣率 $1/T_{s2} = 352.8$。對於這兩種情形，試分別求出一個抗映像濾波器的振幅響應的限制，使得零階保持重建系統在訊號通帶中的整體的振幅響應在 0.99 與 1.01 之間，而且置中於取樣頻率的倍數的原來訊號的映像，[即在公式(4.23)中的 $k = \pm 1$ ，± 2 ，⋯項] 衰減超過 10^{-3} 倍。

解答　在這個範例當中，用赫茲來作為頻率的單位會比較方便。為了表明這一點，我們用 f 來代替 ω，並將頻率響應 $H_o(j\omega)$ 表示為 $H'_o(jf)$，而且將 $H_c(j\omega)$ 表示為 $H'_c(jf)$。如果先用零階保持器，然後用抗映像濾波器 $H'_c(jf)$，結果，整體的振幅響應是 $|H'_o(jf)||H'_c(jf)|$。我們的目標是找出 $|H'_c(jf)|$ 可以接受的範圍，使得乘積 $|H'_o(jf)||H'_c(jf)|$ 滿足對響應的限制。圖 4.42(a) 和 (b) 畫出 $|H'_o(jf)|$，其中假設取樣率分別是 44.1 kHz 和 352.8 kHz。兩個圖中的虛線表示訊號的通帶與它的映像。在較低的取樣率的情況 [如圖 4.42(a)]，我們看到訊號和它的映像佔據了頻譜的大部分，它們以 4.1 kHz 的距離分隔開。至於在八倍超取樣的情況 [如圖 4.42(b)]，頻譜比之前寬很多，但訊號與它的映像只佔去頻譜的一小部分，它們之間的距離是 312.8 kHz。

通帶的限制是 $0.99 < |H'_o(jf)||H'_c(jf)| < 1.01$，表示

$$\frac{0.99}{|H'_o(jf)|} < |H'_c(jf)| < \frac{1.01}{|H'_o(jf)|}, \quad -20\,\text{kHz} < f < 20\,\text{kHz}$$

圖 4.42(c) 畫出兩個情形的限制。在這裡我們將 $|H'_c(jf)|$ 乘以取樣間距 T_{s1} 或 T_{s2}，使這兩個情形可以用同一個垂直尺度來表示。在通帶的邊緣上有下列的上下限：

情況(a)：

$$1.4257 < T_{s1}|H'_c(jf_m)| < 1.4545, \quad f_m = 20\,\text{kHz}$$

情況(b)：

$$0.9953 < T_{s2}|H'_c(jf_m)| < 1.0154, \quad f_m = 20\,\text{kHz}$$

注意情況(a)需要 $|H'_c(jf)|$ 有相當的曲率才可以消去 $H'_o(jf)$ 的主瓣所造成通帶的失真。去除映像的限制，表示對於所有映像出現的頻率，$|H'_o(jf)||H'_c(jf)| < 10^{-3}$。如果只考慮 $|H'_o(jf)|$ 最大時的頻率，這個條件可以稍微簡化一點。$|H'_o(jf)|$ 在映像頻帶中的最大值出現在第一個映像中頻率最低的地方：在情況(a)中這是 24.1 kHz，而在情況(b)中則是 332.8 kHz。$|H'_o(jf)|/T_{s1}$ 與 $|H'_o(jf)|/T_{s2}$ 在這些頻率的值分別是 0.5763 與 0.0598，上限分別是

$$T_{s1}|H'_c(jf)| < 0.0017, \quad f > 24.1\,\text{kHz}$$

和

$$T_{s2}|H'_c(jf)| < 0.0167, \quad f > 332.8\,\text{kHz},$$

以上分別對應於情況(a)和情況(b)。因此,情況(a)中的抗映像濾波器必須在 4.1 kHz 的範圍內,將振幅響應從 $1.4275/T_s1$ 過渡到 $0.0017/T_{s1}$。比較起來,在八倍超取樣的情形,濾波器必須在 312.8 kHz 的範圍內,將振幅響應從 $0.9953/T_{s2}$ 過渡到 $10167/T_{s2}$。可見超取樣不但將過渡帶的寬度放大差不多 80 倍,而且將拒帶的衰減限制放寬超過 10 倍。

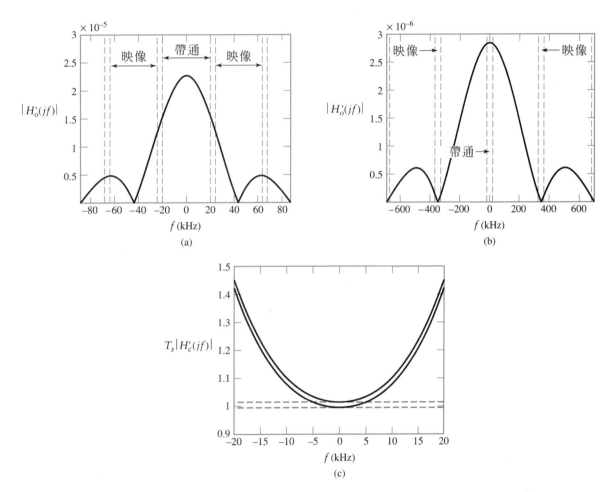

圖 4.42 使用和不使用超取樣的抗映像濾波器設計。(a)採用 44.1 kHz 取樣時,$H'_o(jf)$ 的量值。虛線代表訊號的通帶與映像。(b)採用超取樣 (取樣率 352.8 kHz) 時,$H'_o(jf)$ 的量值,虛線代表訊號的通帶與映像。(c)對於抗映像濾波器通帶響應的正規化限制。實線假設取樣率是 44.1 kHz,虛線假設八倍的超取樣。正規化之後的濾波器響應必位於每一對線條之間。

4.7　連續時間訊號的離散時間處理 (Discrete-Time Processing of Continuous-Time Signals)

在這一節，我們使用傅立葉方法來討論及分析，一個用來對連續時間訊號作離散時間處理的典型系統。利用離散時間系統來處理連續時間訊號有幾個好處。這些好處都源自離散時間計算裝置強大的功能與彈性。首先，有很大一類的訊號操作，它們用電腦的算術運算進行比用類比元件進行要來得容易。第二，用電腦來實踐一個系統，只需要寫下一組指令或一個程式讓電腦去執行。第三，離散時間系統很容易改變，只要改寫程式就可以，我們常常甚至可以即時修改系統，以便將被處理的訊號的某些準則最優化。離散時間處理還有另一個優點，是它的動態範圍和訊號對雜訊比 (signal-to-noise ratio)，與用來代表離散時間訊號的位元數之間有直接關係。這種種優點，導致專門為離散時間訊號處理而設計的計算裝置大行其道。

　　用來對連續時間訊號進行離散時間處理的系統，最起碼必須有一個取樣裝置，以及一個用來實踐離散時間系統的計算裝置。而且，如果有需要將處理過的訊號轉換回到連續時間，我們還要進行重建。更精細的系統還可能利用到超取樣、十分法取樣 (decimation) 及內插 (interpolation) 等技巧。*十分法取樣*與*內插*是改變離散時間訊號的有效取樣比率的方法。十分法取樣降低有效取樣比率，而內插則會提高有效取樣比率。如果能夠明智地使用這些方法，我們可以減輕整個系統的成本。我們開始時會分析一個處理連續時間訊號的基本系統，結束時則會複習超取樣的概念，並檢視內插與十分法取樣在處理連續時間訊號的系統中所扮演的角色。

■ 4.7.1　基本離散時間訊號處理系統 (A BASIC DISCRETE-TIME SIGNAL-PROCESSING SYSTEM)

在圖 4.43(a)我們可以看到運用離散時間處理連續時間訊號的典型系統。連續時間訊號首先通過一個低通抗頻疊濾波器，然後在間距 T_s 上進行取樣，轉換成一個離散時間訊號。然後這個樣本訊號會經過一個離散時間系統的處理，加上一些我們希望看到的效果。例如，這個離散時間系統可能代表一個濾波器，且經過設計成具有特定的頻率響應，譬如像等化器。經過處理之後，訊號被轉換回連續時間格式。使用零階保持裝置可以將離散時間訊號轉換回連續時間訊號，而抗映像濾波器則用以移除零階保持器所造成的失真。

　　我們可以利用FT作為分析工具，將這些操作的組合濃縮為一個等效的連續時間濾波器。這裡的想法是求出一個連續時間系統 $g(t) \overset{FT}{\longleftrightarrow} G(j\omega)$ 使得 $Y(j\omega) =$

$G(j\omega)X(j\omega)$，如圖 4.43(b)所示。於是，$G(j\omega)$ 對輸入的作用和圖 4.43(a)中的系統一樣。對於目前這個分析來說，我們假設離散時間處理操作是以一個頻率響應爲 $H(e^{j\Omega})$ 的離散時間系統來表示。記得 $\Omega = \omega T_s$，其中 T_s 是取樣間距，所以這個離散時間系統有連續時間頻率響應 $H(e^{j\omega T_s})$。此外，與零階保持裝置相關的頻率響應是

$$H_o(j\omega) = 2e^{-j\omega T_s/2}\frac{\sin(\omega T_s/2)}{\omega}$$

第一個應用於 $x(t)$ 的操作裝置是連續時間抗頻疊濾波，其輸出的 FT 是

$$X_a(j\omega) = H_a(j\omega)X(j\omega)$$

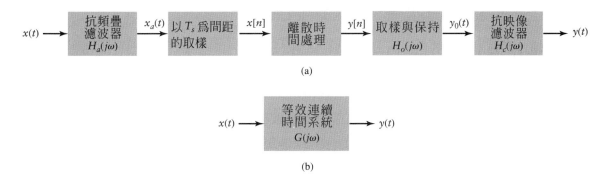

(a)

(b)

圖 4.43　連續時間訊號的離散時間處理系統的方塊圖。(a)基本系統。(b)等效的連續時間系統。

(4.23)式指出，經過超取樣之後，$x[n]$ 的 FT 表示法是

$$\begin{aligned} X_\delta(j\omega) &= \frac{1}{T_s}\sum_{k=-\infty}^{\infty} X_a(j(\omega - k\omega_s)) \\ &= \frac{1}{T_s}\sum_{k=-\infty}^{\infty} H_a(j(\omega - k\omega_s))X(j(\omega - k\omega_s)) \end{aligned} \tag{4.32}$$

其中 $\omega_s = 2\pi/T_s$ 是取樣頻率。離散時間系統會根據 $X_\delta(j\omega)$ 來修改 $H(e^{j\omega T_s})$，產生

$$Y_\delta(j\omega) = \frac{1}{T_s}H(e^{j\omega T_s})\sum_{k=-\infty}^{\infty} H_a(j(\omega - k\omega_s))X(j(\omega - k\omega_s))$$

重建過程則根據乘積 $H_o(j\omega)\, H_c(j\omega)$ 來修改 $X_\delta(j\omega)$，因此我們可以說

$$Y(j\omega) = \frac{1}{T_s}H_o(j\omega)H_c(j\omega)H(e^{j\omega T_s})\sum_{k=-\infty}^{\infty} H_a(j(\omega - k\omega_s))X(j(\omega - k\omega_s))$$

假設不出現頻疊，抗映像濾波器 $H_c(j\omega)$ 將 $\omega_s/2$ 以上的頻率分量全部消除，也因而刪除了無窮和中 $k = 0$ 的項以外的其他所有的項。我們因此有

$$Y(j\omega) = \frac{1}{T_s}H_o(j\omega)H_c(j\omega)H(e^{j\omega T_s})H_a(j\omega)X(j\omega)$$

這個公式表示整個系統是等價於一個連續時間 LTI 系統，其頻率響應為

$$G(j\omega) = \frac{1}{T_s} H_o(j\omega) H_c(j\omega) H(e^{j\omega T_s}) H_a(j\omega) \tag{4.33}$$

如果我們如同在以上幾節所說的，選擇適當的抗頻疊與抗映像濾波器來補償取樣和重建的影響，則在我們感興趣的頻帶上有 $(1/T_s) H_o(j\omega) H_c(j\omega) H_a(j\omega) \approx 1$，而且我們發現 $G(j\omega) \approx H(e^{j\omega T_s})$。也就是說，我們可以在離散時間中實踐一個連續時間系統，只要我們選取適當的取樣參數和設計出一個對應的離散時間系統。但注意我們事先假設了沒有頻疊現象，才有這個與連續時間 LTI 系統的對應。

■ 4.7.2　超取樣 (OVERSAMPLING)

我們在 4.6 節曾經發現，如果在使用零階保持器將離散時間訊號轉換回連續時間訊號以前，提高這個與離散時間訊號相關的有效取樣率，我們可以放寬對於抗映像濾波器的要求。同理，如果我們選擇的取樣率遠大於奈奎斯特速率，對於抗頻疊濾波器的要求也可以放寬，容許在抗頻疊濾波器中有一個寬闊的過渡帶。

　　抗頻疊濾波器阻止頻疊發生的方法是在取樣之前便限制訊號的頻寬。雖然我們感興趣的訊號可能有一個最高的頻率 W，連續時間訊號一般在更高的頻率會有能量，因為會有雜訊的存在或其他不必要的性質。這個情況的圖示可見於圖 4.44(a)，圖中陰影部分代表在訊號的最高頻率以上的能量，我們稱之為雜訊。我們要選取適當的抗頻疊濾波器，來防止這些雜訊掉到我們感興趣的頻帶，因此造成頻疊。一個實際的抗頻疊濾波器的振幅響應，不可能在頻率 W 上的單位增益由一掉到零，它只可以像在圖 4.44(b) 中一樣，在一個頻率範圍內從通帶漸變為拒帶。這裡濾波器的拒帶 W_s，而 $W_t = W_s - W$ 代表過渡帶的寬度。現在，經過濾波的訊號頻譜 $X_a(j\omega)$ 中，最高的頻率是 W_s，如圖 4.44(c) 所示。這個訊號以 ω_s 進行取樣，產生圖 4.44(d) 中的頻譜。注意，我們在畫 $X_\delta(j\omega)$ 時是假設了 ω_s 大到足以防止頻疊的發生。當 ω_s 減少時，原始訊號頻譜的複製版本會開始重疊，而發生頻疊現象。

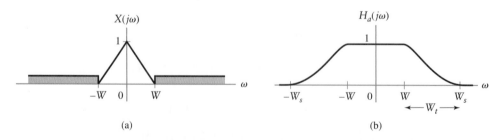

(a)　(b)

圖 4.44　超取樣對於抗頻疊濾波器規格的影響。(a)原始訊號的頻譜。(b)抗頻疊濾波器的頻率響應的量值。(c)抗頻疊濾波器輸出訊號的頻譜。(d)抗頻疊濾波器輸出經超取樣後的頻譜。圖中畫的是當 $\omega_s > 2W_s$ 的情形。

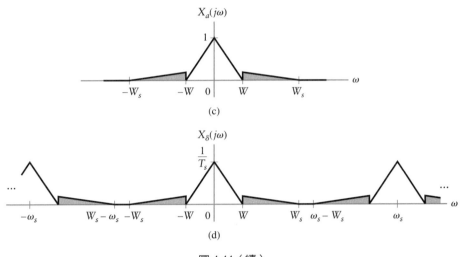

圖 4.44（續）

　　為了避免雜訊和自己本身產生頻疊，我們要求$\omega_s - W_s > W_s$，即 $\omega_s > 2W_s$，這正好是取樣定理所預測的。不過，因為有後續的離散時間處理，我們通常不擔心雜訊會否與本身產生頻疊，但卻希望防止雜訊透過頻疊而回到訊號的頻帶$-W < \omega < W$，這表示我們必須有

$$\omega_s - W_s > W$$

在上述的不等式中利用$W_s = W_t + W$，然後將各項重新排列，我們得到抗頻疊濾波器的過渡帶與取樣頻率之間的關係如下

$$W_t < \omega_s - 2W$$

可見抗頻疊濾波器的過渡帶，必須小於取樣頻率減去訊號中我們有興趣的最高頻率的兩倍。過渡帶小的濾波器很難設計而且昂貴。但利用超取樣，或者選取 $\omega_s \gg 2W$ 我們可以大幅度放寬對抗頻疊濾波器的過渡帶的要求，從而降低它的複雜性和成本。

　　在取樣與重建這兩個操作之中，建造實際的類比濾波器時遇到的困難，暗示我們應該使用可能範圍內最高的取樣率。不過，如果我們用離散時間系統來處理相關的訊號，如圖 4.43(a)所示，高的取樣比率會導致離散時間系統的成本增加，因為它要計算得更快。這個選擇取樣率上的矛盾可以緩和，如果我們有辦法去改變取樣率，使得我們用較高的取樣率來取樣和重建，而用較低的取樣率進行離散時間處理。下面討論的十分法取樣與內插，就正好提供了這樣的功能。

■ 4.7.3　十分法取樣 (DECIMATION)

考慮對同一個連續時間訊號用不同間距 T_{s1} 與 T_{s2} 取樣而得到的兩個DTFT。令樣本訊號為 $x_1[n]$ 和 $x_2[n]$。我們假設 $T_{s1} = q\,T_{s2}$ 其中 q 是整數，而且在上述兩個取樣比率都不會發生頻疊。圖 4.45 畫出一個代表性的連續訊號的 FT，以及與取樣間距 T_{s1} 與 T_{s2} 相關的 DTFTs $X_1(e^{j\Omega})$ 與 $X_2(e^{j\Omega})$。十分法取樣相當於將 $X_2(e^{j\Omega})$ 換成 $X_1(e^{j\Omega})$。要達到這個目的，其中一個進行法是將離散時間序列轉換回連續時間訊號，然後重新取樣。這樣的進行法會遭遇到重建操作中引起的失真。但這些失真其實可以避免，如果我們使用直接對離散時間訊號操作的方法來改變取樣率。

降低取樣比率的關鍵在於次取樣 (subsampling)。如果取樣間距是 T_{s2}，而我們想將它擴大到 $T_{s1} = q\,T_{s2}$，我們可以對序列 $x_2[n]$ 選取其中的每一 q 個樣本，換言之，我們設定 $g[n] = x_2[qn]$。公式(4.27)表示 $G(e^{j\Omega})$ 和 $X_2(e^{j\Omega})$ 的關係是

$$G(e^{j\Omega}) = \frac{1}{q}\sum_{m=0}^{q-1} X_2(e^{j((\Omega - m2\pi)/q)})$$

也就是說，$G(e^{j\Omega})$ 是 $X_2(e^{j\Omega/q})$ 經過不同頻率平移的版本的和。當中的比例變換將 $X_2(e^{j\Omega})$ 展延成 q 倍，再將這些 $X_2(e^{j\Omega})$ 經過比例變換的版本平移就可得到 $G(e^{j\Omega})$，如圖 4.46 所示。認出 $T_{s1} = q\,T_{s2}$ 後，我們發現 $G(e^{j\Omega})$ 對應於圖 4.45(b)中的 $X_1(e^{j\Omega})$。可見進行 q 倍的次取樣會以同樣的因子 q 改變有效的取樣率。

上述的分析假設 $X_2(e^{j\Omega})$ 的最高頻率分量滿足 $WT_{s2} < \pi/q$，使得次取樣不會造成頻疊現象。

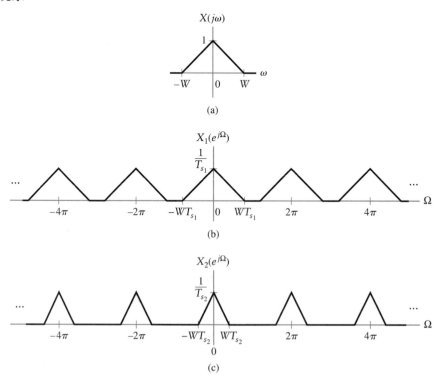

圖 4.45 改變取樣率的影響。(a)基礎的連續時間訊號的 FT。(b)取樣間距 T_{s1} 的樣本訊號的 DTFT。(c)取樣間距 T_{s2} 的樣本訊號的 DTFT。

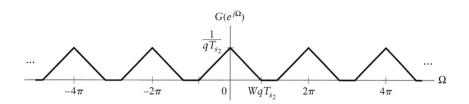

圖 4.46　對圖 4.45(c)中的 DTFT，即 $X_2(e^{j\Omega})$，以因子 q 進行次取樣以後所得到的頻譜。

實際上這個假設很難得會成立：就算我們感興趣的訊號確實是侷限在這樣的頻帶內，高頻的地方還是常常會有雜訊或其他分量出現。舉例來說，如果，$x_2[n]$ 是藉著超取樣得到的，通過抗頻疊濾波器的過渡帶的雜訊會在 π/q 以上的頻率出現。如果我們直接對 $x_2[n]$ 次取樣，這些雜訊會通過頻疊進入頻率 $|\Omega| < WT_{s_1}$，而使我們感興趣的訊號失真。避免這個頻疊問題的方法，是在次取樣之前，將一個低通離散時間濾波器加諸 $x_2[n]$。

圖 4.47(a)畫出一個包含低通離散時間濾波器的十分法取樣系統。其輸入訊號 $x[n]$ 的 DTFT 可見於圖 4.47(b)，它對應於一個經過超取樣的訊號，其 FT 可見於圖 4.44 (d)。陰影範圍代表雜訊的能量。

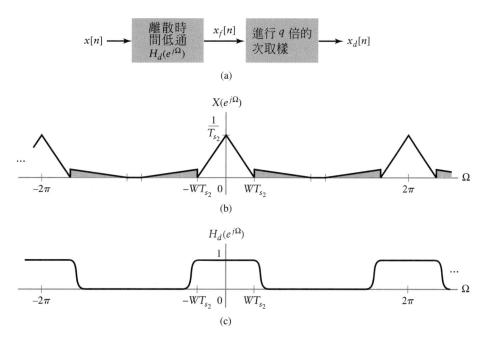

圖 4.47　十分法取樣的頻域詮釋。(a)十分法取樣系統的方塊圖。(b)經過次取樣之後，輸入訊號的頻譜，雜訊被畫成頻譜中的陰影部分。(c)濾波器的頻率響應。(d)濾波器輸出的頻譜。(e)次取樣後的頻譜。

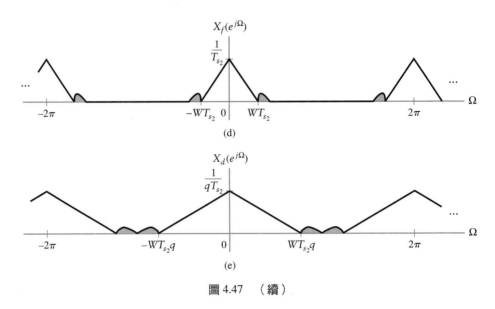

圖 4.47　（續）

圖 4.47(c)描繪出的低通濾波器,消除了圖 4.47(d)所畫的輸出訊號時造成的大部分雜訊。如圖 4.47(e)所示,經過次取樣之後,雜訊不會再透過頻疊進入訊號帶。注意,只有在離散時間濾波器從通帶很快地過渡到拒帶的情況下,這個程序要才有效。還好要設計和實作一個狹窄過渡帶的離散時間濾波器,要比造一個類似的連續時間濾波器容易得多。

　　十分法取樣也稱爲*降取樣* (*downsampling*),我們常將它表示爲一個往下的箭頭,並附上它的十分法取樣的倍數,如同在圖 4.48 的方塊圖中的樣子。

圖 4.48　代表以倍數 q 進行十分法取樣的符號。

■ 4.7.4　內插 (Interpolation)

內插提高取樣比率,並要求我們無論如何要在訊號的樣本之間產生一些數值。從頻域的角度,我們希望將圖 4.45(b)中的 $X_1(e^{j\Omega})$ 轉換成圖 4.45(c)中的 $X_2(e^{j\Omega})$。假設我們要將取樣率提高整數的比例,即 $T_{s1} = q\,T_{s2}$。

　　在習題 3.80 推導出的 DTFT 比例變換性質是發展這個內插程序的關鍵。令 $x_1[n]$ 爲以比例 q 內插的序列。定義新的序列

$$x_z[n] = \begin{cases} x_1[n/q], & n/q \text{ 是整數} \\ 0, & \text{其他條件} \end{cases} \tag{4.34}$$

根據這個定義,我們有 $x_1[n] = x_z[qn]$,而 DTFT 比例變換性質表示

$$X_z(e^{j\Omega}) = X_1(e^{jq\Omega})$$

換言之，$X_z(e^{j\Omega})$ 是 $X_1(e^{j\Omega})$ 經過比例變換之後的版本，如圖 4.49(a)和(b)所示。認出 $T_{s2} = T_{s1}/q$ 之後，我們發現$X_z(e^{j\Omega})$對應於圖 45(c)中的 $X_2(e^{j\Omega})$，除了置中於 $\pm\frac{2\pi}{q}$, $\pm\frac{4\pi}{q}$,…$\pm\frac{(q-1)2\pi}{q}$ 的頻譜的複製版本以外。我們可以使訊號 $X_z[n]$ 通過一個低通濾波器將這些複製版本移除，它的頻率響應可見於圖4.49(c)。這個濾波器的通帶是由$|\Omega| < WT_{s2}$ 決定，過渡帶則必須是在$WT_{s2} < |\Omega| < \frac{2\pi}{q} - WT_{s2}$ 範圍內。選定通帶的增益為 q，使得內插後的訊號有正確的振幅。濾波器輸出頻譜 $X_i(e^{j\Omega})$ 的圖示可見於圖 4.49(d)。

因此，要完成以比例 q 內插的操作，我們在 $x_1[n]$ 的每個樣本之間插入 $q-1$ 個零，然後進行低通濾波。這個過程的方塊圖可見於圖 4.50(a)。內插法也稱為*升取樣 (up-sampling)*，並常用一個附上內插比例的往上的箭頭來表示，並如同圖 4.50(b)中的方塊圖的情形。我們會在習題 4.52 發展剛才介紹的內插程序在時域中的詮釋。

圖 4.51 畫出一個使用十分法取樣與內插的離散時間訊號處理系統的方塊圖。

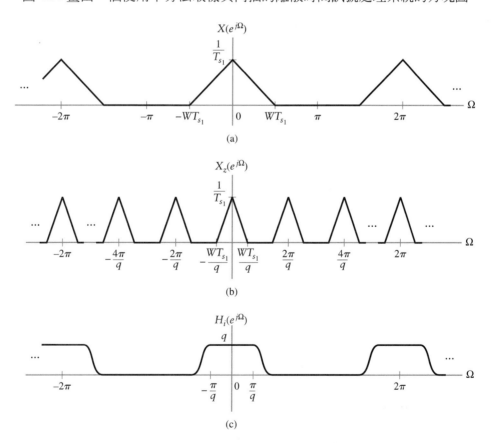

圖 4.49 內插法的頻域詮釋。(a)原始序列的頻譜。(b)在原來序列的每個值之間插入 $q-1$ 個零之後的頻譜。(c)濾波器的頻率響應，用來移除在 $\pm 2\pi/q$, $\pm 4\pi/q$,…$\pm (q-1)2\pi/q$ 處我們不想要的複製版本。(d)經過內插的序列的頻譜。

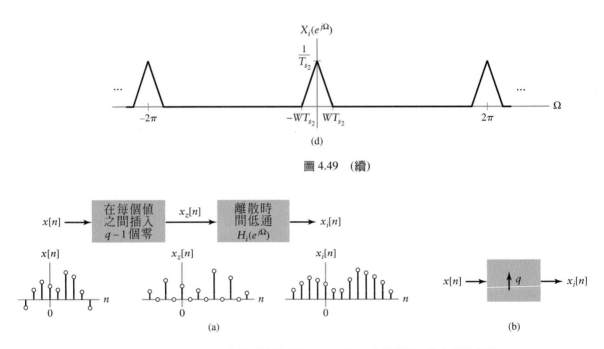

圖 4.49　（續）

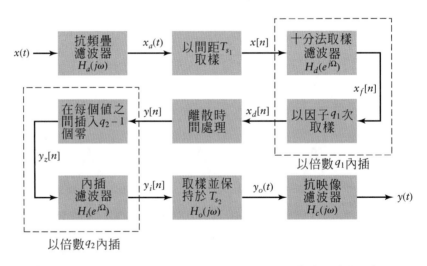

圖 4.50　(a)內插系統的方塊圖。(b)用來表示進行 q 倍內插的符號。

圖 4.51　用來處理連續時間訊號，並包括十分法取樣和內插的離散時間系統方塊圖。

4.8　有限時間非週期訊號的傳立葉級數表示法 (Fourier Series Representations of Finite-Duration Nonperiodic Signals)

DTFS 與 FS 是週期訊號的傳立葉表示法。在這一節，我們探討它們在表示有限期間非週期訊號方面的應用，這樣進行的主要動機與傳立葉表示法的數值計算有關。別忘了 DTFS 是唯一可以用數值方法運算的傳立葉表示法，因為這個緣故，我們常常將 DTFS 用在非週期的訊號。我們有必要瞭解將週期表示法用於非週期訊號的後果。還有第二個好處是，這樣可以增進我們對於傅立葉轉換，以及對應的傅立葉級數表示法兩者間關係的瞭解。我們從離散時間的情況開始討論。

■ 4.8.1 建立 DTFS 與 DTFT 的關係
(RELATING THE DTFS TO THE DTFT)

令 $x[n]$ 是一個長度為 M 的有限時間訊號，即

$$x[n] = 0, \quad n < 0 \quad \text{or} \quad n \geq M$$

這個訊號的 DTFT 是

$$X(e^{j\Omega}) = \sum_{n=0}^{M-1} x[n]e^{-j\Omega n}$$

現在假設我們引入一個週期 $N \geq M$ 的離散時間週期訊號 $\tilde{x}[n]$，使得 $\tilde{x}[n]$ 的一個週期是圖 4.52 的上半部所顯示的 $x[n]$。$\tilde{x}[n]$ 的 DTFS 係數是

$$\tilde{X}[k] = \frac{1}{N}\sum_{n=0}^{N-1} x[n]e^{-jk\Omega_o n} \tag{4.35}$$

其中 $\Omega_o = 2\pi/N$。因為對於 $x[n] = 0$，$n \geq M$，我們有

$$\tilde{X}[k] = \frac{1}{N}\sum_{n=0}^{M-1} x[n]e^{-jk\Omega_o n}$$

比較 $\tilde{X}[k]$ 和 $X(e^{j\Omega})$ 會發現

$$\tilde{X}[k] = \frac{1}{N}X(e^{j\Omega})\bigg|_{\Omega=k\Omega_o} \tag{4.36}$$

$\tilde{x}[n]$ 的 DTFS 係數是 $x[n]$ 的 DTFT 除以 N，並以間距 $2\pi/N$ 進行取樣之後的樣本。

雖然 $x[n]$ 並非週期訊號，我們可以利用 $n = 0,1,\cdots,N-1$，根據下述公式定義 DTFS 係數

$x[n]$：

$$X[k] = \frac{1}{N}\sum_{n=0}^{N-1} x[n]e^{-jk\Omega_o n}$$

根據這個定義，我們看到 $X[k] = \tilde{X}[k]$，後者是在(4.35)式所給出的，因此可以將有限時間訊號 $x[n]$ 的 DTFS 利用(4.36)式寫為 $X[k] = (1/N)X(e^{jk\Omega_o})$。

最後的一個公式表示，$x[n]$ 的 DTFS 係數對應於一個經過週期性擴展的訊號 $\tilde{x}[n]$ 的 DTFS 係數。換言之，*有限期間非週期訊號的 DTFT 取樣的效果，就是將訊號在時域中作週期性擴展。* 亦即

$$\tilde{x}[n] = \sum_{m=-\infty}^{\infty} x[n + mN] \xleftarrow{\quad DTFS;\Omega_o \quad} \tilde{X}[k] = \frac{1}{N}X(e^{jk\Omega_o}) \qquad (4.37)$$

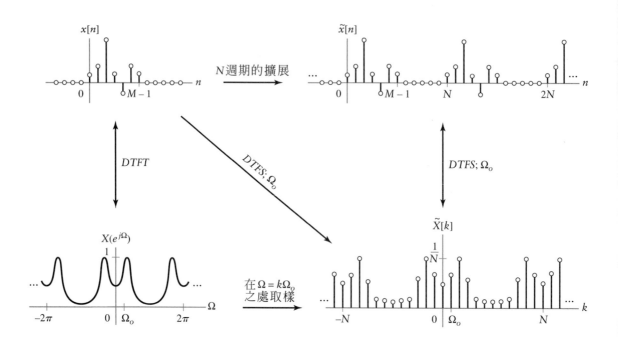

圖 4.52　有限持續期間非週期訊號的 DTFS。

圖 4.52 分別在時域和頻域中描繪了這些關係。它們就是在頻域中取樣的對偶。我們想起如果在時間中對一個訊號取樣，在頻域中會產生經過平移的原始訊號頻譜複製版本。在頻率中對一個訊號取樣，在時域表示法中會產生原始訊號經過平移的複製版本。為了阻止這些平移後的複製版本互相重疊而產生頻疊，我們要求頻率的取樣間距 Ω_o 小或等於 $2\pi/M$。這個結果的內涵其實相當於將取樣定理應用在頻率之中。

範例 4.14

餘弦脈波的 DTFT 取樣　　考慮下述訊號

$$x[n] = \begin{cases} \cos\left(\dfrac{3\pi}{8}n\right), & 0 \le n \le 31 \\ 0, & \text{其他條件} \end{cases}$$

試推導函數 $x[n]$ 的 DTFT，$X(e^{j\Omega})$，以及 DTFS，$X[k]$，假設週期 $N > 31$。試對 $N = 32$，60 與 120，計算並畫出 $|X(e^{j\Omega})|$ 與 $N|X[k]|$。

解答 我們首先算出 DTFT。將 $x[n]$ 寫成 $x[n] = g[n]w[n]$，其中 $g[n] = \cos(3\pi n/8)$ 而且

$$w[n] = \begin{cases} 1, & 0 \leq n \leq 31 \\ 0, & \text{其他條件} \end{cases}$$

$w[n]$ 是視窗函數。我們將

$$G(e^{j\Omega}) = \pi\delta\left(\Omega + \frac{3\pi}{8}\right) + \pi\delta\left(\Omega - \frac{3\pi}{8}\right), \quad -\pi < \Omega \leq \pi$$

作為 $G(e^{j\Omega})$ 的一個 2π 週期，我們並取 $w[n]$ 的 DTFT，得到

$$W(e^{j\Omega}) = e^{-j31\Omega/2}\frac{\sin(16\Omega)}{\sin(\Omega/2)}$$

乘法性質表示 $X(e^{j\Omega}) = (1/(2\pi))G(e^{j\Omega}) \circledast W(e^{j\Omega})$，對於目前的問題，從這個性質可以得到

$$X(e^{j\Omega}) = \frac{e^{-j31(\Omega+3\pi/8)/2}}{2}\frac{\sin(16(\Omega+3\pi/8))}{\sin((\Omega+3\pi/8)/2)} + \frac{e^{-j\frac{31}{2}(\Omega-3\pi/8)}}{2}\frac{\sin(16(\Omega-3\pi/8))}{\sin((\Omega-3\pi/8)/2)}$$

現在令 $\Omega_o = 2\pi/N$ 使得這 N 個 DTFS 係數成為

$$X[k] = \frac{1}{N}\sum_{n=0}^{31}\cos(3\pi/8n)e^{-jk\Omega_o n}$$

$$= \frac{1}{2N}\sum_{n=0}^{31}e^{-j(k\Omega_o+3\pi/8)n} + \frac{1}{2N}\sum_{n=0}^{31}e^{-j(k\Omega_o-3\pi/8)n}$$

分別算出兩個幾何級數的和，得到

$$X[k] = \frac{1}{2N}\frac{1-e^{-j(k\Omega_o+3\pi/8)32}}{1-e^{-j(k\Omega_o+3\pi/8)}} + \frac{1}{2N}\frac{1-e^{-j(k\Omega_o-3\pi/8)32}}{1-e^{-j(k\Omega_o-3\pi/8)}}$$

這也可以改寫為

$$X[k] = \left(\frac{e^{-j(k\Omega_o+3\pi/8)16}}{2Ne^{-j\frac{1}{2}(k\Omega_o+3\pi/8)}}\right)\frac{e^{j(k\Omega_o+3\pi/8)16}-e^{-j(k\Omega_o+3\pi/8)16}}{e^{j(k\Omega_o+3\pi/8)/2}-e^{-j(k\Omega_o+3\pi/8)/2}}$$

$$+ \left(\frac{e^{-j(k\Omega_o-3\pi/8)16}}{2Ne^{-j(k\Omega_o-3\pi/8)/2}}\right)\frac{e^{j(k\Omega_o-3\pi/8)16}-e^{-j(k\Omega_o-3\pi/8)16}}{e^{j(k\Omega_o-3\pi/8)/2}-e^{-j(k\Omega_o-3\pi/8)/2}}$$

$$= \left(\frac{e^{-j31(k\Omega_o+3\pi/8)/2}}{2N}\right)\frac{\sin(16(k\Omega_o+3\pi/8))}{\sin((k\Omega_o+3\pi/8)/2)}$$

$$+ \left(\frac{e^{-j31(k\Omega_o-3\pi/8)/2}}{2N}\right)\frac{\sin(16(k\Omega_o-3\pi/8))}{\sin((k\Omega_o-3\pi/8)/2)}$$

比較 $X[k]$ 和 $X(e^{j\Omega})$，可知(4.36)式在這個例子中成立。因此，有限持續時間餘弦脈波的 DTFS 是它的 DTFT 的樣本。

圖 4.53(a)-(c)是 $|X(e^{j\Omega})|$ 與 $N|X[k]|$在 $N = 32$，60 與 120 的情形。當 N 增加，$X[k]$更密集地對 $X(e^{j\Omega})$ 取樣，而 DTFS 係數的形狀會更像基礎的 DTFT。

在很多應用當中，我們只能夠得到訊號 $x[n]$ 的其中 M 個值，而對這訊號在這 M 個值的集合以外的行為一無所知。DTFS 提供了長度 M 的序列的 DTFT 的樣本。在計算 DTFS 時選擇 $N > M$ 的進行法稱為填零法 (zero padding)，因為它可以視為以 $N-M$ 個零來填補或補充 $x[n]$ 中可知的 M 個值。我們強調填零法不能突破我們只知道 $x[n]$ 的 M 個值所造成的限制，它只是對幕後長度 M 的 DTFT 更緻密地取樣，如前一個範例所說明的。

▶ **習題 4.13**　　試利用有限期間非週期訊號

$$x[n] = \begin{cases} 1, & 0 \le n \le 31 \\ 0, & \text{其他條件} \end{cases}$$

的 DTFT，求出下列週期 N 訊號的 DTFS 係數

$$\widetilde{x}[n] = \begin{cases} 1, & 0 \le n \le 31 \\ 0, & 32 \le n \le N \end{cases}$$

當(a)$N = 40$ 和(b)$N = 64$ 的時候。

答案：
$$\widetilde{x}[n] \xleftrightarrow{\quad DTFS;\, 2\pi/N \quad} \widetilde{X}[k]$$

(a) $\widetilde{X}[k] = e^{-jk31\pi/40} \dfrac{\sin(k32\pi/40)}{40\sin(k\pi/40)}$

(b) $\widetilde{X}[k] = e^{-jk31\pi/64} \dfrac{\sin(k32\pi/64)}{64\sin(k\pi/64)}$ ◀

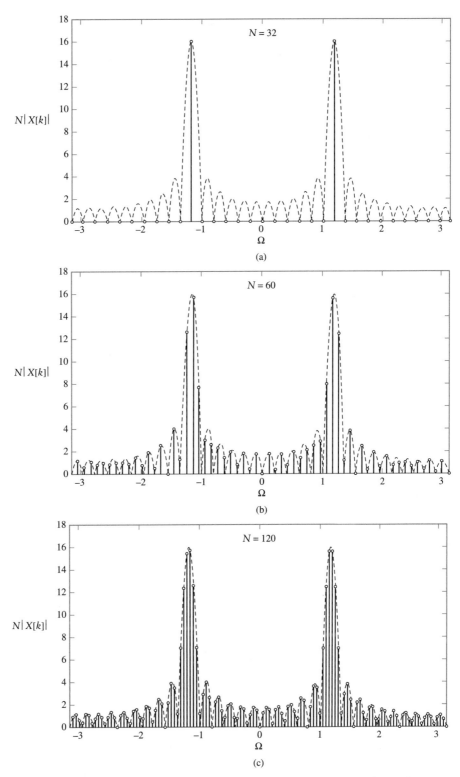

圖 4.53　32 個點的餘弦函數 DTFT，以及長度等於 N 的 DTFS。虛線代表 $|X(e^{j\Omega})|$，而實線代表 $N|X[k]|$。(a) $N = 32$，(b) $N = 60$，(c) $N = 120$。

■ 4.8.2 建立 FS 與 FT 的關係 (Relating the FS to the FT)

連續時間的有限期間非週期訊號的 FS 係數與 FT 的關係，跟上一節所討論的離散時間的情況類似。令 $x(t)$ 的持續期間為 T_o，使得

$$x(t) = 0, \quad t < 0 \quad \text{or} \quad t \geq T_o$$

建構週期訊號

$$\widetilde{x}(t) = \sum_{m=-\infty}^{\infty} x(t + mT)$$

其中透過週期性將 $x(t)$ 擴展，$T \geq T_o$。$\widetilde{x}(t)$ 的 FS 係數是

$$\widetilde{X}[k] = \frac{1}{T} \int_0^T \widetilde{x}(t) e^{-jk\omega_o t} \, dt$$

$$= \frac{1}{T} \int_0^{T_o} x(t) e^{-jk\omega_o t} \, dt$$

其中，當 $0 \leq t \leq T_o$ 之時，我們使用了關係式 $\widetilde{x}(t) = x(t)$，而當 $T_o < t < T$ 之時，則使用了 $\widetilde{x}(t) = 0$。$x(t)$ 的 FT 的定義是

$$X(j\omega) = \int_{-\infty}^{\infty} x(t) e^{-j\omega t} \, dt$$

$$= \int_0^{T_o} x(t) e^{-j\omega t} \, dt$$

在第二行，我們利用了 $x(t)$ 的持續期間有限這件事實來改變積分的上下限。於是，比較 $\widetilde{X}[k]$ 和 $X(j\omega)$，我們得到下述結論

$$\widetilde{X}[k] = \frac{1}{T} X(j\omega) \Big|_{\omega = k\omega_o}$$

FS 係數是以 T 正規化後的 FT 的樣本。

4.9 對於傅立葉轉換的離散時間傅立葉級數近似 (The Discrete-Time Fourier Series Approximation to the Fourier Transform)

不論是在頻域或時域，DTFS 都牽涉到有限數目的離散值的係數。所有其他的傅立葉表示法則最少在時域或頻域其中之一是連續的，或甚至在時域和頻域都連續。因此 DTFS 是唯一可以在電腦上算出來的傅立葉表示法，也因而被廣泛地用作操縱訊號的計算工具。在這一節，我們考慮如何使用 DTFS 對連續時間訊號的 FT 作近似。

FT的應用對象是連續時間非週期訊號。DTFS係數則是用離散時間訊號的 N 個值算出來的。如果要用 DTFS 來近似 FT，我們必須對連續時間訊號取樣，並保留最多 N 個樣本。我們假設取樣間距是 T_s，而且保留 $M < N$ 個連續時間訊號的樣本。圖 4.54 畫出了這一系列的步驟。目前的問題是要判斷 DTFS 係數 $Y[k]$ 近似於 $x(t)$ 的FT，即 $X(j\omega)$ 到怎樣的程度。取樣與加窗這兩個步驟都是這個近似的誤差潛在的來源。取樣所引進的誤差來自頻疊現象。令 $x_\delta(t) \overset{FT}{\longleftrightarrow} X_\delta(j\omega)$。公式(4.23)表示

$$X_\delta(j\omega) = \frac{1}{T_s}\sum_{k=-\infty}^{\infty} X(j(\omega - k\omega_s)) \tag{4.38}$$

其中 $\omega_s = 2\pi/T_s$。假設我們希望在區間 $-\omega_a < \omega < \omega_a$ 上近似 $X(j\omega)$，而且進一步假設 $x(t)$ 是有限頻寬的，其最高的頻率是 $\omega_s \geq \omega_a$。要防止在頻帶 $-\omega_a < \omega < \omega_a$ 中出現頻疊，我們可以選取 T_s 使得 $\omega_s > \omega_m + \omega_a$，如圖 4.55 所示。換言之，我們要求

$$\boxed{T_s < \frac{2\pi}{\omega_m + \omega_a}} \tag{4.39}$$

加上長度 M 的視窗相當於下述週期摺積

$$Y(e^{j\Omega}) = \frac{1}{2\pi}X(e^{j\Omega}) \circledast W(e^{j\Omega})$$

其中 $x[n] \overset{DTFT}{\longleftrightarrow} X(e^{j\Omega})$，而 $W(e^{j\Omega})$ 是視窗的頻率響應。透過在摺積積分中進行變數轉換 $\Omega = \omega T_s$，我們可以用連續時間頻率 ω 改寫這個週期摺積。於是我們有

$$Y_\delta(j\omega) = \frac{1}{\omega_s}X_\delta(j\omega) \circledast W_\delta(j\omega) \tag{4.40}$$

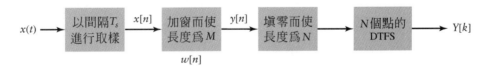

圖 4.54 描述以 DTFS 來近似 FT 的操作順序方塊圖。

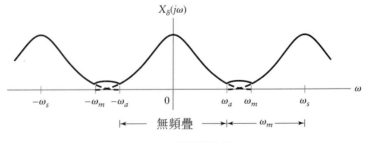

圖 4.55 頻疊的影響。

其中 $X_\delta(j\omega)$ 的公式如(4.38)式，另外有 $y_\delta(t) \xleftrightarrow{\text{FT}} Y_\delta(j\omega)$ 和 $w_\delta(t) \xleftrightarrow{\text{FT}} W_\delta(j\omega)$。既然 $X_\delta(j\omega)$ 和 $W_\delta(j\omega)$ 有同樣的週期 ω_s，我們就在這個長度的區間上進行週期摺積。因為

$$w[n] = \begin{cases} 1, & 0 \le n \le M-1 \\ 0, & \text{其他條件} \end{cases}$$

我們有

$$W_\delta(j\omega) = e^{-j\omega T_s(M-1)/2} \frac{\sin(M\omega T_s/2)}{\sin\left(\dfrac{\omega T_s}{2}\right)} \tag{4.41}$$

　　$|W_\delta(j\omega)|$ 的圖形可見於圖 4.56。(4.40)式中的摺積的作用是將 $X_\delta(j\omega)$ 的頻譜抹開或平滑化。這樣的抹開限制了我們分辨出頻譜中的細節的能力。抹開的程度視乎 $W_\delta(j\omega)$ 的主瓣的寬度而定，但要精確地量化加窗造成的解析度的損失並不容易。既然我們不能分辨頻譜中距離短於主瓣寬度的細節，我們就將*解析度 (resolution)* 定義為主瓣的寬度 ω_s/M。因此，如果要達到某一個指定的解析度 ω_r，我們要求

$$\boxed{M \ge \frac{\omega_s}{\omega_r}} \tag{4.42}$$

利用 $\omega_s = 2\pi/T_s$，我們可以將這個不等式明確地寫為

$$MT_s \ge \frac{2\pi}{\omega_r}$$

我們知道 MT_s 就是對 $x(t)$ 取樣的總時間，於是發現這個時間間距必須超過 $2\pi/\omega_r$。DTFS $y[n] \xleftrightarrow{\text{DTFS; } 2\pi/N} Y[k]$ 以間距 $2\pi/N$ 對 DTFT $Y(e^{j\Omega})$ 取樣。換句話說，$Y[k] = (1/N)Y(e^{jk2\pi/N})$。如果換成用連續時間頻率 ω 來表示，樣本分佈的間距是 $2\pi/(NT_s) = \omega_s/N$，因此

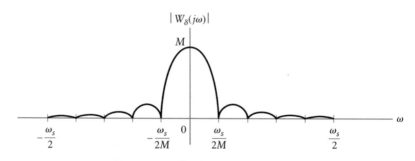

圖 4.56　M 個點的視窗的振幅響應。

$$Y[k] = \frac{1}{N} Y_\delta(jk\omega_s/N) \tag{4.43}$$

如果想要的取樣間距最少是 $\Delta\omega$，則我們需要

$$\boxed{N \geq \frac{\omega_s}{\Delta\omega}} \tag{4.44}$$

因此，如果沒有出現頻疊，而且我們選取的 M 大到足以防止加窗損害到解析度，則 DTFS 近似與原始訊號的頻譜之間有下列關係：

$$Y[k] \approx \frac{1}{NT_s} X(jk\omega_s/N)$$

我們在下一個範例會說明如何利用(4.39)式、(4.42)式和(4.44)式給出的指引，用 DTFS 去近似 FT。

範例 4.15

阻尼弦波的 FT 的 DTFS 近似　　試利用 DTFS 來近似下述訊號的 FT

$$x(t) = e^{-t/10} u(t)(\cos(10t) + \cos(12t))$$

假設我們感興趣的頻帶是 $-20 < \omega < 20$，而想要的取樣間距是 $\Delta\omega = \pi/20$ 弳/秒。試將 DTFS 近似與幕後的 FT 作比較，假設解析度是 (a) $\omega_r = 2\pi$ 弳/秒，(b) $\omega_r = 2\pi/5$ 弳/秒和 (c) $\omega_r = 2\pi/25$ 弳/秒。

解答　為了計算 DTFS 近似的品質，我們首先求出 $x(t)$ 的 FT。令 $f(t) = e^{-t/10} u(t)$ 和 $g(t) = (\cos(10t) + \cos(12t))$，使得 $x(t) = f(t)g(t)$。利用

$$F(j\omega) = \frac{1}{j\omega + \frac{1}{10}}$$

而且

$$G(j\omega) = \pi\delta(\omega + 10) + \pi\delta(\omega - 10) + \pi\delta(\omega + 12) + \pi\delta(\omega - 12)$$

再加上乘法性質，我們得到

$$X(j\omega) = \frac{1}{2}\left(\frac{1}{j(\omega + 10) + \frac{1}{10}} + \frac{1}{j(\omega - 10) + \frac{1}{10}} + \frac{1}{j(\omega + 12) + \frac{1}{10}} + \frac{1}{j(\omega - 12) + \frac{1}{10}} \right)$$

現在分別將 $X(j\omega)$ 最前面的兩項及最後的兩項通分：

$$X(j\omega) = \frac{\frac{1}{10} + j\omega}{\left(\frac{1}{10} + j\omega\right)^2 + 10^2} + \frac{\frac{1}{10} + j\omega}{\left(\frac{1}{10} + j\omega\right)^2 + 12^2} \tag{4.45}$$

我們感興趣的最高的頻率已知是 20，因此 $\omega_a = 20$ 弳/秒。為了利用(4.39)式來找出取樣間距，我們也必須求出 $x(t)$ 中最高的頻率 ω_m。雖然在(4.45)式中的 $X(j\omega)$ 嚴格來說不是頻帶有限的，當 $\omega \gg 12$ 時，振幅譜 $|X(j\omega)|$ 以 $1/\omega$ 的速率衰減。我們假設 $X(j\omega)$ 有效地受限於 $\omega_m = 500$，因為 $|X(j500)|$ 比 $|X(j20)|$ 小超過十倍，而後者是我們感興趣的最高頻率和最靠近頻疊出現的頻率。這樣無法防止在 $-20 < \omega < 20$ 範圍內發生頻疊，但可以保證在這個區間內頻疊的影響對所有實際目的來說都很小。我們要求

$$T_s < 2\pi/520$$
$$= 0.0121 \text{ s}$$

為了滿足這個要求，我們取 $T_s = 0.01$ 秒。

根據已知的取樣間距 T_s，我們利用(4.42)式求出樣本的數目 M：

$$M \geq \frac{200\pi}{\omega_r}$$

因此，對於條件(a) $\omega_r = 2\pi$ 弳/秒，我們取 $M = 100$，對於條件(b) $\omega_r = 2\pi/5$ 弳/秒，我們取 $M = 500$；而對於(c) $\omega_r = 2\pi/25$ 弳/秒我們取 $M = 2500$。

最後，DTFS 的長度 N 必須滿足(4.44)式：

$$N \geq \frac{200\pi}{\Delta\omega}$$

將 $\Delta\omega = 2\pi/20$ 代入這個關係式，得到 $N = 4000$，於是我們取 $N = 4000$。我們利用這些 T_s，M 和 N 的數值來計算 DTFS 係數 $Y[k]$。圖 4.57 將 FT 與它的DTFS近似進行比較。每個圖中的實線都是 $|X(j\omega)|$，而枝狀線代表DTFS近似 $NT_s|Y[k]|$。因為是 $x(t)$ 實數，$|X(j\omega)|$ 和 $|Y[k]|$同樣都有偶對稱性，所以我們只需要畫出 $0 < \omega < 20$ 的範圍。圖 4.57(a)畫出 $M = 100$，(b)畫出 $M = 500$，而(c)則畫出 $M = 2500$。當 M 增加而解析度 ω_r 降低時，近似的品質會改善。對於 $M = 100$ 的情形，解析度 $(2\pi \approx 6)$ 大於兩個尖峰之間的距離，於是我們不能分辨出這兩個分離的尖峰。頻譜中唯一近似得不錯的地方是遠離尖峰的平滑的部分。當 $M = 500$，解析度 $(2\pi/5 \approx 1.25)$小於兩個尖峰之間的距離，我們明顯看到兩個獨立的尖峰，雖然還是有點模糊。當我們離開這些尖峰，近似的品質就會改善。在情況(c)，解析度 $(2\pi/25 \approx 0.25)$ 遠小於尖峰間的距離，於是在整個頻域上得到的近似都好得多。

在情況(c)之中，兩個尖峰的值好像仍並未被準確表示出來，這可能是因為 M 加諸解析度的極限，或是因為我們對 DTFT 取樣的間距不夠小。在圖

4.57(d)，我們將 N 增加到 16,000，但維持 $M = 2500$ 不變，我們畫出在尖峰附近區域 $9 < \omega < 13$ 的頻譜。將 N 增大到原來的 4 倍，頻域的取樣間距就按同樣的比例變小。我們發現表示峰值時還是有些誤差，但這個誤差是小於圖 4.57(c) 的情況。

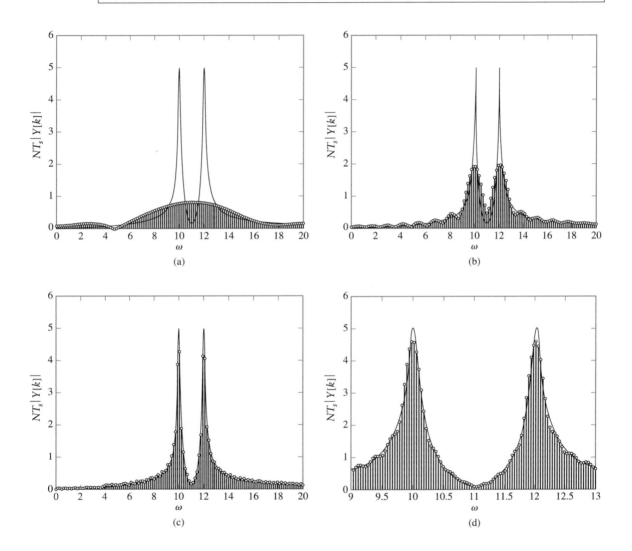

圖 4.57　對 $x(t) = e^{-1/10}u(t)(\cos(10t) + \cos(12t))$ 的 FS 進行 DTFS 近似。實線是 FT，$|X(j\omega)|$，而枝狀線代表 DTFS 近似 $NT_s|Y[k]|$。$|X(j\omega)|$ 和 $NT_s|Y[k]|$ 都是偶對稱圖形，所以我們只顯示 $0 < \omega < 20$ 的部分。(a) $M = 100$，$N = 4000$。(b) $M = 500$，$N = 4000$。(c) $M = 2500$，$N = 4000$。(d) $M = 2500$，$N = 16,000$，對於 $9 < \omega < 13$

▶ **習題 4.14**　已知取樣間距為 $T_s = 2\pi \times 10^{-3}$，樣本數目為 $M = 1000$，並且經過填零將長度補到 $N = 2000$，如果訊號 $X(j\omega)$ 的頻帶限制於 $\omega_m = 600$ 弳/秒，試求(a) DTFS 對 FT 提供準確的近似的頻帶 ω_a、(b)解析度 ω_r，以及(c)頻域取樣間距$\Delta\omega$。

答案：(a) $\omega_a = 400$ 弳/秒 (b) $\omega_r = 1$ 弳/秒 (c)$\Delta\omega = 0.5$ 弳/秒。　　◀

　　DTFS 對 FT 近似的品質隨著 T_s 的減少，MT_s 的增加以及 N 的增加而有所改進。可是，記憶空間的限制或硬體的成本等實際的考慮，通常都會將我們對這些參數的選擇侷限在某個範圍，令我們不得不進行某種妥協。例如，如果記憶空間有限，想要增加 MT_s 來獲得更高的解析度，我們就只能增加 T_s 而同時縮小了近似有效的頻率範圍。

　　我們想起，週期訊號的 FT 包括連續值的脈衝函數，其面積正比於對應的 FS 係數的值。對週期訊號的 FT 取 DTFS 近似的本質，與非週期訊號的情形有點不同，因為 DTFS 係數是離散的，不大適合用來近似連續值的脈衝。在這個情形，DTFS 係數與 FT 中的脈衝之下的面積成正比。

　　為了說明，考慮用 DTFS 來對一個振幅是 a 以及頻率為 ω_o 的複數弦波 $x(t) = ae^{j\omega_o t}$ 的 FT 求近似。我們有

$$x(t) \xleftrightarrow{\ FT\ } X(j\omega) = 2\pi a\delta(\omega - \omega_o)$$

將 $X(j\omega)$ 代入(4.38)式，得出

$$X_\delta(j\omega) = \frac{2\pi}{T_s} a \sum_{k=-\infty}^{\infty} \delta(\omega - \omega_o - k\omega_s)$$

別忘了 $\omega_s = 2\pi/T_s$，然後將 $X_\delta(j\omega)$ 代入(4.40)式，我們得到經過取樣以及加窗的複數弦波的 FT 是

$$Y_\delta(j\omega) = a \sum_{k=-\infty}^{\infty} W_\delta(j(\omega - \omega_o - k\omega_s))$$

其中 $W_\delta(j\omega)$ 是由(4.41)式所給出。利用 $W_\delta(j\omega)$ 的週期是 ω_s 的事實，我們可以將這個公式簡化為

$$Y_\delta(j\omega) = aW_\delta(j(\omega - \omega_o)) \tag{4.46}$$

(4.43)式指出，與這個經過取樣以及加窗的複數弦波相關的 DTFS 係數是

$$Y[k] = \frac{a}{N} W_\delta\left(j\left(k\frac{w_s}{N} - \omega_o\right)\right) \tag{4.47}$$

因此，複數弦波之 FT 的 DTFS 近似，是由置中於 ω_o，振幅正比於 a 的視窗頻率響應的 FT 的樣本所組成。

如果取 $N = M$ (即不要填零)，而且複數弦波的頻率滿足 $\omega o = m\omega_s/M$，則 DTFS 對 $W_\delta(j(\omega - \omega_o))$ 取樣的地方是它的主瓣的尖峰和過零點，因此我們有

$$Y[k] = \begin{cases} a, & k = m \\ 0, & \text{其他在區間 } 0 \le k \le M - 1 \text{ 裡的 } k \text{ 值} \end{cases}$$

在這個特殊情況，一個振幅 a 的離散值脈衝近似於 FT 中的面積爲 $2\pi a$ 的連續值脈衝。

FS 將任意的週期訊號表示爲複數弦波的加權和，而這些複數弦波成諧波關係，因此，一般來說，FT 的 DTFS 近似是由經過不同平移的視窗頻率響應的加權和的樣本所組成。下一個範例會說明這個效應。

範例 4.16

弦波的 DTFS 近似　　試利用 DTFS 對下述週期訊號的 FT 求取近似

$$x(t) = \cos(2\pi(0.4)t) + \frac{1}{2}\cos(2\pi(0.45)t)$$

假設我們感興趣的頻帶是 $-10\pi < \omega < 10\pi$，而理想的取樣間距是 $\Delta\omega = 20\pi/M$。試對解析度(a) $\omega_r = \pi/2$ 弧/秒，以及(b) $\omega_r = \pi/100$ 弧/秒，分別計算 DTFS 近似。

解答　首先注意到 $x(t)$ 的 FT 是

$$X(j\omega) = \pi\delta(\omega + 0.8\pi) + \pi\delta(\omega - 0.8\pi) + \frac{\pi}{2}\delta(\omega + 0.9\pi) + \frac{\pi}{2}\delta(\omega - 0.9\pi)$$

我們感興趣的最高頻率 $\omega_a = 10\pi$ 弧/秒，比 $X(j\omega)$ 中的最高頻率還要高很多，因此我們不用擔心頻疊的問題。我們取 $\omega_s = 2\omega_a$。因此得出 $T_s = 0.1$ 秒。爲了求出樣本數 M，我們將 ω_s 代入(4.42)式

$$M \ge \frac{20\pi}{\omega_r}$$

要得到情況(a)所指定的解析度，我們要求 $M \ge 40$ 個樣本，而在情況(b)我們需要 $M \ge 2000$ 個樣本。我們會對情況(a)取 $M = 40$，而對情況 (b)取 $M = 2000$。我們將 $\Delta\omega = 20\pi/M$ 代入(4.44)式中等號成立的情形，得到 $N = M$，因此不需要任何填零。

這題目的訊號是複數弦波的加權和，因此幕後的 FT 是經過平移的視窗頻率響應的加權和。這個 FT 是

$$Y_\delta(j\omega) = \frac{1}{2} W_\delta(j(\omega + 0.8\pi)) + \frac{1}{2} W_\delta(j(\omega - 0.8\pi)) + \frac{1}{4} W_\delta(j(\omega + 0.9\pi))$$
$$+ \frac{1}{4} W_\delta(j(\omega - 0.9\pi))$$

在情況(a),

$$W_\delta(j\omega) = e^{-j\omega 39/20} \frac{\sin(2\omega)}{\sin(\omega/20)}$$

在情況(b),

$$W_\delta(j\omega) = e^{-j\omega 1999/20} \frac{\sin(100\omega)}{\sin(\omega/20)}$$

DTFS 係數 $Y[k]$ 可以透過以間距$\Delta\omega$ 對$X_\delta(j\omega)$ 取樣而得到。圖 4.58(a)中的枝狀線描繪當 $M = 40$ 時 $|Y[k]|$ 的情形，而實線則描繪當頻率是正數時 $(1/M)$ $|Y_\delta(j\omega)|$ 的情形。為了方便起見我們選擇用 Hz 為單位來標示頻率軸，而不用弳/秒。在這個情形，$\omega_r = \pi/2$ 弳/秒的最低解析度，即 0.25 Hz，比兩個弦波分量間的距離大五倍。因此，無論是在 $|Y[k]|$ 或是在 $(1/M)|X_\delta(j\omega)|$ 之中，我們都看不出有兩個弦波。

圖 4.58(b)畫出當 $M = 2000$ 時 $|Y[k]|$ 的情形。在圖 4.58(c)，我們將焦距拉近到包含弦波的頻帶，用枝狀線表示 $|Y[k]|$ 和用實線表示 $(1/M) |Y_\delta(j\omega)|$。在這個情況，最低的解析度要比兩個弦波分量間的距離小十倍，於是我們清楚看到有兩個弦波。DTFS 對 $Y_\delta(j\omega)$ 取樣所用的間距是 $2\pi/200$ 弳/秒，或0.005Hz。每個弦波的頻率都是取樣間距的整數倍數，因此 $Y[k]$ 在 $Y_\delta(j\omega)$ 的每個主瓣的尖峰取樣一次，其餘的樣本則取自過零點。因此，每個分量的振幅都正確反映在 $|Y[k]|$ 之中。

圖 4.58(d)畫出 $|Y[k]|$ 和$(1/M)|Y_\delta(j\omega)|$，假設 $M = 2010$。這會造成比$M = 2000$ 稍為好一點的解析度。然而，現在兩個弦波的頻率都不再是DTFS對$Y_\delta(j\omega)$取樣的間距的整數倍數。因此，$Y_\delta(j\omega)$被取樣的地方不是兩個主瓣的尖峰或過零點。雖然解析度是足以顯示兩個分量的存在，我們卻不再能夠從$|Y[k]|$直接求出每個分量的振幅。

實際上，我們很少事先知道弦波的頻率，所以根本不可能選擇 M 使得對$Y_\delta(j\omega)$取樣的地方剛好是在主瓣的尖峰和過零點。在很多應用當中，我們希望求出一份資料紀錄的其中一個或多個弦波的頻率和振幅。在這種情況，

要求出弦波的振幅和頻率，我們可以用填零法使得 $Y[k]$ 對 $Y_\delta(j\omega)$ 取樣時緊密到可以抓到主瓣的位置和尖峰的振幅。這時候取 $N \ge 10M$，使得主瓣是由 $Y[k]$ 的十個或以上的樣本來表示，是很平常的事情。

➤ **習題 4.15**　令 $x(t) = a\cos(2.4\,\pi\,t)$，假設我們感興趣的最高頻率是 $\omega_a = 5\,\pi$，而且不使用填零法。試求最大的取樣間距 T_s 和最小的樣本數 M，使得 DTFS 的尖峰振幅的係數可以用來求出 a。試求那一個 DTFS 係數有最大的振幅。

答案：　$T_s = 0.2$ 秒，$M = 25$ 和 $X[6]$ 的振幅最大。注意 $X[k]$ 是週期的，週期是 25，而根據對稱性，$X[-6] = X[6]$

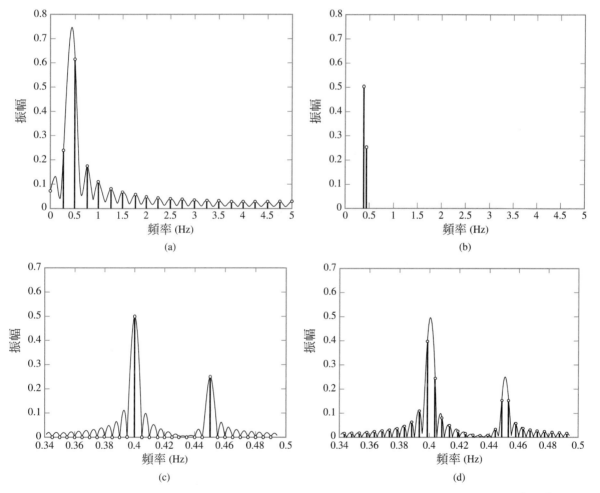

(a)

(b)

(c)

(d)

圖 4.58　對 $x(t) = \cos(2\pi(0.4)t) + \cos(2\pi(0.45)t)$ 的 FT 的 DTFS 近似。枝狀線代表 $|Y[k]|$，而實線則代表 $(1/M)|Y_\delta(j\omega)|$。頻率軸以 Hz 為單位，而且只顯示了頻率是正數的部分。(a) $M = 40$。(b) $M = 2000$，只畫出非零振幅的枝狀線。(c)當 $M = 2010$ 時，在弦波頻率附近的行為。(d)當 $M = 2010$ 時，在弦波頻率附近的行為。

4.10 有效率的計算 DTFS 演算法 (Efficient Algorithms for Evaluating the DTFS)

DTFS 作為一個計算工具的地位，隨著有效的正向和逆向 DTFS 演算法的出現而大為提高。這些演算法通稱為*快速傅立葉轉換* (fast Fourier transform，簡稱 FFT) 演算法。這些演算法利用「分而治之」的原理，將 DTFS 分割成一系列較低階的 DTFS，並且應用了複數弦波 $e^{jk2\pi n}$ 的對稱性和週期性質。計算和組合較低階的 DTFS 所需的運算，比直接算出原來的 DTFS 所需的工夫少，因此這些演算法有「快速」的稱謂。我們會示範這個過程，分析如何一點一滴地省下很多計算的功夫。

我們想起 DTFS 對可以用下列的公式來計算

$$X[k] = \frac{1}{N} \sum_{n=0}^{N-1} x[n] e^{-jk\Omega_o n}$$

以及

$$x[n] = \sum_{k=0}^{N-1} X[k] e^{jk\Omega_o n} \tag{4.48}$$

這兩個公式幾乎一模一樣，差別只在於正規化因子 N 與複數指數的符號，因此只要進行些微修改，兩者可以用同一個演算法來計算。我們會考慮如何算出(4.48)式。

如果要對單獨一個 n 的值直接算出(4.48)式，我們需要進行 N 個複數的相乘和 $N-1$ 個複數的相加。因此，計算 $x[n]$，$0 \le n \le N-1$，需要 N^2 個複數的相乘和 N^2-N 個複數的相加。為了示範如何減少這些運算的數目，我們假設 N 是偶數。我們將 $X[k]$，$0 \le k \le N-1$ 分割為偶索引值與奇索引值的訊號，它們分別為

$$X_e[k] = X[2k], \quad 0 \le k \le N' - 1$$

及

$$X_o[k] = X[2k + 1], \quad 0 \le k \le N' - 1$$

其中 $N' = N/2$，且

$$x_e[n] \xleftrightarrow{\quad DTFS; \Omega_o' \quad} X_e[k], \quad x_o[n] \xleftrightarrow{\quad DTFS; \Omega_o' \quad} X_o[k]$$

當中 $\Omega_o' = \pi / N'$。現在我們將(4.48)式表示為 N' 個 DTFS 係數 $X_e[k]$ 與 $X_o[k]$ 的組合：

$$x[n] = \sum_{k=0}^{N-1} X[k] e^{jk\Omega_o n}$$

$$= \sum_{k \text{ even}} X[k] e^{jk\Omega_o n} + \sum_{k \text{ odd}} X[k] e^{jk\Omega_o n}$$

我們將偶索引值與奇索引值分別寫成 $2m$ 和 $2m + 1$，得到

$$x[n] = \sum_{m=0}^{N'-1} X[2m]e^{jm2\Omega_o n} + \sum_{m=0}^{N'-1} X[2m + 1]e^{j(m2\Omega_o n + \Omega_o n)}$$

將 $X_e[k]$、$X_o[k]$ 與 $\Omega_o' = 2\Omega_o$ 的定義代入上述的公式，變成

$$x[n] = \sum_{m=0}^{N'-1} X_e[m]e^{jm\Omega_o' n} + e^{j\Omega_o n}\sum_{m=0}^{N'-1} X_o[m]e^{jm\Omega_o' n}$$
$$= x_e[n] + e^{j\Omega_o n}x_o[n], \quad 0 \le n \le N - 1$$

這表示 $x[n]$ 是 $x_e[n]$ 與 $x_o[n]$ 的一個加權和。

我們可以進一步利用 $x_e[n]$ 與 $x_o[n]$ 的週期性質將結果簡化。利用 $x_e[n + N'] = x_e[n]$、$x_o[n + N'] = x_o[n]$ 與 $e^{j(n+N')\Omega_o} = -e^{jn\Omega_o}$，得到 $x[n]$ 的前 N' 個值是

$$x[n] = x_e[n] + e^{jn\Omega_o}x_o[n], \quad 0 \le n \le N' - 1 \tag{4.49}$$

而且，$x[n]$ 的後 N' 個值是

$$x[n + N'] = x_e[n] - e^{jn\Omega_o}x_o[n], \quad 0 \le n \le N' - 1 \tag{4.50}$$

圖 4.59(a)用圖形描繪出當 $N = 8$ 時，(4.49)式和(4.50)式中所進行的計算的情形，我們看到在計算這兩個公式時，都只需要乘上 $e^{jn\Omega_o}$ 一次，其他的運算都是相加或相減。

讓我們考慮算出(4.49)式和(4.50)式所需的計算量。算出 $x_e[n]$ 與 $x_o[n]$ 各自需要 $(N')^2$ 個複數相乘，總共是 $N^2/2$ 個這樣的相乘。我們另需要 N' 個相乘來計算 $e^{-jn\Omega_o}x_o[n]$，因此複數相乘的總次數是 $N^2/2 + N/2$。當 N 很大的時候，這差不多是 $N^2/2$，約為直接算出 $x[n]$ 時所需相乘次數的一半。如果我們再將 $X_e[k]$ 與 $X_o[k]$ 分割為偶索引值的與奇索引值的序列，可以更進一步地減少計算量。例如，圖 4.59(b)描繪當 $N = 8$ 時如何將計算 $x_e[n]$ 時用到的 4 點逆 DTFS 分割為兩個 2 點逆 DTFS。最能夠節省計算量是當 N 是 2 的次方的時候。這時我們可以繼續分割，直到每個逆 DTFS 的大小都是 2 為止，而如同圖 4.59(c)所示，2 點逆 DTFS 的計算是不需要相乘的。

圖 4.60 顯示當 $N = 8$ 時的 FFT 運算。這種將位於輸入端的 DTFS 係數重複地分割成偶索引值與奇索引值序列的進行法，會將這些係數的順序重新排列。這個排列的動作稱為*位元倒置 (bit reversal)*，因為只要將索引值 k 的二進位表示中的位元的順序倒過來，我們就得到 $X[k]$ 的位置。譬如，$X[6]$ 的索引值是 $k = 6$，將 $k = 6$ 以二進位表示會得出 $k = 110_2$。現在將位元倒置，得到 $k' = 011_2$ 或 $k' = 3$，因此 $X[6]$ 出現在第四個位置。圖 4.59(c)中的兩個輸入，兩個輸出的基本結構，在 FFT 計算的每一階段都會重複出現 (參考圖 4.60)，此一過程因為它的長相，稱為一個*蝴蝶圖 (butterfly)*。

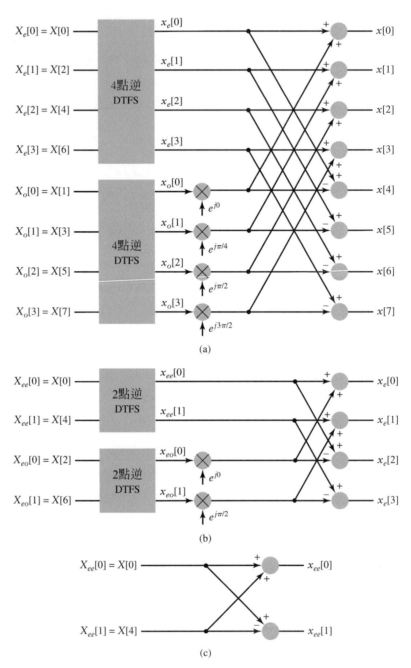

圖 4.59 當 $N = 8$ 時，如何將一個逆 DTFS 分解為較低階逆 DTFS 組合的示意方塊圖。(a) 將 8 個點的逆 DTFS 表示為兩組 4 個點的逆 DTFS。(b) 將 4 個點的逆 DTFS 表示為兩組 2 點的逆 DTFS。(c) 2 個點的逆 DTFS。

　　如果 N 是 2 的次方，FFT 演算法需要 $N \log_2 (N)$ 的數量級個複數相乘。當 N 很大的時候，相對於 N^2 來說，這代表省下了非常多的計算。例如，如果 $N = 8192$，也就是 2^{13}，直接計算需要的算術運算，差不多是 FFT 演算法的 630 倍。

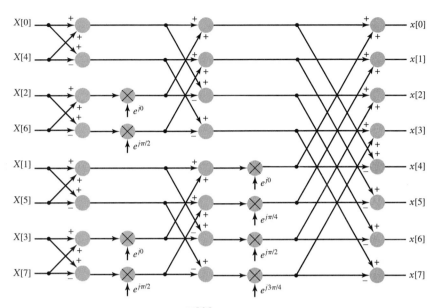

圖 4.60 當 $N = 8$ 時，從 $X[k]$ 計算 $x[n]$ 的 FFT 演算法的圖形。

在這裡我們要提醒讀者，很多的套裝軟體都有包括執行 FFT 演算法的程式，可惜，當中對於 $1/N$ 因子的位置並沒有一定標準。有些程式像我們一樣將 $1/N$ 放在 DTFS 係數 $X[k]$ 的公式之中，但其他程式卻將 $1/N$ 放到時間訊號 $x[n]$ 的公式裡面，不但如此，還有另一種慣例是在 $X[k]$ 與 $x[n]$ 的公式之中各放一個 $1/\sqrt{N}$。這各種不同慣例的作用，其實只是將 DTFS 係數 $X[k]$ 乘上 N 或者 $\sqrt{N}$ 而已。

4.11 利用 MATLAB 探索觀念 (Exploring Concepts with MATLAB)

■ 4.11.1 十分法取樣與內插 (DECIMATION AND INTERPOLATION)

請回想一下，十分法取樣會降低離散時間訊號的有效取樣比率，而內插則會提高有效取樣率。要達到十分法取樣的目的，我們對訊號經過低通濾波後的版本進行次取樣，而如果要進行內插，我們在樣本之中插入零，然後再進行低通濾波。MATLAB 的訊號處理工具箱包括幾個用來執行十分法取樣和內插的常式。它們都會自動設計和實施這兩個操作所需要的低通濾波器。指令 `y = decimate(x,r)` 對以 `x` 來代表的訊號按正整數比例 `r` 十分法取樣，然後產生向量 `y`，其長度比 `x` 短 `r` 倍。同理，`y = interp(x,r)` 對 `x` 按正整數比例 `r` 內插，產生向量 `y`，其長度是 `x` 的 `r` 倍。指令 `y = resample(x,p,q)` 以原先取樣率的 k/q 倍對向量 `x` 重新取樣，其中 `p` 與 `q` 是正整數。在概念上這相當於首先按比例 `p` 內插，然後按比例 `q` 十分法取樣。

向量 y 的長度是 x 的 p/q 倍。如果 x 在首尾離開零很遠的話，經過重新取樣後，該序列的數值在 y 的首尾可能不準確。

假設離散時間訊號

$$x[n] = e^{-\frac{n}{15}} \sin\left(\frac{2\pi}{13}n + \frac{\pi}{8}\right), \quad 0 \le n \le 59$$

是對一個連續時間訊號以 45kHz 的速率取樣的結果，而我們想要求出以 30kHz 的速率，對這個幕後的連續時間訊號取樣得到的離散時間訊號。這樣進行相當於以比例 $\frac{30}{45} = \frac{2}{3}$ 改變取樣率。我們可以用指令 resample 造成這個改變，方法如下：

```
>> x = exp(-[0:59]/15).*sin([0:59]*2*pi/13 + pi/8);
>> y = resample(x,2,3);
>> subplot(2,1,1)
>> stem([0:59],x);
>> title('Signal Sampled at 45kHz'); xlabel('Time');
>> ylabel('Amplitude')
>> subplot(2,1,2)
>> stem([0:39],y);
>> title('Signal Sampled at 30kHz'); xlabel('Time');
   ylabel('Amplitude')
```

原始訊號與透過以上指令重新取樣的訊號均顯示於圖 4.61。

■ 4.11.2 建立 DTFS 與 DTFT 的關係 (RELATING THE DTFS TO THE DTFT)

根據(4.36)式，一個有限持續時間訊號的 DTFS 係數，相當於對它的 DTFT 取樣除以 DTFS 係數的個數 N。我們在 3.19 節已經介紹過，MATLAB 常式 fft 的用途是計算出 N 乘以 DTFS 係數。因此，fft 直接算出有限期間的訊號的 DTFT 的樣本。填零的過程率涉到在計算 DTFS 以前，首先在有限期間訊號補上零，而產生對原有的 DTFT 一個更稠密的取樣。填零可以很容易地利用 fft 來進行，只要增加一個引數來指定要計算的係數的個數。如果 x 是代表一個有限期間時間訊號，長度為 M 的向量，而 n 大於 M，則指令 X = fft(x,n) 算出 x 的 DTFT 的 n 個樣本，進行法是首先在 x 後面填上零，使總長度變成 n。如果 n 是小於 M 則 X = fft(x,n) 會先將 x 截斷使長度變成 n。

從 X 所取得的樣本所對應的頻率的值是由一個 n 點長的向量來表示，它的第一個元素等於零，其他元素則以間距 $2\pi/n$ 平均分佈，例如，指令 w=[0:(n-1)]*2*pi/n 會產生適當的頻率值的向量。注意我們描述的是當 $0 \le \Omega \le 2\pi$ 時，DTFT 的情形。有時候將 DTFT 看成是在以零為中心的一個週期上，即 $-\pi < \Omega \le \pi$ 會比較方便。

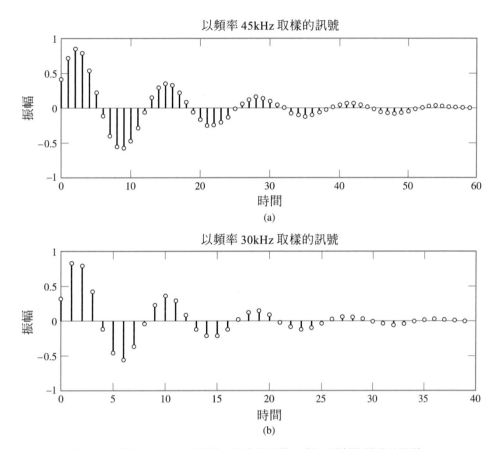

以頻率 45kHz 取樣的訊號

(a)

以頻率 30kHz 取樣的訊號

(b)

圖 4.61　利用 MATLAB 得到(a)原來的訊號，與(b)重新取樣後的訊號。

MATLAB 指令 Y=fftshift(X) 將 X 的左右兩半對換，目的是將零頻率放在中心。對應於 Y 裡面的值的頻率值向量可以用指令 w = [-n/2:(n/2-1)]*2*pi/n 產生。

如果我們複習範例 4.14，利用 MATLAB 來算出| $X(e^{j\Omega})$ |在頻率間距 (a) $\dfrac{2\pi}{32}$ (b) $\dfrac{2\pi}{60}$ (c) $\dfrac{2\pi}{120}$ 的值。我們回想起

$$x[n] = \begin{cases} \cos\left(\frac{3\pi}{8}n\right), & 0 \le n \le 31 \\ 0, & \text{其他條件} \end{cases}$$

對於情況(a)我們使用一個 32 點的 DTFS，其中這個 DTFS 是從訊號的 32 個非零值算出的。在情況(b)和(c)，為了以指定的間距對 DTFT 取樣，我們用填零法將長度分別增加到 60 和 120。我們使用下述指令在 $-\pi < \Omega \le \pi$ 範圍內算出結果並用圖形表示出來：

```
>> n = [0:31];
>> x = cos(3*pi*n/8);
>> X32 = abs(fftshift(fft(x)));      %magnitude for 32
   point DTFS
>> X60 = abs(fftshift(fft(x,60)));     %magnitude for 60
   point DTFS
>> X120 = abs(fftshift(fft(x,120)));    %magnitude for
   120 point DTFS
>> w32 = [-16:15]*2*pi/32;     w60=[-30:29]*2*pi/60;
>> w120 = [-60:59]*2*pi/120;

    >> stem(w32,X32);        % stem plot for Fig. 4.53 (a)
    >> stem(w60,X60);        % stem plot for Fig. 4.53 (b)
    >> stem(w120,X120);      % stem plot for Fig. 4.53 (c)
```

這些結果在圖 4.53(a)-(c)中畫成枝狀線。

■ 4.11.3 DTFS 的計算應用 (COMPUTATIONAL APPLICATIONS OF THE DTFS)

我們在前面提到過，MATLAB 的 fft 指令可以用來計算 DTFS，因此也可以用來近似 FT。特別的是，範例 4.15 和 4.16 中的 DTFS 近似就是用 fft 來產生的。如果要再重複一次範例 4.16，我們可以用下述指令：

```
>> ta = 0:0.1:3.9;    % time samples for case (a)
>> tb = 0:0.1:199.9;    % time samples for case (b)
>> xa = cos(0.8*pi*ta) + 0.5*cos(0.9*pi*ta);
```

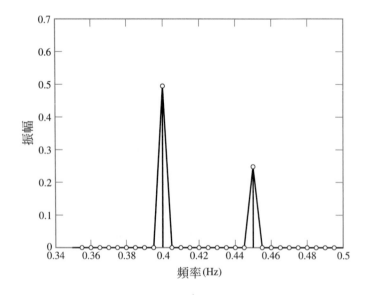

圖 4.62　利用 MATLAB 指令 plot 來顯示範例 4.16(b)小題的 DTFS 係數。

```
>> xb = cos(0.8*pi*tb) + 0.5*cos(0.9*pi*tb);
>> Ya = abs(fft(xa)/40);      Yb = abs(fft(xb)/2000);
>> Ydela = abs(fft(xa,8192)/40);      % evaluate 1/M
   Y_delta(j omega) for case (a)
>> Ydelb = abs(fft(xa,16000)/2000);     % evaluate 1/M
   Y_delta(j omega) for case (b)
>> fa = [0:19]*5/20;      fb = [0:999]*5/1000;
>> fdela = [0:4095]*5/4096;      fdelb = [0:7999]*5/8000;
>> plot(fdela,Ydela(1:4192))     % Fig. 4.58a
>> hold on
>> stem(fa,Ya(1:20))
>> xlabel('Frequency (Hz)');      ylabel('Amplitude')
>> hold off
>> plot(fdelb(560:800),Ydelb(560:800))     %Fig. 4.58c
>> hold on
>> stem(fb(71:100),Yb(71:100))
>> xlabel('Frequency (Hz)');      ylabel('Amplitude')
```

注意在這裡我們用 fft 來計算 $\frac{1}{M}Y_\delta(j\omega)$，然後填上相對於 $x[n]$ 長度大量的零。我們回想起填零法會縮小用 DTFS 得出的 DTFT 的樣本間的間距。因此，填上很多個零之後，我們掌握足夠的細節能對原來的 DTFT 提供一個平滑的近似。如果不填零而只用 plot 來畫出 DTFS 係數的圖形，我們得到的是一個粗糙很多的近似值。圖 4.62 畫出範例 4.16 情況(b)的 DTFS 係數，同時使用 plot 和 stem，這些係數是利用下列指令得到的：

```
>> plot(fb(71:100),Yb(71:100))
>> hold on
>> stem(fb(71:100),Yb(71:100))
```

在這裡 plot 指令產生三角形，置中於弦波相關的頻率。這些三角形的出現是因為 plot 會將 Yb 中的值用直線連接起來。

　　指令 fft 利用 4.10 中所介紹分而治之的原則，在數值計算上是有效率的，或者是運用快速傅立葉轉換演算法來完成的。

▌4.12　總結 (Summary)

我們使用傅立葉表示法的時候，常會遇到不同類型的訊號混在一起的情形。為了處理這種情況，在這一章中我們建立不同的傅立葉表示法間的關係即：

▶ 週期與非週期訊號

▶ 連續時間與離散時間訊號

週期與非週期訊號的相互作用，常常發生在訊號與 LTI 系統 (例如濾波器) 起作用的場合，或者是在進行其他基本訊號操作 (例如將兩個訊號相乘) 的時候。連續時間與離散時間訊號的混合，出現在對連續時間訊號取樣，或從樣本重建連續時間訊號的情況。此外，利用 DTFS 去對 FT 進行數值近似也會牽涉到不同種類訊號的混合。因為每一類的訊號有自己獨有的傅立葉表示法，除非我們擴充傅立葉表示法工具的集合，否則我們會對這些情況無能為力。

作為分析工具，FT 是最多功能的，因為所有這四類的訊號都有 FT 表示法，且由於我們容許在時域和頻域中使用脈衝才有可能。FT 最常被用於分析連續時間 LTI 系統，對連續時間訊號取樣，或從樣本重建連續時間訊號的系統。DTFT 主要是用來分析離散時間系統。我們發展出一種離散時間週期訊號的 DTFT，使它更能發揮這方面的功能。DTFS 是在計算用途上用來近似 FT 和 DTFT；建立了 DTFS 和 FT 之間的關係，以及 DTFS 和 DTFT 之間的關係，使我們可以正確地詮釋數值計算的結果。

FFT 演算法，以及其他用於計算 DTFS 有效演算法的存在，大大地擴展了傅立葉分析可以處理題目範圍。這些演算法的基礎是將 DTFS 分割為較低階 DTFS 計算的巢狀集合 (nested set)，現在它們已經是所有資料處理的商業套裝軟體裡不可或缺的一部分。

傅立葉方法提供了一套強而有力的分析和數值計算的工具，不但可用於解決訊號與系統的問題，還可以像在下一章所看到的，用以研究通訊系統。此外，它們在第八章的題目－濾波的範疇中也廣泛被應用。

◉ 進階資料

1. 取樣、重建、離散時間訊號處理系統、DTFS 在計算上的應用、以及 DTFS 的快速演算法等題目，在下列課本中有更詳細的討論：

   ▶ Proakis, J. G. 與 D. G. Manolakis 合著，《*Digital Signal ProcessingPrinciples, Algorithms and Applications*》，第三版，由 Prentice Hall 公司於 1995 年出版。

   ▶ Oppenheim, A. V.，R. W. Schafer 與 J. R. Buck 合著，《*Discrete-Time Signal Processing*》，第二版，由 Prentice Hall 於 1999 年出版。

   ▶ Jackson, L. B.著，《*Digital Filters and Signal Processing*》，第三版，由 Kluwer 於 1996 年出版。

   ▶ Roberts, R. A.與 C. T. Mullis 合著，《*Digital Signal Processing*》，由 Addison-Wesley 於 1987 年出版。

2. 在討論數值計算應用的文獻之中，離散傅立葉轉換，或所謂的 DFT，其術語常用來代替本書中所採用的 DTFS 術語。DFT 係數是 DTFS 係數的 N 倍。我們選擇保留 DTFS 的用語，一方面是為了一致，另一方面是為了避免與 DTFT 混淆。

3. 用來計算 DTFS 的最新 FFT 演算法，一般歸功於 J. W. Cooley 與 J. W. Tukey，他們在 1965 年發表「一個在機器上計算複數傳立葉級數的演算法」於期刊《*Mat. Comput.*》上，第 19 卷，pp.297-301。在六十年代中期，所謂數位訊號處理的領域只是在襁褓階段，這篇文章加速了它的發展。這個可以用來計算 DTFS 的快速演算法，大量開拓了數位訊號處理的新應用，造成此新領域爆炸性的發展。事實上，這一章大部分及第八章相當比例的內容，都是關於數位訊號處理的。FFT 很重要的用途是作爲計算濾波訊號線性摺積的有效方法。在這方面有兩個基本的方法：「重疊和相加」與「重疊和儲存」；它們將輸入訊號分段，然後將各段的 DTFS 係數相乘來進行摺積。我們會在習題 4.54 探討「重疊和儲存」演算法的基礎理解。

有人認爲傑出的德國數學家高斯 (Carl Friedrich Gauss) 早在 1805 年就已經發展出等價的、用來計算 DTFS 係數的有效演算法，這甚至是在傳立葉關於調和分析 (或譯諧波分析) 的發展工作之前，更多有關 FFT 的歷史與它對數位訊號處理的影響等資料，可見於下列兩篇文章：

▶ Heideman, M. T.，D. H. Johnson 與 C. S. Burrus 著，"Gauss and the history of the fast Fourier transform"，《*IEEE ASSP Magazine*》，第一卷第四期，pp.14-21，1984 年十月。

▶ J. W. Cooley 著，"How the FFT gained acceptance"，《*IEEE Signal Processing Magazine*》，第九卷第一期，pp.10-13，1992 年一月。下述這本書是 FFT 演算法的專著：

▶ E. O. Brigham 著，《*The Fast Fourier Transform and Its Applications*》，由 Prentice Hall 公司於 1988 年出版。

🔺 補充習題 (*ADDITIONAL PROBLEMS*)

4.16 試求下列週期訊號的 FT 表示法：

(a) $x(t) = 2\cos(\pi t) + \sin(2\pi t)$

(b) $x(t) = \sum_{k=0}^{4} \frac{(-1)^k}{k+1}\cos((2k+1)\pi t)$

(c) 圖 P4.16(a)的 $x(t)$。

(d) 圖 P4.16(b)的 $x(t)$。

並描繪振幅頻譜與相位頻譜。

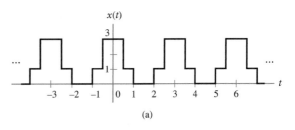

(a)

圖 P4.16

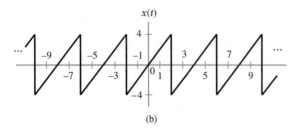

圖 P4.16 （續）

4.17 試求下列週期訊號的 DTFT 表示法：

(a) $x[n] = \cos\left(\frac{\pi}{8}n\right) + \sin\left(\frac{\pi}{5}n\right)$

(b) $x[n] = 1 + \sum_{m=-\infty}^{\infty} \cos\left(\frac{\pi}{4}m\right)\delta[n-m]$

(c) 圖 P4.17(a)的 $x[n]$。

(d) 圖 P4.17(b)的 $x[n]$。

(e) 圖 P4.17(c)的 $x[n]$。

並描繪振幅頻譜與相位頻譜。

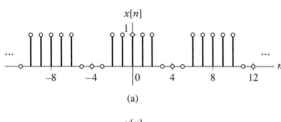

(a)

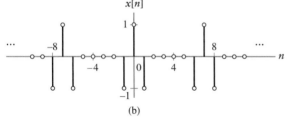

(b)

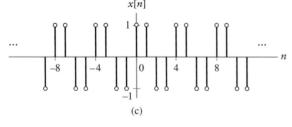

(c)

圖 P4.17

4.18 某 LTI 系統有下述脈衝響應

$$h(t) = 2\frac{\sin(2\pi t)}{\pi t}\cos(7\pi t)$$

試用 FT 求出系統的輸出，如果輸入是

(a) $x(t) = \cos(2\pi t) + \sin(6\pi t)$

(b) $x(t) = \sum_{m=-\infty}^{\infty}(-1)^m\delta(t-m)$

(c) 圖 P4.18(a)的 $x(t)$。

(d) 圖 P4.18(b)的 $x(t)$。

(e) 圖 P4.18(c)的 $x(t)$。

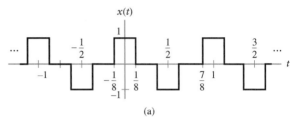

(a)

圖 P4.18

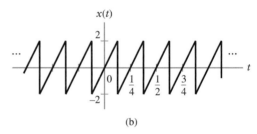

(b)

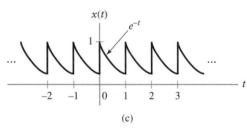

(c)

圖 P4.18 （續）

4.19 直流電源供應器的其中一種設計，是透過串聯 (cascade) 一個全波整流器與一個 RC 電路，如圖 P4.19 所示。全波整流器的輸出是

$$z(t) = |x(t)|$$

令 $H(j\omega)$

$$H(j\omega) = \frac{Y(j\omega)}{Z(j\omega)} = \frac{1}{j\omega RC + 1}$$

是 *RC* 電路的頻率響應。假設輸入是 $x(t) = \cos(120\pi t)$

(a) 試求 $z(t)$ 的 FT 表示法。

(b) 試求 $y(t)$ 的 FT 表示法。

(c) 試求時間常數 RC 的範圍，使得 $y(t)$ 中的漣漪的第一個諧波小於平均值的 1%。

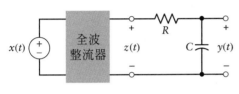

圖 P4.19

4.20 考慮圖 P4.20(a)的系統。輸入訊號的 FT 可見於圖 P4.20(b)。令 $z(t) \overset{FT}{\longleftrightarrow} Z(j\omega)$，以及 $y(t) \overset{FT}{\longleftrightarrow} Y(j\omega)$。試對下列情形描繪 $Z(j\omega)$ 和 $Y(j\omega)$：

(a) $w(t) = \cos(5\pi t)$ and $h(t) = \frac{\sin(6\pi t)}{\pi t}$

(b) $w(t) = \cos(5\pi t)$ and $h(t) = \frac{\sin(5\pi t)}{\pi t}$

(c) 如圖P4.20的 $w(t)$，並且
$$h(t) = \frac{\sin(2\pi t)}{\pi t}\cos(5\pi t)$$

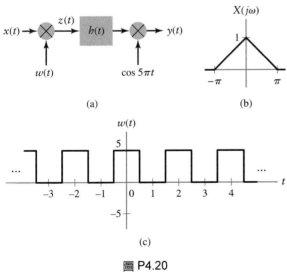

圖 P4.20

4.21 考慮圖 P4.21 中的系統，它的脈衝響應是
$$h(t) = \frac{\sin(11\pi t)}{\pi t}$$

我們還有
$$x(t) = \sum_{k=1}^{\infty}\frac{1}{k^2}\cos(k5\pi t)$$

而且
$$g(t) = \sum_{k=1}^{10}\cos(k8\pi t)$$

試用 FT 求出 $y(t)$。

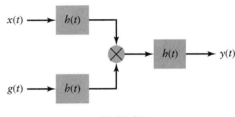

圖 P4.21

4.22 某離散時間系統的輸入是
$$x[n] = \cos\left(\frac{\pi}{8}n\right) + \sin\left(\frac{3\pi}{4}n\right)$$

試用 DTFT 求出系統的輸出 $y[n]$，如果系統的脈衝響應是

(a) $h[n] = \frac{\sin\left(\frac{\pi}{4}n\right)}{\pi n}$

(b) $h[n] = (-1)^n\frac{\sin\left(\frac{\pi}{2}n\right)}{\pi n}$

(c) $h[n] = \cos\left(\frac{\pi}{2}n\right)\frac{\sin\left(\frac{\pi}{5}n\right)}{\pi n}$

4.23 考慮圖 P4.23 中的離散時間系統。令 $h[n] = \frac{\sin\left(\frac{\pi}{2}n\right)}{\pi n}$。試對下列情形利用 DTFT 求出輸出 $y[n]$：

(a) $x[n] = \dfrac{\sin\left(\frac{\pi}{4}n\right)}{\pi n}, \quad w[n] = (-1)^n$

(b) $x[n] = \delta[n] - \dfrac{\sin\left(\frac{\pi}{4}n\right)}{\pi n}, \quad w[n] = (-1)^n$

(c) $x[n] = \dfrac{\sin\left(\frac{\pi}{2}n\right)}{\pi n}, \quad w[n] = \cos\left(\frac{\pi}{2}n\right)$

(d) $x[n] = 1 + \sin\left(\frac{\pi}{16}n\right) + 2\cos\left(\frac{3\pi}{4}n\right),$

$\quad w[n] = \cos\left(\frac{3\pi}{8}n\right)$

另描繪 $G(e^{j\Omega})$，即 $g[n]$ 的 DTFT。

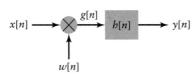

圖 P4.23

4.24 對於下列離散時間訊號及取樣間距 T_s，試求出以及描繪 FT 表示法 $X_\delta(j\omega)$：

(a) $x[n] = \dfrac{\sin\left(\frac{\pi}{3}n\right)}{\pi n}, \quad T_s = 2$

(b) $x[n] = \dfrac{\sin\left(\frac{\pi}{3}n\right)}{\pi n}, \quad T_s = \frac{1}{4}$

(c) $x[n] = \cos\left(\frac{\pi}{2}n\right)\dfrac{\sin\left(\frac{\pi}{4}n\right)}{\pi n}, \quad T_s = 2$

(d) 如圖P4-17(a)的$x[n]$，而且 $T_s = 4$。

(e) $x[n] = \sum_{p=-\infty}^{\infty}\delta[n - 4p], \quad T_s = \frac{1}{8}$

4.25 考慮對訊號 $x(t) = \dfrac{1}{\pi t}\sin(2\pi t)$ 取樣

(a) 試對下列取樣間距描繪樣本訊號的FT：

   (i) $T_s = \frac{1}{8}$

   (ii) $T_s = \frac{1}{3}$

   (iii) $T_s = \frac{1}{2}$

   (iv) $T_s = \frac{2}{3}$

(b) 令 $x[n] = x(nT_s)$。試對(a)小題中每個取樣間距，描繪 $x[n]$ 的 DTFT $X(e^{j\Omega})$。

4.26 我們對某連續訊號 $x(t)$ 取樣，其 FT 可見於圖 P4.26，

(a) 試對下列取樣間距描繪樣本訊號的FT：

   (i) $T_s = \frac{1}{14}$

   (ii) $T_s = \frac{1}{7}$

   (iii) $T_s = \frac{1}{5}$

試對每種情形，判別是否有發生頻疊現象。

(b) 令 $x[n] = x(nT_s)$，試對(a)小題中每個取樣間距，描繪 $x[n]$ 的 DTFT $X(e^{j\Omega})$。

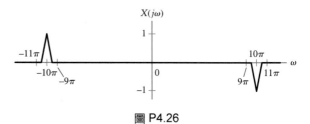

圖 P4.26

4.27 考慮對訊號 $x[n] = \dfrac{\sin\left(\frac{\pi}{6}n\right)}{\pi n}$ 進行次取樣，使得 $y[n] = x[qn]$。試對下列各個 q 的選擇，描繪 $Y(e^{j\Omega})$：

(a) $q = 2$

(b) $q = 4$

(c) $q = 8$

4.28 我們對某離散時間訊號 $x[n]$ 進行次取樣以得到 $y[n] = x[qn]$，離散時間訊號的 DTFT 可見於圖 P4.28。試對下列各個 q 的選擇畫出 $Y(e^{j\Omega})$ 的圖形：

(a) $q = 3$

(b) $q = 4$

(c) $q = 8$

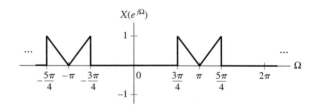

圖 P4.28

4.29 考慮對下列每個訊號按取樣間距 T_s 取樣。試求，如果要保證不出現頻疊，對 T_s 有何

限制：

(a) $x(t) = \frac{1}{t}\sin 3\pi t + \cos(2\pi t)$

(b) $x(t) = \cos(12\pi t)\dfrac{\sin(\pi t)}{2t}$

(c) $x(t) = e^{-6t}u(t) * \dfrac{\sin(Wt)}{\pi t}$

(d) $x(t) = w(t)z(t)$，其中 FT 的 $W(j\omega)$ 與 $Z(j\omega)$ 可見於圖 P4.29。

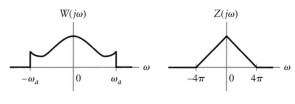

圖 P4.29

4.30 考慮圖 P4.30 的系統。當 $|\omega| > \omega_m$ 時，令 $|X(j\omega)| = 0$。試求 T 的最大值，使得 $x(t)$ 可以從 $y(t)$ 重建出來。求當 T 取這個最大值時，一個可以用來進行這個重建的系統。

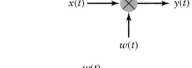

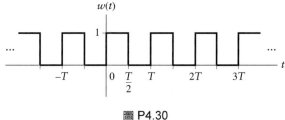

圖 P4.30

4.31 當 $|\omega| > \omega_m$ 時，令 $|X(j\omega)| = 0$。組成訊號 $y(t) = x(t)[\cos(3\pi t) + \sin(10\pi t)]$。試求 ω_m 的最大值，使得 $x(t)$ 可以從 $y(t)$ 重建，並具體說明一個可以用來進行這個重建的系統。

4.32 某重用的系統包括一個零階保持器，然後再接上一個頻率響應為 $H_c(j\omega)$ 的連續時間抗映像濾波器。原始訊號 $x(t)$ 是頻寬受限於 ω_m 的（即當 $|\omega| > \omega_m$ 時，$X(j\omega) = 0$），並按取樣間距 T_s 來取樣。試對於下述數值，求出對抗映像濾波器的振幅響應的限制，使得這個重建系統在訊號通帶中的整體振幅響應是在 0.99 和 1.01 之間，而在包含訊號頻譜的映像的所有其他頻帶都小於 10^{-4}：

(a) $\omega_m = 10\pi$,　$T_s = 0.1$

(b) $\omega_m = 10\pi$,　$T_s = 0.05$

(c) $\omega_m = 10\pi$,　$T_s = 0.02$

(d) $\omega_m = 2\pi$,　$T_s = 0.05$

4.33 零階保持器從樣本 $x[n] = x(nT_s)$ 產生一個對樣本訊號 $x(t)$ 的階梯式近似。一個被稱為一階保持器 (first-order hold) 的裝置，在樣本 $x[n]$ 之間進行線性內插，因此產生一個對 $x(t)$ 的較平滑的近似。這個一階保持器的輸出可以表示為

$$x_1(t) = \sum_{n=-\infty}^{\infty} x[n]h_1(t - nT_s)$$

其中 $h_1(t)$ 是圖 P4.33(a) 所顯示的三角脈波。$x[n]$ 與 $x_1(t)$ 之間的關係可見於圖 P4.33(b)。

(a) 試求出一階保持器所引進的失真，並將這失真與零階保持器所造成的情況作比較。[提示：$h_1(t) = h_o(t) * h_o(t)$]

(b) 考慮一個包括一階保持器，再加上一個頻率響應為 $H_c(j\omega)$ 的抗映像濾波器的重建系統。試求 $H_c(j\omega)$ 使得我們可以得到完整的重建。

(c) 對於下列的數值，試求對 $|H_c(j\omega)|$ 的限制，使得這個重建系統在訊號通帶中的整體振幅響應在 0.99 和 1.01 之間，而在所有包含訊號頻譜的映像的頻帶都小於 10^{-4}：

(i) $T_s = 0.05$

(ii) $T_s = 0.02$

假設 $x(t)$ 是頻寬受限於 12π 的，即 $|\omega| > 12\pi$ 時，令 $X(j\omega) = 0$。

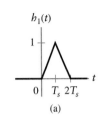

圖 P4.33

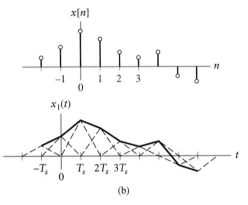

(b)

圖 P4.33

4.34 試求因子 q 的最大值，使得一個離散時間訊號 $x[n]$ 能夠十分法取樣而不產生頻疊，此訊號有如圖 P4.34 所示的 DTFT $X(e^{j\Omega})$。試描繪當 $x[n]$ 以比例 q 十分法取樣後，所產生序列的 DTFT。

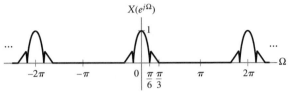

圖 P4.34

4.35 圖 P4.35 是一個用來處理連續時間訊號的離散時間系統。試對下列情況描繪一個等價的連續時間系統頻率響應的值：

(a) $\Omega_1 = \frac{\pi}{4}$, $W_c = 20\pi$

(b) $\Omega_1 = \frac{3\pi}{4}$, $W_c = 20\pi$

(c) $\Omega_1 = \frac{\pi}{4}$, $W_c = 2\pi$

4.36 令 $X(e^{j\Omega}) = \dfrac{\sin\left(\frac{11\Omega}{2}\right)}{\sin\left(\frac{\Omega}{2}\right)}$ 並定義 $\widetilde{X}[k] = X(e^{jk\Omega_o})$。試對於下列 Ω_o 的值，求出並描繪 $\widetilde{x}[n]$，其中 $\widetilde{x}[n] \xleftrightarrow{\ DTFS; \Omega_o\ } \widetilde{X}[k]$：

(a) $\Omega_o = \frac{2\pi}{15}$

(b) $\Omega_o = \frac{\pi}{10}$

(c) $\Omega_o = \frac{\pi}{3}$

4.37 令 $X(j\omega) = \frac{\sin(2\omega)}{\omega}$ 並定義 $\widetilde{X}[k] = X(jk\omega_o)$。試對於下列 ω_o 的值，求出並描繪 $\widetilde{x}(t)$，其中 $\widetilde{x}(t) \xleftrightarrow{\ FS; \omega_o\ } \widetilde{X}[k]$：

(a) $\omega_o = \frac{\pi}{8}$

(b) $\omega_o = \frac{\pi}{4}$

(c) $\omega_o = \frac{\pi}{2}$

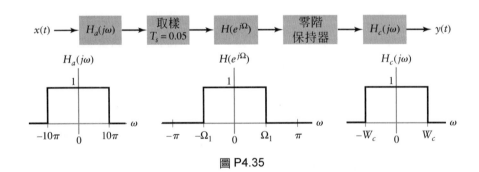

圖 P4.35

4.38 以間距 $T_s = 0.01$ 秒對訊號 $x(t)$ 進行取樣。總共收集了一百個樣本，然後我們取一個 200 點的 DTFS 試著去近似 $X(j\omega)$。假設當 $|\omega| > 120\ \pi$ 弳/秒時，$|X(j\omega)| \approx 0$。試求出頻率範圍 $-\omega_a < \omega < \omega_a$，使得在這個範圍內 DTFS 對 $X(j\omega)$ 提供合理的近似，並求出這個近似的有效解析度 ω_r 以及每個 DTFS 係數之間的頻率間距 $\Delta\omega$。

4.39 我們以間距 $x(t)$ 對訊號 $T_s = 0.1$ 秒取樣。假設當 $|\omega| > 12\ \pi$ 弳/秒時，$|X(j\omega)| \approx 0$。試求出頻率範圍 $-\omega_a < \omega < \omega_a$，使得在這個範圍內 DTFS 成為 $X(j\omega)$ 的合理近似。此外，試求出要達到有效解析度 $\omega_r = 0.01\ \pi$ 弳/秒的樣本數的最小值，以及使得 DTFS 係數之間的頻率間距為 $\Delta\omega = 0.001\ \pi$ 弳/秒的 DTFS 的長度。

4.40 以間距 $T_s = 0.1$ 秒對 $x(t) = a\sin(\omega_o t)$ 進行取樣。假設我們可以得到 100 個 $x(t)$ 的樣本，即 $x[n] = x[nT_s]$，$n = 0, 1, \cdots, 99$。我們利用 $x[n]$ 的 DTFS 去近似 $x(t)$ 的 FT，並希望從振幅最大的 DTFS 係數求出 a。在取 DTFS 以前，我們用填零法將樣本 $x[n]$ 的長度補到 N。試對下列的 ω_o 的值，求出 N 的最小值：
(a) $\omega_o = 3.2\pi$
(b) $\omega_o = 3.1\pi$
(c) $\omega_o = 3.15\pi$

並對每個情形求出那一個 DTFS 係數的振幅最大。

◉ 進階習題 (ADVANCED PROBLEMS)

4.41 某連續時間訊號位於頻帶 $|\omega| < 5\ \pi$ 之內。這個訊號受到一個頻率為 $120\ \pi$ 的大弦波訊號所污染。我們以取樣率 $\omega_s = 13\ \pi$ 對這個被污染的訊號取樣。
(a) 取樣之後，干擾的正弦訊號會出現在那一個頻率？
(b) 被污染的訊號通過一個包含圖 P4.41 的 RC 電路的抗頻疊濾波器。試求所需的時間常數 RC，使得正弦污染訊號在取樣以前衰減為 1000 分之一。
(c) 對在小題(b)得到的 RC 的值，描繪抗頻疊濾波器對訊號的振幅響應，請以 dB 為單位。

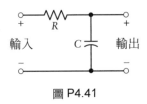

圖 P4.41

4.42 在這一題，我們推導(4.27)式所導出次取樣的頻域關係。利用(4.17)式，我們將 $x[n]$ 表示成取樣間距 T_s 脈衝取樣的連續時間訊號。因此有

$$x_\delta(t) = \sum_{n=-\infty}^{\infty} x[n]\delta(t - nT_s)$$

假設 $x[n]$ 是從連續時間訊號 $x(t)$ 在 T_s 的整數倍數之處得到樣本。也就是說，$x[n] = x[nT_s]$。令 $x(t) \overset{FT}{\longleftrightarrow} X(j\omega)$。定義次取樣後訊號 $y[n] = x[qn]$，使得 $y[n] = x[qnT_s]$ 也可以表示為 $x(t)$ 的樣本。
(a) 應用(4.23)式，將 $X_\delta(j\omega)$ 表示為 $X(j\omega)$ 的函數。證明

$$Y_\delta(j\omega) = \frac{1}{qT_s}\sum_{k=-\infty}^{\infty} X\left(j\left(\omega - \frac{k}{q}\omega_s\right)\right)$$

(b) 目標是將 $Y_\delta(j\omega)$ 表示爲 $X_\delta(j\omega)$ 的函數，使得 $Y(e^{j\Omega})$ 可以用 $X(e^{j\Omega})$ 表示。爲了達成這個目的，我們將 $X_\delta(j\omega)$ 中的 k/q 寫成眞分數

$$\frac{k}{q} = l + \frac{m}{q}$$

其中 l 是 k/q 的整數部分，而 m 則是餘數。試證我們可以將 $X_\delta(j\omega)$ 改寫爲

$$Y_\delta(j\omega) = \frac{1}{q}\sum_{m=0}^{q-1}\left\{\frac{1}{T_s}\sum_{l=-\infty}^{\infty} X\left(j\left(\omega - l\omega_s - \frac{m}{q}\omega_s\right)\right)\right\}$$

然後，再證明

$$Y_\delta(j\omega) = \frac{1}{q}\sum_{m=0}^{q-1} X_\delta\left(j\left(\omega - \frac{m}{q}\omega_s\right)\right)$$

(c) 現在爲了將 $Y(e^{j\Omega})$ 表示爲 $X(e^{j\Omega})$ 的函數，我們從 FT 表示法換回到 DTFT。與 $Y_\delta(j\omega)$ 相關的取樣間距是 qT_s。在下述公式中利用關係式 $\Omega = \omega q T_s$

$$Y(e^{j\Omega}) = Y_\delta(j\omega)\big|_{\omega=\frac{\Omega}{qT_s}}$$

試證明

$$Y(e^{j\Omega}) = \frac{1}{q}\sum_{m=0}^{q-1} X_\delta\left(\frac{j}{T_s}\left(\frac{\Omega}{q} - \frac{m}{q}2\pi\right)\right)$$

(d) 最後，利用 $X(e^{j\Omega}) = X_\delta(j\frac{\Omega}{T_s})$ 得出

$$Y(e^{j\Omega}) = \frac{1}{q}\sum_{m=0}^{q-1} X\left(e^{j\frac{1}{q}(\Omega-m2\pi)}\right)$$

4.43 某一個有限頻寬的訊號 $x(t)$ 滿足 $|X(j\omega)| = 0$，當 $|\omega|<\omega_1$ 以及 $|\omega|>\omega_2$ 時。假設 $\omega_1 > \omega_2 - \omega_1$。在這個情況下，我們可以對樣本 $x(t)$ 以低於取樣定理所指出的速率取樣，而且仍然可以利用帶通重建濾波器 $H_r(j\omega)$

進行完整的重建。令 $x[n] = x(nT_s)$，試求出最大的取樣間距 T_s，使得我們可以從 $x[n]$ 完整重建 $x(t)$，並描繪這情形所需重建濾波器的頻率響應。

4.44 假設某一個週期訊號 $x(t)$ 有 FS 係數如下：

$$X[k] = \begin{cases} \left(\frac{3}{4}\right)^k, & |k| \le 4 \\ 0, & \text{其他條件} \end{cases}$$

這訊號的週期是 $T = 1$。

(a) 對於這個訊號，試求能夠防止頻疊的最小取樣間距。

(b) 對於週期訊號，取樣定理的限制可以稍爲放寬，如果我們容許重建後的訊號是原來訊號經過時間比例變換的版本。假設我們選擇取樣間距 $T_s = \frac{20}{19}$，並使用重建濾波器。

$$H_r(j\omega) = \begin{cases} 1, & |\omega| < \pi \\ 0, & \text{其他條件} \end{cases}$$

試證明重建後的訊號是 $x(t)$ 經過時間比例變換後的訊號，並找出比例變換的比例。

(c) 試求對於取樣間距 T_s 的限制，使得在 (b) 小題使用 $H_r(j\omega)$，會導致重建濾波器成爲 $x(t)$ 經過時間比例變換的版本，並求出比例變換因子與 T_s 之間的關係。

4.45 在這一題，我們從一個樣本 $x[n] = x(nT_s)$ 重建原來的訊號 $x(t)$。我們利用寬度小於 T_s 的脈波，然後加上頻率響應爲 $H_c(j\omega)$ 的抗映像濾波器，說得更清楚一點，我們將

$$x_p(t) = \sum_{n=-\infty}^{\infty} x[n]h_p(t - nT_s)$$

作用到抗映像濾波器，其中 $h_p(t)$ 是寬度爲

T_o 的脈波，如圖 P4.45(a)所示。$x_p(t)$ 的一個例子可見於圖 P4.45(b)。試對下列數值，求對 $|H_c(j\omega)|$ 的限制，使得這個重建系統在訊號通帶中的整體振幅響應在 0.99 和 1.01 之間，而在包含訊號頻譜的映像的頻帶則小於 10^{-4}，其中 $x(t)$ 是有限頻寬於 10π，即對於 $X(j\omega) = 0$，$\omega > 10\pi$：

(a) $T_s = 0.08$，　　$T_o = 0.04$

(b) $T_s = 0.08$，　　$T_o = 0.02$

(c) $T_s = 0.04$，　　$T_o = 0.02$

(d) $T_s = 0.04$，　　$T_o = 0.01$

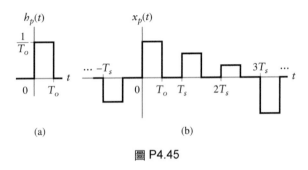

(a)　　　　　　　(b)

圖 P4.45

4.46 一個非理想取樣運算可以使我們從 $x(t)$ 得到 $x[n]$，如下

$$x[n] = \int_{(n-1)T_s}^{nT_s} x(t)\,dt$$

(a) 證明這個公式可以寫成一個經過濾波的訊號 $y(t) = x(t) * h(t)$ 的理想樣本 [即 $x[n] = y(nT_s)$]，並求出 $h(t)$。

(b) 試用 $x[n]$，$X(j\omega)$ 及 $H(j\omega)$，寫出 T_s 的 FT。

(c) 假設 $x(t)$ 是有限頻寬於頻率範圍 $|\omega| < 3\pi/(4T_s)$。求出一個可以修正 $x[n]$ 中非理想取樣所引起的失真的離散時間系統的頻率響應。

4.47 圖 P4.47(a)中的系統將連續時間訊號 $x(t)$，轉換成離散時間訊號 $y[n]$。我們有

$$H(e^{j\Omega}) = \begin{cases} 1, & |\Omega| < \frac{\pi}{4} \\ 0, & \text{其他條件} \end{cases}$$

試求出取樣頻率 $\omega_s = 2\pi/T_s$，以及對抗頻疊濾波器的頻率響應 $H_a(j\omega)$ 的限制，使得擁有 FT $X(j\omega)$ 的輸入訊號會產生擁有 DTFT $Y(e^{j\Omega})$ 的輸出訊號，其中 FT 如圖 P4.47(b) 所示。

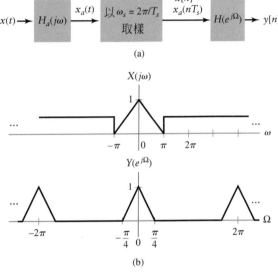

(a)

(b)

圖 P4.47

4.48 我們對擁有圖 P4.48(a)中的 DTFT $X(e^{j\Omega})$ 的離散時間訊號 $x[n]$ 進行十分法取樣。方式是首先將 $x[n]$ 通過濾波器，其頻率響應 $H(e^{j\Omega})$ 可見於圖 P4.48(b)，然後按比例 q 進行次取樣。對於下列的 q 和 W 的值，試求出 Ω_p 的最小值和 Ω_s 的最大值，使得次取樣的操作不改變 $X(e^{j\Omega})$ 在範圍 $|\Omega| < W$ 內的形狀：

(a) $q = 2, W = \frac{\pi}{3}$

(b) $q = 2, W = \frac{\pi}{4}$

(c) $q = 3, W = \frac{\pi}{4}$

對於每一個情況，描繪經過次取樣後訊號的 DTFT。

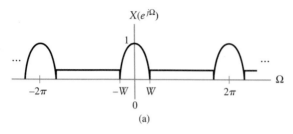

$X(e^{j\Omega})$

圖 P4.48

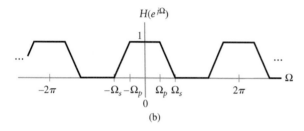

$H(e^{j\Omega})$

圖 P4.48　（續）

4.49 訊號 $x[n]$ 被以比例 q 內插，方式是首先在每個樣本間插入 $q-1$ 個零，然後將這個填上零的序列通過一個濾波器，其頻率響應 $H(e^{j\Omega})$ 可見於圖 P4.48(b)。$x[n]$ 的 DTFT 則可見於圖 P4.49。試求出 Ω_p 的最小值和 Ω_s 的最大值，使得在下列情況中我們得到理想的內插：

(a)　$q = 2$, $W = \frac{\pi}{2}$

(b)　$q = 2$, $W = \frac{3\pi}{4}$

(c)　$q = 3$, $W = \frac{3\pi}{4}$

對每個情形，描繪經過內插之後訊號的 DTFT。

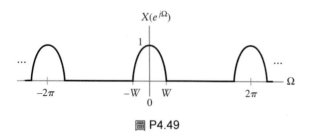

$X(e^{j\Omega})$

圖 P4.49

4.50 考慮對訊號 $x[n]$ 作一種內插。如圖 P4.50 所示，我們將訊號的每個值重複 q 遍。換言之，我們定義 $x_o[n] = x\left[floor\left(\dfrac{n}{a}\right)\right]$，其中 floor$(z)$ 是小於或等於 z 的最大整數。令 $x[n]$ 是在 $x[n]$ 的每個值之間插入 $q-1$ 個零的結果，即

$$x_z[n] = \begin{cases} x\left[\frac{n}{q}\right], & \text{若 } \frac{n}{q} \text{ 是整數} \\ 0, & \text{其他條件} \end{cases}$$

我們現在可以將 $x_o[n]$ 寫為 $x_z[n] * h_o[n]$，其中

$$h_o[n] = \begin{cases} 1, & 0 \le n \le q - 1 \\ 0, & \text{其他條件} \end{cases}$$

注意這是在離散時間中類似零階保持器的東西。要完成內插的過程，我們將 $x_o[n]$ 通過一個濾波器，其頻率響應為 $H(e^{j\Omega})$。

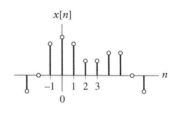

$x[n]$

每個值重複 q 次

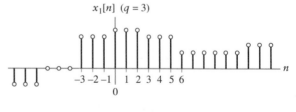

$x_1[n]$ $(q = 3)$

圖 P4.50

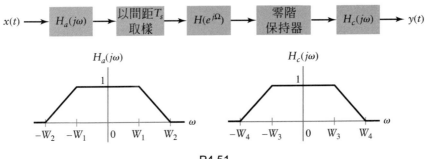

P4.51

(a) 試用 $X(e^{j\Omega})$ 和 $H_o(e^{j\Omega})$ 來表示 $X_o(e^{j\Omega})$。

如果 $x[n] = \dfrac{\sin\left(\frac{3\pi}{4}n\right)}{\pi n}$，請描繪 $|X_o(e^{j\Omega})|$

(b) 假設 $X(e^{j\Omega})$ 是如圖 P4.49 所示。試指出對 $H(e^{j\Omega})$ 的限制，使得我們能夠在下列情況中得到理想的內插：

(i) $q = 2$, $W = \dfrac{3\pi}{4}$

(ii) $q = 4$, $W = \dfrac{3\pi}{4}$

4.51 圖 P4.51 顯示一個用來執行帶通濾波器的系統。離散時間濾波器在範圍 $-\pi < \Omega \leq \pi$ 的頻率響應是

$$H(e^{j\Omega}) = \begin{cases} 1, & \Omega_a \leq |\Omega| \leq \Omega_b \\ 0, & \text{其他條件} \end{cases}$$

在區間 $-\pi < \Omega \leq \pi$ 上。試求取樣間距 T_s，Ω_a，Ω_b，W_1, W_2, W_3 和 W_4，使得等價的連續時間頻率響應 $G(j\omega)$ 滿足

當 $100\pi < \omega < 200\pi$ 時，$0.9 < |G(j\omega)| < 1.1$
否則，$G(j\omega) = 0$

解這個習題時，選擇可能範圍內最小的 W_1 和 W_3，以及可能範圍內最大的 T_s，W_2 和 W_4。

4.52 在這一題中，我們推導圖 4.50(a)中所描述的內插程序的時域詮釋。令 $h_i[n] \xleftarrow{FT} H_i(e^{j\Omega})$ 為一個過渡帶寬度等於零

的理想低通濾波器。也就是

$$H_i(e^{j\Omega}) = \begin{cases} q, & |\Omega| < \frac{\pi}{q} \\ 0, & \frac{\pi}{q} < |\Omega| < \pi \end{cases}$$

(a) 將 $h_i[n]$ 代入摺積和之中：

$$x_i[n] = \sum_{k=-\infty}^{\infty} x_z[k] * h_i[n-k]$$

(b) 插入零的程序表示 $x_z[k] = 0$，$k = qm$，除非其中 m 是整數。只利用這個總和的非零項，試將 $x_i[n]$ 重寫為一個對 m 的總和，然後代入 $x[m] = x_z[qm]$，以求得下述理想離散時間內插的公式：

$$x_i[n] = \sum_{m=-\infty}^{\infty} x[m]\frac{q\sin\left(\frac{\pi}{q}(n-qm)\right)}{\pi(n-qm)}$$

4.53 週期離散時間訊號 $x[n] \xleftrightarrow{DTFS;\frac{2\pi}{N}} X[k]$ 的連續時間表示法也是週期性的，因此它有 FS 表示法。我們在這一題會證明這個 FS 表示法是 DTFS 係數 $X[k]$ 的函數。這個結果建立了 FS 與 DTFS 兩個表示法之間的關係。令 $x[n]$ 的週期是 N，並令

$$x_\delta(t) = \sum_{n=-\infty}^{\infty} x[n]\delta(t - nT_s).$$

(a) 試證明 $x_\delta(t)$ 是週期性的，並求出週期 T。

(b) 從 FS 係數的定義開始：

$$X_\delta[k] = \frac{1}{T} \int_0^T x_\delta(t) e^{-jk\omega_o t}\, dt$$

代入 T 和 ω_o 的公式，以及 $x_\delta(t)$ 的一個週期，證明

$$X_\delta[k] = \frac{1}{T_s} X[k]$$

4.54 用於計算 DTFS 的快速傅立葉轉換 (FFT) 演算法，也可以用來發展出另一個計算上有效的演算法，以求出脈衝響應長度有限的離散時間系統輸出。我們不直接去計算摺積和，而是利用 DTFS 在頻域中用乘法來計算輸出。為了這樣進行，我們需要發展出用 DTFS 來執行的週期摺積，跟關聯到系統輸出的線性摺積之間的對應關係。這就是這一個習題的目標。令 $h[n]$ 為長度 M 的脈衝響應，使得當 $n < 0$，或 $n \geq M$，$h[n] = 0$。系統輸出 $y[n]$ 與輸入的關聯是透過下述摺積和

$$y[n] = \sum_{k=0}^{M-1} h[k] x[n-k]$$

(a) 考慮 N 點的週期摺積，是由 $h[n]$ 與輸入序列 $x[n]$ 中 N 個連續值進行摺積而來的，並假設 $N > M$。令 $\tilde{x}[n]$ 和 $\tilde{h}[n]$ 分別是 $x[n]$ 和 $h[n]$ 的 N 週期版本：

$\tilde{x}[n] = x[n]$，對於 $0 \leq n \leq N-1$

$\tilde{x}[n + mN] = \tilde{x}[n]$，對於所有整數值的 m，$0 \leq n \leq N-1$;

$\tilde{h}[n] = h[n]$，對於 $0 \leq n \leq N-1$;

$\tilde{h}[n + mN] = \tilde{h}[n]$，對於所有整數值的 m，$0 \leq n \leq N-1$

$\tilde{h}[n]$ 與 $\tilde{x}[n]$ 間的週期摺積是

$$\tilde{y}[n] = \sum_{k=0}^{N-1} \tilde{h}[k] \tilde{x}[n-k]$$

試利用 $h[n]$，$x[n]$ 和 $\tilde{h}[n]$，$\tilde{x}[n]$ 之間的關係，證明 $\tilde{y}[n] = y[n]$，$M-1 \leq n \leq N-1$。也就是說，在 $L = N-M+1$ 個 n 的值之上，週期摺積等於線性摺積。

(b) 試證明我們可以透過在定義 $\tilde{x}[n]$ 以前平移 $x[n]$，取得在區間 $M-1 \leq n \leq N-1$ 以外的 $y[n]$ 的值。換言之，證明如果

$\tilde{x}_p[n] = x[n + pL]$, $0 \leq n \leq N-1$

$\tilde{x}_p[n + mN] = \tilde{x}_p[n]$,

　　　對於所有整數值的 m, $0 \leq n \leq N-1$

且

$$\tilde{y}_p[n] = \tilde{h}[n] \circledast \tilde{x}_p[n]$$

則

$$\tilde{y}_p[n] = y[n + pL], \quad M-1 \leq n \leq N-1$$

這表示 $\tilde{y}_p[n]$ 一個週期中最後的 L 個值，相當於在 $M + pL \leq n \leq N-1$ 中的 $y[n]$。每次我們將 p 增加 1，N 點週期摺積就會提供我們 L 個新的線性摺積的值。這個結果就是利用 DTFS 來計算線性摺積時，所謂重疊與儲存方法 (overlap-and-save method) 的根據。

電腦實驗 (COMPUTER EXPERIMENTS)

4.55 重做範例 4.7。對每個情形，利用填零法和 MATLAB 指令 `fft` 及 `fftshift` 在區間 $-\pi < \Omega \leq \pi$ 上，以 512 個點對 $Y(e^{j\Omega})$ 取樣並畫圖。

4.56 矩形視窗的定義是

$$w_r[n] = \begin{cases} 1, & 0 \leq n \leq M \\ 0, & \text{其他條件} \end{cases}$$

要將一個訊號的期間截斷到區間 $0 \leq n \leq M$ 上，我們只需要將訊號乘以 $w[n]$。在頻域中，我們是將訊號的 DTFT 與下述函數進行摺積

$$W_r(e^{j\Omega}) = e^{-j\frac{M}{2}\Omega}\frac{\sin\left(\frac{\Omega(M+1)}{2}\right)}{\sin\left(\frac{\Omega}{2}\right)}$$

這個摺積的作用是將細節抹開，並且在不連續點附近產生漣漪。抹開的程度正比於主瓣的寬度，而漣漪則是正比於旁瓣的大小。林林總總的視窗被實際用來降低旁瓣的高度，而換來增加主瓣的寬度。在這一題，我們計算將時域訊號加窗時，對於其 DTFT 的影響。至於加窗法在濾波器的設計的角色則會留待第八章再探討。

$$w_b[n] = \begin{cases} 0.5 - 0.5\cos\left(\frac{2\pi n}{M}\right), & 0 \leq n \leq M \\ 0, & \text{其他條件} \end{cases}$$

(a) 假設 $M = 50$，使用 MATLAB 指令 fft，分別取間距爲 $\frac{\pi}{50}$，$\frac{\pi}{100}$ 和 $\frac{\pi}{200}$，計算矩形視窗以 dB 爲單位的振幅頻譜。

(b) 假設 $M = 50$，利用 MATLAB 指令 fft，分別間距爲 $\frac{\pi}{50}$，$\frac{\pi}{100}$ 和 $\frac{\pi}{200}$，計算漢寧視窗以 dB 單位的振幅頻譜。

(c) 利用(a)和(b)小題的結果來計算每個視窗以 dB 單位的主瓣寬度與旁瓣高度。

(d) 令 $y_r[n] = x[n]w_r[n]$ 以及 $y_b[n]=x[n]w_b[n]$，其中 $x[n] = \cos\left(\frac{26\pi}{100}n\right)+\cos\left(\frac{29\pi}{100}n\right)$ 及 $M = 50$。利用 MATLAB 指令 fft 以間距 $\frac{\pi}{200}$ 計算 $|Y_r(e^{j\Omega})|$ 及 $|Y_b(e^{j\Omega})|$，結果均以 dB 爲單位。選擇不同的視窗會否影響你分辨出存在兩個弦波的能力？請提供理由。

(e) 令 $y_r[n] = x[n]w_r[n]$ 以及 $y_b[n]=x[n]w_b[n]$，其中 $x[n] = \cos\left(\frac{26\pi}{100}n\right) + 0.02\cos\left(\frac{51\pi}{100}n\right)$ 及 $M = 50$。利用 MATLAB 指令 fft 以間距 $\frac{\pi}{200}$ 計算 $|Y_r(e^{j\Omega})|$ 及 $|Y_b(e^{j\Omega})|$，結果均以 dB 爲單位。選擇不同的視窗會否影響你分辨出存在兩個弦波的能力？請提供理由。

4.57 令離散時間訊號

$$x[n] = \begin{cases} e^{-\frac{(0.1n)^2}{2}}, & |n| \leq 50 \\ 0, & \text{其他條件} \end{cases}$$

利用 MATLAB 指令 fft 和 fftshift 在區間 $x[n]$ 的 500 個 Ω 值上，計算數值並畫出 $-\pi < \Omega \leq \pi$ 和下列這個次取樣後訊號的 DTFT

(a) $y[n] = x[2n]$

(b) $z[n] = x[4n]$

4.58 重做習題 4.57，假設

$$x[n] = \begin{cases} \cos\left(\frac{\pi}{2}n\right)e^{-\frac{(0.1n)^2}{2}}, & |n| \leq 50 \\ 0, & \text{其他條件} \end{cases}$$

4.59 某訊號的定義爲

$$x(t) = \cos\left(\frac{3\pi}{2}t\right)e^{-\frac{t^2}{2}}$$

(a) 試算出 FT $X(j\omega)$，並證明對於 $|\omega| > 3\pi$，$|X(j\omega)| \approx 0$。

在小題(b)-(d)，我們對於幾個不同的取樣間距，將 $X(j\omega)$ 與樣本訊號 $x[n] = x[nT_s]$ 的 FT 進行比較。令 $x[n] \xleftrightarrow{FT} X_\delta(j\omega)$ 爲 $x(t)$ 的樣本訊號的 FT。利用 MATLAB 根據下述公式

$$X_\delta(j\omega) = \sum_{n=-25}^{25} x[n]e^{-j\omega T_s}$$

算出在區間 $-3\pi < \omega < 3\pi$ 上的 500 個 ω 值的 $X_\delta(j\omega)$ 數值。對每個情況，比較 $X(j\omega)$ 和 $X_\delta(j\omega)$，並解釋兩者之間任何的差異。

(b) $T_s = \frac{1}{3}$

(c) $T_s = \frac{2}{5}$

(d) $T_s = \frac{1}{2}$

4.60 利用 MATLAB 指令 `fft` 重做範例 4.14。

4.61 利用 MATLAB 指令 `fft` 重做範例 4.15。

4.62 利用 MATLAB 指令 `fft` 重做範例 4.16，並對 $M = 2001$ 和 $M = 2005$ 畫出 DTFS 近似及原來的 DTFT。

4.63 考慮下述弦波之和，

$$x(t) = \cos(2\pi t) + 2\cos(2\pi(0.8)t) + \frac{1}{2}\cos(2\pi(1.1)t)$$

假設我們感興趣的頻帶是

$$-5\pi < \omega < 5\pi$$

(a) 試求出取樣間距 T_s，使得 $x(t)$ 的 FT 的 DTFS 近似橫跨整個我們感興趣的頻帶。

(b) 求出最小的樣本數 M_o，使得 DTFS 近似由位於每個弦波的頻率的離散值脈衝所組成。

(c) 試利用 MATLAB 對在小題(a)中選擇的值 T_s 以及對 $M = M_o$，畫出 $\frac{1}{M}|X_\delta(j\omega)|$ 和 $|Y[k]|$。

(e) 重複小題(c)，使用 $M = M_o + 5$ 和 $M = M_o + 8$。

4.64 我們希望利用 DTFS 對連續時間訊號 $x(t)$ 的 FT 在頻帶 $-\omega_a < \omega < \omega_a$ 上進行近似。要求的解析度為 ω_r，及最大的取樣頻率間距是 $\Delta\omega$。試求出取樣間距 T_s，樣本數 M，以及 DTFS 的長度 N。你可以假設訊號是被有效地受限於頻率 ω_m，而當 $\omega > \omega_m$，$|X(j\omega_a)| \geq 10|X(j\omega)|$。試對下列各情形，利用 MATLAB 指令 `fft` 畫出 FT 及其 DTFS 近似：

(a) $x(t) = \begin{cases} 1, & |t| < 1 \\ 0, & \text{其他條件} \end{cases}$，$\omega_a = \frac{3\pi}{2}$，
　　$\omega_r = \frac{3\pi}{4}$，而且 $\Delta\omega = \frac{\pi}{8}$

(b) $x(t) = \frac{1}{2\pi}e^{-\frac{t^2}{2}}$，$\omega_a = 3$，$\omega_r = \frac{1}{2}$
　　而且 $\Delta\omega = \frac{1}{8}$

(c) $x(t) = \cos(20\pi t) + \cos(21\pi t)$，
　　$\omega_a = 40\pi$，$\omega_r = \frac{\pi}{3}$ 且 $\Delta\omega = \frac{\pi}{10}$

(d) 重複小題(c)，利用 $\omega_r = \frac{\pi}{10}$。

[提示：記得對小題(a)和(b)中的脈波取樣時，要對稱於 $t = 0$]

4.65 我們在習題 4.54 曾經討論線性濾波的重疊和儲存方法。試寫下實施這方法的 MATLAB 的 m-檔，利用 `fft` 對下列訊號計算在 $0 \leq n < L$ 上的摺積 $y[n] = h[n] * x[n]$：

(a) $h[n] = \frac{1}{5}(u[n] - u[n-5])$，
　　$x[n] = \cos(\frac{\pi}{6}n)$，$L = 30$

(b) $h[n] = \frac{1}{5}(u[n] - u[n-5])$，
　　$x[n] = (\frac{1}{2})^n u[n]$，$L = 20$

4.66 當 $N = 2^p$ 而 $p = 2,3,4,....,16$ 時，試畫出計算 DTFS 係數時，使用直接方法與使用 FFT 方法所需之乘法運算數目的比，相對於 p 的圖形。

4.67 在這個實驗，我們探討如何用 DTFS 來計算時間－頻寬乘積。令 $x(t) \stackrel{FT}{\longleftrightarrow} X(j\omega)$

(a) 利用積分的黎曼和近似，

$$\int_a^b f(u)\,du \approx \sum_{m=m_a}^{m_b} f(m\Delta u)\Delta u$$

試證明

$$T_d = \left[\frac{\int_{-\infty}^{\infty} t^2 |x(t)|^2 \, dt}{\int_{-\infty}^{\infty} |x(t)|^2 \, dt} \right]^{\frac{1}{2}}$$

$$\approx T_s \left[\frac{\sum_{n=-M}^{M} n^2 |x[n]|^2}{\sum_{n=-M}^{M} |x[n]|^2} \right]^{\frac{1}{2}}$$

假設 $x[n] = x[nT_s]$ 代表 $x(t)$ 的樣本，而且當 $|n| > M$ 時，$x(nT_s)$。

(b) 利用 FT 的 DTFS 近似及積分的黎曼和近似，證明

$$B_w = \left[\frac{\int_{-\infty}^{\infty} \omega^2 |X(j\omega)|^2 \, d\omega}{\int_{-\infty}^{\infty} |X(j\omega)|^2 \, d\omega} \right]^{\frac{1}{2}}$$

$$\approx \frac{\omega_s}{2M+1} \left[\frac{\sum_{k=-M}^{M} |k|^2 |X[k]|^2}{\sum_{k=-M}^{M} |X[k]|^2} \right]^{\frac{1}{2}}$$

其中 $x[n] \xleftrightarrow{\;DTFS;\, \frac{2\pi}{2M+1}\;} X[k]$，$\omega_s = 2\pi/T_s$ 是取樣頻率，而且當 $|k| > M$ 時，$X\left(jk\frac{\omega_s}{2M+1} \right) \approx 0$。

(c) 利用小題(a)和(b)的結果和公式(3.65)，證明用 DTFS 近似計算的時間－頻寬乘積滿足下述關係

$$\left[\frac{\sum_{n=-M}^{M} n^2 |x[n]|^2}{\sum_{n=-M}^{M} |x[n]|^2} \right]^{\frac{1}{2}} \left[\frac{\sum_{k=-M}^{M} |k|^2 |X[k]|^2}{\sum_{k=-M}^{M} |X[k]|^2} \right]^{\frac{1}{2}}$$

$$\geq \frac{2M+1}{4\pi}$$

(d) 重做電腦實驗 3.115，證明其結果符合小題(c)中的界限公式，而且高斯脈波使得公式的等號成立。

5 在通訊系統上的應用

5.1 簡介 (Introduction)

通訊系統的目的就是透過通道傳輸含有訊息的訊號 (由資訊來源產生)，並且傳送一個可靠的訊號估測值給使用者。舉例來說，訊息訊號可能是語音訊號，通道可能是行動電話頻道或是衛星頻道。正如在第一章所提到的，調變是通訊系統運作的基礎。調變提供了(1)將訊息訊號的頻率範圍平移到適合通道傳輸的頻率範圍上，以及(2)在接收到訊號之後，將訊號頻率平移回到原來的頻率範圍上。原則上，*調變是一種將訊息訊號的變化反映到某些載波特徵的過程*。我們通常將訊息訊號稱為*調變波 (modulating wave)*，而經過調變過程後的訊號稱為*已調變波 (modulated wave)*。*解調 (demodulation)* 是在接收端用來將訊息訊號從已調變訊號還原為調變訊號的過程。解調其實是調變的相反運作過程。

在本章中，我們利用前兩章所探討的傅立葉分析，從系統理論的觀點來介紹調變過程。一開始先討論調變基本型態，接著分析利用調變在實務上會得到什麼好處。我們在這些脈絡下探討所謂的*振幅調變 (amplitude modulation*，亦即調幅)，是因為它具有簡單的優點，所以廣泛地使用在類比通訊上。調幅最常見的應用就是無線電廣播系統，我們接下來討論一些重要的調幅型態，在數位通訊中使用的振幅調變，就是所謂 *脈波振幅調變 (pulse-amplitude modulation)*，本章稍後也將探討。實際上，脈波振幅調變就是我們在第四章所學取樣程序的另一種表現形式。

5.2　調變的類型 (Types of Modulation)

在通訊系統中，調變的類型是由調變時所使用的載波形式決定，載波最常使用的兩種形式就是*弦波*與*週期性脈衝串*，因此，我們將調變分成兩大類：*連續波調變*(簡寫為 *CW*) 和*脈波調變*。

1.　*連續波 (CW) 調變*。

考慮弦波載波

$$c(t) = A_c \cos(\phi(t)) \tag{5.1}$$

我們可以透過載波的振幅 A_c 與角度 $\phi(t)$ 定義出唯一的載波。依照調變所選定的參數，在 CW 調變中再定義出兩個子類別：

▶ *調幅*：此類別中，載波的振幅會隨著訊息訊號改變。

▶ *角調變*：此類別中，載波的角度會隨著訊息訊號改變。

圖 5.1 就是弦波調變方式中，訊號經過調幅與角調變後的例子。

調幅方式本身可以用許多不同的形式。對於一個已知的訊息訊號而言，已調變波的頻率內容與使用哪一種調幅形式有關，共有下列四種調幅方式：

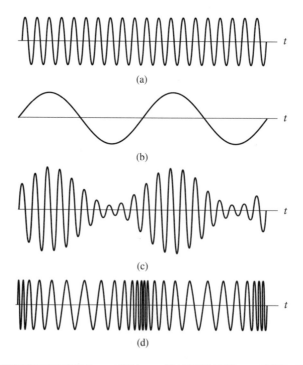

圖 5.1　弦波調變的調幅與角調變訊號。(a)載波。(b)弦波調變訊號。(c)調幅訊號。(d)角調變訊號。

▶ 全調幅 (雙旁頻帶－傳送載波)

▶ 雙旁波帶－載波抑制調變

▶ 單旁波帶調變

▶ 殘旁波帶調變

最後三種調幅方式屬於 *線性調變 (linear modulation)* 的方式，即是訊息訊號的振幅若隨著某一因子成比例地改變，則已調變波的振福也會隨著同一個因子成比例改變，就稱為線性調變。在這個嚴格的觀點下，就訊息訊號而言，全調幅為什麼不滿足線性調變的定義，稍後我們就會明白。無論如何，全調幅不具線性性質是無關緊要的，因為許多分析線性調變的數學程序仍然可以繼續使用。從我們的觀點來看，更重要的是，在這裡討論到的四種不同調變方式，都可以利用本書所呈現的工具進行數學上的分析。本章接下來的小節會詳細地推導這些分析方法。

相反地，角調變是一種*非線性*調變過程。為了更正式地說明，我們需要導入 *瞬時弳頻率 (instantaneous radian frequency)* 的符號，由 $\omega_i(t)$ 表示，並且將它定義為角度對時間的微分：

$$\omega_i(t) = \frac{d\phi(t)}{dt} \tag{5.2}$$

也就是說，可以寫成

$$\phi(t) = \int_0^t \omega_i(\tau)\,d\tau \tag{5.3}$$

其中假設角度的初值

$$\phi(0) = \int_{-\infty}^0 \omega_i(\tau)\,d\tau$$

為零。

(5.2)式包括了一般角頻率的定義以及特例。考慮一個弦波最通常的形式，寫成

$$c(t) = A_c \cos(\omega_c t + \theta)$$

其中 A_c 代表振幅，ω_c 代表弳頻率，亦稱角頻率，θ 代表相位。就這個簡單的例子而言，角度

$$\phi(t) = \omega_c t + \theta$$

在這情況下，代入(5.2)式，得到下列這個我們所預期的結果

$$\omega_i(t) = \omega_c \quad \text{對於所有的 } t$$

　　回到一般的定義式，也就是(5.2)式，我們發現當瞬時弳頻率 $\omega_i(t)$ 隨著訊息訊號 $m(t)$ 而改變時，可以寫成下式

$$\omega_i(t) = \omega_c + k_f m(t) \tag{5.4}$$

其中 k_f 表示調變器的頻率靈敏度係數 (frequency sensitivity factor)。因此，將(5.4)式代入(5.3)式中，我們得到

$$\phi(t) = \omega_c t + k_f \int_0^t m(\tau)\, d\tau$$

這個角調變的結果就是大家所熟悉的*頻率調變* (*frequency modulation*，亦即調頻，簡寫爲 FM)，可以將它寫成

$$\boxed{s_{\text{FM}}(t) = A_c \cos\left(\omega_c t + k_f \int_0^t m(\tau)\, d\tau \right)} \tag{5.5}$$

其中載波振幅是一個常數。

　　當角度 $\phi(t)$ 隨著訊息訊號 $m(t)$ 變化時，可以寫成

$$\phi(t) = \omega_c t + k_p m(t)$$

其中 k_p 代表調變器的相位靈敏度係數 (phase sensitivity factor)。這時候我們得到另一種角調變的形式，稱之爲*相位調變* (*phase modulation*，簡寫爲 PM) 並且定義成

$$\boxed{s_{\text{PM}}(t) = A_c \cos(\omega_c t + k_p m(t))} \tag{5.6}$$

其中載波的振幅也是一個常數。

　　雖然(5.5)式和(5.6)式分別代表 FM 和 PM 訊號，看起來並不相同，但事實上它們之間的關係卻是密不可分的。到目前爲止，已經有足夠的證據說明這兩種調變都是訊息訊號 $m(t)$ 的非線性函數，與調幅比較起來，這使得數學上的分析更加困難。因爲本書最主要的重點是在線性訊號與系統的分析，所以在這一章，我們將花費比較多的篇幅探討調幅以及它的變化類型。

2.　*脈波調變*

接著考慮一種載波

$$c(t) = \sum_{n=-\infty}^{\infty} p(t - nT)$$

它是由一個週期性的窄脈波串所組成，其中 T 代表週期，$p(t)$ 表示一個持續時間相當短 (與週期 T 比較)而且置中於原點的脈波。當 $p(t)$ 的某些特徵參數會隨著訊息訊號而

改變時，我們稱之為脈波調變。圖 5.2 是當訊號是弦式調變波時，脈波振幅調變的例子。

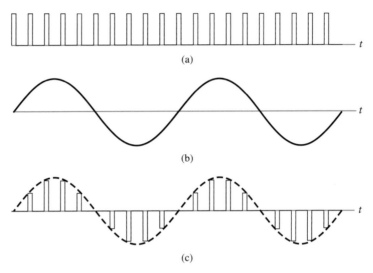

(a)

(b)

(c)

圖 5.2 脈波振幅調變。(a) 矩形脈波串的載波。(b) 弦波調變訊號。(c) 脈波振幅調變訊號。

由我們所使用的脈波調變方式來區分，可以再分成下列兩個次類別：

▶ *類比脈波調變* (*Analog pulse modulation*)：在這個類別中，脈波的振幅、持續時間或是位置這些特徵參數會隨著訊息訊號而連續地改變。因此，脈波振幅調變、脈波寬度調變和脈波位置調變是不同的類比脈波調變的實現方式。這個類型的脈波調變可以視為是 CW 調變的對應類型。

▶ *數位脈波調變* (*Digital pulse modulation*)：在這個類別中，已調變訊號是經過編碼的形式表示。編碼後的表示方法有許多不同的方式。標準的做法與以下兩個操作有關。首先，以一組個數最接近的離散位準去近似每一個已調變脈波的振幅，這個操作稱為量化 (quantization)，而執行這個步驟的裝置稱為*量化器* (*quantizer*)。第二個操作，將量化器的輸出加以*編碼* (也就是以二位元的形式表示)，這個特殊的數位脈波調變形式就是所謂的*脈波編碼調變* (*pulse-code modulation*，簡寫為 PCM)。量化是一個非線性的程序，會造成訊息的失真，但是這個失真是在設計者的控制之下，設計者可以利用足夠多的離散 (量化) 位準，讓失真小到可以接受的範圍內。在任何情況下，PCM 都沒有 CW 的對應類型，就如同角調變一樣，完整的 PCM 討論已經超出本書的範圍。至於脈波調變，本章節中所要強調的部分即是脈波振幅調變，這是一種線性調變。

5.3　調變的優點 (Benefits of Modulation)

調變並非專用於通訊系統。相反的，各種類型的調變被運用在訊號處理、無線遙測、雷達系統、聲納系統、控制系統和一般用途的儀器，例如頻譜分析儀和頻率合成器。無論如何，我們發現通訊系統的學習過程中，調變扮演著舉足輕重的角色。

　　在通訊系統的實務課題裡，我們可以發現四個使用調變的優點：

1.　*調變可用來將訊息訊號所使用的頻道移到通訊通道所使用的頻道上。*

舉例來說，考慮使用蜂巢式無線電通道的電話通訊系統，在這種應用下，語音訊號的頻率分量大約是在 300 到 3100Hz 之間，對於音頻通訊系統而言，這已經非常足夠。在北美洲，蜂巢式無線電系統所規定的使用頻帶為 800-900 MHz，其中 824-849 MHz 間的子頻道是用來接收行動用戶所傳的訊號，而 869-894 MHz 間的子頻道是用來傳送訊號給行動用戶。若要讓這種形式的電話通訊系統實際上可行，毫無疑問地，我們還必須做兩件事情：將語音訊號的頻譜平移到規定的傳送子頻帶中傳送訊號，並且在接收端，我們必須將訊號移回到它原本的頻帶上，這兩個步驟中第一個步驟稱為調變，第二個步驟稱為解調。

　　我們以光纖上傳輸高速的數位資料做為另一個例子。當我們談到高速的數位資料，我們所指的是將數位化語音資料、數位化影像資料以及電腦資料混合在一起，它的整體速率至少都是每秒百萬位元以上。光纖有一個獨特的特性讓人不得不將它做為傳輸機制，它提供了下列的優點：

> ▶ 超大頻寬，因為我們所使用的光載波頻率在 2×10^{14}Hz 左右。
> ▶ 低傳輸耗損；傳輸損耗都是在每公里 0.2dB 或更低等級。
> ▶ 不會被電磁波干擾。
> ▶ 體積小，重量輕；光纖直徑小於人類頭髮的直徑。
> ▶ 耐用性及易曲性；光纖具有很高的張力，在受到彎折時不會受損。

載有資訊的訊號會調變到一個光源上，這個光源是發光二極體 (LED) 或雷射二極體。一個簡單的調變形式是在兩種不同的光強度值之間來回變動。

2.　*調變提供了一個機制，讓訊息訊號的資訊內容轉變成一種比較不容易受到雜訊或干擾影響的形式。*

在一個通訊系統中，接收器前端會產生雜訊或是傳輸過程會受到干擾，接收訊號通常都會受到這兩者的污染。有一些特殊形式的調變，像是頻率調變以及脈波編碼調變，它們本身能權衡是否增加傳輸頻寬，使得在雜訊存在的情況下增進系統效能。在這裡我們必須很謹慎地說，並不是所有的調變技巧都具有這個重要的特性，尤其那些將 CW 或脈波載波的振幅做改變的調變技術，會使得接收訊號對於雜訊或是干擾毫無防護的能力。

3. *調變可以讓我們使用多工 (multiplexing) 的特性。*

一個通訊通道 (例如是電話通道、無線行動通道或是衛星通訊通道) 都代表著一種投資，因此在考慮部署這些通道時，都必須以成本效益的觀點來看。多工透過訊號處理的操作讓提高成本效益這事情變成可能。更精確地說，多工讓通道可以同時傳輸多個由不同獨立來源所傳來的訊息，並且將它們傳送到各自的目的地。在 CW 調變中，利用分頻多工來完成，或者在數位脈波調變中，我們可以利用分時多工來完成。

4. *調變讓傳送端或者是接收端的天線大小成為實際上可用的大小。*

在這脈絡之下，我們由電磁波理論發現，天線的孔徑與輻射或入射電磁訊號的波長有直接關係。換句話說，因為波長與頻率成反比，所以我們可以說天線的孔徑與操作頻率成反比。調變可將調變訊號 (例如：聲音訊號) 的頻譜內容提高一個載波頻率的量。因此，在無線電通訊系統中，當載波的頻率越高時，傳送端與接收端的天線孔徑大小就會越小。

在本章中，我們會從調變的觀點去探討頻率平移以及多工的問題。但探討雜訊對於調變系統的影響已經超出本文所討論的範圍。

5.4 全調幅 (Full Amplitude Modulation)

考慮一個弦式載波訊號

$$c(t) = A_c \cos(\omega_c t) \tag{5.7}$$

為了方便說明，我們假設在公式(5.7)中，載波的相位是零，這個假設是很合理的，因為目前我們的重點在於載波振幅的變化。令 $m(t)$ 代表我們所感興趣的訊息訊號，根據下面的(5.8)式，可將*調幅 (AM) 定義成：使訊息訊號 $m(t)$ 與載波振幅的變動成比例的一種過程。*

$$s(t) = A_c[1 + k_a m(t)]\cos(\omega_c t) \tag{5.8}$$

其中 k_a 是一個常數，稱為調變器的 *振幅靈敏度係數 (amplitude sensitivity factor)*。我們稍後再說明為何將已調變波 $s(t)$ 稱為是「全」AM 波。(參考 5.4.5.節) 請注意，載波的弳頻率 ω_c 也是一個常數。

■ 5.4.1   調變百分比 (PERCENTAGE OF MODULATION)

在(5.8)式中，乘上 $\cos(\omega_c t)$ 的時間函數的振幅稱為 AM 波 $s(t)$ 的 *波封* (envelope)。我們可以將訊號的波封表示成 $a(t)$，並且可以寫下

$$a(t) = A_c|1 + k_a m(t)| \qquad (5.9)$$

將 $k_a m(t)$ 的數值大小與 1 比較，我們會觀察到兩種狀況：

1. *低調變* (undermodulation)：由下述條件決定

$$|k_a m(t)| \leq 1 \qquad 對於所有的 t$$

在這條件下，$1 + k_a m(t)$ 永遠是非負的值。我們因此可以將 AM 波的波封簡化成下式

$$a(t) = A_c[1 + k_a m(t)] \qquad 對於所有的 t \qquad (5.10)$$

2. *過度調變* (overmodulation)：由下述的弱條件決定是否為過度調變

$$|k_a m(t)| > 1 \qquad 對於某一個 t$$

在第二個條件下，我們一定要利用(5.9)式去計算 AM 波的波封。

$k_a m(t)$ 取絕對值後的最大值再乘以 100 稱之為 *調變百分比* (percentage modulation)。因此，上述的第一種狀況所對應到的調變百分比會小於或等於 100%，而第二種狀況的調變百分比會大於 100%。

■ 5.4.2   AM 波的產生 (GENERATION OF AM WAVE)

目前已經設計出很多用來產生 AM 波的方案。在這裡我們從公式(5.8)中推導出下面這一個簡單的電路。首先，將方程式改寫成下列這個等價的形式

$$s(t) = k_a[m(t) + B]A_c \cos(\omega_c t) \qquad (5.11)$$

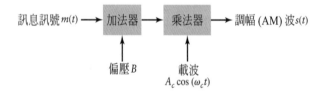

圖 5.3   一個包含乘法器與加法器的 AM 波產生系統。

常數 B 等於 $1/k_a$，代表在調變之前，訊息訊號 $m(t)$ 所加的偏壓 (bias)。(5.11)式描述了圖 5.3 的方塊圖中，用以產生 AM 波的方法。基本上，它是由兩個函數方塊所構成：

▶ 加法器：將偏壓 B 加到輸入的訊息訊號 $m(t)$ 上

▶ 乘法器：將加法器的輸出 $(m(t) + B)$ 乘上載波 $A_c \cos(\omega_c t)$，以產生 AM 波 $s(t)$

調變百分比可以很輕易地由調整偏壓 B 來控制。

▶▶ **習題 5.1**　　假設 $M_{\max}$ 是訊息訊號的最大絕對值，則偏壓 B 要滿足哪些條件才可避免過度調變的現象發生？

答案：　$B \geq M_{\max}$　　　　　　　　　　　　　　　　　　　　　　　　　　◀

■ 5.4.3　AM 波的其它波形 (POSSIBLE WAVEFORMS OF AM WAVE)

圖 5.4 的波形描述了調幅過程。圖中的(a)部分畫出了訊息訊號 $m(t)$ 的波形。而(b)部分畫出了一個由訊息訊號所產生的 AM 波，其 k_a 值所對應的調變百分比為 66.7% (也就是說，這是一個低調變的例子)。

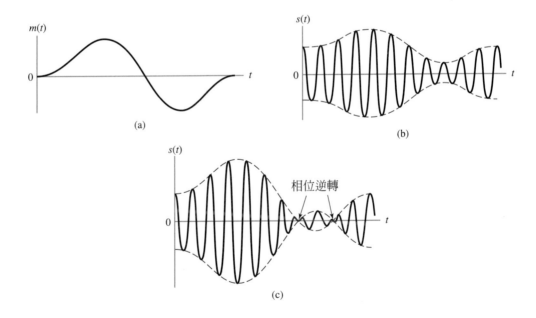

圖 5.4　不同調變百分比的調幅。(a) 訊息訊號 $m(t)$。(b) 對於所有的時間 $|k_a m(t)| < 1$ 之時的 AM 波，其中 k_a 是調變器的振幅靈敏度係數。這種情形代表低調變。(c) 對於某些時間 $|k_a m(t)| > 1$ 的 AM 波。第二種情形代表過度調變。

與先前的圖對照比較，圖 5.4(c)所示的 AM 波對應於某個 k_a 值，其調變百分比為 166.7%（也就是說，這是一個過度調變的例子）比較這兩個具有同一個訊息訊號的 AM 波的波形，我們可以得到一個重要的結論：

若調變百分比小於等於 100%，則 AM 波之波封的波形一對一地對應於訊息訊號的波形。

當我們允許調變百分比超過 100% 時，這個一對一的對應關係就會破壞，我們把這種已調變波形叫做遭遇到 *波封失真* (envelope distortion)。

➤ **習題 5.2** 對於一個 100% 的調變而言，在某些時間 t 中，是否可能讓波封 $a(t)$ 變成零？請驗證你的答案

答案： 若對於某些時間 t，$k_a m(t) = -1$ 成立，則 $a(t) = 0$。 ◄

■ 5.4.4 全調幅是否滿足線性性質？ (DOES FULL-AMPLITUDE MODULATION SATISFY THE LINEARITY PROPERTY?)

先前我們曾經定義過，線性調變是指，若訊息訊號（也就是調變波）的振幅以某一個因子調整比例，則已調變訊號的振幅也會精確地隨同一個因子產生比例變化。這個線性調變的定義與我們在第 1.8 節中所介紹的線性系統的觀念一致。但，如同(5.8)式所定義的，嚴格意義下調幅並不滿足線性的定義。為了證實這一點，假設訊息訊號 $m(t)$ 是由兩個分量 $m_1(t)$ 與 $m_2(t)$ 的和所組成。令 $s_1(t)$ 和 $s_2(t)$ 分別表示由這兩個分量所產生的 AM 波。令運算子 H 代表調幅過程，我們可以寫出下列關係

$$H\{m_1(t) + m_2(t)\} = A_c[1 + k_a(m_1(t) + m_2(t))]\cos(\omega_c t)$$
$$\neq s_1(t) + s_2(t)$$

其中

$$s_1(t) = A_c[1 + k_a m_1(t)]\cos(\omega_c t)$$

且

$$s_2(t) = A_c[1 + k_a m_2(t)]\cos(\omega_c t)$$

在 AM 波中出現載波 $A_c \cos(\omega_c t)$ 導致違反疊合原理。

雖然調幅不滿足線性的準則，但不管怎樣，就如同先前所提過的，這並不會有太大的影響。從公式(5.8)的定義來看，事實上，AM 訊號 $s(t)$ 是載波 $A_c \cos(\omega_c t)$ 與已調變訊號 $A_c \cos(\omega_c t) m(t)$ 的線性組合。因此，我們可以很容易地對調幅進行傅立葉分析。

■ 5.4.5 調幅的頻域描述法 (FREQUENCY-DOMAIN DESCRIPTION OF AMPLITUDE MODULATION)

(5.8)式將全 AM 波 $s(t)$ 定義成一個時間的函數。爲了建立起 AM 波的頻域描述法，我們必須同時對(5.8)式的兩邊取傅立葉轉換。令 $S(j\omega)$ 表示 $s(t)$ 的傅立葉轉換，而 $M(j\omega)$ 表示 $m(t)$ 的傅立葉轉換；我們將 $M(j\omega)$ 稱爲 *訊息頻譜 (message specturm)*。回想下列這些從第四章所得到的結果：

1. $A_c \cos(\omega_c t)$ 的傅立葉轉換如下 (請參考範例 4.1)

$$\pi A_c[\delta(\omega - \omega_c) + \delta(\omega + \omega_c)]$$

2. $m(t) \cos(\omega_c t)$ 的傅立葉轉換則是 (請參考範例 4.6)

$$\frac{1}{2}[M(j\omega - j\omega_c) + M(j\omega + j\omega_c)]$$

利用這些結果配合傅立葉轉換本身的線性特性，我們可以將式(5.8)中的 AM 波做傅立葉轉換，如下式所示：

$$\begin{aligned} S(j\omega) &= \pi A_c[\delta(\omega - \omega_c) + \delta(\omega + \omega_c)] \\ &\quad + \tfrac{1}{2}k_a A_c[M(j(\omega - \omega_c)) + M(j(\omega + \omega_c))] \end{aligned} \tag{5.12}$$

如圖 5.5(a)所示，令訊息符號 $m(t)$ 的頻寬受限於區間 $-\omega_m \le \omega \le \omega_m$。在 $m(t)$ 中最高的頻率分量 ω_m 稱爲 *訊息頻寬 (message bandwidth)*，單位是 rad/s。圖中所示的頻譜形狀僅僅是爲了說明而已。我們由(5.12)式中發現，當 $\omega_c > \omega_m$ 時，AM 波的頻譜 $S(j\omega)$ 就如同圖 5.5(b)所示。它是由兩部份所組成：其一包含，兩個權重爲　　　且頻率爲 $\pm\omega_c$ 的脈衝函數；其二包含兩個分別頻率平移到 $\pm\omega_c$ 而且振幅的大小調整爲 $\frac{1}{2}k_a A_c$ 倍的訊息頻譜。如圖 5.5(b)所示的頻譜圖可描述如下：

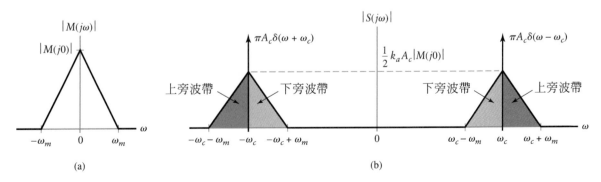

圖 5.5　AM波的頻譜(a) 訊息訊號的振幅頻譜 (b) AM波的振幅頻譜 (由載波及上、下旁波帶組成)。

1. 對於正頻率而言，在已調變波的頻譜上，頻率高於載波頻率 ω_c 的部分我們稱為 *上旁波帶* (upper sideband)，而低於 ω_c 的對稱頻譜部分稱為 *下旁波帶* (lower sideband)。對於負頻率而言，頻率低於載波頻率 $-\omega_c$ 的部分我們稱之為*上旁波帶*，而高於 $-\omega_c$ 的對稱頻譜部分稱為*下旁波帶*。$\omega_c > \omega_m$ 是旁波帶不會重疊的必要條件。

2. 對於正頻率而言，AM 波頻率最高的點是 $\omega_c + \omega_m$，最低的點是 $\omega_c - \omega_m$。這兩個頻率的差稱為 AM 波的*傳輸頻寬* (transmission bandwidth)，ω_T，正好是訊息頻寬的兩倍，也就是說，

$$\omega_T = 2\omega_m \qquad (5.13)$$

就如同圖 5.5(b)所畫的，AM 波頻譜是 *完全的* (full)，因為載波、上旁波帶與下旁波帶都完整表示出來了。因此我們稱它是「全調幅」。

　　AM 波的上旁波帶表示訊息頻譜 $M(j\omega)$ 的正頻率部分，也就是將原訊息頻譜的正頻率部分往高頻處平移 ω_c 的距離。AM 波的下旁波帶表示訊息頻譜 $M(j\omega)$ 的負頻率部分，也就是將原訊息頻譜的負頻率部分往高頻處平移 ω_c。這裡所強調的重點是訊號的傅立葉分析允許負頻率的存在。特別地，若是取 $\omega_c > \omega_m$，則調幅可以完全揭露 $M(j\omega)$ 的負頻率部分。

範例 5.1

弦波調變訊號的全調幅　　考慮一個由單一音調或單一頻率所構成的調變波 $m(t)$，也就是說，

$$m(t) = A_0 \cos(\omega_0 t)$$

其中 A_0 代表調變波的振幅而 ω_0 是它的弦頻率。(參考圖 5.6(a))弦式載波 $c(t)$ 的振幅為 A_c，弦頻率為 ω_c (參考圖 5.6(b)) 求 AM 波的時域與頻域的特性

解答　AM 波可以寫成

$$s(t) = A_c[1 + \mu \cos(\omega_0 t)] \cos(\omega_c t) \qquad (5.14)$$

其中

$$\mu = k_a A_0$$

弦波調變訊號中的這個沒有單位的常數稱為 *調變因子* (modulation factor)，當我們以百分比的方式表示時，它就跟調變百分比是相同的。為了避免因過

度調變所引起的波封失眞,調變因子 μ 必須要保持在 1 以下。圖 5.6(c)是當 μ 小於 1 時的 $s(t)$ 波形。

令 $A_{\max}$ 與 $A_{\min}$ 分別代表已調變波之波封的最大值與最小值。則由(5.14)式,我們可以得到

$$\frac{A_{\max}}{A_{\min}} = \frac{A_c(1 + \mu)}{A_c(1 - \mu)}$$

解出 μ 值

$$\mu = \frac{A_{\max} - A_{\min}}{A_{\max} + A_{\min}}$$

在(5.14)式中,我們以兩個餘弦的乘積表示兩個弦波的和,其中一個的頻率是 $\omega_c + \omega_0$,另一個的頻率是 $\omega_c - \omega_0$,我們得到

$$s(t) = A_c \cos(\omega_c t) + \frac{1}{2}\mu A_c \cos[(\omega_c + \omega_0)t] + \frac{1}{2}\mu A_c \cos[(\omega_c - \omega_0)t]$$

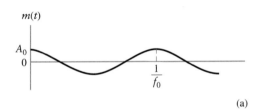
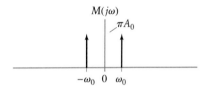

(a)

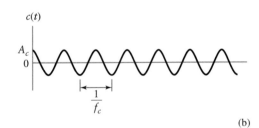
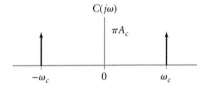

(b)

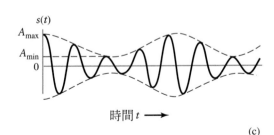
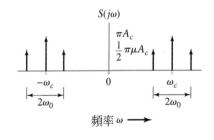

(c)

圖 5.6　由弦波調變波所產稱的 AM 波時域 (左邊) 與頻域 (右邊) 特性。(a) 調變波(b) 載波(c) AM 波。

依照範例4.1所推導出來的傅立葉轉換對，我們可以得到$s(t)$的傅立葉轉換為

$$S(j\omega) = \pi A_c[\delta(\omega - \omega_c) + \delta(\omega + \omega_c)]$$
$$+ \tfrac{1}{2}\pi\mu A_c[\delta(\omega - \omega_c - \omega_0) + \delta(\omega + \omega_c + \omega_0)]$$
$$+ \tfrac{1}{2}\pi\mu A_c[\delta(\omega - \omega_c + \omega_0) + \delta(\omega + \omega_c - \omega_0)]$$

因此，在理想的情況下，對一個弦式波調變而言，全AM波的頻譜會由如圖5.6(c)所畫的頻率分別在$\pm\omega_c, \omega_c \pm \omega_0$以及$-\omega_c \pm \omega_0$上的脈衝函數所構成。

範例 5.2

弦波式已調變訊號的平均功率　　我們再繼續例5.1，請探討不同的調變因子對於 AM 波的功率有何影響。

解答　實際上，AM 波$s(t)$不是電壓訊號就是電流訊號。但不論是哪一種訊號，由$s(t)$送到一個 1 歐姆負載電阻上的平均功率由三個部分所構成，如下所示，這三個部分可以由公式(1.15)所推導出來：

$$載波功率 = \tfrac{1}{2}A_c^2$$
$$上旁波帶功率 = \tfrac{1}{8}\mu^2 A_c^2$$
$$下旁波帶功率 = \tfrac{1}{8}\mu^2 A_c^2$$

因此，總旁波帶功率和已調變波功率的比等於$\mu^2/(2 + \mu^2)$，這只與調變因子有關。若$\mu = 1$(即如果是 100%調變)，所產生的AM波旁波帶之總功率僅佔已調變波總功率的三分之一。

　　圖 5.7 畫出不同的調變百分比之下，旁波帶的總功率與載波的總功率的關係。

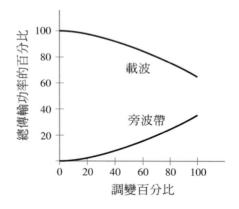

圖 5.7　在弦波式調變下，旁波帶功率及載波功率與 AM 波調變百分比間的變化關係。

➤ **習題 5.3** 針對一個特定的弦波式調變，假設調變百分比為 20%。計算(a)載波
與(b)每一個旁波帶的平均功率。

答案：(a) $\frac{1}{2}A_c^2$

(b) $\frac{1}{200}A_c^2$ ◄

➤ **習題 5.4** 回到 1.10 節中所提過的傳送雷達訊號的習題。這種訊號也可以視為
是一種全 AM 調變的訊號。請說明為何這個敘述成立且指出調變訊號，即訊息
訊號為何？

答案： 調變訊號由週期為 T 且脈波寬度為 T_0 的方波所構成。已調變訊號就僅僅是這
個調變訊號與載波的乘積而已；然而，調變訊號含有直流成分，因此載波會
出現在傳輸的雷達訊號當中。 ◄

■ 5.4.6 頻譜重疊 (SPECTRAL OVERLAP)

就像先前所提到的，如圖 5.5 所畫的全調幅的頻譜是以載波頻率 ω_c 大於訊息訊號 $m(t)$
的最高頻 ω_m 為前提。但當這個條件不滿足的時候會怎麼樣呢？答案是已調變訊號
$s(t)$ 會因為*頻譜重疊*而造成*頻率失真*。在圖 5.8 中描述這種現象，其中為了方便說
明，我們假設傅立葉轉換 $S(j\omega)$ 是實數值，頻譜重疊的現象是由兩種移動產生的：

▶ 將下旁波帶移動到負頻率的範圍內。

▶ 將下旁波帶的映射部份移動到正頻率的範圍內。

雖然上旁波帶所占用的頻寬是由 ω_c 延伸到 $\omega_c + \omega_m$，且在負頻譜的映像部份並沒有
任何缺損，將下旁波帶以及它的映像的移頻，對於將原訊息訊號還原而言，卻會造
成影響。我們因此可以推論，下列條件

$$\omega_c \geq \omega_m$$

是避免產生頻譜重疊的必要條件。

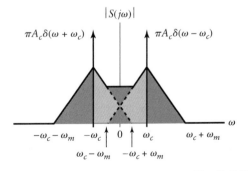

圖 5.8 調幅中所出現的頻譜重疊現象。當載波頻率 ω_c 低於調變訊號的最高頻率成份 ω_m 時會發生
此現象。

■ 5.4.7　AM 波的解調 (DEMODULATION OF AM WAVE)

所謂的 *波封檢測* (envelope detector) 是一個簡單且有效率的窄頻 AM 訊號解調裝置，適用於當調變百分比小於 100% 之時。這裡所說的「窄頻」，我們是指當載波頻率的大小遠大於訊息訊號的頻寬大小；這個條件讓我們對已調變訊號波封的想像變得更加容易。理論上，波封檢測器的輸出訊號會與輸入訊號的波封一模一樣，所以得到這個名稱。幾乎所有的商用 AM 無線接收器都會使用這種類型的電路。

　　圖 5.9(a) 是一個波封檢測器的電路圖，它是由二極體和電阻－電容濾波器所組成。這個波封檢測器的運作方式如下：在輸入訊號的正半週期時，二極體是順向偏壓而電容 C 會快速地充電到輸入訊號的尖峰值為止。當輸入訊號的電壓由尖峰值開始降低，二極體變成逆向偏壓，而電容 C 透過負載電阻 R_l 慢慢地放電。放電的過程會持續到下一個輸入訊號的正半週期到來為止。當輸入訊號的電壓值比電容兩端的端電壓高時，二極體又會再度導通，如此一直循環。我們假設：

▶ 二極體為理想二極體：當二極體操作在順向偏壓區時，其阻值為零且當操作在逆向偏壓區時，其阻值為無窮大。

▶ 輸入到波封檢測器的 AM 訊號由內阻為 R_s 的電壓源提供。

▶ 負載電阻值 R_l 比來源電阻值 R_s 大很多。在充電的過程中，時間常數實際等效於 $R_s C$，且必須遠小於載波週期 $2\pi/\omega_c$，也就是

$$\boxed{R_s C \ll \frac{2\pi}{\omega_c}} \tag{5.15}$$

因此，當二極體導通時，電容 C 可快速地充電至輸入電壓的正峰值。相較之下，當二極體是逆向偏壓時，放電的時間常數等於 $R_l C$。這個時間常數必須要夠大，以確保電容經由負載電阻 R_l 可在載波的兩個峰值之間緩慢地放電，但時間常數也不能太大以致於讓電容電壓在調變波的最大變化率之下都不能放電；也就是說，

$$\boxed{\frac{2\pi}{\omega_c} \ll R_l C \ll \frac{2\pi}{\omega_m}} \tag{5.16}$$

其中 ω_m 為訊息頻寬。就如同圖 5.9(b) 與 5.9(c) 所示，這會使得電容電壓或是檢測器的輸出，與 AM 波的波封會非常地接近。檢測器的輸出在載波頻率的地方通常都會有小漣波 (圖 5.9(c) 並沒有顯示出來)；這些漣波可以很輕易地經由低通濾波器濾除。

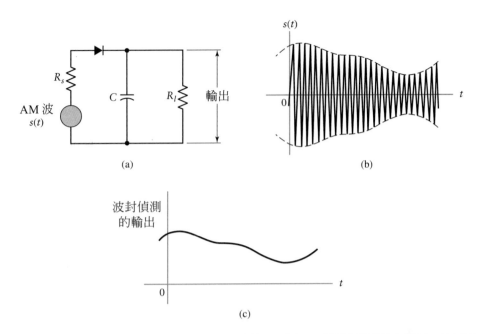

(a)

(b)

(c)

圖 5.9　波封檢測器的圖解。(a)電路圖、(b) AM 波輸入，以及(c)假設在理想的條件下，波封檢測
　　　　器的輸出。

▶ **習題 5.5**　一個波封檢測器的電源電阻為 $R_s = 75\,\Omega$ 且負載電阻為 $R_l = 10\,k\Omega$。假
設 $\omega_c = 2\pi \times 10^5$ 弳度/秒且 $\omega_m = 2\pi \times 10^3$ 弳度/秒。試求出電容 C 的適當電容
值。

答案：　$C = 0.01\,\mu F$　　　　　　　　　　　　　　　　　　　　　　　　　　◀

▶ **習題 5.6**

(a) 依照先前對二極體、電源電阻與負載電阻所做的三個假設，請寫出電容C的
充電與放電公式，並與設計(5.15)式與(5.16)式相互驗證。

(b) 假若二極體的順向電阻 r_f 與逆向電阻 r_b 大到不能忽略的話，請問上述設計公
式要如何修正？

答案：(a) 充電過程 (將 $s(t)$ 的振幅適當地正規化之後)：

$$1 - e^{-t/R_s C}$$

放電過程 (將 $s(t)$ 的振幅適當地正規化之後)：

$$e^{-t/R_l C}$$

(b) $(R_s + r_f)C \ll \dfrac{2\pi}{\omega_c}$

$$\frac{2\pi}{\omega_c} \ll \left(\frac{R_l r_b}{R_l + r_b}\right)C \ll \frac{2\pi}{\omega_m},\ \text{假設 } r_b \gg R_s$$

5.5　雙旁波帶－抑制載波調變 (Double Sideband-Suppressed Carrier Modulation)

在全 AM 調變中，載波 $c(t)$ 與訊息訊號 $m(t)$ 完全無關的，這個意思是說傳送載波是浪費傳輸功率的行為。這是調幅的缺點，也就是說，僅有一部份的總傳輸功率用在傳輸 $m(t)$，範例 5.2 是用以說明這種效果的良好例子。為了克服這個缺點，我們將載波由已調變波中去除，因此得到*雙旁波帶－抑制載波 (double sideband-suppressed carrier*，簡寫為 DSB-SC) *調變*。藉著抑制載波的方式，我們可以得到一個與載波和訊息訊號之乘積成正比的已調變訊號。為了將 DSB-SC 的已調變訊號表示成時間函數，可以簡單地寫成

$$\boxed{\begin{aligned} s(t) &= c(t)m(t) \\ &= A_c\cos(\omega_c t)m(t) \end{aligned}} \tag{5.17}$$

就如同圖 5.10 所示，當訊息訊號通過零的時候，已調變訊號會發生相位逆轉的現象；(a) 部份的圖表示訊息訊號的波形，而 (b) 的圖為相對應的 DSB-SC 已調變訊號。因此，與調幅不同的是，DSB-SC 已調變訊號的波封完全與訊息訊號不同。

> ➤ **習題 5.7**　DSB-SC 已調變訊號的波封，如圖 5.10(b)所示，與圖 5.4(b)所示的全 AM 訊號的波封有何不同？

答案：　圖 5.4(b)中，波封是調變波經比例調整及平移後的情況。在另一方面，圖 5.10 (b)的波封卻是調變波經過整流之後的情況。　◀

■ 5.5.1　頻域描述 (FREQUENCY-DOMAIN DESCRIPTION)

透過檢查(5.17)式的頻譜，我們可以察覺到載波已經由已調變訊號中移除。特別的是，我們在先前的第四章 (請參見例 4.6) 中就已經知道 $s(t)$ 的傅立葉轉換為何。因此可以寫下

$$S(j\omega) = \frac{1}{2}A_c[M(j(\omega - \omega_c)) + M(j(\omega + \omega_c))] \tag{5.18}$$

就像之前的一樣，其中 $S(j\omega)$ 是已調變訊號 $s(t)$ 的傅立葉轉換，而 $M(j\omega)$ 是訊息訊號 $m(t)$ 的傅立葉轉換。就像圖 5.11(a)所示，當訊息訊號只在區間 $-\omega_m \le \omega \le \omega_m$ 中不為零，我們發現頻譜 $S(j\omega)$ 就如同圖 5.11 的(b)部分所示。除了比例大小有改變之外

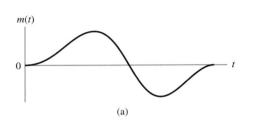

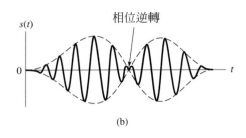

圖 5.10　雙旁波帶－抑制載波調變。(a) 訊息訊號。(b) 由弦波載波乘上訊息訊號所產生的 DSB-SC 調變波。

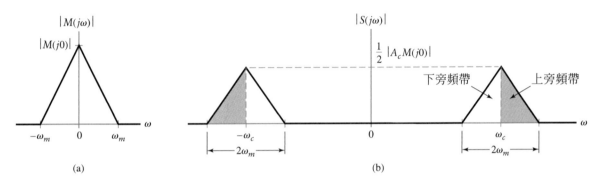

圖 5.11　DSB-SC 已調變訊號的頻譜內容。(a)訊息訊號的振幅頻譜。(b)DSB-SC 已調變訊號的振幅頻譜，只由上旁波帶與下旁波帶所構成。

，調變過程僅僅將訊息訊號的頻譜平移了 $\pm \omega_c$。當然，DSB-SC調變所需的傳輸頻寬也和全調幅一樣，也就是說，所需的頻寬為 $2\omega_m$。但不管怎樣，我們將圖 5.11(b)中的 DSB-SC 調變頻譜與圖 5.5(b)中的全 AM 頻譜做比較，我們可以清楚地發現到在 DSB-SC 調變的情況下，載波被抑制了，而在全 AM 調變的情況下，載波呈現了，在 $\pm \omega_c$ 處出現脈衝函數對即為例證。

　　就像(5.17)式所示，僅由訊息訊號 $m(t)$ 和載波 $A_c \cos(\omega_c t)$ 的乘積就可以產生DSB-SC已調變波。可以滿足這個需求的裝置稱為*乘法調變器* (product modulator)，其實它就是一個乘法器。圖 5.12(a)所示是乘法調變器的方塊圖。

■ 5.5.2　同調檢測 (COHERENT DETECTION)

如圖 5.12(b)中所示，要從 DSB-SC 已調變訊號 $s(t)$ 還原為訊息訊號 $m(t)$，可以先將 $s(t)$ 乘上本地產生的弦波，然後再將此乘積輸入到一個低通濾波器中。本地產生的弦波訊號的來源稱為*本地震盪器* (local oscillator)，我們假設這個本地振盪器在頻率和相位方面，精確地與載波 $c(t)$ 同調或者同步。載波指的是我們在發射端的，乘法調變器中為產生 $s(t)$ 所用的載波。這種解調方式就是一般所說的*同調解調* (coherent detection)，或是 *同步解調* (synchronous demodulation)。

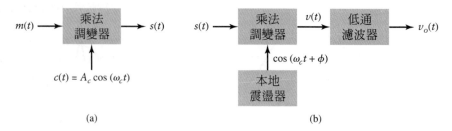

圖 5.12　(a) 產生 DSB-SC 已調變波的乘法調變器。(b) 用來對 DSB-SC 已調變波做解調的同調檢測器。

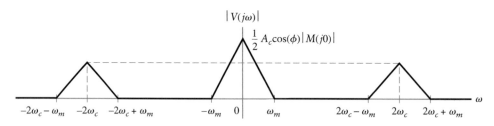

圖 5.13　在圖 5.12(b)中的同調偵測器中，乘法調變器輸出 $v(t)$ 的振幅頻譜。

同調將檢測可視爲一般解調過程的特例。考慮本地震盪器的輸出，該輸出與載波 $c(t)$ 相比具有相同的頻率但卻存在任意的相位差，以推導同調檢測的功能是很具啓發性的。因此在接收端的本地震盪器輸出可以寫成 $\cos(\omega_c t + \phi)$，此處爲了方便起見，我們假設振幅大小是 1，並且以公式(5.17)作爲 DSB-SC 已調變訊號 $s(t)$，我們發現在圖 5.12(b)中的乘法調變器。的輸出爲

$$\begin{aligned} v(t) &= \cos(\omega_c t + \phi)s(t) \\ &= A_c \cos(\omega_c t) \cos(\omega_c t + \phi)m(t) \\ &= \tfrac{1}{2}A_c \cos(\phi)m(t) + \tfrac{1}{2}A_c \cos(2\omega_c t + \phi)m(t) \end{aligned} \tag{5.19}$$

在(5.19)式等式右手邊的第一項，也就是 $\frac{1}{2}A_c \cos(\phi)m(t)$，與原始的訊息訊號 $m(t)$ 比較起來，只有振幅不同而已。第二項爲 $\frac{1}{2}A_c \cos(2\omega_c t + \phi)$，表示一個新的，由載波頻率 $2\omega_c$ 產生的 DSB-SC 已調變訊號。圖 5.13 所示爲 $v(t)$ 的振福頻譜。就像圖 5.13 所示的，$v(t)$ 中的這兩個部分，在頻譜上很明顯地分開一段距離，這意味著，原本的載波頻率 ω_c 滿足條件

$$2\omega_c - \omega_m > \omega_m$$

或者，相同地

$$\omega_c > \omega_m \tag{5.20}$$

其中 ω_m 是訊息頻寬；(5.20)式是將在 5.4.6 節中所推導出的條件重新敘述，此條件是為了避免頻譜上的重疊。如果這個條件可以滿足的話，就可以使用低通濾波器以將我們不想要的 $v(t)$ 的第二項濾除。為了達到這個目的，低通濾波器的頻寬要完全剛好等於訊息頻寬。更精確地說，低通濾波器的規格必須滿足兩個條件：

1. 截止頻率必須爲 ω_m

2. 過渡頻帶必須爲 $\omega_m \le \omega \le 2\omega_c - \omega_m$

因此，圖 5.12(b)的輸出爲

$$v_o(t) = \tfrac{1}{2}A_c\cos(\phi)m(t) \tag{5.21}$$

當相位誤差 ϕ 是一常數時，解調變訊號 $v_o(t)$ 與 $m(t)$ 成比例。當 $\phi = 0$ 時，解調變訊號的振幅最大，而當 $\phi = \pm\pi/2$ 時，振幅最小，其值爲零。零解調訊號發生在 $\phi = \pm\pi/2$，這就是同調檢測器的 *正交零點效應 (quadrature null effect)*。本地震盪器的相位誤差 ϕ 會讓檢測器的輸出值以 $\cos(\phi)$ 的倍數衰減。只要相位誤差 ϕ 的值是常數，則檢測器輸出的訊號相較於原訊息訊號 $m(t)$ 就不算失眞。但事實上，由於通訊通道的隨機變動特性，我們發現相位誤差的變化常會隨著時間而隨機變動。因此在檢測器的輸出端，也是會乘上一個隨時間變化的因子，很明顯地，這是我們所不希望發生的現象。因此，接收器的電路一定要讓本地震盪器，不論是在頻率或是相位上，能夠與發射器這端，產生 DSB-SC 已調變波所用的載波保持完全同步。想要抑制載波以節省傳輸功率所必須付出的代價就是，增加了接收器的複雜度。第 5.5.3 節將描述這種接收器。

➤ **習題 5.8** 爲了要讓圖 5.12(b)中的同調檢測器能正確地運作，一定要滿足(5.20)式。請問，當此條件不滿足時會發生什麼事？

答案：下旁波帶與上旁波帶會有重疊的現象，這就是同調檢測器無法適當運作的例子。◀

範例 5.3

弦波 DSB-SC 調變　　再次考慮弦波調變訊號

$$m(t) = A_0\cos(\omega_0 t)$$

其振幅爲 A_0 且頻率爲 ω_0；請參考圖 5.14(a)。載波是

$$c(t) = A_c\cos(\omega_c t)$$

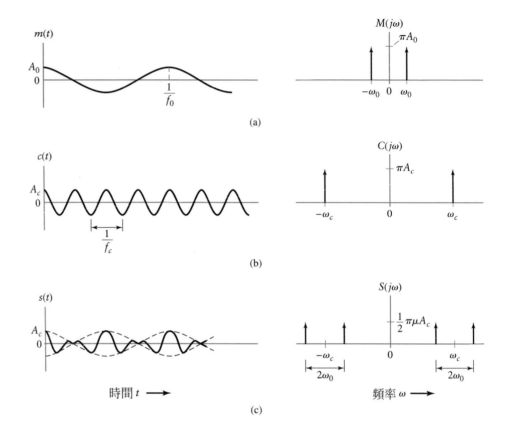

圖 5.14　由弦波調變波所產生的 DSB-SC 調變波時域 (左半部) 與頻域 (右半部) 的特性。
　　　　(a)調變波。(b)載波。(c) DSB-SC 已調變波。

其振幅為 A_c 且頻率為 ω_c；請參考圖 5.14(b)。試探討 DSB-SC 已調變波的時域與頻域的特性。

解答　已調變的 DSB-SC 訊號定義為

$$s(t) = A_c A_0 \cos(\omega_c t) \cos(\omega_0 t)$$
$$= \tfrac{1}{2} A_c A_0 \cos[(\omega_c + \omega_0)t] + \tfrac{1}{2} A_c A_0 \cos[(\omega_c - \omega_0)t]$$

$s(t)$ 的傅立葉轉換為

$$S(j\omega) = \tfrac{1}{2}\pi A_c A_0 [\delta(\omega - \omega_c - \omega_0) + \delta(\omega + \omega_c + \omega_0)$$
$$+ \delta(\omega - \omega_c + \omega_0) + \delta(\omega + \omega_c - \omega_0)]$$

也就是由四個在頻率 $\omega_c + \omega_0$、$-\omega_c - \omega_0$、$\omega_c - \omega_0$ 與 $-\omega_c + \omega_0$ 上的加權脈衝函數所組成，如圖 5.14(c)的右半部分所示。這個傅立葉轉換的結果與圖 5.6(c)的右半部分全 AM 波的結果，其中最重要的不同是：原本因為載波在頻率為 $\pm\omega_c$ 所造成的脈衝函數已經移除了。

將弦波已調變DSB-SC訊號輸入到圖 5.12(b)中的乘積調變器,產生的輸出為 (假設 $\phi = 0$)

$$v(t) = \frac{1}{2} A_c A_0 \cos(\omega_c t)\{\cos[(\omega_c + \omega_0)t] + \cos[(\omega_c - \omega_0)t]\}$$
$$= \frac{1}{4} A_c A_0 \{\cos[(2\omega_c + \omega_0)t] + \cos(\omega_0 t)$$
$$+ \cos[(2\omega_c - \omega_0)t] + \cos(\omega_0 t)\}$$

在 $v(t)$ 中的前面兩個弦波項是由上旁波頻率所產生,後面兩個弦波項則是由下旁波頻率產生。若 $\omega_c > \omega_0$,則頻率分別為 $2\omega_c + \omega_0$ 及 $2\omega_c - \omega_0$ 的第一個與第三個弦波項,都可以藉著圖 5.12(b)中的低通濾波器將它們移除,只留下頻率為 ω_0 的第一項及第四項做為濾波器的輸出。所以同調檢測器的輸出可以將原來的調變波還原。請注意,檢測器的輸出看起來像是兩個相同的項目,一個是由上旁波頻率產生,另一個由下旁波頻率產生。我們因此可以下一個結論,對於傳輸弦波訊號 $A_0 \cos(\omega_0 t)$ 而言,只要傳送單邊頻率即可。(這個議題會在稍後的節 5.7 中討論。)

➤ **習題 5.9**　對於例 5.3 中所考慮的弦波調變而言,下旁波頻率或是上旁波頻率的平均功率為何?請將答案以它佔用 DSB-SC 已調變波的傳輸總功率的百分比表示。

答案: 50%　　　　　　　　　　　　　　　　　　　　　　　◀

■ 5.5.3　寇斯達接收器 (COSTAS RECEIVER)

一個實際可運用於 DSB-SC 波解調的同步接收器就是如圖 5.15 中所示的*寇斯達接收器*。這個接收器是由兩個有相同輸入訊號的同調檢測器所構成,也就是說,輸入訊號為 DSB-SC 波 $A_c \cos(2\pi f_c t)m(t)$,但是其各自的本地震盪器訊號在相位上相互正交。本地震盪器的頻率必須要調整到跟載波頻率 f_c 相同,且假設此頻率為已知。檢測器電路的上面那一條路徑我們稱之為*同相位同調檢測器 (in-phase coherent detector)* 或是 *I通道 (I-channel)*,而下面那一條路徑我們稱之為*正交相位同調檢測器 (quadrature-phase coherent detector)* 或是 *Q 通道 (Q-channe)*。這兩個檢測器配在一起形成一個 *負回饋系統 (negative-feedback system)*,利用這個方法保持本地震盪器與載波同步。

為了瞭解這個接收器的運作原理,先假設本地震盪訊號的相位與載波 $A_c \cos(2\pi f_c t)m(t)$ 相同,這個載波是用來產生輸入訊號的DSB-SC波。在這些條件下,我們發現 I 通道的輸出包括了我們想要的已解調訊號 $m(t)$,然而,由於正交零點效應的關係,*Q 通道*的輸出是零。下一步假設本地震盪器的相位比起正常值偏移了一點點,偏移量為

ϕ 強度。此時 *I 通道*的輸出基本上仍保持不變，但是 *Q* 通道卻因為這個小小的相位偏移量ϕ，使得輸出變成某個與 $\sin\phi \cong \phi$ 成比例的訊號。當本地震盪器往某個方向漂移時 *Q* 通道的輸出與 *I* 通道的輸出極性相同；當本地震盪器反方向漂移時，兩通道的輸出極性相反。因此，如圖 5.15 所示，我們可以將 *I* 通道與 *Q* 通道的輸出在*相位鑑別器* (*phase discriminator*，由乘法器後面接著一個低通濾波器的電路所構成) 中結合，就可以得到一個直流控制訊號，此訊號會利用*壓控震盪器* (*voltage-controlled oscillator*) 自動地改正本地相位誤差。

很明顯地在寇斯達接收器中，當調變訊號 $m(t)$ 為零時，相位控制的動作就會停止，而當調變訊號不等於零時，鎖相 (phase lock) 電路又會再次重新動作。在接收語音傳輸訊號上，這並不是一個嚴重的問題，因為相位鎖定的動作十分迅速，以致於使用者無法察覺出任何失真。

5.6　正交載波多工處理 (Quadrature-Carrier Multiplexing)

一個*正交載波多工處理*，或者是稱為*正交振幅調變* (*quadrature-amplitude modulation*，縮寫為 QAM)，其系統都允許兩個 DSB-SC 已調變訊號 (由兩個*獨立的*訊息訊號所產生) 佔用相同的傳輸頻寬，而且還可以讓接收端能將這兩個訊號分離出來。所以這是一個*節省頻寬的機制*。

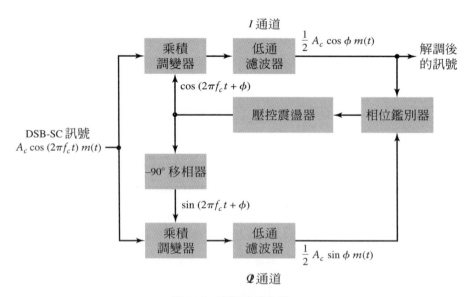

圖 5.15　寇斯達接收器。

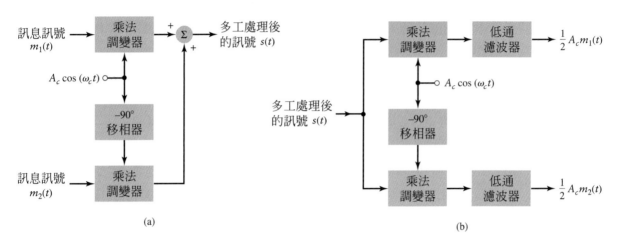

圖 5.16　正交載波多工系統，利用 DSB-SC 調變的正交零點效應。(a) 發射器。(b) 接收器，假設與發射端保持完全同步。

　　圖 5.16 是正交載波多工系統的系統方塊圖。如圖中的(a)部分所示，系統的發射端使用了兩個分開的乘法調變器，輸入的載波訊號頻率相同、但相位差 −90°。多工處理後的訊號 $s(t)$ 是兩個乘積調變器的輸出的和；也就是說，

$$s(t) = A_c m_1(t)\cos(\omega_c t) + A_c m_2(t)\sin(\omega_c t) \tag{5.22}$$

其中 $m_1(t)$ 與 $m_2(t)$ 代表兩個輸入至乘法調變器的相異訊息訊號。因為在(5.22)式中的每一個項目，其傳輸頻寬為 $2\omega_m$ 且置中於 ω_c，我們可以看到多工處理後的訊號所需的傳輸頻寬為 $2\omega_m$，中心頻率為載波頻率 ω_c，其中 ω_m 是 $m_1(t)$ 與 $m_2(t)$ 共同的訊息頻寬。

　　圖 5.16(b)所示為接收器系統。將多工訊號同時輸入到兩個分離的同調檢測器，同調檢測器所用的本地載波頻率相同但是相位相差 −90°。在上面的檢測器輸出是 $\frac{1}{2}A_c m_1(t)$，而在下面的那個檢測器輸出則是 $\frac{1}{2}A_c m_2(t)$。為了讓正交載波多工系統能有令人滿意的表現，保持系統中接收端與發射端的本地振盪器的載波，在頻率或是相位上都能同步是很重要的一點，關於這點我們可以使用寇斯達接收器來完成。為了節省傳輸頻寬所必須付出的代價是將系統複雜度提高。

➤　**習題 5.10**　假設在完全同步的情況下，當輸入訊號為(5.22)式中的 $s(t)$ 時，請驗證輸出是否與圖 5.16 中的結果相同。　◄

5.7 其它不同的調幅 (Other Variants of Amplitude Modulation)

全 AM 調變與 DSB-SC 調變的方式都會造成頻寬的浪費，因為它們所佔用的傳輸頻寬都是訊號頻寬的兩倍。不論是在哪一種情況下，一半的傳輸頻寬都被已調變訊號的上旁波帶所佔用，而另一半是被下旁波帶所佔用。的確，就像是圖 5.5 和 5.11 中所示，因為上旁波帶與下旁波帶的頻譜對稱於載波頻率，所以它們只跟彼此有關係。請注意，這個對稱關係只有當訊號為實數訊號時才會成立。也就是說，只要知道其中一個旁波帶的振幅與相位頻譜的話，我們就可以求出另一個旁波帶。這代表的是，到目前為止我們所關心的傳送訊息，只要傳輸其中的一個旁波帶即可，而且就算是將兩個旁波帶所使用的載波和另一個旁波帶載波都除去掉的話，也不會造成消息的損失。在這種情況下，通道所需的傳輸頻寬就會跟訊息訊號的頻寬相同，所以很直覺地，這將滿足我們的需求。當只有傳輸其中的一個旁波帶時，我們稱之為 *單旁波帶* (SSB) *調變* (*single sideband modulation*)。

■ 5.7.1 SSB 調變的頻域描述 (FREQUENCY-DOMAIN DESCRIPTION OF SSB MODULATION)

要精確描述 SSB 已調變波的頻域特性，會跟系統傳輸哪一個旁波帶有關。為了研究這個問題，如圖 5.17(a)所示，考慮一個訊息訊號 $m(t)$，頻譜為 $M(j\omega)$，使用的頻帶為 $\omega_a \leq |\omega| \leq \omega_b$。如圖 5.17(b)所示，將 $m(t)$ 乘上載波 $A_c \cos(\omega_c t)$ 就可以得到DSB-SC 已調變訊號波的頻譜。將頻率高於 ω_c 與低於 $-\omega_c$ 的部分複製一份即可得到上旁波帶；當只傳送上旁波帶時，SSB 已調變波的頻譜就如同圖 5.17(c)所示。相同地，要求出下旁波帶，將頻率低於 ω_c (對於正頻率而言) 與高於 $-\omega_c$ (對於負頻率而言)的部分複製一份即可；當只傳送下旁波帶時，SSB 已調變波的頻譜就如同圖 5.17(d)所示。(譯者按：注意此時正頻率頻譜與訊息訊號頻譜左右反置情形；負頻率亦然) 因此，無論是否使用到反置，SSB 調變的基本功能就是將一個調變波的訊息訊號頻譜*轉到*頻域上的另一個新位置。此外，SSB 調變系統所需要的傳輸頻寬只有全AM 或是 DSB-SC調變系統的一半，原則上，使用SSB調變的好處可說是減少傳輸頻寬與消除高功率的載波，這兩個特點使得 SSB 調變是 CW 調變中的最佳形式。SSB 調變的主要缺點就是：無論在發射器或是接收器上，它的成本與執行複雜度都比較高。因此我們再一次的強調，必須在增加系統複雜度與改善系統的效能之間加以權衡。

使用圖 5.17 的頻域表示，我們可以很快地推論出一個用來產生 SSB 調變的*頻率鑑別方案* (*frequency-discrimination scheme*)，就如同圖 5.18 所示。這個方案是由一個乘法

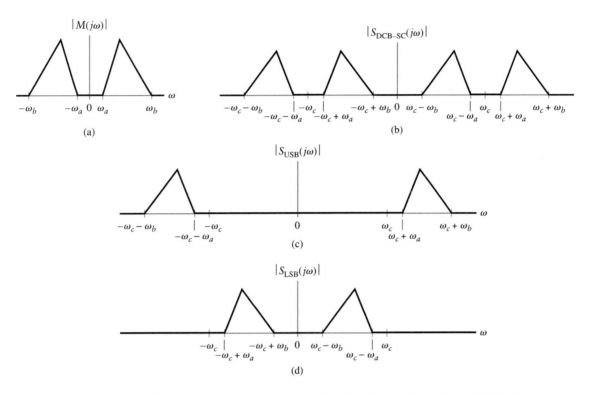

圖 5.17　SSB 調變的頻譜特性。(a) 訊息訊號的振幅頻譜，從 $-\omega_a$ 到 ω_a 間有一段能量間隙。(b)DSB-SC 訊號的振幅頻譜。(c)SSB 已調變波的振幅頻譜，只有上旁波帶而已。(d) SSB 已調變波的振幅頻譜，只有下旁波帶而已。

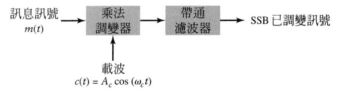

圖 5.18　包含了乘法調變器與通帶濾波器的系統，用以產生 SSB 已調變波。

調變器後面接著一個帶通濾波器所構成。這個濾波器的目的是為了讓我們所選擇的旁波帶通過，濾掉其它我們所不想要的旁波帶。對於一個可實現的濾波器而言，通帶與阻帶之間一定會有一段過渡階段。如圖 5.18 所使用的方案，在乘法調變器所輸出的 DSB-SC 已調變波中，其下旁波帶與上旁波帶之間必須要有足夠的間距。這只要輸入到乘法調變器中的訊息訊號 $m(t)$，它在頻譜上有一段能量間隙 (*energy gap*) 即可，如圖 5.17(a)所示。很幸運地，用來傳送語音訊號的電話通訊系統就有能量間隙，範圍是 -300 到 300Hz 之間，語音訊號的這個特點讓它非常適用於 SSB 調變上。類比電話系統是二十世紀的主導產物之一，它即是利用 SSB 調變方式來完成傳輸的需要。

➤ **習題 5.11**   一個由載波頻率 ω_c 與弦波調變頻率為 ω_0 所產生的 SSB 已調變波 $s(t)$。載波的振幅是 A_c，而調變波的振幅是 A_0。假設(a)只有傳送上旁波頻率，與(b)只有傳送下旁波頻率的情況下，請定義 $s(t)$。

答案：(a) $s(t) = \frac{1}{2} A_c A_0 \cos[(\omega_c + \omega_0)t]$

   (b) $s(t) = \frac{1}{2} A_c A_0 \cos[(\omega_c - \omega_0)t]$ ◀

➤ **習題 5.12**   語音訊號所佔用的頻寬在 $\omega_1 \leq |\omega| \leq \omega_2$ 內。載波的頻率為 ω_c。請訂出圖 5.18 中的通帶濾波器規格，當系統要傳送(a)下旁波帶與(b)上旁波帶時，請問帶通濾波器的通帶、過渡帶以及阻帶分別為何？(這些通帶濾波器規格的定義請參考第 3.10.2 節。)

答案：(a) 通帶： $\omega_c - \omega_2 \leq |\omega| \leq \omega_c - \omega_1$
      過渡帶： $\omega_c - \omega_1 \leq |\omega| \leq \omega_c + \omega_1$
      阻帶： $\omega_c + \omega_1 \leq |\omega| \leq \omega_c + \omega_2$
   (b) 通帶： $\omega_c + \omega_1 \leq |\omega| \leq \omega_c + \omega_2$
      過渡帶： $\omega_c - \omega_1 \leq |\omega| \leq \omega_c + \omega_1$
      阻帶： $\omega_c - \omega_2 \leq |\omega| \leq \omega_c - \omega_1$ ◀

■ 5.7.2　SSB 調變的時域描述 (TIME-DOMAIN DESCRIPTION OF SSB MODULATION)

如圖 5.17 中所示為 SSB 調變的頻域描述，我們可以運用 DSB-SC 調變的知識，很直覺地設計出如圖 5.18 的頻率鑑別方式，以產生 SSB 調變訊號。然而，跟 DSB-SC 調變不一樣的是，SSB 調變的時域描述並沒有這麼簡單。為了發展 SSB 調變的時域描述方式，我們需要一個稱為希爾伯特轉換 (Hilbert transform) 的數學工具。用來達成這個轉換的裝置我們稱之為 *希爾伯特轉換器 (Hilbert transformer)*，它的頻率響應特性如下：

▶ 無論是在正頻率或是負頻率上，所有頻率的振幅頻率響應都是 1。
▶ 對於正頻率而言，相位響應是 $-90°$；而對於負頻率而言，相位響應是 $+90°$。

因此希爾伯特轉換器可以視為一個寬頻的 $-90°$ 移相器，這裡寬頻是指其頻率響應所佔用的頻道，理論上是從負無窮大延伸到正無窮大。SSB 調變時域描述的進一步討論超出本書的範圍。(請參閱第 5-57 頁進階資料一節中的第四項。)

■ 5.7.3 殘旁波帶調變 (VESTIGIAL SIDEBAND MODULATION)

單旁波帶調變很適用於傳輸語音訊號,這是因爲語音訊號在零到數百赫茲的正值頻率中,有能量間隙的存在。當訊息訊號在極低頻的頻道上存有很重要的訊息時(就像是電視訊號與寬頻資料),上旁波帶與下旁波帶會在載波頻率上相遇。這個意思是指 SSB 調變並不適用於傳送這類的訊號,原因是要做出可以將單一的旁波帶完全濾除的濾波器是非常困難的。就是因爲這個困難之處,因此產生出另一種調變方式,稱之爲 *殘旁波帶 (VSB) 調變 (vestigial sideband modulation)*,這個名稱的由來,是因爲它是 SSB 與 DSB-SC 兩種調變形式的折衷。在 VSB 調變中,有一個旁波帶幾乎會完全通過濾波器,而另一個旁波帶只會有一些痕跡或是殘餘會通過,其餘的都留下。

圖 5.19 顯示的是 VSB 已調變波 $s(t)$ 與原訊息訊號頻譜之間的關係,假設將下旁波帶改成殘旁波帶。下旁波帶已傳輸的殘邊部分會補償上旁波帶中訊號被移除掉的部分。因此,VSB 已調變波的傳輸頻寬的需求可以寫成

$$\omega_T = \omega_m + \omega_v \tag{5.23}$$

其中 ω_m 是訊息頻寬,而 ω_v 是殘旁波帶頻寬。

如圖 5.20 所示,爲了產生一個 VSB 已調變訊號,我們將一個 DSB-SC 已調變波輸入到*旁波帶 整形濾波器 (sideband-shaping filter)*。不像是 SSB 調變中所使用的帶通濾波器,旁波帶整形濾波器並沒有"平坦的"振幅響應,因爲上旁波帶與下旁波帶一定要做不同的整形。這個濾波器響應的設計目的是可以讓原訊息頻譜 $M(j\omega)$ 〔即訊息訊號 $m(t)$ 的傅立葉轉換〕在解調後原形重現,由於我們將下列這兩個頻譜做疊加:

▶ $S(j\omega)$ 的正頻率部分(也就是已傳輸訊號 $s(t)$ 的傅立葉轉換),往低頻處平移 ω_c。

▶ $S(j\omega)$ 的負頻率部分,往高頻處平移 ω_c。

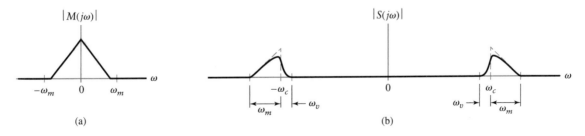

圖 5.19　VSB 已調變波的頻譜。(a) 訊息訊號的振幅頻譜。(b) VSB 已調變波的振幅頻譜,包含了一個殘餘的下旁波帶。

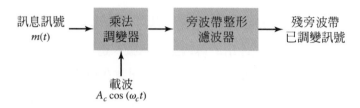

圖 5.20　由乘法調變器與旁波帶整形濾波器構成的系統，用以產生 VSB 已調變波。

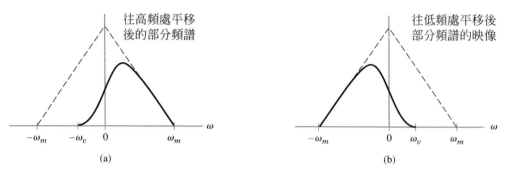

圖 5.21　將(a)部分與(b)部分這兩個頻譜做疊加後的圖，解調後產生原訊號頻譜 (如虛線所示)。

這兩個頻譜貢獻的量值分別如圖 5.21(a)與(b)所示。實際上，殘餘的下旁波帶的反射部分會補償上旁波帶中損失的部分。我們在這裡所設計的旁波帶整形濾波器規格在執行上是一大挑戰。

殘旁波帶調變的優點是節省傳輸頻寬的效果可以跟單旁波帶調變一樣，而且還保留像雙旁波帶調變一樣好的低頻特性。因此，VSB 調變已經成為傳送電視訊號或者是類似的類比訊號的標準，很重要的是需具有良好相位特性與低頻傳輸的部分，這點用雙旁波帶調變的技術是不能達成或不經濟的。

實際上在傳輸電視訊號時，我們會在 VSB 已調變訊號中加入受控載波。這個目的是為了讓我們在解調時也可以用波封檢測器。在這裡，我們就先省略不談接收器的設計。

5.8　脈波振幅調變 (Pulse-Amplitude Modulation)

我們已經很熟悉連續波 AM 與它的其他變形，現在將注意力轉到*脈波振幅調變* (*pulse-amplitude modulation*，簡寫為 PAM) 上，這是脈波調變中常使用的一種方式。AM 系統的運作中，頻率的平移扮演了一個很基礎的角色，而 PAM 系統中的基本功能是取樣。

■ 5.8.1 再談取樣 (SAMPLING REVISITED)

在第 4.5 節與第 4.6 節中我們已經詳細地介紹過取樣過程，其中包括了取樣定理的推導、相關的頻疊議題，與如何由取樣值中將原訊息訊號還原。在這個小節中，我們會針對 PAM 系統來討論取樣的相關題材。一開始我們可以針對 PAM 系統用下列這兩個等價的方式，重新敘述一次取樣定理：

1. *一個有限頻寬的能量訊號，當弳頻率超過 ω_m 以後，此訊號的值爲零。這種訊號可以由在間隔 π/ω_m 秒的訊號瞬間值唯一決定該能量訊號爲何。*

2. *一個有限頻寬的能量訊號，當弳頻率超過 ω_m 以後，此訊號的值爲零。這種訊號可以透過每秒取樣速率爲 ω_m/π 的取樣值將能量訊號完全還原。*

第一個部分所描述的取樣定理是運用在 PAM 系統的發射端，第二個部分所描述的則是接收端。這個特殊的取樣率 ω_m/π 取名爲奈奎斯特取樣率，這是爲了表彰美國的物理學家亨利奈奎斯特(1889-1976) 在數據傳輸領域上的原創貢獻。

一般而言，以較嚴格的定義來看，訊息訊號的頻譜並非是有限頻寬，這點與取樣定理要求的相反。事實上，當頻率趨近於無窮大時，頻譜會漸趨近於零，這會引起頻疊的現象，產生訊號失真。請回想一下，頻疊的現象是由於訊息訊號頻譜中的高頻部分與取樣後的訊息訊號頻譜中的低頻部分混雜在一起。實際上，我們使用下面這兩個改善方法來消減頻疊的影響：

▶ 在取樣之前，我們先用一個低通抗頻疊濾波器，將那些我們所不感興趣的高頻部分濾除。

▶ 將經過濾波的訊號以比奈奎斯特速率略高的速率進行取樣。

在這個準則之下，要產生一個 PAM 訊號，就像是產生一連串的平頂取樣脈波訊號，它的振幅取決於濾波後的訊號所對應的取樣值，跟圖 5.22 所示的系統方塊圖一樣。

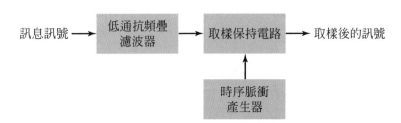

圖 5.22　用來將訊息訊號轉換成平頂 PAM 訊號的系統，由抗頻疊濾波器以及取樣保持電路所構成。

範例 5.4

電話通訊　電話通訊系統中，語音訊號中的最高頻率約為 3.1 千赫。請建議一個適當的取樣率。

解答　最高頻率為 3.1 千赫所對應的是

$$\omega_m = 6.2\pi \times 10^3 \, \text{rad/s}$$

因此，奈奎斯特取樣率為

$$\frac{\omega_m}{\pi} = 6.2 \, \text{kHz}$$

一個比較合適的取樣率 (比奈奎斯特速率稍微高一點點) 可能是 8 千赫，這個電話語音訊號的取樣速率是國際標準。

■ 5.8.2　PAM 的數學描述 (MATHEMATICAL DESCRIPTION OF PAM)

在 PAM 系統中所使用的載波是由一連串固定時距的短脈波所構成，用這個觀點來說，PAM 正式的定義如下：*PAM 是一種脈波調變的形式，脈波載波的振幅會隨著訊息訊號的瞬時取樣值做相對應的變動；脈波載波的持續時間從頭到尾都保持不變。* 圖 5.23 是 PAM 訊號波形的圖例。請注意到載波的基頻 (也就是脈波重複頻率) 與取樣率相同。

對於訊息訊號 $m(t)$ 的 PAM 訊號 $s(t)$ 而言，其數學表示法可以寫成

$$s(t) = \sum_{n=-\infty}^{\infty} m[n]h(t - nT_s) \tag{5.24}$$

其中 T_s 是取樣週期、$m[n]$ 是訊息訊號 $m(t)$ 在時間為 $t = nT_s$ 時的值，而 $h(t)$ 是振幅為一單位且持續時間為 T_0 的矩形脈波，定義如下 (參考圖 5.24(a))：

$$h(t) = \begin{cases} 1, & 0 < t < T_0 \\ 0, & \text{其他條件} \end{cases} \tag{5.25}$$

用物理上的說法，(5.24)式代表*取樣保持的操作 (sample-and-hold operation)*，就像是在第 4.6 節以零階保持為基礎的還原一樣。這兩個動作其實彼此是不同的，因為在 (5.25)式中的脈波響應 $h(t)$，其持續時間為 T_0 而不是 T_s。請將這個差異謹記在心，我們會用第 4.6 節中所介紹的方法來推導 PAM 訊號 $s(t)$ 的頻譜。

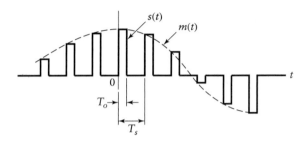

圖 5.23 平頂取樣的 PAM 訊號波形,其脈波持續時間為 T_0 且取樣週期為 T_s。

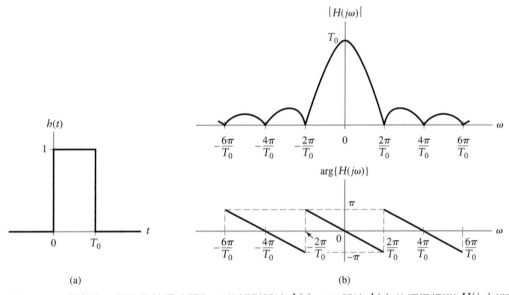

(a)　　　　　　　　　　(b)

圖 5.24 (a)振幅為一單位且持續時間為 T_0 的矩形脈波 $h(t)$。(b) 脈波 $h(t)$ 的振幅頻譜$|H(j\omega)|$與相位頻譜 $\arg\{H(j\omega)\}$。

訊息訊號 $m(t)$ 經過脈波取樣之後為

$$m_\delta(t) = \sum_{n=-\infty}^{\infty} m[n]\delta(t - nT_s) \qquad (5.26)$$

PAM 訊號可以表示成

$$\boxed{\begin{aligned} s(t) &= \sum_{n=-\infty}^{\infty} m[n]h(t - nT_s) \\ &= m_\delta(t) * h(t) \end{aligned}} \qquad (5.27)$$

(5.27)式的意思是,就數學上而言, $m_\delta(t)$ 與脈波 $h(t)$ 的摺積就等於 $s(t)$,其中 $m_\delta(t)$ 是 $m(t)$ 經過脈衝取樣後的結果。

　　這裡我們所說的摺積運算是時域上的運算。回想一下第三章所說的,兩個訊號在時域上進行摺積運算,在頻域上等同於這兩個訊號經傅立葉轉換後再相乘。因此,

對(5.27)式的兩邊都取傅立葉轉換,我們得到

$$S(j\omega) = M_\delta(j\omega)H(j\omega) \tag{5.28}$$

其中,傅立葉轉換對的關係為 $S(j\omega) \overset{FT}{\longleftrightarrow} s(t)$、$M_\delta(j\omega) \overset{FT}{\longleftrightarrow} m_\delta(t)$ 與 $H(j\omega) \overset{FT}{\longleftrightarrow} h(t)$。
讓我們再進一步觀察(4.23)式,對訊息訊號 $m(t)$ 進行脈衝取樣後會使得其頻譜具有週期性,如下所示:

$$M_\delta(j\omega) = \frac{1}{T_s}\sum_{k=-\infty}^{\infty} M(j(\omega - k\omega_s)) \tag{5.29}$$

其中 $1/T_s$ 為取樣速率,而且 $\omega_s = 2\pi/T_s$ 弧度/秒。因此,將公式(5.29)代入(5.28)後,我們得到

$$S(j\omega) = \frac{1}{T_s}\sum_{k=-\infty}^{\infty} M(j(\omega - k\omega_s))H(j\omega) \tag{5.30}$$

其中 $M(j\omega) \overset{FT}{\longleftrightarrow} m(t)$。

最後我們假設 $m(t)$ 是嚴格意義下的有限頻寬的訊號,且取樣率 $1/T_s$ 大於奈奎斯特取樣率。然後將 $s(t)$ 輸入到一個訊號還原濾波器,這裡我們是採用一個理想的低通濾波器,它的截止頻率為 ω_m 而且增益為 T_s,最後我們發現濾波器輸出訊號的頻譜等於 $M(j\omega)\,H(j\omega)$。這個結果跟我們直接將原始的訊息訊號輸入到頻率響應為 $H(j\omega)$ 的低通濾波器所得到的結果相同。

由(5.25)式中,我們發現

$$H(j\omega) = T_0\,\text{sinc}(\omega T_0/(2\pi))e^{-j\omega T_0/2} \tag{5.31}$$

圖 5.24(b)是 $H(j\omega)$ 的振幅頻譜與相位頻譜。因此,依照(5.28)式以及(5.31)式,若我們發現利用PAM去表示一個連續時間的訊息訊號的話,則會有振幅失真以及 $T_0/2$ 的延遲。這兩個影響同樣也在第 4.6 節中所介紹的取樣保持還原方法中討論過。另一個振幅失真的例子是由於電視或傳真機中有限大小的掃瞄孔徑所引起的。因此,我們用來產生 PAM 波的平頂取樣會造成頻率失真,如圖 5.23 所示,這種現象我們稱之為孔徑效應 (aperture effect)。

➤ **習題 5.13**   當脈波持續時間 T_0 趨近於零時,(5.31)式經過調整比例後的頻率響應 $H(j\omega)\,/T_0$ 會怎麼樣?

答案:

$$\lim_{T_0 \to 0}\frac{H(j\omega)}{T_0} = 1$$

◀

■ 5.8.3 PAM 訊號解調 (DEMODULATION OF PAM SIGNAL)

已知一連串的平頂取樣訊號 $s(t)$，我們可以利用圖 5.25 所介紹的方法將原訊息訊號 $m(t)$ 還原。這個系統是用兩個串接的部分構成。第一個部分是一個低通濾波器，截止頻率等於原始訊息訊號的最高頻率 ω_m。第二個部分是等化器，它是為了矯正孔徑效應，此效應是因為在取樣保持電路中使用的平頂取樣而引起的失真現象。當頻率增加時，等化器的作用可以將內插濾波器在頻帶內的損失降低，利用這個原理補償孔徑效應所造成的損失。理想化的等化器的振幅響應為

$$\frac{1}{|H(j\omega)|} = \frac{1}{T_0}\frac{1}{|\text{sinc}(\omega T_0/2)|} = \frac{1}{2T_0}\frac{\omega T_0}{|\sin(\omega T_0/2)|}$$

其中 $H(j\omega)$ 為(5.31)式中所定義的頻率響應。實際上需要等化處理的總量通常很少。

圖 5.25　由低通內插濾波器和等化器的系統，可將平頂取樣後的訊息訊號還原。

範例 **5.5**

PAM 傳輸的等化作用　　PAM 訊號的工作週期，即 T_0/T_s，假設為 10%。請解出等化器所需的峰值放大倍率為何？

解答　當 $\omega_m = \pi/T_s$ 時，若取樣速率等於奈奎斯特速率，則此值代表訊息訊號最高頻的成分。我們由(5.31)式中發現到，若我們以零頻率為基準，將頻率正規化，則在 ω_m，等化器的振幅響應為

$$\frac{1}{\text{sinc}(0.5T_0/T_s)} = \frac{(\pi/2)(T_0/T_s)}{\sin[(\pi/2)(T_0/T_s)]}$$

其中，比值 T_0/T_s 等於取樣脈波的工作週期。在圖 5.26 中，我們將這個結果視為*工作週期 T_0/T_s* 的函數。理論上，不論 T_0/T_s 等於多少，我們所得到的值應該都等於一。但以工作週期為 10% 來說，這個值等於 1.0041。由此可知，當工作週期小於 10% 時，需要等化處理的量值應該小於 1.0041，在這個情況下，孔徑效應的影響通常是小到可以忽略。

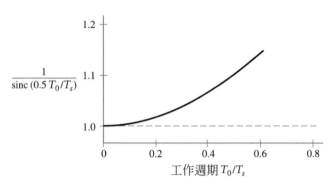

圖 5.26　正規化後的等化器增益 (為了補償孔徑效應)，對工作週期 T_0/T_s 做圖。

5.9　多工處理 (Multiplexing)

在 5.3 節中，我們說過調變的優點之一是提供多工的功能，因此可以將不相關來源的訊號一起加入一個複合的訊號，這樣可以使得訊號更適合在同一個通道上一起傳輸。舉個例子來說，在電話系統中，當多個使用者透過一條長途電話線做交談時就要用多工的技術。把不同說話者的談話內容利用多工的方式混合成一個訊號時，對每一個使用者而言，其他人的對話對他來說並不是一種干擾訊號，因為系統可以將這些訊號分離出來到相對應的受話者上。多工可以用頻率、時間或是編碼技術將不同的訊息訊號分離出來。因此我們有下列三種基本的多工處理方式：

1. *分頻多工* (*Frequency-division multiplexing*)：利用將訊號配置到不同的頻帶上以達成多工。如圖 5.27(a)所示，我們將六種不同的訊息訊號進行多工處理。使用 CW 調變有助於分頻多工，因為在連續時間的基礎上。每一個訊息訊號都可以一直使用所分配到的使用通道。

2. *分時多工* (*Time-division multiplexing*)：在一個取樣間距裡，將不同訊號配置到的不同時槽上以達成多工。如圖 5.27(b)所示為採用第二種多工的技術將六個不同的訊號多工處理。分時多工使用脈波調變，因為每一個訊息訊號都可以使用到通道的完整頻率響應。

3. *分碼多工* (*Code-division multiplexing*)：利用指派不同的碼給通道上不同的使用者以達成多工。

前兩種多工的方法會在本節剩下的部分做說明；分碼多工的內容已經超出本書所涵蓋的範圍了。(請參考進階資料的第五項，在本章第 59 頁。)

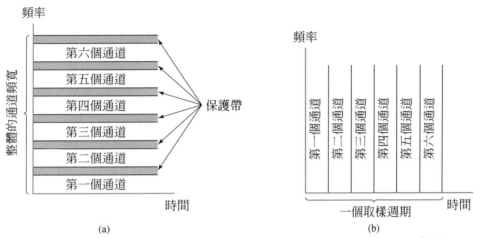

圖 5.27　兩種基本的多工形式。(a) 分頻多工 (含保護帶)。(b) 分時多工；同步脈波並未繪於此圖。

5.9.1　分頻多工 (FDM)

如圖 5.28 所繪的是 FDM 系統的方塊圖。我們假設輸入的訊息訊號都是低通的形式，但是並不需假設在頻率一直到零的部分全部都具有非零值。每一個輸入訊號後面都緊接著一個低通濾波器，濾波器用來移除特定的高頻成分，這些高頻的部分對於訊號的表示並不重要，但卻有可能會干擾到共享同一個通道的訊息訊號。若這些輸入訊號一開始就是有限頻寬，則這些低通濾波器便可忽略。濾波後的訊號會輸入到調變器中，調變器會將這些訊號平移到適當的頻帶，使得它們相互都不會有交集。由載波供應器所得到的載波頻率需要執行這些轉換的動作。至於調變，我們可以用本章的前幾節所介紹的任何一種方式加以調變。無論如何，在分頻多工系統中，最常使用的調變方法是單旁波帶調變，若輸入訊號為語音訊號，則所需的傳送頻寬約等於原語音訊號的頻寬。實務上，每一個語音輸入訊號差不多會分配約四千赫的頻寬給它。調變器後面接的是帶通濾波器，目的是用來限制每一個已調變波的頻寬，使其頻寬不會超出它所配置的範圍。下一步匯集帶通濾波器的輸出訊號，然後再送到共用通道上。在接收端，需要一組並聯的帶通濾波器，目的是為了將訊息訊號由它們所使用的頻道中個別濾出。最後，透過個別的解調器就可以將原訊息訊號還原。請注意到圖 5.28 中所示，FDM 系統的運作是單方向的，並非雙向。為了提供雙向的傳輸，譬如像是電話的傳輸，我們需要另一個相同的多工設備，但是輸入、輸出的方向剛好相反，訊號是由右到左產生。

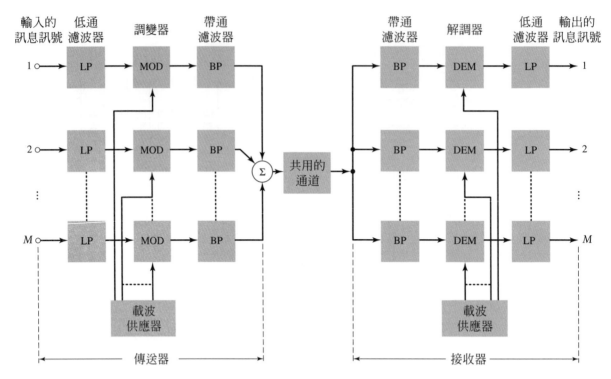

圖 5.28　FDM 的系統方塊圖，顯示出傳輸器與接收器中重要的部分

範例 5.6

SSB – FDM 系統　以一個FDM系統將 24 個獨立的語音訊號做多工處理。傳輸所用的調變方式為 SSB 調變。假設每一個語音訊號所佔用的頻寬是 4 千赫，請計算通道的總傳輸頻寬。

解答　由於每一個語音訊號所佔用的頻寬是 4 千赫，且利用 SSB 調變方式，故每一個訊號所需要的傳輸頻寬為 4 千赫。因此，通道的總傳輸頻寬為 $24 \times 4 = 96$ 千赫。

■ 5.9.2　分時多工 (TDM)

取樣定理是 TDM 系統運作的基礎，說明我們只要對一個有限頻寬的訊號均勻地取樣，且取樣速率通常略大於奈奎斯特取樣率，則可以將所有的訊息在無損耗的情況下傳輸出去。取樣過程的一個重要的特性就是必須要佔用時間。也就是說，在週期的基礎上，傳輸訊息取樣值時只會佔用到傳輸通道中，取樣間距裡的一部份，這一小部分等於PAM調變脈波的寬度 T_0。在這種情況下，兩個相鄰的取樣值之間的時間空隙，便可以清理出來給另一個獨立的訊息來源使用，這就是分時的概念。

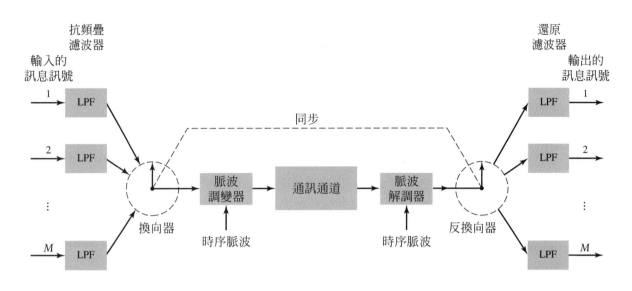

圖 5.29 TDM 的系統方塊圖,顯示出傳輸器與接收器中重要的部分。

我們利用圖 5.29 的方塊圖來解釋 TDM 的概念。每一個輸入的訊息訊號都會先經過一個低通濾波器限制其頻寬,以將不必要的頻率濾除;因為這些對還原訊號來說是不需要的。接著將低通濾波器的輸出送到一個*換向器* (*commutator*) 中,換向器通常是由電子交換電路所組成。換向器的功能有兩個:(1)將 M 個輸入的訊息訊號以 $1/T_s$ 的速率取一個窄樣本,這個速率會稍微比 ω_c/π 高一點,其中 ω_c 是輸入低通濾波器的截止頻率;以及,(2)將這 M 個取樣,依序插入於一個取樣時間內。事實上,第二個功能就是分時多工的基本運作原理。換向器的輸出訊號就是一個多工訊號,將它輸入到一個*脈波調變器* (*pulse modulator*) (例如脈波振幅調變器),目的是為了將多工訊號轉成一個適合在共用通道上傳輸的形式。使用分時多工處理法會導入一個頻寬 *擴展因子 M* (*bandwidth expansion factor*),因為這個方式必須要將分別取自相異獨立訊息訊號源的 M 個取樣值,依序塞入一個時槽內,而且這個時槽的長度必須要等於取樣的間距。在系統接收端的最後面,訊號會輸入到一個*脈波解調器*,它會執行與脈波調變器相反的動作。利用*反換向器* (*decommutator*),在脈波解調器輸出所產生的窄樣本會輸入到適當的低通還原濾波器中,反換向器會與發射端中的換向器同步動作。

在 TDM 系統中,發射端與接收端之間的同步是一個良好的系統所必須具備的基礎。在使用 PAM 的 TDM 系統中,可以有規律地在每一個取樣間隔裡插入一個額外的脈波,以達成系統的同步運作。將 M 個 PAM 訊號與一個同步脈波,在單一的取樣週期裡組合起來,就稱為 *框架* (*frame*)。在 PAM 中,調變時所使用的訊息訊號特性就是訊號的振幅。因此,在接收端中,一個鑑別同步脈波串的簡單方法,就是確認是否有比其他任何PAM訊號還要大的固定振幅。假如使用這個方法，只要使用一個門檻元件並且設定適當的臨界值，那麼同步脈波串就可以很容易找到。請注意到用我們這裡所介紹的時間同步方法會將頻寬擴展因子變成 $M + 1$，其中 M 是多工處理器的輸入訊號個數。

　　TDM系統在共同的傳輸通道中，對於散佈現象是非常敏感的，也就是說，對於會隨著頻率而改變其振幅響應的通道或是具有非線性相位響應的通道都很敏感。因此，它需要很精準的等化器，去補償通道的振幅與相位響應，以確保系統運作能達到要求。通訊通道的等化器設計將在第 8 章討論。

範例 5.7

TDM 與 FDM 的比較　利用 TDM 做為多工系統，並且採用 PAM 將 4 個獨立的語音訊號進行多工處理。每一個語音訊號的取樣速率是 8 千赫。並且，這個多工系統內含了同步脈波串列，使得系統能正確運作。

(a) 請決定同步脈波串列與脈衝串列之間的時序關係，其中脈衝串列指的是用來取樣這 4 個語音訊號的脈衝。

(b) 請計算 TDM 系統所需的通道傳輸頻寬，並且將結果與採用 SSB 調變的 FDM 系統比較。

解答　(a) 取樣週期為

$$T_s = \frac{1}{8 \times 10^3} \, \text{s} = 125 \, \mu s$$

在這個例子中，語音訊號的個數是 4，即 $M = 4$。因此，將取樣週期 125 毫秒平均分配給這 4 個語音訊號以及同步脈波串，我們得到每一個時槽所分配到的時間為：

$$T_0 = \frac{T_s}{M + 1}$$
$$= \frac{125}{5} = 25 \, \mu s$$

圖 5.30 顯示了在單一框架中，同步脈波串列與四個用來對不同的語音訊號進行取樣其脈波之間的時序關係。每一個框架都包括了一些長度均為 $T_0 = 25 \, \mu s$ 的時槽，這些時槽是分配給脈波調變訊號與同步脈波所使用。

(b) 就如同時間－頻寬乘積 (請參考 3.17 節) 的推論一樣，脈波的持續時間與通道傳輸時所需的頻寬 (也就是截止頻率) 是成反比，因此，通道的總傳輸頻寬為：

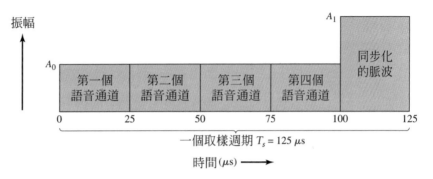

圖 5.30　多工 PAM 訊號的時框,其中包括了 4 個語音訊號與一個同步脈波。

$$f_T = \frac{\omega_T}{2\pi}$$

$$= \frac{1}{T_0}$$

$$= \frac{1}{25} \text{ MHz } = 40 \text{ kHz}.$$

相對之下,使用以 SSB 調變爲基礎的 FDM 系統,其通道所需的總傳輸頻寬等於 M 倍的語音訊號頻寬—也就是 $4 \times 4 = 16$ kHz 所以,使用 PAM — TDM 所需的通道頻寬是 SSB — FDM 的 $40/16 = 2.5$ 倍。

　　實際上,脈波編碼調變是 TDM 系統中普遍使用的調變方式;這會使所需的傳輸頻寬增加,至於增加多少是取決於 PAM 訊號中,每一個脈波所使用數位表示法之編碼字的長度。

5.10　相位延遲與群延遲 (Phase and Group Delays)

每當訊號經過一個散佈 (dispersive) (也就是選頻) 系統,例如通訊通道,在輸出端會有*延遲*的現象,這個現象會與輸入訊號有關。延遲時間是由系統的相位響應所決定。

　　爲了方便解釋,我們令

$$\phi(\omega) = \arg\{H(j\omega)\} \tag{5.32}$$

代表一個散佈通訊通道的相位響應,其中 $H(j\omega)$ 是通道的頻率響應。假設我們於通道輸入端傳輸一個頻率爲 ω_c 的弦波訊號。則通道輸出端會將傳輸訊號延後 $\phi(\omega_c)$ 強度。時間延遲對應於相位延後的關係可以簡單表示成 $-\phi(\omega_c)/\omega_c$,其中負號代表延遲的意思。時間延遲也稱爲通道的*相位延遲 (phase delay)*,正式的定義如下

$$\boxed{\tau_p = -\frac{\phi(\omega_c)}{\omega_c}} \tag{5.33}$$

有一個很重要的觀念,那就是相位延遲不一定就是真的訊號延遲。這個觀念可以從一個事實看出來,就是弦波訊號擁有無限長的持續時間,其中每一個週期都跟前一個週期相同。這種訊號並沒有依送任何訊息,除了表示該訊號的確存在在那兒之外。若由前述理由推論出相延遲就是真的訊號延遲,那就錯了。事實上我們在本章中已經說過,只要將某些調變應用到某個載波上,訊息便可以透過通道傳輸。

假設我們有一個已傳送訊號

$$s(t) = A \cos(\omega_c t) \cos(\omega_0 t) \tag{5.34}$$

它是由載波頻率為 ω_c 的DSB-SC已調變波,以及調變頻率為 ω_0 的弦波所構成。這個訊號相當於例 5.3 中用到的訊號。(為了方便表達起見,我們令 $A = A_c A_0$)。將已調變訊號 $s(t)$ 以它的上旁波頻率與下旁波頻率表示,因此我們可以寫成

$$s(t) = \tfrac{1}{2} A \cos(\omega_1 t) + \tfrac{1}{2} A \cos(\omega_2 t)$$

其中

$$\omega_1 = \omega_c + \omega_0 \tag{5.35}$$

且

$$\omega_2 = \omega_c - \omega_0 \tag{5.36}$$

現在我們將訊號 $s(t)$ 輸入一個相位響應為 $\phi(\omega)$ 的通道。為了方便說明起見,假設通道的振幅響應在頻率範圍為 ω_1 到 ω_2 之間是常數(等於1)。因此,在通道輸出端所收到的訊號為

$$y(t) = \tfrac{1}{2} A \cos(\omega_1 t + \phi(\omega_1)) + \tfrac{1}{2} A \cos(\omega_2 t + \phi(\omega_2))$$

其中 $\phi(\omega_1)$ 與 $\phi(\omega_2)$ 分別代表通道在頻率 ω_1 與 ω_2 所產生的為相位平移。也就是說我們可以將 $y(t)$ 寫成

$$y(t) = A \cos\left(\omega_c t + \frac{\phi(\omega_1) + \phi(\omega_2)}{2}\right) \cos\left(\omega_0 t + \frac{\phi(\omega_1) - \phi(\omega_2)}{2}\right) \tag{5.37}$$

其中 ω_1 與 ω_2 的定義已經分別在(5.35)式與(5.36)式中提過了。將(5.37)式裡的弦式載波與接收訊號 $y(t)$ 的訊息分量,對照(5.34)式裡傳送端訊號 $s(t)$ 的狀況,我們觀察到下列兩個現象:

1. 在 $y(t)$ 中，頻率為 ω_c 的載波分量，將 $s(t)$ 中的對應部分延遲了 $\frac{1}{2}\phi(\omega_1) + \phi(\omega_2)$，這表示時間延遲等於

$$-\frac{\phi(\omega_1) + \phi(\omega_2)}{2\omega_c} = -\frac{\phi(\omega_1) + \phi(\omega_2)}{\omega_1 + \omega_2} \tag{5.38}$$

2. 在 $y(t)$ 中，頻率為 ω_c 的訊息分量，將 $s(t)$ 中的對應部分延遲了 $\frac{1}{2}\phi(\omega_1) - \phi(\omega_2)$，這表示時間延遲等於

$$-\frac{\phi(\omega_1) - \phi(\omega_2)}{2\omega_0} = -\frac{\phi(\omega_1) - \phi(\omega_2)}{\omega_1 - \omega_2} \tag{5.39}$$

假設調變頻率 ω_c 小於載波頻率 ω_0，這表示著兩邊的頻率 ω_1 與 ω_2 非常接近，而且 ω_c 介於這兩個邊頻率之間。這種已調變訊號稱為 *窄頻訊號 (narrowband signal)*。. 接著我們利用在 $\omega = \omega_c$ 附近的二階泰勒展開式，求出相位響應 $\phi(\omega)$ 的近似

$$\phi(\omega) = \phi(\omega_c) + \frac{d\phi(\omega)}{d\omega}\bigg|_{\omega=\omega_c} \times (\omega - \omega_c) \tag{5.40}$$

利用這個展開式計算出 $\phi(\omega_1)$ 與 $\phi(\omega_2)$，並且代入(5.38)式，我們發現*載波延遲 (carry delay)* 等於 $-\phi(\omega_c)/\omega_c$，這與計算相位延遲的(5.33)式的結果相同。對於(5.39)式也採用類似的手法，可以發現由訊息訊號所引起的相位延遲 (也就是已調變訊號的「波封」) 可表示成

$$\boxed{\tau_g = -\frac{d\phi(\omega)}{d\omega}\bigg|_{\omega=\omega_c}} \tag{5.41}$$

時間延遲 τ_g 稱為 *波封延遲 (envelope delay)* 或是 *群延遲 (group delay)*。因此，群延遲定義為，通道的相位響應 $\phi(\omega)$ 對 ω 微分後，取載波頻率為 ω_c，最後再加上負號。

　一般來說，我們發現當已調變訊號傳輸到訊通道上時，需要考慮兩種不同的延遲：

1. 載波或相位延遲 τ_p，定義如(5.33)式。
2. 波封或群延遲 τ_g，定義如(5.41)式。

群延遲就是真的訊號延遲。

▶ **習題 5.14** 考慮在什麼情況下，相位延遲與群延遲的值會相同？

答案：相位響應 $\phi(\omega)$ 必須是 ω 的線性函數，而且 $\phi(\omega_c) = 0$。

範例 5.8

通帶通道的相位延遲與群延遲　　對於一個帶通通訊通道而言，其相位延遲定義為

$$\phi(\omega) = -\tan^{-1}\left(\frac{\omega^2 - \omega_c^2}{\omega\omega_c}\right)$$

讓如(5.34)式的訊號 $s(t)$ 通過通道，其中

$$\omega_c = 4.75 \text{ rad/s} \quad 和 \quad \omega_0 = 0.25 \text{ rad/s}$$

請計算(a)相位延遲與(b)群延遲

解答 (a) 當 $\omega = \omega_c$ 時，$\phi(\omega_c) = 0$。根據(5.33)式，相位延遲 τ_p 為零。

(b) 將 $\phi(\omega)$ 對 ω 微分之後得到

$$\frac{d\phi(\omega)}{d\omega} = -\frac{\omega_c(\omega^2 + \omega_c^2)}{\omega_c^2\omega^2 + (\omega^2 - \omega_c^2)^2}$$

利用公式(5.41)的結果，發現群延遲為

$$\tau_g = \frac{2}{\omega_c} = \frac{2}{4.75} = 0.4211 \text{ s}$$

為了以圖形的方式表示(a)部分與(b)部分得到的結果，圖 5.31 所顯示的是兩個波形疊加起來的結果，這兩個波形是這樣得到的：

1. 用實線表示的波形，是將已傳輸訊號 $s(t)$ 乘上載波 $\cos(\omega_c t)$ 而得到的。
2. 用虛線表示的波形，是將接收端訊號 $y(t)$ 乘上載波 $\cos(\omega_c t)$ 而得到的。

這個圖清楚地顯示出載波的 (相位) 延遲 τ_p 是零，接收到的訊號 $y(t)$ 的波封落後傳輸訊號 τ_g 秒。上圖所示的波形中，我們故意不用濾波器將上述第一點，或第二點所提到乘積的高頻成分濾除，是因為想看看載波對於延遲的影響。

也請注意到上旁波頻率 $\omega_1 = \omega_c + \omega_0 = 5.00$ 弳度/秒與下旁波頻率 $\omega_2 = \omega_c + \omega_0 = 4.50$ 弳度/秒之間的間隔約為載波頻率 $\omega_c = 4.75$ 弳度/秒的 10%，這也證明了本例中的已調變訊號的確是窄頻訊號。

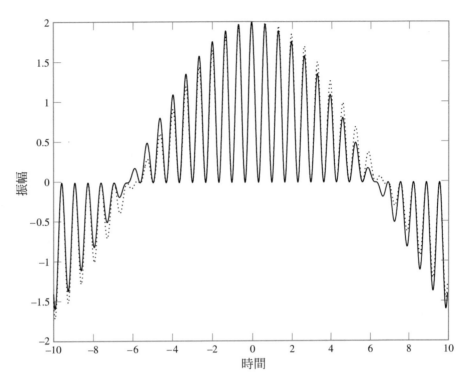

圖 5.31　根據範例 5.8，這裡我們特別強調零載波延遲 (實線) 與群延遲 τ_g (虛線)。

■ 5.10.1　一些實務上的考量 (SOME PRACTICAL CONSIDERATIONS)

我們已經證明過，當已調變訊號通過傳輸通道，群延遲就是訊號延遲，現在要提出下面這個問題：在實務上，群延遲有什麼重要性？為了回答這個習題，首先必須瞭解(5.41)式的含意，當已調變訊號是窄頻訊號時，也就是說訊號的頻寬小於載波的頻率，可以用此式計算群延遲。在推導(5.41)式時，我們採了二項泰勒展開式去近似(5.40)式這個相位響應 $\phi(\omega)$，因此(5.41)式只有在近似值滿足時才可以使用。 但在許多實際的情況下，窄頻的假設通常不成立，因為訊息訊號的頻寬並沒有小於載波頻率。在這種情況下，群延遲可以視為是*與頻率相關的參數 (frequency-dependent parameter)*；也就是說，

$$\tau_g(\omega) = -\frac{d\phi(\omega)}{d\omega} \tag{5.42}$$

可以將(5.41)式視為是其中的一個特例。現在我們就能夠了解群延遲的重要性：當*寬頻的*已調變訊號透過有散佈現象的通道傳輸時，在通道的輸出端將會看到訊息訊號不同頻率的成分有其各自不同的延遲現象。因此，訊息訊號有線性的失真，稱之為

延遲失真 (delay distortion)。為了在接收端將原訊號真實地還原，我們必須使用*延遲等化器*。當把延遲等化器串接在通道時，等化器一定要設計得讓整體的群延遲會是個常數 (也就是整體而言，相位與頻率保持線性關係)。

我們考慮一個範例，假設所有的電話通道，其有效頻帶為 0.1 到 3.1 千赫。在這個頻道範圍，通道的振幅響應為常數，使得它幾乎沒有振幅失真。相較之下，就如同圖 5.32 所示，通道的群延遲與頻率有很大的關係。在考慮電話通訊的範疇內，通道引起的群延遲會隨著頻率而改變，這個其實不重要，因為人類的耳朵對於延遲失真並沒有這麼敏感。但是透過電話通道傳輸寬頻資料時就不是這樣了。舉例來說，對於一個資料速率為每秒 4 千位元的訊號而言，位元的持續時間約為 25 毫秒。從這個數據來看，我們發現在電話通道的有效頻帶之內，群延遲會從零到數毫秒之間變化。因此，延遲失真對於透過電話通道傳輸的寬頻資料會有嚴重的傷害。在這種應用環境下，一定要使用延遲等化器才能讓系統能正確運作。

5.11 利用 MATLAB 探索觀念 (Exploring Concepts with MATLAB)

先前我們討論過用理想的調變器將訊息訊號傳輸過一個通帶通道。為了解釋這個概念，我們使用弦波作為訊息 (調變) 訊號。就這一點而言，我們利用範例 5.1 與範例 5.3 來說明，在理想的條件下，全 AM 調變與 DSB-SC 調變的弦波調變波頻譜。在這一節裡，我們考慮已調變波是有限長度的，這個假設在真實世界的環境中一定會成立，並使用 MATLAB 對這些例子做更進一步地詳述說明。特別的是，例 4.16 的結果為我們使用 DTFS 去近似有限長度訊號的傅立葉轉換，近似結果是由一對弦波訊號所構成。

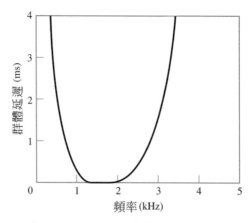

圖 5.32 語音等級電話通道的群延遲響應。(引用自 Bellamy, J. C.所著的《Digital Telephony》，由 Wiley 公司於 1982 年出版。)

■ 5.11.1 全 AM (FULL AM)

在調幅的時域描述法裡面，已調變波是由載波加上載波與訊息訊號 (也就是調變訊號) 的乘積所構成。因此對於我們在範例 5.1 所考慮過的弦波調變，得到

$$s(t) = A_c[1 + \mu\cos(\omega_0 t)]\cos(\omega_c t)$$

其中 μ 是調變因子。$1 + \mu\cos(\omega_0 t)$ 是調變訊號經過修正的結果，而 $A_c\cos(\omega_c t)$ 代表載波。

關於這裡所敘述的 AM 實驗，我們使用下列的數值：

$$
\begin{aligned}
&載波振幅，\quad A_c = 1; \\
&載波頻率，\quad \omega_c = 0.8\pi \text{ rad/s}; \\
&調變頻率，\quad \omega_0 = 0.1\pi \text{ rad/s}
\end{aligned}
$$

我們希望能夠顯示出並且分析 10 個完整的 AM 波週期，也就是持續時間為 200 秒。選擇取樣率為 $1/T_s = 10$ 赫茲，因此時間樣本 N 總共是 2000 個。我們所感興趣的頻帶是 $-10\pi \le \omega \le 10\pi$。因為載波與任何一個旁波頻率的間距等於調變頻率 $\omega_0 = 0.1$ 弧度/秒，所以令頻率解析度為 $\omega_r = 0.01$ 弧度/秒。為了達到這個解析度，我們需要下列的頻率樣本數 (請參考公式(4.42))：

$$M \ge \frac{\omega_s}{\omega_r} = \frac{20\pi}{0.01\pi} = 2000$$

因此我們取 $M = 2000$。為了求出 AM 波 $s(t)$ 的傅立葉轉換的近似，我們用 2000 點的 DTFS。這個 AM 實驗中，唯一的變數就是調變因子 μ，我們將針對調變因子以研究下列三種不同的情況：

▶ $\mu = 0.5$：代表調變不足

▶ $\mu = 1.0$：代表 AM 系統即將要過度調變了。

▶ $\mu = 2.0$：代表過度調變的情形。

將所有的條件一起考慮，現在利用 MATLAB 模擬產生 AM 波並且分析其頻譜，模擬程式碼如下所示：

```
>> Ac = 1;  % carrier amplitude
>> wc = 0.8*pi;  % carrier frequency
>> w0 = 0.1*pi;  % modulation frequency
>> mu = 0.5;  % modulation factor
>> t = 0:0.1:199.9;
>> s = Ac*(1 + mu*cos(w0*t)).*cos(wc*t);
>> plot(t,s)
>> Smag = abs(fftshift(fft(s,2000)))/2000;
   % Smag denotes the magnitude spectrum of the AM wave
```

```
>> w = 10*[-1000:999]*2*pi/2000;
>> plot(w,Smag)
>> axis ([-30  30  0  0.8])
```

第四行程式是代表 $\mu = 0.5$。我們分別令 $\mu = 1$ 以及 2，重新跑一次模擬。

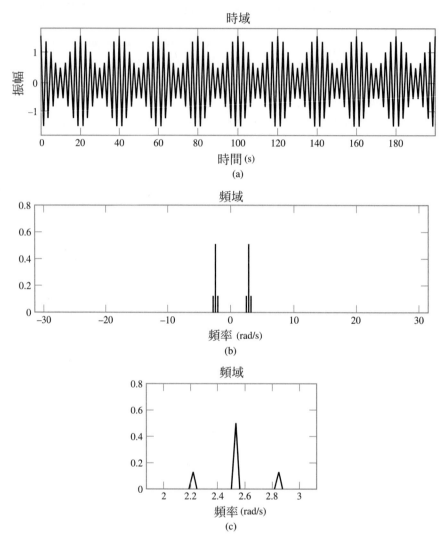

圖 5.33　調變因子為 50% 的調幅。(a) AM 波，(b)AM 波的振幅頻譜，及(c)載波頻率附近的頻譜。

下一步我們說明改變調變因子 μ，對於 AM 波在時域與頻域上的特性有何影響：

1. $\mu = 0.5$。

圖 5.33(a)顯示出當 μ 等於 0.5 時，全 AM 波 $s(t)$ 的 10 個週期的波形。可以很清楚地看到，$s(t)$ 的封波可以與弦波調變波相同。這是代表我們可以使用波封檢測器來解調。圖 5.33(b) 所示為 $s(t)$ 的振幅頻譜。圖 5.33(c)中，將載波頻率附近 $s(t)$ 的頻譜局部放大。這個圖清楚地顯示出兩邊的頻率與載波之間的關係，結果與調變理論所說

的相符。特別的是,低旁波頻率、載波頻率與高旁波頻率分別落在 $\omega_c - \omega_0 = \pm 0.7\pi$ rad/s、$\omega_c = \pm 0.8\pi$ rad/s 與 $\omega_c + \omega_0 = \pm 0.9\pi$ rad/s 上。再者,這兩個旁波帶的振幅是載波振幅的 $(\mu/2) = 0.25$ 倍。

2. $\mu = 1.0$。

圖 5.34(a)所示為 AM 波 $s(t)$ 的 10 個週期,除了 $\mu = 1.0$ 之外,所有參數都跟圖 5.33(a)的參數相同。這個圖顯示 AM 波即將要過度調變了。$s(t)$ 的振幅頻譜顯示在圖 5.34(b)中,(在載波頻率附近的頻譜) 局部放大圖如圖 5.34(c)所示。同樣的,我們發現全 AM 波振幅頻譜的基本結構與理論完全相符。

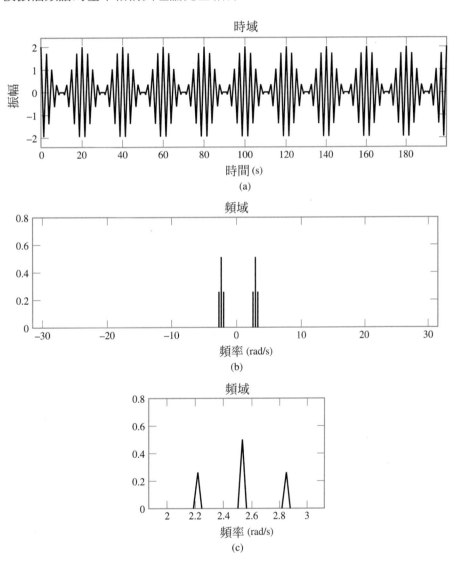

圖 5.34　調變百分比為 100% 的調幅。(a) AM 波、(b) AM 波的振幅頻譜,以及(c)載波頻率附近的頻譜。

3.　　$\mu = 2.0$。

圖 5.35(a)中使用調變因子 μ 等於 2 以驗證過度調變的效果。在這邊我們所看到的是，過度調變波 $s(t)$ 與弦波調變波之間並沒有清楚的關係。這也暗示了以波封檢測器作為解調器是不可行的，因此我們必須使用同調檢測器當解調變器。請注意到無論如何，顯示在圖 5.35(b)與(c)中的 AM 波基本頻譜，與理論值所估計的完全相同。

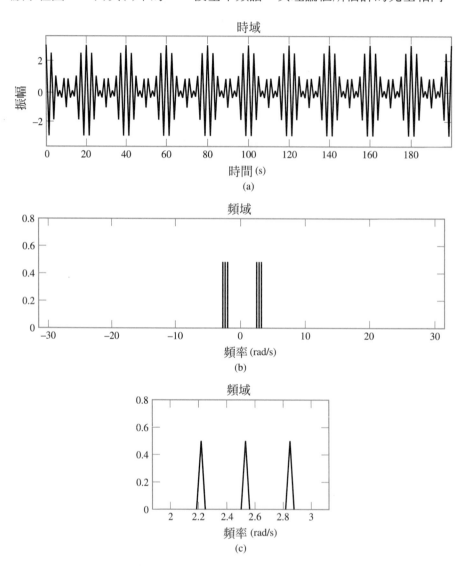

圖 5.35　調變百分比為 200%的調幅。(a) AM 波、(b) AM 波的振幅頻譜，以及(c)載波頻率附近的頻譜。

■ 5.11.2 DSB-SC 調變 (DSB-SC MODULATION)

在 DSB-SC 已調變波的情況，我們將載波抑制住，而完整地將兩個旁波帶傳送出去。產生這個訊號的方法也很簡單，只要將調變波乘上載波就可以了。因此，在弦波調

變的情況下，我們得到

$$s(t) = A_c A_0 \cos(\omega_c t) \cos(\omega_0 t)$$

用來產生這個已調變訊號 $s(t)$，並且分析其頻譜的 MATLAB 程式碼如下：

```
>> Ac = 1;  % carrier amplitude
>> wc = 0.8*pi;  % carrier frequency in rad/s
>> A0 = 1;  % amplitude of modulating signal
>> w0 = 0.1*pi;  % frequency of modulating signal
>> t = 0:.1:199.9;
```

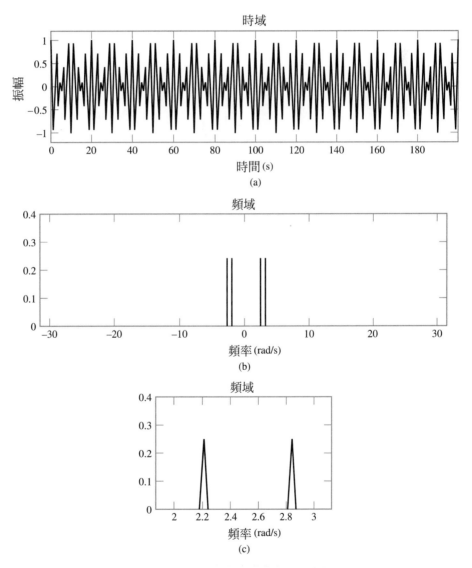

圖 5.36　DSB-SC 調變。(a) DSB-SC 已調變波、(b)已調變波的振幅頻譜，以及(c)載波頻率附近的頻譜。

這個程式幫我們分析出下列這幾個不同 DSB-SC 調變的結果：

1. 圖 5.36(a)顯示的的是，由弦波調變訊號產生的 DSB-SC 已調變波 $s(t)$ 的 10 個週期。就如同我們所預期的，已調變波的波封與弦波調變訊號並沒有明顯的關係。因此，我們必須使用同調檢測做為解調器，關於這點，將會在第 2 點做更深入地討論。圖 5.36(b)是 $s(t)$ 的振幅頻譜。載波頻率附近的頻譜如圖 5.36(c)所示。這兩個圖清楚地顯示出我們的確將載波抑制了，而且上旁波頻率與下旁波頻率的確落在我們所預期的位置上，也就是說它們分別落在頻率為 0.9 弳度/秒與 0.7 弳度/秒上。

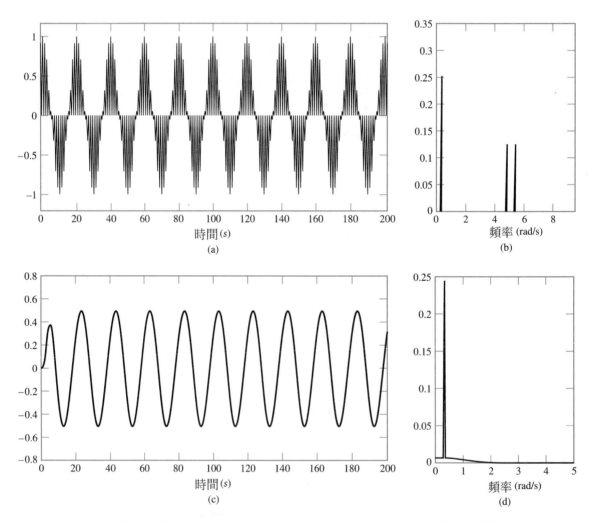

圖 5.37　DSB-SC 已調變波的同調偵測。(a)乘法調變器輸出的訊號波形；(b)在(a)部分中，訊號的振幅頻譜；(c)低通濾波器輸出的波形；(d) 在(c)部分中，訊號的振幅頻譜。

2. 為了使用同調偵測，我們將DSB-SC已調變波 $s(t)$ 乘上載波，然後再輸入到一個低通濾波器中，如同在 5.5.2.節中所說明的一樣。假設傳送端與接收端之間是完全同步的，當圖 5.12(b)中的參數 $\phi = 0$ 時，乘法調變器的輸出可定義為

$$v(t) = s(t) \cos(\omega_c t)$$

因此，MATLAB 的程式碼為

```
>> v = s.*cos(wc*t);
```

其中 s 就是它本身在上一回所算出的值。圖 5.37(a)顯示出 $v(t)$ 的波形。對 v 下 fft 這個指令，並且將結果取絕對值，我們即可得到如圖 5.37(b)的振幅頻譜，從這個圖中很容易看出 $v(t)$ 是由下列這兩個部分所構成：

▶ 頻率為 0.1π 弳度/秒的弦波訊號，這就是調變波。

▶ 新產生的 DSB-SC 已調變波，其載波頻率為 1.6π 弳度/秒，是原本的兩倍；事實上，這個已調變波兩旁的頻率分別為 1.5π 與 1.7π 弳度/秒。

因此，我們可以將 $v(t)$ 輸入到一個低通濾波器中以還原調變訊號，其中低通濾波器要滿足下列需求：

▶ 調變波的頻帶必須落在濾波器的通帶裡面。

▶ 新產生的 DSB-SC 已調變訊號，其上、下邊的頻率都必須落在濾波器的阻帶上。

我們會在第八章討論如何設計出滿足上述條件的濾波器。現在，透過下列的 MATLAB 程式，就可以模擬出滿足這些需求的濾波器：

```
>> [b,a] = butter(3,0.025);
>> output = filter(b,a,v);
```

程式的第一行產生特殊型態的濾波器，我們稱之為巴特渥斯濾波器 (Butterworth filter)。在目前考慮的這個實驗中，採用的是三階濾波器，而且其*正規化截止頻率*為 0.025，這個值的算法如下：

$$\frac{\text{濾波器真正的截止頻率}}{\text{取樣頻率的一半}} = \frac{0.25\pi \text{ rad/s}}{10\pi \text{ rad/s}}$$
$$= 0.025$$

程式第二行是為了求出，以乘法調變器的輸出訊號 $v(t)$ 為濾波器的輸入時，其輸出為何 (我們將在第八章再討論濾波器的設計)。圖 5.37(c)所示為低通濾波器的輸出波形；這個波形是一個頻率為 0.05 赫茲的弦波訊號，我們可以利用 $v(t)$ fft 這個指令去近似濾波器輸出的頻譜，以驗證結果的正確性。計算的結果如圖 5.37(d)所示。

3. 在圖 5.38 中，我們從另一方面探討 DSB-SC 調變，也就是考慮不同的調變頻率對結果有何影響。圖 5.38(a)顯示出 DSB-SC 已調變波的五個週期，其載波頻率與圖 5.36(a)相同，但是調變頻率降到 0.025 赫茲 (也就是弳頻率為 0.05)。圖 5.38 (b)所示為第二個DSB-SC已調變波的振幅頻譜，圖 5.38(c)所示為其局部放大圖。比較圖 5.38(c)與圖 5.36(c)，我們清楚地看到，將調變頻率降低的確使得上旁波頻率與下旁波頻率更接近，符合調變定理的內容。

➤ **習題 5.15** 我們將射頻 (RF) 脈波定義為矩形脈波與弦波載波的乘積。請利用 MATLAB 畫出下列兩種情況下的脈波波形：

(a) 脈波持續時間為 1 秒，
載波頻率為 5 赫茲。

(b) 脈波持續時間為 1 秒，
載波頻率為 25 赫茲。

並假設取樣頻率為 1 千赫。 ◀

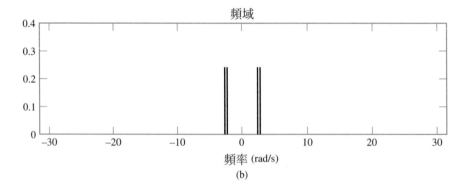

圖 5.38 改變調變頻率所造成的影響，請與圖 5.36 做比較。(a)當調變頻率是圖 5.36 中所使用調變頻率的一半時，DSB-SC 已調變波的波形；(b)圖(a)所示訊號的振幅頻譜。

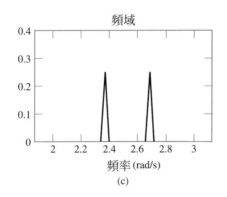

圖 5.38　(c)載波頻率附近的頻譜。（續）

➤ 習題 5.16　針對習題 5.15 所討論的兩種情況，利用指令 `fft` 畫出每一個 RF 脈波的振幅頻譜。因此我們可以展示下列幾點：

(a) 對於狀況(a)而言，其相對應的載波頻率為 5 赫茲，下旁波的正頻率與負頻率互相重疊。這個現象就是第 5.4.6.節所說的頻譜重疊。

(b) 對於狀況(b)而言，其相對應的載波頻率為 25 赫茲，完全沒有頻譜重疊的現象。若要從雷達系統的觀點來看習題 5.15 和 5.16，讀者可以參考 1.10.節中所提到的主題範例。 ◀

■ 5.11.3　相位延遲與群延遲 (PHASE AND GROUP DELAYS)

在範例 5.8 中，我們討論過帶通通道的相位響應與相位延遲和群延遲的關係。

$$\phi(\omega) = -\tan^{-1}\left(\frac{\omega^2 - \omega_c^2}{\omega\omega_c}\right)$$

當頻率為 $\omega = \omega_c$ 時，相位延遲為 $\tau_p = 0$，而且群延遲為 $\tau_g = 0.4211$ 秒。圖 5.31 所顯示的波形是

$$x_1(t) = s(t)\cos(\omega_c t)$$

其中 (參考第 461 頁)

$$s(t) = \frac{A}{2}[\cos(\omega_1 t) + \cos(\omega_2 t)]$$

而且 $\omega_1 = \omega_c + \omega_0$，$\omega_2 = \omega_c - \omega_0$。在圖中的實線部分是 $x_1(t)$ 的波形。其它顯示在圖 5.31 的波形是

$$x_2(t) = y(t)\cos(\omega_c t)$$
$$= \frac{A}{2}[\cos(\omega_1 t + \phi(\omega_1)) + \cos(\omega_2 t + \phi(\omega_2))]\cos(\omega_c t)$$

其中相位角 $\phi(\omega_1)$ 以及 $\phi(\omega_2)$，分別代表相位響應 $\phi(\omega)$ 在頻率等於 $\omega = \omega_1$ 以及 $\omega = \omega_2$ 時的值。在圖中的虛線部分是 $x_2(t)$ 的波形。

為了在 MATLAB 中產生 $x_1(t)$ 與 $x_2(t)$，我們用下列的指令，並且令 $A/2$ 等於 1：

```
>> wc = 4.75;
>> w0 = 0.25;
>> w1 = wc + w0;
>> w2 = wc - w0;
>> t = -10 : 0.001 = 10;
>> o1 = -atan((w1^2 - wc^2)/(w1*wc));
>> o2 = -atan((w2^2 - wc^2)/(w2*wc));
>> s = cos(w1*t) + cos(w2*t);
>> y = cos(w1*t + o1) + cos(w2*t + o2);
>> x1 = s.*cos(4.75*t);
>> x2 = y.*cos(4.75*t);
>> plot (t, x1, `b´)
>> hold on
>> plot (t, x2, `k´)
>> hold off
>> xlabel(`Time´)
>> ylabel(`Amplitude´)
```

請注意，為了方便起見，我們已經令 $(A/2) = 1$，前兩行指令中所用到的函數 atan 會傳回反正切 (arctangent) 的值，又請注意 x1 與 x2 的計算是逐個元素的乘法，因此我們必須在點號後面加一個星號。

5.12 總結 (Summary)

在本章裡，我們介紹在通訊通道上傳輸訊息訊號時，所使用到的線性調變技術。
並特別描述調幅 (AM) 以及其相關的變化，總結如下：

▶ 在全 AM 裡，頻譜由兩個旁波帶 (一個稱為上旁波帶，另一個稱為下旁波帶) 與載波所構成。全 AM 的主要優點就是很容易實作，這也解釋了為何它在無線電廣播系統中是如此地受歡迎。缺點就是它會浪費傳輸頻寬與功率。

▶ 在雙旁波帶抑制載波 (DSB-SC) 調變中，我們為了節省傳輸功率，而抑制了載波。然而，DSB-SC 調變所需的傳輸頻寬是訊號頻寬的兩倍，這點與全 AM 一樣。

▶ 在單旁波帶 (SSB) 調變中，我們僅傳送出一個旁波帶。SSB 因此是連續波 (CW)調變的最佳形式，因為 SSB 所需的通道頻寬與傳輸功率都是最少的。使用 SSB調變要在訊息訊號頻譜的零頻率處保留能量間隙。

▶ 在殘旁波帶 (VSB) 調變中，傳輸的是一個修正過的旁波帶，與另一個旁波帶的殘餘部分,而且這個殘餘部分必須經過適當的設計才行。這種形式的 AM 很適合用來傳輸寬頻訊號,這類訊號的頻譜會一直到頻率等於零時都有值。VSB 調變是傳輸類比電視訊號的標準方法。

我們在本章中所曾經討論線性調變的另一方式是脈波振幅調變 (PAM),它是一種最簡單的脈波調變形式。PAM 可以視為是取樣過程的直接表現方式;因此常常運用在調變自己的方法上。而且它構成了所有其它脈波調變形式的基礎,還包含了脈波編碼調變。

接下是討論多工處理的觀念,它可以讓多個獨立的使用者共享同一個通訊通道。在分頻多工中 (FDM),使用者在頻域上共享;在分時多工中 (TDM),使用者在時域上共享。

其它在本章中所討論的主題是相位(載波)延遲與群(波封)延遲,這兩項都可以用通道的相位響應來表示,其中通道是指傳輸已調變訊號所使用的通道,群延遲就是真的訊號延遲;當通道中所傳輸的是寬頻已調變訊號時,群延遲是最重要的。

接著提到最後一個註解:在本章所討論的調變系統裡,我們使用了下列兩個功能方塊圖:

▶ 濾波器:為了抑制掉不需要的訊號。

▶ 等化器:為了矯正實際傳輸系統所造成的訊號失真。

在這裡,我們討論的方法是系統理論的觀點,並未包括如何設計出這些功能。濾波器與等化器的設計考量將在第 8 章中介紹。

進階資料

1. 通訊技術具有非常久遠的歷史,它可追溯到在 1837 年由摩斯 (Samuel Morse) 先生所發明的電報技術(數位通訊的祖先)。接下來,在 1875 年貝爾 (Alexander Graham Bell) 先生發明了電話,為了對他表示敬意,分貝 (decibel) 也因此命名。其他對這方面有重大貢獻的人還有奈奎斯特 (Harry Nyquist),他在 1928 年發表了一篇著名的論文,內容是關於電報系統中的訊號傳輸理論研究,另一個人是 Claude Shannon,他在 1948 年為*資訊理論 (information theory)*建立了重要的基礎。資訊理論是一門很廣的學問,包含了傳輸、處理與利用資訊的研究。

有關於通訊系統歷史的描述,請參考下列書籍的第一章

▶ Haykin, S.著,《Communication systems》,第四版,Wiley 公司出版,於 2001 年發行。

2. 第 5.3 節「調變的優點」裡第一點所描述子頻帶，可應用於第一代 (類比) 無線蜂巢系統，與第二代 (數位) 無線蜂巢系統。在 1980 年代末期，第三代系統已經開始發展。*通用行動通信系統 (Universal Mobile Telecommunications System，UMTS)* 就是第三代無線行動通訊系統所用的術語。對於 UMTS 而言，子頻帶就相當於我們在第 5.3 節提到的，位於 1885 至 2025 兆赫間與 2110 到 2200 兆赫間的子頻帶。第三代系統是寬頻系統，而第一代與第二代都是窄頻系統。

更多關於無線行動通訊系統的內容，可以參考下列這本書：Steel, R. 與 L. Hanzo 合著，《*Mobile Radio Communications*》，第二版，Wiley 公司於 1999 年出版。

3. 更完整的調變理論請參考下列書籍：

▶ Carlson, A. B. 著，《*Systems:An Introduction to Signals and Noise in Electrical Communications*》，第三版，由 McGraw-Hill 公司於 1986 年出版。

▶ Couch, L. W., III 著，《*Digital and Analog Communication Systems*》，第三版，Prentice Hall 公司於 1990 年出版。

▶ 前面所列出 Haykin 的著作。

▶ Schwartz, M. 著《*Information Transmission Modulation and Noise:A Unified Approach*》，第三版，McGraw-Hill 公司於 1980 年出版。

▶ Stremler, F. G. 著，《*Introduction to Communication Systems*》，第三版，Addison-Wesley 於 1990 年出版。

▶ Ziemer, R. E., and W. H. Tranter, *Principles of CommunicationSystems*，第三版 (Houghton Mifflin 出版，1990 年發行)

這些書的內容都討論到了連續波調變與脈波調變技術。

同時也有雜訊對於調變系統效能影響的探討。

4. 訊號 $x(t)$ 的希爾伯特轉換定義為

$$\hat{x}(t) = \frac{1}{\pi} \int_{-\infty}^{\infty} \frac{x(\tau)}{t - \tau} d\tau$$

我們可以把希爾伯特轉換 $\hat{x}(t)$ 等價地定義成 $x(t)$ 與 $1/(\pi t)$ 的摺積。$1/(\pi t)$ 的傅立葉轉換是符號函數 (signum function) 的 $-i$ 倍，所謂的符號函數就是

$$\text{sgn}(\omega) = \begin{cases} +1, & \text{當 } \omega > 0 \text{ 時} \\ 0, & \text{當 } \omega = 0 \text{ 時} \\ -1, & \text{當 } \omega < 0 \text{ 時} \end{cases}$$

(請參考 3.11.3. 節)。將 $x(t)$ 輸入到一個希爾伯特轉換器，等效於在頻域上執行下列兩個動作：

▶ 令 $|X(j\omega)|$ (即為 $x(t)$ 的振幅頻譜) 在所有 ω 中都保持固定。

▶ 將 $\arg\{X(j\omega)\}$ (即為 $x(t)$ 的相位頻譜) 負頻率的部分平移 $-90°$ 且將正頻率的部分平移相 $+90°$。更多關於希爾伯特轉換的討論，及其在單旁波帶調變中的時域描述，請參考前面所列出 Haykin 的著作。

5. 關於分碼多工處理的討論，請參考前面所列出 Haykin 的著作。

6. 關於相位延遲與群延遲的深入探討，也請參考前面列出的 Haykin 的著作。

補充習題 *(ADDITIONAL PROBLEMS)*

5.17 使用訊息訊號

$$m(t) = \frac{1}{1 + t^2}$$

請將下列這幾種調變方式所得到的已調變波波形描繪出來。

(a) 調變百分比為 50% 的調幅。

(b) 雙旁波帶載波抑制調變。

5.18 將訊息訊號 $m(t)$ 輸入到一個全調幅器。載波頻率為 100 千赫。當輸入訊號為下列訊息訊號時，請決定由調變器所輸出的頻率成分有哪些？其中時間 t 的單位是秒：

(a) $m(t) = A_0 \cos(2\pi \times 10^3 t)$

(b) $m(t) = A_0 \cos(2\pi \times 10^3 t)$
$\quad\quad + A_1 \sin(4\pi \times 10^3 t)$

(c) $m(t) = A_0 \cos(2\pi \times 10^3 t)$
$\quad\quad \times \sin(4\pi \times 10^3 t)$

(d) $m(t) = A_0 \cos^2(2\pi \times 10^3 t)$

(e) $m(t) = \cos^2(2\pi \times 10^3 t)$
$\quad\quad + \sin^2(4\pi \times 10^3 t)$

(f) $m(t) = A_0 \cos^3(2\pi \times 10^3 t)$

5.19 重複習題 5.18，但 $m(t)$ 改成由基頻為 500 赫茲的方波所組成。分別取下列兩種情況做為方波的振幅：

(a) 在 0 與 1 之間跳動。

(b) 在 -1 與 $+1$ 之間跳動。

5.20 重複習題 5.18，但 $m(t)$ 是由下列訊號構成：

(a) 佔用頻帶為 300 赫茲到 3100 赫茲間的語音訊號，以及

(b) 佔用頻帶為 50 赫茲到 15 千赫間的音頻訊號。

5.21 將弦波調變訊號

$$m(t) = A_0 \sin(\omega_0 t)$$

輸入到一個全調幅器。載波是 $A_c \cos(\omega_c t)$。所產生的已調變訊號之波封其最大值與最小值分別為

$$A_{\max} = 9.75 \text{ V}$$

與

$$A_{\min} = 0.25 \text{ V}$$

請計算在 (a) 每一個旁波帶頻率與 (b) 載波所佔的平均功率百分比為何。

5.22 將訊息訊號 $m(t)$ 輸入到一個雙旁波帶載波抑制調變器中。載波頻率為 100 千赫。針對下列的訊息訊號，請決定由調變器所輸出的頻率成分有哪些？其中時間 t 的單位是秒：

(a) $m(t) = A_0 \cos(2\pi \times 10^3 t)$

(b) $m(t) = A_0 \cos(2\pi \times 10^3 t)$
$\quad\quad + A_1 \sin(4\pi \times 10^3 t)$

(c) $m(t) = A_0 \cos(2\pi \times 10^3 t)$
$\times \sin(4\pi \times 10^3 t)$

(d) $m(t) = A_0 \cos^2(2\pi \times 10^3 t)$

(e) $m(t) = A_0 \cos^2(2\pi \times 10^3 t)$
$+ A_1 \sin^2(4\pi \times 10^3 t)$

(f) $m(t) = A_0 \cos^3(2\pi \times 10^3 t)$

5.23 重複習題 5.22，但 $m(t)$ 改成由基頻爲 500 赫茲的方波所組成。至於方波的振幅則規定如下述兩種情況：(a) 在 0 與 1 之間跳動，與 (b) 在 -1 與 $+1$ 之間跳動。

5.24 重複習題 5.22，但 $m(t)$ 是由下列訊號構成：

(a) 佔用頻帶爲 300 赫茲到 3100 赫茲間的語音訊號。

(b) 佔用頻帶爲 50 赫茲到 15 千赫間的音頻訊號。

5.25 將訊息訊號 $m(t)$ 輸入到一個單旁波帶調變器中。載波頻率是 100 千赫。針對下列的訊息訊號，請決定由調變器所輸出的頻率成分有哪些？其中時間 t 的單位是秒：

(a) $m(t) = A_0 \cos(2\pi \times 10^3 t)$

(b) $m(t) = A_0 \cos(2\pi \times 10^3 t)$
$+ A_1 \sin(4\pi \times 10^3 t)$

(c) $m(t) = A_0 \cos(2\pi \times 10^3 t)$
$\times \sin(4\pi \times 10^3 t)$

(d) $m(t) = A_0 \cos^2(2\pi \times 10^3 t)$

(e) $m(t) = A_0 \cos^2(2\pi \times 10^3 t)$
$+ A_1 \sin^2(4\pi \times 10^3 t)$

(f) $m(t) = A_0 \cos^3(2\pi \times 10^3 t)$

請分別就(i)傳輸上旁波帶與(ii)傳輸下旁波帶這兩種不同的情況作答。

5.26 重複習題 5.25，但 $m(t)$ 改成由基頻頻 500 赫茲的方波所組成。至於方波的振幅則規定如下述兩種情況：(a)在 0 與 1 之間跳動，(b)在 -1 與 $+1$ 之間跳動。

5.27 重複習題5.26，但 $m(t)$ 是由下列訊號構成：

(a) 佔用頻帶爲 300 赫茲到 3100 赫茲間的語音訊號。

(b) 佔用頻帶爲 50 赫茲到 15 千赫間的音頻訊號。

5.28 假設全調幅器的規格如下所示：

調變訊號：弦波

調變頻率：4 千赫

載波頻率：2 千赫

請求出已調變訊號的頻譜。請解釋爲何此調變器不能正確地運作。

5.29 假設雙旁波帶載波抑制調變器的規格如下所示：

調變訊號：弦波

調變頻率：4 千赫

載波頻率：2 千赫

(a) 請求出已調變訊號的頻譜。

(b) 爲了驗證調變器不能正確地運作，我們將已調變訊號輸入到本地震盪器頻率爲 2 千赫的同調檢測器中。請證明已調變波中含有兩種不同的弦波成分，並且求出它們個別的頻率爲何。

5.30 考慮頻譜如圖 P5.30 所示的訊息訊號 $m(t)$。訊息頻寬爲 $\omega_m = 2\pi \times 10^3$ 弧度/秒。將此訊號輸入到一個乘法調變器中，載波 $A_c \cos(\omega_c t)$ 並輸出一個DSB-SC已調變訊號 $s(t)$。然後將此已調變訊號輸入到一個同調檢測器中。假設在調變器的載波與解調器的載波之間保持完全同步，當(a)載波頻率爲 $\omega_c = 2.5\pi \times 10^3$ 弧度/秒與(b)載波頻率爲 $\omega_c = 1.5\pi \times 10^3$ 弧度/秒時，請分別求出檢測器出的頻譜。可以讓已調變訊號 $s(t)$ 的

每一個頻率成分由 $m(t)$ 唯一決定出的最低載波頻率為何？

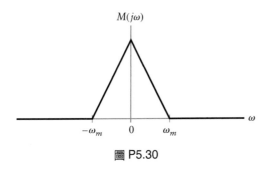

圖 P5.30

5.31 圖 P5.31 所示為平衡調變器的電路圖。將 $m(t)$ 輸入到上方的 AM 調變器，將 $-m(t)$ 輸入到下方的 AM 調變器；這兩個調變器有相同的振幅靈敏度。請證明平衡調變器的輸出 $s(t)$ 是由 DSB-SC 已調變訊號所構成。

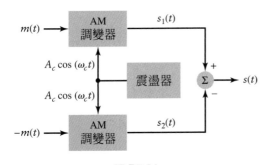

圖 P5.31

5.32 假設脈波振幅調變器的規格如下所示：

操作方式：取樣與保值

脈波持續時間 $= 10\mu s$

調變訊號：弦波

調變頻率 $= 1$ kHz

請求出已調變訊號的旁頻率為何。

5.33 定義射頻 (RF) 脈波為

$$s(t) = \begin{cases} A_c\cos(\omega_c t), & -T/2 \le t \le T/2 \\ 0, & \text{其他條件} \end{cases}$$

(a) 假設 $\omega_c T_0 \gg 2\pi$，請推導 $s(t)$ 的頻譜公式。

(b) 當 $\omega_c T_0 = 20\pi$ 時，請繪製 $s(t)$ 的振幅頻譜。

5.34 雷達系統的已傳輸訊號 $s(t)$ 是由週期性的短RF脈波序列所構成。這些短脈波串的基頻為 T_0。每一個 RF 脈波的續時間為 T_1 且頻率為 ω_c。一般的標準值是

$$T = 1 \text{ ms}$$
$$T_0 = 1 \mu s$$

且

$$\omega_c = 2\pi \times 10^9 \text{ rad/s}$$

請利用習題 5.33 所得到的結果，繪製 $s(t)$ 的振幅頻譜。

5.35 將 DSB-SC 已調變訊號輸入到同調檢測器中解調，相對於輸入 DSB $-$ SC 訊號的載波頻率，請評估因解調器的本地震盪載波頻率的頻率誤差 $\Delta\omega$ 所產生的影響。

5.36 圖 P5.36 所示為頻率合成器的系統方塊圖，它可以產生許多與主調變器一樣準確的頻率。*主震盪器* 的輸出頻率為 1 兆赫，且將輸出送到兩個 *頻譜產生器* (spectrum generators) 中，一個輸出直接輸入到頻譜產生器，另一個輸出是透過*分頻器* (frequency divider spectrum)。頻譜產生器 1 所產生的訊號含有下列諧波：1、2、3、4、5、6、7、8 及 9 兆赫，分頻器的輸出為 100 千赫，使頻譜產生器 2 產生第二個訊號，該訊號含有下列諧波：100、200、300、400、500、600、700、800 以及 900 千赫，設計諧波選擇器的目的，是將頻譜產生器 1 和頻譜產生器 2 的輸出訊號輸入到 *混頻器* (mixer)

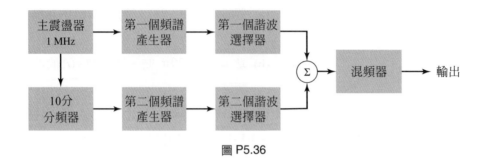

圖 P5.36

中，混頻器是單旁波帶調變器的別名。請問輸出頻率可能的範圍以及頻率合成器的解析度(也就是兩個相鄰的輸出頻率之間相差值)為何？

5.37 請比較全 AM 與 PAM 這兩種調變的異同點。

5.38 請說明下列訊號的奈奎斯特取樣率為何：

(a) $g(t) = \text{sinc}(200t)$

(b) $g(t) = \text{sinc}^2(200t)$

(c) $g(t) = \text{sinc}(200t) + \text{sinc}^2(200t)$

5.39 將二十四路的語音訊號均勻取樣，然後輸入到分時多工系統，以PAM做調變。利用持續時間為 $1\mu s$ 的平頂脈波可將 PAM 訊號還原。我們另外再加入一個振幅大小足夠且持續時間也是 $1\mu s$ 的脈波，以作為多工系統的同步之用。每一個語音訊號的最高頻率為 3.4 千赫。

(a) 假設取樣速率為 8 千赫，請計算多工處理之後的訊號，其兩個連續的脈波之間的間距為何。

(b) 現在令取樣速率為奈奎斯特取樣速率，請重新計算一次。

5.40 十二個不同的訊息訊號，每一個訊號的頻寬都是 10 千赫，將這 10 個訊號多工處理之後傳輸出去。在下列的多工處理與調變方法之下，請計算所需最小的傳輸頻寬為何。

(a) FDM 與 SSB

(b) TDM 與 PAM

5.41 一個PAM遙測系統將 4 個輸入訊號做多工處理，其中輸入訊號為 $s_i(t)$，$i = 1,2,3,4$。其中有兩個的輸入訊號 $s_1(t)$ 與 $s_2(t)$，它們的頻寬皆為 80 赫茲，另外有兩個輸入訊號 $s_3(t)$ 與 $s_4(t)$，其頻寬皆為 1 千赫茲。訊號 $s_3(t)$ 與 $s_4(t)$ 的取樣率為每秒 2400 取樣點。為了求出 $s_1(t)$ 與 $s_2(t)$ 的取樣率，將取樣率除以 2^R (即為 2 的整數次方)。

(a) 請問可容許的最大 R 值為何。

(b) 利用在(a)小題所求出的 R 值，請設計一個多工系統，先將 $s_1(t)$ 與 $s_2(t)$ 以多工處理成為一個新的序列 $s_5(t)$，然後再將訊號 $s_3(t)$、$s_4(t)$ 以及 $s_5(t)$ 以多工處理。

5.42 在第三章中，我們介紹了傅立葉分析的基礎。第四章中也討論過各種訊號類型混合的傅立葉分析應用。請寫出一篇以「傅立葉分析是設計連續波調幅與脈波振幅調變系統的必備工具」為主題的文章。這篇文章應該強調下列兩個重點：

(i) 針對傳送器所產生已調變訊號的頻譜分析。

(ii) 在接收端，則應談到訊息訊號的還原。

進階習題 *(ADVANCED PROBLEMS)*

5.43 假設給你一個非線性元件，此元件的輸入
－輸出關係如下所示：

$$i_o = a_1 v_i + a_2 v_i^2$$

其中 a_1 與 a_2 都是常數，v_i 是輸入電壓值，
i_0 是輸出電流值。令

$$v_i(t) = A_c \cos(\omega_c t) + A_m \cos(\omega_m t)$$

上式第一項代表的是弦波載波，而第二項
代表的是弦波調變訊號。

(a) 試求出 $i_0(t)$ 的頻譜。

(b) 輸出電流 $i_0(t)$ 內含一個由 $v_i(t)$ 中的兩
個成分所產生的 AM 訊號。請設計一個
濾波器，它可以將 AM 訊號由 $i_0(t)$ 中濾
出。

5.44 在這個習題中，我們討論並比較兩個在帶
通通道上傳輸二位元資料的不同方法。這
兩個方法就是*啟閉鍵控* (on-off keying，
OOK) 與*二元相移鍵控* (binary phase-shift
keying，BPSK)。在 OOK 的情況，二位元
符號 0 與 1 分別代表振幅位準為 0 伏特與 1
伏特。相較之下，對於 BPSK 而言，二位
元符號 0 與 1 分別代表振幅位準為 −1 伏特
與 ＋1 伏特。 在通訊的文獻中，把剛剛提
過兩種表示二位元資料的方法，分別稱之
為 *單極性* (unipolar) 與 *極性不歸零* (polar
nonreturn-to-zero)序列。在這兩種情況下，
我們將二位元符號序列乘上一個固定頻率
的弦波載波，然後再透過通道將訊號傳出。

(a) 考慮一個特殊的情況，當二位元資料是
由交錯的 0 與 1 符號所組成的無限序
列，每一個符號的持續時間為 T_0。請畫
出 OOK 訊號的對應波形，並求出其振
幅頻譜。

(b) 就(a)部分所考慮的特殊二位元序列，請
畫出 BPSK 訊號的波形，並求出其振幅
頻譜。

(c) 在(a)部分與(b)部分所考慮的二位元交
錯序列是方波，因此可以運用 3.16 節所
討論到的巴賽瓦定理的 FS 版。(請參考
表 3.10) 利用這個定理，分別求出傳輸
OOK 與 BPSK 訊號的平均功率。

(d) 利用(c)部分所得到的結果，我們應該如
何修改二位元符號序列，使得 OOK 訊
號與 BPSK 訊號的平均功率相同？

(e) OOK 與 BPSK 訊號可以視為全 AM 已
調變波與 DSB − SC 已調變波的數位樣
本。請驗證這個說法對不對，並探討它
真正的含意為何。 (*注意*：在範例 3.29
中，我們曾經簡要地討論過 BPSK 訊
號，其中將用來表示符號 0 或符號 1 的
方波與升餘弦脈波加以比較。)

5.45 如圖 5.16 所示的正交載波多工系統，圖 5.16
(a)的傳輸器輸入端中，所產生多工處理後
的訊號 $m(t)$ 將送到頻率響應為 $H(j\omega)$ 的通訊
通道上，然後再將通道的輸出送到圖 5.16
(b)中的接收器輸入端。請證明下列這個條件

$$H(j\omega_c + j\omega) = H^*(j\omega_c - j\omega), \quad 0 < \omega < \omega_m$$

是在接收器輸出端中，將訊息訊號 $m_1(t)$ 與
$m_2(t)$ 還原的必要條件，其中 ω_c 是載波頻

率且 ω_m 是訊息頻寬。(*提示*：求出這兩個接收器輸出的頻譜為何？)

5.46 當頻率在區間 $\omega_a \le |\omega| \le \omega_b$ 之外時，語音訊號 $m(t)$ 的頻譜為零。為了確保通訊的隱密性，我們會將訊號輸入到一個 *擾亂器* (*scrambler*) 中，它是由下列這幾個元件串接而成的：乘法調變器、高通濾波器、二次乘法調變器和低通濾波器。一階乘法調變器所使用的載波頻率為 ω_c，而二階乘法調變器所使用的載波頻率等於 $\omega_b + \omega_c$；兩個載波的振幅大小都是 1。高通與低通濾波器的截止頻率都是 $\omega_c > \omega_b$。

(a) 導出擾亂器輸出 $s(t)$ 的公式，並畫出其頻譜。

(b) 請證明用一個與擾亂器完全相同的 *反擾亂器* (*unscrambler*)，可以將原來的語音訊號 $m(t)$ 由 $s(t)$ 還原。

5.47 如圖 P5.47 所示，將一個單旁波帶已調變波 $s(t)$ 輸入到同調解調器中。低通濾波器的截止頻率與訊息訊號的最高頻率相同。請利用頻域的概念，證明檢測器的輸出訊號與原訊息訊號只有振幅大小做比例改變而已。你可以假設載波頻率 ω_c 滿足 $\omega_c > \omega_m$。

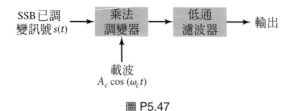

圖 P5.47

5.48 考慮一個多工系統，其輸入訊號為 $m_1(t)$、$m_2(t)$、$m_3(t)$ 與 $m_4(t)$，並且分別乘以下列載波

$$[\cos(\omega_a t) + \cos(\omega_b t)],$$
$$[\cos(\omega_a t + \alpha_1) + \cos(\omega_b t + \beta_1)],$$
$$[\cos(\omega_a t + \alpha_2) + \cos(\omega_b t + \beta_2)],$$

與

$$[\cos(\omega_a t + \alpha_3) + \cos(\omega_b t + \beta_3)]$$

然後將所形成的 DSB-SC 訊號加總，再傳送到一個共用的通道上。在接收端中，解調器將這個 DSB-SC 訊號的和分別乘以四個載波，然後再利用濾波器濾除掉不需要的成分。請決定相位角 α_1、α_2、α_3 與 β_1、β_2、β_3 必須要滿足什麼條件，才會讓第 k 個解調變器的輸出訊號是 $m_k(t)$，其中 $k = 1$, 2, 3, 4。

5.49 在這個習題中，我們研究 *超外差式接收器* (*superheterodyne receiver*) 所使用的混頻概念。更精確地說，考慮如圖 P5.49 所示的混頻器系統方塊圖，它是由乘法調變器加上一個可變頻的本地震盪器，後面再接一個帶通濾波器所構成。輸入訊號是一個頻寬為 10 千赫的 AM 波，且載波頻率的範圍是 0.535 到 1.605 兆赫之間；這些參數都是 AM 無線廣波系統經常使用的設定值。將訊號轉到一個中心固定在 0.455 兆赫的*中頻* (*intermediate frequency*，IF) 的頻帶。為了滿足這些條件，請求出本地震盪器的調頻範圍。

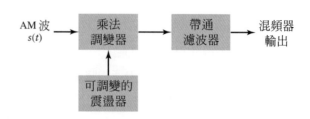

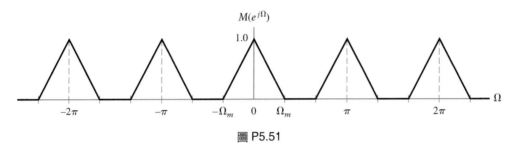

圖 P5.51

圖 P5.49

5.50 在*自然取樣 (natural sampling)* 中，我們將類比
訊號 $g(t)$ 乘上一個週期矩形脈波串列 $c(t)$。
這個脈波串列的重複頻率是 ω_s，而且每一個
矩形脈波的持續時間為 T_0 其中 $\omega_s T_0 \gg 2\pi$。
試求訊號 $s(t)$ 的頻譜，其中這個訊號是自然
取樣後所得到的訊號；可以假設時間 $t = 0$
時，對應到 $c(t)$ 中矩形脈波的中點。

5.51 在這個習題中，我們要利用弦波載波來探
討 DSB-SC 調變的離散時間樣本，

$$c[n] = \cos(\omega_c n), \qquad n = \pm 1, \pm 2, \dots$$

其中載波頻率 ω_c 是固定的，而且 n 代表離
散時間。已知一個離散時間訊號 $m[n]$，其
時間平均為零，這個*離散時間 DSB-SC 已
調變訊號*的定義是

$$s[n] = c[n]m[n]$$

(a) 如圖 P5.51 所示為 $m[n]$ 的頻譜，其中訊
號頻率的最高頻率 Ω_m 小於載波頻率。
請繪製已調變訊號 $s[n]$ 的頻譜。

(b) 依照第 5.5 節所提連續時間 DSB-SC 調
變的方法，請針對 $s[n]$ 的解調設計一個
離散時間的同調解調。

電腦實驗 (COMPUTER EXPERIMENTS)

*請注意：讀者需要針對下面所述的電腦實
驗，自行選取適當的取樣率。而且第四章
中所討論過的內容都必須要完全瞭解。*

5.52 根據下面的條件，利用 MATLAB 產生 AM
波，並且畫出其圖形：

調變波：弦波

調變頻率：1 千赫

載波頻率：20 千赫

調變百分比：75%

計算並且畫出 AM 波的頻譜。

5.53 (a) 請產生一個對稱的三角波 $m(t)$，其基頻

為 1 赫茲，振幅在 -1 與 $+1$ 之間跳動。

(b) 以 $m(t)$ 將頻率為 $f_c = 25$ 赫茲的載波加
以調變，並產生一個調變百分比為 80%
的全 AM 波。試求 AM 波的振幅頻譜。

5.54 承續習題 5.53，研究載波頻率 f_c 的變動對
於 AM 波頻譜的影響。試求 f_c 的最小值，
以確保 AM 波的下旁波帶與上旁波帶之間
不會有重疊現象。

5.55 在習題 5.53(a) 中所提到的三角波，是用來
執行 DSB-SC 調變，其中載波頻率為
$f_c = 25$ 赫茲。

(a) 求出利用這個三角波所得到的 DSB-SC

已調變波，並繪製其圖形。

(b) 求出已調變波的頻譜，並且繪製其圖形
。研究如何利用同調解調來做解調器。

5.56 利用 MATLAB 來完成下列項目：

(a) 利用下列參數產生 PAM 波：頻率為
$\omega_m = 0.5\pi$ 強度/秒的弦波調變訊號、取
樣週期為 $T_s = 1$ 秒，而且脈波持續時間
為 $T_0 = 0.05$ 秒。

(b) 計算並且繪製 PAM 波的振幅頻譜。

(c) 重複這個實驗，但脈波持續時間分別改
成 $T_0 = 0.1$、0.2、0.3、0.4、與 0.5 秒。

請對這個實驗結果加以評論。

5.57 如同習題 5.50 所討論的，*自然取樣*是將訊
息訊號乘上矩形脈波串列，脈波串列的基
本週期是 T，且脈波持續時間為 T_0。

(a) 已知下述規格，請求出弦波調變波所產
生的已調變訊號，並繪製其圖形：

調變頻率	1 kHz
脈波重複頻率	$(1/T_c) = 10$ kHz
脈波時間長度	$T = 10\,\mu s$

(b) 試求出已調變波的頻譜，並繪製其圖形
，請驗證若要將已調變波輸入一個適當
的低通濾波器，將原來的調變波還原而
毫無失真，試問這個濾波器必須滿足哪
些條件？

6 | 利用連續時間複數指數表示訊號：拉普拉斯轉換

6.1 簡介 (Introduction)

在第三章與第四章，我們利用複數弦波的疊加方式，建立了訊號與 LTI 系統的表示法。現在，以複數指數形訊號為基礎，我們要考慮更具一般性的連續時間訊號與系統表示法。跟傅立葉轉換相比，*拉普拉斯轉換 (Laplace transform)* 更廣泛的適用於連續時間的 LTI 系統與訊號之間的關係。舉例來說，拉普拉斯轉換可以用來分析很多種連續時間上的問題，這些問題可能是關於非絕對可積的訊號，像是不穩定系統的脈衝響應。對於非絕對可積的訊號而言，其 FT 並不存在，因此以 FT 為基礎的方法無法應用到這一類的問題上。

對於分析訊號與 LTI 系統而言，拉普拉斯轉換具有獨特的一組特性。這些特性中有很多與 FT 是類似的。例如，我們將會看到連續時間的複數指數就是 LTI 系統的特徵函數。就如同複數弦波一樣，我們可以推論，時間訊號的摺積，就相當於是訊號經過拉普拉斯轉換後的乘積。因此，將輸入訊號的拉普拉斯轉換乘以系統脈衝響應的拉普拉斯轉換，就等於 LTI 系統的輸出，其中系統的脈衝響應定義為系統的轉移函數。轉移函數推廣了 LTI 系統輸出－輸入行為的頻率響應特性，因而使我們對系統特性有新的理解。

拉普拉斯轉換可分為兩種：(1) 單邊轉換 (unilateral)，以及 (2) 雙邊轉換 (bilateral)。單邊拉普拉斯轉換對於解已知初始條件的微分方程式來說，是一個相當方便的工具。雙邊拉普拉斯轉換則對於探討系統特性的本質相當有用，例如系統的穩定性、因果性以及頻率響應等等。拉普拉斯轉換在工程上所扮演的主要角色，就是針對微分方程式所描述的因果性LTI系統，去分析它們的暫態與穩定特性。在本章中，我們將發展拉普拉斯轉換方法，以便於分析這些特性。

6.2　拉普拉斯轉換 (The Laplace Transform)

令 e^{st} 為複數指數，其複數頻率為 $s = \sigma + j\omega$

$$e^{st} = e^{\sigma t}\cos(\omega t) + je^{\sigma t}\sin(\omega t). \tag{6.1}$$

如圖 6.1 所示，e^{st} 的實數部分為指數衰減的餘弦函數，虛數部分為指數衰減的正弦函數。在此圖中，我們假設 σ 為負值。s 的實部是指數衰減因子 σ，而 s 的虛部是餘弦函數與正弦函數的頻率，也就是 ω。

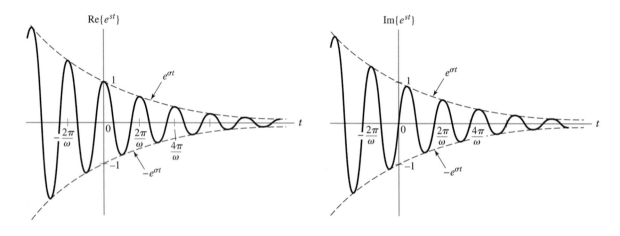

圖 6.1　複數指數 e^{st} 的實部與虛部，其中 $s = \sigma + j\omega$。

■ 6.2.1　e^{st}的特徵函數特性 (EIGENFUNCTION PROPERTY OF e^{st})

考慮將形式為 $x(t) = e^{st}$ 的訊號，輸入到一個脈衝響應為 $h(t)$ 的 LTI 系統中。則系統的輸出為

$$\begin{aligned} y(t) &= H\{x(t)\} \\ &= h(t) * x(t) \\ &= \int_{-\infty}^{\infty} h(\tau)x(t-\tau)d\tau \end{aligned}$$

將$x(t) = e^{st}$代入上式，得到

$$y(t) = \int_{-\infty}^{\infty} h(\tau)e^{s(t-\tau)}d\tau$$

$$= e^{st}\int_{-\infty}^{\infty} h(\tau)e^{-s\tau}d\tau$$

我們定義 *轉移函數 (transfer function)* 為

$$\boxed{H(s) = \int_{-\infty}^{\infty} h(\tau)e^{-s\tau}d\tau} \tag{6.2}$$

因此，可以寫下

$$y(t) = H\{e^{st}\} = H(s)e^{st}$$

系統的動作是將輸入訊號$x(t) = e^{st}$乘上轉移函數$H(s)$。請回想一下，特徵函數就是，當某個訊號輸入到系統後，系統的輸出與原輸入訊號只差一個純量倍數，而其它都不變的這種訊號。因此，我們發現$x(t) = e^{st}$是 LTI 系統的特徵函數，而且$H(s)$是相對應的特徵值。

下一步，我們要將複數值的轉移函數$H(s)$表示成極式，就如同$H(s) = |H(s)|e^{j\phi(s)}$所示，其中$|H(s)|$以及$\phi(s)$分別代表$H(s)$的振幅與相位。現在我們將 LTI 系統的輸出重寫如下

$$y(t) = |H(s)|e^{j\phi(s)}e^{st}$$

利用$s = \sigma + j\omega$ 得到

$$y(t) = |H(\sigma + j\omega)|e^{\sigma t}e^{j\omega t + \phi(\sigma + j\omega)}$$
$$= |H(\sigma + j\omega)|e^{\sigma t}\cos(\omega t + \phi(\sigma + j\omega)) + j|H(\sigma + j\omega)|e^{\sigma t}\sin(\omega t + \phi(\sigma + j\omega))$$

因為輸入訊號$x(t)$的形式如(6.1)式所示，所以我們發現系統改變了輸入訊號，將其振幅改成$H(\sigma + j\omega)$，並且將弦波分量的相位平移$\phi(\sigma + j\omega)$ ā 但是系統並沒有改變衰減因子σ，或是輸入訊號的弦波頻率ω。

■ 6.2.2　拉普拉斯轉換表示法 (LAPLACE TRANSFORM REPRESENTATION)

當輸入訊號的形式為e^{st}時，我們已經知道可簡化系統對輸入訊號作用的描述，現在，針對特徵函數e^{st}經過加權後的疊加而得到的任意訊號，我們想要找出對應的表示法。將$s = \sigma + j\omega$代入 (6.2)式中，並且將t當成積分變數，我們得到

$$H(\sigma + j\omega) = \int_{-\infty}^{\infty} h(t)e^{-(\sigma+j\omega)t}\,dt$$

$$= \int_{-\infty}^{\infty} [h(t)e^{-\sigma t}]e^{-j\omega t}\,dt$$

這表示$H(\sigma+j\omega)$是$h(t)e^{-\sigma t}$的傅立葉轉換。因此，$H(\sigma+j\omega)$的反傅立葉轉換一定是$h(t)e^{-\sigma t}$；也就是說，

$$h(t)e^{-\sigma t} = \frac{1}{2\pi}\int_{-\infty}^{\infty} H(\sigma+j\omega)e^{j\omega t}\,d\omega$$

我們可以將這個式子兩邊都乘上$e^{\sigma t}$後，就可還原出$h(t)$：

$$h(t) = e^{\sigma t}\frac{1}{2\pi}\int_{-\infty}^{\infty} H(\sigma+j\omega)e^{j\omega t}\,d\omega$$

$$= \frac{1}{2\pi}\int_{-\infty}^{\infty} H(\sigma+j\omega)e^{(\sigma+j\omega)t}\,d\omega \tag{6.3}$$

現在我們將$s=\sigma+j\omega$及$d\omega=ds/j$代入(6.3)式，我們得到

$$h(t) = \frac{1}{2\pi j}\int_{\sigma-j\infty}^{\sigma+j\infty} H(s)e^{st}\,ds \tag{6.4}$$

積分的上下限也改成將$s=\sigma+j\omega$代入後的結果。(6.2)式告訴我們如何由$h(t)$算出$H(s)$，而(6.4)式將$h(t)$表示成$H(s)$的函數。我們稱$H(s)$是$h(t)$的*拉普拉斯轉換*，而$h(t)$是$H(s)$的*反拉普拉斯轉換*。

我們已經求出系統脈衝響應的拉普拉斯轉換。這個式子對任意的訊號而言都成立。$x(t)$的拉普拉斯轉換為

$$\boxed{X(s) = \int_{-\infty}^{\infty} x(t)e^{-st}\,dt} \tag{6.5}$$

且$X(s)$的反拉普拉斯轉換是

$$\boxed{x(t) = \frac{1}{2\pi j}\int_{\sigma-j\infty}^{\sigma+j\infty} X(s)e^{st}\,ds} \tag{6.6}$$

我們將這兩個的關係表示為

$$\boxed{x(t) \xleftrightarrow{\ \mathcal{L}\ } X(s)}$$

請注意到(6.6)式將訊號$x(t)$表示成複數指數e^{st}經過加權後的疊加訊號。其權重與$X(s)$成正比。實際上，我們通常不會直接計算積分結果，因為這需要用到圍道積分(contour integral)的技巧。相反的，我們透過$x(t)$與$X(s)$之間的一對一關係，可以求出反拉普拉斯轉換。

■ 6.2.3　收斂性 (CONVERGENCE)

前面我們說過：拉普拉斯轉換是$x(t)$ $e^{-\sigma t}$的傅立葉轉換。因此，拉普拉斯轉換會收斂的必要條件是，$x(t)$ $e^{-\sigma t}$是否絕對可積。也就是說，下式一定要成立

$$\int_{-\infty}^{\infty} |x(t)e^{-\sigma t}|\,dt < \infty$$

使拉普拉斯轉換收斂的σ區域，稱之為 收斂區域 (*region of convergence*，簡寫為ROC)。

　　請注意到，雖然訊號的傅立葉轉換不一定存在，但其拉普拉斯轉換都會存在。如果將 σ 限制在某個範圍的，即使$x(t)$本身不是絕對可積，我們仍可以確保$x(t)$ $e^{-\sigma t}$是絕對可積。舉例來說，$x(t)=e^{t}u(t)$的傅立葉轉換並不存在，因為$x(t)$是一個遞增的實數指數訊號，所以不是絕對可積的函數。無論如何，若$\sigma > 1$，則$x(t)$ $e^{-\sigma t}=e^{(1-\sigma)t}u(t)$為絕對可積，因此拉普拉斯轉換存在，也就是說$x(t)$ $e^{-\sigma t}$的傅立葉轉換的確存在。這個情況如圖 6.2 所示。針對那些傅立葉轉換不存在但拉普拉斯轉換存在的訊號，若採用複數指數的表示法，對我們會有很大的幫助。

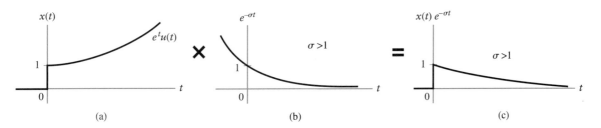

圖 6.2　與傅立葉轉換比較，拉普拉斯轉換可以應用在更廣泛的訊號。(a)不具有傅立葉轉換的訊號。(b)與拉普拉斯轉換有關的衰減因子。(c)當$\sigma > 1$時，修正過的訊號是絕對可積的。

■ 6.2.4　S 平面 (THE S-PLANE)

用複數平面，也就是 *s 平面 (s-plane)* 圖形化地表示複數頻率s是很方便的，如圖 6.3 所示。水平軸表示s的實部(即指數衰減因子σ)，垂直軸表示s的虛部(即弦波頻率ω)。請注意到，若$x(t)$是絕對可積的函數，則只需要令$\sigma=0$，我們就可以從拉普拉斯轉換求出傅立葉轉換：

$$\boxed{X(j\omega) = X(s)\big|_{\sigma=0}} \tag{6.7}$$

在s平面上，$\sigma = 0$表示虛軸。因此我們可以說，傅立葉轉換是拉普拉斯轉換沿著虛軸取值的結果。

$j\omega$軸將s平面分成兩半。在$j\omega$軸左側的s平面區域，我們稱之為 *s 平面的左半部* (left half of the s-plane)，而$j\omega$軸右側區域，我們稱之為 *s 平面的右半部* (right half of the s-plane)。s 的實部在s平面左半部是負值，在s平面右半部的則為正值。

■ 6.2.5　極點與零點 (POLES AND ZEROS)

在工程上，我們最常看到拉普拉斯轉換的形式就是s多項式的分式；也就是，

$$X(s) = \frac{b_M s^M + b_{M-1}s^{M-1} + \cdots + b_0}{s^N + a_{N-1}s^{N-1} + \cdots + a_1 s + a_0}$$

將$X(s)$的分子多項式與分母多項式，各自因式分解為它們的根的乘積，這種形式會很有用：

$$X(s) = \frac{b_M \prod_{k=1}^{M}(s - c_k)}{\prod_{k=1}^{N}(s - d_k)}$$

c_k為分子多項式的根，我們稱之為$X(s)$的*零點* (zero)。d_k是分母多項式的根，我們稱之為$X(s)$的 *極點 (pole)*。如圖 6.3 所示，在s平面上，我們把零點的位置以"○"標示，極點的位置以"✕"標示。s 平面中，除了常數增益因子b_M之外，極點與零點的位置可以透過$X(s)$唯一決定。

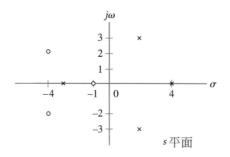

圖 6.3　s平面。水平軸是 Re{s}，垂直軸是 Im{s}。零點的位置是在$s = -1$與$s = -4 \pm 2j$，而極點的位置是在$s = -3$、$s = 2 \pm 3j$和$s = 4$。

範例 6.1

因果性指數訊號的拉普拉斯轉換　試求出下列式子的拉普拉斯轉換

$$x(t) = e^{at}u(t)$$

並在s平面上畫出其 ROC，和極點與零點的位置。假設a是實數。

解答 將 $x(t)$ 代入 (6.5) 式，我們得到，

$$X(s) = \int_{-\infty}^{\infty} e^{at} u(t) e^{-st} dt$$

$$= \int_{0}^{\infty} e^{-(s-a)t} dt$$

$$= \frac{-1}{s-a} e^{-(s-a)t} \Big|_{0}^{\infty}$$

為了計算 $e^{-(s-a)t}$ 的極限值，我們令 $s = \sigma + j\omega$，因此得到

$$X(s) = \frac{-1}{\sigma + j\omega - a} e^{-(\sigma-a)t} e^{-j\omega t} \Big|_{0}^{\infty}$$

現在，當 t 趨近於無窮大時，若 $\sigma > a$ 則 $e^{-(s-a)t}$ 會趨近於零，而且

$$X(s) = \frac{-1}{\sigma + j\omega - a} (0 - 1), \quad \sigma > a,$$

$$= \frac{1}{s-a}, \quad \text{Re}(s) > a$$

(6.8)

當 $\sigma \leq a$ 時，因為積分值並不收斂，故拉普拉斯轉換 $X(s)$ 不存在。故這個訊號的 ROC 為 $\sigma > a$，也就是 $\text{Re}(s) > a$。在圖 6.4 的 s 平面上，我們以陰影部分代表 ROC。極點的位置是在 $s = a$。

假如沒有先確定 ROC，拉普拉斯轉換並不能對應到唯一的訊號 $x(t)$。也就是說，兩個不一樣的訊號可能會有相同的拉普拉斯轉換結果，但是卻有不同的 ROC。我們在下一個範例中會說明這個特性。

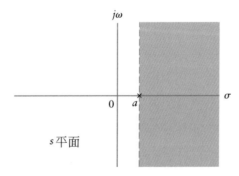

圖 6.4　以陰影區表示 $x(t) = e^{at} u(t)$ 的 ROC。極點位於 $s = a$ 處。

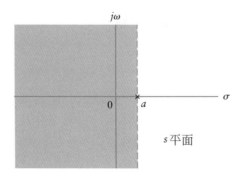

圖 6.5   以陰影區表示$y(t) = -e^{at}u(-t)$的 ROC。極點位在$s = a$處。

範例 6.2

反因果性指數訊號的拉普拉斯轉換   當$t > 0$時，反因果性訊號為零。試求出下列反因果性訊號的拉普拉斯轉換與 ROC。

$$y(t) = -e^{at}u(-t)$$

解答   將$y(t) = -e^{at}u(-t)$取代(6.5)式中的$x(t)$，我們得到

$$
\begin{aligned}
Y(s) &= \int_{-\infty}^{\infty} -e^{at}u(-t)e^{-st}\,dt \\
&= -\int_{-\infty}^{0} e^{-(s-a)t}\,dt \\
&= \frac{1}{s-a}e^{-(s-a)t}\Big|_{-\infty}^{0} \\
&= \frac{1}{s-a}, \quad \mathrm{Re}(s) < a
\end{aligned}
\tag{6.9}
$$

如圖 6.5 所示，我們畫出了 ROC，以及在$s = a$處的極點。

範例 6.1 與範例 6.2 顯示出，即使$X(t)$與$Y(t)$是不相同的訊號，它們的拉普拉斯轉換$x(s)$與$y(s)$是相等的。無論如何，這兩個訊號的 ROC 是不一樣的。這種模稜兩可的現象通常發生於訊號只出現在單邊的時候。為了解釋原因，我們令$x(t) = g(t)u(t)$而且$y(t) = -g(t)\,u(-t)$。所以我們得到

$$
\begin{aligned}
X(s) &= \int_{0}^{\infty} g(t)e^{-st}\,dt \\
&= G(s, \infty) - G(s, 0)
\end{aligned}
$$

其中

$$G(s,t) = \int g(t)e^{-st}\,dt$$

然後我們可以將式子寫成

$$Y(s) = -\int_{-\infty}^{0} g(t)e^{-st}\,dt$$
$$= \int_{0}^{-\infty} g(t)e^{-st}\,dt$$
$$= G(s,-\infty) - G(s,0)$$

我們可以發現當 $G(s,\infty)=G(s,-\infty)$ 時 $X(s)=Y(s)$。在範例 6.1 與 6.2 中，剛好 $G(s,-\infty)$ $=G(s,\infty)=0$。那些會使得積分式 $G(s,\infty)$ 收斂的s值，與使得積分式 $G(s,-\infty)$ 收斂的s值不盡相同，因此 ROC 也不同。所以，若要讓拉普拉斯轉換為唯一，就必須要明確找出 ROC。

▶ **習題 6.1**　請求出下列訊號的拉普拉斯轉換及其 ROC：

(a) $x(t) = u(t - 5)$
(b) $x(t) = e^{5t}u(-t + 3)$

答案　(a) $X(s) = \dfrac{e^{-5s}}{s}, \quad \text{Re}(s) > 0$

(b) $X(s) = -\dfrac{e^{-3(s-5)}}{s - 5}, \quad \text{Re}(s) < 5$　◀

▶ **習題 6.2**　求出下列訊號的拉普拉斯轉換、ROC 和 $X(s)$ 的極點與零點：

(a) $x(t) = e^{j\omega_o t}u(t)$
(b) $x(t) = \sin(3t)u(t)$
(c) $x(t) = e^{-2t}u(t) + e^{-3t}u(t)$

答案　(a) $X(s) = \dfrac{1}{s - j\omega_o}, \quad \text{Re}(s) > 0$

在 $s = j\omega_o$ 處有一個極點。

(b) $X(s) = \dfrac{3}{s^2 + 9}, \quad \text{Re}(s) > 0$

在 $s = \pm j\,3$ 處有極點。

(c) $X(s) = \dfrac{2s + 5}{s^2 + 5s + 6}, \quad \text{Re}(s) > -3$

在 $s = -5/2$ 處有一個零點且在 $s = -2$ 與 $s = -3$ 處有極點。　◀

6.3 單邊拉普拉斯轉換 (The Unilateral Laplace Transform)

在許多拉普拉斯轉換的應用中，我們假設訊號具有因果性是一個很合理的假設，也就是說當時間 $t < 0$ 時，訊號的值為零。舉例來說，假如我們將訊號輸入到一個具因果性的系統中，且當時間為 $t = 0$ 時，此輸入訊號的值為零，則我們會發現當 $t < 0$ 時，輸出也是零。同時，在許多問題中，訊號時間原點的選擇並沒有任何影響。因此，我們通常選擇時間 $t = 0$ 為時間原點，也就是當訊號輸入到系統的那一個時間點，在時間 $t \geq 0$ 的系統行為才是我們有興趣的範圍。在這一類的問題中，定義單邊拉普拉斯轉換對我們而言是很有用的，因為拉普拉斯轉換只針對訊號在時間 $t \geq 0$ 的部分進行運算。在探討因果性訊號時，並不會像雙邊拉普拉斯轉換可能會遇到模擬兩可的現象，因此不需要特別考慮 ROC。同時，針對含有初始條件的微分方程式所描述因果性系統，透過單邊拉普拉斯轉換的微分性質來分析其行為是很有用的。事實上，在工程應用方面，用單邊轉換是最常見的方法。

訊號$x(t)$的*單邊拉普拉斯轉換*定義如下

$$X(s) = \int_{0^-}^{\infty} x(t)e^{-st}\,dt \tag{6.10}$$

積分下限0^-表示，在積分時，在$t = 0$的地方是個不連續點或脈衝。因此，$X(s)$的值，與$x(t)$在 $t \geq 0$ 的值有關。因為在(6.6)式所定義的反拉普拉斯轉換只跟$X(s)$有關，所以單邊反轉換仍然可以用(6.6)式來定義。我們要注意到$X(s)$與$x(t)$之間的關係為

$$x(t) \xleftrightarrow{\mathcal{L}_u} X(s)$$

其中，在$\mathcal{L}_u$中的下標u表示單邊轉換。很直覺地，對於時間 $t < 0$ 時，訊號值為零的訊號，它們的單邊與雙邊拉普拉斯轉換相等。再次考慮範例 6.1，但是這次我們使用 (6.10)式單邊拉普拉斯轉換的定義，可以發現

$$e^{at}u(t) \xleftrightarrow{\mathcal{L}_u} \frac{1}{s-a} \tag{6.11}$$

等於

$$e^{at}u(t) \xleftrightarrow{\mathcal{L}} \frac{1}{s-a} \quad \text{其 ROC為} \operatorname{Re}\{s\} > a$$

➤ **習題 6.3** 請求出下列訊號的單邊拉普拉斯轉換：

(a) $x(t) = u(t)$

(b) $x(t) = u(t + 3)$

(c) $x(t) = u(t - 3)$

答案   (a) $X(s) = 1/s$

     (b) $X(s) = 1/s$

     (c) $X(s) = e^{-3s}/s$ ◀

6.4   單邊拉普拉斯轉換的特性
(Properties of the Unilateral Laplace Transform)

拉普拉斯轉換的特性與傅立葉轉換的特性很類似；因此，這些重複的部分我們只會稍微簡述。(某些特性的證明會在本章結束時，當成習題給讀者演練。) 這一節所要描述的特性是單邊拉普拉斯轉換會用到的。雖然單邊與雙邊轉換有一些重大的相異點，但是也有很多類似的特性，這些將在 6.8 節中討論。在接下來的所要討論當中，我們假設

$$x(t) \xleftrightarrow{\;\mathcal{L}_u\;} X(s)$$

以及

$$y(t) \xleftrightarrow{\;\mathcal{L}_u\;} Y(s)$$

線性特性

$$\boxed{ax(t) + by(t) \xleftrightarrow{\;\mathcal{L}_u\;} aX(s) + bY(s)} \tag{6.12}$$

拉普拉斯轉換的線性特性可以從它定義中的積分式看出，因為積分是一個線性運算子。

比例特性

$$\boxed{x(at) \xleftrightarrow{\;\mathcal{L}_u\;} \frac{1}{a} X\left(\frac{s}{a}\right) \;\; 對於 a > 0} \tag{6.13}$$

在時域上的比例縮放，會導致在 s 域上以相反比例調整。

時間平移

$$\boxed{x(t - \tau) \xleftrightarrow{\;\mathcal{L}_u\;} e^{-s\tau} X(s) \;\;\; 對於所有滿足 x(t - \tau)u(t) = x(t - \tau)u(t - \tau) 的 \tau}$$

$$\tag{6.14}$$

在時間上的平移τ相當於將其拉普拉斯轉換乘上複數指數$e^{-s\tau}$。因為單邊轉換只有定義在訊號非負時間的部分,所以必須對平移設限。因此,這項特性僅適用於,當平移的動作並未將非零訊號由$t \geq 0$的部分移到時間$t < 0$時,如圖6.6(a)所示;或者,當非零訊號並未由$t < 0$的部分平移到到時間$t \geq 0$時,如圖6.6(b)所示。這項時間平移的特性最常用在平移$\tau > 0$的因果性訊號$x(t)$,因為它必定會滿足剛剛提到的平移限制。

s 域平移

$$\boxed{e^{s_o t} x(t) \overset{\mathcal{L}_u}{\longleftrightarrow} X(s - s_o)} \tag{6.15}$$

在時域上乘以複數指數,相當於將其拉普拉斯轉換平移一個複數頻率s。

摺積運算

$$\boxed{x(t) * y(t) \overset{\mathcal{L}_u}{\longleftrightarrow} X(s) Y(s)} \tag{6.16}$$

在時域上做摺積運算相當於拉普拉斯轉換的乘積。這項特性只適用在當時間$t < 0$時,$x(t) = 0$且$y(t) = 0$。

在 s 域上微分

$$\boxed{-t x(t) \overset{\mathcal{L}_u}{\longleftrightarrow} \frac{d}{ds} X(s)} \tag{6.17}$$

在s域微分相當於在時域上乘以$-t$。

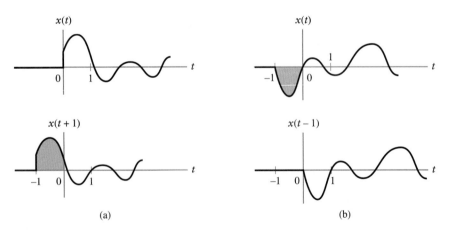

圖6.6　單邊拉普拉斯轉換的時間平移特性無法應用的情況。(a)將$x(t)$在時間$t \geq 0$的非零部分平移到$t < 0$。(b)將$x(t)$在時間$t < 0$的非零部分平移到$t \geq 0$。

範例 **6.3**

運用單邊拉普拉斯轉換的性質　試求出下列訊號的單邊拉普拉斯轉換。

$$x(t) = (-e^{3t}u(t)) * (tu(t))$$

解答　利用 (6.11)式，我們得到

$$-e^{3t}u(t) \xleftarrow{\ \mathcal{L}_u\ } \frac{-1}{s-3}$$

以及

$$u(t) \xleftarrow{\ \mathcal{L}_u\ } \frac{1}{s}$$

運用(6.17)式的s域微分性質，我們得到

$$tu(t) \xleftarrow{\ \mathcal{L}_u\ } \frac{1}{s^2}$$

現在運用 (6.16)式的摺積性質，我們得到

$$x(t) = (e^{3t}u(t)) * (tu(t)) \xleftarrow{\ \mathcal{L}_u\ } X(s) = \frac{-1}{s^2(s-3)}$$

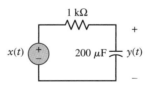

圖 6.7　範例 6.4 與範例 6.10 的RC電路。請注意到RC = 0.2 秒。

範例 **6.4**

RC 濾波器輸出　如圖 6.7所示的RC電路，當輸入訊號為 $x(t) = te^{2t}u(t)$ 時，
請求出電路輸出的拉普拉斯轉換。

解答　RC電路的脈衝響應可在範例 1.21 中找到，如下所示

$$h(t) = \frac{1}{RC}e^{-t/(RC)}u(t)$$

我們運用(6.16)式的摺積性質，得到輸出訊號$y(t)$的拉普拉斯轉換，等於輸入訊號$x(t)$的拉普拉斯轉換與脈衝響應$h(t)$的乘積：$Y(s) = H(s)X(s)$。利用$RC = 0.2$秒與 (6.11)式，我們得到

$$h(t) \xleftrightarrow{\mathcal{L}_u} \frac{5}{s + 5}$$

下一步，我們利用如 (6.17)式的s域微分性質，得到

$$X(s) = \frac{1}{(s - 2)^2}$$

因此我們的結論是

$$Y(s) = \frac{5}{(s - 2)^2(s + 5)}$$

請注意，由於$x(t)$並非絕對可積的函數，所以輸入訊號$x(t)$的 FT 並不存在，也就是說傅立葉方法不可以用在這個特殊問題上。

▶ **習題 6.4** 請求出下列訊號的單邊拉普拉斯轉換：

(a) $x(t) = e^{-t}(t - 2)u(t - 2)$

(b) $x(t) = t^2 e^{-2t}u(t)$

(c) $x(t) = tu(t) - (t - 1)u(t - 1) - (t - 2)u(t - 2) + (t - 3)u(t - 3)$

(d) $x(t) = e^{-t}u(t) * \cos(t - 2)u(t - 2)$

答案 (a) $X(s) = \dfrac{e^{-2(s+1)}}{(s + 1)^2}$

(b) $X(s) = \dfrac{2}{(s + 2)^3}$

(c) $X(s) = (1 - e^{-s} - e^{-2s} + e^{-3s})/s^2$

(d) $X(s) = \dfrac{e^{-2s}s}{(s + 1)(s^2 + 1)}$ ◀

在時域上微分

假設$x(t)$的拉普拉斯轉換存在，考慮$dx(t)/dt$的單邊拉普拉斯轉換。由定義得到，

$$\frac{d}{dt}x(t) \xleftrightarrow{\mathcal{L}_u} \int_{0^-}^{\infty} \left(\frac{d}{dt}x(t)\right)e^{-st}dt$$

利用分部積分，我們得到

$$\frac{d}{dt}x(t) \xleftrightarrow{\mathcal{L}_u} x(t)e^{-st}\Big|_{0^-}^{\infty} + s\int_{0^-}^{\infty} x(t)e^{-st}\,dt$$

因為$X(s)$存在，當時間t趨近於無窮大時，$x(t)e^{-st}$會趨近於零；所以，$x(t)e^{-st}|_{t=\infty} = 0$。此外，對 (6.10)式所定義出的單邊拉普拉斯轉換做積分，我們得到

$$\frac{d}{dt}x(t) \xleftrightarrow{\mathcal{L}_u} sX(s) - x(0^-) \tag{6.18}$$

範例 6.5

驗證微分性質 令$x(t) = e^{at}u(t)$，分別用直接計算的方法與 (6.18)式求出$dx(t)/dt$的拉普拉斯轉換。

解答 對時間$t > 0^-$的部分，用微分的乘積法則求出$x(t)$的微分：

$$\frac{d}{dt}e^{at}u(t) = ae^{at}u(t) + \delta(t)$$

$ae^{at}u(t)$的單邊拉普拉斯轉換，是$e^{at}u(t)$的單邊拉普拉斯轉換的a倍；因此利用 (6.11)式與$\delta(t) \xleftrightarrow{\mathcal{L}_u} 1$，我們得到

$$\frac{d}{dt}x(t) = ae^{at}u(t) + \delta(t) \xleftrightarrow{\mathcal{L}_u} \frac{a}{s-a} + 1 = \frac{s}{s-a}$$

接下來，我們利用 (6.18)式的微分特性重新推導一次。從該式子，我們得到

$$\frac{d}{dt}x(t) \xleftrightarrow{\mathcal{L}_u} sX(s) - x(0^-) = \frac{s}{s-a}$$

這個微分特性的一般式是

$$\frac{d^n}{dt^n}x(t) \xleftrightarrow{\mathcal{L}_u} s^nX(s) - \frac{d^{n-1}}{dt^{n-1}}x(t)\Big|_{t=0^-} - s\frac{d^{n-2}}{dt^{n-2}}x(t)\Big|_{t=0^-} - \cdots - s^{n-2}\frac{d}{dt}x(t)\Big|_{t=0^-} - s^{n-1}x(0^-) \tag{6.19}$$

積分性質

$$\int_{-\infty}^{t} x(\tau)d\tau \xleftrightarrow{\mathcal{L}_u} \frac{x^{(-1)}(0^-)}{s} + \frac{X(s)}{s} \tag{6.20}$$

其中

$$x^{(-1)}(0^-) = \int_{-\infty}^{0^-} x(\tau)d\tau$$

是從 $t = -\infty$ 到 $t = 0^-$ 之間，$x(t)$ 底下的面積。

▶ **習題 6.5**　利用積分性質證明

$$tu(t) = \int_{-\infty}^{t} u(\tau)d\tau$$

的單邊拉普拉斯轉換為 $1/s^2$。　　　　　　　　　　　　　　　　◀

初值定理與終值定理

初值定理與終值定理可以讓我們由 $X(s)$ 直接求出 $x(t)$ 的初值 $x(0^+)$ 與其終值 $x(\infty)$。當系統沒有特別說明其整體時間的響應時，我們最常運用這些定理以計算系統輸出的初值或終值。初值定理告訴我們

$$\boxed{\lim_{s \to \infty} sX(s) = x(0^+)} \tag{6.21}$$

當有理函數 $X(s)$ 的分子多項式的階數大於或等於分母多項式的階數時，初值定理並不適用於此類的有理函數。而終值定理則告訴我們

$$\boxed{\lim_{s \to 0} sX(s) = x(\infty)} \tag{6.22}$$

終值定理只適用於，當 $X(s)$ 的極點都落在 s 平面的左半邊，且最多在 $s = 0$ 處會有一個極點。

範例 6.6

初值定理與終值定理的應用　試求出訊號 $x(t)$ 的初值與終值，其中訊號的單邊拉普拉斯轉換為

$$X(s) = \frac{7s + 10}{s(s + 2)}$$

解答　我們使用如 (6.21) 式所示的初值定理，我們得到

$$\begin{aligned}
x(0^+) &= \lim_{s \to \infty} s\frac{7s + 10}{s(s + 2)} \\
&= \lim_{s \to \infty} \frac{7s + 10}{s + 2} \\
&= 7
\end{aligned}$$

並且也使用如 (6.22)式所示的終值定理，因爲$X(s)$在$s=0$處僅有單一極點且剩下的極點都落在s平面的左半部。因此我們得到

$$x(\infty) = \lim_{s \to 0} s \frac{7s + 10}{s(s + 2)}$$
$$= \lim_{s \to 0} \frac{7s + 10}{s + 2}$$
$$= 5$$

讀者可以利用證明$X(s)$是$x(t) = 5u(t) + 2e^{-2t}u(t)$的拉普拉斯轉換，驗證我們計算出來的結果是否正確。

➤ **習題 6.6** 請求出時域訊號$x(t)$的初值與終值，其中訊號所對應的單邊拉普拉斯轉換爲：

(a) $X(s) = e^{-5s}\left(\dfrac{-2}{s(s + 2)}\right)$

(b) $X(s) = \dfrac{2s + 3}{s^2 + 5s + 6}$

答案 (a) $x(0^+) = 0$ 以及 $x(\infty) = -1$ ◀
      (b) $x(0^+) = 2$ 以及 $x(\infty) = 0$

| 6.5 反單邊拉普拉斯轉換 (Inversion of theUnilateral Laplace Transform)

利用 (6.6)式直接求出反拉普拉斯轉換，需要瞭解圍道積分才能求出，但這已經超出本書的範圍。取代辦法是，我們利用訊號與其單邊拉普拉斯轉換之間的一對一關係，求出反拉普拉斯轉換。我們已經知道數種基本的轉換對，與拉普拉斯轉換的性質，因此能夠用這套方法去求出許多訊號的反拉普拉斯轉換。在附錄 D.1 中整理了一些基本的拉普拉斯轉換對。

在研習以積分－微分方程式所描述的LTI系統時，我們經常碰到s多項式是由分式所組成的這類拉普拉斯轉換問題。在這種狀況下，我們可以將$X(s)$表示成一些我們已知的時間函數的和，然後利用部分分式展開。我們假設

$$X(s) = \frac{B(s)}{A(s)}$$
$$= \frac{b_M s^M + b_{M-1} s^{M-1} + \cdots + b_1 s + b_0}{s^N + a_{N-1} s^{N-1} + \cdots + a_1 s + a_0}$$

若$X(s)$是一個假有理函數 (improper rational function，也就是說$M \geq N$)，則我們可以利用長除法將$X(s)$表示成下述形式：

$$X(s) = \sum_{k=0}^{M-N} c_k s^k + \widetilde{X}(s)$$

其中

$$\widetilde{X}(s) = \frac{\widetilde{B}(s)}{A(s)}$$

現在分子多項式$\widetilde{B}(s)$的階數比分母多項式的階數少一階，我們可以利用部分分式展開法求出$\widetilde{X}(s)$的反轉換。已知在時間$t=0^-$時，脈衝響應與其微分為零，我們可以求出在$X(s)$總和分量$\sum_{k=0}^{M-N} c_k s^k$之中，每一個項目的反轉換，其中我們要利用到轉換對$\delta(t) \xleftrightarrow{\mathcal{L}_u} 1$與 (6.18)式的微分特性。我們得到

$$\sum_{k=0}^{M-N} c_k \delta^{(k)}(t) \xleftrightarrow{\mathcal{L}_u} \sum_{k=0}^{M-N} c_k s^k$$

其中$\delta^{(k)}(t)$代表脈衝$\delta(t)$的第k階微分。

現在我們將分母多項式分解為極點因式的乘積，得到

$$\widetilde{X}(s) = \frac{b_P s^P + b_{P-1} s^{P-1} + \cdots + b_1 s + b_0}{\prod_{k=1}^{N}(s - d_k)}$$

其中$P<N$。若所有的極點d_k都不相同，則利用部分分式展開，我們可以將$\widetilde{X}(s)$寫成一些簡單項目的和：

$$\widetilde{X}(s) = \sum_{k=1}^{N} \frac{A_k}{s - d_k}$$

這裡我們可以用留數法，或是解線性方程組的方法求出A_k，請參考附錄 B。在總和分量中，每一個項目的反拉普拉斯轉換可以由 (6.11)式求出，因此我們得到下面這個轉換對

$$\boxed{A_k e^{d_k t} u(t) \xleftrightarrow{\mathcal{L}_u} \frac{A_k}{s - d_k}} \tag{6.23}$$

假如極點d_i重複r次，則與該極點相關的部分分式展開式總共會有r項，它們是

$$\frac{A_{i_1}}{s - d_i}, \frac{A_{i_2}}{(s - d_i)^2}, \cdots, \frac{A_{i_r}}{(s - d_i)^r}$$

利用 (6.23)式與(6.17)，我們可以求出每一項的反拉普拉斯轉換，因此得到

$$\boxed{\frac{A t^{n-1}}{(n-1)!} e^{d_k t} u(t) \xleftrightarrow{\mathcal{L}_u} \frac{A}{(s - d_k)^n}} \tag{6.24}$$

範例 6.7

利用部分分式展開求反轉換 試求出下式的反拉普拉斯轉換。

$$X(s) = \frac{3s + 4}{(s + 1)(s + 2)^2}$$

解答 對 $X(s)$ 做部分分式展開可得到

$$X(s) = \frac{A_1}{s + 1} + \frac{A_2}{s + 2} + \frac{A_3}{(s + 2)^2}$$

再利用留數法求出 A_1、A_2 與 A_3，因此我們得到

$$X(s) = \frac{1}{s + 1} - \frac{1}{s + 2} + \frac{2}{(s + 2)^2}$$

利用(6.23)式與(6.24)式，我們可以用上面這個部分分式展開式之中，各項的反拉普拉斯轉換求出 $x(t)$：

▶ 第一項的極點位在 $s = -1$，因此得到，

$$e^{-t}u(t) \xleftrightarrow{\mathcal{L}_u} \frac{1}{s + 1}$$

▶ 第二項的極點位於 $s = -2$，因此得到，

$$-e^{2t}u(t) \xleftrightarrow{\mathcal{L}_u} -\frac{1}{s + 2}$$

▶ 同樣在 $s = -2$，最後一項有二次極點，因此得到

$$2te^{-2t}u(t) \xleftrightarrow{\mathcal{L}_u} \frac{2}{(s + 2)^2}$$

將這三項組合起來，我們得到

$$x(t) = e^{-t}u(t) - e^{-2t}u(t) + 2te^{-2t}u(t)$$

範例 6.8

針對假有理式拉普拉斯轉換求反轉換 求下式的反單邊拉普拉斯轉換。

$$X(s) = \frac{2s^3 - 9s^2 + 4s + 10}{s^2 - 3s - 4}$$

解答　我們利用長除法將$X(s)$表達成眞有理函數與s多項式的和：

$$
\begin{array}{r}
2s - 3 \\
s^2 - 3s - 4\overline{)2s^3 - 9s^2 + 4s + 10} \\
\underline{2s^3 - 6s^2 - 8s} \\
-3s^2 + 12s + 10 \\
\underline{-3s^2 + 9s + 12} \\
3s - 2
\end{array}
$$

因此我們可以寫成

$$X(s) = 2s - 3 + \frac{3s - 2}{s^2 - 3s - 4}$$

利用部分分式展開式將有理函數展開後，得到

$$X(s) = 2s - 3 + \frac{1}{s + 1} + \frac{2}{s - 4}$$

再將$X(s)$的逐項地求反轉換後，得到

$$x(t) = 2\delta^{(1)}(t) - 3\delta(t) + e^{-t}u(t) + 2e^{4t}u(t)$$

➤ **習題 6.7**　試求出下列函數的反拉普拉斯轉換：

(a) $X(s) = \dfrac{-5s - 7}{(s + 1)(s - 1)(s + 2)}$

(b) $X(s) = \dfrac{s}{s^2 + 5s + 6}$

(c) $X(s) = \dfrac{s^2 + s - 3}{s^2 + 3s + 2}$

答案　(a) $x(t) = e^{-t}u(t) - 2e^{t}u(t) + e^{-2t}u(t)$

(b) $x(t) = -2e^{-2t}u(t) + 3e^{-3t}u(t)$

(c) $x(t) = \delta(t) + e^{-2t}u(t) - 3e^{-t}u(t)$

　　部分分式展開式的方法，不論在實數極點或複數極點都適用。複數極點通常會使得展開式具有複數係數，以及時間的複數指數函數。假如分母多項式的係數都是實數，則所有複數極點都會形成複數共軛對。若在$X(s)$都是實數係數的狀況下，也就是對應到實數的時間訊號時，我們可以組合部分分式展開式中的複數共軛極點，以簡化這個計算過程，並確保展開式的係數爲實數且反轉換後亦爲實數。我們可以將所有複數共軛極點對，組成係數爲實數的二次項來完成這個步驟。這些二次項的反拉普拉斯轉換都是指數衰減弦波。

假設 $\alpha + j\omega_o$ 與 $\alpha - j\omega_o$ 形成複數共軛極點對。在部分分式展開式中，與這兩個極點有關的一階項可以寫成

$$\frac{A_1}{s - \alpha - j\omega_o} + \frac{A_2}{s - \alpha + j\omega_o}$$

為了將這個和表示成實數訊號，A_1 與 A_2 必須互相形成複數共軛。因此，我們可以將這兩項換成一個二次項

$$\frac{B_1 s + B_2}{(s - \alpha - j\omega_o)(s - \alpha + j\omega_o)} = \frac{B_1 s + B_2}{(s - \alpha)^2 + \omega_o^2}$$

其中 B_1 與 B_2 都是實數。接下來我們要解 B_1 與 B_2，並將結果分解成兩個二次項的和，其中這些二次項的反拉普拉斯轉換是已知的。也就是令

$$\frac{B_1 s + B_2}{(s - \alpha)^2 + \omega_o^2} = \frac{C_1(s - \alpha)}{(s - \alpha)^2 + \omega_o^2} + \frac{C_2 \omega_o}{(s - \alpha)^2 + \omega_o^2}$$

其中 $C_1 = B_1$ 且 $C_2 = (B_1\alpha + B_2)/\omega_o$。第一項的反拉普拉斯轉換是

$$\boxed{C_1 e^{\alpha t} \cos(\omega_o t) u(t) \overset{\mathcal{L}_u}{\longleftrightarrow} \frac{C_1(s - \alpha)}{(s - \alpha)^2 + \omega_o^2}} \tag{6.25}$$

相同地，第二項的反拉普拉斯轉換也可以從下述的轉換對求出。

$$\boxed{C_2 e^{\alpha t} \sin(\omega_o t) u(t) \overset{\mathcal{L}_u}{\longleftrightarrow} \frac{C_2 \omega_o}{(s - \alpha)^2 + \omega_o^2}} \tag{6.26}$$

下一個例子中，我們將要示範如何用這個方法。

範例 **6.9**

複數共軛極點的反拉普拉斯轉換　求出下式的拉普拉斯轉換。

$$X(s) = \frac{4s^2 + 6}{s^3 + s^2 - 2}$$

解答　在 $X(s)$ 處有三個極點。利用試誤法，我們發現 $s = 1$ 是極點。將 $s-1$ 由 $s^3 + s^2 - 2$ 分解出來後，得到 $s^2 + 2s + 2 = 0$，這個式子會包含剩下的兩個極點。由這個二次方程式的根得到複數共軛極點為 $s = -1 \pm j$。

我們將二次方程式 $s^2 + 2s + 2$ 寫成完全平方式 $(s^2 + 2s + 1) + 1 = (s + 1)^2 + 1$ 的形式，所以 $X(s)$ 的部分分式展開式看起來會像是

$$X(s) = \frac{A}{s - 1} + \frac{B_1 s + B_2}{(s + 1)^2 + 1} \tag{6.27}$$

展開式的係數A可以很容易地由留數法求出。也就是說，我們會在 (6.27)式的兩邊都乘上$(s-1)$，然後令$s=1$就可以求出。

$$\begin{aligned} A &= X(s)(s - 1)\big|_{s=1} \\ &= \frac{4s^2 + 6}{(s + 1)^2 + 1}\bigg|_{s=1} \\ &= 2 \end{aligned}$$

B_1和B_2這兩個還沒解出的展開式係數，可以將公式 36.27 右邊兩項，經過通分之後，再令分子的部分等於$X(s)$的分子，即可解出。所以，我們得到

$$\begin{aligned} 4s^2 + 6 &= 2((s + 1)^2 + 1) + (B_1 s + B_2)(s - 1) \\ &= (2 + B_1)s^2 + (4 - B_1 + B_2)s + (4 - B_2) \end{aligned}$$

令兩邊 s^2 的係數相等，解出$B_1=2$，然後令兩邊 s^0 的係數 (常數項) 相等，解出$B_2=-2$。因此

$$\begin{aligned} X(s) &= \frac{2}{s - 1} + \frac{2s - 2}{(s + 1)^2 + 1} \\ &= \frac{2}{s - 1} + 2\frac{s + 1}{(s + 1)^2 + 1} - 4\frac{1}{(s + 1)^2 + 1} \end{aligned}$$

其中第二個等式是因為我們將 $2s-2$ 分解成 $2(s+1)-4$ 而得到的。最後我們利用 (6.23)式、(6.25)與(6.26)，對每一項做反拉普拉斯轉換。將這些結果整合起來，我們得到

$$x(t) = 2e^t u(t) + 2e^{-t}\cos(t)u(t) - 4e^{-t}\sin(t)u(t)$$

➤ **習題 6.8** 　試求出下列訊號的反拉普拉斯轉換

(a) $X(s) = \dfrac{3s + 2}{s^2 + 4s + 5}$

(b) $X(s) = \dfrac{s^2 + s - 2}{s^3 + 3s^2 + 5s + 3}$

答案　(a) $x(t) = 3e^{-2t}\cos(t)u(t) - 4e^{-2t}\sin(t)u(t)$

　　　(b) $x(t) = -e^{-t}u(t) + 2e^{-t}\cos(\sqrt{2}t)u(t) - \dfrac{1}{\sqrt{2}}e^{-t}\sin(\sqrt{2}t)u(t)$　　◀

$X(s)$的極點決定訊號$x(t)$一些固有的特性。在$s = d_k$處的複數極點會產生$e^{d_k t}u(t)$的複數指數項。令$d_k = \sigma_k + j\omega_k$，我們可以寫成$e^{\sigma_k t}e^{j\omega_k t}u(t)$。因此，極點的實部可決定指數衰減因子$\sigma_k$，而虛部可決定弦波頻率$\omega_k$。當$\text{Re}\{d_k\}$越來越往負的方向移動時，衰減的速率就會增加。震盪速率會與 $|\text{Im}\{d_k\}|$ 成正比。請牢記這些特性，我們可以由s平面中，極點的位置去推斷許多訊號的特性。

6.6 解有有初始條件的微分方程式(Solving Differential Equations with Initial Conditions)

在系統分析中，單邊拉普拉斯轉換的主要應用是在解具有非零初始條件的微分方程式。初始條件可以用來解出在 (6.19)式的微分特性中，當時間爲零時，訊號及其微分的值。我們將用下面的範例來說明。

範例 6.10

RC 電路分析 *RC*電路如圖 6.7 所示，當輸入電壓爲$x(t) = (3/5)e^{-2t}u(t)$而且初始條件爲$y(0^-) = -2$時，請用拉普拉斯轉換求出電容的端電壓$y(t)$。

解答 利用克希荷夫電壓定律，我們可以利用微分方程式去描述圖 6.7 的電路行爲。

$$\frac{d}{dt}y(t) + \frac{1}{RC}y(t) = \frac{1}{RC}x(t)$$

令$RC = 0.2$ 秒，我們得到

$$\frac{d}{dt}y(t) + 5y(t) = 5x(t)$$

現在我們對微分方程式的兩邊取單邊拉普拉斯轉換，並且運用 (6.18)式的微分性質，我們得到

$$sY(s) - y(0^-) + 5Y(s) = 5X(s)$$

解$Y(s)$，得到

$$Y(s) = \frac{1}{s+5}[5X(s) + y(0^-)]$$

接下來，我們用$x(t) \overset{\mathcal{L}_u}{\longleftrightarrow} X(s) = \dfrac{3/5}{s+2}$與初始條件$y(0^-) = -2$，得到

$$Y(s) = \frac{3}{(s+2)(s+5)} + \frac{-2}{s+5}$$

將部分分式中的$Y(s)$展開後得到

$$Y(s) = \frac{1}{s+2} + \frac{-1}{s+5} + \frac{-2}{s+5}$$
$$= \frac{1}{s+2} - \frac{3}{s+5}$$

最後取反單邊拉普拉斯轉換，得到電容器兩端的端電壓：

$$y(t) = e^{-2t}u(t) - 3e^{-5t}u(t)$$

就如同進階參考資料 5 中所解釋的一樣，當時間$t=0$時，我們要小心地計算 $y(t)$。

　　用拉普拉斯轉換來解微分方程式提供了一個清楚的區分方式，可區分自然響應與強迫響應，前者與初始條件有關，後者與輸入訊號有關。我們將微分方程式一般通式兩邊都取單邊拉普拉斯轉換

$$\frac{d^N}{dt^N}y(t) + a_{N-1}\frac{d^{N-1}}{dt^{N-1}}y(t) + \cdots + a_1\frac{d}{dt}y(t) + a_0 y(t) =$$
$$b_M\frac{d^M}{dt^M}x(t) + b_{M-1}\frac{d^{M-1}}{dt^{M-1}}x(t) + \cdots + b_1\frac{d}{dt}x(t) + b_0 x(t)$$

得到

$$A(s)Y(s) - C(s) = B(s)X(s)$$

其中

$$A(s) = s^N + a_{N-1}s^{N-1} + \cdots + a_1 s + a_0,$$
$$B(s) = b_M s^M + b_{M-1}s^{M-1} + \cdots + b_1 s + b_0,$$
$$C(s) = \sum_{k=1}^{N}\sum_{l=0}^{k-1} a_k s^{k-1-l}\frac{d^l}{dt^l}y(t)\bigg|_{t=0^-}$$

且我們假設當時間$t<0$時，輸入訊號為零。

　　請注意，如果 $y(t)$的所有初值都是零，則$C(s)=0$；而且若輸入訊號$x(t)$為零時，則 $B(s)X(s)=0$。現在，將初始條件與輸入對於 $y(t)$的影響分別列出：

$$Y(s) = \frac{B(s)X(s)}{A(s)} + \frac{C(s)}{A(s)}$$
$$= Y^{(f)}(s) + Y^{(n)}(s)$$

其中

$$Y^{(f)}(s) = \frac{B(s)X(s)}{A(s)} \text{ 以及 } Y^{(n)}(s) = \frac{C(s)}{A(s)}$$

$Y^{(f)}(s)$是代表只與系統輸入有關的響應成分，也就是系統的*強迫響應 (forced response)*。同樣地，它也代表當初始條件為零時的輸出。$Y^{(n)}(s)$是代表僅與初始條件有關的系統輸出部分，也就是系統的*自然響應 (natural response)*。它也代表當輸入訊號為零時的系統輸出。

範例 6.11

求系統的強迫響應與自然響應　當輸入訊號為$x(t) = u(t)$時，利用單邊拉普拉斯轉換求出由微分方程式所描述系統的輸出。

$$\frac{d^2}{dt^2}y(t) + 5\frac{d}{dt}y(t) + 6y(t) = \frac{d}{dt}x(t) + 6x(t)$$

假設系統的初始條件為

$$y(0^-) = 1 \text{ 與 } \frac{d}{dt}y(t)\Big|_{t=0^-} = 2 \tag{6.28}$$

請求出系統的強迫響應$y^{(f)}(t)$以及自然響應$y^{(n)}(t)$。

解答　利用 (6.19)式的微分特性，並且將微分方程式的兩邊都取單邊拉普拉斯轉換，我們得到

$$(s^2 + 5s + 6)Y(s) - \frac{d}{dt}y(t)\Big|_{t=0^-} - sy(0^-) - 5y(0^-) = (s + 6)X(s)$$

解$Y(s)$，我們得到

$$Y(s) = \frac{(s + 6)X(s)}{s^2 + 5s + 6} + \frac{sy(0^-) + \frac{d}{dt}y(t)\Big|_{t=0^-} + 5y(0^-)}{s^2 + 5s + 6}$$

第一項是系統的強迫響應$Y^{(f)}(s)$。第二項是系統的自然響應$Y^{(n)}(s)$。利用$X(s) = 1/s$與 (6.28)式的初始條件，我們得到

$$Y^{(f)}(s) = \frac{s + 6}{s(s + 2)(s + 3)}$$

以及

$$Y^{(n)}(s) = \frac{s + 7}{(s + 2)(s + 3)}$$

對這兩項做部分分式展開式,得到

$$Y^{(f)}(s) = \frac{1}{s} + \frac{-2}{s + 2} + \frac{1}{s + 3}$$

以及

$$Y^{(n)}(s) = \frac{5}{s + 2} + \frac{-4}{s + 3}$$

接下來,我們對$Y^{(f)}(s)$與$Y^{(n)}(s)$取反單邊拉普拉斯轉換,得到

$$y^{(f)}(t) = u(t) - 2e^{-2t}u(t) + e^{-3t}u(t)$$

以及

$$y^{(n)}(t) = 5e^{-2t}u(t) - 4e^{-3t}u(t)$$

系統的輸出爲$y(t) = y^{(f)}(t) + y^{(n)}(t)$。圖 6.8(a)、(b)與(c)分別代表強迫響應、自然響應與系統輸出。

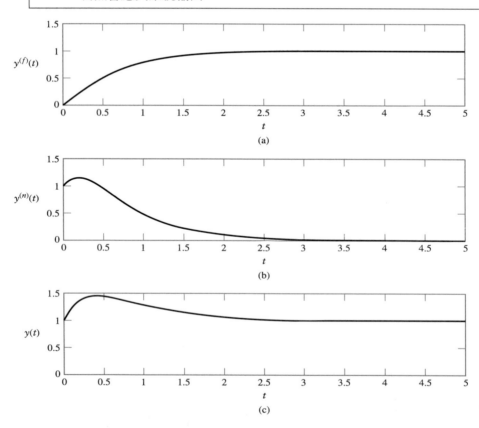

圖 6.8 範例 6.11 的解。(a)系統的強迫響應$y^{(f)}(t)$,(b)系統的自然響應$y^{(n)}(t)$,(c)整體的系統輸出

範例 6.12

微機電系統(MEMS)加速規：強迫響應與自然響應 在第 1.10 節中，我們用微分方程描述過 MEMS 加速規。

$$\frac{d^2}{dt^2}y(t) + \frac{\omega_n}{Q}\frac{d}{dt}y(t) + \omega_n^2 y(t) = x(t)$$

其中$x(t)$是來自於外部的加速度，而$y(t)$是標準質量的位置。若$\omega_n = 10,000$弳度/秒，且$Q = 1/2$，並且假設標準質量的初始位置是 $y(0^-) = -2 \times 10^{-7}$m、初速為$\frac{d}{dt}y(t)|_{t=0^-} = 0$且輸入為$x(t) = 20[u(t) - u(t - 3 \times 10^{-4})]$m/s^2，試求出強迫響應與自然響應。

解答 我們對微分方程式的兩邊取單邊拉普拉斯轉換，並且經過整理後得到

$$Y^{(f)}(s) = \frac{X(s)}{s^2 + 20,000s + (10,000)^2}$$

以及

$$Y^{(n)}(s) = \frac{(s + 20,000)y(0^-) + \frac{d}{dt}y(t)\Big|_{t=0^-}}{s^2 + 20,000s + (10,000)^2}$$

利用已知的初值條件，以及$y^{(n)}(s)$的部分分式展開式，得到

$$Y^{(n)}(s) = \frac{-2 \times 10^{-7}(s + 20,000)}{(s + 10,000)^2}$$

$$= \frac{-2 \times 10^{-7}}{s + 10,000} + \frac{-2 \times 10^{-3}}{(s + 10,000)^2}$$

為了求出自然響應，現在我們對$Y^{(n)}(s)$取反單邊轉換：

$$y^{(n)}(t) = -2 \times 10^{-7}e^{-10,000t}u(t) - 2 \times 10^{-3}te^{-10,000t}u(t)$$

下一步，我們使用$X(s) = 20(1 - e^{-3\times10^{-4}s})/s$求出強迫響應的拉普拉斯轉換：

$$Y^{(f)}(s) = (1 - e^{-3\times10^{-4}s})\frac{20}{s(s^2 + 20,000s + 10,000^2)}$$

對$Y^{(f)}(s)$進行部分分式展開，我們得到

$$Y^{(f)}(s) = (1 - e^{-3\times10^{-4}s})\frac{20}{10^8}\left[\frac{1}{s} - \frac{1}{s + 10,000} - \frac{10,000}{(s + 10,000)^2}\right]$$

這個$e^{-3\times 10^{-4}s}$會對部分分式展開式之中的每一項導入3×10^{-4}的時間延遲。取反單邊拉普拉斯轉換後我們得到

$$y^{(f)}(t) = \frac{20}{10^8}[u(t) - u(t - 3 \times 10^{-4}) - e^{-10,000t}u(t) + e^{-(10,000t-3)}u(t - 3 \times 10^{-4})$$
$$- 10,000te^{-10,000t}u(t) + (10,000t - 3)e^{-(10,000t-3)}u(t - 3 \times 10^{-4})]$$

如圖 6.9 所示為自然響應與強迫響應。這個 MEMS 系統的 Q-因子 (Q-factor) 很低。因此我們預期系統的響應會有很嚴重的衰減,其值將會與由$y^{(n)}(t)$與$y^{(f)}(t)$所求出的結果相同。

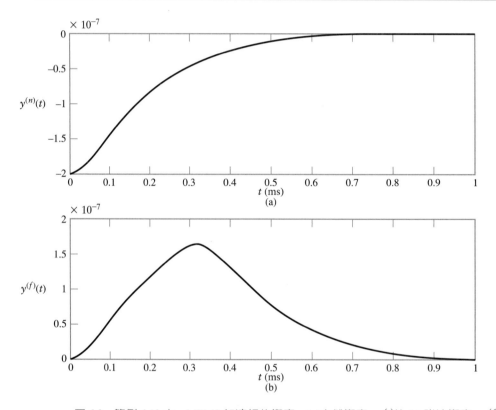

圖 6.9   範例 6.12.中,MEMS 加速規的響應。(a)自然響應:$y^{(n)}(t)$ (b) 強迫響應:$y^{(f)}(t)$

▶ **習題 6.9**   已知初始條件與特定的輸入訊號,針對由下列微分方程所描述的系統,試求出它們的強迫響應與自然響應:

(a) $\dfrac{d}{dt}y(t) + 3y(t) = 4x(t)$, $x(t) = \cos(2t)u(t)$, $y(0^-) = -2$

(b) $\dfrac{d^2}{dt^2}y(t) + 4y(t) = 8x(t)$, $x(t) = u(t)$, $y(0^-) = 1$, $\left.\dfrac{d}{dt}y(t)\right|_{t=0^-} = 2$

答案　(a) $y^{(f)}(t) = -\frac{12}{13}e^{-3t}u(t) + \frac{12}{13}\cos(2t)u(t) + \frac{8}{13}\sin(2t)u(t)$

$$y^{(n)}(t) = -2e^{-3t}u(t)$$

(b) $y^{(f)}(t) = 2u(t) - 2\cos(2t)u(t)$ ◀

$$y^{(n)}(t) = \cos(2t)u(t) + \sin(2t)u(t)$$

　　系統的自然響應可以利用$\frac{C(s)}{A(s)}$的極點，經由部分分式展開式求出，其中極點是$A(s)$的根。每一個極點都貢獻了一個e^{pt}項，其中p是$A(s)$相對應的根。因此，有時候我們也把這些根稱為是系統的自然頻率。自然頻率提供了一些關於系統特性的訊息，這些訊息是很有用的。若系統是穩定的系統，則自然頻率一定會有負的實部；也就是說，它們一定會在s平面的左半邊。自然頻率的實部與$j\omega$軸的左側之間距離決定了系統的響應速度有多快，因為它決定了在自然響應中相對應的項目多快會衰減到零。自然頻率的虛部決定了在自然響應中相對應的項目的震盪頻率。當虛部的絕對值變大，則震盪頻率也會變大。

6.7　拉普拉斯轉換在電路分析上的應用 (Laplace Transform Methods in Circuit Analysis)

　　積分與微分性質也可以用來對那些含有電容器與電感器的電路進行轉換，使得我們可以直接用拉普拉斯轉換去分析電路，而不需要先寫出時域上的微分方程式才可以分析電路。這些分析都只要將電阻器、電容器與電感器相對應的拉普拉斯轉換式代入即可。

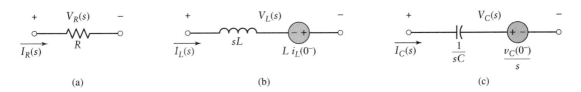

圖 6.10　利用克希荷夫電壓定律得到的拉普拉斯轉換電路模型。(a) 電阻器。(b)初始電流為 $i_L(0^-)$ 的電感器。(c) 初始電壓為 $v_C(0^-)$的電容器。

　　電阻R的端電壓為$v_R(t)$且流經的電流為$i_R(t)$，並滿足下列關係

$$v_R(t) = Ri_R(t)$$

將這個式子做拉普拉斯轉換，得到

$$V_R(s) = RI_R(s) \tag{6.29}$$

這是代表如圖 6.10(a)的電阻器經過轉換後的結果。接下來，我們考慮電感器的情況

$$v_L(t) = L\frac{d}{dt}i_L(t)$$

使用 (6.19)式的微分性質，我們對這個關係式轉換後得到

$$V_L(s) = sLI_L(s) - Li_L(0^-) \tag{6.30}$$

這是代表如圖 6.10(b)的電感器轉換後的情形。最後，我們考慮電容器的情況

$$v_C(t) = \frac{1}{C}\int_{0^-}^{t} i_C(\tau)d\tau + v_C(0^-)$$

使用 (6.20)式的積分特性，我們對這個關係式轉換後得到

$$V_C(s) = \frac{1}{sC}I_C(s) + \frac{v_C(0^-)}{s} \tag{6.31}$$

圖 6.10(c)所示爲電容器轉換後的轉換值，如(6.31)式所示。

　　當我們用克希荷夫電壓定律去解一個電路時，利用 (6.29)式、(6.30)與(6.31)所介紹的電路模型會最方便。假如我們有使用克希荷夫電流定律，爲了方便起見，我們最好將式子改寫成(6.29)、(6.30)與(6.31)式的形式，將電流表示成電壓的函數。改寫後的轉換值如圖 6.11 所示。下一個例子中，我們將示範如何用拉普拉斯轉換方法去解一個電子電路。

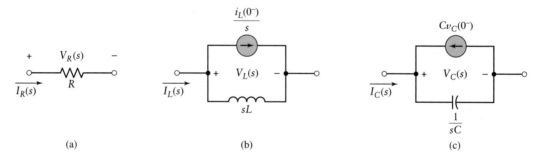

圖 6.11　用克希荷夫電流定律所採用的拉普拉斯轉換電路模型。(a) 電阻器。(b) 初始電流為$i_L(0^-)$的電感器。(c) 初始電壓為 $v_C(0^-)$的電容器。

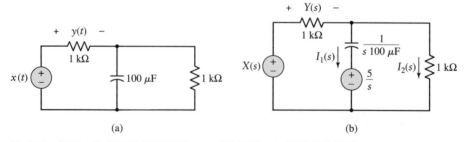

圖 6.12　範例 6.13 所用的電子電路。(a)原始電路。(b)轉換後的電路。

範例 **6.13**

解二階電路 已知輸入電壓為 $x(t) = 3e^{-10t}u(t)$ 伏特，且在時間為 $t=0^-$ 時，電容器的端電壓為 5 伏特，試利用拉普拉斯轉換電路模型求出圖 6.12(a) 所示的電路中的輸出電壓 $y(t)$。

解答 如圖 6.12(b) 所示，為轉換後的電路，其中符號 $I_1(s)$ 與 $I_2(s)$ 表示流過每一個電路分支的電流。利用克希荷夫定律，我們可以寫出下列方程式去描述這個電路：

$$Y(s) = 1000(I_1(s) + I_2(s));$$
$$X(s) = Y(s) + \frac{1}{s(10^{-4})}I_1(s) + \frac{5}{s};$$
$$X(s) = Y(s) + 1000I_2(s)$$

合併這三個等式，消去 $I_1(s)$ 和 $I_2(s)$ 後，我們得到

$$Y(s) = X(s)\frac{s + 10}{s + 20} - \frac{5}{s + 20}$$

利用 $X(s) = 3/(s+10)$，我們得到

$$Y(s) = \frac{-2}{s + 20}$$

所以最後我們得到

$$y(t) = -2e^{-20t}u(t)\ \text{V}$$

電路的自然響應與強迫響應可以很容易地由轉換後的電路表示法中求出。令與輸入有關的電壓源或是電流源等於零就可以求出自然響應。在這個情況下，在**轉換電路中僅存的電壓源或是電流源**，都是由轉換後的電容與電感電路模型中的初始條件所產生。令初值條件等於零會消除由轉換後的電容或是電感電路模型所表示的電壓源或是電流源，於是可以求出由輸入訊號所產生的強迫響應。

➤ **習題 6.10** 如圖 6.7 所示，請利用拉普拉斯轉換電路表示法，求出 RC 電路的自然響應與強迫響應，假設 $x(t) = (3/5)e^{-2t}u(t)$ 且 $y(0^-) = -2$。

答案　　$y^{(n)}(t) = -2e^{-5t}u(t)$
$$y^{(f)}(t) = e^{-2t}u(t) - e^{-5t}u(t)$$　◀

6.8 雙邊拉普拉斯轉換的性質 (Properties of the Bilateral Laplace Transform)

雙邊拉普拉斯轉換同時與訊號 $x(t)$ 在時間 $t \geq 0$ 和 $t < 0$ 的值有關，它的定義是

$$x(t) \overset{\mathcal{L}}{\longleftrightarrow} X(s) = \int_{-\infty}^{\infty} x(t)e^{-st}\,dt$$

因此，雙邊拉普拉斯轉換適合用在解決與非因果性的訊號與系統相關的問題，我們會在後續的幾節介紹這些應用。在這節中，我們先看看單邊與雙邊拉普拉斯轉換的性質之間的重要差異。

在 s 域中的線性、比例縮放、s 域平移、摺積與微分性質，雙邊與單邊拉普拉斯轉換都相同，雖然這些性質的運算可能會改變收斂區域 (ROC)。附錄 D.2 的關於拉普拉斯轉換特性的表，我們整理出每一個運算會如何影響 ROC。

為了解釋ROC範圍可能會發生改變的情況，考慮線性性質。假如 $x(t) \overset{\mathcal{L}}{\longleftrightarrow} X(s)$，其ROC為$R_x$，而 $y(t) \overset{\mathcal{L}}{\longleftrightarrow} Y(s)$，其 ROC 為$R_y$，則 $ax(t) + by(t) \overset{\mathcal{L}}{\longleftrightarrow} aX(s) + bY(s)$，其 ROC 至少包含$R_x \cap R_y$，其中 $\cap$ 符號代表交集。通常，個別的訊號加總之後，其 ROC 就等於個別訊號的 ROC 取交集。若在 $aX(s) + bY(s)$ 這個和式中，極點與零點發生相消的情況時，則ROC範圍可能會比個別訊號的ROC範圍取交集後的範圍還大。在下一個例子中將介紹極點與零點相消的效應如何影響 ROC。

範例 6.14

極點－零點相消對於 ROC 的影響 假設

$$x(t) = e^{-2t}u(t) \overset{\mathcal{L}}{\longleftrightarrow} X(s) = \frac{1}{s + 2}, \quad \text{其ROC為} \operatorname{Re}(s) > -2$$

以及

$$y(t) = e^{-2t}u(t) - e^{-3t}u(t) \overset{\mathcal{L}}{\longleftrightarrow} Y(s) = \frac{1}{(s + 2)(s + 3)} \text{ 其ROC為} \operatorname{Re}(s) > -2$$

ROC 在 s 平面的圖形顯示在圖 6.13。ROC 的交集是 Re $(s) > 2$。然而，若我們選取$a = 1$ 與 $b = -1$，則$x(t) - y(t) = e^{-3t}u(t)$這個差式的 ROC 會是 Re $(s) > -3$，這個範圍比個別ROC的交集還大。在這邊，減號削去了時域上的訊號 $e^{-2t}u(t)$，因此 ROC 變大了。這相當於在s域中，極點-零點相削，因為

$$X(s) - Y(s) = \frac{1}{s + 2} - \frac{1}{(s + 2)(s + 3)}$$

$$= \frac{(s + 3) - 1}{(s + 2)(s + 3)}$$

$$= \frac{(s + 2)}{(s + 2)(s + 3)}$$

$(X(s) - Y(s))$ 位於 $s = -2$ 的零點消掉位於 $s = -2$ 的極點，所以我們得到

$$X(s) - Y(s) = \frac{1}{s + 3}$$

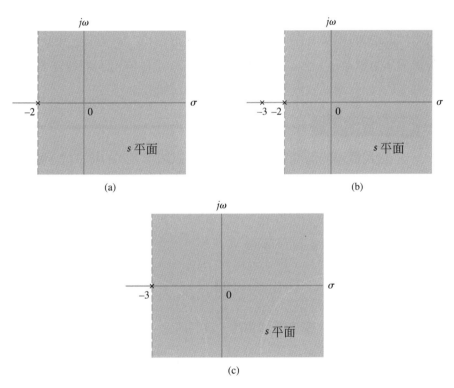

圖 6.13　當發生極點-零點相消的情況時，訊號相加的 ROC (陰影區) 可能會比個別訊號的 ROC 取交集更大。(a) $x(t) = e^{-2t}u(t)$ 的 ROC；(b)$x(t) = e^{-2t}u(t) - e^{-3t}u(t)$ 的 ROC；(c) $x(t) - y(t)$ 的 ROC。

　　若交集後的 ROC 是空集合，且並沒有發生極點-零點相消的現象，則表示$ax(t)$$+bx(t)$的拉普拉斯轉換不存在。請注意到，假如發生極點-零點相消的現象，則兩個訊號作摺積運算後所得的 ROC 也可能會比個別訊號的 ROC 交集後還大。

　　雙邊拉普拉斯轉換性質與單邊拉普拉斯轉換性質有些微不同的地方，分別是時間平移、在時域上的微分與積分。我們把這些點列在下面，但並不作證明。

時間平移

$$x(t - \tau) \xleftrightarrow{\;\mathcal{L}\;} e^{-s\tau}X(s) \tag{6.32}$$

在 (6.14)式曾說過,使用單邊轉換時對使用時間平移會有一些限制,但是在雙邊拉普拉斯轉換並沒有這個限制,因為它不論時間為正負都會計算。請注意到,使用時間平移的性質並不會改變 ROC。

在時域上的微分

$$\frac{d}{dt}x(t) \xleftrightarrow{\;\mathcal{L}\;} sX(s), \quad \text{其 ROC 至少包含} R_x \tag{6.33}$$

其中R_x是$X(s)$的 ROC。在時域上微分,相當於在s域上將轉換結果乘以s。假如在 ROC 的邊界,也就是在 $s = 0$ 上有一個極點,則$sX(s)$的 ROC 可能會變大。乘上 s (也就是時域上的微分) 會消去極點,因此會消去$x(t)$的直流成分。

範例 6.15

使用雙邊的時間平移與微分性質 試求出下式的拉普拉斯轉換。

$$x(t) = \frac{d^2}{dt^2}(e^{-3(t-2)}u(t - 2))$$

解答 我們從範例 6.1 可以知道

$$e^{-3t}u(t) \xleftrightarrow{\;\mathcal{L}\;} \frac{1}{s + 3}, \quad \text{其 ROC 為 Re}(s) > -3$$

由 (6.32)式的時間平移特性,我們得到

$$e^{-3(t-2)}u(t - 2) \xleftrightarrow{\;\mathcal{L}\;} \frac{1}{s + 3}e^{-2s}, \quad \text{其 ROC 為 Re}(s) > -3$$

現在我們用兩次(6.33)式的時間微分特性,我們得到

$$x(t) = \frac{d^2}{dt^2}(e^{-3(t-2)}u(t - 2)) \xleftrightarrow{\;\mathcal{L}\;} X(s) = \frac{s^2}{s + 3}e^{-2s}, \quad \text{其 ROC 為 Re}(s) > -3$$

對時間積分

$$\int_{-\infty}^{t} x(\tau)d\tau \xleftrightarrow{\;\mathcal{L}\;} \frac{X(s)}{s}, \quad \text{其 ROC 為 } R_x \cap \text{Re}(s) > 0 \tag{6.34}$$

在時域上做積分運算相當於在 s 域上除以 s。因為這將會在 $s = 0$ 處引入一個極點，況且我們是往右側做積分，因此 ROC 範圍一定會落在 $s = 0$ 的右側。

將初值定理與終值定理應用於雙邊拉普拉斯轉換時，會有一個額外的限制，那就是當時間 $t < 0$ 時 $x(t) = 0$。

➤ **習題 6.11** 試求出下列訊號的雙邊拉普拉斯轉換，與其相對應的 ROC：

(a) $x(t) = e^{-t}\dfrac{d}{dt}\left(e^{-(t+1)}u(t+1)\right)$

(b) $x(t) = \displaystyle\int_{-\infty}^{t} e^{2\tau}\sin(\tau)u(-\tau)d\tau$

答案　(a) $X(s) = \dfrac{(s+1)e^{s+1}}{s+2}, \quad \text{Re}(s) > -2$

(b) $X(s) = \dfrac{-1}{s((s-2)^2+1)}, \quad 0 < \text{Re}(s) < 2$　◀

6.9 收斂區間的性質 (Properties of the Region of Convergenc)

在第 6.2 節中，我們發現除非 ROC 已經確定，否則雙邊拉普拉斯轉換並不是唯一。在這節中，我們將說明訊號 $x(t)$ 的性質與 ROC 之間的關連性。我們用直覺的方法去建立這些關連，並不做嚴格的推導。一旦我們知道 ROC 的性質，就可以從這些拉普拉斯轉換 $X(s)$，以及我們對 $x(t)$ 所知的少數性質中，訂出其 ROC 範圍。

首先，我們注意到 ROC 範圍中不會包含任何極點。假如拉普拉斯轉換收斂的話，則在整個 ROC 中，$X(s)$ 將會是有限值。假設 d 是 $X(s)$ 的一個極點。這表示 $X(d) = \pm\infty$，所以拉普拉斯轉換在 d 點並不會收斂。因此，我們知道 $s = d$ 一定不會在 ROC 內。

其次，若訊號 $x(t)$ 的雙邊拉普拉斯轉換會收斂，則代表

$$I(\sigma) = \int_{-\infty}^{\infty} |x(t)|e^{-\sigma t}dt < \infty$$

對於某些 σ 值會成立。使這個積分成為有限值的 σ 所成的集合，就是 $x(t)$ 的雙邊拉普拉斯轉換的 ROC。σ 這個值是 s 的實部，所以範圍只會跟實部有關；s 的虛部並不會影響收斂性。這告訴了我們 ROC 是由 s 平面中，與 $j\omega$ 軸平行的線條所構成。

假設 $x(t)$ 是時間長度有限的訊號；也就是說，當 $t < a$ 與 $t > b$ 時，則 $x(t) = 0$。假設我們可以找到一個有限的邊界常數值 A，使得 $|x(t)| \le A$，則

$$I(\sigma) \le \int_a^b A e^{-\sigma t} dt$$

$$= \begin{cases} \dfrac{-A}{\sigma}[e^{-\sigma t}|_a^b, & \sigma \ne 0 \\[2mm] A(b-a), & \sigma = 0 \end{cases}$$

在這個情況下，我們可以發現對於全部有限的 $I(\sigma)$ 值而言，σ 是有限的，並且我們可以下結論說，對於有限時間長度的訊號而言，其 ROC 範圍會包含整個 s 平面。

現在我們將 $I(\sigma)$ 分成正時間區間與負時間區；也就是說

$$I(\sigma) = I_-(\sigma) + I_+(\sigma)$$

其中

$$I_-(\sigma) = \int_{-\infty}^0 |x(t)| e^{-\sigma t} dt$$

以及

$$I_+(\sigma) = \int_0^\infty |x(t)| e^{-\sigma t} dt$$

因為 $I(\sigma)$ 是有限值，所以這兩個積分也必須都是有限值。這意謂著 $|x(t)|$ 在某種意義下應該是有界的。

假設我們可以找到最小的常數 $A > 0$ 與 σ_p，使得無論是正的或是負的 t 值，都可以使 $|x(t)|$ 有界。也就是說，

$$|x(t)| \le A e^{\sigma_p t}, \quad t > 0$$

以及，有一個最大的常數 σ_n，使得

$$|x(t)| \le A e^{\sigma_n t}, \quad t < 0$$

滿足這些有界條件的訊號 $x(t)$，我們稱之為*指數階 (exponential order)* 訊號。這些界限暗示了，當時間 t 為正時，$|x(t)|$ 變大的速度不會比 $e^{\sigma_p t}$ 還快，且當時間 t 為負時，變大的速度不會比 $e^{\sigma_n t}$ 還快。有些訊號並不是指數階的訊號，像是 e^{t^2} 或 t^{3t}，但是這些訊號一般來說並不會在實際系統中出現。

利用 $|x(t)|$ 指數階的界限，我們可以寫出

$$I_-(\sigma) \leq A \int_{-\infty}^{0} e^{(\sigma_n - \sigma)t} \, dt$$

$$= \frac{A}{\sigma_n - \sigma} [e^{(\sigma_n - \sigma)t} |_{-\infty}^{0}$$

以及

$$I_+(\sigma) \leq A \int_{0}^{\infty} e^{(\sigma_p - \sigma)t} \, dt$$

$$= \frac{A}{\sigma_p - \sigma} [e^{(\sigma_p - \sigma)t} |_{0}^{\infty}$$

我們注意到只要 $\sigma < \sigma_n$，則 $I_-(\sigma)$ 是有限值，相同地只要 $\sigma > \sigma_p$，則 $I_+(\sigma)$ 是有限值。當 σ 值代入 $I_-(\sigma)$ 與 $I_+(\sigma)$ 後若都是有限值，則 $I(\sigma)$ 也是有限的。因此，當 $\sigma_p < \sigma < \sigma_n$ 時，拉普拉斯轉換會收斂。請注意到，假如 $\sigma_p < \sigma_n$，則沒有任何一個σ值可以讓雙邊拉普拉斯轉換收斂。

從目前分析的結果，我們可以做出以下的結論：將*左側訊號 (left − sided signal)* 定義爲，當 $t > b$ 時，$x(t) = 0$ 的訊號，*右側訊號 (right − sided signal)* 爲，當 $t < a$ 時，$x(t) = 0$ 的訊號，*雙邊訊號 (two − sided signal)* 則是往時間軸的兩邊無限延伸都會有訊號。請注意到a和b都是任意的常數。當 $x(t)$ 是指數階的訊號，則

▶ 左側訊號的 ROC，其形式會是 $\sigma < \sigma_n$。

▶ 右側訊號的 ROC，其形式會是 $\sigma > \sigma_p$。

▶ 雙邊訊號的 ROC，其形式會是 $\sigma_p < \sigma < \sigma_n$。

我們把每一種情況畫在圖 6.14 裡。

形式如 Ae^{at} 的指數訊號經常在實際的問題上遇到。在這種情況下，ROC 與訊號之間會有很明顯的關係。特別要注意的是，一個或是多個極點的實部會決定ROC範圍的邊界 σ_n 與σ_p。假設我們有一個右側訊號 $x(t) = e^{at}u(t)$，其中的 a 通常是複數。這個指數形態的訊號具有最小指數邊界訊號 $e^{\text{Re}(a)t}$。因此，$\sigma_p = \text{Re}(a)$，而且 ROC 是 $\sigma > \text{Re}(a)$。$x(t)$ 的雙邊拉普拉斯轉換在$s = a$處有一個極點，所以在 s 平面上，ROC 是在極點右側的區域。相同地，若$x(t) = e^{at}u(-t)$，則在 s 平面上，ROC 是 $\sigma < \text{Re}(a)$，也就是在極點左側的區域。若一個訊號 $x(t)$ 是由一些指數訊號的總和所構成，則這個訊號的ROC是總和中每一項的ROC範圍的交集。我們在下一個範例中說明這個特性。

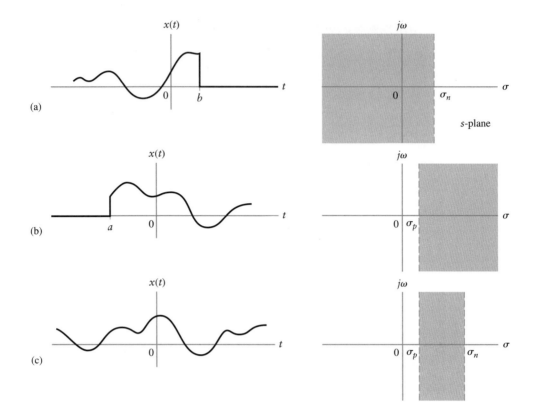

圖 6.14   訊號的時間範圍與 ROC 之間的關係,其中陰影區表示 ROC。(a) 一個左側訊號的 ROC,
為 s 平面中,垂直線左側的區域。(b) 一個右側訊號的 ROC 範圍,為 s 平面中,垂直線右側
的區域。(c) 一個雙邊訊號的 ROC 範圍,為 s 平面中,一些有限寬度的垂直帶狀區域所組
成的區域。

範例 6.16

指數訊號加總後的 ROC   考慮下面兩個訊號

$$x_1(t) = e^{-2t}u(t) + e^{-t}u(-t)$$

以及

$$x_2(t) = e^{-t}u(t) + e^{-2t}u(-t)$$

試求出每一個訊號的雙邊拉普拉斯轉換,與其相對應的 ROC。

解答   我們首先利用下式檢查 $|x_1(t)|e^{-\sigma t}$ 是否為絕對可積。

$$I_1(\sigma) = \int_{-\infty}^{\infty} |x_1(t)|e^{-\sigma t}\, dt$$

$$= \int_{-\infty}^{0} e^{-(1+\sigma)t}\, dt + \int_{0}^{\infty} e^{-(2+\sigma)t}\, dt$$

$$= \frac{-1}{1+\sigma}[e^{-(1+\sigma)t}|_{-\infty}^{0} + \frac{-1}{2+\sigma}[e^{-(2+\sigma)t}|_{0}^{\infty}$$

當$\sigma<-1$時，第一項會收斂，而當$\sigma>-2$時，第二項會收斂。因此，當$-2<\sigma<-1$時，兩項都會收斂。這個就是每一項的 ROC 的交集。

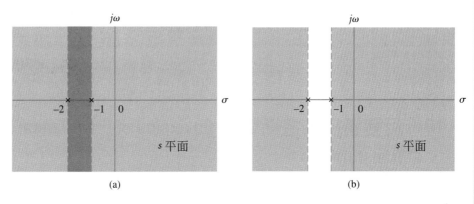

(a)　　　　　　　　　　　　(b)

圖 6.15　在範例 6.16 中，訊號的 ROC 範圍。(a) 陰影部分表示$e^{-2t}u(t)$與$e^{-t}u(-t)$個別的 ROC 範圍。有兩層陰影的區域就是個別 ROC 的交集，也就是代表總和的 ROC 範圍。(b) 陰影部分表示$e^{-2t}u(-t)$與$e^{-t}u(t)$個別的 ROC 範圍。在這個情況下，兩個 ROC 並沒有交集，因此，不論s的值為何，總和的拉普拉斯轉換不會收斂。

圖 6.15(a)顯示每一項的 ROC，與 ROC 的交集，其中雙重陰影的區域代表交集的部分。讀者們可自行驗證$x_1(t)$的拉普拉斯轉換為

$$X_1(s) = \frac{1}{s+2} + \frac{-1}{s+1}$$
$$= \frac{-1}{(s+1)(s+2)}$$

它在$s=-1$與$s=-2$處有極點。我們發現到$X_1(s)$的 ROC 是位在s平面上極點之間的帶狀區域。

對於第二個訊號$x_2(t)$，我們得到

$$I_1(\sigma) = \int_{-\infty}^{\infty} |x_2(t)| e^{-\sigma t}\, dt$$
$$= \int_{-\infty}^{0} e^{-(2+\sigma)t}\, dt + \int_{0}^{\infty} e^{-(1+\sigma)t}\, dt$$
$$= \frac{-1}{2+\sigma} [e^{-(2+\sigma)t}|_{-\infty}^{0}] + \frac{-1}{1+\sigma} [e^{-(1+\sigma)t}|_{0}^{\infty}]$$

第一項在$\sigma<-2$時會收斂，第二項在$\sigma>-1$時會收斂。因此，同時使得這兩項都會收斂的σ值並不存在，所以交集的部分是空集合。也就是說，沒有任何s可以使得$X_2(s)$收斂，如圖 6.15(b)所示。所以，$x_2(t)$的雙邊拉普拉斯轉換不存在。

➤ **習題 6.12** 試求下列訊號的 ROC

$$x(t) = e^{-b|t|}$$

其中分別針對 $b > 0$ 與 $b < 0$ 的情況作答。

答案 當 $b > 0$ 時，ROC 是 $-b < \sigma < b$。當 $b < 0$ 時，ROC 是空集合。 ◀

6.10　反雙邊拉普拉斯轉換 (Inversion of the Bilateral Laplace Transform)

就如同在第 6.5 節所討論過的單邊拉普拉斯轉換，我們只考慮以 s 多項式的分式形式表達的雙邊拉普拉斯轉換的反轉換。雙邊與單邊的反拉普拉斯轉換的主要差異在於進行反雙邊拉普拉斯轉換的時候，我們一定要指定 ROC 範圍才能唯一決定出它的反轉換。

假設我們想要將下列的 s 多項式分式進行反轉換

$$\begin{aligned} X(s) &= \frac{B(s)}{A(s)} \\ &= \frac{b_M s^M + b_{M-1} s^{M-1} + \cdots + b_1 s + b_0}{s^N + a_{N-1} s^{N-1} + \cdots + a_1 s + a_0} \end{aligned}$$

就如同單邊的情況般，若 $M \geq N$，則我們利用長除法將其表示為

$$X(s) = \sum_{k=0}^{M-N} c_k s^k + \widetilde{X}(s)$$

其中

$$\widetilde{X}(s) = \frac{\widetilde{B}(s)}{A(s)}$$

是以不重複的極點的部分分式展開式表示；也就是，

$$\widetilde{X}(s) = \sum_{k=1}^{N} \frac{A_k}{s - d_k}$$

因此，我們得到

$$\sum_{k=0}^{M-N} c_k \delta^{(k)}(t) \xleftarrow{\ \mathcal{L}\ } \sum_{k=0}^{M-N} c_k s^k$$

其中$\delta^{(k)}(t)$表示脈衝$\delta(t)$的第k階微分。請注意到，$\widetilde{X}(s)$的 ROC 與$X(s)$的 ROC 相同，因爲在s平面中，脈衝的拉普拉斯轉換與其微分一定會收斂。

在雙邊的情況下，對於$\widetilde{X}(s)$的部分分式展開式中的每一項而言，都有兩種方式去求反拉普拉斯轉換：我們可以選擇右側轉換對

$$A_k e^{d_k t} u(t) \overset{\mathcal{L}}{\longleftrightarrow} \frac{A_k}{s - d_k}, \quad \text{其ROC爲} \operatorname{Re}(s) > d_k \tag{6.35}$$

或者是左側轉換對

$$-A_k e^{d_k t} u(-t) \overset{\mathcal{L}}{\longleftrightarrow} \frac{A_k}{s - d_k}, \quad \text{其ROC爲} \operatorname{Re}(s) < d_k \tag{6.36}$$

我們依照$X(s)$的 ROC 範圍決定要用左側反轉換或是右側反轉換。回想一下，右側指數訊號ROC範圍是在極點的右邊，而左側指數訊號的ROC範圍則是落在極點的左邊。

線性的性質說明了，將部分分式展開式中每一項的 ROC 取交集，就是 $X(s)$ 的 ROC。爲了求出每一項的反轉換，我們一定要利用已知 $X(s)$ 的 ROC。我們可以很容易地用比較 $X(s)$ 的 ROC 與其每一個極點的位置來求出反轉換。若 $X(s)$ 的 ROC 在某個特定極點的左側，則我們爲那個極點選擇左側反拉普拉斯轉換。若 $X(s)$ 的ROC在某個特定極點的右側，則我們爲那個極點選擇右側反拉普拉斯轉換。我們在下一個範例會介紹這整個程序。

範例 6.17

求真有理式的拉普拉斯轉換的反轉換　試求出下式的反雙邊拉普拉斯轉換

$$X(s) = \frac{-5s - 7}{(s + 1)(s - 1)(s + 2)}, \quad \text{其ROC爲} -1 < \operatorname{Re}(s) < 1$$

解答　利用部分分式展開式，得到

$$X(s) = \frac{1}{s + 1} - \frac{2}{s - 1} + \frac{1}{s + 2}$$

我們將ROC與極點的位置畫在圖 6.16。利用極點位置與 ROC 之間的關係，求出每一項的反拉普拉斯轉換：

▶ 第一項的極點位置落在$s = -1$。ROC 範圍是在極點的右側,所以要使用(6.35)式,而且我們選擇右側反拉普拉斯轉換,

$$e^{-t}u(t) \xleftrightarrow{\ \mathcal{L}\ } \frac{1}{s+1}$$

▶ 第二項的極點位置落在$s = 1$。對於這一項來說,ROC 是在極點的左側,所以要使用(6.36)式,且我們選擇左側反拉普拉斯轉換,

$$2e^{t}u(-t) \xleftrightarrow{\ \mathcal{L}\ } -\frac{2}{s-1}$$

▶ 最後一項的極點位置落在$s = -2$。 ROC 範圍是在極點的右側,所以要使用(6.35)式,且我們選擇右側反拉普拉斯轉換,

$$e^{-2t}u(t) \xleftrightarrow{\ \mathcal{L}\ } \frac{1}{s+2}$$

將這三項合併後,我們得到

$$x(t) = e^{-t}u(t) + 2e^{t}u(-t) + e^{-2t}u(t)$$

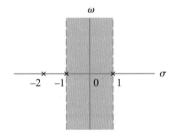

圖 6.16 範例 6.17 的極點與 ROC。

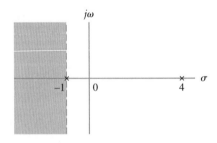

圖 6.17 範例 6.18 的極點與 ROC。

▶ **習題 6.13** 重做前一個範例,但是 ROC 改為$-2 < \mathrm{Re}\,(s) < -1$。

答案 $x(t) = -e^{-t}u(-t) + 2e^{t}u(-t) + e^{-2t}u(t)$ ◀

範例 **6.18**

求假有理式的拉普拉斯轉換的反轉換 試求出下式的反雙邊拉普拉斯轉換

$$X(s) = \frac{2s^3 - 9s^2 + 4s + 10}{s^2 - 3s - 4}, \quad \text{其 ROC 爲 } \mathrm{Re}(s) < -1$$

解答 利用範例 6.8 的結果將 $X(s)$ 展開爲：

$$X(s) = 2s - 3 + \frac{1}{s + 1} + \frac{2}{s - 4}, \quad \mathrm{Re}(s) < -1$$

圖 6.17 是極點的位置和 ROC 的狀態。ROC 是在兩個極點的左側，因此，我們要使用 (6.36) 式，並選擇左側反拉普拉斯轉換後，我們得到

$$x(t) = 2\delta^{(1)}(t) - 3\delta(t) - e^{-t}u(-t) - 2e^{4t}u(-t)$$

➤ **習題 6.14** 試求出下式的反拉普拉斯轉換。

$$X(s) = \frac{s^4 + 3s^3 - 4s^2 + 5s + 5}{s^2 + 3s - 4}, \quad \text{其 ROC 爲} -4 < \mathrm{Re}(s) < 1$$

答案 $x(t) = \delta^{(2)}(t) - 2e^t u(-t) + 3e^{-4t}u(t)$ ◄

在 s 平面中，極點的位置與 ROC 範圍之間的關係也決定了其它項目的反轉換，這些項目是在部分分式展開式中可能會產生的項目。舉例來說，利用 (6.24) 式，下面這項的反雙邊拉普拉斯轉換

$$\frac{A}{(s - d_k)^n}$$

是下述的右側訊號

$$\frac{At^{n-1}}{(n - 1)!}e^{d_k t}u(t)$$

假設 ROC 範圍是在極點的右側。若 ROC 範圍是在極點的左側，則反拉普拉斯轉換爲

$$\frac{-At^{n-1}}{(n - 1)!}e^{d_k t}u(-t)$$

相同地，下式這項的反拉普拉斯轉換

$$\frac{C_1(s - \alpha)}{(s - \alpha)^2 + \omega_o^2}$$

若 ROC 範圍是在極點的右側，則為下述的右側訊號

$$C_1 e^{\alpha t} \cos(\omega_o t) u(t)$$

其中極點的位置落在 $s = \alpha \pm j\omega_o$。若 ROC 範圍是在極點的左側，且極點的位置落在 $s = \alpha \pm j\omega_o$，則反拉普拉斯轉換為

$$-C_1 e^{\alpha t} \cos(\omega_o t) u(-t)$$

▶ **習題 6.15** 試求出下列公式的反雙邊拉普拉斯轉換。

$$X(s) = \frac{4s^2 + 6}{s^3 + s^2 - 2}, \quad \text{其 ROC 為} -1 < \text{Re}(s) < 1$$

答案　$x(t) = -2e^t u(-t) + 2e^{-t} \cos(t) u(t) - 4e^{-t} \sin(t) u(t)$　◀

　　請注意到，除了利用 ROC 之外，我們還可以用其它方法唯一決定出反雙邊拉普拉斯轉換。最常用的方法就是去判斷其因果性、穩定性或者是否存在傅立葉轉換。

▶ 假如已知訊號是因果性訊號，則我們會對訊號中的每一項取其右側反轉換。此方式與單邊拉普拉斯轉換相同。

▶ 如果一個穩定的訊號是絕對可積，其傅立葉轉換就會存在。所以穩定性與傅立葉轉換的存在性是等價的條件。在這兩種情況下，ROC 範圍會包括 s 平面中的 $j\omega$ 軸，或者是說 $\text{Re}(s) = 0$。我們可以比較極點位置與 $j\omega$ 軸之間的關係，求出反拉普拉斯轉換。假如極點的位置落在 $j\omega$ 軸的左側，則我們會用右側反轉換。假如極點的位置落在 $j\omega$ 軸的右側，則我們會用左側反轉換。

▶ **習題 6.16** 試求出下公式的反拉普拉斯轉換

$$X(s) = \frac{4s^2 + 15s + 8}{(s + 2)^2(s - 1)}$$

其中，我們假設(a) $x(t)$ 是因果性訊號，以及(b) $x(t)$ 的傅立葉轉換存在。

答案　(a) $x(t) = e^{-2t} u(t) + 2te^{-2t} u(t) + 3e^t u(t)$
　　　(b) $x(t) = e^{-2t} u(t) + 2te^{-2t} u(t) - 3e^t u(-t)$　◀

6.11 轉移函數 (The Transfer Function)

LTI 系統轉移函數的定義如 (6.2)式所示，也就是脈衝響應的拉普拉斯轉換。請回想一下，我們是透過摺積建立 LTI 系統的輸出和輸入訊號之間的關係，並以脈衝響應來表示。

$$y(t) = h(t) * x(t)$$

一般而言，對於 $h(t)$ 與 $x(t)$ 來說，無論它們是不是因果性訊號，這個式子都適用。所以，假如我們對這個式子的兩邊都取雙邊拉普拉斯轉換，並且利用摺積特性，我們得到

$$Y(s) = H(s)X(s) \tag{6.37}$$

系統輸出的拉普拉斯轉換，等於轉移函數與輸入訊號的拉普拉斯轉換的乘積。所以，LTI系統的轉移函數也提供了另一個方法，這個方法可用來描述系統輸入與輸出之間的行為。

請注意到，(6.37)式意味著

$$\boxed{H(s) = \frac{Y(s)}{X(s)}} \tag{6.38}$$

也就是說，轉移函數是輸出訊號的拉普拉斯轉換與輸入訊號的拉普拉斯轉換的比值。這個定義可以用在任何s值，只要$X(s)$不等於零。

6.11.1 轉移函數與用微分方程式系統描述法 (THE TRANSFER FUNCTION AND DIFFERENTIAL-EQUATION SYSTEM DESCRIPTION)

利用雙邊拉普拉斯轉換，也可以直接建立轉移函數和以微分方程式描述 LTI 系統之間的關係。回想一下，N 階 LTI 系統的輸入訊號與輸出訊號的關係可以利用微分方程式表達。

$$\sum_{k=0}^{N} a_k \frac{d^k}{dt^k} y(t) = \sum_{k=0}^{M} b_k \frac{d^k}{dt^k} x(t)$$

在第 6.2 節中，我們已經證明輸入訊號 e^{st} 就是 LTI 系統的特徵函數，其相對應的特徵值等於轉移函數 $H(s)$。也就是說，假如 $x(t) = e^{st}$，則 $y(t) = e^{st}H(s)$。在上述的微分方程式中，用 e^{st} 代替 $x(t)$ 並將 $e^{st}H(s)$ 代替 $y(t)$ 後，我們得到

$$\left(\sum_{k=0}^{N} a_k \frac{d^k}{dt^k}\{e^{st}\}\right)H(s) = \sum_{k=0}^{M} b_k \frac{d^k}{dt^k}\{e^{st}\}$$

現在，我們利用這個關係

$$\frac{d^k}{dt^k}\{e^{st}\} = s^k e^{st}$$

並解$H(s)$，得到

$$H(s) = \frac{\sum_{k=0}^{M} b_k s^k}{\sum_{k=0}^{N} a_k s^k} \tag{6.39}$$

$H(s)$ 是 s 多項式的分式，因此我們稱之為*有理轉移函數 (rational transfer function)*。在分子多項式中，s^k 的係數相對應到的是 $x(t)$ 第 k 階微分後的係數 b_k。在分母多項式中，s^k 的係數相對應到的是 $y(t)$ 第 k 階微分後的係數 a_k。因此，我們可以由系統的微分方程式得到 LTI 系統的轉移函數。相反地，我們也可以由系統的轉移函數去求出系統的微分方程式。

範例 6.19

二階系統的轉移函數　試求出下述微分方程式所描述的系統的轉移函數。

$$\frac{d^2}{dt^2}y(t) + 3\frac{d}{dt}y(t) + 2y(t) = 2\frac{d}{dt}x(t) - 3x(t)$$

解答　利用(6.39)式，我們得到

$$H(s) = \frac{2s - 3}{s^2 + 3s + 2}$$

後面的章節將會討論到，有理轉移函數的極點與零點，可以幫助我們更深入瞭解LTI系統的特性。回想一下，在第 6.2.5 節中，我們已知，將 (6.39)式的分子多項式與分母多項式各自做因式分解，可以把轉移函數表示成極點與零點的形式，結果如下所示：

$$H(s) = \frac{\tilde{b}\prod_{k=1}^{M}(s - c_k)}{\prod_{k=1}^{N}(s - d_k)} \tag{6.40}$$

其中 c_k 與 d_k 分別為系統的零點與極點。若知道極點、零點與增益因子 $\widetilde{b} = b_M/a_N$，我們可以完全決定出轉移函數 $H(s)$，因此，這是另一種描述 LTI 系統的方法。請注意到，系統的極點就是特徵方程式的根，這與第 2.10 節中所定義的相同。

▶ **習題 6.17** 試求出系統的轉移函數，其中系統是由下列微分方程式所描述：

(a) $\dfrac{d^2}{dt^2}y(t) + 2\dfrac{d}{dt}y(t) + y(t) = \dfrac{d}{dt}x(t) - 2x(t)$

(b) $\dfrac{d^3}{dt^3}y(t) - \dfrac{d^2}{dt^2}y(t) + 3y(t) = 4\dfrac{d}{dt}x(t)$

答案　(a) $H(s) = \dfrac{s - 2}{s^2 + 2s + 1}$

(b) $H(s) = \dfrac{4s}{s^3 - s^2 + 3}$　◀

▶ **習題 6.18** 試求出系統的轉移函數，其中系統是由下列微分方程式所描述：

(a) $H(s) = \dfrac{s^2 - 2}{s^3 - 3s + 1}$

(b) $H(s) = \dfrac{2(s + 1)(s - 1)}{s(s + 2)(s + 1)}$

答案　(a) $\dfrac{d^3}{dt^3}y(t) - 3\dfrac{d}{dt}y(t) + y(t) = \dfrac{d^2}{dt^2}x(t) - 2x(t)$

(b) $\dfrac{d^3}{dt^3}y(t) + 3\dfrac{d^2}{dt^2}y(t) + 2\dfrac{d}{dt}y(t) = 2\dfrac{d^2}{dt^2}x(t) - 2x(t)$　◀

範例 6.20

機電系統的轉移函數　如圖 6.18(a)所示，機電系統是由直流馬達與負載所構成。輸入是電壓訊號 $x(t)$ 且輸出是負載的角度位置 $y(t)$。已知負載的轉動慣量是 J。在理想的情況下，由馬達所產生的轉矩直接與輸入電流的大小成正比；也就是說，

$$\tau(t) = K_1 i(t)$$

其中 K_1 為常數。馬達的旋轉產生了一個反電動勢 $v(t)$，這與角速度成正比，或者是說

$$v(t) = K_2 \dfrac{d}{dt}y(t) \tag{6.41}$$

其中K_2是另一個常數。如圖 6.18(b)所示的電路圖，顯示出輸入電流 $i(t)$、輸入電壓$x(t)$、反電動勢$v(t)$與電樞電阻R之間的關係。請將系統的轉移函數表示成極點與零點的形式。

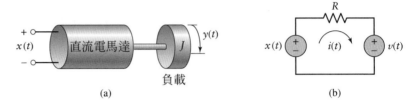

(a)　　　　　　　　　　　　　　　　(b)

圖6.18　(a) 機電系統是由馬達帶動負載所構成。(b) 電路圖，描述輸入電壓、反電動勢、電樞電阻和輸入電流之間的關係。請注意到，$v(t) = K_2\, dy(t)/dt$。

解答　由定義可知，負載所受到的轉矩是由轉動慣量與角加速度相乘而得。令馬達所產生的轉矩與負載所承受的轉矩之間的關係如下

$$J\frac{d^2}{dt^2}y(t) = K_1 i(t) \tag{6.42}$$

在圖 6.18(b)的電路中，利用歐姆定律我們可以利用輸入電壓與反電動勢來表示電流，其關係如下

$$i(t) = \frac{1}{R}\big[x(t) - v(t)\big]$$

因此，將上式代入 (6.42)式後，我們得到

$$J\frac{d^2}{dt^2}y(t) = \frac{K_1}{R}\big[x(t) - v(t)\big]$$

下一步，利用 (6.41)式，我們用角速度去表示$v(t)$，因此得到一個微分方程式，此式可以用來描述輸入電壓與負載位置的關係。計算結果為

$$J\frac{d^2}{dt^2}y(t) + \frac{K_1 K_2}{R}\frac{d}{dt}y(t) = \frac{K_1}{R}x(t)$$

由 (6.39)式可知轉移函數為

$$H(s) = \frac{\dfrac{K_1}{R}}{Js^2 + \dfrac{K_1 K_2}{R}s}$$

將$H(s)$表示成極點與零點的形式，如下所示：

$$H(s) = \frac{\dfrac{K_1}{RJ}}{s\left(s + \dfrac{K_1 K_2}{RJ}\right)}$$

所以這個系統在$s=0$處有一個極點，而且在$s=-K_1 K_2/(RJ)$處有另一個極點。

6.12　因果性與穩定性 (Causality and Stability)

脈衝響應就是轉移函數的反拉普拉斯轉換。為了得到唯一的反轉換，我們必須知道 ROC，或是脈衝響應的一些其它訊息。系統的微分方程式描述法並不包含這些訊息。因此，為了解出脈衝響應，我們必須對系統的特性有更多的瞭解。透過極點與零點之間的關係，以及系統的特性就可以得到更多資訊。

當$t < 0$時，因果性系統的脈衝響應會等於零。因此，如果已知系統是因果性系統，我們就可以利用右側反拉普拉斯轉換，透過轉移函數解出脈衝響應。若在s平面的左半邊$[\mathrm{Re}(d_k) < 0]$，系統在$s = d_k$處有一個極點，則此極點會為脈衝響應引入一個指數衰減項；若極點是落在s平面的右半邊$[\mathrm{Re}(d_k) > 0]$，則此極點會為脈衝響應引入一個指數增強項。我們在圖 6.19 中說明這些關係。

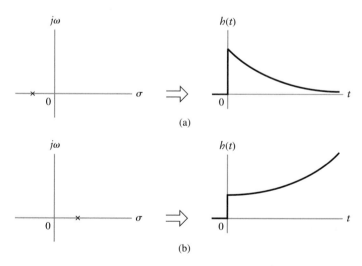

圖 6.19　在因果性系統中，極點位置與脈衝響應之間的關係。(a) 在s平面左半邊的極點會引起脈衝響應的指數衰減。(b) 在s平面右半邊的極點會引起脈衝響應的指數增強。在狀況(b)的系統是不穩定的。

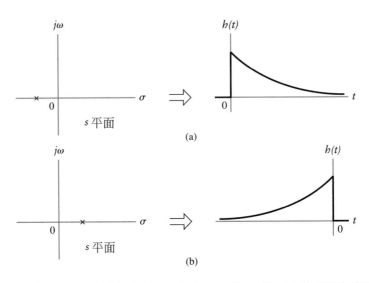

圖 6.20 一個穩定系統的極點位置與脈衝響應之間的關係。(a) 在s平面左半邊的極點對應的是右側脈衝響應。(b) 在s平面右半邊的極點對應的是左側脈衝響應。狀況(b)的系統是非因果性的。

反過來看，假如我們已知系統為穩定系統，則表示脈衝響應是絕對可積的。這也表示傅立葉轉換存在，因此在 s 平面中，ROC 會包括 jω 軸。這些訊息就已經足以讓我們唯一決定轉移函數的反拉普拉斯轉換。如圖 6.20 所示，在 s 平面的右半部中，若存在系統轉移函數的極點，則此極點會對脈衝響應引入一個左側指數衰減項，但若極點是落在s平面的左半邊，則此極點會對脈衝響應引入一個右側指數衰減項。請注意到，一個穩定的脈衝響應不會有指數增強項，因為增強的指數訊號一定不是絕對可積的函數。

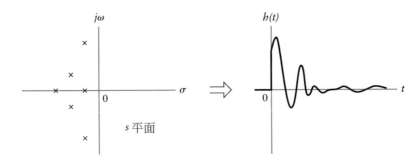

圖 6.21 如圖所示，一個穩定且具因果性的系統，其轉移函數的所有極點一定都落在s平面的左半邊。

現在我們假設系統具因果性與穩定性。當極點落在s平面的左半部時，則此極點會對脈衝響應引入一個右側指數衰減項。但無論如何，我們不可以讓極點出現在s平面的右半部，因為在右半部的極點會為脈衝響應引入左側指數衰減項或右側指數增強項兩者之一，前者會使系統變成非因果性的系統，後者會使系統變成不穩定的系統。也就是說，出現在s平面右半部極點，它的反拉普拉斯轉換不是具穩定性，就是具因果性，但是絕對不可能同時具備因果性與穩定性。一個同時具備因果性與穩定性的系統，它所有的極點一定都落在s平面的左半部。如圖 6.21 就是一個同時具備因果性與穩定性的系統。

範例 6.21

具有穩定性與因果性限制的反拉普拉斯轉換　　某一個系統的轉移函數如下所示：

$$H(s) = \frac{2}{s+3} + \frac{1}{s-2}$$

試解出其脈衝響應，(a) 假設系統具備穩定性，以及(b) 假設系統具備因果性。請問這個系統是否可能同時具備因果性與穩定性

解答　　這個系統在$s=-3$ 與 $s=2$ 有極點存在。(a) 假如系統具備穩定性，則在$s=-3$ 處的極點會爲脈衝響應引入一個右側項，而在 $s=2$ 處的極點會爲脈衝響應引入一個左側項。因此我們得到

$$h(t) = 2e^{-3t}u(t) - e^{2t}u(-t)$$

(b) 假如系統具備因果性，則這兩個極點一定都會爲脈衝響應引入一個右側項，因此我們得到

$$h(t) = 2e^{-3t}u(t) + e^{2t}u(t)$$

請注意到，這個系統並不是穩定的系統，因爲 $e^{2t}u(t)$ 這一項不是絕對可積的函數。事實上，這個系統不可能同時具備穩定性與因果性，因爲在 $s=2$ 處的極點是落在 s 平面的右半部。

▶ **習題 6.19**　　對於下列用微分方程式所描述的系統，假設系統具備(i)穩定性及(ii)因果性，試求出其脈衝響應。

(a) $\dfrac{d^2}{dt^2}y(t) + 5\dfrac{d}{dt}y(t) + 6y(t) = \dfrac{d^2}{dt^2}x(t) + 8\dfrac{d}{dt}x(t) + 13x(t)$

(b) $\dfrac{d^2}{dt^2}y(t) - 2\dfrac{d}{dt}y(t) + 10y(t) = x(t) + 2\dfrac{d}{dt}x(t)$

答案　(a) (i) 和 (ii): $h(t) = 2e^{-3t}u(t) + e^{-2t}u(t) + \delta(t)$

　　　(b) (i) $h(t) = -2e^t\cos(3t)u(-t) - e^t\sin(3t)u(-t)$

　　　　　(ii) $h(t) = 2e^t\cos(3t)u(t) + e^t\sin(3t)u(t)$　◀

6.12.1　逆系統 (INVERSE SYSTEMS)

假設一個 LTI 系統的脈衝響應為 $h(t)$，其逆系統的脈衝響應為 $h^{\text{inv}}(t)$，並滿足下列條件 (請參考 2.7.4 節)

$$h^{\text{inv}}(t) * h(t) = \delta(t)$$

若我們對這個式子的兩邊都取拉普拉斯轉換，會發現這個逆系統的轉移函數 $H^{\text{inv}}(s)$ 滿足

$$H^{\text{inv}}(s)H(s) = 1$$

或者

$$H^{\text{inv}}(s) = \frac{1}{H(s)}$$

逆系統的轉移函數就是將原來的系統轉移函數取反轉換的結果。如 (6.40) 式所示，如果將 $H(s)$ 表示為極點零點的形式，會得到

$$H^{\text{inv}}(s) = \frac{\prod_{k=1}^{N}(s - d_k)}{\widetilde{b}\prod_{k=1}^{M}(s - c_k)} \tag{6.43}$$

逆系統的零點就是 $H(s)$ 的極點，且逆系統的極點就是 $H(s)$ 的零點。因此我們的結論是，任何具有理轉移函數的系統其逆系統都存在。

　　我們通常對於同時具備穩定性與因果性的逆系統較感興趣。可以預先就下結論：同時具備穩定性與因果性的系統，它所有的極點一定都落在 s 平面的左半部。因為逆系統 $H^{\text{inv}}(s)$ 的極點就是 $H(s)$ 的零點，只有當 $H(s)$ 所有的零點都落在 s 平面的左半部時，逆系統才有可能同時具備穩定性與因果性。當一個系統的轉移函數 $H(s)$，其所有的極點與零點都落在 s 平面的左半部，則稱此系統是*最小相位 (minimum phase)*。一個非最小相位的系統，其逆系統不可能同時具備穩定性與因果性，因它的零點落在 s 平面的右半部。

　　最小相位的系統一個很重要的特性就是，它的振幅響應與相位響應之間的關係是一對一的關係。也就是說，只要知道一個最小相位系統的相位響應，就可以唯一決定出其振幅響應，反之亦然。

範例 6.22

求逆系統 考慮由下列微分方程式所描述的 LTI 系統

$$\frac{d}{dt}y(t) + 3y(t) = \frac{d^2}{dt^2}x(t) + \frac{d}{dt}x(t) - 2x(t)$$

試求出逆系統的轉移函數。此逆系統是否為具備穩定性與因果性的系統

解答 首先我們先將微分方程式的等號兩邊都取拉普拉斯轉換，以解出系統的轉移函數$H(s)$

$$Y(s)(s + 3) = X(s)(s^2 + s - 2)$$

因此得到系統的轉移函數為

$$H(s) = \frac{Y(s)}{X(s)}$$
$$= \frac{s^2 + s - 2}{s + 3}$$

而且逆系統的轉移函數是

$$H^{inv}(s) = \frac{1}{H(s)}$$
$$= \frac{s + 3}{s^2 + s - 2}$$
$$= \frac{s + 3}{(s - 1)(s + 2)}$$

這個逆系統在 $s = 1$ 與 $s = -2$ 處有極點。在 $s = 1$ 的極點位於s平面的右半部。所以這個用$H^{inv(s)}$ 表示的逆系統不可能兼具穩定性與因果性。

➤ **習題 6.20** 假設一個系統的脈衝響應為

$$h(t) = \delta(t) + e^{-3t}u(t) + 2e^{-t}u(t)$$

試求出逆系統的轉移函數。請問此逆系統是否具備穩定性與因果性

答案

$$H^{inv}(s) = \frac{s^2 + 4s + 3}{(s + 2)(s + 5)}$$

本系統同時具備穩定性與因果性。◄

➤ **習題 6.21** 考慮下列的轉移函數：

(a) $H(s) = \dfrac{s^2 - 2s - 3}{(s + 2)(s^2 + 4s + 5)}$

(b) $H(s) = \dfrac{s^2 + 2s + 1}{(s^2 + 3s + 2)(s^2 + s - 2)}$

(i)請問由這些轉移函數所描述的系統是否同時具有穩定性與因果性

(ii)請問逆系統是否同時具有穩定性與因果性

答案　(a) (i)兼具穩定性與因果性；(ii)逆系統不可能同時具備穩定性與因果性。

(b) (i)逆系統不可能兼具穩定性與因果性；(ii)逆系統同時具備穩定性與因果性。

◀

6.13 從極點與零點求出頻率響應 (Determining the Frequency Response from Poles and Zerosi)

在 s 平面上，極點與零點的位置讓我們可以對系統的頻率響應有更進一步的瞭解。回想一下，只要將轉移函數中的 s 換成 $j\omega$ 就可以得到頻率響應，也就是說沿著 s 平面中的 $j\omega$ 軸求轉移函數的值就可以解出頻率響應。這個操作是假設 $j\omega$ 軸落在 ROC 中。將 $s = j\omega$ 代入 (6.40)式後得到

$$H(j\omega) = \frac{\widetilde{b}\prod_{k=1}^{M}(j\omega - c_k)}{\prod_{k=1}^{N}(j\omega - d_k)} \tag{6.44}$$

我們將會檢視 $H(j\omega)$ 的振幅頻譜與相位頻譜，使用的方法是利用繪圖技術以及*波德圖(Bode diagram 或 Bode plot)* 的方式來解出頻率響應。波德圖是將系統的振幅響應與相位響應表示成頻率的對數函數，其中振幅響應以分貝 (dB) 為單位，相位響應是以度 (degree) 為單位。學習如何繪製波德圖的技術，對於發展極點-零點位置對系統頻率響應的影響的直覺想法，是很有幫助的。而且波德圖在控制系統的設計上有廣泛應用，這點將在第九章中討論。這兩種用來建立系統整體頻率響應的方法，都是將每一個極點與零點的頻率響應做適當的組合而得到的。

■ 6.13.1 頻率響應的圖形計算法 (GRAPHICAL EVALUATION OF THE FREQUENCY RESPONSE)

一開始，我們在某些固定的 ω 值上，像是 ω_o，嘗試繪出其振幅響應，並且寫出

$$|H(j\omega_o)| = \frac{|\widetilde{b}|\prod_{k=1}^{M}|j\omega_o - c_k|}{\prod_{k=1}^{N}|j\omega_o - d_k|}$$

這個表示法包括了由這些 $|j\omega_o-g|$ 形式的乘積項所組成的分式，其中g代表極點或是零點。零點是從分子解得，而極點則以分母解得。因式 $(j\omega_o-g)$ 是個複數值，如圖6.22所示，我們可以將它表示成在s平面中從g點到 $j\omega_o$ 點的向量。這個向量的長度是 $|j\omega_o-g|$。當 ω_o 改變時，只要算出向量的長度，就可以評估出每一個極點或零點對系統整體的振幅響應有何影響。

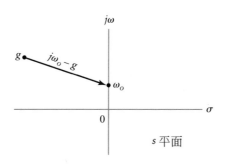

圖 6.22 在s平面中，將 $j\omega_o-g$ 表示成由 g 到 ω_o 的向量。

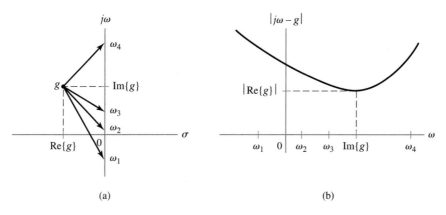

圖 6.23 $|j\omega-g|$ 函數表示，在s平面中，由g點到 $j\omega$ 軸的向量長度。(a) 對於數個不同的頻率，由g點到 $j\omega$ 軸的向量。(b) 將 $|j\omega-g|$ 表示成 $j\omega$ 的函數。

圖 6.23(a) 對於幾個不同的 ω 值，繪出其向量 $j\omega-g$，而圖 6.23(b)中顯示的是將 $|j\omega-g|$ 畫成頻率的連續函數。請注意到，當 $\omega = \text{Im}\{g\}$，則 $|j\omega-g| = |\text{Re}\{g\}|$。因此，對於 $\omega = \text{Im}\{g\}$ 而言，當g很接近 $j\omega$ 軸時 (也就是 $\text{Re}\{g\}=0$) ，$|j\omega-g|$ 會變得很小。此外，若g非常靠近 $j\omega$ 軸，則 $|j\omega-g|$ 會在最接近g點的頻率上產生最快速的變化。

如果 g 點是零點，則 $|j\omega-g|$ 就是 $|H(j\omega)|$ 的分子項。因此，當頻率接近零點時，$|H(j\omega)|$ 會漸漸衰減。$|H(j\omega)|$ 衰減的程度要看零點有多接近 $j\omega$ 軸。假如零點就在 $j\omega$ 軸上，則對應於零點位置的頻率，$|H(j\omega)|$ 會等於零。在離零點很遠的頻率，(也就是說，當 $|\omega| \gg \text{Re}\{g\}$)，$|j\omega-g|$ 近似於 $|\omega|$。圖6.24(a)顯示因零點所引起的頻率響應成分。

相對而言，若 g 點代表極點，則 $|j\omega-g|$ 就是 $|H(j\omega)|$ 的分母項；因此，當 $|j\omega-g|$ 減少，則 $|H(j\omega)|$ 會增加。$|H(j\omega)|$ 增加的程度要看極點有多接近 $j\omega$ 軸。越接近 $j\omega$ 軸的極點會讓 $|H(j\omega)|$ 的峰值越大。圖 6.24(b) 是振幅響應的組成與極點的關係圖。接近 $j\omega$ 軸的零點會將振幅響應的大小拉低，而靠近 $j\omega$ 軸的極點會將振幅響應的大小拉高。請注意到，極點不可能在 $j\omega$ 軸上，因為我們已經假設 $j\omega$ 軸在 ROC 內。

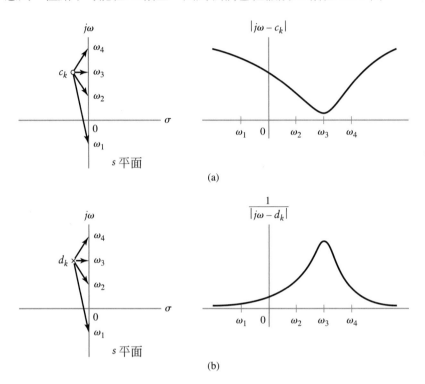

圖 6.24　振幅響應的組成。(a) 振幅響應與零點的關係。(b) 振幅響應與極點的關係。

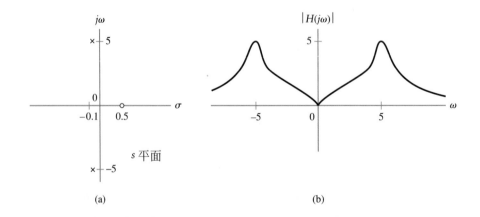

圖 6.25　範例 6.23 的解答。(a) 極點-零點的描點圖。(b) 近似的振幅響應。

範例 6.23

利用圖形求振幅響應 已知系統的轉移函數如下，試繪出 LTI 系統的振幅響應：

$$H(s) = \frac{(s - 0.5)}{(s + 0.1 - 5j)(s + 0.1 + 5j)}$$

解答 如圖 6.25(a)所示，系統在 $s = 0.5$ 處有一個零點，而且在 $s = -0.1 \pm 5j$ 處有極點。因此，在 $\omega = 0$ 附近的零點會讓響應的強度降低，而在 $\omega = \pm 5$ 附近的極點會讓響應的強度增強。當 $\omega = 0$ 時，我們得到

$$\begin{aligned}|H(j0)| &= \frac{0.5}{|0.1 - 5j||0.1 + 5j|} \\ &\approx \frac{0.5}{5^2} \\ &= 0.02\end{aligned}$$

當 $\omega = 5$ 時，則是

$$\begin{aligned}|H(j5)| &= \frac{|j5 - 0.5|}{|0.1||j10 + 0.1|} \\ &\approx \frac{5}{0.1(10)} \\ &= 5\end{aligned}$$

當 $\omega \gg 5$ 時，由 $i\omega$ 到任一個極點的向量，其長度近似於由 $i\omega$ 到零點的向量長度，所以任何一個極點都會將零點消掉。當頻率增加時，從 $i\omega$ 與剩餘的極點之間的長度會增加；因此振幅響應會趨近於零。振幅響應如圖 6.25(b)所示。

$H(j\omega)$ 的相位也可以從每一個相關的極點與零點的相位解出。利用(6.44)式，我們可以計算出

$$\arg\{H(j\omega)\} = \arg\{\tilde{b}\} + \sum_{k=1}^{M} \arg\{j\omega - c_k\} - \sum_{k=1}^{N} \arg\{j\omega - d_k\} \tag{6.45}$$

在這種情況下，$H(j\omega)$ 的相位就等於所有零點相位角的和，再減掉所有極點相位角的和。在第一項裡，$\arg\{\tilde{b}\}$ 與頻率無關。透過考慮某個具有 $\arg\{i\omega_o - g\}$ 形式的項，當 $\omega = \omega_o$ 時，我們可以計算出每一個零點與極點的相位。這是一個在 s 平面中，由 g 點

到 $j\omega_0$ 這個向量的角度。如圖 6.26 所示，向量的角度是指向量與通過 g 點的水平線之間的夾角。當 ω 改變時，藉著檢視向量相位的改變，就可以估計每一個極點或零點對整體系統相位響應的影響。

圖 6.27(a) 畫出在不同頻率下，$j\omega-g$ 的相位，而圖 6.27(b) 則將相位表示成一個頻率的連續函數。我們假設 g 點代表一個零點。請注意到，因為 g 點落在 s 平面的左半部，所以當 ω 很大且為負頻率時，相位為 $-\pi/2$；當 $\omega = \text{Im}\{g\}$ 時，相位會增加到零；當 ω 變得更大且為正頻率時，相位會增加到 $\pi/2$。如果 g 點落在 s 平面的的右半部，則當 ω 很大且為負頻率時，相位一開始為 $-\pi/2$；當 $\omega = \text{Im}\{g\}$ 時，相位會減少到 $-\pi$；當 ω 變得更大且為正頻率時，相位會減少到 $-3\pi/2$。若 g 點很接近 $j\omega$ 軸，則在 $\omega = \text{Im}\{g\}$ 的附近，相位會迅速地由 $-\pi/2$ 改變到 $\pi/2$(或 $-3\pi/2$)。若 g 點代表一個極點，則 g 點對 $H(j\omega)$ 在相位上的影響會與剛才所描述的相反。

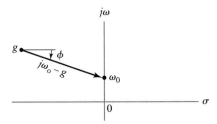

圖 6.26　$j\omega_o-g$ 代表在 s 平面中，由 g 點到 $j\omega_o$ 向量的大小。向量與通過 g 點水平線之間的角度為 ϕ，此角度表示該向量的相位角。

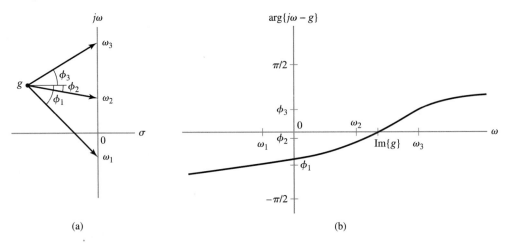

(a)　　　　　　　　　　　(b)

圖 6.27　$j\omega-g$ 的相位角。(a) 針對幾個不同值的 ω，從 g 到 $j\omega$ 的向量。(b) $\arg\{j\omega-g\}$ 的圖形是 ω 的連續函數。

範例 6.24

利用圖形求相位響應　試繪出LTI系統的相位響應，已知系統的轉移函數如下

$$H(s) = \frac{(s - 0.5)}{(s + 0.1 - 5j)(s + 0.1 + 5j)}$$

解答　在 s 平面中，系統的極點與零點的位置如圖 6.25(a)所示。圖 6.28(a)是在 $s = 0.5$ 處，零點與相位響應的關係；圖 6.28(b)是在 $s = -0.1 + j\,5$ 處，極點與相位響應的關係；如圖 6.28(c)是在 $s = -0.1 - j\,5$ 處，極點與相位響應的關係。系統的相位響應等於零點對相位的影響扣除極點對相位的影響。這個結果已經繪製於圖 6.28(d)。

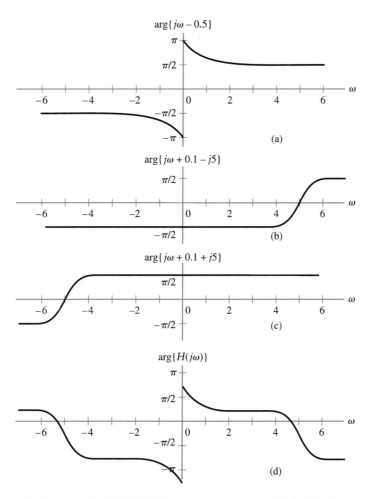

圖 6.28　範例 6.24 中的系統相位響應。(a) 在 $s = 0.5$ 處，零點的相位角。(b) 在 $s = -0.1 + j\,5$ 處，極點的相位角。(c) 在 $s = -0.1 - j\,5$ 處，極點的相位角。(d)系統的相位響應。

➤ **習題 6.22** 已知 LTI 系統的轉移函數如下，試繪出其振幅響應與相位響應。

$$H(s) = \frac{-2}{(s + 0.2)(s^2 + 2s + 5)}$$

答案　極點位於 $s = -0.2$ 與 $s = -0.1 \pm j\,2$ 處。[請參考圖 6.29(a)與(b)]　◀

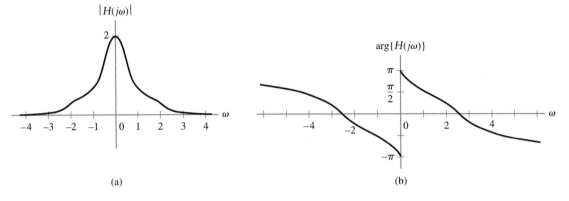

(a)　　　　　　　　　　　　　(b)

圖 6.29　習題 6.22 的解。

■ 6.13.2　波德圖 (BODE DIAGRAMS)

假設有一個 LTI 系統，它所有的極點與零點都是實數。如下式所示，將(6.44)式的振幅響應以分貝為單位顯示就是系統的波德圖，

$$|H(j\omega)|_{\text{dB}} = 20\log_{10}|K| + \sum_{k=1}^{M} 20\log_{10}\left|1 - \frac{j\omega}{c_k}\right| - \sum_{k=1}^{N} 20\log_{10}\left|1 - \frac{j\omega}{d_k}\right| \quad (6.46)$$

而且系統的相位響應為

$$\arg\{H(j\omega)\} = \arg K + \sum_{k=1}^{M}\arg\left(1 - \frac{j\omega}{c_k}\right) - \sum_{k=1}^{N}\arg\left(1 - \frac{j\omega}{d_k}\right) \quad (6.47)$$

在 (6.46)式與(6.47)中，我們將*增益因子 (gain factor)* 定義為

$$K = \frac{\tilde{b}\prod_{k=1}^{M}(-c_k)}{\prod_{k=1}^{N}(-d_k)}$$

因此，在計算振幅響應$|H(j\omega)|_{dB}$時，(6.44)式中的乘項與除項可以分別以加法與減法算出來。此外，零點與極點個別對於相位響應的影響，即 $\arg\{H(j\omega)\}$，也都只需要使用加法與減法來計算。相對而言，因為只有加法與減法的運算，既使 ω 變動，我們也可以很容易地計算出$H(j\omega)$。我們會想到使用波德圖是因為一個十分符合直覺的事實：利用直線段的近似法，將每一個極點或零點因子的近似值線段加總起來，這樣的方法可以很快速地計算出 $|H(j\omega)|_{dB}$ 與 $\arg\{H(j\omega)\}$。

考慮一個情況，如果當$d_0 = -\omega_b$時，極點因式$(1 - j\omega/d_0)$是某一個實數。則極點因式對增益量 $|H(j\omega)|_{dB}$ 的影響可以寫成

$$-20\log_{10}\left|1 + \frac{j\omega}{\omega_b}\right| = -10\log_{10}\left(1 + \frac{\omega^2}{\omega_b^2}\right) \tag{6.48}$$

因此，如果ω的值比ω_b的值小很多，或者大很多時，我們都可以得到一個漸近的近似值如下：

▶ *低頻率漸進線 (Low-frequency asymptote)*。當$\omega \ll \omega_b$時，(6.48)式近似於

$$-20\log_{10}\left|1 + \frac{j\omega}{\omega_b}\right| \approx -20\log_{10}(1) = 0\ \text{dB}$$

此漸進線為一條 0 分貝的線。

▶ *高頻率漸進線 (High-frequency asymptote)*。當$\omega \gg \omega_b$時，(6.48)式近似於

$$-20\log_{10}\left|1 + \frac{j\omega}{\omega_b}\right| \approx -10\log_{10}\left|\frac{\omega}{\omega_b}\right|^2 = -20\log_{10}\left|\frac{\omega}{\omega_b}\right|$$

此漸進線為一條斜率為 -20dB/decade 的直線。

這兩條漸進線會在$\omega = \omega_b$的地方相交。因此，如圖 6.30(a)所示，可以用兩條直線段去近似極點因式 $(1+j\omega/\omega_b)$對 $|H(j\omega)|_{dB}$ 的影響。在波德圖中，我們稱這兩條直線段相交處的頻率ω_b為*轉角頻率* (corner frequency) 或*中斷頻率* (break frequency)。波德圖同時也包含了一次極點因式實際的振幅特性。在轉角頻率ω_b處，近似誤差(也就是真實的振幅與近似的振幅之間的差) 最大，其值是 3 分貝。圖中的表格列出了近似誤差，其中頻率是以對數為單位並相對於ω_b正規化的結果。請注意到，零點的振幅特性與極點的振幅特性正好差一個負號。因此，零點的漸進線斜率在高頻率的地方是 20 dB/decade。

一次極點因式的相位響應可以定義成

$$-\arg\{1 + j\omega/\omega_b\} = -\arctan\left(\frac{\omega}{\omega_b}\right)$$

就如同圖 6.30(b)中的實線所示。虛線是代表相位響應的片段線性近似法。零點的相位響應與極點的相位響應差一個負號。請回想一下，我們在第 6.12.1 節中說過，最小相位系統所有極點與零點的位置都落在s平面的左半邊。請注意到，假如極點或零點是落在s平面的左半邊，則$\omega_b > 0$，而且振幅響應與相位響應可由ω_b唯一決定。這就是為什麼最小相位系統的振幅響應與相位響應之間是一對一的關係。

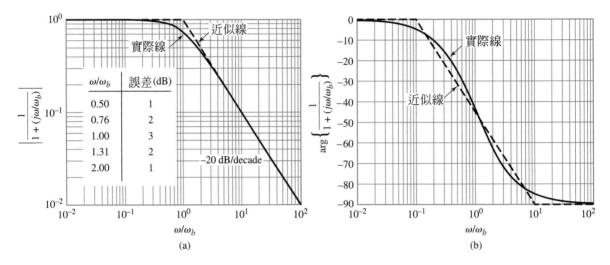

圖 6.30　一次極點因式的波德圖：$1/(1 + s/\omega_b)$。(a) 增益響應。(b) 相位響應。

我們現在可以發現波德圖的一些好用的特性：利用之前所說的近似法，可以解出轉移函數的一次極點或零點因式的近似，因此可以很快地畫出 $|H(j\omega)|_{dB}$。在下一個例子中，我們會說明如何將個別的因式結合在一起，以解出 $|H(j\omega)|_{dB}$。

範例 6.25

繪製波德圖　如下述轉移函數所描述的 LTI 系統，請將其振幅響應與相位響應畫成波德圖的形式：

$$H(s) = \frac{5(s + 10)}{(s + 1)(s + 50)}$$

解答　首先，將轉移函數改寫成

$$H(j\omega) = \frac{\left(1 + \dfrac{j\omega}{10}\right)}{(1 + j\omega)\left(1 + \dfrac{j\omega}{50}\right)}$$

我們可以從上面這個式子看出，在轉角頻率 $\omega = 1$ 與 $\omega = 50$ 處各有一個極點，而且在轉角頻率 $\omega = 10$ 處有一個零點。圖 6.31(a)是每一個極點與零點的近似漸進線。圖 6.31(b)顯示的是這些漸進線相加後會近似於 $|H(j\omega)|_{dB}$。請注意到，當 $\omega > 10$ 時，零點的高頻率漸進線，與轉角頻率為 $\omega = 1$ 的極點高頻率漸進線會相消。類似地，圖 6.31(c)所示為每一個極點與零點的相位漸進線。圖 6.31(d)是將每一條漸進線相加，結果近似於 $\arg\{H(j\omega)\}$。

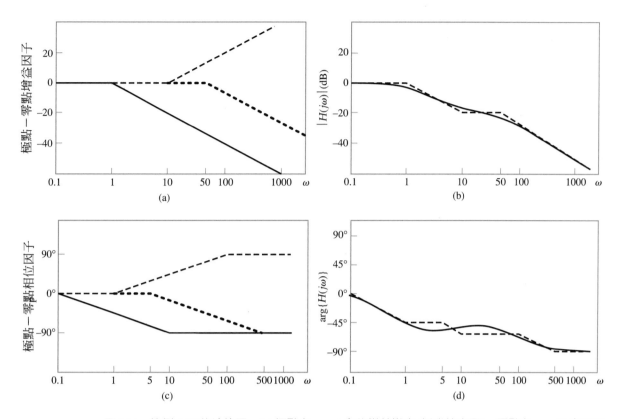

圖 6.31　範例 6.25 的波德圖。(a) 極點在 $s=-1$ 處的增益響應 (以實線表示)，零點在 $s=-10$ 處的增益響應 (以虛線表示)，以及在 $s=-50$ 處的增益響應 (以點線表示)。(b) 實際的增益響應 (以實線表示) 與漸進線近似 (以虛線表示)。(c) 極點在 $s=-1$ 處的相位響應 (以實線表示)，零點在 $s=-10$ 處的相位響應 (以虛線表示)，以及極點在 $s=-50$ 處的相位響應 (以點線表示)。(d) 真實的相位響應 (以實線表示) 與漸進線近似 (以虛線表示)。

　　到現在為止，我們都假設極點與零點都是實數。複數共軛極點對或是複數共軛零點對都可以組成實數二次因式。例如，一個二次極點因式可以表示成

$$Q(s) = \frac{1}{1 + 2(\zeta/\omega_n)s + \left(\dfrac{s}{\omega_n}\right)^2}$$

$Q(s)$ 的極點是落在

$$s = -\zeta\omega_n \pm j\omega_n\sqrt{1 - \zeta^2}$$

其中我們假設 $\zeta \leq 1$。將 $Q(s)$ 用這個形式表示可以使我們更容易地畫出其波德圖。(關於 ζ 與 ω_n 的物理意義，我們將會在第 9.10 節中討論，這一節的主題是關於二階全極點系統的特性 (the characteristics of second-order all-pole systems)。將 $s=j\omega$ 代入 $Q(s)$ 的表示式中，我們得到

$$Q(j\omega) = \frac{1}{1 - (\omega/\omega_n)^2 + j2\zeta\omega/\omega_n}$$

因此，假設以分貝為單位，則$Q(j\omega)$的大小為

$$|Q(j\omega)|_{dB} = -20\log_{10}\left[(1 - (\omega/\omega_n)^2)^2 + 4\zeta^2(\omega/\omega_n)^2\right]^{1/2} \tag{6.49}$$

而$Q(j\omega)$的相位為

$$\arg\{Q(j\omega)\} = -\arctan\left(\frac{2\zeta(\omega/\omega_n)}{1 - (\omega/\omega_n)^2}\right) \tag{6.50}$$

當$\omega \ll \omega_n$時，可以將 (6.49)式近似於

$$|Q(j\omega)|_{dB} \approx -20\log_{10}(1) = 0\ \text{dB}$$

當$\omega \gg \omega_n$時，則近似於

$$|Q(j\omega)|_{dB} \approx -20\log_{10}\left(\frac{\omega}{\omega_n}\right)^2 = -40\log_{10}\left(\frac{\omega}{\omega_n}\right)$$

因此，增益量 $|Q(j\omega)|_{dB}$可利用兩條直線段加以近似，其中一條是 0 分貝的直線，另一條則是斜率等於-40 dB/decade 的直線，如圖 6.32 所示。這兩條漸進線會在$\omega = \omega_n$處相交，我們稱為這個點為二次因式的轉角頻率。然而，不同於一次極點因式的情況，二次極點因式的實際大小可能會與漸進線的近似值有明顯差異，這個差異量會取決ζ比 1 小的程度。圖 6.33(a)畫出 $|Q(j\omega)|_{dB}$的真正圖形，其中有三個不同的ζ，其值的變化範圍在 $0 < \zeta < 1$ 中。近似誤差定義為 $|Q(j\omega)|_{dB}$ 的漸進線近似值與實際曲線值之間的差異量。計算(6.49)式在$\omega = \omega_n$時的值，我們發現到漸進線近似值在該點的值為 0 分貝，所以在$\omega = \omega_n$處的誤差值就是

$$(\text{Error})_{\omega=\omega_n} = -20\log_{10}(2\zeta)\ \text{dB}$$

當ζ=0.5 時，誤差值為零，當$\zeta < 0.5$ 時，誤差值是正數，當$\zeta > 0.5$ 時，誤差值是負數。

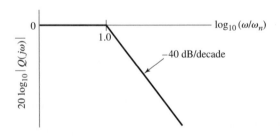

圖 6.32　$20\log_{10}|Q(j\omega)|$的漸進線近似值，其中

$$Q(s) = \frac{1}{1 + (2\zeta/\omega_n)s + s^2/\omega_n^2}$$

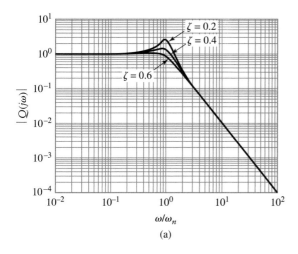
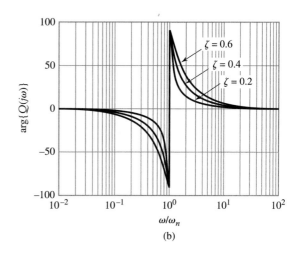

圖 6.33　當 ζ 變動時，二次極點因式

$$Q(s) = \frac{1}{1 + (2\zeta/\omega_n)s + s^2/\omega_n^2}$$

的波德圖：(a) 增益響應。(b) 相位響應。

$Q(j\omega)$的相位如(6.50)式所示。圖 6.33(b)為 $\arg\{Q(j\omega)\}$眞實值的圖，其中 ζ 採用的值與圖 6.33(a)中所使用的值相同。當$\omega = \omega_n$時，我們得到

$$\arg\{Q(j\omega_n)\} = -90 \text{ 度}$$

請注意到，在$\omega = \omega_n$時，$Q(j\omega)$的正負號改變了，這導致相位會改變 180 度。

範例 6.26

機電系統的波德圖　如圖 6.18 所示，由一個直流馬達與負載所構成的機電系統，其轉移函數爲

$$H(s) = \frac{\dfrac{K_1}{RJ}}{s\left(s + \dfrac{K_1K_2}{RJ}\right)}$$

我們曾經在範例 6.20 中推導過。假設$\frac{K_1}{RJ} = 100$且$\frac{K_1K_2}{RJ} = 5$，請用波德圖畫出其振幅響應與相位響應。

解答　首先我們令 $s = j\omega$，因此得到

$$H(j\omega) = \frac{2}{j\omega\left(1 + \dfrac{j\omega}{50}\right)}$$

由上式中我們可以知道 $\omega = 50$ 是一個極點轉角頻率。在分母中含有 $j\omega$ 的項對於振幅響應的貢獻是一條斜率為 -20dB/decay 的直線，而對於相位的貢獻則是 -90 度。圖 6.34 是振幅響應與相位響應的波德圖。

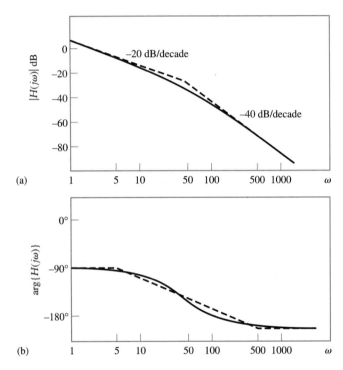

圖 6.34　範例 6.20 機電系統的波德圖。(a) 實際的振幅響應 (以實線表示)，與漸進線近似 (以虛線表示)。(b) 實際的相位響應 (以實線表示)，與漸進線近似 (以虛線表示)。

▶　**習題 6.23**　針對下述系統的轉移函數，請利用漸進線近似法，繪出波德圖的增益與相位圖。

(a)　$H(s) = \dfrac{8s + 40}{s(s + 20)}$

(b)　$H(s) = \dfrac{10}{(s + 1)(s + 2)(s + 10)}$

答案　請參考圖 6.35。　◀

➤➤ **習題 6.24** 針對轉移函數為 $H(s) = \frac{100(s + 1)}{s(s^2 + 20s + 100)}$ 的系統，請利用漸進線近似法，繪出波德圖的增益量。

答案　請參考圖 6.36 ◀

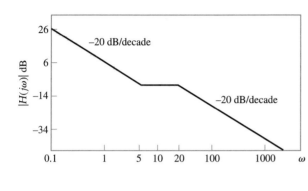
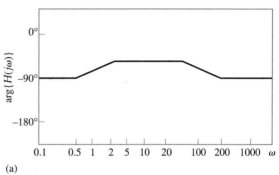

(a)

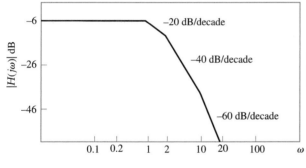
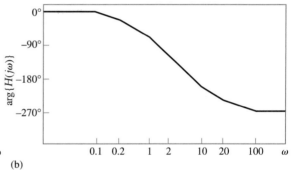

(b)

圖 6.35　習題 6.23 的解答。

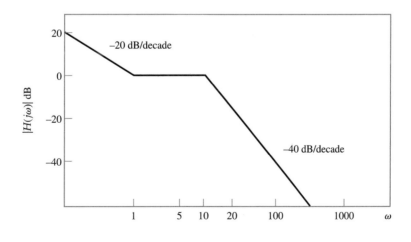

圖 6.36　習題 6.24 的解答。

6.14 利用 MATLAB 探索觀念 (Exploring Concepts with MATLAB)

MATLAB 控制系統工具箱有許多非常好用的指令，可以幫助我們做拉普拉斯轉換，以及處理用轉移函數、極點與零點或是狀態變數所描述的連續時間 LTI 系統。

■ 6.14.1 極點與零點 (POLES AND ZEROS)

指令 `r = roots(a)` 可以幫我們解出多項式的根，因此可以用來解出拉普拉斯轉換的零點與極點，其中多項式以向量 `a` 表示，並將拉普拉斯轉換表示成 s 多項式的分式。向量 `a` 中的元素，依序對應到 s 多項式以降冪排列的係數。

舉例來說，範例 6.9 的拉普拉斯轉換如下，

$$X(s) = \frac{4s^2 + 6}{s^3 + s^2 - 2}$$

我們可以利用下述的指令解出它的極點與零點：

```
>> z = roots([4, 0, 6])
z =

    0 + 1.2247i
    0 - 1.2247i
>> p = roots([1, 1, 0, -2])
p =

    -1.0000 + 1.0000i
    -1.0000 - 1.0000i
    1.0000
```

因此，我們可以知道在 $s = \pm j1.2247$ 處有零點，在 $s = 1$ 處有一個極點，在 $s = -1 \pm j$ 處有一對共軛複數極點。(請回想一下，MATLAB 中 $i = \sqrt{-1}$)。

指令 `poly(r)` 是利用向量 `r` 中的極點或零點，去解出相對應的多項式係數。

■ 6.14.2 部分分式展開式 (PARTIAL-FRACTION EXPANSIONS)

指令 `residue` 可以用來求出兩個多項式比的部分分式展開式。指令的語法是 `[r,p,k] = residue(b,a)`，其中 `b` 代表分子多項式，`a` 代表分母多項式，`r` 表示部分分式展開式的係數或是餘數，`p` 表示極點，而 `k` 是一個任意 s 冪次的向量。假如分子的階數比分母小，則 `k` 會是一個空矩陣。

為了展示如何使用 residue 這個指令，我們以範例 6.7 為例，解出其拉普拉斯轉換的部分分式展開式，我們通常會先將其表示成下述形式，

$$X(s) = \frac{3s + 4}{(s + 1)(s + 2)^2} = \frac{3s + 4}{s^3 + 5s^2 + 8s + 4}$$

然後再使用下列指令：

```
>> [r,p,k] = residue([3, 4], [1, 5, 8, 4])
r =

      -1.0000
       2.0000
       1.0000

p =

      -2.0000
      -2.0000
      -1.0000
k =
      []
```

所以，留數 r(1) = −1 是指在 s = −2 處 (由 p(1) 決定) 的極點；留數 r(2) = 2 則代表在 s = −2 處 (由 p(2) 決定) 有二階極點；留數 r(3) = 1 是指在 s = −1 處 (由 p(3) 決定) 有一個極點。因此，所得到的部分分式展開式為：

$$X(s) = \frac{-1}{s + 2} + \frac{2}{(s + 2)^2} + \frac{1}{s + 1}$$

結果與範例 6.7 中的相同。

➤ **習題 6.25** 利用指令 residue 解習題 6.7。 ◄

■ 6.14.3 建立系統描述法之間的關係 (RELATING SYSTEM DE-SCRIPTIONS)

回想一下，系統可以用微分方程式、轉移函數、極點與零點、頻率響應或是狀態變數等方法表示。MATLAB 的控制系統工具箱也有一些常式，可以針對描述 LTI 系統所用的轉移函數、極點-零點和狀態變數，建立這些描述法之間的關聯。上述的所有的常式都是基於 LTI 物件，這些物件代表各種不同形式的系統描述法。我們在第 2.14 節曾經提過，狀態空間的物件在 MATLAB 中是利用指令 ss 來定義。利用指令 H = tf(b, a)，我們可以建立一個 LTI 物件 H 來表示一個轉移函數，其中的 b 與 a

代表分子多項式與分母的 s 多項式以降冪排列的係數。指令 H = zpk(z, p, k) 則建立一個極點-零點-增益形式描述系統的 LTI 物件。向量 z 與 p 分別代表零點與極點,而增益是用純量k 表示。

　　當我們想要在不同形式的 LTI 物件之間進行轉換時,可以使用ss,tf和zpk指令。舉例來說,若syszpk 是一個用零點-極點增益形式所表示 LTI 物件系統,則指令sysss = ss(syszpk) 可以將物件syszpk轉成一個狀態空間物件sysss, 此物件也可表示相同的系統。

　　指令 tzero(sys) 與 pole(sys) 可以用來求出 LTI 物件 sys 的零點與極點,指令pzmap(sys) 則是繪出極點-零點圖。其它可以直接用在LTI 物件的指令還有用來求頻率響應的 freqresp、繪製波德圖的 bode、求步階響應的 step,以及 lsim 是用來模擬某個特定輸入訊號的系統輸出。

　　考慮某一個系統在$s=0$ 與 $s=\pm j\,10$ 處有零點,在$s=-0.5\pm j\,5$,$s=-3$ 與 $s=-4$ 處有極點而且增益是2。利用這些條件可以解出系統的轉移函數,而透過下列的MATLAB程式碼,可以在 s 平面中繪出極點與零點的位置,並畫出系統的振幅響應:

```
>> z = [0, j*10, -j*10];   p = [-0.5+j*5, -0.5-j*5, -3,
    -4];   k = 2;
>> syszpk = zpk(z, p, k)
Zero/pole/gain
    2 s  (s ^ 2 + 100)
- - - - - - - - - - - - - - - - - - - - - - -
(s+4)  (s+3)  (s ^ 2 + s + 25.25)

>> systf = tf(syszpk)        % convert to transfer
                               function form
Transfer function:
    2 s ^ 3 + 200s
- - - - - - - - - - - - - - - - - - - - - - -
s ^ 4 + 7  s ^ 3 + 44.25  s ^ 2 + 188.8  s + 303

>> pzmap(systf)              % generate pole-zero plot
>> w = [0:499]*20/500;         % Frequencies from 0 to
                                 20 rad/sec
>> H = freqresp(systf,w);
>> Hmag = abs(squeeze(H));     plot(w,Hmag)
```

圖 6.37 是上述程式碼所繪出的極點-零點圖,圖 6.38 則是當($0 \le \omega < 20$)時,系統的振幅響應圖。請注意到,在$j\omega$軸上,零點位置所對應的頻率,其相對的振幅響應為零,也就是當頻率$\omega=0$ 與 $\omega=10$ 時。同樣的,在$j\omega$軸附近的極點,其所對應頻率的振幅響應是很大的,也就是當頻率$\omega=5$。

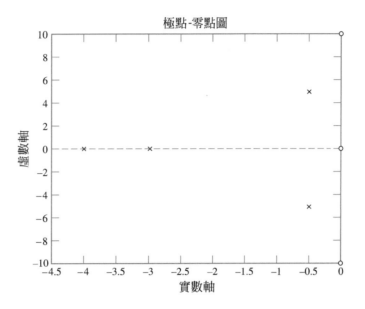

圖 6.37　利用 MATLAB，我們可以在 s 平面中繪出系統極點與零點的位置。

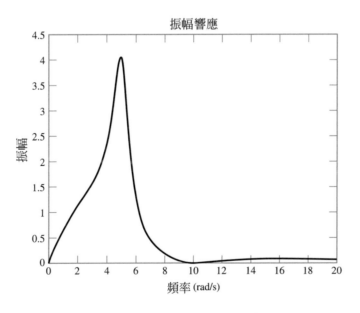

圖 6.38　利用 MATLAB 程式所得到的系統振幅響應。

至於範例 6.25 中的系統波德圖，利用 MATLAB 的指令 bode 就可以繪出：

```
>> z = [-10];    p = [-1, -50];    k = 5;
>> sys = zpk(z, p, k);
>> bode(sys)
```

程式的執行結果如圖 6.39 所示。

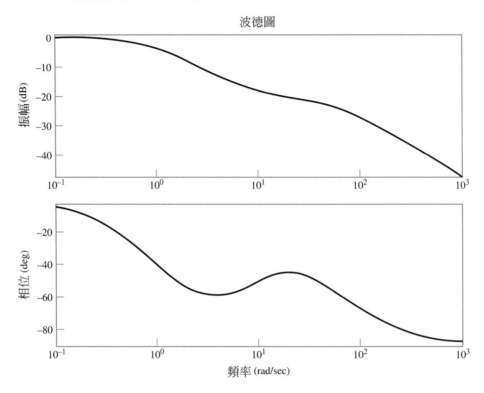

圖 6.39　利用 MATLAB 繪出範例 6.25 的系統波德圖。

6.15　總結 (Summary)

拉普拉斯轉換將連續時間訊號表示成複數指數的加權疊加，這種表示法比複數弦波表示法更具一般性 (後者可視為拉普拉斯轉換的一個特例)。因此，拉普拉斯轉換可以表示的訊號種類比傅立葉轉換所能表示的更多。這是我們使用拉普拉斯轉換去分析不穩定訊號與 LTI 系統的原因。轉移函數是脈衝響應的拉普拉斯轉換，並且提供了另一種描述 LTI 系統輸入-輸出特性的方式。拉普拉斯轉換將時域上的訊號摺積運算，轉換成在 s 域上拉普拉斯轉換的乘法運算，所以 LTI 系統輸出的拉普拉斯轉換等於輸入訊號的拉普拉斯轉換乘上轉移函數。在 s 平面中，轉移函數的極點與零點位置還提供了 LTI 系統的另一個特性，是關於系統的穩定性、因果性、可逆性與頻率響應的訊息。

　　複數指數的指數中包含一個複數變數 s。拉普拉斯轉換是 s 的函數，並且可在我們稱為 s 平面的複數平面中表示。沿著 $j\omega$ 軸計算拉普拉斯轉換值，就可以解出傅立葉轉換，也就是說，令 $s = j\omega$。拉普拉斯轉換的性質與傅立葉轉換的性質類似。在轉移函數中，令 $s = j\omega$ 就可以解出 LTI 系統的頻率響應。波德圖利用 LTI 系統的極點與零點，對頻率軸取對數，畫出系統的振幅響應 (單位為分貝) 與相位響應。單邊拉普拉斯轉換應用在因果性訊號上，它是一個很好用的工具，可用來解決與具有初始條件的微分方程式有關的系統問題。雙邊拉普拉斯轉換應用在雙邊訊號上；當 ROC 未定時，此值無法唯一決定。在 s 平面中，ROC 與拉普拉斯轉換極點的相對位置，決定了訊號是左側訊號、右側訊號或者是雙邊訊號。

　　傅立葉轉換與拉普拉斯轉換有許多類似點，而且往往是可以交互使用，但是在訊號與系統的分析上，它們卻扮演著不同的角色。拉普拉斯轉換最常用來分析系統的暫態與穩定性。關於這類問題的分析常常出現在控制系統的應用上，其中我們感興趣的是系統的輸出是否與我們所想要的輸出相同。系統的極點提供了關於 LTI 系統穩定性與暫態響應特性的必要資訊，若已知輸入及其初始條件，則單邊轉換可以用來求 LTI 系統響應。但是傅立葉轉換就沒有分析這些特性的能力。我們將會在第九章，針對拉普拉斯轉換在分析控制系統的暫態與穩定性做更深入的探討。

　　相較之下，傅立葉轉換通常是表示訊號的工具，並用來解決一些我們對其系統穩定態特性感興趣的問題。在這類的問題上，傅立葉轉換會比拉普拉斯轉換更加容易表示與使用，因為傅立葉轉換是實數頻率的函數，而拉普拉斯轉換是複數頻率 $s = \sigma + j\omega$ 的函數。

　　應用傅立葉轉換來表示訊號的例子與分析系統穩態的問題，在第四章與第五章中已經討論過了，我們將在第八章中更深入地探討濾波器的設計與分析。

🔵 進階資料

1.　拉普拉斯轉換是以拉普拉斯 (Pierre-Simon de Laplace，1749-1827) 的名字而命名的，他研究過許多方面的自然現象，包括了流體力學、聲音的傳播、熱力、潮汐與物質的液態，但是大部分的時間致力於天文學方面的研究。針對太陽系相關的力學問題，拉普拉斯在書名為《M'ecanique c'eleste》的五冊叢書中，發表了完整的解析解 (analytic solutions)。在他的其它著作中，有一段很有名的話，他聲稱世界的未來完全是由過去所決定因此若有人知道這個世界上任何一瞬間的 "狀態"，他就可以預測未來。雖然拉普拉斯在數學上有許多重要的發現，但他主要的興趣還是在研究自然現象。數學僅是他為了達成目標的工具。

2. 下列的教科書都是以拉普拉斯轉換及其應用爲主題：

   ▶ Holbrook, J. G 著，《*Laplace Transforms for Electronic Engineers*》，第 2 版，Pergamon Press 公司 於 1966 出版。

   ▶ Kuhfittig, P. K. F.著，《*Introduction to the Laplace Transform*》，Plenum Press 於 1978 年出版。

   ▶ Thomson, W. T 著，《*Laplace Transformation*》，第 2 版，Prentice-Hall 於 1960 年出版。

3. 下面這本教科書

   ▶ Bode, H. W.著，《*Network Analysis and Feedback Amplifier Design*》，Van Nostrand 於 1947 年出版。這是一本經典著作，裡面詳細地談到最小相位系統，其振幅響應與相位響應之間的一對一關係。波德圖也是爲了紀念 H. W. Bode 而命名。

4. (6.4)式中，計算反拉普拉斯轉換會用到圍道積分的技巧，此技巧通常是在研究有關複數變數方面的數學課程裡才會談到。我們列出一本圍道積分的入門書籍：

   ▶ Brown, J.與 R. Churchill 合著，《*Complex Variables and Applications*》，McGraw-Hill 於 1996 年出版。

5. 當 $t < 0$ 時，利用單邊拉普拉斯轉換解微分方程式的方法並不適用。在 $t = 0$ 的點上，我們必須很小心地求解，因爲在這個瞬間，步階函數是不連續的，而且所求出的解，其中任何一個脈衝函數的振幅都是不明確的。目前是使用傳統的解法來處理這個困難的議題，而且在入門的階段，我們並不覺得有其它方法可以如此精準而正確地處理這個問題。如果要以精確的方式解決這個問題，需要使用廣義泛函分析 (generalized functional analysis) 的技術，但這已經超出本書的範圍了。

◉ 補充習題 (ADDITIONAL PROBLEMS)

6.26 已知訊號 $x(t)$ 的拉普拉斯轉換爲 $X(s)$。請在 s 平面中，繪出極點與零點的位置，並且不可將 $X(s)$ 做反轉換的方式下，解出 $x(t)$ 的傅立葉轉換。

(a) $X(s) = \dfrac{s^2 + 1}{s^2 + 5s + 6}$

(b) $X(s) = \dfrac{s^2 - 1}{s^2 + s + 1}$

(c) $X(s) = \dfrac{1}{s - 4} + \dfrac{2}{s - 2}$

6.27 試解出下列訊號的雙邊拉普拉斯轉換及其 ROC：

(a) $x(t) = e^{-t}u(t + 2)$

(b) $x(t) = u(-t + 3)$

(c) $x(t) = \delta(t + 1)$

(d) $x(t) = \sin(t)u(t)$

6.28 利用單邊拉普拉斯轉換的定義式，試求出下列訊號的單邊拉普拉斯轉換：

(a) $x(t) = u(t - 2)$

(b) $x(t) = u(t + 2)$

(c) $x(t) = e^{-2t}u(t + 1)$

(d) $x(t) = e^{2t}u(-t + 2)$

(e) $x(t) = \sin(\omega_o t)$

(f) $x(t) = u(t) - u(t - 2)$

(g) $x(t) = \begin{cases} \sin(\pi t), & 0 < t < 1 \\ 0, & 其他條件 \end{cases}$

6.29 試利用基本的拉普拉斯轉換式，與表 D.1 和表 D.2 中所列的拉普拉斯轉換特性，求下列訊號的單邊拉普拉斯轉換：

(a) $x(t) = \dfrac{d}{dt}\{te^{-t}u(t)\}$

(b) $x(t) = tu(t) * \cos(2\pi t)u(t)$

(c) $x(t) = t^3 u(t)$

(d) $x(t) = u(t - 1) * e^{-2t}u(t - 1)$

(e) $x(t) = \int_0^t e^{-3\tau}\cos(2\tau)d\tau$

(f) $x(t) = t\dfrac{d}{dt}(e^{-t}\cos(t)u(t))$

6.30 試利用基本的拉普拉斯轉換式，與表 D.1 和表 D.2 中所列的拉普拉斯轉換特性，求下列單邊拉普拉斯轉換所代表的時間訊號：

(a) $X(s) = \left(\dfrac{1}{s + 2}\right)\left(\dfrac{1}{s + 3}\right)$

(b) $X(s) = e^{-2s}\dfrac{d}{ds}\left(\dfrac{1}{(s + 1)^2}\right)$

(c) $X(s) = \dfrac{1}{(2s + 1)^2 + 4}$

(d) $X(s) = s\dfrac{d^2}{ds^2}\left(\dfrac{1}{s^2 + 9}\right) + \dfrac{1}{s + 3}$

6.31 已知轉換對為 $\cos(2t)u(t) \overset{\mathcal{L}_u}{\longleftrightarrow} X(s)$，試求出下列拉普拉斯轉換所對應的時間訊號為何：

(a) $(s + 1)X(s)$

(b) $X(3s)$

(c) $X(s + 2)$

(d) $s^{-2}X(s)$

(e) $\dfrac{d}{ds}(e^{-3s}X(s))$

6.32 已知轉換對為 $x(t) \overset{\mathcal{L}_u}{\longleftrightarrow} \dfrac{2s}{s^2 + 2}$，其中當 $t < 0$ 時，$x(t) = 0$，試解出下列時間訊號的拉普拉斯轉換為何：

(a) $x(3t)$

(b) $x(t - 2)$

(c) $x(t) * \dfrac{d}{dt}x(t)$

(d) $e^{-t}x(t)$

(e) $2tx(t)$

(f) $\int_0^t x(3\tau)d\tau$

6.33 試利用 s 域平移特性與轉換對 $e^{-at}u(t) \overset{\mathcal{L}_u}{\longleftrightarrow} \dfrac{1}{s + a}$，導出 $x(t) = e^{-at}\cos(\omega_1 t)u(t)$ 的單邊拉普拉斯轉換。

6.34 試證明下列單邊拉普拉斯轉換特性：

(a) 線性特性

(b) 比例縮放特性

(c) 時間平移特性

(d) s 域平移特性

(e) 摺積特性

(f) s 域微分特性

6.35 已知下列拉普拉斯轉換 $X(s)$，試解出初值 $x(0^+)$：

(a) $X(s) = \dfrac{1}{s^2 + 5s - 2}$

(b) $X(s) = \dfrac{s + 2}{s^2 + 2s - 3}$

(c) $X(s) = e^{-2s}\dfrac{6s^2 + s}{s^2 + 2s - 2}$

6.36 已知下列拉普拉斯轉換 $X(s)$，試解出終值 $x(\infty)$：

(a) $X(s) = \dfrac{2s^2 + 3}{s^2 + 5s + 1}$

(b) $X(s) = \dfrac{s + 2}{s^3 + 2s^2 + s}$

(c) $X(s) = e^{-3s}\dfrac{2s^2 + 1}{s(s + 2)^2}$

6.37 利用部分分式方式，解出下列單邊拉普拉斯轉換所對應的時間訊號為何：

(a) $X(s) = \dfrac{s + 3}{s^2 + 3s + 2}$

(b) $X(s) = \dfrac{2s^2 + 10s + 11}{s^2 + 5s + 6}$

(c) $X(s) = \dfrac{2s - 1}{s^2 + 2s + 1}$

(d) $X(s) = \dfrac{5s + 4}{s^3 + 3s^2 + 2s}$

(e) $X(s) = \dfrac{s^2 - 3}{(s + 2)(s^2 + 2s + 1)}$

(f) $X(s) = \dfrac{3s + 2}{s^2 + 2s + 10}$

(g) $X(s) = \dfrac{4s^2 + 8s + 10}{(s + 2)(s^2 + 2s + 5)}$

(h) $X(s) = \dfrac{3s^2 + 10s + 10}{(s + 2)(s^2 + 6s + 10)}$

(i) $X(s) = \dfrac{2s^2 + 11s + 16 + e^{-2s}}{s^2 + 5s + 6}$

6.38 已知 LTI 系統是由下列具有特定輸入與初始條件的微分方程式所描述，試解出系統的強迫響應與自然響應：

(a) $\dfrac{d}{dt}y(t) + 10y(t) = 10x(t), \quad y(0^-) = 1$

$x(t) = u(t)$

(b) $\dfrac{d^2}{dt^2}y(t) + 5\dfrac{d}{dt}y(t) + 6y(t)$

$= -4x(t) - 3\dfrac{d}{dt}x(t)$

$y(0^-) = -1, \dfrac{d}{dt}y(t)\bigg|_{t=0^-} = 5, x(t) = e^{-t}u(t)$

(c) $\dfrac{d^2}{dt^2}y(t) + y(t) = 8x(t), y(0^-) = 0$

$\dfrac{d}{dt}y(t)\bigg|_{t=0^-} = 2, x(t) = e^{-t}u(t)$

(d) $\dfrac{d^2}{dt^2}y(t) + 2\dfrac{d}{dt}y(t) + 5y(t) = \dfrac{d}{dt}x(t)$

$y(0^-) = 2, \dfrac{d}{dt}y(t)\bigg|_{t=0^-} = 0, x(t) = u(t)$

6.39 利用拉普拉斯轉換電路模型，解出圖 P6.39 電路中的電流 $y(t)$，其中我們假設對於特定輸入訊號而言，$R = 1\Omega$ 且 $L = 1H/2$。當 $t = 0^-$ 時，流經電感器的電流為 2 安培。

(a) $x(t) = e^{-t}u(t)$

(b) $x(t) = \cos(t)u(t)$

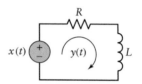

圖 P6.39

6.40 圖 P6.40 的電路圖表示一個輸入為 $x(t)$，而且輸出為 $y(t)$ 的系統。試解出在下列的特定條件下，系統的強迫響應與自然響應為何

(a) 假設 $R = 3\Omega$，$L = 1H$，$C = \frac{1}{2}F$，$x(t) = u(t)$，當 $t = 0^-$ 時，流經電感器的電流為 2 安培，且當 $t = 0^-$ 時，電容器的端電壓為 1 伏特。

(b) 假設 $R = 2\Omega$，$L = 1H$，$C = \frac{1}{5}F$，$x(t) = u(t)$，當 $t = 0^-$ 時，流經電感器的電流為 2 安培，且當 $t = 0^-$ 時，電容器的端電壓為 1 伏特。

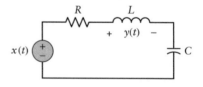

圖 P6.40

6.41 試解出下列訊號的雙邊拉普拉斯轉換，與其相對應的 ROC：

(a) $x(t) = e^{-t/2}u(t) + e^{-t}u(t) + e^t u(-t)$

(b) $x(t) = e^t \cos(2t)u(-t) + e^{-t}u(t) + e^{t/2}u(t)$

(c) $x(t) = e^{3t+6}u(t+3)$

(d) $x(t) = \cos(3t)u(-t) * e^{-t}u(t)$

(e) $x(t) = e^t \sin(2t+4)u(t+2)$

(f) $x(t) = e^t \dfrac{d}{dt}(e^{-2t}u(-t))$

6.42 試利用轉換表與轉換特性，解出下列雙邊拉普拉斯轉換所對應的時間訊號為何：

(a) $X(s) = e^{5s}\dfrac{1}{s+2}$ 其 ROC 為 $\mathrm{Re}(s) < -2$

(b) $X(s) = \dfrac{d^2}{ds^2}\left(\dfrac{1}{s-3}\right)$ 其 ROC 為 $\mathrm{Re}(s) > 3$

(c) $X(s) = s\left(\dfrac{1}{s^2} - \dfrac{e^{-s}}{s^2} - \dfrac{e^{-2s}}{s}\right)$ 其 ROC 為 $\mathrm{Re}(s) < 0$

(d) $X(s) = s^{-2}\dfrac{d}{ds}\left(\dfrac{e^{-3s}}{s}\right)$ 其 ROC 為 $\mathrm{Re}(s) > 0$

6.43 試利用部分分式展開的方法，解出下列雙邊拉普拉斯轉換所代表的時間訊號：

(a) $X(s) = \dfrac{-s-4}{s^2+3s+2}$

(i) 其 ROC 為 $\mathrm{Re}(s) < -2$

(ii) 其 ROC 為 $\mathrm{Re}(s) > -1$

(iii) 其 ROC 為 $-2 < \mathrm{Re}(s) < -1$

(b) $X(s) = \dfrac{4s^2+8s+10}{(s+2)(s^2+2s+5)}$

(i) 其 ROC 為 $\mathrm{Re}(s) < -2$

(ii) 其 ROC 為 $\mathrm{Re}(s) > -1$

(iii) 其 ROC 為 $-2 < \mathrm{Re}(s) < -1$

(c) $X(s) = \dfrac{5s+4}{s^2+2s+1}$

(i) 其 ROC 為 $\mathrm{Re}(s) < -1$

(ii) 其 ROC 為 $\mathrm{Re}(s) > -1$

(d) $X(s) = \dfrac{2s^2+2s-2}{s^2-1}$

(i) 其 ROC 為 $\mathrm{Re}(s) < -1$

(ii) 其 ROC 為 $\mathrm{Re}(s) > 1$

(iii) 其 ROC 為 $-1 < \mathrm{Re}(s) < 1$

6.44 考慮如圖 P6.44 所示的 RC 電路

(a) 假設輸出是 $y_1(t)$，試求系統的轉移函數。繪出系統的極點與零點，並說明系統是低通、高通或是帶通系統。

(b) 重複(a)部分的問題，但假設 $y_2(t)$ 為系統輸出。

(c) 試解出(a)部分與(b)部分的系統脈衝響應。

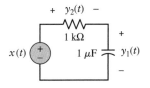

圖 P6.44

6.45 已知某系統的轉移函數為 $H(s)$。試解出其脈衝響應，其中我們假設(i)系統具因果性，以及(ii)系統具穩定性。

(a) $H(s) = \dfrac{2s^2+2s-2}{s^2-1}$

(b) $H(s) = \dfrac{2s-1}{s^2+2s+1}$

(c) $H(s) = \dfrac{s^2+5s-9}{(s+1)(s^2-2s+10)}$

(d) $H(s) = e^{-5s} + \dfrac{2}{s-2}$

6.46 已知某一個穩定的系統，其輸入為 $x(t)$ 且輸出為 $y(t)$。試利用拉普拉斯轉換解出系統的轉移函數與脈衝響應。

(a) $x(t) = e^{-t}u(t),\ y(t) = e^{-2t}\cos(t)u(t)$

(b) $x(t) = e^{-2t}u(t),$
$y(t) = -2e^{-t}u(t) + 2e^{-3t}u(t)$

6.47 已知某一個具因果性的系統，其輸入 $x(t)$ 與輸出 $y(t)$ 的關係是以下列的微分方程式描述。試利用拉普拉斯轉換解出系統的轉移函數與脈衝響應。

(a) $\dfrac{d}{dt}y(t) + 10y(t) = 10x(t)$

(b) $\dfrac{d^2}{dt^2}y(t) + 5\dfrac{d}{dt}y(t) + 6y(t)$
$= x(t) + \dfrac{d}{dt}x(t)$

(c) $\dfrac{d^2}{dt^2}y(t) - \dfrac{d}{dt}y(t) - 2y(t)$
$= -4x(t) + 5\dfrac{d}{dt}x(t)$

6.48 已知系統的轉移函數如下，試求用以描述系統的微分方程式：

(a) $H(s) = \dfrac{1}{s(s+3)}$

(b) $H(s) = \dfrac{6s}{s^2 - 2s + 8}$

(c) $H(s) = \dfrac{2(s-2)}{(s+1)^2(s+3)}$

6.49 (a) 試利用時域微分特性，證明LTI系統的轉移函數可以用下列的狀態變數加以描述。

$$H(s) = \mathbf{c}(s\mathbf{I} - \mathbf{A})^{-1}\mathbf{b} + D$$

(b) 試解出以下列狀態變數所描述的穩態LTI系統，其相對應的轉移函數、脈衝響應與微分方程式為何：

(i) $\mathbf{A} = \begin{bmatrix} -1 & 1 \\ 0 & -2 \end{bmatrix}$, $\mathbf{b} = \begin{bmatrix} 3 \\ -1 \end{bmatrix}$
$\mathbf{c} = \begin{bmatrix} 1 & 2 \end{bmatrix}$, $D = \begin{bmatrix} 0 \end{bmatrix}$

(ii) $\mathbf{A} = \begin{bmatrix} 1 & 2 \\ 1 & -6 \end{bmatrix}$, $\mathbf{b} = \begin{bmatrix} 1 \\ 2 \end{bmatrix}$
$\mathbf{c} = \begin{bmatrix} 0 & 1 \end{bmatrix}$, $D = \begin{bmatrix} 0 \end{bmatrix}$

6.50 試解出(i)由下列轉移函數所描述的系統，是否兼具穩定性與因果性以及(ii)具穩定性與因果性的逆系統是否存在：

(a) $H(s) = \dfrac{(s+1)(s+2)}{(s+1)(s^2 + 2s + 10)}$

(b) $H(s) = \dfrac{s^2 + 2s - 3}{(s+3)(s^2 + 2s + 5)}$

(c) $H(s) = \dfrac{s^2 - 3s + 2}{(s+2)(s^2 - 2s + 8)}$

(d) $H(s) = \dfrac{s^2 + 2s}{(s^2 + 3s - 2)(s^2 + s + 2)}$

6.51 某系統的輸入訊號 $x(t)$ 與輸出訊號 $y(t)$ 之間的關係是由下列微分方程式所示

$$\dfrac{d^2}{dt^2}y(t) + \dfrac{d}{dt}y(t) + 5y(t) = \dfrac{d^2}{dt^2}x(t) - 2\dfrac{d}{dt}x(t) + x(t)$$

(a) 請問此系統的逆系統是否具穩定性與因果性？試說明其原因？

(b) 試解出描述此逆系統的微分方程式。

6.52 某一具備穩定性與因果性的系統，其有理轉移函數為$H(s)$。此外，系統還滿足下列條件：

(i) 脈衝響應$h(t)$為實數；

(ii) $H(s)$ 恰有兩個零點，其中一個落在 $s = 1 + j$ ；

(iii) 訊號$\dfrac{d^2}{dt^2}h(t) + 3\dfrac{d}{dt}h(t) + 2h(t)$包括了一個脈衝、一對強度未知的訊號、與一個單位振幅步階訊號。試求$H(s)$。

6.53 利用 s 平面中，極點與零點位置以及 $j\omega$軸之間的關係，試繪出由下列轉移函數所描述之系統的振幅響應：

(a) $H(s) = \dfrac{s}{s^2 + 2s + 101}$

(b) $H(s) = \dfrac{s^2 + 16}{s + 1}$

(c) $H(s) = \dfrac{s - 1}{s + 1}$

6.54 利用 s 平面中，極點與零點位置間的關係以及$j\omega$軸，試繪出由下列轉移函數所描述系統的相位響應：

(a) $H(s) = \dfrac{s - 1}{s + 2}$

(b) $H(s) = \dfrac{s + 1}{s + 2}$

(c) $H(s) = \dfrac{1}{s^2 + 2s + 17}$

(d) $H(s) = s^2$

6.55 試繪出由下列轉移函數所描述系統的波德圖：

(a) $H(s) = \dfrac{50}{(s + 1)(s + 10)}$

(b) $H(s) = \dfrac{20(s + 1)}{s^2(s + 10)}$

(c) $H(s) = \dfrac{5}{(s + 1)^3}$

(d) $H(s) = \dfrac{s + 2}{s^2 + s + 100}$

(e) $H(s) = \dfrac{s + 2}{s^2 + 10s + 100}$

6.56 一個多路徑系統的輸出 $y(t)$ 可以用輸入訊號 $x(t)$ 表示成

$$y(t) = x(t) + ax(t - T_{\text{diff}})$$

其中a和T_{diff}分別代表第二條路徑的相對強度與時間延遲。

(a) 試解出多徑系統的轉移函數。

(b) 將逆系統的轉移函數，利用幾何級數展開，表示成無窮和。

(c) 試解出逆系統的脈衝響應。請問逆系統能夠兼具穩定性與因果性的必要條件為何？

(d) 假設(c)題的條件並不滿足，試解出具有穩定性的逆系統。

6.57 在第 2.12 節中，我們利用微分方程式改寫為積分方程式的方法，針對線性常數係數微分方程式所描述的系統，推導出方塊圖描述。考慮用下述積分方程式所描述的二階系統

$$y(t) = -a_1 y^{(1)}(t) - a_0 y^{(2)}(t) + b_2 x(t) \\ + b_1 x^{(1)}(t) + b_0 x^{(2)}(t)$$

回想一下，$v^{(n)}(t)$代表將$v(t)$對時間n次積分。利用積分特性，對此積分方程式取拉普拉斯轉換，並針對系統轉移函數，推導出它們的直接形式 I 與 II 方塊圖表示法。

進階習題 (ADVANCED PROBLEMS)

6.58 假設當 $t < 0$ 時，$x(t) = 0$，並對 $x(t)$ 在 $t = 0^+$ 處的泰勒級數展開式取拉普拉斯轉換，試證明初值定理。

6.59 某一個兼具因果性與穩定性的系統，其脈衝響應為 $h(t)$，而且這個系統具有有理轉移函數。若要讓下列系統兼具穩定性與因果性，請問轉移函數應有什麼條件？其中系統的脈衝響應$g(t)$為：

(a) $g(t) = \dfrac{d}{dt} h(t)$

(b) $g(t) = \int_{-\infty}^{t} h(\tau) d\tau$

6.60 請利用我們在第 4.4 節所介紹，將離散時間訊號 $x[n]$ 表示成連續時間訊號 $x_\delta(t)$ 的方法，解出下列離散時間訊號的拉普拉斯轉換：

(a) $x[n] = \begin{cases} 1, & -2 \le n \le 2 \\ 0, & \text{其他條件} \end{cases}$

(b) $x[n] = (1/2)^n u[n]$

(c) $x[n] = e^{-2t} u(t)|_{t=nT}$

6.61 訊號 $x(t)$ 的自相關函數定義如下

$$r(t) = \int_{-\infty}^{\infty} x(\tau) x(t + \tau) d\tau$$

(a) 令 $r(t) = x(t) * h(t)$。將 $h(t)$ 以 $x(t)$ 表示。脈衝響應為 $h(t)$ 的系統,我們稱之為 $x(t)$ 的匹配濾波器。

(b) 利用由(a)小題所得到的結果,我們可以解出 $r(t)$ 的拉普拉斯轉換。

(c) 若 $x(t)$ 為實數且 $X(s)$ 有兩個極點,其中一個落在 $s = \sigma_p + j\omega_p$ 處,試解出 $R(s)$ 所有極點的位置。

6.62 假設某一個系統在 $d_k = \alpha_k + i\beta_k$ 處有 M 個極點,而且在 $c_k = -\alpha_k + i\beta_k$ 處有個 M 個零點。也就是說,極點與零點的位置對稱於 $j\omega$ 軸。

(a) 試證明任意系統的振幅響應,只要滿足對稱的條件,則此振幅響應等於 1。我們稱此系統為全通 (all-pass) 系統,因為它對所有頻率的訊號,其增益都是 1。

(b) 請計算單一實數極點-零點對的相位響應;也就是說,請描繪 $\dfrac{s - \alpha}{s + \alpha}$ 的相位響應,其中 $\alpha > 0$。

6.63 考慮一個非最小相位的系統,其轉移函數如下所示

$$H(s) = \frac{(s + 2)(s - 1)}{(s + 4)(s + 3)(s + 5)}$$

(a) 請問這個系統的逆系統是否具穩定性與因果性

(b) 將 $H(s)$ 表示成最小相位系統 $H_{\min}(s)$ 與全通系統 $H_{ap}(s)$ 的乘積,其中的全通系統僅包含單一極點與零點。(關於全通系統的定義請參見習題 6.62)。

(c) 令 $H_{\min}^{inv}(s)$ 為 $H_{\min}(s)$ 的逆系統。試解出 $H_{\min}^{inv}(s)$。此系統是否可能同時具備穩定性與因果性

(d) 請解出此系統 $H(s)H_{\min}^{inv}(s)$ 的振幅響應與相位響應。

(e) 請將(b)小題與(c)小題的結果推廣至任意非最小相位的系統 $H(s)$,並解出系統 $H(s)H_{\min}^{inv}(s)$ 的振幅響應。

6.64 一個 N 階低通巴特渥斯 (Butterworth) 濾波器,其振幅響應的平方如下所示:

$$|H(j\omega)|^2 = \frac{1}{1 + (j\omega/j\omega_c)^{2N}}$$

我們說巴特渥斯濾波器具有最大的平坦頻帶,這是因為,在 $\omega = 0$ 處,$|H(j\omega)|^2$ 的前 $2N$ 階的微分都是零。截止頻率是 $\omega = \omega_c$,也就是使 $|H(j\omega)|^2 = 1/2$ 的那一個頻率點。假設脈衝響應是實數,再配合傅立葉轉換的共軛對稱特性,我們可以得到 $|H(j\omega)|^2 = H(j\omega)H^*(j\omega) = H(j\omega)H(-j\omega)$。請注意到 $H(s)|_{s=j\omega} = H(j\omega)$,因此我們可以得到一個結論,就是巴特渥斯濾波器的拉普拉斯轉換可以利用下列公式加以表示

$$H(s)H(-s) = \frac{1}{1 + (s/j\omega_c)^{2N}}$$

(a) 試解出 $H(s)H(-s)$ 的極點與零點,並且畫在 s 平面上。

(b) 請選擇 $H(s)$ 的極點與零點,使得脈衝響應兼具穩定性與因果性。請注意到,若 s_p 是 $H(s)$ 的極點或零點,則 $-s_p$ 是 $H(-s)$ 的極點或零點。

(c) 請注意到,$H(s)H(-s)|_{s=0} = 1$。當 $N = 1$ 與 $N = 2$ 時,試解出 $H(s)$。

(d) 試解出一個 3 階微分方程式,此方程式是用來描述一個截止頻率為 $\omega_c = 1$ 的巴特渥斯濾波器。

6.65 要改變濾波器的截止頻率，或將低通濾波器改成高通濾波器，通常是很容易的。考慮一個以下列轉移函數所描述的系統

$$H(s) = \frac{1}{(s+1)(s^2+s+1)}$$

(a) 試解出其極點與零點，並繪出此系統的振幅響應。請問這個系統是低通濾波器或是高通濾波器，並解出截止頻率 (當 $|H(j\omega)| = 1/\sqrt{2}$ 時的 ω 值。)

(b) 執行變數變換，將 $H(s)$ 中的 s 改成 $s/10$。針對這個轉換後的系統，重複(a)小題的操作。

(c) 執行變數變換，將 $H(s)$ 中的 s 改成 $1/s$。對這個轉換後的系統，重複(a)小題的操作。

(d) 試找出可將 $H(s)$ 轉換成一個截止頻率為 $\omega = 100$ 高通系統的轉換方式。

◉ 電腦實驗 (COMPUTER EXPERIMENTS)

6.67 使用 MATLAB 指令，解出下列系統的極點與零點：

(a) $H(s) = \dfrac{s^2+2}{s^3+2s^2-s+1}$

(b) $H(s) = \dfrac{s^3+1}{s^4+2s^2+1}$

(c) $H(s) = \dfrac{4s^2+8s+10}{2s^3+8s^2+18s+20}$

6.67 使用 MATLAB 指令 pzmap，解出下列系統的極點與零點：

(a) $H(s) = \dfrac{s+1}{s^4+2s^2+1}$

(b) $A = \begin{bmatrix} 1 & 2 \\ 1 & -6 \end{bmatrix}, \quad b = \begin{bmatrix} 1 \\ 2 \end{bmatrix}$

$c = \begin{bmatrix} 0 & 1 \end{bmatrix}, \quad D = \begin{bmatrix} 0 \end{bmatrix}$

6.68 使用 MATLAB 的指令 freqresp，分別計算範例 6.23 與範例 6.24 的振幅響應與相位響應，並繪製它們的圖形。

6.69 使用 MATLAB 的指令，計算並繪出範例 6.53 中，每一小題的振幅響應與相位響應。

6.70 請利用極點與零點對於振幅響應有何影響的知識，設計具有特定振幅響應的系統。在 s 平面中，指出極點與零點的位置，並利

用 MATLAB 指令 freqresp，解出其相對應的振幅響應。重複這個程序直到找出可以滿足規格的極點與零點。

(a) 設計一個具有兩個極點與兩個零點的高通濾波器，並滿足當 $|\omega| > 100\pi$ 時，$|H(j\,0)|=0$ 而且 $0.8 \le |H(j\,\omega)| \le 1.2$，其中 $H(j\,\omega)$ 的係數是實數。

(b) 設計一個具有實數係數的低通濾波器，且可以滿足當 $|\omega| < \pi$ 時，$0.8 \le H(j\,\omega)| \le 1.2$，以及當 $|\omega| > 10\pi$ 時，$|H(j\,\omega)| < 0.1$。

6.71 利用 MATLAB 指令 bode 畫出系統的波德圖，系統如習題 6.55。

6.72 利用 MATLAB 指令 ss 解出系統的狀態變數，系統如習題 6.48。

6.73 利用 MATLAB 指令 tf 解出系統的轉移函數，系統如習題 6.49。

CHAPTER

7

利用離散時間複數指數表示訊號：z 轉換

7.1 簡介 (Introduction)

在本章中，我們要將 DTFT 所提供離散時間訊號的複數弦波表示法，推廣為複數指數訊號的表示法，這種方法稱為 *z 轉換 (z-transform)*，相當於拉普拉斯轉換的離散時間部分。與 DTFT 比較起來，利用這種更一般化的離散時間訊號表示法，可以得到離散時間 LTI 系統以及它們與訊號的交互作用的廣泛特性。舉例來說，因為 DTFT 只有在脈衝響應為絕對可和的情形下存在，所以 DTFT 只能運用在穩定的 LTI 系統上。相反的，脈衝響應的 z 轉換可在不穩定的 LTI 系統下存在，因此 z 轉換可用來研究更廣泛的離散時間 LTI 系統和訊號。

和連續時間一樣，我們應該瞭解離散時間複數指數是 LTI 系統的特徵函數。這個特性賦予 z 轉換一些可用來分析訊號與系統的強而有力性質。這些性質裡有許多和 DTFT 的性質相似，例如時間訊號的摺積相當於 z 轉換的乘積。因此，將輸入的 z 轉換乘以脈衝響應的 z 轉換，就可以得到 LTI 系統的輸出。我們將脈衝響應的 z 轉換定義為系統的轉換函數。這個轉換函數能藉著系統輸入－輸出行為的頻率響應特性而一般化，並且讓我們對於系統特性有新的瞭解。

在工程的應用中，z 轉換主要是用在系統特性的研究與計算結構的推導，以便於透過電腦操作離散時間系統。單側的 z 轉換也用於含有初始條件的差分方程式的求解。在本章中，當我們在研究 z 轉換的同時，也將會探討這一類的問題。

7.2　*z* 轉換 (The *z*-Transform)

透過檢視複數指數訊號輸入到 LTI 系統的影響，我們可以推導出 z 轉換。令 $z=re^{j\Omega}$ 爲一個複數，大小爲 r，角度爲 Ω。訊號 $x[n]=z^n$ 是複數指數訊號。利用 $z=re^{j\Omega}$ 寫成

$$x[n] = r^n \cos(\Omega n) + j r^n \sin(\Omega n). \tag{7.1}$$

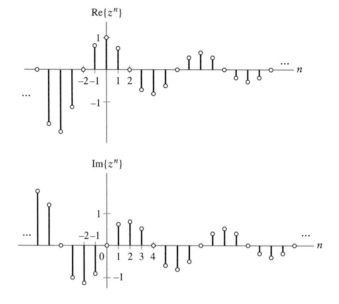

圖 7.1　訊號 z^n 的實部和虛部。

如圖 7.1 所示，$x[n]$ 的實數部分是指數阻尼的餘弦函數，而虛數部分是指數衰減的正弦函數。正數 r 是阻尼因子，Ω 爲弦波的頻率。注意，如果 $r=1$，則 $x[n]$ 是複數弦波。

　　考慮將 $x[n]$ 輸入到含有脈衝響應 $h[n]$ 的 LTI 系統。系統的輸出爲

$$\begin{aligned}
y[n] &= H\{x[n]\} \\
&= h[n] * x[n] \\
&= \sum_{k=-\infty}^{\infty} h[k]x[n-k]
\end{aligned}$$

利用 $x[n]=z^n$ 得到

$$\begin{aligned}
y[n] &= \sum_{k=-\infty}^{\infty} h[k]z^{n-k} \\
&= z^n \left(\sum_{k=-\infty}^{\infty} h[k]z^{-k} \right)
\end{aligned}$$

將*轉換函數 (transfer function)* 定義為

$$H(z) = \sum_{k=-\infty}^{\infty} h[k]z^{-k} \qquad (7.2)$$

所以我們可以寫出

$$H\{z^n\} = H(z)z^n$$

這個方程式含有*特徵關係 (eigenrelation)* 的形式，其中 z^n 是特徵函數，而 $H(z)$ 是特徵值。LTI 系統對輸入 z^n 的作用等於輸入和複數 $H(z)$ 相乘的結果。如果 $H(z)$ 表示成極式 $H(z) = |H(z)|e^{j\phi(z)}$，則系統的輸出可以寫成

$$y[n] = |H(z)|e^{j\phi(z)}z^n$$

利用 $z=re^{j\Omega}$ 與尤拉公式，得到

$$y[n] = |H(re^{j\Omega})|r^n \cos(\Omega n + \phi(re^{j\Omega})) + j|H(re^{j\Omega})|r^n \sin(\Omega n + \phi(re^{j\Omega}))$$

比較 $y[n]$ 與 (7.1) 式中的 $x[n]$，我們看到系統以 $|H(re^{j\Omega})|$ 來變更輸入的振幅，並以 $\phi(re^{j\Omega})$ 來平移弦波分量的相位。

現在，試著將任意訊號表示成特徵函數 z^n 的加權疊加。$z=re^{j\Omega}$ 代入 (7.2) 式，得到

$$H(re^{j\Omega}) = \sum_{n=-\infty}^{\infty} h[n](re^{j\Omega})^{-n}$$
$$= \sum_{n=-\infty}^{\infty} (h[n]r^{-n})e^{-j\Omega n}$$

我們看到 $H(re^{j\Omega})$ 相當於訊號 $h[n]r^{-n}$ 的 DTFT。因此，$H(re^{j\Omega})$ 的逆 DTFT 必為 $h[n]r^{-n}$，可寫出

$$h[n]r^{-n} = \frac{1}{2\pi}\int_{-\pi}^{\pi} H(re^{j\Omega})e^{j\Omega n}d\Omega$$

這個結果乘上 r^n，得到

$$h[n] = \frac{r^n}{2\pi}\int_{-\pi}^{\pi} H(re^{j\Omega})e^{j\Omega n}d\Omega$$
$$= \frac{1}{2\pi}\int_{-\pi}^{\pi} H(re^{j\Omega})(re^{j\Omega})^n d\Omega$$

代入 $re^{j\Omega}=z$，我們可以將上一個方程式轉換成對 z 的積分。因為只有對 Ω 進行積分運算，所以 r 可視為常數，而且 $dz=jre^{j\Omega}d\Omega$。於是，我們訂出 $d\Omega = \frac{1}{j}z^{-1}dz$。最後，考慮積分的上下界。當 Ω 從 $-\pi$ 到 π，z 以逆時針方向在半徑為 r 的圓圈上旋轉。因此寫出

$$b[n] = \frac{1}{2\pi j} \oint H(z) z^{n-1} dz \tag{7.3}$$

其中，$\oint$ 代表以逆時針方向，沿著半徑 $|z| = r$ 的圓圈進行積分運算。(7.2)式指出如何從 $b[n]$ 求出 $H(z)$，而(7.3)式將 $b[n]$ 表示成 $H(z)$ 的函數。我們將轉換函數 $H(z)$ 稱為脈衝響應 $b[n]$ 的 z 轉換。

更一般地說，任意訊號 $x[n]$ 的 z 轉換為

$$\boxed{X(z) = \sum_{n=-\infty}^{\infty} x[n] z^{-n}} \tag{7.4}$$

而*逆 z 轉換 (inverse z-transform)* 為

$$\boxed{x[n] = \frac{1}{2\pi j} \oint X(z) z^{n-1} dz} \tag{7.5}$$

我們用以下的標示符號來表示 $x[n]$ 與 $X(z)$ 之間的關係：

$$x[n] \overset{z}{\longleftrightarrow} X(z)$$

注意，(7.5)式將訊號 $x[n]$ 表示成複數指數 z^n 的加權疊加。其中的權重是 $(1/2\pi i) X(z) z^{-1}$。實際上，我們不直接計算這個積分，因為這必須要先瞭解複數變數理論。取而代之的是利用 $x[n]$ 與 $X[z]$ 之間的一對一的關係，以檢視其逆 z 轉換並加以計算。

■ 7.2.1　收斂 (CONVERGENCE)

當(7.4) 式裡的無窮和收斂時，z 轉換才會存在。而收斂的必要條件是 $x[n] z^{-n}$ 絕對可和。因為，$|x[n] z^{-n}| = |x[n] r^{-n}|$，我們必須有

$$\sum_{n=-\infty}^{\infty} |x[n] r^{-n}| < \infty$$

其中能夠滿足這個條件的 r 的範圍，稱為 z 轉換的*收斂範圍 (region of convergence，簡寫為 ROC)*。

對於沒有 DTFT 的訊號，z 轉換也會存在。請回憶一下，DTFT 存在的前提是 $x[n]$ 絕對可和。我們將 r 的值加以限制，那麼即使 $x[n]$ 不是絕對可和，也可以確定 $x[n] r^{-n}$ 是絕對可和。舉例來說，當 $|\alpha| > 1$，$x[n] = \alpha^n u[n]$ 的 DTFT 不存在，因為 $x[n]$ 會變成一個遞增指數訊號，如圖 7.2(a)。然而，如果 $r > \alpha$，則 r^{-n} 衰減的速度會大於 $x[n]$ 遞增的速度，如圖 7.2(b)所示。因此，如圖 7.2(c)所示，訊號 $x[n] r^{-n}$ 是絕對可和，而且 z 轉換存在。不需要有 DTFT 就能夠處理訊號，這是 z 轉換的一個重要優勢。

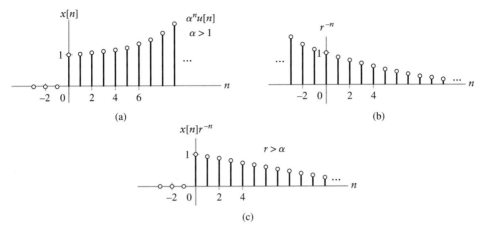

圖 7.2 一個有 z 轉換，但沒有 DTFT 的訊號。(a) 遞增的指數訊號，其 DTFT 不存在。(b) 與 z 轉換有關的衰減因子 r^{-n}。(c) 修改後的訊號 $x[n]r^{-n}$ 是絕對可和，因為 $r>\alpha$，所以 $x[n]$ 的 z 轉換存在。

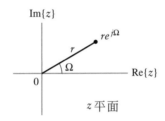

圖 7.3　z 平面。點 $z=re^{j\Omega}$ 的位置，與原點距離 r，與實數軸夾角為 Ω。

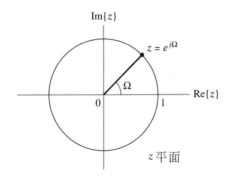

圖 7.4　在 z 平面上的單位圓，$z=re^{j\Omega}$。

■ 7.2.2　z 平面 (THE Z-PLANE)

我們可以很容易地使用複數平面上的位置來表示複數 z，這個複數平面稱為 z 平面 (z-plane)，如圖 7.3 所示。點 $z=e^{j\Omega}$ 的位置是在與原點距離 r，而且與正實數軸夾角為 Ω 的地方。請注意，如果 $x[n]$ 是絕對可和，則設定 $r=1$，或將 $z=e^{j\Omega}$ 代入(7.4)式，我們就可以從 z 轉換得到 DTFT。也就是說

$$X(e^{j\Omega}) = X(z)|_{z=e^{j\Omega}} \qquad\qquad (7.6)$$

方程式 $z = e^{j\Omega}$ 描述一個單位半徑的圓，圓心位於 z 平面的原點，如圖 7.4 所示。這個輪廓線稱為 z 平面上的*單位圓 (unit circle)*。DTFT 中的頻率 Ω 相當於單位圓上的點，這個點與正實數軸的夾角為 Ω。當離散時間的頻率 Ω 從 $-\pi$ 到 π，我們就沿著單位圓繞了一圈。所以說 DTFT 相當於是在單位圓上取值的 z 轉換。

範例 7.1

Z 轉換與 DTFT　試求出下列訊號的 z 轉換。

$$x[n] = \begin{cases} 1, & n = -1 \\ 2, & n = 0 \\ -1, & n = 1 \\ 1, & n = 2 \\ 0, & \text{其他條件} \end{cases}$$

然後使用 z 轉換以解出 $x[n]$ 的 DTFT。

解答　我們將題目中的 $x[n]$ 代入 (7.4) 式，得到

$$X(z) = z + 2 - z^{-1} + z^{-2}$$

然後將上式代入 $z = e^{j\Omega}$，則從 $X(z)$ 可以得到 DTFT：

$$X(e^{j\Omega}) = e^{j\Omega} + 2 - e^{-j\Omega} + e^{-j2\Omega}$$

■ 7.2.3　極點與零點 (POLES AND ZEROS)

在工程應用上，最常遇到的 z 轉換形式為兩個 z^{-1} 多項式的比，如同這個有理函數

$$X(z) = \frac{b_0 + b_1 z^{-1} + \cdots + b_M z^{-M}}{a_0 + a_1 z^{-1} + \cdots + a_N z^{-N}}$$

將 $X(z)$ 的分子多項式與分母多項式各自改寫為根的連乘，這種形式會比較有用，也就是，

$$X(z) = \frac{\widetilde{b} \prod_{k=1}^{M}(1 - c_k z^{-1})}{\prod_{k=1}^{N}(1 - d_k z^{-1})}$$

其中 $\widetilde{b} = b_0 / a_0$。$c_k$ 是分子多項式的根，我們稱為 $X(z)$ 的*零點 (zero)*。d_k 是分母多項式的根，叫做 $X(z)$ 的*極點 (pole)*。在 z 平面中，零點的位置用符號「○」來標示，而

極點的位置用符號「╳」來標示。除了一個增益因子 $\tilde{b}$ 以外，我們可以透過極點和零點的位置完全決定 $X(z)$。

範例 7.2

因果指數訊號的 Z 轉換 試求下列訊號的 z 轉換

$$x[n] = \alpha^n u[n]$$

並在 z 平面上畫出 ROC，以及 $X(z)$ 的極點與零點的位置。

解答 將 $x[n] = \alpha^n u[n]$ 代入 (7.4) 式，得到

$$X(z) = \sum_{n=-\infty}^{\infty} \alpha^n u[n] z^{-n}$$
$$= \sum_{n=0}^{\infty} \left(\frac{\alpha}{z}\right)^n$$

這是一個公比為 α/z 的無窮幾何級數，如果 $|\alpha/z| < 1$ 或 $|z| > |\alpha|$，則級數的和會收斂。因此

$$X(z) = \frac{1}{1 - \alpha z^{-1}}, \qquad |z| > |\alpha|$$

$$= \frac{z}{z - \alpha}, \qquad |z| > |\alpha| \tag{7.7}$$

所以，有一個極點在 $z = \alpha$ 而且有一個零點在 $z = 0$，如圖 7.5 所示。ROC 就是 z 平面上的陰影部分。

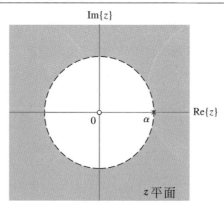

圖 7.5　將 $x[n] = \alpha^n u[n]$ 的極點與零點的位置標示在 z 平面上。ROC 為陰影的區域。

　　和拉普拉斯轉換法一樣，除非先確定 ROC，否則 $X(z)$ 的表示法不會只對應到一個時間訊號。這意思是說，兩個不同的時間訊號可能有相同的 z 轉換，但是卻有不同的 ROC，如下個範例所示。

範例 7.3

反因果指數訊號的 Z 轉換 試求下列訊號

$$y[n] = -\alpha^n u[-n-1]$$

的 z 轉換。並在 z 平面上畫出 ROC 以及 $X(z)$ 的極點與零點的位置。

解答 將 $y[n] = -\alpha^n u[-n-1]$ 代入(7.4)式並寫出

$$
\begin{aligned}
Y(z) &= \sum_{n=-\infty}^{\infty} -\alpha^n u[-n-1] z^{-n} \\
&= -\sum_{n=-\infty}^{-1} \left(\frac{\alpha}{z}\right)^n \\
&= -\sum_{k=1}^{\infty} \left(\frac{z}{\alpha}\right)^k \\
&= 1 - \sum_{k=0}^{\infty} \left(\frac{z}{\alpha}\right)^k
\end{aligned}
$$

如果 $|z/\alpha| < 1$ 或 $|\alpha| > |z|$，則級數和收斂。因此

$$
\begin{aligned}
Y(z) &= 1 - \frac{1}{1 - z\alpha^{-1}}, \qquad |z| < |\alpha| \\
&= \frac{z}{z - \alpha}, \qquad |z| < |\alpha|
\end{aligned}
\tag{7.8}
$$

ROC 與極點和零點的位置如圖 7.6 所示。

請注意，(7.8)式中的 $Y(z)$ 等於(7.7)式中的 $X(z)$，即使這兩個時間訊號差異相當大。這兩個轉換的差異只能從 ROC 看出來。我們必須知道 ROC 才能決定正確的逆 z 轉換。這種模稜兩可的性質是單邊訊號常見到的。

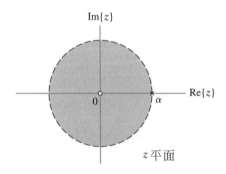

圖 7.6　z 平面上，$x[n] = -\alpha^n u[-n-1]$ 的 ROC 與極點和零點的位置。

範例 7.4

雙邊訊號的 Z 轉換 試求下列訊號

$$x[n] = -u[-n-1] + \left(\frac{1}{2}\right)^n u[n]$$

的 z 轉換。並在 z 平面上畫出 ROC，以及 $X(z)$ 的極點和零點的位置。

解答 代換(7.4)式中的 $x[n]$，得到

$$\begin{aligned}
X(z) &= \sum_{n=-\infty}^{\infty} \left(\frac{1}{2}\right)^n u[n] z^{-n} - u[-n-1] z^{-n} \\
&= \sum_{n=0}^{\infty} \left(\frac{1}{2z}\right)^n - \sum_{n=-\infty}^{-1} \left(\frac{1}{z}\right)^n \\
&= \sum_{n=0}^{\infty} \left(\frac{1}{2z}\right)^n + 1 - \sum_{k=0}^{\infty} z^k
\end{aligned}$$

為了要使 $X(z)$ 收斂，上列方程式中的兩個和項都必須收斂。這意味著我們要有 $|z| > 1/2$ 和 $|z| < 1$。因此

$$\begin{aligned}
X(z) &= \frac{1}{1 - \frac{1}{2} z^{-1}} + 1 - \frac{1}{1-z}, \qquad 1/2 < |z| < 1 \\
&= \frac{z\left(2z - \frac{3}{2}\right)}{\left(z - \frac{1}{2}\right)(z-1)}, \qquad 1/2 < |z| < 1
\end{aligned}$$

ROC 與極點和零點的位置如圖 7.7 所示。在這個例子中，ROC 是 z 平面上的環狀區域。

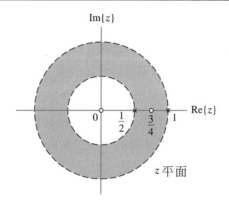

圖 7.7　範例 7.4 的 ROC，與極點和零點在 z 平面上的位置。

➤ **習題 7.1**　試求下列訊號的 z 轉換、ROC 與 $X(z)$ 極點和零點的位置。

(a) $x[n] = \left(\dfrac{1}{2}\right)^n u[n] + \left(\dfrac{-1}{3}\right)^n u[n]$

(b) $x[n] = -\left(\dfrac{1}{2}\right)^n u[-n-1] - \left(\dfrac{-1}{3}\right)^n u[-n-1]$

(c) $x[n] = -\left(\dfrac{3}{4}\right)^n u[-n-1] + \left(\dfrac{-1}{3}\right)^n u[n]$

(d) $x[n] = e^{j\Omega_o n} u[n]$

答案　(a) $X(z) = \dfrac{z\left(2z - \frac{1}{6}\right)}{\left(z - \frac{1}{2}\right)\left(z + \frac{1}{3}\right)}, \qquad |z| > 1/2$

極點在 $z = 1/2$ 與 $z = -1/3$，而零點在 $z = 0$ 與 $z = 1/12$。

(b) $X(z) = \dfrac{z\left(2z - \frac{1}{6}\right)}{\left(z - \frac{1}{2}\right)\left(z + \frac{1}{3}\right)}, \qquad |z| < 1/3$

極點在 $z = 1/2$ 與 $z = -1/3$，而零點在 $z = 0$ 與 $z = 1/12$。

(c) $X(z) = \dfrac{z(2z - 5/12)}{(z - 3/4)(z + 1/3)}, \qquad 1/3 < |z| < 3/4$

極點在 $z = 3/4$ 與 $z = -1/3$，而零點在 $z = 0$ 與 $z = 5/24$。

(d) $X(z) = \dfrac{z}{z - e^{j\Omega_o}}, \qquad |z| > 1$

極點在 $z = e^{j\Omega_o}$，而零點在 $z = 0$。　◀

7.3　收斂區域的性質 (Properties of the Region of Convergence)

我們要在本節中驗證 ROC 的基本性質。具體來說，我們要說明 ROC 與訊號 $x[n]$ 特性之間的關係。若已知 ROC 的性質，通常可以從 $X(z)$ 得到 ROC，以及關於 $x[n]$ 特性的部分資訊。在第 7.5 節中，我們利用 ROC 與時域訊號特性之間的關係來求反 z 轉換。這裡所顯示的結果是利用直覺討論推導出來的，而不是從嚴格的證明得到的。

　　首先，請注意到 ROC 內不能包含任何的極點。這是因為 ROC 的定義就是使 z 轉換收斂的所有 z 值。因此，對於 ROC 內的所有 z 而言，$X(z)$ 必定是有限的。如果 d 是一個極點，則 $|X(z)| = \infty$ 而 z 轉換在這個極點上不收斂。如此一來，此極點不存在於 ROC 中。

　　其次，對於一個持續時間有限的訊號而言，其 ROC 包含整個 z 平面，除了 $z = 0$ 或 $|z| = \infty$ 之一 (或都是) 有可能不在其中。要瞭解這個說法，假設 $x[n]$ 只在區間 $n_1 \le n \le n_2$ 內不等於零。我們有

$$X(z) = \sum_{n=n_1}^{n_2} x[n]z^{-n}$$

若每一項都是有限的值，則這個總和就會收斂。如果訊號有任何非零的因果性部分 $(n_2 > 0)$，則 $X(z)$ 的表示法會含有因式 z^{-1}，因此，ROC 不能包含 $z = 0$。如果訊號是無因果性的，也就是 $(n_1 < 0)$，則 $X(z)$ 的表示法裡會有 z 的次方項，則 ROC 不能包含 $|z| = \infty$。相反的，如果 $n_2 \le 0$，則 ROC 將會包含 $z = 0$。如果訊號沒有非零而且無因果性的項 (即 $n_1 \ge 0$)，則 ROC 將會包含 $|z| = \infty$。這個推論也指出 $x[n] = c\delta[n]$ 是唯一一個 ROC 等於整個 z 平面的訊號。

現在，考慮持續時間無限的訊號。$|X(z)| < \infty$ 是收斂的條件。因此，我們可以寫出

$$\begin{aligned} |X(z)| &= \left| \sum_{n=-\infty}^{\infty} x[n]z^{-n} \right| \\ &\le \sum_{n=-\infty}^{\infty} |x[n]z^{-n}| \\ &= \sum_{n=-\infty}^{\infty} |x[n]||z|^{-n} \end{aligned}$$

第二行是因為複數和的絕對值小於等於個別絕對值的和。因為乘積的絕對值會等於絕對值的相乘積，所以我們可得到第三行。將無窮和分成負時間和正時間兩個部分，我們定義

$$I_-(z) = \sum_{n=-\infty}^{-1} |x[n]||z|^{-n}$$

且

$$I_+(z) = \sum_{n=0}^{\infty} |x[n]||z|^{-n}$$

請注意到 $|X(z)| \le I_-(z) + I_+(z)$。如果 $I_-(z)$ 與 $I_+(z)$ 的值都是有限的，則 $|X(z)|$ 必定也是有限的。這很明顯地要求 $|x[n]|$ 是有界的。

假設我們可以找出最小的正值常數 A_+，A_-，r_- 與 r_+ 以限制 $|x[n]|$，使得

$$|x[n]| \le A_-(r_-)^n, \qquad n < 0 \tag{7.9}$$

且

$$|x[n]| \le A_+(r_+)^n, \qquad n \ge 0 \tag{7.10}$$

滿足這兩個有界條件的訊號，其增加的速度並不比正 n 的 $(r_+)^n$ 與負 n 的 $(r_-)^n$ 還快。然而我們可以建構出不滿足這些條件的訊號，例如 a^{n^2}，這樣的訊號一般不會在工程問題中出現。

如果滿足(7.9)式的有界條件，則

$$I_-(z) \le A_- \sum_{n=-\infty}^{-1} (r_-)^n |z|^{-n}$$

$$= A_- \sum_{n=-\infty}^{-1} \left(\frac{r_-}{|z|}\right)^n$$

$$= A_- \sum_{k=1}^{\infty} \left(\frac{|z|}{r_-}\right)^k$$

其中，在第三行，我們代入 $k=-n$。最後一個和項會收斂若且為若 $|z| \le r_-$。現在考慮正時間的部分。如果滿足(7.10)式的有界條件，則

$$I_+(z) \le A_+ \sum_{n=0}^{\infty} (r_+)^n |z|^{-n}$$

$$= A_+ \sum_{n=0}^{\infty} \left(\frac{r_+}{|z|}\right)^n$$

這個和項會收斂若且為若 $|z| > r_+$。因此，如果 $r_+ < |z| < r_-$，則 $I_-(z)$ 與 $I_+(z)$ 兩者都會收斂，而 $|X(z)|$ 也會收斂。注意，如果 $r_+ > r_-$，則沒有一個 z 值會保證收斂的發生。

現在定義左邊訊號 (left-sided signal) 為，當 $n \ge 0$ 時，$x[n] = 0$ 的訊號；右邊訊號 (right- sided signal)為，當 $n < 0$ 時，$x[n] = 0$ 的訊號，而雙邊訊號 (two-sided signal) 是一個在正、負兩個方向含有無限長持續時間的訊號。因此，對於滿足(7.9)與(7.10)式的指數界限的訊號 $x[n]$，我們得到下列的結論：

▶ 右邊訊號的 ROC 具有 $|z| > r_+$ 的形式。

▶ 左邊訊號的 ROC 具有 $|z| < r_-$ 的形式。

▶ 雙邊訊號的 ROC 具有 $r_+ < |z| < r_-$ 的形式。

我們在圖 7.8 中說明上述每一種情形。

在工程問題中，常常會遇到單邊的指數訊號，這是因為我們通常對既定的某一個瞬間之前或之後的訊號行為感興趣。對於這一類的訊號，單個或多個極點的量值會決定ROC的邊界 r_- 和 r_+。假設我們有一個右邊訊號 $x[n] = \alpha^n u[n]$，其中 α 一般都是複數。$x[n]$ 的 z 轉換有一個極點在 $z=\alpha$，而 ROC 為 $|z| > |\alpha|$。因此，ROC 是 z 平面上半徑大於極點半徑的區域。同樣的，如果 $x[n]$ 是左邊訊號 $x[n] = \alpha^n u[-n-1]$，則ROC為 $|z| < |\alpha|$，是 z 平面上半徑小於極點半徑的區域。如果訊號是由指數的和所組成，則 ROC 是每一項的 ROC 取交集，其半徑會比右邊項極點的最大半徑還大，會比左邊項極點的最小半徑還要小。下個範例中，我們會說明一些 ROC 的特性。

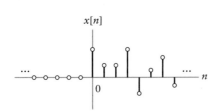
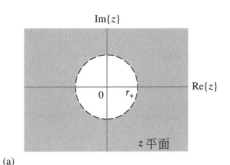

(a)

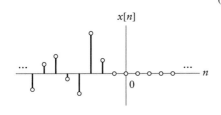
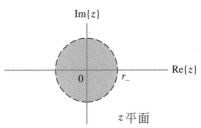

(b)

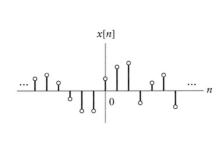
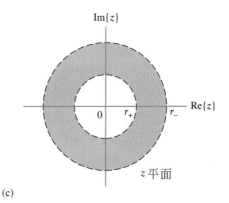

(c)

圖 7.8　ROC 和訊號時間範圍之間的關係。(a) 右邊訊號的 ROC 具有$|z| > r_+$的形式。(b) 左邊訊號的 ROC 具有$|z| < r_-$的形式。(c) 雙邊訊號的 ROC 具有$r_+ < |z| < r_-$的形式。

範例 7.5

雙邊訊號的 ROC　指出下列訊號的 z 轉換 ROC：

$$x[n] = (-1/2)^n u[-n] + 2(1/4)^n u[n];$$
$$y[n] = (-1/2)^n u[n] + 2(1/4)^n u[n];$$
$$w[n] = (-1/2)^n u[-n] + 2(1/4)^n u[-n]$$

解答　從 $x[n]$ 開始，我們利用(7.4)式寫出

$$X(z) = \sum_{n=-\infty}^{0} \left(\frac{-1}{2z}\right)^n + 2\sum_{n=0}^{\infty} \left(\frac{1}{4z}\right)^n$$

$$= \sum_{k=0}^{\infty} (-2z)^k + 2\sum_{n=0}^{\infty} \left(\frac{1}{4z}\right)^n$$

當$|z| < \frac{1}{2}$，第一個級數會收斂，而當$|z| > \frac{1}{4}$，第二個級數會收斂。為了要讓$X(z)$收斂，則兩個級數都必須收斂，所以 ROC 是$\frac{1}{4} < |z| < \frac{1}{2}$。雙邊訊號的 ROC 如圖 7.9(a)所示。這兩個幾何級數加總起來，我們得到

$$X(z) = \frac{1}{1 + 2z} + \frac{2z}{z - \frac{1}{4}}$$

含有極點在$z = -1/2$和$z = 1/4$。注意，ROC 是位於這兩個極點之間的環狀區域。

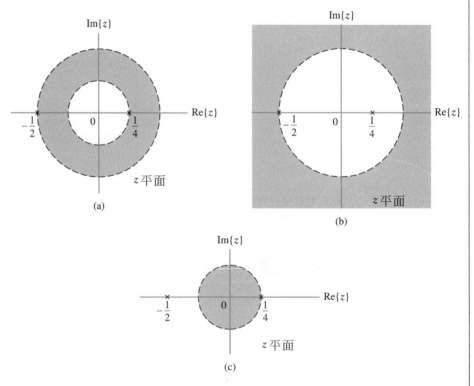

圖 7.9　範例 7.5 的 ROC。(a)雙邊訊號 $x[n]$ 的 ROC，介於極點之間。(b)右邊訊號 $y[n]$ 的 ROC，是在包含極點最大絕對值的圓圈之外。(c)左邊訊號 $w[n]$ 的 ROC，位於包含極點最小絕對值的圓圈內。

接下來，$y[n]$ 是一個右邊訊號，我們再次使用(7.4)式的 z 轉換定義，寫出

$$Y(z) = \sum_{n=0}^{\infty} \left(\frac{-1}{2z} \right)^n + 2 \sum_{n=0}^{\infty} \left(\frac{1}{4z} \right)^n$$

當 $|z| > 1/2$ 時，第一個級數收斂，而當 $|z| > 1/4$ 時，第二個級數收斂。因此，組合後的 ROC 是 $|z| > 1/2$，如圖 7.9(b)所示。在這個例子中，我們有

$$Y(z) = \frac{z}{z + \frac{1}{2}} + \frac{2z}{z - \frac{1}{4}}$$

其中，極點也是位於 $z = -1/2$ 與 $z = 1/4$。ROC 是在最大半徑的圓圈之外，即極點 $z = -1/2$ 的半徑之外。

最後一個訊號 $w[n]$ 是左邊訊號，其 z 轉換為

$$W(z) = \sum_{n=-\infty}^{0} \left(\frac{-1}{2z} \right)^n + 2 \sum_{n=-\infty}^{0} \left(\frac{1}{4z} \right)^n$$
$$= \sum_{k=0}^{\infty} (-2z)^k + 2 \sum_{k=0}^{\infty} (4z)^k$$

因此，當 $|z| < 1/2$，第一個級數收斂，而當 $|z| < 1/4$，第二個級數收斂；因此組合後的 ROC 是 $|z| < 1/4$，如圖 7.9(c)所示。在本例中，我們得到

$$W(z) = \frac{1}{1 + 2z} + \frac{2}{1 - 4z}$$

其中，極點在 $z = -1/2$ 與 $z = 1/4$。ROC 在圓圈之內，這個圓圈包含半徑最小的極點 $z = 1/4$。

這個範例說明了雙邊訊號的 ROC 是一個環狀區域，而右邊訊號的 ROC 是在圓圈之外，左邊訊號的 ROC 在圓圈之內。在每個情況中，極點都定義了 ROC 的邊界。

▶ **習題 7.2** 試求雙邊訊號的 z 轉換與 ROC。

$$x[n] = \alpha^{|n|}$$

其中假設 $|\alpha| < 1$。另外，如果假設改成 $|\alpha| > 1$，結果會變成如何？

答案　當 $|\alpha| < 1$ 時，

$$X(z) = \frac{z}{z - \alpha} - \frac{z}{z - 1/\alpha}, \qquad |\alpha| < |z| < 1/|\alpha|$$

而當 $|\alpha| > 1$ 時，ROC 是空集合。　◀

7.4 z 轉換的特性 (Properties of the z − Transform)

大部分z轉換的性質類似於DTFT的性質。因此，在本節中我們僅描述這些性質，而證明的部分則延後到習題。假設

$$x[n] \xleftrightarrow{\ z\ } X(z), \quad \text{其 ROC 為 } R_x$$

及

$$y[n] \xleftrightarrow{\ z\ } Y(z), \quad \text{其 ROC 為 } R_y$$

某些運算會改變ROC。在上一節中，我們討論過ROC的一般形式為z平面上的環狀區域。因此，我們可以利用 ROC 邊界半徑的改變情形，來描述各種運算對 ROC 的影響。

線性性質

線性性質指的是訊號總和的z轉換恰好等於個別z轉換的總和。也就是

$$\boxed{ax[n] + by[n] \xleftrightarrow{\ z\ } aX(z) + bY(z), \quad \text{其 ROC 至少包含 } R_x \cap R_y} \qquad (7.11)$$

ROC 是個別 ROC 的交集，因為只有當 $X(z)$ 與 $Y(z)$ 都收斂的時候，這個和項的z轉換才是正確的。如果在加總時，$x[n]$或$y[n]$中的一項或更多項之間相消，則 ROC 可能比交集還大。在z平面上，這相當於一個零點將定義出 ROC 邊界的一個極點消掉了。我們用下面的範例來說明這個現象。

範例 7.6

極點零點的消去　假設

$$x[n] = \left(\frac{1}{2}\right)^n u[n] - \left(\frac{3}{2}\right)^n u[-n-1] \xleftrightarrow{\ z\ } X(z) = \frac{-z}{\left(z - \frac{1}{2}\right)\left(z - \frac{3}{2}\right)},$$

$$\text{其 ROC 為 } \frac{1}{2} < |z| < \frac{3}{2}$$

而且

$$y[n] = \left(\frac{1}{4}\right)^n u[n] - \left(\frac{1}{2}\right)^n u[n] \xleftrightarrow{\ z\ } Y(z) = \frac{-\frac{1}{4}z}{\left(z - \frac{1}{4}\right)\left(z - \frac{1}{2}\right)},$$

$$\text{其 ROC 為 } |z| > \frac{1}{2}$$

試求 $ax[n] + by[n]$ 的z轉換。

解答　$x[n]$ 與 $y[n]$ 的極點零點位置以及 ROC 分別如圖 7.10(a) 和 (b) 所示。我們從 (7.11) 式的線性性質可知道

$$ax[n] + by[n] \overset{z}{\longleftrightarrow} a\frac{-z}{\left(z - \frac{1}{2}\right)\left(z - \frac{3}{2}\right)} + b\frac{-\frac{1}{4}z}{\left(z - \frac{1}{4}\right)\left(z - \frac{1}{2}\right)}$$

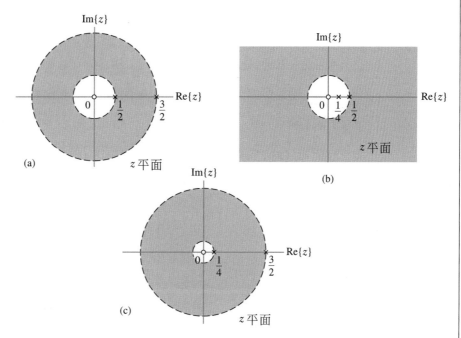

圖 7.10　範例 7.6 的 ROC。(a) $X(z)$ 的 ROC 與極點－零點位置。(b) $Y(z)$ 的 ROC 與極點－零點位置。(c) $a(X(z)+Y(z))$ 的 ROC 與極點－零點位置。

一般來說，ROC 是個別 ROC 的交集，在目前的範例中是 $\frac{1}{2} < |z| < \frac{2}{3}$，其相對應的 ROC 如圖 7.10(a)所示。然而，請注意當 $a=b$ 時發生了什麼事：我們有

$$ax[n] + ay[n] = a\left(-\left(\frac{3}{2}\right)^n u[-n-1] + \left(\frac{1}{4}\right)^n u[n]\right)$$

而且看到 $\left(\frac{1}{2}\right)^n u[n]$ 這個項在時域訊號中被消去了。現在，很容易驗證 ROC 為 $\frac{1}{4} < |z| < \frac{3}{2}$，如圖 7.10(c)所示。這個 ROC 比個別 ROC 的交集還大，因為 $\left(\frac{1}{2}\right)^n u[n]$ 已經不存在了。將 z 轉換組合起來，並使用線性性質，得到

$$\begin{aligned}
aX(z) + aY(z) &= a\left(\frac{-z}{\left(z - \frac{1}{2}\right)\left(z - \frac{3}{2}\right)} + \frac{-\frac{1}{4}z}{\left(z - \frac{1}{4}\right)\left(z - \frac{1}{2}\right)}\right)\\
&= a\frac{-\frac{1}{4}z\left(z - \frac{3}{2}\right) - z\left(z - \frac{1}{4}\right)}{\left(z - \frac{1}{4}\right)\left(z - \frac{1}{2}\right)\left(z - \frac{3}{2}\right)}\\
&= a\frac{-\frac{5}{4}z\left(z - \frac{1}{2}\right)}{\left(z - \frac{1}{4}\right)\left(z - \frac{1}{2}\right)\left(z - \frac{3}{2}\right)}
\end{aligned}$$

在 $z = \frac{1}{2}$ 的零點消去在 $z = \frac{1}{2}$ 的極點，所以我們得到

$$aX(z) + aY(z) = a\frac{-\frac{5}{4}z}{\left(z - \frac{1}{4}\right)\left(z - \frac{3}{2}\right)}$$

因此，在時域上消去 $\left(\frac{1}{2}\right)^n u\,[n]$ 項相當於在 z 域上用零點消去在 $z = \frac{1}{2}$ 的極點。極點定義了 ROC 的邊界，所以當極點移走以後，ROC 的範圍會變大。

時間翻轉

$$\boxed{x[-n] \overset{z}{\longleftrightarrow} X\left(\frac{1}{z}\right), \text{ 其 ROC 為} \frac{1}{R_x}} \tag{7.12}$$

時間的翻轉或反射相當於用 z^{-1} 來取代 z。因此，如果 R_x 的形式為 $a < |z| < b$，則其反射訊號的 ROC 為 $a < 1/|z| < b$ 或 $1/b < |z| < 1/a$。

時間平移

$$\boxed{x[n - n_o] \overset{z}{\longleftrightarrow} z^{-n_o}X(z), \text{ 其 ROC 為 } R_x，但 z = 0 \text{ or } |z| = \infty \text{可能不算}} \tag{7.13}$$

如果 $n_o > 0$ 時，乘上 z^{-n_o} 會在 $z = 0$ 產生一個次方為 n_o 的極點。在這個情況下，即使 R_x 的確包含了 $z = 0$，ROC 也不能包含 $z = 0$，除非 $X(z)$ 含有一個在 $z = 0$ 的次方至少為 n_o 的零點，如此一來，才能將所有新的極點消去。如果 $n_o < 0$，乘上 z^{-n_o} 會在無窮遠處產生 n_o 個極點。在 $X(z)$ 中，如果這些極點沒有被無窮遠處的零點消去，則 $z^{-n_o}X(z)$ 的 ROC 不能包含 $|z| = \infty$。

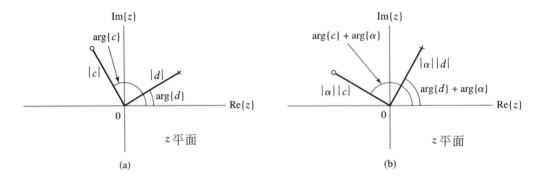

圖 7.11　乘上 α^n 對轉換函數的極點與零點所產生的影響。(a) $X(z)$ 的極點 d 與零點 c 的位置。(b) $X(z/\alpha)$ 的極點與零點位置。

乘以指數序列

令 α 爲一個複數。則

$$\alpha^n x[n] \xleftrightarrow{\ z\ } X\left(\frac{z}{\alpha}\right), \quad \text{其 ROC 爲 } |\alpha|R_x \tag{7.14}$$

符號 $|\alpha|R_x$ 意指我們將 ROC 的邊界乘以 $|\alpha|$。如果 R_x 是 $a < |z| < b$，則新的 ROC 爲 $|\alpha|a < |z| < |\alpha|b$。如果 $X(z)$ 的分母含有一個因式 $1 - dz^{-1}$，使得 d 是一個極點，則 $X\left(\frac{z}{\alpha}\right)$ 的分母含有一個因式 $1 - \alpha dz^{-1}$，因而有一個極點位於 αd。同樣的，如果 c 是 $X(z)$ 的零點，則 $X\left(\frac{z}{\alpha}\right)$ 有一個零點位於 αc。這意味著 $X(z)$ 的極點與零點，它們的半徑改變了 $|\alpha|$ 倍，而它們的角度變化了 $\arg\{\alpha\}$。(請參考圖 7.11。)如果 α 的量值是一單位，則半徑沒有改變；如果 α 是一個正實數，則角度也不改變。

摺積性質

$$x[n] * y[n] \xleftrightarrow{\ z\ } X(z)Y(z), \quad \text{其 ROC 至少包含 } R_x \cap R_y \tag{7.15}$$

時域訊號的摺積相當於 z 轉換的乘積。由線性性質可知，如果乘式 $X(z)Y(z)$ 裡有極點零點的相消，則其 ROC 可能會大於 R_x 與 R_y 的交集。

在 z 域裡的微分

$$nx[n] \xleftrightarrow{\ z\ } -z\frac{d}{dz}X(z), \quad \text{其 ROC 爲 } R_x \tag{7.16}$$

在時域上乘以 n 相當於在 z 域上先對 z 微分，然後再乘以 $-z$。這個運算不會改變 ROC。

範例 7.7

運用多重特性　找出下列訊號的 z 轉換

$$x[n] = \left(n\left(\frac{-1}{2}\right)^n u[n]\right) * \left(\frac{1}{4}\right)^{-n} u[-n]$$

解答　我們先找出 $w[n] = n\left(\frac{-1}{2}\right)^n u[n]$ 的 z 轉換。從範例 7.2 可知

$$\left(\frac{-1}{2}\right)^n u[n] \xleftrightarrow{\ z\ } \frac{z}{z + \frac{1}{2}}, \quad \text{其 ROC 爲 } |z| > \frac{1}{2}$$

因此，(7.16)式的 z 域微分特性指出

$$w[n] = n\left(\frac{-1}{2}\right)^n u[n] \xleftrightarrow{\ z\ } W(z) = -z\frac{d}{dz}\left(\frac{z}{z + \frac{1}{2}}\right), \quad \text{其 ROC爲 } |z| > \frac{1}{2}$$

$$= -z\left(\frac{z + \frac{1}{2} - z}{\left(z + \frac{1}{2}\right)^2}\right)$$

$$= \frac{-\frac{1}{2}z}{\left(z + \frac{1}{2}\right)^2}, \quad \text{其 ROC爲 } |z| > \frac{1}{2}$$

接著，我們找出 $y[n] = \left(\frac{1}{4}\right)^{-n} u[-n]$ 的 z 轉換。我們將(7.12)式所提的時間翻轉特性運用到範例 7.2 的結果中。請注意到

$$\left(\frac{1}{4}\right)^n u[n] \xleftrightarrow{\ z\ } \frac{z}{z - \frac{1}{4}}, \quad \text{其 ROC爲 } |z| > \frac{1}{4}$$

而且(7.12)式指出

$$y[n] \xleftrightarrow{\ z\ } Y(z) = \frac{\frac{1}{z}}{\frac{1}{z} - \frac{1}{4}}, \quad \text{其 ROC爲 } \frac{1}{|z|} > \frac{1}{4}$$

$$= \frac{-4}{z - 4}, \quad \text{其 ROC爲 } |z| < 4$$

最後，我們運用(7.15)式的摺積特性得到 $X(z)$，因此寫出

$$x[n] = w[n] * y[n] \xleftrightarrow{\ z\ } X(z) = W(z)Y(z), \quad \text{其 ROC爲 } R_w \cap R_y$$

$$= \frac{2z}{(z - 4)\left(z + \frac{1}{2}\right)^2}, \quad \text{其 ROC爲 } \frac{1}{2} < |z| < 4$$

範例 7.8

指數阻尼餘弦函數的 Z 轉換 利用線性與乘上複數指數的特性，試求出下式的 z 轉換。

$$x[n] = a^n \cos(\Omega_o n) u[n]$$

其中，a 是正實數。

解答 首先，我們從範例 7.2 可知 $y[n] = a^n u[n]$ 的 z 轉換爲

$$Y(z) = \frac{1}{1 - az^{-1}}, \quad \text{其 ROC爲 } |z| > a$$

現在，我們將 $x[n]$ 重寫成總和的形式：

$$x[n] = \frac{1}{2}e^{j\Omega_o n}y[n] + \frac{1}{2}e^{-j\Omega_o n}y[n]$$

針對每一項，運用(7.14)式提到的複數指數乘法特性，可以得到

$$\begin{aligned}
X(z) &= \frac{1}{2}Y(e^{-j\Omega_o}z) + \frac{1}{2}Y(e^{j\Omega_o}z), \quad \text{其 ROC為 } |z| > a \\
&= \frac{1}{2}\frac{1}{1 - ae^{j\Omega_o}z^{-1}} + \frac{1}{2}\frac{1}{1 - ae^{-j\Omega_o}z^{-1}} \\
&= \frac{1}{2}\left(\frac{1 - ae^{-j\Omega_o}z^{-1} + 1 - ae^{j\Omega_o}z^{-1}}{(1 - ae^{j\Omega_o}z^{-1})(1 - ae^{-j\Omega_o}z^{-1})}\right) \\
&= \frac{1 - a\cos(\Omega_o)z^{-1}}{1 - 2a\cos(\Omega_o)z^{-1} + a^2 z^{-2}}, \quad \text{其 ROC為 } |z| > a
\end{aligned}$$

➤ **習題 7.3** 找出下列訊號的 z 轉換：

(a) $x[n] = u[n - 2] * (2/3)^n u[n]$

(b) $x[n] = \sin(\pi n/8 - \pi/4)u[n - 2]$

(c) $x[n] = (n - 1)(1/2)^n u[n - 1] * (1/3)^n u[n + 1]$

(d) $x[n] = (2)^n u[-n - 3]$

答案 (a) $X(z) = \dfrac{1}{(z - 1)(z - 2/3)}$, 其 ROC為 $|z| > 1$

(b) $X(z) = \dfrac{z^{-1}\sin(\pi/8)}{z^2 - 2z\cos(\pi/8) + 1}$, 其 ROC為 $|z| > 1$

(c) $X(z) = \dfrac{3/4\, z^2}{(z - 1/3)(z - 1/2)^2}$, 其 ROC為 $|z| > 1/2$

(d) $X(z) = \dfrac{-z^3}{4(z - 2)}$, 其 ROC為 $|z| < 2$ ◀

7.5 反 z 轉換 (Inversion of the z-Transform)

現在我們注意力放在如何從 z 轉換回復為時域訊號的問題。用(7.5)式定義的反向積分直接計算，需要先瞭解複數變數理論，而這在本書的範圍之外。因此，我們現在考慮另外兩種方法來找出反 z 轉換。部分分數的方法要利用到幾個基本的 z 轉換對的知識，與 z 轉換的特性，才能反轉大部分的 z 轉換。這個方法也會用到 ROC 的一個重要特性：右邊時間訊號含有一個 ROC，位於極點半徑範圍之外；而左邊時間訊號含有一個 ROC，位於極點半徑範圍之內。第二個反轉的方法將 $X(z)$ 表示成 z^{-1} 的幂級數，如(7.4)式，如此訊號的數值可以用觀察法來決定。

■ 7.5.1　部分分式展開式 (PARTIAL-FRACTION EXPANSIONS)

在 LTI 系統的研究中，我們常常會遇到 z 轉換表示成 z^{-1} 的有理函數的形式。令

$$
\begin{aligned}
X(z) &= \frac{B(z)}{A(z)} \\
&= \frac{b_0 + b_1 z^{-1} + \cdots + b_M z^{-M}}{a_0 + a_1 z^{-1} + \cdots + a_N z^{-N}}
\end{aligned}
\tag{7.17}
$$

而且假設 $M < N$。如果 $M \geq N$，則我們利用長除法將 $X(z)$ 表示成

$$
X(z) = \sum_{k=0}^{M-N} f_k z^{-k} + \frac{\widetilde{B}(z)}{A(z)}
$$

分子多項式 $\widetilde{B}(z)$ 的次方比分母多項式的次方少一次，而部分分式展開式可以用來決定 $\widetilde{B}(z)/A(z)$ 的反轉換。總和裡每一項的反 z 轉換可從轉換對 $1 \overset{z}{\longleftrightarrow} \delta[n]$ 與時間平移特性得到。

在某些問題中，$X(z)$ 可能表示成 z 多項式的分式，而非 z^{-1} 的多項式。在這種情形下，如果我們先將 $X(z)$ 轉換成 z^{-1} 多項式的比，如(7.17)式，那麼就可以使用剛剛提到部分分式展開的方法。要完成這個轉換，可以在分子多項式中，最高次的 z 提出來；在分母的多項式中，也把最高次的 z 提出來。這樣的運算可以保證其餘部份的形式和(7.17)式一樣。舉例來說，如果

$$
X(z) = \frac{2z^2 - 2z + 10}{3z^3 - 6z + 9}
$$

我們從分子提出因式 z^2，從分母提出因式 $3z^3$，而寫出

$$
\begin{aligned}
X(z) &= \frac{z^2}{3z^3}\left(\frac{2 - 2z^{-1} + 10z^{-2}}{1 - 2z^{-2} + 3z^{-3}}\right) \\
&= \frac{1}{3}z^{-1}\left(\frac{2 - 2z^{-1} + 10z^{-2}}{1 - 2z^{-2} + 3z^{-3}}\right)
\end{aligned}
$$

用部分分式展開式來處理括弧內的式子，然後再用(7.13)式的時間平移特性合併因式 $(1/3)z^{-1}$。

分母多項式因式分解成一次項的乘積，可以得到(7.17)式的部分分式展開式。結果為

$$
X(z) = \frac{b_0 + b_1 z^{-1} + \cdots + b_M z^{-M}}{a_0 \prod_{k=1}^{N}(1 - d_k z^{-1})}
$$

其中，d_k 是 $X(z)$ 的極點。如果沒有重複的極點，那麼利用部分分式展開式，我們可以將 $X(z)$ 重寫成一次項的和：

$$X(z) = \sum_{k=1}^{N} \frac{A_k}{1 - d_k z^{-1}}$$

根據 ROC，利用適當的轉換對來決定每一項的反 z 轉換。得到

$$A_k(d_k)^n u[n] \overset{z}{\longleftrightarrow} \frac{A_k}{1 - d_k z^{-1}}, \quad \text{其 ROC 為} |z| > d_k$$

或者

$$-A_k(d_k)^n u[-n-1] \overset{z}{\longleftrightarrow} \frac{A_k}{1 - d_k z^{-1}}, \quad \text{其 ROC 為} |z| < d_k$$

對每一項而言，$X(z)$ 的 ROC 與每個極點之間的關係，可以決定要選擇右邊或左邊的反轉換。

如果極點 d_i 重複 r 次，則在部分分式展開式中，有 r 項與極點有關：

$$\frac{A_{i_1}}{1 - d_i z^{-1}}, \frac{A_{i_2}}{(1 - d_i z^{-1})^2}, \cdots, \frac{A_{i_r}}{(1 - d_i z^{-1})^r}$$

再來，$X(z)$ 的 ROC 可以決定要選擇右邊或左邊的反轉換。如果 ROC 的形式為 $|z|>d_i$，則選出右邊反 z 轉換：

$$A \frac{(n+1)\cdots(n+m-1)}{(m-1)!}(d_i)^n u[n] \overset{z}{\longleftrightarrow} \frac{A}{(1 - d_i z^{-1})^m}, \quad \text{其 ROC 為} |z| > d_i$$

如果 ROC 的形式為 $|z|<d_i$，則選出左邊反 z 轉換：

$$-A \frac{(n+1)\cdots(n+m-1)}{(m-1)!}(d_i)^n u[-n-1] \overset{z}{\longleftrightarrow} \frac{A}{(1 - d_i z^{-1})^m}, \quad \text{其 ROC 為} |z| < d_i$$

(7.11)式的線性特性指出 $X(z)$ 的 ROC，是部分分式展開式裡每一項 ROC 的交集。為了要能選出正確的反轉換，我們必須從 $X(z)$ 的 ROC 推論出每一項的 ROC。這可以透過將 $X(z)$ 的 ROC 與每個極點的位置互相比較而得到。如果 $X(z)$ 的 ROC 的半徑大於某一個已知項的極點半徑，那我們選擇右邊反轉換。如果 $X(z)$ 的 ROC 的半徑小於極點的半徑，那我們對此項就選擇左邊反轉換。下個範例會說明此程序。

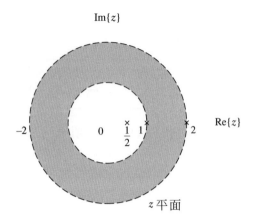

圖 7.12　範例 7.9 的極點位置和 ROC。

範例 7.9

用部分分式展開式求反轉換 找出下式的反 z 轉換

$$X(z) = \frac{1 - z^{-1} + z^{-2}}{\left(1 - \frac{1}{2}z^{-1}\right)(1 - 2z^{-1})(1 - z^{-1})}, \quad \text{其 ROC為 } 1 < |z| < 2$$

解答 我們利用部分分式展開式寫出

$$X(z) = \frac{A_1}{1 - \frac{1}{2}z^{-1}} + \frac{A_2}{1 - 2z^{-1}} + \frac{A_3}{1 - z^{-1}}$$

解出 A_1、A_2 與 A_3，得到

$$X(z) = \frac{1}{1 - \frac{1}{2}z^{-1}} + \frac{2}{1 - 2z^{-1}} - \frac{2}{1 - z^{-1}}$$

現在我們要利用 $X(z)$ 的 ROC 和極點位置之間的關係，來找出每一項的反 z 轉換，位置如圖 7.12 所示。

圖中顯示 ROC 的半徑大於在 $z = 1/2$ 的極點，所以此項有右邊反轉換

$$\left(\frac{1}{2}\right)^n u[n] \xleftrightarrow{\ z\ } \frac{1}{1 - \frac{1}{2}z^{-1}}$$

ROC 也有一個半徑小於在 $z = 2$ 的極點，所以這一項有左邊反轉換

$$-2(2)^n u[-n - 1] \xleftrightarrow{\ z\ } \frac{2}{1 - 2z^{-1}}$$

最後，ROC 有一個半徑大於在 $z = 1$ 的極點，所以這一項有右邊反 z 轉換。

$$-2u[n] \xleftrightarrow{\ z\ } -\frac{2}{1 - z^{-1}}$$

每一項組合起來，得到

$$x[n] = \left(\frac{1}{2}\right)^n u[n] - 2(2)^n u[-n-1] - 2u[n]$$

➤ **習題 7.4** 針對下列的 ROC，重做範例 7.9。

(a) $\frac{1}{2} < |z| < 1$

(b) $|z| < 1/2$

答案 (a) $x[n] = \left(\frac{1}{2}\right)^n u[n] - 2(2)^n u[-n-1] + 2u[-n-1]$

(b) $x[n] = -\left(\frac{1}{2}\right)^n u[-n-1] - 2(2)^n u[-n-1] + 2u[-n-1]$ ◀

範例 7.10

有理假分式的反轉換 試求下列式子的反 z 轉換。

$$X(z) = \frac{z^3 - 10z^2 - 4z + 4}{2z^2 - 2z - 4}, \quad \text{其 ROC 為 } |z| < 1$$

解答 求出分母多項式的根，就可以找到在 $z = -1$ 和 $z = 2$ 的極點。z 平面上的 ROC 和極點位置，如圖 7.13 所示。我們將 $X(z)$ 轉換成 z^{-1} 多項式的分式，以符合 (7.17) 式的形式。為此，我們從分子提出因式 z^3，從分母提出因式 $2z^2$，得到

$$X(z) = \frac{1}{2} z \left(\frac{1 - 10z^{-1} - 4z^{-2} + 4z^{-3}}{1 - z^{-1} - 2z^{-2}} \right)$$

利用時間平移的性質，可以很容易便能將 $\frac{1}{2}z$ 併入，因此我們將重點放在處理括弧中的多項式分式。利用長除法來降低分子多項式的次方，我們有

$$
\begin{array}{r}
-2z^{-1} + 3 \\
-2z^{-2} - z^{-1} + 1 \overline{)\, 4z^{-3} - 4z^{-2} - 10z^{-1} + 1} \\
4z^{-3} + 2z^{-2} - 2z^{-1} \\
\hline
-6z^{-2} - 8z^{-1} + 1 \\
-6z^{-2} - 3z^{-1} + 3 \\
\hline
- 5z^{-1} - 2
\end{array}
$$

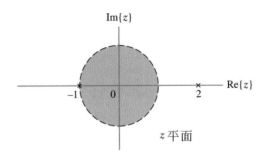

圖 7.13　範例 7.10 的極點位置與 ROC。

因此，我們可以寫出

$$\frac{1 - 10z^{-1} - 4z^{-2} + 4z^{-3}}{1 - z^{-1} - 2z^{-2}} = -2z^{-1} + 3 + \frac{-5z^{-1} - 2}{1 - z^{-1} - 2z^{-2}}$$

$$= -2z^{-1} + 3 + \frac{-5z^{-1} - 2}{(1 + z^{-1})(1 - 2z^{-1})}$$

接下來，利用部分分式展開式，可得到

$$\frac{-5z^{-1} - 2}{(1 + z^{-1})(1 - 2z^{-1})} = \frac{1}{1 + z^{-1}} - \frac{3}{1 - 2z^{-1}}$$

因此定義

$$X(z) = \frac{1}{2}zW(z) \tag{7.18}$$

其中

$$W(z) = -2z^{-1} + 3 + \frac{1}{1 + z^{-1}} - \frac{3}{1 - 2z^{-1}}, \quad \text{其 ROC爲} |z| < 1$$

ROC 的半徑小於每一個極點，如圖 7.13 所示，所以$W(z)$的反 z 轉換爲

$$w[n] = -2\delta[n - 1] + 3\delta[n] - (-1)^n u[-n - 1] + 3(2)^n u[-n - 1]$$

最後我們時間平移的性質 ((7.13)式) 運用到(7.18)式，得到

$$x[n] = \frac{1}{2}w[n + 1]$$

所以

$$x[n] = -\delta[n] + \frac{3}{2}\delta[n + 1] - \frac{1}{2}(-1)^{n+1}u[-n - 2] + 3(2)^n u[-n - 2]$$

➤ **習題 7.5** 找出對應於下列 z 轉換的時域訊號。

(a) $X(z) = \dfrac{(1/4)z^{-1}}{(1-(1/2)z^{-1})(1-(1/4)z^{-1})}$, 其 ROC 為 $1/4 < |z| < 1/2$

(b) $X(z) = \dfrac{16z^2 - 2z + 1}{8z^2 + 2z - 1}$, 其 ROC 為 $|z| > \dfrac{1}{2}$

(c) $X(z) = \dfrac{2z^3 + 2z^2 + 3z + 1}{2z^4 + 3z^3 + z^2}$, 其 ROC 為 $|z| > 1$

答案 (a) $x[n] = -(1/4)^n u[n] - (1/2)^n u[-n-1]$

(b) $x[n] = -\delta[n] + \left(\dfrac{1}{4}\right)^n u[n] + 2\left(\dfrac{-1}{2}\right)^n u[n]$

(c) $x[n] = \delta[n-2] + 2(-1)^{n-1} u[n-1] - (-1/2)^{n-1} u[n-1]$ ◀

這個部分分式的方法也可以運用在極點是複數的情形。在這種情形下，展開式的係數一般會是複數值。然而，如果 $X(z)$ 的係數是實數值，那麼對應於複數共軛極點的展開式係數，也將會是彼此的共軛複數。

除了 ROC 以外，也要注意其他可以用來建立單一反轉換的資訊。舉例來說，因果性、穩定性或者 DTFT 的存在性都足以用來決定反轉換。

▶ 如果已知訊號是因果的，那麼就選擇右邊反轉換。

▶ 如果訊號是穩定的，則它為絕對可和，而且含有 DTFT。因此，穩定性和 DTFT 的存在性是等價的條件。在這兩個情況中，ROC 包含了 z 平面上的單位圓，|z|=1。比較極點位置和單位圓之間的關係，可以決定反 z 轉換。如果極點在單位圓內，就選擇右邊 z 轉換；如果極點在單位圓外面，那麼就選擇左邊反 z 轉換。

➤ **習題 7.6** 試求下列 z 轉換的反轉換

$$X(z) = \dfrac{1}{1-\frac{1}{2}z^{-1}} + \dfrac{2}{1-2z^{-1}}$$

其中假設 (a) 訊號是因果性的，以及 (b) 訊號有 DTFT。

答案 (a) $x[n] = \left(\dfrac{1}{2}\right)^n u[n] + 2(2)^n u[n]$

(b) $x[n] = \left(\dfrac{1}{2}\right)^n u[n] - 2(2)^n u[-n-1]$ ◀

■ 7.5.2 冪級數展開式 (POWER SERIES EXPANSION)

現在，我們試著要將 $X(z)$ 表示成 z^{-1} 或 z 的冪級數，其形式如同(7.4)式。訊號 $x[n]$ 的值可由 z^{-n} 的係數得知。這個反轉的方法只能用於單邊訊號，也就是說，只適用於 ROC 形式為 $|z|<a$ 或 $|z|>a$ 的離散時間訊號。如果 ROC 為 $|z|>a$，則我們將 $X(z)$ 表

示成 z^{-1} 的冪級數，如此可得到一個右邊訊號。如果 ROC 為 $|z|<a$，則我們將 $X(z)$ 表示成 z 的冪級數，得到一個左邊反轉換訊號。

範例 7.11

運用長除法求反轉換 試求下列 z 轉換的反轉換

$$X(z) = \frac{2 + z^{-1}}{1 - \frac{1}{2}z^{-1}}, \quad \text{其 ROC 為 } |z| > \frac{1}{2}$$

請利用冪級數展開式作答。

解答 因為我們從 ROC 看出 $x[n]$ 是右邊訊號，所以利用長除法將 $X(z)$ 寫成 z^{-1} 的冪級數。我們有

$$
\begin{array}{r}
2 + 2z^{-1} + z^{-2} + \frac{1}{2}z^{-3} + \cdots \\
1 - \frac{1}{2}z^{-1} \overline{)2 + z^{-1}} \\
\underline{2 - z^{-1}} \\
2z^{-1} \\
\underline{2z^{-1} - z^{-2}} \\
z^{-2} \\
\underline{z^{-2} - \frac{1}{2}z^{-3}} \\
\frac{1}{2}z^{-3}
\end{array}
$$

也就是

$$X(z) = 2 + 2z^{-1} + z^{-2} + \frac{1}{2}z^{-3} + \cdots$$

將 $X(z)$ 與(7.4)式比較，我們得到

$$x[n] = 2\delta[n] + 2\delta[n-1] + \delta[n-2] + \frac{1}{2}\delta[n-3] + \cdots$$

如果 ROC 變成 $|z|<\frac{1}{2}$，則我們將 $X(z)$ 展開成 z 的冪級數。

$$
\begin{array}{r}
-2 - 8z - 16z^2 - 32z^3 + \cdots \\
-\frac{1}{2}z^{-1} + 1 \overline{)z^{-1} + 2} \\
\underline{z^{-1} - 2} \\
4 \\
\underline{4 - 8z} \\
8z \\
\underline{8z - 16z^2} \\
16^{2}
\end{array}
$$

也就是

$$X(z) = -2 - 8z - 16z^2 - 32z^3 - \cdots$$

在這種情形下，我們就得到

$$x[n] = -2\delta[n] - 8\delta[n+1] - 16\delta[n+2] - 32\delta[n+3] - \cdots$$

只要 $X(z)$ 是多項式分式，都可以用長除法來得到其冪級數，而且長除法容易操作。然而長除法不一定能得到 $x[n]$ 的封閉形式 (closed-form) 表示法。

冪級數法的優點在於當訊號不是 z 多項式的分式時，也可以找出其反 z 轉換。我們將在下一個範例中做說明。

範例 7.12

運用冪級數展開求反轉換 找出下式的反 z 轉換

$$X(z) = e^{z^2}, \quad 其中 ROC 是除了 |z| = \infty 以外的所有 z 值$$

解答 利用 e^a 的冪級數表示法，也就是

$$e^a = \sum_{k=0}^{\infty} \frac{a^k}{k!}$$

寫出

$$X(z) = \sum_{k=0}^{\infty} \frac{(z^2)^k}{k!}$$
$$= \sum_{k=0}^{\infty} \frac{z^{2k}}{k!}$$

因此，

$$x[n] = \begin{cases} 0, & n > 0 \ 或 \ n \ 是奇數 \\ \dfrac{1}{\left(\frac{-n}{2}\right)!}, & 其他條件 \end{cases}$$

▶ **習題 7.7** 利用冪級數方法找出 $X(z) = \cos(2z^{-1})$ 的反 z 轉換，其 ROC 包含所有的 z，除了 $z = 0$ 以外。

答案
$$x[n] = \begin{cases} 0, & n < 0 \ 或 \ n \ 是奇數 \\ (-1)^{n/2} 2^n / (n!), & 其他條件 \end{cases}$$ ◀

7.6 轉換函數 (THE TRANSFER FUNCTION)

在本節中，我們要討論轉移函數與 LTI 離散時間系統的輸入-輸出描述法之間的關係。我們曾在 7.2 節中，轉換函數定義為脈衝響應的 z 轉換。LTI系統的輸出 $y[n]$ 可以表示成脈衝響應 $h[n]$ 和輸入 $x[n]$ 的摺積：

$$y[n] = h[n] * x[n]$$

如果我們對等號兩邊進行 z 轉換，則可以將輸出 $Y(z)$ 表示為轉換後的輸入 $X(z)$ 乘以轉換函數 $H(z)$ 的結果。

$$Y(z) = H(z)X(z) \tag{7.19}$$

因此，z 轉換將時間序列的摺積換成 z 轉換的乘積，而且我們也看到轉換函數提供了系統輸入輸出特性的另一種描述法。

注意(7.19)式指出轉換函數也可以視為輸出的 z 轉換與輸入的 z 轉換兩者的比值，也就是：

$$\boxed{H(z) = \frac{Y(z)}{X(z)}} \tag{7.20}$$

這個定義適用於 $X(z)$ 與 $Y(z)$ 的 ROC 內的所有 z，其中 $X(z)$ 不等於零。

脈衝響應是轉移函數的反 z 轉換。為了要從轉移函數中唯一決定脈衝響應，我們必須知道其ROC。如果不知道ROC，那麼必須知道系統的其它特性，例如穩定性或因果性，如此才能求出唯一的脈衝響應。

範例 7.13

系統的鑑識 透過對輸入與輸出的瞭解以找出系統描述法，這一類的問題稱為系統鑑識。試求因果性LTI系統的轉移函數和脈衝響應，其中假設系統的輸入如下

$$x[n] = (-1/3)^n u[n]$$

而其輸出為

$$y[n] = 3(-1)^n u[n] + (1/3)^n u[n]$$

解答 輸入和輸出的 z 轉換分別為

$$X(z) = \frac{1}{(1 + (1/3)z^{-1})}, \quad \text{其 ROC 為 } |z| > 1/3$$

且

$$Y(z) = \frac{3}{1 + z^{-1}} + \frac{1}{1 - (1/3)z^{-1}}$$

$$= \frac{4}{(1 + z^{-1})(1 - (1/3)z^{-1})}, \quad \text{其 ROC 為 } |z| > 1$$

我們利用公式(7.20)導出轉移函數：

$$H(z) = \frac{4(1 + (1/3)z^{-1})}{(1 + z^{-1})(1 - (1/3)z^{-1})}, \quad \text{其 ROC 為 } |z| > 1$$

找出 H(z) 的反 z 轉換，就可以得到系統的脈衝響應。對 H(z) 使用部分分式展開法，得到

$$H(z) = \frac{2}{1 + z^{-1}} + \frac{2}{1 - (1/3)z^{-1}}, \quad \text{其 ROC 為 } |z| > 1$$

所以得到脈衝響應為

$$h[n] = 2(-1)^n u[n] + 2(1/3)^n u[n]$$

▶ **習題 7.8** LTI 系統的脈衝響應為 $h[n] = (1/2)^n u[n]$。如果輸出為 $y[n] = (1/2)^n u[n] + (-1/2)^n u[n]$，試求系統的輸入。

答案 $x[n] = 2(-1/2)^n u[n]$ ◀

■ 7.6.1 建立轉換函數和差分方程式之間的關係 (RELATING THE TRANSFER FUNCTION AND THE DIFFERENCE EQUATION)

我們可以直接從 LTI 系統的差分方程式描述法得到轉換函數。以前曾討論過，描述輸入 $x[n]$ 與輸出 $y[n]$ 兩者關係的 N 階差分方程式為

$$\sum_{k=0}^{N} a_k y[n-k] = \sum_{k=0}^{M} b_k x[n-k]$$

在第 7.2 節中，我們已經說明過轉換函數 H(z) 是系統的特徵值，其中的系統具有特徵函數 z^n。也就是說，如果 $x[n] = z^n$，則 LTI 系統的輸出為 $y[n] = z^n H(z)$。將 $x[n-k] = z^{n-k}$ 與 $y[n-k] = z^{n-k} H(z)$ 代入差分方程式中，得到下列關係式：

$$z^n \sum_{k=0}^{N} a_k z^{-k} H(z) = z^n \sum_{k=0}^{M} b_k z^{-k}$$

現在可以解出 $H(z)$：

$$H(z) = \frac{\sum_{k=0}^{M} b_k z^{-k}}{\sum_{k=0}^{N} a_k z^{-k}} \tag{7.21}$$

以差分方程式來描述的 LTI 系統，其轉換函數是 z^{-1} 多項式的分式，所以可稱為*有理轉換函數 (rational transfer function)*。分子多項式中 z^{-k} 的係數就是差分方程式中 $x[n-k]$ 的係數。分母多項式中的係數 z^{-k} 就是差分方程式中 $y[n-k]$ 的係數。這個對應的關係不但可以讓我們從已知的差分方程式中找出轉換函數，也可以讓我們從已知的有理轉換函數中找出系統的差分方程式描述法。

範例 7.14

找出轉換函數和脈衝響應 因果 LTI 系統用以下的差分方程式來描述，試求出其轉換函數和脈衝響應。

$$y[n] - (1/4)y[n-1] - (3/8)y[n-2] = -x[n] + 2x[n-1]$$

解答 利用公式(7.21)，我們可以得到轉換函數為：

$$H(z) = \frac{-1 + 2z^{-1}}{1 - (1/4)z^{-1} - (3/8)z^{-2}}$$

先求出 $H(z)$ 的反 z 轉換，就可以找到脈衝響應。寫出 $H(z)$ 的部分分式展開式，得到

$$H(z) = \frac{-2}{1 + (1/2)z^{-1}} + \frac{1}{1 - (3/4)z^{-1}}$$

系統是因果的，所以對每一項我們都選擇右邊反 z 轉換，得到下列的脈衝響應：

$$h[n] = -2(-1/2)^n u[n] + (3/4)^n u[n]$$

範例 7.15

求出差分方程式描述法 找出 LTI 系統的差分方程式描述法，已知其轉換函數為：

$$H(z) = \frac{5z + 2}{z^2 + 3z + 2}$$

解答 我們將 $H(z)$ 改成寫成 z^{-1} 的多項式分式。分子與分母同除以 z^2，得到

$$H(z) = \frac{5z^{-1} + 2z^{-2}}{1 + 3z^{-1} + 2z^{-2}}$$

這個轉換函數和(7.21)式比較，可以推得 $M = 2$、$N = 2$、$b_0 = 0$、$b_1 = 5$、$b_2 = 2$、$a_0 = 1$、$a_1 = 3$ 以及 $a_2 = 2$。因此，系統可以用以下的差分方程式來描述：

$$y[n] + 3y[n-1] + 2y[n-2] = 5x[n-1] + 2x[n-2]$$

➤ **習題 7.9** 已知系統用下列脈衝響應來描述，試求出其轉換函數和差分方程式表示法。

$$h[n] = (1/3)^n u[n] + (1/2)^{n-2} u[n-1]$$

答案

$$H(z) = \frac{1 + (3/2)z^{-1} - (2/3)z^{-2}}{1 - (5/6)z^{-1} + (1/6)z^{-2}}$$

$$y[n] - (5/6)y[n-1] + (1/6)y[n-2] = x[n] + (3/2)x[n-1] - (2/3)x[n-2] \quad ◀$$

我們可以從有理轉換函數的極點與零點，深入瞭解許多關於 LTI 系統的特性，這一點從往後的章節還會得到印證。(7.21)式的分子和分母多項式做因式分解，可以轉換函數表示成極點-零點的形式。接著，我們寫出

$$H(z) = \frac{\widetilde{b} \prod_{k=1}^{M} (1 - c_k z^{-1})}{\prod_{k=1}^{N} (1 - d_k z^{-1})} \tag{7.22}$$

其中，c_k 與 d_k 分別是系統的零點和極點，而 $\widetilde{b} = b_0/a_0$ 是增益因子。這種形式假設在 z=0 的地方沒有極點或零點。當 $b_0 = b_1 = \cdots = b_{p-1} = 0$ 時，會在 z= 0 產生一個 p 階的極點，而當 $a_0 = a_1 = \cdots = a_{l-1} = 0$，會在 z = 0 產生一個 l 階的零點在這個情形下，我們寫出

$$H(z) = \frac{\widetilde{b} z^{-p} \prod_{k=1}^{M-p} (1 - c_k z^{-1})}{z^{-l} \prod_{k=1}^{N-l} (1 - d_k z^{-1})} \tag{7.23}$$

其中 $\widetilde{b} = b_p/a_l$。範例 7.15 的系統有個一階極點，位於 z=0。系統的極點、零點和增益因子 $\widetilde{b}$ 可以唯一決定轉換函數，因此，對於系統的輸入輸出行為可以提供另一種描述法。注意，系統的極點是第 2.10 節中定義之特徵方程式的根。

7.7　因果性和穩定性 (Causality and Stability)

當 $n < 0$ 時，因果性 LTI 系統的脈衝響應爲零。因此，利用右邊反轉換，可以從轉換函數決定一個因果性 LTI 系統的脈衝響應。在 z 平面單位圓內的極點 (即 $|d_k| < 1$) 會在脈衝響應中貢獻一個指數衰減項，而在單位圓之外的極點 (即 $|d_k| > 1$) 會貢獻一個指數遞增項。這些關係如圖 7.14 所示。剛好位於單位圓上的極點則會貢獻一個複數弦波的項。

另一方面，如果系統是穩定的，則脈衝響應是絕對可和，而且脈衝響應的 DTFT 存在。因此我們可知道 ROC 必定包含了 z 平面上的單位圓。因此，極點位置和單位圓之間的關係可以決定與此極點有關的脈衝響應成份。單位圓之內的極點會在脈衝響應中貢獻一個右邊衰減指數項，而在單位圓之外的極點會在脈衝響應中貢獻一個左邊衰減指數項，如圖 7.15 所示。圖 7.14 說明這個關係。注意，一個穩定的脈衝響應不可以包含任何遞增指數或弦波的項，因爲這會使得脈衝響應變成不是絕對可和。

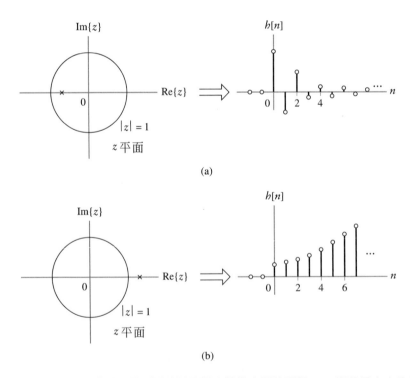

圖 7.14　極點位置與因果性系統的脈衝響應特性之間的關係。(a) 單位圓之內的極點造成脈衝響應含有一個指數衰減項。(b) 單位圓之外的極點使得脈衝響應含有一個指數遞增項。

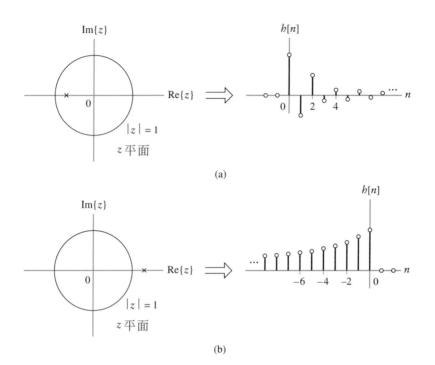

(a)

(b)

圖 7.15　極點位置和穩定性系統的脈衝響應特性之間的關係。(a) 單位圓之內的極點會造成脈衝響應含有一個右邊項。(b) 單位圓之外的極點使得脈衝響應含有中一個左邊項。

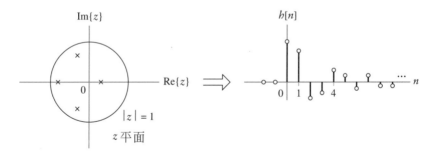

圖 7.16　兼具穩定性與因果性的系統，其所有的極點必定都在 z 平面的單位圓裡，如本圖所示。

　　兼具穩定性且因果性的 LTI 系統，其所有的極點必定都在單位圓內部。z 平面上單位圓內的極點會使得脈衝響應含有一個右邊或因果性的衰減指數項。而單位圓外的極點，它的反轉換會產生一個右邊遞增指數項，這是不穩定的；或者會產生一個左邊衰減指數項，這是非因果的。因此，我們不樂於見到有極點落在單位圓之外。何況，位於單位圓上的極點，會產生一個複數弦波的項，這是不穩定的。LTI 系統兼具穩定與因果的例子如圖 7.16 所示。

範例 7.16

因果性和穩定性 一個 LTI 系統的轉換函數為

$$H(z) = \frac{2}{1 - 0.9e^{j\frac{\pi}{4}}z^{-1}} + \frac{2}{1 - 0.9e^{-j\frac{\pi}{4}}z^{-1}} + \frac{3}{1 + 2z^{-1}}$$

假設系統為 (a) 穩定的，以及 (b) 因果的，請分別解出其脈衝響應。此外，這個系統有可能既是穩定又是因果的嗎？

解答 此系統的極點在 $z = 0.9e^{j\frac{\pi}{4}}$，$z = 0.9e^{-j\frac{\pi}{4}}$ 以及 $z=-2$，如圖 7.17 所示。如果系統是穩定的，則 ROC 會包含單位圓。這兩個單位圓內的極點會在脈衝響應中產生右邊項，而單位圓外的極點會產生左邊項。因此，對於(a)小題，

$$h[n] = 2\left(0.9e^{j\frac{\pi}{4}}\right)^n u[n] + 2\left(0.9e^{-j\frac{\pi}{4}}\right)^n u[n] - 3(-2)^n u[-n-1]$$

$$= 4(0.9)^n \cos\left(\frac{\pi}{4}n\right)u[n] - 3(-2)^n u[-n-1]$$

如果假設系統是因果的，那麼所有的極點都會在脈衝響應上產生右邊項，所以對於(b)小題，我們有

$$h[n] = 2\left(0.9e^{j\frac{\pi}{4}}\right)^n u[n] + 2\left(0.9e^{-j\frac{\pi}{4}}\right)^n u[n] + 3(-2)^n u[n]$$

$$= 4(0.9)^n \cos\left(\frac{\pi}{4}n\right)u[n] + 3(-2)^n u[n]$$

請注意，這個LTI系統不可能既是穩定又是因果的，因為有一個極點在單位圓之外。

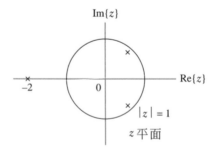

圖 7.17 在 Z 平面上，範例 7.16 的系統的極點位置。

範例 7.17

一階遞迴系統：投資計算 在範例 2.5 中，我們曾經證明一階遞迴方程式

$$y[n] - \rho y[n-1] = x[n]$$

可以用來描述投資 $y[n]$ 的值，設 $\rho = 1 + r/100$，其中，r 是每期的利率，以百分比表示。試求此系統的轉換函數，並決定系統是否兼具穩定性及因果性。

解答　直接運用代入(7.21)式便可以求出轉換函數，得到

$$H(z) = \frac{1}{1 - \rho z^{-1}}$$

這個LTI系統不可能既是穩定又是因果的，因為有一個極點在 $z = \rho$，位於單位圓之外。

➤ **習題 7.10**　已知一個穩定而且具因果性的 LTI 系統，並且由下列的差分方程式描述

$$y[n] + \frac{1}{4}y[n-1] - \frac{1}{8}y[n-2] = -2x[n] + \frac{5}{4}x[n-1]$$

試求此系統的脈衝響應。

答案　系統的脈衝響應為

$$h[n] = \left(\frac{1}{4}\right)^n u[n] - 3\left(-\frac{1}{2}\right)^n u[n]$$　◀

■ 7.7.1　逆系統 (INVERSE SYSTEMS)

在第 2.7.4 節中曾提過一個逆系統的脈衝響應 $h^{\text{inv}}[n]$，滿足

$$h^{\text{inv}}[n] * h[n] = \delta[n]$$

其中 $h[n]$ 是原系統 (即被反轉的系統) 的脈衝響應。對等號的兩邊同時進行 z 轉換，我們發現逆系統的轉換函數必須滿足

$$H^{\text{inv}}(z)H(z) = 1$$

也就是

$$H^{\text{inv}}(z) = \frac{1}{H(z)}$$

因此，LTI逆系統的轉換函數是某個轉換函數的倒數，而這個函數是我們想要反轉的系統的轉換函數。如果將 $H(z)$ 寫成如(7.23)式之極點-零點的形式，則

$$H^{\text{inv}}(z) = \frac{z^{-l} \prod_{k=1}^{N-l}(1 - d_k z^{-1})}{\widetilde{b} z^{-p} \prod_{k=1}^{M-p}(1 - c_k z^{-1})} \tag{7.24}$$

$H(z)$ 的零點是 $H^{\mathrm{inv}}(z)$ 極點，而 $H(z)$ 的極點是 $H^{\mathrm{inv}}(z)$ 的零點。任何一個用有理轉換函數描述的系統都有這種形式的逆系統。

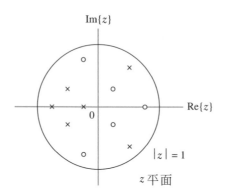

圖 7.18　含有因果且穩定反轉換的系統，其極點和零點都必定位於單位圓之內，如同這裡的說明。

　　我們通常對於兼具穩定與因果的逆系統感到興趣，所以可以造出一個系統 $H^{\mathrm{inv}}(z)$，將 $H(z)$ 對於我們關注的訊所造成的失真加以回復。如果 $H^{\mathrm{inv}}(z)$ 的極點都在單位圓內，那麼它同時為穩定與因果。因為 $H^{\mathrm{inv}}(z)$ 的極點是 $H(z)$ 的零點，所以我們的結論是：LTI 系統 $H(z)$ 具有既穩定又因果的逆系統，若且唯若 $H(z)$ 的零點都在單位圓內。如果 $H(z)$ 有任何一個零點在單位圓之外，則不存在兼具穩定性與因果性的逆系統。如果系統的極點和零點都在單位圓之內，如圖 7.18 所示，則我們稱此系統為*最小相位 (minimum-phase)* 系統。和連續時間最小相位系統一樣，離散時間最小相位系統的量值與相位響應之間具有唯一關係。也就是說，最小相位系統的相位響應只由振幅響應來決定。從另一方面來說，最小相位系統的振幅響應也只由相位響應來決定。

範例 7.18

穩定和因果的逆系統　下列的差分方程式描述某個 LTI 系統，

$$y[n] - y[n-1] + \frac{1}{4}y[n-2] = x[n] + \frac{1}{4}x[n-1] - \frac{1}{8}x[n-2]$$

請求出其逆系統的轉換函數。是否存在穩定和因果的 LTI 逆系統

解答　利用(7.21)式找出此系統的轉換函數，得到

$$H(z) = \frac{1 + \frac{1}{4}z^{-1} - \frac{1}{8}z^{-2}}{1 - z^{-1} + \frac{1}{4}z^{-2}}$$

$$= \frac{\left(1 - \frac{1}{4}z^{-1}\right)\left(1 + \frac{1}{2}z^{-1}\right)}{\left(1 - \frac{1}{2}z^{-1}\right)^2}$$

則逆系統的轉換函數為

$$H^{\text{inv}}(z) = \frac{\left(1 - \frac{1}{2}z^{-1}\right)^2}{\left(1 - \frac{1}{4}z^{-1}\right)\left(1 + \frac{1}{2}z^{-1}\right)}$$

逆系統的極點是 $z = \frac{1}{4}$ 與 $z = -\frac{1}{2}$。這兩個極點都在單位圓之內，所以逆系統為穩定及因果的。注意，因為二階零點 $z = \frac{1}{2}$ 也在單位圓之內，所以這個系統也是最小相位系統。

範例 7.19

多路徑通訊通道：逆系統　第 1.10 節曾提過，雙路徑通訊通道的離散時間 LTI 模型為

$$y[n] = x[n] + ax[n-1]$$

試求這個逆系統的轉換函數與差分方程式描述法。參數 a 應滿足什麼條件，才能使得逆系統為穩定和因果？

解答　我們利用(7.21)式得到多路徑系統的轉換函數為

$$H(z) = 1 + az^{-1}$$

因此，逆系統的轉換函數為

$$H^{\text{inv}}(z) = \frac{1}{H(z)} = \frac{1}{1 + az^{-1}}$$

會滿足差分方程式描述法。

$$y[n] + ay[n-1] = x[n]$$

當 $|a| < 1$，逆系統同時具有穩定性與因果性。

▶ **習題 7.11** LTI 系統的脈衝響應為

$$h[n] = 2\delta[n] + \frac{5}{2}\left(\frac{1}{2}\right)^n u[n] - \frac{7}{2}\left(\frac{-1}{4}\right)^n u[n]$$

試求其逆系統的轉換函數。是否存在穩定且因果的逆系統

答案　$$H^{\text{inv}}(z) = \frac{\left(1 - \frac{1}{2}z^{-1}\right)\left(1 + \frac{1}{4}z^{-1}\right)}{\left(1 - \frac{1}{8}z^{-1}\right)\left(1 + 2z^{-1}\right)}$$

此逆系統不能兼具穩定性與因果性。　　◀

➤ **習題 7.12** 判斷下列的 LTI 系統是否爲(i)因果且穩定的，(ii)最小相位。

(a)

$$H(z) = \frac{1 + 2z^{-1}}{1 + (14/8)z^{-1} + (49/64)z^{-2}}$$

(b)

$$y[n] - (6/5)y[n-1] - (16/25)y[n-2] = 2x[n] + x[n-1]$$

答案　(a) (i)兼具穩定性與因果性。(ii)並非最小相位系統。

　　　(b) (i)不是穩定且因果。(ii)並非最小相位系統。　◀

7.8　從極點和零點決定頻率響應 (Determining the Frequency Response from Poles and Zeros)

我們現在要探討在 z 平面上，極點和零點位置與系統頻率響應之間的關係。我們曾提過，在轉換函數 $H(z)$ 中，以 $e^{j\Omega}$ 代入 z，就可以得到頻率響應。也就是說，頻率響應相當於轉換函數在 z 平面的單位圓上取值。這是假設 ROC 包含了單位圓。將 $z = e^{j\Omega}$ 代入(7.23) 式，得到

$$H(e^{j\Omega}) = \frac{\tilde{b}e^{-jp\Omega}\prod_{k=1}^{M-p}(1 - c_k e^{-j\Omega})}{e^{-jl\Omega}\prod_{k=1}^{N-l}(1 - d_k e^{-j\Omega})}$$

將分子和分母同乘以 $e^{jN\Omega}$，改寫 $H(e^{j\Omega})$，使其由 $e^{j\Omega}$ 的正次方項所組成。

$$H(e^{j\Omega}) = \frac{\tilde{b}e^{j(N-M)\Omega}\prod_{k=1}^{M-p}(e^{j\Omega} - c_k)}{\prod_{k=1}^{N-l}(e^{j\Omega} - d_k)} \tag{7.25}$$

我們利用(7.25)式來檢視 $H(e^{j\Omega})$ 的振幅和相位。

在某個固定的Ω的 $H(e^{j\Omega})$，例如在 Ω_o，其振幅的定義爲

$$|H(e^{j\Omega_o})| = \frac{|\tilde{b}|\prod_{k=1}^{M-p}|e^{j\Omega_o} - c_k|}{\prod_{k=1}^{N-l}|e^{j\Omega_o} - d_k|}$$

這個表示法是 $|e^{j\Omega_o} - g|$ 這一種形式的項相乘的分式，其中 g 代表極點或是零點。與零點有關的項在分子，而與極點有關的在分母。如果我們用向量來表示 z 平面上的複數，則 $e^{j\Omega_o}$ 是從原點到點 $e^{j\Omega_o}$ 的向量，而 g 是從原點到 g 的向量。因此，$e^{j\Omega_o} - g$ 表示從 g 到點 $e^{j\Omega_o}$ 的向量，如圖 7.19 所示。向量的長度爲 $|e^{j\Omega_o} - g|$。藉著檢視 Ω_o 改變時的 $|e^{j\Omega_o} - g|$，就可以估計每一個極點和零點對整個頻率響應的影響。

　　圖 7.20(a)畫出數個不同 Ω_o 值的向量 $e^{j\Omega_o} - g$，而圖 7.20(b)將 $|e^{j\Omega_o} - g|$ 畫成頻率的連續函數。注意，如果 $\Omega = \arg\{g\}$，則當 g 在單位圓內時，$|e^{j\Omega_o} - g|$ 會有最小值 $1 - |g|$；當 g 在單位圓外時，其最小值為 $|g| - 1$。因此，當 $\Omega = \arg\{g\}$ 時，如果 g 接近單位圓（即 $|g| \approx 1$），則 $|e^{j\Omega_o} - g|$ 會變的非常小。

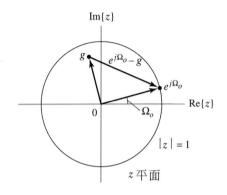

圖 7.19　在 z 平面上，$e^{j\Omega_o} - g$ 的向量表示法。

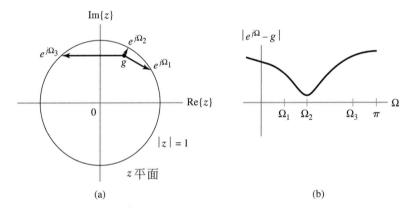

(a)　　　　　　　　　　　　　　　　　(b)

圖 7.20　$|e^{j\Omega_o} - g|$ 的量是 z 平面上從 g 到 $e^{j\Omega}$ 向量的長度。(a) 在幾個頻率上，從 g 到 $e^{j\Omega}$ 的向量。(b) 函數 $|e^{j\Omega} - g|$

　　如果 g 代表零點，則 $|e^{j\Omega} - g|$ 是 $|H(e^{j\Omega})|$ 分子的因式之一。因此，在 $\arg\{g\}$ 附近的頻率，$|H(e^{j\Omega})|$ 趨向最小值。至於 $|H(e^{j\Omega})|$ 減少的程度，則取決於這個零點有多接近單位圓；如果零點位於單位圓上，則在對應此零點的頻率上，$|H(e^{j\Omega})|$ 就是零。另一方面，如果 g 代表極點，則 $|e^{j\Omega} - g|$ 是 $|H(e^{j\Omega})|$ 分母的因式之一。當 $|e^{j\Omega} - g|$ 減少時，$|H(e^{j\Omega})|$ 會增加，增加的幅度取決於極點離單位圓有多遠。一個非常接近單位圓的極點會使得 $|H(e^{j\Omega})|$ 在對應此極點相位角的頻率上有一個大的波峰。因此，零點傾向於將頻率響應的量值往下拉，而極點趨向於將它往上拉。

範例 7.20

多路徑通訊通道：振幅響應　在範例 7.19 中，二路徑通訊系統之離散時間模型的轉換函數為

$$H(z) = 1 + az^{-1}$$

當 $a = 0.5e^{j\pi/4}$, $a = 0.8e^{j\pi/4}$ 以及 $a = 0.95e^{j\pi/4}$ 時，請畫出系統的振幅響應以及其對應之逆系統。

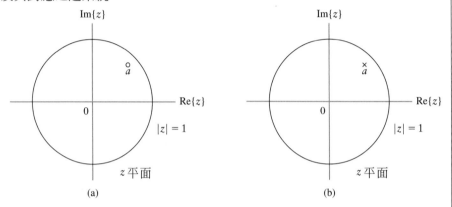

圖 7.21　(a)多路徑通道的零點位置。(b)多路徑通道之逆系統的極點位置。

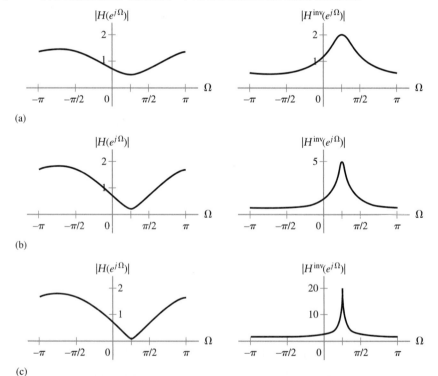

圖 7.22　多路徑通道 (左半邊) 以及其逆系統 (右半邊) 的振幅響應。(a) $a = 0.5e^{j\pi/4}$。
　　　　(b)　$a = 0.8e^{j\pi/4}$。(c) $a = 0.95e^{j\pi/4}$。

解答 多路徑通道在 $z=a$ 有一個零點，而其逆系統在 $z=a$ 有一個極點，如圖 7.21 (a)和(b)所示。振幅響應如圖 7.22(a)-(c)所繪。$|H(e^{j\Omega})|$ 的最小值與 $|H^{inv}(e^{j\Omega})|$ 的最大值發生在對應 $H(z)$ 零點角度的頻率上，亦即 $\Omega = \pi/4$。$|H(e^{j\Omega})|$ 的最小值是 $1-|a|$。因此當 $|a|$ 趨近一，在 $\Omega = \pi/4$ 的通道振幅響應為趨近於零，而且雙路徑通道會抑制輸入在頻率 $\Omega = \pi/4$ 的成分。當 $\Omega = \pi/4$ 時，逆系統的最大值是 $1/(1-|a|)$。因此，當 $|a|$ 趨近於一，逆系統的振幅響應會趨近於無限大。如果多路徑通道消去輸入在頻率 $\Omega = \pi/4$ 的分量，那麼逆系統就無法這個分量回復到其原來的值。在逆系統中，我們不希望有大的增益值，因為這會使得接收訊號裡的雜訊被放大。此外，當 $|a|$ 趨近於一，逆系統對於 a 的微小變化會越來越敏銳。

範例 7.21

從極點和零點找出振幅響應 已知 LTI 系統的轉換函數如下所示，請畫出其振幅響應。

$$H(z) = \frac{1 + z^{-1}}{\left(1 - 0.9e^{j\frac{\pi}{4}}z^{-1}\right)\left(1 - 0.9e^{-j\frac{\pi}{4}}z^{-1}\right)}$$

圖 7.23 範例 7.21 的解。(a) z 平面上，極點和零點的位置。(b) 從零點到 $e^{j\Omega}$ 的向量長度，可以得知零點振幅響應的分量。((c)、(d)、(e)部分在下一頁)

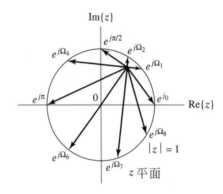
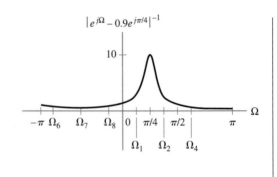

(c)

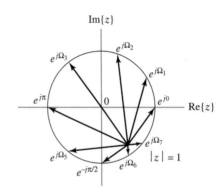
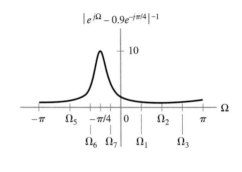

(d)

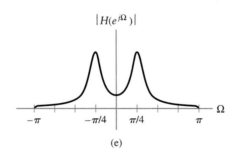

(e)

圖 7.23　續 (c) 從極點到 $e^{j\Omega}$ 向量長度的倒數，可以得知極點在 $z = 0.9\, e^{-j\frac{\pi}{4}}$ 振幅響應的分量。(d) 與在 $z = 0.9\, e^{-j\frac{\pi}{4}}$ 極點有關之振幅響應的分量，是極點到 $e^{j\Omega}$ 向量長度的倒數。(e) 系統之振幅響應為(b)-(d)部分響應的乘積。

解答　系統在 $z = -1$ 有零點，在 $z = 0.9\, e^{j\frac{\pi}{4}}$ 與 $z = 0.9\, e^{-j\frac{\pi}{4}}$ 有極點，如圖 7.23(a)所示。因此，在 $\Omega = \pi$ 的振幅響應為零，而在 $\Omega = \pm\frac{\pi}{4}$ 的振幅響應會很大，這是因為極點很接近單位圓。圖 7.23 (b)-(d)畫出零點和每個極點之振幅響應的分量。每一點的貢獻乘起來，就可以得到整個振幅響應，如圖 7.23(e)所示。

➤ **習題 7.13** 已知 LTI 系統的轉換函數如下所示，請畫出其振幅響應。

$$H(z) = \frac{z - 1}{z + 0.9} \qquad \blacktriangleleft$$

答案請參考圖 7.24。

　　$H(e^{j\Omega})$ 的相位也可以用每一個極點和零點的相位來計算。利用 (7.25) 式，得到

$$\arg\{H(e^{j\Omega})\} = \arg\{\widetilde{b}\} + (N - M)\Omega + \sum_{k=1}^{M-p}\arg\{e^{j\Omega} - c_k\} - \sum_{k=1}^{N-l}\arg\{e^{j\Omega} - d_k\}$$

$H(e^{j\Omega})$ 的相位是每個零點相位角的和減去每個極點的相位角。第一項，$\arg\{\widetilde{b}\}$，和頻率無關。每個零點和極點的相位角可以用 $\arg\{e^{j\Omega} - g\}$ 的形式來計算。這是從 g 指向 $e^{j\Omega}$ 的向量的角度。這個角度是此向量與通過 g 的水平線之間所夾的角度，如圖 7.25 所示。當頻率改變時，任一極點或零點對整個相位響應的貢獻是由向量 $e^{j\Omega} - g$ 的角度來決定。

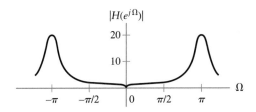

圖 7.24　習題 7.13 的解。

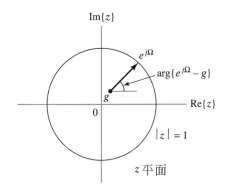

圖 7.25　$\arg\{e^{j\Omega} - g\}$ 的量是 g 到 $e^{j\Omega}$ 的向量，與通過 g 的水平線之間的夾角，如圖中所示。

　　頻率響應的精確計算最好是以數值來表示。然而，如同剛剛所討論的，我們通常可以從極點和零點的位置求得粗略的近似值，然後藉此瞭解頻率響應的本質。因為頻率的範圍限制在 $-\pi < \Omega \leq \pi$，所以漸進式的近似不能用於離散時間系統中，這類似於第六章所介紹之連續時間系統的波德圖。

7.9　用來實現離散時間 **LTI** 系統的計算結構 (Computational Structures for Implementing Discrete-Time LTI Systems)

離散時間 LTI 系統適合用電腦來實作。為了要寫出一個可以從系統的輸入決定其輸出的電腦程式，我們必須要先將每個會用到的計算指定它們的順序。z 轉換通常用來發展這一類的計算結構，用來實作已知轉換函數的離散時間系統。第二章曾提過，一個已知輸入輸出特性的系統，可以有許多種不同的方塊圖表示法。這可以讓我們針對運算的某些標準，例如數值運算的個數或者系統對運算中數值捨入的敏感度，選出一個最佳化的實作法。有關這類議題的進一步研究是在本書的範圍之外，在這我們只說明 z 轉換在獲得另一種計算機結構中所扮演的角色。

當系統用差分方程式來描述時，我們第 2.12 節裡曾討論過幾種方塊圖來實現這類的系統。方塊圖由時間平移運算、乘以常數，以及加法接合點所組成。其中，時間平移運算用運算子 S 來表示。對於代表差分方程式的方塊圖，我們取其 z 轉換，就可以用類似於方塊圖的方法來表示系統的有理轉換函數描述法。時間平移運算子相當於在 z 域上乘以 z^{-1}。純量乘法與加法都是線性運算，因此不需要用 z 轉換來修飾。因此，表示有理轉換函數的方塊圖用 z^{-1} 來代替時間平移運算子。舉例來說，圖 2.33 所畫的方塊圖表示一個用差分方程式描述的系統：

$$y[n] + a_1 y[n-1] + a_2 y[n-2] = b_0 x[n] + b_1 x[n-1] + b_2 x[n-2] \qquad (7.26)$$

取這個差分方程式的 z 轉換，得到

$$(1 + a_1 z^{-1} + a_2 z^{-2}) Y(z) = (b_0 + b_1 z^{-1} + b_2 z^{-2}) X(z)$$

圖 7.26 所示的方塊圖顯示上述關係，而且以 z^{-1} 替換圖 2.33 中的平移運算子，就可以得到此圖。圖 7.26 之系統的轉換函數為

$$
\begin{aligned}
H(z) &= \frac{Y(z)}{X(z)} \\
&= \frac{b_0 + b_1 z^{-1} + b_2 z^{-2}}{1 + a_1 z^{-1} + a_2 z^{-2}}
\end{aligned}
\qquad (7.27)
$$

第 2.12 節中曾導出 LTI 系統的直接形式 II 表示法，亦即將 (7.26) 式的差分方程式寫成兩個包含中繼訊號 $f[n]$ 的耦合差分方程式。我們也可以直接從系統的轉換方程式導出直接形式 II 表示法。(7.26) 式所描述系統的轉換函數是 (7.27) 式裡的 $H(z)$。假設現在我們寫下 $H(z) = H_1(z) H_2(z)$，其中

$$H_1(z) = b_0 + b_1 z^{-1} + b_2 z^{-2}$$

且

$$H_2(z) = \frac{1}{1 + a_1 z^{-1} + a_2 z^{-2}}$$

$H(z)$ 的直接形式 II 表示法可以寫成

$$Y(z) = H_1(z)F(z) \tag{7.28}$$

其中

$$F(z) = H_2(z)X(z) \tag{7.29}$$

圖 7.27(a)所繪的方塊圖實現了(7.28)和(7.29)式。$H_1(z)$ 與 $H_2(z)$ 的 z^{-1} 方塊產生一樣的量，因此可以合併得到直接形式 II 方塊圖，如圖 7.27(b)。

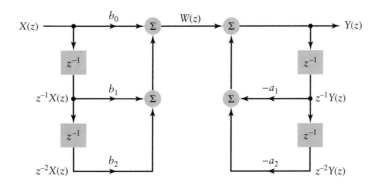

圖 7.26　對應於圖 2.33 的轉換函數的方塊圖。

　　轉換函數的極點-零點形式會產生兩種系統實作法：串聯與並聯形式。在這些形式中，轉換函數表示成低階轉換函數或區塊的互相連結。在串聯形式中，我們寫出

$$H(z) = \prod_{i=1}^{P} H_i(z)$$

其中，$H_i(z)$ 包含 $H(z)$ 極點和零點的各個子集。通常，我們會將 $H(z)$ 的一或兩個極點和零點指定給 $H_i(z)$。在這個情形中，我們說系統可用一階或二階區塊的串聯來表示。複數共軛對裡的極點和零點通常會放在同一個區塊裡，所以此區塊的係數為實數值。在並聯形式中，我們利用部分分式展開，寫出

$$H(z) = \sum_{i=1}^{P} H_i(z)$$

其中每個$H_i(z)$包含$H(z)$極點的不同子集。再一次地,我們將一個或兩個極點指定給每個區塊,並且說系統可用一階或二階區塊的並聯來表示。下一個範例和習題會同時說明並聯與串聯的形式。

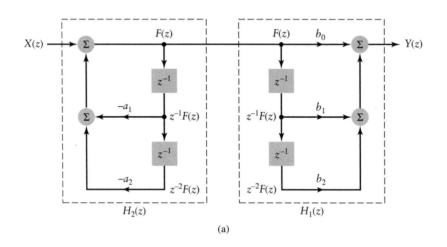

(a)

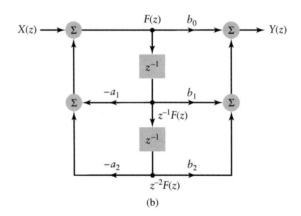

(b)

圖 7.27　LTI 系統之直接形式 II 表示法的發展。(a) 轉換函數 $H(z)$表示成$H_1(z)H_2(z)$。 (b)合併(a)中的兩組z^{-1}區塊,可以得到轉換函數 $H(z)$ 的直接形式 II 表示法。

範例 7.22

串聯實作法　考慮下列轉換函數所表示的系統:

$$H(z) = \frac{(1 + jz^{-1})(1 - jz^{-1})(1 + z^{-1})}{\left(1 - \frac{1}{2}e^{j\frac{\pi}{4}}z^{-1}\right)\left(1 - \frac{1}{2}e^{-j\frac{\pi}{4}}z^{-1}\right)\left(1 - \frac{3}{4}e^{j\frac{\pi}{8}}z^{-1}\right)\left(1 - \frac{3}{4}e^{-j\frac{\pi}{8}}z^{-1}\right)}$$

使用實數二階方塊，畫出系統的串聯形式。假設每個二階方塊是用直接形式 II 表示法來實現。

解答 我們複數共軛對的極點和零點合併到區塊中，得到

$$H_1(z) = \frac{1 + z^{-2}}{1 - \cos\left(\frac{\pi}{4}\right)z^{-1} + \frac{1}{4}z^{-2}}$$

且

$$H_2(z) = \frac{1 + z^{-1}}{1 - \frac{3}{2}\cos\left(\frac{\pi}{8}\right)z^{-1} + \frac{9}{16}z^{-2}}$$

對應$H_1(z)H_2(z)$的方塊圖如圖 7.28 所示。注意，這個解不是唯一的，因為我們可以改變$H_1(z)$與$H_2(z)$的順序，或者交換極點和零點對。

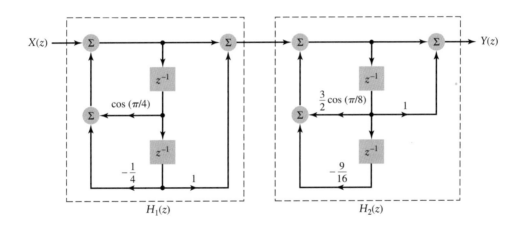

圖 7.28 範例 7.22 的串聯形式實作法。

➤ **習題 7.14** 畫出下列轉換函數的並聯形式表示法。

$$H(z) = \frac{4 - \frac{1}{2}z^{-1} - \frac{1}{2}z^{-2}}{\left(1 - \frac{1}{2}z^{-1}\right)\left(1 + \frac{1}{2}z^{-1}\right)\left(1 - \frac{1}{4}z^{-1}\right)}$$

使用一階區塊將其實現成直接形式 II 表示法。

答案 $$H(z) = \frac{1}{1 - \frac{1}{2}z^{-1}} + \frac{1}{1 + \frac{1}{2}z^{-1}} + \frac{2}{1 - \frac{1}{4}z^{-1}}$$

(參閱圖 7.29) ◀

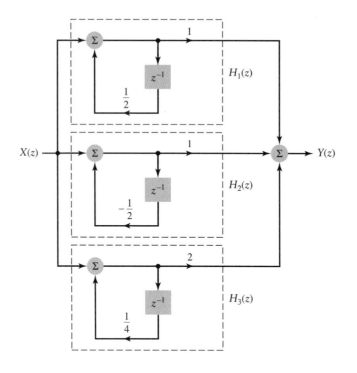

圖 7.29　範例 7.14 的解。

7.10　單側 z 轉換 (The Unilateral z-Transform)

單側 (unilateral) 或 *單邊 (one-sided)* 的 z 轉換是用訊號在時間索引值非負值 (n≥0) 的部分來計算。這種形式的 z 轉換適用於因果訊號和 LTI 系統的問題。在許多 z 轉換的應用中，因果性的假設是相當合理的。例如，我們通常對因果 LTI 系統對輸入訊號的響應感到興趣。時間原點的選擇通常是隨意的，所以我們可以選擇 $n=0$ 為輸入的時間，然後再研究 $n \geq 0$ 時的響應。在這一類的問題中使用單側 z 轉換有許多優點，主要的兩個優點是：其一，我們不需要用到 ROC；其二，可能也是最重要的，單側轉換可以讓我們研究含有初始條件的差分方程式所描述的 LTI 系統。

■ 7.10.1　定義和特性 (DEFINITION AND PROPERTIES)

我們將訊號 $x[n]$ 的單側 z 轉換定義成

$$X(z) = \sum_{n=0}^{\infty} x[n]z^{-n} \tag{7.30}$$

只與 $n \geq 0$ 時的 $x[n]$ 有關。在 $n \geq 0$ 的情況下計算(7.5) 式，就可以得到反 z 轉換。我們將 $x[n]$ 與 $X(z)$ 之間的關係標示成

$$x[n] \xleftrightarrow{\ z_u\ } X(z)$$

對因果訊號而言，單側和雙側 z 轉換是一樣的。例如，

$$\alpha^n u[n] \xleftrightarrow{\ z_u\ } \frac{1}{1 - \alpha z^{-1}}$$

且

$$a^n \cos(\Omega_o n) u[n] \xleftrightarrow{\ z_u\ } \frac{1 - a\cos(\Omega_o)z^{-1}}{1 - 2a\cos(\Omega_o)z^{-1} + a^2 z^{-2}}$$

我們能夠很直觀地證明單側 z 轉換和雙側 z 轉換的特性相同，只有一個重要的例外：時間平移特性。當它用在單側 z 轉換時，為了要發展其特性，我們令 $w[n] = x[n-1]$。現在，從 (7.30) 式，我們有

$$X(z) = \sum_{n=0}^{\infty} x[n]z^{-n}$$

$w[n]$ 的單側 z 轉換也有類似的定義：

$$W(z) = \sum_{n=0}^{\infty} w[n]z^{-n}$$

我們將 $W(z)$ 表示成 $X(z)$ 的函數。代入 $w[n] = x[n-1]$，得到

$$
\begin{aligned}
W(z) &= \sum_{n=0}^{\infty} x[n-1]z^{-n} \\
&= x[-1] + \sum_{n=1}^{\infty} x[n-1]z^{-n} \\
&= x[-1] + \sum_{m=0}^{\infty} x[m]z^{-(m+1)} \\
&= x[-1] + z^{-1} \sum_{m=0}^{\infty} x[m]z^{-m} \\
&= x[-1] + z^{-1}X(z)
\end{aligned}
$$

因此，一個單位的時間平移會使原函數乘上 z^{-1}，再加上一個常數項 $x[-1]$。我們用相同的方法求出延遲大於一的時間平移特性。如果

$$x[n] \xleftrightarrow{\ z_u\ } X(z)$$

則

$$\boxed{
\begin{aligned}
x[n-k] \xleftrightarrow{\ z_u\ } \ & x[-k] + \\
& x[-k+1]z^{-1} + \cdots + x[-1]z^{-k+1} + z^{-k}X(z) \quad \text{當 } k > 0 \text{ 時}
\end{aligned}
}
\tag{7.31}
$$

若是時間超前的情形,其時間平移特性有些改變。在這裡,我們得到

$$x[n + k] \overset{z_u}{\longleftrightarrow} -x[0]z^k - x[1]z^{k-1} - \cdots - x[k-1]z + z^k X(z) \quad \text{for} \quad k > 0 \tag{7.32}$$

這些時間平移特性相當於雙側時間平移性質,再加上額外的項,這些項說明了移入或移出訊號非負時間部分的序列值。

■ 7.10.2 解含有初始條件的差分方程式 (SOLVING DIFFERENCE EQUATIONS WITH INITIAL CONDITIONS)

單側 z 轉換的主要用途是解非零初始條件的差分方程式。將差分方程式等號的兩邊取單側 z 轉換,利用代數方法得到解的 z 轉換,然後再做反 z 轉換,就可以求得差分方程式的解。初始條件就會以公式(7.31)時間平移特性的結果自然地併到問題中。

差分方程式的等號兩邊同取單側 z 轉換,

$$\sum_{k=0}^{N} a_k y[n - k] = \sum_{k=0}^{M} b_k x[n - k]$$

我們可以這個 z 轉換改寫成

$$A(z)Y(z) + C(z) = B(z)X(z)$$

其中

$$A(z) = \sum_{k=0}^{N} a_k z^{-k}$$

$$B(z) = \sum_{k=0}^{M} b_k z^{-k}$$

而且

$$C(z) = \sum_{m=0}^{N-1} \sum_{k=m+1}^{N} a_k y[-k + m] z^{-m}$$

在此,我們已經假設 $x[n]$ 是因果的,所以 $x[n - k] \overset{z_u}{\longleftrightarrow} z^{-k} X(z)$。$C(z)$ 這個項依 N 個初始條件而定,分別為 $y[-1]$、$y[-2]$、...$y[-N]$ 以及 a_k。如果所有的初始條件為零,則 $C(z)$ 為零。解 $Y(z)$ 得到

$$Y(z) = \frac{B(z)}{A(z)} X(z) - \frac{C(z)}{A(z)}$$

輸出為強迫響應和自然響應的和;其中,因為輸入而產生的強迫響應,以 $\frac{B(z)}{A(z)} X(z)$ 表示;由初始條件所產生的自然響應,以 $\frac{C(z)}{A(z)}$ 表示。因為 $C(z)$ 是多項式,所以自然

響應的極點是 $A(z)$ 的根，而這也是轉換函數的極點。因此，自然響應的形式由系統的極點來決定，這些極點就是 2.10 節所定義特徵方程式的根。請注意，如果系統是穩定的，則極點一定位於單位圓之內。

範例 **7.23**

一階遞迴系統：投資計算 範例 2.5 曾提過，以複利計算的資產收入可以用一階差分方程式來描述。

$$y[n] - \rho y[n-1] = x[n]$$

其中 $\rho = 1 + r/100$，r 是每期的利率，以百分比來表示，而 $y[n]$ 表示存入或提出 $x[n]$ 後的餘額。假設銀行帳戶內原有金額爲 10,000，而且年利率爲 6%，每月以複利計算。

從第二年的第一個月開始，存戶在每個月月初從帳戶提領\$100。試求每個月月初的餘額 (在提領之後)，以及在幾個月後會使帳戶餘額爲零

解答 對差分方程式的兩邊取單側 z 轉換，並且利用(7.31)式的時間平移特性，可得

$$Y(z) - \rho(y[-1] + z^{-1}Y(z)) = X(z)$$

重排此方程式，以便決定 $Y(z)$。我們得到

$$(1 - \rho z^{-1})Y(z) = X(z) + \rho y[-1]$$

或者

$$Y(z) = \frac{X(z)}{1 - \rho z^{-1}} + \frac{\rho y[-1]}{1 - \rho z^{-1}}$$

請注意，$Y(z)$ 是兩個項的相加：其中一項由輸入決定，另一項由初始條件來決定。由輸入決定的項表示系統的強迫響應，初始條件的項則代表系統的自然響應。

第一個月月初的金額\$10,000 就是初始條件 $y[-1]$，時間索引值 n 與月份索引值之間相差 2。也就是說，$y[n]$ 代表在第 $n+2$ 個月月初的帳戶金額。已知 $\rho = 1 + \frac{6/12}{100} = 1.005$。因爲存戶在第 13 ($n=11$) 個月開始，每個月提領\$100，所以我們可以系統的輸入表示成 $x[n] = -100u[n-11]$。因此，

$$X(z) = \frac{-100z^{-11}}{1 - z^{-1}}$$

並且

$$Y(z) = \frac{-100z^{-11}}{(1 - z^{-1})(1 - 1.005z^{-1})} + \frac{1.005(10,000)}{1 - 1.005z^{-1}}$$

現在我們將 $Y(z)$ 的第一項寫成部分分式展開式，得到

$$Y(z) = \frac{20,000z^{-11}}{1 - z^{-1}} - \frac{20,000z^{-11}}{1 - 1.005z^{-1}} + \frac{10,050}{1 - 1.005z^{-1}}$$

求 $Y(z)$ 的反 z 轉換，就可以得到每個月的帳戶金額如下

$$y[n] = 20,000u[n-11] - 20,000(1.005)^{n-11}u[n-11] + 10,050(1.005)^n u[n]$$

最後一項，$10,050(1.005)^n u[n]$，是與初始金額有關的自然響應，而前兩項是與提領金額有關的強迫響應。我們將前 60 個月的帳戶金額、自然響應和強迫響應繪製於圖 7.30，它們都是月的函數，而非 n 的函數。帳戶的金額會在第 163 個月月初的提領之後成為零。

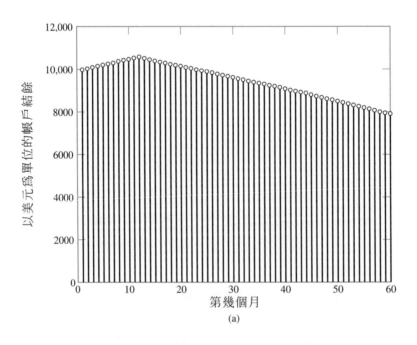

圖 7.30　範例 7.23 的解，以月的函數表示。(a)提領之後，每個月月初的帳戶金額。

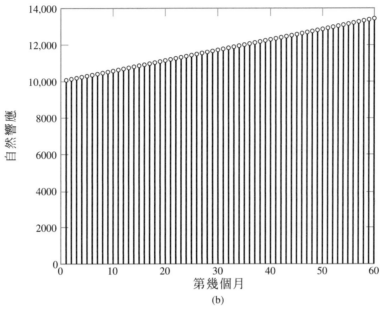

(b)

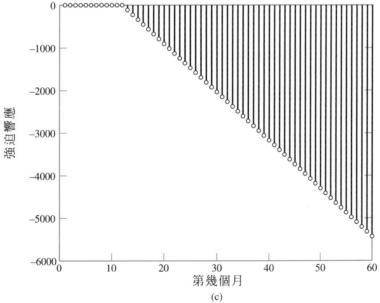

(c)

圖 7.30 續(b)自然響應。(c)強迫響應。

➤ **習題 7.15** 系統由下列的差分方程式描述，試求其強迫響應 $y^{(f)}[n]$、自然響應 $y^{(n)}[n]$ 以及輸出 $y[n]$。

$$y[n] + 3y[n-1] = x[n] + x[n-1]$$

我們假設輸入是$x[n] = \left(\frac{1}{2}\right)^n u[n]$，而初始條件是$y[-1]=2$。

答案　　$y^{(f)}[n] = \frac{4}{7}(-3)^n u[n] + \frac{3}{7}\left(\frac{1}{2}\right)^n u[n]$

$y^{(n)}[n] = -6(-3)^n u[n]$

$y[n] = y^{(f)}[n] + y^{(n)}[n]$

◀

7.11　利用 MATLAB 探索概念 (Exploring Concepts with MATLAB)

MATLAB 的訊號處理工具箱裡也有 z 轉換的常式。

■ 7.11.1　極點和零點 (POLES AND ZEROS)

對個別的多項式下指令 `roots`，就可以決定 LTI 系統的極點與零點。例如，要找到 $1 + 4z^{-1} + 3z^{-2}$ 的根，我們可以用指令 `roots([1, 4, 3])`。利用 `zplane(b, a)`，就可以極點和零點表示在 z 平面上。如果 b 和 a 是列向量，那麼 `zplane` 會先找出分子和分母多項式的根，分別用 b 和 a 來表示，然後再找出極點和零點並將其表示在 z 平面上。如果 b 和 a 是行向量，那麼 `zplane` 會假設 b 和 a 已經分別包含了零點和極點的位置，所以就直接將其表示在 z 平面上。

■ 7.11.2　Z 轉換的反轉換 (INVERSION OF THE Z-TRANSFORM)

如果 z 轉換表示成兩個 z^{-1} 的多項式比，指令 `residuez` 可用來計算此 z 轉換的部分分式展開式的語法是 `[r, p, k] = residuez(b, a)`，其中 b 和 a 是表示分子和分母多項式係數的向量，依照 z 的次方遞減排列。向量 r 表示對應於 p 的極點的部分分式擴展的係數。向量 k 包含與 z^{-1} 次方項有關的係數，當分子的次方等於或大於分母的次方，我們可以從長除法得此向量。

　　例如，我們可以用 MATLAB 來找出範例 7.10 裡 z 轉換的部分分式表示法。

$$X(z) = \frac{z^3 - 10z^2 - 4z + 4}{2z^2 - 2z - 4}$$

因為 `residuez` 假設分子和分母多項式都是 z^{-1} 的次方來表示，所以我們先寫出 $X(z) = zY(z)$，其中

$$Y(z) = \frac{1 - 10z^{-1} - 4z^{-2} + 4z^{-3}}{2 - 2z^{-1} - 4z^{-2}}$$

現在我們利用 `residuez` 來找出 $Y(z)$ 的部分分式展開式，指令如下：

```
>> [r, p, k] = residuez([1, -10, -4, 4], [2, -2, -4])

r =
    -1.5000
     0.5000
p =
     2
    -1

k =
    1.5000    -1.0000
```

這意謂著部分分式展開的形式為

$$Y(z) = \frac{-1.5}{1 - 2z^{-1}} + \frac{0.5}{1 + z^{-1}} + 1.5 - z^{-1}$$

如我們所預期，這相當於範例 7.10 的 $\frac{1}{2}W(z)$。

▶ **習題 7.16** 利用 MATLAB 和 `residuez` 指令解習題。 ◀

■ 7.11.3 LTI 系統的轉換分析 (TRANSFORM ANALYSIS OF LTI SYSTEMS)

回想一下，差分方程式、轉換函數、極點和零點、頻率響應以及狀態變數描述法，都能夠針對 LTI 系統的輸入輸出特性，提供各種不同卻又等效的表示法。MATLAB 訊號處理工具箱內含有轉換各種 LTI 系統描述法的常式。如果 b 和 a 分別包含轉換函數分子和分母多項式的係數，以 z 的次方遞減排列，那麼 `tf2ss(b, a)` 可以找出系統的狀態變數描述法，而 `tf2zp(b, a)` 可以得到系統的極點-零點-增益描述法。相似地，`zp2ss` 與 `zp2tf` 可以將極點-零點-增益描述法，分別轉成狀態變數和轉換函數描述法，而 `ss2tf` 與 `ss2zp` 可以將狀態變數描述法分別轉成轉換函數和極點-零點-增益的形式。如同我們在 3.19 節中所提示的，已知系統是由差分方程式描述，我們可以利用 `freqz` 從轉換函數中算出其頻率響應。

考慮一個系統，其轉換函數為

$$H(z) = \frac{0.094(1 + 4z^{-1} + 6z^{-2} + 4z^{-3} + z^{-4})}{1 + 0.4860z^{-2} + 0.0177z^{-4}} \tag{7.33}$$

我們可以用下列的指令在 z 平面上畫出 $H(z)$ 的極點和零點，並且畫出系統的振幅響應。

```
>> b = .094*[1, 4, 6, 4, 1];
>> a = [1, 0, 0.486, 0, 0.0177];
>> zplane(b, a)
>> [H,w] = freqz(b, a, 250);
>> plot(w,abs(H))
```

圖 7.31 指出系統在 $z=-1$ 的地方有一個重數爲四的零點，而且在虛數軸上有四個極點。振幅響應畫在圖 7.32 上。注意，在 $z=-1$ 的零點會迫使振幅響應在高頻的時候較小。

■ 7.11.4 實現離散時間 LTI 系統的計算結構 (COMPUTATIONAL STRUC-TURES FOR IMPLEMENTING DISCRETE-TIME LTI SYSTEMS)

一個實現離散時間 LTI 系統的有效方法是二階區塊的串聯。MATLAB 訊號處理工具箱有一些常式，能將系統的狀態變數描述法或極點-零點-增益描述法，轉換成二階區塊串聯法。這可以透過使用 ss2sos 與 zp2sos 來達成。zp2sos 的語法是 sos = zp2sos(z, p, k)，其中 z 與 p 分別是包含零點與極點的向量，而 k 是增益。sos 是 L 乘 6 的矩陣，其中每一列代表區塊轉移函數的係數，共有 L 個區塊。各列的前三個元素包含分子的係數，而後三個元素則代表分母的係數。指令 sos2zp，sos2ss，和 sos2tf 分別將二階區塊的串聯，轉換成極點-零點-增益，狀態變數，與轉移函數描述法。

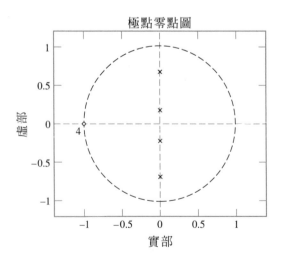

圖 7.31   利用 MATLAB 求得之 z 平面上的極點和零點位置。在 $z=-1$ 的零點附近有一個數字 "4"，代表在這個位置上有四個零點。

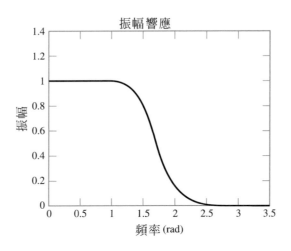

圖 7.32　利用 MATLAB 計算出來的振幅響應。

　　利用 MATLAB，重做範例 7.22，將系統表示為二階區塊的串聯。轉換函數用極點-零點-增益形式來表示：

$$H(z) = \frac{(1 + jz^{-1})(1 - jz^{-1})(1 + z^{-1})}{\left(1 - \frac{1}{2}e^{j\frac{\pi}{4}}z^{-1}\right)\left(1 - \frac{1}{2}e^{-j\frac{\pi}{4}}z^{-1}\right)\left(1 - \frac{3}{4}e^{j\frac{\pi}{8}}z^{-1}\right)\left(1 - \frac{3}{4}e^{-j\frac{\pi}{8}}z^{-1}\right)}$$

系統的零點在 $z = \pm j$ 與 $z = -1$，而極點在 $z = \frac{1}{2}e^{\pm j\frac{\pi}{4}}$ 和 $z = \frac{3}{4}e^{\pm j\frac{\pi}{8}}$。我們利用 zp2sos 極點-零點-增益形式轉換成二階區塊形式，指令如下：

```
>> z = [ -1, -j, j];
>> p = [ 0.5*exp(j*pi/4), 0.5*exp(-j*pi/4),
        0.75*exp(j*pi/8), 0.75exp(-j*pi/8) ];
>>k = 1;
>> sos = zp2sos(z, p, k)

sos =

    0.2706    0.2706         0    1.0000   -0.7071    0.2500
    3.6955         0    3.6955    1.0000   -1.3858    0.5625
```

因此，系統以二階區塊形式描述如下：

$$F_1(z) = \frac{0.2706 + 0.2706z^{-1}}{1 - 0.7071z^{-1} + 0.25z^{-2}} \quad 和 \quad F_2(z) = \frac{3.6955 + 3.6955z^{-2}}{1 - 1.3858z^{-1} + 0.5625z^{-2}}$$

注意，這個解和範例 7.22 不同的地方在於零點和極點對已經互換了。zp2sos 也將比例因子引入每個區塊中。但是整體的增益不變，這是因為所有比例因子的乘積為一。當系統以固定浮點運算來執行時，用來調節大小並使零點與極點成對的 zp2sos 程序，可以使數值誤差的影響降到最低。

7.12　總結 (Summary)

　　z轉換離散時間訊號表示成複數指數的加權疊加，這是一種比複數弦波曲線還要一般化的訊號類別，所以，z轉換比DTFT可以表現更多種離散時間訊號，包括非絕對可和的訊號。因此，我們可以用z轉換來分析離散時間訊號與不穩定的LTI系統。離散時間 LTI 系統的轉換函數是其脈衝響應的z轉換。轉換函數提供 LTI 系統輸入-輸出特性的另一種描述法。z轉換時間訊號的摺積轉換成z轉換的乘積，所以系統輸出的z轉換，等於輸入的z轉換乘以系統的轉換函數。

　　複數指數是用複數來描述。因此，z轉換是複數平面上複數變數z的函數。設定$z = e^{j\Omega}$，單位圓$|z|=1$上計算z轉換，就可以得到 DTFT。z轉換的特性類似於 DTFT 的特性。ROC的定義是所有可以使z轉換收斂的z值。要在時間訊號和它的z轉換之間得到單一關係，我們必須指定其 ROC。ROC 和z轉換極點的相對位置可以決定其對應的時間訊號是右邊、左邊或是雙邊訊號。z轉換的極點和零點的位置提供LTI系統輸入-輸出特性的另一種表示法，可以告訴我們有關系統之穩定性、因果性、可逆性以及頻率響應。

　　z轉換與DTFT有許多共同的特定。然而，在訊號與系統的分析方面，它們有不同的用途。z轉換通常用來研究LTI系統特徵，例如穩定性與因果性，發展用以實現離散時間系統的計算結構，甚至是第八章要討論的如何設計數位濾波器。z轉換也可以用來分析已取樣資料控制系統 (sampled-data control system) 的暫態與穩定態，這個主題我們放在第九章。至於單側z轉換則應用在因果性訊號，而且，當LTI系統是以具有非零初始條件的差分方程所描述時，也是一個求解的方便工具。請注意，這些問題都無法利用DTFT處理。相反地，DTFT 通常是做為表示訊號的工具，或者研究LTI系統的穩定態特性，如同我們在第三、四章的說明。在這些問題裡，使用DTFT比z轉換容易想像，因為前者是實數頻率$z=re^{j\Omega}$的函數，然而z轉換是複數$z=re^{j\Omega}$的函數。

進階資料

1.　以下的這本參考書專門研究z轉換。

▶ Vich, R.著，《Z Transform Theory and Applications》，D. Reidel 於 1987 年出版。

2.　大多數關於訊號處理的課本也都有討論到z轉換，例如

▶ Proakis, J. G.與 D. G. Manolakis 合著，《Digital Signal Processing:Principles, Algorithms and Applications》，第三版，Prentice Hall 公司於 1995 年出版。

► Oppenheim, A. V.，R. W. Schafer 與 J. R. Buck 合著，《Discrete Time Signal Processing》，第二版. Prentice Hall 於 1999 年出版。

Oppenheim 等人所著的這本書還討論到最小相位離散時間系統，其振幅響應和相位響應之間的關係。

3. 利用公式(7.5)所做反 z 轉換計算，在下列書中有討論：

► Oppenheim, A. V.，R. W. Schafer 和 J. R. Buck 合著，上面所列的同一本書。

而有關圍道積分技術的入門課程可參考：

► Brown, J.與 R. Churchill 合著，《Complex Variables and Applications》，McGraw-Hill 於 1996 年出版。

4. 針對用來實現離散時間 LTI 系統的計算結構，這本書有完整而且進階的討論：

► Roberts, R. A.與 C. T. Mullis 合著，《Digital Signal Processing》，Addison-Wesley 於 1987 年出版。

◉ 補充習題 (*ADDITIONAL PROBLEMS*)

7.17 試求下列時間訊號的 z 轉換與 ROC。

(a) $x[n] = \delta[n - k], \quad k > 0$

(b) $x[n] = \delta[n + k], \quad k > 0$

(c) $x[n] = u[n]$

(d) $x[n] = \left(\frac{1}{4}\right)^n(u[n] - u[n - 5])$

(e) $x[n] = \left(\frac{1}{4}\right)^n u[-n]$

(f) $x[n] = 3^n u[-n - 1]$

(g) $x[n] = \left(\frac{2}{3}\right)^{|n|}$

(h) $x[n] = \left(\frac{1}{2}\right)^n u[n] + \left(\frac{1}{4}\right)^n u[-n - 1]$

在 z 平面上畫出 ROC、極點與零點。

7.18 已知下列的 z 轉換，在不找出其相對應之時間訊號的條件下，決定其 DTFT 是否存在，如果存在的話，請寫出 DTFT。

(a) $X(z) = \dfrac{5}{1 + \frac{1}{3}z^{-1}}, \quad |z| > \frac{1}{3}$

(b) $X(z) = \dfrac{5}{1 + \frac{1}{3}z^{-1}}, \quad |z| < \frac{1}{3}$

(c) $X(z) = \dfrac{z^{-1}}{\left(1 - \frac{1}{2}z^{-1}\right)\left(1 + 3z^{-1}\right)}, |z| < \frac{1}{2}$

(d) $X(z) = \dfrac{z^{-1}}{\left(1 - \frac{1}{2}z^{-1}\right)\left(1 + 3z^{-1}\right)}, \frac{1}{2} < |z| < 3$

7.19 在 z 平面上，$X(z)$ 的極點和零點位置如下列圖形所示：

(a) 圖 P7.19(a)

(b) 圖 P7.19(b)

(c) 圖 P7.19(c)

針對每個小題，找出 $X(z)$ 的 ROC，並指出對應於每個 ROC 的時間訊號是屬於右邊、左邊或者是雙邊訊號。

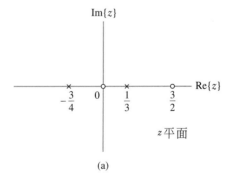

圖 P7.19(a)

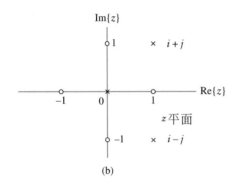

(b)

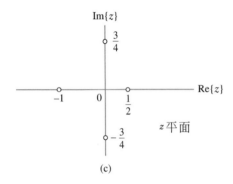

(c)

圖 P7.19

7.20 利用附錄 E 所附的 z 轉換表格與特性,試求出下列訊號的 z 轉換。

(a) $x[n] = \left(\frac{1}{2}\right)^n u[n] * 2^n u[-n-1]$

(b) $x[n] = n\left(\left(\frac{1}{2}\right)^n u[n] * \left(\frac{1}{4}\right)^n u[n-2]\right)$

(c) $x[n] = u[-n]$

(d) $x[n] = n\sin\left(\frac{\pi}{2}n\right)u[-n]$

(e) $x[n] = 3^{n-2}u[n] * \cos\left(\frac{\pi}{6}n + \pi/3\right)u[n]$

7.21 已知 z 轉換對 $x[n] \overset{z}{\longleftrightarrow} \frac{z^2}{z^2-16}$,其 ROC 為 $|z| < 4$,利用 z 轉換的特性解出下列訊號的 z 轉換。

(a) $y[n] = x[n-2]$

(b) $y[n] = (1/2)^n x[n]$

(c) $y[n] = x[-n] * x[n]$

(d) $y[n] = nx[n]$

(e) $y[n] = x[n+1] + x[n-1]$

(f) $y[n] = x[n] * x[n-3]$

7.22 已知 z 轉換對 $n^2 3^n u[n] \overset{z}{\longleftrightarrow} X(z)$,利用 z 轉換的特性解出對應於下列 z 轉換的時域訊號。

(a) $Y(z) = X(2z)$

(b) $Y(z) = X(z^{-1})$

(c) $Y(z) = \frac{d}{dz}X(z)$

(d) $Y(z) = \frac{z^2 - z^{-2}}{2}X(z)$

(e) $Y(z) = [X(z)]^2$

7.23 證明下列的 z 轉換特性:

(a) 時間反轉

(b) 時間平移

(c) 指數序列的乘法

(d) 摺積

(e) 在 z 域的微分

7.24 利用部分分式的方法來找出對應於下列 z 轉換的時域訊號。

(a) $X(z) = \dfrac{1 + \frac{7}{6}z^{-1}}{\left(1 - \frac{1}{2}z^{-1}\right)\left(1 + \frac{1}{3}z^{-1}\right)}, \quad |z| > \frac{1}{2}$

(b) $X(z) = \dfrac{1 + \frac{7}{6}z^{-1}}{\left(1 - \frac{1}{2}z^{-1}\right)\left(1 + \frac{1}{3}z^{-1}\right)}, \quad |z| < \frac{1}{3}$

(c) $X(z) = \dfrac{1 + \frac{7}{6}z^{-1}}{\left(1 - \frac{1}{2}z^{-1}\right)\left(1 + \frac{1}{3}z^{-1}\right)}, \frac{1}{3} < |z| < \frac{1}{2}$

(d) $X(z) = \dfrac{z^2 - 3z}{z^2 + \frac{3}{2}z - 1}, \quad \frac{1}{2} < |z| < 2$

(e) $X(z) = \dfrac{3z^2 - \frac{1}{4}z}{z^2 - 16}, \quad |z| > 4$

(f) $X(z) = \dfrac{z^3 + z^2 + \frac{3}{2}z + \frac{1}{2}}{z^3 + \frac{3}{2}z^2 + \frac{1}{2}z}, \quad |z| < \frac{1}{2}$

(g) $X(z) = \dfrac{2z^4 - 2z^3 - 2z^2}{z^2 - 1}, \quad |z| > 1$

7.25 試求對應於下列 z 轉換的時域訊號:

(a) $X(z) = 1 + 2z^{-6} + 4z^{-8}, \quad |z| > 0$

(b) $X(z) = \sum_{k=5}^{10} \frac{1}{k} z^{-k}, \quad |z| > 0$

(c) $X(z) = (1 + z^{-1})^3, \quad |z| > 0$

(d) $X(z) = z^6 + z^2 + 3 + 2z^{-3} + z^{-4}, \quad |z| > 0$

7.26 利用下列的線索找出訊號 $x[n]$ 與有理 z 轉換。

(a) $X(z)$ 的極點在 $z = 1/2$ 與 $z = -1$，$x[1] = 1$，$x[-1] = 1$，而且 ROC 包含點 $z = 3/4$。

(b) $x[n]$ 是右邊訊號，$X(z)$ 只有一個極點，$x[0] = 2$ 與 $x[2] = 1/2$。

(c) $x[n]$ 是雙邊訊號，$X(z)$ 有一個極點，位於 $z = 1/4$，$x[-1] = 1$、$x[-3] = 1/4$ 與 $X(1) = 11/3$。

7.27 如果(i)系統是穩定的，或(ii)系統是因果的，找出下列轉換函數的脈衝響應：

(a) $H(z) = \dfrac{2 - \frac{3}{2}z^{-1}}{\left(1 - 2z^{-1}\right)\left(1 + \frac{1}{2}z^{-1}\right)}$

(b) $H(z) = \dfrac{5z^2}{z^2 - z - 6}$

(c) $H(z) = \dfrac{4z}{z^2 - \frac{1}{4}z + \frac{1}{16}}$

7.28 利用冪級數展開法求出下列 z 轉換的時域訊號。

(a) $X(z) = \dfrac{1}{1 - \frac{1}{4}z^{-2}}, \quad |z| > \frac{1}{2}$

(b) $X(z) = \dfrac{1}{1 - \frac{1}{4}z^{-2}}, \quad |z| < \frac{1}{2}$

(c) $X(z) = \cos(z^{-3}), \quad |z| > 0$

(d) $X(z) = \ln(1 + z^{-1}), \quad |z| > 0$

7.29 一個因果性系統的輸入為 $x[n]$，輸出為 $y[n]$。利用轉換函數來求出系統的脈衝響應。

(a) $x[n] = \delta[n] + \frac{1}{4}\delta[n-1] - \frac{1}{8}\delta[n-2]$
$y[n] = \delta[n] - \frac{3}{4}\delta[n-1]$

(b) $x[n] = (-3)^n u[n]$
$y[n] = 4(2)^n u[n] - \left(\frac{1}{2}\right)^n u[n]$

7.30 系統的脈衝響應為 $b[n] = \left(\frac{1}{2}\right)^n u[n]$。如果已知輸出如下，試求其輸入訊號。

(a) $y[n] = 2\delta[n-4]$

(b) $y[n] = \frac{1}{3}u[n] + \frac{2}{3}\left(\frac{-1}{2}\right)^n u[n]$

7.31 已知因果系統用下列的差分方程式描述，找出其 (i) 轉換函數 (ii) 脈衝響應表示法：

(a) $y[n] - \frac{1}{2}y[n-1] = 2x[n-1]$

(b) $y[n] = x[n] - x[n-2]$
$\quad\quad + x[n-4] - x[n-6]$

(c) $y[n] - \frac{4}{5}y[n-1] - \frac{16}{25}y[n-2]$
$\quad\quad = 2x[n] + x[n-1]$

7.32 已知系統的脈衝響應如下，試求其(i)轉換函數。(ii)差分方程式表示法：

(a) $b[n] = 3\left(\frac{1}{4}\right)^n u[n-1]$

(b) $b[n] = \left(\frac{1}{3}\right)^n u[n] + \left(\frac{1}{2}\right)^{n-2} u[n-1]$

(c) $b[n] = 2\left(\frac{2}{3}\right)^n u[n-1]$
$\quad\quad + \left(\frac{1}{4}\right)^n \left[\cos\left(\frac{\pi}{6}n\right) - 2\sin\left(\frac{\pi}{6}n\right)\right]u[n]$

(d) $b[n] = \delta[n] - \delta[n-5]$

7.33 (a) 取狀態更新方程式(2.62)的 z 轉換，利用公式(7.13)時間平移特性得到

$$\widetilde{\mathbf{q}}(z) = (z\mathbf{I} - \mathbf{A})^{-1}\mathbf{b}X(z)$$

其中

$$\widetilde{\mathbf{q}}(z) = \begin{bmatrix} Q_1(z) \\ Q_2(z) \\ \vdots \\ Q_N(z) \end{bmatrix}$$

是 $\mathbf{q}[n]$ 的 z 轉換。利用這個結果來證明 LTI 系統的轉換函數可以用狀態變數描述法表示成

$$H(z) = \mathbf{c}(z\mathbf{I} - \mathbf{A})^{-1}\mathbf{b} + D$$

(b) 已知系統用下列的狀態變數描述法來敘述，試求其轉換函數與差分方程式表示法，並且在 z 平面上畫出極點和零點的位置。

(i) $\mathbf{A} = \begin{bmatrix} -\frac{1}{2} & 0 \\ 0 & \frac{1}{2} \end{bmatrix}, \quad \mathbf{b} = \begin{bmatrix} 0 \\ 2 \end{bmatrix},$
$\mathbf{c} = \begin{bmatrix} 1 & -1 \end{bmatrix}, \quad D = \begin{bmatrix} 1 \end{bmatrix}$

(ii) $\mathbf{A} = \begin{bmatrix} \frac{1}{2} & -\frac{1}{2} \\ -\frac{1}{2} & -\frac{1}{4} \end{bmatrix}, \quad \mathbf{b} = \begin{bmatrix} 1 \\ 0 \end{bmatrix},$
$\mathbf{c} = \begin{bmatrix} 2 & 1 \end{bmatrix}, \quad D = \begin{bmatrix} 0 \end{bmatrix}$

$$(iii)\ \mathbf{A} = \begin{bmatrix} -\frac{1}{4} & \frac{1}{8} \\ -\frac{7}{2} & \frac{3}{4} \end{bmatrix}, \qquad \mathbf{b} = \begin{bmatrix} 2 \\ 2 \end{bmatrix},$$
$$\mathbf{c} = \begin{bmatrix} 0 & 1 \end{bmatrix}, \qquad D = \begin{bmatrix} 0 \end{bmatrix}$$

7.34 判斷下列系統是否為(i)因果的與穩定的(ii)最小相位。

(a) $H(z) = \dfrac{2z + 3}{z^2 + z - \frac{5}{16}}$

(b) $y[n] - y[n-1] - \frac{1}{4}y[n-2]$
$= 3x[n] - 2x[n-1]$

(c) $y[n] - 2y[n-2] = x[n] - \frac{1}{2}x[n-1]$

7.35 針對下列的系統，找出其逆系統的轉換函數，並且判斷其逆系統是否兼具因果性與穩定性：

(a) $H(z) = \dfrac{1 - 8z^{-1} + 16z^{-2}}{1 - \frac{1}{2}z^{-1} + \frac{1}{4}z^{-2}}$

(b) $H(z) = \dfrac{z^2 - \frac{81}{100}}{z^2 - 1}$

(c) $h[n] = 10\left(\frac{-1}{2}\right)^n u[n] - 9\left(\frac{-1}{4}\right)^n u[n]$

(d) $h[n] = 24\left(\frac{1}{2}\right)^n u[n-1] - 30\left(\frac{1}{3}\right)^n u[n-1]$

(e) $y[n] - \frac{1}{4}y[n-2] = 6x[n]$
$\qquad\qquad\qquad - 7x[n-1] + 3x[n-2]$

(f) $y[n] - \frac{1}{2}y[n-1] = x[n]$

7.36 用有理轉換函數 $H(z)$ 描述的系統，有下列的特性：(1)系統具有因果性，(2)$h[n]$ 是實數，(3)$H(z)$ 有一個極點在 $z = j/2$ 而且恰有一個零點，(4) 系統有兩個零點，(5)$\sum_{n=0}^{\infty} h[n]2^{-n} = 0$ (6) $h[0] = 1$。

(a) 此系統穩定嗎？

(b) 逆系統兼具穩定性與因果性嗎？

(c) 試求 $h[n]$。

(d) 試求逆系統的轉換函數。

7.37 已知系統的轉換函數如下，利用繪圖法畫出系統的振幅響應。

(a) $H(z) = \dfrac{z^{-2}}{1 + \frac{49}{64}z^{-2}}$

(b) $H(z) = \dfrac{1 + z^{-1} + z^{-2}}{3}$

(c) $H(z) = \dfrac{1 + z^{-1}}{1 + (18/10)\cos\left(\frac{\pi}{4}\right)z^{-1} + (81/100)z^{-2}}$

7.38 畫出下列系統的方塊圖，表示為含有實數係數的二階區塊串聯。

(a) $H(z) = \dfrac{\left(1 - \frac{1}{4}e^{j\frac{\pi}{4}}z^{-1}\right)\left(1 - \frac{1}{4}e^{-j\frac{\pi}{4}}z^{-1}\right)}{\left(1 - \frac{1}{2}e^{j\frac{\pi}{3}}z^{-1}\right)\left(1 - \frac{1}{2}e^{-j\frac{\pi}{3}}z^{-1}\right)} \cdot$
$\dfrac{\left(1 + \frac{1}{4}e^{j\frac{\pi}{8}}z^{-1}\right)\left(1 + \frac{1}{4}e^{-j\frac{\pi}{8}}z^{-1}\right)}{\left(1 - \frac{3}{4}e^{j\frac{7\pi}{8}}z^{-1}\right)\left(1 - \frac{3}{4}e^{-j\frac{7\pi}{8}}z^{-1}\right)}$

(b) $H(z) = \dfrac{(1 + 2z^{-1})^2\left(1 - \frac{1}{2}e^{j\frac{\pi}{2}}z^{-1}\right)}{\left(1 - \frac{3}{8}z^{-1}\right)\left(1 - \frac{3}{8}e^{j\frac{\pi}{3}}z^{-1}\right)} \cdot$
$\dfrac{\left(1 - \frac{1}{2}e^{-j\frac{\pi}{2}}z^{-1}\right)}{\left(1 - \frac{3}{8}e^{-j\frac{\pi}{3}}z^{-1}\right)\left(1 + \frac{3}{4}z^{-1}\right)}$

7.39 畫出下列系統的方塊圖，表示為含有實數係數的二階區塊並聯。

(a) $h[n] = 2\left(\frac{1}{2}\right)^n u[n] + \left(\frac{j}{2}\right)^n u[n]$
$\qquad + \left(\frac{-j}{2}\right)^n u[n] + \left(\frac{-1}{2}\right)^n u[n]$

(b) $h[n] = 2\left(\frac{1}{2}e^{j\frac{\pi}{4}}\right)^n u[n] + \left(\frac{1}{4}e^{j\frac{\pi}{3}}\right)^n u[n]$
$\qquad + \left(\frac{1}{4}e^{-j\frac{\pi}{3}}\right)^n u[n] + 2\left(\frac{1}{2}e^{-j\frac{\pi}{4}}\right)^n u[n]$

7.40 決定圖 P7.40 所繪系統的轉換函數。

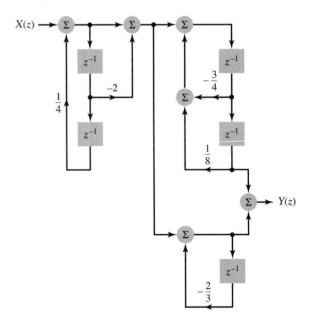

圖 P7.40

7.41 令 $x[n] = u[n + 4]$

    (a) 試求 $x[n]$ 的單側 z 轉換。

    (b) 利用單側 z 轉換時間平移特性與(a)的結果，找出 $w[n] = x[n - 2]$ 的單側 z 轉換。

7.42 針對下列差分方程式所描述的系統，若已知其輸入與初始條件，試利用單側 z 轉換，求出其強迫響應、自然響應和完整響應：

    (a) $y[n] - \frac{1}{3}y[n-1] = 2x[n]$，$y[-1] = 1$，
$x[n] = \left(\frac{-1}{2}\right)^n u[n]$

    (b) $y[n] - \frac{1}{9}y[n-2] = x[n-1]$，$y[-1] = 1$，
$y[-2] = 0$，$x[n] = 2u[n]$

    (c) $y[n] - \frac{1}{4}y[n-1] - \frac{1}{8}y[n-2]$
$= x[n] + x[n-1]$，
$y[-1] = 1$，$y[-2] = -1$，$x[n] = 3^n u[n]$

◢ 進階習題 *(ADVANCED PROBLEMS)*

7.43 利用 $u[n]$ 的 z 轉換與 z 域上的微分特性，推導用來計算下列總和的公式。

$$\sum_{n=0}^{\infty} n^2 a^n$$

假設 $|a| < 1$。

7.44 連續時間訊號 $y(t)$ 滿足一階微分方程式，

$$\frac{d}{dt}y(t) + 2y(t) = x(t)$$

估計其導數為 $(y(nT_s) - y((n-1)T_s))/T_s$，並且證明取樣訊號 $y[n] = y(nT_s)$ 滿足一階差分方程式

$$y[n] + \alpha y[n-1] = v[n]$$

用 T_s 與 $x[n] = x(nT_s)$ 來表示 α 與 $v[n]$。

7.45 我們實數值因果訊號 $x[n]$ 的自相關訊號定義為

$$r_x[n] = \sum_{l=0}^{\infty} x[l]x[n + l]$$

假設 $r_x[n]$ 的 z 轉換在某些 z 值上收斂。試求 $x[n]$，如果

$$R_x(z) = \frac{1}{(1 - \alpha z^{-1})(1 - \alpha z)}$$

其中 $|\alpha| < 1$。

7.46 我們將兩個實數訊號 $x[n]$ 與 $y[n]$ 的交叉相關表示成

$$r_{xy}[n] = \sum_{l=-\infty}^{\infty} x[l]y[n + l]$$

    (a) 請將 $r_{xy}[n]$ 表示成兩個數列的摺積。

    (b) 試求 $r_{xy}[n]$ 的 z 轉換，表示成 $x[n]$ 和 $y[n]$ 兩者的 z 轉換的函數。

7.47 一個訊號的 z 轉換若是有理式，則訊號本身是偶對稱的，也就是 $x[n] = x[-n]$。

    (a) 這類訊號的極點必須符合什麼限制條件？

    (b) 請證明若且為若 $\sum_{n=-\infty}^{\infty} |x[n]| < \infty$，$z$ 轉換相當於穩定系統的脈衝響應。

    (c) 假設

$$X(z) = \frac{2 - (17/4)z^{-1}}{(1 - (1/4)z^{-1})(1 - 4z^{-1})}$$

    試求其 ROC 與 $x[n]$。

7.48 考慮轉換函數如下的 LTI 系統，

$$H(z) = \frac{1 - a^*z}{z - a}, \quad |a| < 1$$

在此，極點和零點是共軛互補對 (conjugate reciprocal pair)。

(a) 在 z 平面上畫出系統的極點-零點圖。

(b) 利用繪圖法證明系統的振幅響應在所有的頻率上都是一。有這個特性的系統稱為全通 (all-pass) 系統。

(c) 當 $a = 1/2$ 時，利用繪圖法畫出系統的相位響應。

(d) 利用 (b) 的結果證明：對任一個系統而言，如果它的轉換函數形式為

$$H(z) = \prod_{k=1}^{P} \frac{1 - a_k^* z}{z - a_k}, \quad |a_k| < 1$$

那麼此系統就是兼具穩定性與因果性的全通系統。

(e) 一個兼具穩定性且因果性全通系統也會是最小相位嗎？請解釋你的理由。

7.49 令

$H(z) = F(z)(z - a)$ 與 $G(z) = F(z)(1 - az)$。

其中，$0 < a < 1$ 是實數。

(a) 請證明 $|G(e^{j\Omega})| = |H(e^{j\Omega})|$。

(b) 證明 $g[n] = b[n] * v[n]$ 其中

$$V(z) = \frac{z^{-1} - a}{1 - az^{-1}}$$

因此，$V(z)$ 是全通系統的轉換函數。(參考習題 7.48。)

(c) 因果性系統所引起的平均延遲可以定義為正規化的第一動差 (first moment)

$$d = \frac{\sum_{k=0}^{\infty} k v^2[k]}{\sum_{k=0}^{\infty} v^2[k]}$$

請計算全通系統的平均延遲。

7.50 LTI 系統的轉換函數為

$$H(z) = \frac{b_0 \prod_{k=1}^{M}(1 - c_k z^{-1})}{\prod_{k=1}^{N}(1 - d_k z^{-1})}$$

其中 $|d_k| < 1$, $k = 1, 2, \ldots, N$; $|c_k| < 1$ $k = 1, 2, \ldots, M - 1$; 而且 $|c_M| > 1$。

(a) 證明 $H(z)$ 可以因式分解成 $H(z) = H_{min}(z)H_{ap}(z)$ 的形式，其中 $H_{min}(z)$ 是最小相位而 $H_{ap}(z)$ 是全通。(請見習題 7.48。)

(b) 找出轉換函數為 $H_{eq}(z)$ 的最小相位等化器，使得 $|H(e^{j\Omega})H_{eq}(e^{j\Omega})| = 1$，並且找出串聯的轉換函數 $H(z)H_{eq}(z)$。

7.51 我們所謂的晶格構造 (lattice structure)，對於實現非遞迴系統而言是非常有用的構造。晶格是由兩個輸入與兩個輸出區塊的串聯構造而成，形式如圖 P7.51(a)所示。一個 M 階的晶格構造如圖 P7.51(b)所示。

(a) 找出二階 ($M = 2$) 晶格的轉換函數，已知 $c_1 = \frac{1}{2}$ 與 $c_2 = -\frac{1}{4}$。

(b) 在轉換函數上增加一個區塊，如圖 P7.51(c)所示，檢視其所造成的影響，藉此找出轉換函數和晶格構造之間的關係。

在此，我們已經定義 $H_i(z)$ 為在第 i 區塊中，輸入與下分支輸出之間的轉換函數。而 $\widetilde{H}_i(z)$ 是在第 i 區塊中，輸入與上分支輸出之間的轉換函數。第 $(i-1)$ 與第 i 階的轉換函數之間的關係可寫成

$$\begin{bmatrix} \widetilde{H}_i(z) \\ H_i(z) \end{bmatrix} = T(z) \begin{bmatrix} \widetilde{H}_{i-1}(z) \\ H_{i-1}(z) \end{bmatrix}$$

其中 $T(z)$ 是二乘二的矩陣。用 z^{-1} 與 c_i 來表示 $T(z)$。

(c) 請利用歸納法證明 $\widetilde{H}_i(z) = z^{-i}H_i(z^{-1})$。

(d) 證明在 $H_i(z)$ 中，z^{-i} 的係數為 c_i。

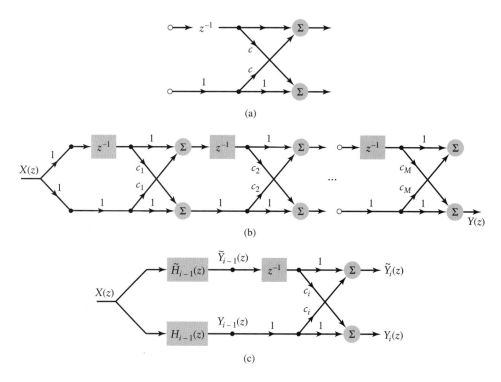

(a)

(b)

(c)

圖 P7.51

(e) 合併(b)-(d)的結果，我們可以推導用來求出 c_i 的演算法；要用晶格構造來實作一個任意的 M 階遞迴轉換函數 $H(z)$，需要先知道這個值。從 $i=M$ 開始，所以 $H_M(z)=H(z)$。在(d)小題的結果表示，係數 c_i 就是 $H(z)$ 的 z^{-M}。增加 i，持續使用這個方法就可以找到其餘的 c_i。*提示*：利用(b)的結果找出一個二乘二矩陣 $A(z)$，使得

$$\begin{bmatrix} \tilde{H}_{i-1}(z) \\ H_{i-1}(z) \end{bmatrix} = \mathbf{A}(z) \begin{bmatrix} \tilde{H}_i(z) \\ H_i(z) \end{bmatrix}$$

7.52 因果性濾波器一定具有非零相位響應。要從因果濾波器得到零相位響應，其中一種方法是訊號濾波兩次，第一次以前進方向，第二次以反方向濾波。我們可以用輸入 $x[n]$ 與濾波器的脈衝響應 $h[n]$ 來表示這個運算，方法如下：令 $y_1[n] = x[n] * h[n]$ 表示以前進方向來過濾訊號。現在將濾波器 $y_1[n]$ 反饋以便得到 $y_2[n] = y_1[-n] * h[n]$。反轉 $y_2[n]$ 就可以得到輸出 $y[n] = y_2[-n]$。

(a) 當 $y[n] = x[n] * h_o[n]$，證明這組運算與脈衝響應為 $h_o[n]$ 的濾波器等效，並且用 $h[n]$ 來表示 $h_o[n]$。

(b) 證明 $h_o[n]$ 是偶訊號，並且證明任何一個含偶脈衝響應的系統，它的相位響應為零。

(c) 對於每個在 $z=\beta$ 的 $h[n]$ 的極點或零點，證明 $h_o[n]$ 有一對極點和零點，位於 $z=\beta$ 與 $z=1/\beta$。

7.53 每月複利計算的貸款現值，可以用一階差分方程式來描述。

$$y[n] = \rho y[n-1] - x[n]$$

其中 $\rho = \left(1 + \frac{r/12}{100}\right)$，$r$ 是年利率，以百分比表示；$x[n]$ 是在第 n 個月月底要償還的金額，而 $y[n]$ 是在第 $(n+1)$ 個月月初的貸款結餘。一開始的貸款金額為初始條件 $y[-1]$。如果連續 L 個月償還固定金額，則

$$x[n] = c\{u[n] - u[n-L]\}$$

(a) 利用單側 z 轉換來證明

$$Y(z) = \frac{y[-1]\rho - c\sum_{n=0}^{L-1} z^{-n}}{1 - \rho z^{-1}}$$

提示：利用長除法來驗證

$$\frac{1 - z^{-L}}{1 - z^{-1}} = \sum_{n=0}^{L-1} z^{-n}$$

(b) 如果希望償還 L 次以後貸款餘額為零，證明 $z = \rho$ 必須是 $Y(z)$ 的零點。

(c) 假設償還 L 次後，貸款為零，試找出每個月所要償還的金額 $\$c$ ，以初始貸款值 $y[-1]$ 和利率 r 的函數來表示。

電腦實驗 (COMPUTER EXPERIMENTS)

7.54 利用 MATLAB 指令 `zplane`，畫出下列系統的極點-零點圖。

(a) $H(z) = \dfrac{1 + z^{-2}}{2 + z^{-1} - \frac{1}{2}z^{-2} + \frac{1}{4}z^{-3}}$

(b) $H(z) = \dfrac{1 + z^{-1} + \frac{3}{2}z^{-2} + \frac{1}{2}z^{-3}}{1 + \frac{3}{2}z^{-1} + \frac{1}{2}z^{-2}}$

7.55 利用 MATLAB 指令 `residuez`，以得到用來解習題 7.24(d)-(g) 的部分分式展開式。

7.56 利用 MATLAB 指令 `tf2ss` 找出習題 7.27 的系統狀態變數描述法。

7.57 利用 MATLAB 的指令 `ss2tf` 找出習題 7.33 的轉換函數。

7.58 利用 MATLAB 指令 `zplane` 解習題 7.35(a) 和(b)。

7.59 利用 MATLAB 的指令 `freqz`，計算範例 7.21 系統的振幅響應和相位響應，並繪製其圖形。

7.60 利用 MATLAB 指令 `ss2zp`，計算並畫出範例 7.37 系統的振幅響應和相位響應。

7.61 利用 MATLAB 指令 `filter` 和 `filtic`，畫出習題 7.53 中每個月 $n = 0.1 \cdots$，$L+1$ 的月初的貸款金額。假設 $y[-1] = \$10{,}000$、$L=60$、$r=10\%$ 而且希望在償還 60 次後，可以付清貸款。

7.62 利用 MATLAB 指令 `zp2sos`，求出二階區塊的串聯，用來實作習題 7.38 的系統。

7.63 因果性離散時間 LTI 系統的轉換函數如本頁最下方的公式，

(a) 利用極點和零點的位置畫出振幅響應。

(b) 利用 MATLAB 的指令 `zp2tf` 和 `freqz`，計算並畫出量值和相位響應。

(c) 利用 MATLAB 指令 `zp2sos`，將濾波器表示為兩個含有實數值係數的二階區塊串聯。

(d) 利用 MATLAB 指令 `freqz`，計算並畫出(c)部分中每個區塊的振幅響應。

(e) 利用 MATLAB 指令 `filter`，當系統的輸入為 $x[n] = \delta[n]$ 時，透過其輸出解得脈衝響應。

$$H(z) = \frac{0.0976(z-1)^2(z+1)^2}{(z - 0.3575 - j0.5889)(z - 0.3575 + j0.5889)(z - 0.7686 - j0.3338)(z - 0.7686 + j0.3338)}$$

(f) 利用 MATLAB 指令 `filter`，當輸入
為下式時，求解系統的輸出。

$$x[n] = \left(1 + \cos\left(\frac{\pi}{4}n\right) + \cos\left(\frac{\pi}{2}n\right) \right.$$
$$\left. + \cos\left(\frac{3\pi}{4}n\right) + \cos(\pi n) \right)u[n]$$

並畫出輸入和輸出的前 250 個點。

8 濾波器與等化器的應用

8.1 簡介 (Introduction)

在第三至五章裡，我們將*濾波器 (filters)* 當作功能方塊，將訊號頻率的內容從所想要的訊號頻率內容分離出來，以探勘其事實並抑制假的訊號。在第二到四章有關於逆系統的課文曾討論過等化作用，尤其是多路徑通道的專題範例；而在第五章裡，我們將*等化器 (equalizers)* 當作功能方塊，補償當訊號透過電話通道等實際系統傳輸時所造成的失真。在那些章節裡，我們是從系統理論的觀點來討論濾波器與等化器。現在我們可以運用拉普拉斯轉換與 z 轉換，討論這兩種重要功能方塊的*設計 (design)*步驟。

先從*不失真傳輸 (distortionless transmission)* 的問題來開始這個討論，不失真傳輸是線性濾波器與等化器的基礎。這個問題很自然地使我們必須討論濾波作用的理想架構，該架構也會成為設計實際濾波器的基礎。濾波器的設計可以透過連續時間的概念來達成，也就是我們談到的*類比濾波器 (analog filters)*。另外還有一種設計是依據離散時間的概念來達成，這就是所謂的*數位濾波器 (digital filters)*。類比與數位濾波器有各有其優點與缺點。這兩種類型的濾波器在本章中都會談到。至於等化作用的主題則安排在本章後半的部分。

8.2 不失真傳輸的條件 (Conditions for Distortionless Transmission)

考慮一個脈衝響應為 $h(t)$ 的連續時間 LTI 系統。相同地，該系統也可以用它的頻率響應 $H(j\omega)$ 來描述，而該頻率響應定義為 $h(t)$ 的傅立葉轉換。令系統的輸入是訊號 $x(t)$，其傅立葉轉換為 $X(j\omega)$。並且令系統的輸出為訊號 $y(t)$，其傅立葉轉換是 $Y(j\omega)$。我們想要知道通過這個系統的*不失真傳輸 (distortionless transmission)* 應具有什麼條件。所謂 "不失真傳輸" 表示除了下列兩個次要的修改之外，該系統的輸出訊號完全等於輸入訊號：

▶ 振幅的比例縮放

▶ 固定時間的延遲

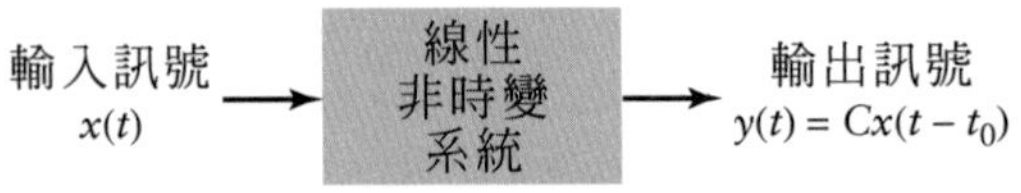

圖 8.1 對於一個通過線性非時變系統的訊號，該訊號為不失真傳輸的時域條件。

在這個基礎上，我們說一個訊號 $x(t)$ 經系統傳輸後不失真，若該系統的輸出訊號 $y(t)$ 定義如下 (請參考圖 8.1)

$$y(t) = Cx(t - t_0) \tag{8.1}$$

其中，常數 C 表示振幅的改變，而常數 t_0 表示在傳輸中的延遲。

將傅立葉轉換應用於(8.1)式，並利用表 3.7 所描述的傅立葉轉換時間平移性質，我們可得

$$Y(j\omega) = CX(j\omega)e^{-j\omega t_0} \tag{8.2}$$

因此，不失真 LTI 系統的頻率響應為

$$\begin{aligned} H(j\omega) &= \frac{Y(j\omega)}{X(j\omega)} \\ &= Ce^{-j\omega t_0} \end{aligned} \tag{8.3}$$

相同地，此系統的脈衝響應如下

$$h(t) = C\delta(t - t_0) \tag{8.4}$$

(8.3)式與(8.4)式分別描述不失真傳輸的 LTI 系統所必須滿足的頻域與時域條件。從實用的觀點來看，(8.3)式在兩者之中是較容易理解的，這個公式指出當內含有限頻率

容量的訊號通過連續時間 LTI 系統，爲了實現不失眞傳輸，該系統的頻率響應必須滿足下列兩個條件：

1. 對於所有我們關切的頻率，振幅響應$|H(j\omega)|$必須是固定不變的；亦即，必定有

$$|H(j\omega)| = C \tag{8.5}$$

其中，C爲常數。

2. 在與第一點相同的頻率範圍內，相位響應 $\arg\{H(j\omega)\}$ 必須是頻率的線性函數，其斜率爲 $-t_0$ 而且交於原點；亦即，我們必定有

$$\arg\{H(j\omega)\} = -\omega t_0. \tag{8.6}$$

這兩種條件分別繪於圖 8.2(a)與(b)中。

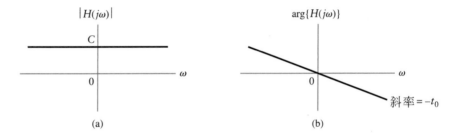

圖 8.2　透過線性非時變系統不失眞傳輸的頻率響應。(a)振幅響應。(b)相位響應。

接下來考慮轉換函數爲 $H(e^{j\Omega})$ 的離散時間 LTI 系統。依照類似於上述的討論步驟，我們可以證明通過這類系統時，其不失眞傳輸的條件如下：

1. 振幅響應$|H(e^{j\Omega})|$對於我們感興趣的所有頻率而言，都是固定不變的；亦即，

$$|H(e^{j\Omega})| = C \tag{8.7}$$

其中，C是一個常數。

2. 對於與上述相同的頻率範圍，相位響應 $\arg\{H(e^{j\Omega})\}$ 是頻率的線性函數；亦即，

$$\arg\{H(e^{j\Omega})\} = -\Omega n_0 \tag{8.8}$$

其中，n_0 表示經由離散時間 LTI 系統傳輸所造成的延遲。

▶ **習題 8.1**　在摺積積分裡使用公式(8.4)的脈衝響應，試證不失眞系統的輸入輸出關係如(8.1)式。　　◀

範例 8.1

不失真傳輸的相位響應 針對不失眞傳輸的相位響應 arg{ $H(j\omega)$ }，如果我們修改(8.6)式的條件，將它加上一個等於 π 弳 (即，180°) 的正整數或負整數倍數的固定相位角。請問這個修改的影響爲何？

解答 我們首先將(8.6)式改寫如下：

$$\arg\{H(j\omega)\} = \omega t_0 + k\pi$$

其中 k 是一個整數。同樣的，在(8.3)式中的系統頻率響應也改成新的形式

$$H(j\omega) = Ce^{-j(\omega t_0 + k\pi)}$$

但是

$$e^{+jk\pi} = \begin{cases} -1, & k = \pm 1, \pm 3, \ldots \\ +1, & k = 0, \pm 2, \pm 4, \ldots \end{cases}$$

因此，

$$H(j\omega) = \pm Ce^{-j\omega t_0}$$

上式與(8.3)式具有完全相同的形式，除了比例因子 C 的正負號可能改變。我們得到以下的結論，當系統相位響應的改變是 180°整數倍的固定量時，通過線性非時變系統的不失眞傳輸條件仍然不變。

8.3　理想低通濾波器 (Ideal Low-Pass Filters)

載有資訊訊號的頻譜內容經常會佔用某個有限範圍的頻帶。例如，以電話通訊而言，其必要的語音訊號頻譜內容位於 300 到 3100Hz的頻帶之間。針對這類的應用，爲了擷取語音訊號的必要資訊內容，我們需要一個頻率選擇系統 (frequency-selective system) －也就是將訊號頻譜限制在我們想要頻帶上的濾波器。就系統組成的意義而言，濾波器的確是研究訊號與系統的基礎，因爲每個用來處理訊號的系統都含有某種濾波器。

　　如第三章所提到的，濾波器頻率響應的特性是*通帶 (passband)* 和*止帶 (stopband)*，其中由*過渡帶 (transition band)* 所區隔，過渡帶也稱爲看守帶 (guard band)。當訊號頻率在通帶中傳輸時，不會有失眞或僅有極少的失眞，而在止帶中則會有效地去除那些頻率落在其中的訊號。將結果依照濾波器是否傳輸於低頻、高頻、中頻，或除了

中頻以外的頻率，可分類為低通 (low-pass)、高通 (high-pass)、帶通 (band-pass)，或帶止 (band-stop)。

接下來，考慮*理想*低通濾波器，這種濾波器會毫無失真地傳輸通帶中的所有低頻，並且去除在止帶中的所有高頻。假定該濾波器從通帶到止帶的過渡帶所佔有寬度是零。目前為止，我們所關切的低通濾波器，主要是將載有資訊的訊號做如實的傳輸，當該訊號的頻譜內容限制在某一個 $0 \leq \omega \leq \omega_c$ 的頻帶上時。因此，針對這樣的應用，不失真傳輸的條件只需要在濾波器的通帶上成立即可，如圖 8.3 所示。具體而言，含有截止頻率 ω_c 的理想低通濾波器頻率響應定義如下，

$$H(j\omega) = \begin{cases} e^{-j\omega t_0}, & |\omega| \leq \omega_c \\ 0, & |\omega| > \omega_c \end{cases} \tag{8.9}$$

其中，為了便於描述，已經取常數 $C = 1$。當延遲 t_0 是有限的值，理想低通濾波器是非因果性的，稍後將會檢視濾波器的脈衝響應 $h(t)$ 以證實這個性質。

為了解出 $h(t)$，我們將(8.9)式取反傳立葉轉換，得到

$$\begin{aligned} h(t) &= \frac{1}{2\pi} \int_{-\omega_c}^{\omega_c} e^{j\omega(t-t_0)} \, d\omega \\ &= \frac{1}{2\pi} \frac{e^{j\omega(t-t_0)}}{j(t-t_0)} \bigg|_{\omega=-\omega_c}^{\omega_c} \\ &= \frac{\sin(\omega_c(t-t_0))}{\pi(t-t_0)} \end{aligned} \tag{8.10}$$

請回想(3.24)式裡 sinc 函數的定義：

$$\operatorname{sinc}(\omega t) = \frac{\sin(\pi \omega t)}{\pi \omega t} \tag{8.11}$$

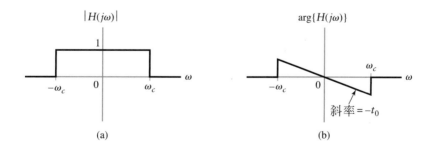

圖 8.3　理想低通濾波器的頻率響應。(a) 振幅響應。(b) 相位響應。

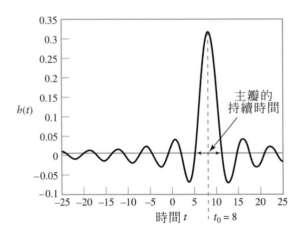

圖 8.4　sinc 函數的時間平移形式，表示當 $\omega_c = 1$ 而且 $t_0 = 8$ 時，理想 (非因果性) 低通濾波器的脈衝響應。

因此，我們可以將公式(8.10)改寫成簡潔的形式

$$h(t) = \frac{\omega_c}{\pi} \operatorname{sinc}\left(\frac{\omega_c}{\pi}(t - t_0) \right). \tag{8.12}$$

這個脈衝響應的振幅峰值是 ω_c/π，其中心位於 t_0，圖 8.4 是 $\omega_c = 1$ 且 $t_0 = 8$ 的情況。脈衝響應主瓣的持續時間為 $2\pi/\omega_c$，而該主瓣從零上升到峰值的時間則是為 π/ω_c。從這個圖可以看到，對於任何有限值的 t_0，包括 $t_0 = 0$，在時間 $t = 0$ 之前會有某個來自濾波器的響應，其中，我們將單位脈衝輸入濾波器的時間設定為零。這個響應確認理想低通濾波器是非因果性的。

儘管理想低通濾波器具有非因果性質，它仍是一個有用的理論性觀念。而實際上，它提供了設計實際 (即，因果性的) 濾波器的架構。

■ 8.3.1　矩形脈波通過理想低通濾波器時的傳輸 (TRANSMISSION OF A RECTANGULAR PULSE THROUGH AN IDEAL LOW-PASS FILTER)

矩形脈波在數位通訊中具有關鍵性的地位。以穿越通道的二元序列為例，其電氣表示可以使用下列的協議：

▶ 傳輸一個矩形脈波表示符號 1。

▶ 切斷該脈波的傳輸表示符號 0。

接者，考慮一個矩形脈波

$$x(t) = \begin{cases} 1, & |t| \le \dfrac{T_0}{2} \\ 0, & |t| > \dfrac{T_0}{2} \end{cases} \tag{8.13}$$

其中，振幅是一單位而持續時間是 T_0。將這個脈波輸入通訊通道，該通道模擬理想低通濾波器，而頻率響應如(8.9)式的定義。我們所感興趣的問題在於如何決定該通道對於脈波輸入的響應。

表示通道的濾波器脈衝響應如(8.12)式，改寫成如下

$$h(t) = \frac{\omega_c}{\pi} \frac{\sin(\omega_c(t - t_0))}{\omega_c(t - t_0)} \tag{8.14}$$

利用摺積積分，我們可以將濾波器的響應表示如下

$$y(t) = \int_{-\infty}^{\infty} x(\tau) h(t - \tau) \, d\tau \tag{8.15}$$

將(8.13)式與(8.14)式代入公式(8.15)，可以得到

$$y(t) = \frac{\omega_c}{\pi} \int_{-T_0/2}^{T_0/2} \frac{\sin(\omega_c(t - t_0 - \tau))}{\omega_c(t - t_0 - \tau)} \, d\tau$$

令

$$\lambda = \omega_c(t - t_0 - \tau)$$

接者，將積分的變數從 τ 換成 λ，我們可以將 $y(t)$ 改寫為

$$\begin{aligned} y(t) &= \frac{1}{\pi} \int_b^a \frac{\sin \lambda}{\lambda} \, d\lambda \\ &= \frac{1}{\pi} \left[\int_0^a \frac{\sin \lambda}{\lambda} \, d\lambda - \int_0^b \frac{\sin \lambda}{\lambda} \, d\lambda \right] \end{aligned} \tag{8.16}$$

其中，積分的上下限 a 與 b，定義如下

$$a = \omega_c \left(t - t_0 + \frac{T_0}{2} \right) \tag{8.17}$$

而

$$b = \omega_c \left(t - t_0 - \frac{T_0}{2} \right) \tag{8.18}$$

為了將(8.16)式改寫為簡潔的形式，我們要使用*正弦積分 (sine integral)*，定義如下

$$\boxed{ \text{Si}(u) = \int_0^u \frac{\sin \lambda}{\lambda} \, d\lambda } \tag{8.19}$$

正弦積分無法表示為基本函數的封閉形式，但是可以利用冪級數來積分。它的圖形顯示在圖 8.5。從這張圖，我們看到

▶ 這個正弦積分 Si (u)相對於原點 $u = 0$ 是奇對稱；

▶ 正弦積分在 π 的倍數時有最大值與最小值；而且

▶ 當| u |的值很大時，正弦積分逼近極限值 $\pm\pi/2$ 。

利用(8.19)式正弦積分的定義，我們可以將(8.16)式所定義的響應 $y(t)$ 改寫成簡潔的形式

$$y(t) = \frac{1}{\pi}[\text{Si}(a) - \text{Si}(b)] \qquad (8.20)$$

其中，a 與 b 分別爲(8.17)式與(8.18)式中的定義。

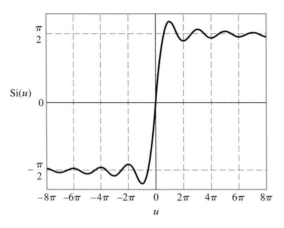

圖 8.5　正弦積分。

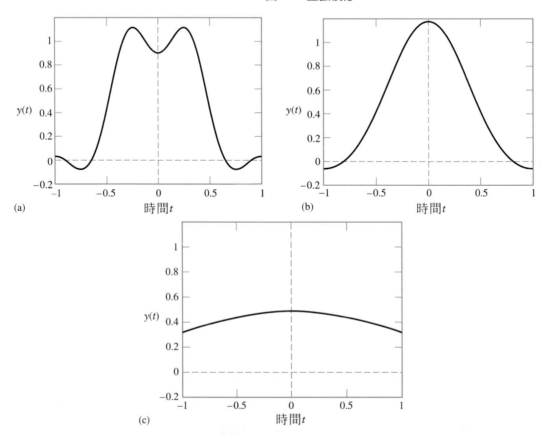

圖 8.6　對於持續期間 $T_0 = 1$ 秒的輸入脈波，與不同的濾波器截止頻率 ω_c，理想低通濾波器的脈波響應。 (a) $\omega_c = 4\pi$ 弳/秒；(b) $\omega_c = 2\pi$ 弳/秒，以及 (c) $\omega_c = 0.4\pi$ 弳/秒。

假定脈波持續時間 $T_0 = 1$ 秒而傳輸延遲 t_0 為零，圖 8.6 針對三個不同的截止頻率 ω_c 繪製響應 $y(t)$。在這個例子裡，我們看到響應 $y(t)$ 對於 $t = 0$ 是對稱的。我們進一步地觀察到響應 $y(t)$ 的形狀明顯與截止頻率有關。特別注意到下列各點：

1. 如圖 8.6(a)所示，當 ω_c 大於 $2\pi/T_0$ 時，響應 $y(t)$ 的持續時間與輸入濾波器的矩形脈波 $x(t)$ 的持續時間大略相同。然而，它們仍有兩個主要的不同點：

   ▶ 相異於輸入 $x(t)$，響應 $y(t)$ 的上升與下降時間不等於零，而且與截止頻率 ω_c 成反比。

   ▶ 響應 $y(t)$ 在前端與後端都有*漣漪 (ringing)*。

2. 當 $\omega_c = 2\pi/T_0$ 時，如圖 8.6(b)所示，響應 $y(t)$ 可視為一個脈波。然而，相較於輸入矩形脈波 $x(t)$ 的持續時間，$y(t)$ 的上升與下降時間在這裡非常明顯。

3. 當截止頻率 ω_c 小於 $2\pi/T_0$ 時，如圖 8.6(c)所示，與輸入 $x(t)$ 對照，響應 $y(t)$ 有嚴重的失真。

這些觀察指出兩個參數之間具有相反的關係：(1)應用於理想低通濾波器的矩形輸入脈波的持續時間，以及(2)濾波器的截止頻率。這個相反的關係是在第三章所討論的時間-頻寬乘積值固定不變的展現。從實際的觀點來看，脈波持續時間與濾波器截止頻率的相反關係，在數位通訊的脈絡裡，有一個簡單的詮釋，如這裡說明的：若只是為了識別由於符號 1 的傳輸所造成的低通通道響應，則設定通道截止頻率 $\omega_c = 2\pi/T_0$ 就已足夠，此處，以持續時間為 T_0 的矩形脈波代表符號 1。

範例 8.2

增強截止頻率的過擊量 當 $T_0 = 1$ 秒而截止頻率 $\omega_c = 4\pi/T_0$ 時，響應 $y(t)$ 如圖 8.6(a)所示，其中顯示出大約 9%的過擊量 (overshoot)。請探討當截止頻率 ω_c 接近無限大時，這個過擊量會有何變化。

解答 圖 8.7(a)與(b)針對截止頻率 $\omega_c = 10\pi/T_0$ 以及 $\omega_c = 40\pi/T_0$，顯示了理想低通濾波器的脈波響應。這兩個圖說明這個過擊量仍然大約等於 9%，就某種程度來說，該過擊量實際上與截止頻率 ω_c 的值毫無關係。事實上，這個結果就是第三章中所討論 *Gibbs 現象 (Gibbs phenomenon)* 的另一種證實。

為了提供該圖形所討論的解析性證明，我們從圖 8.5 觀察到在(8.19)式中所定義的正弦積分 $\mathrm{Si}(u)$ 以 $1/(2\pi)$ 的頻率振盪。這個觀察的含意是這個濾波器響應 $y(t)$ 將以 $\omega_c/(2\pi)$ 的頻率振盪，其中 ω_c 是濾波器的截止頻率。這個濾波器響應 $y(t)$ 的第一個極大值發生在

$$t_{\max} = \frac{T_0}{2} - \frac{\pi}{\omega_c} \tag{8.21}$$

因此，定義於公式(8.17)與(8.18)的積分上下限 a 與 b 取下列的值 (假設 $t_0 = 0$)：

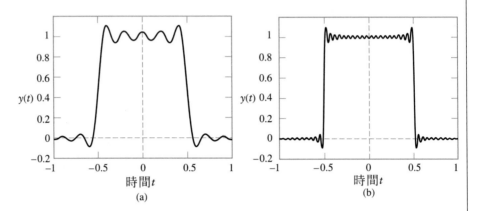

圖 8.7   Gibbs現象，以理想低通濾波器的脈波響應為例。儘管在截止頻率 ω_c 有顯著的增加，這個量實質上仍然保持相同：(a) $\omega_c T_0 = 10\pi$ 弳，以及 (b) $\omega_c T_0 = 40\pi$ 弳。脈波持續時間 T_0 固定保持在 1 秒。

$$
\begin{aligned}
a_{\max} &= \omega_c\left(t_{\max} + \frac{T_0}{2}\right) \\
&= \omega_c\left(\frac{T_0}{2} - \frac{\pi}{\omega_c} + \frac{T_0}{2}\right) \\
&= \omega_c T_0 - \pi
\end{aligned} \tag{8.22}
$$

$$
\begin{aligned}
b_{\max} &= \omega_c\left(t_{\max} - \frac{T_0}{2}\right) \\
&= \omega_c\left(\frac{T_0}{2} - \frac{\pi}{\omega_c} - \frac{T_0}{2}\right) \\
&= -\pi
\end{aligned} \tag{8.23}
$$

將(8.22)式與(8.23)式代入(8.20)式得到

$$
\begin{aligned}
y(t_{\max}) &= \frac{1}{\pi}\left[\mathrm{Si}(a_{\max}) - \mathrm{Si}(b_{\max})\right] \\
&= \frac{1}{\pi}\left[\mathrm{Si}(\omega_c T_0 - \pi) - \mathrm{Si}(-\pi)\right] \\
&= \frac{1}{\pi}\left[\mathrm{Si}(\omega_c T_0 - \pi) + \mathrm{Si}(\pi)\right]
\end{aligned} \tag{8.24}
$$

令

$$\mathrm{Si}(\omega_c T_0 - \pi) = \frac{\pi}{2}(1 + \Delta) \tag{8.25}$$

其中，Δ 是 $\text{Si}(\omega_c T_0 - \pi)$ 對最終值 $+\pi/2$ 的偏移量，而且是與 $\pi/2$ 相比的絕對值。$\text{Si}(u)$ 的最大值發生在 $u_{\max} = \pi$，而且等於 1.852，我們可以寫成 $(1.179)(\pi/2)$，也就是說，

$$\text{Si}(\pi) = (1.179)\left(\frac{\pi}{2}\right)$$

因此，可以將(8.24)式改寫爲

$$\begin{aligned}
y(t_{\max}) &= \tfrac{1}{2}(1.179 + 1 + \Delta) \\
&= 1.09 + \tfrac{1}{2}\Delta
\end{aligned} \tag{8.26}$$

將 ω_c 視爲濾波器頻寬的測度，我們從圖 8.5 注意到，當時間-頻寬乘積 $\omega_c T_0$ 較大於 1 時，該偏移量比值 Δ 分數誤差的值非常小。因此可以寫成下列的近似式

$$當 \omega_c \gg 2\pi/T_0 時，y(t_{\max}) \simeq 1.09 \tag{8.27}$$

其中顯示於濾波器響應中的過軟量大約爲 9%，結果實際上與截止頻率 ω_c 沒有關係。

8.4　濾波器的設計 (Design of Filters)

含有如圖 8.3 的頻率響應的低通濾波器是「理想化的」，它使得位於通帶中的所有頻率成分毫無失眞地通過，去除所有位於止帶中的頻率成分，並且從通帶到止帶的過渡帶是很陡峭的。請記得，這些性質導致一個不可實作的濾波器。因此，從實用的觀點來看，審愼的方法是容許相對於這些理想條件的「偏差」，來容忍一個可被接受程度的失眞，正如同這裡針對連續時間或類比濾波器的情況所作的描述：

▶ 在通帶中，該濾波器的振幅響應應該介於 1 與 $1 - \epsilon$ 之間；亦即，

$$當 0 \le |\omega| \le \omega_p 時，1 - \epsilon \le |H(j\omega)| \le 1 \tag{8.28}$$

其中，ω_p 是*通帶截止頻率 (passband cutoff frequency)* 而 ϵ 是*容限參數(tolerance parameter)*。

▶ 在止帶中，該濾波器的振幅響應應該不超過 δ；亦即，

$$當 |\omega| \ge \omega_s 時，|H(j\omega)| \le \delta \tag{8.29}$$

其中，ω_s 是*止帶截止頻率 (stopband cutoff frequency)* 而 δ 是另一個容限參數。(在此使用的參數 δ 請勿與單位脈衝的符號混淆。)

▶ 過渡帶的頻寬是一個有限值 $\omega_s - \omega_p$。

圖 8.8 的容限圖描繪了這些濾波器的規格。類似的規格也使用在離散時間濾波器，並帶有額外的規定，即該響應相對於 Ω 的週期永遠都是 2π。只要這些規格符合手邊濾

波問題的目標，而且濾波器設計以合理的成本實現，這個工作就算令人滿意地完成了。的確，這是工程設計特有的本質。

對於前述的規格而言，考慮設計濾波器的方法時，是以頻率響應為基礎，而不是以脈衝響應為基礎。這是由於我們知道，濾波器的應用通常是在訊號頻率內容的基礎上將訊號分離。

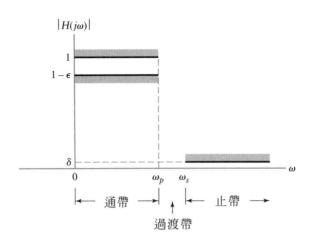

圖 8.8　某個實際低通濾波器的容限圖：在正頻率的情況，顯示出通帶、過渡帶，與止帶。

在詳細說明頻率選擇濾波器所需具備的規格之後，我們進一步將濾波器的設計分為兩個不同步驟，以下述次序進行：

1. 針對所指定的頻率響應 (即，振幅響應、相位響應，或兩者都是)，透過有理轉換函數取得*近似 (approximation)*，這裡的有理轉換函數代表兼具因果性與穩定性的系統。

2. 透過實體系統對於上述近似轉換函數的*實現 (realization)*。

這兩個步驟可以用各種的方法來實行，對於特定的一組規格，濾波器設計的問題沒有唯一的解答。

然而，關於類比與數位濾波器的設計，我們可以提出三種不同的方法，摘要如下：

1. *類比方法 (Analog approach)*，應用於類比濾波器。

2. *類比至數位方法 (Analog-to-digital approach)*，它的動機是以類比濾波器的知識為基礎，設計數位濾波器。

3. *直接數位方法 (Direct digital approach)*，應用於數位濾波器。

往後，這些方法的基本觀念，將以不同的設計範例來講解與說明。

8.5 近似函數 (Approximating Functions)

對於求解近似問題而言,轉換函數的選擇是透過特定的濾波器結構,從一組設計規格到實現轉換函數的轉變步驟。因此,這是濾波器設計中最根本的步驟,因爲轉換函數的選擇決定濾波器的性能。然而,在一開始我們必須強調近似問題沒有唯一解。更確切的說,我們有一整組可能的解,每個解都各自擁有特殊的性質。

基本上,近似問題就是*最佳化問題 (optimization problem)*,只能在特定*最佳化準則 (criterion of optimality)* 的背景中求解。換言之,在著手求解此近似問題之前,必須在明確的意義下指定一套最佳化準則。此外,該準則的選擇唯一地決定了解答。濾波器設計中有兩個常用的最佳化準則如下:

1. *最大平坦振幅響應 (Maximally flat magnitude response)*。

令$|H(j\omega)|$表示 K 階類比低通濾波器的振幅響應,其中 K 是一個整數。則振幅響應在$|H(j\omega)|$稱爲在原點*最大平坦 (maximally flat)*,若它對於 ω 的多重導數在 $\omega = 0$ 消失;亦即,若

$$\frac{\partial^k}{\partial\omega^k}|H(j\omega)| = 0 \quad \text{位於 } \omega = 0 \text{ 之處,而且 } k = 1, 2, \ldots, 2K - 1$$

2. *等幅漣波振幅響應 (Equiripple magnitude response)*。

令一個類比低通濾波器振幅響應$|H(j\omega)|$的平方值表示成下列形式

$$|H(j\omega)|^2 = \frac{1}{1 + \gamma^2 F^2(\omega)}$$

其中 γ 與通帶的容限參數 ϵ 有關,而 $F(\omega)$ 是 ω 的某個函數。若在整個通帶上,$F^2(\omega)$ 振盪於相等效振幅的最大最小值之間,則稱振幅響應 $|H(j\omega)|$ 爲*通帶中的等幅漣波 (equiripple in the passband)*。這裡我們必須分兩種狀況討論,端視於濾波器的階數 K 是奇數還是偶數。我們針對兩個實例,$K = 3$ 與 $K = 4$,來說明這第二種最佳化準則的構想 (請參見圖 8.9):

實例(a):$K = 3$ 而且 $\omega_c = 1$

(i) $F^2(\omega) = 0$ 如果 $\omega = 0, \pm\omega_a$

(ii) $F^2(\omega) = 1$ 如果 $\omega = \pm\omega_b, \pm 1$

(iii) $\frac{\partial}{\partial\omega}F^2(\omega) = 0$ 如果 $\omega = 0, \pm\omega_b, \pm\omega_a$

其中 $0 < \omega_b < \omega_a < 1$

實例(b)：$K = 4$ 而且 $\omega_c = 1$

(i) $F(\omega) = 0$　如果 $\omega = \pm\omega_{a1}, \pm\omega_{a2}$

(ii) $F^2(\omega) = 1$　如果 $\omega = 0, \pm\omega_b, \pm1$

(iii) $\dfrac{\partial}{\partial\omega}F^2(\omega) = 0$ 如果 $\omega = 0, \pm\omega_{a1}, \pm\omega_b, \pm\omega_{a2}$

　　　其中 $0 < \omega_{a1} < \omega_b < \omega_{a2} < 1$

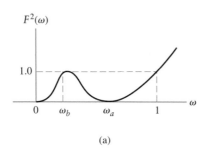 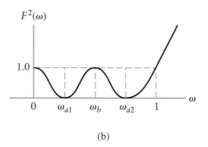

圖 8.9　函數 $F^2(\omega)$ 的兩種不同形式：(A) $K = 3$；(b) $K = 4$。

所謂的巴特渥斯濾波器滿足第一點的最佳化準則，而卻比雪夫濾波器則滿足第二點最佳化準則。接下來的兩個小節要分別討論這兩種濾波器。

■ 8.5.1　巴特渥斯濾波器 (BUTTERWORTH FILTERS)

K 階巴特渥斯函數 (Butterworth function of order K) 定義如下

$$|H(j\omega)|^2 = \frac{1}{1 + \left(\dfrac{\omega}{\omega_c}\right)^{2K}}, \qquad K = 1, 2, 3, \ldots \tag{8.30}$$

而依此設計的濾波器稱為 *K 階巴特渥斯濾波器 (Butterworth filter of order K)*。

　　(8.30)式的近似函數符合了 $|H(j\omega)|$ 必須為 ω 的偶函數的要求。參數 ω_c 是濾波器的*截止頻率 (cutoff frequency)*。對於圖 8.8 中所定義容限參數 ϵ 與 δ 的規定值，我們很容易地從公式(8.30)解出通帶與止帶個別的截止頻率，

$$\omega_p = \omega_c\left(\frac{\epsilon}{1 - \epsilon}\right)^{1/(2K)} \tag{8.31}$$

而且

$$\omega_s = \omega_c\left(\frac{1 - \delta}{\delta}\right)^{1/(2K)} \tag{8.32}$$

圖 8.10 所繪製的是針對四個不同的階數 K，利用公式(8.30)的近似函數所得的平方振幅響應 $|H(j\omega)|^2$，做為正規化頻率 ω/ω_c 的函數。所有這些曲線於 $\omega = \omega_c$ 處通過半功率點。

貫穿整個通帶與止帶的巴特渥斯函數是單調的。尤其，在 $\omega = 0$ 的附近，我們可以將 $H(j\omega)$ 的振幅展開爲冪級數：

$$|H(j\omega)| = 1 - \frac{1}{2}\left(\frac{\omega}{\omega_c}\right)^{2K} + \frac{3}{8}\left(\frac{\omega}{\omega_c}\right)^{4K} - \frac{5}{16}\left(\frac{\omega}{\omega_c}\right)^{6K} + \cdots \qquad (8.33)$$

這個方程式表示 $|H(j\omega)|$ 對 ω 的前 $2K-1$ 個導數在原點上爲零。因此巴特渥斯函數在 $\omega = 0$ 時確實是*最大平坦的 (maximally flat)*。

爲了設計類比濾波器，我們需要知道轉換函數 $H(s)$，這是複變數 s 的函數。已知巴特渥斯函數 $|H(j\omega)|^2$，我們要如何找到相對應的轉換函數 $H(s)$ 呢？爲了處理這個問題，令 $j\omega = s$ 並且確認

$$H(s)H(-s)|_{s=j\omega} = |H(j\omega)|^2 \qquad (8.34)$$

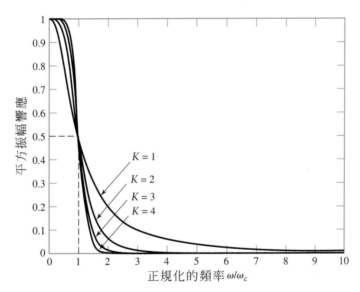

圖 8.10 巴特渥斯濾波器對於各種不同階數的平方振幅響應。

因此，設定 $\omega = s/j$，我們可將(8.30)式改寫爲等價的形式

$$H(s)H(-s) = \frac{1}{1 + \left(\dfrac{s}{j\omega_c}\right)^{2K}} \qquad (8.35)$$

分母多項式的根位於 s 平面中的下列各點：

$$\begin{aligned} s &= j\omega_c(-1)^{1/(2K)} \\ &= \omega_c e^{j\pi(2k+1)/(2K)} \text{，當 } k = 0, 1, \ldots, 2K-1 \text{時。} \end{aligned} \qquad (8.36)$$

亦即，當 $K=3$ 與 $K=4$ 時，$H(s)H(-s)$ 的極點在半徑 ω_c 的圓上形成對稱的圖形，如圖 8.11 所示。特別注意，對於任何 K 值，沒有任何極點落於 s-平面的虛軸上。

這些 $2K$ 個極點中有哪些屬於 $H(s)$？為了回答這個基本的問題，我們回憶第六章中，對於兼具穩定性與因果性的濾波器，其轉換函數 $H(s)$ 的極點必定會位於 s 平面的左半面。因此，$H(s)H(-s)$ 的那些位於左半 s 平面中的 K 個極點屬於 $H(s)$，而剩下位於右半面的極點屬於 $H(-s)$。所以，當 $H(s)$ 穩定時，$H(-s)$ 不穩定。

範例 8.3

三階的巴特渥斯低通濾波器 試求階數 $K=3$ 的低通型式巴特渥斯濾波器轉換函數。假定 3dB 的截止頻率為 $\omega_c = 1$。

解答　對於階數 $K=3$ 的濾波器，$H(s)H(-s)$ 的 $2K=6$ 個極點以 60° 角的間隔分佈於單位圓上，如圖 8.11(a)中所示。因此，將左半平面的極點分配給 $H(s)$，這些極點定義如下

$$s = -\frac{1}{2} + j\frac{\sqrt{3}}{2}$$
$$s = -1$$

以及

$$s = -\frac{1}{2} - j\frac{\sqrt{3}}{2}$$

因此三階巴特渥斯濾波器的轉換函數是

$$
\begin{aligned}
H(s) &= \frac{1}{(s+1)\left(s+\dfrac{1}{2}-j\dfrac{\sqrt{3}}{2}\right)\left(s+\dfrac{1}{2}+j\dfrac{\sqrt{3}}{2}\right)} \\
&= \frac{1}{(s+1)(s^2+s+1)} \\
&= \frac{1}{s^3 + 2s^2 + 2s + 1}
\end{aligned}
\tag{8.37}
$$

▶ **習題 8.2**　對於階數為三而且截止頻率為 ω_c 的巴特渥斯濾波器，如何修改(8.37)式的轉換函數？

答案　$H(s) = \dfrac{1}{\left(\dfrac{s}{\omega_c}\right)^3 + 2\left(\dfrac{s}{\omega_c}\right)^2 + 2\left(\dfrac{s}{\omega_c}\right) + 1}$ ◀

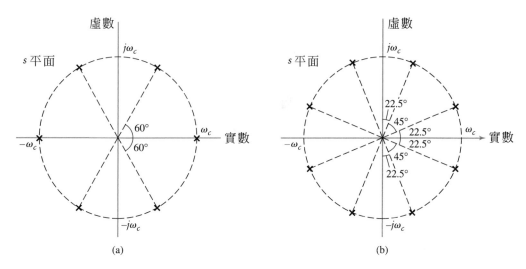

圖 8.11　針對兩個不同的濾波器階數，$H(s)H(-s)$ 的極點在 s 平面中的分佈情形：(a) $K = 3$，與(b) $K = 4$，極點的總數分別是 6 與 8。

▶ **習題 8.3**　試求巴特渥斯濾波器的轉換函數，其中截止頻率 $\omega_c = 1$ 而且濾波器階數是(a) $K = 1$ 與(b) $K = 2$。

答案　　**(a)** $H(s) = \dfrac{1}{s+1}$

　　　　(b) $H(s) = \dfrac{1}{s^2 + \sqrt{2}\,s + 1}$　　◀

表 8.1　巴特渥斯濾波器轉換函數的摘要。

$$H(s) = \frac{1}{Q(s)}$$

濾波器階數 K	多項式 $Q(s)$
1	$s + 1$
2	$s^2 + \sqrt{2}\,s + 1$
3	$s^3 + 2s^2 + 2s + 1$
4	$s^4 + 2.6131s^3 + 3.4142s^2 + 2.6131s + 1$
5	$s^5 + 3.2361s^4 + 5.2361s^3 + 5.2361s^2 + 3.2361s + 1$
6	$s^6 + 3.8637s^5 + 7.4641s^4 + 9.1416s^3 + 7.4641s^2 + 3.8637s + 1$

　　表 8.1 巴特渥斯濾波器轉換函數的摘要，其中截止頻率 $\omega_c = 1$ 而且濾波器階數從 $K = 1$ 到 $K = 6$。

■ 8.5.2　卻比雪夫濾波器 (CHEBYSHEV FILTERS)

圖 8.8 的容限圖表需要一個近似函數，當頻率位於通帶範圍 $0 \le \omega \le \omega_p$ 時，函數值介於 1 與 $1 - \epsilon$ 之間。巴特渥斯函數符合這個要求，但是它的近似能力卻集中在 $\omega = 0$

的附近。對於已知的濾波器階數，我們可以利用通帶中具有*等幅漣波*特性的近似函數 (亦即，當 $0 \le \omega \le \omega_p$ 時，均勻地在 1 與 $1 - \epsilon$ 之間振盪)，得到一個過渡帶頻寬經過縮減的濾波器，如圖 8.12(a)與(b)所示，分別相對於 $K = 3$、4，以及通帶中 0.5dB 的漣波。在這裡所繪製的振幅響應滿足較早之前所描述，分別對於 K 是奇數與 K 是偶數的等幅漣波準則。帶有等幅漣波振幅響應的所有近似函數即是所謂的*卻比雪夫函數 (Chebyshev functions)*。在這個基礎上所設計的濾波器稱為卻比雪夫濾波器 (Chebyshev filter)。卻比雪夫濾波器轉換函數 $H(s)$ 的極點位於 s 平面中的一個橢圓上，而且在某種程度上與所對應巴特渥斯濾波器的極點密切地相關。

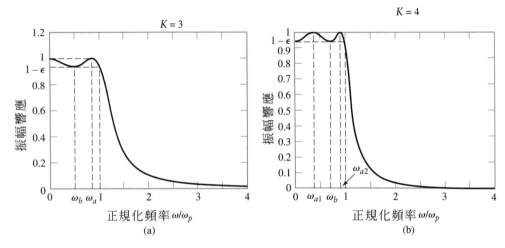

圖 8.12　階數(a) $K = 3$ 與(b) $K = 4$，以及通帶漣波 = 0.5dB 的卻比雪夫濾波器振幅響應。在(a)中的頻率 ω_b 與 ω_a，以及在(b)中的頻率 ω_{a1}、ω_b 與 ω_{a2}，都依據等幅漣波振幅響應的最佳準則來定義。

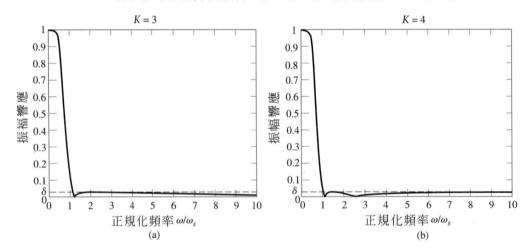

圖 8.13　當(a) $K = 3$ 與(b) $K = 4$ 與止帶漣波 = 30dB 時，逆卻比雪夫濾波器的振幅響應。

在止帶中，如圖 8.12 所示的卻比雪夫函數行為表現是單調的。另外，我們可以使用另一種在通帶裡顯示單調響應，但在止帶裡顯示等幅漣波響應的卻比雪夫函數，圖

8.13(a)與(b)是分別針對 $K=3$、4，以及 30dB 的止帶漣波。在這個基礎上所設計的濾波器稱為*逆卻比雪夫濾波器 (inverse Chebyshev filter)*。不同於卻比雪夫濾波器，逆卻比雪夫濾波器的轉換函數在 s 平面的 $j\omega$ 軸上有零點。

這些將卻比雪夫與逆卻比雪夫濾波器具體化的概念，可以透過通帶與止帶兩者中近似函數的等幅漣波來結合，進一步縮小過渡帶帶寬。像這樣的近似函數稱為*橢圓函數 (elliptic function)*，而使用這種函數得到的濾波器稱為*橢圓濾波器 (elliptic filter)*。對於已定的一組設計規格，過渡帶的寬度是我們所能達到者之中最小的，在這個意義下，可以說橢圓濾波器是最佳化的。這允許了濾波器通帶與止帶間最小可能的分離。然而從分析的觀點，決定轉換函數 $H(s)$ 對巴特渥斯濾波器而言是最簡單的，而對橢圓濾波器而言是最具挑戰性的。透過轉換函數 $H(s)$ 在 s-平面中僅有有限個零點這樣的優點，橢圓濾波器能夠達到它的最佳解，該零點的數量由濾波器的階數 K 唯一決定。相對而言，巴特渥斯濾波器或卻比雪夫濾波器的轉換函數 $H(s)$，其所有的零點位在 $s=\infty$ 的地方。

8.6 頻率的轉換 (Frequency Transformations)

到目前為止，我們已經考慮過低通濾波器近似函數的求解。在這脈絡下，若談論到低通「原型」濾波器，通常是將低通濾波器的截止頻率 ω_c 正規化到一個單位。若已知低通原型濾波器轉換函數，透過自變數的適當轉換，我們可以用來推導任意截止頻率的低通濾波器轉換函數，不論是高通、帶通，或帶止濾波器的轉換函數。在我們關切理想特性已獲得近似的範圍之內，這類的轉換對於容限沒有任何影響。在習題 8.2 中，考慮低通到低通的轉換。稍後，要考慮兩種其他的*頻率轉換 (frequency transformations)*：低通到高通，與低通到帶通。在這裡所討論的原理亦適用於其他種類的頻率轉換。

■ 8.6.1 低通到高通的轉換 (LOW-PASS TO HIGH-PASS TRANSFORMATION)

我們對於 s 平面中 $s=0$ 與 $s=\infty$ 這兩個點特別感興趣。在低通濾波器的情況，$s=0$ 定義帶通的中點 (針對正與負兩者的頻率來定義)，而 $s\to\infty$ 則定義在濾波器轉換函數有漸進行為的頻率鄰近區域。這兩個點的角色在高通濾波器中是互相交換的。於是，低通到高通的轉換描述如下

$$s \to \frac{\omega_c}{s} \tag{8.38}$$

其中 ω_c 是我們想要的高通濾波器截止頻率。這個記號意味著將低通原型轉換函數中的 s 替換成為 ω_c / s，得到相對應的截止頻率 ω_c 高通濾波器。

為了更明確說明，令 $(s - d_j)$ 表示低通原型轉換函數 $H(s)$ 的極點因式。利用 (8.38)式，我們可以寫出下式

$$\frac{1}{s - d_j} \rightarrow \frac{-s/d_j}{s - D_j} \tag{8.39}$$

其中 $D_j = \omega_c / d_j$。針對原始轉換函數 $H(s)$ 在 $s = d_j$ 處的一個極點，轉換方程式(8.39) 在 $s = 0$ 處得到一個零點，而在 $s = D_j$ 處得到一個極點。

範例 8.4

三階巴特渥斯高通濾波器　(8.37)式定義三階巴特渥斯低通濾波器轉換函數，而且具有單位截止頻率。試求出對應於截止頻率 $\omega_c = 1$ 的高通濾波器轉換函數。

解答　將頻率轉換(8.38)式應用於(8.37)式的低通轉換函數，得到對應於 $\omega_c = 1$ 的高通濾波器轉換函數。

$$H(s) = \frac{1}{\left(\dfrac{1}{s} + 1\right)\left(\dfrac{1}{s^2} + \dfrac{1}{s} + 1\right)}$$

$$= \frac{s^3}{(s + 1)(s^2 + s + 1)}$$

▶ **習題 8.4** 已知轉換函數

$$H(s) = \frac{1}{s^2 + \sqrt{2}\,s + 1}$$

是關於含有單位截止頻率的二階巴特渥斯低通濾波器，試求對應於截止頻率 ω_c 的高通濾波器轉換函數。

答案　$\dfrac{s^2}{s^2 + \sqrt{2}\,\omega_c s + \omega_c^2}$　◀

▶ **習題 8.5**　令 $(s - c_j)$ 表示在低通原型濾波器轉換函數中一個零點的因式。利用公式(8.38)轉換這個因式的結果為何？

答案　$\dfrac{s - C_j}{-s/c_j}$，　　其中 $C_j = \omega_c / c_j$　◀

■ 8.6.2 低通到帶通的轉換 (LOW-PASS TO BAND-PASS TRANSFORMATION)

接下來考慮低通原型濾波器到帶通濾波器的轉換。由定義可知,帶通濾波器同時將高頻與低頻的部分削去,而讓介於它們之間某個範圍的頻帶通過。因此,帶通濾波器的頻率響應 $H(j\omega)$ 有下列的性質:

1. 當 $\omega = 0$ 與 $\omega = \infty$ 時,$H(j\omega) = 0$。

2. 對於以頻率 ω_0 為中心的頻帶時,$|H(j\omega)| \simeq 1$,其中 ω_0 稱為濾波器的中帶頻率 (midband frequence)。

於是,我們想要創造一個轉換函數,滿足在 $s = 0$ 與 $s = \infty$ 時都有零點,而在接近 $s = \pm j\omega_0$ 的 $j\omega$ 軸上有極點。滿足這些需求的低通到帶通轉換如下所示。

$$s \rightarrow \frac{s^2 + \omega_0^2}{Bs} \tag{8.40}$$

其中 ω_0 是中帶頻率,而 B 是帶通濾波器的頻寬。ω_0 與 B 兩者的量測單位都是每秒多少弳。根據(8.40)式,低通原型濾波器的點 $s = 0$ 轉換到帶通濾波器的 $s = \pm j\omega_0$,而低通原型濾波器的點 $s = \infty$ 轉換到帶通濾波器的 $s = 0$ 與 $s = \infty$。

因此,在低通原型濾波器轉換函數中的極點因式 $(s - d_j)$ 會以下列方式轉換:

$$\frac{1}{s - d_j} \rightarrow \frac{Bs}{(s - p_1)(s - p_2)} \tag{8.41}$$

特別注意極點 p_1 與 p_2 的定義是

$$p_1, p_2 = \frac{1}{2}\left(Bd_j \pm \sqrt{B^2 d_j^2 - 4\omega_0^2}\right) \tag{8.42}$$

請注意到,(8.38)式與(8.40)式所描述的頻率轉換是*電抗函數 (reactance function)*。我們使用「電抗函數」一詞,意指網路的驅動點阻抗 (driving-point impedance) 是完全由電感與電容組成。事實上,我們可以推廣這個結果,聲稱所有頻率轉換都是電抗函數的形式,不論我們所關切的帶通的規格有多複雜。

▶ **習題 8.6** 考慮一個低通濾波器,它的轉換函數為

$$H(s) = \frac{1}{s + 1}$$

若帶通濾波器的中帶頻率 $\omega_0 = 1$,頻寬 $B = 0.1$,試求對應的轉換函數。

答案　$\dfrac{0.1s}{s^2 + 0.1s + 1}$ ◀

➤ **習題 8.7** 在此，我們再次考慮在範例 5.8 裡，帶通通道的相位響應，即，

$$\phi(\omega) = -\tan^{-1}\left(\frac{\omega^2 - \omega_c^2}{\omega\omega_c}\right)$$

其中 ω_c 是輸入到濾波器的已調變訊號載波頻率。試證 $\phi(\omega)$ 是將低通到帶通的轉換應用於一階巴特渥斯低通濾波器之後，所得到的濾波器相位響應：

$$H(s) = \frac{1}{s+1} \qquad \blacktriangleleft$$

我們已經熟悉了近似函數與低通原型濾波器的基本作用，在下一節中則要考慮被動類比濾波器，以及隨後第 8.8 節中數位濾波器的設計。

8.7 被動濾波器 (Passive Filters)

當一個濾波器的內容完全以被動電路元件構成時 (即電感、電容與電阻)，就稱為*被動的 (passive)*。然而，高速頻率選擇被動濾波器的設計完全是以電抗元件 (即電感與電容) 為基礎。阻抗元件加到這個設計只是做為訊號源阻抗或負載阻抗。濾波器的階數 K 通常是以濾波器所含電抗元件的數量所決定。

圖 8.14(a)顯示一個低通巴特渥斯濾波器，含有階數 $K=1$ 且 3dB 的截止頻率 $\omega_c=1$。這個濾波器是由理想的電流源所驅動。電阻 $R_l=1\Omega$ 表示負載阻抗。電容 $C=1F$ 表示這個濾波器唯一的電抗元件。

圖 8.14(b)顯示一個低通巴特渥斯濾波器，其階數 $K=3$ 且 3dB 的截止頻率 $\omega_c=1$。正如先前的配置，這個濾波器由一個電流源所驅動，而 $R_l=1\Omega$ 表示它的負載阻抗。在這個情況裡，這個濾波器由三個電抗元件所構成：兩個相同的並聯電容與一個串接的電感。

特別注意在圖 8.14(a)和(b)之中，轉換函數 $H(s)$ 是以轉換阻抗的形式存在，該轉換阻抗的定義方式是將輸出電壓 $v_2(t)$ 的拉普拉斯轉換，除以電流源 $i_1(t)$ 的拉普拉斯轉換。

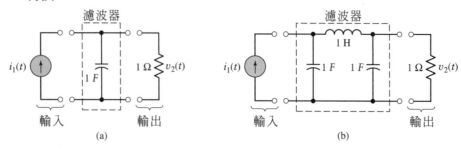

圖 8.14 理想電流源所驅動的低通巴特渥斯濾波器：(a)階數 $K=1$，與(b)階數 $K=3$。

➤ **習題 8.8** 試證圖 8.14(b)中濾波器的轉換函數等於公式(8.37)的巴特渥斯函數。◀

➤ **習題 8.9** 在圖 8.14 中所描述的被動濾波器,其脈衝響應的持續時間是無限長。請證明這個陳述。◀

關於濾波器元件的決定,從特定轉換函數 *H*(*s*) 開始,稱為*網路合成 (network synthesis)*。其中包含許多超過課本範疇的高等程序。的確,在數十年裡,被動濾波器主導了通訊與其他系統的設計領域,直到 1960 年代主動濾波器與數位濾波器的問世。主動濾波器 (使用運算放大器) 第九章中討論,而數位濾波器將於下節討論。

8.8 數位濾波器 (Digital Filters)

數位濾波器利用*計算(computation)*來執行連續時間訊號的濾波動作。設計頻率選擇濾波器,圖 8.15 顯示的利用這方法來運作方塊圖;這些運作背後的觀念已於第 4.7 節討論過。標示著「類比到數位 (A/D) 轉換器」的方塊,用來將連續時間訊號 *x*(*t*) 轉換成對應的數列 *x*[*n*]。數位濾波器在一連串取樣點的基礎上處理數列 *x*[*n*],產生新的數列 *y* [*n*],新的數列隨後將透過數位到類比 (D/A) 轉換器,轉成對應的連續時間訊號。最後,在系統輸出端的重建 (低通) 濾波器產生連續時間訊號 *y*(*t*),代表原始輸入訊號 *x*(*t*) 經過濾波的結果。

在數位濾波器的研究中,有兩個重點應該注意:

1. 對於輸入資料的取樣與所有內部的計算,數位濾波器的設計步驟通常以類比或無限精確模型為基礎;這是為了利用我們比較瞭解的離散時間,但連續振幅的數學。所導出的*離散時間濾波器 (discrete-time filter)* 提供設計者關於現有工作的理論架構。

2. 當離散時間濾波器針對實際應用以數位形式執行,如圖 8.15,輸入資料與內部計算全都量化 (quantized) 到有限的精度。因此,數位濾波器的運算會造成*進位或捨棄的誤差*,造成它的性能偏離離散時間濾波器的理論狀況。

整體連續時間濾波器

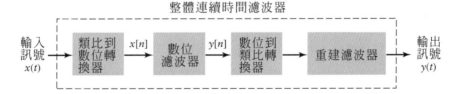

圖 8.15　針對連續時間訊號濾波的系統,以數位濾波器的方式建構。

在本節中，我們要專注於第一點。雖然依照其中的說明，這裡所考慮的濾波器實際上應該稱為離散時間濾波器，但為了符合一般所使用的術語，我們仍稱呼為數位濾波器。

類比濾波器，以 8.7 節中所討論的被動濾波器為例，其特點是具有無限長持續時間的脈衝響應。(請參閱習題 8.9。)對照之下，有兩種數位濾波器與脈衝響應的持續時間相關：

1. *有限持續時間脈衝響應數位濾波器 (Finite-duration impulse response digital filters，簡寫為 FIR 數位濾波器)*，它的運作受非遞迴性質的線性常係數差分方程式所支配。FIR 數位濾波器的轉換函數是 z^{-1} 的多項式。因此，FIR 數位濾波器有三種重要的性質：

   ▶ 它們的記憶體有限，因此，任何瞬間啟動都僅是有限的持續時間。

   ▶ 它們總是 BIBO 穩定的。

   ▶ 它們能夠將我們所想要，含有精確線性相位響應 (即，沒有相位失真) 的振幅響應加以實現，稍後將會解釋這點。

2. *無限持續時間脈衝響應數位濾波器 (Infinite-duration impulse response digital filters，簡寫為 IIR 數位濾波器)*，其輸出輸入特性受到遞迴性質的線性常數係數差分方程式所支配。IIR 數位濾波器的轉換函數是 z^{-1} 中的有理函數。因此，針對一個預先規定的頻率響應，IIR 數位濾波器的使用，通常會比對應的 FIR 數位濾波器得到更短的濾波器長度。然而，達到這個改善所需付出的代價是相位失真，而且瞬間啟動也沒有限制於有限持續時間。

緊接著，我們要討論 FIR 與 IIR 這兩種數位濾波器的範例。

8.9　FIR 數位濾波器 (FIR Digital Filters)

FIR 數位濾波器其中的一個內在性質是可以實現*線性相位 (linear phase)* 的頻率響應。如果瞭解線性相位響應相當於固定延遲，在 FIR 數位濾波器的設計裡，就可以大為簡化近似的問題。特別地，問題簡化成如何設計出近似於我們想要的振幅響應。

$b[n]$ 令表示一個 FIR 數位濾波器的脈衝響應，其定義是頻率響應 $H(e^{j\Omega})$ 的反離散時間傅立葉轉換。令 M 表示濾波器的階數，相當於 $M + 1$ 的濾波器長度。為了設計這個濾波器，我們需要決定濾波器的係數 $b[n]$，$n = 0,1,..., M$，使得濾波器實際的頻率響應 $H(e^{j\Omega})$ 在整個頻率區間 $-\pi < \Omega \leq \pi$ 中，提供所關切的頻率響應 $H_d(e^{j\Omega})$ 的良好近似。為了測量這個近似的好壞，我們定義*均方差 (mean-square error)*

$$E = \frac{1}{2\pi} \int_{-\pi}^{\pi} \left| H_d(e^{j\Omega}) - H(e^{j\Omega}) \right|^2 d\Omega \tag{8.43}$$

令 $h_d[n]$ 表示 $H_d(e^{j\Omega})$ 的反離散時間傅立葉轉換。接著，援用 3.16 節的巴賽瓦定理 (Parseval's theorem)，我們可以將誤差度量重新定義成一個等價的形式

$$E = \sum_{n=-\infty}^{\infty} \left| h_d[n] - h[n] \right|^2 \tag{8.44}$$

在這個方程式中唯一可以調整的參數是濾波器係數 $h[n]$。因此，誤差度量透過下式的設定而縮減到最小

$$h[n] = \begin{cases} h_d[n], & 0 \le n \le M \\ 0, & \text{其他條件} \end{cases} \tag{8.45}$$

(8.45)式等於下列*矩形視窗 (rectangular window)* 的使用結果

$$w[n] = \begin{cases} 1, & 0 \le n \le M \\ 0, & \text{其他條件} \end{cases} \tag{8.46}$$

因此我們可以將(8.45)式重寫成等價的形式

$$h[n] = w[n]h_d[n] \tag{8.47}$$

也就是這個原因，使得基於(8.45)式的FIR濾波器設計稱為*視窗法 (window method)*。利用視窗法而得到的均方差如下所示

$$E = \sum_{n=-\infty}^{-1} h_d^2[n] + \sum_{n=M+1}^{\infty} h_d^2[n]$$

由於兩個離散時間序列的乘積等價於它們 DTFT 的摺積運算，我們可以用脈衝響應來表示 FIR 濾波器的頻率響應，如下：

$$\begin{aligned} H(e^{j\Omega}) &= \sum_{n=0}^{M} h[n]e^{-jn\Omega} \\ &= \frac{1}{2\pi} \int_{-\pi}^{\pi} W(e^{j\Lambda}) H_d(e^{j(\Omega-\Lambda)}) \, d\Lambda \end{aligned} \tag{8.48}$$

這個函數

$$W(e^{j\Omega}) = \frac{\sin[\Omega(M+1)/2]}{\sin(\Omega/2)} e^{-jM\Omega/2}, \quad -\pi < \Omega \le \pi \tag{8.49}$$

是矩形視窗 $w[n]$ 的頻率響應。在圖 8.16 中，我們已經繪製了濾波器階數 $M = 12$ 的矩形視窗振幅響應$| W(e^{j\Omega}) |$。

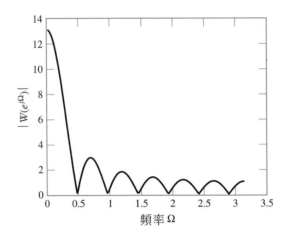

圖 8.16　於 $0 \leq \Omega \leq \pi$ 上所描述 FIR 濾波器階數 $M = 12$ 時的矩形視窗振幅響應。

為了讓FIR數位濾波器的實際頻率響應 $H(e^{j\Omega})$ 等於理想頻率響應 $H_d(e^{j\Omega})$，函數 $W(e^{j\Omega})$ 的一個週期必須包含由位在 $\Omega = 0$ 的一個單位脈衝。矩形視窗的頻率響應 $W(e^{j\Omega})$ 只能以振盪的方式近似到這個理想的狀況。

視窗 $w[n]$ 的*主瓣 (mainlobe)* 定義為，在原點的任何一邊，介於其振幅響應$|W(e^{j\Omega})|$ 第一個過零點之間的頻帶。位於主瓣任何一邊的振幅響應稱為*旁瓣 (sidelobes)*。主瓣的寬度與旁瓣的振幅可以測量頻率響應 $W(e^{j\Omega})$ 與位於 $\Omega = 0$ 的脈衝函數的偏離程度。

▶ **習題 8.10**　請參閱圖 8.16 描述矩形視窗的頻率響應，試證主瓣的寬度為

$$\Delta\Omega_{\text{mainlobe}} = \frac{4\pi}{M + 1}$$

其中，M 是濾波器的階數。　　　　　　　　　　　　　　　　　　◀

▶ **習題 8.11**　請再次參閱圖 8.16 的頻率響應，試證，針對矩形視窗，(a)所有旁瓣都有同樣的寬度 $2\pi/(M + 1)$，以及(b)第一個旁瓣的最高振幅比主瓣的最高振幅低 13dB。　　　　　　　　　　　　　　　　　　　　　　　　　　◀

請回想第三章所提出的討論，公式(8.48)裡 $H_d(e^{j\Omega})$ 與 $W(e^{j\Omega})$ 的摺積，透過FIR 濾波器的頻率響應 $H(e^{j\Omega})$，得到我們所要的頻率響應 $H_d(e^{j\Omega})$ 的振盪近似。這個振盪是$|W(e^{j\Omega})|$中旁瓣的結果，可以利用較小旁瓣的不同視窗使它變小。針對這個目的，經常使用的實際視窗是*漢明視窗 (Hamming window)*，如下定義

$$w[n] = \begin{cases} 0.54 - 0.46\cos\left(\dfrac{2\pi n}{M}\right), & 0 \leq n \leq M \\ 0, & \text{其他條件} \end{cases} \tag{8.50}$$

當 M 是偶數時，$w[n]$ 對於點 $n = M/2$，變成*對稱的 (symmetric)*。圖 8.17 是針對 $M = 12$ 的漢明視窗，所繪製 $w[n]$ 的圖形。

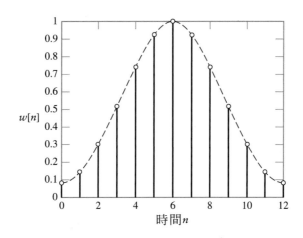

圖 8.17　階數 $M = 12$ 時，漢明視窗的脈衝響應。

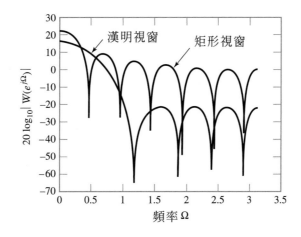

圖 8.18　當階數 $M = 12$ 時，矩形視窗與漢明視窗振幅響應的比較，以分貝為單位。

　　為了更進一步比較矩形視窗與漢明視窗的頻率響應，我們已經在圖 8.18 中，針對 $M = 12$ 時這兩個的視窗繪製 $20 \log_{10}|W(e^{j\Omega})|$ 的圖形。從這張圖，我們可以獲得兩個重要的觀察：

▶ 矩形視窗的主瓣小於漢明視窗主瓣寬度的一半。

▶ 漢明視窗旁瓣與主瓣的比，遠小於矩形視窗旁瓣與主瓣的比。特別地，矩形視窗第一個旁瓣的最高振幅只比主瓣低大約 13dB 左右，反之，漢明視窗相對應的值低大約 40dB 左右。

就是因為上述第二個性質，漢明視窗使得 FIR 數位濾波器頻率響應中振盪降低了，如下兩個範例中所說明。然而，這個改善所要付出的代價就是較寬的過渡帶。

　　針對所想要的響應，為了得到可能的最佳近似，這個視窗必須盡可能在 $b_d[n]$ 中保存最多的能量。由於這個視窗對稱於 $n = M/2$，當 M 是偶數時，我們希望在 $n = M/2$

的地方集中 $h_d[n]$ 的最大值。這可以透過選擇線性、截距為零且斜率等於 $-M/2$ 的相位響應 $\arg\{H_d(e^{j\Omega})\}$ 而完成。這點將於下面的範例中說明。

範例 8.5

矩形視窗與漢明視窗的比較 如果所要求的頻率響應

$$H_d(e^{j\Omega}) = \begin{cases} e^{-jM\Omega/2}, & |\Omega| \le \Omega_c \\ 0, & \Omega_c < |\Omega| \le \pi \end{cases} \tag{8.51}$$

代表理想低通濾波器的頻率響應,而且濾波器具有線性相位。當長度 $M = 12$ 時,研究FIR數位濾波器的頻率響應,利用(a)矩形視窗,以及(b)漢明視窗。假定 $\Omega_c = 0.2\pi$ 弧度。

解答 所欲求的響應為

$$\begin{aligned} h_d[n] &= \frac{1}{2\pi} \int_{-\pi}^{\pi} H_d(e^{j\Omega}) e^{jn\Omega} \, d\Omega \\ &= \frac{1}{2\pi} \int_{-\Omega_c}^{\Omega_c} e^{j\Omega(n-M/2)} \, d\Omega \end{aligned} \tag{8.52}$$

利用 sinc 函數,我們可以將 $h_d[n]$ 以簡潔的形式展開

$$h_d[n] = \frac{\Omega_c}{\pi} \operatorname{sinc}\left[\frac{\Omega_c}{\pi}\left(n - \frac{M}{2}\right)\right], \quad -\infty < n < \infty \tag{8.53}$$

當 M 為偶數時,這個脈衝響應對稱於 $n = M/2$,在該點我們有

$$h_d\left[\frac{M}{2}\right] = \frac{\Omega_c}{\pi} \tag{8.54}$$

(a) *矩形視窗*。對於這種情況的矩形視窗,利用(8.47)式可得

$$h[n] = \begin{cases} \dfrac{\Omega_c}{\pi} \operatorname{sinc}\left[\dfrac{\Omega_c}{\pi}\left(n - \dfrac{M}{2}\right)\right], & 0 \le n \le M \\ 0, & \text{其他條件} \end{cases} \tag{8.55}$$

當 $\Omega_c = 0.2\pi$ 而且 $M = 12$ 時,上式的值可以在表 8.2 的第二行找到。相對應的振幅響應$|H(e^{j\Omega})|$如圖 8.19 中所繪製。由於使用視窗處理理想脈衝響應,$|H(e^{j\Omega})|$中的振盪在頻率大於 $\Omega_c = 0.2\pi$ 時是很明顯的。

(b) *漢明視窗*。對於漢明視窗的情況,利用(8.50)式與(8.53)可得

$$b[n] = \begin{cases} \dfrac{\Omega_c}{\pi} \operatorname{sinc}\left[\dfrac{\Omega_c}{\pi}\left(n - \dfrac{M}{2}\right)\right]\left(0.54 - 0.46\cos\left(2\pi\dfrac{n}{M}\right)\right), & 0 \le n \le M \\ 0, & \text{其他條件} \end{cases}$$

(8.56)

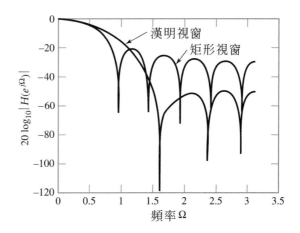

圖 8.19　比較兩種階數皆為 $M = 12$ 的低通 FIR 數位濾波器振幅響應 (以 dB 為單位繪製)，第一個濾波器使用矩形視窗，而第二個使用漢明視窗。

當 $\Omega_c = 0.2\pi$ 而且 $M = 12$ 時，上式的值可以在表 8.2 的最後一行找到。相對應的振幅響應 $|H(e^{j\Omega})|$ 如圖 8.19 中所繪製。我們看到由於視窗處理所造成振盪的振幅已經大為降低。然而，這個改進所要付出的代價是過渡帶比使用矩形視窗所得到的還要寬。

特別注意在表中的濾波器參數都已經比例化 (*scaled*) 了，因此濾波器於 $\Omega = 0$ 時的振幅響應在視窗處理之後恰好為一。這解釋了係數 $b[M/2]$ 相對於理論值 $\Omega_c/\pi = 0.2$ 的偏差。

FIR 數位濾波器結構如圖 8.20 所示，用以實作兩者中的任何一個視窗法。這兩種視窗的濾波器係數當然是不同的，表 8.2 可以查到各自所對應的值。

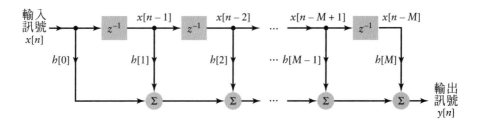

圖 8.20　對於實作 FIR 數位濾波器的結構。

表 8.2　對於低通濾波器 (Ω_c=0.2 π 且 M = 12)，矩形視窗與漢明視窗的濾波器係數。

	$b[n]$	
n	*矩形視窗*	*漢明視窗*
0	−0.0281	−0.0027
1	0.0000	0.0000
2	0.0421	0.0158
3	0.0909	0.0594
4	0.1364	0.1271
5	0.1686	0.1914
6	0.1802	0.2180
7	0.1686	0.1914
8	0.1364	0.1271
9	0.0909	0.0594
10	0.0421	0.0158
11	0.0000	0.0000
12	−0.0281	−0.0027

範例 8.6

離散時間微分器　在 1.10 節中，我們曾以簡單的高通型式 RC 電路做為一個近似的微分器。在目前的範例中，我們提出利用 FIR 數位濾波器作為基礎，來設計一個更加精確的微分運算器。具體而言，考慮一個離散時間的微分運算器，該運算器的頻率響應定義如下

$$H_d(e^{j\Omega}) = j\Omega e^{-jM\Omega/2}, \qquad -\pi < \Omega \le \pi \tag{8.57}$$

針對 M = 12，設計 FIR 數位濾波器，以近似所求的頻率響應，利用(a)矩形視窗，與(b)漢明視窗。

解答　所要求的脈衝響應為

$$\begin{aligned} h_d[n] &= \frac{1}{2\pi} \int_{-\pi}^{\pi} H_d(e^{j\Omega}) e^{jn\Omega} \, d\Omega \\ &= \frac{1}{2\pi} \int_{-\pi}^{\pi} j\Omega e^{j\Omega(n-M/2)} \, d\Omega \end{aligned} \tag{8.58}$$

利用分部積分，我們得到

$$h_d[n] = \frac{\cos[\pi(n - M/2)]}{(n - M/2)} - \frac{\sin[\pi(n - M/2)]}{\pi(n - M/2)^2}, \quad -\infty < n < \infty \tag{8.59}$$

(a) *矩形視窗*。將(8.46)式的矩形視窗乘以(8.59)式的脈衝響應，我們可得

$$h_d[n] = \begin{cases} \dfrac{\cos[\pi(n - M/2)]}{(n - M/2)} - \dfrac{\sin[\pi(n - M/2)]}{\pi(n - M/2)^2}, & 0 \le n \le M \\ 0, & \text{其他條件} \end{cases} \qquad (8.60)$$

由於 $h[M - n] = -h[n]$ ，這個脈衝響應是反對稱的 (antisymmetric)。當 M 為偶數時，$h[n]$ 在 $n=M/2$ 處為零；請參閱習題 8.12。對於 $M = 12$，$h[n]$ 的值已列在表 8.3 的第二行中。表中很清楚地說明 $h[n]$ 反對稱的性質。對應的振幅響應 $|H(e^{j\Omega})|$ 如圖 8.21(a)所示。從理想頻率響應偏移的振盪是用視窗處理(8.59)式中理想脈衝響應的表現。

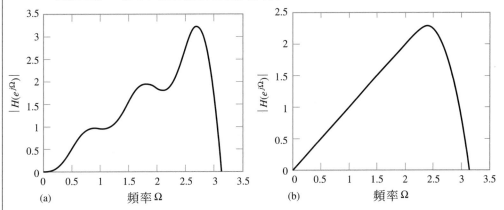

圖 8.21　FIR 數位濾波器振幅響應，當微分器是利用(a)矩形視窗，與(b)漢明視窗來設計時。在這兩個實例中，濾波器的階數 M 為 12。

表 8.3　微分運算器，矩形視窗與漢明視窗的係數。

	$h[n]$	
n	*矩形視窗*	*漢明視窗*
0	−0.1667	−0.0133
1	0.2000	0.0283
2	−0.2500	−0.0775
3	0.3333	0.1800
4	−0.5000	−0.3850
5	1.0000	0.9384
6	0	0
7	−1.0000	−0.9384
8	0.5000	0.3850
9	−0.3333	−0.1800
10	0.2500	0.0775
11	−0.2000	−0.0283
12	0.1667	0.0133

(b) *漢明視窗*。將(8.59)式的脈衝響應 $h_d[n]$ 乘以(8.50)式的漢明視窗，我們得到於表 8.3 最後一行中的脈衝響應 $h[n]$。對應的振幅響應 $|H(e^{j\Omega})|$ 如

圖 8.21(b)所示。將這個響應與圖 8.21(a)比較，我們看到這個振盪在振幅的部分大爲降低，但是，對於 $|H(e^{j\Omega})|$ 是 Ω 的線性函數部份的頻寬也降低了，所得到的頻寬對於微分運算而言較不實用。

請注意到，除了漢明視窗之外，有許多的其他視窗在主瓣寬度與旁瓣高度之間，提供了不同的折衷條件。

➤ **習題 8.12** 從(8.58)式開始，推導(8.59)式中脈衝響應 $h_d[n]$ 的公式，並且試證 $h_d[M/2] = 0$。

■ 8.9.1 語音訊號的濾波處理 (FILTERING OF SPEECH SIGNALS)

語音訊號的前置處理是許多應用的基礎，比如語音的數位傳輸與儲存、自動語音辨識，與自動發話者辨識系統。FIR 數位濾波器非常適合作爲語音訊號的前置處理，這是基於兩個重要的原因：

1. 在語音處理應用中，維持精確的時間調校是很重要的。在 FIR 數位濾波器中，固有的精確 (exact) 線性相位特性能自然地迎合這樣的需求。

2. 在濾波器設計中的近似問題由於FIR數位濾波器的精確線性相位特性大爲簡化。尤其，再沒有必要處理延遲 (相位) 失眞的情況下，我們唯一關切的是近似一個所欲求的振幅響應。

然而，我們必須爲達到這兩種期待的特性而付出一些代價：爲了設計一個帶有敏銳截止特性的 FIR 數位濾波器，濾波器的長度必須很大，才能產生長持續時間的脈衝響應。

在本小節中，我們將說明如何使用 FIR 數位濾波器，來前置處理實際的語音訊號，使得它適合透過電話線路傳輸。圖 8.22(a)顯示語音訊號波形的一小部份，是由一位女性說了一句話，「This was easy for us.」所產生的。這個語音訊號的原始取樣頻率爲 16kHz，而整句話的全部取樣次數爲 27,751 次。

在傳輸之前，這個語音訊號以下列的規格，輸入一個 FIR 數位低通濾波器：

濾波器的長度，$M + 1 = 99$；

以中點爲對稱以產生一個線性相位響應；

截止頻率 $f_c = \omega_c/2\pi = 3.1 \times 10^3 \text{ rad/s}$。

濾波器的設計是以視窗法爲基礎，利用*漢寧 (Hanning)* 或稱爲*升餘弦視窗 (raised-cosine window)*，請不要與漢明視窗搞混了。這個新的視窗定義如下

$$w[n] = \begin{cases} \dfrac{1}{2}\left[1 - \cos\left(\dfrac{2\pi n}{M}\right)\right], & 0 \le n \le M \\ 0, & \text{其他條件} \end{cases} \tag{8.61}$$

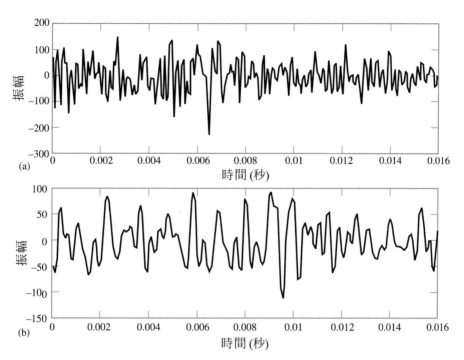

圖 8.22　(a)原始語音訊號的波形，內含大量的高頻雜訊。(b)通過一個階數 $M = 98$，截止頻率 $f_c = 3.1 \times 10^3$ 赫茲的低通 FIR 數位濾波器之後，語音訊號的波形。

漢寧視窗在視窗邊緣時 (即，$n = 0$ 與 $n = M$)，其值為零而且斜率也為零。

　　圖 8.23 分別顯示濾波前與濾波後語音訊號的振幅頻譜。在這兩個情況中，採用快速傅立葉轉換 (FFT) 演算法來執行這個運算。比較圖 8.23(b)中所示已濾波訊號的振幅頻譜，與圖 8.23(a)中所示未濾波訊號的振幅頻譜，我們很清楚地看到 FIR 低通濾波器大約在 3.1kHz 之處，產生相對急遽的頻率截止。

　　聆聽未濾波與已濾波的語音訊號，我們得到下列的觀察結果：

1. 未濾波的語音訊號是很刺耳的，含有許多諸如卡嗒聲、爆裂聲，和嘶嘶聲等高頻的雜訊。

2. 已濾波的訊號，相對而言，會發現變成更加輕柔、悅耳，且自然的聲音。

檢查 16 毫秒的語音波形與它們的頻譜可以證實這些結果的本質，分別如圖 8.22 與圖 8.23 中所示。

　　如前所述，原始的語音訊號以 16kHz 的頻率來取樣，對應於 $T_s = 62.5$ 微秒的取樣間隔。這個用來實作 FIR 濾波器的架構類似於圖 8.20 所描述的架構。我們選擇濾波器的階數為 $M = 98$，以便於從通帶到止帶提供一個相當陡峭的過渡帶頻率響應。因此，讓語音訊號通過 $M + 1 = 99$ 個係數的濾波器中，有一個延遲

$$T_s\left(\frac{M}{2}\right) = 62.5 \times 49 = 3.0625 \text{ ms}$$

被引入到已濾波的語音訊號。比較圖 8.22(b)的已濾波訊號與圖 8.22(a)的原始語音訊號波形，則這個時間延遲是清楚可識別的。

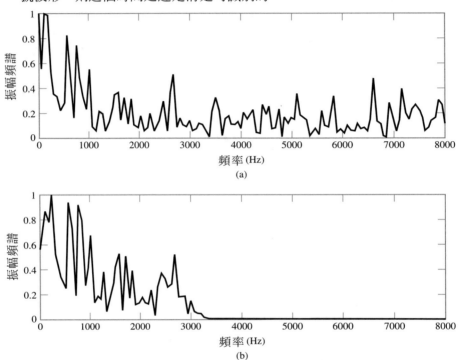

圖 8.23　(a)未濾波前語音訊號的振幅頻譜。(b)濾波後語音訊號的振幅頻譜。請注意頻譜明顯的截止頻率大約為 3100Hz。

8.10　IIR 數位濾波器 (IIR Digital Filters)

針對於 IIR 數位濾波器，已經發展出多種不同的技術。在本節中，我們要說明一個流行的方法，能將類比轉換函數轉變成數位轉換函數。這個方法是基於*雙線性轉換 (bilinear transform)*，該轉換提供 s-平面中的點與 z-平面中的點之間唯一的映射。

雙線性轉換的定義是

$$s = \left(\frac{2}{T_s}\right)\left(\frac{z-1}{z+1}\right) \tag{8.62}$$

其中，T_s 是與從 s 域到 z 域轉換相關的隱含取樣間隔。為了簡化問題，往後我們都令 $T_s = 2$。最後得到的濾波器設計與 T_s 的實際選擇毫不相關的。令 $H_a(s)$ 表示一個類比(連續時間)濾波器的轉換函數。將(8.62)式的雙線性轉換代入 $H_a(s)$，可以得到對應的數位濾波器轉換函數，即

$$H(z) = H_a(s)\big|_{s=((z-1)/(z+1))} \tag{8.63}$$

從(8.63)式所推導的轉換函數 $H(z)$ 有什麼特性呢?為了回答這個問題,我們將(8.62)式改寫為下列形式

$$z = \frac{1+s}{1-s}$$

其中 $T_s = 2$。將 $s = \sigma + j\omega$ 代入此方程式,我們可以將複變數 z 以極式來表示

$$z = re^{j\theta}$$

其中,半徑與角度分別定義如下

$$
\begin{aligned}
r &= |z| \\
&= \left[\frac{(1+\sigma)^2 + \omega^2}{(1-\sigma)^2 + \omega^2}\right]^{1/2}
\end{aligned} \tag{8.64}
$$

以及

$$
\begin{aligned}
\theta &= \arg\{z\} \\
&= \tan^{-1}\left(\frac{\omega}{1+\sigma}\right) + \tan^{-1}\left(\frac{\omega}{1-\sigma}\right)
\end{aligned} \tag{8.65}
$$

從(8.64)式與(8.65)式,我們很容易看到

▶ 當 $\sigma < 0$ 時,$r < 1$

▶ 當 $\sigma = 0$ 時,$r = 1$

▶ 當 $\sigma > 0$ 時,$r > 1$

▶ 當 $\sigma = 0$ 時,$\theta = 2\tan^{-1}(\omega)$

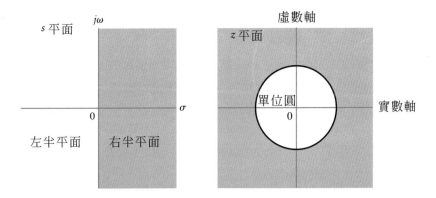

圖 8.24　雙線性轉換特性的圖 s 平面(左圖)的左半部映射到 z 平面(右圖)單位圓的內部。同樣的,s-平面的右半部映射到 z-平面中單位圓的外側;兩個相對應的區域以灰色來表示。

於是,我們可以描述雙線性轉換的性質如下:

1. s-平面的左半部映射到 z-平面中單位圓的內部。

2. s-平面的整個 $j\omega$-軸映射到 z-平面單位圓完整的一圈。

3. s-平面的右半部映射到 z-平面中單位圓的外部。

這些性質如圖 8.24 所示。

第一個性質的直接推論是，若轉換函數 $H_a(s)$ 所表示的類比濾波器兼具穩定性與因果性，則利用(8.62)式的雙線性轉換所推導的數位濾波器，必然也是穩定的且滿足因果性。由於雙線性轉換的係數是實數，使得若 $H_a(s)$ 的係數是實數，則 $H(z)$ 的係數也會是實數。因此，利用(8.63)式所得到的轉換函數 $H(z)$ 在實際上的確是可實現的。

▶ **習題 8.13** 利用雙線性轉換時，在 s-平面中的三點 $s = 0$ 與 $s = \pm j\infty$，分別映射到 z 平面中的哪些點？

答案 $s = 0$ 映射到 $z = +1$。點 $s = j\infty$ 與 $s = -j\infty$ 則分別映射到 $z = -1$ 的上緣與下緣。◀

對於 $\sigma = 0$ 與 $\theta = \Omega$，(8.65)式化簡為

$$\Omega = 2\tan^{-1}(\omega) \tag{8.66}$$

當 $\omega > 0$ 時，其圖形如圖 8.25 所示。注意(8.66)式具有奇對稱 (odd symmetry) 的性質。將類比 (連續時間) 濾波器無限長的頻率變化範圍 $-\infty < \omega < \infty$，以非線性的方式壓縮到數位 (離散時間) 濾波器的有限頻率範圍 $-\pi < \Omega \le \pi$。這種非線性失真的形式稱為*彎曲變形 (warping)*。在頻率選擇濾波器的設計中，該設計的重點在於分段振幅響應的近似，我們必須透過*前置彎曲變形 (prewarping)* 類比濾波器的設計規格來補償非線性失真。特別地，臨界頻率 (critical frequencies)，即規定的通帶截止頻率與止帶截止頻率) 依照下列公式來前置彎曲變形

$$\omega = \tan\left(\frac{\Omega}{2}\right) \tag{8.67}$$

上式即為(8.66)式的反函數。為了說明前置彎曲變形的步驟，令 Ω'_k，$k = 1, 2, ...$，表示實現數位濾波器所需的臨界頻率。在利用雙線性轉換之前，連續時間濾波器所對應的臨界頻率利用(8.67)式前置彎曲變形而得到

$$\omega_k = \tan\left(\frac{\Omega'_k}{2}\right), \qquad k = 1, 2, \ldots \tag{8.68}$$

則，當雙線性轉換應用在以(8.68)式前置彎曲變形頻率所設計的類比濾波器轉換函數，我們從(8.66)式發現

$$\Omega_k = \Omega'_k, \qquad k = 1, 2, \ldots \tag{8.69}$$

也就是說，前置彎曲變形的程序保證數位濾波器將完全符合既定的設計規格。

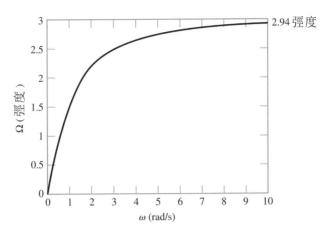

圖 8.25　屬於離散時間域的頻率 Ω，以及屬於連續時間域的頻率 ω 之間的關係圖：$\Omega = 2\tan^{-1}(\omega)$。

範例 8.7

基於巴特渥斯響應的數位 IIR 低通濾波器設計　利用三階巴特渥斯響應類比濾波器，設計一個 3dB 截止頻率為 $\Omega_c = 0.2\pi$ 的數位 IIR 低通濾波器。

解答　(8.68)式的前置彎曲變形方程式指出類比濾波器的截止頻率應該為

$$\omega_c = \tan(0.1\pi) = 0.3249$$

根據習題 8.2 的觀點改寫(8.37)式到現有的問題，我們發現類比濾波器的轉換函數為

$$H_a(s) = \frac{1}{\left(\dfrac{s}{\omega_c} + 1\right)\left(\dfrac{s^2}{\omega_c^2} + \dfrac{s}{\omega_c} + 1\right)}$$

$$= \frac{0.0343}{(s + 0.3249)(s^2 + 0.3249s + 0.1056)} \tag{8.70}$$

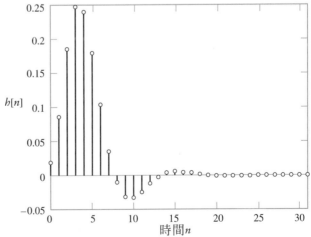

圖 8.26　數位 IIR 低通濾波器的脈衝響應，其巴特渥斯響應的階數為 3，而且 3dB 截止頻率 $\Omega_c = 0.2\pi$。

因此,利用(8.63)式,我們得到

$$H(z) = \frac{0.0181(z + 1)^3}{(z - 0.50953)(z^2 - 1.2505z + 0.39812)} \tag{8.71}$$

圖 8.26 顯示此濾波器的脈衝響應 $h[n]$ [即(8.71)式中 $H(z)$ 的反 z 轉換]。

在 7.9 節中,我們討論過用來執行離散時間系統的各種計算結構 (即串接或並聯的形式)。依據當時所討論的內容,我們很容易地看出(8.71)式的轉換函數可以利用兩區段的串接來實現,如圖 8.27 所示。由 $H_a(s)$ 的簡單極點因式 $((s/\omega_c) + 1)$ 所產生的雙線性轉換稱為*第一階區段 (first-order section)*。同樣地,$H_a(s)$ 的二次極點因式 $((s/\omega_c)^2 + (s/\omega_c) + 1)$ 所產生的雙線性轉換,稱為*第二階區段 (second-order section)*。事實上,可以將這個結果加以推廣,將雙線性轉換應用到因式分解形式的 $H_a(s)$,使得由第一階與第二階區段串接所組成的 $H(z)$ 實現。從實用的觀點,這種架構對於數位濾波器的實作有直覺上的訴求。

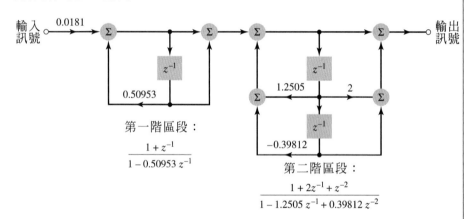

圖 8.27　IIR 低通數位濾波器的串接實現法,由第一階區段以及隨後的第二階區段所合成。

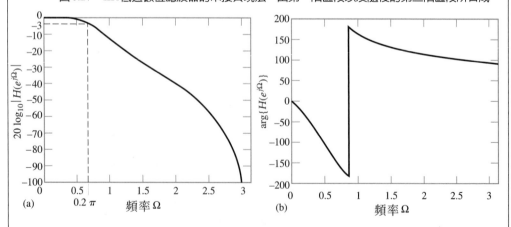

圖 8.28　(a)　IIR 低通數位濾波器的振幅響應是以圖 8.26 所示的脈衝響應為特性,以分貝為單位。(b) 濾波器的相位響應。

將 $z = e^{j\Omega}$ 代入公式(8.71)中，並且繪製與 Ω 相對的 $H(e^{j\Omega})$ 圖，我們得到如圖 8.28 中所示的振幅與相位響應。我們看到濾波器的通帶延伸到 0.2π，符合規定的狀況。

8.11 線性失真 (Linear Distortion)

實際上，在 8.2 節中所描述無失真傳輸的條件只能以近似的方式滿足；之前章節的內容證實了這個說明。那就是說，由於系統的頻率響應中與(8.5)及(8.6)式中所描述理想條件的偏差，在實際 LTI 系統的輸出中總是會有相當數量的失真出現，無論是連續時間或離散時間的型式。尤其，我們可以區別透過 LTI 系統傳輸訊號所產生線性失真的兩個部分：

1. *振幅失真 (Amplitude distortion)*。如果這個系統的振幅響應在我們感興趣的頻帶裡不是常數，輸入訊號的頻率成分會以不同數量的增益或衰減透過系統來傳輸。這個作用稱為振幅失真。振幅失真最一般的形式是我們關注的頻帶的一端或兩端有額外的增益或衰減。

2. *相位失真 (Phase distortion)*。當系統的相位響應在所關切的頻帶中不與頻率成線性關係時，就會發生第二種形式的線性失真。若將此輸入訊號分隔成許多部分的集合，每個部分都佔有一個狹窄的頻寬，我們發現每個像這樣的部分在通過系統時會有不同的延遲，結果導致輸出訊號出現與輸入訊號不同的波形。這種線性失真的形式稱為*相位失真*或*延遲失真 (delay distortion)*。

我們要強調固定延遲 (constant delay) 與固定相位平移 (constant phase shift) 之間的差別。在連續時間 LTI 系統的情況，固定延遲表示線性相位響應 (即，$\arg\{H(j\omega)\} = -t_0\omega$，其中 t_0 是固定延遲)。相對地，固定相位平移表示對於所有 ω 而言 $\arg\{H(j\omega)\}$ 等於某個固定值。這兩種狀況有不同的意涵。固定延遲是不失真傳輸的條件，固定相位平移卻造成訊號的扭曲。

一個遭受線性失真的 LTI 系統被稱為*分散 (dispersive)*，其中，輸入訊號頻率部分經過系統傳輸之後，出現與原始輸入訊號不同的振幅或相位特性。電話通道就是分散系統的一個範例。

▶ **習題 8.14 多路徑的傳播** 通道在 1.10 節中，我們介紹了離散時間的模型

$$y[n] = x[n] + ax[n-1]$$

做為多路徑的傳播通道的描述符號。一般來說，這個模型的參數 a 可以是實數或複數，只要 $|a| < 1$。

(a) 透過這個通道引入了何種形式的失眞？請驗證您的答案。

(b) 試求一個四階 FIR 濾波器的轉換函數，該濾波器可以用來等化前述的通道；在此，我們假定 a 足夠小到可以忽略高階的項。

解答　(a) 這個通道引入了振幅失眞與相位失眞。

(b) FIR 等化器的轉換函數爲

$$H(z) = 1 - az^{-1} + a^2z^{-2} - a^3z^{-3} + a^4z^{-4}$$

◀

8.12　等化作用 (Equalization)

爲了補償線性失眞，我們可以利用一種網路，即所謂的*等化器 (equalizer)*，來與討論中的系統串聯，如圖 8.29 所示。這個等化器以下列的方法來設計，在我們感興趣的頻帶中，這個串聯的整體振幅響應與相位響應近似不失眞傳輸的條件其誤差在規定的範圍內。

例如，考慮一個頻率響應爲 $H_c(j\omega)$ 的通訊通道。令頻率響應爲 $H_{eq}(j\omega)$ 的一個等化器與該通道串接，如圖 8.29 中。則這個組合的整體頻率響應等於 $H_c(j\omega)H_{eq}(j\omega)$。爲了使穿過串聯的全部傳輸不失眞，我們需要

$$H_c(j\omega)H_{eq}(j\omega) = e^{-j\omega t_0} \tag{8.72}$$

其中 t_0 是一個固定時間延遲。[請見(8.3)式；爲了表達上的方便，我們已經設定比例因子 C 等於 1。]因此，在理論上，等化器的頻率響應與該通道的頻率響應成反比，根據下列公式

$$H_{eq}(j\omega) = \frac{e^{-j\omega t_0}}{H_c(j\omega)} \tag{8.73}$$

實際上，爲了使線性失眞降低到令人滿意的程度，等化器的設計使得它的頻率響應足夠接近公式(8.73)的理想值。

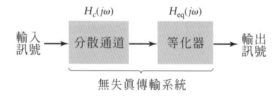

圖 8.29　分散 (LTI) 通道與等化器的串聯，以成爲不失真傳輸。

在(8.73)式，這個等化器的頻率響應 $H_{eq}(j\omega)$ 是以連續時間來表示。雖然的確可能用類比濾波器來設計等化器，但是更好的方法是利用數位濾波器來設計離散時間的等

化器。利用離散時間的方法，通道輸出在等化作用之前就先加以取樣。等化器輸出可以轉換回連續時間的訊號或保留離散時間型式的狀態，端視應用而定。

有一個非常適合等化作用的系統即是 FIR 數位濾波器，也稱為*搭線分接的延遲線等化器* *(tapped-delay-line equalizer)*。這類濾波器的結構說明於圖 8.20。由於該通道的頻率響應是以傅立葉轉換的形式來表示，我們應該採用傅立葉轉換來表示 FIR 濾波器的頻率響應。若取樣間隔等於 T_s 秒，則我們從(4.18)式看到等化器的頻率響應為

$$H_{\delta,\text{eq}}(j\omega) = \sum_{n=0}^{M} b[n]\exp(-jn\omega T_s) \tag{8.74}$$

在 $H_{\delta,\text{eq}}(j\omega)$ 中的下標 δ 是要用來區別 H 與對應的連續時間 $H_{\text{eq}}(j\omega)$。為了分析上的方便，我們假設在等化器中濾波器係數的數目 $M+1$ 是奇數 (即 M 為偶數)。

等化器設計的目標是為了決定濾波器的係數 $b[0]\,b[1]...,b[M]$，以便使得 $H_{\delta,\text{eq}}(j\omega)$ 在整個目標頻帶中，即 $-\omega_c \leq \omega \leq \omega_c$，近似(8.73)式中的 $H_{\text{eq}}(j\omega)$。特別注意 $H_{\delta,\text{eq}}(j\omega)$ 是週期性的，且每個週期佔用的頻率範圍是 $-\pi/T_s \leq \omega \leq \pi/T_s$。因此，我們選擇 $T_s = \pi/\omega_c$，使得 $H_{\delta,\text{eq}}(j\omega)$ 的一個週期對應到整個目標頻寬。令

$$H_d(j\omega) = \begin{cases} e^{-j\omega t_0}/H_c(j\omega), & -\omega_c \leq \omega \leq \omega_c \\ 0, & \text{其他條件} \end{cases} \tag{8.75}$$

是我們企圖與 $H_{\delta,\text{eq}}(j\omega)$ 近似的頻率響應。利用 FIR 濾波器設計中各種不同的視窗法，就可以來完成這項工作，如程序 8.1 的摘要。

程序 8.1：利用視窗法設計等化器的摘要。

從特定的階數 M 開始，假定為一個偶整數。則，針對一個既定的取樣間隔 T_s，以下列方式進行：

1. 設定固定時間延遲 $t_0 = (M/2)/T_s$。
2. 取 $H_d(j\omega)$ 的反傅立葉轉換而得到所求的脈衝響應 $h_d(t)$。
3. 設定 $b[n] = w[n]h_d(nT_s)$ 其中 $w[n]$ 是一個長度 $(M+1)$ 的視窗。請注意，在頻帶 $-\omega_c \leq \omega \leq \omega_c$ 中取樣並不會造成所求響應的頻疊，因為我們選擇 $T_s = \pi/\omega_c$。

$H_c(j\omega)$ 的振幅與相位經常以數值的方式表示，在這樣的情況下，用數值積分來求 $h_d(nT_s)$ 的值。針對 $H_d(j\omega)$，只需選擇足夠大的項數，$M+1$，就可以產生令人滿意的近似。

範例 8.8

針對一階巴特渥斯通道的等化器設計　考慮一個簡單通道，其頻率響應是由下列的一階巴特渥斯響應所描述

$$H_c(j\omega) = \frac{1}{1 + j\omega/\pi}$$

請設計一個含有 13 個係數的 FIR 濾波器 (即 $M = 12$)，以便在頻帶 $-\pi < \omega \leq \pi$ 上等化這個通道。在此假設忽略通道雜訊的效應。

解答　在這個範例中，要解通道等化作用的問題對我們而言是夠簡單的，而不必要訴諸於數值積分。因為 $\omega_c = \pi$，取樣間隔 $T_s = 1$ 秒。此刻，從公式(8.75)，我們有

$$H_d(j\omega) = \begin{cases} \left(1 + \dfrac{j\omega}{\pi}\right)e^{-j6\omega}, & -\pi \leq \omega \leq \pi \\ 0, & \text{其他條件} \end{cases}$$

除了線性相位的項以外，頻率響應 $H_d(j\omega)$ 非零的部分是由兩個項的和組成：1 與 $j\omega/\pi$。分別考慮這兩項的近似如下：

▶ $j\omega/\pi$ 項表示微分的比例型式。利用 FIR 濾波器來設計微分器已經在範例 8.6 討論過。的確，解出 $j\omega/\pi$ 的反傅立葉轉換，並在取樣間隔 $T_s = 1$ 秒時設定 $t = n$，我們得到(8.59)式，以 $1/\pi$ 來比例化。如此，利用於上述範例中得到的結果，該範例包含長度 13 的漢明視窗，且藉由 $1/\pi$ 來比例化，我們得到表 8.4 第二行的值。

表 8.4　範例 8.8 在等化作用上的濾波器係數。

n	$j\omega/\pi$ 的漢明視窗反傅立葉轉換	1 的漢明視窗反傅立葉轉換	$b_d[n]$
0	−0.0042	0	−0.0042
1	0.0090	0	0.0090
2	−0.0247	0	−0.0247
3	0.0573	0	0.0573
4	−0.1225	0	−0.1225
5	0.2987	0	0.2987
6	0	1	1.0000
7	−0.2987	0	−0.2987
8	0.1225	0	0.1225
9	−0.0573	0	−0.0573
10	0.0247	0	0.0247
11	−0.0090	0	−0.0090
12	0.0042	0	0.0042

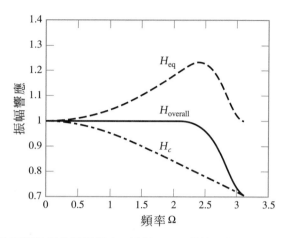

圖 8.30　一階巴特渥斯通道的振幅響應：點鏈 (−·−) 曲線。階數 $M = 12$ 的 FIR 等化器振幅響應：虛線 (− −) 曲線。等化通道的振幅響應：實曲線。全部 (經過等化的) 振幅響應的平坦範圍延伸直到大約 $\Omega = 2.5$。

▶ 常數 1 的反傳立葉轉換為 $\mathrm{sinc}(t)$。設定 $t = nT_s = n$ 並與使用長度 13 的漢明視窗作權重運算，我們得到表第三行中的一組值。

將上述的兩組值相加，我們得到表中最後一行，關於等化器的漢明視窗 FIR 濾波器係數。特別注意這個濾波器是反對稱於中點 $n = 6$。

　　圖 8.30 將通道振幅響應、FIR 等化器振幅響應，以及等化通道振幅響應三者疊置在一起。該響應是相對於頻帶 $0 \leq \Omega \leq \pi$ 繪製的。從這個圖，我們看到等化通道的振幅響應實質上於頻帶 $0 \leq \Omega \leq 2.5$ 之間是平坦的。換言之，$M = 12$ 的 FIR 濾波器將一個階數有限的巴特渥斯響應而且截止頻率為 π 的通道加以等化，由於

$$\frac{2.5}{\pi} \approx 0.8 \, (\text{亦即}, 80\text{百分比})$$

等化作用擴及通道的大部分。

8.13　利用 MATLAB 來探索觀念 (Exploring Concepts with MATLAB)

在本章中，我們研究線性濾波器與等化器的設計。雖然這兩種系統各自作用於輸入訊號，但其用途完全不同。濾波的目的是為了產生含有既定頻率內容的輸出訊號。對照之下，等化器則是用來補償輸入訊號中某些形式的線性失真。

　　MATLAB 訊號處理工具箱擁有豐富的函式，是為了線性濾波器與等化器的分析與設計特別訂做的。在這一節，我們要探討其中某些函式的使用方法，作為強化前面章節所討論的觀念與設計步驟的工具。

■ 8.13.1　矩形脈波傳輸通過理想低通濾波器 (TRANSMISSION OF A RECTANGULAR PULSE THROUGH AN IDEAL LOW-PASS FILTER)

在 8.3.1 節中，我們研究過理想低通濾波器對於輸入矩形脈波的響應。這個響應記為 $y(t)$，以(8.20)式的正弦積分來表示；即，

$$y(t) = \frac{1}{\pi}[\text{Si}(a) - \text{Si}(b)]$$

其中

$$a = \omega_c\left(t - t_0 + \frac{T_0}{2}\right)$$

且

$$b = \omega_c\left(t - t_0 - \frac{T_0}{2}\right)$$

其中 T_0 是脈波持續時間，ω_c 是濾波器的截止頻率，而 t_0 是通過濾波器後的傳輸延遲。為了表達上的方便，我們設定 $t_0 = 0$。從 $y(t)$ 的展開式可以看出在求解理想低通濾波器對於輸入矩形脈波的響應的過程中，正弦積分函數 Si (u)，定義於(8.19)式，是非常重要的。很不幸地，這個積分的解析解並不存在。所以我們必須求助於數值積分來求解。數值積分的一般程序為，計算在積分上下限之間，被積分函數曲線下面積的估計值。像這樣的步驟稱為*求積技術 (quadrature technique)*。這個MATLAB函式

```
quad('function_name', a,b)
```

傳回積分上下限 `a` 與 `b` 之間被積分函數曲線下的面積。函式 `quad` 使用辛普森法則 (Simpson's rule) 的形式，該法則在 `[a,b]` 的範圍內將被積分函數均勻地取樣。要將正弦積分的圖形繪製出來，如圖 8.5，我們可以運用以下的指令

```
>> x = -20:.1:20;
>> For u = 1:length(x),
        z(u) = quad('sincnopi', 0,x(u));
    end
```

該指令在名為 `'sincnopi.m'` 的 M 檔案中，描述如下：

```
function y = sincnopi(w)
y = ones(size(w));
i = find(w);
y(i) = sin(w(i))./w(i);
```

回到正在處理的問題,我們撰寫MATLAB程式碼以便計算脈波響應 $y(t)$,如下所示:

```
function [y]=sin_pr(wc, r)
%r is a user-specified resolution parameter
T=1;
to=0;                % transmission delay = 0
t=-T*1.01:r:T*1.01;
ta=wc*(t-to+T/2);
tb=wc*(t-to-T/2);
for q=1:length(ta),
z1(q)=quad('sincnopi',0,ta(q));
end
for q=1:length(tb),
z2(q)=quad('sincnopi',0,tb(q));
end
plot(t,(z1-z2)/pi)
axis(gca,'YLim',[-.2 1.2])
axis(gca,'XLim',[-1 1])
```

8.13.2　FIR 數位濾波器 (FIR DIGITAL FILTERS)

要設計以視窗法爲基礎的 FIR 濾波器,MATLAB 訊號處理工具箱有兩種常式可以運用,fir1 與 fir2。這些常式的功能摘要如下:

1. 指令

```
b=fir1(M,wc)
```

設計一個 M 階低通數位濾波器,並傳回濾波器係數到長度爲 M+1 的向量 b 中。將截止頻率 wc 正規化,使它位於[0,1]的區間中,其中的上限 1 對應於取樣率的一半,或離散時間頻率中的 $\Omega = \pi$。指令 fir1 預設使用漢明視窗,但它也允許使用其他多種視窗,包括矩形視窗與漢寧視窗。(在 MATLAB 中,矩形視窗稱爲 boxcar。)想要使用哪一種視窗,可以透過隨選延伸引數 (optional trailing argument) 指定。例如,fir1(M,wc,boxcar(M+1)) 使用矩形視窗。特別注意,預設地,該濾波器經過*比例化*,使得第一通帶的中心點在視窗處理後恰好爲 1。

2. fir2 設計一個含有任意頻率響應的濾波器。指令

```
b=fir2(M,F,K)
```

設計一個 M 階濾波器,含有向量 F 與 K 所指定的頻率響應。向量 F 詳細規定位於[0,1]範圍中頻率的點,其中上限 1 對應於取樣率的一半,或 $\Omega = \pi$。向量 K 是在 F 中規定的點上含有目標振幅響應的一個向量。向量 F 與 K 必定有相同的長度。和 fir1一樣,fir2 預設使用漢明視窗,其他視窗可以使用隨選延伸引數來指定。

運用 `fir1` 來設計範例 8.5 與 8.6 所考慮的 FIR 數位濾波器。尤其，在範例 8.5 中我們研究對於階數 `M = 12` 低通濾波器設計的視窗法，利用(a)矩形 (boxcar) 視窗，與(b)漢明視窗。我們利用下列的 MATLAB 指令來設計這些濾波器，並且解出它們的頻率響應：

(a) *矩形視窗*

```
>> b=fir1(12,0.2,boxcar(13));
>> [H,w]=freqz(b,1,512);
>> db=20*log10(abs(H));
>> plot(w,db);
```

(b) *漢明視窗*

```
>> b=fir1(12,0.2,hamming(13));
>> [H,w]=freqz(b,1,512);
>> db=20*log10(abs(H));
>> plot(w,db)
```

在範例 8.6 中，我們研究離散時間微分器的設計，其頻率響應定義如下

$$H_d(e^{j\Omega}) = j\Omega e^{-jM\Omega/2}$$

再一次，我們檢視矩形視窗與漢明視窗的使用，做為濾波器設計的基礎。設計這些濾波器的 MATLAB 指令如下：

```
>> taps=13;  M=taps-1;  %M - filter order
>> n=0:M;  f=n-M/2;
>> a = cos(pi*f) ./ f;  % integration by parts eq.8.59
>> b = sin(pi*f) ./ (pi*f.^2);
>> h=a-b;  % impulse response for rectangular windowing
>> k=isnan(h);  h(k)=0;  % get rid of not a number
>> [H,w]=freqz(h,1,512,2*pi);
>> hh=hamming(taps)'.*h;          % apply Hamming window
>> [HH,w]=freqz(hh,1,512,2*pi);
>> figure (i); clf;
>> plot (w,abs(H)); hold on;
>> plot (w,abs(HH),'f'); hold off;
```

■ 8.13.3　語音訊號的處理 (PROCESSING OF SPEECH SIGNALS)

在 8.9 節，我們曾經利用語音訊號的濾波器說明相關的概念。當時所考量的濾波器是利用漢寧視窗所設計的 FIR 低通濾波器。比較原始語音訊號與濾波後語音訊號的頻譜，可以更深入瞭解濾波效果。由於語音資料表示為一個連續時間訊號，傅立葉轉換是適當的傅立葉表示法。利用指令 `fft`，我們透過解出有限持續時間語音取樣片段的離散時間傅立葉級數，以便於近似傅立葉轉換，如第四章中所討論的。如此，用來研究對於語音訊號中濾波效果的 MATLAB 指令如下：

```
      clear
      load spk_sam
      %Note there are two speech vectors loaded here: tst
         and tst1.
>> speech=tst1;
>> b=fir1(98,3000/8000,hanning(99));
>> filt_sp=filter(b,1,speech);
>> f=0:8000/127:8000;
>> subplot(2,1,1);
>> spect=fft(speech,256);
>> plot(f,abs(spect(1:128))/max(abs(spect(1:128))));
   subplot(2,1,2)
>> filt_spect=fft(filt_sp,256);
>> plot(f,abs(filt_spect(1:128))/
   max(abs(filt_spect(1:128))));
```

■ 8.13.4 IIR 數位濾波器 (IIR DIGITAL FILTERS)

在範例 8.7 中，我們以類比濾波器為基礎，設計一個帶有截止頻率 Ω_c 的 IIR 低通濾波器。利用訊號處理工具箱，要設計這樣的數位濾波器是相當容易的事情。對於範例 8.8 中所提出的問題，上述問題的需求是為了設計一個帶有三階巴特渥斯響應的 IIR 數位低通濾波器。

MATLAB 的指令

```
[b,a]=butter(K,w)
```

設計一個 K 階巴特渥斯響應的低通數位 IIR 濾波器，並分別以長度 $K+1$ 的向量 b 與 a，傳回轉換函數分子與分母多項式的係數。濾波器的截止頻率 w 必須經過正規化，使它位於區間[0,1]之中，其中上限 1 對應於 $\Omega = \pi$。

因此，用來設計範例 8.7 的 IIR 數位濾波器，以及求解其頻率響應的指令如下：

```
>> [b,a]=butter(3,0.2);
>> [H,w]=freqz(b,a,512);
>> mag=20*log10(abs(H));
>> plot(w,mag)
>> phi=angle(H);
>> phi=(180/pi)*phi;  % convert from radians to degrees
>> plot(w,phi)
```

➤ **習題 8.15** 在第 5.11 節討論過的雙旁帶抑制載波調變的實驗中，我們使用含有下列規格的巴特渥斯低通數位濾波器：

濾波器階數 3

截止頻率 0.125 Hz

取樣頻率 10 Hz

請利用 MATLAB 指令 butter 來設計此濾波器。試繪製該濾波器的頻率響應，並證明其滿足上述實驗的規範值。◀

■ 8.13.5　等化作用 (EQUALIZATION)

在範例8.8中，我們曾考慮要設計一個FIR數位濾波器，以等化含有下述頻率響應的通道：

$$H_c(j\omega) = \frac{1}{1 + (j\omega/\pi)}$$

我們想要的等化器頻率響應為

$$H_d(j\omega) = \begin{cases} \left(1 + \dfrac{j\omega}{\pi}\right)e^{-jM\omega/2}, & -\pi < \omega \le \pi \\ 0, & \text{其他條件} \end{cases}$$

其中 $M+1$ 是等化器的長度。依照範例8.8提出的程序，我們注意到該等化器由兩個並聯的部份所組成：一個理想低通濾波器和一個微分器。假定一個漢明視窗的長度是 $M+1$，我們可以範例8.1與8.6用過的 MATLAB 指令為基礎。用來設計等化器，並且求解其頻率響應的一組指令如下：

```
>> clear;clc;
>> taps=13;
>> M=taps-1;
>> n=0:M;
>> f=n-M/2;
>> a=cos(pi*f)./f; %Integration by parts eq.8.59
>> b=sin(pi*f)./(pi*f.^2);
>> h=a-b; %Impulse resp. of window
>> k=isnan(h); h(k)=0; %Get rid of not a number

   %Response of Equalizer
>> hh=(hamming(taps)'.*h)/pi;
>> k=fftshift(ifft(ones(taps,1))).*hamming(taps);
>> [Heq,w]=freqz(hh+k',1,512,2*pi);

   %Response of Channel
>> den=sqrt(1+(w/pi).^2);
>> Hchan=1./den;

   %Response of Equalized Channel
>> Hcheq=Heq.*Hchan;

   %Plot
>> figure(1);clf
   hold on
   plot(w,abs(Heq),'b--')
   plot(w,abs(Hchan),'g-.')
   plot(w,abs(Hcheq),'r')
   hold off
   axis([0 3.5 0.7 1:4])
   legend('Equalizer','Channel','Equalized Channel')
```

8.14 總結 (Summary)

在本章中，我們討論了系統與訊號處理，兩種重要的建構方塊的設計步驟，這兩種建構方塊是線性濾波器與等化器。後來，利用 MATLAB 探討這些步驟。濾波器的目的是以訊號的頻率內容為基礎，將它們加以分離。至於等化器的作用則是為了當訊號透過分散通道傳輸時，補償傳輸所造成的線性失真。

頻率選擇類比濾波器可以利用電感與電容來實現。所得到的網路稱為被動濾波器，它們的設計是以連續時間的概念為基礎。除此之外，我們還可以利用基於連續時間觀念所設計的數位濾波器。數位濾波器有兩種：有限持續時間脈衝響應 (FIR) 以及無限持續時間脈衝響應 (IIR)。

FIR 數位濾波器的特性是有限的記憶空間與 BIBO 穩定性；可以將它們設計成具有線性相位響應的濾波器。IIR 數位濾波器記憶空間是無限長的；所以跟 FIR 濾波器相比，它們能以更短的濾波器長度來實現指定的振幅響應。

對於 FIR 數位濾波器的設計，我們可以使用視窗法，其中的視窗是用來提供介於過渡帶頻寬，與通帶/止帶漣波之間的一個折衷。對於 IIR 數位濾波器的設計，我們可以從一個適當的連續時間轉換函數開始 (例如，巴特渥斯或卻比雪夫函數)，並且接著應用雙線性轉換。這兩種數位濾波器可以直接利用電腦輔助的程序，從預定的規格來設計。在這裡，我們必須將演算法計算的複雜性，與更高效能的設計加以權衡。

最後轉到等化作用的議題，這個方法實際上最常使用在與 FIR 數位濾波器有關的問題。這裡的核心問題是為了求解濾波器係數，使得當等化器與所謂的通訊通道串聯時，這兩個裝置的組合近似於一個不失真的濾波器。

🔺 進階資料

1. 關於被動濾波器的合成，下列的著作是經典的教科書：
   ▶ Guillemin, E. A.著，《*Synthesis of Passive Networks*》，Wiley 公於 1957 年出版。
   ▶ Tuttle, D. F. Jr.著，《*Network Synthesis*》，Wiley 著於 1958 年出版。
   ▶ Weinberg, L.著，《*Network Analysis and Synthesis*》，McGraw-Hill 公司於 1962 年出版。

2. 漢明視窗與漢寧視窗 (也稱為 Hann 視窗)，分別以他們的創作者來命名：Richard W. Hamming 與 Julius von Hann。"漢寧"視窗的一詞是下列書籍所引介的

▶ Blackman, R. B., and J. W. Tukey 合著，《*The Measurement of Power Spectra*》，Dover Publications 公司於 1958 年出版。

針對 FIR 數位濾波器的設計，視窗法的討論並沒有提到*凱斯視窗 (Kaiser window)*，所以並不完整，該函數是以 James F. Kaiser 來命名的。這個視窗是透過一個可調參數 *a* 加以定義，這個參數控制主瓣寬度與旁瓣位準之間的取捨。當 *a* 趨近零時，凱斯視窗變成簡單的矩形視窗。針對凱斯視窗的簡潔說明，請參閱

▶ Kaiser, J. F.的論文 "Nonrecursive digital filter design using the -sinh window function"，《*Selected Papers in Digital Signal Processing, II*》，在 pp.123-126，這本選輯是 the Digital Signal Processing Committee, IEEE Acoustics, Speech, and Signal Processing Society 所編著，IEEE Press 於 1975 年出版。

3. 數位濾波器首次於下列的書籍中所描述：

▶ Gold, B.and C. M. Rader 合著，《*Digital Processing of Signals*》，McGraw-Hill 公司於 1969 年出版。

▶ Kuo, F.與 J. F. Kaiser 編輯《*System Analysis by Digital Computer*》，Wiley 於 1966 年出版。

4. 關於數位濾波器更深入的討論，請參閱下列的書籍：

▶ Antoniou, A.著，《*Digital Filters:Analysis, Design, and Applications*》，第二版 McGraw-Hill 於 1993 年出版。

▶ Mitra, S. K.著，《*Digital Signal Processing:A Computer-Based Approach*》，McGraw-Hill 公司於 1998 年出版。

▶ Oppenheim, A. V.，R. W. Schafer 與 J. R. Buck 合著，《*Discrete-Time Signal Processing*》，第二版，Prentice-Hall 公司於 1999 年出版。

▶ Parks, T. W.與 C. S. Burrus 著，《*Digital Filter Design*》，Wiley 公司於 1987 年出版。

▶ Rabiner, L. R., and B. Gold, *Theory and Application of Digital Signal Processing* (Prentice-Hall, 1975)

5. 關於利用數位濾波器技術處理語音的書籍，請參閱

▶ Rabiner, L. R.與 R. W. Schafer 合著，《*Digital Processing of Speech Signals*》，Prentice-Hall 公司於 1978 年出版。

▶ Deller, J.，J. G.Proakis 與 J. H. L. Hanson 合著，《*Discrete-Time Processing of Speech Signals*》，Prentice-Hall 於 1993 年出版。

6. 關於等化器的討論，請參閱下列經典書籍

► Lucky, R. W., J. Salz 與 E. J. Weldon, Jr.合著,《*Principles of Data Communication*》,McGraw-Hill 公司於 1968 年出版。

下列的書籍也有討論等化作用:

► Haykin, S.著,《*Communications Systems*》,第四版,Wiley 於 2001 年出版。

► Proakis, J. G.著,《*Digital Communications*》,第三版,McGraw-Hill 公司於 1995 年出版。

補充習題 *(ADDITIONAL PROBLEMS)*

8.16 低通通道傳輸了持續時間為 $1\mu s$ 的矩形脈波。請建議足夠小的通道截止頻率值,使得在濾波器的輸出端可辨識這個脈波。

8.17 推導(8.31)式與(8.32)式,定義 K 階巴特渥斯濾波器的通帶與止帶截止頻率。

8.18 考慮一個階數 $N=5$ 而且截止頻率 $\omega_c=1$ 的巴特渥斯低通濾波器。

(a) 試求 $H(s)H(-s)$ 的 $2K$ 個極點。

(b) 試求出 $H(s)$。

8.19 試證巴特渥斯低通濾波器會滿足下列性質:

(a) 當 K 為奇數時,轉換函數 $H(s)$ 在 $s=-\omega_c$ 處有一個極點。

(b) 當 K 為偶數時,轉換函數 $H(s)$ 的所有極點以共軛複數的形式出現。

8.20 考慮一個階數 $K=5$ 的巴特渥斯低通原型濾波器,其轉換函數的分母多項式定義如下

$$(s+1)(s^2+0.618s+1)(s^2+1.618s+1)$$

試求對應於截止頻率 $\omega_c=1$ 的高通濾波器轉換函數,並該濾波器的振幅響應。

8.21 再次考慮如習題 8.20 中所描述階數 $K=5$ 的低通原型濾波器。請將條件修改為濾波器的截止頻率是某一個任意值 ω_c。試求此濾波器的轉換函數。

8.22 對於範例 8.3 中所說明的低通轉換函數 $H(s)$,試求所對應含有中帶頻率 $\omega_c=1$ 且頻寬 $B=0.1$ 的帶通濾波器轉換函數。試繪製此濾波器的振幅響應。

8.23 圖 8.14 中所示的低通巴特渥斯濾波器由一個電流源所驅動。建構一個與圖 8.14 等效的濾波器,但卻是以電壓源驅動的低通架構。

8.24 設計低通巴特渥斯濾波器所需要的濾波器規格,以圖 8.14(a)與 8.14(b)中的原型架構為基礎。這些規範值如下所示:

截止頻率,$\omega_c=100\text{kHz}$;

負載電阻 $R_l=10\text{ k}\Omega$。

試求濾波器主動元件的必需值。

8.25 某 FIR 數位濾波器的轉換函數 $H(z)$ 在 $z=1$ 時為零。試求當這個需求滿足時,濾波器的脈衝響應 $h[n]$ 必須滿足的條件。

8.26 在 8.9 節中,我們提出了一個利用視窗方法來推導 FIR 數位濾波器的步驟。在這個問題中,我們想要以兩個步驟來進行,如下所示:

(a) 定義

$$h[n] = \begin{cases} h_d[n], & -M/2 \le n \le M/2 \\ 0, & \text{其他條件} \end{cases}$$

其中 $h_d[n]$ 是我們想要的脈衝響應，對應於含有零相位頻率響應。$h[n]$ 的相位響應也是零。

(b) 解出 $h[n]$ 之後，將它向右平移 $M/2$ 個樣本。第二個步驟造成濾波器滿足因果性。試證這個步驟與 8.9 節中所述的是等效的。

8.27 公式 (8.64) 與 (8.65) 與雙線性轉換有關

$$s = \frac{z-1}{z+1}$$

試問這些方程式如何修改爲下式？

$$s = \frac{2}{T_s}\left(\frac{z-1}{z+1}\right)$$

其中 T_s 爲取樣間隔。

8.28 在 1.10 節中，我們討論了一階遞迴離散時間濾波器，以下列轉換函數定義

$$H(z) = \frac{1}{1 + \rho z^{-1}}$$

其中係數 ρ 是正數，而且限制在 $0 < \rho < 1$ 之間。在目前的問題中，我們想要使用上述的濾波器，來設計一個等效於理想積分器與其近似值的離散時間濾波器。

(a) 對於 $\rho = 1$ 的受限情況，試繪製在 $-\pi < \omega \leq \pi$ 範圍上的濾波器頻率響應，且將它與理想積分器的頻率響應互相比較。尤其，當該遞迴離散時間濾波器與理想積分器的偏差不超過 1% 時，試求其所涵蓋的頻率範圍。

(b) 爲了確保該遞迴離散時間濾波器的穩定性，係數 ρ 必須小於 1。針對 $\rho = 0.99$ 的值重做 (a) 小題的計算。

8.29 圖 8.27 顯示 (8.71) 式數位 IIR 濾波器的串聯實現法。請詳細說明用來實現這個轉換函數的直接形式 II 操作法。

8.30 無線通訊環境的多路徑傳播通道，如 1.10 節中所討論的，包含從發射機到接收機的三條路徑：

▶ 直接的路徑。

▶ 通過小反射器所造成的非直接路徑，該反射器造成 $10\,\mu s$ 的微分延遲與 0.1 的訊號增益。

▶ 通過大反射物所造成的第二種非直接路徑，反射器造成 $15\,\mu s$ 的微分延遲與 0.2 的訊號增益。

微分延遲與衰減是相對於直接路徑所測量的。

(a) 請詳細說明接收訊號與發射訊號兩者關係的離散時間方程式，忽略接收訊號中雜訊的存在。

(b) 試求 IIR 等化器的架構，並且確認其係數。請問這個等化器是穩定的嗎？

(c) 假設等化器是以 FIR 濾波器的形式來執行的。試求這第二個等化器的係數，忽略所有小於 1% 的係數。

進階習題 (ADVANCED PROBLEMS)

8.31 假設對於已知訊號 $x(t)$ 而言，我們必須知道這個訊號在區間 T_0 中的積分值。這個積分是

$$y(t) = \int_{t-T_0}^{t} x(\tau)\,d\tau$$

(a) 試證，將 $x(t)$ 透過含有下列轉換函數的濾波器傳輸，即可以求出 $y(t)$。

$$H(j\omega) = T_0 \operatorname{sinc}(\omega T_0/2\pi)\exp(-j\omega T_0/2)$$

(b) 假設利用一個理想低通濾波器，步階函數在時間 $t=0$ 時輸入濾波器，試求濾波器在時間 $t=T_0$ 時的輸出。將這個結果與理想積分器的輸出互相比較。

[注意：$\text{Si}(\pi)=1.85$ 而且 $\text{Si}(\infty)=\pi/2$。]

8.32 將低通原型濾波器轉換成含有中帶回絕頻率 ω_0 的帶止濾波器。請建議一個適當的頻率轉換。

8.33 某 FIR 數位濾波器總共有 $M+1$ 個係數，其中 M 是一個偶整數。這個濾波器的脈衝響應相對於第 $(M/2)$ 個點是對稱的；亦即，

$$b[n] = b[M-n], \quad 0 \le n \le M$$

(a) 試求此濾波器的振幅響應。

(b) 試證此濾波器有一個線性相位響應。試證，在 $\Omega=0$ 與 $\Omega=\pi$ 兩者之中，頻率響應 $H(e^{j\Omega})$ 沒有任何的限制規定。這種濾波器屬於第 I 型的濾波器。

8.34 假設，在習題 8.33 中，FIR 數位濾波器的 $M+1$ 個係數，相對於第 $(M/2)$ 個點滿足反對稱的條件；亦即，

$$b[n] = -b[M-n], \quad 0 \le n \le \frac{M}{2}-1$$

在這個情況下，試證濾波器的頻率響應 $H(e^{j\Omega})$ 必須滿足 $H(e^{j0})=0$ 與 $H(e^{j\pi})=0$ 的條件。並證明該濾波器有一個線性相位響應。這種濾波器被歸類為第 III 型的濾波器。

8.35 在習題 8.33 與 8.34 中，濾波器的階數 M 是一個偶整數。在本題與下一題中，濾波器的階數 M 是一個奇整數。假設濾波器的脈衝響應 $b[n]$ 相對於非整數點 $n=M/2$ 是對稱的。令

$$b[k] = 2b[(M+1)/2-k]$$
$$k = 1, 2, \ldots, (M+1)/2$$

試利用 $b[k]$ 解出該濾波器的頻率響應 $H(e^{j\Omega})$。亦即，試證

(a) 此濾波器的相位響應是線性的。

(b) 除了 $H(e^{j\pi})=0$ 之外，$H(e^{j\Omega})$ 沒有任何其他的限制規定。

我們將這個習題中所考慮的濾波器歸類為第 II 型的濾波器。

8.36 承習題 8.35，考慮階數 M 為奇整數的 FIR 數位濾波器，假定該濾波器的脈衝響應 $b[n]$ 相對於非整數點 $n=M/2$ 為對稱的。令

$$c[k] = 2b[(M+1)/2-k]$$
$$k = 1, 2, \ldots, (M+1)/2$$

試以 $c[k]$ 解出該濾波器的頻率響應 $H(e^{j\Omega})$。亦即，試證：

(a) 這個濾波器的相位響應是線性的。

(b) 除了 $H(e^{j\pi})=0$ 之外，$H(e^{j\Omega})$ 沒有任何其他的限制規定。

這個習題中所考慮的濾波器歸類為第 IV 型的濾波器。

8.37 公式(8.59)定義 FIR 數位濾波器的脈衝響應 $b_d[n]$，該濾波器是用來當作含有矩形視窗的微分器。試證 $b_d[n]$ 是反對稱的；亦即，試證

$$b[n-M] = -b[n], \quad 0 \le n \le M/2-1$$

其中 M 是此濾波器的階數，假定是偶數。依照習題 8.34，是否可以解出這個特定微分器的頻率響應為何？對照如圖 8.21 中所示的振幅響應檢查您的答案。

8.38 數位 IIR 濾波器可能是不穩定的。像這樣的狀況何時會出現？假定採用雙線性轉換，所對應的類比轉換函數關於不穩定性的某些極點何處出現？

8.39 在第 8.10 節中，我們描述了關於設計 IIR 數位濾波器所採用的雙線性轉換方法。在這裡，採用其他方法來設計數位濾波器，稱為*脈衝不變性的方法 (method of impulse invariance)*。在這個將連續時間(類比)濾波器轉換到離散時間(數位)濾波器的步驟中，將離散時間濾波器的脈衝響應 $h[n]$，設定為連續時間濾波器脈衝響應 $h_a(t)$ 的等距取樣；亦即，

$$h[n] = T_s h_a(nT_s)$$

其中 T_s 為取樣間隔。將

$$H_a(s) = \sum_{k=1}^{N} \frac{A_k}{s - d_k}$$

記為連續時間濾波器的轉換函數。試證對應的離散時間濾波器轉換函數，可以利用下列脈衝不變性的方法推導出來

$$H(z) = \sum_{k=1}^{N} \frac{T_s A_k}{1 - e^{d_k T_s} z^{-1}}$$

8.40 針對用來處理連續時間 LTI 系統所產生的線性失真的等化器，方程式(8.73)定義了該等化器的頻率響應。請針對用來處理離散時間LTI系統所產生的線性失真的等化器，詳細說明對應關係。

8.41 如果已知一個選定－延遲－線性等化器，其頻率響應如公式(8.74)所指定。理論上，這個等化器可以輕易地使係數 $M+1$ 的值足夠大，以補償任何線性失真。當 M 變大時會有什麼不利的結果？請證明您的答案。

電腦實驗 (COMPUTER EXPERIMENTS)

8.42 設計一個總共含有 23 個係數的 FIR 數位低通濾波器。請利用漢明視窗來設計。當取樣間隔 $T_s = 15$，濾波器的截止頻率為 $\omega_c = \pi/3$。

　　(a) 試繪製此濾波器的脈衝響應。

　　(b) 試繪製此濾波器的振幅響應。

8.43 利用一個階數 $M = 100$ 的 FIR 數位濾波器來設計一個微分器。對於這個設計，試利用 (a) 矩形視窗以及 (b) 漢明視窗。針對每個情況，試繪製該濾波器的脈衝響應與振幅響應。

8.44 如果取得一份取樣頻率為 $2\pi \times 8000$ 弳/秒的資料序列。為了滿足下列的規格，處理這些資料序列需要一個低通數位 IIR 濾波器：

截止頻率 $\omega_c = 2\pi \times 800 \,\text{rad/s}$。

在 $2\pi \times 1200 \,\text{rad/s} = 15 \,\text{dB}$ 時衰減。

　　(a) 假設已知巴特渥斯響應，試求濾波器的階數 K 適合的值。

　　(b) 利用雙線性轉換，設計這個濾波器。

　　(c) 試繪製這個濾波器的振幅響應與相位響應。

8.45 設計一個含有巴特渥斯響應的高通數位 IIR 濾波器。此濾波器的規格如下所示：濾波器階數 $K = 5$、截止頻率 $\omega_c = 0.6$ 且取樣間隔 $T_s = 15$。

8.46 考慮一個通道，其頻率響應可以用二階巴
特渥斯響應來描述

$$H_c(j\omega) = \frac{1}{(1 + j\omega/\pi)^2}$$

設計一個含有 95 個係數的 FIR 濾波器，以
便於在頻帶 $-\pi < \omega \leq \pi$ 上將這個通道加
以等化。

9 線性回授系統的應用

9.1　簡介 (Introduction)

回授在工程上是一個具有深度的重要觀念。在功率放大器、運算放大器、數位濾波器，與控制系統的設計中，都需要用到回授，而且這些只是它的少數應用。在所有這些應用中，針對我們所關切特定用途的系統設計，都引進了回授：增進系統的線性行為，降低系統增益對於某些參數值變化的靈敏度，以及在系統運作時降低外部干擾的影響。然而，為了達到這些實際的利益，必須付出的代價是較複雜系統的行為。並且，回授系統可能會變得不穩定，除非在它的設計裡採取特別的預防措施。

　　藉著描述一些基本的回授觀念，我們在這一章開始線性回授系統的研究，回授的觀念提供了關於兩個重要應用的動機：運算放大器與回授控制系統，稍後將依序討論。下一個主題是穩定性問題，這個主題在回授系統的研究中扮演重要的角色。我們採取兩種方法，一個是基於回授系統極點的位置，而另一個則基於系統的頻率響應。另一個重要的主題，涵蓋至本章最後，是關於取樣資料系統，該系統是一個利用電腦控制的回授控制系統。資料取樣的研究不論在工程背景裡，或是理論背景裡都是很重要的。它在同一塊傘型結構下結合了 z 轉換與拉普拉斯轉換的應用。

9.2　回授是什麼？ (What Is Feedback?)

我們定義回授為將系統輸出訊號的一部份重新送回系統輸入，因而形成一個與系統周圍的眾多訊號之間相關的迴路。然而，我們認為在一個系統中，回授的存在與否較取決於觀點更甚於物理實體。這個簡單但又深奧的陳述已經在較前面的 1.10 節中，透過針對遞迴離散時間濾波器的專題說明過了。

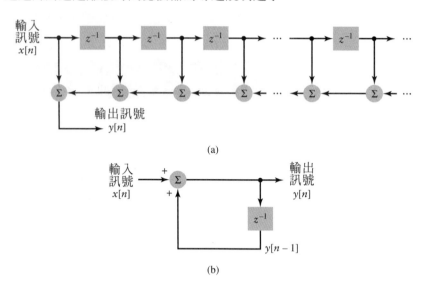

(a)

(b)

圖 9.1　用以實現累加器的兩種不同架構。(a) 無限多階的前饋結構。(b) 一階遞迴結構。

為了明確說明，考慮一個*累加器 (accumulator)*，它的功能是將離散時間輸入訊號的過去值，即，$x[n-1]$，$x[n-2]$，...，與目前的輸入值 $x[n]$ 通通加起來，以產生輸出訊號。

$$y[n] = \sum_{k=0}^{\infty} x[n-k]$$

根據這個輸入輸出的描述，累加器可以利用一個無限多階的前饋 (feed-forward) 系統來實現，如圖 9.1(a) 中所示。顯然，在這樣的實現中並*沒有*回授。

　　回想第一章中，累加器也可以利用一階遞迴離散時間濾波器來執行，如圖 9.1(b) 中所示。在累加器的第二個實現方法裡，我們很清楚地看到回授的存在，在該實現方法中我們有一個由兩個部分所構成的回授迴路。

　▶ 一個*記憶單元 (memory unit)*，以 z^{-1} 來表示，作用於目前的輸出 $y[n]$，以提供過去的輸出 $y[n-1]$。

　▶ 一個*加法器 (addet)* 將過去 (延遲) 的輸出 $y[n-1]$ 加到目前的輸入 $x[n]$ 而得到 $y[n]$。

圖 9.1 的兩個結構提供實現累加器兩種完全不同的方法。然而，就輸出-輸入的行為而言，它們彼此之間是完全相同而難以區別的。尤其在無限長持續時間中，它們兩者都有完全相同的脈衝響應。可是，一個結構沒有回授，而另一個是回授系統的一個簡單範例。

為了更近一步地說明回授取決於觀點這樣的事實，考慮圖 9.2(a)裡的簡單並聯 RC 電路。在物理專業術語中，我們通常不把這個電路看作是一個回授系統的例子。但是它的數學公式，以行經電容 C 的電流 $i_1(t)$ 來表示，如下列方程式 (請見習題 1.92)

$$i_1(t) = i(t) - \frac{1}{RC} \int_{-\infty}^{t} i_1(\tau)\, d\tau$$

清楚地顯示回授迴路的存在，如圖 9.2(b)的描述。

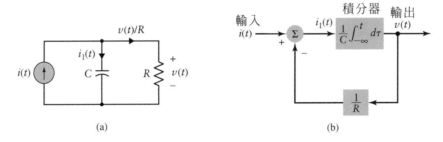

(a)   (b)

圖 9.2　(a)以電流源 $i(t)$ 驅動的簡單並聯 RC 電路。(b) RC 電路的方塊圖，以兩個變數來列式：經過電容 C 的電流 $i_1(t)$ 以及跨越電容 C 的電壓 $\nu(t)$。這個圖很清楚地顯示回授迴路的存在，雖然在 RC 電路的本身並沒有任何回授的實體跡象。

這裡所提出圖 9.1 的累加器，與圖 9.2 的並聯 RC 電路，僅僅說明回授的確是取決於觀點的事情，端看系統的輸入-輸出行為是如何被列式。

在本章中，我們所感興趣的是研究 LTI 系統，由於它們的設計構想其系統方塊圖，顯示回授迴路—因此稱這些系統為*線性回授系統 (linear feedback systems)*。如圖 9.1(b)所示以遞迴形式來實施的累加器是這類系統中的一個範例。

研究回授系統的動機是雙重的：

　　1. 直接從回授的應用來達成實質的重要的工程利益。

　　2. 對於穩定性問題的了解能確保回授系統在所有運作條件下都是穩定的。

本章後續的部分將專注於上述兩個重要的問題。對於基本回授觀念的討論將從連續時間的觀點開始，並制定關於一般線性回授系統研究的架構。

9.3　基本回授觀念 (Basic Feedback Concepts)

圖 9.3(a)顯示一個回授系統最簡單形式的方塊圖。這個系統以三個相互連結的部分所組成，形成單一回授迴路：

　　▶ *設備 (plant)*，作用於*誤差訊號 (error signal)* $e(t)$ 以產生輸出訊號 $y(t)$；

　　▶ *感測器 (sensor)*，測量輸出訊號 $y(t)$ 以產生*回授訊號 (feedback signal)* $r(t)$；

▶ *比較器 (comparator)*，計算外部輸入 (參考) 訊號 $x(t)$ 與回授訊號 $r(t)$ 的差值，以產生誤差訊號

$$e(t) = x(t) - r(t) \tag{9.1}$$

在這裡所使用的術語與控制系統更加地接近，但是可以很容易地修改以用來處理回授放大器。

接下來，我們假設圖 9.3(a)中的設備動態與感測器動態皆模擬成LTI系統。已知兩個系統的時域描述，我們可以接著建立輸出訊號 $y(t)$ 與輸入訊號 $x(t)$ 的關係。然而，我們發現利用拉普拉斯轉換來計算並發展 s-域中的公式是更加方便的，如圖 9.3(b)所示。令 $X(s)$、$Y(s)$、$R(s)$，與 $E(s)$ 分別表示 $x(t)$、$y(t)$、$r(t)$，與 $e(t)$ 的拉普拉斯轉換。因此我們可以將(9.1)式改寫成下列等價的形式

$$E(s) = X(s) - R(s) \tag{9.2}$$

令 $G(s)$ 表示為設備的轉換函數，而 $H(s)$ 表示感測器的轉換函數。則依照定義，我們可以寫成

$$G(s) = \frac{Y(s)}{E(s)} \tag{9.3}$$

而且

$$H(s) = \frac{R(s)}{Y(s)} \tag{9.4}$$

在 (9.2) 式中，利用(9.3)式消除 $E(s)$，並利用(9.4)式消除 $R(s)$，我們得到

$$\frac{Y(s)}{G(s)} = X(s) - H(s)Y(s)$$

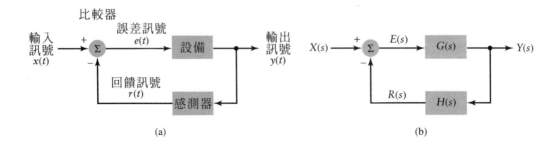

圖 9.3　表示單一迴路回授系統的方塊圖：(a) 時域的表示，與(b) s 域的表示。

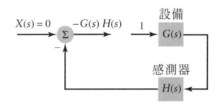

圖 9.4　關於測量回傳差值 $F(s)$ 方案的 s 域表示，其定義為輸入設備的單位訊號與返回的訊號 $-G(s)H(s)$ 兩者之間的差值。

合併同類項並解出 $Y(s)/X(s)$，我們發現圖 9.4 中回授系統的*閉迴路轉換函數 (closed-loop transfer function)* 是

$$T(s) = \frac{Y(s)}{X(s)}$$
$$= \frac{G(s)}{1 + G(s)H(s)} \tag{9.5}$$

在這裡使用「閉迴路」是爲了強調有一個封閉訊號傳輸迴路環繞的事實，而該訊號可能在系統中流動。

而在(9.5)式分母中的量 $1 + G(s)H(s)$ 提供關於在 $G(s)$ 周圍回授作用的量測。對於此量的物理詮釋，檢驗圖 9.4 的組態，於其中我們相對於圖 9.3(b)的回授系統做了兩項改變：

▶ 輸入訊號 $x(t)$ 降爲零，且因此 $X(s)$ 亦降爲零。

▶ 環繞 $G(s)$ 的回授迴路是開迴路。

假設我們將一個含有單位拉普拉斯轉換的測試訊號輸入到 $G(s)$ (即，設備)，如圖所示。則傳回到迴路另一個開端的訊號爲 $-G(s)H(s)$。單位測試訊號與回傳訊號之間的差值等於 $1 + G(s)H(s)$，該量稱爲*回傳差值 (return difference)*。將此量記爲 $F(s)$，我們可以因此寫成

$$F(s) = 1 + G(s)H(s) \tag{9.6}$$

而 $G(s)H(s)$ 此相乘項稱爲此系統的*迴路轉換函數 (loop transfer function)*。那只是將設備與感測器的轉換函數以串聯的方式連結，如圖 9.5 中所示。這個組態與圖 9.4 中的組態相同，只是把比較器移除而已。將此迴路轉換函數記作 $L(s)$，我們可以因此寫成

$$L(s) = G(s)H(s) \tag{9.7}$$

而因此藉著下式建立回傳差值 $F(s)$ 與 $L(s)$ 之間的關係

$$F(s) = 1 + L(s) \tag{9.8}$$

日後，當提及迴路轉換函數時，我們交互使用 $G(s)H(s)$ 與 $F(s)$。

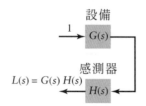

圖 9.5 關於測量迴路轉換函數 $L(s)$ 方案的 s-域表示。

■ 9.3.1 負回授與正回授 (NEGATIVE AND POSITIVE FEEDBACK)

關於設備 G 與感測器與 H 的頻率運作範圍，G 與 H 在本質上視為不受複數頻率 s 影響。在這樣的情況中，圖 9.3(a)中的回授稱為*負的 (negative)*。如果以加法器取代比較器，這個回授稱為*正的 (positive)*。

然而這些術語，負的和正的，是有限制的值。我們這樣說是因為，在一般如圖 9.3 (b)所描述的設定環境中，迴路轉換函數 $G(s)H(s)$ 取決於複數頻率 s。對於 $s = j\omega$，我們發現 $G(j\omega)H(j\omega)$ 有一個會隨著頻率 ω 而變化的相位。當 $G(j\omega)H(j\omega)$ 的相位為零，圖 9.3 (b)中的條件相當於負回授。當 $G(j\omega)H(j\omega)$ 的相位為 180°，相同的組態行為像一個正回授的系統。則，對於圖 9.3 (b)的單一迴路回授系統，關於回授交替為負的和正的有不同的頻帶存在。因此在使用*負回授 (negative feedback)* 與*正回授 (positive feedback)* 的術語時必須要注意。

▎9.4 靈敏度分析 (Sensitivity Analysis)

使用回授的主要動機是為了降低圖 9.3 中系統閉迴路轉換函數隨設備轉換函數而改變的靈敏度。為了討論的方便，我們忽略(9.5)中與複數頻率 s 的相依性，且視 G 與 H 為「固定的」參數。我們可以因此寫成

$$T = \frac{G}{1 + GH} \tag{9.9}$$

在(9.9)式中，我們將 G 視為設備的增益 (gain)，並且將 T 視為回授系統的*閉迴路增益 (closed-loop gain)*。

假設現在將增益 G 改變一個微小變量 ΔG。則，將(9.9)式對 G 做微分，我們發現於 T 中對應的變化為

$$\Delta T = \frac{\partial T}{\partial G} \Delta G$$

$$= \frac{1}{(1 + GH)^2} \Delta G \qquad (9.10)$$

T 相對應於 G 的改變的*靈敏度 (sensitivity)* 正式定義如下

$$\boxed{S_G^T = \frac{\Delta T/T}{\Delta G/G}} \qquad (9.11)$$

總之，T 相對應於 G 的靈敏度為 T 的百分比變化量除以 G 的百分比變化量。將(9.5)式與(9.10)式代入(9.11)式中得到

$$S_G^T = \frac{1}{1 + GH}$$

$$= \frac{1}{F} \qquad (9.12)$$

上式顯示 T 相對應於 G 的靈敏度等於回傳差值 F 的倒數。

藉著分屬於設備與感測器的參數 G 與 H 所表示的兩個自由度，回授的使用允許系統設計者同時實現關於閉迴路增益 T 與靈敏度 S_G^T 的指定值。這可分別利用(9.9)式與(9.12)式來達成。

▶ **習題 9.1** 為了使靈敏度 S_G^T 小於 1，迴路增益 GH 必須大於 1。在此條件下，閉迴路增益 T 與靈敏度 S_G^T 的近似值為何？

答案 $\quad T \simeq \dfrac{1}{H} \quad$ 和 $\quad S_G^T \simeq \dfrac{1}{GH}$ ◀

範例 9.1

回授放大器 考慮一個單一迴路回授放大器，其方塊圖如圖 9.6 所示。此系統只由一個線性放大器，與一個正電阻所構成的回授網路所組成。放大器的增益為 A，而回授網路回授一個輸出訊號的可控部分 β 到輸入。假設其增益 $A = 100$。

(a) 試求使閉迴路增為 $T = 10$ 的 β 值。

(b) 假設增益 A 與原先相差 10%。則閉迴路增益 T 相對應的百分比變化量為何？

解答 (a) 關於手邊的問題，設備與感測器分別以放大器與回授網路來表示。因此我們可以令 $G = A$ 與 $H = \beta$，並改寫(9.9)式如下

$$T = \frac{A}{1 + \beta A}$$

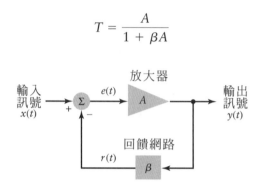

圖 9.6　單一迴路回授放大器的方塊圖。

解出 β，我們得到

$$\beta = \frac{1}{A}\left(\frac{A}{T} - 1\right)$$

由於 $A = 1000$ 且 $T = 10$，我們得到

$$\beta = \frac{1}{1000}\left(\frac{1000}{10} - 1\right) = 0.099$$

(b) 由(9.12)式可知，閉迴路增益 T 相對於 A 的靈敏度為

$$S_A^T = \frac{1}{1 + \beta A}$$

$$= \frac{1}{1 + 0.099 \times 1000} = \frac{1}{100}$$

因此，A 的改變量 10%，於 T 中所對應的改變為

$$\Delta T = S_A^T \frac{\Delta A}{A}$$

$$= \frac{1}{100} \times 10\% = 0.1\%$$

上式指出，對於這個範例，圖 9.6 的回授放大器相對於內部放大器增益 A 中的變化較不敏感。

9.5　回授對於干擾或雜訊的影響 (Effect of Feedback on Disturbance or Noise)

回授的使用在系統的效能上有另一個有利的影響：回授降低了回授迴路內部所產生干擾或雜訊的影響。為了解釋這機制如何運作，考慮如圖 9.7 所描述的單一迴路回授

系統。這個系統與圖 9.3 的基本組態有兩個方面不同：G 與 H 視爲固定參數，而此系統包括記爲 ν 的迴路內部干擾訊號。由於此系統爲線性的，我們可以利用疊加原理，計算外部提供的輸入訊號 x 與干擾訊號 ν 的效應，並且將這些結果相加：

1. 我們設定此干擾訊號 ν 爲零。則以訊號 x 爲輸入的系統閉迴路增益等於 $G/(1+GH)$。因此，由 x 單獨作用的輸出訊號結果爲

$$y\big|_{\nu=0} = \frac{G}{1+GH}x$$

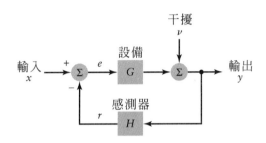

圖 9.7　包含迴路內部干擾的單一迴路回授系統方塊圖。

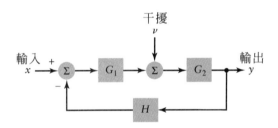

圖 9.8　習題 9.2 的回授系統。

2. 我們設定輸入訊號 x 等於零。則，由於干擾 ν 扮演唯一作用於系統的外部訊號，屬於系統的閉迴路增益爲 $1/(1+GH)$。相對地，如此產生出來的系統輸出如下

$$y\big|_{x=0} = \frac{1}{1+GH}\nu$$

將這兩個貢獻加起來，我們得到了 x 與 ν 聯合作用所造成的輸出：

$$y = \frac{G}{1+GH}x + \frac{1}{1+GH}\nu \tag{9.13}$$

這裡，第一項代表所要的輸出，而第二項代表不要的輸出。(9.13)式清楚地顯示著，使用圖 9.7 的回授具有降低干擾 ν 的效果，使其降低爲原來的 $1+GH$ (即，回傳差值 F)分之一。

➤ **習題 9.2**   考慮圖 9.8 的系統組態。試求干擾訊號 ν 單獨作用所產生的影響。

答案 $$y\big|_{x=0} = \frac{G_2}{1 + G_1 G_2 H}\nu$$ ◀

9.6   失真分析 (Distortion Analysis)

每當我們將系統驅動在它的線性運作範圍之外,非線性性質就會於實體系統中出現。我們可以利用系統的回授,以增進其線性性質。為了研究這個重要的影響,我們可以選用兩種方法的其中一種來著手進行:

▶ 將該系統的輸出表示為輸入的非線性函數,而且將純正弦波作為輸入訊號。

▶ 將系統的輸入表示為輸出的非線性函數。

後者的方法乍看之下可能會覺得很奇怪;然而,它在公式化的描述中更為一般,並且對於回授如何影響一個系統的非線性行為,在直覺上提供一個更符合直觀的描述。所以我們之後都以這種方法來進行。

接下來考慮一個回授系統,其中取決於系統輸出 y 的誤差 e 如下式所示

$$e = a_1 y + a_2 y^2 \tag{9.14}$$

其中 a_1 與 a_2 是常數。線性項 $a_1 y$ 表示我們希望設備具有的行為,而拋物線項 $a_2 y^2$ 引起相對於線性性質的偏差。令參數 H 代表設備輸出 y 回授到輸入的部分。將 x 記做施於回授系統的輸入,因此我們可以寫成

$$e = x - Hy \tag{9.15}$$

消除介於(9.14)式與(9.15)式之間的 e,並重新整理各個項,我們得到

$$x = (a_1 + H)y + a_2 y^2$$

將 x 對 y 微分得到

$$\begin{aligned}
\frac{dx}{dy} &= a_1 + H + 2a_2 y \\
&= (a_1 + H)\left(1 + \frac{2a_2}{a_1 + H}y\right)
\end{aligned} \tag{9.16}$$

上式於回授存在時成立。

當缺乏回授時,該設備單獨地運作,如下所示

$$x = a_1 y + a_2 y^2 \tag{9.17}$$

上式是(9.14)式利用輸入 x 來取代誤差 e 的改寫。將(9.17)式對 y 做微分可得

$$\frac{dx}{dy} = a_1 + 2a_2 y$$

$$= a_1 \left(1 + \frac{2a_2}{a_1} y \right)$$

(9.18)

(9.16)式與(9.18)式中的導數已利用個別的線性項作了*正規化 (normalized)*，這是為了讓它們之間有公平的比較。當回授存在時，(9.16)式中的 $2a_2 y(a_1 + H)$ 項提供在設備輸入輸出的關係中，拋物線項 $a_2 y^2$ 所造成 失真*(distortion)* 的一種測量。當缺乏回授時所對應的失真以(9.18)式中的 $2a_2 y/a_1$ 項來表示。因此，回授的應用已經藉著下列因子來降低由於設備相對於線性的偏移所造成的失真

$$D = \frac{2a_2 y/(a_1 + H)}{2a_2 y/a_1} = \frac{a_1}{a_1 + H}$$

由(9.17)式可知，我們很容易地看到係數 a_1 為設備增益 G 的倒數。因此，我們可以將前述的結果改寫如下

$$\boxed{D = \frac{1/G}{(1/G) + H} = \frac{1}{1 + GH} = \frac{1}{F}}$$

(9.19)

上式顯示該失真藉著一個等於回傳差值 F 的因子而被降低。

➤ **習題 9.3** 假設(9.14)式中以輸出 y 來定義誤差 e，的非線性關係，展開為包含一個三次項，亦即，

$$e = a_1 y + a_2 y^2 + a_3 y^3$$

試證回授的應用也藉著一個等於回傳差值 F 的因子來降低由於此三次方項所造成失真的影響。 ◀

9.7　回授的摘要評註 (Summarizing Remarks on Feedback)

9.7.1　回授的利益 (BENEFITS OF FEEDBACK)

從第 9.4 節到第 9.6 節的分析，我們現在知道回傳差值 F 在回授系統的研究中扮演一個核心的角色，分為三個重要方面：

1. 靈敏度的控制。
2. 對於內部干擾所造成影響的控制。
3. 在非線性系統中失真的控制。

關於第一點，將回授應用於設備，可降低回授系統閉迴路增益對於設備中參數變化的靈敏度，降低因子等於 F。而關於第二點，干擾從回授系統迴路中的某一點到系

統閉迴路輸出的傳輸也可透過一個等於 F 的因子而被降低。最後，至於第 3 點，設備中非線性效應所造成的失真同樣可藉著一個等於 F 的因子而被降低。由於回授的應用，整個系統效能的這些改善具有無限廣大的工程重要性。

■ 9.7.2　回授的成本 (COST OF FEEDBACK)

當然，將回授應用於控制系統所得到的利益必定有其伴隨的成本：

▶ *增大的複雜度 (Increased complexity)* 回授應用於一個控制系統需要額外增加新的部件。因此，會增加系統複雜度的成本。

▶ *降低的增益 (Reduced gain)* 當缺乏回授時，設備的轉換函數為 $G(s)$。當回授應用於設備，此系統的轉換函數修改為 $G(s)/F(s)$，其中 $F(s)$ 是回傳差值。由於，只有當 $F(s)$ 大於 1 時，回授的利益才能實現，所以回授的應用會造成增益降低。

▶ *可能的不穩定性 (Possible instability)* 通常，一個開迴路系統 (即，設備單獨地運作) 是穩定的。然而，當回授應用於系統，閉迴路系統的確會有變得不穩定的可能性。為了防止這種可能，在回授控制系統的設計中我們必須採取事前的預防措施。

一般來說，回授的優點遠大於其缺點。所以說明在設計控制系統中所增大的複雜度，並對於穩定性問題給予特別的關注是必須要的。從第 9.11 節到第 9.16 節，我們的注意力會放在穩定性的問題上。

9.8　運算放大器 (Operational Amplifiers)

回授的一個重要應用在於運算放大器。針對含有規定的極點與零點的轉換函數，*運算放大器 (operational amplifier)*，或通常簡稱為 *op amp*，是以一個相當直接的方法，作為實現該轉換函數的基礎。通常，一個 op 放大器有兩個輸入端，其中一個輸入端反向而另一個非反向，以及一個輸出端。圖 9.9(a)表示一個運算放大器慣用的符號；這個符號只包含主要的訊號端。

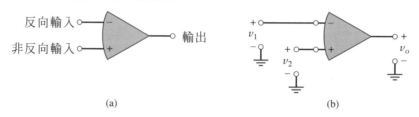

(a)   (b)

圖 9.9　(a) 對於運算放大器的慣用符號。(b)帶有輸入與輸出電壓的運算放大器。

運算放大器的*理想模型*包含四個假設 (關於輸入與輸出訊號，請參閱圖 9.9(b))：

1. op 放大器充當一個電壓受控制的電壓源，以下列輸入輸出關係式描述

$$v_o = A(v_2 - v_1) \tag{9.20}$$

其中 v_1 與 v_2 分別是施加於反向及非反向輸入端的訊號，而 v_o 為輸出訊號。所有這些訊號的單位都是伏特 (volts)。

2. 開迴路的電壓增益 A 有一個固定而且比 1 大很多的值，這表示，對於有限輸出訊號 v_o，我們必須使 $v_1 \simeq v_2$。這個性質稱為*虛擬接地 (virtual ground)*。

3. 兩個輸入端之間的阻抗是無限大，任一輸入端與接地的阻抗也是無限大，這表示輸入端的電流為零。

4. 輸出阻抗為零。

一般來說，運算放大器並不使用於開迴路方式。它反而通常用來當作回授電路的放大器元件，其中，該回授控制了電路的閉迴路轉換函數。圖 9.10 顯示一個這樣的電路，其中運算放大器的非反向輸入端是接地的，而且阻抗 $Z_1(s)$ 與 $Z_2(s)$ 分別代表電路的輸入元件與回授元件。令 $V_{in}(s)$ 與 $V_{out}(s)$ 分別記作輸入與輸出電壓訊號的拉普拉斯轉換。於是，利用描述運算放大器的理想模型，我們可以用對應的方法來建構圖 9.10 的回授電路，如圖 9.11 中所示。利用理想運算放大器的第二和第三個性質，可以推導得到這個條件：

$$\frac{V_{in}(s)}{Z_1(s)} \simeq -\frac{V_{out}(s)}{Z_2(s)}$$

因此，圖 9.10 回授電路的閉迴路轉換函數如下所示

$$\boxed{\begin{aligned} T(s) &= \frac{V_{out}(s)}{V_{in}(s)} \\ &\simeq -\frac{Z_2(s)}{Z_1(s)} \end{aligned}} \tag{9.21}$$

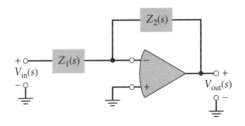

圖 9.10　內建單一迴路回授電路的運算放大器。

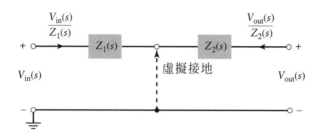

圖 9.11　關於圖 9.10 中回授電路的理想模型。

我們不需要依靠 9.3 節所討論的回授定理來推導這個結果。既然如此,我們如何按照 (9.5)式的一般回授方程式來解釋這個結果?為了回答這個問題,我們必須知道,在圖 9.10 的運算放大器線路中,回授如何顯露它自己。回授元件 $Z_2(s)$ 是以並聯的方式,同時與放大器的輸入端及輸出端連結。因此,這建議了利用電流作為表示輸入訊號 $x(t)$ 與回授訊號 $r(t)$ 的基礎。於圖 9.10 系統中回授的應用有個作用,使得從運算放大器看進去的輸入阻抗的量測小於 $Z_1(s)$ 與 $Z_2(s)$ 兩者,儘管該輸入阻抗為某有限值。令 $Z_{in}(s)$ 表示輸入阻抗。我們因此可以使用電流訊號,分別以電壓訊號 $v_{in}(t)$ 與 $v_{out}(t)$ 的拉普拉斯轉換,來表示電流訊號 $x(t)$ 與 $r(t)$ 的拉普拉斯轉換:

$$X(s) = \frac{V_{in}(s)}{Z_1(s)} \; ; \tag{9.22}$$

$$R(s) = -\frac{V_{out}(s)}{Z_2(s)} \tag{9.23}$$

誤差訊號 $e(t)$,定義為 $x(t)$ 與 $r(t)$ 之間的差值,跨接在運算放大器的輸入端以產生等於 $v_{out}(t)$ 的輸出電壓。對於 $e(t)$,由拉普拉斯轉換 $E(s)$ 所表示,視為一個電流訊號,我們可以訴諸於下列的考量:

▶ 歐姆定律的推廣,跨接在運算放大器輸入端所產生的電壓是 $Z_{in}(s)E(s)$,其中 $Z_{in}(s)$ 為輸入阻抗。

▶ 電壓增益等於 $-A$。

我們因此可以將跨在運算放大器輸出端的電壓 $y(t)$,的拉普拉斯轉換表示如下

$$\begin{aligned} Y(s) &= V_{out}(s) \\ &= -AZ_{in}(s)E(s) \end{aligned} \tag{9.24}$$

由定義可知 (參閱(9.3)式),運算放大器的轉換函數 (視為設備) 為

$$G(s) = \frac{Y(s)}{E(s)}$$

針對我們正在處理的問題，從(9.24)式可以得到

$$G(s) = -AZ_{\text{in}}(s) \tag{9.25}$$

從(9.4)式的定義，別忘了回授路徑的轉換函數為

$$H(s) = \frac{R(s)}{Y(s)}$$

由於 $v_{\text{out}}(t) = Y(t)$，所以由(9.23)式可推得

$$H(s) = -\frac{1}{Z_2(s)} \tag{9.26}$$

利用(9.22)式與(9.24)式，我們現在可以將重新描述 9.10 的回授電路，如圖 9.12 所述，其中 $G(s)$ 與 $H(s)$ 分別由(9.25)式與(9.26)式所定義。圖 9.12 是由與圖 9.3(b)的基本回授系統的相同方法所組成。

從圖 9.12，我們很容易地發現

$$\begin{aligned}
\frac{Y(s)}{X(s)} &= \frac{G(s)}{1 + G(s)H(s)} \\
&= \frac{-AZ_{\text{in}}(s)}{1 + \dfrac{AZ_{\text{in}}(s)}{Z_2(s)}}
\end{aligned}$$

按照(9.22)式與(9.24)式的第一行，我們可以將此結果重寫成等價的形式

$$\frac{V_{\text{out}}(s)}{V_{\text{in}}(s)} = \frac{-AZ_{\text{in}}(s)}{Z_1(s)\left[1 + \dfrac{AZ_{\text{in}}(s)}{Z_2(s)} \right]} \tag{9.27}$$

因此，對於一個運算放大器，增益 A 比 1 要大很多，我們可以近似(9.27)式如下

$$\frac{V_{\text{out}}(s)}{V_{\text{in}}(s)} \simeq -\frac{Z_2(s)}{Z_1(s)}$$

上式即為我們先前所推導的結果。

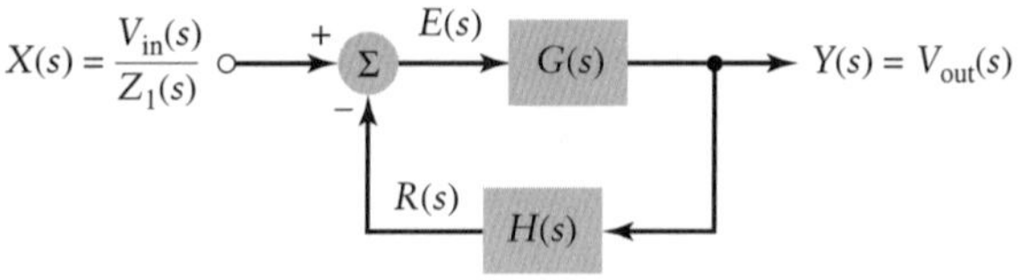

圖 9.12　將圖 9.10 的回授電路重新描述，使其相當於圖 9.3(b)的基本回授系統。

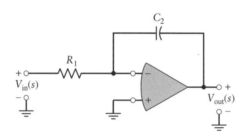

圖 9.13　運算放大器的電路用來當作範例 9.2 中的一個積分器。

範例 9.2

積分器　在第 1.10 節中，我們討論過利用簡單 RC 電路來近似理想積分器。在這個範例中，我們運用運算放大器，以一種有效的方法來增進積分器的實現。爲了更明確，考慮圖 9.13 的運算放大器電路，其中輸入元件爲電阻 R_1 而回授元件爲電容 C_2。試證此電路的運作可視爲一個積分器。

解答　阻抗爲

$$Z_1(s) = R_1$$

以及

$$Z_2(s) = \frac{1}{sC_2}$$

因此，將這些值代入(9.21)式中，我們得到

$$T(s) \simeq -\frac{1}{sC_2 R_1}$$

上式說明圖 9.13 的閉迴路轉換函數在原點處有一個極點。由於除以複變數 s 相當於在時域中做積分，我們推論此電路對輸入訊號作積分。

▶ **習題 9.4**　圖 9.13 中積分器的電路元件有值 $R_1 = 100\,\mathrm{k\Omega}$ 與 $C_2 = 1.0\,\mu\mathrm{F}$。輸出電壓的初始值爲 $v_\mathrm{out}(0)$。試求當時間 t 變化時的輸出電壓 $v_\mathrm{out}(t)$。

答案　$v_\mathrm{out}(t) \simeq -\displaystyle\int_0^t 10 v_\mathrm{in}(\tau)\,d\tau + v_\mathrm{out}(0)$，其中時間 $t > 0$，而且以秒爲量測單位。　◀

範例 9.3

另一種含有 RC 元件的運算放大器電路 考慮圖 9.14 的運算放大器電路。
試求此電路的閉迴路轉換函數。

解答 輸入元件為電阻 R_1 與電容 C_1 的並聯組合；因此，

$$Z_1(s) = \frac{R_1}{1 + sC_1R_1}$$

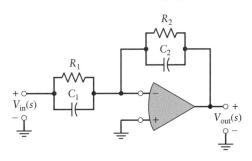

圖 9.14 範例 9.3 的運算放大器電路。

回授元件為電阻 R_2 與電容 C_2 的並聯組合；因此，

$$Z_2(s) = \frac{R_2}{1 + sC_2R_2}$$

將上面兩式代入(9.21)式中以得到閉迴路轉換函數

$$T(s) \simeq -\frac{R_2}{R_1}\frac{1 + sC_1R_1}{1 + sC_2R_2}$$

上式在 $s = -1/C_1R_1$ 處有一個零點而在 $s = -1/C_2R_2$ 處有一個極點。

➤ **習題 9.5 微分器** 圖 9.14 的運算放大器電路包含一個微分器作為一個特殊的
實例。

(a) 請問如何實現這個微分器？

(b) 此微分器如何以有別於 1.10 節所討論近似 RC 微分器的方法來實現？

答案 (a) $R_1 = \infty$ 而且 $C_2 = 0$

(b) $T(s) \simeq -sC_1R_2$，除了負號以外，這代表一個遠比被動高通 RC 電路要更精
確的微分器。

■ 9.8.1 主動濾波器 (ACTIVE FILTERS)

在第八章中，我們討論了設計被動濾波器與數位濾波器的的步驟。我們也可以利用運
算放大器來設計濾波器；以這種方法所合成的濾波器被稱為*主動濾波器 (active filters)*。

　　尤其，串聯數個如圖 9.14 所示不同版本的不同版本的基本電路，可以合成一個含有任意實數極點與任意實數零點的全系統轉換函數。的確，利用圖 9.10 中比較複雜的阻抗形式 $Z_1(s)$ 與 $Z_2(s)$，我們能夠實現含有任意複數極點與零點的轉換函數。

　　與被動 LC 濾波器比較，主動濾波器的優點是不需使用電感。與數位濾波器相比，主動濾波器的優點是連續時間運作且降低複雜度。然而，主動濾波器缺乏如數位濾波器所擁有的計算能力與彈性。

9.9　控制系統 (Control Systems)

考慮一個可控制的設備。在此設施中的控制系統功能是為了精確地控制該設備，使得設備的輸出仍然保持接近目標 (欲求) 的響應。這可以透過設備輸入的適當修改而達成。我們可以分辨控制系統的兩種基本形式：

▶ *開迴路控制 (open-loop control)*，其中，直接從目標響應推導而得到設備輸入的修改；

▶ *閉迴路控制 (closed-loop control)*，其中，在設備周圍使用了回授。

無論何種形式，目標響應作為此控制系統的輸入。讓我們以下列順序檢查控制系統的這兩種型態。

9.9.1　開迴路控制 (OPEN-LOOP CONTROL)

圖 9.15(a) 顯示一個開迴路控制系統的方塊圖。此設備的動態可以用轉換函數 $G(s)$ 來表示。轉換函數 $H(s)$ 所表示的控制器作用在目標響應 $y_d(t)$，產生欲求的控制訊號 $c(t)$。我們將干擾 $\nu(t)$ 包括在內，以說明設備輸出中所產生的雜訊與失真。圖 9.15 (b) 中所示的組態將誤差 $e(t)$ 描述為系統目標響應 $y_d(t)$ 與實際輸出 $y(t)$ 的差值；亦即，

$$e(t) = y_d(t) - y(t) \tag{9.28}$$

令 $Y_d(s)$、$Y(s)$，與 $E(s)$ 分別表示 $y_d(t)$、$y(t)$，與 $e(t)$ 的拉普拉斯轉換。則我們可以用 s 域來改寫 (9.28) 式如下

$$E(s) = Y_d(s) - Y(s) \tag{9.29}$$

從圖 9.15(a)，我們也很容易地發現

$$Y(s) = G(s)H(s)Y_d(s) + N(s) \tag{9.30}$$

其中 $N(s)$ 為干擾訊號 $\nu(t)$ 的拉普拉斯轉換。消除介於 (9.29) 式與 (9.30) 式之間的 $Y(s)$ 得到

$$E(s) = [1 - G(s)H(s)]Y_d(s) - N(s) \qquad (9.31)$$

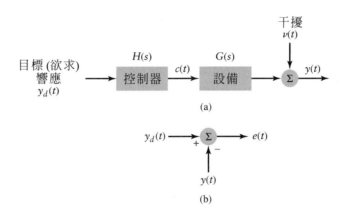

圖 9.15 (a) 開迴路控制系統的方塊圖,與(b)誤差訊號 $e(t)$ 計算的組態。

藉著下列設定可將誤差 $e(t)$ 最小化

$$1 - G(s)H(s) = 0$$

為了滿足這個條件,控制器必須扮演與設備相反的角色;亦即,

$$H(s) = \frac{1}{G(s)} \qquad (9.32)$$

從圖 9.15(a),我們知道當 $y_d(t) = 0$ 時,設備的輸出 $y(t)$ 等於 $\nu(t)$ 。所以,一個開迴路控制系統所能作到最好的就是讓干擾 $\nu(t)$ 不改變。

系統的整體轉換函數(在沒有干擾 $\nu(t)$ 的情形下)僅僅為

$$\begin{aligned} T(s) &= \frac{Y(s)}{Y_d(s)} \\ &= G(s)H(s) \end{aligned} \qquad (9.33)$$

忽略與 s 的相依性,且假設 H 不改變,因此 T 相對於 G 改變時的靈敏度如下所示

$$\begin{aligned} S_G^T &= \frac{\Delta T/T}{\Delta G/G} \\ &= \frac{H \, \Delta G/(GH)}{\Delta G/G} \\ &= 1 \end{aligned} \qquad (9.34)$$

S_G^T 的含意是指在 G 中改變一個百分比就會轉變成在 T 中有相同的改變比例。

從這個分析所推斷的結論為,開迴路控制系統使靈敏度與干擾的影響兩者皆保持不變。

9.9.2 閉迴路控制 (CLOSED-LOOP CONTROL)

接著考慮如圖 9.16 中所示的閉迴路控制系統。和以前一樣，設備與控制器分別以轉換函數 $G(s)$ 與 $H(s)$ 來表示。在前向路徑中，設備之前的控制器或補償器是系統中唯一「自由」的部分，可以由系統設計者調整。因此，這個閉迴路控制系統稱為*單一自由度結構 (single-degree-of-freedom structure，簡寫為 1-DOF)*。

　　為了簡化問題，圖 9.16 假設該感測器 (量測輸出訊號以產生回授訊號) 是完美的。亦即，該感測器的轉換函數為 1，而且感測器所產生的雜訊為零。在這個假設之下，設備的實際輸出 $y(t)$ 直接回授到系統的輸入。因此這個系統又稱為*單位回授系統 (unity-feedback system)*。控制器由「量測到的」誤差 $e(t)$ 所驅動，該誤差定義為目標 (欲求的) 響應 $y_d(t)$ (作為輸入) 與回授 (輸出) 訊號 $y(t)$ 的差值。

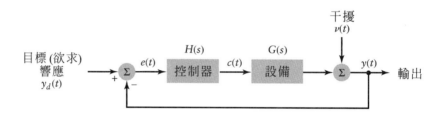

圖 9.16　含有單位回授的控制系統。

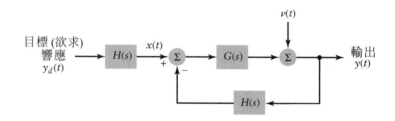

圖 9.17　圖 9.16 中回授控制系統的重新規劃。

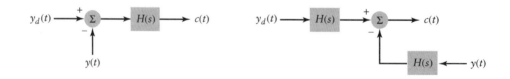

圖 9.18　一對等效方塊圖，用來將圖 9.16 改變為圖 9.17 所示的等效形式。

　　為了分析，我們可以將圖 9.16 的閉迴路控制系統，改換為圖 9.17 所示的等效形式。在此我們已經利用圖 9.18 所示兩個方塊圖之間的等效。除了在輸入端標有 $H(s)$

的方塊之外，如圖 9.17 所示的單一迴路回授系統與圖 9.3(b)有完全相同的形式。利用將圖 9.16 中原來的閉迴路控制系統轉換到圖 9.17 中的等效形式，我們可以完全利用 9.4 節中所發展的結果。特別地，我們從圖 9.17 注意到

$$X(s) = H(s)Y_d(s) \tag{9.35}$$

因此，利用(9.35)於(9.5)式中，我們很容易地由下式得到圖 9.16 中 1-DOF 的閉迴路轉換函數

$$
\begin{aligned}
T(s) &= \frac{Y(s)}{Y_d(s)} \\
&= \frac{Y(s)}{X(s)} \cdot \frac{X(s)}{Y_d(s)} \\
&= \frac{G(s)H(s)}{1 + G(s)H(s)}
\end{aligned}
\tag{9.36}
$$

假設 $G(s)H(s)$ 對於所有感興趣的 s 值都大於單位 1，我們知道(9.36)式降為

$$T(s) \simeq 1$$

那就是，由於干擾 $\nu(t) = 0$，我們有

$$y(t) \simeq y_d(t) \tag{9.37}$$

所以擁有一個大迴路增益 $G(s)H(s)$ 是值得要的。在此條件下，圖 9.16 的系統有達到精確控制的目標的潛能，例如，系統的實際輸出 $y(t)$ 非常近似目標響應 $y_d(t)$。我們有其他使用大迴路增益的好理由。特別地，利用 9.7 節中總結的結果，我們可以說明如下

▶ 閉迴路控制系統 $T(s)$ 的靈敏度藉著相等於回傳差值

$$F(s) = 1 + G(s)H(s)$$

▶ 在的因子而降低回授迴路中的干擾 $\nu(t)$ 藉著相同因子 $F(s)$ 而降低。
▶ $F(s)$ 也降低了由於設備非線性行爲所造成失眞的影響。

9.10　低階系統的暫態響應 (Transient Response of Low-Order Systems)

爲了討論在回授控制系統穩定度分析上相關的素材，我們發現檢視一階與二階系統的暫態響應是有益的。雖然像這樣的低階回授控制系統在實際的用中的確少見，但它們的暫態分析是對於較高階系統有更多了解的基礎。

■ 9.10.1 一階系統 (FIRST-ORDER SYSTEM)

利用第六章的符號，我們將一階系統的轉換函數定義為

$$T(s) = \frac{b_0}{s + a_0}$$

為了將轉換函數 $T(s)$ 的係數賦予物理意義，我們發現將其改寫為*標準形式 (standard form)* 是很方便的。

$$T(s) = \frac{T(0)}{\tau s + 1} \tag{9.38}$$

其中 $T(0) = b_0/a_0$ 而且 $\tau = 1/a_0$。參數 $T(0)$ 是系統在 $s = 0$ 時的增益。參數 τ 是以時間為單位加以測量，所以稱為系統的時間常數 (time constant)。根據(9.38)式，$T(s)$ 的單一極點位在 $s = -1/\tau$。

對於步階輸入 (即，$Y_d(s) = 1/s$)，系統響應有下列拉普拉斯轉換

$$Y(s) = \frac{T(0)}{s(\tau s + 1)} \tag{9.39}$$

利用附錄 D 拉普拉斯轉換對的表，將 $Y(s)$ 展開為部分分式，並假設 $T(0) = 1$，我們發現系統的步階響應為

$$y(t) = (1 - e^{-t/\tau})u(t) \tag{9.40}$$

上式繪製於圖 9.19 中。在 $t = \tau$ 時，響應 $y(t)$ 達到最終值的 63.21%；因此我們才稱 τ 為「時間常數」。

■ 9.10.2 二階系統 (SECOND-ORDER SYSTEM)

再次利用第六章的符號，我們將二階系統的轉換函數定義為

$$T(s) = \frac{b_0}{s^2 + a_1 s + a_0}$$

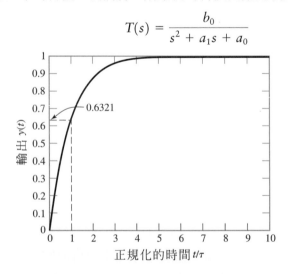

圖 9.19　一階系統的暫態響應，對正規化的時間 t/τ 作圖，其中 τ 是系統的時間常數。假設 $T(0) = 1$。

然而，如同一階的情形，我們發現將 $T(s)$ 重新改寫，使得其係數具有物理意義是更方便的。特別地，我們以標準形式來重新定義 $T(s)$ 如下

$$T(s) = \frac{T(0)\omega_n^2}{s^2 + 2\zeta\omega_n s + \omega_n^2} \tag{9.41}$$

其中 $T(0) = b_0/a_0$、$\omega_n^2 = a_0$，而且 $2\zeta\omega_n = a_1$。參數 $T(0)$ 是系統在 $s = 0$ 時的增益。無因次的參數 ζ 稱為*阻尼率 (damping ratio)*，而 ω_n 稱為系統的*無阻尼頻率 (undamped frequency)*。這三個參數以不同的方式描述系統特性。系統的極點位於

$$s = -\zeta\omega_n \pm j\omega_n\sqrt{1 - \zeta^2} \tag{9.42}$$

對於步階輸入，系統響應有下列拉普拉斯轉換

$$Y(s) = \frac{T(0)\omega_n^2}{s(s^2 + 2\zeta\omega_n s + \omega_n^2)}$$

目前，我們暫時假設 $T(s)$ 的極點為具有負實部的複數，這代表 $0 < \zeta < 1$。則，假設 $T(0) = 1$，將 $Y(s)$ 展開成部分分式，並利用附錄 D 拉普拉斯轉換對的表，我們可以將系統的步階響應表示為指數阻尼弦波訊號

$$y(t) = \left[1 - \frac{1}{\sqrt{1 - \zeta^2}} e^{-\zeta\omega_n t} \sin\left(\omega_n\sqrt{1 - \zeta^2}\, t + \tan^{-1}\left(\frac{\sqrt{1 - \zeta^2}}{\zeta} \right) \right) \right] u(t) \tag{9.43}$$

指數阻尼弦波的*時間常數 (time constant)* 定義如下

$$\tau = \frac{1}{\zeta\omega_n} \tag{9.44}$$

以秒為單位。指數阻尼弦波的頻率為 $\omega_n\sqrt{1 - \zeta^2}$。

取決於 ζ 的值，我們現在可以正式地區分三種操作的方式，請記住無阻尼頻率 ω_n 恆為正：

1. $0 < \zeta < 1$。在這個情況下，$T(s)$ 的兩個極點組成複數共軛對，而系統的步階響應由(9.43)式所定義。這個系統被稱為*低阻尼的 (underdamped)*。

2. $\zeta > 1$。在這第二個情況中，$T(s)$ 的兩個極點為實數。因此步階響應含有兩個指數函數，而且定義如下

$$y(t) = (1 + k_1 e^{-t/\tau_1} + k_2 e^{-t/\tau_2}) u(t) \tag{9.45}$$

其中時間常數為

$$\tau_1 = \frac{1}{\zeta\omega_n - \omega_n\sqrt{\zeta^2 - 1}}$$

以及

$$\tau_2 = \frac{1}{\zeta\omega_n + \omega_n\sqrt{\zeta^2 - 1}}$$

而其比例因子為

$$k_1 = \frac{1}{2}\left(1 + \frac{\zeta}{\sqrt{\zeta^2 - 1}}\right)$$

以及

$$k_2 = \frac{1}{2}\left(1 - \frac{\zeta}{\sqrt{\zeta^2 - 1}}\right)$$

因此，當 $\zeta > 1$ 時，系統稱為過阻尼的 (overdamped)。

3. $\zeta = 1$。在這最後的情況裡，兩個極點恰巧都在 $s = -\omega_n$，而且這個系統的步階響應定義如下

$$y(t) = (1 - e^{-t/\tau} - te^{-t/\tau})u(t) \tag{9.46}$$

其中 $\tau = 1/\omega_n$ 是此系統唯一的時間常數。此系統被稱為臨界阻尼的 (critically damped)。

圖 9.20 顯示當 $\omega_n = 1$ 時，相對於時間 t 所繪製的步階響應 $y(t)$，以及三種不同的阻尼率：$\zeta = 2$、$\zeta = 1$ 與 $\zeta = 0.1$。ζ 的這三個值分別對應於第二類、第三類和第一類。

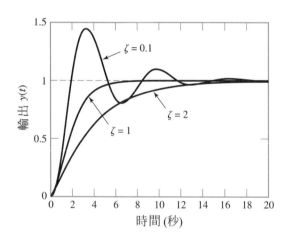

圖 9.20　含有 $T(0) = 1$、ω_n 以及三種不同阻尼率 ζ 值的二階系統暫態響應：過阻尼的 ($\zeta = 2$)、臨界阻尼的 ($\zeta = 1$)，與低阻尼的 ($\zeta = 0.1$)。

有了前述關於一階與二階系統的資料，我們便能立刻繼續研究回授控制系統。

➤ **習題 9.6** 利用附錄 D 的拉普拉斯轉換對表格，推導下列的各種的步階響應：

(a) 低阻尼系統的步階響應，如(9.43)式所定義的。

(b) 過阻尼系統的步階響應，如(9.45)式所定義的。

(c) 臨界阻尼系統的步階響應，如(9.46)式所定義的。 ◀

9.11 穩定性問題 (The Stability Problem)

從 9.4 到 9.6 節，我們證實過，為了使回授系統的閉迴路轉換函數 $T(s)$ 對於參數值變動較不敏感、減輕干擾與雜訊的影響，並降低非線性失真，一個大的迴路增益 $G(s)H(s)$ 是必須的。確實，基於當時討論過的發現，提出下列關於增進回授系統效能的方法是很吸引人的：使系統的迴路增益 $G(s)H(s)$ 在系統的通帶中盡可能越大越好。但很可惜的，這個簡單方法的效用受限於穩定性問題，而穩定性問題已知在某些情況下會出現在回授系統中：若 $G(s)H(s)$ 所包含的極點數目是三個或更多，則此系統會變得更易於傾向不穩定，而因此當迴路增益增加時更難以控制。因此，在回授系統的設計中，這個任務不但為了在預定通帶中的良好運作，必須在系統上滿足各種的不同性能需求，還要確保此系統是穩定的，而且是在所有可能操作情況下仍然保持穩定。

一個回授系統的穩定性，就像任何其他 LTI 系統的穩定性，完全取決於系統極點的位置或 s 域中的自然頻率。一個含有閉迴路轉換函數 $T(s)$ 的線性回授系統，其*自然頻率 (natural frequencies)* 定義為下列*特徵方程式 (characteristic equation)* 的根

$$A(s) = 0 \tag{9.47}$$

其中 $A(s)$ 是 $T(s)$ 的分母多項式。*如果特徵方程式的根全部侷限於 s 平面的左半平面，則回授系統便是穩定的。*

因此，對於我們而言，藉著討論如何應用回授來修改回授系統的自然頻率，開始穩定性問題的細步研究似乎是很適當的。現在利用三個簡單的回授系統來檢視這個問題。

9.11.1 一階回授系統 (FIRST-ORDER FEEDBACK SYSTEM)

考慮一個含有單位回授的一階回授系統。系統的迴路轉換函數定義為

$$G(s)H(s) = \frac{K}{\tau_0 s + 1} \tag{9.48}$$

其中 τ_0 是系統的*開迴路時間常數 (open-loop time constant)*，而 K 是可調整的迴路增益。迴路轉換函數 $G(s)H(s)$ 在 $s = -1/\tau_0$ 時有單一極點。將(9.48)式代入(9.36)式，我們發現系統的閉迴路轉換函數為

$$T(s) = \frac{G(s)H(s)}{1 + G(s)H(s)}$$

$$= \frac{K}{\tau_0 s + K + 1}$$

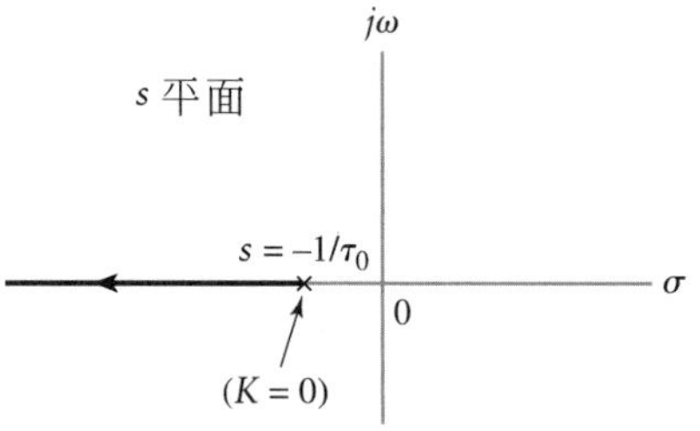

s 平面

$j\omega$

$s = -1/\tau_0$

0

σ

$(K = 0)$

圖 9.21　當增大 K 時，在一階系統單一極點位置上回授的影響。

因此系統的特徵方程式為

$$\tau_0 s + K + 1 = 0 \tag{9.49}$$

上式在 $s = -(K + 1)/\tau_0$ 時有單一的根。當 K 增加時，此根沿著 s 平面的實數軸移動，描繪它的軌跡如圖 9.21 中所示。的確，當 $K > -1$ 時，它仍然受限於 s 平面的左半邊。我們可以因此確定一階回授系統，當它含有如(9.48)式所描述的迴路轉換函數時，對於所有 $K > -1$ 都是穩定的。

■ 9.11.2　二階回授系統 (SECOND-ORDER FEEDBACK SYSTEM)

接下來考慮含有單位回授的特定二階回授系統。系統的迴路轉換函數定義為

$$G(s)H(s) = \frac{K}{s(\tau s + 1)} \tag{9.50}$$

其中 K 是單位為弳/秒的可調整迴路增益，而 $G(s)H(s)$ 在 $s = 0$ 與 $s = -1/\tau$ 時有一階極點 (simple pole)。將(9.50)式代入(9.36)式，我們發現此系統的閉迴路轉換函數為

$$T(s) = \frac{G(s)H(s)}{1 + G(s)H(s)}$$

$$= \frac{K}{\tau s^2 + s + K}$$

因此系統的特徵方程式為

$$\tau s^2 + s + K = 0 \tag{9.51}$$

這是 s 的二次函數,並含有一對定義如下的根

$$s = -\frac{1}{2\tau} \pm \sqrt{\frac{1}{4\tau^2} - \frac{K}{\tau}} \tag{9.52}$$

圖 9.22 顯示了當迴路增益 K 變化時,(9.52)式的兩個根從零開始的軌跡。我們看到當 $K = 0$ 時,特徵方程式在 $s = 0$ 時有一根,而在 $s = -1/\tau$ 時有另一根。當 K 增加時,這兩個根沿著實數軸朝向對方移動,直到當 $K = 1/4\tau$ 時它們在 $s = -1/2\tau$ 的地方相遇。當 K 再增加時,這兩個根會沿著平行 $j\omega$ 軸的直線互相分離,並且通過 $s = -1/2\tau$。這個點稱爲*分離點 (breakaway point)*,是根軌跡從 s 平面實數軸脫離的地方。

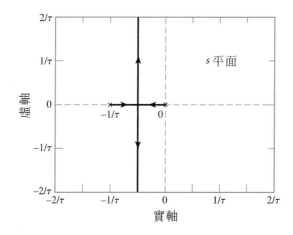

圖 9.22　當增大 K 時,在二階系統兩個極點位置上回授的影響。迴路轉換函數在 $s = 0$ 與 $s = -1/\tau$ 的地方有極點。

如果沒有回授施加於系統中 (即,當 $K = 0$),系統的特徵方程式在 $s = 0$ 處有一個根,而因此該系統在不穩定的餘裕。當指定 K 爲一個大於零的值,特徵方程式的兩個根都限制在 s 平面的左半邊。結果造成,對於所有正值的 K,含有(9.50)式所述的迴路轉換函數的二階回授系統都是穩定的。

▶ **習題 9.7**　請參閱(9.50)式的二階回授系統,並判斷造成下列系統步階響應結果的 K 值:(a)低阻尼的,(b)過阻尼的,與(c)臨界阻尼的。

答案　(a) $K > 0.25/\tau$　(b) $K < 0.25/\tau$　(c) $K = 0.25/\tau$　◀

▶ **習題 9.8**　針對迴路增益 K 夠大而足以產生低阻尼步階響應的情況,試證二階回授系統的阻尼率與自然頻率分別以迴路增益 K 與時間常數 τ 來表示時,定義如下

$$\zeta = \frac{1}{2\sqrt{\tau K}} \quad \text{和} \quad \omega_n = \sqrt{\frac{K}{\tau}}　◀$$

➤ **習題 9.9**　一般來說，二階回授系統的特徵方程式可以改寫爲下列形式

$$s^2 + as + b = 0$$

試證當係數 a 與 b 都是正的情形之下，這類的系統是穩定的。　◀

■ 9.11.3　三階回授系統 (THIRD-ORDER FEEDBACK SYSTEM)

從先前的分析，我們知道一階與二階回授系統不會造成穩定性問題。在這兩種情況裡，回授系統對於所有正值的迴路增益 K 都是穩定的。爲了進一步探討穩定性問題，我們要考慮三階回授系統，其迴路轉換函數描述如下

$$G(s)H(s) = \frac{K}{(s + 1)^3} \tag{9.53}$$

表 9.1　特徵方程式 $s^3+3s^2+3s+K+1=0$ 的根

K	根
0	$s = -1$ 是三重根
5	$s = -2.71$ $s = -0.1450 \pm j1.4809$
10	$s = -3.1544$ $s = 0.0772 \pm j1.8658$

同樣的，系統的閉迴路轉換函數爲

$$\begin{aligned} T(s) &= \frac{G(s)H(s)}{1 + G(s)H(s)} \\ &= \frac{K}{s^3 + 3s^2 + 3s + K + 1} \end{aligned}$$

因此系統的特徵方程式爲

$$s^3 + 3s^2 + 3s + K + 1 = 0 \tag{9.54}$$

與較低階的特徵方程式(9.49)與(9.51)相比，這個三次特徵方程式比較難以處理。所以針對迴路增益 K 的改變如何影響系統穩定性，我們求助於電腦以增加一些瞭解。

表 9.1 顯示特徵方程式(9.54)對於三個不同 K 值的根。當 $K=0$ 時，我們有一個三階的根位於 $s=-1$。當 $K=5$ 時，此特徵方程式有一個單根 (simple root) 和一對共軛複數根，它們的實部都是負數 (即，它們位於 s 平面的左半邊中)。因此，對於 $K=5$，這個系統是穩定的。當 $K=10$ 時，這一對共軛複數根移到 s 平面的右半邊裡，因此這個系統是不穩定的。在一個含有迴路轉換函數，即(9.53)式的三階回授系統中，迴路增益 K 對於系統的穩定性有深遠的影響。

大多數實際應用的回授系統為三階或更高階的。這些系統的穩定性是至關緊要的。本章往後的大部分課程內容要致力於這個問題的研究。

9.12 *羅斯-赫維斯準則* (Routh-Hurwitz Criterion)

羅斯-赫維斯準則 (Routh-Hurwitz criterion) 提供簡單的步驟，以查明是否多項式 $A(s)$ 所有的根的實部都是負數 (即，位於 s 平面的左半邊)，而不必算出 $A(s)$ 的根。將多項式 $A(s)$ 展開，表示為

$$A(s) = a_n s^n + a_{n-1} s^{n-1} + \cdots + a_1 s + a_0 \tag{9.55}$$

其中 $a_n \neq 0$。程序一開始要重新整理所有 $A(s)$ 的係數，使它們成為兩列的形式，如下：

第 n 列： $\quad a_n \quad\quad a_{n-2} \quad\quad a_{n-4} \quad \cdots$

第 $n-1$ 列： $\quad a_{n-1} \quad\quad a_{n-3} \quad\quad a_{n-5} \quad \cdots$

如果多項式 $A(s)$ 的次數是偶數，因此係數 a_0 屬於第 n 列，則在第 $n-1$ 列放置一個零在 a_0 下方。下一步是利用第 n 與 $n-1$ 列的元素，依下列的公式來建構第 $n-2$ 列：

第 $n-2$ 列： $\quad \dfrac{a_{n-1}a_{n-2} - a_n a_{n-3}}{a_{n-1}} \quad \dfrac{a_{n-1}a_{n-4} - a_n a_{n-5}}{a_{n-1}} \quad \cdots$

特別注意這列中的元素，它們的分子很類似於行列式。亦即，$a_{n-1}a_{n-2} - a_n a_{n-3}$ 相當於下列 2 乘 2 矩陣行列式值取再負號

$$\begin{bmatrix} a_n & a_{n-2} \\ a_{n-1} & a_{n-3} \end{bmatrix}$$

類似的規劃實施於第 $n-2$ 列中其他元素的分子。接下來，將第 $n-1$ 與 $n-2$ 列的元素用來建構第 $n-3$ 列，隨著類似於剛剛所描述的步驟，且程序一直持續到我們到達第 0 列為止。最後得到 $(n+1)$ 列的陣列，稱為*羅斯陣列 (Routh array)*。

我們現在可以描述羅斯-赫維斯準則：*如果所有羅斯陣列最左行中的元素不為零且有相同的正負號，則多項式 $A(s)$ 所有的根位於 s 平面左半邊。若在掃描最左行時發生了正負號的改變，這個改變的數目即是 $A(s)$ 的根位於 s 平面右半邊的數目。*

範例 9.4

四階回授系統 一個四階回授系統的特徵多項式如下

$$A(s) = s^4 + 3s^3 + 7s^2 + 3s + 10$$

試建構此系統的羅斯陣列，並判斷此系統是否為穩定的。

解答 建構當 $n=4$ 時的羅斯陣列，我們得到下式：

第4列： 　　　　1　　　　　　　　　7　　　　　　　10

第3列： 　　　　3　　　　　　　　　3　　　　　　　0

第2列： $\dfrac{3 \times 7 - 3 \times 1}{3} = 6$ 　　　$\dfrac{3 \times 10 - 0 \times 1}{3} = 10$ 　　0

第1列： $\dfrac{6 \times 3 - 10 \times 3}{6} = -2$ 　　　0　　　　　　　0

第0列： $\dfrac{-2 \times 10 - 0 \times 6}{-2} = 10$ 　　　0　　　　　　　0

在羅斯陣列最左行中的元素發生了兩次正負號的改變。我們因此判斷(1)此系統是不穩定的，而且(2)此系統的特徵多項式有兩個根位於 s 平面的右半邊。

透過尋找準則的特例，羅斯-赫維斯準則可以利用來求迴路增益 K 的臨界值，使得多項式 $A(s)$ 有一對根在 s 平面的 $j\omega$ 軸上。若 $A(s)$ 有一對根在 $j\omega$ 軸上，羅斯-赫維斯測試會過早地結束，因為一整列 (恆為奇數) 的零點會在建構羅斯陣列時發生。當這件事發生時，該回授系統稱為*在不穩定的餘裕上 (on the verge of instability)*。K 的臨界值可以從問題中特定列的元素推論得到。在 $j\omega$ 軸上相對應的一對根可以從前一列的元素所形成的輔助多項式中而得到，如下一個範例中所說明的。

範例 9.5

三階回授系統 再次考慮一個三階回授系統，其迴路轉換函數 $L(s) = G(s)H(s)$ 如(9.53)式所定義；亦即，

$$L(s) = \frac{K}{(s+1)^3}$$

試求(a)使此系統在不穩定的餘裕上的 K 值，以及(b)在 s 平面 $j\omega$ 軸上相對應的一對根。

解答 此系統的特徵多項式定義如下

$$\begin{aligned} A(s) &= (s+1)^3 + K \\ &= s^3 + 3s^2 + 3s + 1 + K \end{aligned}$$

建構羅斯陣列，我們得到下式：

第 3 列： 　　　　1　　　　　　　3

第 2 列： 　　　　3　　　　　　　$1 + K$

第 1 列： $\dfrac{9 - (1 + K)}{3}$ 　　　0

第 0 列： 　　$1 + K$ 　　　　　　0

(a) 為了使第一列唯一非零的元素變為零，我們要求

$$9 - (1 + K) = 0$$

上式得到 $K = 8$。

(b) 針對這個 K 值，可以從第二列得到輔助多項式。我們有

$$3s^2 + 9 = 0$$

上式在 $s = \pm j\sqrt{3}$ 時有一對根。利用將 $K = 8$ 代入 $A(s)$ 的表示式，很容易可以檢查出這個結果，在這個情況我們可以將 $A(s)$ 表示成因式分解的形式

$$A(s) = (s^2 + 3)(s + 3)$$

➤ 習題 9.10 考慮一個含有下列迴路轉換函數的線性回授系統

$$L(s) = \frac{0.2K(s + 5)}{(s + 1)^3}$$

試求(a)迴路增益 K 的臨界值，使得此系統在不穩定的餘裕上，以及(b)在 s 平面的 $j\omega$ 軸上相對應的一對根。

答案 (a) $K = 20$ (b) $s = \pm j\sqrt{7}$ ◀

■ 9.12.1 弦波振盪器 (SINUSOIDAL OSCILLATORS)

在*弦波振盪器 (sinusoidal oscillators)* 的設計中，將回授應用到一個放大器，該放大器含有使系統不穩定的特定目的。在這樣的應用中，振盪器包含一個放大器與一個決定頻率的網路，形成一個閉迴路回授系統。這個放大器設定振盪的必要條件。為了避免使輸出訊號失真，在放大器中非線性性質的程度保持在非常低的水準。關於這類的應用，我們將在接下來範例中說明如何利用羅斯-赫維斯準則。

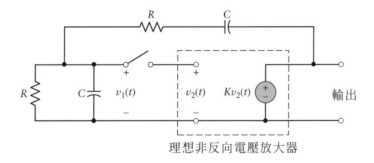

圖 9.23 *RC* 音頻振盪器。

範例 9.6

RC 振盪器　圖 9.23 顯示一個經過簡化的 *RC* 音頻振盪器電路圖。試求振盪的頻率,以及對於振盪的條件。

解答　由於電閘是開啟的,而且依照圖 9.4 的專業術語,我們發現此迴路轉換函數為

$$L(s) = -\frac{V_1(s)}{V_2(s)}$$

$$= -\frac{K\left(\dfrac{R}{sC}\right)\Big/\left(R + \dfrac{1}{sC}\right)}{\left(\dfrac{R}{sC}\Big/\left(R + \dfrac{1}{sC}\right)\right) + \left(R + \dfrac{1}{sC}\right)}$$

$$= -\frac{KRCs}{(RCs)^2 + 3(RCs) + 1}$$

此回授電路的特徵方程式因此為

$$(RCs)^2 + (3 - K)RCs + 1 = 0$$

為求關於不穩定的條件,二次特徵方程式對我們而言已經夠簡單了,不是非得建立羅斯陣列不可。對於手邊的問題,我們看到當電閘是閉合的時候,而且放大器的電壓增益 K 為 3 時,此電路將在不穩定的餘裕。此電路的自然頻率將位於 $j\omega$ 軸上的 $s = \pm j/(RC)$。實際上,增益 K 的選擇稍微大於 3,使得特徵方程式的兩個根恰好位於 $j\omega$ 軸的右邊。這樣做是為了確定此振盪器會自發性的振盪。當振盪器的振幅增大時,放大器的電阻元件 (並未顯示在圖中) 經稍微修改,可以幫助穩定增益 K 到我們所希望的值 3。

➤ **習題 9.11**　圖 9.23 振盪器電路中的元件值為 $R = 100\text{ k}\Omega$ 與 $C = 0.01\,\mu\text{F}$。試求振盪的頻率。

答案　159.15 Hz　◀

9.13　根軌跡法 (Root Locus Method)

根軌跡法 (root locus method) 是針對線性回授系統的一種分析工具,強調系統閉迴路轉換函數極點的位置。請回想一下,系統轉換函數的極點決定其暫態響應。因此,

藉著已知閉迴路極點的位置，我們可以推論關於回授系統暫態響應的重要資訊。這個方法名稱的由來是基於這個事實，「根軌跡」即是當某些參數(通常是迴路增益，但不必一定要)從零變到無限大時，在 s 平面中，透過系統特徵方程式的根來描繪出幾何路徑或軌跡。關於這樣的根軌跡，一階回授系統以圖 9.21 為例，二階回授系統則以圖 9.22 為例。

在一般的設定中，根軌跡的建構從系統的迴路轉換函數開始，以因式分解的形式表示如下

$$L(s) = G(s)H(s)$$
$$= K\frac{\prod_{i=1}^{M}(1 - s/c_i)}{\prod_{j=1}^{N}(1 - s/d_j)} \tag{9.56}$$

其中 K 是迴路增益，而 d_j 與 c_i 分別是 $L(s)$ 的極點與零點。這些極點與零點是固定的數，與 K 值無關。在一個線性回授系統中，它們可能直接從系統的方塊圖來求，因為此系統通常由一階部分與二階部分的串聯所組成。

習慣上，「根軌跡」是指迴路增益為非負的情況-即，$0 \leq K \leq \infty$。這是接下來我們所要探討的情況。

■ 9.13.1　根軌跡準則 (ROOT LOCUS CRITERIA)

將迴路轉換函數 $L(s)$ 的分子與分母分別定義為

$$P(s) = \prod_{i=1}^{M}\left(1 - \frac{s}{c_i}\right) \tag{9.57}$$

以及

$$Q(s) = \prod_{j=1}^{N}\left(1 - \frac{s}{d_j}\right) \tag{9.58}$$

系統的特徵多項式定義如下

$$A(s) = Q(s) + KP(s) = 0 \tag{9.59}$$

等價地，我們可以將特徵方程式寫成如下所示

$$L(s) = K\frac{P(s)}{Q(s)} = -1 \tag{9.60}$$

由於變數 $s = \sigma + j\omega$ 是複數值，我們可以用將 $P(s)$ 其振幅與相位的部分來表示如下

$$P(s) = |P(s)|e^{j\arg\{P(s)\}} \tag{9.61}$$

其中

$$|P(s)| = \prod_{i=1}^{M} \left| 1 - \frac{s}{c_i} \right| \tag{9.62}$$

以及

$$\arg\{P(s)\} = \sum_{i=1}^{M} \arg\left\{ 1 - \frac{s}{c_i} \right\} \tag{9.63}$$

相同地，多項式 $Q(s)$ 也可以用其振幅與相位的分量表示為

$$Q(s) = |Q(s)|e^{j\arg\{Q(s)\}} \tag{9.64}$$

其中

$$|Q(s)| = \prod_{j=1}^{N} \left| 1 - \frac{s}{d_j} \right| \tag{9.65}$$

以及

$$\arg\{Q(s)\} = \sum_{j=1}^{N} \arg\left\{ 1 - \frac{s}{d_j} \right\} \tag{9.66}$$

將(9.62)、(9.63)、(9.65)，與(9.66)式代入(9.60)式，我們很容易便能建立兩個關於根軌跡的基本準則 (假設 K 是非負的)：

1. *相角準則 (Angle criterion)*。對於一個位於根軌跡上的點 s_l，相角的準則

$$\arg\{P(s)\} - \arg\{Q(s)\} = (2k + 1)\pi, \quad k = 0, \pm 1, \pm 2, \dots \tag{9.67}$$

當 $s = s_l$ 時必須要滿足上述公式。角度 $\arg\{Q(s)\}$ 與 $\arg\{P(s)\}$ 分別是透過 $L(s)$ 極點因式的角度與零點因式的角度所得到，如(9.66)式與(9.63)式中所示。

2. *振幅準則 (Magnitude criterion)*。一旦根軌跡建構完成，振幅對應於點 s_l 迴路增益 K 取決於振幅準則的值

$$K = \frac{|Q(s)|}{|P(s)|} \tag{9.68}$$

取值於 $s = s_l$。振幅 $|Q(s)|$ 與 $|P(s)|$ 分別透過 $L(s)$ 的極點因式與零點因式的振幅所求得，如(9.65)式與(9.62)式中所示。

為了說明何將相角與振幅準則用在根軌跡的建構，請考慮迴路轉換函數

$$L(s) = \frac{K(1 - s/c)}{s(1 - s/d)(1 - s/d^*)}$$

上式有一個零點在 $s = c$ 處，一個一階極點在 $s = 0$ 處，以及一對共軛複數極點在 $s = d$ 與 d^* 的地方。在 s 平面中選擇一個任意的試驗點 g，並且建構從 $L(s)$ 的極點與零點到該點的向量，如圖 9.24 中所示。對於透過 g 點的選擇而滿足的(9.67)式相角準則以及(9.68)式振幅準則兩者，應該可以求出

$$\theta_{z_1} - \theta_{p_1} - \theta_{p_2} - \theta_{p_3} = (2k + 1)\pi, \qquad k = 0, \pm 1, \dots$$

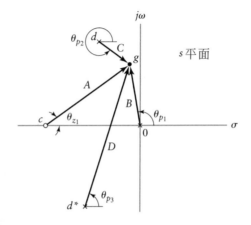

圖 9.24　針對下列迴路轉換函數，說明(9.67)式的相角準則以及(9.68)式的振幅準則。

$$L(s) = \frac{K(1 - s/c)}{s(1 - s/d)(1 - s/d^*)}$$

在複數 s 平面中，從 $L(s)$ 的極點與零點到 g 點向量，其各個相角與振幅定義如下：

$$\theta_{z_1} = \arg\left\{1 - \frac{g}{c}\right\}, \qquad A = \left|1 - \frac{g}{c}\right|$$

$$\theta_{p_1} = \arg\{g\}, \qquad B = |g|$$

$$\theta_{p_2} = \arg\left\{1 - \frac{g}{d}\right\}, \qquad C = \left|1 - \frac{g}{d}\right|$$

$$\theta_{p_3} = \arg\left\{1 - \frac{g}{d^*}\right\}, \qquad D = \left|1 - \frac{g}{d^*}\right|$$

以及

$$K = \frac{BCD}{A}$$

其中向量的角度與長度如圖中所定義。

■ 9.13.2　根軌跡的特性 (PROPERTIES OF THE ROOT LOCUS)

給定如(9.56)式中所描述迴路轉換函數的極點與零點，我們可以利用一些軌跡的基本特性來建構線性回授系統軌跡的近似形式：

性質一：　根軌跡分支的數目等於 N 或 M，其中較大的那一個。根軌跡的一個分支 *(branch)* 是指當 K 從零變到無限大時，特徵方程式 $A(s) = 0$ 其中一個根的軌跡。第一個性質是來自於式(9.59)式，請記住多項式 $P(s)$ 與 $Q(s)$ 本身由(9.57)與(9.58)式所定義。

性質二：　根軌跡開始於迴路轉換函數的極點。

當 $K = 0$ 時，由式(9.59)式所定義的特徵多項式，可以化簡為

$$Q(s) = 0$$

這個方程式的根與(9.56)式所給定的迴路轉換函數 $L(s)$ 具有相同的極點，因此證明第二個性質成立。

性質三：　根軌跡停在迴路轉換函數的零點上，包括位於無限大的那些零點。

當 K 趨近無限大時，特徵多項式，如(9.59)式所給定，化簡為

$$P(s) = 0$$

這個方程式的根與迴路轉換函數 $L(s)$ 的零點相同，這證明第三個性質成立。

性質四：　根軌跡對稱於 s 平面上的實數軸。

迴路轉換函數 $L(s)$ 的極點與零點要不是實數，就會是複數共軛對。因此，(9.59)式裡特徵多項式的根，必須為實數或共軛複數對，立刻推論出性質四。

性質五：　當迴路增益 K 趨近於無限大時，根軌跡的分支會靠近於帶有下列角度的直線漸近線。

$$\theta_k = \frac{(2k + 1)\pi}{N - M}, \qquad k = 0, 1, 2, \ldots, |N - M| - 1 \tag{9.69}$$

這些漸近線會與 s 平面的實數軸相交於同一點，其位置定義如下

$$\sigma_0 = \frac{\sum_{j=1}^{N} d_j - \sum_{i=1}^{M} c_i}{N - M} \tag{9.70}$$

亦即，

$$\sigma_0 = \frac{(有限極點的和) - (有限零點的和)}{(有限極點的個數) - (有限零點的個數)}$$

交點 $s = \sigma_0$ 稱為根軌跡的*形心 (centroid)*。

➤➤ **習題 9.12** 一個線性回授系統的迴路轉換函數定義如下

$$L(s) = \frac{0.2K(s + 5)}{(s + 1)^3}$$

試求(a)此系統根軌跡的漸近線,以及(b)根軌跡的形心。

答案 (a) $\theta = 90°, 270°$ (b) $\sigma_0 = 1$ ◀

性質六: *根軌跡與 s 平面虛軸的交點,以及其對應的迴路增益 K 值,可以由羅斯-赫維斯準則來求。*

這個性質已於 9.12 節討論過。

性質七: *根軌跡分支所交會的分離點必須滿足下列條件*

$$\frac{d}{ds}\left(\frac{1}{L(s)}\right) = 0 \tag{9.71}$$

其中 L(s)為迴路轉換函數。

對於分離點而言,(9.71)式是必要條件但非充分條件。換言之,所有分離點滿足(9.71)式,但並非所有這個方程式的解都是分離點。

範例 9.7

二階回授系統 再次考慮(9.50)式的二階回授系統,假設 $\tau = 1$。系統的迴路轉換函數為

$$L(s) = \frac{K}{s(1 + s)}$$

試求此系統根軌跡的分離點。

解答 利用(9.71)式得到

$$\frac{d}{ds}[s(1 + s)] = 0$$

即,

$$1 + 2s = 0$$

從這個式子我們很容易看到分離點位在 $s = -\frac{1}{2}$ 處。結果與圖 9.22 中對於 $\tau = 1$所顯示的一致。

前述的七個性質通常足夠來建構相當精確的根軌跡,從一個線性回授系統迴路轉換函數的因式分解形式開始。接下來的兩個範例說明如何將它們完成。

範例 9.8

線性回授放大器　考慮一個含有三級電晶體 (three transistor stages) 的線性回授放大器。此放大器的迴路轉換函數定義如下

$$L(s) = \frac{6K}{(s + 1)(s + 2)(s + 3)}$$

試繪製此回授放大器的根軌跡。

解答　迴路轉換函數 $L(s)$ 在 $s = -1$、$s = -2$，與 $s = -3$ 時有極點。$L(s)$ 的所有零點都發生在無限大。則，此根軌跡有三條開始於上述極點並結束於無限大的分支。

　　從公式 (9.69)，我們發現這三條漸近線所構成的角度為 $60°$、$180°$，與 $300°$。此外，這些漸近線的交點 (即，根軌跡的形心) 可從 (9.70) 式得到如下

$$\sigma_0 = \frac{-1 - 2 - 3}{3} = -2$$

這些漸進線已經繪製於圖 9.25。

　　為了得到根軌跡與 s 平面虛軸的交點，我們首先利用 (9.59) 式寫出特徵多項式：

$$A(s) = (s + 1)(s + 2)(s + 3) + 6K$$
$$= s^3 + 6s^2 + 11s + 6(K + 1)$$

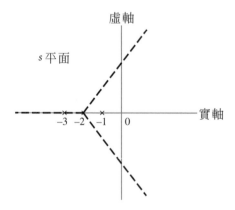

圖 9.25　此圖中顯示範例 9.8 中回授系統三條漸近線的交點 (即，根軌跡的形心)。

接下來，我們建構羅斯陣列：

第 3 列:	1	11
第 2 列:	6	$6(K + 1)$
第 1 列:	$\dfrac{66 - 6(K + 1)}{6}$	0
第 0 列:	$6(K + 1)$	0

依照第六個性質,將第一列中唯一不為零的元素設定為零,我們發現,能使系統位於不穩定餘裕的臨界值 K 為

$$K = 10$$

利用第二列來建構含有 $K = 10$ 的輔助多項式,我們寫成下式

$$6s^2 + 66 = 0$$

因此,根軌跡與虛軸的交點位於 $s = \pm j\sqrt{11}$ 。

最後,利用公式(9.71),我們發現分離點必須滿足下列條件

$$\frac{d}{ds}[(s + 1)(s + 2)(s + 3)] = 0$$

即,

$$3s^2 + 12s + 11 = 0$$

此二次方程式的根為

$$s = -1.423 \quad 和 \quad s = -2.577$$

檢查根軌跡的實軸部分,我們由圖 9.25 推斷第一個點 ($s = -1.423$) 在根軌跡上,而且因此為一個分離點,但第二個點 ($s = -2.577$) 不在根軌跡上。此外,當 $s = -1.423$ 時,利用(9.60)式可得

$$K = (|1 - 1.423| \times |2 - 1.423| \times |3 - 1.423|)/6$$
$$= 0.0641$$

最後,綜合這些結果,我們可以繪製回授放大器的根軌跡如圖 9.26 中所示。

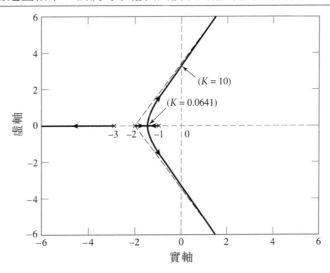

圖 9.26　三階回授系統的根軌跡,系統轉換函數如下

$$L(s) = \frac{6K}{(s + 1)(s + 2)(s + 3)}$$

範例 9.9

單位回授系統　考慮圖 9.27 的單位回授控制系統。這個設備是不穩定的，其轉換函數定義為

$$G(s) = \frac{0.5K}{(s+5)(s-4)}$$

控制器的轉換函數如下

$$H(s) = \frac{(s+2)(s+5)}{s(s+12)}$$

試繪製此系統的根軌跡，並求出系統穩定時所需的 K 值。

解答　此設備有兩個極點，一個在 $s = -5$ 而另一個在 $s = 4$。後面的極點，在 s 平面的右半邊，因而使得設備不穩定。控制器有一對零點在 $s = -2$ 與 $s = -5$，並且有一對極點在 $s = 0$ 與 $s = -12$。當這個控制器串聯設備以後，會發生*極點-零點相消*，所以迴路轉換函數變成

$$
\begin{aligned}
L(s) &= G(s)H(s) \\
&= \frac{0.5K(s+2)}{s(s+12)(s-4)}
\end{aligned}
$$

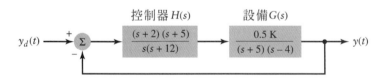

圖 9.27　範例 9.9 的單位回授系統。

　　根軌跡有三條分支。其中一條分支從極點 $s = -12$ 開始到零點 $s = -2$ 結束。另外兩條分支從極點 $s = 0$ 與 $s = 4$ 開始，並到無限大結束。

　　由於 $L(s)$ 有三個極點與一個有限零點，我們從(9.69)式發現根軌跡有兩條分別由 $\theta = 90°$ 與 $270°$ 所定義的漸近線。根軌跡的形心可從(9.70)式中得到，

$$\sigma_0 = \frac{(-12 + 0 + 4) - (-2)}{3 - 1} = -3$$

接下來，基於(9.59)式，回授系統的特徵多項式為

$$A(s) = s^3 + 8s^2 + (0.5K - 48)s + K$$

建構羅斯陣列，得到：

第 3 列：   1 $0.5K - 48$

第 2 列：   8 K

第 1 列： $\dfrac{8(0.5K - 48) - K}{8}$ 0

第 0 列： K 0

將第一列中唯一不爲零的元素設定爲零，我們可得

$$8(0.5K - 48) - K = 0$$

這就是迴路增益 K 的臨界值，即，

$$K = 128$$

接著，利用第二列的元素與 K=128，我們得到輔助多項式，

$$8s^2 + 128 = 0$$

上式有位於 $s = \pm j4$ 的根。則，根軌跡交 s 平面的虛數軸於 $s = \pm j4$，而且對應的 K 值爲 128。

最後，利用(9.71)式，我們發現分離點必須滿足下列條件

$$\frac{d}{ds}\left(\frac{s(s + 12)(s - 4)}{0.5K(s + 2)} \right) = 0$$

即，

$$s^3 + 7s^2 + 16s - 48 = 0$$

利用電腦，我們發現這個三次方程式有一階實根於 $s = 1.6083$。K 所對應的值爲 29.01。

將這些結果放在一起，我們可以建構如圖 9.28 中所示的根軌跡。於此，我們看到回授系統在 $0 \leq K \leq 128$ 時是不穩定的。當 $K > 128$ 時，特徵多項式的所有三個根都會變成在 s 平面的左半邊。因此，當所提供的迴路增益足夠大時，應用回授系統的效益是將一個不穩定設備*穩定化*。

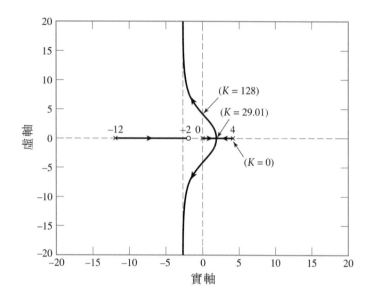

圖 9.28　閉迴路控制系統的根軌跡圖，其迴路轉換函數為

$$L(s) = \frac{0.5K(s + 2)}{s(s - 4)(s + 12)}$$

➤　**習題 9.13**　若範例 9.9 中迴路轉換函數 $L(s)$ 位於 $s = 4$ 的極點換成左半平面中的極點 $s = -4$，根軌跡會如何改變？

答案　此新的根軌跡有三條分支。其中一條分支從極點 $s = 0$ 開始到零點 $s = -2$ 結束。另外兩條分支從極點 $s = -4$ 與 $s = -12$ 開始，彼此朝對方移動，交會於 $s = -7.6308$，然後又互相分離；它們的漸近線會交於 $s = -7.$。此回授系統對於所有 $K > 0$ 時都是穩定的。　◀

9.14　奈奎斯特穩定準則 (Nyquist Stability Criterion)

當迴路增益改變時，根軌跡的方法提供線性回授系統特徵方程式的根的資訊，亦即，系統閉迴路轉換函數極點的資訊。這個資訊必然也可以用來評估的，不僅是系統的穩定性而且還有與其暫態響應相關的事項，如 9.10 節中所討論的。關於操作的方法，我們需要知道系統迴路轉換函數的極點與零點。然而在某些情況中，這個需求可能很困難來配合。例如，想確定回授系統穩定性的唯一方法是透過實驗的方法，又或者，回授迴路可能包含一個時間延遲，因而迴路轉換函數不是一個有理函數。在這些情況下，我們可以利用奈奎斯特準則作為評估系統穩定性的替代方案。無論如何，奈奎斯特準則的重要性都是足夠讓我們加以單獨考慮的。

奈奎斯特穩定性準則 (Nyquist stability criterion) 是一種頻域方法，以迴路轉換函數 $L(s)$ 對 $s = j\omega$ 作圖(在極座標中) 為基礎。這個準則有三個我們所要的特性，使得它對於線性回授系統的分析與設計，成為一套很有用的工具：

1. 它提供系統絕對穩定性、穩定性程度，以及如何將一個不穩定的系統穩定化等相關資訊。

2. 它提供關於系統頻域響應的相關資訊。

3. 它可以用來研究一個含有時間延遲的線性回授系統穩定性，其中的時間延遲可能由於受干擾的部分而出現。

然而，不像根軌跡方法，奈奎斯特準則的限制是，它並不提供系統特徵方程式根的精確位置。並且，下列的警示說明是很適當的：奈奎斯特穩定性準則的推導在智識上的要求遠高於迄今所介紹穩定性問題上的其他題材。

■ 9.14.1　包圍 (ENCLOSURES) 與環繞 (ENCIRCLEMENTS)

為了準備表示奈奎斯特穩定性準則的方式，我們需要了解出現在輪廓線映射 (contour mapping) 背景裡的專業術語「包圍」 (enclosure) 與「環繞」 (encirclement) 是什麼意思。為此，請考慮某個複變數 s 的函數 $F(s)$。我們習慣將與 s 相關的事情在一個稱為 s 平面的複數平面中來表示。既然函數 $F(s)$ 是複數值的，我們將在它自己的複數平面中加以描述，此後將該平面稱為 F 平面。令 C 代表一個在 s 平面裡的*封閉輪廓線 (closed contour)*，複變數 s 沿著它移動。一個輪廓線稱為*封閉的 (closed)* 是指說該輪廓線終止於它本身的某一點，並且，當複變數 s 沿著它移動時，不會與它自己相交。我們將 Γ 記作 F 平面中對應的輪廓線，也就是函數 $F(s)$ 會沿著它移動。若 $F(s)$ 為單值函數，則 Γ 也是一個封閉輪廓線。習慣上是以逆時鐘方向沿著輪廓線 C 移動，如圖 9.29(a)中所示。在 F 平面中可能會有兩種不同的情況發生：

▶ 在 s 平面中輪廓線 C 的內部映射到 F 平面中輪廓線 Γ 的內部，如圖 9.29(b)的說明。在這個情況，輪廓線 Γ 是以逆時鐘方向繞行 (即，與輪廓線 C 相同的方向)。

▶ 在 s 平面中輪廓線 C 的內部映射到 F 平面中輪廓線 Γ 的外部，如圖 9.29(c)中所說明的。在這第二個情況裡，輪廓線 Γ 是以順時鐘方向繞行 (即，是與輪廓線 C 相反的方向)。

基於此圖，我們可以提出下述的定義：*若將一個區域或一個點映射到以逆時鐘方向繞行輪廓線的內部，則此區域或點稱為被該封閉輪廓線所「包圍」*。例如，圖 9.29 (a)中位於輪廓線 C 內部的點 s_A，映射到圖 9.29(b)中位於輪廓線 Γ 內部的點 $F_A = F(s_A)$，但卻映射到圖 9.29(c)中輪廓線的外部。因此，點 F_A 被圖 9.29(b)中的 Γ 所包圍，但不被圖 9.29(c)的輪廓線包圍。

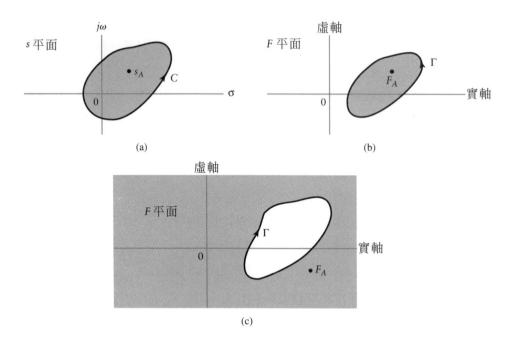

圖 9.29　(a)在 s 平面中的輪廓線 C 以逆時鐘方向繞行。(b)與(c)輪廓線 C 映射到 F 平面上的兩種可能方式，其中點 $F_A = F(s_A)$。

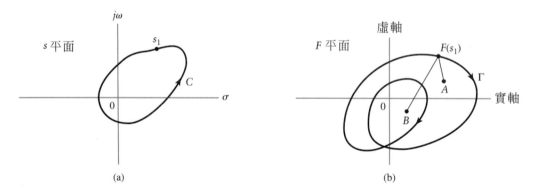

圖 9.30　環繞 (encirclement) 定義的圖解說明。當點 s_1 以逆時鐘方向繞行在 s 平面中的輪廓線 C，如(a)中所示，點 A 只由輪廓線Γ繞行過一次，而點 B 則被繞行二次，兩者都在 F 平面中以順時鐘方向繞行，如(b)中所示。

　　本文中所定義的術語「包圍」應該小心地與術語「環繞」有所區別。對於後者，我們可以提出下列的定義：*若一個點位於一個封閉輪廓線的內部，則該點稱為被封閉輪廓線所環繞*。對於一個在 F 平面中我們所感興趣的點而言，有可能以正向或負向環繞超過一次。尤其，當點 s_1 以逆時鐘方向圍繞在 s 平面中的輪廓線 C 一次，若相量 (即，從點 A 到輪廓線上的移動點 $F(s_1)$ 所連成的線) 以相同逆時鐘方向旋轉通過 $2\pi m$ 的弧度，則在 F 平面中的輪廓線Γ產生對於點 A 總共 m *次的正向環繞*。因此，在圖 9.30 所描述的情形中,我們發現當點 s_1 以逆時鐘方向繞行 s 平面中的輪廓線 C 一次,點 A 只會被 F 平面中的輪廓線 Γ 繞行一次,而點 B 會被輪廓線 Γ 繞行二次,兩者都是以逆時鐘方向繞行。因此,在點 A 的情況中我們有 $m = -1$,而在 B 點的情況中我們有 $m = -2$。

➤ **習題 9.14** 考慮在圖 9.31 中所描述的情形。在此圖中,點 A 與點 B 分別會被軌跡 Γ 繞行多少次?

答案 對於點 A 環繞數為 2,而對於點 B 則為 1。 ◀

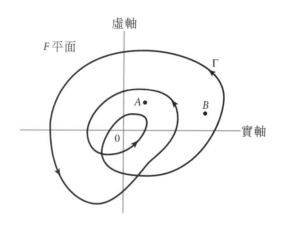

圖 9.31 習題 9.14 的圖。

■ 9.14.2 幅角原理 (PRINCIPLE OF THE ARGUMENT)

假設函數 $F(s)$ 是一個複數變數 s 的單值有理函數,並滿足下列的要求:

1. 除了有限數量的極點之外,$F(s)$ 在 s 平面中,封閉輪廓線 C 的內部是*解析的 (analytic)*。這個解析性條件意指在每個輪廓線內部的點 $s = s_0$,不包括極點所在的點,$F(s)$ 在 $s = s_0$ 以及 s_0 鄰近的每一個點上都有導數存在。

2. $F(s)$ 在輪廓線 C 上沒有極點與零點。

我們接著說明複變理論中的*幅角原理 (principle of the argument)*

$$\frac{1}{2\pi} \arg\{F(s)\}_C = Z - P \tag{9.72}$$

其中 $\arg\{F(s)\}_C$ 是當輪廓線以逆時鐘方向繞行一次時,函數 $F(s)$ 幅角 (角度) 的變動量,而 Z 與 P 分別為函數 $F(s)$ 在輪廓線 C 內部零點與極點的個數。請注意,當 s 在輪廓線 C 上移動一次時,$F(s)$ 的振幅變化為零,因為 $F(s)$ 為單值函數且輪廓線 C 是封閉的;因此,當 s 圍繞輪廓線 C 一次時,$\arg\{F(s)\}_C$ 是在(9.72)式左邊有改變的唯一項。現在假設，當輪廓線 C 以逆時鐘方向繞行一次時，F 平面中的原點總共被繞行 m 次。我們於是可以將下式

$$\arg\{F(s)\}_C = 2\pi m \tag{9.73}$$

按照(9.72)式化簡爲

$$m = Z - P \tag{9.74}$$

　　如前所述，m 可能是正數或負數。於是，我們可以發現，當已知 s 平面中輪廓線 C 以逆時鐘方向繞行一次時，有三個不同的情況：

1. $Z > P$，在這個情況裡，輪廓線 Γ 以逆時鐘方向繞行 F 平面中的原點 m 次。

2. $Z = P$，在這個情況裡，F 平面中的原點沒有被輪廓線 Γ 所繞行。

3. $Z < P$，在這個情況裡，輪廓線 Γ 以順時鐘方向繞行 F 平面中的原點 m 次。

■ 9.14.3　奈奎斯特輪廓線 (NYQUIST CONTOUR)

我們現在已經備妥所需的工具，必須回到手邊的問題上：評估一個線性回授系統的穩定性。從(9.8)式，我們知道這類系統的特徵方程式可以利用它的迴路轉換函數 $L(s) = G(s)H(s)$ 定義如下

$$1 + L(s) = 0$$

也可寫成

$$F(s) = 0 \tag{9.75}$$

其中 $F(s)$ 是回傳差值。針對我們感興趣的函數 $F(s)$，奈奎斯特穩定準則基本上是幅角原理的一個應用，也就是要解出由(9.75)式所提供的特徵方程式，在 s 右半平面中有幾個根。由於 s 平面的這個部分是我們有興趣的領域，可以藉著考慮如圖 9.32 式中所示的輪廓線 C 來求解穩定性問題，並建構該輪廓線以便滿足幅角原理的條件：

▶ 半圓具有一個趨向無限大的半徑 R；因此，當 $R \to \infty$，輪廓線 C 包含整個 s 平面的右半邊。

▶ 沿著虛數軸所顯示的小半圓被包括進來以繞過 $F(s)$ 的奇異點 (即，極點與零點)，該點位於半圓的中心點上。這確保了回傳差值 $F(s)$ 在輪廓線 C 上沒有極點或零點。

如圖所示的輪廓線 C 稱爲*奈奎斯特輪廓線 (Nyquist contour)*。

　　當圖 9.32 的 s 平面中奈奎斯輪廓線以逆時鐘方向繞行一次，令 Γ 爲 F 平面中回傳差值 $F(s)$ 所描繪的封閉輪廓線。若 Z 爲 $F(s)$ 在 s 右半平面中零點的 (未知) 個數，則

從(9.74)式，我們很容易地看出

$$Z = m + P \tag{9.76}$$

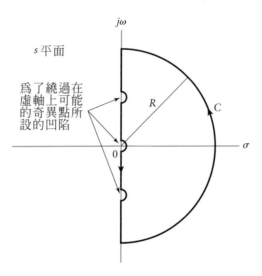

圖 9.32 奈奎斯輪廓線。

其中 P 是 $F(s)$ 在 s 右半平面中極點的個數，而 m 則是 F 平面中輪廓線 Γ 以逆時鐘環繞原點的淨次數。由於認出 $F(s)$ 的零點與此系統特徵方程式的根相同，我們現在可以正式地描述奈奎斯特穩定性準則如下：*如果特徵方程式在 s 平面的右半邊或 $j\omega$ 軸上沒有根存在，則線性回授系統是絕對穩定的，亦即，如果*

$$m + P = 0 \tag{9.77}$$

針對某一相當大類型的線性回授系統，我們可以將奈奎斯特穩定準則加以簡化。由定義可知，回傳差值 $F(s)$ 透過(9.8)式而與迴路轉換函數 $L(s)$ 建立聯繫，我們在這裡重述以便於說明，

$$F(s) = 1 + L(s) \tag{9.78}$$

因此 $F(s)$ 的極點與 $L(s)$ 的極點是相同的。若 $L(s)$ 在 s 平面的右半邊中沒有極點(即，如果系統在沒有回授的情況下是穩定的)，則 $P = 0$，且(9.77)式化簡為 $m = 0$。也就是說，如果這個輪廓線 Γ 沒有繞行 F 平面中的原點，此回授系統是絕對穩定的。

從(9.78)式，我們也注意到 F 平面中的原點對應到 L 平面中的點 $(-1, 0)$。如果 $L(s)$ 在 s 平面的右半邊中沒有極點，可以重新描述奈奎斯特穩定性準則如下：*一個含有迴路轉換函數 $L(s)$ 的線性回授系統是絕對穩定的，如果，當 L 平面中 s 沿奈奎斯輪廓線繞行一次，L 平面中 $L(s)$ 所描繪的軌跡並未繞行點 $(-1, 0)$。* 在 L 平面中的點 $(-1, 0)$ 稱為這個回授系統的*臨界點 (critical point)*。

通常，迴路轉換函數 $L(s)$ 的極點多於零點，這表示當 s 趨近無限大時 $L(s)$ 趨近於零。因此，當半徑 R 趨近無限大時，奈奎斯特輪廓線 C 半圓部分對於 $L(s)$ 軌跡的貢獻趨近於零。換言之，$L(s)$ 軌跡化簡為當 $-\infty < \omega < \infty$ 時 $L(j\omega)$ 的圖(即，s 平面虛數軸上的值)。將該軌跡視為 $L(j\omega)$ 對 ω 變化時的極座標圖也很有幫助，其中 $|L(j\omega)|$ 表示振幅而 $\arg\{L(j\omega)\}$ 表示相位角。所得到的圖稱為奈奎斯特軌跡 (Nyquist locus) 或奈奎斯特圖(Nyquist diagram)。

奈奎斯特軌跡的建構可以藉著下列兩式而簡化

$$|L(-j\omega)| = |L(j\omega)|$$

以及

$$\arg\{L(-j\omega)\} = -\arg\{L(j\omega)\}$$

因此，只需要針對正頻率 $0 \le \omega < \infty$ 繪製奈奎斯軌跡。將正頻率的軌跡對 L 平面實數軸反射，即可插入負頻率的軌跡；當系統的迴路轉換函數在 $s = 0$ 時有一個極點，其圖形如圖 9.33。圖 9.33(a)表示一個穩定系統，而圖 9.33(b)表示一個不穩定系統，其特徵方程式在右半平面中有兩個根，而對於此不穩定系統，奈奎斯特軌跡以逆時鐘方向繞行臨界點 (-1.0) 兩次。特別注意在圖 9.33 中，兩個奈奎斯特軌跡都從 $\omega = \infty$ 開始並在 $\omega = 0$ 結束，以便與圖 9.32 中奈奎斯特輪廓線以逆時鐘方向圍繞的事實一致。

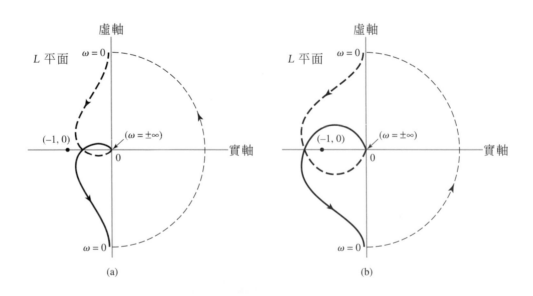

圖 9.33　奈奎斯特圖，(a)代表穩定系統，而(b)代表不穩定系統。

範例 9.10

線性回授放大器　利用奈奎斯特穩定性準則，研究範例 9.8 裡三階電晶體回授放大器的穩定性。將 $s = j\omega$ 代入 $L(s)$ 中，我們得到迴路頻率響應如下

$$L(j\omega) = \frac{6K}{(j\omega + 1)(j\omega + 2)(j\omega + 3)}$$

試證此放大器在 $K = 6$ 時是穩定的。

解答　當 $K = 6$ 時，$L(j\omega)$ 的振幅與相位分別如下

$$|L(j\omega)| = \frac{36}{(\omega^2 + 1)^{1/2}(\omega^2 + 4)^{1/2}(\omega^2 + 9)^{1/2}}$$

以及

$$\arg\{L(j\omega)\} = -\tan^{-1}(\omega) - \tan^{-1}\left(\frac{\omega}{2}\right) - \tan^{-1}\left(\frac{\omega}{3}\right)$$

圖 9.34 顯示一幅奈奎斯特輪廓線的圖，其中似乎沒有環繞臨界點 $(-1, 0)$。因此這個放大器為穩定的。

▶ **習題 9.15**　考慮下列迴路頻率響應所描述的回授放大器

$$L(j\omega) = \frac{K}{(1 + j\omega)^3}$$

利用奈奎斯特穩定性準則，試證此放大器在 $K=8$ 時位於不穩定的餘裕。

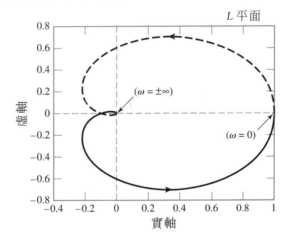

L 平面

圖 9.34　三階回授放大器的奈奎斯特圖，其中放大器的迴路頻率響應為

$$L(j\omega) = \frac{6K}{(j\omega + 1)(j\omega + 2)(j\omega + 3)} \text{ 其中 } K = 6$$

9.15 波德圖 (Bode Diagram)

另一種研究線性回授系統穩定性的方法以*波德圖(Bode diagram)* 為基礎，我們曾在第六章討論過。針對手邊的問題，這個方法是針對 $s = j\omega$ 將迴路轉換函數 $L(s)$ 繪製成兩個分開的圖。在第一張圖裡，$L(s)$ 的振幅以分貝為單位對 ω 的對數作圖。在另一張圖中，$L(j\omega)$ 的相位以度為單位對 ω 的對數作圖。

波德圖吸引我們的特性有兩個部分：

1. 對於不同頻率所需要的計算可以相對容易而且快速地執行，使得波德圖成為一個有用的設計工具。

2. 從波德圖所學到的概念，對於發展極點零點位置如何影響頻率響應 $L(j\omega)$ 的工程直覺非常有幫助。

波德圖直覺的訴求來自 $|L(j\omega)|_{dB}$ 的計算可以很容易地透過直線線段求得近似的事實。如 6.13 節中所示，近似的形式取決於題中的極點或零點因式是一次因式還是二次因式：

▶ 一次極點因式 $(1+s/\sigma_0)$ 對於增益響應 $|L(j\omega)|_{dB}$ 的貢獻由一條只有 0-dB 直線所組成的*低頻漸近線 (low-frequency asymptote)*，加上一條直線斜率為 -20dB/decade 的*高頻漸近線 (high-frequency asymptote)* 所近似。這兩條漸進線相交於 $\omega = \sigma_0$，該點稱為*轉角 (corner)* 或*轉折頻率 (break frequency)*。而近似誤差—亦即，真實增益響應與其近似的差值—在頻率 σ_0 的轉角達到其最大值 3dB。

▶ 二次極點因式 $1 + 2\zeta(s/\omega_n) + (s/\omega_n)^2$，是由一對含有阻尼因子 $\zeta < 1$ 的複數共軛極點所組成，該因式對於增益響應 $|L(j\omega)|_{dB}$ 的貢獻是一對漸進線。其中一條漸近線是 0-dB 的直線，而另一條則是斜率為 -40dB/decade 的直線。這兩個漸近線交於自然頻率 $\omega = \omega_n$ 處。然而，不像一階極點因式的情況，二次極點因式實際的貢獻與它的漸近線近似明顯不同，取決於阻尼因子 ζ 有多靠近 1。當 $\zeta = 0.5$ 時誤差為零，當 $\zeta < 0.5$ 時誤差是正數，而當 $\zeta > 0.5$ 時誤差是負數。

下一個範例說明三階迴路轉換函數波德圖的計算。

範例 9.11

線性回授放大器 （續） 考慮含有下列迴路頻率響應的三階回授放大器

$$L(j\omega) = \frac{6K}{(j\omega + 1)(j\omega + 2)(j\omega + 3)} = \frac{K}{(1 + j\omega)(1 + j\omega/2)(1 + j\omega/3)}$$

請繪製當 $K = 6$ 時的波德圖。

解答 當 $K = 6$ 時，$L(j\omega)$ 第二行中的分子是等於 6 的常數。以分貝來表示，此分子促成下列的固定增益

$$20 \log_{10} 6 = 15.56 \text{ dB}$$

至於分母則是由三個含有轉角頻率分別為 1、2 以及 3 弳/秒的一次極點因式所組成。將分子與分母的影響同時考慮，我們得到如圖 9.35 中所示 $L(j\omega)$ 增益分量的直線近似。

圖 9.36(a)與(b)分別顯示 $L(j\omega)$ 確切的增益分量與相位分量。(圖中新的項將在下一小節中解釋。)

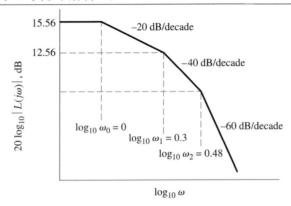

圖 9.35 針對下列的開迴路響應，波德圖增益分量的直線近似

$$\text{當 } K = 6 \text{ 時，} \quad L(j\omega) = \frac{6K}{(j\omega + 1)(j\omega + 2)(j\omega + 3)}$$

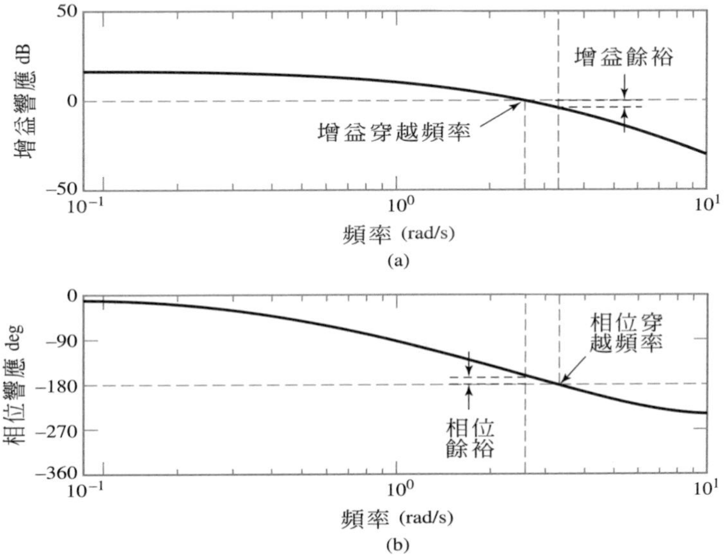

圖 9.36 對於下式開迴路響應(a)確切的增益響應，以及(b)相位響應。

$$\text{當 } K = 6 \text{ 時，} \quad L(j\omega) = \frac{6K}{(j\omega + 1)(j\omega + 2)(j\omega + 3)}$$

■ 9.15.1 回授系統的相對穩定性 (Relative Stability of a Feedback System)

現在我們對於波德圖的建構已經相當熟悉了，因而能夠將其中的概念應用在穩定性問題的研究。一個回授系統的*相對穩定性 (relative stability)* 取決於該系統迴路轉換函數 $L(s)$ 的圖有多靠近當 $s = j\omega$ 時的臨界點 $L(s) = -1$。由於波德圖包含兩個圖，其一是關於 $20 \log_{10}|L(j\omega)|$ 而另一個關於 $\arg\{L(j\omega)\}$，我們有兩種對於相對穩定性常用的量測，如圖 9.37 中所示。

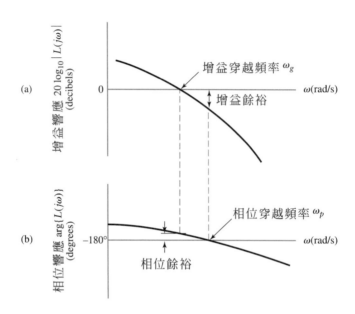

圖 9.37 圖解說明(a)增益餘裕與增益穿越頻率的定義，以及(b)相位餘裕與相位穿越頻率的定義。

這兩種量測的第一種是以分貝為單位的*增益餘裕 (gain margin)*。對於一個穩定回授系統而言，其增益餘裕的定義是，為了使系統達到不穩定餘裕，$20\log_{10}|L(j\omega)|$ 所必須改變的分貝數。假設當迴路頻率響應 $L(j\omega)$ 的相位角等於 $-180°$ 時，其振幅 $|L(j\omega)|$ 等於 $1/K_m$，其中 $K_m > 1$。則 $20 \log_{10}K_m$ 的量等於系統的增益餘裕，如圖 9.37(a)中所示。當 $\arg\{L(j\omega_p)\} = -180°$ 時的頻率 ω_p 稱為*相位穿越頻率 (phase crossover frequency)*。

相對穩定性的第二種量測方法是以度為單位的*相位餘裕 (phase margin)*。再次針對一個穩定的回授系統，其相位餘裕的定義是，為了與臨界點 $L(j\omega) = -1$ 相交，$\arg\{L(j\omega)\}$ 所必須改變的最小角度。假設當振幅 $|L(j\omega)|$ 等於 1，相位角 $\arg\{L(j\omega)\}$ 等於 $-180° + \phi_m$。相角 ϕ_m 稱為系統的相位餘裕，如圖 9.37(b)中所示。當 $|L(j\omega)| = 1$ 時的頻率 ω_g 稱為*增益穿越頻率 (gain crossover frequency)*。

在這些定義的基礎上，關於回授系統穩定性，我們可以得到兩個觀察結果：

1. 如果回授系統是穩定的，增益餘裕與相位餘裕兩者都必須是正數。而且，相位穿越頻率必須大於增益穿越頻率。

2. 如果系統的增益餘裕或相位餘裕的其中之一是負數，則這個系統是不穩定的。

範例 9.12

線性回授放大器(續) 試求範例 9.11 當 $K = 6$ 時，迴路頻率響應的增益餘裕與相位餘裕。

解答 圖 9.36 包含增益穿越頻率與相位穿越頻率的位置：

$$\omega_p = \text{相位穿越頻率} = 3.317 \, \text{rad/s}$$
$$\omega_g = \text{增益穿越頻率} = 2.59 \, \text{rad/s}$$

由於 $\omega_p > \omega_g$，我們已經更加確定範例 9.10 與 9.11 中，迴路頻率響應 $L(j\omega)$ 所描述的三階回授放大器在 $K = 6$ 時為穩定的。

當 $\omega = \omega_p$ 時，由定義，我們有 $\arg\{L(j\omega_p)\} = -180°$。在此頻率，我們從圖 9.36 (a)發現

$$20 \log_{10}|L(j\omega_p)| = -4.437 \, \text{dB}$$

該增益餘裕因此等於 4.437 dB。

當 $\omega = \omega_g$ 時，根據定義，我們有 $|L(j\omega_g)| = 1$。在這個頻率，我們從圖 9.36 (b)發現

$$\arg\{L(j\omega_p)\} = -162.01°$$

該相位餘裕因此等於

$$180 - 162.01 = 17.99°$$

這些穩定性餘裕都包含於圖 9.36 的波德圖中。

■ 9.15.2 波德圖與奈奎斯特準則之間的關係 (RELATION BETWEEN THE BODE DIAGRAM AND NYQUIST CRITERION)

本節所討論的波德圖，以及前一節所討論的奈奎斯特圖，是針對線性回授系統穩定性提供不同觀點的頻域分析技術。波德圖由兩個獨立的圖組成，其中一個是為了顯示增益響應，而另外一個則是為了顯示相位響應。相較之下，奈奎斯特圖將振幅響應與相位響應結合於單一極座標圖中。

　　波德圖說明系統的頻率響應。它使用很容易就可繪製的直線近似，對於系統絕對穩定性與相對穩定性的評估，提供了一個容易使用的方法。因此，透過頻域分析技術，利用波德圖來設計回授系統，可以得到許多對於系統更深入的了解。

　　奈奎斯特準則的重要性是基於下列兩個原因：

1. 提供利用迴路頻率響應來判斷閉迴路系統穩定性的理論基礎。

2. 可以用來評估描述系統的實驗資料是否具有穩定性。

　　奈奎斯特準則是關於穩定性的終極測試，意思是說，任何對於穩定性的判斷都有可能受到誤導，除非同時使用奈奎斯特準則。尤其當系統是*條件穩定 (conditionally stable)* 時，意指該系統於迴路增益變化時通過穩定與不穩定的條件。這樣的現象說明於圖 9.38，圖中我們看到有兩個相位穿越頻率，例如 ω_{p1} 與 ω_{p2}。當 $\omega_{p1} \leq \omega \leq \omega_{p2}$ 時，振幅響應 $|L(j\omega)|_{dB}$ 大於 1。此外，增益穿越頻率 ω_g 大於 ω_{p1} 與 ω_{p2} 兩者。基於這些表面上的觀察，我們傾向於斷定圖 9.38 所表示的閉迴路回授系統是不穩定的。然而實際上，該系統是穩定的，因為奈奎斯特軌跡顯示其中的臨界點 $(-1,0)$ 並沒有被繞行。

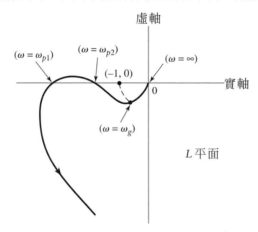

圖 9.38　奈奎斯特圖，說明條件穩定的概念。

　　我們將一個具有圖 9.38 中所示奈奎斯特軌跡特徵的閉迴路系統稱為*條件穩定 (conditionally stable)*，因為一個減小的迴路增益或一個增大的迴路增益都將會使得該系統變得不穩定。

▶ **習題 9.16** 請驗證如圖 9.38 中所示的奈奎斯特軌跡並未環繞臨界點$(-1,0)$。 ◀

9.16　取樣資料的系統 (Sampled-Data Systems)

　　到目前為止所討論過的回授控制系統，我們都必須假設整個系統的行為是連續時間的方式。然而，在許多控制理論的應用中，控制系統也包含數位電腦。動態系統的數位控制有下列例子，包括飛機自動駕駛，大眾運輸工具，煉油廠，以及造紙機器等這類重要的應用。利用數位電腦來控制有明顯的好處，可以增加控制程序的*彈性 (flexibility)*，以及更好的決策制定。

利用數位電腦計算對於一個連續時間系統的控制動作會引入兩個影響：取樣與量化。由於數位電腦只能操作離散時間訊號，所以取樣的動作是必須的。因而，取樣是得自於物理訊號，例如位置或速度的訊號，然後接著用於電腦，以計算適當的控制。至於量化，它的出現是因為數位電腦是以有限精度算術做運算。將數字輸進電腦，然後電腦儲存它們，在這些數字上執行計算，並且最後將這些數字以某個有限的精確度回傳。換言之，量化引入了由於電腦執行運算所造成的捨入誤差 (round-off errors)。在本節中，我們將注意力限制在回授控制系統中，取樣所造成的影響。

我們將利用數位電腦的回授控制系統稱為「混合」(hybrid) 的系統，意思是指連續時間訊號出現在某些地方，而離散時間訊號出現在另一些地方。像這樣的系統通常稱為*取樣資料系統 (sampled-data systems)*。它們混合的本性使得取樣資料系統的分析沒有像純粹連續時間系統，或純粹離散時間系統這麼直接，因為它需要將連續時間與離散時間兩種分析方法結合使用。

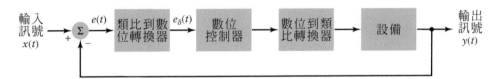

圖 9.39　資料取樣回授控制系統的方塊圖，其中包含離散時間與連續時間兩個部分。

■ 9.16.1　系統描述法 (SYSTEM DESCRIPTION)

例如，考慮圖 9.39 的回授控制系統，其中的數位電腦 (控制器) 執行控制功能。類比到數位 (A/D) 轉換器，在此系統的前端，作用在連續時間誤差訊號上，並將該訊號轉換為一組流水號 (stream of numbers) 以供電腦處理。由電腦所計算的控制是第二組流水號，數位-到-類比(D/A)轉換器將該組數字轉換回輸入於設備的連續時間訊號。為了要分析，模擬圖 9.39 取樣資料系統各種不同的元件如下：

1. *A/D 轉換器 (A/D converter)*。這個元件可以只由一個脈衝取樣器代表。令 $e(t)$ 表示誤差訊號，其定義是系統輸入 $x(t)$ 與系統輸出 $y(t)$ 之間的差值。令 $e[n]=e(nT_s)$ 為 $e(t)$ 的取樣，其中 T_s 為取樣週期。回想第四章中，離散時間訊號 $e[n]$ 可以由下列連續時間訊號來表示

$$e_\delta(t) = \sum_{n=-\infty}^{\infty} e[n]\delta(t - nT_s) \tag{9.79}$$

2. *數位控制器 (Digital controller)*。負責控制的電腦程式可以視爲一個差分方程式，其輸入-輸出的影響可以用 z 轉換 $D(z)$ 表示或等價地，用脈衝響應表示。

$$D(z) = \sum_{n=-\infty}^{\infty} d[n]z^{-n} \tag{9.80}$$

除此之外，我們還可以用連續時間轉換函數 $D_\delta(s)$ 來表示這個電腦程式，其中 s 是拉普拉斯轉換中的複數頻率。從訊號 $d[n]$ 的連續時間表示法所得到的數學式如下

$$d_\delta(t) = \sum_{n=-\infty}^{\infty} d[n]\delta(t - nT_s)$$

對 $d_\delta(t)$ 取拉普拉斯轉換得到下式

$$D_\delta(s) = \sum_{n=-\infty}^{\infty} d[n]e^{-nsT_s} \tag{9.81}$$

從(9.80)與(9.81)式，我們看到，若已知轉換函數 $D_\delta(s)$，可以令 $z = e^{sT_s}$，以求所對應的 z 轉換 $D(z)$。

$$\boxed{D(z) = D_\delta(s)\big|_{e^{sT_s} = z}} \tag{9.82}$$

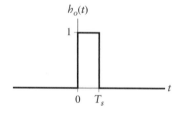

圖 9.40 零階保持的脈衝響應。.

相反的，若已知 $D(z)$，我們可以由下式來求 $D_\delta(s)$

$$\boxed{D_\delta(s) = D(z)\big|_{z = e^{sT_s}}} \tag{9.83}$$

$D(z)$ 的反 z 轉換是一連串的數字，其個別的值等於脈衝響應 $d[n]$。相較之下，$D_\delta(s)$ 的反拉普拉斯轉換是脈衝的序列，其個別的強度是以脈衝響應 $d[n]$ 當作權重。也注意到 $D_\delta(s)$ 是 s 的週期函數，其週期等於 $2\pi/T_s$。

3. *D/A 轉換器 (D/A converter)*。一種常用的 D/A 轉換器樣式爲零階保持 (zero-order hold)，對於整個取樣週期只保持一個輸入的取樣常數的振幅，直到下一個取樣到達。記作 $h_o(t)$ 的零階保持脈衝響應可以因此以圖 9.40 來描述 (請見 4.6 節)，即，

$$b_o(t) = \begin{cases} 1, & 0 < t < T_s \\ 0, & \text{其他條件} \end{cases}$$

零階保持的轉換函數因此為

$$\begin{aligned} H_o(s) &= \int_0^{T_s} e^{-st}\,dt \\ &= \frac{1 - e^{-sT_s}}{s} \end{aligned} \tag{9.84}$$

4. *設備 (Plant)*。設備操作於由零階保持所傳送的連續時間控制,以產生整個系統的輸出。這個設備,照例,可以用轉換函數 $G(s)$ 來表示。

基於這些表示式,我們可以模擬圖 9.39 的數位控制系統,如圖 9.41。

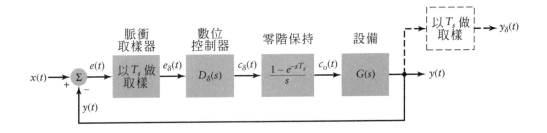

圖 9.41 圖 9.39 所示資料取樣回授控制系統的模型。

■ 9.16.2 取樣訊號拉普拉斯轉換的性質 (PROPERTIES OF LAPLACE TRANSFORMS OF SAMPLED SIGNALS)

為了準備關於判斷圖 9.41 中取樣資料系統模型閉迴路轉換函數的方式,我們需要介紹一些取樣訊號拉普拉斯轉換的性質。令 $a_\delta(t)$ 表示連續時間訊號 $a(t)$ 脈衝取樣後的結果;即,

$$a_\delta(t) = \sum_{n=-\infty}^{\infty} a(nT_s)\delta(t - nT_s)$$

將 $A_\delta(s)$ 記為 $a_\delta(t)$ 的拉普拉斯轉換。(在控制的著作中,通常分別使用 $a^*(t)$ 與 $A^*(s)$ 來表示 $a(t)$ 與其拉普拉斯轉換經過脈衝取樣的結果,因此 $A^*(s)$ 稱為*打星號的轉換 (starred transform)*。但我們沒有使用這個術語,主要是因為星號在本書中用來代表共軛複數。)拉普拉斯轉換 $A_\delta(s)$ 有兩個很重要的性質,是來自於第四章討論的脈衝取樣:

1. *取樣訊號 $a_\delta(t)$ 的拉普拉斯轉換 $A_\delta(s)$ 為複變數 s 的週期函數，週期為 $j\omega_s$，其中 $\omega_s = 2\pi/T_s$，而且 T_s 是取樣週期。* 這個性質直接從(4.23)式得到。特別地，用 s 取代方程式中的 $j\omega$，我們可以寫成

$$A_\delta(s) = \frac{1}{T_s} \sum_{k=-\infty}^{\infty} A(s - jk\omega_s) \tag{9.85}$$

從這個式子很容易發現

$$A_\delta(s) = A_\delta(s + j\omega_s) \tag{9.86}$$

2. *若原始連續時間訊號 $a(t)$ 的拉普拉斯轉換 $A(s)$ 在 $s = s_1$ 有一個極點，則取樣訊號 $a_\delta(t)$ 的拉普拉斯轉換 $A_\delta(s)$ 在 $s = s_1 + jm\omega_s$ 有極點，其中 $m = 0, \pm1, \pm2, \ldots$。* 將 (9.85)式改寫為下列的展開式，即可直接推導出這個性質

$$A_\delta(s) = \frac{1}{T_s}[A(s) + A(s + j\omega_s) + A(s - j\omega_s) + A(s + j2\omega_s) + A(s - j2\omega_s) + \cdots]$$

在此，我們很清楚地看到若 $A(s)$ 在 $s = s_1$ 有一個極點，則 $A(s - jm\omega_s)$ 形式的每一項在 $s = s_1 + jm\omega_s$ 貢獻一個極點，因為

$$A(s - jm\omega_s)|_{s=s_1+jm\omega_s} = A(s_1), \qquad m = 0, \pm1, \pm2, \ldots.$$

$A_\delta(s)$ 的第二個性質如圖 9.42 所示。

檢查(9.85)式，我們知道，因為總和包括了 $A(s - jk\omega_s)$ 形式的項，$A(s)$ 的極點與零點兩者都會影響 $A_\delta(s)$ 的零點。因此，關於 $A_\delta(s)$ 的零點，並沒有任何與第二個性質等價的陳述。然而，我們可以說 $A_\delta(s)$ 的零點表現出週期為 $j\omega_s$ 的週期性，如圖 9.42 中所示。

到目前為止，我們在這個小節只討論了離散時間訊號。然而，在一個取樣資料系統中我們有連續時間訊號與離散時間訊號的混合。接下來我們所要討論的問題就是關於這樣的情況。假設我們有一個訊號 $l(t)$，它是離散時間訊號 $a_\delta(t)$ 與連續時間訊號 $b(t)$ 進行摺積的結果；亦即，

$$l(t) = a_\delta(t) * b(t)$$

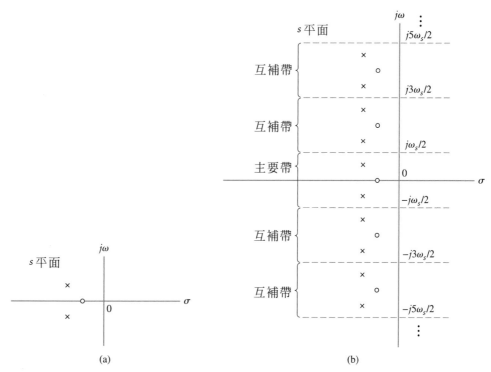

圖 9.42　取樣訊號拉普拉斯轉換的第二性質圖解說明。(a) $A(s)$ 的極點零點映射。(b)下式的極點零點映射：

$$A_\delta(s) = \frac{1}{T_s} \sum_{k=-\infty}^{\infty} A(s - jk\omega_s)$$

其中 ω_s 是取樣頻率。

我們現在使用與 $a_\delta(t)$ 相同的頻率來對 $l(t)$ 取樣，因而寫成

$$l_\delta(t) = [a_\delta(t) * b(t)]_\delta$$

將這個關係轉換到複數 s 域，同樣的，我們可以寫成

$$L_\delta(s) = [A_\delta(s)B(s)]_\delta$$

其中 $a_\delta(t) \overset{\mathcal{L}}{\longleftrightarrow} A_\delta(s)$、$b(t) \overset{\mathcal{L}}{\longleftrightarrow} B(s)$，以及 $l_\delta(t) \overset{\mathcal{L}}{\longleftrightarrow} L_\delta(s)$。將(9.85)式改寫成適合此新的情況，我們有

$$L_\delta(s) = \frac{1}{T_s} \sum_{k=-\infty}^{\infty} A_\delta(s - jk\omega_s)B(s - jk\omega_s) \tag{9.87}$$

其中，與之前一樣，$\omega_s = 2\pi/T_s$。然而，根據定義，拉普拉斯轉換 $A_\delta(s)$ 為 s 的週期函數，週期為 $j\omega_s$。接著得到

$$A_\delta(s - jk\omega_s) = A_\delta(s) \quad 當 k = 0, \pm1, \pm2, \dots 時$$

因此我們可以將(9.87)式簡化為

$$
\begin{aligned}
L_\delta(s) &= A_\delta(s) \cdot \frac{1}{T_s} \sum_{k=-\infty}^{\infty} B(s - jk\omega_s) \\
&= A_\delta(s)B_\delta(s)
\end{aligned}
\tag{9.88}
$$

其中 $b_\delta(t) \overset{\mathscr{L}}{\longleftrightarrow} B_\delta(s)$ 且 $b_\delta(t)$ 是 $b(t)$ 經過脈衝取樣的結果；亦即，

$$
B_\delta(s) = \frac{1}{T_s} \sum_{k=-\infty}^{\infty} B(s - jk\omega_s)
$$

依照(9.88)式，我們現在可以說明脈衝取樣的另一個性質：*如果一個以頻率 1/T_s 取樣的訊號，其拉普拉斯轉換是兩個拉普拉斯的乘積；其中一個是在 s 域中週期為 jω_s = j2π/T_s 的週期性拉普拉斯轉換，另一個是非週期性拉普拉斯轉換，則這個週期性拉普拉斯轉換是整個結果的一個因式。*

■ 9.16.3　閉迴路轉換函數 (CLOSED-LOOP TRANSFER FUNCTION)

回到手中的問題，亦即，求解圖 9.39 中取樣資料的系統閉迴路轉換函數，我們發現在圖 9.41 模型中的每一個函數方塊，除了取樣器之外，都以專屬的轉換函數為其特徵。不幸的是，取樣器沒有轉換函數，這使得如何求取樣資料系統閉迴路轉換函數變得複雜。為了避免這個問題，我們用加總器 (summer) 來替代取樣操作裝置，而所以將圖 9.41 的模型重新規劃為如圖 9.43 的等效形式，其中在分析中加入的訊號現在全部都可以由其個別的拉普拉斯轉換來表示。在取樣資料系統分析中常用的方法是，建立取樣輸入 $X_\delta(s)$ 與取樣輸出 $Y_\delta(s)$ 的關係。亦即，我們分析在圖 9.43 虛線框框內的閉迴路轉換函數 $T_\delta(s)$。這個方法描述了設備輸出 $y(t)$ 在*取樣時瞬間*的行為，但並不提供關於介於這些瞬間，輸出如何改變的資訊。

　　圖 9.43 已經將零階保持的轉換函數分割成兩個部分。第一個部分由 $(1 - e^{-sT_s})$ 表示，已經與數位控制器的轉換函數 $D_\delta(s)$ 相乘。另一個部分由 $1/s$ 表示，已經與設備的轉換函數 $G(s)$ 相乘。在這樣的方式裡，目前在圖 9.43 的模型中只考慮兩種轉換：

　▶ 連續時間數量的轉換，以拉普拉斯轉換 $y(t) \overset{\mathscr{L}}{\longleftrightarrow} Y(s)$ 與下列轉換函數來表示

$$
B(s) = \frac{G(s)}{s}
\tag{9.89}
$$

　▶ 離散時間數量的轉換，以拉普拉斯轉換 $x_\delta(t) \overset{\mathscr{L}}{\longleftrightarrow} X_\delta(s)$, $e_\delta(t) \overset{\mathscr{L}}{\longleftrightarrow} E_\delta(s)$，與 $y_\delta(t) \overset{\mathscr{L}}{\longleftrightarrow} Y_\delta(s)$ 以及下列轉換函數來表示

$$A_\delta(s) = D_\delta(s)(1 - e^{-sT_s}) \tag{9.90}$$

我們現在已經準備好要為取樣資料系統的分析，描述一個簡單直接的程序：

1. 寫下因果 (cause-and-effect) 方程式，利用拉普拉斯轉換以得到閉迴路轉換函數 $T_\delta(s)$。

2. 將 $T_\delta(s)$ 轉變為離散時間轉換函數 $T(z)$。

3. 利用 z 平面的分析工具，例如根軌跡法，來評估系統的穩定性和效能。

雖然我們是在如圖 9.39 的取樣資料系統的背景裡說明過這個程序，而且該系統只含有單一的取樣器，但這個程序仍可以推廣到含有各種不同取樣器的取樣資料系統。

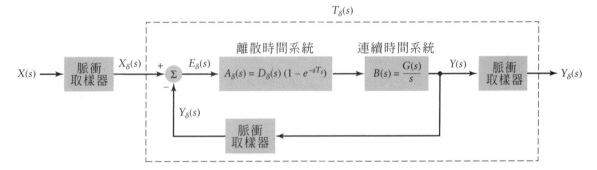

圖 9.43　將圖 9.41 的模型重新規劃所得到的取樣資料系統方塊圖。$X(s)$ 是輸入 $x(t)$ 的拉普拉斯轉換，而 $Y_\delta(s)$ 是出現在圖 9.41 虛線取樣器輸出端，取樣後訊號 $y_\delta(t)$ 的拉普拉斯轉換。

請看圖 9.43，我們可以立即設定因果方程式

$$E_\delta(s) = X_\delta(s) - Y_\delta(s) \tag{9.91}$$

以及

$$Y(s) = A_\delta(s)B(s)E_\delta(s) \tag{9.92}$$

其中 $B(s)$ 與 $A_\delta(s)$ 分別由(9.89)式與(9.90)式定義。將脈衝取樣器應用在 $y(t)$，描繪如圖 9.41 中的虛線輸出單元，有相同的取樣週期 T_s 而且與系統前端的脈衝取樣器同步。因此，以這樣的方式來對 $y(t)$ 取樣，我們可以將 (9.92)改寫成取樣之後的形式

$$\begin{aligned} Y_\delta(s) &= A_\delta(s)B_\delta(s)E_\delta(s) \\ &= L_\delta(s)E_\delta(s) \end{aligned} \tag{9.93}$$

其中 $B_\delta(s)$ 是 $B(s)$ 經過取樣的形式，而 $L_\delta(s)$ 由(9.88)式所定義。針對比值 $Y_\delta(s)/X_\delta(s)$ 解出(9.91)式與(9.93)式，我們可以將圖 9.41 的取樣資料系統閉迴路轉換函數表示如下

$$T_\delta(s) = \frac{Y_\delta(s)}{X_\delta(s)} = \frac{L_\delta(s)}{1 + L_\delta(s)} \tag{9.94}$$

最後，將(9.82)式改爲適合目前的狀況，我們可以用 z 轉換的形式來重寫(9.94)式如下

$$\boxed{T(z) = \frac{L(z)}{1 + L(z)}} \tag{9.95}$$

其中

$$L(z) = L_\delta(s)\big|_{e^{sT_s}=z}$$

以及

$$T(z) = T_\delta(s)\big|_{e^{sT_s}=z}$$

如前所述，(9.95)式定義轉換函數 $T(z)$，這個函數是圖 9.39 中原始取樣後資料系統的已取樣輸入以及設備輸出 $y(t)$ 之間的轉換，而且只在取樣的瞬間進行量測。

範例 9.13

閉迴路轉換函數的計算 在圖 9.39 的取樣資料系統中，設備的轉換函數爲

$$G(s) = \frac{a_0}{s + a_0}$$

而數位控制器 (電腦程式) 的 z 轉換爲

$$D(z) = \frac{K}{1 - z^{-1}}$$

試求此系統的閉迴路轉換函數 $T(z)$。

解答 首先考慮 $B(s) = G(s)/s$，將其表示爲部分分數

$$B(s) = \frac{a_0}{s(s + a_0)} = \frac{1}{s} - \frac{1}{s + a_0}$$

$B(s)$ 的反拉普拉斯轉換爲

$$b(t) = \mathcal{L}^{-1}[B(s)] = (1 - e^{-a_0 t})u(t)$$

因此，將 (9.81) 的定義調整爲適合目前的問題，我們有 (請見進階資料第八項裡的註解)

$$B_\delta(s) = \sum_{n=-\infty}^{\infty} b[n] e^{-snT_s}$$

$$= \sum_{n=0}^{\infty} (1 - e^{-a_0 nT_s}) e^{-snT_s}$$

$$= \sum_{n=0}^{\infty} e^{-snT_s} - \sum_{n=0}^{\infty} e^{-(s+a_0)nT_s}$$

$$= \frac{1}{1 - e^{-sT_s}} - \frac{1}{1 - e^{-a_0 T_s} e^{-sT_s}}$$

$$= \frac{(1 - e^{-a_0 T_s}) e^{-sT_s}}{(1 - e^{-sT_s})(1 - e^{-a_0 T_s} e^{-sT_s})}$$

為了收斂性，我們必須限制所分析的 s 值，使得 $|e^{-sT_s}|$ 與 $|e^{-T_s(s+a_0)}|$ 兩者都小於 1。接下來，將(9.83)式代入已知的 z 轉換 $D(z)$，我們得到

$$D_\delta(s) = \frac{K}{1 - e^{-sT_s}}$$

將上式代入(9.90)式中得到

$$A_\delta(s) = K$$

因此，利用(9.88)式中 $A_\delta(s)$ 與 $B_\delta(s)$ 所得到的結果，我們獲得

$$L_\delta(s) = \frac{K(1 - e^{-a_0 T_s}) e^{-sT_s}}{(1 - e^{-sT_s})(1 - e^{-a_0 T_s} e^{-sT_s})}$$

最後，設定 $e^{-sT_s} = z^{-1}$，我們得到 z 轉換

$$L(z) = \frac{K(1 - e^{-a_0 T_s}) z^{-1}}{(1 - z^{-1})(1 - e^{-a_0 T_s} z^{-1})} = \frac{K(1 - e^{-a_0 T_s}) z}{(z - 1)(z - e^{-a_0 T_s})}$$

在 z 平面中，上式有一個零點位於原點，有一個極點在單位圓內部的 $z = e^{-a_0 T_s}$，還有一個極點在單位圓上的 $z = 1$。

▶ **習題 9.17** 一個設備的轉換函數為

$$G(s) = \frac{1}{(s + 1)(s + 2)}$$

試求 $(G(s)/s)_\delta$。

答案 $\left(\dfrac{G(s)}{s}\right)_\delta = \dfrac{\frac{1}{2}}{1 - e^{-sT_s}} - \dfrac{1}{1 - e^{-T_s} e^{-sT_s}} + \dfrac{\frac{1}{2}}{1 - e^{-2T_s} e^{-sT_s}}$ ◀

■ 9.16.4　穩定性 (STABILITY)

在取樣資料系統中的穩定性問題有別於其所對應連續時間的問題，因為我們是在 z 平面中進行分析而非在 s 平面。連續時間系統的穩定區域是由 s 平面的左半平面來表示，而取樣資料系統的穩定區域是由 z 平面的單位圓內來表示。

　　提到 (9.95)，我們知道圖 9.39 中取樣資料系統的穩定性取決於閉迴路轉換函數 $T(z)$ 的極點，或者等價地，由特徵方程式的根來求：

$$1 + L(z) = 0$$

兩邊同時減去 1 得到

$$\boxed{L(z) = -1} \tag{9.96}$$

關於這個方程式的重點，請注意到，該方程式與 (9.60) 所描述的連續時間回授系統，其對應的方程式有相同的數學形式。因此，在 z 平面中建構根軌跡的技巧與在 s 平面中建構根軌跡的技巧完全相同。換言之，第 9.13 節所描述 s-平面根軌跡的所有性質，對於 z 平面的根軌跡仍然存在。唯一的不同在於，為了使資料取樣回授系統是穩定的，特徵 (9.96) 式所有的根必須限制在 z 平面中單位圓的內部。

　　以類似的方式，在 9.14 節中用來推導奈奎斯特準則的幅角原理，適用於 z 平面也適用於 s 平面。然而此刻，s 平面的虛軸由 z 平面中的單位圓取代，而且閉迴路轉換函數 $T(z)$ 所有的極點必須在單位圓之中。

範例 9.14

二階取樣資料系統的根軌跡 接續範例 9.13，假設 $e^{-a_0 T_s} = \dfrac{1}{2}$。則

$$L(z) = \frac{\frac{1}{2}Kz}{(z-1)\left(z-\frac{1}{2}\right)}$$

請建構系統的 z 平面根軌跡。

解答　系統的特徵方程式為

$$(z-1)\left(z-\tfrac{1}{2}\right) + \tfrac{1}{2}Kz = 0$$

即，

$$z^2 + \tfrac{1}{2}(K-3)z + \tfrac{1}{2} = 0$$

這是 z 的二次方程式，它的兩個根為

$$z = -\tfrac{1}{4}(K-3) \pm \tfrac{1}{4}\sqrt{K^2 - 6K + 1}$$

此系統的根軌跡如圖 9.44 中所示，其中我們應注意這些事情：

▶ 從 $K = 0$ 開始，當 $K = 3 - 2\sqrt{2} \simeq 0.172$ 時，根軌跡的分離點發生在 $z = 1 \quad \sqrt{2} \simeq 0.707$。

▶ 當 $K = 3 + 2\sqrt{2} \simeq 5.828$ 時，根軌跡再次與 z 平面的實數軸相交，但這次是在 $z = -1/\sqrt{2} \simeq -0.707$。

▶ 當 $0.172 \le K \le 5.828$ 時，特徵方程式的根描繪一個中心位於 z 平面的原點，而且半徑等於 $1/\sqrt{2}$ 的圓。

▶ 當 $K > 5.828$ 時，兩個根開始互相分開，其中一根向位於原點的零點移動，而另一個根朝向負無限大的方向移動。

▶ 當 $K = 6$ 時，特徵方程式的兩個根移動到 $z = -\frac{1}{2}$ 與 $z = 1$。因此，當 K 為這個值時，系統位在不穩定性的餘裕，而當 $K > 6$ 時，此系統變成不穩定的。

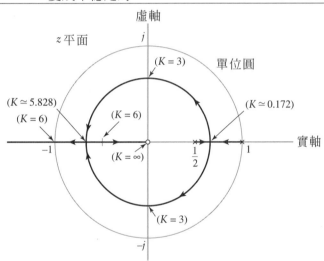

圖 9.44　取樣資料系統的根軌跡，其迴路轉換函數為

$$L(z) = \frac{\frac{1}{2}Kz}{(z-1)\left(z-\frac{1}{2}\right)}$$

9.17　利用 MATLAB 探索觀念 (Exploring Concepts with MATLAB)

穩定性的問題在回授系統的研究中具有無比的重要性。在處理這些系統的過程中，已知系統的 (開) 迴路轉換函數，記作 $L(s)$，則我們必須判斷系統的閉迴路是否具有穩定性。在本章所介紹的內容中，兩個關於研究此問題的基本方法已經討論過了：

1. 根軌跡法。

2. 奈奎斯特穩定性準則。

MATLAB 的控制系統工具箱以計算機的高效能方法來探討這兩種方法。

■ 9.17.1 回授系統的閉迴路極點 (CLOSED-LOOP POLES OF FEED-BACK SYSTEM)

將迴路轉換函數 $L(s)$ 表示為 s 的兩個多項式的比；即，

$$L(s) = K\frac{P(s)}{Q(s)}$$

其中 K 是比例因子。此回授系統的特徵方程式定義如下

$$1 + L(s) = 0$$

也可寫成

$$Q(s) + KP(s) = 0$$

這個方程式的根定義此回授系統閉迴路轉換函數的極點。為了解出這些根，我們利用 6.14 節中所介紹的指令 roots。這個指令用來計算得到表 9.1 中所描述的結果，詳細說明一個三階回授系統特徵多項式的根，即，

$$s^3 + 3s^2 + 3s + K + 1 = 0$$

其中 $K = 0$，5，與 10。例如，當 $K = 10$ 時，我們有

```
>> sys = [1, 3, 3, 11];
>> roots(sys)
ans =
    -3.1544
     0.0772 + 1.8658i
     0.0772 - 1.8658i
```

現在假設我們想要在 $K = 10$ 時，針對這個三階回授系統閉迴路極點，計算它的自然頻率以及阻尼係數。對於這個系統，我們可寫出下列程式，得到

```
>> sys = [1, 3, 3, 11];
>> damp(sys)
    Eigenvalue            Damping       Freq. (rad/s)
    0.0772 + 1.8658i      -0.0414       1.8674
    0.0772 - 1.8658i      -0.0414       1.8674
    -3.1544                1.000        3.1544
```

在第一行中的回傳值是此特徵方程式的根。而 Eigenvalue 這一行僅僅是執行這部分計算所使用方法的一個表達。

一個我們感興趣的相關問題是，計算此系統閉迴路轉換函數的極點或特徵方程式的根所對應的阻尼係數。利用下列指令，很容易地在 MATLAB 上完成這個計算

```
[Wn, z] = damp(sys)
```

上式回傳分別內含此回授系統自然頻率與阻尼係數的向量 `Wn` 與 `z`。

■ 9.17.2 根軌跡圖 (ROOT LOCUS DIAGRAM)

建構一個回授系統的根軌跡需要我們計算，並繪製下列特徵方程式根的軌跡

$$Q(s) + KP(s) = 0$$

對於變化的 K。利用下列 MATLAB 指令，這個任務很容易完成

```
rlocus(tf(num, den))
```

其中 `num` 與 `den` 分別記為分子多項式 $P(s)$ 的係數，與分母多項式 $Q(s)$ 的係數，以 s 的降冪排列來表示。事實上，這個指令用來產生圖 9.22、9.26，與 9.28 中所繪製的結果。例如，圖 9.28 的根軌跡與下列迴路轉換函數有關

$$L(s) = \frac{0.5K(s+2)}{s(s-4)(s+12)}$$
$$= \frac{K(0.5s+1.0)}{s^3 + 8s^2 - 48s}$$

我們利用下列指令來計算根軌跡，與繪製其圖形：

```
>> num = [.5, 1];
>> den = [1, 8, -48, 0];
>> rlocus(tf(num, den))
```

➤ **習題 9.18** 利用指令 `rlocus` 繪製一個含有下列迴路轉換函數的回授系統根軌跡

$$L(s) = \frac{K}{(s+1)^3}$$

答案　分離點是 -1。當 $K = 8$ 時，這個系統位在不穩定的餘裕，而此時該系統的閉迴路極點在 $s = -3$ 與 $s = \pm 1.7321j$。　　　　　　　　　　　　　　　◀

另一個常用的指令為 `rlocfind`，用來求解所需的比例因子 K 值，以實現根軌跡上一組特定的根。為了說明這個指令的使用，再次考慮圖 9.28 的根軌跡，並撰寫下列的指令：

```
>> num = [.5, 1];
>> den = [1, 8, -48, 0];
>> rlocus(tf(num, den));
>> K = rlocfind(num, den)
Select a point in the graphics window
```

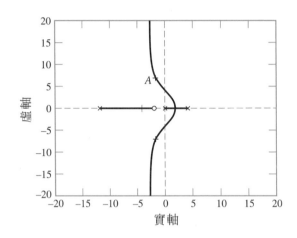

圖 9.45　說明如何應用 MATLAB 指令 rlocfind 的根軌跡圖。

我們於是將游標放在 A 點上以爲回應，表示根的位置在左手上方的象限中，即，如圖 9.45 中所描繪的 "+" 的符號。隨後在此點上方按一下滑鼠左鍵，MATLAB 回應如下：

```
selected point =
    -1.6166 + 6.393i
K =
    213.68
```

■ 9.17.3　奈奎斯特穩定性準則 (NYQUIST STABILITY CRITERION)

建構奈奎斯特圖的過程包含，將 $s = j\omega$ 代入迴路轉換函數 $L(s)$，得到迴路頻率響應 $L(j\omega)$ 的極座標圖。頻率 ω 是沿著整個範圍 $-\infty < \omega < \infty$ 變化。爲了著手進行建構，我們首先將 $L(j\omega)$ 表示爲兩個以 $j\omega$ 降冪排列的多項式的比：

$$L(j\omega) = \frac{p'_M(j\omega)^M + p'_{M-1}(j\omega)^{M-1} + \cdots + p'_1(j\omega) + p'_0}{q_N(j\omega)^N + q_{N-1}(j\omega)^{N-1} + \cdots + q_1(j\omega) + q_0}$$

在此，$p'_i = Kp_i$ 其中 $i = M, M-1, \ldots, 1, 0$。令 num 與 den 分別記爲 $L(j\omega)$ 的分子係數與分母係數。我們因此可以利用下列 MATLAB 指令來建構奈奎斯特圖

```
nyquist(tf(num, den))
```

圖 9.34 中關於範例 9.10 所顯示的結果由此 MATLAB 指令所得到。對於該範例，我們有

$$L(j\omega) = \frac{36}{(j\omega)^3 + 6(j\omega)^2 + 11(j\omega) + 6}$$

為了估算奈奎斯特圖，我們因此可寫成

```
>> num = [36];
>> den = [1, 6, 11, 6];
>> nyquist(tf(num, den))
```

➤ **習題 9.19** 利用指令 nyquist，若回授系統定義如下，請繪製其奈奎斯特圖

$$L(j\omega) = \frac{6}{(1 + j\omega)^3}$$

請判斷這個系統是否為穩定的。

答案 這個系統是穩定的。 ◀

■ 9.17.4 波德圖 (BODE DIAGRAM)

線性回授系統的波德圖包含兩個圖表。在其中一個圖中，迴路增益響應 $20\log_{10}|L(j\omega)|$ 對 ω 的對數作圖。在另一個圖中，迴路相位響應 $\arg\{L(j\omega)\}$ 對 ω 的對數作圖。由於已知的迴路頻率響應表示成下列形式

$$L(j\omega) = \frac{p'_M(j\omega)^M + p'_{M-1}(j\omega)^{M-1} + \cdots + p'_1(j\omega) + p'_0}{q_N(j\omega)^N + q_{N-1}(j\omega)^{N-1} + \cdots + q_1(j\omega) + q_0}$$

我們首先設定向量 num 與 den，使它們分別表示 $L(j\omega)$ 的分子多項式的係數與分母多項式的係數。於是 $L(j\omega)$ 的波德圖可以很容易地利用 MATLAB 指令來建構

```
margin(tf(num, den))
```

這個指令從頻率響應資料裡計算增益餘裕、相位餘裕，與相關的穿越頻率。這結果也包含了迴路增益與相位響應兩者的圖。

先前的指令用來計算圖 9.36 中所描述關於範例 9.11 的結果。對於該範例，我們有

$$L(j\omega) = \frac{36}{(j\omega)^3 + 6(j\omega)^2 + 11(j\omega) + 6}$$

用來計算波德圖的指令，包括穩定性餘裕，如下所示：

```
>> num = [36];
>> den = [1, 6, 11, 6];
>> margin(tf(num, den))
```

➤ **習題 9.20** 試計算下列迴路頻率響應的波德圖，穩定性餘裕，以及相關的穿越頻率

$$L(j\omega) = \frac{6}{(1 + j\omega)^3}$$

答案   增益餘裕 = 2.499 dB

       相位餘裕 = 10.17°

       相位穿越頻率 = 1.7321

       增益穿越頻率 = 1.5172   ◀

9.18 總結 (Summary)

在本章裡，我們討論了回授的概念，這是研究回授放大器與控制系統的重要基礎。回授的應用具有工程重要性的效益：

▶ 降低系統閉迴路增益對於迴路裡設備增益改變時的敏感度。

▶ 降低迴路中所造成干擾的影響。

▶ 降低由於設備對線性行為的偏差所造成的非線性失真。

的確，當回傳差值所量測到的回授總量增加時，這些改善變得更好。

然而，回授就像刀的雙刃，若使用不當仍可能會變成有害的。尤其，一個回授系統很有可能會變得不穩定，除非我們採取特別的預防措施。穩定性在回授系統的研究中，顯著地起關鍵性的作用。關於如何評估線性回授系統的穩定性，這裡有兩種具有不同基礎的方法：

1. 根軌跡法，這是一個轉換域的方法 (transform-domain method)，與閉迴路系統的暫態響應有關。

2. 奈奎斯特穩定性準則，這是一個頻域方法 (frequency-domain method)，與系統的開迴路頻率響應有關。

從工程的觀點，這些還不夠用來確保一個回授系統是穩定的。當然，系統的設計必須包括一個穩定性的適當餘裕，以防範由外部因素所造成參數上的變化。根軌跡技巧與奈奎斯特穩定性準則以它們各自所擁有的特殊方法來迎合這個需要。

奈奎斯特穩定性準則可以利用下列兩種描述中的一種來自己進行：

1. *奈奎斯特圖 (軌跡)*。在這個描述方法裡，系統的開迴路頻率響應是以極座標繪製的，而且我們的重點放在軌跡是否環繞了臨界點 (-1,0)。

2. 波德圖。在此方法中，系統的開迴路頻率響應是透過兩種圖的結合來表示的。其中一張圖繪製迴路增益響應，而另一張圖繪製迴路相位響應。在一個非條件穩定的系統中，我們應該發現增益穿越頻率小於相位穿越頻率。

就某種意義來說，根軌跡法與奈奎斯特穩定性準則(由奈奎斯特圖或波德圖所表示)互相輔助：根軌跡法強調時域中的穩定性問題，而奈奎斯特準則強調頻域中的穩定性問題。

🔺 進階資料

1. 根據下列這本書

▶ Waldhauer, F. D.著，《Feedback》，Wiley 公司於 1982 出版，第三頁。

回授理論的發展可以回溯到 1927 年八月的清晨，在紐澤西洲 Hoboken 與紐約曼哈頓之間，Lackawanna 渡輪的一趟旅程。在那天，Harold S. Black，一位在紐澤西 Murray Hill 貝爾電話實驗室的技術服務人員，是渡輪上一位正要前往上班地點的乘客。

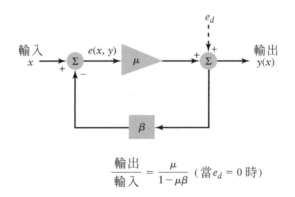

$$\frac{輸出}{輸入} = \frac{\mu}{1 - \mu\beta} \quad (當 e_d = 0 時)$$

圖 9.46　Harold 方塊原始回授圖與方程式的圖解說明。

在那時，針對使用在電話傳輸的中繼器，要如何降低其中放大器的非線性失真，他已經研究了六年之久。他在紐約時報空白的地方，畫了如圖 9.46 所示的圖與方程式，由於這張圖，談論回授系統所使用的語言因而確立。其相關的背景，請參閱下列傑出的論文。

▶ Black, H. S.著，"Stabilized feedback amplifiers"，在《Bell System Technical Journal》的第十三卷，1934 年，pp.1-18。

另外兩個貝爾電話實驗室的成員，Harry Nyquist 與 Hendrick W. Bode，對於現代回授理論的發展作了重大的貢獻；關於他們傑出的成果，請參閱

▶ Nyquist, H.著，"Regeneration theory"，在《Bell System Technical Journal》的第十一卷，是 1932 年出版的，pp.126-147。

▶ Bode, H. W.著，《Network Analysis and Feedback Amplifier Design》，Van Nostrand 於 1945 年出版。

2. 關於控制系統的簡史，請參閱

▶ Dorf, R. C.與 R. H. Bishop 著，《Modern Control Systems》，第九版，Prentice-Hall 公司於 2001 出版。

▶ Phillips, C. L.與 R. D. Harbor 著，《Feedback Control Systems》，第四版，Prentice Hall 於 1996 出版。

3. 關於自動控制系統完整的內容，請參閱下列書籍：

▶ Belanger, P. R.著，《Control Engineering:A Modern Approach》，由 Saunders 於 1995 年出版。

▶ Dorf, R. C.與 R. H. Bishop 著，前面提過的同一本書籍。

▶ Kuo, B. C.著，《Automatic Control Systems》，第七版，Prentice Hall 公司於 1995 年出版。

▶ Palm, W. J. III 著，《Control Systems Engineering》，Wiley 公司 1986 出版。

▶ Phillips, C. L.與 R. D. Harbor 著，前面提過的同一本書。

這些書籍都有討論控制系統的連續時間與離散時間觀點。也有說明系統設計的詳細步驟。

4. 下列書籍討論了回授放大器：

▶ Siebert, W. McC.著，《Circuits, Signals, and Systems》，MIT Press 於 1986 出版。

▶ Waldhauer, F. D.著，前面提過的同一本書。

5. 關於運算放大器與應用的討論，請參閱

▶ Kennedy, E. J.著，《Operational Amplifier Circuits》，由 Holt, Rinehart, and Winston 在 1988 年出版。

▶ Wait, J. V.，L. P. Huelsman 與 G. A. Korn 合著，《Introduction to Operational Amplifier Theory and Applications》，第二版，McGraw-Hill 於 1992 年出版。

6. 關於第五個性質的證明，包含 (9.69)與(9.71)，請參閱

▶ Truxal, J. G.著，《Control System Synthesis》，McGraw-Hill 公司於 1955 出版，在 pp.227-228。

7. 基於取樣資料系統的建構，關於包含在 D/A 轉換器操作中實際問題的討論，請參閱下列的文章：

▶ Hendriks, P.著，"Specifying communication DACs"，發表於《IEEE Spectrum》，第三十四卷，pp.58-69，1997 年七月。

8. 在範例 9.13，從 $b(t)$ 估計 $B_\delta(s)$，需要以頻率 $1/T_s$ 均勻地對 $b(t)$ 取樣，這使得我們必須針對單位步階函數 $u(t)$，在時間 $t = 0$ 假設一個值。為了方便描述，我們在定義 $B_\delta(s)$ 的方程式的第二行，選擇 $u(0) = 1$。就某種意義來說，這個選擇是延續第六章進階資料的第五項附註。

補充習題 (ADDITIONAL PROBLEMS)

9.21 一個電晶體放大器具有 2500 的增益。回授利用回傳放大器輸出部分β=0.01 到輸入端的一個網路以應用於放大器的周圍。

(a) 試計算回授放大器的閉迴路增益。

(b) 電晶體放大器的增益由於外部因素造成 10%的改變。試計算在回授放大器閉迴路增益中所對應的改變。

9.22 圖 P9.22 顯示位置控制系統的方塊圖。前置放大器具有增益 G_a。馬達與負載組合的增益 (即，設備) 為 G_p。在回授路徑中感測器回傳馬達輸出的一部分 H 到系統的輸入端。

(a) 試求此回授系統的閉迴路增益 T。

(b) 試求 T 對於 G_p 改變時的敏感度。

(c) 假設 $H = 1$，而且表面上 G_p =1.5，試求 G_a 的值是多少時，才能使 T 對於 G_p 改變時的敏感度等於 1%？

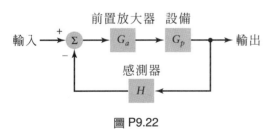

圖 P9.22

9.23 圖 P9.23 顯示雷達追蹤系統的簡化方塊圖。以 K_r 來表示這個雷達，記為某些增益，θ_{in} 與 θ_{out} 分別代表被追蹤目標與雷達天線的角

度位置。控制器具有增益 G_c，而設備 (馬達、齒輪，與一個天線基座所組成) 增益以 G_p 表示。為了增進這個系統的效能，對這個系統施加通過感測器 H 的「局部」回授。另外，這個系統使用單位回授，如圖中所示。這個系統的目的是為了驅動天線，使得追蹤目標達到足夠的精確度。試求此系統的閉迴路增益。

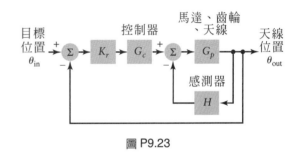

圖 P9.23

9.24 圖 P9.24 顯示一個逆 op 放大器電路的電路圖。將這個 op 放大器模擬為具有無限大的輸入阻抗、零輸出阻抗，以及無限大的電壓增益。試求此電路的轉換函數 $V_2(s)/V_1(s)$。

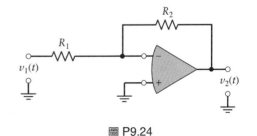

圖 P9.24

9.25 圖 P9.25 顯示一個使用 op 放大器的實際微分器。假設這個op放大器是理想的，具有無限大的輸入阻抗、零輸出阻抗，以及無限大的電壓增益。

(a) 試求此電路的轉換函數。

(b) 若要使得該電路的表現像一個理想微分器，頻率的範圍是多少？

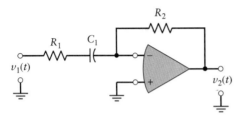

圖 P9.25

9.26 圖 P9.26 顯示一個含有單位回授的控制系統。針對(i)單位步階輸入，(ii)單位傾斜輸入，與(iii)單位拋物線輸入，試求誤差訊號 $e(t)$ 的拉普拉斯轉換。對於下列每個情況求出上述各項：

(a) $G(s) = \dfrac{15}{(s+1)(s+3)}$

(b) $G(s) = \dfrac{5}{s(s+1)(s+4)}$

(c) $G(s) = \dfrac{5(s+1)}{s^2(s+3)}$

(d) $G(s) = \dfrac{5(s+1)(s+2)}{s^2(s+3)}$

假設在每個情況中，系統的閉迴路轉換函數是穩定的。

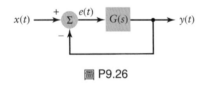

圖 P9.26

9.27 利用羅斯－赫維斯準則，對於習題 9.26 中所指定的四個情況，試證圖 P9.26 控制系統閉迴路轉換函數的穩定性。

9.28 利用羅斯－赫維斯準則，對於下列的特徵方程式，分別求出在 s 平面的左半邊中，虛數軸上，和右半邊中有幾個根：

(a) $s^4 + 2s^2 + 1 = 0$

(b) $s^4 + s^3 + s + 0.5 = 0$

(c) $s^4 + 2s^3 + 3s^2 + 2s + 4 = 0$

9.29 利用羅斯－赫維斯準則，試求參數 K 的範圍，使得這個特徵方程式

$$s^3 + s^2 + s + K = 0$$

表示一個穩定系統。

9.30 (a) 我們一般將三階回授系統的特徵方程式定義為

$$A(s) = a_3 s^3 + a_2 s^2 + a_1 s + a_0 = 0$$

利用羅斯－赫維斯準則，若係數 a_0、a_1、a_2，與 a_3 必定會使系統穩定，試求這些係數應具有什麼條件。

(b) 依照(a)部分中所得到的結果，重做習題 9.29。

9.31 回授控制系統的閉迴路轉換函數定義如下

$$L(s) = \dfrac{K}{s(s^2 + s + 2)}, \qquad K > 0$$

這個系統使用單位回授。

(a) 請繪製當 K 變化時，系統的根軌跡。

(b) K 的值是多少才會使得此系統位於不穩定的邊緣？

9.32 考慮一個含有單位回授的控制系統，其迴路轉換函數定義如下

$$L(s) = \dfrac{K}{s(s+1)}$$

對於下列的增益係數值，試繪製系統的根軌跡：

(a) $K = 0.1$

(b) $K = 0.25$

(c) $K = 2.5$

9.33 考慮一個含有下列迴路轉換函數的回授系統

$$L(s) = \frac{K(s + 0.5)}{(s + 1)^4}$$

試繪製系統的根軌跡，並求出若欲使該回授系統為穩定的，增益 K 值應是多少。

9.34 考慮一個含有下列迴路轉換函數的三階回授放大器

$$L(s) = \frac{K}{(s + 1)^2(s + 5)}$$

(a) 利用根軌跡，研究當 K 變化時這個系統的穩定性。利用奈奎斯特準則，重複上述研究。

(b) 若欲使該回授放大器為穩定的，試求增益 K 的值。

9.35 一個單位回授控制系統的閉迴路轉換函數定義如下

$$L(s) = \frac{K}{s(s + 1)}$$

利用奈奎斯特準則，研究當 K 變化時此系統的穩定性。試證當 $K > 0$ 時，此系統是穩定的。

9.36 一個單位回授控制系統具有閉迴路轉換函數

$$L(s) = \frac{K}{s^2(s + 1)}$$

利用奈奎斯特準則，試證對於所有增益 $K > 0$，此系統都是不穩定的。並使用羅斯－赫維斯準則來驗證您的答案。

9.37 一個單位回授系統的閉迴路轉換函數定義如下

$$L(s) = \frac{K}{s(s + 1)(s + 2)}$$

(a) 利用奈奎斯特穩定性準則，試證當 $0 < K < 6$ 時，此系統是穩定的。並利用羅斯－赫維斯準則驗證您的答案。

(b) 當 $K = 2$ 時，試求以分貝為單位的增益餘裕，以及以度為單位的相位餘裕。

(c) $20°$ 的一個相位餘裕是必須的。為達到這個需求，K 值必須是多少？其所對應增益餘裕的值又為何？

9.38 圖 9.37 利用波德圖說明了增益餘裕與相位餘裕的定義。試利用奈奎斯特圖來說明這兩個相對穩定性量測的定義。

9.39 (a) 試建構下列迴路頻率響應的波德圖

$$L(j\omega) = \frac{K}{(j\omega + 1)(j\omega + 2)(j\omega + 3)}$$

其中 $K = 7$、8、9、10，與 11。試證具有上述迴路頻率響應特徵的三階回授放大器，在 $K = 7$、8，與 9 時是穩定的；當 $K = 10$ 時，則位於不穩定的餘裕上；而當 $K = 11$ 時是不穩定的。

(b) 試估計當 $K = 7$、8，與 9 時，回授放大器的增益餘裕與相位餘裕。

9.40 試繪製下列迴路轉換函數的波德圖：

(a) $L(s) = \dfrac{50}{(s + 1)(s + 2)}$

(b) $L(s) = \dfrac{10}{(s + 1)(s + 2)(s + 5)}$

(c) $L(s) = \dfrac{5}{(s + 1)^3}$

(d) $L(s) = \dfrac{10(s + 0.5)}{(s + 1)(s + 2)(s + 5)}$

9.41 研究當增益 K 變化時，範例 9.9 的系統穩定性效能。然而，這次，試利用波德圖來進行這個研究。

9.42 考慮如圖 P9.42 中所示的取樣資料系統。將取樣輸出 $y(t)$ 的 z 轉換，表示成取樣後輸入 $x(t)$ 的 z 轉換的函數。

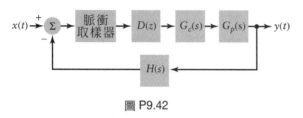

圖 P9.42

9.43 圖 P9.43 顯示利用數位控制的衛星控制系統方塊圖。此數位控制器的轉換函數定義如下

$$D(z) = K\left(1.5 + \frac{z-1}{z}\right)$$

假設該取樣週期爲 $T_s = 0.1$ 秒，試求此系統的閉迴路轉換函數。

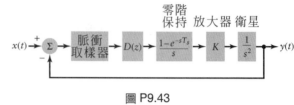

圖 P9.43

9.44 圖 P9.44 顯示一個取樣資料系統的方塊圖。

(a) 試求當取樣週期爲 $T_s = 0.1$ 秒時，系統的閉迴路轉換函數。

(b) 當 $T_s = 0.05$ 秒時，重做上述問題。

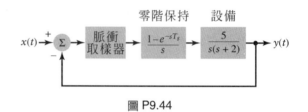

圖 P9.44

進階習題 (ADVANCED PROBLEMS)

9.45 考慮圖 9.3(b) 的線性回授系統，並令前向的部分是以下列轉換函數定義的已調整放大器 (即，設備)。

$$G(s) = \frac{A}{1 + Q\left(\dfrac{s}{\omega_0} + \dfrac{\omega_0}{s}\right)}$$

而回授的部分 (即，感測器) 爲

$$H(s) = \beta$$

其中前向增益 A 與回授因子(兩者皆爲正數，而品質因子 Q 與共振頻率 ω_0 兩者都是固定的。假設 Q 遠大於單位 1，在這個情況中，開迴路頻寬等於 ω_0/Q。

(a) 試求下述系統的閉迴路增益

$$T(s) = \frac{G(s)}{1 + G(s)H(s)}$$

並且繪製當迴路增益 $T(0) = \beta A$ 增加時系統的根軌跡。

(b) 試證係數 $1 + \beta A$ 降低了此閉迴路的 Q 因子，或等效地，該係數使得閉迴路的頻寬增加。

(注意：頻寬定義爲兩個頻率之間的差值，而在這兩個頻率，振幅響應之值降爲其在 $\omega = \omega_0$ 時的 $1/\sqrt{2}$。)

9.46 鎖相迴路 (Phase-locked loop)。圖 P9.46 顯示一個鎖相迴路的線性化方塊圖。

(a) 試證這個系統的閉迴路轉換爲

$$\frac{V(s)}{\Phi_1(s)} = \frac{(s/K_v)L(s)}{1 + L(s)}$$

其中 K_v 是一個常數,而 $\Phi_1(s)$ 與 $V(s)$ 是 $\phi_1(t)$ 與 $v(t)$ 的拉普拉斯轉換。迴路轉換函數由本身定義如下

$$L(s) = K_0 \frac{H(s)}{s}$$

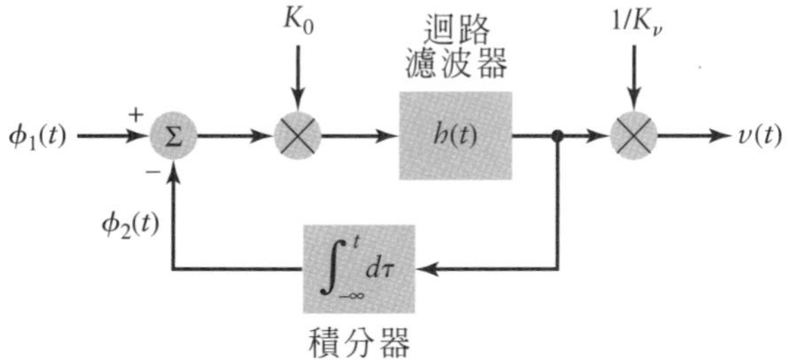

圖 P9.46

其中 K_0 是增益係數,而 $H(s)$ 是迴路濾波器的轉換函數。

(b) 若欲使鎖相迴路的表現像是一個理想微分器,試詳細說明其條件。在這個條件下,試以相位角 $\phi_1(t)$ 當作輸入,以定義輸出電壓 $v(t)$。

9.47 *穩定態誤差的規範 (Steady-state error specifications)*。我們將回授控制系統的穩定態誤差定義為,當時間 t 趨近無窮大時的誤差訊號 $e(t)$。利用 ε_{ss} 來表示此誤差,我們可以寫成

$$\varepsilon_{ss} = \lim_{t \to \infty} e(t)$$

(a) 利用 (6.22)式所說明過的拉普拉斯轉換理論有限值原理,並參考圖 9.16 的回授控制系統,試證

$$\varepsilon_{ss} = \lim_{s \to 0} \frac{sY_d(s)}{1 + G(s)H(s)}$$

其中 $Y_d(s)$ 是目標響應 $y_d(t)$ 的拉普拉斯轉換。

(b) 一般而言,我們可以寫成

$$G(s)H(s) = \frac{P(s)}{s^p Q_1(s)}$$

其中,多項式 $P(s)$ 與 $Q_1(s)$ 在 $s = 0$ 時都不具有零點。由於 $1/s$ 是一個積分器的轉換函數,階數 p 是回授迴路中積分器的數量,因此 p 稱為回授控制系統的 *樣式 (type)*。對於不同的 p,試推導下列公式:

(i) 對於一個步階輸入 $y_d(t) = u(t)$,

$$\varepsilon_{ss} = \frac{1}{1 + K_p}$$

其中

$$K_p = \lim_{s \to 0} \frac{P(s)}{s^p Q_1(s)}$$

是*位置誤差常數 (position error constant)*。當 $p = 0$,1,2,...時,ε_{ss} 的值是多少?

(ii) 對於一個斜坡輸入 $y_d(t) = t \, u(t)$,

$$\varepsilon_{ss} = \frac{1}{K_v}$$

其中

$$K_v = \lim_{s \to 0} \frac{P(s)}{s^{p-1} Q_1(s)}$$

為*速度誤差常數 (velocity error constant)*。當 $p = 0$,1,2,...時,ε_{ss} 的值是多少?

(iii) 對於一個拋物線輸入 $y_d(t) = (t^2/2) u(t)$,

$$\varepsilon_{ss} = \frac{1}{K_a}$$

其中

$$K_a = \lim_{s \to 0} \frac{P \, s}{s^{p-2} Q_1(s)}$$

是*加速度誤差常數 (acceleration error constant)*。當 $p = 0，1，2，...$ 時，ε_{ss} 的值是多少？

(c) 將您的結果列成一張表，請根據系統的樣式總結穩定態誤差。

(d) 試求圖 P9.47 回授控制系統的穩定態誤差。

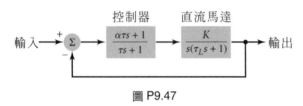

圖 P9.47

9.48 圖 P9.48 顯示第一型回授控制系統的方塊圖。（這種系統樣式定義於習題 9.47 中。）試求當 $K = 20$ 時，此系統的阻尼率、自然頻率，以及時間常數。

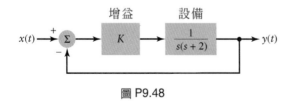

圖 P9.48

9.49 一個使用*比例控制器 (proportional controller，簡寫爲 P 控制器)* 的回授控制系統方塊圖如圖 P9.49 中所示。當我們只需要設定常數 K_p 便能達到所要求的效能時，將採用這種補償的形式。對於圖中所指定的設備，試求實現自然（無阻尼）頻率 $\omega_n = 2$ 所需的 K_p 值。而其所對應的系統(a)阻尼係數，與(b)時間常數爲何？

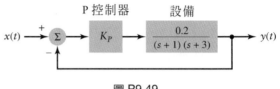

圖 P9.49

9.50 圖 P9.50 顯示一個利用*比例加積分 (proportional-plus-integral，簡記爲 PI)* 控制器的回授控制系統方塊圖。這種形式的控制器是以參數 K_P 與 K_I 爲特徵，並且將藉著系統的樣式加 1 而用來改進系統的穩定態誤差。（這種系統形式定義於習題 9.47 中。）令 $K_I / K_P = 0.1$。請針對變化的 K_P 繪製系統的根軌跡圖。試求將系統閉迴路轉換函數的一個極點置於 $s = -5$ 時所需的 K_P 值。對於單位斜坡輸入，系統的穩定態誤差爲何？

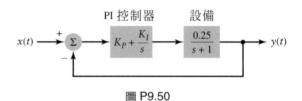

圖 P9.50

9.51 圖 P9.51 顯示一個利用*比例加微分 (proportional-plus-derivative，簡寫爲 PD)* 控制器的回授控制系統方塊圖。這種形式的控制器是以參數 K_P 與 K_D 爲特徵，用以增進系統的暫態響應。令 $K_D / K_P = 4$。請針對變化的 K_D 繪製系統的根軌跡圖。試求將系統閉迴路轉換函數的一對極點置於 $s = -1 \pm j2$ 時所需的 K_D 值。

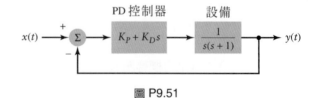

圖 P9.51

9.52 再次分別考慮習題 9.50 與 9.51 的 PI 與 PD 控制器。我們可以在它們頻率響應的背景裡作下列的陳述:

(a) PI 控制器是一個*相位延遲 (phase-lag)* 元件,其中對於根軌跡的角度準則加入一個負的貢獻。

(b) 此 PD 控制器是一個*相位領先 (phase-lead)* 元件,其中對於根軌跡的幅角準則加入一個正的貢獻。

試證實這兩個陳述。

9.53 圖 P9.53 顯示一個控制系統方塊,此系統使用稱為*比例加積分加微分控制器 (proportional-plus-integral-plus-derivative,簡寫為 PID)* 的流行補償器。選擇這個控制器的參數 K_P、K_I,與 K_D,將一對位於 $s = -1 \pm j2$ 的複數共軛零點導入系統迴路轉換函數中。試對於增加的 K_D 繪製系統的根軌跡圖。試求當系統保持穩定時,K_D 值的範圍。

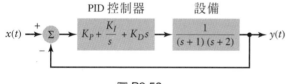

PID 控制器   設備

$$x(t) \rightarrow \boxed{+\,\Sigma\,-} \rightarrow \boxed{K_P + \frac{K_I}{s} + K_D s} \rightarrow \boxed{\frac{1}{(s+1)(s+2)}} \rightarrow y(t)$$

圖 P9.53

9.54 圖 P9.54 顯示一個在推車上移動於垂直平面中的*倒單擺 (inverted pendulum)*。該推車本身在外力的影響下沿著水平軸移動,以保持單擺的垂直。推車上倒單擺的轉換函數,可視為一個設備,已知如下

$$G(s) = \frac{(s+3.1)(s-3.1)}{s^2(s+4.4)(s-4.4)}$$

假設使用一個在某種程度上類似於習題 9.49 中所描述的比例控制器,這類控制器足以

使系統保持穩定嗎?證明您的答案。如何使系統保持穩定?

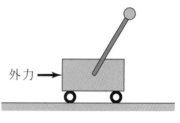

外力 →

圖 P9.54

9.55 *時域的規範 (Time-domain specifications)*。在描述控制系統的步階響應的領域裡,我們有兩種互相衝突的準則:對於某些欲求響應,響應的敏捷性與響應的嚴密性。敏捷性是以上升時間與尖峰時間來量測的。對於欲求響應的嚴密性是以過擊量百分比與定置時間來量測的。這四個量定義如下:

▶ *上升時間 (rise time)* 是步階響應 $y(t)$ 從其最終值 $y(\infty)$ 的 10% 上升到 90% 所需的時間。

▶ *尖峰時間 (peak time)* 是步階響應到達其過擊量最大值 y_{max} 所需的時間。

▶ *過擊量百分比 (percentage overshoot)* 是 $(y_{max} - y(\infty))/y(\infty)$,以百分比表示。

▶ *定置時間 (settling time)* 是該步階響應設置到最終值 $y(\infty)$ 的 $\pm\delta\%$ 之內所需的時間,其中 δ 是使用者定義的參數。

考慮一個含有阻尼因子 ζ 的無阻尼二階系統與無阻尼頻率 ω_n,如 (9.41) 式中所示。利用圖 P9.55 中所給定的規範,我們可以假設下列公式:

1. 上升時間 $T_r \approx \dfrac{1}{\omega_n}(0.60 + 2.16\zeta)$

2. 尖峰時間 $T_p = \dfrac{\pi}{\omega_n\sqrt{1 - \zeta^2}}$

3. 過擊量百分比 P.O. $= 100e^{-\pi\zeta/\sqrt{1-\zeta^2}}$

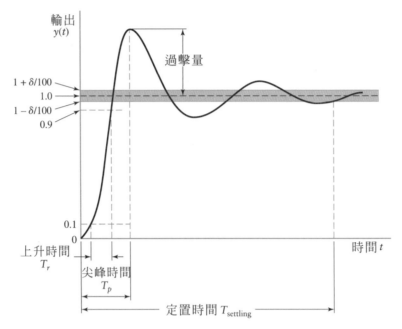

圖 P9.55

4. 定置時間 $T_{\text{settling}} \approx \dfrac{4.6}{\zeta \omega_n}$

第一個公式與第四個公式是近似式，因為
精確的公式難以取得；而第二個與第三個
公式是精確式。

(a) 利用(9.43)式，推導關於尖峰時間 T_p 與
過擊量百分比 P.O.的精確公式。

(b) 試利用電腦模擬來驗證關於上升時間
T_r，以及定置時間 T_{settling} 的近似式。以
阻尼係數 $\zeta = 0.1, 0.2, \ldots, 0.9$ (以 0.1 漸
增) 與 $\delta = 1$ 進行模擬。

9.56 *降階模型* (Reduced-order models)。實際
上，我們常發現回授系統閉迴路轉換函數
$T(s)$ 的極點與零點，大致上會以如圖 P9.56
中所描述的方式聚集在複數 s 平面中。取決
於極點與零點要多接近 $j\omega$ 軸，我們可以識
別出兩個群集：

▶ *顯性極點與零點*(Dominant poles and
zeros)—就是接近 $j\omega$ 軸的 $T(s)$ 的極點與
零點。稱為顯性的是因為它們在系統的
頻率響應中發揮全然的影響力。

▶ *隱性極點與零點* (Insignificant poles and
zeros)—就是遠離 $j\omega$ 軸的 $T(s)$ 的極點與
零點。稱為隱性的是因為它們在系統的
頻率響應中相對而言只有較小的影響力。

由上述已知，我們有一個高階回授系統，
其閉迴路響應轉換函數 $T(s)$ 滿足圖 P9.56
所繪製的圖，我們可以只使用一個保留
$T(s)$ 顯性極點與零點的降階模型來近似此
系統。這樣的一個努力主要有兩個動機：
低階模型比較簡單因而較能滿足系統分析
與設計的需要，而且它們在計算項目的需
求也比較少。

再次考慮範例 9.8 含有常數 $K = 8$ 的線性回
授放大器，並以下列方式執行：

(a) 利用電腦，試求此系統特徵方程式的
根。

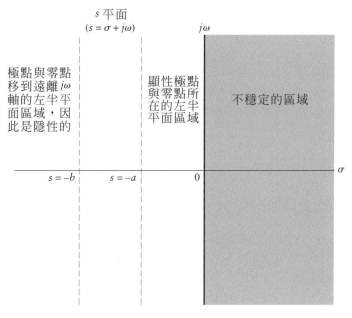

s 平面
$(s = \sigma + j\omega)$

$j\omega$

極點與零點
移到遠離 $j\omega$
軸的左半平
面區域，因
此是隱性的

顯性極點
與零點所
在的左半
平面區域

不穩定的區域

$s = -b$　$s = -a$　　0　　　　　　σ

圖 P9.56

(b) 在(a)部份中所得到的複數共軛根組成系統的顯性極點。利用這些極點，將這個系統於近似二階模型。請檢驗這個二階模型的轉換函數 $T'(s)$ 與原始 $T(s)$ 成比例關係，使得 $T'(s) = T(0))$。

(c) 計算二階模型的步階響應，並試證該響應相當接近於原始三階回授放大器的步階響應。

9.57 在本題裡，我們要重做習題 9.56，包含以二階模型近似三階回授放大器。在該題中，我們使用步階響應作為評估近似品質的基礎。在本題中，我們要使用波德圖作為評估該近似品質的基礎。具體而言，繪製關於下列降階模型的波德圖

$$T'(s) = \frac{8.3832}{s^2 + 0.2740s + 9.4308}$$

並與原始系統的波德圖相比較，

$$T(s) = \frac{48}{s^3 + 6s^2 + 11s + 54}$$

請評論您的結果。

9.58 *相位餘裕與阻尼係數之間的關係*。關於線性回授控制系統的設計，在古典方法中所使用的指導方針通常都是從推導二階系統動態的分析所得到的，這可以從下列的基礎來驗證：首先，當迴路增益很大時，系統的閉迴路轉換函數產生一對顯性共軛複數極點。其次，二階模型成為系統的適當近似。(請參照習題 9.56 中所討論的降階模型。)然後，考慮一個二階系統，其迴路轉換函數如下

$$L(s) = \frac{K}{s(\tau s + 1)}$$

上式在 9.11.2 節中研究過。因此，當 K 大到足夠產生一個低阻尼步階響應時，針對下列的情況答題：

(a) 利用習題 9.8 的結果，試以阻尼係數(與自然頻率 ω_n 來表示迴路轉換函數如下

$$L(s) = \frac{\omega_n^2}{s(s + 2\zeta\omega_n)}$$

(b) 根據定義，增益穿越頻率 ω_g 是由下列關係式所決定

$$|L(j\omega_g)| = 1$$

將此定義代入(a)部分的迴路轉換函數，試證

$$\omega_g = \tan^{-1}\left(\sqrt{4\zeta^4 + 1} - 2\zeta^2\right)$$

接下來，試證相位餘裕如下列公式，以度為單位

$$\phi_m = \tan^{-1}\left(\sqrt{4\zeta^4 + 1} - 2\zeta^2\right)$$

(c) 利用(b)部分中所得到的精確公式，試將 ϕ_m 對阻尼因子 ζ 在 $0 \le \zeta \le 0.6$ 範圍中的值作圖。對於這個範圍，試證透過下列的近似公式，可以建立 ζ 與 ϕ_m 的線性關係

$$\zeta \approx \frac{\phi_m}{100}, \qquad 0 \le \zeta \le 0.6$$

(d) 已知 ω_g 與 ϕ_m，試討論如何運用(b)小題與(c)小題的結果求出上升時間、尖峰時間、過擊量百分比，與定置時間，以作為系統步階響應的描述符號。關於這個討論，可以參考習題 9.55 的結果。

電腦實驗 (COMPUTER EXPERIMENTS)

9.59 再次考慮習題 9.18 中所研究的三階回授系統。利用 MATLAB 指令 rlocfind，求出迴路轉換函數中比例因子 K 的值。

$$L(s) = \frac{K}{(s+1)^3}$$

上式滿足下列的需求：回授系統的複數共軛閉迴路極點其阻尼因子等於 0.5。所對應的無阻尼頻率為何？

9.60 在習題 9.31 中，我們曾考慮一個含有下列迴路轉換函數的單位回授系統

$$L(s) = \frac{K}{s(s^2 + s + 2)}, \quad k > 0$$

利用下列 MATLAB 指令評估系統的穩定性：

(a) rlocus，用來建構系統的根軌跡圖。

(b) rlocfind，用來求 K 的值，使系統的複數共軛閉迴路極點具有大約為 0.7.7 的阻尼係數。

(c) margin，用來估計當 $K = 1.5$ 時，系統的增益餘裕與相位餘裕是多少。

9.61 一個回授系統的迴路轉換函數定義如下

$$L(s) = \frac{K(s-1)}{(s+1)(s^2 + s + 1)}$$

這個轉換函數包含一個由 $(s-1)/(s+1)$ 所描述的全通分量，這麼稱呼是因為它讓所有的頻率通過，並且沒有振幅失真。

(a) 利用 MATLAB 指令 rlocus 來建構系統的根軌跡。接著，利用指令 rlocfind 求 K 的值，使得系統位在不穩定的餘裕。利用羅斯－赫維斯準則，檢查用這個方法所得到的值。

(b) 利用指令 nyquist 繪製當 $K = 0.8$ 時，系統的奈奎斯特圖；確認這個系統是穩定的。

(c) 當 $K = 0.8$ 時，利用指令 margin 評估系統的穩定性餘裕。

9.62 一個回授系統的迴路轉換函數定義如下

$$L(s) = \frac{K(s + 1)}{s^4 + 5s^3 + 6s^2 + 2s - 8}$$

此系統只有當 K 位於某區域 $K_{min} < K < K_{max}$ 中才是穩定的。

(a) 利用 MATLAB 指令 `rlocus` 繪製系統的根軌跡。

(b) 試利用指令 `rlocfind` 求出穩定性的臨界範圍，K_{min} 與 K_{max}。

(c) 當 K 位在 K_{min} 與 K_{max} 的中間，試利用指令 `margin` 求出系統的穩定性餘裕。

(d) 對於(c)小題所使用的 K 值，試利用指令 `nyquist` 繪製奈奎斯特圖以確認系統的穩定性。

9.63 (a) 試建構習題9.13回授系統的根軌跡，並與圖 9.22 及 9.28 的結果互相比較。

(b) 建構此系統的奈奎斯特圖。並證明對於所有 $K > 0$ 的穩定性。

9.64 在這一題裡，我們要研究單位回授控制系統的設計，這個設計使用了*相位領先補償器 (phase-lead compensator)* 以增進系統的暫態響應。這個補償器的轉換函數定義如下

$$G_c(s) = \frac{\alpha\tau s + 1}{\tau s + 1}, \qquad \alpha > 1$$

稱為相位領先補償器是因為它將一個相位前移導入系統的迴路頻率響應。無補償系統的迴路轉換函數定義為

$$L(s) = \frac{K}{s(s + 1)}$$

領先補償器與開迴路系統以串聯的方式連結，產生經過修改的迴路轉換函數。

$$L_c(s) = G_c(s)L(s)$$

(a) 當 $K = 1$ 時，試求此無補償系統閉迴路極點的阻尼係數與無阻尼頻率。

(b) 接著考慮補償系統。假設此暫態規範需要我們擁有內含阻尼因子 $\zeta = 0.5$ 與無阻尼頻率 $\omega_n = 2$ 的閉迴路極點。假設 $\alpha = 10$，試證藉著選擇領先補償器的時間常數 $\tau = 0.027$，即可滿足相位角準則(關於根軌跡的建構)。

(c) 利用 MATLAB 指令 `rlocfind`，確認含有 $\alpha = 10$ 與 $\tau = 0.027$ 的相位領先補償器的確滿足所欲求的暫態響應規範。

9.65 考慮一個將設備與控制器以串聯方式連結而成的單位回授控制系統，如圖 9.16 中所示。此設備的轉換函數為

$$G(s) = \frac{10}{s(0.2s + 1)}$$

此控制器的轉換函數定義為

$$H(s) = K\left(\frac{\alpha\tau s + 1}{\tau s + 1}\right), \qquad \alpha < 1$$

控制器的設計必須滿足下列需求：

(a) 對於單位斜率之斜坡輸入的穩定態誤差應該是 0.1。

(b) 步階響應的過擊量振幅不應該超過10%。

(c) 此步階響應 5%的定置時間不應該小於 2 秒。

對於相關術語的定義請參考習題 9.47 與 9.55。

利用(a)基於波德圖的頻域方法，以及(b)使用根軌跡法的時域方法，以完成這個設計。以各種方式將控制器設計完成以後，試針對其運作建構一個運算放大器電路。

9.66 我們在這整章裡已經探討過於下列迴路轉換函數的可調整比例因子 K

$$L(s) = K\frac{P(s)}{Q(s)}$$

是一個正數。在最後一個習題，我們要利用 MATLAB 探究 K 為負數的回授系統。

(a) 利用 `rlocus` 指令繪製下列迴路轉換函數的根軌跡

$$L(s) = \frac{K(s - 1)}{(s + 1)(s^2 + s + 1)}$$

其中 K 是負數。現在使用 `rlocfind` 這個指令，證明當 $K = -10$ 時，系統是位於不穩定的餘裕。並利用羅斯—赫維斯準則加以驗證。

(b) 使用 `rlocus` 指令證明當 $K < 0$ 時，迴路轉換函數為

$$L(s) = \frac{K(s + 1)}{s^4 + 5s^3 + 6s^2 + 2s - 8}$$

的回授系統是不穩定的。

10 結　語

10.1　簡介 (Introduction)

第一章到第九章的內容是訊號與系統的介紹性討論，比較強調基礎問題，以及它們在三個領域中的應用：數位濾波器、通訊系統，與回授系統。尤其在截至目前為止所研究的訊號裡，要特別注意其描述方法是傅立葉分析。對於從事訊號處理的人員而言，傅立葉理論是一個本質上很重要工具。基本上，它使我們能夠在某些附加於訊號的條件底下，將一個在時域裡描述的訊號轉換到頻域裡的等價描述。最重要的，這個轉換是一對一，所以當我們在這兩個定義域裡來回轉換時不會損失資訊。至於系統的分析，我們將注意力都集中在一種所謂 *LTI 系統* 的特殊類型，其特性滿足兩個顯著的性質：線性與非時變。訴諸這些性質的動機是為了使系統分析在數學上容易處理。

傅立葉理論預期所研究的系統是*恆定的 (stationary)*。然而實際上，有許多訊號並非恆定的。若訊號的內在性質隨時間而變則稱為*非恆定的 (nonstationary)*。例如，語音訊號是非恆定的。又如，在世界資本市場中所觀察到股價波動的時間序列、雷達系統監控天氣情況變化所接收的訊號、以及透過無線電望遠鏡，聆聽來自於我們四周的銀河系所傳來無線電放射線的接收訊號也是非恆定的。

接下來轉到LTI模型，我們發現許多實體系統的確允許使用像這樣的一個模型。然而，嚴格來說，實體系統可能會因為非線性組件或時變參數的存在，而偏離理想化的 LTI 模型，這取決於該系統所運作的條件。

　　爲了處理實際的非恆定訊號，或者非線性與時變系統的眞實狀況，我們需要新的工具。因此本章的目的是爲了提供下列主題簡短的說明，依序是：

▶ 語音訊號：非恆定訊號的例子之一

▶ 非恆定訊號的時間頻率分析

▶ 非線性系統

▶ 適應濾波器 (Adaptive filters)

在這些檢視這些項目的過程中，針對眞實世界的訊號與系統，我們將會向讀者呈現比第一章到第九章所討論過的內容更符合實際的評估。

10.2　語音訊號:非恆定訊號的例子 (Speech Signals: An Example of Nonstationarity)

　　如同前面提過的，語音訊號是非恆定訊號，因爲訊號的內在特性隨時間改變。在本節中，我們將致力於解釋其中的原因。選擇語音訊號來探討非恆定性，是因爲它們在日常生活中無所不在。

　　語音產生程序的簡單模型是一種濾波作用，作用方式是由聲音源激發聲道 (vocal tract) 濾波器。於是，我們將聲道模擬成一個不均勻截面的管道，始於聲門 (glottis)（即，介於聲帶兩邊的通道）而終於嘴唇，如圖 10.1 中所描繪的虛線。該圖顯示人體發聲系統矢狀切面 (sagittal-plane) 的 X 光照片。組成語音訊號的聲音取決於聲源所提供的激發模式，可以分成兩種不同的類型：

▶ *濁音聲 (Voiced sounds)*，其中的激發源類似於脈波與週期訊號。這種語音訊號是將空氣壓迫(從肺而來)經過聲門，以放鬆的形式振動聲帶而產生。濁音的一個例子是英文字「eve」中的母音/e/。(符號 / / 通常用來記作*音素 (phoneme)*，即基本的語言單位。)

▶ *清音聲 (Unvoiced sounds)*，其中的激發源類似雜訊訊號 (即，隨機訊號)。這種語音訊號是將聲道朝向嘴部緊縮，並迫使連續氣流以高速通過這個緊縮通道而產生。清音的一個例子是英文字「*fish*」中的子音/f/。

在我們發出母音語調期間的濁音聲具有半週期性、低頻內容，以及大振幅的特徵。相較之下，清音聲，或者摩擦音，具有隨機性、高頻內容，以及小振幅的特徵。介於濁音聲與清音聲之間的時間過渡是平緩的 (以數十毫秒的等級)。我們可以很容易地體會到語音訊號的確是一個非恆定訊號，因爲典型的語音訊號含有許多相互糾結的濁音聲與清音聲，這些音聲的參雜在某種程度上與我們所說的話有關。

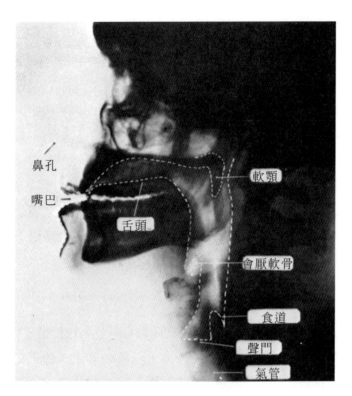

鼻孔

嘴巴

舌頭

軟顎

會厭軟骨

食道

聲門

氣管

圖 10.1　人體發聲器官的矢向切面X光照片。(這張照片是從 J. L. -Flanagan 等人的論文"Speech coding" 所翻拍，發表於《IEEE Transactions in Communications》，第 COM-27 卷，pp. 710-737，1979 出版；感謝 IEEE 提供資料。)

10.3　時間頻率分析 (Time-Frequency Analysis)

傅立葉理論只適用於恆定訊號。若要分析非恆定訊號，比較適合的方法是採用同時含有時間與頻率的訊號描述法。誠如其名，*時間頻率分析 (time-frequency analysis)* 將一個訊號 (即，一維時間函數) 映成 (map onto) 一個影像 (即，時間與頻率的二維函數)，該影像將訊號的頻譜部分顯示為時間的函數。就概念而言，我們可以將這個映射想成該訊號的*時變頻譜表示法 (time-varying spectral representation)*。這樣的表示法類似於音樂的樂譜，以時間和頻率分別代表兩個主軸。該訊號的時間頻率表示值，在我們觀察該訊號某頻譜成份時，提供了特定時間的指示。

　　基本上，訊號有兩種的時間頻率表示法：*線性的與二次的(linear and quadratic)*。在本節中，我們本身只關心線性的表示法；具體來說，特別針對短時間傅立葉轉換 (short-time Fourier transform) 與小波轉換 (wavelet transform)依序作簡短的說明。

■ 10.3.1　函數的正交基底 (ORTHONORMAL BASES OF FUNCTIONS)

不論用何種方法，要將時間頻率分析公式化需建構於基底函數的雙參數族系上，記作 $\psi_{\tau,\alpha}(t)$。下標參數 τ 表示延遲時間。而下標參數 α 則取決於所考慮時間頻率分析的特定型態。在短時間傳立葉轉換中，α 等於頻率 ω；在連續小波轉換中，α 等於支配頻率內容的純量參數 a。基於實用的理由，我們通常選擇基底函數 (basis function) $\psi_{\tau,\alpha}(t)$，使它充分集中在時域與頻域兩者之中。

此外，擴充第三章所介紹傳立葉理論的解說，注意到基底函數 $\psi_{\tau,\alpha}(t)$ 形成一個*正規直交集合 (orthonormal set)*，這正是我們想要的。正規直交性有兩個必要條件：

1. *正規化 (Normalization)*，表示基底函數 $\psi_{\tau,\alpha}(t)$ 的能量是 1。

2. *正交性 (Orthogonality)*，表示是下列內積

$$\int_{-\infty}^{\infty} \psi_{\tau,\alpha}(t)\psi_{\tau',\alpha'}^*(t)\,dt = 0 \qquad (10.1)$$

積分裡的星號標註用來說明基底函數有可能是複數值。我們從一組有限制的可能值中選出參數 τ、α，與 τ'，α'，以滿足(10.1)式的正交性條件。(習題 3.85 與 3.100 探討正交化的問題，其中習題 3.100 主要與基底函數的展開式有關。)

在小波轉換的詳細說明裡，將會證明，我們有充分的自由去使用正規正交基底函數；但很不幸地，上述的情況對於短時間傳立葉轉換並不適用。

■ 10.3.2　短時間傳立葉轉換 (SHORT-TIME FOURIER TRANSFORM)

令 $x(t)$ 表示我們感興趣的訊號，而 $w(t)$ 表示一個有限暫存範圍的*視窗函數 (window function)*；$w(t)$ 可能是複數值，因此使用星號標註來代表共軛複數。現在定義*已修正訊號 (modified signal)* 如下

$$x_\tau(t) = x(t)w^*(t - \tau) \qquad (10.2)$$

其中 τ 是一個延遲參數。已修正訊號 $x_\tau(t)$ 是兩個時間變數的函數：

▶ 執行時間 t

▶ 我們所關切的固定時間延遲 τ

如圖 10.2 所描述的，以下列的方式選擇視窗函數

$$x_\tau(t) \approx \begin{cases} x(t) & \text{當 } t \text{ 靠近 } \tau \\ 0 & \text{當 } t \text{ 遠離 } \tau \end{cases} \qquad (10.3)$$

簡而言之，對於延遲時間 τ 附近的執行時間 t 值，原始訊號 $x(t)$ 本質上在視窗處理過後並沒有什麼改變；對於那些距離 τ 較遠的時間 t 值，該訊號實際上受到視窗函數抑

制。因此，針對所有實際的目的，可以將已修正訊號 $x_\tau(t)$ 視為恆定訊號，從而允許標準傅立葉理論的應用。

具有這些背景資料後，我們可以將(3.31)式中所提供的傅立葉轉換應用在已修正訊號 $x_\tau(t)$ 中。因此，非恆定訊號 $x(t)$ 的短時間傅立葉轉換 (STFT) 正式定義如下

$$\begin{aligned}
X_\tau(j\omega) &= \int_{-\infty}^{\infty} x_\tau(t)e^{-j\omega t}\,dt \\
&= \int_{-\infty}^{\infty} x(t)w^*(t-\tau)e^{-j\omega t}\,dt
\end{aligned} \tag{10.4}$$

其中 $X_\tau(j\omega)$ 中的下標 τ 是提醒我們，STFT 本身取決於延遲參數 τ 所給定的值，從而有別於標準的傅立葉轉換 $X(j\omega)$。

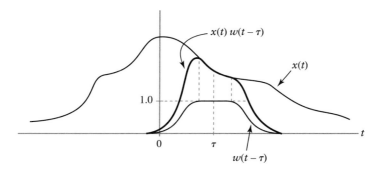

圖 10.2　將訊號 $x(t)$ 乘以視窗函數 $w(t)$ 所得到的結果，其中視窗函數含有時間延遲 τ。

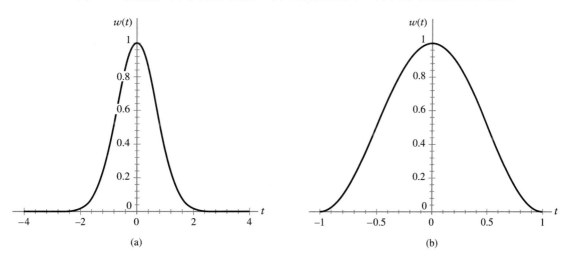

圖 10.3　(a) 高斯視窗。(b) 漢寧視窗。

顯然，$X_\tau(j\omega)$ 在 $x(t)$ 中是線性的。參數 ω 是類似於平常傅立葉轉換角頻率的角色。對於已知的 $x(t)$，透過計算 $X_\tau(j\omega)$ 所得到的結果取決於視窗函數 $w(t)$ 的選擇。在

時間頻率分析的文獻中，短時間傅立葉轉換通常記為 $X(\tau, \omega)$；為了讓本書所使用的專業術語一致，我們在此使用 $X_\tau(j\omega)$。

　　在實務中所使用的視窗函數有許多不同形狀。通常，它們是對稱、單一型態，而且平滑的；例如，圖 10.3(a) 所說明的*高斯視窗函數 (Gaussian window)*，以及圖 10.3(b) 中*漢寧視窗函數 (Hanning window)* 的單一週期 (即，一個升餘弦視窗)。[關於漢寧視窗函數在離散時間中的定義請參考 (8.61) 式。] 利用高斯視窗函數的 STFT 通常稱為 *Gabor 轉換 (Gabor transform)*。

　　利用數學來說明，(10.4) 式的積分代表訊號 $x(t)$ 與下列雙參數基底函數的族系進行內 (純量) 積的結果

$$\psi_{\tau,\omega}(t) = w(t - \tau)e^{j\omega t} \tag{10.5}$$

複數值的基底函數 $\psi_{\tau,\omega}(t)$ 隨著 τ 與 ω 而改變，它們分別代表 $\psi_{\tau,\omega}(t)$ 的時間局部化與頻率。假設視窗函數 $w(t)$ 為實數值，則 $\psi_{\tau,\omega}(t)$ 的實部與虛部是由一個經過時間平移 τ 的波封函數 (envelope function)，以及一對相位差 90 度的弦波所組成，如圖 10.4(a) 與 10.4(b) 所示。特別需要注意的重點是，一般來說，要透過 (10.5) 式所定義的建構方法求得正規直交基底函數非常困難。

　　許多傅立葉轉換的性質對於 STFT 依然存在。尤其，下列兩種訊號維持 (signal-preserving) 的性質值得注意：

1. *STFT 保持時間平移，除了線性調變之外*；亦即，若 $X_\tau(j\omega)$ 是訊號 $x(t)$ 的 STFT，則時間平移訊號 $x(t-t_0)$ 的 STFT 等於 $X_{\tau-t_0}(j\omega)e^{-j\omega t_0}$。

2. *STFT 保持頻率平移*；亦即，若 $X_\tau(j\omega)$ 是訊號 $x(t)$ 的 STFT，則已調變訊號 $x(t)e^{j\omega_0 t}$ 的 STFT 等於 $X_\tau(j\omega - j\omega_0)$。

　　在使用 STFT 時，我們主要關切的問題是*時間－頻率的解析度 (time-frequency resolution)*。為了更加具體，考慮一對都是弦波且角頻率相隔 $\Delta\omega$ 弳/秒的訊號。使得這兩個訊號是可分辨的這些 $\Delta\omega$，其最小值稱為*頻率解析度 (frequency resolution)*。視窗函數 $w(t)$ 的持續時間稱為*時間解析度 (time resolution)*，記作 $\Delta\tau$。頻率解析度 $\Delta\omega$ 與時間解析度 $\Delta\tau$ 根據下列不等式而成反比的關係

$$\Delta\tau\Delta\omega \geq \tfrac{1}{2}, \tag{10.6}$$

上式顯示出 STFT 從傅立葉轉換繼承了對偶性質。這個關係式稱為*測不準原理 (uncertainty principle)*，採用與統計量子力學類似的一個專有名詞；該理論已於 3.17 節，時間－頻寬乘積的內文中討論過。我們所能做到最好的就是滿足 (10.6) 式的等號，利用高斯視窗函數可以達到上述的事項。結果，STFT 的時間－頻率解析度在整個時間－

頻率平面中都是*固定的 (fixed)*。這點於圖 10.5(a)中說明，其中時間－頻率平面分割成許多相同形狀與大小的*磚塊 (tiles)*。圖 10.5(b)顯示 STFT 相關基底函數的實部；這些實部都含有完全相同的持續期間，但有不同的頻率。

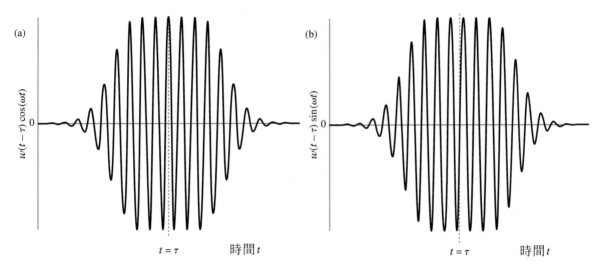

圖 10.4　複數值基底函數 $\psi_{\tau,\omega}(t)$ 的實部與虛部，假設視窗函數 $w(t)$ 是實數值。

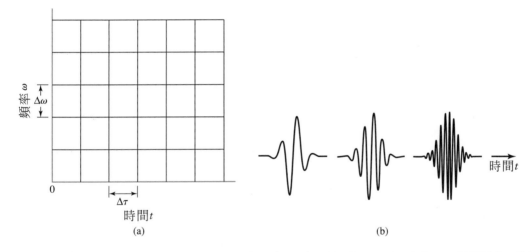

圖 10.5　(a) 利用短時間傅立葉轉換將時間－頻率平面均勻分割成許多格。(b)相關基底函數對於不同頻率狹縫的實部。

訊號 $x(t)$ 的 STFT 平方量值稱為訊號的*光譜圖(spectrogram)*，定義如下

$$\left| X_\tau(j\omega) \right|^2 = \left| \int_{-\infty}^{\infty} x(t)w^*(t-\tau)e^{-j\omega t}\, dt \right|^2 \tag{10.7}$$

光譜圖代表古典傅立葉理論一個簡單卻有力的延伸。就物理的意義而言，它代表在時間－頻率平面中，訊號能量的量測。

■ 10.3.3　語音訊號的光譜圖 (SPECTROGRAMS)

圖 10.6 顯示語音訊號在濾波前與濾波後版本的光譜圖，其中語音訊號圖如 8.21(a)與 (b)所示。該光譜圖利用一個升餘弦視窗，256 個取樣點長度計算而得到。在這兩個光譜圖中特定樣式的灰階表示訊號在該樣式中的能量。灰階編碼 (按照能量遞減的順序) 是黑色爲最高，緊接爲灰色，最後是白色。

下列關於語音訊號特性的觀察可以從圖 10.6 的光譜圖得到：

▶ 聲道的共振頻率是以光譜圖的黑色區域來表示；這些共振頻率稱爲*共振峰 (for-mants)*。

▶ 在濁音域中，條紋看來好像較暗且橫向的，如同能量集中在一個狹窄的頻帶內，代表聲門發聲 (激發) 脈波串列的和聲。

▶ 清音聲有較低的振幅，因爲它們的能量小於濁音聲的能量，而且分布在較寬的頻帶中。

明顯的水平邊界大約在 3.1kHz，介於重大能量與低 (幾乎爲零) 能量之間，讀者可以在圖 10.6(b)的光譜圖見到，代表已濾波的語音訊號，這個邊界是由於 FIR 數位低通濾波器的作用。

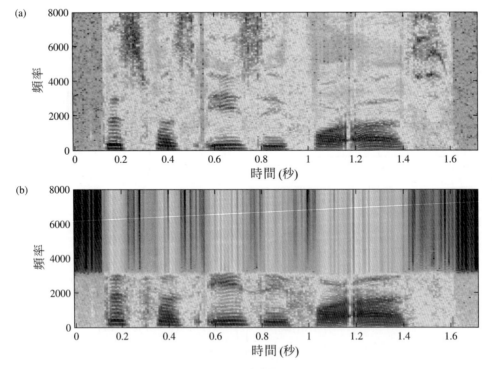

圖 10.6　語音訊號的光譜圖。(a) 含有雜訊的語音訊號，是由一位女性說"This was easy for us"而產生。(b) 經過濾波之後的語音訊號。(請參考進階資料的附註六。)

■ 10.3.4　小波轉換 (WAVELET TRANSFORM)

為了克服 STFT 在時間－頻率解析度上的限制，我們需要一種映射的形式，能夠在時間解析度與頻率解析度之間相互取捨。這類方法稱為*小波轉換 (wavelet transform*，簡寫為 WT)，可說是「數學顯微鏡」，因為調整不同的「焦點」即可檢查訊號的不同部分。小波分析是以一個雙參數基底函數的族系為基礎，該基底函數記作

$$\psi_{\tau,a}(t) = |a|^{-1/2}\psi\left(\frac{t-\tau}{a}\right) \tag{10.8}$$

其中 *a* 是一個*非零比例因子 (nonzero scale factor*，也稱為一個展壓參數 *dilation parameter)*，而 τ 是一個時間延遲。我們將變數 τ 與 *a* 的基底函數 $\psi_{\tau,a}(t)$ 稱為*小波 (wavelets)*，這是將*原始小波 (mother wavelet)* $\psi(t)$ 平移與調整而得到。由定義可知，原始小波的傅立葉轉換為

$$\Psi(j\omega) = \int_{-\infty}^{\infty} \psi(t)e^{-j\omega t}\,dt \tag{10.9}$$

我們假定 $\psi(t)$ 滿足*進入條件 (admissability condition)*，以振幅頻譜 $|\Psi(j\omega)|$ 描述如下

$$C_\psi = \int_{-\infty}^{\infty} \frac{|\Psi(j\omega)|^2}{|\omega|}\,d\omega < \infty \tag{10.10}$$

通常，振幅頻譜 $|\Psi(j\omega)|$ 隨 ω 的增加而充分降低，因此進入條件縮減為針對原始小波本身一個較簡單的要求，即，

$$\int_{-\infty}^{\infty} \psi(t)\,dt = \Psi(j0) = 0 \tag{10.11}$$

這意指 $\psi(t)$ 至少有一些振盪。(10.11)式指出傅立葉轉換 $\Psi(j\omega)$ 在原點上為零。由於振幅頻譜 $|\Psi(j\omega)|$ 在高頻時降低，因此原始小波 $\psi(t)$ 具有帶通的特性。而且，我們可以使用巴賽瓦定理，即(3.62)式，將原始小波正規化使其具有單位能量，寫成

$$\int_{-\infty}^{\infty} |\psi(t)|^2\,dt = \frac{1}{2\pi}\int_{-\infty}^{\infty} |\Psi(j\omega)|^2\,d\omega = 1. \tag{10.12}$$

結果，利用分別如表 3.7 與(3.60)式所提供傅立葉轉換的時間－平移與時間－比例性質，我們發現小波 $\psi_{\tau,a}(t)$ 也有單位能量，亦即，

$$\int_{-\infty}^{\infty} |\psi_{\tau,a}(t)|^2\,dt = 1 \quad 對於所有的 \ a \neq 0 以及所有的 \tau \tag{10.13}$$

已知非恆定訊號 $x(t)$，現在正式將 WT 定義為小波 $\psi_{\tau,a}(t)$ 與訊號 $x(t)$ 的內積：

$$
\boxed{
\begin{aligned}
W_x(\tau, a) &= \int_{-\infty}^{\infty} x(t)\psi_{\tau,a}^*(t)\,dt \\
&= |a|^{-1/2} \int_{-\infty}^{\infty} x(t)\psi^*\!\left(\frac{t-\tau}{a}\right) dt
\end{aligned}
}
\tag{10.14}
$$

就像傅立葉轉換，WT 是可逆的；亦即，可以利用下列的合成公式從 $W_x(\tau, a)$ 回復為原始訊號 $x(t)$，並且沒有任何資訊上的損失：

$$
x(t) = \frac{1}{a^2 C_\psi} \int_{-\infty}^{\infty} \int_{-\infty}^{\infty} W_x(\tau, a)\psi_{\tau,a}(t)\,da\,d\tau
\tag{10.15}
$$

其中 C_ψ 由(10.10)式所定義。我們將(10.15)式稱為*解析度的一致性 (resolution of the identity)*；這表示訊號 $x(t)$ 可以表示為小波經過平移與展壓之後的疊加。

在小波分析中，基底函數 $\psi_{\tau,a}(t)$ 是振盪函數，所以不需要像在傅立葉分析一樣使用正弦波和餘弦波。具體而言，傅立葉分析中的基底函數 $e^{j\omega t}$ 永遠都在振盪；相對的，小波分析中的基底函數 $\psi_{\tau,a}(t)$ 在時間中是局部化的，僅維持幾個循環而已。延遲參數 τ 提供小波 $\psi_{\tau,a}(t)$ 的位置，然而比例因子 a 支配其頻率內容。當 $|a| \ll 1$ 時，小波 $\psi_{\tau,a}(t)$ 是將原始小波 $\psi(t)$ 高度集中與壓縮的結果，其中的頻率內容幾乎集中在高頻的範圍內。相較之下，當 $|a| \gg 1$ 時，小波 $\psi_{\tau,a}(t)$ 會極度向外延展，而且具有絕大部分的低頻內容。圖 10.7(a)顯示*哈爾小波 (Haar wavelet)*，這是小波最簡單的一個例子。*道伯契小波 (Daubechies wavelet)*，如圖 10.7(b)中所示，是一個較複雜的範例。這兩種小波在時間中都有*緊緻支撐 (compact support)*，意指這些小波的持續時間有限。道伯契小波的長度是 $N = 12$，而哈爾小波的長度是 $N = 1$，因此後者的範圍比較狹隘。然而，道伯契小波是連續的，而且具有比哈爾小波更好的頻率解析度。

哈爾小波與道伯契小波都是正規直交的，亦即，它們的原始小波 $\psi(t)$ 滿足正規直交性的兩個條件：具有單位能量，以及相對於所有展壓與平移，$\psi(t)$ 的正交性符合(10.1)式。尤其，從離散集合選出參數 τ，α 與 τ'，α'。最常見的例子有，從集合 $\{k2^{-j}; k \text{ 與 } j \text{ 為整數}\}$ 選出的 τ (與 τ')，以及從集合 $\{2^{-j}; j \text{ 為整數}\}$ 所選出的 α (與 α')。(這裡所使用的整數 j 請不要與 $j = \sqrt{-1}$ 混淆。)在這個基礎上，要驗證哈爾小波的正規直交性相對而言比較直接。

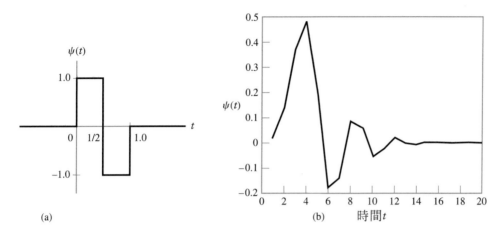

圖 10.7　(a) 哈爾小波。(b) 道伯契小波。

1. 從圖 10.7(a)，我們很容易看出

$$\int_{-\infty}^{\infty} |\psi(t)|^2 \, dt = \int_{0}^{1/2} (1)^2 \, dt + \int_{1/2}^{1} (-1)^2 \, dt = 1 \tag{10.16}$$

2. 哈爾小波基底，包含所有其展壓與平移，可以用 $2^{j/2}\psi(2^j t - k)$ 表示，其中 j 與 k 是整數 (正的、負的，或零)，這個表示可以藉著設定(10.8)式中的 $a = 2^{-j}$ 與 $\tau = k2^{-j}$ 得到。正交性可以透過下列事實確認

$$內積 = \int_{-\infty}^{\infty} \psi(2^j t - k)\psi(2^l t - m) \, dt = 0, \quad 當 l \neq j 時或 m \neq k 時 \tag{10.17}$$

請注意因為哈爾小波是實數值函數，所以不需要複數共軛的表示。參照圖 10.8，由前幾個哈爾小波很可以容易驗證方程式(10.17)：

$$\begin{pmatrix} j = 0, & k = 0 \\ l = 1, & m = 0 \end{pmatrix}, \quad 內積 = \int_{-\infty}^{\infty} \psi(t)\psi(2t)dt = 0;$$

$$\begin{pmatrix} j = 0, & k = 0 \\ l = 1, & m = 1 \end{pmatrix}, \quad 內積 = \int_{-\infty}^{\infty} \psi(t)\psi(2t - 1)dt = 0;$$

$$\begin{pmatrix} j = 1, & k = 0 \\ l = 1, & m = 1 \end{pmatrix}, \quad 內積 = \int_{-\infty}^{\infty} \psi(2t)\psi(2t - 1)dt = 0$$

從圖 10.8(a)與 10.8(b)，我們知道當 $\psi(t) = 1$ 時，展壓後的 $\psi(2t)$ 假設 $+1$ 與 -1 的值，使第一個積分等於零。同樣地，從圖 10.8(a)與 10.8(c)，我們知道當 $\psi(t) = -1$，經過展壓與平移的 $\psi(2t - 1)$ 假設 $+1$ 與 -1 的值，得到第二個積分是零。第三個積分為零是由於不同的原因：

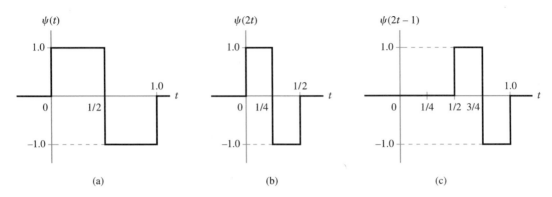

圖 10.8　(a)哈爾原始小波 $\psi(t)$。(b)以 $a = 1/2$ 展壓的哈爾小波。(c)以 $1/2$ 展壓並以 $\tau = 1/2$ 平移的哈爾小波。

可以從圖 10.8(b)與 10.8(c)觀察到，函數 $\psi(2t)$ 與 $\psi(2t - 1)$ 不會重疊，其中我們知道當這兩個函數中有一個為零，另一個就不為零。這行為模式對於所有其他展壓 2^{-j} 倍以及平移 k 的函數皆成立，因此證明了(10.17)式的正交條件。

在使用視窗法的傅立葉分析中，我們的目標是為了量測訊號的局部頻率內容。相較之下，在小波分析中，我們量測對於變化的 τ 與 a，訊號 $x(t)$ 與小波 $\psi_{\tau,a}(t)$ 之間的相似性有多高。展壓 a 倍造成不同解析度的訊號有好幾種放大率。

正如 STFT 本身擁有訊號維持的性質，WT 也是：

1. *WT 保持時間的平移 (The WT preserves time shifts)*；亦即，若 $W_x(\tau, a)$ 是一個訊號 $x(t)$ 的 WT ，則 $W_x(\tau - t_0, a)$ 是時間平移訊號 $x(t - t_0)$ 的 WT 。

2. *WT 保持時間的比例 (The WT preserves time scaling)*；亦即，若 $W_x(\tau, a)$ 是一個訊號 $x(t)$ 的 WT ，則經時間比例調整後的訊號 $|a_0|^{1/2}x(a_0 t)$ 的 WT 等於 $W_x(a_0\tau, aa_0)$。

然而，不像 STFT， WT 並不維持頻率的平移。

如前所述，原始小波 $\psi(t)$ 可以是任何帶通函數。為了在 STFT 中與已調變視窗函數建立關係，我們選擇

$$\psi(t) = w(t)e^{j\omega_0 t} \tag{10.18}$$

視窗函數 $w(t)$ 通常是一個低通函數。因此，(10.18)式將原始小波 $\psi(t)$ 描述為一個複數、線性的已調變訊號，其頻率內容實質上聚集於它自己的載波頻率 ω_0；然而，請注意這個特殊的原始小波不會導致一個正規直交的集合。令 ω 表示一個分析小波 $\psi_{\tau,a}(t)$ 的載波頻率。則 $\psi_{\tau,a}(t)$ 的比例因子 a 與載波頻率 ω 成反比，亦即，

$$a = \frac{\omega_0}{\omega} \tag{10.19}$$

因為，由定義可知，小波是其原型經過比例變化的結果，得到

$$\frac{\Delta\omega}{\omega} = Q \tag{10.20}$$

其中 $\Delta\omega$ 是分析小波 $\psi_{\tau,a}(t)$ 的頻率解析度，而 Q 是一個常數。選擇視窗函數 $w(t)$ 為高斯函數，並且因此利用等號成立的(10.6)式，我們可以將小波 $\psi_{\tau,a}(t)$ 的時間解析度表示如下

$$\Delta\tau = \frac{1}{2\Delta\omega} = \frac{1}{2Q\omega} \tag{10.21}$$

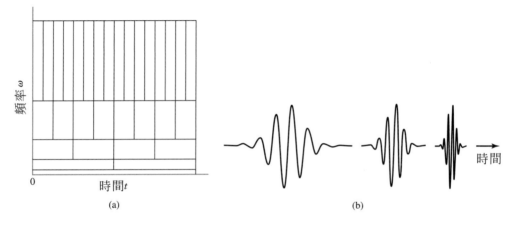

圖 10.9 (a) 時間－頻率平面透過小波轉換的分割。(b)相關基底函數的實部。

按照(10.19)式與(10.20)式，我們現在可以正式描述 WT 的時間頻率解析度性質：

1. 時間解析度 $\Delta\tau$ 的變化與分析小波 $\psi_{\tau,a}(t)$ 的載波頻率 ω 成反比；因此，在高頻時可以得到任意小的 $\Delta\tau$。

2. 頻率解析度 $\Delta\omega$ 的變化與分析小波 $\psi_{\tau,a}(t)$ 的載波頻率 ω 呈線性關係；因此，在低頻時可以得到任意小的 $\Delta\omega$。

於是，當非恆定訊號含有疊加在壽命較長的低頻成分上的高頻暫態時，非常適合以 WT 進行分析。

在 10.3.2 節中，我們曾提過 STFT 有固定的解析度，如圖 10.5(a)所示。相較之下，WT 具有多重解析度的能力，如圖 10.9(a)所示。在這個圖中，我們知道 WT 將時間－頻率平面分割成面積相同的方塊，但是其寬度和高度不盡相同，取決於分析小波 $\psi_{\tau,a}(t)$ 時的載波頻率 ω。因為，不像 STFT， WT 能夠在時間解析度與頻率解析度之間取捨，其中分別以方塊的寬度與長度來表示(即，較窄的寬度與高度對應於較好的解析度)。圖 10.9(b)顯示 WT 基底函數的實部。在此，我們知道每次當基底函數以一個倍數 (例如是 2) 來壓縮時，其載波頻率以相同的係數增加。

WT 執行它本身的時間－比例分析。因此，其平方強度稱為*比例光譜圖(scalogram)*，定義如下

$$\left|W_x(\tau, a)\right|^2 = \frac{1}{a}\left|\int_{-\infty}^{\infty} x(t)\psi^*\left(\frac{t-\tau}{a}\right)dt\right|^2 \qquad (10.22)$$

比例光譜圖代表訊號在時間－比例平面中能量分布的情形。

■ 10.3.5 利用小波轉換進行影像壓縮 (IMAGE COMPRESSION USING THE WAVELET TRANSFORM)

藉著將影像在系統傳送端壓縮，並在接收端重新建構回原本的影像，可以使得影像透過一通訊通道的傳輸更有效率。這種訊號處理運算的組合稱為*影像壓縮 (image compression)*。基本上，有兩種影像壓縮的形式：

1. *不失真壓縮 (Lossless compression)*，其運作方式是將影像中的*冗餘 (redundant)* 資訊移除。不失真壓縮完全是可逆的，其中的原始訊號可以完全地重新建構。

2. *失真壓縮 (Lossy compression)*，其中包括某些資訊的喪失以致於無法完全可逆。然而，相較於不失真的方法，失真壓縮能夠達到比較高的壓縮比。

在許多情況中，如果沒有改變太多來源影像的感知品質，失真壓縮是較佳的方法。例如，最近激增的透過網路交易音樂，其較受歡迎的格式是mp3 (mpeg audio layer three) 壓縮方案，達到近乎 11:1 的壓縮程度。【譯者註：mpeg的全名為Motion Picture Experts Group，動態影像壓縮標準，mp3 就是 mpeg 在聲音層次的標準。】在當今的電子通訊系統中，頻寬的成本是高昂的，因此要利用壓縮方案來達成大量節約。

小波針對失真影像壓縮提供一個非常強大的線性方法，因為我們將小波轉換的係數局部化於空間和頻率兩者之中。例如，考慮如圖 10.7(b)的道伯契小波。我們的目標是要執行圖 10.10(a)的影像壓縮，該圖顯示一位女性捧著一束花。圖 10.10(b)顯示壓縮到原始影像大小 68%的同一個影像。特別注意我們很難觀察出這兩張圖有任何差別，儘管事實上某些資訊已經遺失。若我們繼續將影像壓縮到原本大小的 85% 與 97%[分別是圖 10.10(c)與(d)]，視覺上的瑕疵變得越來越明顯。產生模糊的原因是高壓縮率無法保留足夠的原始資訊；因此，不可能完美地重新建構出原始影像。

資訊損失的量顯示在圖 10.10(e)的差值影像中，該影像是將原始影像[圖 10.10(a)]減去壓縮影像[圖 10.10(d)]而得到的。我們對於顯示在差值影樣上的「高度活性」區域，或稱為，高度資訊損失區域特別感興趣，對應於圖 10.10(d)中的模糊地帶。這些高度活性的區域對應到原始影像含有高頻率內容的區域(在空間上，圖素快速變化，請看花的部分)；因此，壓縮的困難是在於圖片上的該區域的冗餘度(圖素之間的相似度)太少了。

原始影像　　　　已壓縮影像

誤差圖

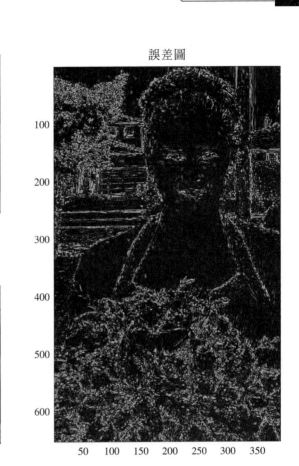

(a)　　　　　　　(b)
壓縮率: 68%

已壓縮影像　　　已壓縮影像

(c)　　　　　　　(d)
壓縮率: 85%　　　壓縮率: 97%

(e)

圖 10.10　(a)一位女性捧著一束花的原始影像。(b)、(c)，與(d)利用圖 10.7(b)的 Daubechies 小波分別為 68%、85%，與 97%的影像壓縮版本。(e)將原始影像(a)減去已壓縮影像(d)所的到的誤差值影像。(請參閱進階資料的第六項附註。)

10.4　非線性系統 (Nonlinear Systems)

為了滿足線性的假設，在一個系統中 (例如，一個控制系統) 所遭遇訊號的振幅將必須限制在一個足夠小的區域之內，使得系統所有的組件都運作在它們的 "線性範圍" 中。這些限制保證實質上能符合疊加原理，使得對於所有實際的目的，都可以將該系統當作線性的。但是當我們允許訊號的振幅位於線性範圍以外，該系統就不能再看成是線性的。例如，在控制系統中所使用的電晶體放大器，當施加於放大器輸入端的訊號振幅很大時，顯示出一種在飽和態 (saturation) 執行的輸入輸出特性。在控制系統中非線性的其他來源還包括了，耦合齒輪之間的後座力以及移動組件之間的摩擦力。在任何情況中，當距離線性的偏移量相對較小時，系統的特性描述就會有某種形式的失真。這個失真的影響可以系統實施回授而降低，如第 9 章中所討論的。

　　然而，若需要很大的系統操作振幅範圍時，又是如何呢？這個問題的答案取決於預期的應用以及如何設計此系統。例如，在控制的應用中，線性系統可能會表現得很差或變得很不穩定，因為線性設計的步驟無法正確地補償嚴重偏離線性所造成的影響。另一方面，藉著在系統設計直接包含非線性性質，非線性控制系統的執行結果較令人滿意。這點可以在機器人的運動控制中得到證明，其中許多動態的力量隨著速度的平方而被迫改變。當這類情況使用了線性控制系統時，忽略了機械人連結移動的非線性力量，結果控制精度隨著運動速度的增加而快速降低。於是，在一個類似"撿起並放下"的機器人工作中，運動的速度必須保持相當的緩慢，才能達到指定的控制精度。相較之下，在一個很大的工廠中，如果想要以較高的精度控制速度範圍比較廣的機器人，可以利用非線性控制系統而達成，以補償機器人運動中所經歷的非線性力量。其所得到的好處是相當豐富的。

　　儘管分析非線性系統具有數學上的困難，在許多方面都投入大量的努力以發展關於研究這類系統的理論工具。在這個背景裡，有四種方法值得一提。

■ 10.4.1　相位空間分析 (PHASE-SPACE ANALYSIS)

此種方法的基本概念是利用繪圖，研究一階微分方程式的非線性系統，如下所示

$$\frac{d}{dt}x_j(t) = f_j(\mathbf{x}(t)), \qquad j = 1, 2, \ldots, p \tag{10.23}$$

其中，元素 $x_1(t)$、$x_2(t)$，$\ldots$，$x_p(t)$ 定義出一個 p 維的*狀態向量 (state vector)* $x(t)$，而對應的 f_1、f_1，$\ldots$，f_p 是非線性函數；p 稱為系統的*階數 (order)*。方程式(10.23)可以看成一個點在 p 維空間中的運動，通常稱為系統的*相位空間 (phase space)*；這個專業術語取材於物理學。相位空間是很重要的，因為它提供我們一個視覺概念上的工具，以分析一個如(10.23)式所描述的非線性系統動態。上述的執行乃透過使我們專注於運動的整體特性，而不是方程式解析解或數值解的細節方面。

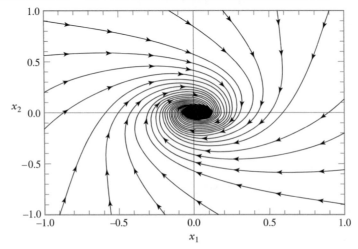

圖 10.11　由一對狀態方程式所描述二維非線性動態系統的相位寫真。

$$\frac{d}{dt}x_1(t) = x_2(t) - x_1(t)(x_1^2(t) + x_2^2(t) - c)$$

以及

$$\frac{d}{dt}x_2(t) = -x_1(t) - x_2(t)(x_1^2(t) + x_2^2(t) - c)$$

其中控制參數為 $c = -0.2$。(翻拍自 T. S. Parker 與 L. O. Chua 合著的 《*Practical Numerical Algorithms for Chaotic Systems*》 ，是 Springer-Verlag 公司於 1989 年出版的；感謝 Springer-Verlag 提供資料。)

　　從一組初始條件開始，(10.23)式定義由 $x_1(t)$、$x_2(t)$，... ，$x_p(t)$ 所表示的解。當時間 t 從零變到無限大時，這個解在相位平面中描繪出一個曲線。像這樣的一個曲線稱為*軌跡 (trajectory)*。對應於不同初始條件的軌跡族系稱為*相位寫真 (phase portrait)*。圖 10.11 圖解說明一個二維非線性動態系統的相位寫真。

　　主要由於我們視覺能力的限制，相位空間分析的繪圖能力僅限於二階系統 (即，$p = 2$) 或是可以近似為二階動態的系統。

■ 10.4.2　敘述函數分析 (DESCRIBING-FUNCTION ANALYSIS)

當一個非線性元件接收弦波輸入所支配，該元件的*敘述函數 (describing function)* 定義為該輸出的主要部分對於弦波輸入的複數比。因此，敘述函數方法的本質是為了近似一個非線性系統的非線性元件，該系統含有準線性當量 (quasilinear equivalents)，於是利用頻域技術的力量來分析近似系統。

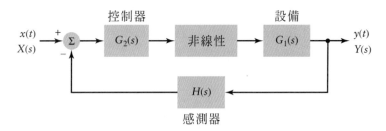

圖 10.12　含有一個非線性元件在其回授迴路中的回授控制系統。

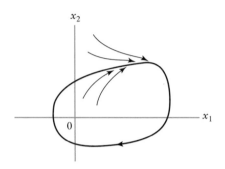

圖 10.13　在一個二維相位空間中的極限循環。

　　例如，考慮如圖 10.12 中所描述的非線性控制系統。系統的回授迴路包括非線性性質以及三個分別由轉換函數 $G_1(s)$、$G_2(s)$ 與，$H(s)$ 所表示的線性元件。舉例來說，非線性元件可能是一個繼電器。當輸入訊號 $x(t)$ 是弦波時，由於非線性性質所產生加上的輸入訊號諧波，透過感測器 $H(s)$ 而回授到輸入輸進到非線性元件裡的將不是弦波。然而，若線性元件 $G_1(s)$、$G_2(s)$ 與 $H(s)$ 都是屬於低通的樣式，將使得所產生的諧波衰退到不顯著的程度，我們稍後將驗證非線性元件所接收的輸入實質上是弦波。在這樣的一個情況中，應用敘述函數方法將會產生精確的結果。

　　敘述函數的方法主要是用來預測在非線性回授系統中*極限循環 (limit cycles)* 的出現。所謂的 "極限循環" 是指一條在相位平面中的封閉軌跡，其中，當時間趨近無限大時，其他的軌跡逐漸從內部與外部收斂於其上。在相位平面中的收斂形式如圖 10.13。一個極限循環是非線性回授系統特有的一個週期運動。

■ 10.4.3　LYAPUNOV 間接方法：平衡點的穩定性 (LYAPUNOV'S INDIRECT METHOD:STABILITY OF EQUILIBRIUM POINTS)

分析非線性系統穩定性的第三種方法是以 Lyapunov 間接方法為基礎，該方法說明系統在一個平衡點附近的穩定性性質，實質上與系統的線性化近似所得到的平衡點性質相同。所謂的*平衡點 (equilibrium point)* 是指位於相位空間中的一個點，在該點上系統的狀態向量可以永遠駐留。令 $\bar{x}_i$ 表示平衡點的第 i 個元素，而平衡點是以向量 $\bar{\mathbf{x}}$ 來表示。從剛才說明過的平衡點定義，對於所有 i，導數 $d\bar{x}_i/dt$ 在平衡點上的值都是零，在此情況中我們可以寫成

$$f_j(\bar{\mathbf{x}}) = 0 \qquad 當 j = 1, 2, \ldots, p 時 \tag{10.24}$$

平衡點又稱作一個*奇異點 (singular point)*，表示，當它發生時，系統的軌跡會自行退化到該平衡點之中。

為了對平衡條件有更深入的認識，假定這組非線性函數 $f_j(\mathbf{x}(t))$ 足夠平滑，使得當

$j = 1, 2, \ldots, p$ 時，(10.23)式在 $\bar{x}_i$ 的附近是線性化的。特別地，令

$$x_j(t) = \bar{x}_j + \Delta x_j(t), \qquad j = 1, 2, \ldots, p \tag{10.25}$$

其中對所有 j，$\Delta x_j(t)$ 是在時間 t 時與 $\bar{x}_j$ 的一個小偏移。於是，保留非線性函數 $f_j(\mathbf{x}(t))$ 泰勒級數展開中的前兩項，我們可以用下式來近似這個函數

$$f_j(\mathbf{x}(t)) \approx x_j + \sum_{k=1}^{p} a_{jk}\,\Delta x_j(t), \qquad j = 1, 2, \ldots, p \tag{10.26}$$

其中，元素

$$a_{jk} = \left. \frac{\partial}{\partial x_k} f_j(\mathbf{x}) \right|_{x_j = \bar{x}_j} \qquad \text{當 } j, k = 1, 2, \ldots, p \text{ 時} \tag{10.27}$$

因此，將方程組(10.25)與(10.26)式代入(10.23)式，並引用平衡點的定義，我們得到

$$\frac{d}{dt}\Delta x_j(t) \simeq \sum_{k=1}^{p} a_{jk}\,\Delta x_j(t), \qquad j = 1, 2, \ldots, p \tag{10.28}$$

元素的集合 $\{a_{jk}\}_{j,k=1}^{p}$ 構成一個 $p \times p$ 矩陣，以 $\mathbf{A}$ 來表示。倘若 $\mathbf{A}$ 是非奇異的 (即，若反矩陣 $\mathbf{A}^{-1}$ 存在)，則(10.28)式中所描述的近似就足以決定該系統在平衡點附近的*局部行為 (local behavior)*。

導數 $\frac{d}{dt}\Delta x_j(t)$ 可以視為*速度向量 (velocity vector)* 的第 j 個元素。在平衡點上的速度向量為零。根據(10.28)式，平衡點的性質實質上由矩陣 $\mathbf{A}$ 的*特徵值 (eigenvalues)* 來決定，並且可以因此在相對應的方法中予以分類。$\mathbf{A}$ 的特徵值是特徵方程式的根。

$$\det(\mathbf{A} - \lambda\mathbf{I}) = 0 \tag{10.29}$$

其中 $\mathbf{I}$ 是 $p \times p$ 單位矩陣，而 λ 是一個特徵值。當矩陣 $\mathbf{A}$ 有 m 個特徵值，其平衡點就稱為*第 m 型的 (type m)* 平衡點。針對二階系統的特例，我們可以將平衡點分類，總結於表 10.1 並圖解於圖 10.14。特別注意在*鞍點 (saddle point)* 的情況中，通往鞍點的軌跡意謂該節點是穩定的，反之來自於鞍點的軌跡暗示該節點是不穩定的。

表 10.1　二階系統平衡點狀態的分類

平衡狀態 $\bar{\mathbf{x}}$ 的樣式	*矩陣 $\mathbf{A}$ 的特徵值*
穩定的節點	負實數
穩定焦點	含有負實部的共軛複數
不穩定節點	正實數
不穩定焦點	含有正實部的共軛複數
鞍點	具有相反正負號的實數
中心	共軛的純虛數

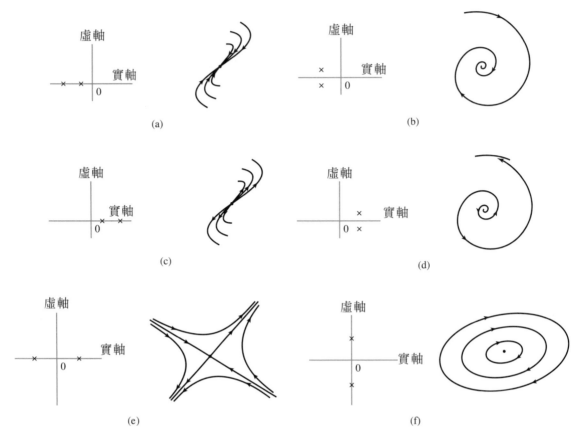

圖 10.14　二階系統的特徵值 (左邊)，以及對應的軌跡 (右邊)。(a) 穩定的節點。(b) 穩定的焦點。
　　　　　(c) 不穩定節點。(d) 不穩定焦點。(e) 鞍點。(f) 中心。

　　總之，對於線性控制理論的使用而言，線性化的 Lyapunov 間接方法是基礎證明，這是由於使用線性控制程序的穩定系統能夠保證系統的局部穩定性；由此可知線性控制理論的實際重要性。

■ 10.4.4　LYAPUNOV 直接方法 (LYAPUNOV'S DIRECT METHOD)

這個直接方法是力學系統能量概念的推廣，內容是說，*若系統的能量是時間的遞減函數，則此系統的運動是穩定的*。為了要應用這個方法，我們必須詳細說明一種像能量的純量函數，稱為 Lyapunov 函數，然後再決定該函數是否隨時間遞減。為了說明方便，今後我們都假設平衡點位在原點上-亦即，$\bar{x}_i = 0$ 對於所有的 i。這樣並不會失去一般性，因為平衡點可以透過變數的改變而平移到相位空間的原點。我們也發現採用矩陣形式是很方便的，其中，如前所述，令 $\mathbf{x}(t)$ 表示系統的 $p \times 1$ 狀態向量。令 $\mathbf{f}$ 表示對應的 $p \times 1$ 向量函數，在狀態向量 $\mathbf{x}(t)$ 與其導數 $d\mathbf{x}(t)/dt$ 之間建立非線性的關係。我們於是可以重訂(10.23)式的自主系統為如下的矩陣形式

$$\frac{d}{dt}\mathbf{x}(t) = \mathbf{f}(\mathbf{x}(t)) \tag{10.30}$$

令 $V(\mathbf{x})$ 代表狀態向量 $\mathbf{x}(t)$ 的一個純量函數，該函數在包含原點的 D 域中連續可微。為了簡化問題，在介紹函數 $V(\mathbf{x})$ 時，我們將狀態對於時間 t 的相依性省略不提。在任何情況，函數 $V(\mathbf{x})$ 沿著方程式(10.30)一條自主系統軌跡的導數 $\dot{V}(\mathbf{x})$，可以利用微積分的連鎖律求出：

$$
\begin{aligned}
\dot{V}(\mathbf{x}) &= \frac{dV(x_1, x_2, \ldots, x_p)}{dt} \\
&= \sum_{j=1}^{p} \frac{\partial V}{\partial x_j} \frac{dx_j}{dt} \\
&= \sum_{j=1}^{p} \frac{\partial V}{\partial x_j} f_j(\mathbf{x}) \\
&= \left[\frac{\partial V}{\partial x_1}, \frac{\partial V}{\partial x_2}, \ldots, \frac{\partial V}{\partial x_p} \right] \begin{bmatrix} f_1(\mathbf{x}) \\ f_2(\mathbf{x}) \\ \vdots \\ f_p(\mathbf{x}) \end{bmatrix} \\
&= \frac{\partial V}{\partial \mathbf{x}} \mathbf{f}(\mathbf{x})
\end{aligned}
\tag{10.31}
$$

因為狀態向量 $\mathbf{x}$ 必須滿足(10.30)式，因此 $\dot{V}(\mathbf{x})$ 只與 $\mathbf{x}$ 有關。也就是說，對於不同的系統 $\dot{V}(\mathbf{x})$ 是不同的。

我們現在已經準備好說明 *Lyapunov 穩定性定理 (Lyapunov's stability theorem)*：

令 **0** 表示零向量(即，原點)，$\bar{\mathbf{x}}=\mathbf{0}$ 是方程(10.30)自主系統的一個平衡點，而 $V(\mathbf{x})$ 是在包含原點的 D 域中的連續可微函數。如果 $\dot{V}(\mathbf{x})$ 滿足下列兩個條件：

1. $V(\mathbf{x})=0$，而在不包括原點的 D 域中 $V(\mathbf{x}) > 0$。 (10.32)

2. 在 D 域中，$\dot{V}(\mathbf{x}) \leq 0$。 (10.33)

則平衡點 $\mathbf{x}=\mathbf{0}$ 是穩定的。此外，若下列這個較強的條件

3. 在不包括原點的 D 域中，$\dot{V}(\mathbf{x}) < 0$。 (10.34)

能夠成立，則 $\mathbf{x}=\mathbf{0}$ 是漸進穩定的。

滿足(10.32)式與(10.33)式的連續可微函數 $V(\mathbf{x})$ 稱為 *Lyapunov 函數*。對於某個常數 $c > 0$，由 $V(\mathbf{x})=c$ 所定義的面稱為 *Lyapunov 面 (Lyapunov surface)*。我們可以利用 Lyapunov 面的構想來對於 Lyapunov 穩定性定理發展直覺性的認識，如圖 10.15。這個圖顯示當常數 c 遞減時的二維 Lyapunov 面。從(10.33)式，我們推斷若方程式(10.30)自主系統的一條軌跡穿過由 $V(\mathbf{x})=c$ 所定義的 Lyapunov 面，則該軌跡會移動進入到

一組由$V(\mathbf{x}) \le c$所定義的Lyapunov面，並永遠待在那裡，如圖10.15(a)所示。而且，若條件更強的(10.34)式能夠成立，則軌跡從一個Lyapunov面移動到內部某個較小的c所定義的Lyapunov面，如圖10.15(b)。當常數c變得更小時，Lyapunov面$V(\mathbf{x}) = c$最終會收縮到原點；亦即，當時間t從零變到無限大時，該軌跡收斂到零點。

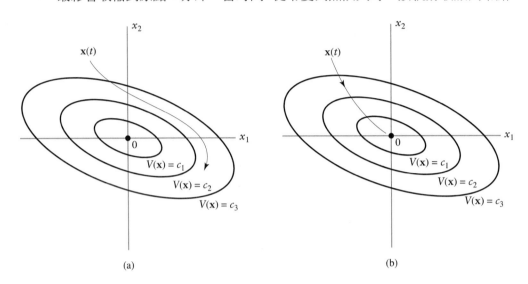

圖10.15　Lyapunov 穩定性定理的二維圖示，以$c_1 < c_2 < c_3$的三個 Lyapunov 面為基礎。(a) 狀態向量$\mathbf{x}(t)$的軌跡，假設滿足(10.33)式。(b) 狀態向量$\mathbf{x}(t)$的軌跡，假設滿足(10.34)式這個更強的條件。

最後，根據 Lyapunov 穩定性定理，(10.32)、(10.33)與(10.34)式是平衡點具有穩定性與漸進穩定性的充分條件。然而，定理並沒有說明是否其中何者為必要條件。此外，關於Lyapunov函數的存在性，我們也並沒有任何討論。這些問題，至少在概念上，會在所謂的*逆定理 (converse theorems)* 中處理，但這是比較進階的課程，超過本章所討論的範疇。(請參考進階資料的第四項附註。)

總之，相位空間法、敘述函數法，以及 Lyapunov 理論 (以間接或直接方法所建構) 各有它們自己的優勢與限制。這些方法是研究非線性動態系統一組強而有力的工具。

10.5　適應濾波器 (Adaptive Filters)

在一個實體系統中的非線性，是造成系統從理想 LTI 系統模型偏移的原因之一。其他的原因來自於系統參數隨時間的變化。像這樣的變化可能是由於物理因素的改變。並且，在施加於系統的外部輸入和干擾中，可能會有一些內在特性上未預料到的改變，這些影響可以視為該系統運作所在環境的變化。傳統 LTI 系統理論的工具，以固定的參數來作系統設計，通常都不足以來處理這些真實的情況。為了在整個參數變化的範圍中都能夠得到令人滿意的效能，更好的方法是採用一個適應濾波器。

適應濾波器 *(adaptive filter)* 的定義是含有反覆 (iterative) 機制的一個時變系統，其中的反覆機制根據某些指定的準則，透過逐步的方法調整其參數，以便能運作在最佳方式之中。適應濾波器的兩個應用是適應等化作用，以及系統識別作用，描述如下。

在一個長途電信的環境中，通道通常是時變的。例如，在一個交換電話網路中，我們發現有兩個因素會影響在不同連結關係上訊號失真的分布：

▶ 可以連結一起的個別鏈環 (link) 的傳輸特性的差異性。

▶ 用在特定連結上的鏈環個數的差異性。

結果造成電話通道是隨機的，因為它僅是所有可取的實現方法的整體 (整群) 的其中之一。結果，當固定等化器的設計是利用基於平均通道特性的 LTI 系統理論時，這個等化器對於在電話通道上傳輸數位資料的效能可能是不足的。為了實現一個電話通道的全資料傳輸能力，需要適應等化作用 *(adaptive equalization)*，透過一個稱為適應等化器 *(adaptive equalizer)* 的裝置執行，由一個 FIR 濾波器所組成，並且通常放在接收機的前端。圖 10.16 顯示一個適應等化器的方塊圖。透過運作於下列兩種訊號的方式，這個等化器連續而且自動地調整它自己的參數 (即，FIR 濾波器係數)：

▶ 接收訊號 *(received signal)* $x[n]$，內含訊號經過通道傳輸所造成的失真。

▶ 欲求響應 *(desired response)* $d[n]$，是已傳輸訊號的複製。

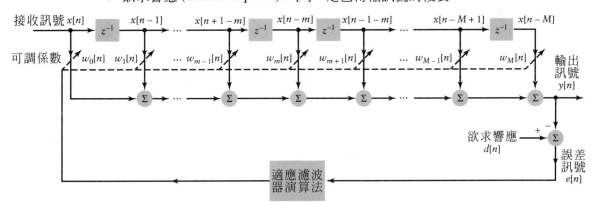

圖 10.16 圍繞著 M 階 FIR 數位濾波器所建構的適應等化器。

一般人對於可取得已傳輸訊號複製的第一個反應可能是，「如果在接收器可以取得這樣的訊號，那我們為什麼需要適應等化作用呢？」為了回答這個問題，我們注意到典型的電話通道在一般的資料通話中會稍微變化。因此，在資料傳輸之前，該等化器透過通道所傳輸二元訓練序列 *(training sequence)* 的引導來調整。此訓練序列的同步版本是在接收機所產生的，其中當通道傳輸延遲等於時間平移以後，將接收機產生的同步訓練序列輸入等化器以作為欲求響應。通常實際上所使用的訓練序列是*擬雜訊序列 (pseudonoise sequence，簡寫為 PN)*——含有像雜訊特性的確定週期序列。其中使用了兩個完全相同的 PN 序列產生器，一個在發射機而另一個在接收機。當此訓練程序完成時，此適應等化器已經準備好可以正常運作。將該訓練序列關閉，而載有資訊的二進位資料隨後通過這個通道傳輸。該等化器的輸出通過一個門檻裝置，並在這個裝置裡決定已傳輸的二進位資料是「1」或者是「0」。在正常運作的情況下，接收機所作的決定在大部分的時間都是正確的。這表示在門檻裝置輸出端所產生的符號序列，代表著已傳輸資料序列相當可信的估測，而因此可以用來作為欲求響應的代用品，如圖 10.17 所示。第二種運作模式稱為*決定監督模式 (decision-directed mode)*，此模式的目的是為了追蹤在正常資料傳輸的路徑之中通道特性所可能發生相對較慢的變化。在該等化器中濾波器係數的調整可以利用*適應濾波演算法 (adaptive filtering algorithm)* 來執行，程序如下：

1. *訓練模式 (Training mode)*

(i) 在第 n 次反覆中給定 FIR 濾波器係數，實際等化器輸出相對應的值 $y[n]$ 是以接收訊號 $x[n]$ 來計算的。

(ii) 計算欲求響應 $d[n]$ 與等化器輸出 $y[n]$ 之間的差值；這個差值構成*誤差訊號 (error signal)*，以 $e[n]$ 表示。

(iii) 用誤差訊號 $e[n]$ 修正 FIR 濾波器的係數。

(iv) 利用等化器更新過後的濾波器係數，重複演算法第(i)到(iii)的步驟，直到該等化器達到穩定態，在這之後就無法觀察到濾波器係數中任何顯著的變化了。

為了開始此反覆的程序，當 $n=0$ 時，將濾波器係數設成某些適合的值 (即，對於它們全部為零)。從一個反覆到下一個反覆所施加於濾波器係數的細部修正，是由所採用適應濾波演算法的形式來決定。

2. *決定監督模式 (Decision-directed mode)*。第二種運作模式從訓練模式結束之處開始，並使用相同的一組步驟，除了下列兩種修改之外：

▶ 門檻裝置的輸出取代欲求響應。

▶ 該等化器中濾波器係數的調整在整個資料傳輸的過程中都持續進行。

適應濾波另一種有益的應用是*系統識別作用 (system identification)*。在這個應用裡，有一個未知的動力設備，其運作不能中斷，而我們必須建構出該設備與其運作的模型。圖 10.18 顯示這類模型的方塊圖，是由 M 階 FIR 濾波器所組成。將輸入訊號 $x[n]$ 同時施加於該設備與模型中。令 $d[n]$ 與 $y[n]$ 分別表示設備與模型所輸出的對應值。設備輸出 $d[n]$ 是此應用中的欲求響應。$d[n]$ 與 $y[n]$ 之間的差值則定義爲誤差訊號 $e[n]$，該訊號根據某些指定的準則來減到最小。這個最小化是透過適應濾波演算法而得到，該演算法隨著類似於適應等化器訓練模式的程序，逐步地調整模型的參數 (即，FIR 濾波器係數)。

　　適應等化作用與系統識別作用只是適應濾波器眾多應用中的其中兩個，該應用橫跨多種不同的領域如通訊、控制、雷達、聲納、地震、無線電天文學以及生物醫學領域。

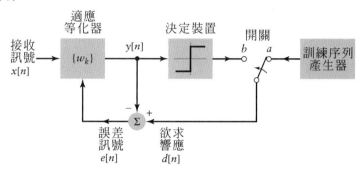

圖 10.17　操作一個適應等化器的兩種模式。當開關在 a 位置，等化器以其訓練模式運作。當開關移到 b 位置，等化器以其決定監督模式運作。

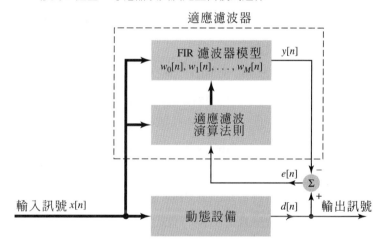

圖 10.18　FIR 模型的方塊圖，該模型利用適應濾波演算法來調整其係數，以針對未知動力設備的識別作用。

10.6　總結 (Concluding Remarks)

在前面九章中所介紹的題材是訊號與系統理論性探討，爲將來在數位訊號處理、通訊系統，與控制系統等領域的深入研究預先鋪路。這些章節其中所介紹的理論依賴下列的理想化條件：

► 恆定訊號

► 線性非時變系統

在本章中，我們突顯出這些理論的限制，而從實際訊號與系統的觀點來看。在這個過程中，我們也短暫地接觸到非恆定性的主題、時間頻率分析、非線性系統，以及適應濾波器。這些主題與前面章節所介紹的內容，讓讀者瞭解到一般訊號與系統的主題所達到的廣泛程度。

　　另一個值得一提的重點是在這本書中，我們集中於將時間當作是一個自變數。因此，我們可以說本書所涵蓋的題材屬於*時間程序 (temporal processing)*。在*空間程序 (spatial processing)* 中，空間座標扮演自變數的角色。在*連續孔徑天線 (continuous-aperture antennas)*、(離散) 天線陣列，以及影像處理等領域會遇到空間程序的例子。有許多本書所介紹的題材同樣能夠適用於空間程序，而且空間程序也能進一步指出其基礎性質。

◉ 進階資料

1. 下列書籍有討論到語音訊號特性與處理的古典方法：

► Flanagan, J. L. 著，《*Speech Analysis:Synthesis and Perception*》，Springer-Verlag 公司於 1972 年出版。

► Rabiner, L. R. 與 R. W. Schafer 合著，《*Digital Processing of Speech Signals*》，Prentice-Hall 公司於 1978 年出版。

不過，對於這個主題較為完整的論述可以參閱

► Deller, J. R., Jr.、J. G. Proakis 與 J. H. L. Hanson 合著，《*Discrete Time Processing of Speech Signals*》，由 Prentice Hall 公司於 1993 年出版。

► Quatieri, T. F. 著，《*Discrete Time Speech Signal Processing:Principles and Practice*》，由 Prentice Hall 公司於 2001 年出版。

2. 針對時間頻率分析的主題請參閱

► Cohen, L. 著，《*Time-Frequency Analysis*》，Prentice Hall 公司於 1995 出版。

Cohen 這本書的第 93 到 112 頁所討論的是 STFT 與其性質，也有詳細介紹訊號正規直交展開式 (第 204 頁到 209 頁)。

時間頻率分析的工作可以追溯到 Gabor 的經典論文，

► Gabor, D. 所著，「Theory of communication」，在期刊《*Journal IEE*》中，其出版地點是*倫敦 (London)*，第 93 卷，第 429-457 頁，1946 年。

3. 關於小波與小波轉換的討論，以及它們的理論與應用，請參閱

▶ Strang, G.與 T. Q. Nguyen 合著，《*Wavelets and Filter Banks*》，由 Wellesley-Cambridge Press 於 1996 出版。

▶ Burrus, C. S.，R. A. Gopinath 與 H. Guo 合著，《*Introduction to Wavelets and Wavelet Transforms-A Primer*》，由 Prentice Hall 於 1998 年出版。

▶ Daubechies, I.編輯，《*Different Perspectives on Wavelets, Proceedings of Symposia in Applied Mathematics*》，第 47 卷，由 American Mathematical Society 於 1993 出版。

▶ Meyer, Y.著，《*Wavelets:Algorithms and Applications*》，SIAM 於 1993 年出版，這是 R. D. Ryan 從法文翻譯爲英文的版本。

▶ Vetterli, M.與 J. Kovacevic 合著，《*Wavelets and Subband Coding*》，Prentice Hall 公司於 1995 年出版。

▶ Qian, S.著，《*Introduction to Time-Frequency and Wavelet Transforms*》，由 Prentice Hall 公司於 2002 年出版。

關於合成公式(10.15)的證明，請參閱 Vetterli 與 Kovacevic，如上所述的著作中，第 302-304 頁。這本書第 304 到 311 頁則討論了 WT 的性質。

道伯契小波是以 Ingrid Daubechies 來命名，以紀念她劃時代的貢獻：

▶ Daubechies,I.的論文「Time-frequency localization operators:A geometric phase space approach」，發表於《*IEEE Transactions on Information Theory*》，第 34 卷，第 605 到 612 頁，1988 年出版。

▶ Daubechies, I.著，《*Ten Lectures on Wavelets*》，屬於 CBMS Lecture Notes 叢書，第 61 號，是 SIAM 於 1992 年出版。

▶ 哈爾小波是爲了紀念 Alfred Haar，下列是他的經典論文，

▶ Haar, A.著，「Zur Theorie der Orthogonalen Functionen-Systeme」，發表於期刊《*Math.Annal*》的第 69 卷，第 331 到 371 頁，1910 年出版。

關於小波理論的詳盡歷史觀點，請參閱前面所列 Meyer 的著作，第 13 到 31 頁。然而請注意，小波第一個主要的定義分來自於物理學家 A. Grossman 與工程師 J. Morlet。該定義出現在

▶ Grossman, A.與 J. Morlet，"Decomposition of Hardy functions into square integrable wavelets of constant shape"，《*SIAM J. Math. Anal.*》，第 15 卷，第 723-736 頁，1984 年出版。

4. 敘述函數分析的研究，請參閱

▶ Atherton, D. P.著，《*Nonlinear-Control Engineering*》，由 Van Nostrand-Reinhold 於 1975 年出版。

Lyapunov 理論可以參閱下列書籍：

▶ Slotine, J.-J.e.與 W. Li 合著，《*Applied Nonlinear Control*》，Prentice Hall 於 1991 年出版。

▶ Khalil, H. K.著，《*Nonlinear Systems*》，由 Macmillan 在 1992 年出版。

▶ Vidyasagar, M.著，《*Nonlinear Systems Analysis*》，第二版，Prentice Hall 於 1993 年出版。

這些書籍也討論到穩定性定理的逆定理，確立 Lyapunov 函數的存在性。穩定性定理的進一步討論是將 Lyapunov 穩定性定理延伸到*非自主性系統 (nonautonomous systems)*，這是指方程式所描述的非線性動態系統明確與時間 t 有關-亦即，

$$\frac{d}{dt}\mathbf{x}(t) = \mathbf{f}(\mathbf{x}(t), t)$$

相同地，平衡點 $\bar{\mathbf{x}}$，定義如下

$$\mathbf{f}(\bar{\mathbf{x}}, t) = 0 \qquad 對於所有的 t > t_0$$

這意謂著系統應該一直待在點 $\bar{\mathbf{x}}$，因此使得這個穩定性定理的描述比起 10.4.4 節裡的自主性系統公式要更具有挑戰性。

　　Alexander M. Lyapunov (1857-1918) 是一位卓越的俄國數學家與工程師，建立非線性動態系統穩定性定理的基礎，因而有一部份的定理以他的名字命名。Lyapunov 的經典著作，《*The General Problem of Motion Stability*》，於 1892 年首次發表。

5. 適應濾波器的理論與它們的應用包含於下列書籍中：

▶ Haykin, S.著，《*Adaptive Filter Theory*》，第四版，由 Prentice Hall 公司於 2002 出版。

▶ Widrow, B.與 S. D. Stearns 合著，《*Adaptive Signal Processing*》，Prentice-Hall，1985 年出版。

6. 產生圖 10.6 與 10.10 的 MATLAB 程式碼可以在網站 www.wiley.com/college/haykin 中找到。

精選數學恆等式

A.1 三角學 (Trigonometry)

考慮描繪於圖 A.1 中的直角三角形。下列關係成立：

$$\sin \theta = \frac{y}{r}$$

$$\cos \theta = \frac{x}{r}$$

$$\tan \theta = \frac{y}{x} = \frac{\sin \theta}{\cos \theta}$$

$$\cos^2 \theta + \sin^2 \theta = 1$$

$$\cos^2 \theta = \tfrac{1}{2}(1 + \cos 2\theta)$$

$$\sin^2 \theta = \tfrac{1}{2}(1 - \cos 2\theta)$$

$$\cos 2\theta = 2\cos^2 \theta - 1$$

$$= 1 - 2\sin^2 \theta$$

還有一些恆等式：

$$\sin(\theta \pm \phi) = \sin \theta \cos \phi \pm \cos \theta \sin \phi$$

$$\cos(\theta \pm \phi) = \cos \theta \cos \phi \mp \sin \theta \sin \phi$$

$$\sin \theta \sin \phi = \tfrac{1}{2}[\cos(\theta - \phi) - \cos(\theta + \phi)]$$

$$\cos \theta \cos \phi = \tfrac{1}{2}[\cos(\theta - \phi) + \cos(\theta + \phi)]$$

$$\sin \theta \cos \phi = \tfrac{1}{2}[\sin(\theta - \phi) + \sin(\theta + \phi)]$$

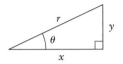

圖 A.1 直角三角形。

A.2 複數 (Complex Numbers)

令 w 是複數，以直角座標系表示爲 $w = x + jy$，其中 $j = \sqrt{-1}$，$x = \mathrm{Re}\{w\}$ 是 w 的實部而 $y = \mathrm{Im}\{w\}$ 是虛部。我們將 w 在極座標系中表示爲 $w = re^{j\theta}$，其中 $r = |w|$ 是 w 的量值，而 $\theta = \arg\{w\}$ 是 w 的相位角。數字 w 的直角座標與極座標表示法描繪於圖 A.2 中的複數平面。

■ A.2.1 從直角座標到極座標的轉換 (CONVERTING FROM RECTAN-GULAR TO POLAR COORDINATES)

$$r = \sqrt{x^2 + y^2}$$
$$\theta = \arctan\left(\frac{y}{x}\right)$$

■ A.2.2 從極座標到直角座標的轉換 (CONVERTING FROM POLAR TO RECTANGULAR COORDINATES)

$$x = r\cos\theta$$
$$y = r\sin\theta$$

■ A.2.3 共軛複數 (COMPLEX CONJUGATE)

若 $w = x + jy = re^{j\theta}$，則利用星號來代表共軛複數，我們有

$$w^* = x - jy = re^{-j\theta}$$

■ A.2.4 尤拉公式 (EULER'S FORMULA)

$$e^{j\theta} = \cos\theta + j\sin\theta$$

■ A.2.5 　其他的恆等式 (OTHER IDENTITIES)

$$ww^* = r^2$$

$$x = \text{Re}(w) = \frac{w + w^*}{2}$$

$$y = \text{Im}(w) = \frac{w - w^*}{2j}$$

$$\cos\theta = \frac{e^{j\theta} + e^{-j\theta}}{2}$$

$$\sin\theta = \frac{e^{j\theta} - e^{-j\theta}}{2j}$$

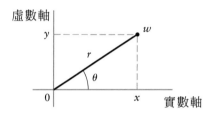

圖 A.2　複數平面

A.3　幾何級數 (Geometric Series)

若 β 是一個複數，則下列的關係成立：

$$\sum_{n=0}^{M-1} \beta^n = \begin{cases} \dfrac{1 - \beta^M}{1 - \beta}, & \beta \neq 1 \\ M, & \beta = 1 \end{cases}$$

$$\sum_{n=k}^{l} \beta^n = \begin{cases} \dfrac{\beta^k - \beta^{l+1}}{1 - \beta}, & \beta \neq 1 \\ l - k + 1, & \beta = 1 \end{cases}$$

$$\sum_{n=0}^{\infty} \beta^n = \frac{1}{1 - \beta}, \quad |\beta| < 1$$

$$\sum_{n=k}^{\infty} \beta^n = \frac{\beta^k}{1 - \beta}, \quad |\beta| < 1$$

$$\sum_{n=-k}^{-\infty} \beta^n = \beta^{-k}\left(\frac{\beta}{\beta - 1}\right), \quad |\beta| > 1$$

$$\sum_{n=0}^{\infty} n\beta^n = \frac{\beta}{(1 - \beta)^2}, \quad |\beta| < 1$$

A.4 定積分 (Definite Integrals)

$$\int_a^b x^n \, dx = \frac{1}{n+1} x^{n+1} \bigg|_a^b, \qquad n \neq -1$$

$$\int_a^b e^{cx} \, dx = \frac{1}{c} e^{cx} \bigg|_a^b$$

$$\int_a^b x e^{cx} \, dx = \frac{1}{c^2} e^{cx}(cx - 1) \bigg|_a^b$$

$$\int_a^b \cos(cx) \, dx = \frac{1}{c} \sin(cx) \bigg|_a^b$$

$$\int_a^b \sin(cx) \, dx = -\frac{1}{c} \cos(cx) \bigg|_a^b$$

$$\int_a^b x \cos(cx) \, dx = \frac{1}{c^2} (\cos(cx) + cx \sin(cx)) \bigg|_a^b$$

$$\int_a^b x \sin(cx) \, dx = \frac{1}{c^2} (\sin(cx) - cx \cos(cx)) \bigg|_a^b$$

$$\int_a^b e^{gx} \cos(cx) \, dx = \frac{e^{gx}}{g^2 + c^2} (g \cos(cx) + c \sin(cx)) \bigg|_a^b$$

$$\int_a^b e^{gx} \sin(cx) \, dx = \frac{e^{gx}}{g^2 + c^2} (g \sin(cx) - c \cos(cx)) \bigg|_a^b$$

■ A.4.1 高斯脈波 (GAUSSIAN PULSES)

$$\int_{-\infty}^{\infty} e^{-x^2/2\sigma^2} \, dx = \sigma\sqrt{2\pi}, \qquad \sigma > 0$$

$$\int_{-\infty}^{\infty} x^2 e^{-x^2/2\sigma^2} \, dx = \sigma^3\sqrt{2\pi}, \qquad \sigma > 0$$

■ A.4.2 分部積分 (INTEGRATION BY PARTS)

$$\int_a^b u(x) \, dv(x) = u(x)v(x) \big|_a^b - \int_a^b v(x) \, du(x)$$

A.5 矩陣 (Matrices)

矩陣 (matrix) 是排列在一個矩形陣列中的一組數字。例如，

$$A = \begin{bmatrix} 2 & 3 \\ -1 & 4 \end{bmatrix}$$

是一個含有兩行與兩列的矩陣。我們因此將 **A** 稱為二乘二的矩陣。矩陣 **A** 的第一列與第二列分別為[2 3]以及[-1 4]。我們以矩陣中元素的位置作為它們的索引值，所謂的位置是以該元素所在的列與行來計量的。例如，矩陣 **A** 第一列第二行中的元素就是 3。我們稱呼含有 N 列與 M 行的矩陣為 N 乘 M 矩陣或 $N \times M$ 矩陣。本書以粗體大寫的符號表示矩陣。

向量 (vector) 是僅含有單獨一行或單獨一列的矩陣。*行向量 (column vector)* 是一個 N 乘 1 的矩陣，即，僅有一行的矩陣。例如，

$$b = \begin{bmatrix} 3 \\ -2 \end{bmatrix}$$

是二維行向量。*列向量 (row vector)* 是一個 1 乘 M 的矩陣，即，僅有一列的矩陣。例如，

$$c = \begin{bmatrix} 2 & -1 \end{bmatrix}$$

是二維列向量。向量是以小寫粗體的符號表示。

■ A.5.1 矩陣的加法 (Addition)

若 a_{ij} 與 b_{ij} 分別是矩陣 **A** 與 **B** 第 i 列第 j 行中的元素，則矩陣 **C** = **A** + **B** 的元素 $c_{ij} = a_{ij} + b_{ij}$。

■ A.5.2 矩陣的乘法 (Multiplication)

若 a_{ik} 是一個 $M \times N$ 矩陣 **A** 中第 i 列第 k 行的元素，而 b_{ki} 是一個 $N \times L$ 矩陣 **B** 第 k 列第 i 行中的元素，則 $M \times L$ 矩陣 **C** = **AB** 有元素 a_{ik}。

■ A.5.3　逆矩陣 (INVERSION)

我們將 $N \times N$ 矩陣 $\mathbf{A}$ 的逆矩陣記為 $\mathbf{A}^{-1}$，而且必須滿足 $\mathbf{AA}^{-1} = \mathbf{A}^{-1}\mathbf{A} = \mathbf{I}$，其中 $\mathbf{I}$ 是在整個對角線上的元素都是 1 但其他全為零的 $N \times N$ 單位矩陣。

2×2 矩陣的逆矩陣 (Inverse of Two-by-Two Matrix)

$$\begin{bmatrix} a & b \\ c & d \end{bmatrix}^{-1} = \frac{1}{ad - bc} \begin{bmatrix} d & -b \\ -c & a \end{bmatrix}$$

矩陣乘積的逆矩陣 (Inverse of Product of matricex)

若 $\mathbf{A}$ 與 $\mathbf{B}$ 為可逆的，則

$$(\mathbf{AB})^{-1} = \mathbf{B}^{-1}\mathbf{A}^{-1}$$

B 部分分式展開

使用*部分分式展開*法的目的是將多項式之間的分式，表示為眾多低階多項式分式的和。基本上，部分分式展開是將眾多分式通分而得到一個和的逆運算。部分分式展開用來分析訊號與系統，以決定反傅立葉轉換、反拉普拉斯轉換，以及反 z 轉換。在這個背景裡，我們利用部分分式展開法，將任意的多項式的一個比，表示為一些分式的和，其中這些分式的反轉換是已知的。

研究訊號與系統的過程裡，常見的多項式分式總共有兩種不同的標準形式。一個出現在表示連續時間訊號與系統的脈絡裡，而另一個出現在表示離散時間訊號與系統的脈絡裡。我們應該分開來處理，因為在這兩種情況中執行部分分式展開的方法稍有不同。

B.1 連續時間表示的部分分式展開 (Partial-Fraction Expansions of Continuous-Time Representations)

在連續時間訊號與系統的研究中，我們經常遇到下面這種形式的多項式比

$$
\begin{aligned}
W(u) &= \frac{B(u)}{A(u)} \\
&= \frac{b_M u^M + b_{M-1} u^{M-1} + \cdots + b_1 u + b_0}{u^N + a_{N-1} u^{N-1} + \cdots + a_1 u + a_0}
\end{aligned}
\tag{B.1}
$$

我們在附錄中採用符號 u 作爲一個通用的變數，請不要與其他地方所用的單位步階函數的記號混淆。在傅立葉轉換的問題中，變數 u 代表 $j\omega$，而在拉普拉斯轉換的問題中，u 代表複變數 s。特別注意在 $A(u)$ 中，u^N 的係數是 1。我們假設是一個眞有理函數 (porper rational function)；亦即，$B(u)$ 的次數 (order) 小於 $A(u)$ 的次數。若這個條件不成立，則利用長除法將 $B(u)$ 除以 $A(u)$，使得 可以寫成 u 的多項式，加上一個代表除法餘式的眞有理函數。然後針對這個餘式運用部分分式展開的方法。

執行部分分式展開的第一個步驟是將分母多項式因式分解。若 N 個根 d_i 是相異的，則我們可以將 $W(u)$ 改寫爲

$$W(u) = \frac{B(u)}{(u - d_1)(u - d_2) \cdots (u - d_N)}$$

在這個情況裡，$W(u)$ 得到下列這種形式的部分分式展開

$$W(u) = \frac{C_1}{u - d_1} + \frac{C_2}{u - d_2} + \cdots + \frac{C_N}{u - d_N} \tag{B.2}$$

若一個根 $u = r$ 重複出現了 L 次，則

$$W(u) = \frac{B(u)}{(u - r)^L(u - d_1)(u - d_2) \cdots (u - d_{N-L})}$$

而 $W(u)$ 的部分分式展開爲

$$W(u) = \frac{C_1}{u - d_1} + \frac{C_2}{u - d_2} + \cdots + \frac{C_{N-L}}{u - d_{N-L}} + \frac{K_{L-1}}{u - r}$$
$$+ \frac{K_{L-2}}{(u - r)^2} + \cdots + \frac{K_0}{(u - r)^L} \tag{B.3}$$

請注意，當分母項 $(u - r)$ 的次數逐漸增加時，相對應係數 K_i 的下標 i 則減少。

常數 C_i 與 K_i 稱爲*留數 (residues)*。我們可以利用兩種不同方法的其中一種來得到這個留數。在線性方程式的方法中，將 $W(u)$ 部分分式展開中所有的項通分，並建立變數 u 每個次數的係數與 $B(u)$ 中相對應的係數之間的關係。所得到內含 N 個等式的線性方程組可以解來得到留數，請參考下列範例的說明。(針對筆算，這個方法通常限制在 $N = 2$ 或 $N = 3$。)

範例 B.1

利用解線性方程式求留數 試求下列函數的部分分式展開。

$$W(u) = \frac{3u + 5}{u^3 + 4u^2 + 5u + 2}$$

解答 分母多項式的根為 $u = -1$ 與 $u = -2$，後者的重數是 2。因此，$W(u)$ 的部分分式展開有下列形式

$$W(u) = \frac{K_1}{u+1} + \frac{K_0}{(u+1)^2} + \frac{C_1}{u+2}$$

將部分分式展開中的各個項置於共同的分母上，夠便夠求出留數 K_1、K_0 與 C_1：

$$W(u) = \frac{K_1(u+1)(u+2)}{(u+1)^2(u+2)} + \frac{K_0(u+2)}{(u+1)^2(u+2)} + \frac{C_1(u+1)^2}{(u+1)^2(u+2)}$$
$$= \frac{(K_1+C_1)u^2 + (3K_1+K_0+2C_1)u + (2K_1+2K_0+C_1)}{u^3 + 4u^2 + 5u + 2}$$

將這個方程式的右邊，分子裡每個次數的係數，與那些在 $B(u)$ 中對應係數建立關係，得到含有三個未知數 K_1、K_0 與 C_1 的三個方程式：

$$0 = K_1 + C_1;$$
$$3 = 3K_1 + K_0 + 2C_1;$$
$$5 = 2K_1 + 2K_0 + C_1$$

解這些方程式，我們得到 $K_1 = 1$、$K_0 = 2$ 與 $C_1 = -1$，因此 $W(u)$ 的部分分式展開如下

$$W(u) = \frac{1}{u+1} + \frac{2}{(u+1)^2} - \frac{1}{u+2}$$

留數方法 (method of residues) 運用部分分式展開，以便隔離每個留數。因此，這個方法通常比求解線性方程式來的簡單些。為了應用此方法，我們將(B.3)式的兩邊都乘上 $(u-d_i)$：

$$(u - d_i)W(u) = \frac{C_1(u-d_i)}{u-d_1} + \frac{C_2(u-d_i)}{u-d_2} + \cdots + C_i + \cdots + \frac{C_{N-L}(u-d_i)}{u-d_{N-L}}$$
$$+ \frac{K_{L-1}(u-d_i)}{u-r} + \frac{K_{L-2}(u-d_i)}{(u-r)^2} + \cdots + \frac{K_0(u-d_i)}{(u-r)^L}$$

在左手邊，乘上 $(u-d_i)$ 會消去 $W(u)$ 分母中的 $(u-d_i)$ 項。若我們現在將得到的展開式取值於 $u = d_i$，則在右手邊的所有項除了 C_i 之外都為零，因此得到下列這個表示式

$$C_i = (u - d_i)W(u)|_{u=d_i} \tag{B.4}$$

至於與重根 $u = r$ 相關聯的留數，其隔離需要在(B.3)式兩邊都乘上 $(u-r)^L$ 並加以微分。我們有

$$K_i = \frac{1}{i!} \frac{d^i}{du^i} \{(u - r)^L W(u)\} \Big|_{u=r} \tag{B.5}$$

接下來的範例運用公式(B.4)與(B.5)求得留數。

範例 B.2

重根 試求下式的部分分式展開

$$W(u) = \frac{3u^3 + 15u^2 + 29u + 21}{(u + 1)^2(u + 2)(u + 3)}$$

解答 在此，我們在 $u = -1$ 有一個重數為 2 的根，而在 $u = -2$ 與 $u = -3$ 有相異根。因此，$W(u)$ 的部分分式展開的形式如下

$$W(u) = \frac{K_1}{u + 1} + \frac{K_0}{(u + 1)^2} + \frac{C_1}{u + 2} + \frac{C_2}{u + 3}$$

我們利用(B.4)式得到 C_1 與 C_2：

$$C_1 = (u + 2) \frac{3u^3 + 15u^2 + 29u + 21}{(u + 1)^2(u + 2)(u + 3)} \Big|_{u=-2}$$

$$= -1$$

$$C_2 = (u + 3) \frac{3u^3 + 15u^2 + 29u + 21}{(u + 1)^2(u + 2)(u + 3)} \Big|_{u=-3}$$

$$= 3$$

現在利用(B.5)式得到 K_1 與 K_0：

$$K_0 = (u + 1)^2 \frac{3u^3 + 15u^2 + 29u + 21}{(u + 1)^2(u + 2)(u + 3)} \Big|_{u=-1}$$

$$= 2$$

$$K_1 = \frac{1}{1!} \frac{d}{du} \left\{ (u + 1)^2 \frac{3u^3 + 15u^2 + 29u + 21}{(u + 1)^2(u + 2)(u + 3)} \right\} \Big|_{u=-1}$$

$$= \frac{(9u^2 + 30u + 29)(u^2 + 5u + 6) - (3u^3 + 15u^2 + 29u + 21)(2u + 5)}{(u^2 + 5u + 6)^2} \Big|_{u=-1}$$

$$= 1$$

因此，$W(u)$ 的部分分式展開為

$$W(u) = \frac{1}{u + 1} + \frac{2}{(u + 1)^2} - \frac{1}{u + 2} + \frac{3}{u + 3}$$

從(B.4)式與(B.5)式，假設在 $W(u)$ 中，分子與分母多項式的係數都實數值，我們可以得到下列關於留數的結論：

▶ 若留數對應於一個實根，則這個留數是實數。

▶ 對應於一對共軛複數根的留數互為共軛複數；因此，只需要算一個留數就可以了。

B.2 離散時間表示的部分分式展開 (Partial-Fraction Expansions of discrete-Time Representation)

在離散時間訊號與系統的研究中，我們經常碰到下列形式的多項式分式

$$
\begin{aligned}
W(u) &= \frac{B(u)}{A(u)} \\
&= \frac{b_M u^M + b_{M-1} u^{M-1} + \cdots + b_1 u + b_0}{a_N u^N + a_{N-1} u^{N-1} + \cdots + a_1 u + 1}
\end{aligned}
\tag{B.6}
$$

在離散時間傅立葉轉換的問題中，變數 u 代表 $e^{-j\Omega}$，而在 z 轉換的問題中，u 代表複變數 z^{-1}。在此特別注意，$W(u)$ 中變數 u 零次的係數是 1。我們再次假設 $W(u)$ 是一個真有理函數；亦即，$B(u)$ 的次數小於 $A(u)$ 的次數 $(M < N)$。若這個條件未能滿足，則利用將 $B(u)$ 對 $A(u)$ 作長除法，使得 $W(u)$ 可以寫成 u 的多項式再加上一個代表除法餘式的真有理函數。然後針對這個餘式運用部分分式展開的方法。

在這裡，我們將分母多項式寫成許多一次項的乘積，即，

$$
A(u) = (1 - d_1 u)(1 - d_2 u) \cdots (1 - d_N u)
\tag{B.7}
$$

其中 d_i^{-1} 是 $A(u)$ 的一個根。等價的，d_i 是多項式 $W(u)$ 的一個根，這個多項式是將 $\widetilde{A}(u)$ 顛倒次數所建構出來的。亦即，d_i 是下式的一根

$$
\widetilde{A}(u) = u^N + a_1 u^{N-1} + \cdots + a_{N-1} u + a_N
$$

若所有的 d_i 皆相異，則部分分式展開如下

$$
W(u) = \frac{C_1}{1 - d_1 u} + \frac{C_2}{1 - d_2 u} + \cdots + \frac{C_N}{1 - d_N u}
\tag{B.8}
$$

若 $1 - ru$ 該項在(B.7)式中出現 L 次，則部分分式具有下列形式

$$
\begin{aligned}
W(u) = {} & \frac{C_1}{1 - d_1 u} + \frac{C_2}{1 - d_2 u} + \cdots + \frac{C_{N-L}}{1 - d_{N-L} u} \\
& + \frac{K_{L-1}}{(1 - ru)} + \frac{K_{L-2}}{(1 - ru)^2} + \cdots + \frac{K_0}{(1 - ru)^L}
\end{aligned}
\tag{B.9}
$$

留數 C_i 與 K_i 可以用類似於連續時間的方法求出。我們可以將公式(B.8)或(B.9)的右邊通分，並將分子多項式裡 u 的次數相同時，建立係數之間的等式，以求出一個含有 N 個方程的方程組。另外方法則是應用部分分式展開，將每個係數隔離以直接求解留數。這得到下列兩個關係式：

$$C_i = (1 - d_i u)W(u)\big|_{u=d_i^{-1}}; \tag{B.10}$$

$$K_i = \frac{1}{i!}(-r^{-1})^i \frac{d^i}{du^i}\{(1 - ru)^L W(u)\}\bigg|_{u=r^{-1}} \tag{B.11}$$

範例 B.3

離散時間的部分分式展開 試求下列離散時間函數的部分分式展開

$$W(u) = \frac{-14u - 4}{8u^3 - 6u - 2}$$

解答 在分母中的常數項不是單位 1，因此我們首先將分子與分母同除以 −2，使得 $W(u)$ 成為標準形式。得到

$$W(u) = \frac{7u + 2}{-4u^3 + 3u + 1}$$

接著解出下列相關多項式的根，以便於將分母多項式 $A(u)$ 因式分解

$$\widetilde{A}(u) = u^3 + 3u^2 - 4$$

此多項式在 $u=1$ 有單根，而在 $u=-2$ 有二重根。因此，$W(u)$ 可以表示為

$$W(u) = \frac{7u + 2}{(1 - u)(1 + 2u)^2}$$

因而部分分式展開具有下列形式

$$W(u) = \frac{C_1}{1 - u} + \frac{K_1}{1 + 2u} + \frac{K_0}{(1 + 2u)^2}$$

利用(B.10)式與(B.11)式求得留數如下：

$$\begin{aligned}
C_1 &= (1 - u)W(u)\big|_{u=1} \\
&= 1; \\
K_0 &= (1 + 2u)^2 W(u)\big|_{u=-1/2} \\
&= -1; \\
K_1 &= \frac{1}{1!}\left(\frac{1}{2}\right)\frac{d}{du}\{(1 + 2u)^2 W(u)\}\bigg|_{u=-1/2} \\
&= \frac{7(1 - u) + (7u + 2)}{2(1 - u)^2}\bigg|_{u=-1/2} \\
&= 2.
\end{aligned}$$

最後解出部分分式展開式

$$W(u) = \frac{1}{1 - u} + \frac{2}{1 + 2u} - \frac{1}{(1 + 2u)^2}$$

C 傅立葉表示法與其性質

C.1 基本的離散時間傅立葉級數對 (Basicdiscrete-Time Fourier Series Pairs)

時域	頻域
$x[n] = \sum_{k=0}^{N-1} X[k]e^{jkn\Omega_o}$ 週期 $= N$	$X[k] = \dfrac{1}{N}\sum_{n=0}^{N-1} x[n]e^{-jkn\Omega_o}$ $\Omega_o = \dfrac{2\pi}{N}$
$x[n] = \begin{cases} 1, & |n| \leq M \\ 0, & M < |n| \leq N/2 \end{cases}$ $x[n] = x[n+N]$	$X[k] = \dfrac{\sin\left(k\dfrac{\Omega_o}{2}(2M+1)\right)}{N\sin\left(k\dfrac{\Omega_o}{2}\right)}$
$x[n] = e^{jp\Omega_o n}$	$X[k] = \begin{cases} 1, & k = p, p \pm N, p \pm 2N, \ldots \\ 0, & \text{其他條件} \end{cases}$
$x[n] = \cos(p\Omega_o n)$	$X[k] = \begin{cases} \frac{1}{2}, & k = \pm p, \pm p \pm N, \pm p \pm 2N, \ldots \\ 0, & \text{其他條件} \end{cases}$
$x[n] = \sin(p\Omega_o n)$	$X[k] = \begin{cases} \dfrac{1}{2j}, & k = p, p \pm N, p \pm 2N, \ldots \\ \dfrac{-1}{2j}, & k = -p, -p \pm N, -p \pm 2N, \ldots \\ 0, & \text{其他條件} \end{cases}$
$x[n] = 1$	$X[k] = \begin{cases} 1, & k = 0, \pm N, \pm 2N, \ldots \\ 0, & \text{其他條件} \end{cases}$
$x[n] = \sum_{p=-\infty}^{\infty} \delta[n - pN]$	$X[k] = \dfrac{1}{N}$

C.2　基本的傅立葉級數對 (Basic Fourier Series Pairs)

時域	頻域
$x(t) = \displaystyle\sum_{k=-\infty}^{\infty} X[k]e^{jk\omega_o t}$ 週期 $= T$	$X[k] = \dfrac{1}{T}\displaystyle\int_0^T x(t)e^{-jk\omega_o t}\,dt$ $\omega_o = \dfrac{2\pi}{T}$
$x(t) = \begin{cases} 1, & |t| \le T_o \\ 0, & T_o < |t| \le T/2 \end{cases}$	$X[k] = \dfrac{\sin(k\omega_o T_o)}{k\pi}$
$x(t) = e^{jp\omega_o t}$	$X[k] = \delta[k - p]$
$x(t) = \cos(p\omega_o t)$	$X[k] = \frac{1}{2}\delta[k - p] + \frac{1}{2}\delta[k + p]$
$x(t) = \sin(p\omega_o t)$	$X[k] = \dfrac{1}{2j}\delta[k - p] - \dfrac{1}{2j}\delta[k + p]$
$x(t) = \sum_{p=-\infty}^{\infty}\delta(t - pT)$	$X[k] = \dfrac{1}{T}$

C.3　基本的離散時間傅立葉轉換對 (Basic discrete-Time Fourier Transform Pairs)

時域	頻域
$x[n] = \dfrac{1}{2\pi}\displaystyle\int_{-\pi}^{\pi} X(e^{j\Omega})e^{j\Omega n}\,d\Omega$	$X(e^{j\Omega}) = \displaystyle\sum_{n=-\infty}^{\infty} x[n]e^{-j\Omega n}$
$x[n] = \begin{cases} 1, & |n| \le M \\ 0, & 其他條件 \end{cases}$	$X(e^{j\Omega}) = \dfrac{\sin\left[\Omega\left(\dfrac{2M + 1}{2}\right)\right]}{\sin\left(\dfrac{\Omega}{2}\right)}$
$x[n] = \alpha^n u[n], \quad |\alpha| < 1$	$X(e^{j\Omega}) = \dfrac{1}{1 - \alpha e^{-j\Omega}}$
$x[n] = \delta[n]$	$X(e^{j\Omega}) = 1$
$x[n] = u[n]$	$X(e^{j\Omega}) = \dfrac{1}{1 - e^{-j\Omega}} + \pi\displaystyle\sum_{p=-\infty}^{\infty}\delta(\Omega - 2\pi p)$
$x[n] = \dfrac{1}{\pi n}\sin(Wn), \quad 0 < W \le \pi$	$X(e^{j\Omega}) = \begin{cases} 1, & |\Omega| \le W \\ 0, & W < |\Omega| \le \pi \end{cases}$ $X(e^{j\Omega})$的週期是2π
$x[n] = (n + 1)\alpha^n u[n]$	$X(e^{j\Omega}) = \dfrac{1}{(1 - \alpha e^{-j\Omega})^2}$

C.4　基本的傅立葉轉換對 (Basic Fourier Transform Pairs)

時域	頻域
$x(t) = \dfrac{1}{2\pi}\displaystyle\int_{-\infty}^{\infty} X(j\omega)e^{j\omega t}\,d\omega$	$X(j\omega) = \displaystyle\int_{-\infty}^{\infty} x(t)e^{-j\omega t}\,dt$
$x(t) = \begin{cases} 1, & |t| \le T_o \\ 0, & \text{其他條件} \end{cases}$	$X(j\omega) = \dfrac{2\sin(\omega T_o)}{\omega}$
$x(t) = \dfrac{1}{\pi t}\sin(Wt)$	$X(j\omega) = \begin{cases} 1, & |\omega| \le W \\ 0, & \text{其他條件} \end{cases}$
$x(t) = \delta(t)$	$X(j\omega) = 1$
$x(t) = 1$	$X(j\omega) = 2\pi\delta(\omega)$
$x(t) = u(t)$	$X(j\omega) = \dfrac{1}{j\omega} + \pi\delta(\omega)$
$x(t) = e^{-at}u(t), \qquad \mathrm{Re}\{a\} > 0$	$X(j\omega) = \dfrac{1}{a + j\omega}$
$x(t) = te^{-at}u(t), \qquad \mathrm{Re}\{a\} > 0$	$X(j\omega) = \dfrac{1}{(a + j\omega)^2}$
$x(t) = e^{-a|t|}, \qquad a > 0$	$X(j\omega) = \dfrac{2a}{a^2 + \omega^2}$
$x(t) = \dfrac{1}{\sqrt{2\pi}}e^{-t^2/2}$	$X(j\omega) = e^{-\omega^2/2}$

C.5　週期訊號的傅立葉轉換對 (Fourier Transform Pairs for Periodic Signals)

週期時域訊號	Fourier 轉換
$x(t) = \displaystyle\sum_{k=-\infty}^{\infty} X[k]e^{jk\omega_o t}$	$X(j\omega) = 2\pi\displaystyle\sum_{k=-\infty}^{\infty} X[k]\delta(\omega - k\omega_o)$
$x(t) = \cos(\omega_o t)$	$X(j\omega) = \pi\delta(\omega - \omega_o) + \pi\delta(\omega + \omega_o)$
$x(t) = \sin(\omega_o t)$	$X(j\omega) = \dfrac{\pi}{j}\delta(\omega - \omega_o) - \dfrac{\pi}{j}\delta(\omega + \omega_o)$
$x(t) = e^{j\omega_o t}$	$X(j\omega) = 2\pi\delta(\omega - \omega_o)$
$x(t) = \sum_{n=-\infty}^{\infty}\delta(t - nT_s)$	$X(j\omega) = \dfrac{2\pi}{T_s}\displaystyle\sum_{k=-\infty}^{\infty}\delta\left(\omega - k\dfrac{2\pi}{T_s}\right)$
$x(t) = \begin{cases} 1, & |t| \le T_o \\ 0, & T_o < |t| < T/2 \end{cases}$ $x(t + T) = x(t)$	$X(j\omega) = \displaystyle\sum_{k=-\infty}^{\infty} \dfrac{2\sin(k\omega_o T_o)}{k}\delta(\omega - k\omega_o)$

C.6　週期訊號的離散時間傅立葉轉換對 (Discrete-Time Fourier Transform Pairs for Periodic Signals)

週期時域訊號	離散時間傅立葉轉換
$x[n] = \displaystyle\sum_{k=0}^{N-1} X[k] e^{jk\Omega_o n}$	$X(e^{j\Omega}) = 2\pi \displaystyle\sum_{k=-\infty}^{\infty} X[k]\delta(\Omega - k\Omega_o)$
$x[n] = \cos(\Omega_1 n)$	$X(e^{j\Omega}) = \pi \displaystyle\sum_{k=-\infty}^{\infty} \delta(\Omega - \Omega_1 - k2\pi) + \delta(\Omega + \Omega_1 - k2\pi)$
$x[n] = \sin(\Omega_1 n)$	$X(e^{j\Omega}) = \dfrac{\pi}{j} \displaystyle\sum_{k=-\infty}^{\infty} \delta(\Omega - \Omega_1 - k2\pi) - \delta(\Omega + \Omega_1 - k2\pi)$
$x[n] = e^{j\Omega_1 n}$	$X(e^{j\Omega}) = 2\pi \displaystyle\sum_{k=-\infty}^{\infty} \delta(\Omega - \Omega_1 - k2\pi)$
$x[n] = \displaystyle\sum_{k=-\infty}^{\infty} \delta(n - kN)$	$X(e^{j\Omega}) = \dfrac{2\pi}{N} \displaystyle\sum_{k=-\infty}^{\infty} \delta\left(\Omega - \dfrac{k2\pi}{N}\right)$

C.7 傅立葉表示法的特性 (Properties of Fourier Representations)

特性	Fourier 轉換 $x(t) \overset{FT}{\longleftrightarrow} X(j\omega)$ $y(t) \overset{FT}{\longleftrightarrow} Y(j\omega)$	Fourier 級數 $x(t) \overset{FS;\omega_o}{\longleftrightarrow} X[k]$ $y(t) \overset{FS;\omega_o}{\longleftrightarrow} Y[k]$ 週期 $= T$
線性	$ax(t) + by(t) \overset{FT}{\longleftrightarrow} aX(j\omega) + bY(j\omega)$	$ax(t) + by(t) \overset{FS;\omega_o}{\longleftrightarrow} aX[k] + bY[k]$
時間平移	$x(t - t_o) \overset{FT}{\longleftrightarrow} e^{-j\omega t_o}X(j\omega)$	$x(t - t_o) \overset{FS;\omega_o}{\longleftrightarrow} e^{-jk\omega_o t_o}X[k]$
頻率平移	$e^{j\gamma t}x(t) \overset{FT}{\longleftrightarrow} X(j(\omega - \gamma))$	$e^{jk_o\omega_o t}x(t) \overset{FS;\omega_o}{\longleftrightarrow} X[k - k_o]$
比例調整	$x(at) \overset{FT}{\longleftrightarrow} \dfrac{1}{|a|}X\left(\dfrac{j\omega}{a}\right)$	$x(at) \overset{FS;a\omega_o}{\longleftrightarrow} X[k]$
對時間微分	$\dfrac{d}{dt}x(t) \overset{FT}{\longleftrightarrow} j\omega X(j\omega)$	$\dfrac{d}{dt}x(t) \overset{FS;\omega_o}{\longleftrightarrow} jk\omega_o X[k]$
對頻率微分	$-jtx(t) \overset{FT}{\longleftrightarrow} \dfrac{d}{d\omega}X(j\omega)$	—
積分/總和	$\displaystyle\int_{-\infty}^{t} x(\tau)\,d\tau \overset{FT}{\longleftrightarrow} \dfrac{X(j\omega)}{j\omega} + \pi X(j0)\delta(\omega)$	—
摺積	$\displaystyle\int_{-\infty}^{\infty} x(\tau)y(t - \tau)\,d\tau \overset{FT}{\longleftrightarrow} X(j\omega)Y(j\omega)$	$\displaystyle\int_{0}^{T} x(\tau)y(t - \tau)\,d\tau \overset{FS;\omega_o}{\longleftrightarrow} TX[k]Y[k]$
乘法	$x(t)y(t) \overset{FT}{\longleftrightarrow} \dfrac{1}{2\pi}\displaystyle\int_{-\infty}^{\infty} X(j\nu)Y(j(\omega - \nu))\,d\nu$	$x(t)y(t) \overset{FS;\omega_o}{\longleftrightarrow} \displaystyle\sum_{l=-\infty}^{\infty} X[l]Y[k - l]$
Parseval's 定理	$\displaystyle\int_{-\infty}^{\infty} |x(t)|^2\,dt = \dfrac{1}{2\pi}\displaystyle\int_{-\infty}^{\infty} |X(j\omega)|^2\,d\omega$	$\dfrac{1}{T}\displaystyle\int_{0}^{T} |x(t)|^2\,dt = \displaystyle\sum_{k=-\infty}^{\infty} |X[k]|^2$
對偶性	$X(jt) \overset{FT}{\longleftrightarrow} 2\pi x(-\omega)$	$x[n] \overset{DTFT}{\longleftrightarrow} X(e^{j\Omega})$ $X(e^{jt}) \overset{FS;1}{\longleftrightarrow} x[-k]$
對稱性	$x(t)$ 是實數 $\overset{FT}{\longleftrightarrow} X^*(j\omega) = X(-j\omega)$ $x(t)$ 是虛數值 $\overset{FT}{\longleftrightarrow} X^*(j\omega) = -X(-j\omega)$ $x(t)$ 是實數值 而且是偶函數 $\overset{FT}{\longleftrightarrow} \text{Im}\{X(j\omega)\} = 0$ $x(t)$ 是實數值 而且是奇函數 $\overset{FT}{\longleftrightarrow} \text{Re}\{X(j\omega)\} = 0$	$x(t)$ 是實數 $\overset{FS;\omega_o}{\longleftrightarrow} X^*[k] = X[-k]$ $x(t)$ 是虛數值 $\overset{FS;\omega_o}{\longleftrightarrow} X^*[k] = -X[-k]$ $x(t)$ 是實數值 而且是偶函數 $\overset{FS;\omega_o}{\longleftrightarrow} \text{Im}\{X[k]\} = 0$ $x(t)$ 是實數值 而且是奇函數 $\overset{FS;\omega_o}{\longleftrightarrow} \text{Re}\{X[k]\} = 0$

（接下頁）

C.7 (接上頁)

特性	離散時間 FT	離散時間 FS
	$x[n] \xleftrightarrow{\text{DTFT}} X(e^{j\Omega})$ $y[n] \xleftrightarrow{\text{DTFT}} Y(e^{j\Omega})$	$x[n] \xleftrightarrow{\text{DTFS; }\Omega_o} X[k]$ $y[n] \xleftrightarrow{\text{DTFS; }\Omega_o} Y[k]$ $Period = N$
線性	$ax[n] + by[n] \xleftrightarrow{\text{DTFT}} aX(e^{j\Omega}) + bY(e^{j\Omega})$	$ax[n] + by[n] \xleftrightarrow{\text{DTFS; }\Omega_o} aX[k] + bY[k]$
時間平移	$x[n - n_o] \xleftrightarrow{\text{DTFT}} e^{-j\Omega n_o}X(e^{j\Omega})$	$x[n - n_o] \xleftrightarrow{\text{DTFS; }\Omega_o} e^{-jk\Omega_o n_o}X[k]$
頻率平移	$e^{j\Gamma n}x[n] \xleftrightarrow{\text{DTFT}} X(e^{j(\Omega-\Gamma)})$	$e^{jk_o\Omega_o n}x[n] \xleftrightarrow{\text{DTFS; }\Omega_o} X[k - k_o]$
比例調整	$x_z[n] = 0, \quad n \neq 0, \pm p, \pm 2p, \pm 3p, \dots$ $x_z[pn] \xleftrightarrow{\text{DTFT}} X_z(e^{j\Omega/p})$	$x_z[n] = 0, \quad n \neq 0, \pm p, \pm 2p, \pm 3p, \dots$ $x_z[pn] \xleftrightarrow{\text{DTFS; }p\Omega_o} pX_z[k]$
對時間微分	—	—
對頻率微分	$-jnx[n] \xleftrightarrow{\text{DTFT}} \dfrac{d}{d\Omega}X(e^{j\Omega})$	—
積分/總和	$\displaystyle\sum_{k=-\infty}^{n} x[k] \xleftrightarrow{\text{DTFT}} \dfrac{X(e^{j\Omega})}{1 - e^{-j\Omega}} + \pi X(e^{j0})\sum_{k=-\infty}^{\infty}\delta(\Omega - k2\pi)$	—
摺積	$\displaystyle\sum_{l=-\infty}^{\infty} x[l]y[n - l] \xleftrightarrow{\text{DTFT}} X(e^{j\Omega})Y(e^{j\Omega})$	$\displaystyle\sum_{l=0}^{N-1} x[l]y[n - l] \xleftrightarrow{\text{DTFS; }\Omega_o} NX[k]Y[k]$
乘法	$x[n]y[n] \xleftrightarrow{\text{DTFT}} \dfrac{1}{2\pi}\displaystyle\int_{-\pi}^{\pi} X(e^{j\Gamma})Y(e^{j(\Omega-\Gamma)})\,d\Gamma$	$x[n]y[n] \xleftrightarrow{\text{DTFS; }\Omega_o} \displaystyle\sum_{l=0}^{N-1} X[l]Y[k - l]$
Parseval's 定理	$\displaystyle\sum_{n=-\infty}^{\infty} |x[n]|^2 = \dfrac{1}{2\pi}\int_{-\pi}^{\pi} |X(e^{j\Omega})|^2\,d\Omega$	$\dfrac{1}{N}\displaystyle\sum_{n=0}^{N-1} |x[n]|^2 = \sum_{k=0}^{N-1} |X[k]|^2$
對偶性	$x[n] \xleftrightarrow{\text{DTFT}} X(e^{j\Omega})$ $X(e^{jt}) \xleftrightarrow{\text{FS; }1} x[-k]$	$X[n] \xleftrightarrow{\text{DTFS; }\Omega_o} \dfrac{1}{N}x[-k]$
對稱性	$x(t)$是實數 $\xleftrightarrow{\text{DTFT}} X^*(e^{j\Omega}) = X(e^{-j\Omega})$ $x(t)$是虛數值 $\xleftrightarrow{\text{DTFT}} X^*(e^{j\Omega}) = -X(e^{-j\Omega})$ $x(t)$是實數值 而且是偶函數 $\xleftrightarrow{\text{DTFT}} \text{Im}\{X(e^{j\Omega})\} = 0$ $x(t)$是實數值 而且是奇函數 $\xleftrightarrow{\text{DTFT}} \text{Re}\{X(e^{j\Omega})\} = 0$	$x(t)$是實數 $\xleftrightarrow{\text{DTFS; }\Omega_o} X^*[k] = X[-k]$ $x(t)$是虛數值 $\xleftrightarrow{\text{DTFS; }\Omega_o} X^*[k] = -X[-k]$ $x(t)$是實數值 而且是偶函數 $\xleftrightarrow{\text{DTFS; }\Omega_o} \text{Im}\{X[k]\} = 0$ $x(t)$是實數值 而且是奇函數 $\xleftrightarrow{\text{DTFS; }\Omega_o} \text{Re}\{X[k]\} = 0$

C.8 建立四種傅立葉表示法之間的關係 (Relating the Four Fourier Representations)

令

$$g(t) \xleftarrow{\ FS;\ \omega_o = 2\pi/T\ } G[k]$$

$$v[n] \xleftarrow{\ DTFT\ } V(e^{j\Omega})$$

$$w[n] \xleftarrow{\ DTFS;\ \Omega_o = 2\pi/N\ } W[k]$$

■ C.8.1 連續時間週期訊號的 FT 表示法 (FT REPRESENTATION FOR A CONTINUOUS-TIME PERIODIC SIGNAL)

$$g(t) \xleftarrow{\ FT\ } G(j\omega) = 2\pi \sum_{k=-\infty}^{\infty} G[k]\delta(\omega - k\omega_o)$$

■ C.8.2 離散時間週期訊號的 DTFT 表示法

$$w[n] \xleftarrow{\ DTFT\ } W(e^{j\Omega}) = 2\pi \sum_{k=-\infty}^{\infty} W[k]\delta(\Omega - k\Omega_o)$$

■ C.80.3 離散時間非週期訊號的 FT 表示法 (FT REPRESENTATION FOR A DISCRETE-TIME NONPERIODIC SIGNAL)

$$v_\delta(t) = \sum_{n=-\infty}^{\infty} v[n]\delta(t - nT_s) \xleftarrow{\ FT\ } V_\delta(j\omega) = V(e^{j\Omega})\Big|_{\Omega = \omega T_s}$$

■ C.8.4 離散時間非週期訊號的 FT 表示法 (FT REPRESENTATION FOR A DISCRETE-TIME NONPERIODIC SIGNAL)

$$w_\delta(t) = \sum_{n=-\infty}^{\infty} w[n]\delta(t - nT_s) \xleftarrow{\ FT\ } W_\delta(j\omega) = \frac{2\pi}{T_s} \sum_{k=-\infty}^{\infty} W[k]\delta\left(\omega - \frac{k\Omega_o}{T_s}\right)$$

C.9 取樣與頻疊關係 (Sampling and Aliasing Relationships)

令

$$x(t) \xleftarrow{\ FT\ } X(j\omega)$$

$$v[n] \xleftarrow{\ DTFT\ } V(e^{j\Omega})$$

■ C.9.1　連續時間訊號的脈衝取樣 (IMPULSE SAMPLING FOR CONTINUOUS-TIME SIGNALS)

$$x_\delta(t) = \sum_{n=-\infty}^{\infty} x(nT_s)\delta(t - nT_s) \xleftrightarrow{\quad FT \quad} X_\delta(j\omega) = \frac{1}{T_s}\sum_{k=-\infty}^{\infty} X\left(j\left(\omega - k\frac{2\pi}{T_s}\right)\right)$$

取樣間隔為 T_s，而且 $X_\delta(j\omega)$ 的週期是 $2\pi/T_s$。

■ C.9.2　離散時間訊號的取樣 (SAMPLING A DISCRETE-TIME SIGNAL)

$$y[n] = v[qn] \xleftrightarrow{\quad DTFT \quad} Y(e^{j\Omega}) = \frac{1}{q}\sum_{m=0}^{q-1} V(e^{j(\Omega - m2\pi)/q})$$

$Y(e^{j\Omega})$ 的週期是 2π。

■ C.9.3　DTFT 放頻率中的取樣 (SAMPLING THE DTFT IN FREQUENCY)

$$w[n] = \sum_{m=-\infty}^{\infty} v[n + mN] \xleftrightarrow{\quad DTFS; \Omega_o = 2\pi/N \quad} W[k] = \frac{1}{N}V(e^{jk\Omega_o})$$

$w[n]$ 的週期是 N。

■ C.9.4　FT 於頻率中的取樣 (SAMPLING THE ET IN FREQUENCY)

$$g(t) = \sum_{m=-\infty}^{\infty} x(t + mT) \xleftrightarrow{\quad FS; \omega_o = 2\pi/T \quad} G[k] = \frac{1}{T}X(jk\omega_o)$$

$g(t)$ 的週期是 T。

D 拉普拉斯轉換與其性質

D.1 基本的拉普拉斯轉換 (Basic Laplace Transforms)

訊號 $x(t) = \dfrac{1}{2\pi j}\displaystyle\int_{\sigma-j\infty}^{\sigma+j\infty} X(s)e^{st}\,ds$	轉換 $X(s) = \displaystyle\int_{-\infty}^{\infty} x(t)e^{-st}\,dt$	收斂範圍
$u(t)$	$\dfrac{1}{s}$	$\text{Re}\{s\} > 0$
$tu(t)$	$\dfrac{1}{s^2}$	$\text{Re}\{s\} > 0$
$\delta(t-\tau), \quad \tau \geq 0$	$e^{-s\tau}$	對於所有的 s
$e^{-at}u(t)$	$\dfrac{1}{s+a}$	$\text{Re}\{s\} > -a$
$te^{-at}u(t)$	$\dfrac{1}{(s+a)^2}$	$\text{Re}\{s\} > -a$
$[\cos(\omega_1 t)]u(t)$	$\dfrac{s}{s^2+\omega_1^2}$	$\text{Re}\{s\} > 0$
$[\sin(\omega_1 t)]u(t)$	$\dfrac{\omega_1}{s^2+\omega_1^2}$	$\text{Re}\{s\} > 0$
$[e^{-at}\cos(\omega_1 t)]u(t)$	$\dfrac{s+a}{(s+a)^2+\omega_1^2}$	$\text{Re}\{s\} > -a$
$[e^{-at}\sin(\omega_1 t)]u(t)$	$\dfrac{\omega_1}{(s+a)^2+\omega_1^2}$	$\text{Re}\{s\} > -a$

■ D.1.1 當 $t < 0$ 時非零訊號的雙邊拉普拉斯轉換 (BILATERAL LAPLACE TRANSFORMS FOR SIGNALS THAT ARE NONZERO FOR $t < 0$)

訊號	雙邊轉換	收斂範圍
$\delta(t - \tau), \tau < 0$	$e^{-s\tau}$	對於所有的 s
$-u(-t)$	$\dfrac{1}{s}$	$\mathrm{Re}\{s\} < 0$
$-tu(-t)$	$\dfrac{1}{s^2}$	$\mathrm{Re}\{s\} < 0$
$-e^{-at}u(-t)$	$\dfrac{1}{s + a}$	$\mathrm{Re}\{s\} < -a$
$-te^{-at}u(-t)$	$\dfrac{1}{(s + a)^2}$	$\mathrm{Re}\{s\} < -a$

▌D.2 拉普拉斯轉換的性質 (LAPLACE TRANSFORM PROPERTIES)

訊號	單邊轉換 $x(t) \overset{\mathcal{L}_u}{\longleftrightarrow} X(s)$ $y(t) \overset{\mathcal{L}_u}{\longleftrightarrow} Y(s)$	雙邊轉換 $x(t) \overset{\mathcal{L}}{\longleftrightarrow} X(s)$ $y(t) \overset{\mathcal{L}}{\longleftrightarrow} Y(s)$	收斂範圍 $s \in R_x$ $s \in R_y$
$ax(t) + by(t)$	$aX(s) + bY(s)$	$aX(s) + bY(s)$	至少包含 $R_x \cap R_y$
$x(t - \tau)$	$e^{-s\tau}X(s)$ if $x(t - \tau)u(t) = x(t - \tau)u(t - \tau)$	$e^{-s\tau}X(s)$	R_x
$e^{s_o t}x(t)$	$X(s - s_o)$	$X(s - s_o)$	$R_x + \mathrm{Re}\{s_o\}$
$x(at)$	$\dfrac{1}{a}X\left(\dfrac{s}{a}\right), \quad a > 0$	$\dfrac{1}{|a|}X\left(\dfrac{s}{a}\right)$	$\dfrac{R_x}{|a|}$
$x(t) * y(t)$	$X(s)Y(s)$ if $x(t) = y(t) = 0$ for $t < 0$	$X(s)Y(s)$	至少包含 $R_x \cap R_y$
$-tx(t)$	$\dfrac{d}{ds}X(s)$	$\dfrac{d}{ds}X(s)$	R_x
$\dfrac{d}{dt}x(t)$	$sX(s) - x(0^-)$	$sX(s)$	至少包含 R_x
$\displaystyle\int_{-\infty}^{t} x(\tau)\, d\tau$	$\dfrac{1}{s}\displaystyle\int_{-\infty}^{0^-} x(\tau)\, d\tau + \dfrac{X(s)}{s}$	$\dfrac{X(s)}{s}$	至少包含 $R_x \cap \{\mathrm{Re}\{s\} > 0\}$

■ D.2.1　初值定理 (INITIAL-VALUE THEOREM)

$$\lim_{s \to \infty} sX(s) = x(0^+)$$

此結果不適用於分子多項式次數等於或大於分母多項式次數的有理函數 $X(s)$。在那種情況，$X(s)$ 將包含具有 $cs^k, k \geq 0$ 形式的項。像這樣的項相當於脈衝函數，以及它們位於時間 $t = 0$ 時的微分。

■ D.2.1　終值定理 (FINAL-VALUE THEOREM)

$$\lim_{s \to 0} sX(s) = \lim_{t \to \infty} x(t)$$

這個結果必須要 $sX(s)$ 的所有極點都位於 s 平面的左半邊。

■ D.2.3　單邊微分性質，一般形式 (UNILATERAL DIFFERENTIATION PROPERTY, GENERAL FORM)

$$\frac{d^n}{dt^n}x(t) \xleftarrow{\ \mathcal{L}_u\ } s^n X(s) - \frac{d^{n-1}}{dt^{n-1}}x(t)\bigg|_{t=0^-}$$
$$- s\frac{d^{n-2}}{dt^{n-2}}x(t)\bigg|_{t=0^-} - \cdots - s^{n-2}\frac{d}{dt}x(t)\bigg|_{t=0^-} - s^{n-1}x(0^-)$$

E

z 轉換與其性質

E.1 基本 z 轉換 (Basic zTransforms)

訊號	轉換	
$x[n] = \dfrac{1}{2\pi j} \oint X(z)\, z^{n-1}\, dz$	$X[z] = \displaystyle\sum_{n=-\infty}^{\infty} x[n]\, z^{-n}$	收斂範圍
$\delta[n]$	1	所有 z
$u[n]$	$\dfrac{1}{1 - z^{-1}}$	$\|z\| > 1$
$\alpha^n u[n]$	$\dfrac{1}{1 - \alpha z^{-1}}$	$\|z\| > \|\alpha\|$
$n\alpha^n u[n]$	$\dfrac{\alpha z^{-1}}{(1 - \alpha z^{-1})^2}$	$\|z\| > \|\alpha\|$
$[\cos(\Omega_1 n)]u[n]$	$\dfrac{1 - z^{-1}\cos\Omega_1}{1 - z^{-1}2\cos\Omega_1 + z^{-2}}$	$\|z\| > 1$
$[\sin(\Omega_1 n)]u[n]$	$\dfrac{z^{-1}\sin\Omega_1}{1 - z^{-1}2\cos\Omega_1 + z^{-2}}$	$\|z\| > 1$
$[r^n\cos(\Omega_1 n)]u[n]$	$\dfrac{1 - z^{-1}r\cos\Omega_1}{1 - z^{-1}2r\cos\Omega_1 + r^2 z^{-2}}$	$\|z\| > r$
$[r^n\sin(\Omega_1 n)]u[n]$	$\dfrac{z^{-1}r\sin\Omega_1}{1 - z^{-1}2r\cos\Omega_1 + r^2 z^{-2}}$	$\|z\| > r$

■ E.1.1 當 $n < 0$ 時非零訊號的雙邊轉換 (Bilateral Transforms for Signals that Are Nonzero for $n < 0$)

訊號	雙邊轉換	收斂範圍
$u[-n-1]$	$\dfrac{1}{1-z^{-1}}$	$|z| < 1$
$-\alpha^n u[-n-1]$	$\dfrac{1}{1-\alpha z^{-1}}$	$|z| < |\alpha|$
$-n\alpha^n u[-n-1]$	$\dfrac{\alpha z^{-1}}{(1-\alpha z^{-1})^2}$	$|z| < |\alpha|$

E.2 z-轉換的性質

訊號	單邊轉換 $x[n] \xleftrightarrow{z_u} X(z)$ $y[n] \xleftrightarrow{z_u} Y(z)$	雙邊轉換 $x[n] \xleftrightarrow{z} X(z)$ $y[n] \xleftrightarrow{z} Y(z)$	收斂範圍 $z \in R_x$ $z \in R_y$
$ax[n] + by[n]$	$aX(z) + bY(z)$	$aX(z) + bY(z)$	至少包含 $R_x \cap R_y$
$x[n-k]$	請見下方	$z^{-k}X(z)$	R_x,有可能將 $|z| = 0, \infty$ 排除在外
$\alpha^n x[n]$	$X\left(\dfrac{z}{\alpha}\right)$	$X\left(\dfrac{z}{\alpha}\right)$	$|\alpha| R_x$
$x[-n]$	—	$X\left(\dfrac{1}{z}\right)$	$\dfrac{1}{R_x}$
$x[n] * y[n]$	$X(z)Y(z)$ 如果 $n < 0$ 時，$x[n] = y[n] = 0$ 成立	$X(z)Y(z)$	至少包含 $R_x \cap R_y$
$nx[n]$	$-z\dfrac{d}{dz}X(z)$	$-z\dfrac{d}{dz}X(z)$	R_x,除了有可能要將 $z = 0$ 加入或刪除

■ E.2.1 單邊 z 轉換時間平移性質 (UNILATERAL Z-TRANSFORM TIME-SHIFT PROPERTY)

$$x[n-k] \xleftrightarrow{z_u} x[-k] + x[-k+1]z^{-1} + \cdots + x[-1]z^{-k+1} + z^{-k}X(z) \quad \text{for } k > 0$$

$$x[n+k] \xleftrightarrow{z_u} -x[0]z^k - x[1]z^{k-1} - \cdots - x[k-1]z + z^k X(z) \quad \text{for } k > 0$$

F MATLAB 簡介

MATLAB (Matrix Laboratory 的縮寫) 是一種矩陣處理的電腦語言，適用於科學與工程的資料處理。這個簡介是為了向讀者介紹認識一些基本工具，這些工具都是理解與領會本書中所說明的 MATLAB 程式碼所需要的。就算有最好的學習技巧，學習 MATLAB 的最佳方式還是坐在一台電腦前實驗與練習。我們建議讀者在學習本書所介紹的理論主題的同時，也對所介紹的程式碼進行試驗，助於強化觀念。為了更進一步增進了解，也鼓勵同學們去下載與試驗本書網站裡許多補充的 MATLAB 檔案 (用來產生本書中的許多圖片)。

F.1 基本算數規則 (Basic Arithmetic Rules)

MATLAB 利用標準的十進位記號來顯示數值。對於非常小或非常大的數值，我們可以將 "e" 附加在原來數字之後，"e" 代表比例縮放因子「十的幾次方」。類似地，將字尾「"i"」附加在原來數字之後，便能使一個數字成為複數。例如，

```
7,        7e2,        7i
```

分別是數字 7、700，與複數 $7i$，其中 $j = \sqrt{-1}$。利用標準的數學運算，我們現在可以建立展開式：

```
+      加
-      減
*      乘
/      除
^      次方
( )    括弧
```

因此想要將兩個複數相加，我們可以寫成

```
>> 3+2i + 2-4i
ans =
   5.0000 - 2.0000i
```

F.2 變數與變數名稱 (Variables and Variable Names)

變數名稱必須從英文字母開始。緊接著，可以附加任何數量的字母、數字或底線，但只有前 19 個字元才會保留住。MATLAB 會分辨變數名稱裡的大小寫，因此 "x" 與 "X" 是不同的變數。通用的 MATLAB 表達方式為：

```
>> variable = expression;
```

如果希望隱藏該陳述的輸出，則附加一個分號「;」。該陳述仍然會完成，但是它將不會顯示於螢幕上。這將對於 M 檔案很有幫助。

讀者將會發現，將變數內含值的意義取為變數名稱是很有幫助的。例如，鍵入下列程式碼即可定義一個變數「rent」

```
>> rent = 650*1.15
rent =
   747.5000
```

變數名稱的第一個字元不可以是數字，名稱裡也不可以包含破折號 (-) 或「保留字元」。下列都是無效字元名稱的範例：

```
4home    %x    net-rent    @sum
```

百分比%字元是一個特殊字元，用以表示一個註解行。MATLAB 將會忽略任何在%符號之後的文字。

F.3 向量與矩陣 (Vectors and Matrices)

也許 MATLAB 最強的特色是在向量與矩陣方面的運算能力。我們利用方括號 "[ ]." 產生向量。例如，設定 x=[2 3 1] 得到

```
>> x = [2 3 1]
x =
    2   3   1
```

在 MATLAB 中，陣列與矩陣的索引值從 1 開始 (與 C 程式語言是從 0 開始不同)。因此，想要指出矩陣 x 中的第一個元素，我們可以這樣寫

```
>> x(1)
ans =
   2
```

在這裡也請注意到括號方面的差異。我們以方括號來表示陣列，但利用圓括號來指出該陣列索引值所表示的實際數字。在這例子裡，如果將圓刮號直接改成方括號將會得到錯誤訊息。

產生矩陣和產生向量非常相似，如下所示：

```
>> X = [1 2 3; 4 5 6; 7 8 9]
X =
   1   2   3
   4   5   6
   7   8   9
```

這裡 "X" 是一個 3×3 的矩陣。在矩陣裡，用分號表示一列的結束。為了指出元素 (1,2)(即，第一列第二行)，寫成

```
>>X(1,2)
ans =
   2
```

如果想要從矩陣 "X" 的第二列產生一個新的向量 "y"，則可以寫成

```
>> y=X(2,:)
y =
   4   5   6
```

在 MATLAB 中，冒號「:」可以視為「到…的終點」。因此上面的表示式可以解讀為「令 y 等於矩陣 X 第二列所有行中的元素」。若我們只想要第三行前兩個元素，可以這樣寫

```
>> y=X(1:2,3)
y =
   3
   6
```

在這個例子裡，可以將指令解讀成：「令 y 等於 X 的第一列到最後第二列，並取第三行。」特殊字元 ' 代表矩陣的轉置。例如

```
>> Y=X'
Y =
   1   4   7
   2   5   8
   3   6   9
```

而且

```
>> y=x'
y =
   2
   3
   1
```

當在我們一個複數矩陣上執行轉置，得到的結果為複數共軛轉置。例如，定義複數矩陣 Z 為

```
>> z=[1 2; 3 4] + [4i 2i; -i 5i]
Z =
 1.0000 + 4.0000i 2.0000 + 2.0000i
 3.0000 - 1.0000i 4.0000 + 5.0000i
```

現在取共軛轉置，我們得到

```
>>z'
ans =
 1.0000 - 4.0000i 3.0000 + 1.0000i
 2.0000 - 2.0000i 4.0000 - 5.0000i
```

將矩陣相加的方法與純量的加法相同。

```
>> A=[1 2; 3 4];
>> B=[2 3; -2 1];
>> C=A+B
C =
   3   5
   1   5
```

類似的，將 A 與 B 相乘，

```
>> D=A*B
D =
 -2   5
 -2  13
```

除了標準矩陣的相乘，MATLAB 也使用「逐個元素」的相乘，記作符號 .* 。若 A 與 B 有相同的維度，則 A.*B 表示該矩陣的元素為 A 與 B 個別對應元素相乘的結果，如這裡所示：

```
>> E=A.*B
E =
  2   6
 -6   4
```

必須注意的重點在於矩陣 D 與 E 之間的差異。正如 .* 表示逐個元素的乘積，同樣 ./ 表示逐個元素的除法，而 .^ 表示逐個元素的次方。

F.4 在 MATLAB 中繪圖 (Plotting in MATLAB)

MATLAB 提供多種函式，可將資料顯示成 2D 圖表，並為這些圖表作註解。我們繪圖的常用指令摘要如下：

▶ plot(X,Y)—產生 X 對 Y 的線性比例圖。

▶ loglog(X,Y)—產生兩軸都使用對數比例尺的圖。

▶ semilogy(X,Y)—產生一個軸是線性比例尺但另一個軸是對數比例尺的點陣圖。

▶ title—為該圖加上標題。

▶ xlabel—為 X 軸加上標記。

▶ ylabel—為 Y 軸加上標記。

▶ grid—顯示或隱藏格線。

例如，想要繪製一個頻率為 3Hz 的正弦曲線，我們可以這麼做：

```
>> t=0:0.01:1;
>> f=3; %frequency
>> y=sin(2*pi*f*t);
>> plot(t,y,'r-')
>> title('Sine Curve');
>> xlabel('Time (seconds)');
>> ylabel('Amplitude');
```

指令 t=0:0.01:1; 產生一個向量 t，第一個元素為 0 而最後一個元素是 1，該向量中的每個元素等於前一個元素加上增量 0.01。

指令 plot(t,y,'r-') 相對於向量 t 繪製正弦曲線 Y。附加指令 r- 指示 MATLAB 繪製紅色的實線。我們可以鍵入 help plot，查看關於繪圖時所有可用的線條形式。

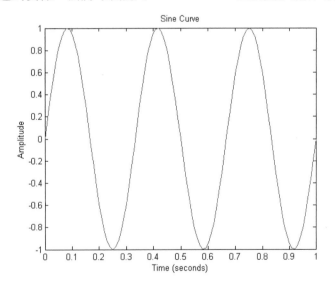

我們通常會希望兩張平面圖放置在同一幅圖中。若想將一條餘弦曲線加上去，可以利用 hold 指令「保留」該平面圖，並緊接著畫下一條曲線。例如，若我們現在鍵入

```
>> hold
Current plot held
>> z=cos(2*pi*f*t);
>> plot(t,z,'b--')
```

這個指令列會將一條代表餘弦曲線的藍色虛線附加於原先的平面圖上。

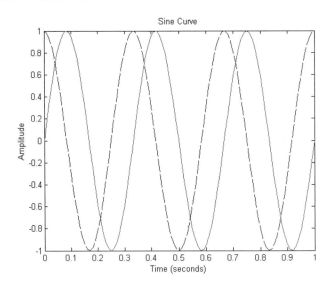

F.5　M 檔案 (M-files)

通常，想要在MATLAB的環境裡輸入指令，我們必須在指令視窗中進行。然而，如果有大量的指令要寫入 (稱為程式)，持續在指令視窗裡鍵入程式是不切實際的 (特別當我們正在進行除錯時)。為了解決這個問題，可以將指令寫入，並儲存在一個叫做 M 檔案 (M-files) 的腳本檔中。當一個 M 檔案處於執行的狀態，MATLAB 連續執行在該檔案中所發現的指令。MATLAB 甚至有撰寫 M 檔案的專屬編輯器 (鍵入 edit 即可)。一旦將檔案撰寫完成並且儲存於磁碟機中，只須在指令視窗裡鍵入它的名稱就可以執行該檔案中的程式。例如，在前一節裡曾利用幾個指令來產生含有正弦與餘弦平面圖的圖表。我們可以鍵入下列指令，以便將上述指令放在 M 檔案中。

```
>> edit
```

請注意，編輯器視窗已經迅速開啟。現在，於編輯器中鍵入

```
t=0:0.01:1;
f=3; %frequency
y=sin(2*pi*f*t);
plot(t,y,'r-')
title('Sine Curve');
ylabel('Amplitude');
xlabel('Time (seconds)');
hold
z=cos(2*pi*f*t);
plot(t,z,'b--')
```

現在，移到編輯器視窗左上角的選單中"另存新檔" (file→save as)，並儲存檔案。回到指令視窗，並鍵入我們剛剛所儲存的檔案名稱。MATLAB 應該已經執行了 M 檔案裡的指令，產生圖形。

F.6　額外協助 (Additional Help)

MATLAB 內含兩種非常有用的協助指令 help <name> 以及 lookfor<criteria>。協助指令將告訴我們如何運用內建於 MATLAB 中的函式。在前一節裡，曾使用內建的繪圖函式繪製資料。假設我們忘記了繪圖函式的正確語法 (只鍵入繪圖指令本身將會產生錯誤)。則鍵入下列指令便可以取得關於繪圖函數本身所有的資訊

```
>> help plot
```

MATLAB 將因此顯示出我們所要函式的正確語法。

另一個有用的 MATLAB 指令是 lookfor。這個指令將會搜尋各種不同函式的所有協助檔案，並以文字從可取得的協助檔案來比對剛才輸入的搜尋準則。例如，若我們想要得到向量 x 的傅立葉轉換，但是又忘記用來執行這個功能的函式名稱，則鍵入

```
>> lookfor fourier
```

MATLAB 將會執行搜尋任務，並回傳所有與「fourier」這個字相關的內建函式。我們可以隨後鍵入 help 以決定特定檔案所需的正確語法。例如，若我們鍵入 lookfor fourier，MATLAB 將回傳

```
>> lookfor fourier
FFT Discrete Fourier transform.
FFT2 Two-dimensional discrete Fourier Transform.
FFTN N-dimensional discrete Fourier Transform.
IFFT Inverse discrete Fourier transform.
IFFT2 Two-dimensional inverse discrete Fourier
    transform.
IFFTN N-dimensional inverse discrete Fourier transform.
XFOURIER Graphics demo of Fourier series expansion.
DFTMTX Discrete Fourier transform matrix.
INSTDFFT Inverse non-standard 1-D fast Fourier
    transform.
NSTDFFT Non-standard 1-D fast Fourier transform.
FFT Quantized Fast Fourier Transform.
FOURIER Fourier integral transform.
IFOURIER Inverse Fourier integral transform.
```

特別注意有許多內部函式都與 Fourier 這個字相關。因為我們想要對向量 x 執行離散傅立葉轉換，現在可以鍵入 `help fft`，而 MATLAB 會立刻告知正確的語法，以得到所想要的傅立葉轉換。

除了 MATLAB 內建的協助函式之外，爲了額外協助 Mathworks 的網址 (http://mathworks.com/support/) 也提供線上協助，以及在撰寫 MATLAB 程式方面的紙本書。除了這個附錄，我們推薦下列的參考書：

▶ 《*Mastering MATLAB 5, A Comprehensive Tutorial and Reference*》

作者：Duane Hanselman 與 Bruce Littlefield

▶ 《*MATLAB Programming for Engineers*》

作者：Stephen Chapman

索引

T

國家圖書館出版品預行編目資料

訊號與系統 / Simon Haykin, Barry Van Veen 原
　著；洪惟堯等編譯. -- 初版. -- 臺北市：全
華, 民 93
　　面；　公分
譯自：Signals and systems, 2nd ed.
ISBN 978-957-21-4587-6(平裝)

1.CST: 通訊工程　2.CST: Matlab(電腦程式)

448.72　　　　　　　　　　　　　93011501

訊號與系統 – 第二版
SIGNALS AND SYSTEMS, Second Edition

原著 / Simon Haykin、Barry Van Veen

編譯 / 洪惟堯、陳培文、張郁斌、楊名全

發行人 / 陳本源

執行編輯 / 張曉紜

出版者 / 全華圖書股份有限公司

　　　　地址：23671 新北市土城區忠義路 21 號

　　　　電話：(02) 2262-5666　(總機)

　　　　傳眞：(02) 2262-8333

郵政帳號 / 0100836-1 號

印刷者 / 宏懋打字印刷股份有限公司

圖書編號 / 05314

初版九刷 / 2022 年 03 月

基價 / 20.0 元

ISBN / 978-957-21-4587-6　　(平裝)

全華圖書 / www.chwa.com.tw

全華網路書店 Open Tech / www.opentech.com.tw

若您對書籍內容、排版印刷有任何問題，歡迎來信指導 book@chwa.com.tw

臺北總公司(北區營業處)
地址：23671 新北市土城區忠義路 21 號
電話：(02) 2262-5666
傳真：(02) 6637-3695、6637-3696

中區營業處
地址：40256 臺中市南區樹義一巷 26 號
電話：(04) 2261-8485
傳真：(04) 3600-9806(高中職)
　　　(04) 3601-8600(大專)

南區營業處
地址：80769 高雄市三民區應安街 12 號
電話：(07) 381-1377
傳真：(07) 862-5562

勘　誤　表

書　號		書　名		作　者
頁　數	行　數	錯誤或不當之詞句		建議修改之詞句

我有話要說：（其它之批評與建議，如封面、編排、內容、印刷品質等‧‧‧‧）

填寫日期：　　　年　　　月　　　日

姓名：　　　　　　　　　生日：西元　　　年　　　月　　　日　性別：□男 □女

電話：（　　）　　　　　　　傳真：（　　）　　　　　手機：

e-mail：（必填）

註：數字零，請用 Φ 表示，數字 1 與英文 L 請另註明並書寫端正，謝謝。

通訊處：□□□□□

學歷：□博士 □碩士 □大學 □專科 □高中‧職

職業：□工程師 □教師 □學生 □軍‧公 □其他

學校 / 公司：　　　　　　　　　　　科系 / 部門：

‧需求書類：

□ A. 電子 □ B. 電機 □ C. 計算機工程 □ D. 資訊 □ E. 機械 □ F. 汽車 □ I. 工管 □ J. 土木

□ K. 化工 □ L. 設計 □ M. 商管 □ N. 日文 □ O. 美容 □ P. 休閒 □ Q. 餐飲 □ B. 其他

‧本次購買圖書為：　　　　　　　　　　　　　書號：

‧您對本書的評價：

封面設計：□非常滿意 □滿意 □尚可 □需改善，請說明

內容表達：□非常滿意 □滿意 □尚可 □需改善，請說明

版面編排：□非常滿意 □滿意 □尚可 □需改善，請說明

印刷品質：□非常滿意 □滿意 □尚可 □需改善，請說明

書籍定價：□非常滿意 □滿意 □尚可 □需改善，請說明

整體評價：請說明

‧您在何處購買本書？

□書局 □網路書店 □書展 □團購 □其他

‧您購買本書的原因？（可複選）

□個人需要 □幫公司採購 □親友推薦 □老師指定之課本 □其他

‧您希望全華以何種方式提供出版訊息及特惠活動？

□電子報 □ DM □廣告 （媒體名稱　　　　　　　　　）

‧您是否上過全華網路書店？（www.opentech.com.tw）

□是 □否 您的建議

‧您希望全華出版那方面書籍？

‧您希望全華加強那些服務？

~感謝您提供寶貴意見，全華將秉持服務的熱忱，出版更多好書，以饗讀者。

全華網路書店 http://www.opentech.com.tw　客服信箱 service@chwa.com.tw

2011.03 修訂